자동화설비
기능사 필기

시대에듀

편·저·자·약·력

신원장

現 용산철도고등학교 교사
국민대학교 기계공학과(학사 및 석사) 졸업

편집진행 윤진영 · 최 영 | **표지디자인** 권은경 · 길전홍선 | **본문디자인** 정경일

PREFACE

처음 제가 지도하던 학과의 수험생들과 그 외의 많은 수험생들이 자동화설비기능사 자격 취득 시험 준비에 적당한 교재가 없어서 이 책, 저 책의 도움을 받아가며 여러 영역의 내용을 모아 놓은 자료로 공부하던 것이 안타까워 집필을 시작하였습니다. Win-Q 시리즈로 수험서로서의 구성을 갖추어 수험생들이 공부할 수 있었고, 그간 많은 수험생들이 Win-Q 자동화설비기능사의 도움을 받아 합격하였다고 기쁨을 전했던 기억들이 납니다.

그 사이 산업계도 많이 변했고, 당시는 다소 생소하던 자동화설비, 메커트로닉스와 같은 영역들이 이제는 제법 익숙한 산업영역이 되었습니다. 그만큼 자동화설비기능사는 많은 사람들에게 친숙한 자격증이 되었습니다. 처음에는 영역의 짜깁기 같았던 자동화설비와 메커트로닉스 영역이 어느 정도 자리가 잡혔지만, 계속 변화하는 산업계만큼 조금씩 자격영역의 강조하는 부분이 바뀌고 있다는 것을 매년 집필작업을 하면서 느낍니다.

이제는 기출문제가 공개되지 않고, CBT 형식으로 시험을 치르고 있지만, 지도하는 학생들과 논의하며 기출된 영역을 확인하고 그에 맞춰 대부분의 문제를 다년간의 출제 경험을 토대로 직접 문제를 생성하고, 내용을 지속적으로 보완하여 매년 새로운 내용으로 수험생들에게 지속적으로 도움을 주기 위해 애쓰고 있습니다. 그 덕에 Win-Q 자동화설비기능사는 그 변화를 잘 쫓아가고 있는지 많은 수험생들이 이 책의 도움을 얻어 합격했다는 소식을 매년 전해 오고 있어서 감사한 마음입니다.

필기시험의 특성상 60점을 획득하면 합격하기 때문에 기출과 핵심내용을 중심으로 학습하고, 100점을 받도록 공부할 필요는 없습니다. 그러나 60점이 만만한 점수가 아니며 관련 지식이 어느 정도는 쌓여야 받을 수 있기에 시험을 준비하는 기간만큼은 집중해서 성실하게 학습하시기를 부탁드립니다.

수험생들이 쉽게 공부할 수 있도록 교재를 만들고 관리해 주는 시대에듀에 감사를 드립니다. 지금도 수고하는 선생님들과 수험생 여러분을 격려합니다.

편저자 씀

자격증 • 공무원 • 금융/보험 • 면허증 • 언어/외국어 • 검정고시/독학사 • 기업체/취업
이 시대의 모든 합격! 시대에듀에서 합격하세요!
www.youtube.com ➜ 시대에듀 ➜ 구독

시험안내

개요
자동화 생산설비의 운영을 위해 기계·기구적 메커니즘에 제어기를 중심으로 하는 전기·전자기술을 덧붙여 효율적이고 기능적인 기계적 장치를 설계, 제작, 운영, 유지보수 업무 등의 직무를 수행한다.

진로 및 전망
메커트로닉스 기술의 발달과 함께 자동화설비도 비약적으로 발전하여 제품 생산의 경쟁력을 좌우하는 중요한 요건이 되고 있다. 이러한 자동화시스템을 통한 자동화설비는 공정 개선, 품질 향상 및 물류비 절감, 인건비 절감 등을 통하여 기업의 수익을 강화하기 때문에 대기업은 물론이고 중소기업에 이르기까지 확대될 전망이다. 따라서 산업현장에서는 자동화설비를 지속적으로 구축할 수 있는 숙련기술 인력에 대한 수요가 증가하게 될 것이다.

시험일정

구 분	필기원서접수 (인터넷)	필기시험	필기합격 (예정자)발표	실기원서접수	실기시험	최종 합격자 발표일
제1회	1월 초순	1월 하순	2월 초순	2월 초순	3월 중순	4월 중순
제2회	3월 중순	4월 초순	4월 중순	4월 하순	5월 하순	6월 하순
제3회	6월 초순	6월 하순	7월 중순	7월 하순	8월 하순	9월 하순
제4회	8월 하순	9월 중순	10월 중순	10월 중순	11월 하순	12월 중순

※ 상기 시험일정은 시행처의 사정에 따라 변경될 수 있으니, www.q-net.or.kr에서 확인하시기 바랍니다.

시험요강
❶ 시행처 : 한국산업인력공단
❷ 시험과목
  ㉠ 필기 : 자동화요소 제어기술
  ㉡ 실기 : 자동화설비 실무
❸ 검정방법
  ㉠ 필기 : 객관식 4지 택일형 60문항(60분)
  ㉡ 실기 : 작업형(4시간 정도)
❹ 합격기준
  ㉠ 필기 : 100점 만점에 60점 이상 득점자
  ㉡ 실기 : 100점 만점에 60점 이상 득점자

INFORMATION

검정현황

필기시험

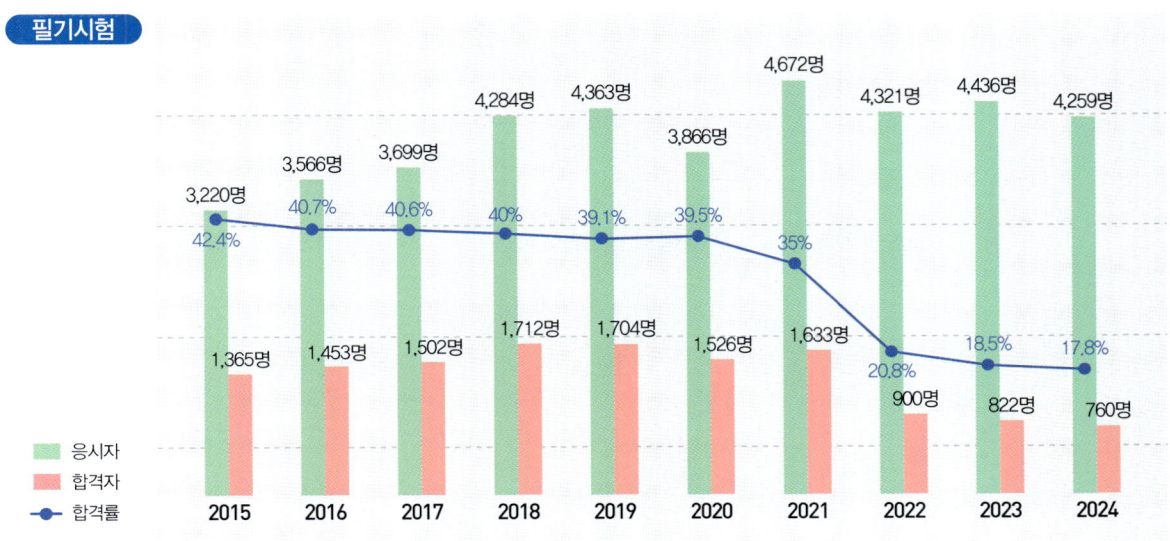

실기시험

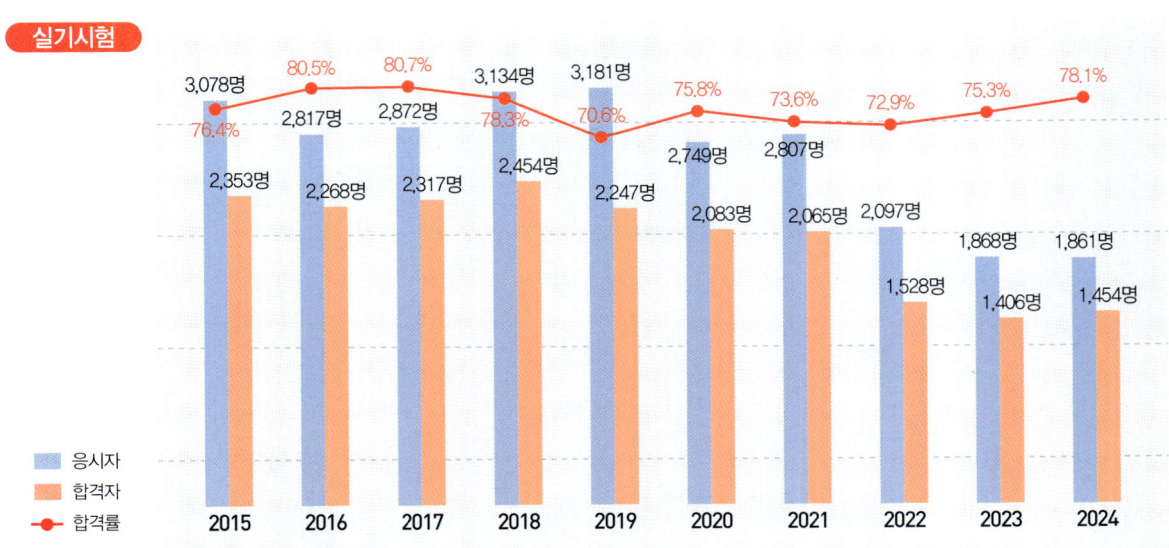

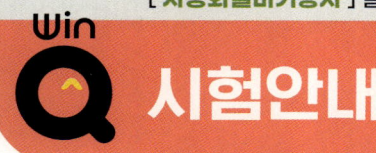

시험안내

출제기준

필기과목명	주요항목	세부항목	세세항목
자동화요소 제어기술	조립도면 작성	부품 규격 확인	• 운동용 기계요소 • 체결용 기계요소 • 제어용 기계요소
		도면 작성	• 제도통칙
	조립도면 해독	부품도 및 조립도 파악	• 치수공차 및 기하공차 • 표면거칠기 및 열처리기호 • 가공기호
	조립 부품 준비	선반가공	• 선반 • 선반가공 절삭조건 • 선반 절삭공구
		밀링가공	• 밀링 • 밀링가공 절삭조건 • 밀링 절삭공구
		연삭가공	• 연삭 • 연삭가공 절삭조건
	기계 부품 조립	기계 부품 조립 준비	• 설계도면 해독
		기계 부품 조립	• 기계 부품 조립 • 조립공구 • 작업 안전
		기계 부품 조립 기능 확인	• 조립측정검사
	센서 활용기술	센서 선정	• 센서 종류와 특성
		센서신호	• 센서신호 처리
		센서관리	• 센서관리
	모터제어	제어방식 설계	• 모터 종류와 특성
		제어회로 구성	• 모터제어회로
		유지보수	• 모터관리

필기과목명	주요항목	세부항목	세세항목
자동화요소 제어기술	PLC 기본 모듈 프로그램 개발	자동화 일반	• 자동제어의 기초 및 종류 • 제어계의 구성 및 특성
		PLC 기본 프로그래밍 준비	• PLC 구성과 원리
		PLC 기본 프로그래밍	• 논리회로 • PLC 프로그램
		시뮬레이션 및 수정 보완	• PLC 프로그램 디버깅
	공기압제어	공기압제어방식 설계	• 공기압 기초
		공기압제어회로 구성	• 공기압제어회로
		시험 운전	• 공기압기기 관리
	공기압장치 조립	공기압회로 도면 파악	• 공기압회로기호
		공기압장치 조립 및 장치 기능	• 공기압축기 • 공기압 밸브 • 공기압 액추에이터 • 공기압 기타 기기
	유압제어	유압제어방식 설계	• 유압 기초
		유압제어회로 구성	• 유압제어회로
		시험 운전	• 유압기기 관리
	유압장치 조립	유압회로 도면 파악	• 유압회로기호
		유압장치 조립 및 장치기능	• 유압펌프 • 유압밸브 • 유압 액추에이터 • 유압 기타 기기

[자동화설비기능사] 필기
CBT 응시 요령

기능사 종목 전면 CBT 시행에 따른
CBT 완전 정복!

"CBT 가상 체험 서비스 제공"
한국산업인력공단
(http://www.q-net.or.kr) 참고

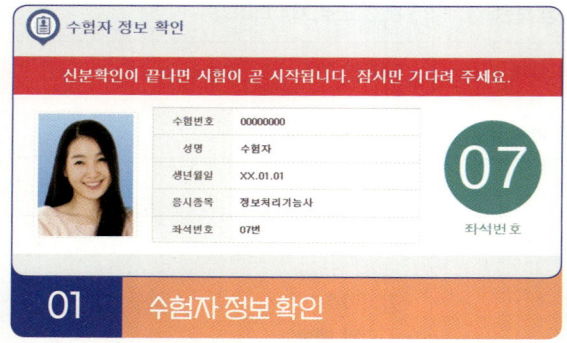

01 수험자 정보 확인
시험장 감독위원이 컴퓨터에 나온 수험자 정보와 신분증이 일치하는지를 확인하는 단계입니다. 수험번호, 성명, 생년월일, 응시종목, 좌석번호를 확인합니다.

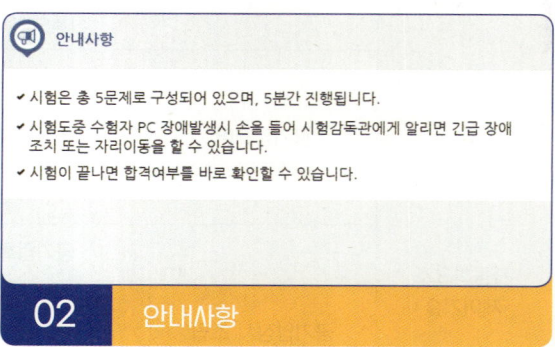

02 안내사항
시험에 관한 안내사항을 확인합니다.

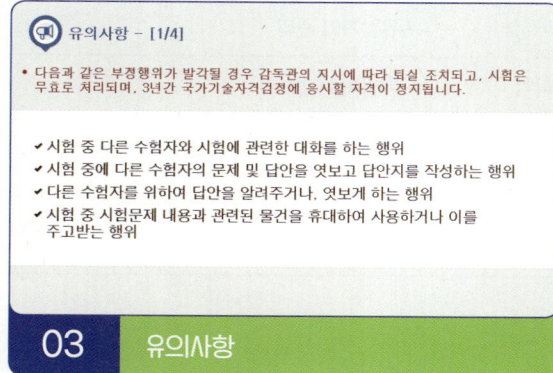

03 유의사항
부정행위에 관한 유의사항이므로 꼼꼼히 확인합니다.

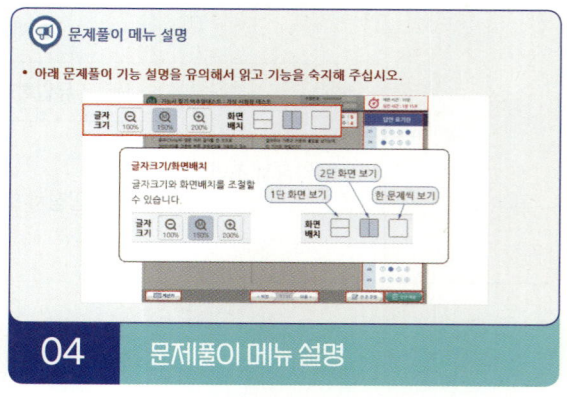

04 문제풀이 메뉴 설명
문제풀이 메뉴의 기능에 관한 설명을 유의해서 읽고 기능을 숙지해 주세요.

CBT GUIDE

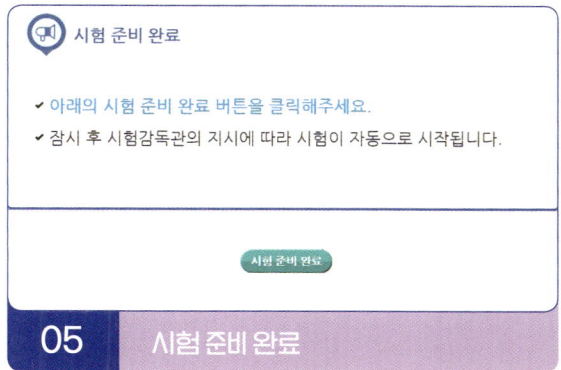

05 시험 준비 완료

시험 안내사항 및 문제풀이 연습까지 모두 마친 수험자는 시험 준비 완료 버튼을 클릭한 후 잠시 대기합니다.

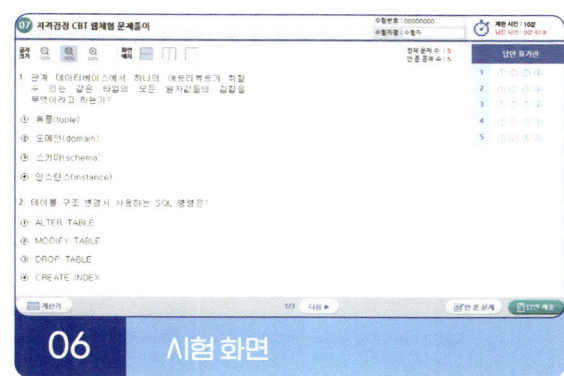

06 시험 화면

시험 화면이 뜨면 수험번호와 수험자명을 확인하고, 글자크기 및 화면배치를 조절한 후 시험을 시작합니다.

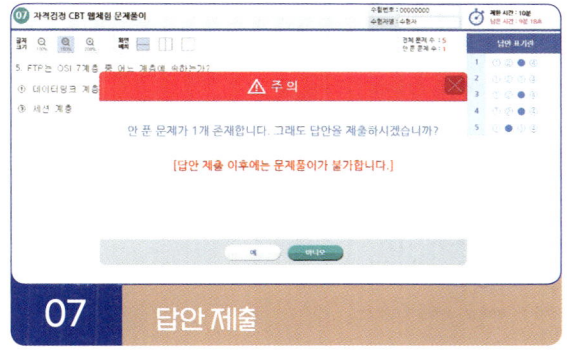

07 답안 제출

[답안 제출] 버튼을 클릭하면 답안 제출 승인 알림창이 나옵니다. 시험을 마치려면 [예] 버튼을 클릭하고 시험을 계속 진행하려면 [아니오] 버튼을 클릭하면 됩니다. 답안 제출은 실수 방지를 위해 두 번의 확인 과정을 거칩니다. [예] 버튼을 누르면 답안 제출이 완료되며 득점 및 합격여부 등을 확인할 수 있습니다.

CBT 완전 정복 Tip

내 시험에만 집중할 것
CBT 시험은 같은 고사장이라도 각기 다른 시험이 진행되고 있으니 자신의 시험에만 집중하면 됩니다.

이상이 있을 경우 조용히 손을 들 것
컴퓨터로 진행되는 시험이기 때문에 프로그램상의 문제가 있을 수 있습니다. 이때 조용히 손을 들어 감독관에게 문제점을 알리며, 큰 소리를 내는 등 다른 사람에게 피해를 주는 일이 없도록 합니다.

연습 용지를 요청할 것
응시자의 요청에 한해 연습 용지를 제공하고 있습니다. 필요시 연습 용지를 요청하며 미리 시험에 관련된 내용을 적어놓지 않도록 합니다. 연습 용지는 시험이 종료되면 회수되므로 들고 나가지 않도록 유의합니다.

답안 제출은 신중하게 할 것
답안은 제한 시간 내에 언제든 제출할 수 있지만 한 번 제출하게 되면 더 이상의 문제풀이가 불가합니다. 안 푼 문제가 있는지 또는 맞게 표기하였는지 다시 한 번 확인합니다.

[자동화설비기능사] 필기
구성 및 특징

핵심이론

필수적으로 학습해야 하는 중요한 이론들을 각 과목별로 분류하여 수록하였습니다. 시험과 관계없는 두꺼운 기본서의 복잡한 이론은 이제 그만! 시험에 꼭 나오는 이론을 중심으로 효과적으로 공부하십시오.

10년간 자주 출제된 문제

출제기준을 중심으로 출제 빈도가 높은 기출문제와 필수적으로 풀어보아야 할 문제를 핵심이론당 1~2문제씩 선정했습니다. 각 문제마다 핵심을 찌르는 명쾌한 해설이 수록되어 있습니다.

FORMULA OF PASS · SDEDU.CO.KR

STRUCTURES

과년도 기출문제

지금까지 출제된 과년도 기출문제를 수록하였습니다. 각 문제에는 자세한 해설이 추가되어 핵심이론만으로는 아쉬운 내용을 보충 학습하고 출제경향의 변화를 확인할 수 있습니다.

2011년 제4회 과년도 기출문제

01 사인바는 피측정물의 무엇을 측정하기에 적합한가?
① 나사 측정
② 길이 측정
③ 임의의 각 측정
④ 면 조도 측정

해설
사인바

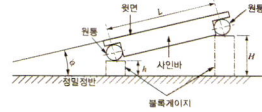

03 기계에서 발생하는 소음이나 진동 등과 같은 주위 환경에서 오는 오차 또는 자연현상의 급변 등으로 생기는 오차는?
① 측정기의 오차
② 시 차
③ 우연오차
④ 긴 물체의 휨에 의한 영향

해설
오차의 종류
• 우연오차(비체계적 오차, Random Measurement Error) : 어떤 현상을 측정함에 있어서 방해가 되는 모든 요소, 즉 측정자의 피로, 기억 또는 감정의 변동 등과 같이 측정대상, 측정과정, 측정수단...

02 보통 선반의 심압대에 φ13mm 이상의 드릴을 고정하는 데 사용하는 도구는?
① 앤드릴
② 슬리브
③ 총형바이트
④ 앤드밀

해설
슬리브는 우리말로 '소매' 정도로 볼 수 있다. 주먹 위에 옷소매가 덮여 있다고 생각하면 된다.

04 양두 그...
고 연식...
① 숫돌...
② 원통...
③ 숫돌...
④ 원통...

해설
양두 그라...
공작기계...

2025년 제1회 최근 기출복원문제

01 다음 입체도를 제3각법에 의해 3면도로 옳게 투상한 것은?(단, 화살표 방향을 정면으로 한다)

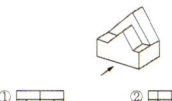

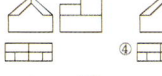

해설
① 정면도가 틀렸다.
② 평면도가 틀렸다.
③ 우측면도가 틀렸다.

02 다음과 같이 치수가 도시되었을 경우 그 의미로 옳은 것은?

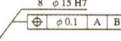

① 8개의 축이 φ15에 공차 등급이 H7이며, 원통도가 데이텀 A, B에 대하여 φ0.1을 만족해야 한다.
② 8개의 구멍이 φ15에 공차 등급이 H7이며, 원통도가 데이텀 A, B에 대하여 φ0.1을 만족해야 한다.
③ 8개의 축이 φ15에 공차 등급이 H7이며, 위치도가 데이텀 A, B에 대하여 φ0.1을 만족해야 한다.
④ 8개의 구멍이 φ15에 공차 등급이 H7이며, 위치도가 데이텀 A, B에 대하여 φ0.1을 만족해야 한다.

해설
기호의 기하공차는 위치도 공차이며 φ15 H7에서 대문자 H를 사용하여 구멍임을 알 수 있다.

03 평행도가 데이텀 B에 대하여 지정 길이 100mm마다 0.05mm의 허용값을 가질 때 그 기하공차의 기호를 옳게 나타낸 것은?

① // 0.05/100 B
② ▱ 0.05/100 B
③ ⟂ 0.05/100 B
④ ⤢ 0.05/100 B

해설
② 평면도 공차이다.
③ 대칭도 공차이다.
④ 원주 흔들림 공차이다.

최근 기출복원문제

최근에 출제된 기출문제를 복원하여 가장 최신의 출제경향을 파악하고 새롭게 출제된 문제의 유형을 익혀 처음 보는 문제들도 모두 맞힐 수 있도록 하였습니다.

[자동화설비기능사] 필기

최신 기출문제 출제경향

2022년 1회
- 단면도
- 선반가공의 속도와 시간
- 센서의 선정 및 원리
- 스테핑 모터
- 모터 안전
- 유압모터 유압 동력원
- LD 프로그램
- 전기공압회로
- 공압기기 요소
- 밸브의 구조와 기호

2022년 2회
- 줄눈의 종류
- 기하공차의 종류
- 각도게이지 측정
- 멀티미터 측정
- 밀링가공
- 절삭조건
- 끼워맞춤
- 센서의 종류
- 직류전동기
- 시퀀스제어
- 실린더의 종류
- 유체 퓨즈

2023년 1회
- 구성인선
- 단면도법 및 3각법
- 치수기입법
- 측정기 읽는 법
- 3상 유도전동기
- 파스칼의 원리

2023년 2회
- 유량 보존
- 밸브의 종류와 구조 및 기호
- 래더 프로그래밍
- 점성 및 윤활
- 펌프와 모터
- 공기조정유닛의 구성

TENDENCY OF QUESTIONS

2024년 1회
- 투상법
- 롤러 베어링의 종류
- 교류전동기의 특징
- 단동척
- 제어시스템의 종류
- 공장 자동화의 단계

2024년 2회
- 선의 우선순위
- 스퍼기어의 제도방법
- 작동유제의 성질
- 3상 유도전동기의 원리
- 모터 시동 전 점검사항
- 베인펌프의 장점

2025년 1회
- 투상법(제3각법)
- 기어셰이빙
- 절삭유 구비조건
- 근접센서
- 단상 유도전동기
- PLC의 구성요소와 기능
- 오일탱크의 구비조건
- 모터 사용의 안전 및 유의사항

2025년 2회
- 기하공차의 종류
- 선반 바이트의 날 여유각
- 여유면 마모(플랭크 마모)
- 끼어맞춤의 종류
- 동기전동기의 특징
- 스테핑 모터
- 트랜지스터 출력방식
- 압축공기의 건조

[자동화설비기능사] 필기
D-20 스터디 플래너

20일 완성!

D-20	D-19	D-18	D-17
시험안내 및 빨간키 훑어보기	✓ CHAPTER 01 기계요소 부품 일반 및 제도 핵심이론 01 ~ 핵심이론 06	✓ CHAPTER 01 기계요소 부품 일반 및 제도 핵심이론 07 ~ 핵심이론 12	✓ CHAPTER 01 기계요소 부품 일반 및 제도 핵심이론 13 ~ 핵심이론 18

D-16	D-15	D-14	D-13
✓ CHAPTER 01 기계요소 부품 일반 및 제도 핵심이론 19 ~ 핵심이론 24	✓ CHAPTER 01 기계요소 부품 일반 및 제도 핵심이론 25 ~ 핵심이론 32	✓ CHAPTER 02 센서와 모터 핵심이론 01 ~ 핵심이론 06	✓ CHAPTER 02 센서와 모터 핵심이론 07 ~ 핵심이론 12

D-12	D-11	D-10	D-9
✓ CHAPTER 03 자동화 일반 핵심이론 01 ~ 핵심이론 04	✓ CHAPTER 03 자동화 일반 핵심이론 05 ~ 핵심이론 08	✓ CHAPTER 03 자동화 일반 핵심이론 09 ~ 핵심이론 12	✓ CHAPTER 03 자동화 일반 핵심이론 13 ~ 핵심이론 16

D-8	D-7	D-6	D-5
✓ CHAPTER 04 공유압 제어 핵심이론 01 ~ 핵심이론 05	✓ CHAPTER 04 공유압 제어 핵심이론 06 ~ 핵심이론 10	✓ CHAPTER 04 공유압 제어 핵심이론 11 ~ 핵심이론 14	2011~2013년 과년도 기출문제 풀이

D-4	D-3	D-2	D-1
2014~2016년 과년도 기출문제 풀이	2017~2021년 과년도 기출복원문제 풀이	2022~2024년 과년도 기출복원문제 풀이	2025년 최근 기출복원문제 풀이

합격 수기

안녕하세요. 생산자동화기능사 합격자입니다.

시험에 도전하기 전부터 생산자동화기능사에 대한 내용은 좀 알고 있었는데 2번 공부하기 싫어서 처음 공부할 때 열심히 하기로 마음먹었습니다. 책은 Win-Q 생산자동화기능사를 선택했고, 공부기간은 한 달로 잡았습니다. 이미 아는 내용들이 꽤 있어서 준비하는데 어렵진 않았습니다. 계획한대로 앞부분부터 공부하는데 좀 지루해서 3일 정도 했을 때 바로 문제로 넘어갔습니다. 그런데 생각보다 모르는 문제가 많이 있어서 당황하기도 했고, 문제 푸는 게 앞에 이론 보는 것보다 덜 지루해서 문제 푸는데 집중했습니다. 그런데 기출문제 몇 회분 풀고 검토하면서 보니까 모르는 부분이 꽤 있더라구요. 그래서 이론 뒷부분을 먼저 본 후에 다시 문제를 풀었습니다. 그랬더니 대략 10개 정도씩 더 맞아서 그제야 합격권에 들고 안심하게 되었습니다. 솔직히 한 달 잡았는데 실제 공부 기간은 20일 밖에 안되는 것 같네요. 시험 날에는 가방에 빨간키만 잘라서 가져갔습니다. 시험 방식은 CBT라는 방식으로 바뀌었는데 요즘 많이 하는 것처럼 컴퓨터로 시험 보는 방식입니다. 오히려 OMR보다 답 체크와 수정이 편해서 저는 편하더라구요. 아무튼 다들 열심히 하시고 문제 중심으로 공부하시면 좋은 결과가 있을 것 같습니다.

2023년 생산자동화기능사 합격자

공부할 시간이 짧았지만 합격하는 데 무리가 없었습니다.

비전공자로서 어떤 중요한 이유로 갑자기 생산자동화기능사라는 자격증에 도전하게 되었는데 그때 저에게 주어진 공부할 시간이 10일 밖에 없었습니다. 그나마 일이나 그 외의 활동을 하지 않았던 터라 다행이었습니다. 처음에 도전하기로 마음먹고 나서는 걱정했지만 다른 방법이 없어서 그냥 10일 동안 성실하게 공부하기로 했습니다. 책은 아는 분이 지원해주신 윙크로 공부했습니다. 먼저 책 목차를 보니까 앞에는 핵심이론, 뒤에는 기출문제로 구성되어 있는데 핵심이론 부분을 이틀 동안 2번 정독하고 뒤에 기출문제로 넘어갔습니다. 똑같은 문제들이 반복해서 나온다는 말을 들어서 기출문제의 비중을 높이기로 했습니다. 8일 동안 2016년 기출문제까지 풀었는데 자주 나오는 문제들이 몇 개 보였습니다. 저는 한 회 풀고 해설까지 공부하고 나서 다음 회를 풀었는데, 회를 거듭할수록 점수가 올라서 합격할 수 있다는 기대감에 차 있었습니다. 철저하게 시험 당일에 계산기도 가져갔는데 컴퓨터 화면 안에 계산기가 있더라구요. 아무튼 반복된 문제와 자주 나오지 않았던 문제들도 나와서 합격하는데 무리가 없었습니다. 다들 열심히 하시고 실기시험까지 합격하시길 바랍니다.

2024년 생산자동화기능사 합격자

이 책의 목차

[자동화설비기능사] 필기

빨리보는 간단한 키워드

PART 01	핵심이론	
CHAPTER 01	기계요소 부품 일반 및 제도	002
CHAPTER 02	센서와 모터	063
CHAPTER 03	자동화 일반	086
CHAPTER 04	공유압 제어	113

PART 02	과년도 + 최근 기출복원문제	
2011~2016년	과년도 기출문제	138
2017~2024년	과년도 기출복원문제	341
2025년	최근 기출복원문제	582

빨간키

빨리보는 간단한 키워드

CHAPTER 01 기계요소 부품 일반 및 제도

■ **기계요소** : 축용, 결합용, 전동용, 제어용, 관용 기계요소

■ **선의 종류** : 굵은 실선, 가는 실선, 파선, 가는 1점쇄선(중심선, 기준선, 피치선), 굵은 1점 쇄선(기준선, 특수지정선), 가는 2점쇄선(상상선, 중심선), 파단선, 절단선, 해칭선

■ **각종 투상도** : 보조 투상도, 국부 투상도, 회전 투상도, 부분 투상도, 부분 확대도

■ **일반 열처리** : 담금질, 뜨임, 풀림, 불림 등

■ **기계제도에 적용하는 표면경화 및 열처리 적용 표시를 위한 선의 종류**

번 호	선 모양	선의 명칭	적용내용
02.2.1	― ― ―	굵은 파선	열처리, 유기물 코팅, 열적 스프레이 코팅과 같은 표면처리의 허용 부분을 지시한다.
04.1.5	—·—·—	가는 1점 장쇄선	열처리와 같은 표면경화 부분이 예상되거나 원하는 확산을 지시한다.
04.2.1	—·—·—	굵은 1점 장쇄선	데이텀 목표선, 표면의 (제한) 요구 면적, 예를 들면 열처리 또는 표면의 제한 면적에 대한 공차 형체 지시의 제한 면적, 예로 열처리, 유기물 코팅, 열적 스프레이 코팅 또는 공차 형체의 제한 면적
05.1.8	—··—	가는 2점 장쇄선	점착, 연납땜 및 경납땜을 위한 특정범위/제한 영역의 틀/프레임
07.2.1	········	굵은 점선	열처리를 허용하지 않은 부분을 지시한다.

■ **가공 줄무늬 방향기호** : = ⊥ × M C R

■ **기하공차의 기호**

▱ ○ ⌓ ⌒ ⌢ = ⊥ ∠ ⌖ ◎ = ↗ ↗

■ **최대실체조건** : 도면 중 실체를 갖는 영역의 부피가 가장 크게 될 때의 조건

끼워맞춤

- 헐거운 끼워맞춤 : 구멍이 클 때
- 중간 끼워 맞춤 : 축과 구멍이 경우에 따라 서로 크거나 작을 때
- 억지 끼워맞춤 : 축이 클 때

구름베어링의 호칭

계열번호	안지름 번호	접촉각 기호	보조 기호	의 미
63	12		Z	단열 깊은 홈 볼 베어링 안지름 60mm(×5한 값)
72	06	C	DB	단식 앵귤러 볼베어링 안지름 30mm

키의 호칭

표준번호　종류 및 호칭치수　　길이　끝 모양의 특별지정　재료
KS B 1311　평행키 10 × 8 × 25　　양 끝 둥긂　SM45C
　　　　　　　　폭 × 높이 × 길이

전동용 기계요소 : 마찰차, 기어(평행, 헬리컬, 베벨, 웜, 래크, 피니언)

기어절삭가공 : 형판에 의한 절삭, 총형커터에 의한 절삭, 창성에 의한 절삭

스프링의 제도 : 생략은 가는 2점쇄선, 재료 중심선 굵은 실선, 코일 부분 나선, 요목표 작성

구성인선의 생애 : 발생 → 성장 → 분열 → 탈락

칩의 종류 : 유동형, 전단형, 균열형, 열단형

공구의 마멸

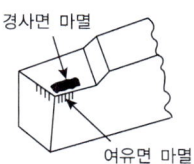

선반가공 : 주축대, 심압대, 왕복대, 베드, 슬리브, 방진구, 맨드릴, 파이프 센터, 면판, 콜릿

▌ 절삭속도

$$V(\text{m/min}) = \frac{\pi \times D(\text{mm}) \times n(/\text{min})}{1,000}$$

▌ 밀링가공의 방향
- 상향절삭 : 일감과 공구이송이 반대 방향
- 하향절삭 : 일감과 공구이송이 같은 방향

▌ 드릴가공의 종류 : 드릴링, 리밍, 태핑, 보링, 스폿 페이싱, 카운터 보링, 카운터 싱킹

▌ 연삭숫돌의 3요소 : 숫돌입자, 결합제, 기공

▌ 연삭 결함 : 떨림, 진원도 불량, 원통도 불량, 가공면의 이송 흔적

▌ 정밀입자가공 : 호닝, 슈퍼피니싱, 래핑, 액체호닝

▌ 마무리가공 : 래핑, 버핑, 슈퍼피니싱, 버니싱, 쇼트피닝

▌ 절삭제의 목적 : 냉각, 방청, 윤활, 칩의 배출

▌ 재료의 가공성 : 주조성, 소성가공성, 절삭성, 접합성

▌ 다듬질 수공구 작업 : 줄작업, 태핑, 금 긋기 작업, 떼기작업

▌ 다듬질 전동공구
- 그라인더 : 동력이나 숫돌의 크기로 규격 표시
- 드릴머신 : 구멍의 최대 지름으로 규격 표시

▌ 응 력

$$\text{응력} = \frac{\text{면적에 작용하는 힘}}{\text{힘이 작용하는 면적}} \quad \text{또는} \quad \sigma = \frac{F}{A}$$

■ **가단주철**
  - 백심가단주철 : 파단면이 흰색, 탈탄반응에 의해 가단성이 부여
  - 흑심가단주철 : 표면이 탈탄, 파단면이 검은색, 풀림로에서 2단계 가열 흑연화처리
  - 펄라이트가단주철 : 입상 펄라이트조직, 강력하고 내마멸성

■ **줄의 거칠기** : 황목, 중목, 세목, 유목

■ **오차의 종류** : 측정기오차, 읽음오차, 온도의 영향에 의한 오차, 측정력에 의한 오차, 환경오차

CHAPTER 02 센서와 모터

■ **센서의 측정 대상에 따른 분류** : 기계, 음향, 주파수, 전기, 온습도, 광, 방사선, 화학, 생체, 정보

■ **센서 선정 시 고려사항** : 센서의 특성, 신뢰성, 생산성

■ **센서의 감지방법에 따른 분류**

감지방법		종류
접촉식		마이크로 스위치, 리밋 스위치, 테이프 스위치, 매트 스위치, 터치 스위치 등
비접촉식	근접 감지기	고주파형, 정전 용량형, 자기형, 유도형
	광감지기	투과형, 반사형
	영역 감지기	광전형, 초음파형, 적외선형

■ **광전센서** : 광 파장영역에 있는 빛을 검출하며, 발광부와 수광부로 구성되어 있다.

■ **자동화 설비보전**
- 계획보전 : 설비의 설계에서 폐기까지 생산성 극대화, 보전비용 최소화
- 예방보전 : 열화를 방지하기 위한 일상보전, 정기 검사, 조기 복원을 위한 보전활동
- 사후보전 : 고장 정지, 성능 저하 후 보전
- 개량보전 : 설비 신뢰성, 보전성 향상 개선
- 보전예방 : 고장 나지 않게 또는 쉽게 보전

■ **센서신호 형태**
- 바이메탈온도계 2진 신호 발생 → 디지털신호
- 수은온도계, 열팽창 → 수은주의 높이 변화 → 아날로그신호

■ **센서 측정 시 유의사항** : 극성, 퓨즈 단선 여부, 미터기 내부 건전지, 측정레인지, 전기 안전

▌ 센서 점검
- 리밋 스위치 : 레버 또는 롤러 마모, 결선부, 취부나사 등
- 광전 스위치 : 렌즈면 오염, 결선부, 취부나사 등
- 센서 점검 : 배선, 접속부, 전원, 조정 정도, 외란 광, 검출 조건 또는 크기

▌ 전자접촉기의 이상원인 : 코일 단선, 전압범위 이탈, 이물질 등

▌ 열동계전기(Thermal Relay) : 온도가 상승하면 바이메탈에 의해 주접점을 열어 부하 보호

▌ 3상 유도의 원리 : 120° 간격으로 3상 고정자 권선 배치, 3상 사인파

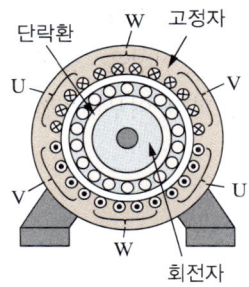

▌ 직류전동기

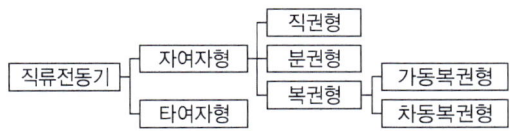

▌ 서보전동기

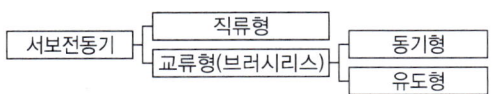

▌ 교류서보모터 : 정류자와 브러시 없이 외부로부터 직접 전원을 공급받을 수 있는 모터

▌ 스테핑 모터 : 일정한 펄스를 가해 각도를 제어할 수 있는 모터

■ **인버터 모터 고장 수정**
- 모터가 회전하지 않을 때 : 전압 출력 확인, 모터 작동 여부 또는 부하량 확인
- 모터역회전 : 단자 확인
- 흔들림 : 부하량, 주파수 확인
- 회전수 : 파라미터와 주파수 확인

■ **모터제어회로** : 3상 유도 전동기회로, 현장제어회로/원격제어회로, 미동운전회로, 정역제어회로 결선 확인

■ **모터 유지보수**
- 고장 원인 확인 : 주회로, 부하, 환경, 설치 및 시공, 점검 불량, 제조 불량, 운전 실수, 수명 및 마모
- 시동 전 점검 : 정격 전원, 배선, 접지, 전선, 오염 여부, 시동 여부, 축의 윤활, 편심, 브러시 압력
- 시도 후 점검 : 회전 방향, 전류, 시동시간, 이상음, 불꽃, 정상 작동 여부 등
- 운전 중 점검 : 이상음, 이상진동, 냄새, 파열 여부, 운전 상태 등

CHAPTER 03 자동화 일반

- **자동화 고려요소** : 생산시스템 효율성, 작업환경 개선, 원가 절감, 생산성 향상, 품질 균일화, 인력난 해소 등

- **자동화시스템 요소** : 입력요소, 제어요소, 출력요소

- **제어시스템**
  - 수학적 분류 : 시변/시불변시스템, 선형/비선형 시스템
  - 목푯값 종류에 따라 : 정치제어, 추치제어, 비율제어
  - 신호에 따라 : 연속값/이산값 제어
  - 제어량에 따라 : 서보기구, 프로세스제어, 자동 조정

- **제어의 종류** : 순차제어, 정치제어, 추종제어, 프로세스제어, 자동 조정, 메모리제어, 파일럿제어, 비례제어, On/Off 제어

- **전달함수의 계산**

$$C(s)/R(s) = \frac{\text{입력부터 출력경로에 있는 함수}}{1 - \text{폐루프(1)경로에 있는 함수} - \text{폐루프(2)경로에 있는 함수} - \cdots}$$

- **시퀀스제어 관점에서 본 제어의 분류**

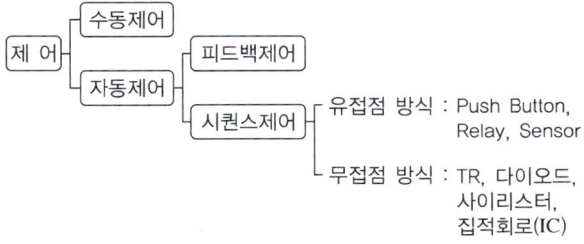

■ 제어회로 읽는 법

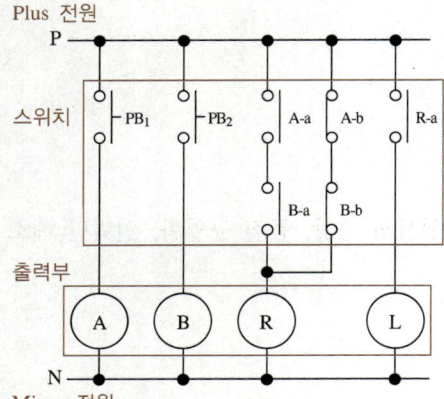

동작과 출력의 특징에 따라 한시동작(기다렸다 동작), 자기유지, 일치(두 신호가 일치되어야 출력), 신입신호 우선, 인터로크 등의 명칭이 붙는다.

■ 플립플롭 : 1 또는 0과 같이 하나의 입력에 대하여 항상 그에 대응하는 출력을 발생하게 하고, 다음에 새로운 입력이 주어질 때까지 그 상태를 안정적으로 유지하는 회로

■ 논리법칙

- 교환법칙

  $A \cdot B = B \cdot A$

  $A + B = B + A$

- 흡수법칙

  $A \cdot 1 = A$

  $A \cdot 0 = 0$

  $A + 1 = 1$

  $A + 0 = A$

- 결합법칙

  $(A \cdot B) \cdot C = A \cdot (B \cdot C)$

  $(A + B) + C = A + (B + C)$

- 분배법칙

  $A \cdot (B + C) = A \cdot B + A \cdot C$

  $A + (B \cdot C) = (A + B) \cdot (A + C)$

- 누승법칙

  $\overline{\overline{A}} = A$

- 보원법칙

  $A \cdot \overline{A} = 0$

  $A + \overline{A} = 1$

- 멱등법칙

  $A \cdot A = A$

  $A + A = A$

- 드모르간의 법칙

  $\overline{(A \cdot B)} = \overline{A} + \overline{B}$

  $\overline{(A + B)} = \overline{A} \cdot \overline{B}$

▌ 제어연산부의 구성

- CPU(Central Processing Unit)
- ALU(Arithmetic-Logic Unit)
- RAM(Random Access Memory)
- ROM(Read Only Memory)

▌ IEC(국제전기표준회의)에서 표준화한 PLC 프로그래밍 언어

- 도형 기반 언어 : LD(Ladder Diagram), FBD(Function Block Diagram)
- 문자기반 언어 : IL(Instruction List), ST(Structured Text)
- SFC(Sequential Function Chart)

▌ 프로그래밍의 흐름

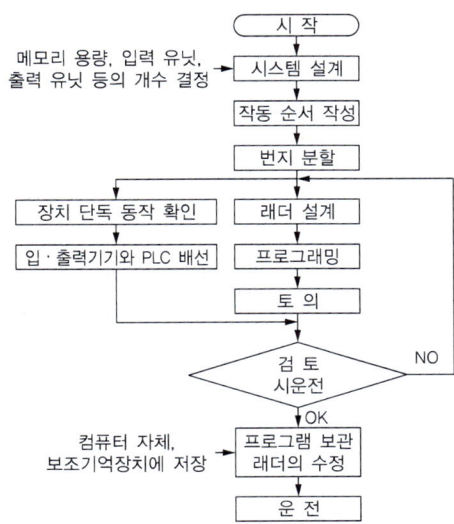

■ **프로그램 컴파일** : 실행파일을 생성하는 과정. 컴파일 과정 중 오류 메시지로 검토 가능

[LD 명령어 모음]

기 능	기 호	작동 설명
a접점	─┤ ├─	지정된 접점의 On/Off 정보를 연산한다.
b접점	─┤/├─	지정된 접점의 On/Off 정보를 연산한다.
출력 코일	─( )─	출력코일까지의 연산결과를 출력한다.
세트 출력 코일	─(S)─	입력조건이 On되면 지정한 출력코일이 On되고, 리셋 출력코일이 On이 되기 전까지 On 상태를 유지한다.
리셋 출력 코일	─(R)─	입력조건이 On되면 지정한 출력코일이 Off되고, 세트 출력코일이 On이 되기 전까지 Off 상태를 유지한다.
On 딜레이 타이머	BOOL─IN TON Q─BOOL TIME─PT ET─TIME	입력조건이 On되는 순간부터 타이머의 경과시간이 증가하여 설정시간에 도달하면 타이머 출력이 On된다.
Off 딜레이 타이머	BOOL─IN TOF Q─BOOL TIME─PT ET─TIME	입력조건이 On되면 타이머 출력이 On되었다가 입력조건이 Off되는 순간부터 타이머의 경과시간이 증가하여 설정시간에 도달하면 타이머 출력이 Off된다.
가산(Up) 카운터	BOOL─CU CTU Q─BOOL BOOL─R CV─INT INT─PV	펄스가 입력될 때마다 현재값이 1씩 증가하여 설정값 이상이 되면 카운터 출력이 On된다.
감산(Down) 카운터	BOOL─CD CTD Q─BOOL BOOL─D CV─INT INT─PV	펄스가 입력될 때마다 카운터 현재값이 1씩 감소하여 현재값이 0 이하이면 카운터 출력이 On된다.

■ **PLC 접속** : RS-232C, USB, 이더넷, 모뎀 등

CHAPTER 04 공유압 제어

- **공유압의 비교**
  - 공압 : 무상/무한 존재로 간주, 속도 변경 용이, 환경오염/인화성 없음, 압축성/에너지 저장성 있음
  - 유압 : 쉽고 정확한 제어, 크고 일정한 힘 도출 가능, 비압축성

- 1atm = 760mmHg = 10.33mAq = 1.03323kgf/cm^2 = 1.013bar = 1,013hPa
  1at = 735.5mmHg = 10.00mAq = 0.98bar = 0.98kgf/cm^2

- **보일-샤를의 법칙** : $PV = nRT$
  - 보일의 법칙 : 기체 등온 시 압력-부피 반비례
  - 샤를의 법칙 : 일정 압력 시 온도-부피 비례

- **파스칼의 원리** : $\sigma = \dfrac{P_1}{A_1} = \dfrac{P_2}{A_2}$

- **연속의 법칙** : $Q = AV = A_1 V_1 = A_2 V_2$

- **베르누이의 정리**

$$\frac{P}{\gamma} + \frac{V^2}{2g} + z = \frac{P_1}{\gamma} + \frac{V_1^2}{2g} + z_1 = \frac{P_2}{\gamma} + \frac{V_2^2}{2g} + z_2 = H$$

- **방향제어밸브 읽는 법** : $\boxed{\text{방 하나의 포트수}}$ port $\boxed{\text{방의 개수}}$ way

- **압력제어밸브의 종류** : 릴리프밸브(안전밸브), 감압밸브(2차쪽 압력 조절), 시퀀스밸브(조작 순서 제어), 무부하밸브(펌프 무부하 운전), 카운터밸런스밸브(액추에이터쪽에 배압)

- **밸브의 구조** : 스풀형, 포핏형, 슬라이드형으로 구분

■ **밸브 조작의 종류** : 솔레노이드식, 공기압작동식, 기계작동식, 수동식

■ **액추에이터의 작동력 계산** : $P = \sigma \times A_1$

■ **공압모터의 종류** : 반경류식, 축류식, 베인모터, 기어모터, 터빈모터, 요동모터

■ **유압펌프의 비교**

구 분	기어펌프	베인펌프	피스톤펌프
구 조	구조가 가장 간단	부품이 많고 정밀하게 제작을 요구	구조가 복잡하고 매우 높은 가공 정밀도를 요구함
성 능	큰 힘으로 흡입 가능	큰 힘으로 흡입하기는 힘듦	흡입할 수 있는 힘의 크기에 제한이 있으나 예민한 압력의 변화에 적합
점도의 영향	점도가 크면 효율에는 영향을 미치나 다른 큰 영향은 없음	• 점도에 영향을 받음 • 효율과는 대체로 무관	점도에 영향을 받음
이물질의 영향	거의 없음	영향을 받음	예민한 압력에 영향을 크게 받음
제작비용	저 렴	보 통	비 쌈

■ **펌프 전 효율** = 용적효율 × 기계효율

■ **공기압축기의 종류**

원심형	축류식	여러 날개형		
		레이디얼형		
		터보형		
	사류식			
용적형	왕복동식	이동여부에 따라	고정식	이동식
		실린더위치에 따라	횡 형	입 형
		피스톤 수량에 따라	단동식	복동식
	회전식			

■ **공압 부속기기** : 애프터쿨러(공기압력 낮춤), 공기탱크, 공기필터, 자동배출기(수분 제거), 스트레이너(굵은 불순물 거름)

■ **미터인방식** : 실린더로 들어가는 공기의 양 조절

▌ **미터아웃방식** : 실린더에서 나가는 공기의 양 조절

▌ **공압회로를 이용한 논리회로 구성(예시)**

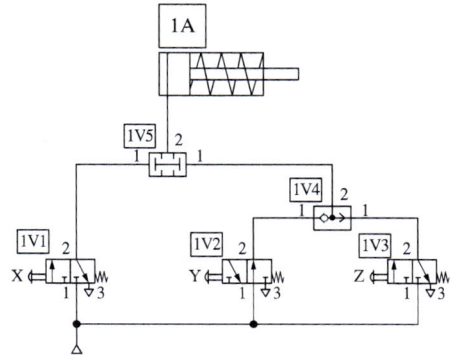

교육은 우리 자신의 무지를 점차 발견해 가는 과정이다.

– 월 듀란트 –

PART 01

핵심이론

CHAPTER 01   기계요소 부품 일반 및 제도
CHAPTER 02   센서와 모터
CHAPTER 03   자동화 일반
CHAPTER 04   공유압 제어

CHAPTER 01 기계요소 부품 일반 및 제도

핵심이론 01 기계와 기계요소

① 기계 : 저항력이 있는 물체가 서로 결합되어 외부에서 공급받은 에너지로 일정한 구속운동을 함으로써 유용한 일을 하는 것

② 기계요소 : 기계를 구성하는 각 저항체
  ㉠ 축용 기계요소 : 회전력을 전달하고 회전체를 지지하는 요소
    예 축, 축이음(커플링, 클러치), 베어링, 키, 핀, 코터
  ㉡ 결합용 기계요소 : 2개 이상의 기계 부품을 결합시키는 요소
    예 나사, 리벳 등
  ㉢ 전동용 기계요소 : 동력을 전달·변환하는 요소
    예 마찰차, 기어, 캠, 벨트, 체인, 로프 등
  ㉣ 제어용 기계요소 : 운동 부분의 속도를 제어하는 요소
    예 스프링, 브레이크
  ㉤ 관용 기계요소 : 유체를 이송하고 조절하는 용도의 기계요소인 관(Pipe)을 연결하고 꺾고 지지하는 요소
    예 관, 밸브, 콕, 관이음

③ 기계요소와 구분되는 유사 개념
  ㉠ 구조물(Structure) : 여러 개의 저항체로 구성되어 있으나 고정되어 운동이 없는 교량·철탑 등의 물체
  ㉡ 기기(Instrument) : 저항체 간의 상대운동이 있으나 유용한 일을 하지 않는 시계, 계측기 등

④ 기계의 구성
  ㉠ 동력 공급부 : 외부로부터 에너지를 공급받는 부분
  ㉡ 동력 전달부 : 받아들인 에너지를 전달 또는 변환시키는 부분
  ㉢ 지지부(프레임) : 기계요소를 고정하는 부분
  ㉣ 동작부 : 일을 하는 부분

10년간 자주 출제된 문제

다음 중 체결용 기계요소는?
① 축
② 나사
③ 베어링
④ 플라이휠

[해설]
체결용 기계요소에는 볼트, 너트와 같은 나사, 나사가 없는 리벳, 끼워서 결합하는 키, 핀 등이 있다.

정답 ②

핵심이론 02 기계제도 – 선의 종류

① 선의 종류

선의 종류	선의 명칭	용도에 따른 명칭
———————	굵은 실선	외형선
———————	가는 실선	치수선 치수보조선 인출선 회전단면선 중심선 수준면선
— — — — —	파선(가는 파선, 굵은 파선)	숨은선
—·—·—·—	가는 1점쇄선	중심선 기준선 피치선
—·—·—·—	굵은 1점쇄선	기준선 특수지정선
—··—··—··	가는 2점쇄선	상상선 중심선
∼∼∼∼	파형의 가는 실선	파단선
∼\/\∼	지그재그선	
─·─┐ 　　└·─	가는 1점쇄선으로 끝 부분 및 방향이 바뀌 는 부분을 굵게 한 것	절단선
//////////	가는 실선을 규칙적 으로 나열한 것	해 칭

② 선의 용도

선의 명칭	용 도
외형선	물체가 보이는 부분의 모양을 나타내기 위한 선
치수선	치수를 기입하기 위한 선
치수보조선	치수를 기입하기 위하여 도형에서 끌어낸 선
지시선	각종 기호나 지시사항을 기입하기 위한 선
중심선	도형의 중심을 간략하게 표시하기 위한 선
수준면선	수면, 유면 등의 위치를 나타내기 위한 선
파단선	물체의 일부를 자른 곳의 경계를 표시하거나 중간 생략을 나타내기 위한 선
숨은선	물체의 보이지 않는 부분의 모양을 나타내기 위한 선
중심선	도형의 중심을 표시하거나 중심이 이동한 궤적을 나 타내기 위한 선
기준선	위치결정의 근거임을 나타내기 위한 선
피치선	반복 도형의 피치를 잡는 기준이 되는 선

선의 명칭	용 도
가상선	가공 부분의 특정 이동 위치, 가공 전후의 모양, 이동 한계 위치 등을 나타내기 위한 선
무게중심선	단면의 무게중심을 연결한 선
해 칭	단면도의 절단면을 나타내기 위한 선

③ 선의 우선순위

도면에서 2종류 이상의 선이 같은 장소에서 중복되는 경우 외형선 > 숨은선 > 절단선 > 중심선 > 무게중심선 > 치수보조선 순으로 표시한다.

10년간 자주 출제된 문제

2-1. 암이나 리브, 림 등의 단면을 나타내기 위해 회전도시단면도로 나타내려고 한다. 이 단면 현상을 도형 내의 절단한 곳에 겹쳐서 나타낼 때 사용하는 선은?

① 가는 실선
② 굵은 실선
③ 가는 1점쇄선
④ 가는 파선

2-2. 도면에 굵은 1점쇄선으로 표시되어 있을 경우 다음 중 어느 경우에 해당되는가?

① 기어의 피치선이다.
② 인접 부분을 참고로 표시하는 선이다.
③ 특수가공을 지시하는 선이다.
④ 이동 위치를 표시하는 선이다.

2-3. 기계제도에서 도형에 나타나지 않으나 공작 시의 이해를 돕기 위하여 가공 전 형상이나 공구의 위치 등을 나타내는 데 사용하는 선은?

① 파단선　　　　② 숨은선
③ 중심선　　　　④ 가상선

【해설】

2-1

회전도시 단면도
- 회전단면를 사용하여 제도하는 제품 : 핸들, 벨트 풀리, 기어 등의 암, 림, 리브와 훅, 축, 구조물에 주로 사용하는 형강 등을 말한다.
- 길이가 긴 제품의 회전단면도 : 중간을 파단선으로 생략하고 그 사이에 굵은 실선으로 회전단면도를 제도한다.
- 절단한 곳과 겹치는 회전단면도 : 투상도의 절단할 곳과 겹쳐서 제도하고자 할 때는 가는 실선으로 긋는다.
- 투상도의 밖으로 끌어내는 회전투상도 : 가는 1점쇄선으로 절단면 위치를 표시하고, 굵은 1점쇄선으로 한계를 표시하여 굵은 실선으로 긋는다.
- 길이 방향으로 단면을 하여도 의미가 없거나 이해를 방해하는 부품은 긴 쪽의 방향으로 단면을 하지 않는다.

2-2

굵은 1점쇄선은 가는 2점쇄선과 함께 특수한 가공 부위를 요구할 때 사용하며, 데이텀 등에도 사용한다.

정답 2-1 ① 2-2 ③ 2-3 ④

핵심이론 03 기계제도 – 투상법

① 제1각법 및 제3각법

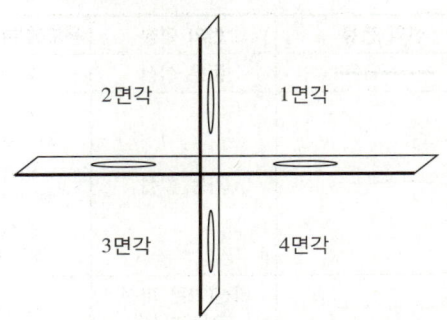

㉠ 1면각 위에 물체를 올려놓고 보이는 면을 동그라미가 그려진 스크린에 투영하여 그리는 방법이 제1각법이다.

㉡ 3면각 위에 물체를 올려놓고 보이는 면을 동그라미가 그려진 스크린에 투영하여 그리는 방법이 제3각법이다.

㉢ 따라서 그림을 그리면 제1각법은 보이는 면이 상하좌우가 바뀌어서 표현되고, 제3각법은 보이는 대로 표현된다.

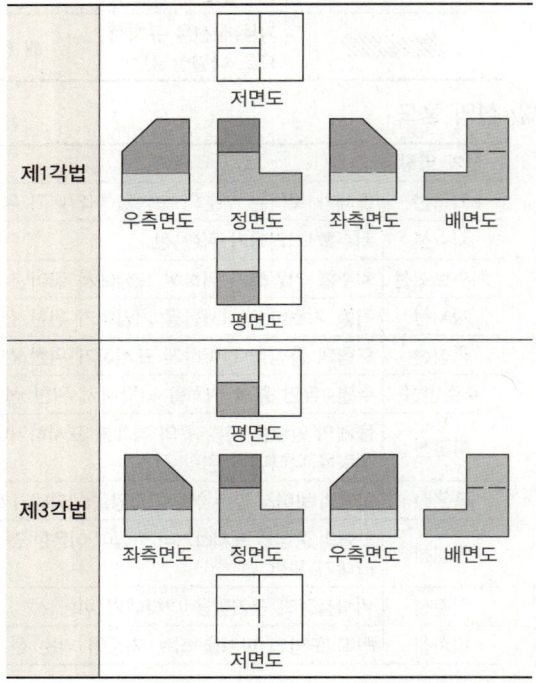

㉣ 기 호

제1각법의 기호	제3각법의 기호
◁⊙	⊙▷

② 각종 투상도

㉠ 보조투상도 : 경사면이 있는 제품의 실제 모양을 투상할 때 보이는 전체 또는 일부분만 나타내는 것이다. A를 보조투상도라고 한다.

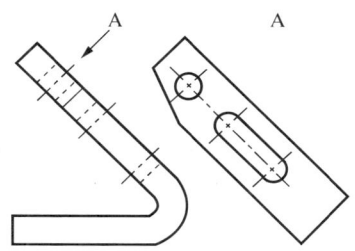

㉡ 국부(요점)투상도 : 제품의 구멍, 홈 등과 같이 특정한 부분의 모양을 나타내는 것으로 충분한 경우 제도하며, 관계를 표시하기 위해 중심선, 치수보조선 등을 연결하여 나타낸다. 다음 그림의 키홈은 보조선으로 연결하여 홈 부분만 나타낸 국부투상도이다.

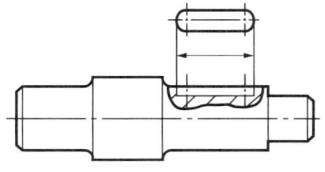

㉢ 회전투상도 : 각도를 가지고 있는 실제 모양을 회전해서 실제 모양을 나타내며, 잘못 볼 우려가 있는 경우 작도에 사용한 가는 실선을 남겨 표시한다. 다음 평면도 B의 돌출 부위를 B′처럼 회전시켜 표시한다.

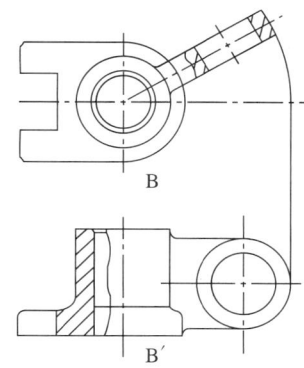

㉣ 부분투상도 : 모양의 특징 또는 일부를 도시하는 것으로 충분한 경우, 부분투상을 도시한 경우, 대칭인 경우 등 모양을 전체 도시하지 않고 표현한 투상도이다. 다음 평면도 C에 대해 C′가 부분투상도이다.

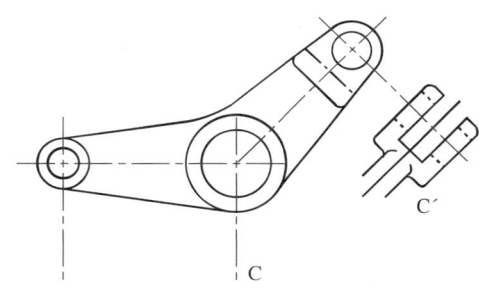

ⓓ 부분확대도 : 자세하게 나타내고 싶은 부분을 가는 실선으로 에워싸고 영문 대문자로 지시하고 확대한다. D로 표시한 상세도가 부분확대도이다.

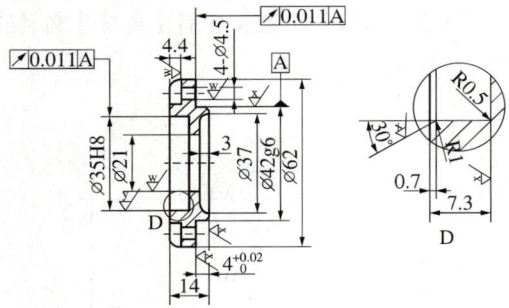

ⓑ 대칭 모양의 제품 투상도는 대칭 부분을 생략한다.
ⓢ 특정 모양이 반복되어 잘못 볼 우려가 있는 경우 반복을 생략한다.
ⓞ 제품이 긴 경우 파단선으로 제품을 줄여 표현한다.
ⓩ 원통 축 중간 및 끝 면의 평면투상의 경우 가는 실선으로 대각선 표시한다.
ⓩ 가공에 사용하는 공구 등의 모양을 투상할 때는 가상으로 그리므로 2점쇄선으로 공구 모양을 그린다.
ⓚ 투상도의 숨은선이 헷갈리게 할 경우 숨은선을 생략한다.
ⓔ 절단면 뒤의 선에 대해 이해가 가능한 경우 생략한다.

③ 각종 단면도
ⓐ 투상으로부터 밖으로 이동된 단면도는 가급적 가까운 곳에 위치하도록 하여 가는 1점쇄선으로 연결하여 제도한다.
ⓑ 온단면도는 전체를 절단하여 그린 단면도이다.
ⓒ 한쪽단면도는 중심선 기준으로 단면하여 안쪽과 겉모양을 동시에 볼 수 있게 단면한다.
ⓓ 부분단면도는 필요한 부분만 파단선으로 잘라내어 단면도를 제도한다.

ⓔ 회전단면도는 절단한 단면의 모양을 90° 회전시켜서 투상도의 안이나 밖에 그리는 단면도이다.
• 회전단면도 대상은 핸들, 벨트 풀리, 기어 등의 암, 림, 리브, 훅, 축, 구조물에 사용하는 형강 등이다.
• 길이가 긴 제품은 파단선으로 중간을 생략하고 그 사이에 굵은 실선으로 회전단면도를 그린다.
• 투상도 밖으로 끌어내는 회전투상도는 가는 1점쇄선으로 절단면 위치를 표시하고, 굵은 1점쇄선으로 한계를 표시하여 굵은 실선으로 긋는다.

10년간 자주 출제된 문제

3-1. 다음 그림과 같은 입체도에서 화살표 방향이 정면일 경우 제3각법으로 투상한 도면으로 가장 적합한 것은?

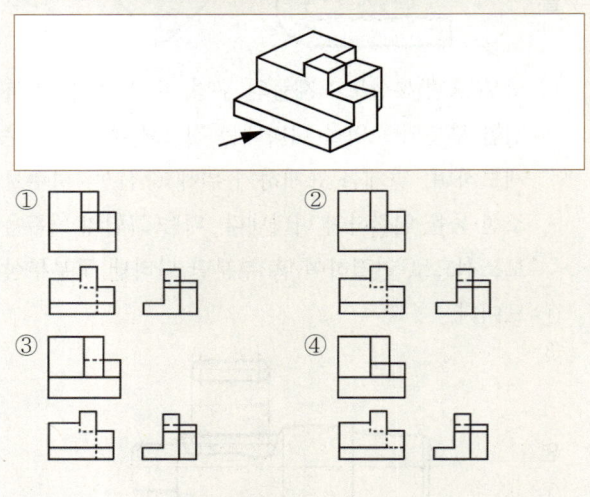

3-2. 다음의 도시된 단면도의 명칭은?

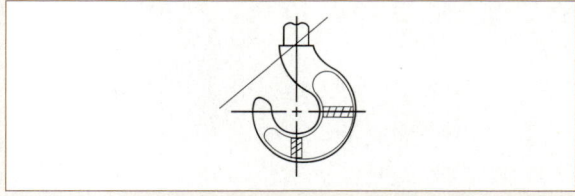

① 전단면도
② 한쪽단면도
③ 부분단면도
④ 회전도시단면도

10년간 자주 출제된 문제

3-3. 다음 그림의 조립도에서 부품 ⓐ의 기능 및 조립 시와 가공 시를 고려할 때, 가장 적합하게 투상된 부품도는?

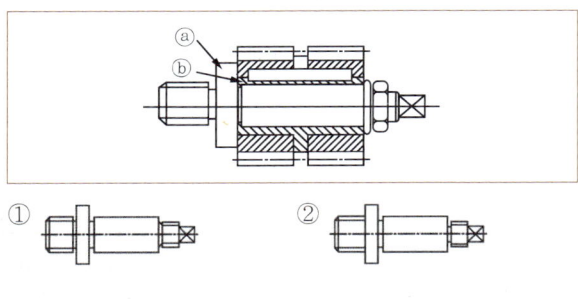

3-4. 투상도법에서 다음 그림과 같이 경사진 부분의 실제 모양을 도시하기 위하여 사용하는 투상도의 명칭은?

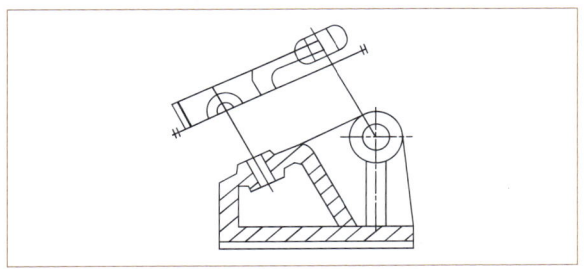

① 부분투상도　　② 국부투상도
③ 부분확대도　　④ 보조투상도

3-5. 국부투상도를 나타낼 때 주된 투상도에서 국부투상도로 연결하는 선의 종류에 해당하지 않는 것은?
① 치수선　　② 중심선
③ 기준선　　④ 치수보조선

해설

3-1
등각투상도에서 정투상법으로 표현할 때는 보이는 대로 외형선을 표시하고, 보이지 않지만 가려져 있는 외형은 숨은선으로 표시한다. ②는 평면도의 솟은 부분의 외형선이 없고, ③은 평면도에서 솟은 부분이 숨은선이 아닌 외형선으로 표시되어야 하며, ④는 정면도에서 숨은선 부분이 바닥까지 연결되어야 한다.

3-2
단면으로 도시하고 싶은 부분이 훅(Hook, 고리)의 축 방향이어서 정면도에서는 단면을 볼 수 없다. 따라서 단면을 선택하고 정면 방향으로 회전하여 단면을 볼 수 있도록 한 단면도를 회전도시단면도라고 한다. 한 가지 Tip으로 회전도시단면도의 예로 사용하는 도면은 바퀴의 암(Arm)이나 레일(Rail) 그리고 문제의 훅(Hook, 고리) 등을 사용한다.

3-3
부품에 대해 미리 알고 있거나 도면 해석을 정확히 할 수 있지 않으면 상당히 어려운 문제인데, 이런 문제에서 정확하게 문제를 풀어내는 것도 좋은 방법이지만, 수험생의 입장에서는 각 보기별로 다르게 표현된 어떤 부분을 꼬집어서 문제의 도면과 부분 비교하는 방법을 권한다. 문제에서의 의도는 조립된 단면도를 그렸을 경우, 축으로 표시되는 부분은 해칭을 하지 않는다는 것을 알 수 있느냐와 너트와 연결되는 나사 부분의 제도를 정확히 읽어내느냐는 것을 물어본 것이다.

3-4
- 보조투상도 : 경사면이 있는 제품의 실제 모양을 투상할 때 보이는 전체 또는 일부분만을 나타내는 것이다.
- 국부투상도 : 제품의 구멍, 홈 등과 같이 특정한 부분의 모양을 나타내는 것으로 충분한 경우 제도하며, 관계를 표시하기 위해 중심선, 치수보조선 등을 연결한다.
- 회전투상도 : 각도를 가지고 있는 실제 모양을 회전해서 실제 모양을 나타내며, 잘못 볼 우려가 있는 경우, 작도에 사용한 가는 실선을 남겨 표시한다.
- 부분투상도 : 모양의 특징 또는 일부를 도시하는 것으로 충분한 경우, 부분투상을 도시한 경우, 대칭인 경우 등 모양을 전체 도시하지 않고 표현한 투상도이다.
- 부분확대도 : 자세하게 나타내고 싶은 부분을 가는 실선으로 에워싸고 영문 대문자로 지시하고 확대하여 나타낸다.

3-5
국부투상도 : 제품의 구멍, 홈 등과 같이 특정한 부분의 모양을 나타내는 것으로 충분한 경우 제도하며, 관계를 표시하기 위해 중심선, 기준선, 치수보조선 등을 연결한다.

정답 3-1 ①　3-2 ④　3-3 ④　3-4 ④　3-5 ①

핵심이론 04 열처리

① 열처리
  ㉠ 열처리는 경도·강도의 증가, 조직의 미세화 및 조직의 안정화, 잔류응력 제거 및 변형 방지, 조직을 연화시켜 기계가공성 향상 등의 목적으로 시행한다.
  ㉡ 열처리의 종류
    • 일반 열처리 : 담금질, 뜨임, 풀림, 불림 등
    • 항온 열처리 : 마템퍼, 마퀜칭, 오스템퍼링, 오스포밍 등
    • 표면경화 열처리
      - 물리적 방법 : 고주파경화법, 화염경화법, 하드페이싱, 쇼트피닝, 전해경화, 방전경화 등
      - 화학적 방법 : 침탄법, 질화법, 금속침투법, 표면개질법, 청화법 등

② 도면에서의 지시(KS B ISO 15787 5, 6)
  ㉠ 열처리 조건은 열처리 직후뿐만 아니라 조립체 또는 최종 상태에서도 관련될 수 있다. 따라서 기계가공 여유는 열처리 동안 적절히 고려되어야 한다.
  ㉡ 열처리에 대한 별도 도면이 없으면 가공 여유에 대한 정보를 줄 필요가 있다.
  ㉢ 열처리된 조건을 지시하는 단어, 경도 및 경도 깊이 데이터는 도면의 표제란에 기록하여야 한다.
  ㉣ 열처리 작업장에서 열처리 프로세스를 문서화하려면 열처리 문서(HTD)를 사용한다.
  ㉤ 도면에서 국부 영역의 지시
    • 표면경화 부품의 표면경화 영역
    • 열처리가 허용되는 부품의 영역
    • 담금질, 침탄, 침탄질화, 질화 또는 질화침탄된 부품의 비열처리 영역
    • 예상되거나 원하는 경화 영역의 확산 지시
  ㉥ 기계제도에 적용하는 표면경화 및 열처리 적용 표시를 위한 선의 종류

번호	선 모양	선의 명칭	적용내용
02.2.1	———	굵은 파선	열처리, 유기물 코팅, 열적 스프레이 코팅과 같은 표면처리의 허용 부분을 지시한다.
04.1.5	—·—·—	가는 1점 장쇄선	열처리와 같은 표면경화 부분이 예상되거나 원하는 확산을 지시한다.
04.2.1	—·—·—	굵은 1점 장쇄선	데이텀 목표선, 표면의 (제한) 요구 면적, 예를 들면 열처리 또는 표면의 제한 면적에 대한 공차 형체 지시의 제한 면적, 예로 열처리, 유기물 코팅, 열적 스프레이 코팅 또는 공차 형체의 제한 면적
05.1.8	—··—··—	가는 2점 장쇄선	점착, 연납땜 및 경납땜을 위한 특정범위/제한 영역의 틀/프레임
07.2.1	········	굵은 점선	열처리를 허용하지 않은 부분을 지시한다.

※ KS A ISO 128-2 부속서 D 참조

③ 일부 표면처리, 열처리를 할 때
  ㉠ 모재 위에 굵은 1점쇄선을 긋고 처리해야 하는 상태 표시

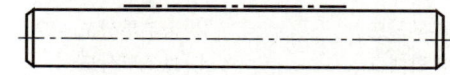

  ㉡ 굵은 파선은 처리 가능한 영역 표시

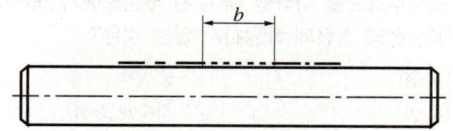

10년간 자주 출제된 문제

다음 그림과 같이 도면에 표시가 되었다면 b영역이 의미하는 내용으로 옳은 것은?

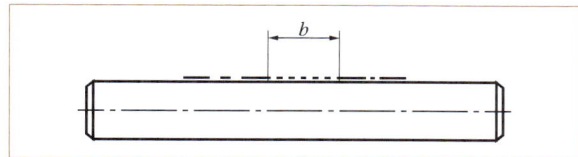

① 표면경화를 해야 하는 영역을 표시하였다.
② 표면경화를 해도 좋은 영역을 표시하였다.
③ 침탄 열처리를 하면 안 되는 영역을 표시하였다.
④ 표면경화 간의 간격을 확보하라는 지시를 표시하였다.

해설

b영역의 좌우 부분은 굵은 1점쇄선으로 표면경화 또는 침탄경화를 하도록 표시하였고, b영역은 굵은 파선으로 표시되어 있어 해당 열처리를 해도 좋다는 의미이다.

번 호	선 모양	선의 명칭	적용내용
02.2.1	‒ ‒ ‒	굵은 파선	열처리, 유기물 코팅, 열적 스프레이 코팅과 같은 표면처리의 허용 부분을 지시한다.
04.1.5	—·—·—	가는 1점 장쇄선	열처리와 같은 표면경화 부분이 예상되거나 원하는 확산을 지시한다.
04.2.1	—·—·—	굵은 1점 장쇄선	데이텀 목표선, 표면의 (제한) 요구 면적, 예를 들면 열처리 또는 표면의 제한 면적에 대한 공차 형체 지시의 제한 면적, 예로 열처리, 유기물 코팅, 열적 스프레이 코팅 또는 공차 형체의 제한 면적
05.1.8	—··—··—	가는 2점 장쇄선	점착, 연납땜 및 경납땜을 위한 특정범위/제한 영역의 틀/프레임
07.2.1	········	굵은 점선	열처리를 허용하지 않은 부분을 지시한다.

※ KS A ISO 128-2 부속서 D 참조

정답 ②

핵심이론 05 기계제도 – 제도기호

① 문자 및 그림기호(치수보조기호)의 종류

기호 이름	기호 모양	기호의 사용 방법
지 름	φ	원형의 지름 치수 앞에 붙인다.
반지름	R	원형의 반지름 치수 앞에 붙인다.
구의 지름	Sφ	구의 지름 치수 앞에 붙인다.
구의 반지름	SR	구의 반지름 치수 앞에 붙인다.
정사각형의 변	□	정사각형의 모양이나 위치 치수 앞에 붙인다.
판의 두께	t	판재의 두께 치수 앞에 붙인다.
원호의 길이	⌒	원호의 길이 치수 앞에 붙인다.
45° 모따기	C	45° 모따기 치수 앞에 붙인다.
카운트 보어	⊔	카운트 보어 지름 앞에 붙인다.
카운트 싱크	∨	카운트 싱크 각도 앞에 붙인다.
깊 이	↧	깊이 치수 앞에 붙인다.
전개 길이	⌒→	전개 길이 앞에 붙인다.
실제 둥글기	TR	실제 둥글기(True Radius) 치수 앞에 붙인다.
등 간격	EQS	등 간격(Equally Spaced) 치수 앞에 붙인다.
이론적으로 정확한 치수	50	위치공차기호를 지시할 때 이론적으로 정확한 치수를 사각형으로 둘러싼다.
참고 치수	(50)	참고로 지시하는 치수를 괄호로 하고 제작 치수로 사용하지 않는 치수에 사용한다.
치수의 취소	~~50~~	치수를 가로질러 직선을 붙이며 치수를 수정할 때 사용한다.
비례 척도가 아닌 치수	50 (밑줄)	치수 밑에 직선을 붙이며 투상도의 크기와 치수값이 일치하지 않을 때 사용한다.
치수의 기준(기점)	⊖	누진·좌표 치수를 지시할 때 치수의 기준이 되는 지점을 표시한다.

② 가공기호

㉠ 표면거칠기 기호

거칠기 구분값	산술평균거칠기의 표면 거칠기의 범위(μmRa)		거칠기 번호(표준편 번호)	거칠기 기호
	최솟값	최댓값		
0.025a	0.02	0.03	N1	
0.05a	0.04	0.06	N2	
0.1a	0.08	0.11	N3	
0.2a	0.17	0.22	N4	z
0.4a	0.33	0.45	N5	
0.8a	0.66	0.90	N6	
1.6a	1.3	1.8	N7	y
3.2a	2.7	3.6	N8	
6.3a	5.2	7.1	N9	
12.5a	10	14	N10	x
25a	21	28	N11	w
50a	42	56	N12	
제거 가공 안 함				

㉡ 가공기호

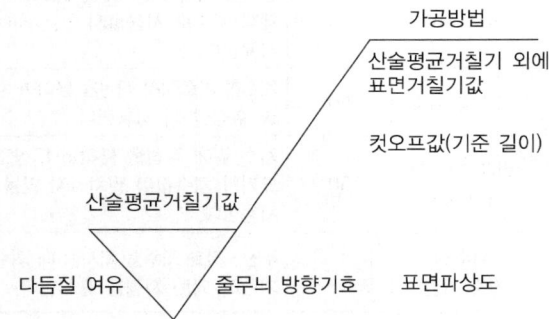

㉢ 가공 줄무늬 방향기호

기호	기호의 뜻	설명 그림과 도면 지시 보기
=	커터의 줄무늬 방향이 기호를 지시한 도면의 투상면에 평행 예) 셰이핑면	
⊥	커터의 줄무늬 방향이 기호를 지시한 도면의 투상면에 직각 예) 셰이핑면(옆으로부터 보는 상태), 선삭, 원통 연삭면	
X	커터의 줄무늬 방향이 기호를 지시한 도면의 투상면에 경사지고 두 방향으로 교차 예) 호닝 다듬질면	
M	커터의 줄무늬 방향이 여러 방향으로 교차 또는 무방향 예) 래핑 다듬질면, 슈퍼피니싱면, 가로 이송을 한 정면 밀링 또는 엔드밀 절삭면	
C	가공에 의한 커터의 줄무늬가 기호를 지시한 면의 중심에 대하여 대략 동심원 모양 예) 끝면 절삭면	
R	커터의 줄무늬가 기호를 지시한 면의 중심에 대하여 대략 레이디얼 모양	

㉣ 주요 가공방법의 기호

가공방법	기 호	가공방법	기 호
선 삭	L	방전가공	GE
드 릴	D	전해가공	GI
리 밍	DR	초음파가공	GCL
보 링	B	레이저	GBL
밀 링	M	피니싱	F
플레이닝	P	줄다듬질	FF
기어절삭	TC	래 핑	FL
연 삭	G	용 접	W

10년간 자주 출제된 문제

5-1. 다음 도면에 사용된 치수가 아닌 것은?

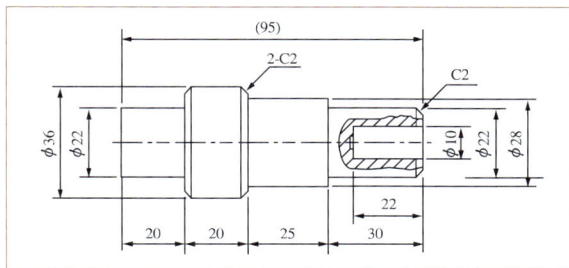

① 참고 치수
② 모따기 치수
③ 지름 치수
④ 반지름 치수

5-2. 표면의 결도시방법에서 제거가공을 허락하지 않는 것을 지시하고자 할 때 사용하는 제도기호로 옳은 것은?

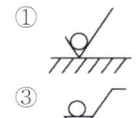

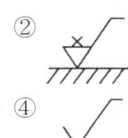

5-3. 가공 표면의 지시기호에서 각각에 대한 설명 중 틀린 것은?

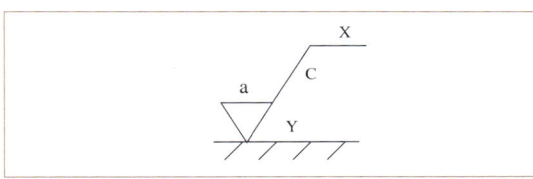

① C는 컷오프값·평가길이이다.
② Y는 가공기계의 약호이다.
③ X는 가공방법의 약호이다.
④ a는 표면거칠기의 지시값이다.

5-4. 표면의 줄무늬 방향기호에 대한 설명으로 맞는 것은?

① X : 가공에 의한 컷의 줄무늬 방향이 투상면에 직각
② M : 가공에 의한 컷의 줄무늬 방향이 투상면에 평행
③ C : 가공에 의한 컷의 줄무늬 방향이 중심에 동심원 모양
④ R : 가공에 의한 컷의 줄무늬 방향이 투상면에 교차 또는 경사

5-5. 다음 그림에 대한 설명으로 옳은 것은?

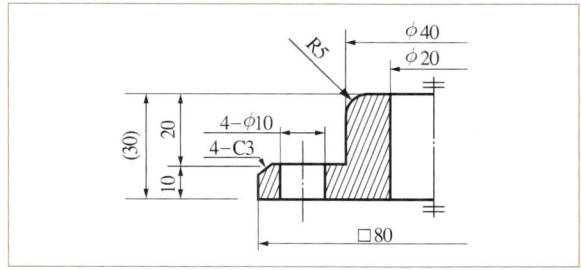

① 참고 치수로 기입한 곳이 두 곳 있다.
② 45° 모따기의 크기는 4mm이다.
③ 지름의 10mm인 구멍이 한 개 있다.
④ □80은 한 변의 길이가 80mm인 정사각형이다.

｜해설｜

5-1
① (95)가 참고 치수로 쓰였다. 참고 치수는 꼭 기재할 필요가 없는 치수이다.
② C2가 모따기 치수로 쓰였다. C는 Chamfer의 기호이다.
③ φ가 들어간 기호는 지름을 표시한다.
④ R 기호가 들어간 치수가 반지름 치수이며, 일반적으로 기계부품에서는 구(求) 외에는 잘 사용하지 않는다.

5-2

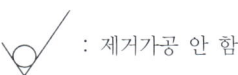 : 제거가공 안 함

5-3
② Y에는 줄무늬 방향기호를 작성해야 한다.

5-5
① 참고 치수로 기입한 곳이 (30) 한 곳이 있다.
② 45° 모따기의 크기는 C3, 즉 3mm이다.
③ 지름의 10mm인 구멍이 4-φ10, 즉 네 개가 있다.

정답 5-1 ④ 5-2 ① 5-3 ② 5-4 ③ 5-5 ④

핵심이론 06 기계제도 - 공차

① 기하공차의 종류

적용하는 형체	공차의 종류		기 호
단독 형체	모양공차	진직도	─
		평면도	▱
		진원도	○
		원통도	⌭
단독 형체 또는 관련 형체		선의 윤곽도	⌒
		면의 윤곽도	⌓
관련 형체	자세공차	평행도	//
		직각도	⊥
		경사도	∠
	위치공차	위치도	⊕
		동축도 또는 동심도	◎
		대칭도	═
	흔들림공차	원주흔들림공차	↗
		온흔들림공차	↗↗

※ 관련 형체가 있는 공차의 경우, 데이텀 등의 기준이 주어져야 한다.

② 기하공차의 표시방법

㉠ 기하공차는 ┌──┬─────┬───┐ 등과 같이 표시하며
　　　　　　 │ //│ 0.011 │ A │
　　　　　　 └──┴─────┴───┘
// 자리에는 공차기호, 0.011자리는 공차값, A자리는 데이텀(기준)을 표시한다.

㉡ 데이텀의 표시방법
- 대상면에 직접 관련되는 경우는 문자기호로 지시하고, 삼각기호에 지시선을 연결해서 지시한다.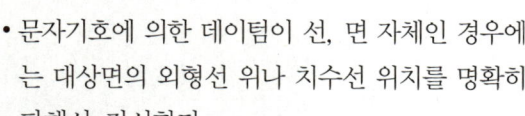
- 문자기호에 의한 데이텀이 선, 면 자체인 경우에는 대상면의 외형선 위나 치수선 위치를 명확히 피해서 지시한다.
- 치수가 지정되어 있는 대상면의 축 직선이나 중심원통면이 데이텀인 경우에는 치수선의 연장선에 지시한다.
- 대상 축 직선 또는 원통면이 모두 공통으로 데이텀인 경우에는 중심선에 데이텀 삼각기호를 붙인다.
- 잘못 볼 염려가 없는 경우에는 직접 지시선에 의하여 데이텀 면 또는 선과 연결함으로써 데이텀 지시문자기호를 생략할 수 있다.
- 데이텀을 지시하는 문자기호를 공차지시틀에 지시할 경우
  - 한 개를 설정하는 데이텀은 한 개의 문자기호로 나타낸다.
  - 두 개의 데이텀을 설정하는 공통 데이텀은 두 개의 문자기호를 하이픈으로 연결한 기호로 나타낸다.
  - 데이텀에 우선순위를 지정할 때는 우선순위가 높은 순서로 왼쪽에서 오른쪽으로 각각 다른 구획에 지시한다.
  - 두 개 이상의 데이텀의 우선순위를 문제 삼지 않을 때는 문자기호를 같은 구획 내에 나란히 지시한다.

㉢ 데이텀 표적(Datum Target)
- 공작물에 따라 표면 상태가 좋지 않아서 이상적인 형체와는 다른 형체를 데이텀으로 지시해야 할 경우가 생긴다. 이때 데이텀으로 표면 전체 대신 가공되는 몇 군데의 점선 또는 영역을 규제하여 데이텀으로 사용하는데 이러한 점, 선 또는 영역을 데이텀 표적이라고 한다.
- 주조품, 단조품, 소성품 등 표면이 거칠고 평평하지 않은 표면 또는 용접부의 구부러지거나 휜 표면에 재연성, 반복성을 확보하기 위해 사용된다.
- 데이텀 표적 중 점은 데이텀 형체와 점 접촉을 하며 데이텀 형체의 표면 상태가 매우 불량한 경우에 적합하나, 이와 접하는 가상 데이텀 형체가 쉽게 마모될 수 있으므로 주의한다.

- 데이텀 표적의 기호와 용도

기호	표시방법	용도
X	굵은 실선으로 X표시를 한다.	데이텀 표적이 점일 때
X—X	2개의 X표시를 가는 실선으로 연결한다.	데이텀 표적이 선일 때
◯	원칙적으로 가는 2점쇄선으로 둘러싸고 해칭한다. 다만, 도시하기 어려운 경우 2점쇄선 대신 가는 실선을 사용해도 좋다.	데이텀 표적이 원모양의 영역일 때
▱		데이텀 표적이 직사각형 영역일 때

③ 치수공차
  ㉠ 기준치수를 기준으로 위치수오차와 아래치수오차의 범위 안에 실제로 측정한 치수에 들도록 제작하라고 지시하는 형식으로 제시된다.
  ㉡ 허용차는 기준치수에서 큰 쪽과 작은 쪽의 오차범위를 말하며, 모든 치수에 해당한다고 해서 일반공차라고 한다.
  ㉢ 치수허용차 : 허용한계치수에서 그 기준치수를 뺀 값으로 위치수허용차와 아래치수허용차가 있다.
  ㉣ 공차 : 최대허용한계치수와 최소허용한계치수의 차이 값으로, 위치수허용차와 아래치수허용차의 차를 말한다.

④ **최대실체조건(MMC ; Maximum Material Conditions)**
  ㉠ 최대실체조건이란 도면 중 실체를 갖는 영역의 부피가 가장 크게 될 때의 조건을 의미한다.
  ㉡ 개념 도입의 목적 : 각종 오차가 각각의 치수만을 기준으로 규정되는 경우, 열을 맞춘 볼트와 구멍의 결합의 경우, 마지막 결합 부분에서는 주어진 오차를 맞추어 구성품을 제작하였음에도 결합할 수 없는 경우에 이를 수 있다. 이 때문에 실제 제작에서 앞 열의 구멍의 오차에 따라 뒤의 열에서 추가 오차가 허용되므로 현실적인 구성품 제작이 가능하다.
  ㉢ 최대실체치수(MMS ; Maximum Material Size)란 MMC일 때의 크기를 의미한다. 문제에서 최대실체치수를 구하라고 한다면 도면에서 재료가 있는 쪽의 부피가 가장 크게 될 때의 치수를 구하면 된다. 다음 그림에서 주어진 도면의 검은 부분이 구조물이고 흰 부분이 공간이라면 MMS는 50.2일 때가 된다. 그러나 하얀 부분이 구조물이고 검은 부분이 공간이라면 MMS는 49.8일 때가 된다.

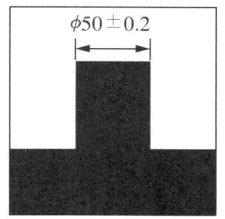

  ㉣ 최대실체실효치수(최대실체가상크기, MMVS ; Maximum Material Virtual Size)는 같은 몸체 형체의 유도 형체에 대해 주어진 몸체 형체와 기하공차의 최대실체크기의 집합적 효과에 의해서 만들어진 크기를 말한다.
  ㉤ 최대실체요구사항(MMR ; Maximum Material Requirement) : MMVS와 같은 본질적 특성(치수)에 대해 주어진 값을 가지고 있으며 같은 형식과 완전한 형상의 기하학적 형체를 정의하는 몸체 형체에 대한 요구사항으로 실체의 외부에 비이상적 형체를 제한한다.
  ㉥ 상호요구사항(RPR ; Reciprocity Requirement) : 최대실체요구사항(MMR) 또는 최소실체요구사항(LMR)에 부가함으로써 사용되는 몸체 형체에 대한 부가적 요구사항으로 치수공차가 기하공차와 실제 기하편차 사이의 차에 의해 증가됨을 나타내기 위함이다.

10년간 자주 출제된 문제

6-1. 기하공차의 종류별 표시기호가 모두 올바르게 표시된 것은?

① 평면도 : ▱, 진직도 : ⊥, 동심도 : ◎, 진원도 : ⌖
② 평면도 : ▱, 진직도 : ∠, 동심도 : ○, 진원도 : ⌖
③ 평면도 : ▱, 진직도 : ⊥, 동심도 : ⌖, 진원도 : ○
④ 평면도 : ▱, 진직도 : ▱, 동심도 : ◎, 진원도 : ○

6-2. 다음과 같은 기하공차 기입틀에서 첫째 구획에 들어가는 내용은?

첫째 구획	둘째 구획	셋째 구획

① 공차값
② MMC 기호
③ 공차의 종류기호
④ 데이텀을 지시하는 문자기호

6-3. 기하공차를 적용할 때, 단독형체에 적용하는 공차는?

① 원통도 공차
② 위치도 공차
③ 동심도 공차
④ 평행도 공차

6-4. 다음 그림과 같은 도면에 지시한 기하공차의 설명으로 가장 옳은 것은?

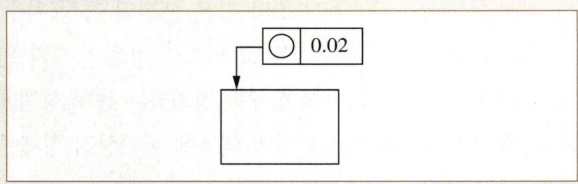

① 원통의 축선은 지름 0.02mm의 원통 내에 있어야 한다.
② 지시한 표면은 0.02mm만큼 떨어진 2개의 평면 사이에 있어야 한다.
③ 임의의 축직각 단면에 있어서의 바깥둘레는 동일 평면 위에서 0.02mm만큼 떨어진 두 개의 동심원 사이에 있어야 한다.
④ 대상으로 하고 있는 면은 0.02mm만큼 떨어진 2개의 동축 원통면 사이에 있어야 한다.

6-5. 다음 그림에서 기준치수 50 기둥의 최대실체치수(MMS)는 얼마인가?

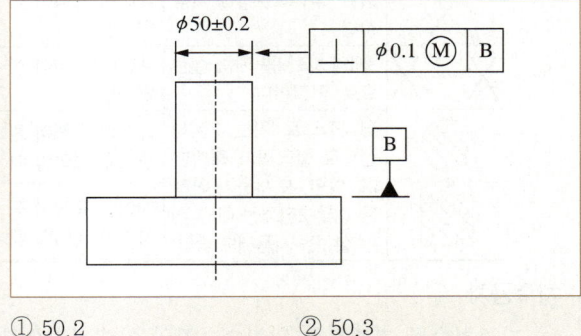

① 50.2
② 50.3
③ 49.8
④ 49.7

6-6. 기계 부품을 조립하는 데 있어서 치수공차와 기하공차의 호환성과 관련된 용어 설명 중 옳지 않은 것은?

① 최대실체조건(MMC)은 한계치수에서 최소구멍지름과 최대 축지름과 같이 몸체의 형체의 실체가 최대인 조건
② 최대실체가상크기(MMVS)는 같은 몸체 형체의 유도 형체에 대해 주어진 몸체 형체와 기하공차의 최대실체크기의 집합적 효과에 의해서 만들어진 크기
③ 최대실체요구사항(MMR)은 LMVS와 같은 본질적 특성(치수)에 대해 주어진 값을 가지고 있으며, 같은 형식과 완전한 형상의 기하학적 형체를 정의하는 몸체 형체에 대한 요구사항으로 실체의 내부에 비이상적 형체를 제한
④ 상호요구사항(RPR)은 최대실체요구사항(MMR) 또는 최소실체요구사항(LMR)에 부가함으로써 사용되는 몸체 형체에 대한 부가적 요구사항

[해설]

6-2
기하공차는 | // | 0.011 | A | 등과 같이 표시하며 // 자리에는 공차기호, 0.011 자리는 공차값, A 자리는 데이텀(기준)을 표시한다.

6-4
문제의 기호는 진원도공차이며 진원도공차의 의미는 다음 예시와 같다.

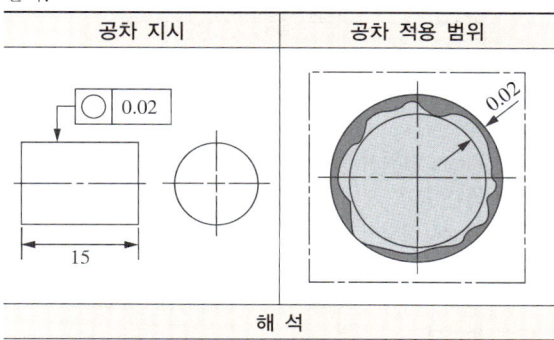

길이 15mm의 축이나 구멍을 임의의 위치에서 축 직각으로 단면한 원형 단면 모양의 바깥 둘레의 바르기는 0.02mm만큼 떨어진 두 개의 동심원 사이의 찌그러짐 이내에 있어야 한다.
[보기] 진원이 필요로 하는 원형 단면의 부품
① 진직도 공차
② 평면도 공차
④ 원통도 공차

6-5
기둥의 크기가 가장 큰 경우는 50+0.2인 경우로 50.2mm이다.
⊥기호는 데이텀 A를 기준으로 하여 직각을 이루는 선이 지름 1mm의 원 안에 들어가야 한다는 표시이다.

6-6
KS B ISO 2692에 따라 정의되었다.
최대실체요구사항(MMR ; Maximum Material Requirement) : MMVS와 같은 본질적 특성(치수)에 대해 주어진 값을 가지고 있으며 같은 형식과 완전한 형상의 기하학적 형체를 정의하는 몸체 형체에 대한 요구사항으로 실체의 외부에 비이상적 형체를 제한한다.

정답 6-1 ④ 6-2 ③ 6-3 ① 6-4 ② 6-5 ① 6-6 ③

핵심이론 07 기계제도 – 치수 기입의 실제

① **치 수**
치수는 크기, 자세, 위치치수로 구분하여 지시한다.
㉠ 크기치수 : 길이, 높이, 두께 등
㉡ 자세치수 및 위치치수 : 각도, 가로, 세로의 길이 등

② **기본 원칙**
㉠ 길이, 높이치수의 지시 위치는 주로 정면도에 지시된다.
㉡ 두께치수는 주로 평면도나 측면도에 지시한다.
㉢ 정면도에 크기치수가 지시되면 위치치수는 측면도나 평면도 등 다른 투상도에 지시한다.
㉣ 면의 기울기, 원기둥, 각기둥, 홈, 구멍 등의 자세치수는 가로세로치수나 각도로 지시한다.

③ **치수보조선·치수선·끝부분기호**
㉠ 투상도로부터 치수 지시 위치까지 이끌어내는 선
㉡ 투상도 밖으로 끌어내는 것이 더 곤란한 경우, 외형선을 사용할 수 있다.
㉢ 외형선으로부터 치수선 굵기의 4배 틈새를 두어 긋고, 치수선을 2~3mm 지나도록 긋되 같은 도면에서는 같은 양식을 사용한다.
㉣ 치수보조선을 60° 사선으로 평행하게 뽑을 수 있다.
㉤ 제품 모양이 변형이 된 경우, 명확한 치수 지시를 위해 치수보조선을 이용하여 교차선을 만든다.
㉥ 좁은 곳의 치수선 지시는 검고 둥근 점, 45° 사선을 이용할 수 있다.
㉦ 화살표는 끝이 열린 것, 닫힌 것, 빈틈없이 칠한 것 등이 있으며 치수한계가 명확하도록 지시하는 것이 좋다.

④ 치수기입법

치수 기입방법	예 시
직렬치수기입	
병렬치수기입	
누진치수기입	
좌표치수기입	

10년간 자주 출제된 문제

7-1. 다음 도면에서 A치수는 얼마인가?

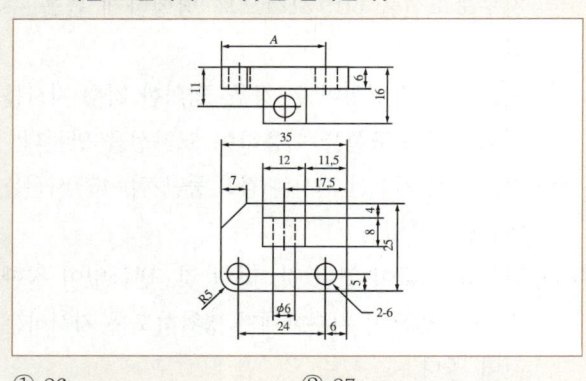

① 26　　　　　② 27
③ 28　　　　　④ 29

7-2. 다음 도시된 내용은 리벳작업을 위한 도면 내용이다. 바르게 설명한 것은?

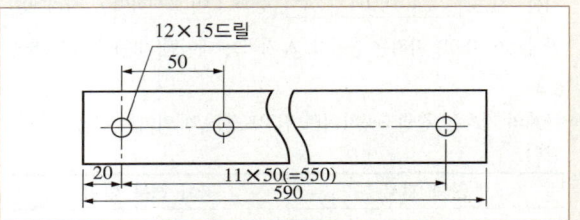

① 양끝 20mm 띄워서 50mm의 피치로 지름 15mm의 구멍을 12개 뚫는다.
② 양끝 20mm 띄워서 50mm의 피치로 지름 12mm의 구멍을 15개 뚫는다.
③ 양끝 20mm 띄워서 12mm의 피치로 지름 15mm의 구멍을 50개 뚫는다.
④ 양끝 20mm 띄워서 15mm의 피치로 지름 50mm의 구멍을 12개 뚫는다.

7-3. 다음과 같은 도면에서 'K'의 치수 크기는?

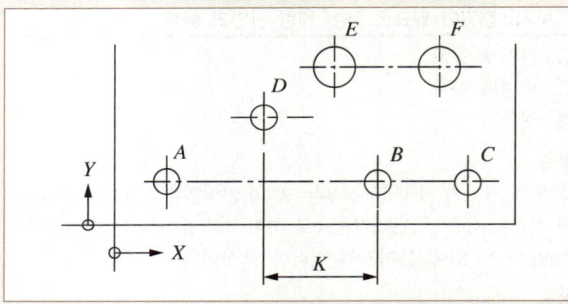

구 분	X	Y	ϕ
A	20	20	13.5
B	140	20	13.5
C	200	20	13.5
D	60	60	13.5
E	100	90	26
F	180	90	26

① 50　　　　　② 60
③ 70　　　　　④ 80

10년간 자주 출제된 문제

7-4. 다음 도면에서 기준면으로 가장 적합한 면은?

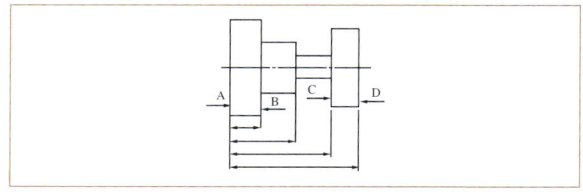

① A
② B
③ C
④ D

해설

7-1
도면 읽기의 실제를 묻는 문제이다. A 부분의 길이는 정면도의 원의 중심에서 중심까지의 거리 24를 이용하고, 좌측 하단 모서리의 필릿된 점의 중심이 원의 중심과 같으므로 반지름 R5를 더하면 A 부분의 길이를 구할 수 있다.
∴ 24 + 5 = 29

7-2

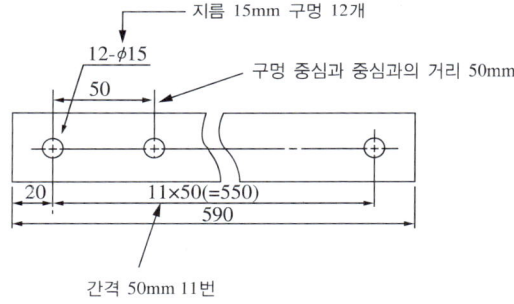

7-3
치수기입방식은 좌표를 이용한 방식으로 원점을 기준으로 하여 원 B는 X 방향으로 140만큼 떨어져 있고, 원 D는 60만큼 떨어져 있으므로 원 B와 D의 X 방향의 거리인 K는 80이다.

7-4
기준을 삼을 면은 제작상 가장 안정되고 기준치수를 삼을 만한 곳을 지정하며, 문제의 그림에서 모든 치수가 A면을 기준하여 측정하였으므로 A면을 기준면으로 삼는 것이 가장 적당하다.

정답 7-1 ④ 7-2 ① 7-3 ④ 7-4 ①

핵심이론 08 축용 기계요소의 제도 – 축, 구멍

① 축의 제도
  ㉠ 축은 회전운동에 의해 발생하는 동력을 전달하는 것으로, 베어링에 의해 받쳐지고 기어, 풀리 등과 연결되어 동력을 전달하며 키, 핀 등에 의해 전달요소와 결합(체결)된다.
  ㉡ 축의 치수는 베어링, 키, 핀 등의 치수에 영향을 주므로, 함께 고려하여 결정한다.
  ㉢ 축과 결합되는 기어, 풀리, 몸체 등은 축과 결합할 구멍이 반드시 존재한다. 따라서 축의 지름을 결정할 때는 반드시 구멍과의 결합을 고려하여 결정한다.

② 축과 구멍의 끼워맞춤 종류
  ㉠ 틈새·죔새 : 구멍의 크기와 축의 크기의 차에 따라 서로 틈이 생기거나 일정 부피만큼 죄이게 되는 공간을 각각 틈새, 죔새라고 한다.
  ㉡ 헐거운 끼워맞춤 : 허용오차를 적용하였을 경우 구멍이 클 때
  ㉢ 억지 끼워맞춤 : 허용오차를 적용하였을 경우 축이 클 때
  ㉣ 중간 끼워맞춤 : 허용오차를 적용하였을 경우 상호 오차 범위 안에 들 때

③ IT공차
  ㉠ 자주 쓰는 공차에 대해 KS B 0401과 같은 규정에 미리 공차값을 정해 놓은 공차
  ㉡ 학생들은 IT공차표를 찾아 공차값을 찾아야 하므로 불편하다고 생각할 수 있으나, 실제공차를 기재하고 읽는 작업자들은 자주 쓰는 공차값은 거의 알고 있으므로 도면에 간략하게 기재할 수 있는 장점이 있다.

ㄷ IT공차표

구분 등급	초과 이하	- 3	3 6	6 10	10 18	18 30	30 50	50 80	80 120	120 180	180 250
IT01	기본공차의 수치 (μm)	0.3	0.4	0.4	0.5	0.6	0.6	0.8	1.0	1.2	2.0
IT0		0.5	0.6	0.6	0.8	1.0	1.0	1.2	1.5	2.0	3.0
IT1		0.8	1.0	1.0	1.2	1.5	1.5	2.0	2.5	3.5	4.5
IT2		1.2	1.5	1.5	2.0	2.5	2.5	3.0	4.0	5.0	7.0
IT3		2.0	2.5	2.5	3.0	4.0	4.0	5.0	6.0	8.0	10
IT4		3.0	4.0	4.0	5.0	6.0	7.0	8.0	10	12	14
IT5		4.0	5.0	6.0	8.0	9.0	11	13	15	18	20
IT6		6.0	8.0	9.0	11	13	16	19	22	25	29
IT7		10	12	15	18	21	25	30	35	40	46
IT8		14	18	22	27	33	39	46	54	63	72
IT9		25	30	36	43	52	62	74	87	100	115
IT10		40	48	58	70	84	100	120	140	160	185
IT11		60	75	90	110	130	160	190	220	250	290
IT12	기본공차의 수치 (mm)	0.10	0.12	0.15	0.18	0.21	0.25	0.30	0.35	0.40	0.46
IT13		0.14	0.18	0.22	0.27	0.33	0.39	0.46	0.54	0.63	0.72
IT14		0.26	0.30	0.36	0.43	0.52	0.62	0.74	0.87	1.00	1.15
IT15		0.40	0.48	0.58	0.70	0.84	1.00	1.20	1.40	1.60	1.85
IT16		0.60	0.75	0.90	1.10	1.30	1.60	1.90	2.20	2.50	2.90
IT17		1.00	1.20	1.50	1.80	2.10	2.50	3.00	3.50	4.00	4.60
IT18		1.40	1.80	2.20	2.27	3.30	3.90	4.60	5.40	6.30	7.60

ㄹ IT 기본공차의 등급 적용

용 도	게이지 제작 공차	끼워맞춤 공차	끼워맞춤 이외 공차
구 멍	IT01~IT5	IT6~IT10	IT11~IT18
축	IT01~IT4	IT5~IT9	IT10~IT18

④ 구멍과 축의 기초가 되는 기호의 종류

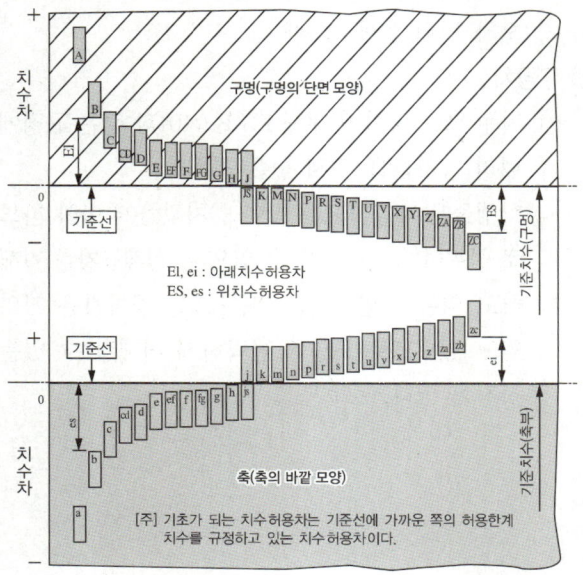

EI, ei : 아래치수허용차
ES, es : 위치수허용차

[주] 기초가 되는 치수허용차는 기준선에 가까운 쪽의 허용한계 치수를 규정하고 있는 치수 허용차이다.

10년간 자주 출제된 문제

8-1. 구멍 φ80에 대해 h5, h6, h7, h8 끼워맞춤 공차를 적용할 때, 치수공차값이 가장 작은 것은?

① h5
② h6
③ h7
④ h8

8-2. 구멍 $50^{+0.025}_{+0.009}$에 조립되는 축의 치수가 $50^{\ 0}_{-0.016}$이라면 어떤 끼워 맞춤인가?

① 구멍 기준식 헐거운 끼워맞춤
② 구멍 기준식 중간 끼워맞춤
③ 축 기준식 헐거운 끼워맞춤
④ 축 기준식 중간 끼워맞춤

8-3. 도면에서 φ50 H7/g6로 표기된 끼워맞춤에 관한 내용의 설명으로 틀린 것은?

① 억지 끼워맞춤이다.
② 구멍의 치수허용차 등급이 H7이다.
③ 축의 치수허용차 등급이 g6이다.
④ 구멍 기준식 끼워맞춤이다.

|해설|

8-2

구멍 기준식과 축 기준식은 기호로 구분하는데, 이 문제에서는 위오차, 아래오차를 봤을 때 정치수가 발생하는 쪽을 기준으로 봐야 한다.

• 헐거운 끼워맞춤 : 허용오차를 적용하였을 경우 구멍이 클 때
• 억지 끼워맞춤 : 허용오차를 적용하였을 경우 축이 클 때
• 중간 끼워맞춤 : 허용오차를 적용하였을 경우 상호오차 범위 안에 들 때

8-3

g는 축 기준에서 기준치수보다 항상 작고, H는 구멍 기준에서 기준치수보다 같거나 크기 때문에 헐거운 끼워맞춤이다.

정답 8-1 ① 8-2 ③ 8-3 ①

핵심이론 09 축용 기계요소의 제도 – 베어링

① 베어링의 종류
  ㉠ 하중이 작용하는 방향에 따라
    • 레이디얼베어링 : 하중이 축의 지름 방향으로 작용하는 베어링
    • 스러스트베어링 : 하중이 축 방향으로 작용하는 베어링

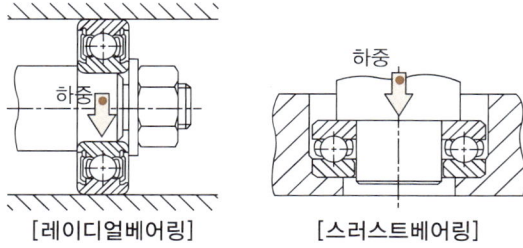

[레이디얼베어링]   [스러스트베어링]

  ㉡ 접촉면에 따라
    • 미끄럼베어링 : 원통형 메탈 부시를 끼워서 축을 받치는 형태로, 한 몸[단체(單體)]으로 된 형태와 나누어 낄 수 있는 분할베어링으로 나뉜다.
    • 구름베어링 : 베어링을 안쪽 바퀴, 바깥쪽 바퀴로 만들고 그 사이에 구를 수 있는 볼이나 롤러를 사용하는 베어링으로, 레이디얼베어링과 스러스트베어링이 구름베어링이다.

② 구름베어링의 호칭

제조나 사용 시 혼란을 방지하고 구별이 쉽도록 다음과 같이 호칭번호를 붙인다.

계열번호	안지름번호	접촉각기호	보조기호	의 미
63	12		Z	단열 깊은 홈 볼 베어링 안지름 60mm(×5한 값)
72	06	C	DB	단식 앵귤러 볼베어링 안지름 30mm

③ 구름베어링의 안지름번호(KS B 2012)

안지름번호	안지름치수	안지름번호	안지름치수
1	1	01	12
2	2	02	15
3	3	03	17
4	4	04	20
5	5	/22	22
6	6	05	25
7	7	/28	28
8	8	06	30
9	9	/32	32
00	10	07	35

④ 베어링의 구조

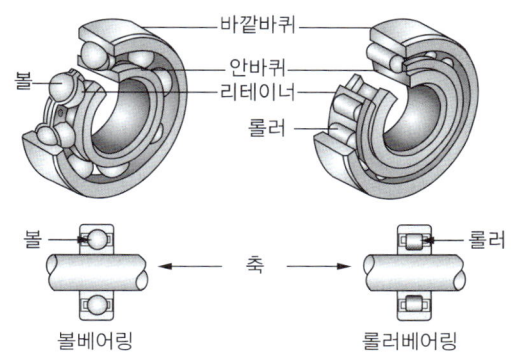

10년간 자주 출제된 문제

9-1. 구름베어링의 호칭번호가 6001 C2 P6으로 표시된 경우에 베어링의 안지름은 몇 mm인가?

① 100　　② 60
③ 12　　　④ 10

9-2. '7206 C DB' 베어링의 호칭에서 '72'의 의미는?

① 베어링 계열기호
② 궤도륜 모양기호
③ 접촉각기호
④ 안지름번호

9-3. 롤러 베어링에서 전동체가 접촉되지 않고 일정한 간격을 유지할 수 있게 하는 것은?

① 내 륜
② 저널(Journal)
③ 외 륜
④ 리테이너(Retainer)

[해설]

9-1
뒤 두 자리 숫자의 곱하기 5한 값이 안지름의 값이지만 01, 02, 03의 경우는 따로 값이 주어져 있다.
핵심이론 09 참조

9-3
전동체는 내·외륜상의 궤도를 따라 움직이며, 샤프트를 중심으로 서로 같은 간격으로 접촉하지 않도록 케이지(Cage) 또는 리테이너(Retainer)에 의해 분리되어 있다.

정답 9-1 ③　9-2 ①　9-3 ④

핵심이론 10 결합(체결)용 기계요소의 제도 – 나사

① 나사의 종류

㉠ 나사산의 모양에 따라

삼각나사	사각나사	둥근나사

사다리꼴나사	톱니나사

㉡ 나사의 용도에 따라

- 체결용 나사
  - 미터나사 : 나사산 각이 60°인 미터계 삼각나사로, mm 단위를 사용한다. 보통나사는 M6, M8과 같이 M 뒤에 호칭지름을 붙여 사용하며, 미터가는나사는 M8×1.75와 같이 피치까지 붙여서 사용한다.
  - 유니파이나사(ABC나사) : 나사산 각이 60°인 인치계 삼각나사로, inch 단위를 사용한다. 나사 크기는 나사 호칭(지름), 1inch당 나사산의 개수로 표현한다. UNC는 유니파이보통나사, UNF는 유니파이가는나사를 나타낸다.
    예 1/4-20UNC 지름 25.4/4mm, 나사산 1inch에 20개, 즉 피치 1.27mm
  - 관(Pipe)용 나사 : 나사산 각이 55°인 incn계 나사로, 절단된 파이프를 연결할 때 파이프 끝에 나사산을 내고 원통 이음쇠관으로 연결하여 사용한다.
- 운동용 나사
  - 사각나사 : 나사산의 모양이 4각이며, 3각 나사에 비해 풀어지기 쉬우나 저항이 작아 운동용으로 적합하다.

- 사다리꼴나사 : 가공이 어려운 4각 나사 대신 4각에 가까운 나사를 제작하여 사용한다. 나사산 각 미터계는 30°, 인치계는 29°이다.
- 톱니나사 : 잭, 프레스, 바이스 등 축의 한쪽 방향의 힘을 받는 곳에 사용한다.
- 둥근나사(너클나사) : 전구나사라고도 하며 먼지, 모래, 이물질 등에 강한 인치계 나사이다. 나사산 각은 30°이다.
- 볼나사 : 마찰 손실이 10% 이내로 매우 작으며 구름 접촉으로 회전 위치 결정하는 경우에 사용한다.

② 나사의 제도
  ㉠ 나사의 표시

구 분		나사의 종류	나사의 종류를 표시하는 기호	나사의 호칭에 대한 표시 방법의 예
일반용	ISO표준에 있는 것	미터보통나사[1]	M	M8
		미터가는나사[2]		M8×1
		미니추어나사	S	S 0.5
		유니파이 보통나사	UNC	3/8-16UNC
		유니파이 가는나사	UNF	No.8-36UNF
		미터 사다리꼴나사	Tr	Tr10×2
		관용 테이퍼나사 / 테이퍼 수나사	R	R3/4
		관용 테이퍼나사 / 테이퍼 암나사	Rc	Rc3/4
		관용 테이퍼나사 / 평행 암나사[3]	Rp	Rp3/4
	ISO표준에 없는 것	관용 평행나사	G	G1/2
		30° 사다리꼴나사	TM	TM18
		29° 사다리꼴나사	TW	TW20
		관용 테이퍼나사 / 테이퍼 수나사	PT	PT7
		관용 테이퍼나사 / 평행 암나사[4]	PS	PS7
		관용 평행나사	PF	PF7

구 분	나사의 종류	나사의 종류를 표시하는 기호	나사의 호칭에 대한 표시 방법의 예
특수용	후강 전선관나사	CTG	CTG16
	박강 전선관나사	CTC	CTC19
	자전거나사 / 일반용	BC	BC3/4
	자전거나사 / 스포크용		BC2.6
	미싱나사	SM	SM1/4 산40
	전구나사	E	E10
	자동차용 타이어 밸브나사	TV	TV8
	자전거용 타이어 밸브나사	CTV	CTV8 산30

[1] 미터보통나사 중 M1.7, M2.3 및 M2.6은 ISO 표준에 규정되어 있지 않다.
[2] 가는나사임을 특별히 명확하게 나타낼 필요가 있을 때는 피치 다음에 '가는나사'의 글자를 ( ) 안에 넣어서 기입할 수 있다. 예 M8×1(가는 나사)
[3] 이 평행 암나사 Rp는 테이퍼 수나사 R에 대해서만 사용한다.
[4] 이 평행 암나사 PS는 테이퍼 수나사 PT에 대해서만 사용한다.

  ㉡ 나사의 제도

그 림	설 명
가는 실선으로 긋는다. / 굵은 실선으로 긋는다.	• 수나사의 바깥지름과 암나사의 안지름은 굵은 실선으로 그린다. • 수나사의 골지름과 암나사의 골지름은 가는 실선으로 그린다.
불완전 나사부 완전 나사부 불완전 나사부 / 나사부의 경계선 / 불완전 나사부의 끝, 밑선	• 완전 나사부와 불완전 나사부의 경계선은 굵은 실선으로 그린다. • 불완전 나사부의 끝 밑선은 축선에 대하여 30°의 가는 실선으로 그린다.
파선으로 긋는다.	가려서 보이지 않는 나사부는 파선으로 그린다.
가는 실선으로 긋는다.	수나사와 암나사의 측면 도시에서의 골지름은 가는 실선으로 그린다.

10년간 자주 출제된 문제

10-1. 호칭치수가 20mm이고 피치가 2mm인 미터가는나사의 표시법으로 옳은 것은?

① M20×2
② M20-2
③ M20 P2
④ M20 (2)

10-2. KS 나사 표시방법에서 G1/2 A로 기입된 기호의 올바른 해독은?

① 가스용 암나사로 인치 단위이다.
② 관용 평행 암나사로 등급이 A급이다.
③ 관용 평행 수나사로 등급이 A급이다.
④ 가스용 수나사로 인치 단위이다.

10-3. 나사기호의 설명 중 틀린 것은?

① $PF\frac{1}{2}$: 관용 테이퍼 나사
② $Rp\frac{1}{2}/R\frac{1}{2}$: 관용 평행 암나사와 관용 테이퍼 수나사
③ M50×3 : 미터가는나사
④ $\frac{3}{8}-16$ UNC : 유니파이 보통나사

10-4. 30° 사다리꼴 나사의 종류를 표시하는 기호는?

① Rc
② Rp
③ TW
④ TM

10-4

구 분	나사의 종류		나사의 종류를 표시하는 기호	나사의 호칭에 대한 표시 방법의 예	관련 표준
ISO 표준에 없는 것	관용 평행나사		G	G1/2	KS B 0221의 본문
	30° 사다리꼴나사		TM	TM18	
	29° 사다리꼴나사		TW	TW20	KS B 0226
	관용 테이퍼 나사	테이퍼 수나사	PT	PT7	KS B 0222의 부속서
		평행 암나사[1]	PS	PS7	
	관용 평행나사		PF	PF7	KS B 0221

[1] 이 평행 암나사 PS는 테이퍼 수나사 PT에 대해서만 사용한다.

정답 10-1 ① 10-2 ③ 10-3 ① 10-4 ④

해설

10-1
M20×2
- M : 미터나사
- 20 : 호칭지름 20mm
- 2 : 피치(Pitch) 2mm

10-2
KS B 0221의 표시에 의하면 관용 평행나사는 암나사의 경우는 등급을 표시하지 않고, 수나사의 경우만 등급을 표시한다.

핵심이론 11 결합(체결)용 기계요소의 제도 – 키, 핀, 코터

① 키의 제도

㉠ 키(Key)란 축에 풀리, 커플링, 기어 등의 회전체를 고정시켜 축과 회전체를 하나로 만들어 회전력을 전달하는 기계요소이다.

㉡ 키의 종류 및 기호
- 안장키(Saddle Key) : 큰 힘의 동력 전달에는 적합하지 않고, 축에 홈을 파지 않고 보스쪽에만 키홈을 파서 회전축 마찰면을 맞추어 마찰력에 의하여 동력을 전달하는 키이다. 보스의 기울기는 1/100이다.
- 평키(Flat Key) : 납작키라고도 하며, 키가 닿는 면만 평평하게 깎은 형태이다. 보스의 기울기는 1/100이다.
- 성크키(Sunk Key) : 묻힘키라고도 하며 축과 보스 양쪽에 키홈이 있는 키로, 가장 많이 사용한다.
- 접선키(Tangential Key) : 축의 접선 방향에 키홈을 파서 1/100의 기울기가 있는 2개의 키를 반대로 합쳐서 조합한 키이다. 역회전하는 경우 2쌍을 120°로 배치하여 사용하며, 고정력이 강하고 중하중용에 쓰인다. 단면이 정사각형이고 90°로 배치된 접선키를 케네디키(Kennedy Key)라고 한다.
- 반달키(Woodruff Key) : 키홈을 축에 반달 모양으로 판 것으로 키를 끼운 후에 보스를 끼운 형태로, 축이 약해지는 점이 있다. 공작기계 핸들축과 같은 테이퍼축에 사용한다.
- 미끄럼키(Sliding Key) : 페더키(Feather Key)라고도 하며, 키의 기울기가 없다. 기어나 풀리를 축 방향으로 이동할 경우에 사용하며 축 방향으로 보스의 이동이 가능하다.
- 둥근키(Cone Key) : 회전력이 매우 작은 곳에 사용하며 핀을 구멍에 끼워서 사용한다. 핀키(Pin Key)라고도 하며, 핸들과 같이 토크가 작은 것의 고정 및 동력 전달에 사용한다.
- 스플라인축(Spline Shaft) : 축 주위에 피치가 같은 평행한 키홈을 4~20개 만든 형태로, 보스를 축 방향으로 움직일 수 있으며, 큰 회전력 전달이 가능하다.
- 세레이션(Serration) : 축에 작은 삼각형 키홈을 만들어 축과 보스를 고정시킨 것이다. 같은 지름의 스플라인에 보다 많은 돌기가 있어 동력 전달이 크며, 자동차의 핸들이나 전동기, 발전기의 축 등에 사용한다.

기 호	키의 종류
P	나사용 구멍이 없는 평행키
T	머리가 없는 경사키
WA	둥근 바닥 반달키
PS	나사용 구멍이 있는 평행키
TG	머리가 있는 경사키
WB	납작 바닥 반달키

㉢ 키의 호칭

<u>표준번호</u> <u>종류 및 호칭치수</u> <u>길이</u> <u>끝 모양의 특별지정</u> <u>재료</u>
KS B 1311 평행키 <u>10</u> × <u>8</u> × <u>25</u>   양 끝 둥긂   SM45C
            폭 × 높이 × 길이

㉣ 키홈의 치수 기입

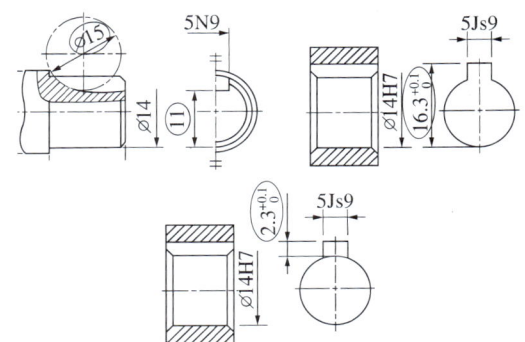

② 핀의 제도

㉠ 핀의 호칭방법

명 칭	호칭방법
평행핀	표준번호 또는 명칭, 종류, 형식, 호칭지름×길이, 재료
테이퍼핀	명칭, 등급, 호칭지름×길이, 재료
스플릿 테이퍼핀	명칭, 호칭지름×길이, 재료, 지정사항
분할핀	표준번호 또는 명칭, 호칭지름×길이, 재료

㉡ 핀의 종류
- 평행핀 : 너클핀이라고도 하며, 부품의 관계 위치를 항상 일정하게 유지할 때 사용한다.
- 테이퍼핀(Taper Pin) : 축에 보스를 고정시킬 때 사용하며 호칭지름은 작은 쪽 지름으로 한다.

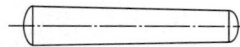

- 분할핀(Split Pin) : 핀 전체가 갈라진 형태이며 너트의 풀림 방지에 사용한다. 크기는 분할핀이 들어가는 구멍의 지름으로 한다.

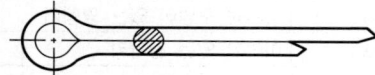

- 스프링핀 : 세로 방향으로 쪼개져 있어서 크기가 정확하지 않을 때 해머로 박아 고정 또는 이완을 방지할 수 있는 핀으로, 탄성을 이용하여 물체를 고정시키는 데 사용한다.

③ 코터 : 로드(Rod), 소켓(Socket), 코터(Cotter)로 구성되어 있다. 다음 그림에는 코터 마개(Spigot)도 지시되어 있다.

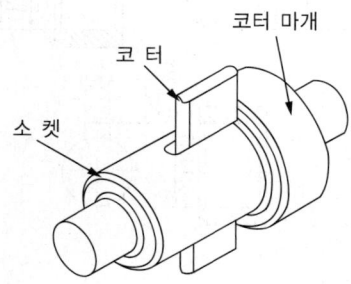

④ 핀의 표준치수

㉠ 평행핀
- A종

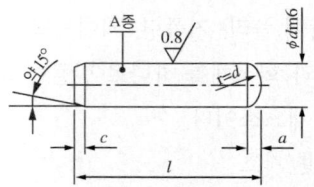

- B종

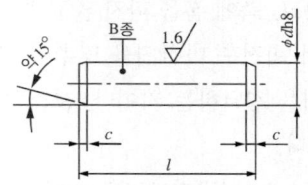

- C종

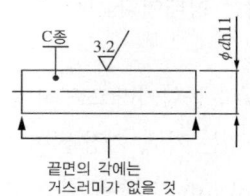

㉡ 테이퍼핀

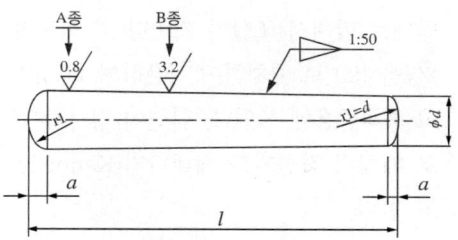

㉢ 스플릿 테이퍼핀

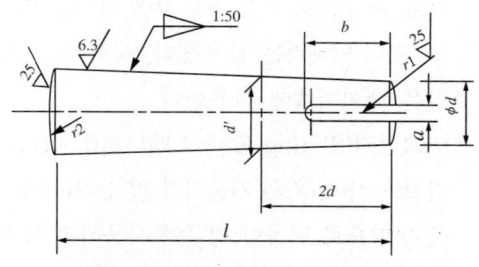

ⓒ 분할핀

- 뾰족끝

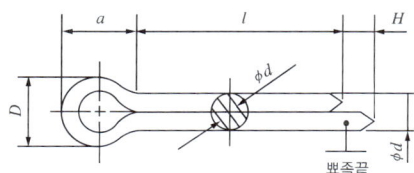

- 납작끝

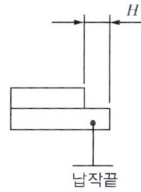

※ 그림에서 d로 표시된 곳을 호칭지름으로 보면 된다.

10년간 자주 출제된 문제

11-1. KS B 1311 TG 20×12×70으로 호칭되는 키의 설명으로 옳은 것은?

① 나사용 구멍이 있는 평행키로서 양쪽 네모형이다.
② 나사용 구멍이 없는 평행키로서 양쪽 둥근형이다.
③ 머리붙이 경사키이며 호칭치수는 20×12이고 호칭 길이는 70이다.
④ 둥근 바닥 반달키이며 호칭 길이는 70이다.

11-2. 비경화 테이퍼핀의 호칭지름을 나타내는 부분은?

① 가장 가는 쪽의 지름
② 가장 굵은 쪽의 지름
③ 중간 부분의 지름
④ 핀 구멍 지름

|해설|

11-1
KS B 1311에서 TG는 머리가 있는 경사키이며 문제의 키는 폭 20mm, 높이 12mm, 길이 70mm의 경사키이다.

11-3
테이퍼핀의 호칭지름은 가는 쪽의 지름을 채택한다.

정답 11-1 ③ 11-2 ①

핵심이론 12 전동용 기계요소의 제도

① 전동용 기계요소의 종류

㉠ 마찰차
- 두 축에 바퀴를 만들어 구름 접촉을 통해 순수한 마찰력만으로 동력을 전달한다.
- 전동 중 접촉 부분을 떼지 않고 마찰차를 이동시키거나 접촉 부분을 자유롭게 붙였다 떼었다 하는 것이 가능하다.
- 정교한 회전운동이나 큰 동력의 전달에는 부적절하다.
- 마찰차를 이동시킬 수 있는 변속장치나 자동차의 클러치, 작은 힘을 전달하거나 정확한 회전운동을 하지 않는 곳에 주로 사용한다.

㉡ 기 어
- 한 쌍의 바퀴 둘레에 이를 만들고, 이 두 바퀴의 이가 서로 맞물려 회전하며 동력을 전달하는 장치이다.
- 동력 전달이 확실하고 내구성도 좋다.
- 기계의 회전속도와 힘의 크기를 정확히 변경하고자 할 때 사용한다.
- 쌍의 기어 잇수비를 다르게 하여 전달 회전수 조절이 가능하다.
- 기어의 종류
  - 평행축기어(스퍼기어) : 원동축, 종동축, 기어 이의 방향이 모두 나란한 기어이다.
  - 헬리컬기어 : 평행축기어이지만 기어 이가 어긋나 있어 연속적으로 물릴 수 있도록 만든 기어이다.

- 베벨기어 : 각 기어의 축이 교차할 수 있도록 만든 기어로, 주로 이를 헬리컬기어로 만든다.

- 웜(Worm)과 웜기어 : 기어축이 엇갈릴 수 있으며 기어비를 크게 할 수 있는 기어이다.

- 래크와 피니언 : 기어와 직선 형태의 래크를 연결하여 회전운동을 직선운동으로, 직선운동을 회전운동으로 전달할 수 있는 기계요소 쌍이다.

- 아이들러 기어(Idler Gear) : 두 개의 메인 기어 사이에 설치하여 그 위치를 조정하거나 회전 방향을 변환시킬 목적으로 사용되는 기어이다.

• 기어의 형상
- 피치원 : 기어의 중심에서 기어의 중심과 피치점의 거리를 반지름으로 그린 원
- 원주피치 : 이의 한 점에서 다른 이의 같은 위치까지 피치원을 따라 측정한 거리

$$p = \frac{\pi d}{N}$$

- 지름피치 : 잇수를 피치원 지름으로 나눈 값(P), 단위피치당 기어의 이의 수로 정의

$$P = \frac{N}{d}$$

• 기어가공
- 기어절삭 : 형판에 의한 절삭, 총형커터에 의한 절삭, 창성에 의한 절삭으로 나눈다. 주로 창성법으로 제작한다.
- 창성에 의한 방법에는 래크 커터에 의한 절삭, 피니언 커터에 의한 절삭, 호브에 의한 절삭 등이 있다. 미리 기어의 이에 정확히 물리도록 래크 등의 커터를 제작하여 피절삭재와 상대운동을 시켜 제작하는 방법이다. 커터의 이 모양이 직선운동을 하며 이를 만드는 경우 실을 당겨 팽팽하게 푸는 모양으로 커터가 이동해야 한다.
- 창성법 중 호브를 이용한 방법은 생산성이 높고 정밀도가 좋아서 가장 일반적으로 사용된다.
- 기어 셰이빙 : 기어절삭기로 가공된 기어의 면을 매끄럽고 정밀하게 다듬질하기 위해 높은 정밀도로 깎인 잇면에 가는 홈붙이날을 가진 커터로 다듬는 가공이다.

- 기어의 치형 : 인벌류트 곡선과 사이클로이드 곡선을 기초로 제작한다.
  - 인벌류트 곡선 : 기초원에 감긴 실이 풀리면서 그리는 곡선으로, 주요 특징은 다음과 같다.
    ⓐ 호환성이 우수하다.
    ⓑ 치형의 제작가공이 용이하다.
    ⓒ 이뿌리 부분이 튼튼하다.
    ⓓ 풀림에 있어 축간거리가 다소 변해도 속도비에 영향이 없다.
  - 사이클로이드 곡선 : 기초원의 한 점이 굴러가면서 남긴 궤적곡선이다. 공작하기 어려워 거의 사용되지 않고, 시계용 기어 등과 같은 정밀기기의 소형 기어에 사용한다. 주요 특징은 다음과 같다.
    ⓐ 효율이 높다.
    ⓑ 공작이 어렵고 호환성이 작다.
    ⓒ 접촉점에서 미끄럼이 작아 마모가 적고 소음이 작다.
    ⓓ 피치점이 완전히 일치하지 않으면 물림이 잘되지 않는다.
- ⓒ 벨트와 벨트 풀리
  - 벨트와 벨트 풀리 사이의 마찰력을 이용하여 평행한 두 축 사이에 회전 동력을 전달하는 장치이다.
  - 두 축 사이의 거리가 비교적 멀거나 마찰차, 기어 전동과 같이 직접 동력을 전달할 수 없을 때 사용한다.
  - 미끄럼이 발생할 수 있어 정확한 회전비를 필요로 하는 전달에는 부적합하다.
  - 큰 동력 전달이 가능하다.
- ⓔ 체인과 스프로킷
  - 체인을 스프로킷의 이에 하나씩 물리게 하여 회전 동력을 전달한다.
  - 동력을 전달하는 두 축 사이의 거리가 비교적 멀어 기어 전동이 불가능한 곳에 사용한다.
  - 벨트보다 정확한 동력 전달이 가능하다.
  - 소음과 진동의 우려가 있고, 고속 회전에 부적합하다.
- ⓜ 캠
  - 특정한 모양이나 홈을 갖도록 하여 회전운동을 직선운동이나 왕복운동으로 바꾸는 기계요소이다.
  - 간단한 구조로 복잡한 운동을 얻을 수 있다.
- ⓗ 링크
  - 길이가 서로 다른 몇 개의 막대를 핀으로 연결한 것이다.
  - 주동절의 운동에 따라 종동절이 회전운동이나 왕복운동 등 일정한 운동을 하는 기계요소이다.
  - 설계에 따라 다양한 운동을 할 수 있어 적절히 설계하여 널리 쓰인다.

② 기어의 제도
  ㉠ 스퍼기어의 제도방법
  - 이끝원은 굵은 실선으로 그린다.
  - 피치원은 가는 1점쇄선으로 그린다.
  - 이뿌리원은 가는 실선으로 그린다. 단, 축에 직각 방향으로 단면 투상할 경우에는 굵은 실선으로 그린다.
  - 헬리컬기어에서 잇줄의 방향은 정면도에 항상 3줄의 가는 실선을 그린다. 정면도가 단면으로 표시된 경우 3줄의 가는 2점쇄선으로 그린다.
  - 제도에서 기어는 치형을 그리지 않고 이끝원, 피치원, 이뿌리원을 그린 후 요목표로 기어 설계를 위한 내용요소를 제시한다.

[요목표의 예시]

스퍼기어 요목표		
구 분	품 번	2
기어 치형		표 준
공 구	모 듈	2
	치 형	보통 이
	압력각	20°
전체 이 높이		4.5
피치원 지름		⌀48
잇 수		24
다듬질방법		호브절삭
정밀도		KS B ISO 1328-1, 4급

ⓒ 기어의 설계

$$D_p = mZ, \quad D_o = m(Z+2), \quad \pi D_p = pZ$$

여기서, D_p : 기어 피치원의 지름
  D_o : 이끝원
  D_i : 이뿌리원
  p : 피치
  m : 모듈
  Z : 기어 잇수

ⓒ 축간거리

기어의 축간거리는 기어의 중심과 피니언의 중심 간 거리로, 두 피치원의 지름을 더한 값의 절반이다.

$$D_g = mZ_g, \quad D_p = mZ_p$$

축간거리 $C = m\dfrac{Z_g + Z_p}{2}$

10년간 자주 출제된 문제

12-1. KS 기어제도의 도시방법 설명으로 올바른 것은?

① 잇봉우리원은 가는 실선으로 그린다.
② 피치원은 가는 1점쇄선으로 그린다.
③ 이골원은 가는 2점쇄선으로 그린다.
④ 잇줄의 방향은 보통 2개의 가는 1점쇄선으로 그린다.

12-2. 다음 그림과 같이 표준 스퍼기어 도시도면에서 모듈 값은?

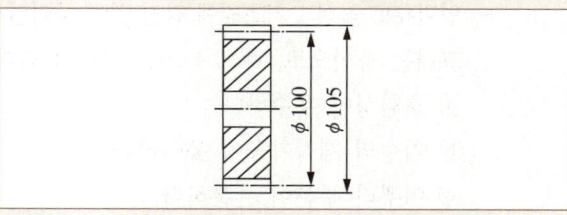

① 2.5
② 3.5
③ 5
④ 10

12-3. 다음 보기에서 설명하는 동력 전달용 기계요소는?

|보기|
- 마찰력을 이용하여 평행한 두 축 사이에 회전 동력을 전달하는 장치이다.
- 두 축 사이의 거리가 비교적 멀거나 직접 동력을 전달할 수 없을 때 사용한다.
- 미끄럼이 발생할 수 있으므로 정확한 회전비를 필요로 하는 전달에는 부적합하다.

① 마찰차
② 기 어
③ 벨트와 벨트 풀리
④ 래크와 피니언

12-4. 가는 홈붙이 날을 가진 커터로, 가공된 기어의 면을 매끄럽고 정밀하게 다듬질하는 가공은?

① 기어 셰이빙
② 밀링가공
③ 래 핑
④ 선반가공

12-5. 창성법에 의한 기어 가공용 커터가 아닌 것은?

① 래크 커터
② 브로치
③ 피니언 커터
④ 호 브

|해설|

12-1
① 잇봉우리원(이끝원)은 굵은 실선으로 그린다.
③ 이골원(이뿌리원)은 가는 실선으로 그린다.
④ 헬리컬기어에서 잇줄의 방향은 정면도에 항상 3줄의 가는 실선을 그린다. 정면도가 단면으로 표시된 경우 3줄의 가는 2점쇄선으로 그린다.

12-2
스퍼기어의 표준 잇수와 모듈, 지름의 관계
$D_e = mZ$(여기서, D_e : 유효지름, m : 모듈, Z : 잇수)
$D_o = m(Z+2)$(여기서, D_o : 바깥지름, m : 모듈, Z : 잇수)
두 식을 문제의 조건과 연결하면 1차 방정식이 된다.
유효지름 = 100mm, 바깥지름 = 105mm이므로
$100 = mZ$
$105 = m(Z+2)$
$\quad\; = mZ + 2m$
$\quad\; = 100 + 2m$
$2m = 5$
$\therefore\; m = 2.5$

12-3
① 마찰차
- 두 축에 바퀴를 만들어 구름 접촉을 통해 순수한 마찰력만으로 동력을 전달한다.
- 전동 중 접촉 부분을 떼지 않고 마찰차를 이동시키거나 접촉 부분을 자유롭게 붙였다 떼는 것이 가능하다.
- 정교한 회전운동이나 큰 동력의 전달에는 부적절하다.
- 마찰차를 이동시킬 수 있는 변속장치나 자동차의 클러치, 작은 힘을 전달하거나 정확한 회전운동을 하지 않는 곳에 주로 사용한다.

② 기 어
- 한 쌍의 바퀴 둘레에 이를 만들고, 이 두 바퀴의 이가 서로 맞물려 회전하며 동력을 전달하는 장치이다.
- 동력 전달이 확실하고 내구성도 좋다.
- 기계의 회전속도와 힘의 크기를 정확히 변경하고자 할 때 사용한다.
- 쌍의 기어 잇수비를 다르게 하여 전달 회전수 조절이 가능하다.

④ 래크와 피니언 : 기어와 직선 형태의 래크를 연결하여 회전운동을 직선운동으로 또는 직선운동을 회전운동으로 전달할 수 있는 기계요소 쌍이다.

12-4
기어 셰이빙 : 기어절삭기로 가공된 기어의 면을 매끄럽고 정밀하게 다듬질하기 위해 높은 정밀도로 깎인 잇면에 가는 홈붙이날을 가진 커터로 다듬는 가공을 일컫는다.

※ Shave는 면도라는 뜻도 있으므로 연상하여 학습하면 쉽게 이해할 수 있다.

12-5
기어가공 중 창성에 의한 절삭
- 래크 커터에 의한 절삭
- 피니언 커터에 의한 절삭
- 호브에 의한 절삭

정답 12-1 ② 12-2 ① 12-3 ③ 12-4 ① 12-5 ②

핵심이론 13 제어용 기계요소(KS B ISO 2162-3)

① 대표적인 제어용 요소
  ㉠ 스프링
  - 재료의 탄성력을 이용하여 충격과 진동을 흡수하도록 제작한 기계요소
  - 재료의 탄성력을 이용하여 에너지를 저장하도록 제작한 기계요소
  - 용도 : 충격 및 진동 흡수, 에너지 축적, 각종 측정기기에 적용, 힘 조절용(안전밸브, 와셔 등)

  ㉡ 브레이크
  - 재료의 마찰력을 이용하여 운동력을 흡수하거나 제어하도록 제작한 기계요소
  - 열에너지, 소리에너지 등으로 변환되어 회전운동, 직선운동 등 운동력을 제거하는 데 사용
  - 밴드 브레이크, 드럼 브레이크, 디스크 브레이크, 공(유)압 브레이크 등

② 스프링의 종류
  ㉠ 스프링 : 변형될 때 에너지를 저장하고 이완될 때 등가에너지를 되돌려주기 위해 설계된 기계장치
  ㉡ 보조 스프링 : 스프링 하중이 미칠 때 작용되는 주스프링(현가 스프링) 아래에 설치된 부가적인 스프링으로, 작용하중은 주스프링과 보조 스프링에 각각 부분적으로 부하된다.
  ㉢ 압축 스프링 : 압축력이 축 방향으로 작용될 때 이 힘을 저장하도록 만들어진 스프링
  ㉣ 일정 힘 스프링 : 작용되는 힘이 단위 변형 길이에 대해 항상 일정한 스프링으로서, 보통 움직이는 스프링으로 대강재료를 코일 모양으로 하여 만든다.
  ㉤ 접시 스프링 : 스프링 와셔, 즉 일정한 재료 두께를 가진 원뿔 모양으로 가운데가 볼록한 형태이며 압축 스프링으로 사용된다.

ⓑ 인장 스프링 : 초기 장력이 있거나 없거나 상관없이 스프링의 길이를 늘려 주기 위해서 축 방향 힘에 대해 저항을 주는 스프링

ⓢ 판 스프링 : 편평한 대강이나 사각 단면의 봉제로 만들어 외팔보 형태나 단순 지지보 형태로 힘을 받고 변형되는 스프링

ⓞ 가터 스프링 : 코일이 달려 있는 긴 인장 스프링으로 그 끝단이 원환을 만들기 위해 연결되어 있다. 가터 스프링은 주로 기계식 밀봉장치(Seal)나 축에 사용되며, 둥근 세그먼트를 함께 보유하고 있으며 벨트로 사용되기도 하고 유지장치로 사용되기도 한다.

ⓩ 압축 헬리컬 스프링 : 원형, 사각 단면(정사각, 직사각)의 소선(와이어)을 코일 사이에 적절한 거리를 두고 축 주위에 감아서 만든 압축 스프링이다. 압축 헬리컬 스프링은 원통형이지만 그 외 원뿔형, 2중 원뿔형(Barrel) 스프링 또는 테이퍼를 준 형태도 있다.

ⓧ 인장 헬리컬 스프링 : 원형 단면의 와이어를 코일 사이에 틈새가 있거나 없게(열린 감기 또는 닫힌 감기) 축 주위를 감아서 만든 스프링

ⓚ 비틀림 헬리컬 스프링 : 보통 원형 단면의 와이어를 축 주위에 감아서 만들며 양 끝단에서 비틀림 모멘트를 전달하는 데 적절하다.

ⓣ 헬퍼 스프링 : 스프링 하중이 미칠 때 작용되는 주스프링 위에 설치된 부가적인 스프링으로, 작용 하중은 대부분 주스프링에 작용하고 헬퍼 스프링에는 약간의 범위에만 미친다.

ⓟ 겹판 스프링 : 길이가 서로 다른 하나 또는 그 이상의 납작하거나 포물선 형태의 스트림으로 만든 스프링으로, 스트림을 따라 작용하는 굽힘 모멘트의 변화를 고려하여 적층으로 구성되어 있다.

ⓗ 스파이럴 스프링 : 납작하거나 사각형 단면의 재료를 스파이럴 형태로 감아서 만든 스프링으로, 각도 편차에 따라 감아올려지면서 스프링 축 주위에 복귀토크가 미치도록 설계된다.

㉮ 비틀림 스프링 : 스프링의 길이 방향 축 주위의 비틀림 모멘트에 저항하도록 만든 스프링

㉯ 토션바 스프링 : 곧은 봉으로 만든 비틀림 스프링

㉰ 벌류트 스프링 : 사각형 단면의 재료로 만든 압축 스프링(원뿔형)으로 그 코일은 망원경 조리개 접는 능력을 갖는 모양으로 되어 있다.

③ **스프링의 특성**

㉠ 유효 코일 감김수 : 스프링의 전체 변형(휨)을 계산할 때 사용되는 코일 감김수

㉡ 압축 스프링의 총코일 감김수 : 유효 코일 감김수에 양 끝단을 만드는 코일수를 더한 값

㉢ 전체 변형 : 스프링의 자유 위치에서 최대 작용 위치까지의 스프링 변위

㉣ 비틀림(나선, Helix) 방향 : 스프링의 한쪽 단에서 보았을 때 코일이 후진하는 방향이다. 비틀리는 방향이 코일이 시계 방향으로 후진될 때 오른쪽 비틀림이라 하고, 반시계 방향으로 후진될 때 왼쪽 비틀림이라고 한다.

㉤ 자유 길이 : 외부 하중이 작용하지 않을 때의 스프링 총길이

㉥ 밀착 길이 : 압축 스프링에서 코일이 완전히 압축되었을 때 스프링 총길이

㉦ 스프링 하중 : 스프링이 주어진 길이로 인장되거나 압축될 때 스프링에 작용하거나 스프링에 의해 작용되는 하중

④ **스프링의 제도**

㉠ 스프링은 원칙적으로 무하중 상태로 그린다.

㉡ 그림 안에 기입하기 힘든 사항은 일괄하여 요목표에 표시한다.

ⓒ 코일의 중간 부분을 생략할 때는 생략한 부분을 가는 2점쇄선으로 표시한다.
ⓓ 스프링의 종류와 모양만 도시할 때는 재료의 중심선만 굵은 실선으로 그린다.
ⓔ 하중과 높이 등의 관계를 표시할 필요가 있을 때에는 선도 또는 요목표에 표시한다.
ⓕ 코일 부분의 투상은 나선이 되고, 시트에 근접한 부분의 피치 및 각도가 연속적으로 변하는 것은 직선으로 표시한다.
ⓖ 스프링은 특별한 단서가 없는 한 모두 오른쪽 감기로 도시한다. 즉, 왼쪽 감기로 도시할 경우 '감긴 방향 왼쪽'이라고 명시해야 한다.
ⓗ 코일 스프링에서 양 끝을 제외한 동일 모양 부분의 일부를 생략하는 경우 생략 부분의 선지름 중심선은 가는 1점 쇄선으로 표시한다.

⑤ 스프링 진동수 계산
스프링의 고유 진동수는 스프링 정수와 스프링에 작용하는 하중에 의해 결정된다.

$$2\pi f = \sqrt{\frac{k(스프링\ 정수)}{m(질량)}}$$

10년간 자주 출제된 문제

스프링을 제도하는 내용으로 틀린 것은?
① 특별한 단서가 없는 한 왼쪽 감기로 도시
② 원칙적으로 하중이 걸리지 않은 상태로 제도
③ 간략도로 표시하고 필요한 사항은 요목표에 기입
④ 코일의 중간 부분을 생략할 때는 가는 1점 쇄선으로 도시

|해설|
스프링은 특별한 단서가 없는 한 오른쪽 감기로 도시한다.

정답 ①

핵심이론 14 절삭이론 - 힘(Power)과 칩(Chip)

① 회전하는 절삭재료에 발생하는 절삭저항의 3분력
 ㉠ 주분력(절삭분력)
 ㉡ 배분력
 ㉢ 이송분력

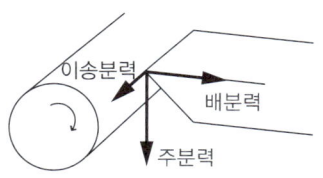

② 구성인선(Built-up Edge)
 ㉠ 빌트 업 에지(Built-up Edge)라고 한다. 칩의 일부가 절삭력과 절삭열에 의한 고온, 고압으로 날 끝에 녹아 붙거나 압착된 것이다.
 ㉡ 구성인선은 매우 짧은 시간에 발생, 성장, 분열, 탈락의 주기를 반복하기 때문에 탈락할 때마다 가공면에 흠집을 만들고, 진동을 일으켜 가공면을 나쁘게 만든다.
 ㉢ 구성인선의 발생을 감소시키기 위해서는 깎는 깊이를 작게 하거나 공구의 경사각을 크게 하고, 날끝을 예리하게 하며, 절삭속도를 크게 하고 윤활유를 사용한다.
 ㉣ 구성인선의 생애 : 발생 → 성장 → 분열 → 탈락

③ 절삭작업에서 절삭저항에 영향을 주는 인자
 ㉠ 가공방법 : 선삭의 경우 공작물의 회전에 대해 어느 방향에서 바이트가 진입하는지의 영향을 받는다. 밀링의 경우 커터의 회전에 대해 상향절삭, 하향절삭 여부 등이 영향을 준다.
 ㉡ 절삭조건 : 이송속도, 절삭깊이, 절삭각 등
 ㉢ 일감의 재질 : 일감의 강도(단단한 정도), 경도(딱딱한 정도), 연성(무른 정도) 등이 절삭저항에 영향을 준다.

④ 절삭 시 발생하는 칩의 종류

종류	현 상	특 징
유동형 칩		• 칩이 공구의 윗면 경사면 위를 연속적으로 흘러 나가는 형태의 칩으로 절삭저항이 작아서 가공 표면이 가장 깨끗하며 공구의 수명도 길다. • 생성조건 : 절삭 깊이가 작은 경우, 공구의 윗면 경사각이 큰 경우, 절삭공구의 날 끝 온도가 낮은 경우, 윤활성이 좋은 절삭유를 사용하는 경우, 재질이 연하고 인성이 큰 재료를 큰 경사각으로 고속 절삭하는 경우
전단형 칩		• 공구의 윗면 경사면과 마찰하는 재료의 표면은 편평하나 반대쪽 표면은 톱니 모양으로 유동형 칩에 비해 가공면이 거칠고 공구 손상도 일어나기 쉽다. • 발생원인 : 공구의 윗면 경사각이 작은 경우, 비교적 연한 재료를 느린 절삭속도로 가공할 경우
균열형 칩		• 가공면에 깊은 홈을 만들기 때문에 재료의 표면이 매우 불량해진다. • 발생원인 : 주철과 같이 취성(메짐)이 있는 재료를 저속으로 절삭할 경우
열단형 칩		• 칩이 날 끝에 달라붙어 경사면을 따라 원활히 흘러나가지 못해 공구에 균열이 생기고 가공 표면이 뜯겨진 것처럼 보인다. • 발생원인 : 절삭 깊이가 크고 윗면 경사각이 작은 절삭공구를 사용할 경우

⑤ 칩브레이커

연속적으로 발생되는 칩으로 인해 작업자가 다치는 것을 방지하기 위하여 칩을 짧게 절단시켜 주는 안전장치

칩 브레이커

10년간 자주 출제된 문제

14-1. 절삭저항 3분력이 아닌 것은?
① 표면분력　　② 주분력
③ 이송분력　　④ 배분력

14-2. 절삭작업에서 빌트 업 에지(Built-up Edge)의 주기로 옳은 것은?
① 성장 → 발생 → 분열 → 탈락
② 발생 → 성장 → 분열 → 탈락
③ 분열 → 성장 → 발생 → 탈락
④ 탈락 → 분열 → 발생 → 성장

14-3. 연속적으로 흘러가는 칩으로 표면이 가장 깨끗하게 나오는 칩의 형태는?
① 유동형 칩　　② 전단형 칩
③ 균열형 칩　　④ 열단형 칩

14-4. 연속적으로 발생되는 칩으로 인해 작업자가 다치는 것을 방지하기 위하여 칩을 짧게 절단시켜 주는 안전장치는?
① 지 그　　② 바이트
③ 칩 브레이커　　④ 바이트 홀더

|해설|

14-1
절삭저항의 3분력
주분력(절삭분력), 배분력, 이송분력

14-2
구성인선의 생애
발생 → 성장 → 분열 → 탈락

14-3
유동형 칩은 칩 브레이커를 이용해 간혹 끊어 주기만 하면 가장 바람직한 면의 상태와 칩의 상태가 생성되며 다른 형태의 칩은 재료의 특성에 따라 발생하거나 표면에 영향을 주는 형태의 칩이다.

14-4
칩 브레이커를 바이트 내에 장치는 하지만 선택형 문제에서는 가장 옳은 답을 고르는 것이다.

정답 14-1 ①　14-2 ②　14-3 ①　14-4 ③

핵심이론 15 가공이론 - 공구 관계 이론

① 선반 바이트의 구조

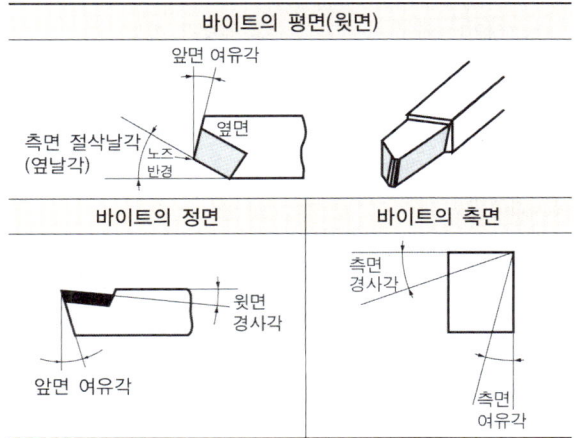

② 선반의 공구경사각
  ㉠ 윗면 경사각 : 바이트 절삭날의 윗면과 수평면이 이루는 각도로 절삭력에 가장 큰 영향을 주는 각도이다. 윗면 경사각이 크면 절삭성과 표면정밀도가 좋아지지만 날 끝이 약하게 되어 빨리 손상된다.
  ㉡ 날여유각 : 바이트의 앞면이나 측면과 공작물의 마찰을 방지하기 위하여 공구면에 각도를 부여한 것으로, 공구의 무게를 감소시켜 베어링에 작용하는 하중을 줄이는 기능도 한다. 날여유각을 너무 크게 하면 공구의 날 끝이 날카로워져서 공구인선의 강도가 저하되므로 적절하게 설계해야 한다.

③ 바이트의 종류
  ㉠ 일체형 바이트(완성 바이트) : 절삭날 부분과 섕크(자루) 부분이 모두 초경합금으로 만들어진 절삭공구로 절삭날은 연삭가공으로 만들어서 사용하는데 현재는 거의 사용되지 않는다.
  ㉡ 클램프 바이트(Throw Away 바이트) : 절삭팁(인서트 팁)을 클램프로 고정시킨 후 절삭하는 바이트로 날과 자루가 분리되어 있다. 절삭팁이 파손되면 버리고(Throw Away) 다른 팁으로 교체하는 방식이므로 사용이 편리해서 현재 대부분의 선반가공에 사용된다.
  ㉢ 비트 바이트 : 크기가 작은 절삭팁을 자루 내부에 관통시킨 후 볼트로 고정시켜 사용하는 바이트이다.
  ㉣ 팁 바이트(용접 바이트) : 섕크에서 절삭날(인선) 부분만 초경합금이나 바이트용 재료를 용접해서 사용하는 바이트이다.

④ 공구의 마멸
  ㉠ 공구의 마멸 : 공구의 윗면 또는 옆면 마찰을 통해 마모가 나타난다.
  ㉡ 경사면 마멸(크레이터 마모)
    • 윗면에서의 마모는 운석이 떨어진 모양과 같아서 크레이터(Crater, 분화구) 마멸 또는 경사면 마멸이라 한다.
    • 공구날의 윗면이 유동형 칩과의 마찰로 오목하게 파이는 현상으로 공구와 칩의 경계에서 원자들의 상호 이동 역시 마멸의 원인이 된다.
    • 공구경사각을 크게 하면 칩이 공구 윗면을 누르는 압력이 작아지므로 경사면 마멸의 발생과 성장을 줄일 수 있다.
  ㉢ 여유면 마멸(플랭크 마모)
    • 옆면에서의 마모는 공구와의 여유각이 벌어진 곳의 마멸이어서 여유면 마멸이라 하며 측면이라는 의미의 플랭크(Flank, 옆구리, 측면) 마멸이라고 한다.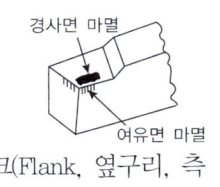
    • 절삭공구의 측면(여유면)과 가공면과의 마찰에 의하여 발생되는 마모현상으로, 주철과 같이 취성이 있는 재료를 절삭할 때 발생하여 절삭날(공구인선)을 파손시킨다.
  ㉣ 치핑 : 경도가 매우 크고 인성이 작은 절삭공구로 공작물을 가공할 때 발생되는 충격으로 공구날이 모서리를 따라 작은 조각으로 떨어져 나가는 현상이다.

⑤ 밀링커터의 공구각
  ㉠ 경사각 : 날의 윗면과 날 끝을 지나는 중심선 사이의 각이다. 정면커터에서는 레이디얼각이라 하고 경사면이 축방향과 이루는 각을 액시얼각이라 한다. 경사각을 크게 하면 절삭저항은 감소하나 날이 약해진다.
  ㉡ 여유각 : 절삭날의 뒷면과 일감 사이의 마찰을 피하기 위한 각이다. 정면커터에서 레이디얼 여유각, 축 방향과 수직한 평면과 이루는 각을 액시얼 여유각이라 한다. 여유각이 크면 마멸은 감소하지만 날 끝이 약해지므로 단단한 일감은 여유각을 작게 하고, 연한 일감은 크게 한다.
  ㉢ 비틀림각 : 날 너비 20mm 이상의 평면 밀링커터는 모두 비틀림날로 만들고, 경절삭용은 15°, 중절삭용 거친 날은 날 수를 적게 하고 25° 이상으로 되어 있다. 각 날마다 비틀림각을 주면 절삭날이 충격 없이 연속적으로 절삭을 할 수 있다.

10년간 자주 출제된 문제

15-1. 칩이 절삭공구의 경사면 위를 미끄러지면서 나갈 때 마찰력에 의하여 경사면 일부가 오목하게 파이는 것은?
① 크레이터 마모　② 플랭크 마모
③ 치 핑　④ 미소파괴

15-2. 일감을 절삭할 때 바이트가 받는 절삭저항의 크기 및 방향에 미치는 영향이 가장 적은 것은?
① 가공방법　② 절삭조건
③ 일감의 재질　④ 기계의 중량

15-3. 인서트를 클램프로 고정시킨 후 절삭하는 바이트로 날과 자루가 분리되어 있는 형태는?
① 일체형 바이트　② 클램프 바이트
③ 비트 바이트　④ 팁 바이트

|해설|

15-1
윗면에서의 마모가 운석이 떨어진 모양 같아서 크레이터 마멸 또는 경사면 마멸이라 한다.

15-2
① 가공방법 : 선삭의 경우 공작물의 회전에 대해 어느 방향에서 바이트가 진입하는지의 영향을 받는다. 밀링의 경우 커터의 회전에 대해 상향절삭, 하향절삭 여부 등이 영향을 준다.
② 절삭조건 : 이송속도, 절삭 깊이, 절삭각 등을 절삭조건이라 한다.
③ 일감의 재질 : 일감의 강도(단단한 정도), 경도(딱딱한 정도), 연성(무른 정도) 등이 절삭저항에 영향을 준다.

15-3
② 클램프 바이트(Throw Away 바이트) : 절삭팁(인서트팁)을 클램프로 고정시킨 후 절삭하는 바이트로, 날과 자루가 분리되어 있다. 절삭팁이 파손되면 버리고(Throw Away) 다른 팁으로 교체하는 방식이므로 사용이 편리해서 현재 대부분의 선반가공에 사용되고 있다.
① 일체형 바이트(완성 바이트) : 절삭날 부분과 섕크(자루) 부분이 모두 초경합금으로 만들어진 절삭공구로 절삭날은 연삭가공으로 만들어서 사용하는데 현재는 거의 사용되지 않는다.
③ 비트 바이트 : 크기가 작은 절삭팁을 자루 내부에 관통시킨 후 볼트로 고정시켜 사용하는 바이트이다.
④ 팁 바이트(용접 바이트) : 섕크에서 절삭날(인선) 부분만 초경합금이나 바이트용 재료를 용접해서 사용하는 바이트이다.

정답 15-1 ①　15-2 ④　15-3 ②

핵심이론 16 기계공작의 종류

① 선반(旋 돌 선, 盤 받침 반) : 공작물을 물려놓고 회전, 그 상태에 공구를 갖다 대며 이동시키면서 원하는 원통형 공작물을 제작

② 밀링(Milling) : 공구를 회전시키며 고정된 공작물을 절삭함. 원하는 모양을 모두 절삭 가능

③ 드릴링(Drilling) : 보링이 이미 생겨 있는 구멍을 다듬는 작업이라면, 드릴링은 없는 구멍을 뚫는 작업

④ 보링(Boring) : 주조된 구멍이나 이미 뚫은 구멍을 필요한 크기나 정밀한 치수로 넓히는 작업

⑤ 셰이퍼(Shaper) : 모양을 만드는 작업이란 뜻으로 왕복운동하는 커터로 평면을 절삭하는 공작기계

⑥ 슬로터(Slotter) : 전후좌우로 움직이는 테이블 위에 회전테이블이 있고 램 끝에 공구를 달아서 공작

⑦ 플레이너(Planer) : 셰이퍼로 절삭할 수 없는 큰 공작물을 공작하는 평면 절삭공작기계

⑧ 연삭(研 갈 연, 削 깎을 삭, Grinding) : 숫돌을 이용하여 재료를 갈아내며 절삭하는 것

⑨ 래핑(Lapping) : 랩제를 이용하여 문질러서 미세하게 갈아내는 작업

⑩ 호닝(Honing) : 혼(Hone)이라는 숫돌을 이용하여 내면을 연삭하는 작업

⑪ 호빙(Hobbing) : 호브(Hob)라는 커터를 이용하여 스퍼기어, 헬리컬기어 등을 가공

⑫ 셰이빙(Shaving) : 주로 기어가공 시 사용하며 치형 모양의 커터로 기어를 다듬는 가공

⑬ 브로칭(Broaching) : 브로치라는 여러 개의 비슷한 절삭날이 달린 공구를 이용하여 일감의 안팎을 절삭하는 작업

10년간 자주 출제된 문제

다음 중 기계공작에 대한 설명으로 옳지 않은 것은?

① 선반 : 공작물이 회전하며 가공하는 작업이다.
② 밀링 : 공구가 회전하며 가공하는 작업이다.
③ 드릴링 : 이미 뚫어 놓은 구멍을 정밀하게 가공하는 작업이다.
④ 연삭 : 숫돌을 이용하여 재료를 갈아내며 가공하는 작업이다.

[해설]

이미 뚫어 놓은 구멍을 정밀히 가공하는 작업은 보링이다. 보링작업도 큰 범주에서 드릴작업에 포함될 수는 있지만, 일반적으로 드릴작업은 구멍을 생성하는 작업이다. ①, ②, ④번의 설명이 옳으므로 ③번을 정답으로 선택한다.

정답 ③

핵심이론 17 기계의 종류 – 선반

① 선반의 구조 및 구성

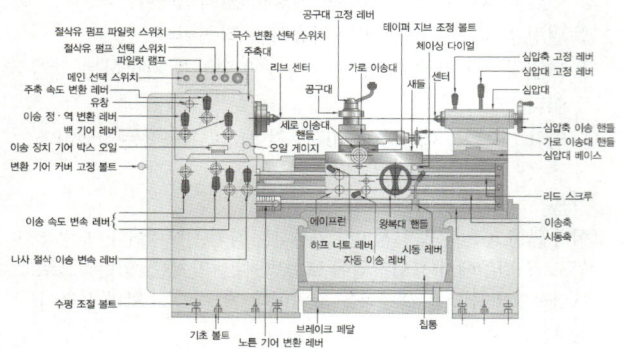

㉠ 주축대 : 베드 윗면의 왼쪽 상단에 장착되어 있으며 주축(Spindle)과 베어링, 주축속도변환장치로 구성되어 있다. 주축이 고속으로 회전하더라도 흔들림 없이 가공하도록 지지하는 역할을 한다. 주축은 긴 봉 재료를 가공할 수 있도록 중공축으로 되어 있으며 끝 부분에 척(Chuck)이 장착된다.

㉡ 심압대 : 베드 윗면의 오른쪽 상단인 주축의 맞은편에 장착되어 있으며 가공되는 공작물의 길이가 길어서 회전 중 떨림이 발생되는 재료를 지지하거나 드릴 같은 내경절삭공구를 고정할 때 사용한다. 심압대 센터의 중심은 주축과 일치시키거나 어긋나게 조정이 가능해서 테이퍼 절삭을 가능하게 하며, 끝부분은 모스테이퍼로 되어 있어서 드릴척을 고정시킬 수 있다.

㉢ 왕복대
- 새들과 에이프런, 공구대, 복식공구대를 장착하고 있는 하나의 기계모듈로 왕복대의 맨 위에 장착된 공구대에 바이트를 장착한 후 절삭을 위해 공작물로 이송시키는 역할을 한다.
- 주축대와 심압대 사이에 위치하고 있으며 왕복대에 부착된 손잡이를 돌려서 베드 윗면을 길이 방향이나 전후 방향으로 이송하며 절삭하는데 나사 깎기에 사용되는 이송장치도 장착하고 있다.

㉣ 베드(Bed) : 선반의 몸체로서 주축대와 심압대, 왕복대를 장착하고 있다. 강력 절삭에도 쉽게 변형되거나 마멸되지 않는 강성을 필요로 하여 고급주철이나 합금주철 등으로 제작한다. 콜릿 사이에 가는 공작물을 끼우고 콜릿척에 콜릿을 끼운 후 주축척에 끼워 사용한다.

㉤ 슬리브 : 우리말로 '소매' 정도로 생각되는데, 주먹 위에 옷소매가 덮여 있는 상상을 하면 된다.

㉥ 방진구 : 가늘고 긴 일감이 절삭력과 자중에 의해 휘거나 처짐이 일어나는 것을 방지하기 위한 부속장치이다.
 • 종 류
  - 고정 방진구 : 베드 위에 고정, 원통깎기, 끝면 깎기, 구멍뚫기 등
  - 이동 방진구 : 왕복대에 고정, 왕복대와 함께 이동, 일감을 2개 조로 지지함

㉦ 맨드릴 : 기어, 벨트 풀리 등의 소재와 같이 구멍이 뚫린 일감의 바깥 원통면이나 옆면을 센터작업으로 가공할 때 사용하는 도구이다. 일감의 뚫린 구멍에 맨드릴을 끼운 후 작업한다.

㉧ 파이프 센터 : 파이프를 가공하기 위해 심압대에서 한끝을 고정하는 데 사용되는 센터이다.

㉨ 면판 : 선반 주축에 면판을 설치하고 공작물을 판에 고정하여 회전하여 작업할 수 있도록 만든 장치이다.

ㅊ 콜릿과 콜릿척 : 주축대에 끼워 가느다란 공작물을 잡는 지그 역할을 한다.

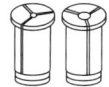 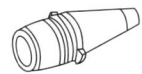

[콜 릿]　　　　[콜릿척]

ㄱ 척의 종류

종 류	특 징
단동척	• 척핸들을 사용해서 조(Jaw)의 끝부분과 척의 측면이 만나는 곳에 만들어진 4개의 구멍을 각각 조이면, 4개의 조도 각각 움직여서 공작물을 고정시킨다. • 편심가공이 가능하다. • 공작물의 중심을 맞출 때 숙련도가 필요하며 시간이 다소 걸리지만 정밀도가 높은 공작물을 가공할 수 있다.
연동척	• 척핸들을 사용해서 척의 측면에 만들어진 1개의 구멍을 조이면, 3개의 조(Jaw)가 동시에 움직여서 공작물을 고정시킨다. • 공작물의 중심을 빨리 맞출 수 있으나 공작물의 정밀도는 단동척에 비해 떨어진다.
유압척	연동척과 같은 형식이나 조를 유압으로 작동한다.
마그네틱척	원판 안에 전자석을 설치하고 전류를 흘려보내면 척이 자화되면서 공작물을 고정시킨다.
콜릿척	• 3개의 클로를 움직여서 직경이 작은 공작물을 고정하는 데 사용하는 척이다. • 주축의 테이퍼 구멍에 슬리브를 꽂은 후 여기에 콜릿을 끼워서 사용한다.
공기척	• 공작물을 가공하는 중에도 설비를 정지시키지 않고 공작물을 제거하거나 삽입할 수 있는 척이다. • 지름이 10mm 정도인 균일한 가공물을 대량으로 생산하기에 적합하다.

② 선반의 종류

종 류	특 징
보통선반	• 가장 일반적으로 사용되는 선반으로 범용선반으로도 불린다. • 수직가공, 수평가공, 절단가공, 홈가공, 나사가공 등 다양한 가공이 가능하다.
자동선반	보통선반에 자동화장치를 부착하여 자동으로 절삭가공을 실시하는 선반으로 대량 생산에 적합하다.
정면선반	• 길이가 짧고 지름이 큰 공작물의 절삭에 사용되는 선반으로 면판을 구비하고 있다. • 베드의 길이가 짧고 심압대가 없는 경우가 많아서 주로 단면절삭에 사용한다.
터릿선반	• 보통선반과 같이 가공물을 회전시키면서 터릿에 6~8종의 절삭공구를 장착한 후 가공 순서에 맞게 절삭공구를 변경하며 가공하는 선반으로 동일 제품의 대량 생산에 적합하다. • 터릿은 절삭공구를 육각형 모양의 드럼에 가공 순서대로 장착시킨 기계장치이다.
공구선반	• 보통선반과 같은 구조이나 테이퍼깎기장치와 릴리빙장치가 장착되어 있다. • 보통선반에 비해 가공 정밀도를 높이고자 할 때 사용한다.
탁상선반	크기가 작아서 작업대 위에 설치하며 시계와 같은 소형 공작물 가공에 사용한다.
차륜선반	• 면판이 부착된 주축대 2대를 마주 세운 구조로 차륜이나 축바퀴, 속도조절바퀴 등의 가공에 사용된다. • 차륜이란 차축에 끼워져서 차체의 하중을 지탱해 가면서 구르는 바퀴이다.
수직선반 (직립선반)	• 대형 공작물이나 불규칙한 가공물을 가공하기 편하도록 척을 테이블 위에서 수직으로 설치한 선반으로, 공작물은 테이블 위 수평면 내에서 회전하며 공구가 수직 방향으로 이송되어 절삭한다. • 가공물의 장착이나 탈착이 편하고 공구 이송 방향이 보통선반과 다른 것이 특징이다.
모방선반	모방절삭이 가능하도록 만들어진 선반으로 전용설비를 사용하거나 보통선반에 모방장치를 부착하여 사용한다.
릴리빙선반	나사탭이나 밀링커터의 플랭크 절삭에 사용하는 특수선반으로 릴리프면 절삭선반이라고도 불린다.
크랭크축선반	크랭크축을 전문으로 가공하는 선반이다.
차축선반	철도나 차량의 차축을 전문으로 가공하는 선반이다.

③ 선반의 규격

　㉠ 양 센터 사이의 최대거리 : 깎을 수 있는 공작물의 최대 거리

　㉡ 베드 위의 스윙 : 일감이 베드에 닿지 않고 깎을 수 있는 공작물의 최대지름

　㉢ 왕복대 위의 스윙 : 왕복대 위에서 공작물이 닿지 않고 깎을 수 있는 최대지름

10년간 자주 출제된 문제

17-1. 가는 지름의 환봉재 또는 일정 크기의 재료를 빠르게 중심을 찾아 고정하는 선반척은?

① 마그네틱척(Magnetic Chuck)
② 콜릿척(Collet Chuck)
③ 단동척(Independent Chuck)
④ 벨척(Bell Chuck)

17-2. 보통선반에서 자동이송장치가 설치되어 있는 부분은?

① 주축대
② 에이프런(Apron)
③ 심압대
④ 베드

17-3. 한쪽에는 검촉자를 장착하고 읽어진 대로 다른 쪽에서 공작을 실시하여 같은 모양의 부품이 만들어질 수 있도록 작업하는 선반은?

① 터릿선반
② 모방선반
③ 보통선반
④ 탁상선반

17-4. 선반의 규격으로 옳지 않은 것은?

① 깎을 수 있는 공작물의 최대거리
② 일감이 베드에 닿지 않고 깎을 수 있는 공작물의 최대지름
③ 왕복대 위에서 공작물이 닿지 않고 깎을 수 있는 최대지름
④ 베드 끝에서부터 베드의 다른 쪽 끝까지의 거리

17-5. 내경과 중심이 같도록 외경을 가공할 때 사용하는 선반의 부속장치는?

① 면 판　　　② 돌리개
③ 맨드릴　　④ 방진구

|해설|

17-1
문제는 연동축을 설명하는 것 같으나, 보기에 연동축이 없고 가는 지름의 재료라는 것에 초점을 맞추어 풀어야 한다.

　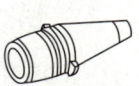
　[콜 릿]　　　　[콜릿척]

17-2
선반의 자동이송장치는 주축의 회전에 따라 공구대를 자동으로 이송함으로써 나사 등의 절삭에 활용하는 장치로 에이프런에 설치한다. 예를 들어 주축 1회전에 공구대를 1mm만큼 일정 거리를 이송하면 원통 모양의 공작물 한 바퀴가 돌 때 공구는 피치 1mm의 나사산을 만든다.

17-3
모방선반은 가공하고자 하는 부품의 모양을 그대로 옮겨 가공하는 형태의 선반이다. 열쇠 복제를 연결하여 이해하자면 열쇠 복제는 모방연삭이 된다.

17-4
보통선반의 규격
- 양 센터 사이의 최대거리 : 깎을 수 있는 공작물의 최대거리
- 베드 위의 스윙 : 일감이 베드에 닿지 않고 깎을 수 있는 공작물의 최대지름
- 왕복대 위의 스윙 : 왕복대 위에서 공작물이 닿지 않고 깎을 수 있는 최대지름

17-5
기어, 벨트 풀리 등의 소재와 같이 구멍이 뚫린 일감의 바깥 원통면이나 옆면을 센터작업으로 가공할 때 사용하는 도구이다. 일감의 뚫린 구멍에 맨드릴을 끼운 후 작업한다.

정답 17-1 ②　17-2 ②　17-3 ②　17-4 ④　17-5 ③

핵심이론 18 가공의 종류 – 선반

① 선반은 척에 공작물을 물리고 주축의 공작물을 회전시켜 공구대에 장착된 바이트(날)를 이용하여 공작물을 깎는다.
② 심압대에 드릴커터를 설치하여 척에 물린 공작물의 끝부분의 구멍가공을 할 수 있다.
③ 복식공구대를 이용하여 주축의 회전속도와 이송나사의 이송속도를 비율적으로 맞추어 나사가공을 할 수 있다.
④ 테이퍼가공선반에서 테이퍼가공(기울기가 있는 면의 가공)을 할 때는 심압대를 편위시키거나 공구대를 원하는 각도만큼 틀어 가공한다.

$$\text{심압대 편위량 } e = \frac{L(D-d)}{2l}$$

여기서, D : 큰 지름
d : 작은 지름
L : 공작물 전체 길이
l : 테이퍼 부분의 길이

⑤ 절삭속도
외경 선삭가공의 절삭속도는 회전체의 원주에서의 속도이고 분당 회전수와 원둘레의 곱으로 표현한다.

$$V(\text{m/min}) = \frac{\pi \times D(\text{mm}) \times n(/\text{min})}{1{,}000}$$

여기서, πD : 원둘레 n : 분당 회전수

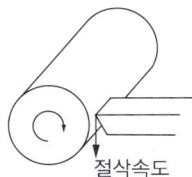
절삭속도

⑥ 선반에서의 방진구
선반에서 고정식 방진구(떨림방지기구)는 베드에 설치하고, 이동식 방진구는 새들(공구대를 앉히는 부분)에 설치한다.

10년간 자주 출제된 문제

18-1. 선반에서 가공할 수 없는 작업은?
① 나사가공
② 기어가공
③ 테이퍼가공
④ 구멍가공

18-2. 선반가공 시 테이퍼의 양 끝 지름 중 큰 지름을 42mm, 작은 지름을 30mm, 테이퍼 전체의 길이를 65mm라 할 때 심압대 편위량은?
① 4mm
② 5mm
③ 6mm
④ 7mm

18-3. 지름이 50mm인 연강 둥근 막대를 선반에서 절삭할 때, 주축의 회전수를 100rpm이라 하면 절삭속도는 몇 m/min인가?
① 15.7
② 20.4
③ 25.3
④ 29.7

18-4. 선반작업 시 안전사항으로 틀린 것은?
① 절삭 중에는 측정을 하지 않는다.
② 기계 위에 공구나 재료를 올려놓지 않는다.
③ 가공물이나 절삭공구의 장착은 정확히 한다.
④ 칩이 예리하므로 장갑을 끼고 작업한다.

18-5. 선반에서 고정식 방진구를 설치하는 부분은?
① 공구대
② 베 드
③ 왕복대
④ 심압대

〔해설〕
18-1
선반은 공작물이 회전하므로 원통 모양의 가공물이 가공 가능하다. 기어는 축 방향의 치형이 생성되어야 하므로 사실상 가공이 불가능하다.

18-2

테이퍼는 공작물을 비스듬하게 장착하여 회전시켜 가공하므로 기울이는 정도를 길이로 표시하는데 이를 심압대 편위라고 한다.

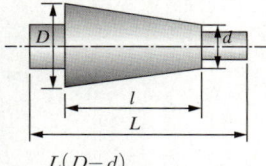 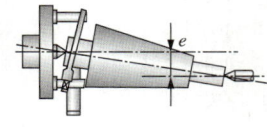

$$e = \frac{L(D-d)}{2l}$$

여기서, D : 큰 지름
  d : 작은 지름
  L : 공작물 전체 길이
  l : 테이퍼 부분의 길이

이 문제에서는 테이퍼 부분 길이가 없으므로 $L=l$로 계산한다.

18-3

πd는 원의 둘레 길이이다. 분당회전수 n을 곱하면 '분당 전체 운동한 거리'가 되며 이것이 속도이다. 1,000은 mm로 계산된 분당 전체 운동한 거리를 m로 계산하기 위해 곱한 계수이다.

$$v = \frac{\pi d n}{1,000} = \frac{\pi \times 50 \times 100}{1,000} = 15.7 \text{m/min}$$

18-4

회전체가 있는 작업은 항상 장갑을 벗는다.

18-5

선반에서 고정식 방진구(떨림방지기구)는 베드에 설치하고, 이동식 방진구는 새들(공구대를 앉히는 부분)에 설치한다.

정답 18-1 ② 18-2 ③ 18-3 ① 18-4 ④ 18-5 ②

핵심이론 19 기계의 종류 – 밀링

① 밀링의 구조

② 밀링작업의 종류

③ 밀링머신의 부속장치
  ㉠ 아버 : 절삭공구나 공작물을 삽입할 수 있도록 되어 있는 작은 축이다.
  ㉡ 밀링바이스 : 공작물을 고정하는 데 사용한다.
  ㉢ 회전테이블 : 밀링은 공작물을 물고 있는 상태에서 각도를 조절할 수 있다.
  ㉣ 슬로팅장치 : 밀링머신의 칼럼(Column, 기둥)에 장착하여 사용한다. 주축의 회전운동을 공구대의 직선 왕복운동으로 변환시키는 부속장치로 평면 위에서 임의의 각도로 경사시킬 수 있어서 홈이나 스플라인, 세레이션의 가공에 사용한다.
  ㉤ 수직축장치 : 수평 방향의 스핀들의 회전을 기어를 거쳐 수직 방향으로 변환시키는 장치로 수평밀링머신의 칼럼 전면에 고정해서 수직밀링머신으로 변환하게 된다. 일감에 따라 요구되는 각도로 선회시켜 가공할 수 있는 것이 특징이다.
  ㉥ 래크절삭장치 : 밀링머신의 칼럼에 장착하며 래크기어를 절삭할 때 사용한다.
  ㉦ 오버암 : 수평밀링머신의 상단에 장착되는 부분으로 아버(Arbor)가 굽는 것을 방지하는 아버 지지부를 설치하는 빔(Beam)으로 한쪽 끝 부분은 기둥 위에 고정되어 있다.
  ㉧ 분할대 : 공작물이나 축과 같은 원형의 공작물을 정확히 $\frac{1}{n}$로 등간격의 분할을 위해 사용한다.

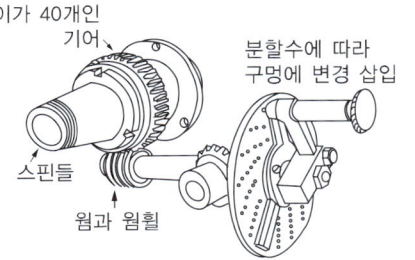

이가 40개인 기어
스핀들
분할수에 따라 구멍에 변경 삽입
웜과 웜휠

④ 밀링의 종류
  ㉠ 만능밀링머신 : 주축이 수평이며 칼럼, 니, 테이블 및 오버암 등으로 되어 있다. 새들 위의 선회대로 테이블을 일정한 각도로 회전시키거나 테이블을 상하로 경사시킬 수 있다. 분할대나 헬리컬 절삭장치를 사용하여 헬리컬기어, 트위스트 드릴의 비틀림 홈 등의 가공에 적합하다.
  ㉡ 모방밀링머신 : 형판이나 모형을 본뜨는 모방장치를 사용하여 프레스나 단조, 주조용 금형과 같은 복잡한 형상을 높은 정밀도로 능률적인 가공이 가능하다.
  ㉢ 나사밀링머신 : 나사를 깎는 전용밀링머신으로 작동이 간단하고 가공 능률이 좋으며 깨끗한 다듬질면의 나사를 가공할 수 있다.
  ㉣ 램형 밀링머신 : 기둥 위의 램에 주축헤드가 장착되어 있어서, 이 램이 재료의 앞뒤를 왕복하면서 공작물을 절삭한다.

10년간 자주 출제된 문제

19-1. 밀링커터 중 기어의 이 모양과 같이 공작물의 형상과 동일한 윤곽을 가진 커터는?
① T형 밀링커터 ② 정면 밀링커터
③ 플라이커터   ④ 총형 밀링커터

19-2. 일반적으로 밀링머신에서 할 수 없는 작업은?
① 곡면절삭   ② 베벨기어가공
③ 크랭크절삭가공 ④ 드릴홈가공

19-3. 수평(Horizontal) 및 만능밀링머신(Universal Milling Machine)의 크기를 표시한 것 중 틀린 것은?
① 테이블의 크기
② 테이블의 이동거리
③ 아버(Arbor)의 크기
④ 스핀들 중심선에서부터 테이블 윗면까지의 최대거리

10년간 자주 출제된 문제

19-4. 밀링머신에서 사용하는 절삭공구가 아닌 것은?
① 엔드밀
② 정면커터
③ 총형커터
④ 브로치

19-5. 밀링 주축의 회전운동을 직선 왕복운동으로 변환하여 가공물 안지름에 키홈을 가공할 수 있는 부속장치는?
① 슬로팅장치
② 인발장치
③ 래크절삭장치
④ 수직밀링장치

|해설|

19-1
총형가공은 한 번의 가공으로 형상가공이 가능하다.

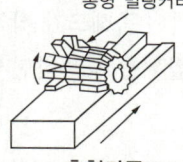
총형가공

19-2
크랭크절삭가공은 일반적으로 선반 등의 축가공을 하는 공작기계에서 가능하다.

19-3
아버의 크기는 공작 공간의 크기와 관련 없다.
밀링머신의 크기 표시는 테이블의 크기와 테이블의 이동거리에 해당하는 공간, 즉 공작 공간을 크기로 표시하거나 호칭을 정해 놓고 호칭에 의해 표시하기도 한다.

19-4
브로칭작업은 브로치라는 절삭공구를 이용하여 일감의 안팎을 필요한 모양으로 절삭한다.

19-5
슬로팅이란 직선 왕복운동을 이용하여 절삭가공을 하는 작업이다.

정답 19-1 ④ 19-2 ③ 19-3 ③ 19-4 ④ 19-5 ①

핵심이론 20 가공의 종류 – 밀링이론

① 밀링가공의 절삭 방향

상향절삭(올려깎기)	하향절삭(내려깎기)
회전 방향 피삭재 이송 방향 →	회전 방향 피삭재 ← 이송 방향
커터날의 회전 방향과 일감의 이송이 서로 반대 방향	커터날의 회전 방향과 일감의 이송이 서로 같은 방향
• 커터날이 일감을 들어 올리는 방향이므로 기계에 무리를 주지 않는다. • 커터날에 처음 작용하는 절삭저항이 작다. • 깎인 칩이 새로운 절삭을 방해하지 않는다. • 백래시의 우려가 없다.	• 커터날에 마찰작용이 작으므로 날의 마멸이 작고 수명이 길다. • 커터날이 밑으로 향하여 절삭하고, 따라서 일감을 밑으로 눌러서 절삭하므로, 일감의 고정이 쉽다. • 날자리 간격이 짧고, 가공면이 깨끗하다.
• 커터날이 일감을 들어 올리는 방향으로 일을 하므로 일감의 고정이 어렵다. • 날의 마찰이 크므로 날의 마멸이 크다. • 회전과 이송이 반대여서 이송의 크기가 상대적으로 크며 이에 따라 피치가 커져서 가공면이 거칠다. • 가공할 면을 보면서 작업하기 어렵다.	• 상향절삭과는 달리 기계에 무리를 준다. • 커터날이 새로운 면을 절삭저항이 큰 방향에서 진입하므로 날이 약할 경우 부러질 우려가 있다. • 가공된 면 위에 칩이 쌓이므로, 절삭열이 남아 있는 칩에 의해 가공된 면이 열변형을 받을 우려가 있다. • 백래시 제거장치가 필요하다.

② 분할가공

㉠ 직접분할법 : 밀링머신을 이용한 가공법 중 주축의 앞면에 24구멍의 직접분할판을 사용하여 분할작업하는 방법이다. 이때에는 웜을 아래로 내려 웜휠과의 물림을 끊고 직접분할판을 소정의 구멍수만큼 돌린 다음, 고정핀을 이 구멍에 꽂아 고정시킨다. 2, 3, 4, 6, 8, 12, 24등분(24의 약수)의 가공은 이 방법으로 간단히 할 수 있다.

ⓒ 단식분할법 : 직접분할로 분할할 수 없는 분할을 정확하게 할 때 쓰인다. 분할 크랭크 40회전당 주축 1회전이 되게끔 분할기구를 장착하여 분할기구를 필요한 만큼 회전시키면 $\frac{1}{분할대\ 회전수}$ 만큼 주축이 회전하여 $\frac{40}{N}$ 만큼씩 분할할 수 있다.

ⓒ 각도분할법

$$\frac{h}{H} = \frac{1회\ 분할에\ 필요한\ 분할판의\ 구멍수}{분할판의\ 구멍수}$$

$$= \frac{원하는\ 각도'}{전체\ 각도'}$$

$$= \frac{D'}{540'}$$

40개의 구멍을 이용하므로

$$\frac{360°}{40개} \rightarrow 1개당\ 9° = 540'(\because 1° = 60')$$

ⓔ 이외에도 단식분할로 분할할 수 없는 소수분할의 경우, 배수가 있는 분할까지 분할한 후 크랭크를 돌리면서 분할판을 후퇴 또는 전진시켜 분할을 완성하는 차동분할법이 있다.

10년간 자주 출제된 문제

20-1. 밀링 상향절삭(Up Cutting)의 설명으로 맞는 것은?

① 커터의 회전 방향과 공작물의 이송이 반대인 가공이다.
② 커터의 회전 방향과 공작물의 이송이 60°인 가공이다.
③ 백래시를 제거하여야 한다.
④ 하향절삭에 비해 공작물 고정이 유리하다.

20-2. 밀링머신에서 직접분할법을 사용할 때 다음 중 분할이 가능한 등분은?

① 12, 8, 6, 3등분
② 28, 16, 8, 6등분
③ 24, 16, 8, 3등분
④ 24, 14, 12, 6등분

20-3. 밀링작업에서 원주를 5° 30'씩 등분하려고 한다. 이때 분할판의 구멍열은?

① 12구멍
② 14구멍
③ 16구멍
④ 18구멍

|해설|

20-2

② 28등분은 불가능하다.
③ 16등분은 불가능하다.
④ 14등분은 불가능하다.

직접분할법

밀링머신을 이용한 가공법 중 주축의 앞면에 24구멍의 직접분할판을 사용하여 분할작업하는 방법이다. 이때에는 웜을 아래로 내려 웜 휠과의 물림을 끊고 직접분할판을 소정의 구멍수만큼 돌린 다음, 고정핀을 이 구멍에 꽂아 고정시킨다. 2, 3, 4, 6, 8, 12, 24등분(24의 약수)의 가공은 이 방법으로 간단히 할 수 있다.

20-3

밀링분할 중 각도 분할방법

$$\frac{h}{H} = \frac{1회\ 분할에\ 필요한\ 분할판의\ 구멍수}{분할판의\ 구멍수} = \frac{원하는\ 각도'}{전체\ 각도'}$$

$$= \frac{D'}{540'}$$

여기서, $D' = 5° \times 60' + 30' = 330'(\because 1° = 60')$

$$\therefore \frac{h}{H} = \frac{D'}{540'} = \frac{330}{540} = \frac{11}{18}$$

즉, 18열 구멍판에서 11구멍씩 전진해 가면 5° 30'씩 분할할 수 있다.

정답 20-1 ① 20-2 ① 20-3 ④

핵심이론 21 가공의 종류 - 연삭

① 연삭(研削)이란 공작물 재료보다 단단한 입자를 결합하여 만든 연삭숫돌을 회전시켜 미세한 입자 하나하나가 커터역할을 하여 갈아내어 절삭하는 것이다.
② 연삭가공한 재료는 치수정밀도가 높고 표면 정도가 좋다.
③ 연삭가공의 종류

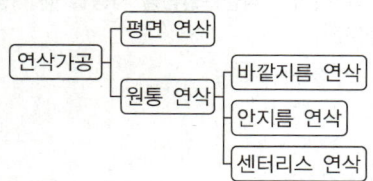

※ 센터리스 연삭은 센터나 척을 사용하기 어려운 가늘고 긴 원통형의 공작을, 통과이송, 전후이송, 단이송 등의 방법을 사용하여 가공하는 원통 연삭법이다. 연속작업이 가능하여 능률은 좋지만, 너무 크거나 무거운 공작물에는 사용하기 어렵다.

④ 그 밖의 연삭
  ㉠ 크리프 피드 연삭(Creep Feed Grinding) : 기존 평면 연삭법에 비해 절삭 깊이를 크게 하고 많은 횟수의 테이블 이송으로 연삭 다듬질을 하는 방법이다. 숫돌의 형상 변화가 작고 연삭능률이 높아서 주로 성형 연삭에 응용된다.
  ㉡ 전해 연삭(Electrolytic Grinding) : 전해작용을 이용하므로 가공의 방향성이 없고 가공 후 내부식성과 내마모성이 향상되고 가공 표면에 변질층이 생기지 않으며 복잡한 형상의 제품도 절삭 가능하다.

⑤ 연삭비

$$\text{숫돌바퀴의 연삭비} = \frac{\text{피연삭재의 연삭된 부피}}{\text{숫돌바퀴의 소모된 부피}}$$

⑥ 연삭숫돌의 원주속도

$$v = \frac{\pi D n}{1,000 \times 60} (\text{m/sec})$$

여기서, v : 연삭숫돌의 원주속도(m/sec)
  D : 연삭숫돌의 지름(mm)
  n : 연삭숫돌의 회전수(rpm)

10년간 자주 출제된 문제

21-1. 양두 그라인더에서 일감은 숫돌차의 어느 곳에 대고 연삭을 하여야 하는가?
① 숫돌의 원주면
② 원통의 왼쪽 평면
③ 숫돌의 중심축
④ 원통의 오른쪽 평면

21-2. 센터리스 연삭의 특징으로 틀린 것은?
① 긴 축 재료의 연삭이 가능하다.
② 대형, 중량물의 연삭에 적합하다.
③ 속이 빈 원통의 외면 연삭에 편리하다.
④ 긴 홈이 있는 가공물의 연삭은 할 수 없다.

21-3. 전해연마가공에 대한 설명으로 틀린 것은?
① 가공면에 방향성이 있다.
② 내부식성과 내마모성이 향상된다.
③ 가공 표면에 변질층이 생기지 않는다.
④ 복잡한 형상의 제품도 전해연마가 가능하다.

|해설|

21-1
양두 그라인더는 모터 양쪽에 숫돌바퀴를 달아서 연삭작업을 하는 공작기계로 숫돌 원주면에 대고 연삭을 한다. 주방용 칼을 가는 모습을 연상하면 이해하기 쉽다.

21-2
센터리스 연삭은 센터나 척을 사용하기 어려운 가늘고 긴 원통형의 공작을 통과이송, 전후이송, 단이송 등의 방법을 사용하여 가공하는 원통 연삭법이다. 연속작업이 가능하여 능률은 좋지만, 너무 크거나 무거운 공작물에는 사용하기 어렵다.

21-3
가공면이 전기화학적인 전해(電解)가 되는 까닭에 물리적 가공에서 생기는 가공 방향성은 생기지 않는다.

정답 21-1 ① 21-2 ② 21-3 ①

핵심이론 22 기계의 종류 – 연삭숫돌의 구성

연삭숫돌은 숫돌입자(Abrasive), 결합제(Bond), 기공(Pore)의 3가지로 구성되어 있고, 이 3가지를 숫돌바퀴의 3요소라 한다. 연삭숫돌의 성능은 숫돌입자, 입도, 결합도, 조직, 결합제에 따라 결정된다.

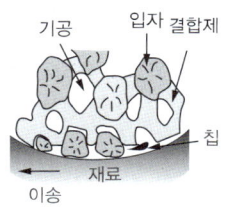

① 연삭숫돌입자의 종류

숫돌입자의 종류	숫돌입자 기호	용도
알루미나계	A	인성이 큰 재료의 강력 연삭이나 절단 작업, 거친 연삭용, 일반강재
	WA	연삭깊이가 얕은 정밀 연삭용, 경연삭용, 담금질강, 특수강, 고속도강
탄화규소계	C	인장강도가 작고, 취성이 있는 재료, 경합금, 비철금속, 비금속
	GC	경도가 매우 높고 발열이 작은 초경합금, 특수주철, 칠드 주철, 유리

※ A ; Alumina, WA ; White Alumina, C ; Carbon, GC ; Green Carbon

② 연삭숫돌의 결합제

㉠ 비트리파이드(Vitrified, V) 숫돌바퀴
- 점토, 장석을 주성분으로 하여 약 1,300℃ 정도로 구워서 굳힌 숫돌
- 결합도 조절이 광범위하고 대부분 숫돌을 사용하며 거친 연삭, 연한 연삭에도 사용
- 강도가 약하여 지름이 크거나 얇은 숫돌바퀴에는 부적당

㉡ 실리케이트(Silicate, S) 숫돌바퀴
- 규산나트륨을 주재료로 한 결합제
- 대형 숫돌바퀴를 만들 수 있음
- 고속도강과 같이 균열이 생기기 쉬운 재료를 연삭할 때, 연삭에 의한 발열을 피해야 할 경우 사용
- 비트리파이드에 비해 결합도가 낮으므로 중연삭을 피함

㉢ 탄성숫돌바퀴
- 유기질의 결합제를 사용해 만든 것
- 결합제로 셸락(Shellac, E), 고무(Rubber, R), 레지노이드(Resinoid, B), 비닐(Vinyl, PVA) 등을 사용
- 숫돌에 탄성이 있고 얇은 숫돌을 만들 수 있음
- 열에 약함
- 일반적으로 절단용 숫돌에 사용

㉣ 금속숫돌바퀴
- 금속결합제는 주로 다이아몬드 숫돌의 결합제로 사용
- 철, 구리, 황동, 니켈 등의 작은 입자와 숫돌입자를 혼합하여 압력을 가해 성형
- 금속결합제는 숫돌입자의 지지력이 크고, 기공이 작아 수명이 긺
- 과격한 사용에 견딤
- 연삭 능률은 낮음

③ 연삭숫돌의 선택방법

구 분	입 도	결합도	조 직
일감의 지름이 클수록	거친 것	단단한 것	거 침
숫돌의 지름이 클수록	거친 것	단단한 것	거 침
일감의 경도가 딱딱할수록	거친 것	단단한 것	거 침
다듬질면의 거칠기가 고울수록	고운 것		치 밀
연삭속도가 빠를수록		연한 것	
일감의 이송속도가 빠를수록		연한 것	

④ 숫돌바퀴의 표시

예시를 이용하여 숫돌바퀴의 표시 양식을 확인한다.

WA	60	K	m	V	1호
숫돌입자	입 도	결합도	조 직	결합제	모 양
A	203	×16	×19.1	3,000 m/min	1,700~2,000 m/min
연삭면	바깥지름	두께	구멍지름	회전시험 원주속도	사용 원주속도 범위

⑤ 연삭숫돌의 검사
  ㉠ 검사 순서 : 외관검사 → 음향검사 → 회전검사
  ㉡ 음향검사
   • 결함이 없는 연삭숫돌은 맑은 소리가 난다.
   • 결함이 있는 연삭숫돌은 둔탁한 소리가 난다.
   • 지름이 작은 연삭숫돌은 손으로 구멍을 잡고 검사한다.
   • 지름이 큰 것은 바닥에 세우거나 줄로 매단 후 고무해머를 내리쳐서 검사한다.
   • 고무해머로 때렸을 때 울림이 없거나 둔탁한 소리가 나는 경우는 균열이 생긴 숫돌이다.
  ㉢ 회전검사를 통하여 숫돌의 균형을 확인한다.

10년간 자주 출제된 문제

22-1. 연삭조건에서 고운 입도의 연삭숫돌을 선정해야 하는 것은?
① 절삭깊이와 이송량이 클 때
② 다듬질 연삭, 공구 연삭을 할 때
③ 숫돌과 가공물의 접촉 면적이 클 때
④ 연하고 연성이 있는 재료를 연삭할 때

22-2. 연삭숫돌 구성의 3요소에 속하지 않는 것은?
① 입 자   ② 결합도
③ 기 공   ④ 결합제

22-3. WA60KmV로 표시된 연삭숫돌에서 입자의 크기(입도)를 나타내는 것은?
① WA   ② 60
③ K   ④ V

[해설]

22-1
입도가 곱다는 것은 연삭날 역할을 하는 입자가 작고 촘촘하다는 의미이다. 조금씩 잘 깎아내야 하는 환경에서 사용해야 한다. 반대로 입자가 크고 거친 연삭숫돌은 일반적으로 많이 깎아내는 환경에서 사용한다.

22-2
연삭숫돌은 숫돌입자(Abrasive), 결합제(Bond), 기공(Pore)의 3가지로 구성되어 있고, 이 3가지를 숫돌바퀴의 3요소라 한다.

22-3

WA 60 K m V

• WA : White Alumina
• 60 : 입도 60번 입자
• K : 연삭숫돌의 결합도(연한 것)
• m : 조직 단위 용적당 입자의 밀도(중간 것)
• V : 비트리파이드 숫돌

정답 22-1 ② 22-2 ② 22-3 ②

핵심이론 23 가공의 종류 - 기어가공

① 기어절삭을 하는 방법은 크게 형판에 의한 절삭, 총형 커터에 의한 절삭, 창성에 의한 절삭으로 나뉘며 주로 창성법으로 제작한다.
② 창성에 의한 방법은 래크 커터에 의한 절삭, 피니언 커터에 의한 절삭, 호브에 의한 절삭 등이 있는데 미리 기어의 이에 정확히 물리도록 래크 등의 커터를 제작하여 피절삭재와 상대운동을 시켜 제작하는 방법이다. 커터의 이 모양이 직선운동을 하며 이를 만드는 경우 실을 당겨 팽팽하게 푸는 모양으로 커터가 이동해야 한다. 창성법 중 호브를 이용한 방법은 생산성이 높고 정밀도가 좋아서 가장 일반적으로 사용되고 있다.
③ 기어의 치형은 인벌류트 곡선과 사이클로이드 곡선을 기초로 제작한다. 인벌류트 곡선이란 기초원에 감긴 실이 풀리면서 그리는 곡선이고, 사이클로이드 곡선은 기초원의 한 점이 굴러가면서 남긴 궤적곡선이다.
④ 기어 셰이빙 기어절삭기로 가공된 기어의 면을 매끄럽고 정밀하게 다듬질하기 위해 높은 정밀도로 깎인 잇면에 가는 홈붙이날을 가진 커터로 다듬는 가공을 일컫는다.

10년간 자주 출제된 문제

23-1. 가는 홈붙이날을 가진 커터로, 가공된 기어의 면을 매끄럽고 정밀하게 다듬질하는 가공은?
① 기어 셰이빙
② 밀링가공
③ 래 핑
④ 선반가공

23-2. 창성법에 의한 기어가공용 커터가 아닌 것은?
① 래크 커터
② 브로치
③ 피니언 커터
④ 호 브

해설

23-1
기어 셰이빙 : 기어절삭기로 가공된 기어의 면을 매끄럽고 정밀하게 다듬질하기 위해 높은 정밀도로 깎인 잇면에 가는 홈붙이날을 가진 커터로 다듬는 가공을 일컫는다.
※ Shave는 면도라는 뜻도 있으므로 연상하여 학습하면 쉽게 이해할 수 있다.

23-2
기어가공 중 창성에 의한 절삭
- 래크 커터에 의한 절삭
- 피니언 커터에 의한 절삭
- 호브에 의한 절삭

정답 23-1 ① 23-2 ②

핵심이론 24 가공의 종류 – 정밀입자·마무리·기타

① 정밀입자가공의 분류

공작	작업방법
호닝	Hone을 구멍에 넣고 회전운동과 동시에 축 방향의 운동을 하며 내면을 정밀 다듬질하는 가공
슈퍼피니싱	미세하고 비교적 연한 숫돌입자를 일감의 표면에 낮은 압력으로 접촉시키면서 매끈하고 고정밀도의 표면으로 일감을 다듬는 가공방법
래핑	랩이라는 공구와 일감 사이에 랩제를 넣고 랩으로 일감을 누르며 상대운동을 하면 매끈한 다듬면이 얻어지는 가공방법
액체호닝	연마제를 가공액과 혼합한 후, 압축공기와 함께 노즐에서 고속 분사하여 다듬면을 얻는 가공

② 마무리가공(피니싱)
  ㉠ 래핑(Lapping) : 랩과 일감 사이에 랩제를 넣고, 일감을 누르며 상대운동을 시킴으로써 매끈한 다듬면을 얻는 가공방법이다.
  ㉡ 버핑(Buffing) : 연마와 유사한 작업으로 매우 미세한 연마제를 천이나 가죽으로 된 부드러운 버프에 묻혀서 사용한다.
  ㉢ 슈퍼피니싱(Super Finishing) : 미세하고 비교적 연한 숫돌입자를 일감의 표면에 낮은 압력으로 접촉시키면서 매끈하고 고정밀도의 표면으로 일감을 다듬는 가공방법이다.
  ㉣ 버니싱 : 원통내면가공 시 내경보다 큰 강철 공(Ball)을 압입하여 통과시켜 소성변형을 주고 고정밀도의 치수를 얻는 가공이다.
  ㉤ 쇼트피닝(Shot Peening) : 주철, 유리 혹은 세라믹재료로 된 많은 작은 구슬을 공작물 표면에 반복적으로 투사시켜서 표면에 아주 작은 압입 흔적이 중첩하여 남게 하는 방법이다.
    • 분사면적 : 같은 양의 숏이 얼마나 넓은 면적을 때리는가?
    • 분사각 : 어떤 각도로 분사하는가?(압입 흔적의 성격을 결정)
    • 분사속도 : 얼마나 강하게 때리는가?

③ 전해연마(Electrolytic Polishing)
전해액을 이용하여 전기화학적인 방법으로 공작물을 연삭하는 방법이다. 전기도금과는 반대의 방법으로 가공한다. 광택이 있는 가공면을 비교적 쉽게 가공할 수 있어서 거울이나 드릴의 홈, 주사침, 반사경 및 시계의 기어 등을 다듬질하는 데도 사용된다.

④ 전해가공(ECM ; Electro Chemical Machining)
가공형상의 전극을 음극에, 일감을 양극에 장착하고 가까운 거리에 놓은 후 그 사이에 전해액을 분출시키며 전기를 통하면 양극에서 용해·용출현상이 일어나 가공하는 방법이다.

⑤ 방전가공(EDM ; Electric Discharge Machining)
절연성의 가공액 내에서 전극과 공작물 사이에서 일어나는 불꽃 방전에 의하여 재료를 조금씩 용해시켜 원하는 형상의 제품을 얻는 가공법이다.
  ㉠ 방전가공과 전해가공의 차이 : 방전가공은 절연성인 부도체의 가공액을 사용하나 전해가공은 전기가 통하는 양도체의 가공액을 사용해서 절삭가공을 한다.
  ㉡ 방전가공의 특징
    • 전극이 소모된다.
    • 가공속도가 느리다.
    • 열에 의한 변형이 작아 가공 정밀도가 우수하다.
    • 간단한 전극만으로도 복잡한 가공을 할 수 있다.
    • 담금질한 재료처럼 강한 재료도 가공이 용이하다.
    • 전극으로 구리나 황동, 흑연을 사용하므로 성형성이 용이하다.
    • 아크릴과 같이 전기가 잘 통하지 않는 재료는 가공할 수 없다.
    • 미세한 구멍이나 얇은 두께의 재질을 가공해도 변형되지 않는다.
    • 콘덴서의 용량을 크게 하면 가공시간은 빨라지나 가공면과 치수 정밀도가 좋지 않다.

10년간 자주 출제된 문제

24-1. 정밀입자가공에 해당되지 않는 것은?
① 호닝
② 래핑
③ 보링
④ 슈퍼피니싱

24-2. 쇼트피닝 가공에서 피닝효과에 영향을 미치는 주요 인자 3가지는?
① 분사면적, 분사각, 분사시간
② 분사면적, 분사각, 분사속도
③ 분사각, 분사속도, 분사시간
④ 분사면적, 분사속도, 분사거리

24-3. 원통내면가공 시 내경보다 다소 큰 강철 볼(Ball)을 압입하여 통과시켜서 소성변형을 주고 고정밀도의 치수를 얻는 가공법은?
① 래핑
② 버핑
③ 슈퍼피니싱
④ 버니싱

24-4. 화학적 가공 시 용해현상을 가공법으로 이용할 때 필요한 구비조건이 아닌 것은?
① 용해가 느릴 것
② 안전과 위생면에서 위험방지가 가능할 것
③ 균일한 용해속도를 얻고 제어가 쉬울 것
④ 용해를 임의의 부분에 집중시킬 수 있을 것

24-5. 방전가공에서 가공액의 역할 중 틀린 것은?
① 발생되는 열을 보온한다.
② 칩의 제거작용을 한다.
③ 절연성을 회복시킨다.
④ 방전할 때 생기는 용융금속을 비산시킨다.

【해설】

24-4
용해현상을 이용하는 가공은 전해가공(ECM ; Electro Chemical Machining)으로서, 용해의 속도가 느리면 생산성이 떨어진다.

24-5
가공액은 열을 발산하는 역할을 한다.

정답 24-1 ③ 24-2 ② 24-3 ④ 24-4 ① 24-5 ①

핵심이론 25 가공의 종류 - CNC 가공

① Computerized Numerical Control의 약자인 CNC 공작은 숫자와 코드를 이용하여 공작기계를 제어하는 공작을 의미한다.

② 수치제어 공작기계는 몸체, 제어부, 프로그램의 세 가지 요소가 필요하다. 실제로 프로그램에 의해 제어되어야 하며, 프로그램의 사용법을 익혀야 한다.

③ 프로그램 구성
  ㉠ 워드 형식

  G 50   Z 200.
  어드레스+데이터 어드레스+데이터

  ㉡ 프로그램 형식

  N_ G_ X_ Y_ Z_ F_ S_ T_ M_ ;
  전개 준비 좌푯값 이송 주축 공구 보조 End Of
  번호 기능   기능 기능 기능 기능 Block

④ CNC 가공의 일반적인 특징
  ㉠ 제조 단가를 낮출 수 있다.
  ㉡ 품질이 균일한 제품을 얻을 수 있다.
  ㉢ 작업시간 단축으로 생산성이 향상된다.
  ㉣ 파트 프로그램을 매크로 형태로 저장시켜 필요시 불러올 수 있다.

⑤ CNC 기계의 구조적 특징
  ㉠ 서보검출기구가 존재한다.
  ㉡ 컨트롤러에 의해 조작된다.
  ㉢ 리졸버(CNC 공작기계의 움직임을 전기적인 신호로 속도와 위치를 표시하는 일종의 회전형 피드백 장치)가 존재한다.
  ㉣ 인코더(Encoder, CNC 시스템의 구성요소 중 실제 테이블의 이송량을 감지하는 장치)가 존재한다.

⑥ CNC 공작기계에서 사용되는 좌표계
  ㉠ 기계 좌표계 : 기계를 제작할 때 설정한 원점을 기준으로 한 좌표계이다.
  ㉡ 공작물 좌표계 : 사용자가 선정한 점을 원점으로 하여 사용하는 좌표계로 일반적으로 프로그램 원점과 동일하게 사용한다.

ⓒ 절대 좌표계 : 원점을 기준으로 거리를 좌표로 이용하는 좌표계로 X, Y, Z를 지정변수로 사용한다.
ⓓ 상대 좌표계 : 바로 앞 지점을 기준으로 거리를 좌표로 이용하는 좌표계로 I, J, K를 지정변수로 사용한다.

10년간 자주 출제된 문제

CNC 공작기계에 사용되는 좌표계 중에서 절대 좌표계의 기준이 되며, 프로그램 원점과 동일한 지점에 위치하는 좌표계는?

① 기계 좌표계
② 상대 좌표계
③ 측정 좌표계
④ 공작물 좌표계

|해설|

CNC 공작기계에서 사용되는 좌표계
- 기계 좌표계 : 기계를 제작할 때 설정한 원점을 기준으로 한 좌표계
- 공작물 좌표계 : 사용자가 선정한 점을 원점으로 하여 사용하는 좌표계로 일반적으로 프로그램 원점과 동일하게 사용한다.
- 절대 좌표계 : 원점을 기준으로 거리를 좌표로 이용하는 좌표계로 X, Y, Z를 지정변수로 사용한다.
- 상대 좌표계 : 바로 앞 지점을 기준으로 거리를 좌표로 이용하는 좌표계로 I, J, K를 지정변수로 사용한다.

정답 ④

핵심이론 26 공작기계의 유제(油劑)

① 정 의
  ㉠ 절삭제의 사용목적 : 냉각작용, 방청작용, 윤활작용, 칩의 배출
  ㉡ 윤활제의 사용목적 : 냉각작용, 방청작용, 윤활작용, 밀봉작용
  ㉢ 절삭제의 구비조건 : 방청, 방식성 구비, 냉각성 구비, 내구성, 높은 인화점, 방열성(열 배출)

② 절삭유제의 종류

수용성 절삭유제	불수용성 절삭유제
• 절삭유제의 원액에 물을 타서 사용한다. • 냉각성이 좋다. • 강재 및 합금강의 절삭, 비철 금속의 절삭, 연삭용 • 광물성 기름에 소량의 유화제, 방청제 등을 첨가하여 10배에서 20배 정도로 희석하여 사용한다.	• 등유, 경유, 스핀들유, 기계유 등을 단독 또는 혼합하여 사용한다. • 점성이 낮고 윤활작용이 좋다. • 냉각작용이 좋지 않으므로 경절삭에 사용한다. • 라드유, 고래기름 등 동물성 기름 • 올리브기름, 면화씨기름, 콩기름 등 식물성 기름

㉠ 그리스(Grease) : 광물성 기름과 금속성 비누, 물 등을 혼합하여 반고형으로 만든 윤활제이다.
㉡ 흑연 : 고체이지만 극압상황에서 유동성이 있으므로 무급유(Oilless) 윤활기기에 사용한다.
㉢ 랩제의 종류
  • 고형(固形) : 탄화규소(SiC), 알루미나(Al_2O_3), 산화크롬(CrO), 산화철(FeO)
  • 래핑액 : 경유, 석유, 물, 올리브유, 종유(점성이 작은 식물성 기름)
  ※ 기계래핑에서는 주철제 랩이나 강제 랩을 많이 사용한다.

③ 작동유제의 성질
  ㉠ 점도지수 : 점도와 온도 간의 상관관계를 나타낸 것으로, 지수가 높을수록 온도 변동에 대해 점도 변동이 작다는 것을 의미한다. 사계절이 뚜렷한 우리나라는 엔진오일이나 유압유 등을 사용할 때 점도지수를 고려하지 않을 수 없다. 온도에 따른 점도 변화가 낮은 펜실베니아계 오일을 100으로, 변화가 큰 걸프코스트계 오일을 0으로 하여 비율적으로 표시한다. 광유의 점도지수는 100 정도가 되며, 고점도지수 오일의 점도지수는 130~160 정도이다.
  ㉡ 인화점과 발화점 : 인화점은 작동유가 지속적으로 가열되어 발생한 증기에 점화가 가능한 최저 온도이며, 발화점은 순간적인 점화가 아닌 지속적으로 점화가 가능한 최저 온도이다.
  ㉢ 윤활유의 온도를 지속적으로 낮추면 윤활유에서 왁스가 석출되며 굳기 시작하는데, 직전의 온도를 유동점이라고 한다.
  ㉣ 전산가 : 오일에 포함되어 있는 산성 성분의 양으로, 윤활유 1g에 포함되어 있는 산성 성분을 중화시키는 데 필요한 수산화칼륨(KOH)의 양을 mg으로 나타낸 것이다.

④ 작동유의 점도에 따른 영향
  ㉠ 점도가 높아지면 유동저항기가 증가하여 압력손실이 커지고, 캐비테이션 발생 가능성이 높아진다.
  ㉡ 점도가 낮아지면 유막 형성 가능성이 낮아지며, 액추에이터 틈새로 작동유가 누출될 가능성이 높아진다.

10년간 자주 출제된 문제

26-1. 절삭가공에서 절삭제의 사용 목적 중 틀린 것은?
① 공구의 냉각을 돕는다.
② 공작물의 냉각을 돕는다.
③ 공구와 칩의 친화력을 돕는다.
④ 가공물과 공구 사이에 윤활작용을 한다.

26-2. 절삭유 중에서 지방질유에 해당되는 것은?
① 경 유
② 스핀들유
③ 기계유
④ 종자유(Seed Oil)

26-3. 작동유의 온도에 따른 점도 변화에 대한 설명으로 옳은 것은?
① 작동유 온도와 점도는 무관하다.
② 작동유의 온도와 점도의 관계를 수치로 나타낸 것을 점도지수라고 한다.
③ 점도지수가 높을수록 온도에 따른 점도 변화가 크다.
④ 광유의 경우 점도지수는 1,000 정도가 된다.

해설

26-2
지방이라는 용어가 생물학적 용어이므로 먹을 수 있는 기름을 구분하여 문제를 풀어 본다. 보기 ①, ②, ③은 광유이고 종자유는 생물성 성분이다.

26-3
점도지수는 온도와 점도의 관계를 수치로 나타낸 것으로, 점도지수가 높을수록 온도에 따른 점도 변화가 작은 작동유이다. 광유의 점도지수는 약 100 정도로 나타난다.

정답 26-1 ③ 26-2 ④ 26-3 ②

핵심이론 27 기계재료의 성질

① 기계적 성질
- ㉠ 강도 : 재료에 작용하는 힘에 대해 견디는 정도
- ㉡ 경도 : 딱딱한 정도
- ㉢ 인성 : 질긴 정도
- ㉣ 취성 : 잘 부서지고 깨지는 성질
- ㉤ 연성 : 가늘게 늘어나는 성질
- ㉥ 전성 : 두들기거나 누르면 펴지는 성질

② 물리적 성질
- ㉠ 비중 : 같은 부피의 물의 무게와 비교한 정도
- ㉡ 용융온도 : 녹는점
- ㉢ 전기전도율 : 전기가 통하는 정도
- ㉣ 자성 : 자석 접근 시 자화되는 강도

③ 화학적 성질
- ㉠ 부식 : 전기화학적으로 삭거나 녹이 생기는 성질
- ㉡ 내식성 : 부식에 견디는 성질

④ 재료의 가공성
- ㉠ 주조성 : 주물을 만들 수 있는 성질로 주조작업이 잘되면 주조성이 좋다고 함
- ㉡ 소성가공성 : 힘을 가하여 외형을 변형시켜 작업하는 것을 소성가공이라 하며, 얼마나 소성가공이 잘되는가를 나타내는 성질
- ㉢ 절삭성 : 얼마나 잘 깎이는가에 대한 성질
- ㉣ 접합성 : 어느 정도로 녹아 붙는지에 대한 성질

⑤ 응력

응력은 힘을 미분한 개념으로 생각한다.

$$응력 = \frac{면적에 작용하는 힘}{힘이 작용하는 면적} \text{ 또는 } \sigma = \frac{F}{A}$$

10년간 자주 출제된 문제

27-1. 절삭공구재료의 구비조건으로 적합하지 않은 것은?
① 내마모성이 클 것
② 형상을 만들기 쉬울 것
③ 고온에서 경도가 낮고 취성이 클 것
④ 피삭재보다 단단하고 인성이 있을 것

27-2. 한 변의 길이가 12mm인 정사각형 단면 봉에 축선 방향으로 72kgf의 인장하중이 작용할 때 생기는 응력은 몇 kgf/mm^{2}인가?
① 0.5
② 0.75
③ 0.83
④ 0.95

27-3. 합금 공구강 강재에 해당하는 재료 기호는?
① SS 330
② SHP 1
③ STS 31
④ SCM 415

해설

27-1
- 내마모성 : 마모에 견디는 능력
- 경도 : 딱딱한 정도
- 취성 : 잘 깨지는 성질
- 피삭재 : 깎여 나가는 재료
- 인성 : 잘 깨지지 않고 질긴 성질

27-2
응력은 힘을 미분한 개념으로 생각한다.

$$응력 = \frac{면적에 작용하는 힘}{힘이 작용하는 면적} \text{ 또는 } \sigma = \frac{F}{A}$$

작용하는 힘 = 72kgf
작용하는 면적 = 12mm×12mm = 144mm^2
$\sigma = \dfrac{72\,\text{kgf}}{144\,\text{mm}^2} = 0.5\,\text{kgf/mm}^2$

27-3
- SS 330 : 일반구조용 압연강재(강판, 강대, 평강 및 봉강)
- SCM 415 : 기계구조용 합금강(탄소 0.15%)
- SHP 1 : 일반용 열간 압연강재
- STS 31 : 냉간 금형용 합금공구강

정답 27-1 ③ 27-2 ① 27-3 ③

핵심이론 28 설계도면 해독

① 기계 조립도면의 해독
  ㉠ 기계 조립도면(선반가공, 밀링가공, 연삭가공, 특수가공 등)을 보고 설계목적과 기능을 파악한다.
  ㉡ 조립도에 나타나 있는 형상과 크기 등을 고려하여 가공할 수 있는 장비를 선정하고 도면을 해독한다.
  ㉢ 기계 조립 부품 읽기

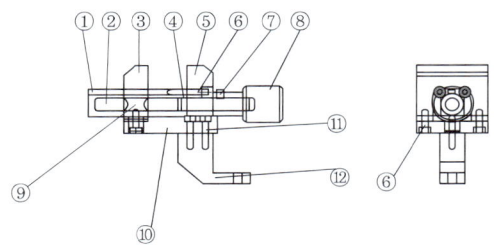

품번	품명	규격	재질	수량
1	안내 커버	30×26×80	SM20C (기계구조용 강)	1
2	리드나사축	∅12×125	SM20C	1
3	이동 조	58×48×22	SM20C	1
4	C형 멈춤링	∅12(축용)	KS B 1336	1
5	고정 조	58×53×52	SM20C	1
6	육각 홈붙이 볼트	M5×15	KS 규격품	2
7	홈붙이 멈춤나사	M5×6	KS 규격품	1
8	핸들	∅34×57	SM20C	1
9	가이드 너트	∅18×34	SM20C	1
10	받침판	58×75×16	SM20C	1
11	육각 홈붙이 볼트	M5×25	KS 규격품	4
12	고정판	58×53×20	SM20C	1

  ㉣ 나사 및 멈춤링 관련 해독 지시

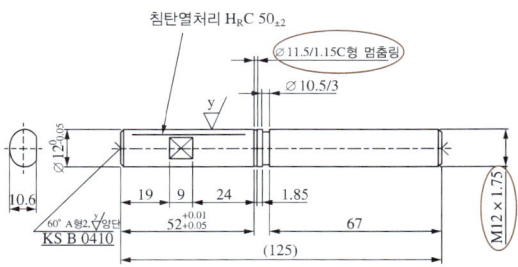

M 12 × 1.75
ⓐ ⓑ ⓒ
ⓐ 나사의 종류 : 미터보통나사
ⓑ 나사의 지름 : 12mm
ⓒ 피치 : 1.75

∅11.5 / 1.15C형 멈춤링
 ⓐ   ⓑ
ⓐ 축 치수 d1 : 11.5mm
ⓑ d2 기준 치수가 11.5이므로 축치수(d1)는 12mm이고, 멈춤링이 끼워지는 사이 안쪽 치수(m)는 기준 치수가 1.15이므로 허용차는 0 – +0.14, 멈춤링의 두께 기준 치수는 1이고 허용차는 ±0.05mm이다.

② 전기도면의 해독
  ㉠ 전기도면에 사용되는 기호

기 호	명 칭	기 능	비 고
MCB1	소형 전기차단기	전기를 차단한다.	Miniature Circuit Breaker
F1/F2 /F3/F4	퓨 즈	과전류 보호장치의 하나로 단락 전류 및 과부하 전류를 자동적으로 차단하는 부품	Fuse
MC	전력계전기	전력 계통에서 전력의 흐름에 따라 움직이는 계전기로, 전력의 크기가 일정값 이상 되었을 때 작동하는 계전기	Power Relay
R, S, T	3상	위상이 120°씩 틀리는 각속도가 같은 3개의 정현파 교류	–
E	접지	감전 등의 전기사고 예방을 목적으로 전기기기와 대지를 도선으로 연결하여 기기의 전위를 0으로 유지하는 것	–
TB1, TB2	단자대	하나 이상의 전기 커넥터를 넣고 있는 보통의 가늘고 긴 부품	Terminal Blcok

ⓒ ⓐ의 기호를 이용한 도면 예시

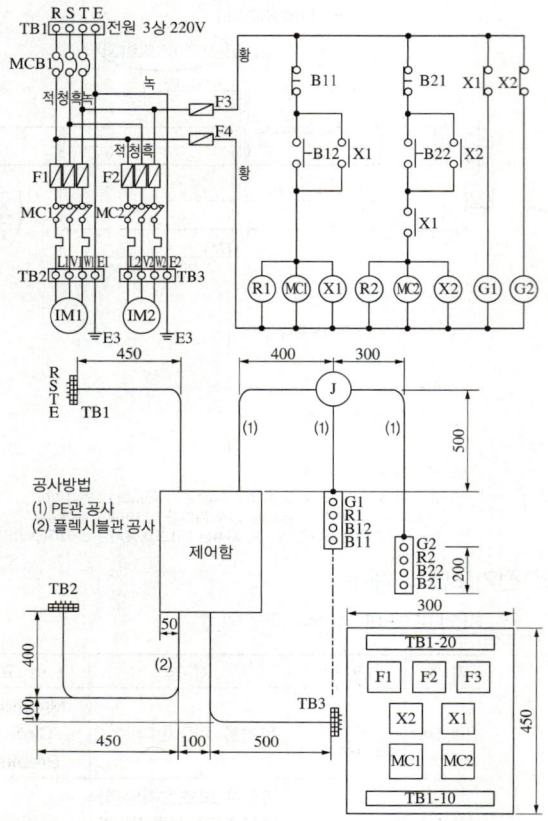

핵심이론 29 조립 및 조립공구

① 수동공구와 동력공구
  ㉠ 기계 조립을 위한 부품 조립용 공구에서 작업자가 비교적 단순한 공구를 손작업만으로 마무리하는 공구
  ㉡ 손작업의 한계를 넘어 동력공구를 사용하여 작업을 마무리하는 공구

② 수동공구의 종류
  ㉠ 드라이버(Driver)
    • 조립 부품의 볼트, 나사못 등을 조이거나 풀 때 사용한다.
    • 단조강, 공구강으로 제작한다.
    • 드라이버의 규격은 날 끝의 폭과 길이로 표시한다.
  ㉡ 렌치(Wrench)와 스패너(Spanner)
    • 비트를 굳이 구분한다면 렌치와 돌리는 스패너로 할 수 있지만, 같은 용도의 공구로 분류할 수 있다.
    • 한쪽이 열려 있고 큰 힘이 작용하는 육각머리 볼트, 너트에 사용하는 스패너
    • 죄고 푸는 렌치의 종류

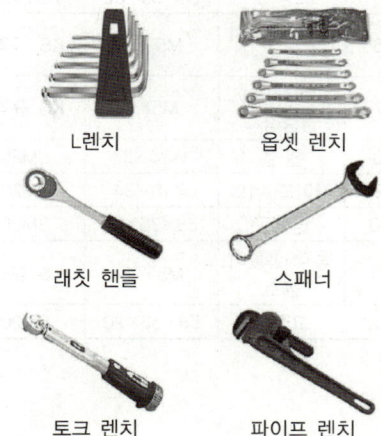

L렌치   옵셋 렌치
래칫 핸들   스패너
토크 렌치   파이프 렌치

10년간 자주 출제된 문제

다음 그림의 핸들에 적용된 나사에 대한 설명으로 옳지 않은 것은?

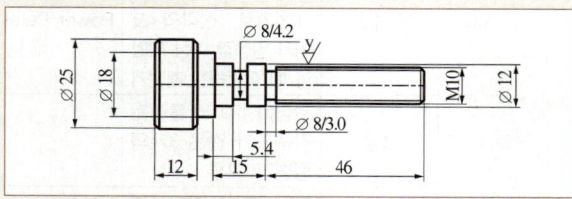

① 바깥지름 12mm짜리 나사를 적용하였다.
② 미터나사를 적용하였다.
③ 호칭지름이 10mm인 나사를 적용하였다.
④ 나사가 적용된 길이는 43mm이다.

|해설|

문제의 그림에서는 M10 나사가 적용되었으며, 이는 호칭지름 10mm인 미터보통나사이다.

정답 ①

ⓒ 플라이어(Pliers)
- 지렛대의 원리를 이용하여 손아귀의 힘을 증가시켜 대상물을 구부리고 자르는 등의 일을 하는 공구이다.
- 단조강, 공구강, 열처리 강 등을 사용하여 제작한다.
- 물림 입구의 치수로 규격을 표시한다.

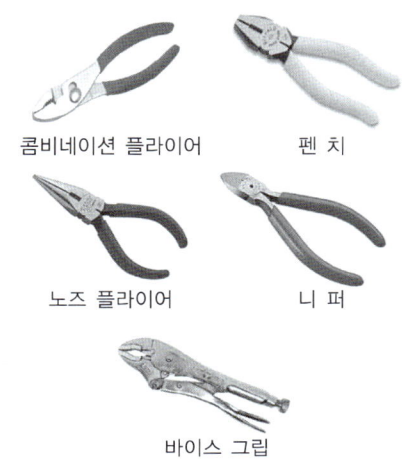

콤비네이션 플라이어 　　펜 치
노즈 플라이어 　　니 퍼
바이스 그립

③ 동력공구
　㉠ 핸드 그라인더와 핸드 드릴
- 손으로 들고 제어할 수 있을 만한 크기 및 동력의 전동모터를 이용하여 절단, 다듬질, 마름질, 구멍 뚫기 등의 작업을 하는 공구이다.
- 사용동력이나 사용 가능한 공구의 직경으로 제품 규격을 표시한다.
- 핸드 그라인더(Hand Grinder) : 핸드 그라인더 끝에 여러 공구를 교체하여 사용한다.

- 핸드 드릴(Hand Drill) : 드릴 외에도 속도가 제어되는 제품은 드라이버 등의 죄고 푸는 공구로도 사용한다.

　㉡ 풀러(Puller)
- 기어나 베어링 등 강하게 조립된 기계요소에 힘을 가하여 분리하는 공구
- 유압실린더 등 동력을 사용하는 경우 힘의 크기, 사용 가능한 힘 등으로 규격 표시

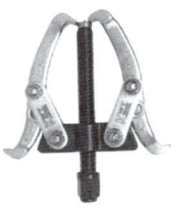

10년간 자주 출제된 문제

기어나 및 베어링 등 조립요소를 축이나 실린더에서 빼내는 데 사용되는 공구는?
① 렌 치　　　　　② 플라이어
③ 핸드 드릴　　　④ 풀 러

|해설|

풀러(Puller)
- 기어나 베어링 등 강하게 조립된 기계요소를 힘을 가하여 분리하는 공구
- 유압실린더 등 동력을 사용하는 경우 힘의 크기, 사용 가능한 힘 등으로 규격 표시

정답 ④

핵심이론 30 다듬질용 공구 - 수동공구

① 줄(File)
  ㉠ 기계가공 후 거친 면을 다듬을 때 사용한다.
  ㉡ 줄 모양에 따라 평줄, 삼각줄, 원줄, 타원줄 등으로 구분한다.
  ㉢ 줄눈의 재질에 따라서 구분한다.
  ㉣ 줄눈 거칠기에 따라 황목, 중목, 세목, 유목으로 구분하며, 황목이 가장 거칠다.
  ㉤ 줄작업에 관한 설명
    • 줄작업 위치
      - 발은 바이스의 중심에서 1보 정도 뒤에서 어깨 너비 정도로 벌린다.
      - 왼발은 바이스의 중심선으로부터 발의 폭 정도 벌리고 오른발은 중심선과 일치시키고 반우향우 자세로 한다.
      - 앞발과 뒷발의 간격은 일반적으로 줄의 길이 정도로 벌리고 편안한 자세로 한다.

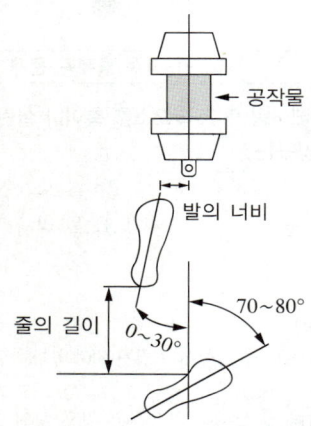

    • 줄 잡는 법
      - 차려 자세에서 오른손으로 줄을 잡는다(줄 자루를 잡을 때 엄지가 위로 향하도록).
      - 줄 자루 끝을 오른손 바닥의 중앙에 놓고 팔과 일직선으로 한다.
      - 오른쪽 팔꿈치를 옆구리에 붙이고 줄과 엄지 손가락 그리고 팔꿈치가 수평이 되도록 한다.

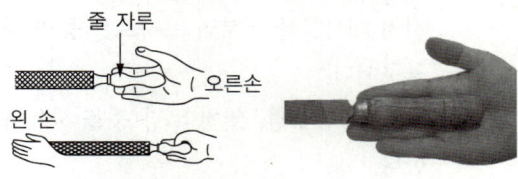

    • 줄작업 방법
      - 왼쪽 무릎을 약간 굽히고 오른쪽 다리는 일직선으로 펴서 몸의 중심이 앞쪽에 있도록 한다.
      - 왼손을 줄의 끝부분에 살며시 올려놓고 힘은 주지 않는다.
      - 오른손은 옆구리에 붙이고, 왼손은 밑으로 누르는 힘을 많이 주면서 상체를 앞으로 민다.
      - 왼손의 힘을 점점 줄이면서 상체를 계속 민다.
      - 상체를 계속 밀다 보면 오른손이 가슴에서 자연히 떨어지면서 평행하게 앞으로 나간다.
      - 절삭을 위한 전진이 끝났을 때는 왼손에 거의 힘을 주지 않는다.
      - 줄의 앞과 뒤를 잡고 있는 양손에 힘을 균등하게 주지 않으면 공작물의 앞면과 뒷면이 볼록해진다.
      - 작업자의 시선은 공작물을 바라본다.
      - 같은 동작을 반복해서 계속 작업한다.

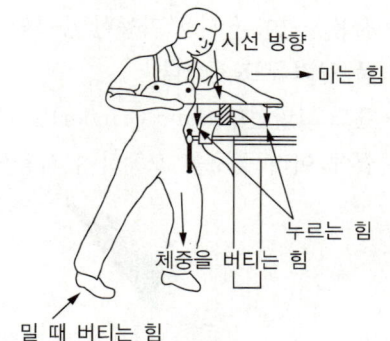

② 나사 만들기, 자리 파기
  ㉠ 암나사를 만드는 탭

  ㉡ 수나사를 만드는 다이스

  ㉢ 구멍을 다듬거나 파는 드릴, 카운터 싱크, 카운터 보어, 리머 등

  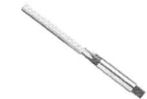

③ 금 긋기 작업공구
  ㉠ 센터펀치, 서피스게이지, 금 긋기 바늘, 직각자, V블록, 스크루잭

종류	규격	용도
센터펀치	전체의 길이	교점 표시나 드릴로 구멍을 뚫기 전에 사용한다.
서피스게이지	기둥의 길이	평행선을 긋거나 중심을 구할 때 사용한다.
금 긋기 바늘	전체의 길이	금을 그을 때 사용한다.
직각자	플레이트의 길이	직각으로 금을 그을 때 사용한다.
V블록	가로×세로×높이	공작물의 각도를 금 긋기할 때 사용한다.
스크루 잭	작동 유효거리	공작물의 높이를 지지하는 데 사용한다.

  ㉡ 금 긋기 작업

  금 긋기 바늘을 이용한 금 긋기 순서
  ① 공작물의 기준면에 보조판을 대고 강철자의 끝을 일치시킨다.
  ② 공작물의 위아래 두 곳에 도면 치수에 맞도록 V자로 위치를 표시한다.
  ③ 위와 아래의 V자 표시에 직선자를 일치시킨다.
  ④ 왼손으로 직선자가 움직이지 않도록 눌러서 고정시킨다.
  ⑤ 금 긋기 바늘을 긋는 방향 우측으로 약 15° 기울이면서 위에서 아래로 긋는다.
  ⑥ 금 긋기 선은 한 번에 선명하게 하며 같은 방법으로 도면의 치수대로 금 긋기를 한다.

④ 떼기, 자르기 작업공구
  ㉠ 손 톱(Hand Saw) : 공작물을 절단하거나 작은 틈새, 홈 가공 시 사용한다.
  • 공작물 고정
    – 절단할 부분을 바이스 우측에서 약 5~10mm 정도 나오도록 공작물을 고정시킨다.
    – 공작물을 수평으로 견고하게 조인 후 환봉이나 연한 재질은 알루미늄 보호판을 댄다.
    – 여러 형상의 공작물을 고정시킬 경우 V블록이나 관련 치공구를 설치한다.
  • 작업 자세
    – 오른손은 손 톱의 자루를 잡고, 왼손은 톱대의 앞부분을 잡아 톱대를 지지한다.
    – 발의 위치는 톱작업 자세와 동일하게 한다.
    – 도면의 치수대로 톱작업할 부분 4면에 광명단을 사용하여 동일하게 금 긋기를 한다.
    – 왼손 엄지를 금 긋기 선 가까이에 수직으로 세워서 톱날을 손 톱에 대고 절단할 위치에 놓은 후 가볍게 2~4회 톱질해서 절단 부분의 안내 홈을 만든다.
  • 절단작업
    – 톱날이 톱대에 견고하게 고정되었는지 확인 후 줄질할 때와 동일하게 일직선으로 작업한다.
    – 톱을 앞으로 밀 때 균등한 절삭력을 준다. 이때 압력이 너무 강하면 톱날이 부러지고, 약하면 미끄러진다.
    – 톱날 전체의 길이를 사용하되 당길 때는 힘을 뺀다.
    – 작업 중 금 긋기 선에 정확하게 진행되는지 수시로 검사한다.
    – 잘못된 절단 방향으로 진행되면 톱날을 바른 방향으로 기울여서 수정작업을 한다.

ⓛ 정(丁) : 불필요한 부분을 따내는 공구로, 끝 모양이 팔각, 육각, 타원 등 다양하며 날 끝의 각도로 표시한다.

따내기 작업
① 정의 날 끝을 공작물의 홈파기 위치에 댄다. ② 정은 조를 기준으로 25° 정도 기울이고 날 끝은 홈 폭에 평행하게 위치시킨다. ③ 해머를 정의 머리에 예비 동작으로 한 번 대보고 발의 위치를 작업하기 편리하게 수정한다. ④ 시선은 정의 날 끝을 보며 무리하지 않게 해머로 타격한다. ⑤ 해머 타격면의 중심이 정의 머리 중심과 일치해야 한다. ⑥ 정의 날 끝이 잘 들어가는지 수시로 확인하면서 날 끝이 뭉그러지면 그라인더로 연삭하여 재사용한다. ⑦ 따내야 할 부분이 10mm 정도 남아 있을 때 반대 방향에서 마무리 따낸다.

10년간 자주 출제된 문제

다음 중 오른손잡이 기준으로 줄 작업 시 바른 발의 자세는?

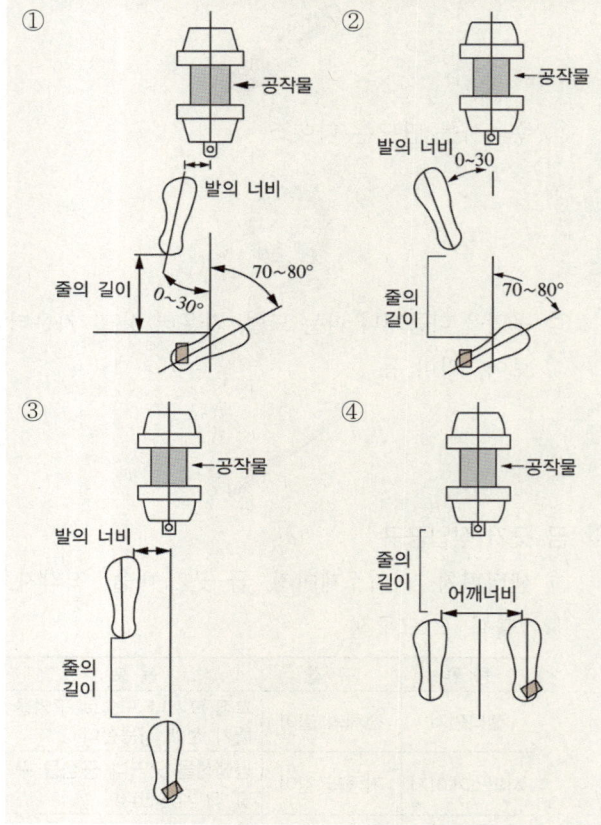

[해설]

줄 작업 시 발은 바이스의 중심에서 1보 정도 뒤에서 어깨너비 정도로 벌린다. 왼발은 바이스의 중심선으로부터 발의 폭 정도로 벌리고 오른발은 중심선과 일치시키고 반우향우 자세로 한다. 앞발과 뒷발의 간격은 일반적으로 줄의 길이 정도로 벌리고 편안한 자세로 한다.

정답 ①

핵심이론 31 다듬질용 공구 - 동력공구

① **그라인더** : 손 공구 날 끝 연삭과 부품 모서리 등에 사용한다. 핸드 그라인더, 진동-왕복 그라인더, 에어 그라인더 등이 있으며 동력이나 숫돌의 크기로 규격을 표시한다.

② **드릴머신** : 공작물에 구멍을 파거나 다듬는 작업에 사용한다. 핸드 드릴링머신, 탁상용 드릴링머신 등이 있으며 구멍의 최대 지름으로 규격을 표시한다.

구멍 뚫기

① 금 긋기 중심점을 확인 후 기준면을 정반에 밀착하고 구멍 뚫기 할 위치를 정한다.
② 드릴작업 위치에 센터펀치 작업을 한다.
③ 드릴머신의 스핀들을 회전시켜 드릴이 정확히 고정되어 떨림이 없는지 확인한다.
④ 공작물은 바이스 조의 중앙에 고정한다.
⑤ 테이블의 상하 이송 핸들을 돌려 드릴의 날 끝부분과 공작물 사이의 간격을 30~50mm로 조절하고 고정 레버로 테이블을 고정한다.
⑥ 드릴머신의 스위치를 넣고 왼손은 바이스를 단단히 지지하고, 오른손은 이송 핸들을 돌려 스핀들을 아래 방향으로 일정한 속도로 내려 구멍을 뚫는다.
⑦ 처음은 드릴로 센터펀치 위치를 조금만 뚫고 중심을 확인한 다음 정확한 위치에 자리한 표시가 되었으면 계속 뚫는다.
⑧ 구멍작업의 최종 단계는 드릴의 회전 모멘트가 집중되므로 드릴이 급속이송을 하게 되면 드릴이 파손되거나 가공물이 흔들린다. 그러므로 구멍이 거의 다 뚫렸을 때는 힘을 빼고 천천히 이송한다.
⑨ 큰 구멍을 뚫을 때는 먼저 작은 기초 구멍을 뚫는다. 일반적으로 10mm 이상의 큰 구멍 뚫기를 할 때는 5~6mm 기초 구멍을 뚫고 가공하면 작업이 쉽고 정밀하게 된다.
⑩ 관통된 구멍의 양면을 카운터 싱크를 이용하여 구멍의 모서리 부분을 0.2~0.3mm 깊이로 모따기한다.
⑪ 드릴작업만으로 정밀도가 높은 구멍을 뚫고자 할 때는 먼저 기초 구멍을 뚫고 나서 절삭 여유를 0.1~0.2mm 정도로 남겨놓고 최종 치수의 드릴을 사용하면 더 정확한 구멍가공이 된다.
⑫ 위와 같은 방법으로 도면에 따라 드릴 구멍을 작은 지름 치수부터 큰 지름 치수 드릴로 교체하면서 구멍을 뚫는다.

③ **자리 파기**

㉠ 카운터 보링

작업하기

① 카운터 보링을 위한 금 긋기 작업을 한다.
② 하이트게이지 0점을 확인하고 스크라이버날 끝의 이상 유무를 확인한다.
③ 구멍 뚫기 할 위치를 금 긋기 한 후 버니어캘리퍼스로 치수를 확인한다.
④ 센터펀치 및 드릴작업을 한다.
⑤ 자리 파기 기초 구멍을 드릴로 각각 요구된 수량만큼 뚫는다.
⑥ 카운터 보링을 한다.
⑦ 드릴머신을 점검 후 카운터 보어를 드릴척에 고정한다.
⑧ 공작물을 바이스에 단단히 고정한다.
⑨ 기초 구멍의 윗면에 카운터 보어를 접촉시켜 드릴머신의 이송 눈금을 0에 맞춘다.
⑩ 스위치를 켜고 절삭유를 충분히 공급해 가며 천천히 이송하면서 이송거리까지 뚫고 나면 스핀들을 멈추고 깊이를 측정한다.
⑪ 절삭량을 확인한 후 남은 절삭량을 가공하여 깊이를 완성한다.

㉡ 카운터 싱킹

작업하기

① 카운터 보어를 카운터 싱크로 교환한다.
② 기초 구멍의 윗면에 카운터 싱크를 접촉시켜 드릴머신의 이송 눈금을 0점에 맞춘다.
③ 절삭유를 충분히 공급하면서 도면 치수 깊이까지 카운터 싱킹을 한다.
④ 수시로 깊이 및 지름을 측정하면서 카운터 싱킹을 한다.
⑤ 같은 방법으로 다른 부분도 절삭한다.
⑥ 접시머리 볼트를 넣어 깊이를 확인한 후 나머지 마무리 가공을 한다.
⑦ 카운터 보어 구멍 가장자리와 육면체 모서리를 모따기 작업을 한다.

④ **플레이트(평판)**

㉠ 정반(定盤) : 가로, 세로, 높이로 표시하며, 정밀 측정 기준면으로 사용한다.

㉡ 앵글플레이트 : 다양한 각도와 모양을 가진 물건의 설치면을 제공하는 공구로 정반과 같이 가로, 세로, 높이로 규격을 표시한다.

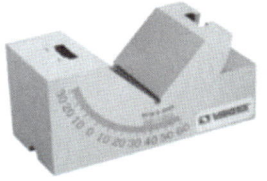

⑤ 안전장구 : 작업자를 먼지와 비산되는 칩, 가루, 낙하물, 화학물질, 소음 등에서 보호하기 위한 장구이다.

방진마스크	보안경	작업안전화
안전모	안전장갑	작업용 귀마개

10년간 자주 출제된 문제

31-1. 전동공구를 이용하여 구멍을 뚫을 때 작업 순서로 옳은 것은?

① 센터펀칭 - 카운터 싱킹 - 드릴링
② 드릴링 - 카운터 싱킹 - 센터펀칭
③ 카운터 싱킹 - 센터펀칭 - 드릴링
④ 센터펀칭 - 드릴링 - 카운터 싱킹

31-2. 다음 중 떨어지는 물건으로부터 보호하기 위한 안전장구는?

① 보안경　　　② 안전장갑
③ 방진마스크　④ 작업안전화

[해설]

31-1
센터펀칭은 구멍 중심의 위치를 잡는 작업이고, 카운터 싱킹은 파진 구멍의 입구에 결합물이 들어올 자리를 내는 작업이며 구멍의 머리를 내는 작업이다.

31-2
낙하물과 충격으로부터 보호하기 위한 장구에는 작업안전화, 안전모 등이 있다.

정답 31-1 ④　31-2 ④

핵심이론 32 측 정

① 오차의 종류

　㉠ 측정기오차 : 측정기를 잘못 만들거나 장시간 사용으로 인한 기계적 원인의 오차

　㉡ 읽음오차 : 측정기의 눈금이 정확하더라도 읽는 사람의 부주의, 각도의 문제로 생기는 오차

　㉢ 온도의 영향에 의한 오차 : 재질에 따라 온도에 의해 늘어나거나 줄어들어 측정기 또는 재료의 측정 신뢰도에 영향을 받는 오차

　㉣ 측정력에 의한 오차 : 세게 잡거나 누를 경우 측정부의 탄성변형에 의해 생기는 오차

　㉤ 환경오차 : 진동이나 바람 등 자연현상에 의한 오차

　※ 오차는 복수 측정으로 가급적 줄일 수 있도록 한다.

② 각도측정기

　㉠ 사인바

$$\sin\phi = \frac{블록의\ 높이}{롤러\ 중심\ 간의\ 거리}$$

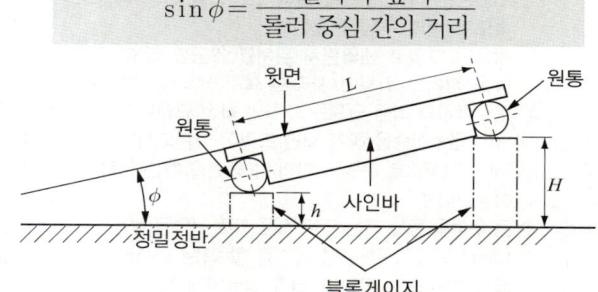

　㉡ 수준기 : 수평을 측정하는 기구

　㉢ 오토콜리메이터 : 미소한 각도나 면을 측정하는 기구

③ 각도게이지

　㉠ 요한슨식 각도게이지

　　• 대략 50mm×19mm×2mm 크기의 담금질 강으로 만든 게이지로, 끝부분에 여러 각도를 제작하여 조합을 통해 측정할 수 있도록 한 게이지이다.

　　• 조합은 85개조 제품과 49개조 제품이 있다.

ⓒ NPL식 각도 게이지
- 약 96mm ×16mm의 측정면을 가진 담금질 강제 블록으로 41°, 27°, 9°, 3°, 1°, 27′, 9′, 3′, 1′, 30″, 18″, 6″의 12개조로 되어 있다.
- 게이지블록 형태로 측정면을 가감(加減) 조합하여 각도를 측정한다.

④ 버니어캘리퍼스
  ㉠ 측정방법

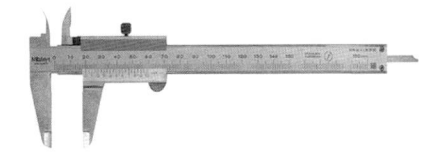

아들자와 어미자의 한 눈금당 0.02mm씩의 차이를 이용하여 최소 0.02mm 간격까지 읽을 수 있다.

어미자 8mm + 아들자 0.45mm = 8.45mm

  ㉡ 측정 순서
  - 도면을 검토하여 측정 순서를 정한다.
  - 외측 측정용 측정면을 접촉한 상태에서 버니어 캘리퍼스의 0점을 조정한다.
  - 측정의 각 측정 부위를 외측의 공차별 치수 순으로 측정하여 그 결과를 기록한다.
  - 같은 방법으로 2회 더 측정하여 평균값을 계산하여 기록한다.

⑤ 마이크로미터
  ㉠ 측정방법

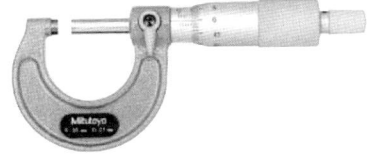

어미자는 0.5mm 단위까지 읽고, 아들자는 50개의 눈금으로 0.01mm 단위까지 읽는다.

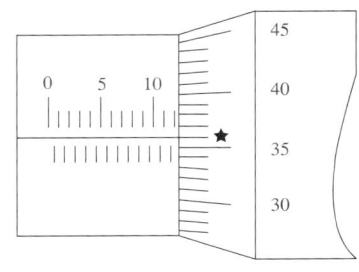

어미자 12.0mm + 아들자 0.36mm = 12.36mm

  ㉡ 측정 순서
  - 마이크로미터의 앤빌과 스핀들의 측정면과 눈금면 등을 깨끗이 닦아서 먼지나 기름 등을 제거하고 상처가 있는지 확인한다.
  - 외측, 내측, 깊이 마이크로미터의 눈금을 0점 조정한다.
  - 측정 시편의 각 측정 부위를 외측, 내측, 깊이 순으로 측정하여 결과를 기록한다.
  - 같은 방법으로 2회 더 측정하여 측정값을 기록하고 평균값을 계산하여 기록한다.
  - 사용한 측정기와 측정물을 정리·정돈한다.

  ㉢ 주의사항
  - 심블을 잡고 프레임을 휘둘러 돌리지 않는다.
  - 래칫스톱을 사용하여 측정압을 일정하게 한다.
  - 클램프로 스핀들을 고정하고 캘리퍼스 대용으로 사용하지 않는다.

⑥ 나사 측정방법
  ㉠ 나사 마이크로미터를 이용하여 유효경을 측정한다.
  ㉡ 광학적 방법을 이용하여 나사산의 각과 유효경을 측정한다.
  ㉢ 삼침법을 이용하여 유효경을 측정한다.

⑦ 3차원 측정기 : 측정점의 위치, 즉 물체의 측정 표면 위치를 검출할 수 있는 측정침(Probe)이 3차원 공간으로 운동하면서 각 측정점의 공간 좌표를 검출하고, 그 데이터를 컴퓨터가 처리하여 3차원적 위치, 크기, 방향을 측정하는 만능 측정기이다. 3차원 측정기의 구조는 다음과 같다.

㉠ 몸 체
㉡ 베어링 : 3차원 측정기는 안내 방식, 즉 베어링 성능에 따라 선형운동의 정확도, 강성, 허용 하중, 진동 감쇄, 마찰력, 최고 이동속도 및 수명 등에 영향을 받으며, 일반적으로 공기베어링이 주로 사용된다.
㉢ 이동 길이 측정장치
- 광학식 스케일 : 스케일, 검출 헤드, 분할 읽음 회로로 구성된다.
- 자기식 스케일 : 철봉에 자성재료를 도금 또는 자성재료의 구를 철 튜브 속에 넣은 것에 일정한 간격의 자기 눈금을 기록하여 스케일로 사용한다.
- 전자유도식 리니어 스케일
- 정전용량식 리니어 스케일
- 레이저 길이 측정기
㉣ 측정침
- 접촉식 측정침 : 하드 측정침, 터치 측정침, 스캐닝 측정침 등
- 비접촉식 측정침 : 대부분 광학적인 방법을 사용한다.

10년간 자주 출제된 문제

32-1. 기계에서 발생하는 소음이나 진동 등과 같은 주위 환경에서 오는 오차 또는 자연현상의 급변 등으로 생기는 오차는?
① 측정기의 오차
② 시 차
③ 우연오차
④ 긴 물체의 휨에 의한 영향

32-2. 롤러의 중심거리가 100mm인 사인바에서 30°를 측정하려고 할 때 필요한 게이지블록은 몇 mm인가?
① 50
② 52
③ 54
④ 56

32-3. 버니어캘리퍼스에서 어미자의 1눈금이 0.5mm이고, 아들자의 눈금은 12mm를 25등분하였다면 최소 측정값(mm)은?
① 0.002
② 0.005
③ 0.02
④ 0.05

|해설|

32-1
오차의 종류
- 우연오차(비체계적 오차, Random Measurement Error) : 어떤 현상을 측정함에 있어서 방해가 되는 모든 요소, 즉 측정자의 피로, 기억 또는 감정의 변동 등과 같이 측정 대상, 측정과정, 측정수단, 측정자 등에 비일관적으로 영향을 미쳐 발생하는 오차로 우연오차가 대표적이다.
- 체계적 오차(Systematic Measurement Error) : 측정 대상에 대해 어떠한 영향으로 오차가 발생될 때 그 오차가 거의 일정하게 일어난다고 보면 어떤 제약되는 조건 때문에 생기는 오차이다. 측정기오차, 구조오차 등이 있다.

32-2
$$\sin 30° = \frac{1}{2} = \frac{\text{블록의 높이}}{\text{롤러 중심 간의 거리}} = \frac{x}{100}$$
$\therefore x = 50$

32-3
버니어캘리퍼스에서 어미자의 1눈금이 0.5mm이고, 아들자의 눈금이 $\frac{12}{25}$ = 0.48mm이면, 아들자와 어미자의 한 눈금당 0.02mm씩의 차이를 이용하여 최소 0.02mm 간격까지 읽을 수 있다.

정답 32-1 ③ 32-2 ① 32-3 ③

CHAPTER 02 센서와 모터

핵심이론 01 센서의 개요

① 시스템 제어의 검출부

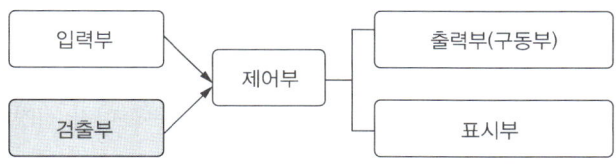

㉠ 검출부 : 검출 스위치로 리밋 스위치, 광전 스위치, 근접 스위치, 리드 스위치, 플로트 스위치, 열전쌍, 센서 등이 사용된다.

㉡ 서보장치 : 어떤 장치의 상태를 기준이 되는 것과 비교하고, 안정이 되는 방향으로 피드백(Feedback)을 해 주어 적합한 출력이 나오도록 해 주는 장치이다.

② 센서의 정의

㉠ 라틴어 Sense에서 유래되었다(지각한다, 느낀다).

㉡ 대상물이 어떤 정보를 가지고 있는가, 물리량의 절대치 또는 변화를 검지하여 유용한 전기신호를 발생하는 장치이다.

㉢ 인간의 오감(시각, 후각, 청각, 미각, 촉각)을 대신해 측정 대상의 물리량, 화학량 등의 변화를 감지하고 이를 정량적으로 계측해 전기적으로 변환하는 소자 또는 장치이다.

㉣ 유사 용어
- 트랜스듀서(Transducer) : 측정량에 대응하여 처리하기 쉬운 유용한 출력신호를 주는 변환기(Convertor)로, 센서보다 광범위한 용어이다.
- 검출기, 감지기 등

㉤ 감각기관과 비교한 센서

동물의 오감	기 관		센서의 종류	센서소자의 예
시각(빛)	눈		광센서	광도전소자, 이미지센서, 포토다이오드
청각(소리)	귀		음향센서	마이크로폰, 압전소자, 진동자
촉 각	(압력)	피 부	압력센서	변형, 게이지, 반도체 압력 센서
	(온도)		온도센서	서모커플(Thermocouple), 서미스터
	(기타)		진동센서	마이크로폰, 다이어프램
미각(맛)	혀		맛센서	백금, 산화물, 반도체, 가스센서, 입자센서
취각(냄새)	코		냄새센서	바이오케미컬 소자, 지르코니아 센서
오감이 아닌 센서			자기센서	홀소자, 유도형 센서

③ 센서의 정보 흐름

외계로부터 받은 작용(Action)을 트랜스듀서에 의해 적당한 에너지 형태의 신호로 변환하여 신호 전송로(Transmission Line, Signal Wire)를 경유하여 정보처리장치인 컴퓨터(Processing Unit)로 전달하여 제어나 감시에 사용되는 정보로 변환된다.

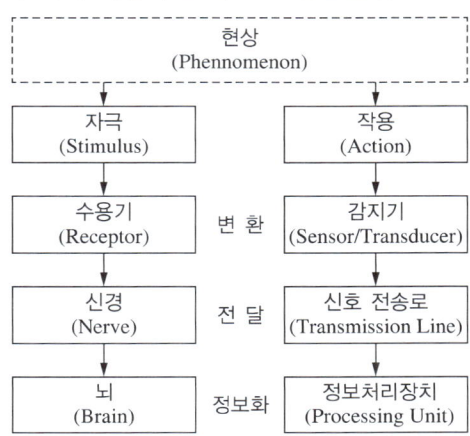

④ 센서의 측정 대상 분류

분류	대상량
기계	길이, 두께, 변위, 액면, 속도, 가속도, 회전각, 회전수, 질량, 중량, 힘, 압력진공도, 모멘트, 회전력, 풍속, 유속, 유량, 진동
음향	음압, 소음
주파수	주파수, 진폭
전기	전류, 전압, 전위, 전력, 전하, 임피던스, 저항, 용량, 인덕턴스
온습도	온도, 열량, 비열, 습도
광	조도, 광도, 색, 자외선, 적외선, 광변위
방사선	조사선량, 선량률
화학	순도, 농도, 성분, pH, 점도, 입도, 비중, 기체·액체·고체 분석
생체	심음, 혈압, 혈액, 맥파, 혈액 충력, 혈액 산소포화도, 혈액 가스 분압, 기류량, 체온, 심전도, 뇌파, 근전도, 망막 전도
정보	아날로그, 디지털, 연산, 전송, 상관

⑤ 센서에 요구되는 특성

항목	특성
입력조건	입력 레벨, 입력 형태, 검출범위
출력조건	출력 레벨, 출력 형태, S/N비
응답성	감도 또는 분해능, 응답속도
확도와 정도	교정과 검정, 선형성, 히스테리시스 특성, 드리프트, 노이즈(Noise) 보상, 온도 보상
신뢰성	온도 리사이클 내성, 내충격성, EMC(전자 정합성)
안정성	내약품성, 호환성, 방폭성
내환경성	사용 온도와 습도의 범위, 실제 장치와 취급성
수명	자유로운 정비성, 조립성, 기타

⑥ 센서의 사용목적 : 정보의 수집, 정보의 변환, 제어 정보의 취급
  ㉠ 정보의 수집 : 수치 정보, 패턴 정보, 지식 정보의 수집을 목적으로 하여 계량 계측, 탐지·탐사, 감시·경보·보호, 검사·진단 등을 실시한다.
  ㉡ 정보의 변환 : 문자, 기호, 코드 등의 형식으로 종이, 필름 등에 기록된 정보를 컴퓨터에서 활용 가능한 신호로 변환한다.
  ㉢ 제어 정보의 취급 : 제어대상 장치, 제어장치 등이 설치되어 있는 환경의 제어 정보를 검출하여 이들 장치의 상태를 안정하게 제어하거나 변화하는 목푯값에 접근하도록 한다.

⑦ 센서의 선정기준
  ㉠ 대상 물체의 재질, 형상, 색상 등에 따라 선정
  ㉡ 위치를 결정할지, 검출을 할지, 색상을 판별할지와 반복정도, 응차거리(Hysteresis), 응답시간, 검출거리 등에 따라 선정
  ㉢ 설치 장소, 배경의 영향, 내구성 등에 따라 선정
  ㉣ 센서 선정 시 검토사항
    • 작업자 보호 및 안전
    • 생산원가 절감
    • 생산설비 자동화
    • 생산공정 합리화
    • 생산체제 유연성
  ㉤ 센서 선정 시 고려사항
    • 센서의 특성 : 검출 대상, 대상물의 크기, 검출범위, 응답속도, 검출한계 등
    • 센서의 신뢰성 : 내환경성, 수명, 재현성, 히스테리시스, 직진성, 감도 등
    • 센서의 생산성 : 제조 산출률, 제조원가, 호환성 등
  ㉥ 센서 선정의 기준

항목	선정 방향	점검항목
측정 조건	시스템 특성을 검토하고 센서의 필요성과 목적을 명확히 한다.	측정목적, 측정량, 측정범위, 입력신호, 요구 정도, 측정시간
특성	요구특성에 맞는 센서 특성을 선정한다.	정도, 안정성, 응답도, 직선성, 히스테리시스, 출력신호
사용 조건	센서의 설치환경을 고려한다.	설치 장소, 접촉식·비접촉식, 외부신호, 표시법
구매, 보전	측정방식과 가격이 최적이며, 구입이 쉽고 보수가 용이하다. 내구성이 좋은 것으로 선정한다.	가격, 납기, 서비스, 보증기간, 표준·특수사양

10년간 자주 출제된 문제

1-1. 센서와 유사한 용어이지만 '측정량에 대응하여 처리하기 쉬운 유용한 출력신호를 주는 변환기(Convertor)'로서 센서보다 더 넓은 범위를 설명하는 개념은?

① 검출기
② 감지기
③ 정밀센서
④ 트랜스듀서(Transducer)

1-2. 센서의 사용목적으로 적당하지 않은 것은?

① 정보의 수집
② 정보의 변환
③ 제어 정보의 취급
④ 정보의 발송

|해설|

1-1
트랜스듀서(Transducer) : 측정량에 대응하여 처리하기 쉬운 유용한 출력신호를 주는 변환기(Convertor)로, 센서보다 광범위한 용어이다.

1-2
센서의 사용목적에는 정보의 수집, 정보의 변환, 제어 정보의 취급 등이 있다.

정답 1-1 ④ 1-2 ④

핵심이론 02 센서의 분류

① 센서의 기본적 분류

분류 기준	센 서
구성에 따른 분류	기본센서, 조립센서, 응용센서
기구에 따른 분류	기구형(또는 구조형), 물성형, 기구·물성 혼합형
출력형식에 따른 분류	아날로그센서, 디지털센서, 주파수형 센서, 2진형 센서
감지 대상에 따른 분류	물리량, 역학량, 화학량
에너지 변환에 따른 분류	에너지 변화형 센서, 에너지 제어형 센서
동작방식에 따른 분류	수동형, 능동형
재료에 따른 분류	세라믹, 반도체, 금속, 고분자, 효소, 미생물
용도에 따른 분류	계측용, 감시용, 검사용, 제어용
응용 분야에 따른 분류	산업용, 민생용, 의료용, 화학실험용, 우주용, 군사용

② 센서의 기구에 따른 분류

㉠ 기구형(구조형) 센서
- 물성에는 거의 영향이 없고, 구조나 치수로 특성이 결정되는 센서
- 고감도, 안정한 특성이 있고, 실현이 쉽고 대상이나 용도에 최적의 설계 가능

㉡ 물성형 센서
- 물성의 특성에 지배되는 센서로, 물리적 원리 이용
- 광기전력을 이용하는 광센서, 광전도효과를 이용하는 광센서 등의 반도체센서
- 저비용 대량 생산에 적합하여 가전, 자동차 등의 대량 생산환경에 사용

③ 감지 대상에 따른 분류

분 류	감지 대상	센 서
역학 센서	변위·길이	차동트랜서, 스트레인게이지, 콘덴서 변위계
	속도·가속도	회전형 속도계, 가속도계(동전형, 압전형)
	회전수·진동	인코더, 리졸버, 스트로보스코프, 압전형 검출기
	압력	다이어프램, 로드셀, 수정압력계
	힘·토크	저울, 천칭, 토션바

분류	감지 대상	센서
물리 센서	온도	열전쌍, 서미스터, 온도계
	빛·색	광도전, 이미지센서, 포토다이오드
	자기	홀소자, 자기저항소자
	전류	분류기, 변류기
	자외선·방사선	조도계, 광량계, GM 계수기
화학 센서	습도	세라믹센서, 결로센서, 고분자막센서
	가스	매연센서, 반도체가스센서, 산소센서
	이온	pH 전극센서, 이온 선택 전극센서

④ 에너지 변환에 따른 분류
  ㉠ 에너지 변화형
    • 열에너지를 전기에너지로
    • 빛에너지를 전기에너지로
  ㉡ 에너지 제어형
    • 온도나 빛에 의해 전기저항이 변화하는 성질 적용

⑤ 동작 방식에 따른 분류
  ㉠ 수동형 센서 : 감지 대상에서 얻는 에너지의 일부를 감지 또는 변환에 사용
  ㉡ 능동형 센서 : 센서 자체가 에너지(주로 전기에너지)를 받아서 감지에 활용

10년간 자주 출제된 문제

2-1. 센서를 출력방식에 따라 분류할 때 적절하지 않은 것은?
① 아날로그센서 ② 주파수형 센서
③ 2진형 센서 ④ 능동형 센서

2-2. 광도전, 이미지센서, 포토다이오드 등의 센서가 감지하는 물리적 성질로 적절한 것은?
① 열 ② 빛
③ 자기 ④ 전류

[해설]

2-1
능동형 센서는 에너지 방식에 따른 분류이다.

2-2
물리센서는 온도, 빛, 자기, 전류, 자외선, 방사선 등에 반응하며 광도전, 이미지센서, 포토다이오드는 빛을 감지하는 센서이다.

정답 2-1 ④ 2-2 ②

핵심이론 03 센서의 종류

① 센서 선정 시 고려사항 : 정확성, 신뢰성과 내구성, 반응속도, 감지거리, 단위 시간당 스위칭 횟수, 선명도 등

② 센서의 종류

감지방법		종류
접촉식		마이크로 스위치, 리밋 스위치, 테이프 스위치, 매트 스위치, 터치 스위치 등
비접촉식	근접 감지기	고주파형, 정전 용량형, 자기형, 유도형
	광감지기	투과형, 반사형
	영역 감지기	광전형, 초음파형, 적외선형

㉠ 마이크로 스위치
  • 비교적 소형으로 성형 케이스에 접점기구를 내장하고 밀봉되어 있지 않은 스위치이다. 물체의 움직이는 힘에 의하여 작동편이 눌려 접점이 개폐되며 물체에 직접 접촉하여 검출하는 스위치이다.
  • 스냅액션 : 스위치의 접점이 액추에이터의 움직임과 관계없이 어떤 위치에서 다른 위치로 빨리 반전하는 것이다. 판 스프링 방식과 코일 스프링 방식이 있는데 고감도, 고정밀도의 특성에는 판 스프링 방식이 많이 사용된다.
  • 장점
    – 소형이고 대용량의 전력을 개폐할 수 있다.
    – 정밀 스냅액션기구를 사용하여 반복 정밀도가 높다.
    – 응차의 움직임이 있어 진동, 충격에 강하다.
    – 액추에이터에 따른 기종이 다양하여 선택 범위가 넓다.
    – 기능 대비 경제성이 높다.

- 단 점
  - 금속 접점을 사용하여 접점 바운스나 채터링이 있는 것도 있다.
  - 전자 부품과 같은 고체화 소자에 비해서 수명이 짧다.
  - 동작, 복귀 시 소음이 발생한다.
  - 전자회로와 같은 드라이 서킷회로에서는 개폐 능력에 한계가 있다. 또한 구조적으로 완전 밀폐가 아니므로 사용환경에 제한이 있다.

ⓛ 리밋 스위치
  - 외부 물체가 리밋 스위치의 롤러 레버에 외력을 가하여 제어력을 발생하는 스위치
  - 마이크로 스위치와 함께 대표적인 On/Off 센서

ⓒ 매트 스위치(Mat Switch) : 테이프 스위치를 병렬로 붙여 놓은 구조를 가지고 있다. 예를 들어 무인 로봇을 이용하는 공정에 매트 스위치를 설치하여 사람이 접근하면 작동을 인터로크할 수 있도록 한다.

ⓔ 리드 스위치(Lead Switch) : 영구자석에서 발생하는 외부 자기장을 검출하는 자기형 근접센서로 매우 간단한 유접점 구조를 가지고 있다.
  - 특 성
    - 가스, 수분, 온도 등 외부 환경의 영향에도 안정적으로 동작한다.
    - On/Off 동작시간이 빠르며 수명이 길다.
    - 소형, 경량이며 값이 저렴하다.
    - 접점은 내식성, 내마멸성이 우수하고 개폐 동작이 안정하다.
    - 내전압 특성이 우수하다.
  - 유의점
    - 내부가 유리관으로 덮여 있어 충격에 약하다.
    - 자극 설치방법에 따라 두 군데 또는 세 군데의 감지 특성이 나타날 수 있다.

ⓜ 근접센서 : 감지기의 검출면에 접근하는 물체 또는 주위에 존재하는 물체의 유무를 자기에너지, 정전에너지의 변화 등을 이용해 검출하는 무접점 감지기이다.
  - 유도형 : 강자성체가 영구자석에 접근하면 코일 내 자속의 변화율에 따라 출력 단자 사이에 전압을 발생시켜 물체의 유무를 판단한다.
  - 정전용량형
    - 유도형 근접센서가 금속만 검출하는 데 반하여, 정전용량형 근접센서는 플라스틱·유리·도자기·목재와 같은 절연물, 물·기름·약물과 같은 액체도 검출한다.
    - 센서 앞에 물건이 놓이면 정전용량이 변화하고, 이 변화량을 검출하여 물체의 유무를 판별한다.
    - 센서의 검출거리에 영향을 끼치는 요소 : 검출면, 검출체 사이의 거리, 검출체의 크기, 검출체의 유전율
  - 검출거리 : 검출 물체의 크기, 두께, 재질, 이동 방향, 도금 유무 등에 영향을 받는다.
  - 출력형식 : PNP 출력, NPN 출력, 직렬접속, 병렬접속

③ 광전센서 : 광 파장영역에 있는 빛을 검출하며, 발광부와 수광부로 구성되어 있다.

광변환 원리에 따른 분류	감지기의 종류	특 징	용 도
광도전형	광도전셀	소형, 고감도, 저렴한 가격	카메라 노즐, 포토릴레이
광기전력형	포토다이오드, 포토 TR, 광사이리스터	소형, 대출력, 저렴한 가격, 전원 불필요	스트로보, 바코드 리더, 화상 판독, 조광 시스템, 레벨 제어
광전자 방출형	광전관	초고감도, 빠른 응답 속도	정밀 광 계측기기
복합형	포토커플러, 포토인터럽트	전기적 절연, 아날로그 광로로 검출	무접점 릴레이, 레벨 제어, 광전 스위치

㉠ 광센서의 특징
- 장점 : 비접촉 검출, 긴 검출거리, 빛 반사가 되는 모든 대상물 검출 가능, 빠른 응답시간, 색상 판별 가능, 수광 크기 선택 가능, 고정확도
- 단점 : 렌즈면의 먼지나 유분, 오염에 영향을 받음. 외란 광에 영향을 받음

④ 압력센서
㉠ 기계식, 다이어프램식, 전자식 등이 있다.
㉡ 스트레인게이지, 로드셀처럼 압력에 반응한다.
- 로드셀 : 스트레인게이지를 이용한 하중감지센서
- 스트레인게이지 : 금속저항체를 당기면 길어지는 동시에 가늘어져 전기저항값이 증가하고, 반대로 압축되면 전기저항이 감소하는 현상을 이용한 것

⑤ 적외선 센서 : 적외선을 검출하여 작동한다.
⑥ 온도센서 : 열전쌍, 서미스터, 측온저항체처럼 온도에 따라 반응 및 작동한다.
㉠ 열전쌍 : 기전력이 다른 두 금속을 접합해서 온도차를 주고 반응하도록 한 것
㉡ 서미스터 : 반도체의 저항이 온도에 따라 물질의 저항이 변화하는 성질을 이용한 전기적 장치이다. TC(Temperature Coefficient)와 PTC(Positive Temperature Coefficient)가 있다.
㉢ 측온저항체(RTD ; Resistance Temperature Detector) : 저항과 온도의 관계를 이용하여 저항을 이용해 온도를 측정하는 장치이다.

⑦ 디지털 입력장치
스위치 입력이나 외부장치의 디지털신호는 다음 그림과 같이 24V의 직류전원을 이용하여 디지털 입력장치 내부의 포토커플러를 동작시킨다. 포토커플러는 외부장치의 신호가 발생하였을 때(ON 상태) 신호 전송이 광(Light)에 의해서만 IC 내부에서 이루어지기 때문에 내부회로와 전기적인 절연을 가지고 외부신호를 내부회로의 CPU에 전달한다. 그림에서 디지털 입력장치는 양 방향으로 LED를 사용하여 제어 전원의 접속 극성에 유연하게 적용시킬 수 있다. 내부회로에서는 5V의 직류전원이 사용되므로 포토커플러를 이용하여 외부회로와 절연을 유지한 채 외부 24V 동작회로의 신호가 내부 5V 회로로 전달된다.

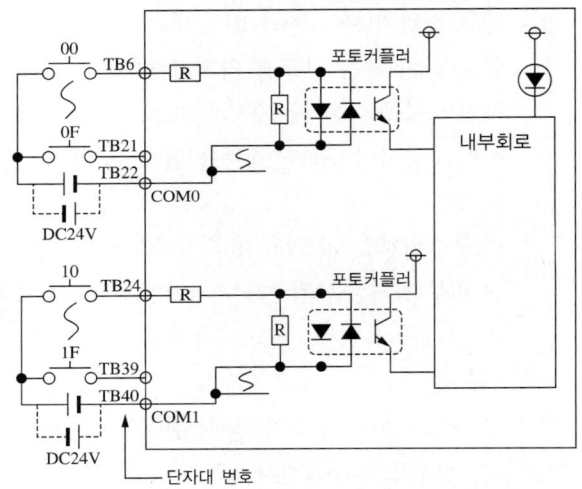

10년간 자주 출제된 문제

3-1. 광센서를 원리에 따라 분류한 것 중 광기전력 효과를 이용한 것이 아닌 것은?

① 포토다이오드
② 광사이리스터
③ 포토 트랜지스터
④ 광전자 증배관

3-2. 다음 중 고속도로의 과적차량을 검출하기 위해 사용할 센서로 적합한 것은?

① 바리스터
② 로드셀
③ 리졸버
④ 홀소자

3-3. 다음 중 유도형 센서(고주파 발진형 근접 스위치)가 검출할 수 없는 물질은?

① 구 리
② 황 동
③ 철
④ 플라스틱

3-4. 센서용 검출변환기에서 제베크 효과(Seebeck Effect)를 이용한 것은 어느 것인가?

① 압전형
② 열기전력형
③ 광전형
④ 전기화학형

3-5. 시퀀스 제어계에서 제어량의 현재 상태를 나타내는 신호를 발생하는 곳은?

① 제어부
② 검출부
③ 조작부
④ 명령처리부

해설

3-1

광전효과(光電效果) : 빛은 마치 전자처럼 물리량을 갖고 입자를 갖고 있다는 이론에 의해 여러 실험을 하던 중, 빛을 금속에 조사(照射)하였을 때 전입자가 튀어나온 현상을 두고 일컫는 말이다.

광전효과의 종류

광변환 원리에 따른 분류	감지기의 종류	특 징	용 도
광도전형	광도전셀	소형, 고감도, 저렴한 가격	카메라 노즐, 포토릴레이
광기전력형	포토다이오드, 포토 TR, 광사이리스터	소형, 대출력, 저렴한 가격, 전원 불필요	스트로보, 바코드 리더, 화상 판독, 조광 시스템, 레벨 제어
광전자방출형	광전관	초고감도, 빠른 응답 속도	정밀 광 계측기기
복합형	포토커플러, 포토인터럽트	전기적 절연, 아날로그 광로 검출	무접점 릴레이, 레벨 제어, 광전 스위치

3-2

로드셀과 스트레인 게이지는 물체에 압력이나 응력, 힘이 작용할 때 그 크기가 얼마인가를 측정하는 도구이다. 따라서 로드셀(Load Cell)과 스트레인 게이지(Strain Gauge)는 압력센서로 활용될 수 있다.

3-3

유도형 센서 : 강자성체가 영구 자석에 접근하면 코일 내 자속의 변화율에 따라 출력 단자 사이에 전압을 발생시켜 물체의 유무를 판단하여 금속성 물질을 검출한다.

3-4

제베크 효과 : 종류가 다른 금속에 열(熱)의 흐름이 생기게끔 온도차를 주었을 때, 기전력이 발생하는 효과

3-5

현재 상태의 신호를 검출부에서 검출하여 제어부로 보내고 제어부에서 명령을 송달하여 조작부에서 조작하는 순차를 갖는다.

정답 3-1 ④ 3-2 ② 3-3 ④ 3-4 ② 3-5 ②

핵심이론 04 센서의 신호 변환 및 선정 기준

센서는 온도, 압력, 힘, 길이, 회전각, (저장탱크) 수위, 유량 등과 같은 물리적 값에 반응하고 적정한 신호를 전달한다.

① 신호 형태
  ㉠ 바이메탈온도계의 경우 열팽창계수가 서로 다른 두 금속을 결합하여 전기회로를 개폐한다. 2진 신호가 발생한다.
  ㉡ ㉠의 경우 자연현상을 2진 신호로 전환하며, 2진 신호는 디지털신호의 특정한 형태를 갖는다.
  ㉢ 수은온도계의 경우 열팽창에 따라 부피가 변하며, 수은주의 높이가 변하는 것을 신호로 사용한다.
  ㉣ ㉢의 경우 연속된 신호의 형태를 가지므로 아날로그신호 형태를 갖는다.

② 신호 변환
  ㉠ A/D 변환
    - 아날로그신호를 디지털신호로 변환함
    - 중요한 두 가지 특성: 변환속도, 변환의 정확도 (bit 수에 따름)
  ㉡ 아날로그신호를 디지털신호로 변환하는 경우 신호의 개수를 n개로 늘릴 때마다 2^n만큼의 조합이 발생하여 2^n만큼 신호를 세분한다.
  ㉢ 기술의 발전으로 전산처리속도가 빨라짐에 따라 디지털신호도 아날로그신호에 가깝게 샘플링 변환이 가능하다.
  ㉣ 신호 증폭 : 센서에서 감지한 신호는 매우 작아 구동이 가능한 수준으로 증폭이 필요하다.

10년간 자주 출제된 문제

센서의 신호 변환에 관한 설명으로 옳지 않은 것은?

① 자연신호를 디지털신호로 변환하는 것을 A/D 변환이라고 한다.
② A/D 변환의 중요한 두 가지 특성으로 변환속도와 변환의 정확도가 있다.
③ 바이메탈을 통해서 열 물리량을 2진 신호로 바꿀 수 있다.
④ 사용하는 신호의 수가 적을수록 아날로그신호에 가깝게 변환 가능하다.

|해설|

아날로그신호를 디지털신호로 변환하는 경우 신호의 개수를 n개로 늘릴 때마다 2^n만큼의 조합이 발생하여 2^n만큼 신호를 세분한다.

정답 ④

핵심이론 05 센서관리

① 자동화 설비보전
  ㉠ 계획보전 : 설비의 설계에서 폐기까지 생산성, 품질 등을 극대화시키고, 보전비용을 최소화시키는 것을 목표로 전개하는 보전활동
  ㉡ 예방보전 : 설비의 건강 상태를 유지하고 고장이 나지 않도록 열화를 방지하기 위한 일상보전, 열화를 측정하기 위한 정기검사 또는 설비보전 열화를 조기에 복원시키기 위한 정비 등을 하는 보전활동
  ㉢ 사후보전 : 고장 정지 또는 유해한 성능 저하를 가져온 후에 수리하는 보전활동
  ㉣ 개량보전 : 설비의 신뢰성, 보전성을 향상시키기 위한 개선, 특히 고장의 재발 방지, 수명 연장, 보전시간의 단축 및 기타 생산성 향상을 위한 개량 등 광범위한 설비 개선을 포함하는 것으로, 개선을 통해 열화와 고장을 줄이고 보전 불필요의 설비를 목표로 하는 보전활동
  ㉤ 보전예방 : 고장이 잘 나지 않거나 고장이 나더라도 수리하기 쉽고 사용하기 편리한 설비를 만들기 위한 보전기술을 설계 부문에 피드백하여 보전 불필요의 설비를 만들기 위한 보전활동

② 멀티미터 사용법
  ㉠ 멀티미터(Multi-meter) : 전류, 전압 및 저항의 측정 등 하나의 측정기로 여러 전기량을 함께 측정할 수 있는 기구
  ㉡ 유사 명칭 : 테스터(Tester), VOM(Volt-Ohm-Milliampere)
  ㉢ 지침이 움직이는 아날로그형, LED로 전기량을 표시해 주는 디지털형이 있다.

[디지털형 멀티미터]

[아날로그형 멀티미터]

  ㉣ 측 정
    • 멀티미터기의 선택 채널에서 옵션으로 교류/직류, 측정범위 등을 설정하여 측정한다.
    • 직류 측정 시 접촉자의 극성을 반대로 접촉시키면 바늘이 (-) 방향으로 움직이므로 극성에 유의하여 측정한다.
    • 220~480V 교류전압을 측정한다. 아날로그형은 가정용으로 250VA 범위에서 측정 가능하다.
    • 직류전압과 직류전류 측정 : 주로 건전지나 차량의 배터리 전압, 직류를 사용하는 자동제어 관련 회로보호기와 센서 등을 측정할 때 사용한다.
    • 저항 측정 : 저항 측정을 통해 단선 여부를 알 수 있다.
    • 제품에 따라 다이오드, 트랜지스터 검침, 데시벨, 조도 등 별도의 측정기능이 있다.
  ㉤ 측정 시 유의사항
    • 극성에 유의한다. 아날로그식의 경우 (-) 표시 범위가 작으며, 눈금이 없어 측정이 불가능하다. 급격히 큰 전류를 표시하려다 충격으로 바늘이 휘기도 한다.
    • 안전을 위해 퓨즈가 내장되어 있으므로 미작동 시 퓨즈 단선 여부도 확인한다.
    • 저항 측정에 문제가 있으면 내부의 건전지를 확인한다.
    • 측정 전 측정 대상의 전류, 저항 등의 범위를 예측하고 적절한 레인지를 선택한다.
    • 미사용 시 전원을 끄고, 장기 미사용 시 배터리를 빼고 보관한다.
    • 사용 시 전기 안전에 유의한다. 접촉자가 노출되어 있고 길기 때문에 인체와 접촉하지 않도록 유의한다.

- 전류에 따른 인체 영향

(단위 : Ω)

인체의 접촉저항	손은 건조한 상태이고, 안전화를 착용한 경우	맨발이고, 손이 젖은 경우
손의 접촉저항	2,500	1,000
몸의 접촉저항	500	500
발의 접촉저항	100,000	500

※ 땀에 젖으면 1/12로 감소하고, 물속에서는 1/25로 감소한다.

전룻값[mA]	영 향
1	전기적 충격이나 저림을 느낀다.
5	아픔을 느끼고, 나른함을 느낀다.
10	견딜 수 없는 통증, 유입점에 외상이 남는다(근육 수축).
20	근육 수축, 경련, 자유롭지 못하다(근육 마비).
50	호흡 정지, 때로는 심장 기능 정지(심장 마비)
70	심장에 큰 충격이 가해진다.

③ 센서 점검
㉠ 리밋 스위치 점검
• 레버나 롤러가 마모되었거나 손상되었는지, 덜렁거리는지를 육안으로 정기 점검한다. 이상이 있는 경우 교환한다. 레버나 롤러가 덜렁거리면 전기신호가 검출되지 않거나 제어 시점이 달라질 수 있다. 이 영향으로 액추에이터 작동에 영향을 주고 가공점이 이동되어 품질 불량을 초래한다.
• 결선부가 더럽거나 손상되었는지 육안으로 정기 점검한다. 이상 시 분해 수리한다. 결선부가 손상되면 절연이 불량되고 신호의 에러가 발생한다. 이 역시 액추에이터 작동 이상으로 연결되어 품질 불량을 초래한다.
• 취부나사가 느슨한지 육안이나 촉수 점검을 정기적으로 실시한다. 이상 시 나사를 죄어 준다.

㉡ 광전 스위치 점검지침
• 렌즈면이 더럽거나 손상되었는지 정기적으로 육안 점검한다. 더러우면 닦아 주고, 손상되었으면 교체한다. 렌즈면 이상은 검출을 불균형하게 이루게 되어 액추에이터 작동 이상과 연결된다.
• 결선부가 더러우면 닦아 주고, 손상되었으면 교체한다.
• 취부나사가 느슨한지 점검한다.

㉢ 센서 점검절차
• 배선은 잘되어 있는가?
• 접속부는 이상 없는가?
• 전원, 전압은 이상 없는가?
• 센서 조정에는 이상 없는가?
• 광전센서인 경우 수광부측의 외란 광의 상호 간섭(설정거리, 감도 조정, 광축)은 없는가?
• 센서의 성능에 따른 검출조건, 검출 물체의 크기 관계(통과속도, 응답시간, 명도의 차)는 올바른가?

④ 센서관리를 위한 올바른 사용방법
㉠ 센서가 검출 물체나 다른 부품들과 부딪히거나 충격이 가지 않도록 한다.
㉡ 케이블에 무리한 힘을 가하거나 당기지 않는다.
㉢ 센서에 필요 이상의 힘을 가해 취부하지 않는다.
㉣ 센서 배선 시 동력선, 고압선과는 분리한다(동일 덕트 또는 동일 전선관을 사용하면 노이즈에 따른 오동작의 원인이 됨).
㉤ 동작의 신뢰성과 긴 수명을 유지하기 위해 규정 외의 온도와 실외에서의 사용은 피한다.
㉥ 물이나 수용성 절삭유 등이 직접 묻지 않도록 덮개를 부착하여 사용한다(신뢰성과 수명을 유지시킬 수 있음).
㉦ 출력단자를 쇼트시키지 않는다(트랜지스터 및 SSR 등 반도체를 내장한 출력회로의 파손 유발).

10년간 자주 출제된 문제

5-1. 다음에서 설명하는 자동화 기술보전은?

> 설비의 건강 상태를 유지하고 고장이 나지 않도록 열화를 방지하기 위한 일상보전, 열화를 측정하기 위한 정기 검사 또는 설비보전 열화를 조기에 복원시키기 위한 정비 등을 하는 보전활동

① 계획보전　　② 예방보전
③ 사후보전　　④ 개량보전

5-2. 리밋 스위치 이상 시 분해 수리로 문제를 해결할 수 있는 부위는?

① 레버 손상　　② 롤러 손상
③ 결선부 오염　　④ 취부나사 풀림

5-3. 레버가 오른쪽 그림과 같이 맞춰져 있고, 눈금이 왼쪽과 같을 때 측정값을 바르게 읽은 것은?

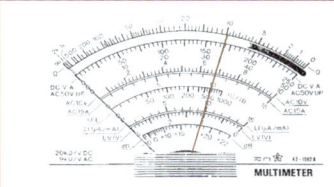 

① 10mA　　② 10hFE
③ AC 10V　　④ DC 6.8V

[해설]

5-1
열화를 방지하기 위한 보전활동은 계획보전과 예방보전으로 볼 수 있으며, 정기 검사나 사전 복원을 통해 고장을 예방하는 활동은 예방보전활동이다.

5-2
손상된 레버는 교체해 주고, 나사가 풀린 부분은 죄어 준다.

5-3
오른쪽 레버가 DCV 영역 중 10V 레인지 영역에 맞춰져 있으므로 최고 전압이 DC 10V라고 표시된 바깥에서 세 번째 줄의 눈금을 읽어야 한다. 바늘이 6.8V에 위치해 있으므로 측정값은 DC 6.8V이다.

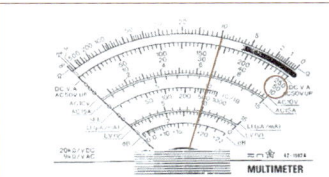 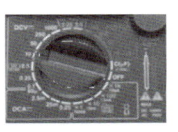

정답 5-1 ②　5-2 ③　5-3 ④

핵심이론 06 제어기기

① **전자접촉기** : On/Off에 의해 모터 등의 부하를 운전하거나 정지시키고 기기를 보호하는 목적으로 사용한다. 열동계전기에 의해 전자접촉기의 전원을 Off시킬 수 있도록 전자접촉기와 열동계전기를 조합한 기기를 전자개폐기(MS ; Magnetic Switch)라고 한다.

② **전자접촉기의 이상(전자개폐기의 철심 진동)** : 전자개폐기에 전류가 흐르면 고정철심이 전자석이 되어 가동철심을 잡아당긴다. 진동이 생기는 것은 전자석 역할을 하는 물체의 자화가 됐다 안 됐다 하는 일이 매우 빠르게 반복되거나, 잡아 당겨진 가동철심의 접촉이 불가능한 경우이다.

　㉠ 코어(철심) 부분에 셰이딩 코일(Shading Coil)을 설치하여 자속의 형성을 보다 일정하게 만드는데, 이 코일이 단선되면 소음이 발생한다.

　㉡ 셰이딩 코일을 설치해도 소음이 완전히 제거되지 않으므로 교류형보다 직류형을 사용하면 개선된다.

　㉢ 전압이 코일 정격전압의 범위를 ±15% 이상 상하로 벗어나는 경우 소음이 발생할 가능성이 있다.

　㉣ 코어 부분에 이물질이 발생하여 불완전 흡입에 의해 소음이 발생하는 경우가 있다.

③ **Thermal Relay(열동계전기, Over Current Relay)** : 일반적으로 전자접촉기와 같이 사용한다. 부하의 이상 때문에 설정된 전륫값 이상의 전류가 부하에 흘러 온도가 상승하면 바이메탈에 의해 주접점을 열어(트립) 부하를 보호하고, 이상 전류에 의한 화재를 방지한다.

④ **누전차단기** : 에너지가 있는 도선과 중립 도선 사이의 전류 균형이 깨졌을 때 전류를 차단하는 장치이다.

⑤ **인코더(Encoder)** : 입력된 정보를 코드로 변환하는 장치이다.

⑥ 3상 유도전동기 : 정회전과 역회전 버튼이 따로 있거나 c접점을 이용한 스위치와 같은 스위치로 선택할 수 있다고 할 때 정회전 선택 시 역회전을 방지하기 위한 장치이다. 정회전 연결이 되면 역회전 신호에 인터로크를, 역회전 신호 선택 시 정회전 연결에 인터로크를 설치하여 정·역 회전을 선택할 수 있도록 설계한다. 운동역학적으로 회전하던 물체가 반대 방향으로 정지 없이 회전할 수 있는 방법은 없다.

⑦ 멀티테스터 : 여러 가지 측정기능을 결합한 전자계측기이다. 전압, 전류, 전기저항을 측정하는 능력을 가지며 장치에 따라 기타 측정기능이 있다. 전지, 모터 컨트롤, 전기제품, 파워 서플라이, 전신 체계와 같은 산업과 가구용 장치의 넓은 범위에 있어 전기적인 문제들을 점검하기 위하여 사용한다.

⑧ 회로시험기 : 어떤 기계장치의 시퀀스 제어에 있어 단선 등 전기회로의 고장을 진단하기 위하여 주로 사용되는 계측기이다.

⑨ 오실로스코프 : 전기의 변화를 그래프로 나타내는 장치로 입력신호의 시간과 전압의 크기, 발진신호의 주파수, 입력신호에 대한 회로상의 응답 변화, 기능이 저하된 요소가 신호를 왜곡시키는 것, 직류신호와 교류신호의 양, 신호 중의 잡음과 그 신호상에서 시간에 따른 잡음의 변화를 파악할 수 있다.

⑩ 주파수계전기 : 미리 정해 놓은 주파수값을 넘거나 모자랄 때 작동하는 계전기이다.

⑪ 태코미터 : 회전속도계를 의미한다.

10년간 자주 출제된 문제

6-1. 전자개폐기의 철심이 진동할 경우 예상되는 원인으로 가장 가까운 것은?
① 가동철심과 고정철심 접촉 부위에 녹이 발생했다.
② 전자개폐기의 코일이 단선되었다.
③ 전자개폐기 주위의 습기가 낮다.
④ 접촉단자에 정격전압 이상의 전압이 가해졌다.

6-2. 전자석에 의해 접점을 개폐하는 전자접촉기와 부하의 과전류에 의해 동작하는 열동계전기가 조합된 장치는?
① 보조계전기
② 시간계전기
③ 플리커계전기
④ 전자개폐기

6-3. 전자접촉기(MC), 열동계전기 등의 고장 시 이들 회로를 점검하기 가장 적합한 계측기는?
① 멀티테스터
② 오실로스코프
③ 신호발진기
④ 전위차계

6-4. 누전차단기의 사용상 주의사항에 관한 설명으로 옳지 않은 것은?
① 테스트 버튼을 눌러 작동 상태를 확인한다.
② 전원측과 부하측의 단자를 올바르게 설치한다.
③ 진동과 충격이 많은 장소에 설치하여도 무관하다.
④ 누전 검출부에 반도체를 사용하기 때문에 정격전압을 사용한다.

|해설|

6-1
전자개폐기에 전류가 흐르면 고정철심이 전자석이 되어 가동철심을 잡아당긴다. 진동이 생긴다는 것은 전자석 역할을 하는 물체가 자화가 되었다 안 되었다 하는 일이 매우 빠르게 반복되거나 잡아당겨진 가동철심의 접촉이 불가능한 경우 등이다. 주어진 보기 중 가장 예상되는 원인은 접촉 부위에 이물질이 생겼을 경우이다.

6-2
전자접촉기는 On/Off에 의해 모터 등의 부하를 운전하거나 정지시키고 기기를 보호하는 목적으로 사용한다. 열동계전기에 의해 전자접촉기의 전원을 Off시킬 수 있도록 전자접촉기와 열동계전기(부하의 이상으로 설정된 전룻값 이상의 전류가 부하에 흘러 온도가 상승하면 바이메탈에 의해 주접점을 열어(트립) 부하를 보호, 전류에 의한 화재를 방지하는 장치)를 조합한 기기를 전자개폐기(MS ; Magnetic Switch)라고 한다.

6-3
멀티테스터는 여러 가지 측정기능을 결합한 전자계측이다. 전압, 전류, 전기저항을 측정하는 능력을 가지며 장치에 따라 기타 측정기능이 있다. 전지, 모터 컨트롤, 전기 제품, 파워 서플라이, 전신 체계와 같은 산업과 가구용 장치의 넓은 범위에 있어 전기적인 문제들을 점검하기 위하여 사용한다.

6-4
누전차단기도 접촉과 단락을 이용하는 것이므로 가급적 안정된 환경에 설치하는 것이 좋다.

정답 6-1 ① 6-2 ④ 6-3 ① 6-4 ③

핵심이론 07 전동기(모터, Motor) - 교류전동기

① 전동기의 종류
  ㉠ 전동기는 전기에너지를 운동에너지, 특히 회전에너지로 변환시켜 주는 액추에이터이다.
  ㉡ 전동기의 분류

② 교류전동기
  ㉠ 특 징
    • 일반적으로 사용하는 교류전원을 사용하므로 어댑터 등 전원공급장치가 필요 없다.
    • 구조가 고정자, 회전자로 간단히 구성되어 있어 저렴하고 견고하다.
  ㉡ 단상 유도전동기 원리

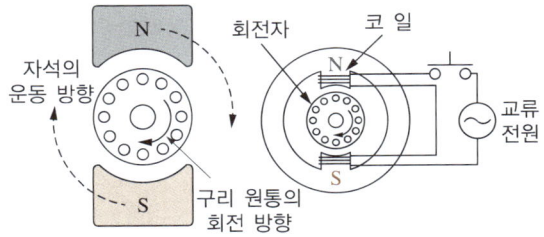

    • N극과 S극 자극이 전기적으로 180° 권선구조이므로 기동력이 필요하다.
    • 기동방법에 따라 분상 기동형, 콘덴서 기동형, 셰이딩 코일형 등으로 구분한다.

- 냉장고, 세탁기, 식기세척기, 선풍기 등 소용량 동력원으로 사용한다.
ⓒ 3상 유도전동기의 원리

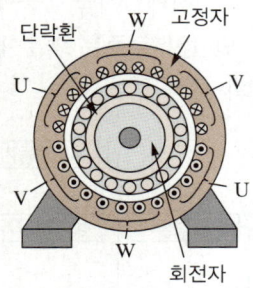

- 120° 간격으로 3상 고정자 권선을 배치하여 3상 사인파 교류전원에 의한 회전자기장을 얻고, 그 내부의 회전자를 회전시켜서 동력을 얻는 구조이다.
- 3상 교류전원만으로 운전이 가능하며 기계적 구조가 간단하기 때문에 견고하다.
- 3상 교류전원을 공급받을 수 있는 공장이나 큰 빌딩 등에서 대용량의 동력원으로 사용한다.

ⓔ 동기전동기의 회전원리

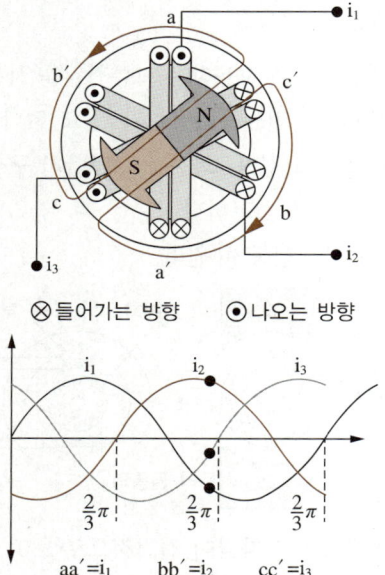

- 영구자석을 회전자로 하고, 회전자의 자극 가까이에 반대 극성의 자극을 가져다 놓고 회전시키면, 회전자는 이동하는 자석의 흡인력과 같은 속도로 회전하는 원리이다. 회전자기장과 같은 속도로 회전한다.
- 단상 동기전동기는 180° 간격으로 고정자 권선을 배치하고 영구자석을 회전자로 하여, 단상 전원을 공급받아 회전력을 얻는 방식이다. 고정자 권선에 전류를 공급한다.
- 3상 동기전동기는 3상 전원을 공급받아 원 둘레에 120° 간격으로 3상 고정자 권선을 배치하여 3상 사인파 교류전원에 의한 회전자기장을 얻는다. 내부에 영구자석인 회전자를 위치시켜 반대 극성끼리 흡인하는 자극의 성질을 이용하여 회전자기장과 같은 속도의 회전동력을 얻는 장치이다.
- 동기전동기는 여자기를 필요로 하며, 값이 비싸지만 속도가 일정하고 역률 조정이 쉽기 때문에 정속도 대동력용으로 사용한다.

10년간 자주 출제된 문제

7-1. 어댑터 등 전원공급장치가 필요 없고, 구조가 고정자, 회전자로 간단히 구성되어 있어 저렴하고 견고한 전동기는?

① 자여자형 직류전동기
② 타여자형 직류전동기
③ 서보전동기
④ 교류전동기

7-2. 고정자 권선이 120°로 배치된 유도전동기의 상수는?

① 단상　　　　② 3상
③ 6상　　　　④ 12상

7-3. 다음 그림과 같은 상을 나타내는 동기 전동기에 대한 설명으로 틀린 것은?

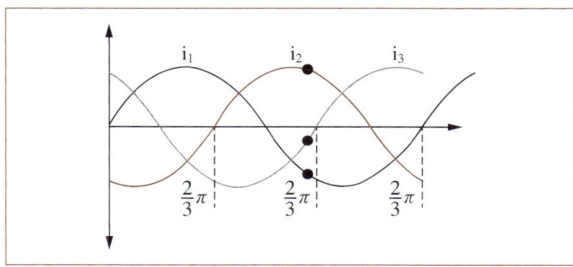

① 파형은 sine 파형을 그린다.
② 고정자 권선은 120° 간격을 갖는다.
③ 여자가 필요 없다.
④ 브러시가 필요 없다.

|해설|

7-1
교류전동기의 특징
• 일반적으로 사용하는 교류전원을 사용하므로 어댑터 등 전원공급장치가 필요 없다.
• 구조가 고정자, 회전자로 간단히 구성되어 있어 저렴하고 견고하다.

7-2
단상은 자석이 180°로 배치되어 있고, 3상은 120°로 배치되어 있다.

7-3
동기전동기는 여자기를 필요로 하며, 값이 비싸지만 속도가 일정하고 역률 조정이 쉽기 때문에 정속도 대동력용으로 사용한다.

정답 7-1 ④　7-2 ②　7-3 ③

핵심이론 08 전동기의 종류 – 직류전동기

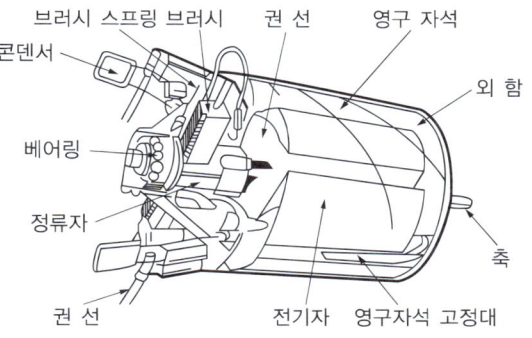

① 특 징
　㉠ 직류전동기는 회전 방향과 속도의 제어를 쉽게 할 수 있고 큰 힘을 낼 수 있다.
　㉡ 극성을 가지므로 정류자, 브러시 등이 필요하여 다소 구조가 복잡하다.

② 구성 : 크게 주프레임과 전기자장치로 구성되어 있다.
　㉠ 주프레임
　　• 외함, 브러시 및 계자극이 포함된 비회전 고정자 부분이다.
　　• 고정자는 계자 권선이 감긴 철심이 있어 그 안쪽에 자극을 부착시킬 수 있다.
　　• 전동기의 용량과 회전속도에 따라서 극수가 결정된다(2극, 4극, 6극, 8극 등).
　　• 소형 전동기의 경우 영구자석을 자극으로 사용하기도 한다.
　　• 브러시 : 회전하는 정류자에 전원을 공급하는 부분으로, 전동기의 수명, 기계적 소음, 전기적인 소음과 관련되며, 정류자의 회전속도, 접촉압력, 마찰계수, 주변 온도 등에 영향을 받는다.
　㉡ 전기자 장치
　　• 전기자, 정류자 및 전기자 도체로 구성되어 있다.
　　• 회전자는 자석이 생성한 자계 내에서 N극에서 S극으로 지나는 자계의 통로가 되고, 코일이 받는 힘을 축으로 전달하며, 코일이 감겨질 수 있는 형상이다.

③ 종류

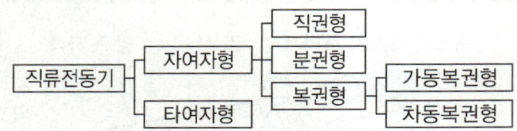

㉠ 타여자전동기
- 전기자 권선과 계자 권선을 각각 별도의 전원에 접속한다.
- 계자 제어와 전압 제어가 모두 가능하다.
- 주로 큰 출력이 요구되는 산업용 공작기계 등에 사용한다.
- 설비가 복잡하여 가격이 비싸고, 유지보수가 어렵다.

㉡ 자여자전동기
- 직권 직류전동기
  - 전기자 권선과 계자 권선이 전원에 직렬로 접속한다.
  - 부하전류가 증가하면 속도가 현저히 감소하고, 부하전류가 감소하면 속도가 급격히 상승하는 가변 특성이 있다.
  - 가변 특성으로 인해 무부하 시 속도가 매우 높아진다(위험).
  - 직류와 교류를 모두 사용 가능하다.
  - 진공청소기, 전기드릴, 믹서, 커팅기, 그라인더, 크레인, 전동차 등
- 분권 직류전동기
  - 계자 권선과 전기자 권선을 전원에 병렬로 접속한다.
  - 여자전류가 일정하여 부하에 의한 속도 변동이 거의 없다.
  - 정밀한 속도 제어가 요구되는 공작기계, 압연기 등에 사용한다.
- 가동 복권 직류전동기
  - 직권 계자 권선에 의하여 발생되는 자속과 분권 계자 권선에 의하여 발생되는 자속이 같은 방향으로 합성되어 자속이 증가하는 구조이다.
  - 토크가 크고, 무부하가 되어도 직권전동기와 같이 위험한 속도가 되지 않는다.
  - 주로 절단기, 엘리베이터, 공기압축기 등에 사용한다.
- 차동 복권 직류전동기
  - 분권 계자 권선과 직권 계자 권선의 자속이 서로 반대가 되어 상쇄하는 구조이다.
  - 부하전류의 증가로 인하여 자속 방향이 반대가 되어 역회전하는 경우가 있어 특수한 경우 외에는 사용하지 않는다.

10년간 자주 출제된 문제

8-1. 직류전동기에 대한 설명으로 옳지 않은 것은?
① 고정자는 계자 권선이 감긴 철심이 있어 그 안쪽에 자극을 부착시킬 수 있다.
② 전동기의 용량과 회전속도에 따라서 극수를 선택할 수 있다.
③ 소형 전동기의 경우 영구자석을 자극으로 사용하기도 한다.
④ 브러시가 없어서 잔 고장이 적고, 비용이 저렴하다.

8-2. 여자전류를 외부에서 공급받는 방식의 전동기는?
① 직권전동기
② 분권전동기
③ 복권전동기
④ 타여자전동기

|해설|

8-1
직류전동기는 극성을 갖고 있으므로 브러시가 필요하다.

8-2
자여자방식과 타여자방식은 여자전류를 외부에서 공급받느냐로 구분한다. ①, ②, ③은 자여자방식이다.

정답 8-1 ④ 8-2 ④

핵심이론 09 전동기의 종류 - 서보모터

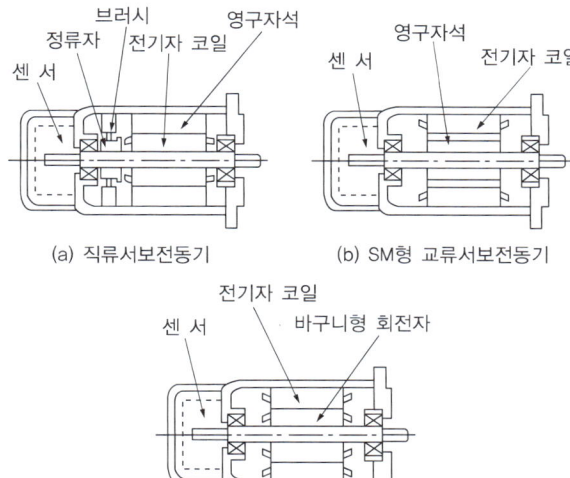

(a) 직류서보전동기   (b) SM형 교류서보전동기

(c) IM형 교류서보전동기

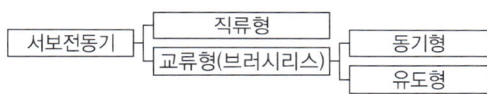

① **직류서보모터**
  ㉠ 구동방식
    • 반도체 스위칭 소자를 이용한 펄스폭 변조방식이 주이다.
    • 펄스폭 변조방식: 교류전원을 정류하여 직류전원을 얻고, 직류전원이 모터에 인가되는 시간폭을 변화시켜 전동기에 공급되는 평균 전압의 크기를 조절하는 방식이다.
  ㉡ 특 징
    • 전류에 대하여 발생토크가 비례하여 선형 제어계의 구성이 가능하다.
    • 비교적 간단한 회로로 안정된 제어계 설계가 가능하다.
    • 제어성, 경제성이 좋다.
    • 브러시의 마모에 대한 유지보수가 필요하다.
    • 정류에 의한 다량의 발열과 냉각 문제, 정류 불꽃, 섬락 등이 발생한다.
    • 수명이 짧고 불안정하다.

② **교류서보모터(Brushless Servo-motor)**
  ㉠ 구동방식 : 정류자와 브러시 없이도 외부로부터 직접 전원을 공급받을 수 있는 구조이다.
  ㉡ 동기형 교류서보모터
    • 구조는 일반 동기모터와 같다.
    • 전기자 전류와 토크의 관계가 선형이다.
    • 제동이 용이하고 비상 정지 시에 다이나믹 브레이크가 작동한다.
    • 회전자에 영구자석을 사용한다.
    • 제어 시 회전자 위치를 검출해야 할 필요가 있어 광학식 인코더나 리졸버를 회전속도검출기로 사용한다.
    • 전기자 전류에는 고주파 성분이 포함되어 있어서 토크리플 및 진동의 원인이 될 수 있다.
  ㉢ 유도형 교류서보모터
    • 일반 유도전동기의 구조와 같다.
    • 회전자와 고정자의 상대적인 위치검출센서가 필요하지 않고, 회전자 구조가 간단하다.
    • 정지 시에도 여자전류를 계속 흘려야 한다.
    • 발열손실과 비상 정지 시에 다이나믹 브레이크를 걸어 주는 것이 불가능하다.

10년간 자주 출제된 문제

주로 직류서보모터에 사용하는 방식으로, 교류전원을 정류하여 직류전원을 얻고 이러한 직류전원이 모터에 인가되는 시간폭을 변화시켜 전동기에 공급되는 평균 전압의 크기를 조절하는 변조방식은?

① 펄스폭 변조   ② 주파수 변조
③ 위상 변조   ④ 격자부호 변조

[해설]

펄스폭 변조방식 : 변조를 통해 신호의 특성을 개량하여 원하는 신호를 얻도록 하는 변조방식이다. 크게 아날로그 변조, 디지털 변조, 펄스 변조로 나뉘며, 세부적으로는 진폭 변조, 주파수 변조, 위상 변조, 격자부호 변조 등의 방식이 있다.

정답 ①

핵심이론 10 스테핑 모터

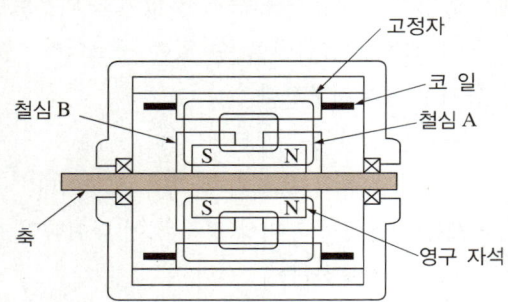

① 스테핑 모터(Stepping Motor)
  ㉠ 특 징
  • 일정한 펄스를 가해 줌으로써 회전각(펄스당 회전각 1.8°와 0.9° 사용)을 제어할 수 있는 모터이다.
  • 기계적 구조나 회로가 간단하고, 빠른 응답성, 저렴한 가격 등으로 인해 짧은 거리 디지털 제어에 적합하다.
  • 정지 시 매우 큰 정지토크가 있기 때문에 전자 브레이크 등의 위치유지기구를 필요로 하지 않는다.
  • 회전속도도 펄스비에 비례하여 간편하게 제어가 가능하다.
  • 큰 힘이 필요한 대용량 구동계에서는 사용하기 어렵다.
  • 모터 자체에 피드백 장치가 없어 실제로 움직인 거리를 알아낼 수 없다.
  • 크기에 비해 토크가 작다. 과부하에서 난조를 일으키고 고속회전이 곤란하며, 저속회전 시 진동이 발생한다.

  ㉡ 구 조
  • 고정자와 회전자로 구분한다.
  • 고정자 극의 수에 의한 상수에 따라 단상, 2상, 3상, 4상, 5상 스테핑 모터 등으로 분류한다.

  ㉢ 원 리
  • 고정자의 전자석들이 하나씩 시계 방향이나 반시계 방향으로 자화되어 회전한다.

  • 펄스에 따라서 특정 각도 회전도 가능하다.
  • 고정자와 회전자 사이의 공극은 체적이 작은 회전자가 높은 토크를 출력하고, 고정밀도의 위치결정을 하기 위해서 가능하면 작게 해 준다. 스테핑 모터를 가속하기 위해서는 이 펄스의 주파수를 빠르게 한다.

10년간 자주 출제된 문제

다음 보기에서 설명하는 모터로 가장 적당한 것은?

|보기|
• 기계적 구조나 회로가 간단하고, 빠른 응답성, 저렴한 가격 등으로 인해 짧은 거리 디지털 제어에 적합하다.
• 정지 시 매우 큰 정지 토크가 있기 때문에 전자 브레이크 등의 위치유지기구를 필요로 하지 않는다.
• 큰 힘이 필요한 대용량 구동계에서는 사용하기 어렵다.
• 모터 자체에 피드백 장치가 없어 실제로 움직인 거리를 알아낼 수 없다.

① 리니어 모터 ② 서보모터
③ 스테핑 모터 ④ 브러시리스 모터

|해설|

스테핑 모터(Stepping Motor)의 특징
• 일정한 펄스를 가해 줌으로써 회전각(펄스당 회전각 1.8°와 0.9° 사용)을 제어할 수 있는 모터이다.
• 기계적 구조나 회로가 간단하고, 빠른 응답성, 저렴한 가격 등으로 인해 짧은 거리 디지털 제어에 적합하다.
• 정지 시 매우 큰 정지토크가 있기 때문에 전자 브레이크 등의 위치유지기구를 필요로 하지 않는다.
• 회전속도도 펄스비에 비례하여 간편하게 제어가 가능하다.
• 큰 힘이 필요한 대용량의 구동계에서는 사용하기 어렵다.
• 모터 자체에 피드백 장치가 없어 실제로 움직인 거리를 알아낼 수 없다.
• 크기에 비해 토크가 작다. 과부하에서 난조를 일으키고 고속회전이 곤란하며, 저속회전 시 진동이 발생한다.

정답 ③

핵심이론 11 모터제어회로

① 3상 유도전동기 제어회로

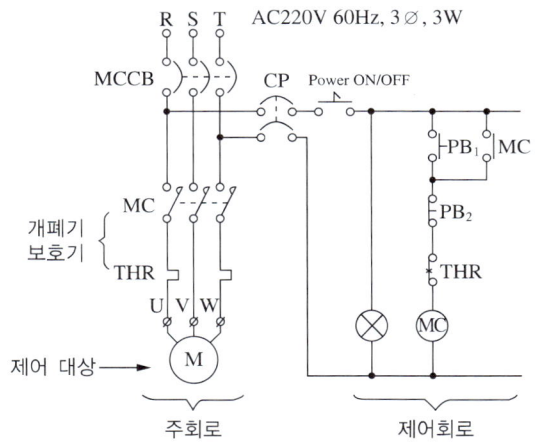

결선도 설명

3상 유도전동기의 기동, 정지회로의 기본으로 회로차단기 CP를 닫고 전원 스위치를 On시킨 상태에서 기동 스위치 PB1을 On시키면, 개폐기 MC가 On(여자)되어 주접점을 닫아 전동기를 회전시키고 동시에 보조접점 MC을 닫아 자기유지가 걸린다.

정지 스위치 PB2를 누르면 b접점이 열려 MC 코일이 Off(소자)되어 주접점이 열리게 되어 전동기가 정지되고 자기유지도 해제되는 원리로 동작된다. 전동기가 회전 중에 과부하 상태에 이르면 주회로의 보호기인 열동계전기가 작동되고 MC 코일 위의 보호용 접점이 열려 전동기를 정지시켜 코일이 소손되는 것을 방지해 준다.

㉠ 전동기의 제어회로를 도면으로 나타낼 때는 설치 현장에서 도면과 같은 결선작업을 할 수 있도록 크게 전동기의 주회로(이것을 동력회로 또는 결선회로 함)와 제어회로를 함께 나타내야 한다.

㉡ 3상 유도전동기의 기본적인 회로 구성은 배선용 차단기, 부하개폐기, 부하보호기, 전동기 순서로 직렬연결 전동기 결선회로로 된다.

② 전동기의 현장, 원격제어회로

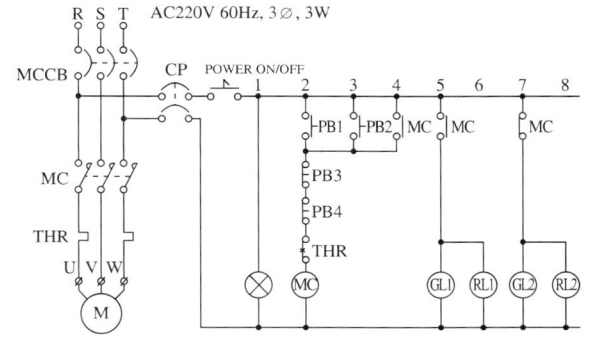

③ 전동기의 미동운전(微動運轉-Inching)회로

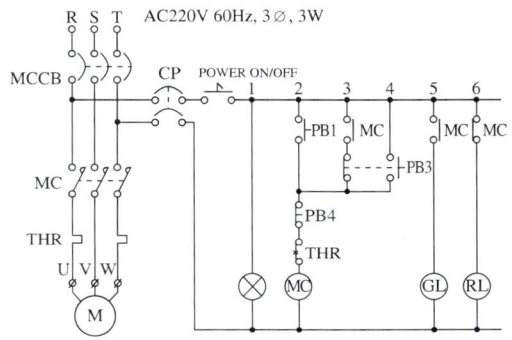

④ 3상 유도전동기의 정·역제어회로

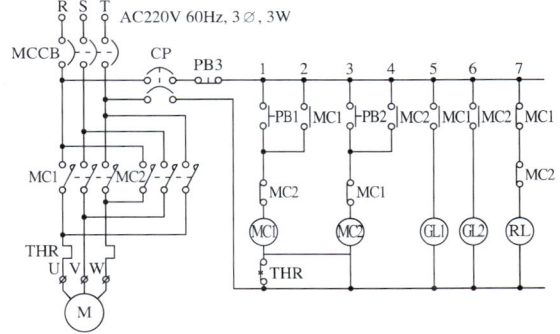

10년간 자주 출제된 문제

다음 그림의 회로 명칭으로 옳은 것은?

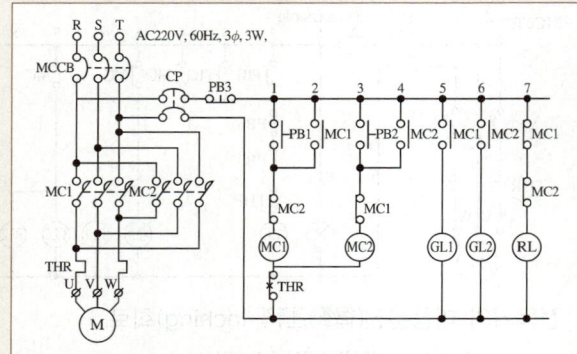

① 단상 유도전동회로
② 3상 유도 연속 정회전회로
③ 3상 유도 정역회전회로
④ 3상 유도인칭회로

해설

PB1과 PB2를 이용하여 정회전과 역회전을 하도록 구성된 회로이다.

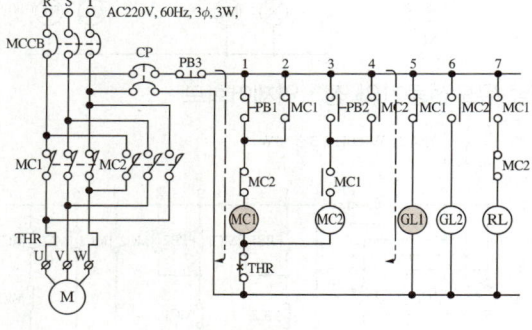

[정회전 상태]

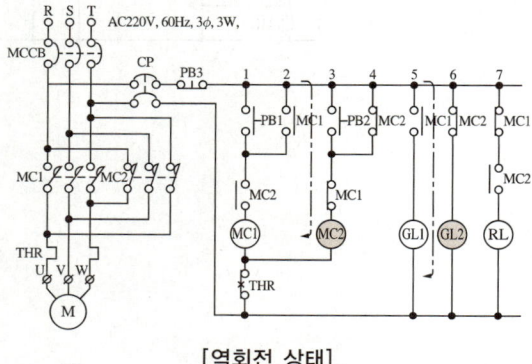

[역회전 상태]

정답 ③

핵심이론 12 모터관리

① 인버터 시험 운전
  ㉠ 모터의 기동·정지
    인버터 신호단자에 가변저항(볼륨)을 접속하여 설정 주파수로 모터를 기동·정지시키고, 가속·감속시간을 설정하여 가속·감속 기동·정지를 실시한다.
  ㉡ 제어조건
    • 운전 지령은 단자대를 사용하여 운전 정지를 실시한다.
    • 지령 주파수는 가변저항을 접속하여 0~60Hz 내에서 임의로 속도를 설정할 수 있다.
    • 가속시간은 10초, 감속시간은 20초로 설정한다.
  ㉢ 인버터의 보호기능 이해
    • 과전류 : 출력전류가 인버터 과전류 보호 레벨 이상이 되면 인버터의 출력을 차단한다.
    • 지락전류 : 출력측에 지락이 발생하여 지락전류가 흐르면 인버터 출력을 차단한다.
    • 인버터 과부하 : 출력전류가 인버터 정격전류의 150% 이상으로 1분 이상 연속적으로 흐르면 인버터 출력을 차단한다.
    • 과부하 트립 : 출력전류가 전동기 정격전류의 설정된 크기 이상으로 흐르면 인버터 출력을 차단한다.
    • 냉각핀 과열: 주위 온도가 규정치보다 높아져 인버터 냉각핀이 과열되면 인버터 출력을 차단한다.
    • 출력 결상 : 출력단자 U, V, W 중에 한 상 이상이 결상되면 인버터 출력을 차단한다.
    • 과전압 : 내부 주회로의 직류전압이 규정전압 이상(200V급은 400VDC, 400V급은 820VDC)으로 상승하면 인버터 출력을 차단한다. 감속시간이 너무 짧거나 입력전압이 규정치 이상일 때 주로 발생한다.

- 저전압 : 규정치 이하의 입력 전압 시 출력을 차단한다(200V급 180VDC, 400V급 360VDC 이하).
- 전자서멀 : 전동기 과부하 운전 시 전동기의 과열을 막기 위하여 사용한다.
- 입력 결상 : 3상 입력 전원 중 1상이 결상되거나 내부 평활용 콘덴서 교체 시기에 출력을 차단한다.

② 고장 진단
- 모터가 회전하지 않는 경우
  - 인버터 출력 U, V, W 전압이 출력되지 않음
    ⓐ 인버터 입력단자 R, S, T에 전원이 공급되고 있는가? 또는 POWER 램프가 켜져 있는가?
    ⓑ 운전 지령 RUN은 On되어 있는가?
    ⓒ 주파수 지령방법 설정을 잘못하지 않았는가?
    ⓓ 운전 지령방법 설정을 잘못하지 않았는가?
  - 인버터 출력 U, V, W 전압은 출력됨
    ⓐ 모터가 구속되어 있지 않은가?
    ⓑ 부하가 무겁지 않은가?
- 모터가 역회전함
  - 출력단자 U, V, W는 올바른가?
  - 모터 단독 상수는 U, V, W로 정방향인가?
- 모터의 회전수가 올라가지 않음
  - 출력에 비해 부하가 무거운가?
- 회전운전 중 흔들림
  - 부하변동 여부 확인
  - 전압변동 확인
  - 특정 주파수에서 발생하는가?
- 모터 회전이 맞지 않음
  - 파라미터 설정은 올바른가?
  - 최고 주파수 설정은 바르게 되어 있는가?

⑩ 고장 대책
- 과전류 이상 시 원인이
  - 부하의 관성 (GD2)에 비해 가·감속시간이 지나치게 빠르다면 가속·감속시간을 크게 설정한다.
  - 인버터의 부하가 정격보다 크다면 용량이 큰 인버터로 교체한다.
  - 전동기가 프리 런(Free Run) 중에 인버터 출력이 공급되었다면 전동기가 정지한 후 운전을 하거나 인버터 기능 그룹 2의 속도서치기능(H22)을 사용한다.
  - 출력 합선 및 지락이 발생되었다면 출력 배선을 확인한다.
  - 전동기의 기계 브레이크 동작이 빠르다면 기계 브레이크를 확인한다.
- 지락전류 발생 시 그 원인이
  - 인버터의 출력선이 지락되었다면 인버터의 출력단자 배선을 조사하여 조치한다.
  - 전동기의 절연이 열화되었다면 전동기를 교체한다.
- 인버터 과부하 발생 시 그 원인이
  - 인버터의 부하가 정격보다 크다면 전동기와 인버터의 용량을 크게 한다.
  - 토크 부스트 양이 너무 크다면 토크 부스트 양을 줄여 준다.
- 전자서멀에 이상이 생겼고 그 원인이
  - 전동기 과열이라면 부하 또는 운전 빈도를 줄여야 한다.
  - 인버터의 부하가 정격보다 크다면 인버터 용량을 키운다.
  - 전자서멀 레벨을 낮게 설정하였다면 전자서멀 레벨을 적절하게 설정한다.
  - 인버터의 용량이 잘못 설정되었다면 인버터 용량을 올바르게 설정한다.

- 저속에서 장시간 운전하였다면 전동기 냉각 팬의 전원을 별도로 공급할 수 있는 전동기로 교체한다.
• 모터에 발열이 생겼고 그 원인이
- 부하가 너무 크다면 부하를 작게 하거나 가속·감속시간을 길게 하거나 모터 관련 파라미터를 확인하고, 정확한 값을 설정하거나 부하량에 맞는 용량의 모터 및 인버터로 교체한다.
- 모터의 주위 온도가 높다면 모터의 주변 온도를 낮출 수 있는 환경으로 개선한다.
- 모터의 상간내압이 부족하다면 모터 상간의 서지내압이 최대 서지전압보다 높은 모터를 사용하거나 400V급 인버터에는 인버터 전용 모터를 사용하거나 인버터 출력측에 AC리액터를 연결한다.
- 모터의 팬이 정지하고 있거나 팬에 먼지 등이 있다면 모터의 팬을 확인하여 이물질을 제거한다.

ⓗ 안전 및 유의사항
• 모터의 시험 운전 전에는 반드시 운전 전 점검사항을 확인한 후 시운전을 실시해야 한다.
• 모터는 대동력기기로서 높은 전압과 큰 전류를 소비를 하므로 취급 시 특히 전기 안전에 유의해야 한다.
• 모터의 정·역회전 제어와 같이 상반된 동작의 경우에는 오조작이나 제어기 고장에 대비해 전기적 인터로크는 물론 상황에 따라 기계적 인터로크도 고려해야 한다.
• 모터의 선정 계산방법은 해당 제품의 카탈로그 및 규격화된 계산 공식을 따른다.
• 모터의 설치방법은 해당 제품의 사용설명서와 제조사에서 규정한 내용을 포함하며, 회사 내 해당 작업의 규정에 따른다.

• 점검사항은 해당 제품의 사용설명서와 제조사에서 규정한 내용을 포함하며, 회사 내 해당 작업의 규정에 따른다.
• 제어기나 전선의 용량은 모터의 정격전류 및 기동전류까지 허용 가능한 용량으로 선정하여야 한다.
• 모터의 동력회로나 제어회로에 나타내는 기호는 반드시 KS 규격기호나 IEC 규격기호 중 하나를 사용하여 작성하여야 한다.

② 모터 유지보수
㉠ 모터 고장의 원인 분류
• 주회로 조건에 기인한 고장의 원인 : 전압 변동, 배선의 단선, 개폐기나 보호기의 이상 등
• 부하 또는 운전조건에 기인한 고장의 원인 : 과부하, 고빈도 시동, 중관성 부하 등
• 주위 환경조건에 기인한 고장의 원인 : 고온도, 고습도, 먼지, 부식성 가스, 진동 등
• 설치 및 시공 불량에 기인하는 고장의 원인 : 취약한 기초공사, 센터링 불량, 벨트 장력의 부적정 등
• 보수, 점검, 정비의 불량에 기인한 고장의 원인 : 그리스 보급 또는 브러시 교환의 시기
• 모터 제조상의 결함에 기인하는 원인 : 모터 조립 불량, 조립 시 이물 혼입 등
• 운전 조작 실수
• 경년변화, 수명
• 절연물의 열화, 베어링의 마모 등

㉡ 시동 전 점검사항
• 정격전원의 종류, 전압 및 전류의 용량은 적당한가?
• 배선은 올바르게 정확히 접속되어 있는가?
• 전동기의 프레임은 접지되어 있는가?
• 사용 전선의 굵기는 적절한가? 또한 접속단자의 이완이나 접촉 불량은 없는가?

- 전자접촉기와 열동계전기의 정격, 협조성은 적당한가? 또한 접촉자에 오염은 없는가?
- 개폐기나 조작 스위치는 시동 위치에 세트되어 있는가?
- 모터의 시동방법은 적당한가?
- 전동기 축을 움직였을 때 축이 흔들리거나 빡빡하게 닿는 곳은 없는가?
- 베어링의 오일, 그리스는 충분히 들어 있는가?
- 직결 운전 시 편심이 없는가? 벨트 구동 시 벨트의 장력이 적당한가?
- 정류자나 슬립링 및 브러시 등 섭동면이 더럽거나 흠집은 없는가?
- 브러시 압력은 정상인가?

ⓒ 시동 직후 점검사항
- 회전 방향은 정확한가?
- 시동전류는 정상인가?
- 시동시간은 정상인가?
- 가속 시 이상음이나 이상진동은 없는가?
- 부하용량에 맞는 부하전류가 흐르고 있는가?
- 브러시 부분에 불꽃이 생기지 않는가?
- 급유펌프, 냉각용 팬 등의 보조기기가 정상적으로 가동되고 있는가?

ⓓ 운전 중 체크사항
- 부하 운전 중 이상음이나 이상진동은 없는가?
- 이상한 냄새나 연기 발생은 없는가?
- 배선을 포함하여 각 부의 국부 파열은 없는가?
- 운전은 안정 상태인가?

ⓔ 보전활동
- 일상 점검 : 일정시간마다 매일 실시하는 점검으로, 전동기 설비의 운전 중 센서와 작업자의 감각으로 점검한다.
- 정기 점검 : 각 정해진 주기마다 실시하는 점검으로, 전동기 설비 작동 전, 정지 시에 실시한다. 예방 점검의 성격을 갖는다.
- 정밀 점검 : 정해진 간격의 주기로 실시하는 분해 점검이다. 마모된 부품의 교환, 이상 개소의 손질, 보수 등 정기 점검보다 상세한 내부 진단이나 성능시험을 실시한다.
- 특별 점검 : 사고나 재해 등으로 의한 이상의 염려가 있을 때 임시로 행하는 점검이다.

10년간 자주 출제된 문제

12-1. 인버터 모터가 회전운전 중 흔들릴 때 확인해야 하는 내용으로 적당하지 않은 것은?

① 부하가 변동되는지 확인한다.
② 전압의 변동이 있는지 확인한다.
③ 특정 주파수에서 발생하는지 확인한다.
④ 출력단자가 올바르게 연결되었는지 확인한다.

12-2. 모터의 시동 전 점검사항으로 적절하지 않은 것은?

① 정격전원의 종류, 전압 및 전류의 용량은 적당한가?
② 배선은 올바르게 정확히 접속되어 있는가?
③ 전동기의 프레임은 접지되어 있는가?
④ 시동전류는 적절한가?

[해설]

12-1
회전 중 흔들린다면 회전력에 변동이 있는지, 부하가 일정하지 않거나 편심되었는지를 확인할 필요가 있다. 출력단자가 올바르게 연결되지 않았다면 회전 여부 자체에 영향을 끼친다.

12-2
시동전류는 시동을 걸어야 확인이 가능하므로 시동 직후의 점검사항이다.

정답 12-1 ④ 12-2 ④

CHAPTER 03 자동화 일반

핵심이론 01 자동제어 기초

① 기초 개념
  ㉠ 제어 : 어떤 장치나 공정의 출력신호가 원하는 목푯값에 도달할 수 있도록 입력신호를 적절히 조절하는 것
  ㉡ 제어기 : 제어 동작을 수행하는 회로나 장치
  ㉢ 자동제어 : 사람이 없어도 제어 동작이 자동으로 수행되는 무인 제어
  ㉣ 기계 : 외부로부터 에너지를 공급받아 공간적으로 제한된 운동을 함으로써 인간의 노동을 대신하는 구조물
  ㉤ 기계화 : 기계가 사람을 대신하여 일을 하는 것
  ㉥ 자동화 : 작업의 전부 또는 일부를 사람이 직접 조작하지 않고 컴퓨터시스템 등을 이용한 기계장치에 의하여 자동적으로 작동하게 하는 것

② 자동화의 5대 요소
  ㉠ 감지기(센서) : 액추에이터 및 외부 상태를 감지하여 제어신호처리장치에 공급하여 주는 입력요소
  ㉡ 제어신호처리장치 : 감지기로부터 입력되는 제어정보를 분석·처리하여 필요한 제어 명령을 내려 주는 장치
  ㉢ 액추에이터 : 외부의 에너지를 공급받아 일을 하는 출력요소
  ㉣ 소프트웨어 기술과 네트워크 기술을 포함하여 자동화 5대 요소라고 한다.

③ 자동화의 목적
  ㉠ 자동화를 촉진하는 요소
    • 3D 산업 희망자의 감소
    • 작업자 안전 확보
    • 노사의 이해 대립
    • 생산시스템의 거대화, 기업 간 경쟁 심화
  ㉡ 자동화 고려요소
    • 생산시스템의 효율적인 운영
    • 작업환경의 개선 및 인력난 해소
    • 원가 절감을 통한 제품의 가격 인하
    • 생산성 향상을 통한 기업 이윤의 극대화
    • 제품 품질의 균일화를 통한 소비자 신뢰 확보
  ㉢ 자동화의 단점
    • 초기 설비 투자비 또는 유지, 운영비가 많이 들어간다.
    • 노동력의 고급화를 요구한다. 즉, 시스템의 운영, 유지보수를 담당할 인력이 필요하다.
    • 소비자의 욕구가 다양해지면서 제품의 수명이 짧아져 생산의 유연성에 대해 요구가 있다.

④ 자동화의 예
  ㉠ 자동문 : 공기모터, 전기모터, 센서, 벨트, 행거, 스톱바 등으로 구성
  ㉡ 승강기 : 제어반, 조속기, 비상정지장치, 권상기 및 전동기, 로프, 도어 개폐장치, 안전장치, 완충기 등으로 구성
  ㉢ 화재경보시스템 : 센서, 중계기, 표시등, 발신기, 소화용수 설비, 음향장치

10년간 자주 출제된 문제

1-1. 어떤 목적의 상태 또는 결과를 얻기 위해 대상에 필요한 조작을 가하는 것은?
① 프로그램 ② 제 어
③ 센 서   ④ 서보기구

1-2. 자동화의 목적과 가장 거리가 먼 것은?
① 생산성이 향상된다.
② 제품 품질의 균일화되어 불량품이 감소한다.
③ 적정한 작업 유지를 위한 원자재, 연료 등이 증가한다.
④ 신뢰성이 높고 고속 동작이 가능하다.

[해설]

1-1
제어 : 어떤 장치나 공정의 출력신호가 원하는 목푯값에 도달할 수 있도록 입력신호를 적절히 조절하는 것

1-2
자재와 연료의 사용효율을 높여서 전체 사용량은 줄어든다.

정답 1-1 ② 1-2 ③

핵심이론 02 자동화시스템의 구성

① 인간의 신체와 자동화 요소의 비교

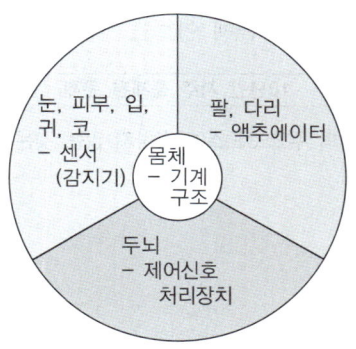

② 자동화시스템의 요소
  ㉠ 입력요소 : 어떤 출력 결과를 얻기 위해 조작신호를 발생시켜 주는 것으로 전기 스위치, 리밋 스위치, 열전대, 스트레인게이지, 근접 스위치 등이 있다.
  ㉡ 제어요소 : 입력요소의 조작신호에 따라 미리 작성된 프로그램을 실행한 후 그 결과를 출력요소에 내보내는 장치로서 하드웨어시스템과 프로그래머블 제어기로 분류된다.
  ㉢ 출력요소 : 입력요소의 신호조건에 따라 목적하는 행위가 실제 이루어지게 하는 장치로 전자계전기, 전동기, 펌프, 실린더, 히터, 솔레노이드밸브 등이 있다.

③ 자동화시스템의 일반적 구성
  ㉠ 단위기계자동화 : CNC 선반, CNC 밀링, 이송로봇, 컨베이어 이송시스템, 조립로봇, 검사센서, 자동포장기계
  ㉡ 단위공정자동화 : DNC, 일관공정시스템, 자동조립시스템, 자동검사시스템
  ㉢ 생산라인별 자동화 : 가공-이송-조립-검사-포장에 이르는 공정을 컴퓨터를 이용한 통합 관제

ⓔ 전체 라인 자동화 : 생산 1라인, 생산 2라인, 생산 3라인 등의 작업을 통합관리
ⓜ 공장 자동화 : 주문관리, 생산, 자재관리, 재고관리, 납품·출품에 이르는 공장 전체를 자동화

10년간 자주 출제된 문제

자동화시스템의 주요 3요소에 속하지 않는 것은?
① 입력부
② 출력부
③ 제어부
④ 전원부

|해설|
전원부는 자동화시스템의 3요소에 속하지 않는다.

정답 ④

핵심이론 03 제어계 구성

① 개회로 제어시스템

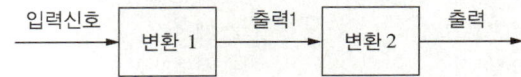

입력신호가 필요에 따라 원하는 변환을 거쳐 출력으로 산출되는 제어이다.

② 폐회로 제어(되먹임 제어, 피드백 제어)

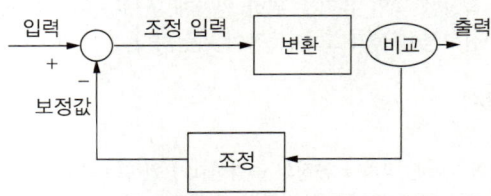

입력신호를 변환하였을 때 원하는 결괏값인지 비교하여 원하는 결과가 아닌 경우 반복 조정하여 원하는 결과(또는 인정할 수 있는 결과)를 산출하는 제어방식이다. 비교하여 검출하는 부분을 검출부라고 한다. 폐회로 제어를 하게 되면 정확도가 증가하고, 외부의 영향을 많이 제거할 수 있으며 따라서 받을 수 있는 신호의 폭도 넓어져서 전반적으로 효율성이 증대된다고 볼 수 있다.

③ 반폐쇄회로 제어
CNC 공작기계 등에서 서보모터의 축 또는 볼 스크루의 회전 각도를 통하여 위치를 검출하는 방식이다.

④ 외란이 있는 폐회로 제어
외란이란 주변 환경의 영향 등 예측할 수 없는 변수가 제어시스템 안에 개입된 것으로 외란이 작용하면 정상적인 제어에도 잘못된 결과를 산출할 수 있다. 이런 경우는 정상 입력과 외란을 입력으로 간주한 제어를 결합한 제어시스템으로 생각하면 좋다.

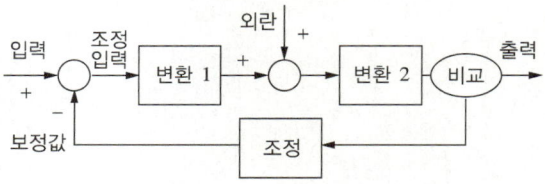

⑤ 제어시스템의 분류
  ㉠ 수학적 분류
    - 시변시스템 : 시간에 따라 제어가 변화하는 형태의 제어이다.
    - 시불변시스템 : 시간과 제어방식이 무관한 제어 형태이다.
    - 선형 시스템 : 제어의 흐름이 한 방향으로 표현 가능한 형태의 제어이다.
    - 비선형 시스템 : 제어의 흐름이 방향성을 정의하기 힘든 형태의 제어이다.
    ※ 분류의 예 : 선형 시변시스템, 비선형 시불변시스템 등
  ㉡ 목푯값의 종류에 따른 분류
    - 정치제어 : 목푯값이 일정한 기본적 제어
    - 추치제어 : 목푯값이 다른 변수를 쫓아 변하는 제어
    - 비율제어 : 목푯값이 다른 변수와 일정한 비율관계로 변화하는 제어
  ㉢ 신호에 따른 분류
    - 연속값 제어시스템 : 시간상으로 연속한 아날로그형 신호를 이용한 시스템이다.
    - 이산값 제어시스템 : 특정 시간의 값들을 이용하여 제어하는 시스템으로 샘플 제어와 디지털 제어가 있다.
  ㉣ 제어량에 따른 분류
    - 서보기구 : 기계적 위치, 속도, 가속도, 방향이나 자세를 제어량으로 하는 시스템이다.
    - 프로세스 제어 : 온도, 유량, 압력, 농도, 습도 등을 제어량으로 하는 시스템이다.
    - 자동 조정 : 속도, 회전력, 전압, 주파수나 역률 등 역학적이거나 전기적인 제어량을 다루는 시스템이다.

⑥ 전달함수
자동제어계에서는 입력신호를 어떤 과정을 거쳐 출력 신호에 이르게 된다. 이 중간의 어떤 과정을 함수화하여 표현한 것을 전달함수라고 한다. 전달함수를 이용하면 중간의 복잡한 과정을 정리하여 입력신호와 출력 신호만의 상관관계로 정리가 가능하다. 선형 제어계를 산정하고, 이 제어계의 함수의 산출을 위해 모든 초깃값을 0으로 한 경우의 출력신호의 라플라스 변환과 입력신호의 라플라스 변환에 대한 비를 전달함수로 한다.

10년간 자주 출제된 문제

입력과 출력을 비교하는 장치가 반드시 필요한 제어는?
① 시퀀스 제어
② On/Off 제어
③ 불완전 제어
④ 되먹임 제어

|해설|
폐루프 피드백 제어를 우리말 용어로 되먹임 제어라고 한다. 폐회로시스템의 오차는 목푯값과 실제값의 차이이며, 입출력값을 비교하여 다시 제어하는 절차로 구성되어 있다.

정답 ④

핵심이론 04 서보기구

① 서보(Servo)는 어떤 기준과 출력을 비교하여 피드백(Feedback)함으로 목적한 입력값에 가장 적합하게 자동제어할 수 있도록 하는 기구(System)를 의미한다.
② 서보기구에서는 안정성과 응답성이 중요하다.
③ 속도제어와 위치검출을 하는 검출기를 인코더(Encoder)라고 한다.
④ 서보기구의 제어방식
  ㉠ 개방회로 제어방식
  ㉡ 반폐쇄회로 제어방식
  ㉢ 폐쇄회로 제어방식
  ㉣ 복합회로 제어방식
⑤ 서보기구의 제어대상
  ㉠ 방 향
  ㉡ 위 치
  ㉢ 자 세
  ㉣ 속 도
  ㉤ 가속도 등
⑥ 공작기계의 서보기구
  ㉠ 반폐쇄회로방식을 적용하여 공작기계(NC 선반 등)에서 서보모터의 축 또는 이송나사의 회전수나 리졸버를 이용하여 회전각을 검출하고 이를 계산하여 피드백한다.
  ㉡ 서보모터 : 제어기의 제어에 따라 제어량을 따르도록 구성된 제어시스템에서 사용하는 모터로서 정확한 구동을 위해 큰 가속을 내거나 급정지에 적합하도록 구성한다. 서보모터는 서보기구 내에서 구동장치로 사용된다.
  ㉢ 리졸버 : 서보기구에서 회전각을 검출하는 데 전기적 원리를 사용하여 검출하는 전기기기이다.

10년간 자주 출제된 문제

4-1. 자동화시스템의 구성요소 중 서보모터(Servomotor)는 주로 어디에 속하는가?
① 메커니즘(Mechanism)
② 액추에이터(Actuator)
③ 파워서플라이(Power Supply)
④ 센서(Sensor)

4-2. 수치제어장치의 구성에서 서보기구의 종류가 아닌 것은?
① 개방회로방식
② 반개방회로방식
③ 폐쇄회로방식
④ 반폐쇄회로방식

4-3. NC 공작기계의 움직임을 전기적인 신호로 표시하는 일종의 회전 피드백장치를 무엇이라 하는가?
① 컨트롤러   ② 모니터
③ 볼 스크루   ④ 리졸버

해설

4-1
서보모터 : 어떤 지정된 상황에 이르렀을 때 동작하여 피드백 동작을 하는 장치를 의미하므로, 액추에이터(구동기)에 속한다.

4-2
수치제어장치의 구성에서 서보기구는 일종의 자동제어를 위해 미리 대상의 위치 등에 제약을 걸어 해당 위치나 값에 도달한 경우 지정된 동작을 하도록 제어해 놓는 장치로서, 미리 설정한 위치에 따라 다음과 같이 구분한다.
• 개방회로방식 : 제약조건 없이 제어하는 경우
• 폐쇄회로방식 : 프로세스의 가장 마지막에 제약조건을 걸어놓는 경우
• 반폐쇄회로방식 : 프로세스의 중간에서 또 다른 지점으로 제약조건을 걸어놓는 경우

4-3
① 컨트롤러 : 여러 가지 제어가 가능한 제어통제장치
② 모니터 : 현재 상황을 파악할 수 있도록 출력해 주는 장치
③ 볼 스크루 : 직선운동을 회전운동으로 또는 회전운동을 직선운동으로 전환시켜 주는 장치

정답 4-1 ② 4-2 ② 4-3 ④

핵심이론 05 각종 제어

① 순차제어(시퀀스제어)시스템

미리 정해진 순서에 따라 일련의 제어 단계가 차례로 진행되어 나가는 자동제어이다. 신호처리방식에 따른 분류 중 하나로 신호처리방식에 따른 제어는 동기·비동기·논리제어·시퀀스제어로 구분한다.

② 정치제어(Constant-value Control)

목푯값이 시간적으로 일정한 자동제어이며, 제어계는 주로 외란의 변화에 대한 정정작용을 한다. 목푯값의 성격에 따른 분류 중 하나로 정치·추종·프로그램제어로 나뉜다.

③ 추종제어(Follow-up Control)

목푯값이 시간에 따라 변하며 이 변화하는 목푯값에 제어량을 추종하도록 하는 되먹임제어이다.

④ 프로세스제어(Process Control)

제어량에 따른 분류 중 하나로 과정제어라고 해석할 수 있다. 과정을 거치지 않고 결과를 보는 제어를 제외한 모든 제어로, 일반적인 자동화제어를 모두 포함한다고 생각할 수 있다.

⑤ 자동 조정(Automatic Regulation)

전압, 전류, 주파수, 회전속도 등 기계적 또는 전기적인 양을 제어량으로 하는 제어로 응답속도가 대단히 빠르다.

⑥ 메모리제어

출력 상태를 그대로 기억하여 유지하도록 구성된 회로는 메모리제어이다. 제어과정에 따른 분류로 파일럿제어·메모리제어·스케줄에 따른 제어 등으로 나뉜다.

⑦ 파일럿제어

Push Button, Master S/W 등에서 제어기로 제어신호를 부여하도록 구성된 제어이다.

⑧ 비례제어

되먹임제어 중 검출된 편차값에 비례하는 조작량에 의해 제어하는 형태의 제어이다.

⑨ On/Off 제어

불연속 동작의 대표적 제어로 제어량이 목푯값에서 어떤 양만큼 벗어나면 미리 정해진 일정한 조작량이 대상에 가해지는 제어이다.

⑩ 제어 정보 표시형태에 따른 제어 분류

아날로그제어(자연신호제어)와 디지털제어(2진 신호제어)로 구분할 수 있다.

아날로그신호	디지털신호
• 신호가 시간에 따라 연속적으로 변화하는 신호 • 자연신호를 그대로 반영한 신호로써 보존과 전송이 상대적으로 어려움 • 신호 취급에서 큰 신호, 작은 신호, 잡음 등이 소멸되기 쉬운 특징	• 어떤 양 또는 데이터를 2진수로 표현한 것 • 신호가 0과 1의 형태로 존재하며 그 신호의 양에 따라 자연신호에 가깝게 연출을 할 수 있으나 미분하면 결국 분리된 신호의 연속으로 표현됨 • 즉, 0과 1로 모든 신호를 표현함

⑪ 제어성격에 따른 제어 분류

㉠ 정량적 제어 : 전기로 제어계와 같이 온도의 높고 낮음, 즉 크기 및 양에 대하여 제어명령이 내려지는 제어이다.

㉡ 정성적 제어 : 입력이 금속인지 플라스틱인지로 서로 다른 명령을 내리는 제어처럼, 신호의 성격에 따라 제어명령이 내려지는 제어이다.

10년간 자주 출제된 문제

5-1. 제어지시에 사용되는 신호의 크기, 시간적 변화가 연속적으로 변화하는 양으로 제어되는 방식은?

① 디지털제어
② 2진 제어
③ 자동제어
④ 아날로그제어

5-2. 어떤 신호가 입력되어 출력신호가 발생한 후에는 입력신호가 제거되어도 그때의 출력 상태를 계속 유지하는 제어방법은?

① 파일럿제어
② 메모리제어
③ 조합제어
④ 프로그램제어

10년간 자주 출제된 문제

5-3. 불연속 동작의 대표적인 것으로 제어량이 목푯값에서 어떤 양만큼 벗어나면 미리 정해진 일정한 조작량이 대상에 가해지는 제어는?
① On/Off 제어
② 비례제어
③ 미분동작제어
④ 적분동작제어

5-4. 유도탄, 대공포의 포신제어에 사용되는 방법으로 목푯값의 크기나 위치가 시간에 따라 변화하므로 이것을 제어량이 자동제어 하는 것은?
① 정치제어
② 전자제어
③ 추종제어
④ 시퀀스제어

[해설]

5-1
신호가 시간에 따라 연속적으로 변화하는 신호는 아날로그신호이며, 아날로그신호를 이용한 제어를 아날로그제어라고 한다.

5-2
출력 상태를 그대로 기억하여 유지하도록 구성된 회로는 메모리제어이다.

5-3
① On/Off 제어 : 전기밥솥이나 전기담요의 서모스탯 또는 가정용 보일러의 온도기준제어처럼 기준에 미치면 OFF, 못 미치면 ON으로 제어하는 형식
② 비례제어 : 오차신호에 적당한 비례상수를 곱해서 다시 제어신호를 만드는 형식
③ 미분동작제어 : 오차값의 변화를 파악하여 조작량을 결정하는 방식
④ 적분동작제어 : 미소한 잔류편차를 시간적으로 누적하였다가 어느 곳에서 편차만큼을 조작량을 증가시켜 편차를 제거하는 방식

5-4
③ 추종제어란 때에 맞게 주어지는 변화하는 목표치에 따라 작동하는 제어이다.
① 정치제어는 정해진 목푯값에 근사값을 유지하는 형태의 일정량 목표제어이다.
② 전자제어란 제어기기의 종류에 따른 구분이다.
④ 시퀀스제어는 선행신호에 의한 순차제어를 의미한다.

정답 5-1 ④ 5-2 ② 5-3 ① 5-4 ③

핵심이론 06 전달함수

① $R(s) \to \boxed{G(s)} \to C(s)$라는 전달함수의 안내가 있을 때, $\boxed{G(s)}$란 '알 수는 없지만, $R(s)$가 들어갔을 때 $C(s)$라는 결과를 나타내는 제어부의 내용을 $G(s)$라 하자.'는 의미를 담아 전달함수라는 용어로 표현한다. 따라서 $\boxed{G(s)}$의 내부에는 어떠한 복잡한 식과 관계와 제어가 구성되어 있더라도 단순화시키면 $G(s) = \dfrac{C(s)}{R(s)}$라는 식으로 표현이 가능하다.

② 전달함수의 계산 : 간단식을 보면 다음과 같다.
$$C(s)/R(s) = \frac{\text{입력부터 출력경로에 있는 함수}}{1 - \text{폐루프(1)경로에 있는 함수} - \text{폐루프(2)경로에 있는 함수} - \cdots}$$

예를 들어

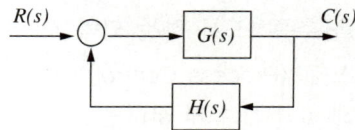

의 경우 폐루프가 하나밖에 없으므로
$$\frac{R(s)G(s)}{1-(-G(s)H(s))} = C(s),$$
$$\frac{C(s)}{R(s)} = \frac{G(s)}{1+G(s)H(s)}$$
이다.

③ 블록선도의 등가변환

• 교환 : $\underset{}{X} \to \boxed{G_1} \to \boxed{G_2} \to \underset{}{Y}$ ☞ $\underset{}{X} \to \boxed{G_2} \to \boxed{G_1} \to \underset{}{Y}$

• 직렬결합 : $\underset{}{X} \to \boxed{G_1} \to \boxed{G_2} \to \underset{}{Y}$ ☞ $\underset{}{X} \to \boxed{G_1 \cdot G_2} \to \underset{}{Y}$

• 병렬결합 : $X \to \boxed{G_1}, \boxed{G_2} \to + \to Y$ ☞ $\underset{}{X} \to \boxed{G_1 + G_2} \to \underset{}{Y}$

- 가산점을 앞으로 이동하는 경우

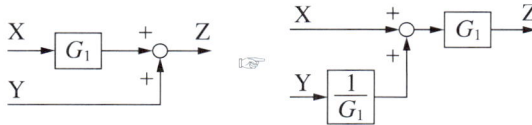

- 가산점을 뒤로 이동하는 경우

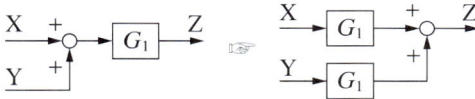

- 인출점을 앞으로 이동하는 경우

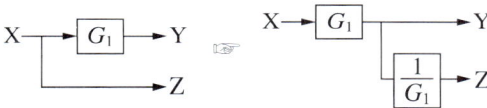

- 인출점을 중간 뒤로 이동하는 경우

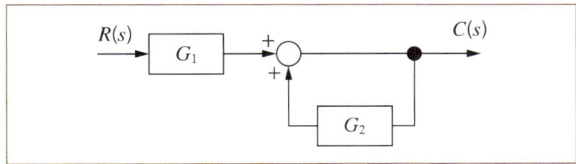

10년간 자주 출제된 문제

다음 블록선도의 전달함수(C/R)로 옳은 것은?

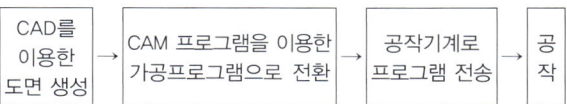

① $\dfrac{1}{1+G_1G_2}$ ② $\dfrac{G_1G_2}{1-G_2}$

③ $\dfrac{G_1}{1-G_2}$ ④ $\dfrac{G_1}{1+G_2}$

|해설|

$C(s)/R(s) = \dfrac{\text{입력부터 출력경로에 있는 함수}}{1-\text{폐루프(1)경로에 있는 함수}-\text{폐루프(2)경로에 있는 함수}-\cdots}$

$\dfrac{C(s)}{R(s)} = \dfrac{G_1}{1-G_2}$

정답 ③

핵심이론 07 공장 자동화

① CAD/CAM 시스템의 구성

CAD를 이용한 도면 생성 → CAM 프로그램을 이용한 가공프로그램으로 전환 → 공작기계로 프로그램 전송 → 공작

② CAE

컴퓨터를 이용한 공학적 해석을 담당하는 시스템, 장치 또는 프로그램을 의미한다.

③ CIM(Computer Integrated Manufacturing)

컴퓨터를 이용한 통합생산체제를 말하며 주문, 기획, 설계, 제작, 생산, 포장, 납품에 이르는 전 과정을 컴퓨터를 이용하여 통제하는 생산체제를 말한다.

④ DNC(Direct Numerical Control)

한 대의 컴퓨터에 작성된 공작프로그램을 이용해 여러 대의 자동공작기계를 작동하는 시스템을 말한다.

⑤ FMS(Flexible Manufacturing System)

자동화된 생산라인을 이용하여 다품종 소량 생산이 가능하도록 만든 유연생산체제를 말한다.

⑥ LCA(Low Cost Automation)

저가격・저투자성 자동화는 자동화의 요구는 실현하되 비용절감을 염두에 두고 만든 생산체제를 말한다.

⑦ 자동화 발전 순서

수치제어(NC) → 컴퓨터를 이용한 수치제어(CNC) → 컴퓨터를 이용한 멀티제어(DNC) → 유연생산체제(FMS) → 공장자동화(FA)

⑧ AGV(Automated Guided Vehicle)

무인 운반차로 레일 가이드 또는 센서 가이드에 따라 무인으로 운반, 이송하는 작업차량을 말한다.

⑨ RGV(Rail Guided Vehicle)

설치된 레일 위에 이동하는 운반용 자동차를 말한다.

⑩ Palletizer(팰레타이저)

팰릿을 들고 이송하는 등의 작업을 하는 장치를 말한다.

⑪ Roller Conveyor(롤러 컨베이어)

공장에서 라인을 관통하여 공작물을 벨트 위에서 이송하는 장치를 말한다.

⑫ Stacker Crane(스태커 크레인)

자동 창고의 구성요소 중에 하나이다. 자동 창고는 제품, 부품 등을 수납하는 래크, 래크에서 제품, 부품 등을 입출고하는 스태커 크레인, 그것을 제어하는 제어장치(시퀀스 및 컴퓨터) 등으로 구성되어 있다.

10년간 자주 출제된 문제

7-1. 여러 대의 공작기계가 컴퓨터와 직접 연결되어 작업을 수행하는 생산시스템으로서 중앙컴퓨터, NC 프로그램을 저장하는 기억장치, 통신선, 공작기계로 구성되어 있는 시스템은?

① CNC　　② DNC
③ CAM　　④ FA

7-2. 자동창고에서 부품을 입출고하기 위하여 사용되는 장치는?

① 팰레타이저
② 롤러 컨베이어
③ 스태커 크레인
④ 로터리 인덱싱 장치

7-3. 무인 반송차는 공장 바닥면에 자성도료로 칠해진 반송경로나 바닥 밑에 설치된 유도용 전선 등과 신호를 주고받으면서 공작물, 공구, 고정구 등의 일감을 반송하는 대차인데 무인 반송차의 특징에 해당되지 않는 것은?

① 레이아웃의 자유도가 작다.
② 충돌, 추돌 회피 등 자기제어가 가능하다.
③ 정지 정밀도를 확보할 수 있다.
④ 자기진단과 컴퓨터 교신이 가능하다.

7-4. 다양한 제품수요의 변화에 대처할 수 있도록 가공공정의 변환이 용이하도록 한 자동화시스템으로서 유연생산시스템을 의미하는 것은?

① CAE　　② LCA
③ FMA　　④ FMS

해설

7-1

일반적으로 CNC 공작기계를 몇 대 묶어서 제어하는 공작기계 또는 시스템을 DNC라고 한다.

② DNC : Direct Numerical Control
① CNC : Computer Numerical Control
③ CAM : Computer Aided Manufacturing
④ FA : Factory Automation

7-2

③ 스태커 크레인 : 자동 창고의 구성요소 중에 하나이다. 자동 창고는 제품, 부품 등을 수납하는 래크, 래크에서 제품, 부품 등을 입출고하는 스태커 크레인, 그것을 제어하는 제어장치(시퀀스 및 컴퓨터) 등으로 구성되어 있다.
① 팰레타이저 : 팰릿을 들고 이송하는 등의 작업을 하는 장치이다.
② 롤러 컨베이어 : 공장에서 라인을 관통하여 공작물을 벨트 위에서 이송하는 장치이다.
④ 로터리 인덱스 테이블 : 회전이 가능한 분할대를 일컫는다.

7-3

레이아웃(Layout) : 눈으로 보이는 부분의 틀을 잡는 것, 잡지 출판 등의 틀을 잡는 것, 정원 등의 조경을 정리하는 것을 의미한다. 유도로를 설치하는 작업을 의미한다.

7-4

FMS(Flexible Manufacturing System) : 유연생산시스템, 자동화의 대량 생산에 따른 단점을 극복하고 포스트 모던한 트렌드를 산업현장에 반영하여 제품을 생산하기 위해 다품종 소량 생산의 과정이 가능하도록 자동화 생산라인을 꾸민 것

정답 7-1 ②　7-2 ③　7-3 ①　7-4 ④

핵심이론 08 시퀀스제어

① 시퀀스제어

시퀀스제어란 입력에서 출력까지 정해진 순서대로 시행하는 제어로 비교, 검출, 조정 등은 실시하지 않는다.

② 제어의 분류

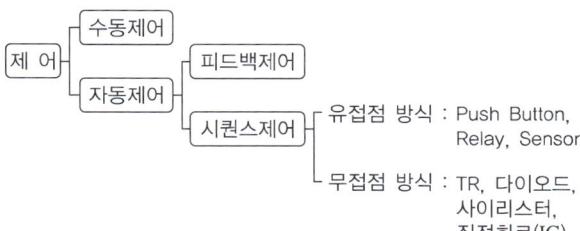

③ 시퀀스제어의 입력부

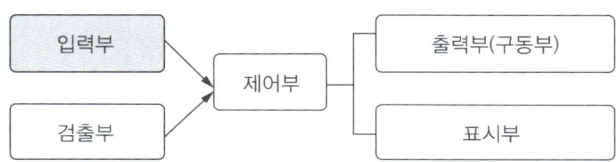

㉠ 스위치 : 수동 또는 자동으로 신호를 입력하거나 접점을 완성하는 장치
　• 누름버튼 스위치 : 눌러서 신호를 입력하는 스위치

　• 유지형 스위치 : 셀렉터 스위치, 로터리 스위치, 토글 스위치 등과 같이 조작을 가하면 반대 조작이 있을 때까지 조작 시의 접점 상태를 유지하는 스위치

　• 나이프 스위치 : 단상용 또는 3상용으로 사용되며 보통 퓨즈가 내장되어 있다.

㉡ a접점 및 b접점
　• a접점 : 일반적인 스위치로 작동 시 닫히고, 평소에 열려 있는 접점
　• b접점 : a접점과 반대로 평소에 닫혀 있고, 작동시 열리는 접점
　• c접점 : a + b접점 형태로 어느 쪽에 단락을 두느냐에 따라 열림과 닫힘을 선택할 수 있는 접점

④ 시퀀스제어의 검출부

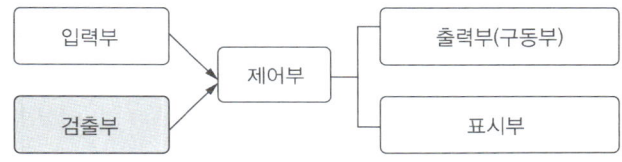

㉠ 검출부 : 검출 스위치로 리밋 스위치, 광전 스위치, 근접스위치, 리드 스위치, 플로트 스위치, 열전쌍, 센서 등이 사용된다.

㉡ 서보장치 : 어떤 장치의 상태를 기준이 되는 것과 비교하고, 안정이 되는 방향으로 피드백(Feedback)을 해 주어 적합한 출력이 나오도록 해 주는 장치이다.

⑤ 시퀀스제어의 출력부 및 표시부

㉠ 시퀀스제어의 연산이 이루어지면 실제 동작이 이루어져야 하는데 이러한 구성이 출력부이다.

㉡ 출력요소는 전자계전기, 전동기, 펌프, 실린더, 히터, 솔레노이드 밸브 등으로 구성된다.

㉢ 출력이 이루어질 때 함께 작업자에게 동작 알림 표시를 할 필요가 있는데 이것이 표시부이다.

ⓛ 릴레이 출력방식(Relay Output Unit) : 가장 일반적인 방식으로, 출력장치 내부에 릴레이가 장착되어 있다. 내부회로와 외부회로가 절연되어 있어 외부회로의 극성이나 직류회로, 교류회로 등에 상관없이 외부회로와 용이하게 접속할 수 있다. 물리적인 접촉에 따라 동작 노이즈가 발생하거나 기계적인 동작에 따라 수명이 짧다.

ⓜ 트랜지스터 출력방식(Transistor Output Unit) : 반도체 소자를 이용하여 내부회로의 신호를 전달한다. 물리적인 접촉부가 없어 무소음이고, 수명이 길다. 신호 전달이 빠르고 소형으로 만들 수 있지만, 저전압 DC 전류만 스위칭할 수 있다. TR(트랜지스터) 방식은 NPN 또는 PNP 반도체를 사용하므로 전원 공급의 극성에 유의하여야 한다.

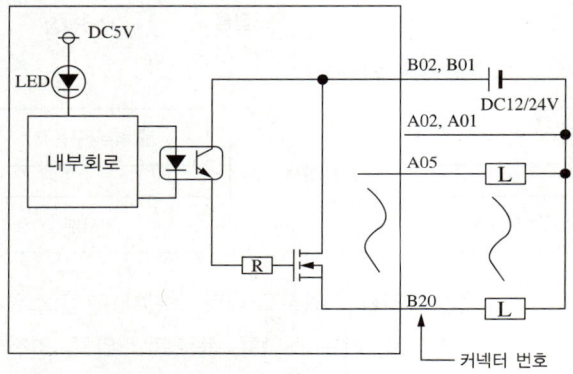

ⓝ 트라이악 출력방식(Triac Output Unit) : AC 부하에 사용된다. 트라이악 출력방식은 릴레이 출력방식에 비해 동작속도가 빠르다. 트랜지스터 출력방식과 같이 반도체를 이용하여 내부회로의 신호를 전달하므로, 물리적인 접촉부가 없어서 소음이 없고 수명이 길다.

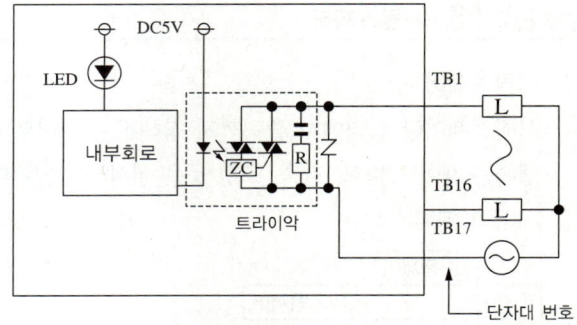

10년간 자주 출제된 문제

8-1. 시퀀스 제어계의 특징으로 거리가 먼 것은?
① 입력에서 출력까지 정해진 순서대로 제어된다.
② 명령에 의한 궤환이 없다.
③ 출력이 입력에 영향을 주지 않는다.
④ 일반적으로 정량적인 자동제어가 많다.

8-2. 다음 시퀀스 기호 중 b접점이 아닌 것은?

①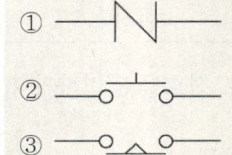
②
③
④

8-3. 접점부의 회전동작에 의해서 접점을 변환하는 스위치는?
① 슬라이드 스위치
② 파형 스위치
③ 트리거 스위치
④ 로터리 스위치

10년간 자주 출제된 문제

8-4. 다음 그림과 같은 주차장 관리 프로그램을 PLC를 이용하여 제작하려고 할 때 출력요소는?

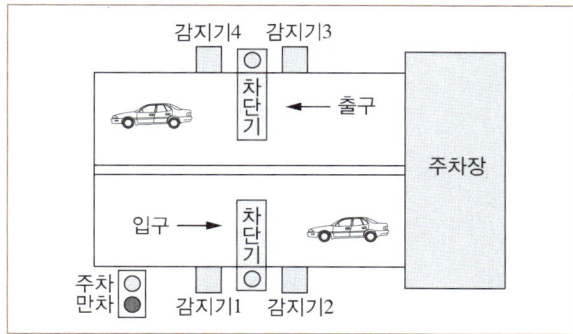

① 주차 진입 상태 감지기
② 출차 진출 상태 감지기
③ 주차용 차단기 솔레노이드
④ 비상 정지 시 정지하는 스위치

[해설]

8-1
시퀀스제어는 정해진 순서에 따라 처리되는 회로로 출력이 입력값에 영향을 주지 않는다. 일반적으로 정해진 목푯값에 의해 제어되는 것이 아니라 시간에 따르거나 순서에 따른 제어를 한다.

8-2
b접점은 단선 아래쪽에 그려 넣는다. ②는 a접점의 기호이다.

8-3

[로터리 스위치]

8-4
주차 진입 상태와 출차 진출 상태를 시스템이 감지하여 주차장의 상태를 연산하고, 주차장 이용 가능의 경우 차단기를 작동하는 시스템으로 구성한다. 시스템의 이상 시 비상 정지를 판단하는 것은 작업자 또는 시스템 자체이며 이때 작업자가 비상 정지를 원할 경우 비상 정지 스위치를 이용하여 입력한다.

정답 8-1 ④ 8-2 ② 8-3 ④ 8-4 ③

핵심이론 09 제어회로의 이해

① 회로 읽는 법

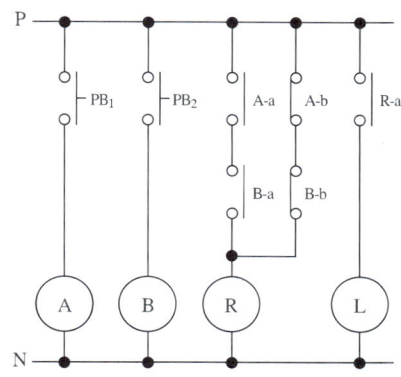

㉠ 위의 가로선은 Plus 전선이고, 아래의 가로선은 Minus 전선이며 회로가 각각 병렬로 연결된 형상이므로 전원은 각각 모두 연결되어 있다.

㉡ 시퀀스제어회로는 순차제어회로이므로 병렬로 되어 있다 하여 한꺼번에 작동이 되는 것으로 읽는 것이 아니라, 좌에서 우로(회로에 따라 위에서 아래로) 한 줄씩 앞줄이 시행된 후 다음 줄이 시행되는 방식으로 읽어야 한다.

㉢ ®이 연결된 세 번째 줄의 경우는 연결된 두 라인이 병렬로 연결된 것으로 읽어야 한다.

㉣ 릴레이에 신호가 들어가면 다음과 같이 릴레이 스위치가 작동한다.

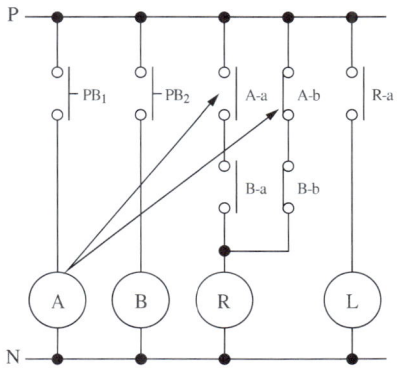

② 기초회로

다음의 기초회로들은 반드시 익혀 두어야 하며, 핵심예제에 다루지는 않았지만 최근 출제에서 각 기초회로가 돌아가면서 매회 출제되고 있다.

㉠ AND 회로 : A×B×C의 연산을 수행하고 연결된 스위치가 모두 입력되어야 출력이 나오는 회로이다.

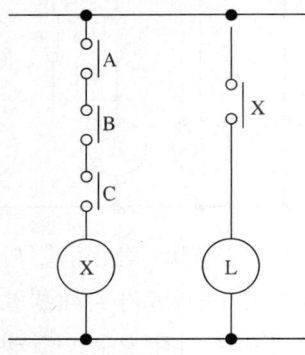

㉡ OR 회로 : A+B+C의 연산을 수행하고 연결된 스위치 중 하나만 입력되어도 출력이 나오는 회로이다.

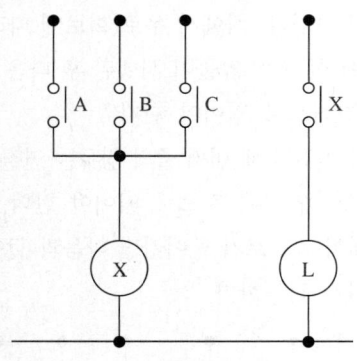

㉢ NOT 회로 : 입력된 신호와 반대 출력이 나오는 회로이다. 다음 그림에서 X-relay가 b접점으로 연결되어 있다.

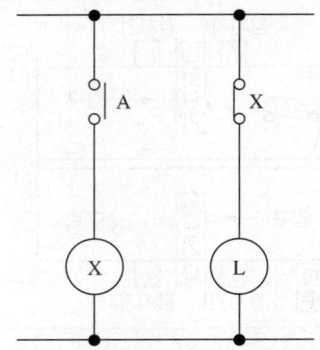

㉣ 한시동작회로 : 입력이 들어간 후 시간이 어느 정도 지났다가 출력이 나오는 회로이다.

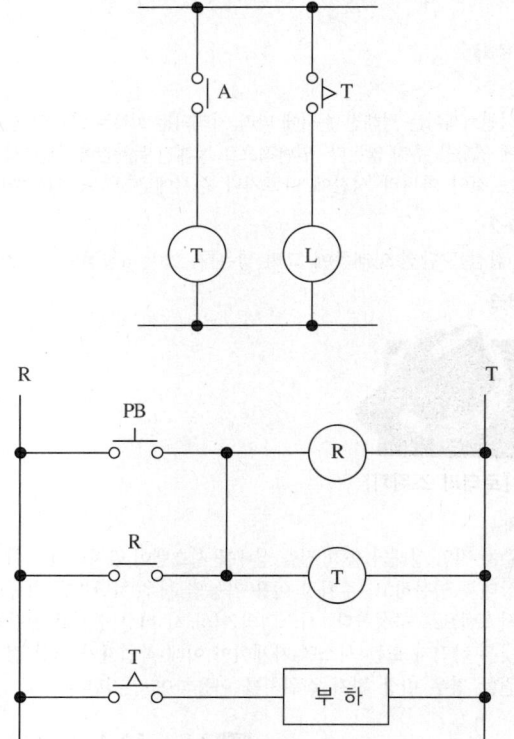

㉤ 기동우선회로 : 기동신호(a접점)와 정지신호(b접점)가 혼선될 경우, 항상 기동신호가 먼저 들어와야 정지신호 여부가 유효할 수 있도록 설계된 회로이다. 정지우선회로는 A와 B를 바꾸어 설치한다.

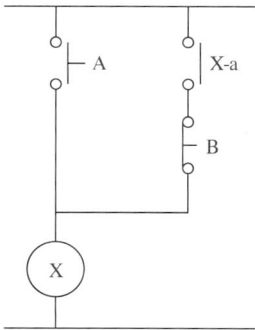

㉥ 자기유지회로 : 한번 입력이 들어가면 릴레이에 의해 자기 릴레이를 계속 ON하고 있도록 유지하는 회로이다. 그림에서 A에 의해 X에 신호가 들어가면 X-relay가 ON되어 X에 계속해서 신호를 입력한다.

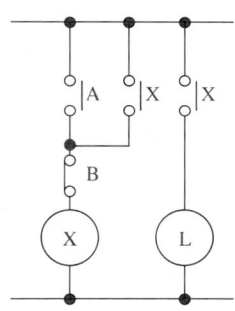

㉦ 일치회로 : A와 B의 신호가 일치할 때만 출력이 발생하는 회로이다.

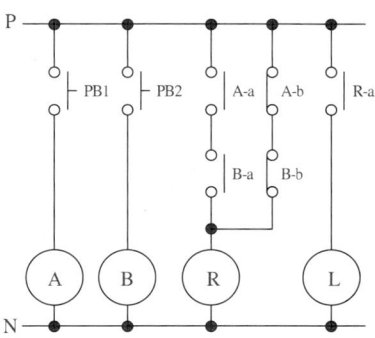

㉧ 우선동작 순차제어회로 : X_1이 입력되어야 X_2 입력이 유효할 수 있고, X_2가 입력되어야 X_3의 입력이 유효할 수 있다. 즉, X_1 다음 X_2, X_2 다음 X_3가 입력되도록 설계된 회로이다.

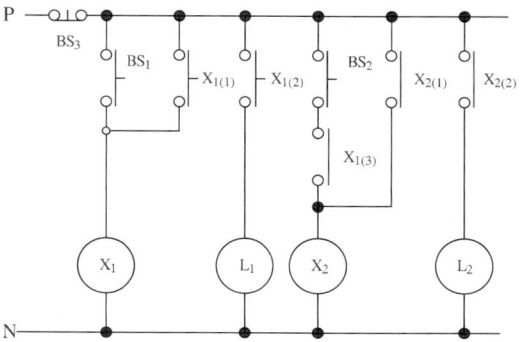

㉨ 신입신호 우선회로 : 새로 입력된 신호의 값을 우선 반영하도록 설계된 회로이다. 그림에서 보면 X_1이 살아있는 상태에서 X_2가 입력되면 $X_{2(3)}$ b접점이 X_1을 끊고 작동하도록 설계되어 있다.

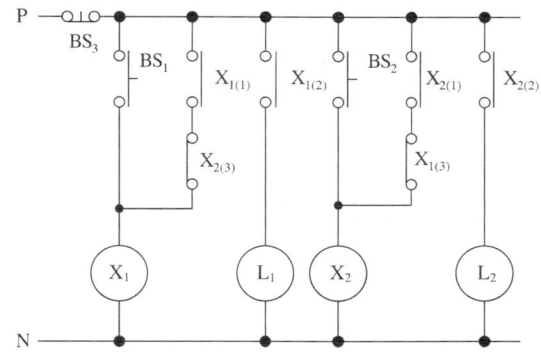

㋧ 인터로크회로 : 신입신호 우선회로와는 달리 서로의 신호가 서로에게 간섭을 주지 않도록, 즉 Cross Checking 하도록 둘 이상의 계전기가 동시에 동작하지 않도록 설계된 회로이다.

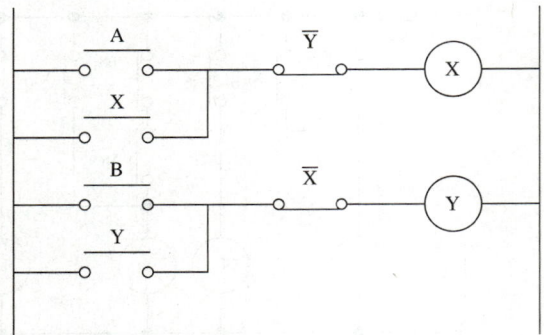

㋨ 캐스케이드회로 : 신호 간섭을 피하기 위해 에너지원 공급을 순차적으로 하는 것으로 회로가 다소 복잡하게 될 가능성이 있고, 밸브를 직렬로 연결하게 되며 이에 따라 압력이 저하하여 스위칭 시간이 길어지게 된다. 그러므로 캐스케이드밸브를 다섯 개 이상 사용하면 회로 작동 자체에 영향을 줄 수도 있다.

10년간 자주 출제된 문제

9-1. 다음 그림과 같은 회로는 무엇인가?

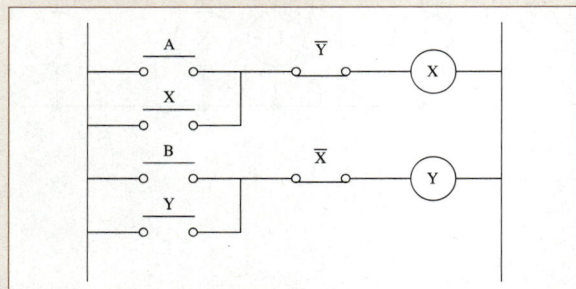

① 직병렬회로
② 인터로크회로
③ 복수출력회로
④ 지연동작회로

9-2. 다음 중 2개의 입력 A, B가 서로 다른 경우에만 출력이 1이 되고, 2개의 입력이 같은 경우에는 출력이 0으로 되는 회로는?

① 배타적 OR회로　② 일치회로
③ 금지회로　　　　④ 다수결회로

9-3. 다음 회로의 회로명과 논리식으로 옳은 것은?

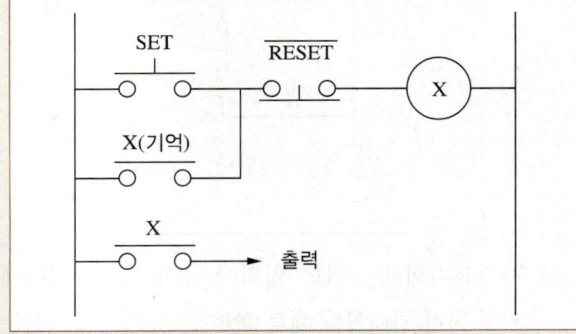

① 일치회로, $X = (SET + X(기억)) \cdot \overline{RESET}$
② 다중선택검출회로, $X = SET + \overline{RESET}$
③ 정지우선기억회로, $X = (SET + X) \cdot \overline{RESET}$
④ 기동(SET)우선기억회로, $X = (SET \cdot X) \cdot \overline{RESET}$

9-4. 다음 회로도는 자기유지(메모리블록)회로도를 IEC 심벌 기호로 표시한 것이다. 다음 중에서 회로도의 입력신호와 출력 신호 관계를 틀리게 설명한 것은?

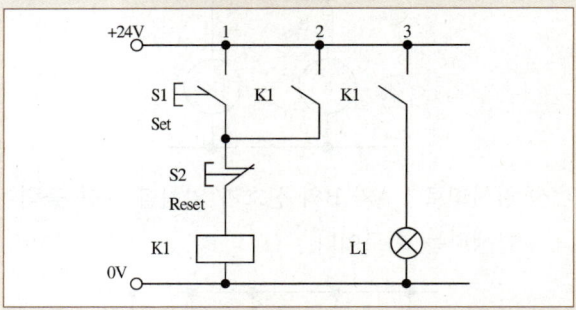

① 푸시버튼 스위치 S1을 누르면 K1 릴레이 내부의 코일이 여자되어 전자석이 된다.
② K1 릴레이가 여자되면 정상 상태 열린 접점인 K1 접점이 닫혀 L1 램프가 점등된다.
③ K1 릴레이가 여자되면 정상 상태 열린 접점인 K1 접점이 닫혀 K1 릴레이가 자기유지된다.
④ K1 릴레이를 소자시켜 L1 램프를 소등시키려면 S1 스위치를 한 번 더 누르면 된다.

[해설]

9-1
인터로크 회로는 병존할 수 없는 회로가 둘 이상이 있을 때 하나의 회로가 출력될 경우 출력이 다른 회로에 b접점으로 작동하여 다른 회로들을 작동할 수 없게 구성하는 일종의 안전장치를 걸어놓은 회로이다.
위와 같은 회로의 종류는 매회 반드시 출제된다고 보고 학습하도록 한다. 적어도 본 교재의 회로의 종류는 반드시 익혀둔다.

9-2

입 력		출 력					
A	B	OR	AND	NOR	NAND	XOR	XNOR
0	0	0	0	1	1	0	1
0	1	1	0	0	1	1	0
1	0	1	0	0	1	1	0
1	1	1	1	0	0	0	1

9-3
③ X가 자기유지되고 RESET에 의해 해제된다.
① 일치되면 RESET에 의해 출력되지 않는다.
② ①과 마찬가지로 RESET에 의해 출력되지 않는다.
④ SET이 들어와도 RESET이 들어오면 해제된다.

9-4
K1으로 자기유지가 되고 있으므로 S2 Reset 버튼을 눌러야 소등된다. 회로 아래의 K1 [ ] 을 릴레이라고 하는데, 여기에 신호가 들어오면 여기에 연결된 K1들이 모두 동작을 하게끔 구조가 되어 있는 스위치이다. 여자(勵磁)는 릴레이가 자화되어 신호가 들어가는 것을 의미하고, 소자(消磁)는 자력이 사라지는 것을 의미한다.

정답 9-1 ② 9-2 ① 9-3 ③ 9-4 ④

핵심이론 10 논리식 및 논리회로

① 논리법칙

㉠ 교환법칙
$A \cdot B = B \cdot A \qquad A + B = B + A$

㉡ 흡수법칙
$A \cdot 1 = A \qquad A \cdot 0 = 0$
$A + 1 = 1 \qquad A + 0 = A$

㉢ 결합법칙
$(A \cdot B) \cdot C = A \cdot (B \cdot C)$
$(A + B) + C = A + (B + C)$

㉣ 분배법칙
$A \cdot (B + C) = A \cdot B + A \cdot C$
$A + (B \cdot C) = (A + B) \cdot (A + C)$

㉤ 누승법칙
$\overline{\overline{A}} = A$

㉥ 보원법칙
$A \cdot \overline{A} = 0 \qquad A + \overline{A} = 1$

㉦ 멱등법칙
$A \cdot A = A \qquad A + A = A$

㉧ 드모르간의 법칙
$\overline{(A \cdot B)} = \overline{A} + \overline{B}$
$\overline{(A + B)} = \overline{A} \cdot \overline{B}$

② 논리기호

$Y = A \cdot B$ $\qquad Y = \overline{A + B}$

$Y = \overline{A}$ $\qquad Y = A + B$

$Y = A \oplus B$ $\qquad Y = \overline{A \cdot B}$

10년간 자주 출제된 문제

10-1. 다음 그림에 대한 논리식으로 맞는 것은?

① $Y = \overline{A \cdot B}$
② $Y = \overline{\overline{A} + \overline{B}}$
③ $Y = A + B$
④ $Y = A - B$

10-2. 논리식 $F = (A \cdot B + A \cdot \overline{B}) \cdot C$를 간단히 하면?
① $A + B$
② $A + C$
③ $A \cdot B$
④ $A \cdot C$

10-3. 입력 신호가 하이(High)이면 출력은 로(Low)이고, 입력 신호가 로(Low)이면 출력이 하이(High)가 나오는 논리회로는?
① AND
② OR
③ NOT
④ NAND

[해설]

10-1
A와 B의 곱의 출력을 부정한다.

10-2
- 분배법칙에 의해
  $F = (A \cdot B + A \cdot \overline{B}) \cdot C = (A \cdot (B + \overline{B})) \cdot C$
- 보원법칙에 의해
  $F = (A \cdot (B + \overline{B})) \cdot C = (A \cdot 1) \cdot C = A \cdot C$

정답 10-1 ① 10-2 ④ 10-3 ③

핵심이론 11 유접점회로와 무접점회로

① 유접점회로는 회선을 이어서 원하는 회로를 구성한 것이고, 무접점회로는 IC 집적회로에 프로그램 등을 이용하여 논리회로를 구성한 것이다.

② 유접점회로는 직접 회선을 선택하여 구성할 수 있고, 비교적 전기적으로 자유롭게 구성이 가능하다. 하지만 부피를 많이 차지하고 반응속도가 발생하며 동작 시 발생하는 스파크 등도 고려하여야 하고 복잡한 회로를 구성한 경우는 다시 읽어내기 어렵다.

③ 무접점회로는 전기적으로 이미 구성된 조건에 맞추어 구성하여야 하지만, 대단히 작은 부피로 구성이 가능하며 접점 스파크, 반응속도 등을 고려할 필요가 없고 프로그램 등의 특성에 따라 조정, 검토 등에 유리한 면이 있다.

④ 무접점 릴레이의 장단점
  ㉠ 장 점
  - 전기 기계식 릴레이에 비해 반응속도가 빠르다.
  - 동작부품이 없으므로 마모가 없어 수명이 길다.
  - 스파크의 발생이 없다.
  - 무소음 동작이다.
  - 소형으로 제작이 가능하다.

  ㉡ 단 점
  - 닫혔을 때 임피던스가 높다.
  - 열렸을 때 새는 전류가 존재한다.
  - 순간적인 간섭이나, 전압에 의해 실패할 가능성이 있다.
  - 가격이 좀 더 비싸다.

⑤ 유접점 릴레이의 구성
  ㉠ 8핀 릴레이 : 8핀 릴레이는 8핀 중 2개는 전원과 연결되어 있고, 1번핀이 3번, 4번과 c접점 형태로 연결되어 있고, 8번 핀이 5번, 6번과 c접점 형태로 연결되어 있다. c접점은 a접점 하나와 b접점 하나의 합과 같으므로 a접점 두 개, b접점 두 개가 연결된 것과 같다.

ⓛ 11핀 릴레이 : 11핀 릴레이는 2번, 10번이 전원과 연결되어 있고, 11번이 8번, 9번과 c접점, 1번이 4번, 5번과 c접점, 3번이 6번, 7번과 c접점으로 연결되어 있다.

10년간 자주 출제된 문제

11-1. 다음 중 무접점방식과 비교하여 유접점방식의 장점에 해당하지 않는 것은?

① 온도 특성이 양호하다.
② 전기적 잡음에 대해 안정적이다.
③ 동작상태의 확인이 용이하다.
④ 동작속도가 빠르다.

11-2. 트랜지스터를 이용한 무접점 릴레이의 장점이 아닌 것은?

① 동작속도가 빠르다.
② 노이즈의 영향을 거의 받지 않는다.
③ 소형이고 가볍게 제작 가능하다.
④ 수명이 길다.

11-3. PLC 시스템에서 교류부하용 무접점 출력으로 사용되는 반도체로 가장 적합한 것은?

① 트랜지스터 ② 다이액
③ 트라이액   ④ 릴레이

11-4. 다음 그림은 11핀의 전자계전기의 핀의 배치도이다. 다음 중 a접점과 b접점의 수를 바르게 표시한 것은?

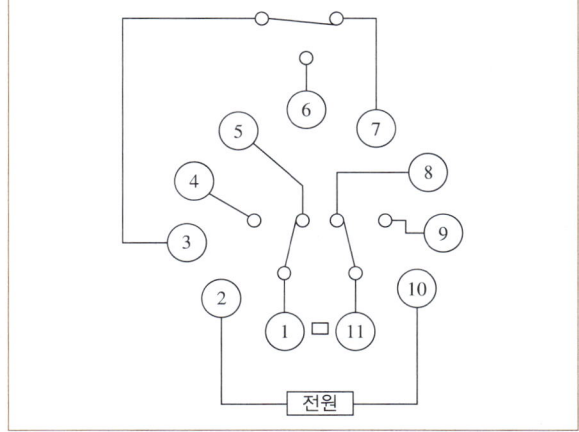

① 1a3b   ② 2a3b
③ 3a3b   ④ 4a3b

〔해설〕

11-3
④ 교류부하용 무접점 릴레이 : 반도체 릴레이는 제어선에 전압이나 광신호가 입력되면 트랜지스터의 소스와 게이트 사이에 전압을 인가해서 작동한다.
② 다이액(Diode AC S/W) : TRIAC이나 SCR의 게이트 트리거용으로 사용되어 트리거 다이오드라고도 한다. 백열 전구의 밝기, 모터속도의 제어 등에 응용된다.

11-4
a접점은 ①과 ④, ⑨와 ⑪, ③과 ⑥ 관계이고,
b접점은 ①과 ⑤, ⑧과 ⑪, ③과 ⑦ 관계이다.

정답 11-1 ④ 11-2 ② 11-3 ④ 11-4 ③

핵심이론 12 PLC 제어

① PLC는 반도체 집적회로를 이용한 프로그램을 통해 논리회로를 결성하여 프로그램을 제어할 수 있도록 구성된 무접점 회로의 대표적인 예로, 시중 여러 가지 프로그램들이 상용화되어 교육기관, 산업현장 등에서 쓰이고 있다. PLC 제어를 하기 위해서는 CPU가 있는 컴퓨터를 이용하여 프로그램을 구성하고, 구성된 프로그램을 커넥터를 통해 제어 대상의 키트에 연결함으로써 Logic 제어를 실시할 수 있도록 한다. 제어회로 과정이 육안에서 생략되고 출력 결과만 각 포트와 연결된 액추에이터를 연결함으로써 구현하는 형태의 시스템이다.

② PLC의 구성은 컴퓨터처럼 입력장치, 논리연산장치, 제어장치, 출력장치(구현장치)로 구성된다.

| 입력부 | → | 제어 연산부 | → | 출력부(구동부) |

③ PLC의 주요 구성
　㉠ 기본모듈 : 기본 베이스(각 모듈 장착용), 입력모듈, 출력모듈, 메모리모듈, 통신모듈
　㉡ 특수기능모듈 : A/D변환모듈, D/A변환모듈, 위치결정모듈, PID제어모듈, 프로세스제어모듈, 열전대입력모듈(온도제어모듈), 인터럽트 입력모듈, 아날로그 타이머모듈 등

④ PLC에 의한 제어시스템의 분류
　㉠ 단독시스템 : 제어 대상 기계와 PLC가 1 : 1의 관계를 갖는 시스템이다. 대개의 경우 Relay 제어반의 대치 정도에 해당된다.
　㉡ 집중시스템 : 1대의 PLC로 여러 개의 제어 대상물을 동작시키는 제어시스템으로 서로 연계된 작업을 실시할 때 사용한다. 1대의 PLC 기계 정지로 다른 기계도 정지되는 단점이 있다.
　㉢ 분산시스템 : 제어 대상에 대하여 각각의 PLC가 제어를 담당하고 상호 연계 동작에 필요한 제어신호를 시스템 상호 간에 송수신할 수 있는 제어시스템이다. 집중시스템처럼 하나의 기기 고장에 의한 전체 시스템이 다운되는 일을 방지할 수 있다는 장점이 있다.
　㉣ 계층시스템 : 컴퓨터와 PLC를 결합하여 생산 정보의 종합적인 관리·운용까지 행하는 제어시스템이다.

⑤ 일반 구성품
　㉠ 사이리스터 : 실리콘 제어 정류기라고도 불리며 PNPN 형 4중 구조 단자로 구성되어 있다. N에서 Gate를 끄집어낸 방식과 P에서 Gate를 끄집어 낸 방식이 있다. PNP 트랜지스터와 NPN 트랜지스터를 복합한 회로와 같은 역할을 한다.
　㉡ 포토다이오드 : 광 검출 기능이 있는 다이오드를 말한다.
　㉢ 다이오드 : 전류를 한 방향으로만 흐르게 하고, 그 역방향으로 흐르지 못하게 하는 성질을 가진 반도체 소자이다.
　㉣ 트랜지스터 : Si, Ge 등을 층으로 세 겹 쌓아 증폭, 스위치 등의 역할을 감당하는 반도체 소자이다.
　㉤ 포토커플러 : 빛으로 입력을 받아 빛으로 출력하는 반도체 소자이며 전기적으로 서로 절연되어 있는 상태이다.

⑥ 제어 연산부
　㉠ CPU(Central Processing Unit) : 중앙처리장치이다. 컴퓨터의 가장 중요한 부분으로서, 명령을 해독하고 산술논리연산이나 데이터 처리를 실행하는 장치이다.
　㉡ ALU(Arithmetic-Logic Unit) : 중앙처리장치의 일부로 컴퓨터 명령어 내에 있는 연산자들에 대해 연산과 논리동작을 담당한다.
　㉢ RAM(Random Access Memory) : 주기억장치로 사용된다.
　㉣ ROM(Read Only Memory) : 기록되어 있는 정보를 읽어올 수만 있고 저장할 수 없는 장치이다.

⑦ PLC 프로그래밍의 순서

산업인력공단에서 제시하는 PLC 프로그래밍 순서의 과정은 입·출력기기의 할당 → 내부계전기, 타이머 등의 할당 → 시퀀스회로의 구성 → 코딩 → 프로그래밍(로딩) → 디버그 → 운전이다.

10년간 자주 출제된 문제

12-1. PLC 프로그램 작성 시 시퀀스 논리 표현방법으로 틀린 것은?

① 서식은 통상 가로 쓰기이다.
② 출력코일은 좌측에 배치한다.
③ 연속이 안 되는 선의 교차는 허용되지 않는다.
④ 전류는 좌우 방향에 대해서 좌에서 우로 한 방향으로 흐르고, 상하쪽에서는 양방향으로 흐른다.

12-2. PLC의 주요 주변기기 중에 프로그램 로더가 하는 역할과 거리가 먼 것은?

① 프로그램 기입
② 프로그램 이동
③ 프로그램 삭제
④ 프로그램 인쇄

12-3. PLC 기능 중에서 특정한 입출력 상태 및 연산 결과 등을 기억하는 것은?

① 레지스터
② 연산기능
③ 카운터 기능
④ 인터럽트

12-4. 다음 중 PLC의 연산처리 기능에 속하지 않는 것은?

① 산술, 논리 연산처리
② 데이터 전송
③ 타이머 및 카운터 기능
④ 코드 변환

12-5. PLC에서 외부기기와 내부회로를 전기적으로 절연하고 노이즈를 막기 위해 입력부와 출력부에 주로 이용하는 소자는?

① 사이리스터
② 릴레이
③ 포토커플러
④ 트랜지스터

|해설|

12-1
② 출력코일은 우측에 표시한다.

12-2
주변기기
- 프로그램 로더(프로그래머) : 기입, 판독, 이동, 삽입, 삭제, 프로그램 유무의 체크, 프로그램의 문법 체크, 설정값 변경, 강제 출력
- 프린터, 카세트데크, 레코더 : 출력장치, 카세트 설치장치, 녹화장치
- 디스플레이가 있는 로더(Display Loader, CRT Loader)
- 롬 라이터(Rom-writer)

12-3
레지스터란 주소나 코드 또는 직전 내용을 잠시 기억하는 장치이다.

12-4
- 제어연산 부분은 논리연산 부분(ALU ; Arithmetic and Logic Unit), 명령어 어드레스를 호출하는 프로그램 카운터 및 몇 개의 레지스터, 명령해독 제어 부분 등으로 구성되어 있다.
- 연산원리
  PLC 운전 → 프로그램 카운터(메모리 어드레스 결정) → 디코더(Decoder) 명령 해독 → 연산 실시 → 레지스터 기록 → 출력 → 프로그램 카운터 +1
  타이머와 카운터는 누산기로 연산 부분으로 볼 수도 있으나 보기 중에서는 연산처리 기능에 속하지 않는다고 볼 수 있다.
  ※ 연관 문제들도 주로 PLC의 입력장치, 출력 장치 등의 구분, 구성품, 역할 등에 대해 묻는다.

12-5
포토커플러는 전기회로 간에 신호를 주고 받을 때 전기적으로는 절연 상태를 만들고 광신호로 신호를 주고받는 역할을 한다.

정답 12-1 ② 12-2 ④ 12-3 ① 12-4 ③ 12-5 ③

핵심이론 13 PLC 연산

① 회로도 방식

회로도 방식	표 현
래더 다이어그램	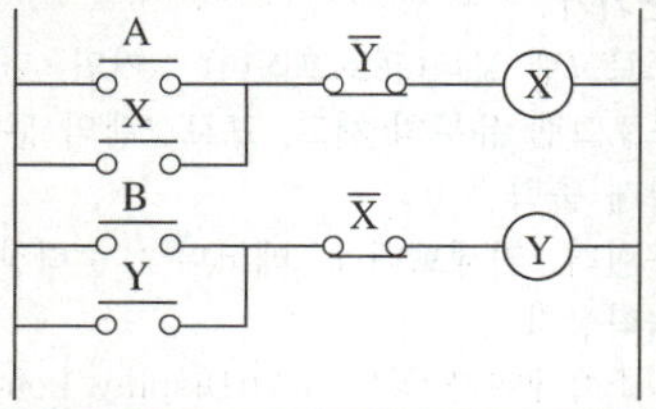 (래더 다이어그램: A, X, B, Y 접점과 $\overline{Y}$, $\overline{X}$ 출력으로 X, Y 구동)
명령어 방식	STR NOT 00 STR　　01 AND　Y50
논리기호 방식	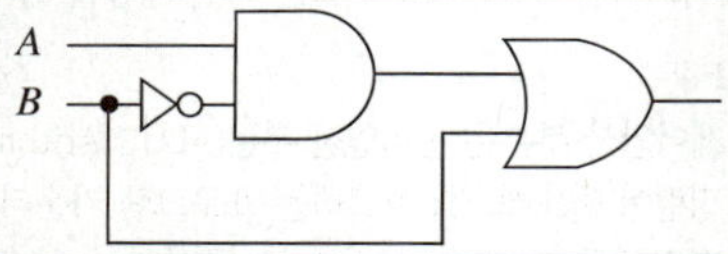 (A, B 입력의 논리게이트 회로)
불 대수 방식	$A \cdot (B + \overline{A}) = \cdots\cdots$

② IEC(국제전기표준회의)에서 표준화한 PLC 프로그래밍 언어
 ㉠ 도형기반 언어 : LD(Ladder Diagram), FBD(Function Block Diagram)
 ㉡ 문자기반 언어 : IL(Instruction List), ST(Structured Text)
 ㉢ SFC(Sequential Function Chart)

③ 래더도 방식
 ㉠ PLC 프로그램 중 계전기 시퀀스도를 직접 기입 또는 표시할 수 있는 장점 때문에 최근에 가장 많이 사용되며 프로그램을 작성하면 사다리 모양이 되는 프로그램 방식
 ㉡ PLC 프로그램은 표현 방식은 래더 다이어그램을 이용하여 구성한다. 일례로 다음의 그림을 보면

명 령	Ladder Diagram
LD	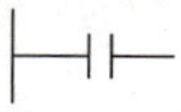 ─┤├─
LDI	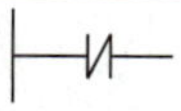 ─┤/├─
AND	 ─┤├─┤├─
OR	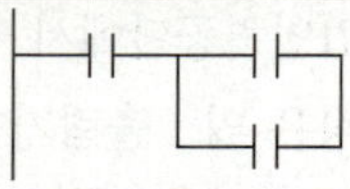 (병렬 a접점)
ORI	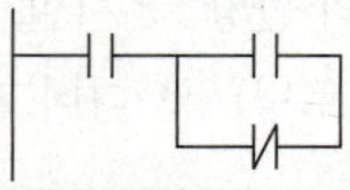 (병렬 b접점)

첫 번째 그림은 A접점의 정상 상태 열림 입력기호를 넣고, 명령데이터를 이용하여 이 접점이 릴레이 접점인지 일반 입력인지 등을 명령할 수 있도록 구성되어 있다. 또한 세 번째 그림에서 직렬로 A접점을 연결한 경우는 AND 관계를 형성하여 AND 명령을, 병렬로 A 접점을 연결한 경우에는 OR 관계를 형성하여 OR 명령을 요구함을 알 수 있다.

10년간 자주 출제된 문제

13-1. PLC 회로도 프로그램 방식 중 접점의 동작 상태를 회로도상에서 모니터링할 수 있는 것은?
① 명령어 방식
② 로직 방식
③ 래더도 방식
④ 플로차트 방식

13-2. 다음 유접점회로를 PLC를 이용하여 코딩하고자 한다. 빈칸 (a)와 (b)에 해당되는 명령어와 데이터는?

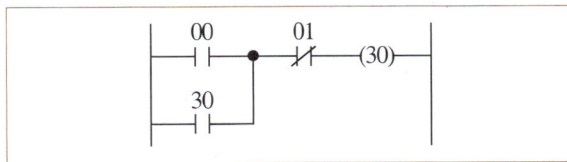

스 텝	명 령	데이터
0000	LOAD	00
0001	(a)	30
0002	AND NOT	01
0003	OUT	(b)

① (a) OR, (b) 30
② (a) OR, (b) 01
③ (a) AND, (b) 01
④ (a) AND, (b) 30

[해설]

13-1
래더다이어그램

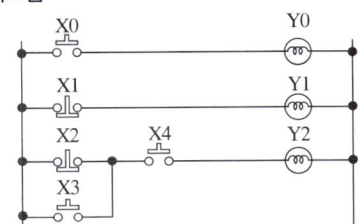

13-2
30번 데이터는 병렬로 OR 관계로 연결되어 있고, 30번 자리는 출력이 나오는 자리이다.

정답 13-1 ③ 13-2 ①

핵심이론 14 PLC 프로그래밍 준비하기

① PLC 본체의 분류
  ㉠ 일체형
   • PLC 구성에 필요한 전원부, CPU부, 입·출력부 등이 하나의 케이스에 들어 있는 구조이다.
   • 구조가 간단하고 사용하기 편리하며, 단독으로 자동화 기계를 제어하는 경우에 많이 이용한다.
   • PLC에 연결하여 사용할 수 있는 입·출력기기의 수가 고정되어 있다.
   • 기종 선정 단계에서 증설과 상위 PLC와의 접속 가능 여부를 고려하여 선정한다.
  ㉡ 모듈형
   • 베이스 보드에 외형 치수를 표준화한 전원모듈, CPU 모듈, 입·출력모듈 등을 사용자가 그 용도에 적합하도록 선택하여 PLC를 구성하도록 한 구조이다.
   • PLC에 연결하여 사용할 수 있는 입·출력기기나 기능의 확장이 자유롭기 때문에 중·대형 PLC에서 널리 사용된다.

② 프로그래밍의 흐름

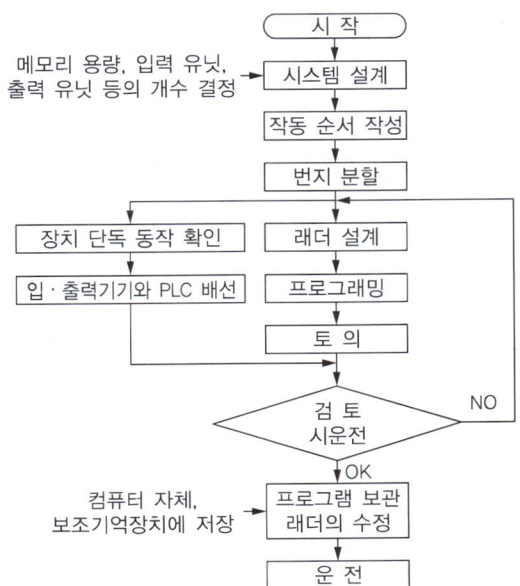

③ 공정도 작성
  ㉠ 제어 대상의 작동 순서 표현
    • 작업내용의 구체적 공정도를 작성한다.
    • 입력부인 스위치와 센서의 종류와 수량을 결정한다.
    • 출력부인 액추에이터의 종류와 수량을 결정한다.
  ㉡ 운동의 시간적 순서에 의한 서술적 표현(예시)
    • 실린더 A가 전진하여 워크 1개를 분리 이송하여 클램프한다.
    • 드릴 회전용 주축모터 D가 회전을 시작하고, 동시에 실린더 B가 전진하여 구멍 가공을 실시한다. 연동 작업신호가 없으면 주축 회전모터 D는 실린더 B가 복귀 완료하면 정지한다.
    • 가공이 완료되면 실린더 B가 복귀된다.
    • 실린더 A가 복귀하여 클램프가 해제된다.
    • 실린더 C가 전진하여 가공된 워크를 컨베이어에 밀어 올려놓는다. 이때 컨베이어 구동모터 E도 회전을 시작한다.
    • 실린더 C가 복귀한다. 컨베이어 구동모터는 C실린더가 10초 동안 작동하지 않으면 자동 정지된다.
  ㉢ 기호에 의한 표현(㉡의 예시 활용)
    $A+(B+\cdot D+)B-(A-\cdot D-)(C+\cdot E+)C-$10초 후 $E-$
  ㉣ 테이블 표현 (㉢의 예시 활용)

구 분	1단계	2단계	3단계	4단계	5단계	6단계	7단계
실린더 A	전진(클램프)	-	-	후진(언클램프)	-	-	-
실린더 B	-	전진(가공)	후진(복귀)	-	-	-	-
실린더 C	-	-	-	-	전진(송출)	복귀	-
주축 모터 D	-	회전	-	정지	-	-	-
컨베이어 모터 E	-	-	-	-	회전	-	정지

  ㉤ 변위단계선도
    • 실린더가 하나인 경우
    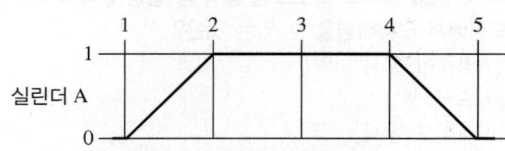
    • 실린더가 두 개인 경우
    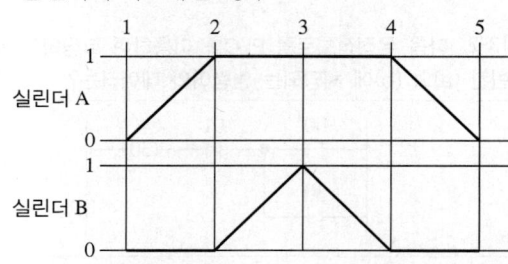

10년간 자주 출제된 문제

다음 표의 작동단계를 변위단계선도로 바르게 표현한 것은?

구 분	1단계	2단계	3단계	4단계	5단계	6단계	7단계
실린더 A	전 진	-	-	후 진	-	-	-
실린더 B	-	전 진	후 진	-	-	-	-
실린더 C	-	-	-	-	전 진	복 귀	-

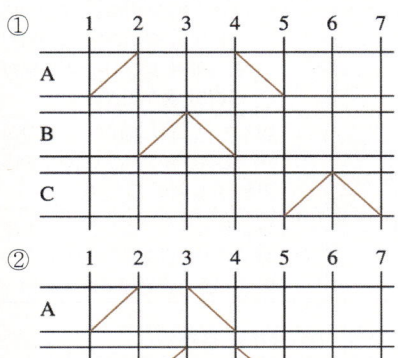

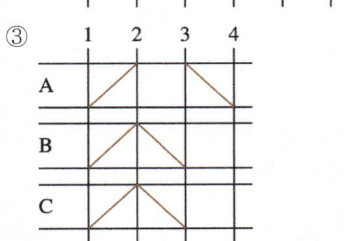

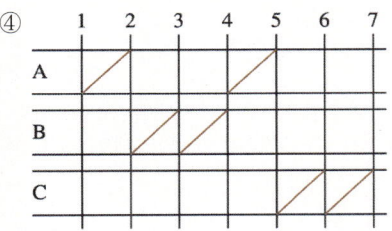

④
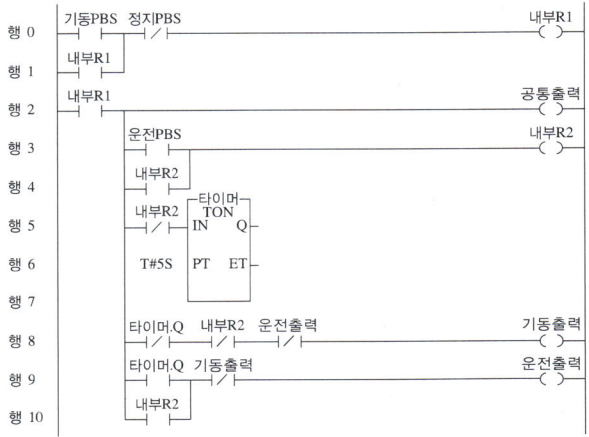

정답 ①

핵심이론 15 PLC 프로그램 작성

① 데이터 메모리 할당(예시 핵심이론 14 ② ⓒ 관련)

내 용 종 류	어드레스 (직접변수)	네임드변수 (간접변수)	비 고
입력 릴레이	%IX0.0.1	기동 PBS	• 입·출력 어드레스는 직접변수의 이름으로 사용한다. • 네임드변수의 이름은 사용자가 규칙에 따라 임의로 정한다. • 타이머, 카운터 등에는 직접변수가 없다.
	%IX0.0.2	운전 PBS	
	%IX0.0.3	정지 PBS	
출력 릴레이	%QX0.1.0	공통 출력	
	%QX0.1.1	기동 출력	
	%QX0.1.2	운전 출력	
내부 릴레이	%MX1	내부 R1	
	%MX2	내부 R2	
타이머		타이머	

㉠ 변수의 표현방식에는 제조회사에 의해 지정된 메모리 영역의 어드레스를 사용하는 직접변수방식과 사용자가 이름을 부여하고 사용하는 네임드(Named) 변수방식이 있다.

㉡ 직접변수에는 %I, %Q로 시작되는 입·출력변수와 %M으로 시작되는 내부 메모리변수가 있다.

㉢ 네임드변수의 이름은 한글 8자, 영문 16자까지 사용 가능하며 한글, 영문, 숫자, 및 밑줄 문자(_)를 조합하여 사용할 수 있다. 또 대문자는 대·소문자를 구별하지 않고 모두 대문자로 인식한다.

② 프로그램 작성(Ladder Diagram 사용, ①과 관련)

③ 프로그램 컴파일
  ㉠ 작성된 프로그램을 저장하고 컴파일을 통해 실행파일을 생성한다.
  ㉡ 컴파일 과정 중 오류 메시지가 뜰 수 있다. 메시지를 통해 사전 오류 점검이 가능하므로 프로그램상 검토가 가능하다.
④ 컴파일된 실행파일 전송(프로그램 전송)
  ㉠ 프로그램을 통해 만들어진 실행파일을 전송한다.
  ㉡ 컴퓨터와 PLC를 선택한 통신케이블로 연결하고 온라인 상태를 만든다.
  ㉢ PLC에 프로그램 쓰기를 시행하면 PLC는 작성된 프로그램이 로드된 상태가 된다.
⑤ PLC의 운전 모드
  ㉠ RUN 모드 : 프로그램의 연산을 수행하는 모드이다.
  ㉡ STOP 모드 : 프로그램의 연산을 정지시키는 모드이다.
  ㉢ 리모트 STOP 모드
    • 모드 키의 위치를 STOP 모드에서 PAU/REM 모드로 전환할 때 선택되는 모드이다.
    • 컴퓨터에서 작성한 프로그램을 PLC로 전송할 수 있게 해 준다.
  ㉣ PAUSE 모드 : 프로그램의 연산을 일시 정지시키는 모드로 RUN 모드로 다시 돌아갈 경우에는 정지되기 이전의 상태부터 연속하여 실행한다.

[LD 명령어 모음]

기 능	기 호	작동 설명
a접점	─┤ ├─	지정된 접점의 On/Off 정보를 연산한다.
b접점	─┤/├─	지정된 접점의 On/Off 정보를 연산한다.
출력 코일	─( )─	출력코일까지의 연산결과를 출력한다.
세트 출력 코일	─(S)─	입력조건이 On되면 지정한 출력코일이 On되고, 리셋 출력코일이 On이 되기 전까지 On 상태를 유지한다.
리셋 출력 코일	─(R)─	입력조건이 On되면 지정한 출력코일이 Off되고, 세트 출력코일이 On이 되기 전까지 Off 상태를 유지한다.
On 딜레이 타이머	TON	입력조건이 On되는 순간부터 타이머의 경과시간이 증가하여 설정시간에 도달하면 타이머 출력이 On된다.
Off 딜레이 타이머	TOF	입력조건이 On되면 타이머 출력이 On되었다가 입력조건이 Off되는 순간부터 타이머의 경과시간이 증가하여 설정시간에 도달하면 타이머 출력이 Off된다.
가산 (Up) 카운터	CTU	펄스가 입력될 때마다 현재값이 1씩 증가하여 설정값 이상이 되면 카운터 출력이 On된다.
감산 (Down) 카운터	CTD	펄스가 입력될 때마다 카운터 현재값이 1씩 감소하여 현재값이 0 이하이면 카운터 출력이 On된다.

10년간 자주 출제된 문제

PLC의 운전모드 중 프로그램 연산을 일시 정지시키는 모드는?
① RUN ② STOP
③ PAUSE ④ Remote STOP

해설

PLC의 운전 모드
• RUN 모드 : 프로그램의 연산을 수행하는 모드이다.
• STOP 모드 : 프로그램의 연산을 정지시키는 모드이다.
• 리모트 STOP 모드
  – 모드 키의 위치를 STOP 모드에서 PAU/REM 모드로 전환할 때에 선택되는 모드이다.
  – 컴퓨터에서 작성한 프로그램을 PLC로 전송할 수 있게 해 준다.
• PAUSE 모드 : 프로그램의 연산을 일시 정지시키는 모드로 RUN 모드로 다시 돌아갈 경우에는 정지되기 이전의 상태부터 연속하여 실행한다.

정답 ③

핵심이론 16 시뮬레이션 및 수정

① PLC 시운전 : 시운전에는 다음과 같은 방법이 있다.
  ㉠ 시뮬레이션 기능을 이용하는 방법
    - 시뮬레이션 시작 : 메뉴의 [도구]-[시뮬레이터 시작] 시작을 선택하면 프로그램 모니터가 시행된다.
    - 시뮬레이터의 작동
      - 시뮬레이터의 CPU 모드를 정지모드(S)에서 프로그램 실행모드(R)로 전환한다.
      - 입력접점의 사각 ■ 부분을 마우스 왼쪽 버튼으로 누를 때마다 입력접점의 On, Off 상태(켜짐, 꺼짐)가 바뀐다.
      - 위의 절차에 따라 출력코일은 프로그램의 내용에 맞게 On, Off로 변환된다.
      - 입력접점과 출력코일의 작동 상태는 램프가 켜짐으로 확인된다.
      - 의도된 대로 작동되는지 확인한다.
    - 시뮬레이터 종료
  ㉡ 조작 스위치 박스 등의 트레이너를 이용하는 방법
    - PLC 통제에 따르는 작동 장비는 연결되지 않은 훈련용 PLC 제어 키트
    - 실행파일을 트레이너에서 작동시켜 시운전한다.
  ㉢ 강제 입출력 기능을 이용하는 방법
    - 시뮬레이터와 모의장치를 이용한 시운전에서 프로그램이 실행되면 프로그램의 모니터가 시작된다.
    - 강제 입력을 원하는 접점 위치에서 마우스 왼쪽 버튼을 두 번 눌러 변수를 강제 입력한다.
    - 대화 상자로 변수의 내부값 변경을 선택하거나 변경한다.
    - 강제 입출력을 통해 시뮬레이션을 실시한다.

② 프로그램 수정
  ㉠ PLC 접속
    - 방법 : PLC와 연결할 미디어를 설정한다. RS-232C, USB, 이더넷, 모뎀 등
    - 접속 : PLC와의 연결구조를 설정한다. 로컬, 리모트 1단, 리모트 2단 연결 설정 가능
  ㉡ 접속 시 오류 대처
    - RS-232C 통신
      - 물리적 연결을 확인한다.
      - PC COM 포트번호와 접속 설정의 COM 포트번호와 일치하는지 확인한다.
      - RS-232C 케이블 자체의 결선을 확인한다.
      - PLC 정상 작동 상태를 확인한다.
    - USB로 접속 시
      - 물리적 연결을 확인한다.
      - PC측 USB 장치 인식을 확인한다.
      - [제어판]-[시스템]-[하드웨어 탭]-[장치관리] 버튼을 눌러 [장치관리자] 대화상자에서 PLC가 PC에 잘 인식되었는지 확인한다.
  ㉢ 프로그램 쓰기 : PLC로 데이터 전송
  ㉣ 프로그램 읽기 : PLC의 프로그램을 PC에서 읽어 들임

③ 문제 발생 시 발견 및 조치
  ㉠ 육안에 의해 기계 작동 상태, 전원 상태, 입·출력 기기의 상태 및 작동, 배선, 각종 램프 확인
  ㉡ 키 스위치 Stop 상태에서 전원을 인가하여 이상 상태 확인
  ㉢ 문제 발생 대처 범위 결정
    - PLC 본체
    - 외부장비
    - 입·출력모드
    - 소프트웨어상 문제

④ PLC RUN 모드 중 프로그램은 다음 과정으로 수정 가능하다(제조사별로 방법 상이).

프로젝트 열기 → [온라인]-[접속]을 선택하여 PLC와 연결 → [온라인]-[모니터 시작] → 메뉴 [온라인]-[런 중 수정 시작]을 선택 → 편집 → [온라인]-[런 중 수정 쓰기] → [온라인]-[런 중 수정 종료]

> **10년간 자주 출제된 문제**
>
> **PLC 프로그램의 수정에 관한 설명 중 옳지 않은 것은?**
> ① PLC와 PC는 RS-232C, USB, 이더넷, 모뎀으로 연결 가능하다.
> ② 프로그램 쓰기란 PLC로 데이터를 전송하는 것을 의미한다.
> ③ PLC RUN 모드에서는 수정을 실시하면 안 된다.
> ④ 연결 불량 시 물리적 연결 상태를 확인한다.
>
> **해설**
> PLC RUN 모드 중 프로그램은 다음 과정으로 수정 가능하다(제조사별로 방법 상이).
> 프로젝트 열기 → [온라인]-[접속]을 선택하여 PLC와 연결 → [온라인]-[모니터 시작] → 메뉴 [온라인]-[런 중 수정 시작]을 선택 → 편집 → [온라인]-[런 중 수정 쓰기] → [온라인]-[런 중 수정 종료]
>
> **정답** ③

CHAPTER 04 공유압 제어

핵심이론 01 공압·유압의 특징

① 공압의 특징

장 점	단 점
• 에너지원을 쉽게 얻을 수 있다. • 힘의 전달 및 증폭이 용이하다. • 속도, 압력, 유량 등의 제어가 쉽다. • 보수, 점검 및 취급이 쉽다. • 인화 및 폭발의 위험성이 작다. • 에너지 축적이 쉽다. • 과부하의 염려가 작다. • 환경오염의 우려가 작다. • 고속 작동에 유리하다.	• 에너지 변환효율이 나쁘다. • 위치 제어가 어렵다. • 압축성에 의한 응답성의 신뢰도가 낮다. • 윤활장치를 요구한다. • 배기소음이 있다. • 이물질에 약하다. • 힘이 약하다. • 출력에 비해 값이 비싸다. • 균일속도를 얻을 수 없다.

② 공압과 유압의 비교

공압의 특징	유압의 특징
• 공기는 무료이며 무한으로 존재한다. 또한 공기 채취의 장소에 제한을 받지 않는다. • 속도의 변경이 용이하다. • 환경오염 및 악취의 염려가 없다. • 인화의 위험이 거의 없다. • 압축성이 있어서 완충작용을 한다. • 압력에너지로 축적이 가능하다. • 큰 힘을 얻을 수 없다. • 에너지 전달 효율이 좋지 않다.	• 제어가 쉽고, 정확한 제어가 가능하다. • 파스칼 원리를 이용하여 작은 힘으로 큰 힘을 낼 수 있다. • 일정한 힘과 토크를 낼 수 있다. • 작동의 신뢰성이 있다. • 비압축성으로 간주하여 힘 전달의 즉시성을 가지고 있다.

③ 유압유(작동유)

㉠ 공압과 달리 유압을 사용할 때의 확실한 특징은 힘을 전달한다는 것이다. 공압장치와 유압장치가 비슷한 원리를 이용함에도 사용하는 용도가 많이 다른데, 공압은 작은 동력을 쉽게 사용하는 곳과 복잡한 회로 구성을 쉽게 할 수 있고 부속장치의 사용 부담이 작으며 청결하다는 장점에 반해, 유압은 기름이 묻고 유압유의 관리, 구성장치의 부피 등 여러 특징이 있음에도 동력 전달의 탁월성과 파스칼의 원리를 이용하여 동력을 증폭하는 성질이 있어서 그 용도가 나뉜다. 유압유는 그 용도에 따라 유종을 달리하는데, 특별히 유압유에서 주목해야 할 성질이 점도지수이다.

㉡ 유압기기에서 작동유의 주요 역할
- 힘을 전달하는 기능을 감당한다.
- 밸브 사이에서 윤활작용을 돕는다.
- 마찰 등에 의해 발생하는 열을 분산시키며 냉각시킨다.
- 흐름에 의해 불순물을 씻어내는 작용을 한다.
- 유막을 형성하여 녹의 발생을 방지한다.

㉢ 유압작동유의 특징
- 비압축성이어야 한다.
- 열에 영향을 작게 받을 수 있어야 한다.
- 장시간 사용하여도 화학적으로 안정하여야 한다.
- 다양한 조건에서도 적정 점도가 유지되어야 한다.
- 기밀성, 청결성을 가지고 있어야 한다.

10년간 자주 출제된 문제

1-1. 다음 중 공압장치의 특징으로 옳지 않은 것은?
① 동력전달방법이 간단하다.
② 힘의 증폭이 용이하다.
③ 균일한 속도를 얻기 쉽다.
④ 에너지의 축적이 용이하다.

1-2. 다음 중 유압유에 비해 압축공기의 특성을 설명한 것으로 틀린 것은?
① 탱크 등에 저장이 용이하다.
② 온도에 극히 민감하지 않다.
③ 폭발과 인화의 위험이 거의 없다.
④ 먼 거리까지 쉽게 이송이 불가능하다.

| 10년간 자주 출제된 문제 |

1-3. 압축공기를 이용하는 방법 중에서 분출류를 이용하는 것과 거리가 먼 것은?
① 공기 커튼
② 공압 반송
③ 공압 베어링
④ 버스 출입문 개폐

1-4. 다음 중 유압유의 온도 변화에 대한 정도의 변화량을 표시하는 것은?
① 밀도
② 점도지수
③ 비체적
④ 비중량

1-5. 유압 기기에서 작동유의 기능에 대한 설명으로 가장 바르지 않은 것은?
① 압력전달기능
② 윤활기능
③ 방청기능
④ 필터기능

[해설]

1-2
압축공기는 압축비율을 높이면 저장효율이 좋아진다. 그리고 기름에 비해 화재의 위험이 작은 장점이 있다. 또한 유압유에 비해서는 온도에 덜 민감하여서 차가운 공기이든 더운 공기이든 압축하여 작동 유체로 사용하는 데 기능상 큰 차이가 없다. 반면 유압 작동유는 비압축성이어야 하고, 열에 영향을 적게 받을 수 있어야 하며, 장시간 사용하여도 화학적으로 안정하여야 한다. 또한 다양한 조건에서도 적정 점도가 유지되어야 하고, 기밀성·청결성을 가지고 있어야 한다.

1-3
버스 출입문은 공압 실린더를 이용한 예이다.
압축공기를 분출시켜 분출되는 힘을 이용하는 사례들을 묻는 문제로, 겨울철 각종 매장에서 사용하고 있는 에어 커튼과 압축공기의 분출 후 반송력을 이용하는 사례와 공기 분출력을 이용하여 극간 사이에 압축공기를 두어 베어링 역할을 하게 하는 공압 베어링이 예로 들어져 있다.

1-5
핵심이론 01 ③의 ⓒ 유압기기에서 작동유의 주요 역할 참조

정답 1-1 ③ 1-2 ④ 1-3 ④ 1-4 ② 1-5 ④

핵심이론 02 공압과 유압

① **대기의 압력**

> 대기압은 1기압으로
> 1atm = 760mmHg = 10.33mAq = 1.03323kgf/cm²
> = 1.013bar = 1,013hPa
> 공학기압으로 표현하면
> 1at = 735.5mmHg = 10.00mAq = 0.98bar
> = 0.98kgf/cm²

② **유압의 계산**

$$\text{유체에 작용하는 압력} = \frac{\text{작용력}}{\text{작용하는 단면적}}$$

예 실린더의 경우 실린더 안쪽 단면적은 $\frac{\pi}{4} \times d^2$, 작용력을 F 라고 하면 유체에 작용하는 압력 P 는

$$P = \frac{4F}{\pi d^4}$$

10년간 자주 출제된 문제

2-1. 압력의 표시단위가 아닌 것은?
① Pa
② bar
③ atm
④ N·m

2-2. 어느 게이지의 압력이 8kgf/cm²이었다면 절대압력은 약 몇 kgf/cm²인가?
① 8.0332
② 9.0332
③ 10.0332
④ 11.0332

2-3. 내경이 20mm인 실린더에 6kgf/cm²의 유압이 공급될 때 실린더 로드에 작용하는 힘(kgf)은 약 얼마인가?(단, 내부 마찰력은 무시한다)
① 9.9
② 18.8
③ 24.4
④ 37.6

|해설|

2-1
N·m는 힘과 거리의 곱의 단위로 모멘트의 단위이다.

2-2
절대압력 = 대기압 + 게이지압력으로 표현하며
대기압은 1기압으로
1atm = 760mmHg = 10.33mAq = 1.03323kgf/cm²으로 표시한다.
따라서 절대압력 = 1.03323kgf/cm² + 8kgf/cm²
= 9.03323kgf/cm²

2-3
실린더에 작용하는 압력은 실린더의 구조를 이해하고 전진과 후진의 경우를 나눠서 생각해야 하나, 이 문제의 경우 다른 고려 사항은 반영되어 있지 않고, 실린더 내부 단면적과 유압만을 고려하여 힘을 구한다.

실린더 안쪽 단면적 $= \frac{\pi}{4} \times d^2 = \frac{\pi}{4} \times (20mm)^2$
$= \frac{\pi}{4} \times (2cm)^2 ≒ 3.14cm^2$

작용력 = 유압 × 단면적 = 6kgf/cm² × 3.14cm² = 18.84kgf

정답 2-1 ④ 2-2 ② 2-3 ②

핵심이론 03 각종 유체 역학 이론

① **보일-샤를의 법칙**

$$PV = nRT$$

보일의 법칙과 샤를의 법칙을 조합한 식이다. 압력과 부피의 곱은 기체상수와 온도의 상관관계를 갖고 있다.
㉠ 보일의 법칙 : 일정량의 기체가 등온을 유지할 때 압력과 부피는 서로 반비례한다.
㉡ 샤를의 법칙 : 일정한 압력의 기체는 온도가 상승하면 부피도 상승한다.

② **파스칼의 원리**

파스칼의 원리는 압력이 작용하는 유체 전체에는 전 방향으로 같은 압력이 작용한다는 의미의 원리이다. 따라서 작용력의 면적과 힘이 비례하는 관계가 된다. 이는 여러 가지 영역에서 유용하게 활용되는데, 마치 유체를 이용한 지렛대의 원리처럼, 작동력을 작용시키는 쪽에서는 크지 않은 힘으로 일을 해도, 작동력이 전달되는 쪽에서는 큰 힘이 발현될 수 있다.

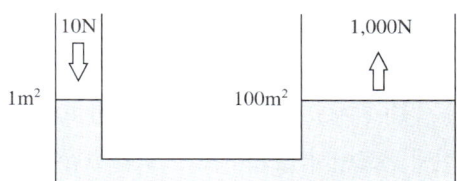

③ **연속의 법칙**

유량은 단면적과 유속의 곱으로 표현하며, 닫혀 있는 유로 안에서는 어느 지점에서 측정하여도 유량의 변화는 없다.

$$Q = AV = A_1 V_1 = A_2 V_2$$

여기서, A : 유로의 단면적
V : 유속

④ **베르누이의 정리**

유체에 작용하는 힘, 압력, 속도, 위치에너지를 각각 수두(水頭), 즉 물의 높이로 표현하고 그 합은 항상 같다는 것을 정리하여 나타낸 식이다.

$$\frac{P}{\gamma}+\frac{V^2}{2g}+z=\frac{P_1}{\gamma}+\frac{V_1^2}{2g}+z_1=\frac{P_2}{\gamma}+\frac{V_2^2}{2g}+z_2=H$$

여기서, P_1 : 1위치에서의 압력
  V_1 : 1위치에서의 속도
  z_1 : 1위치에서의 높이
  H : 전체 수두

⑤ 공동현상(空洞現像)

캐비테이션(Cavitation)이라고도 한다. 유로 안에서 그 수온에 상당하는 포화증기압 이하로 될 때 발생하며 유압, 공압기기의 성능이 저하되고, 소음 및 진동이 발생하는 현상이다. 관로의 흐름이 고속일 경우 압력이 저하되기 때문에 저압부에 기포가 발생한다. 유체가 기체가 되려면 끓는점 이상이 되어서 유체가 기체가 되거나 기체가 직접 흡입되는 경우가 있는데, 작동 유체가 끓으려면 열을 받아 실제 온도가 올라가거나 작동 유체의 압력이 낮아져서 끓는점이 급격히 낮아지는 원인이 있을 수 있다.

⑥ 노점(露点)온도

이슬이 맺히는 온도를 의미한다. 공기 중의 수증기는 공기의 온도에 따라 포화수증기량이 각각 다르다. 현재 공기 중 가지고 있는 수증기의 양이 10g이라고 하고, 현재 온도에서의 포화수증기량을 20g이라고 한다면 현재 습도는 50%이다. 그러나 공기의 온도를 낮추게 되면 그 온도에서의 포화수증기량도 따라 내려가게 되고, 점점 공기의 온도를 낮추다 보면 어느 온도에서는 포화수증기량이 10g이 되는 온도가 있게 된다. 이럴 때 현재 공기는 이 온도보다 낮은 온도로 냉각되면 수증기는 10g보다 적은 양을 품고 있을 수밖에 없고, 그렇게 되면 남은 수증기는 이슬로 맺히게 된다. 즉, 현재 수증기량이 습도 100%가 되는 온도, 이슬이 맺히는 온도를 노점온도라고 한다.

10년간 자주 출제된 문제

3-1. 온도가 일정할 경우 가스의 처음 상태에서 체적(V_1)이 0.5m³, 압력(P_1)이 2atm일 때, 압축 후 체적이 0.2m³가 되었다. 이때의 압력(P_2)은 몇 atm인가?

① 10
② 8
③ 6
④ 5

3-2. 파스칼의 원리를 올바르게 설명한 것은?

① 정지 유체 내에 가해진 압력은 깊이에 비례하여 전달된다.
② 정지 유체 내에 가해진 압력은 깊이에 반비례하여 전달된다.
③ 정지 유체 내에 가해진 압력은 길이의 제곱에 비례하여 전달된다.
④ 밀폐된 용기 내에 가해진 압력은 모든 방향으로 균등하게 전달된다.

3-3. 안지름이 20cm인 피스톤 속도가 5m/s일 때 필요한 유량은 몇 L/s인가?

① 314
② 500
③ 132
④ 157

3-4. 압력수두 + 위치수두 + 속도수두 = 일정의 식과 가장 관계가 깊은 것은?

① 연속 법칙
② 파스칼 원리
③ 베르누이 정리
④ 보일-샤를의 법칙

3-5. 다음 중 캐비테이션(공동현상)의 발생원인으로 잘못된 것은?

① 흡입 필터가 막히거나 급격히 유로를 차단한 경우
② 패킹부의 공기 흡입
③ 펌프를 정격속도 이하로 저속회전시킬 경우
④ 과부하이거나 오일의 점도가 클 경우

|해설|

3-1
보일의 법칙에 의해 등온하에서 압력과 부피의 곱은 일정하므로
$PV = P_1 V_1 = P_2 V_2$
$PV = 2\text{atm} \times 0.5\text{m}^3 = P_2 \times 0.2\text{m}^3$
$\therefore P_2 = 5\text{atm}$

3-3

단동이나 복동실린더 같은 실린더 내부의 피스톤의 움직임을 계산할 때 필요한 계산식으로 연속의 법칙을 적용하여 계산한다. 연속의 법칙은 '유량은 단면적과 유속의 곱으로 표현하며 닫혀 있는 유로 안에서는 어느 지점에서 측정하여도 유량의 변화는 없다.'로 정의한다.

$Q = AV = A_1 V_1 = A_2 V_2$

따라서

$Q = A_1 V_1 = \frac{\pi}{4} d^2 \times 5\text{m/s} = \frac{\pi}{4}(0.2\text{m})^2 \times 5\text{m/s}$
$= 0.15708\text{m}^3/\text{s} = 157.08\text{L/s}$
$(\because 1\text{m}^3 = 10^3 \text{L})$

3-4

베르누이의 정리란 유체에 작용하는 힘, 압력, 속도, 위치에너지를 각각 수두(水頭), 즉 물의 높이로 표현하고 그 합은 항상 같다는 것을 정리하여 나타낸 식이다.

3-5

베르누이의 정리에 의하면 유체의 속도가 올라가야 압력이 낮지므로 저속 운전 시 공동현상의 가능성이 낮아진다.

정답 3-1 ④ 3-2 ④ 3-3 ④ 3-4 ③ 3-5 ③

핵심이론 04 방향제어밸브

① **포트의 개수**

방 하나당 뚫린 구멍의 수(모든 방의 뚫린 구멍의 수)

예 다음 그림에서 보면 각 네모칸(방)에는 같은 위치의 구멍(검은 점으로 표시)이 같은 수만큼 뚫려 있다. 그리고 밸브를 작동하게 되면 방의 위치를 옮겨서 공압의 흐름을 변경시켜 주는 구조로 되어 있다.

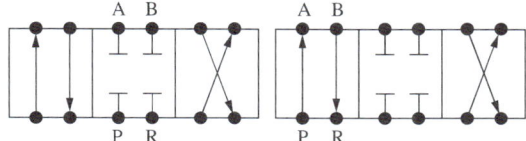

따라서 이 밸브는 각 방별로 포트가 네 개씩 뚫려 있어 4port 밸브이며, 방의 수가 세 개여서 세 가지 방법의 제어를 선택할 수 있어 3way 밸브라 하거나 세 가지 위치를 선택할 수 있어 3위치밸브라고 한다.

② **방향제어밸브의 조작방법**

㉠ 수동 조작방법 : 레버를 이용해 손으로 밸브를 열었다 닫았다 하는 형태이다.

㉡ 전기신호 조작방법 : 전기 신호를 이용하여 솔레노이드를 작동시켜 조작한다.

㉢ 공압신호 조작방법 : 공압에 의해 밸브를 열거나 닫는다.

㉣ 기계적 조작방법 : 롤러, 스프링, 플런저 등을 활용하여 외력에 의해 밸브를 열거나 닫는다.

| 10년간 자주 출제된 문제 |

다음 그림의 밸브 기호에서 제어 위치의 개수는?

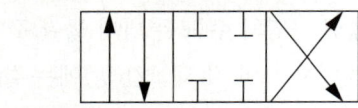

① 1개
② 2개
③ 3개
④ 4개

[해설]
제어의 선택 가능한 개수는 방의 개수와 같다. 위 밸브의 방의 개수는 3개이다.

정답 ③

핵심이론 05 압력제어밸브 및 유량제어밸브

① 압력제어밸브의 종류
  ㉠ 릴리프밸브 : 탱크나 실린더 내의 최고압력을 제한하여 과부하 방지를 목적으로 하며 안전밸브라고도 한다.
    • 직동형 : 직접 스프링에 압력을 가하여 입구를 막고 있다가 더 큰 힘이 걸리면 입구가 열려서 흐름이 생긴다.
    • 파일럿 작동형 : 간접 작동형으로 작동밸브에 오리피스를 달아서 더 작은 스프링으로 오리피스의 압력을 조절한다. 더 민감한 압력을 조정 가능하므로 많이 사용된다.
  ㉡ 감압밸브 : 출구쪽 압력을 일정하게 유지하는 역할로 릴리프밸브가 1차쪽 압력제어이면 감압밸브는 2차쪽 압력조정밸브이다.
  ㉢ 시퀀스밸브 : 주회로의 압력을 일정하게 유지하면서 조작의 순서를 제어할 때 사용하는 밸브이다.
  ㉣ 무부하밸브 : 펌프의 무부하 운전을 시키는 밸브이다.
  ㉤ 카운터밸런스밸브 : 액추에이터쪽에 배압(Back P, 빠지는 쪽의 압력)을 걸어 주어 적절한 움직임을 제어하고자 하는 밸브이다.

② 유량제어밸브의 종류
  ㉠ 교축밸브 : 유로의 단면적을 변화시켜서 유량을 조절하는 밸브이다. 고정형과 가변형이 있고 가변형도 구조가 복잡하지 않아서 가변형을 대부분 사용한다. 단면적을 조절하는 부속의 모양에 따라 니들형, 스풀형, 플레이트형으로 나뉜다.
  ㉡ 한방향 교축밸브(일방향 유량제어밸브) : 체크밸브를 달아서 한 방향의 흐름만을 제어하는 형태로 속도제어밸브 역할을 한다.

ⓒ 압력보상형 유량제어밸브 : 교축밸브는 입력쪽 유량과 출력쪽 유량이 달라질 수밖에 없는데, 이를 보상하여 유량이 일정할 수 있도록 하려면 교축 전후 압력을 보상할 필요가 있고, 이를 압력보상형 유량제어밸브라 한다.
ⓓ 급속배기밸브 : 배기구를 확 열어 유속을 조절하는 밸브로 공압밸브에서 주로 적용된다.

③ 이압(2압)밸브 및 셔틀밸브

왼쪽 이압밸브는 다음 그림과 같이 작동하므로 A, B포트에 모두 공기가 들어가야만 출력이 나오는 형태의 밸브로 AND 밸브라고 부른다. 오른쪽 셔틀밸브는 양쪽 중 한쪽에만 공기가 들어가도 출력이 나오는 형태의 밸브로 OR밸브라고 부른다.

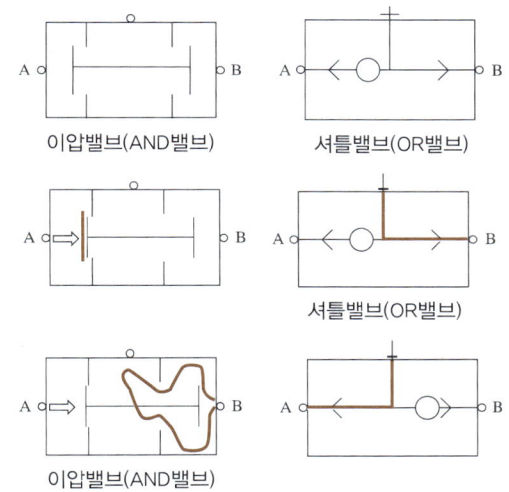

④ 시간지연밸브

압력 및 공기의 전달을 일정 시간 늦추어 공압을 전달하는 것을 시간지연밸브라고 하며 공기를 담아 둘 탱크와 제어 작동용 방향제어밸브, 유속 조정용 속도제어밸브는 필요한 요소이다.

10년간 자주 출제된 문제

5-1. 회로 중의 압력이 최고사용압력을 초과하지 않도록 하여 회로 중의 기기 파손 또는 과대출력을 방지하기 위하여 사용하는 밸브는?
① 릴리프밸브
② 감압밸브
③ 시퀀스밸브
④ 급속배기밸브

5-2. 다음은 '2압밸브'를 'AND밸브'라고도 하는 이유를 설명한 것이다. 옳은 것은?
① 공기 흐름을 정지 또는 통과시켜 주므로
② 두 개의 공기 입구 모두에 공압이 작용해야만 출력이 나오므로
③ 독립적으로 사용되므로
④ 역류를 방지하기 때문에

5-3. 시간지연밸브의 구성요소와 관계없는 것은?
① 압력증폭기
② 공기탱크
③ 3방향 2위치 방향제어밸브
④ 속도조절밸브

|해설|

5-1
※ 정답으로 출제된 밸브의 종류를 안내하니 참고하여 학습하도록 한다.
- 압력제어밸브의 종류
  - 릴리프밸브
  - 감압밸브
  - 시퀀스밸브
  - 무부하밸브
  - 카운터밸런스밸브
- 유량제어밸브의 종류
  - 교축밸브
  - 유량조절밸브
  - 급속배기밸브

5-2

제어밸브의 종류로는 압력제어밸브, 유량제어밸브, 방향제어밸브 등이 있고, 기타로 논리적 제어를 하는 이압밸브, 셔틀밸브, 체크밸브 등이 있다. 이 중 이압밸브는 양쪽 모두 신호가 들어가야만 출력이 나오는 형태의 밸브로, 논리식에서 AND와 같다 하여 AND밸브라고 부르기도 한다. 셔틀밸브는 양쪽 중 한 곳만 신호가 들어가도 출력이 나오는 형태로, 논리식 OR과 같다 하여 OR밸브라 부르기도 하며, 체크밸브는 한 방향의 흐름만 인가하고 반대방향의 흐름은 인가하지 않는, 방향을 체크하는 밸브이다.

5-3

시간지연밸브는 한방향 유량제어밸브와 탱크 및 3/2way 방향제어밸브로 구성된다.

정답 5-1 ① 5-2 ② 5-3 ①

핵심이론 06 밸브의 구조

① 주밸브의 기본 구조 원리와 특징

㉠ 스풀형

기본 구조 원리	원통형으로 된 슬리브나 밸브 몸체의 미끄럼면에 내접하여 스풀(실패) 형상의 축이 축 방향으로 이동하면서 압축공기의 흐름을 전환한다.
장 점	• 압력이 축 방향으로 작용하고 있기 때문에, 비교적 높은 공압에서도 작은 힘으로 밸브를 전환할 수 있다. • 구조가 비교적 간단하다. • 대량 생산에 적합하다. • 스풀의 형상이나 배관구의 위치에 따라 각종 밸브를 만들 수 있다. • 밸브의 크기에 비해서 비교적 큰 유량을 얻을 수 있다.
단 점	• 고정밀도의 기계 가공이 필요하다. • 공기 누설이 약간 있다. • 배관 중의 먼지 등의 이물질이 혼입된 압축공기를 사용하면 고장의 원인이 된다. • 급유가 필요하다.

㉡ 포핏형

기본 구조 원리	밸브 몸체가 밸브 시트의 직각 방향으로 이동하면서 압축공기의 흐름을 전환한다.
장 점	• 실(Seal)효과가 좋다. • 밸브의 이동거리가 짧기 때문에 밸브의 개폐시간이 빠르다. • 먼지 등의 이물질이 혼입되더라도 고장이 적다. • 대부분의 것은 급유를 필요로 하지 않는다.
단 점	• 공기압력이 높아지면 밸브를 개폐하는 조작력이 크게 된다. • 배관구가 많아지면 형상이 복잡하게 되어 자유도가 작아진다.

ⓒ 슬라이드형

기본구조원리	슬라이드 면과 고정측 면과의 위치 변화에 의해 압축공기의 흐름을 전환한다.
장 점	• 큰 유량을 얻을 수 있다. • 구조가 간단하고, 유량 조정이 가능하다. • 여러 가지 기능의 밸브를 만들 수 있다.
단 점	• 응답성이 나쁘고 수명이 짧다. • 밸브가 커짐에 따라 조작에 힘이 많이 든다. • 공기 누설이 약간 있다.

② 중립 위치에 따른 밸브의 분류

중립 위치의 모양, 즉 센터만을 가지고 종류를 구분하면 다음과 같다.

이 름	모 양	특 징
오픈 센터 (Open Center)	A B P T	중립 상태에서 모든 통로가 열려져 있으므로 중립 상태 시 부하를 받지 않는다.
탠덤 센터 (Tandem Center)	A B P T	중립 시 들어온 공기를 탱크로 회수한다. 실린더의 위치 고정이 가능하고 경제적으로 사용된다.
플로트 센터 (Float Center)	A B P T	주로 파일럿 체크밸브와 짝이 되어 사용하며 원하는 공기압 외의 입력 공기압을 모두 배출한다.
클로즈드 센터 (Closed Center)	A B P T	모든 포트가 막혀 있으므로 펌프로 들어올 공기가 들어오지 못하고 다른 회로와 연결이 되어 있는 경우 다른 회로에서 모두 사용을 한다.

③ 조작방식에 따른 분류

ⓐ 솔레노이드 : 솔레노이드의 흡인력에 의해 밸브를 개폐시킨다.

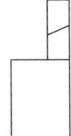

ⓑ 공기압 작동방식 : 공기압력으로 밸브를 개폐시킨다. 일반적으로, 주흐름 공기압과 같은 압력이거나 다소 낮은 압력의 파일럿 공기압을 이용하여 주밸브의 전환을 행한다.

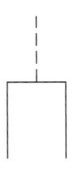

ⓒ 기계 작동방식

• 캠 등의 기계적인 운동에 의해 밸브의 전환을 행한다. 전기기기의 마이크로 스위치나 리밋 스위치에 상당하는 동작을 행한다.

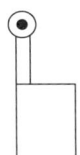

• 전기를 사용하지 않고 공기압만으로 자동 제어를 행할 때에 사용하며, 고온·다습이나 폭발성의 가스 등을 취급하는 곳에 주로 사용한다.

  예 플런저, 스프링, 롤러

ⓓ 수동방식 : 공기의 흐름을 사람의 손으로 개폐한다.

  예 버튼, 레버, 페달 등

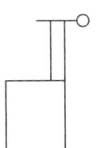

④ 솔레노이드밸브

ⓐ 전자석의 힘을 이용하여 플런저를 움직여 공기압의 방향을 전환시키는 밸브이다.

ⓑ 특 징
• 낮은 전력 소모
• 짧은 스위칭 시간
• 높은 접점 완성률
• 긴 내구 수명

ⓒ 교류 솔레노이드의 장단점

장 점	단 점
• 개폐시간이 짧다. • 흡인력이 크다. • 정류기나 스파크 억제 회로가 불필요하다. • 기계적 응력이 크다.	• 개폐 주기수가 제한된다. • 잡음이 발생한다. • 과부하, 저전압, 기계적 속박에 민감하다. • 공기 갭이 있으면 온도가 상승하고 과전류가 발생한다. • 수명이 짧다.

ⓓ 직류 솔레노이드의 장단점

장 점	단 점
• 작동이 쉽다. • 간단하다. • 코어의 내구성이 좋다. • 열을 발산한다. • 유지 전력과 턴-온(Turn-on) 전력이 낮다. • 소음이 작고 수명이 길다.	• 스위치 OFF 시 과전압이 발생한다. • 스파크 억제 회로가 필요하다. • 접촉 마모가 크고 개폐 시간이 길다. • AC 전원을 사용하면 정류기가 필요하다.

⑤ 밸브의 보전

㉠ 밸브를 장기간 사용하면 윤활이 적어지고, 작동이 원활하지 않으며, 기계적 손상을 유발할 수 있다. 이를 위해 미리 고장을 예방하고, 윤활대책과 적절한 교체를 시행해야 한다.

㉡ 밸브의 작업환경에 맞는 종류의 밸브를 설치해야 한다. 오염이 많은 공간에서는 방청과 밀폐도가 높은 밸브를 사용해야 하며, 공기필터를 활용한다. 이미 불순물이 들어간 경우, 적절하게 청소하거나 분해 청소를 통해 청결을 유지해야 한다.

㉢ 솔레노이드 밸브의 전압이 낮으면 정상 작동이 되지 않으므로 신호부를 교체해야 한다.

㉣ 윤활이 부족하면 물리적 마찰로 인해 밸브에 소음과 기계적 충격력이 발생할 수 있으므로 적절한 윤활대책을 세워야 한다. 이를 위해 압축공기에 윤활제를 분무하여 윤활기능을 높여 주어야 하며 긴급한 경우 필요부에 직접 도포할 수 있다.

10년간 자주 출제된 문제

6-1. 방향제어밸브의 조작방식 중 기계조작방식에 속하지 않는 것은?

① 플런저방식　　② 페달방식
③ 롤러방식　　　④ 스프링방식

6-2. 포핏밸브의 특징이 아닌 것은?

① 구조가 간단하여 먼지 등 이물질의 영향을 잘 받지 않는다.
② 짧은 거리에서 밸브를 개폐할 수 있다.
③ 밀봉효과가 좋고 복귀스프링이 파손되어도 공기압력으로 복귀된다.
④ 큰 변환 조작이 필요하고, 다방향밸브로 되면 구조가 단순하다.

6-3. 밸브의 작동방법 중 기계적 작동방법은?

① 누름스위치　　② 솔레노이드
③ 페 달　　　　　④ 스프링

6-4. 다음 그림의 중립위치는 어떤 유로형인가?

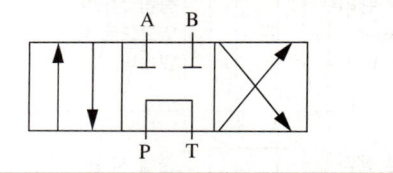

① 오픈 센터형
② 펌프 클로즈드 센터형
③ 탠덤 센터형
④ 탱크 클로즈드 센터형

|해설|

6-1
기계조작방식에는 플런저, 스프링, 롤러방식이 있다.

6-3
• 기계 작동방식의 예 : 플런저, 스프링, 롤러
• 수동 작동방식의 예 : 버튼, 레버, 페달 등

6-4
탠덤 센터형의 그림이다.

정답 6-1 ②　6-2 ④　6-3 ④　6-4 ③

핵심이론 07 공유압 기호

① 실린더의 기호

명 칭	기 호		비 고
단동실린더	상세기호	간략기호	• 공 압 • 압출형 • 편로드형 • 대기 중의 배기(유압의 경우는 드레인)
단동실린더 (스프링 붙이)	(1) (2)		• 유 압 • 편로드형 • 드레인축은 유압유 탱크에 개방 (1) 스프링 힘으로 로드 압출 (2) 스프링 힘으로 로드 흡인
복동실린더	(1) (2)		(1) • 편로드 　 • 공 압 (2) • 양로드 　 • 공 압
복동실린더 (쿠션 붙이)	2:1	2:1	• 유 압 • 편로드형 • 양 쿠션, 조정형 • 피스톤 면적비 2 : 1
단동 텔레스코프형 실린더			공기압
복동 텔레스코프형 실린더			유 압

② 공압실린더의 형식에 따른 분류

종 류		Type	
기본형		SD	
클레비스형 실린더		1산	CA
		2산	CB
플랜지형	장방향	로드측	FA
		헤드측	FB
	정방향	로드측	FC
		헤드측	FD
풋 형		축직각	LA
		축방향	LB
트러니언형		로드측	TA
		센 터	TC

③ 주요 밸브기호

체크밸브	무부하밸브	감압밸브
이압밸브	셔틀밸브	릴리프밸브
A　　B	A　　B	
한 방향 유량조절밸브	3/2way 솔레노이드 밸브(자동복귀형)	4/2way 밸브 (수동 조작형)

④ 유압 공기압 기호의 표시방법과 해석의 기본사항 (KS B 0054)

㉠ 기호는 기능, 조작방법 및 외부 접속구를 표시한다.

㉡ 기호가 기기의 실제 구조를 나타내는 것은 아니다.

㉢ 복잡한 기능을 나타내는 기호는 원칙적으로 KS B 0054의 기호요소와 기능요소를 조합하여 구성한다. 단, 이들 요소로 표시되는 않는 기능에 대하여는 특별한 기호를 그 용도 한정시켜 사용하여도 좋다.

㉣ 기호는 원칙적으로 통상의 운휴상태 또는 기능적인 중립상태를 나타낸다. 단 회로도 속에서는 예외도 인정된다.

㉤ 기호는 해당기기의 외부포트의 존재를 표시하나, 그 실제 위치를 나타낼 필요는 없다.

㉥ 포트는 관로와 기호요소의 접점으로 나타낸다.

㉦ 포위선 기호를 사용하고 있는 기기의 외부 포트는 관로와 포위선의 접점으로 나타낸다.

㉧ 복잡한 기호의 경우, 기능상 사용되는 접속구만을 나타내면 된다. 단, 식별하기 위한 목적으로 기기에 표시하는 기호는 모든 접속구를 나타내야 한다.

㉨ 기호 속의 문자(숫자는 제외)는 기호의 일부분이다.

ㅊ 기호의 표시법은 한정되어 있는 것을 제외하고는 어떠한 방향이라도 좋으나, 90° 방향마다 쓰는 것이 바람직하다. 또한 표시방법에 따라 기호의 의미가 달라지는 것은 아니다.

ㅋ 기호는 압력, 유량 등의 수치 또는 기기의 설정값을 표시하는 것은 아니다.

ㅌ 간략기호는 그 표준에 표시되어 있는 것 및 그 표준의 규정에 따라 고안해 낼 수 있는 것에 한하여 사용하여도 좋다.

ㅍ 2개 이상의 기호가 1개의 유닛에 포함되어 있는 경우에는 특정한 것을 제외하고, 전체를 1점쇄선의 포위선 기호로 둘러싼다. 단, 단일기능의 간략기호에는 통상 포위선을 필요로 하지 않는다.

ㅎ 회로도 중에서 동일 형식의 기기가 수개소에 사용되는 경우에는 제도를 간략화하기 위하여 각 기기를 간단한 기호요소로 대표시킬 수가 있다. 단, 기호요소 중에는 적당한 부호를 기입하고, 회로도 속에 부품란과 그 기기의 완전한 기호를 나타내는 기호표를 별도로 붙여서 대조할 수 있게 한다.

10년간 자주 출제된 문제

7-1. 다음 그림이 나타내는 공유압 기호는 무엇인가?

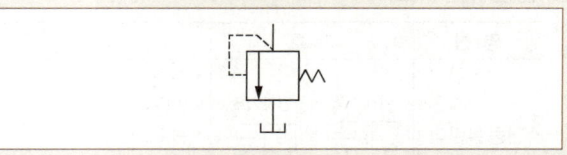

① 체크밸브   ② 릴리프밸브
③ 무부하밸브 ④ 감압밸브

7-2. 다음 공기압 기호의 명칭은?

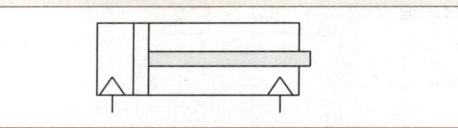

① 단동실린더 ② 복동실린더
③ 요동실린더 ④ 공압모터

7-3. 다음 공압실린더의 지지 형식에 따른 분류 중 클레비스형의 기호는?

① FA   ② CA
③ FB   ④ TC

7-4. 공유압 기호에서 기호의 표시방법과 해석에 관한 설명으로 틀린 것은?

① 기호는 기기의 실제 구조를 나타내는 것은 아니다.
② 기호는 원칙적으로 통상의 운휴 상태 또는 기능적인 중립상태를 나타낸다.
③ 숫자를 제외한 기호 속의 문자는 기호의 일부분이다.
④ 기호는 압력, 유량 등의 수치 또는 기기의 설정값을 표시하는 것이다.

해설

7-1

체크밸브	무부하밸브	감압밸브

7-3

종 류		Type
기본형		SD
클레비스형 실린더	1산	CA
	2산	CB
플랜지형	장방향 로드측	FA
	장방향 헤드측	FB
	정방향 로드측	FC
	정방향 헤드측	FD
풋 형	축직각	LA
	축방향	LB
트러니언형	로드측	TA
	센 터	TC

7-4

유압 공기압 기호의 표시방법과 해석의 기본사항(KS B 0054)
- 기호는 기기의 실제 구조를 나타내는 것은 아니다.
- 기호는 원칙적으로 통상의 운휴 상태 또는 기능적인 중립 상태를 나타낸다. 단, 회로도 속에서는 예외도 인정된다.
- 기호 속의 문자(숫자는 제외)는 기호의 일부이다.
- 기호가 압력, 유량 등의 수치 또는 기기의 설정값을 표시하는 것은 아니다.

정답 7-1 ② 7-2 ② 7-3 ② 7-4 ④

핵심이론 08 액추에이터 – 실린더

① 구 조

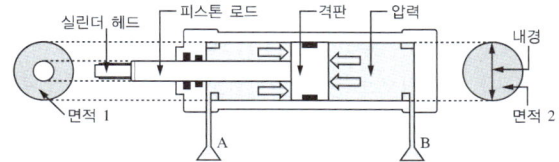

그림을 보면 A포트로 공기가 들어가는 경우는 실린더를 후진시키고, B포트로 들어가는 경우는 전진시킨다는 것을 알 수 있다.

② 실린더에 작용하는 작용력

㉠ 전진의 경우

작용력 = 압력 × 면적 2

㉡ 후진의 경우

작용력 = 압력 × 면적 1

③ 실린더의 종류

㉠ 단동실린더 : 실린더에 공기압 포트가 하나만 있고, 복귀는 스프링으로 하는 형식의 실린더이다.

㉡ 복동실린더 : 실린더에 공기압 포트가 양쪽으로 있어서 실린더 헤드의 전진과 후진을 공기압으로 제어하는 실린더이다.

㉢ 양로드 실린더 : 로드와 실린더 헤드가 양쪽으로 달린 복동실린더이다.

㉣ 쿠션내장형 실린더 : 내부에 쿠션이 내장되어 있어 스트로크의 충격을 완화할 때 사용한다.

㉤ 충격실린더 : 급격한 출력을 내고자 할 때 사용하는 실린더이다.

㉥ 탠덤실린더 : 격판이 두 개 존재하여 로드를 길게 사용하거나 공기압을 두 배로 받을 수 있도록 하여 출력을 두 배로 사용할 수 있도록 만든 실린더이다.

④ 실린더의 작동 압력

공압 액추에이터의 압력은 0.7MPa(약 7.1kgf/cm^2) 이하로 작동하여야 한다. 근래 공압 액추에이터가 다양해지고 아주 약한 압력에도 작동하는 액추에이터가 많으나 일반적으로는 공압에서도 가능한 강한 압력을 작용할 수 있도록 제작하는 편이 효율과 성능면에서 유리하다.

10년간 자주 출제된 문제

8-1. 유체의 압력에너지를 기계적 에너지로 변환하는 장치는?
① 송풍기
② 팬(Fan)
③ 압축기
④ 실린더

8-2. 다음 보기의 공압 액추에이터 중에서 무엇에 대한 설명인가?

|보기|
- 전진운동뿐만 아니라 후진운동에도 일을 해야 하는 경우에 사용된다.
- 피스톤 로드의 구부러짐과 휨을 고려해야 하지만, 행정거리는 원칙적으로 제한이 없다.
- 전진, 후진 완료 위치에서 관성으로 인한 충격으로 실린더가 손상이 되는 것을 방지하기 위하여 피스톤 끝 부분에 쿠션을 사용하기도 한다.

① 복동실린더
② 단동실린더
③ 베인형 공압모터
④ 격판실린더

8-3. 다음 실린더의 종류에 대한 설명 중 잘못된 것은?
① 양로드형 실린더 : 양방향 같은 힘을 낼 수 있다.
② 충격실린더 : 빠른 속도(7~10m/s)를 얻을 때 사용된다.
③ 탠덤실린더 : 다단 튜브형 로드를 가져 긴 행정에 사용된다.
④ 쿠션내장형 실린더 : 스트로크 끝부분의 충격이 완화되어야 할 때 사용된다.

8-4. 일반적으로 공압 액추에이터나 공압기기의 작동압력(kgf/cm^2)으로 가장 알맞은 압력은?
① 1~2
② 4~6
③ 10~15
④ 40~55

해설

8-1
④ 실린더는 전달유체를 통해 기계를 작동하여 신호 또는 동작을 하게끔 만들어진 장치이다.
① 송풍기는 유체의 흐름을 만들어 주는 기계이다.
② 팬(Fan)은 일종의 송풍기이거나 송풍기 날개를 의미한다.
③ 압축기는 유체를 압축하여 압력에너지로 변환시키는 장치이다.
따라서 엄밀하게는 ①, ③, ④ 모두 해당되나, 직접적인 기계동작을 만들어내는 실린더가 문제의 의도에 가장 근접한다.

8-2
① 복동실린더는 실린더 헤드가 양쪽에 달린 실린더로 전진 시와 후진 시에 모두 일이 가능한 실린더이다.
② 단동실린더는 실린더 헤드가 한쪽에 달려 있고, 전진 시 역할을 하며 스프링을 달아서 공압이나 유압이 작동하지 않을 경우 자동 복귀하는 형태가 있고, 후진 시에도 공압이나 유압이 작동하여야만 후진하는 형태가 있으나 단동실린더를 사용하는 곳은 거의 스프링이 달린 자동복귀형을 사용한다.
③ 베인형 공압모터는 미끄럼 날개차가 달려 있어서 밀폐성이 좋으며 정숙한 운전과 안정된 흐름으로 모터를 회전시킬 수 있는 공압모터이다.
④ 격판실린더는 다이어프램을 이용한 실린더로서 단동실린더의 일종이다.

8-3
③ 탠덤실린더는 로드 위에 두 개의 실린더를 다는 형태로 두 실린더를 연결해서 두 배의 힘을 낼 수 있도록 사용하는 실린더이다.
① 화살표로 공기가 들어간다고 했을 때 한쪽 로드실린더는 전진 시와 후진 시에 힘이 작용하는 면적이 다른 반면, 양쪽 로드실린더는 전진 시와 후진 시에 힘이 작용하는 면적이 같다.

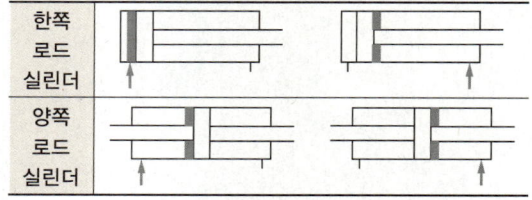

8-4
공압 액추에이터의 압력은 0.7MPa(약 7.1kgf/cm^2) 이하로 작동하여야 한다. 근래 공압 액추에이터가 다양해지고 아주 약한 압력에도 작동하는 액추에이터가 많으나 일반적으로는 공압에서도 가능한 강한 압력을 작용할 수 있도록 제작하는 편이 효율과 성능면에서 유리하다.

정답 8-1 ④ 8-2 ① 8-3 ③ 8-4 ②

핵심이론 09 액추에이터 - 공압모터

① 특 징
 ㉠ 속도를 무단으로 조절할 수 있다.
 ㉡ 출력을 조절할 수 있다.
 ㉢ 속도 범위가 크다.
 ㉣ 과부하에 안전하다.
 ㉤ 오물, 물, 열, 냉기에 민감하지 않다.
 ㉥ 폭발에 안전하다.
 ㉦ 보수 유지가 비교적 쉽다.
 ㉧ 높은 속도를 얻을 수 있다.
 ㉨ 입력된 에너지에 비해 출력되는 에너지의 비율이 나쁘거나 일정하지 않다.
 ㉩ 정확한 제어가 힘들다.
 ㉪ 유압에 비해 소음도 발생한다.

② 공압모터의 종류
 ㉠ 반경류 피스톤모터 : 왕복운동의 피스톤과 커넥팅 로드에 의하여 운전하고, 피스톤의 수가 많을수록 운전이 용이하며, 공기의 압력, 피스톤의 개수, 행정거리, 속도 등에 의해 출력이 결정된다. 중속회전과 높은 토크를 감당하며, 여러 가지 반송장치에 사용된다.

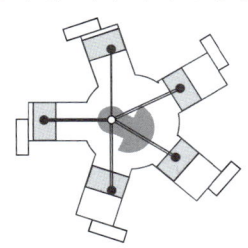

 ㉡ 축류 피스톤모터 : 축방향으로 나열된 다섯 개의 피스톤에서 나오는 힘은 비스듬한 회전판에 의해 회전운동으로 전환된다. 정숙운전이 가능하며, 중저속 회전과 높은 출력을 감당한다. 각종 반송장치에 사용된다.

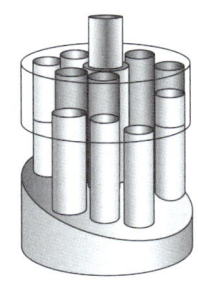

 ㉢ 베인모터 : 로터는 3,000~8,500rpm 정도가 가능하며 24마력까지 출력을 낸다. 마모에 강하고 무게에 비해 높은 출력을 내는 특징이 있다. 날개(Vane) 끝이 벽에 밀착되어 지나가는 공기가 날개를 밀어내어 회전력을 얻는 방식이며, 로터가 편심되어 있어서 공기 흐름의 속도에 영향을 주도록 구조가 되어 있다.

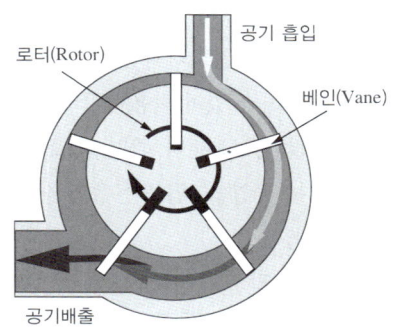

 ㉣ 기어모터 : 두 개의 맞물린 기어에 압축공기를 공급하여 토크를 얻는 방식이다. 높은 동력전달이 가능하고 높은 출력도 가능하며, 역회전도 가능하다. 광산이나 호이스트 등에 사용한다. 그림은 기어펌프의 그림으로 기어의 회전으로 유체의 압력과 속도를 만들어내면 펌프, 유체의 흐름으로 회전력을 얻어내면 모터라고 이해하면 좋다.

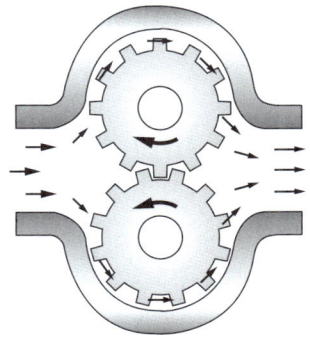

 ㉤ 터빈모터 : 출력이 낮고 속도가 높은 곳에 사용되는 공압모터이다. 터빈 날개를 이용하여 회전력을 얻는다.

ⓗ 요동모터
- 래크형 요동모터 : 피스톤 로드 부분을 래크로 제작하여 직선운동을 회전운동으로 전환하는 모터이다. 작용력은 래크와 연결된 기어와의 기어비에 영향을 받는다.
- 베인형 요동모터 : 날개차를 달아서 요동을 할 수 있도록 제작한 모터이다. 회전각이 보통 300°를 넘지 못한다.

※ 유압모터는 공압모터와 유사하나 작동유를 사용한다는 차이가 있어 작용력이 크고 좀 더 단순한 구조를 많이 사용한다. 일반적으로 공유압기기에서 모터는 공압을, 펌프는 유압을 사용하는 편이 유리하다.

③ 공압모터의 장단점

장 점	단 점
• 회전수와 토크를 자유로이 조절할 수 있으며 과부하 시 위험성이 낮다. • 작동과 정지, 회전변환 등에 부드럽게 동작하며 폭발의 위험성이 작다.	• 입력된 에너지에 비해 출력되는 에너지의 비율이 나쁘거나 일정하지 않다. • 정확한 제어가 힘들다. • 유압에 비해 소음도 발생한다.

10년간 자주 출제된 문제

9-1. 다음 중 공압모터의 특징을 설명한 것으로 틀린 것은?
① 폭발의 위험이 있는 곳에서도 사용할 수 있다.
② 회전수, 토크를 자유로이 조절할 수 있다.
③ 과부하 시 위험성이 없다.
④ 에너지 변환 효율이 높다.

9-2. 유압모터 중 구조면에서 가장 간단하며 출력 토크가 일정하고, 정회전과 역회전이 가능한 모터는?
① 기어모터
② 베인모터
③ 회전피스톤모터
④ 요동모터

[해설]

9-1
공압은 특유의 압축성으로 인해 에너지 변환 효율이 낮다.

9-2
기어모터는 구조가 간단하고 정회전, 역회전이 가능하며 활용 범위가 넓다.

정답 9-1 ④ 9-2 ①

핵심이론 10 펌프

① 유압펌프의 종류

용적형 펌프(고정용량형)	비용적형 펌프(가변용량형)
• 용적이 밀폐되어 있어 부하압력이 변동해도 토출량이 거의 일정하다. • 정압을 사용하므로 큰 힘을 요구하는 유압장치용 유압펌프로 사용한다.	• 용적이 밀폐되어 있지 않아 부하압력이 변동하면 토출량이 변하여 유압장치에는 부적당하다. • 펌프용량을 0에서 최대까지 변화시킬 수 있어 효율적인 운전을 할 수 있다.
기어펌프, 나사펌프, 베인펌프, 피스톤펌프	원심형 펌프, 액시얼펌프, 혼류(Mixed Flow)펌프, 로토제트펌프, 터빈펌프

② 유압펌프의 비교

구분	기어펌프	베인펌프	피스톤펌프
구조	구조가 가장 간단	부품이 많고 정밀하게 제작을 요구	구조가 복잡하고 매우 높은 가공 정밀도를 요구함
성능	큰 힘으로 흡입 가능	큰 힘으로 흡입하기는 힘듦	흡입할 수 있는 힘의 크기에 제한이 있으나 예민한 압력의 변화에 적합
점도의 영향	점도가 크면 효율에는 영향을 미치나 다른 큰 영향은 없음	• 점도에 영향을 받음 • 효율과는 대체로 무관	점도에 영향을 받음
이물질의 영향	거의 없음	영향을 받음	예민한 압력에 영향을 크게 받음
제작비용	저렴	보통	비쌈

③ 펌프의 동력

펌프가 내는 동력은 시간당 할 수 있는 일의 양이고, 유체를 이용하여 일을 하므로 일정 압력으로 유량이 공급될 때의 동력은 다음과 같다. 단, 시간당 동력의 단위를 잘 맞춰야 한다.

$$\text{동력} = \text{송출압력} \times \text{송출유량}$$

④ 펌프의 효율

$$\text{펌프 전 효율} = \text{용적효율} \times \text{기계효율}$$

여기서, 용적효율 : 이론 토출량과 실제 토출량의 비율
기계효율 : 펌프의 기계적 손실이 감안된 효율

10년간 자주 출제된 문제

10-1. 다음 중 기계적 에너지를 유압 에너지로 바꾸는 유압기기는?

① 공기압축기
② 유압펌프
③ 오일탱크
④ 유압제어밸브

10-2. 다음 중 펌프의 전 효율(펌프효율)에 관한 식으로 가장 옳은 것은?

① 전 효율 = 용적효율 × 기계효율
② 전 효율 = 용적효율 / 기계효율
③ 전 효율 = 기계효율 / 용적효율
④ 전 효율 = 기계효율 × 전력효율

10-3. 다음 중 베인펌프의 장점에 해당되지 않는 것은?

① 수명이 길고, 성능이 안정적이다.
② 베인의 마모에 의한 압력저하가 발생되지 않는다.
③ 기어펌프나 피스톤펌프에 비해 토출압력의 맥동이 적다.
④ 펌프 출력에 비해 형상치수가 크다.

10-4. 유압 동력부 펌프의 송출압력이 60kgf/cm²이고, 송출유량이 30L/min일 때 펌프동력은 몇 kW인가?

① 2.94
② 3.94
③ 4.25
④ 5.25

[해설]

10-1

엄밀한 의미에서 공기를 압축하는 작업도 기계적 에너지를 유체적인 잠재에너지(Potential Energy)로 변환하는 작업이기는 하나 문제와 같은 객관식 문제에서는 질문에 가장 부합하는 답을 하나만 찾는 연습이 필요하다. 펌프는 기계적 에너지를 유체의 운동에너지로 변환시켜 주는 역할을 한다.

10-2

펌프 전 효율 = 용적효율 × 기계효율
여기서, 용적효율 : 이론 토출량과 실제 토출량의 비율
기계효율 : 펌프의 기계적 손실이 감안된 효율

10-3

베인펌프 : 구조가 간단하고 성능이 좋아 많은 양의 기름을 수송하는 데에 적합하므로, 산업용 기름펌프로 널리 사용되고 있다.

10-4

동력 = 송출압력×송출유량(단, 시간당 동력의 단위를 잘 맞춰야 함)
$P = 60\text{kgf/cm}^2 \times 30\text{L/min} = 1,800\text{kgf/cm}^2 \times 1,000\text{cm}^3/60\text{s}$
($\because 1\text{L} = 1,000\text{cm}^3, 1\text{min} = 60\text{s}$)
$= 1,800 \times 1,000/60 \text{kgf} \cdot \text{cm/s}$
$= 30,000 \text{kgf} \cdot \text{cm/s} = 300\text{kgf} \cdot \text{m/s}$
$= 300 \times 1\text{kg} \times 9.81\text{m/s}^2 \cdot \text{m/s} (\because 1\text{kgf} = 1\text{kg} \times 9.81\text{m/s}^2)$
$= 2,943\text{N} \cdot \text{m/s} (\because 1\text{kg} \times 1\text{m/s}^2 = 1\text{N})$
$= 2,943\text{W} = 2.943\text{kW}$

정답 10-1 ② 10-2 ① 10-3 ③ 10-4 ①

핵심이론 11 공기압축기(Compressor)

공기압축기란 공기를 압축하여 공압의 동력을 발생시키는 장치를 말한다.

① 선정 시 주의사항
  ㉠ 압축기의 능력과 탱크의 용량을 충분히 고려하여야 한다.
  ㉡ 동일한 능력이라면 소형 여러 대보다 대형 1대가 더 경제적이다.
  ㉢ 압축기의 송출압력과 이론 공기 공급량을 정하여 산정한다.
  ㉣ 사용 공기량의 1.5~2배 정도의 여유를 두고 선정한다.
  ㉤ 가급적 복수로 설치하여 불시의 고장에 대비한다.

② 공기압축기의 종류

원심형	축류식	여러 날개형		
		레이디얼형		
		터보형		
	사류식			
용적형	왕복동식	이동 여부에 따라	고정식	이동식
		실린더 위치에 따라	횡 형	입 형
		피스톤 수량에 따라	단동식	복동식
	회전식			

㉠ 축류식 압축기(Axial Flow Compressor) : 많은 양의 기체를 압축하는 데에 사용되며, 날개는 회전 날개와 케이싱에 고정된 안내 날개로 구성되어 있는데, 특히 회전 날개와 안내 날개의 한 세트를 1단이라고 한다. 그러나 1단에서의 압력비가 작기 때문에, 동일한 압력비를 얻기 위해서는 원심식보다 많은 단 수가 필요하게 되므로 축의 길이가 길어진다. 회전속도가 높으므로 임계속도를 고려한다면 축의 길이는 제한을 받게 되며, 최종단에서 날개의 높이가 낮으므로 1축에서 얻을 수 있는 압력비의 한도는 용도에 따라 다르지만 발전소용의 경우에는 5~9 정도이다. 그 이상의 고압을 얻기 위해서는 중간 냉각기를 사용하여 다축으로 해야 한다.

축류식 압축기에서는 기체가 축방향으로 흐르므로 원심식의 압축기에서와 같은 흐름의 난동이나 분리 현상은 적으며, 90% 정도의 효율을 얻을 수 있다.

ⓒ 미끄럼 날개형 압축기 : 미끄럼 날개(Vane)형 공기압축기는 가동 날개형이라고도 불리며, 편심 회전자가 흡입과 배출 구멍이 있는 실린더 형태의 하우징 내에서 회전하면서 공기를 흡입하고, 압축・배출하게 되어 있다. 정밀한 치수를 가지고 있어서 정숙한 운전과 공기를 안정되게 공급할 수 있는 특징이 있다.

ⓒ 왕복형 압축기(피스톤 압축기) : 왕복형 공기압축기는 가장 널리 사용되는 것으로서, 실린더 안을 피스톤이 왕복운동을 하면서 흡입밸브로부터 실린더 내에 공기를 흡입한 다음, 압축하여 배출밸브로부터 압축공기를 배출시킨다. 사용압력 범위는 $10\sim100\mathrm{kgf/cm^2}$로서, 고압으로 압축할 때에는 다단식 압축기가 필요하며, 냉각방식에 따라 공랭식과 수랭식이 있다.

② 격판압축기(다이어프램형 포함) : 공기가 왕복운동을 하는 부분과 직접 접촉하지 않기 때문에 공기에 기름이 섞이지 않게 되어 깨끗한 공기를 얻을 수 있다. 따라서 식료품 제조나 제약 분야, 화학산업에 많이 이용된다.

⑩ 나사형 압축기 : 오목한 측면과 볼록한 측면을 가진 한 쌍의 나사형 회전자(Rotor)가 서로 반대로 회전하여 축방향으로 들어온 공기를 서로 맞물려 회전하면서 압축하는 형태로, $80\mathrm{kgf/cm^2}$ 이상의 고압 펌프용으로 사용된다.

③ 압축공기의 건조

압축공기의 건조방식은 수증기의 제습방법에 따라 냉각식, 흡착식, 흡수식이 있다.

㉠ 냉각식 : 공기를 강제로 냉각시킴으로써 수증기를 응축시켜 제습하는 방식이다.

㉡ 흡착식 : 흡착제(실리카겔, 알루미나겔, 합성제올라이트 등)로 공기 중의 수증기를 흡착시켜 제습하는 방법이다.

㉢ 흡수식 : 흡습액(염화리튬 수용액, 폴리에틸렌글리콜 등)을 이용하여 수분을 흡수하며, 흡습액의 농도와 온도를 선정하면 임의의 온도와 습도의 공기를 얻는 것이 가능하기 때문에 일반 공조용 등에 사용된다.

10년간 자주 출제된 문제

11-1. 공기압축기의 선정 시 고려되어야 할 사항을 설명한 것으로 틀린 것은?

① 압축기의 송출압력과 이론 공기 공급량은 정하여 산정한다.
② 소용량의 압축기를 병렬로 여러 대 설치하는 것이 대용량 1대보다 효율적이다.
③ 사용 공기량의 수요 증가 또는 공기 누설을 고려하여 1.5~2배 정도 여유를 둔다.
④ 대용량 압축기 1대로 집중 공급 시 불시의 고장으로 작업 중단을 예방하기 위해 2대 설치하는 것이 좋다.

11-2. 편심로터가 흡입과 배출 구멍이 있는 하우징 내에서 회전하는 형태의 압축기는?

① 피스톤 압축기
② 격판 압축기
③ 미끄럼 날개 회전 압축기
④ 축류 압축기

11-3. 압축공기의 건조방식이 아닌 것은?

① 흡수식
② 흡착식
③ 냉각식
④ 가열식

|해설|

11-1

공기압축기를 선정할 때에는 사용 공기압력보다 $1\sim2\mathrm{kgf/cm^2}$ 높은 공기압력을 얻을 수 있는 압축기를 선정하는 것이 좋다. 공기압축기 선정 시 압축기는 용량이 클수록 효율이 좋으며, 병렬로 여러 대를 설치하는 것보다 대용량 압축기를 분산 배치하는 편을 택한다. 그러나 고장 시 시스템 전체에 중요한 영향을 끼치는 경우에는 예비로 2대를 설치하면 비상시에 대비할 수 있다.

정답 11-1 ② 11-2 ③ 11-3 ④

핵심이론 12 부속기기

① 축압기(어큐물레이터, Accumulator)
   유체의 압력을 축적하여 압력의 흐름을 일정하게 조절해 주는 장치로서, 압력을 축적하는 방식으로 맥동을 방지하는 데 사용한다. 전기의 흐름에서 콘덴서의 용도와 유사하다.

② 압축공기의 부속

구 분	특 징
애프터 쿨러 (After Cooler)	공기를 압축한 후 압력 상승에 따라 고온다습한 공기의 압력을 낮춰 주는 기구이다.
공기탱크	압축된 공기를 저장해 두는 기구이다.
공기필터	여러 가지 목적으로 공기를 흡입 또는 배출하는 통로에 필터를 달아 이물질을 분리하는 기구이다.
자동배출기	수분제거기가 응결시킨 저수조의 수분을 별도의 물 빼기 작업 없이 자동으로 수분을 배출시키는 장치이다.
스트레이너 (Strainer)	직역하면 압력판이나 긴장을 주는 장치 정도로 해석할 수 있는데, 실제는 여과망을 설치하여 흐름 속의 굵은 불순물을 걸러내는 장치를 의미한다.

③ 기름탱크(유류탱크)의 구비요건
   ㉠ 기름탱크는 중력 등에 의해서 되돌아오는 장치 내의 모든 기름을 받아들일 수 있을 만큼 커야 한다.
     • 고정식인 경우 : 분당 토출량의 3~5배
     • 이동식인 경우 : 분당 토출량의 115~120% 정도의 크기
   ㉡ 기름면을 흡입 라인 위까지 항상 유지할 수 있어야 한다.
   ㉢ 정상적인 작동에서 발생한 열을 발산할 수 있어야 한다.
   ㉣ 공기나 이물질을 기름으로부터 분리시킬 수 있는 구조이어야 한다.
   ㉤ 탱크의 바닥면은 바닥에서 15cm 정도의 간격을 가져야 한다.
   ㉥ 스트레이너의 유량은 유압펌프 토출량의 2배 이상이어야 한다.
   ㉦ 공기청정기의 통기용량은 유압펌프 토출량의 2배 이상이어야 한다.
   ㉧ 탱크는 완전히 세척할 수 있도록 제작하여야 한다.

④ 공압조정유닛
   ㉠ 공기탱크에 저장된 압축공기는 배관을 통하여 각종 공기압기기로 전달된다.
   ㉡ 공기압기기로 공급하기 전 압축공기의 상태를 조정해야 한다.
   ㉢ 공기여과기를 이용하여 압축공기를 청정화한다.
   ㉣ 압력조정기를 이용하여 회로압력을 설정한다.
   ㉤ 윤활기에서 윤활유를 분무한다.
   ㉥ 공기압장치로 압축공기를 공급한다.

⑤ 유체퓨즈
   회로의 압력이 일정 압력을 넘어서면 압력을 견디던 막이 압력 과다에 의해 파열됨으로써 압력을 낮추어 주어 급격한 압력 변화에 유압기기가 손상되는 것을 막을 수 있도록 장착해 놓은 장치이다.

10년간 자주 출제된 문제

12-1. 다음 중 어큐뮬레이터(축압기)의 용도로 적당하지 않은 것은?

① 펌프 맥동 흡수
② 충격압력의 완충
③ 작동유 점도 향상
④ 유압에너지 축적

12-2. 압축기로부터 토출되는 고온의 압축공기를 공기건조기 입구 온도 조건에 알맞게 냉각시켜 수분을 제거하는 장치는?

① 애프터 쿨러
② 자동배출기
③ 스트레이너
④ 공기필터

12-3. 다음 중 오일탱크의 구비조건으로 틀린 것은?

① 스트레이너의 유량은 유압펌프 토출량과 같을 것
② 유면을 흡입 라인 위까지 항상 유지할 것
③ 공기나 이물질을 오일로부터 분리할 수 있을 것
④ 공기청정기의 통기용량은 유압펌프 토출량의 2배 이상일 것

12-4. 공압조정유닛 구성요소로 맞는 것은?

① 필터 – 압력조절기 – 윤활기
② 공기건조기 – 냉각기 – 윤활기
③ 기름 분무 분리기 – 냉각기 – 건조기
④ 자동배수밸브 – 압력조절기 – 공기건조기

12-5. 회로의 압력이 설정압을 넘으면 막이 유체 압력에 의해 파열됨으로써 급격한 압력변화에 대해 유압기기를 보호하는 장치는?

① 압력 스위치
② 유체퓨즈
③ 카운터밸런스밸브
④ 언로딩밸브

해설

12-1
어큐뮬레이터란 유체의 압력을 축적하여 압력의 흐름을 일정하게 조절해 주는 장치로서 압력을 축적하는 방식으로 맥동을 방지하는 데 사용한다.

12-2
② 수분제거기가 응결시킨 저수조의 수분을 별도의 물 빼기 작업 없이 자동으로 수분을 배출시키는 장치이다.
③ 스트레이너(Strainer)를 직역하면 압력판이나 긴장을 주는 장치 정도로 해석할 수 있는데, 실제는 여과망을 설치하여 흐름 속의 굵은 불순물을 걸러내는 장치를 의미한다.
④ 공기를 필터링하는 장치이다.

12-3
핵심이론 12 ③ 참조

12-4
공압조정유닛
• 공기탱크에 저장된 압축공기는 배관을 통하여 각종 공기압기기로 전달된다.
• 공기압기기로 공급하기 전 압축공기의 상태를 조정해야 한다.
• 공기여과기를 이용하여 압축공기를 청정화한다.
• 압력조정기를 이용하여 회로압력을 설정한다.
• 윤활기에서 윤활유를 분무한다.
• 공기압장치로 압축공기를 공급한다.

12-5 : **유체퓨즈** : 전기퓨즈처럼 일정한 압력이 넘으면 파손되어 압력을 강하시켜 유압기기를 보호하는 장치이다.

정답 12-1 ③ 12-2 ① 12-3 ① 12-4 ① 12-5 ②

핵심이론 13 공유압회로

피스톤의 속도 조절 방식을 살펴보면 다음과 같다.
① 피스톤의 속도 조절
  ㉠ 미터인방식 : 실린더로 들어가는 공기의 양을 조절하여 실린더의 속도를 조절하는 방식이다.
  ㉡ 미터아웃방식 : 실린더에서 나가는 공기의 양을 조절하여 실린더의 속도를 조절하는 방식이다.
② 공유압 논리 회로절
  ㉠ YES 논리회로 : 공기의 입력이 있으면 출력이 존재하고 없을 때는 출력이 없는 회로이다. 공압논리요소로 그림과 같은 2위치 3포트밸브를 사용하여 구성한다.

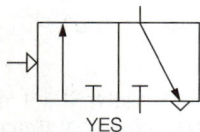

  ㉡ NOT 논리회로 : 공기의 입력이 없으면 출력이 존재하고 있을 때는 출력이 없는 회로이다. 공압논리요소로 그림과 같은 2위치 3포트밸브를 사용하여 구성한다.

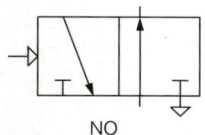

  ㉢ AND 논리회로 : 양쪽에 모두 입력이 들어가야만 출력이 나오는 회로이다.

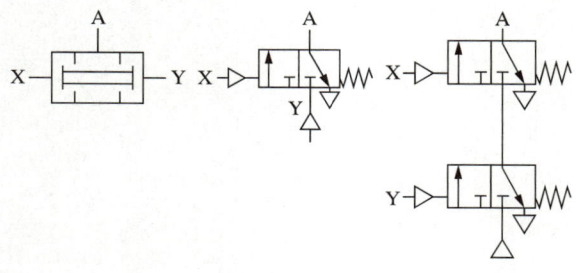

  ㉣ OR 논리회로 : 양쪽 중 한쪽만 입력이 들어가도 출력이 나오는 회로이다.

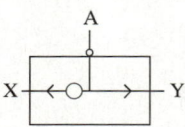

10년간 자주 출제된 문제

유량제어밸브를 실린더에서 유출되는 유량을 제어하도록 설치하여 피스톤의 속도를 제어하며 밀링머신, 보링머신 등에 사용되는 회로는?

① 미터인회로
② 미터아웃회로
③ 블리드오프회로
④ 언로딩회로

해설

미터아웃회로
미터인회로는 실린더로 들어가는 공기를 제어하여 피스톤의 속도를 조절하는 것이다. 즉답성은 미터인회로가 좋고, 응답의 안정성은 미터아웃회로 쪽이 좋으며, 일반적으로 미터아웃회로로 제어하는 것을 기본으로 한다.

정답 ②

핵심이론 14 공압회로의 실제

① 솔레노이드에 의한 스프링 복귀형 단동 실린더 전진 후진

  ㉠ 3port 2ways 밸브 사용

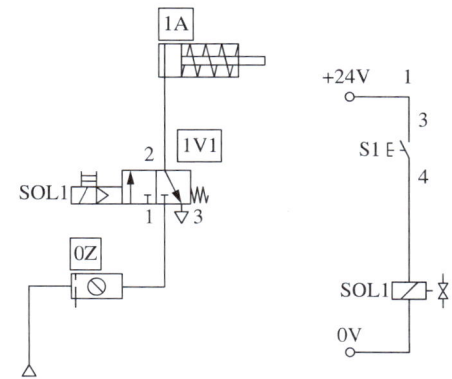

  ㉡ S1을 On하면 SOL1이 작동되고 1V1이 전진하여 1A를 전진
  ㉢ S1을 Off하면 스프링의 힘에 의해 1V1 복귀, 1A도 스프링에 의해 복귀

② 미터인제어와 미터아웃제어

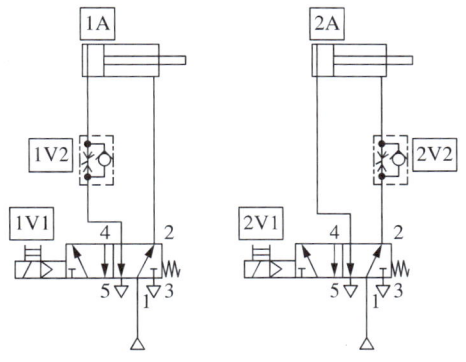

㉠ 유량조절밸브의 체크밸브 방향을 확인한다. 1V2, 2V2 모두 방향제어밸브에서 실린더로 들어가는 공기를 제어한다.

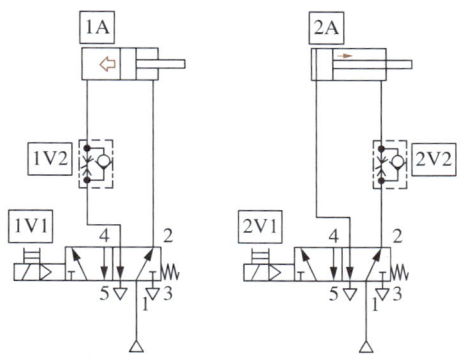

㉡ 1A가 후진할 때 배출되는 공기는 1V2를 거치면서 자유롭게 배출되지 않는다.
㉢ 2A가 전진할 때 배출되는 공기는 역시 2V2를 거치면서 제어된다.
㉣ 따라서 이 경우는 미터아웃제어이다.

③ 공압회로를 이용한 논리회로 구성

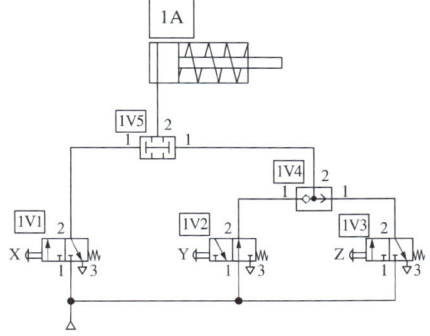

㉠ 1V4 밸브는 1V2이나 1V3에서 공압이 올라오면 공기를 내보낸다.
㉡ 1V5 밸브는 1V4 밸브와 1V1 밸브에서 모두 공압이 올라와야만 1A로 공압이 배출된다.
㉢ 즉, (1V1) and {(1V2) or (1V3)}의 논리식이 이 공압회로도의 논리식이다.

10년간 자주 출제된 문제

다음 회로도에 대한 설명으로 옳지 않은 것은?

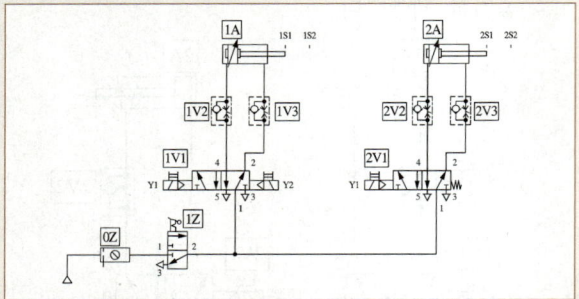

① 1A의 초기 상태에서는 1S1이 눌려져 있다.
② 1A는 미터인제어를 받고 있다.
③ 2A는 초기 상태가 후진 상태이다.
④ 기동밸브로 풋밸브를 사용하고 있다.

|해설|
체크밸브의 방향이 나오는 공기를 제어하고 있으므로 미터아웃제어이다.

정답 ②

PART 02

과년도+최근 기출복원문제

2011~2016년	과년도 기출문제
2017~2024년	과년도 기출복원문제
2025년	최근 기출복원문제

2011년 제4회 과년도 기출문제

01 사인바는 피측정물의 무엇을 측정하기에 적합한가?

① 나사 측정
② 길이 측정
③ 임의의 각 측정
④ 면 조도 측정

해설
사인바

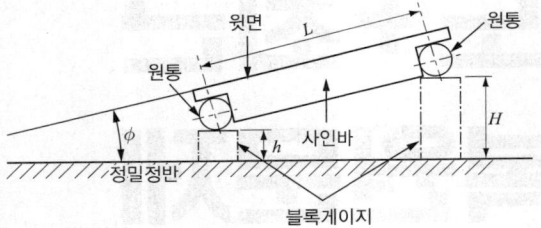

02 보통 선반의 심압대에 φ13mm 이상의 드릴을 고정하는 데 사용하는 도구는?

① 앤드릴
② 슬리브
③ 총형바이트
④ 앤드밀

해설
슬리브는 우리말로 '소매' 정도로 볼 수 있다. 주먹 위에 옷소매가 덮여 있다고 생각하면 된다.

03 기계에서 발생하는 소음이나 진동 등과 같은 주위 환경에서 오는 오차 또는 자연현상의 급변 등으로 생기는 오차는?

① 측정기의 오차
② 시 차
③ 우연오차
④ 긴 물체의 휨에 의한 영향

해설
오차의 종류
- 우연오차(비체계적 오차, Random Measurement Error) : 어떤 현상을 측정함에 있어서 방해가 되는 모든 요소, 즉 측정자의 피로, 기억 또는 감정의 변동 등과 같이 측정대상, 측정과정, 측정수단, 측정자 등에 비일관적으로 영향을 미침으로 발생하는 오차로 우연오차가 대표적이다.
- 체계적 오차(Systematic Measurement Error) : 측정대상에 대해 어떠한 영향으로 오차가 발생될 때 그 오차가 거의 일정하게 일어난다고 보면 어떤 제약되는 조건 때문에 생기는 오차로 측정기 오차, 구조 오차 등이 있다.

04 양두 그라인더에서 일감은 숫돌 차의 어느 곳에 대고 연삭을 하여야 하는가?

① 숫돌의 원주면
② 원통의 왼쪽 평면
③ 숫돌의 중심축
④ 원통의 오른쪽 평면

해설
양두 그라인더는 모터 양쪽에 숫돌바퀴를 달아서 연삭작업을 하는 공작기계로 숫돌 원주면에 대고 연삭을 한다.

05 가는 지름의 환봉재 또는 일정 크기의 재료를 빠르게 중심을 찾아 고정하는 선반척은?

① 마그네틱척(Magnetic Chuck)
② 콜릿척(Collet Chuck)
③ 단동척(Independent Chuck)
④ 벨척(Bell Chuck)

해설

콜릿	콜릿척

콜릿 사이에 가는 공작물을 끼우고 콜릿척에 콜릿을 끼운 후 주축척에 끼워 사용한다. 연동축과 혼동할 수 있으나, 보기에 연동축이 없고 가는 지름의 재료라는 것에 초점을 맞추어 풀이를 해야 한다.

06 쇼트피닝 가공에서 피닝 효과에 영향을 미치는 주요 인자 3가지는?

① 분사면적, 분사각, 분사시간
② 분사면적, 분사각, 분사속도
③ 분사각, 분사속도, 분사시간
④ 분사면적, 분사속도, 분사거리

해설
쇼트피닝(Shot Peening)
주철, 유리 혹은 세라믹재료로 된 많은 작은 구슬을 공작물 표면에 반복적으로 투사시켜서 표면에 아주 작은 압입 흔적이 중첩하여 남게 하는 방법
• 분사면적 : 같은 양의 숏이 얼마나 넓은 면적을 때리는 정도를 말한다.
• 분사각 : 어떤 각도로 분사하는가로 압입흔적의 성격을 결정한다.
• 분사속도 : 얼마나 강하게 때리는지를 뜻한다.

07 절삭유제의 사용목적으로 틀린 것은?

① 절삭공구와 가공물의 마찰을 증가시켜 가공을 빠르게 한다.
② 가공물을 냉각시켜 절삭열에 의한 정밀도 저하를 방지한다.
③ 공구의 마모를 줄이고 윤활 및 세척작용을 한다.
④ 공구의 인선을 냉각시켜 공구의 경도저하를 방지한다.

해설
절삭공구와 가공물의 마찰을 감소시켜 가공을 좋게 한다.

08 선반 작업 시 안전사항으로 틀린 것은?

① 절삭 중에는 측정을 하지 않는다.
② 기계 위에 공구나 재료를 올려놓지 않는다.
③ 가공물이나 절삭공구의 장착은 정확히 한다.
④ 칩이 예리하므로 장갑을 끼고 작업한다.

해설
회전체가 있는 작업은 항상 장갑을 벗는다.

09 3차원 측정기의 구동부에 일반적으로 많이 사용되는 베어링은?

① 공기 베어링　　② 오일리스 베어링
③ 유닛 베어링　　④ 니들 베어링

해설
3차원 측정기
측정점의 위치, 즉 물체의 측정 표면 위치를 검출할 수 있는 측정침(Probe)이 3차원 공간으로 운동하면서 각 측정점의 공간 좌표를 검출하고, 그 데이터를 컴퓨터가 처리하여 3차원적 위치, 크기, 방향을 측정하는 만능 측정기이다.
안내 방식, 즉 베어링 성능에 따라 선형 운동의 정확도, 강성, 허용 하중, 진동 감쇄, 마찰력, 최고 이동 속도 및 수명 등이 영향을 받으며, 일반적으로 공기 베어링이 주로 사용된다.

정답　5 ②　6 ②　7 ①　8 ④　9 ①

10 WA 60 KmV로 표시된 연삭숫돌에서 입자의 크기(입도)를 나타내는 것은?

① WA
② 60
③ K
④ V

해설
WA 60 KmV
- WA : White Aluminum
- 60 : 입도(60번 입자)
- K : 연삭숫돌의 결합도(연한 것)
- m : 조직 단위 용적당 입자의 밀도(중간 것)
- V : 비트리파이드 숫돌

11 기계제도에서 사용하는 치수기입 시 사용되는 기호와 그 설명으로 틀린 것은?

① C : 45° 모따기
② φ : 지름
③ SR : 구의 반지름
④ ◇ : 정사각형

해설
치수보조기호

구 분	기 호	사용법
지 름	φ	지름 치수의 치수 수치 앞에 붙인다.
반지름	R	반지름 치수의 치수 수치 앞에 붙인다.
구의 반지름	SR	구의 반지름 치수의 치수 수치 앞에 붙인다.
정사각형의 변	□	정사각형의 한 변의 치수의 치수 수치 앞에 붙인다.
판의 두께	t	판 두께의 치수 수치 앞에 붙인다.
원호의 길이	⌒	원호의 길이 치수의 치수 수치 위에 붙인다.
45° 모따기	C	45° 모따기 치수의 치수 수치 앞에 붙인다.
이론적으로 정확한 치수	50	이론적으로 정확한 치수의 치수 수치를 둘러싼다.
참고치수	( )	참고 치수의 치수 수치(치수 보조 기호를 포함)를 둘러싼다.

12 구름 베어링의 호칭번호가 6001 C2 P6으로 표시된 경우에 베어링의 안지름은 몇 mm인가?

① 100
② 60
③ 12
④ 10

해설
구름 베어링 호칭 기호 의미
- 구름 베어링의 호칭 : 호칭 번호는 제조나 사용 시 혼란을 방지하고 구별이 쉽도록 다음 같이 붙인다.

계열 번호	안지름 번호	접촉각 기호	보조 기호	내 용
63	12		Z	단열 깊은 홈 볼 베어링 안지름 60mm(×5 한 값)
72	06	C	DB	단식 앵귤러 볼베어링 안지름 30mm

- 구름 베어링의 안지름 번호(KS B 2012)

안지름 번호	안지름 치수	안지름 번호	안지름 치수
1	1	01	12
2	2	02	15
3	3	03	17
4	4	04	20
5	5	/22	22
6	6	05	25
7	7	/28	28
8	8	06	30
9	9	/32	32
00	10	07	35

13 기계제도에 사용하는 선의 분류에서 가는 실선의 용도가 아닌 것은?

① 치수선   ② 치수 보조선
③ 지시선   ④ 외형선

해설
선의 종류에 따른 용도

선의 종류	선의 명칭	선의 용도
굵은 실선	외형선	물체가 보이는 부분의 모양을 나타내기 위한 선
가는 실선	치수선	치수를 기입하기 위한 선
	치수 보조선	치수를 기입하기 위하여 도형에서 끌어낸 선
	지시선	각종 기호나 지시 사항을 기입하기 위한 선
	중심선	도형의 중심을 간략하게 표시하기 위한 선
	수준면선	수면, 유면 등의 위치를 나타내기 위한 선
파 선	숨은선	물체가 보이지 않는 부분의 모양을 나타내기 위한 선
1점쇄선	중심선	도형의 중심을 표시하거나 중심이 이동한 궤적을 나타내기 위한 선
	기준선	위치 결정의 근거임을 나타내기 위한 선
	피치선	반복 도형의 피치를 잡는 기준이 되는 선
2점쇄선	가상선	가공 부분의 특정 이동 위치, 가공 전후의 모양, 이동 한계 위치 등을 나타내기 위한 선
	무게 중심선	단면의 무게중심을 연결한 선
파형, 지그재그의 가는 실선	파단선	물체의 일부를 자른 곳의 경계를 표시하거나 중간 생략을 나타내기 위한 선
규칙적인 가는 빗금선	해 칭	단면도의 절단면을 나타내기 위한 선

14 KS 나사 표시 방법에서 G 1/2 A로 기입된 기호의 올바른 해독은?

① 가스용 암나사로 인치 단위이다.
② 관용 평행 암나사로 등급이 A급이다.
③ 관용 평행 수나사로 등급이 A급이다.
④ 가스용 수나사로 인치 단위이다.

해설
KS B 0221의 표시에 의하면 관용평행 나사는 암나사의 경우는 등급을 표시하지 않고, 수나사의 경우만 등급을 표시한다.

나사의 종류(KS B 0200)

구 분		나사의 종류		나사의 종류를 표시 하는 기호	나사의 호칭에 대한 표시 방법의 예
일반용	ISO 표준에 있는 것	미터 보통 나사[1]		M	M8
		미터 가는 나사[2]			M8×1
		미니추어 나사		S	S 0.5
		유니파이 보통 나사		UNC	3/8-16 UNC
		유니파이 가는 나사		UNF	No.8-36UNF
		미터 사다리꼴 나사		Tr	Tr10×2
		관용 테이퍼 나사	테이퍼 수나사	R	R3/4
			테이퍼 암나사	Rc	Rc3/4
			평행 암나사[3]	Rp	Rp3/4
일반용	ISO 표준에 없는 것	관용 평행 나사		G	G1/2
		30도 사다리꼴 나사		TM	TM18
		29도 사다리꼴 나사		TW	TW20
		관용 테이퍼 나사	테이퍼 수나사	PT	PT7
			평행 암나사[4]	PS	PS7
		관용 평행 나사		PF	PF7
특수용		후강 전선관 나사		CTG	CTG16
		박강 전선관 나사		CTC	CTC19
		자전거 나사	일반용	BC	BC3/4
			스포크용		BC2.6
		미싱 나사		SM	SM1/4 산40
		전구 나사		E	E10
		자동차용 타이어 밸브 나사		TV	TV8
		자전거용 타이어 밸브 나사		CTV	CTV8 산30

[1] 미터 보통 나사 중 M1.7, M2.3 및 M2.6은 ISO 표준에 규정되어 있지 않다.
[2] 가는 나사임을 특별히 나타낼 필요가 있을 때는 피치 다음에 "가는 나사"의 글자를 괄호 안에 넣어서 기입할 수 있다. 예 M8×1(가는 나사)
[3] 이 평행 암나사 Rp는 테이퍼 수나사 R에 대해서만 사용한다.
[4] 이 평행 암나사 PS는 테이퍼 수나사 PT에 대해서만 사용한다.

정답 13 ④ 14 ③

15 재료 기호가 "SF 340A"로 표시되었을 때 이 재료는 무엇인가?

① 탄소강 단강품
② 고속도 공구강
③ 합금 공구강
④ 소결 합금강

해설

• 첫 번째 문자로 표시하는 재질 명칭의 예

기 호	재 질
AL	알루미늄(Aluminium)
AC	알루미늄합금(Al Alloy)
Br	청동(Bronze)
Bs	황동(Brass)
C	초경질합금(Carbide Alloy)
Cu	구리(Copper)
F	철(Ferrum)
L	경합금(Light Alloy)
K	켈밋(Kelmet)
Mg	마그네슘(합금)(Magnesium Alloy)
Ns	양은(Nickel Silver)
PB	인청동(Phosphor)
Pb	납(Lead)
S	강철(Steel)
SzB	실진 청동(Silzin Bronze)
W	화이트 메탈(White Metal)
Zn	아연(Zinc)

• 두 번째 문자는 규격명과 제품명을 표시하는 기호 예

기 호	재 질
Au	자동차 용재
B	비철금속 봉재
B	철과 강보일러용 압연재
Br	단조용 봉재(Forging Bar)
BM	비철금속 머시닝용 봉재
BR	철과 강 보일러용 리벳(Rivet)
C	철과 비철 주조품(Casting)
CM	철과 강 가단 주조물(Malleable Casting)
DB	볼트, 너트용 냉간인발(Bolt Drawn)
E	발동기(Engine)
F	철과 강 단조물(Forging)
G	게이지(Gauge) 용재
GP	철과 강 가스 파이프(Gas Pipe)
H	철과 강 표면경화(Case Hardning)
HB	최강 봉재(High Strength Bar)
K	철과 강 공구강(Tool Steel)
KH	철과 강 고속도강(High Speed Steel)
L	궤도(Rail)
M	조선용 압연재
MR	조선용 리벳(Marine Rivet)
N	철과 강 니켈강(Nickel Steel)
NC	니켈 크롬강(Nickel Chromium Steel)
NS	스테인리스강(Stainless Steel)
P	비철금속 판재(Plate)
S	철과 강 구조용 압연재
SC	철과 강 철근 콘크리트용 봉재
T	철과 비철관(Tube)
TO	공구강
UP	철과 강 스프링강(Spring Steel)
V	철과 강 리벳
W	철과 강 와이어(Wire)
WP	철과 강 피아노선

• 세 번째 표시는 강도 표시
340은 340kgf/cm^{2}의 인장강도를 가진 제품이라는 뜻이다.

16 축의 치수가 $\phi 100^{+0.05}_{-0.02}$일 때 치수공차는 얼마인가?

① 0.02　　② 0.03
③ 0.05　　④ 0.07

해설
기준치수는 지름 100mm이고 축이 가장 두꺼울 때 지름 100.05mm, 가장 얇을 때 99.98mm까지 가능하다는 공차의 허용범위를 표시한 것으로 치수공차란 가장 클 때와 가장 작을 때의 차를 표시하는 것이다.
0.05−(−0.02)=0.07

17 그림과 같은 도면은 물체를 제3각법으로 정투상한 정면도와 우측면도이다. 이 물체의 평면도로 가장 적합한 것은?

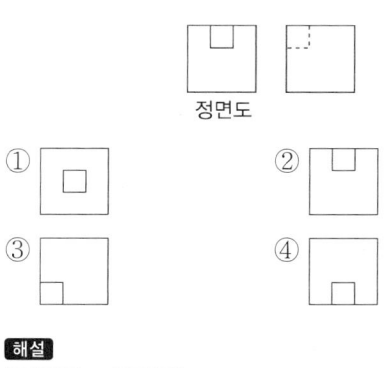

해설
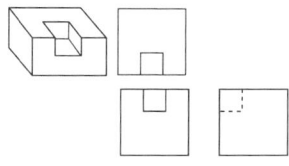

18 그림과 같은 도면에 지시한 기하공차의 설명으로 가장 옳은 것은?

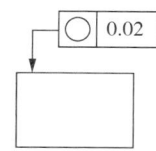

① 원통의 축선은 지름 0.02mm의 원통 내에 있어야 한다.
② 지시한 표면은 0.02mm만큼 떨어진 2개의 평면 사이에 있어야 한다.
③ 임의의 축직각 단면에 있어서의 바깥둘레는 동일 평면 위에서 0.02mm만큼 떨어진 두 개의 동심원 사이에 있어야 한다.
④ 대상으로 하고 있는 면은 0.02mm만큼 떨어진 2개의 동축 원통면 사이에 있어야 한다.

해설
문제는 진원도 공차이며 진원도 공차의 의미는 다음과 같다.

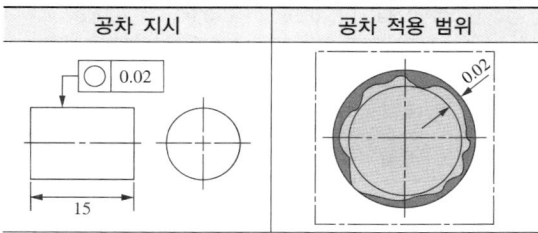

공차 지시	공차 적용 범위

길이 15mm의 축이나 구멍을 임의의 위치에서 축 직각으로 단면한 원형 단면 모양의 바깥 둘레의 바르기는 0.02mm만큼 떨어진 두 개의 동심원 사이의 찌그러짐 이내에 있어야 한다.

① 진직도 공차에 대한 설명
② 평면도 공차에 대한 설명
④ 원통도 공차에 대한 설명

정답　16 ④　17 ④　18 ③

19 표면의 결 도시방법에서 제거 가공을 허락하지 않는 것을 지시하고자 할 때 사용하는 제도 기호로 옳은 것은?

① ② ③ ④

해설
표면 거칠기

거칠기 구분값	산술 평균 거칠기의 표면 거칠기의 범위(μmRa)		거칠기 번호(표준편 번호)	거칠기 기호
	최솟값	최댓값		
0.025a	0.02	0.03	N1	
0.05a	0.04	0.06	N2	
정밀다듬질 0.1a	0.08	0.11	N3	
0.2a	0.17	0.22	N4	z
0.4a	0.33	0.45	N5	
0.8a	0.66	0.90	N6	
상다듬질 1.6a	1.3	1.8	N7	y
3.2a	2.7	3.6	N8	
중다듬질 6.3a	5.2	7.1	N9	
12.5a	10	14	N10	x
25a	21	28	N11	w
거친다듬질 50a	42	56	N12	
제거 가공 안 함				

20 투상도에서 특정 부분의 도형이 작기 때문에 그 부분을 상세히 도시하거나 치수를 기입할 수 없을 때, 그 부분을 확대하여 별도로 다른 것에 상세하게 도시하는 것은?

① 보조 투상도
② 국부 투상도
③ 부분 확대도
④ 부분 투상도

21 유압 기기에서 작동유의 기능에 대한 설명으로 가장 바르지 않은 것은?

① 압력전달기능
② 윤활기능
③ 방청기능
④ 필터기능

해설
유압기기에서 작동유의 주요 역할
• 힘을 전달하는 기능을 감당한다.
• 밸브 사이에서 윤활작용을 돕는다.
• 마찰 등에 의해 발생하는 열을 분산시키며 냉각시킨다.
• 흐름에 의해 불순물을 씻어내는 작용을 한다.
• 유막을 형성하여 녹의 발생을 방지한다.

22 압축공기의 건조방식이 아닌 것은?

① 흡수식   ② 흡착식
③ 냉동식   ④ 가열식

해설
압축공기의 건조 방식
• 애프터 쿨러
• 냉동 건조기
• 흡착식 건조기
• 필 터

정답 19 ① 20 ③ 21 ④ 22 ④

23 다음 중 유압유의 온도 변화에 대한 점도의 변화량을 표시하는 것은?

① 밀도
② 점도지수
③ 비체적
④ 비중량

해설
사계절이 뚜렷한 우리나라는 엔진오일이나 유압유 등을 사용할 때 점도지수를 고려해야 한다. 온도가 항상 비슷한 작업환경에서는 점도지수를 많이 고려할 필요는 없으나, 우리나라와 같은 혹한기, 혹서기가 있는 환경과, 추운 곳이지만 작업 시 고열이 발생하는 환경에서는 작동유나, 윤활유의 점도가 온도에 따라 많이 변한다면 작업의 예측성이 낮아질 수밖에 없다. 따라서 윤활유나 작동유로 사용하는 유류에 점도지수를 확인할 필요가 있다.
기준은 온도에 따른 점도 변화가 낮은 펜실베니아계 기름을 100으로, 변화가 큰 걸프코스트계 기름을 0으로 하여 비율적으로 표시하므로, 점도지수는 그 수치가 높을수록 온도변화에 따른 점도 변화가 작다고 생각하면 된다.

24 포핏 밸브의 특징이 아닌 것은?

① 구조가 간단하여 먼지 등의 이물질의 영향을 잘 받지 않는다.
② 짧은 거리에서 밸브를 개폐할 수 있다.
③ 밀봉효과가 좋고 복귀스프링이 파손되어도 공기 압력으로 복귀된다.
④ 큰 변환 조작이 필요하고, 다방향 밸브로 되면 구조가 단순하다.

해설
포핏 밸브는 몸체가 시트에서 수직으로 이동하는 것으로, 구조가 튼튼하다.

포핏형 밸브의 원리 및 특징

구조 및 원리	밸브 몸체가 밸브 시트의 직각 방향으로 이동하면서 압축 공기의 흐름을 전환한다.
장점	• 실(Seal)효과가 좋다. • 밸브의 이동 거리가 짧기 때문에 밸브의 개폐 시간이 빠르다. • 먼지 등의 이물질이 혼입되더라도 고장이 적다. • 대부분의 것은 급유를 필요로 하지 않는다.
단점	• 공기 압력이 높아지면 밸브를 개폐하는 조작력이 크게 된다. • 배관구가 많아지면 형상이 복잡하게 되어 자유도가 적어진다.

25 다음 중 어큐뮬레이터(축압기)의 용도로 적당하지 않은 것은?

① 펌프 맥동 흡수
② 충격압력의 완충
③ 작동유 점도 향상
④ 유압에너지 측정

해설
어큐뮬레이터란 유체의 압력을 축적하여 압력의 흐름을 일정하게 조절해 주는 장치로서 맥동을 방지하는 데 사용한다.

정답 23 ② 24 ④ 25 ③

26 다음 중 공압 모터의 특징을 설명한 것으로 틀린 것은?

① 폭발의 위험이 있는 곳에서도 사용할 수 있다.
② 회전수, 토크를 자유로이 조절할 수 있다.
③ 과부하 시 위험성이 없다.
④ 에너지 변환 효율이 높다.

해설
공압모터의 특징
- 장 점
  - 회전수와 토크를 자유로이 조절할 수 있으며 과부하 시 위험성이 낮다.
  - 작동과 정지, 회전변환 등에 부드럽게 동작하며 폭발의 위험성이 적다.
- 단 점
  - 입력된 에너지에 비해 출력되는 에너지의 비율이 나쁘거나 일정하지 않다.
  - 정확한 제어가 힘들다.
  - 유압에 비해 소음도 발생한다.

27 다음 중 공압장치의 특징이 아닌 것은?

① 동력전달방법이 간단하다.
② 힘의 증폭이 용이하다.
③ 유압장치에 비해 응답성이 우수하다.
④ 에너지의 축적이 용이하다.

해설
③ 공기의 압축성에 의해 응답성은 좋지 않다.
① 동력전달은 간단하다.
② 큰 압축성(압축비율)에 의해 힘의 증폭이 용이하다.
※ 저자의견 : 이 문제의 보기에서 ②와 ④처럼 표현은 다르지만 같은 내용의 보기가 있다면 두 보기는 답이 될 수 없다. 표현상의 차이와 내용상의 차이를 구별 하는 해석능력을 배양하는 것 또한 객관식 문제에 대한 적응력을 기르는 방도이다.

28 다음 중 캐비테이션(공동현상)의 발생 원인으로 잘못된 것은?

① 흡입 필터가 막히거나 급격히 유로를 차단한 경우
② 패킹부의 공기 흡입
③ 펌프를 정격속도 이하로 저속회전시킬 경우
④ 과부하이거나 오일의 점도가 클 경우

해설
Cavitation(공동현상, 空洞現像)
유로 안에서 그 수온에 상당하는 포화증기압 이하로 될 때 발생하며, 유압, 공압기기의 성능이 저하하고, 소음 및 진동이 발생하는 현상이다. 관로의 흐름이 고속일 경우 압력이 저하되기 때문에 저압부에 기포가 발생한다.
유체가 기체가 되려면 끓는 점 이상이 되어서 유체가 기체가 되거나, 기체가 직접 흡입되는 경우가 있는데, 작동 유체가 끓으려면 열을 받아 실제 온도가 올라가거나, 작동 유체의 압력이 낮아져서 끓는점이 급격히 낮아지는 원인이 있을 수 있다. 작동 유체의 압력이 낮아지는 경우는 베르누이의 정리에 의해 유체의 속도가 올라가면 유체의 압력이 낮아지므로 보기 ③은 저속회전에 의해 공동현상이 일어나는 것은 쉽지 않다.

29 방향제어밸브의 조작방식 중 기계조작방식에 속하지 않는 것은?

① 플런저방식
② 페달방식
③ 롤러방식
④ 스프링방식

해설
조작 방식에 따른 분류

솔레노이드	솔레노이드의 흡인력에 의해 밸브를 개폐시킨다.
공기압 작동 방식	공기 압력으로 밸브를 개폐시킨다. 일반적으로, 주 흐름 공기압과 같은 압력이거나, 다소 낮은 압력의 파일럿 공기압을 이용하여 주 밸브의 전환을 행한다.
기계 작동 방식	• 캠 등의 기계적인 운동에 의해 밸브의 전환을 행한다. 전기 기기의 마이크로스위치나 리밋스위치에 상당하는 동작을 행한다. • 전기를 사용하지 않고 공기압만으로 자동 제어를 행할 때에 사용하며, 고온, 다습이나 폭발성의 가스 등을 취급하는 곳에 주로 사용한다. 예 플런저, 스프링, 롤러
수동 방식	압축 공기의 흐름을 사람의 손으로 개폐한다. 예 버튼, 레버, 페달 등

30 편심 로터가 흡입과 배출구멍이 있는 하우징 내에서 회전하는 형태의 압축기는?

① 피스톤 압축기
② 격판 압축기
③ 미끄럼 날개 회전 압축기
④ 축류 압축기

해설
- 축류식 압축기(Axial Flow Compressor) : 많은 양의 기체를 압축하는 데 사용된다. 날개는 회전 날개와 케이싱에 고정된 안내 날개로 구성되어 있는데, 특히 회전 날개와 안내 날개의 한 세트를 1단이라고 한다. 그러나 1단에서의 압력비가 작기 때문에, 동일한 압력비를 얻기 위해서는 원심식보다 많은 단 수가 필요하게 되므로 축의 길이가 길어진다. 회전 속도가 높으므로 임계 속도를 고려한다면 축의 길이는 제한을 받게 되며, 또 최종 단에서 날개의 높이가 낮으므로 1축에서 얻을 수 있는 압력비의 한도는 용도에 따라 다르지만, 발전소용의 경우에는 5~9 정도이다. 그 이상의 고압을 얻기 위해서는 중간 냉각기를 사용하여 다축으로 해야 한다. 축류식 압축기에서는 기체가 축방향으로 흐르므로 원심식의 압축기에서와 같은 흐름의 난동이나 분리 현상은 적으며, 90% 정도의 효율을 얻을 수가 있다.
- 미끄럼 날개형(Vane) 압축기 : 가동 날개형이라고도 불리며, 편심 회전자가 흡입과 배출 구멍이 있는 실린더 형태의 하우징 내에서 회전하면서 공기를 흡입하고, 압축, 배출하게 되어 있다. 정밀한 치수를 가지고 있어서 정숙한 운전과 공기를 안정되게 공급할 수 있는 특징이 있다.
- 왕복형 압축기(피스톤 압축기) : 왕복형 공기 압축기는 가장 널리 사용되는 것으로서, 실린더 안을 피스톤이 왕복 운동을 하면서 흡입 밸브로부터 실린더 내에 공기를 흡입한 다음, 압축하여 배출 밸브로부터 압축 공기를 배출시킨다. 사용 압력 범위는 10~100kgf/cm²로서, 고압으로 압축할 때에는 다단식 압축기가 필요하며, 냉각 방식에 따라 공랭식과 수랭식이 있다.
- 격판압축기 : 공기가 왕복 운동을 하는 부분과 직접 접촉하지 않기 때문에 공기에 기름이 섞이지 않게 되어 깨끗한 공기를 얻을 수 있다. 따라서 식료품 제조나 제약분야, 화학 산업에 많이 이용된다.
- 나사형 압축기 : 오목한 측면과 볼록한 측면을 가진 한 쌍의 나사형 회전자(Rotor)가 서로 반대로 회전하여 축방향으로 들어온 공기를 서로 맞물려 회전하면서 압축하는 형태로, 80kgf/cm² 이상의 고압 펌프용으로 사용된다.

31 자동화시스템의 주요 3요소에 속하지 않는 것은?

① 입력부　　② 출력부
③ 제어부　　④ 전원부

해설
제어시스템의 요소
- 입력요소 : 어떤 출력 결과를 얻기 위해 조작 신호를 발생시켜 주는 것으로 전기 스위치, 리밋스위치, 열전대, 스트레인 게이지, 근접 스위치 등이 있다.
- 제어요소 : 입력요소의 조작 신호에 따라 미리 작성된 프로그램을 실행한 후 그 결과를 출력 요소에 내보내는 장치로서, 하드웨어 시스템과 프로그래머블 제어기로 분류된다.
- 출력요소 : 입력 요소의 신호 조건에 따라 목적하는 행위가 실제 이루어지게 하는 장치로 전자 계전기, 전동기, 펌프, 실린더, 히터, 솔레노이드 밸브 등이 있다.

32 다음 중 PLC제어방식에 대한 설명으로 틀린 것은?

① 고장진단과 점검이 용이하다.
② 제어회로의 변경이 어렵다.
③ 산술, 비교연산과 데이터 처리가 가능하다.
④ 신뢰성이 높고 고속 동작이 가능하다.

해설
프로그램상 작성 및 수정이 자유로운 특징이 있다.

33 다음 중 조작용 스위치가 아닌 것은?

① 누름버튼 스위치
② 셀렉터 스위치
③ 로터리 스위치
④ 타이머

해설
④ 타이머는 시간을 계측하는 기기이다.
조작용 스위치
위치를 분류할 때 용도에 따라 구분한다면, 조작용 스위치와 검출용 스위치로 나눌 수 있으며, 작업자가 조작을 하는지, 회로 구성에 의해 작동하는지를 기준으로 구분할 수 있다.

34 일상생활에서 사용되는 엘리베이터, 자동판매기와 같이 정해진 순서에 의해 제어되는 방식은?

① 시퀀스제어
② ON 제어
③ 전압 제어
④ 되먹임제어

해설
시퀀스제어 : 다음 단계에서 해야 할 제어 동작이 미리 정해져 있어 앞 단계에서 제어 동작을 완료한 후, 다음 단계의 동작을 하는 것

35 다음 중 로봇의 구동요소 중에서 피드백 신호 없이 구동축의 정밀한 위치제어가 가능한 것은?

① 스테핑 모터
② DC 모터
③ 공압 구동장치
④ 유압 구동장치

해설
스테핑 모터(Stepping Motor) : 일정한 펄스를 가해줌으로 회전각(펄스당 회전각 1.8°와 0.9°를 사용)을 제어할 수 있는 모터. 기계적 구조나 회로가 간단하고, 빠른 응답성, 저렴한 가격 등으로 인해 짧은 거리의 디지털 제어에 적합하다.

36 자동화시스템의 구성요소 중 서보모터(Servo Motor)는 주로 어디에 속하는가?

① 메커니즘(Mechanism)
② 액추에이터(Actuator)
③ 파워서플라이(Power Supply)
④ 센서(Sensor)

해설
서보모터 : 제어기의 제어에 따라 제어량을 따르도록 구성된 제어시스템에 사용하는 모터로서 정확한 구동을 위해 큰 가속을 내거나 급정지에 적합하도록 구성한다. 서보모터는 제어계 내에서 구동장치로 사용된다.

37 다음 중 기계적 위치, 방향, 자세 등을 제어량으로 하는 제어는?

① 자동조정
② 서보기구
③ 시퀀스제어
④ 프로세스 제어

해설
서보(Servo)는 '제어계의 제어에 따른다.'는 의미를 가지고 있고, 서보시스템은 위치, 방향, 자세 등 1차 출력된 명령을 주로 대상으로 하여 명령을 시행한다.

38 PLC의 프로그램 중 계전기 시퀀스도를 직접 기입 또는 표시할 수 있는 장점 때문에 최근에 가장 많이 사용되며 프로그램을 작성하면 사다리 모양이 되는 프로그램방식은 어느 것인가?

① 래더도 방식
② 명령어 방식
③ 논리도 방식
④ 논리식 방식

해설
래더다이어그램 예시

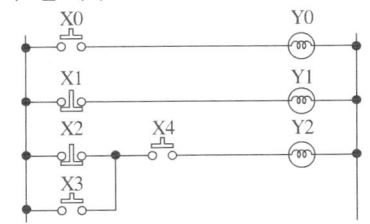

39 어떤 신호가 입력되어 출력 신호가 발생한 후에는 입력 신호가 제거되어도 그때의 출력상태를 계속 유지하는 제어방법은?

① 파일럿 제어
② 메모리 제어
③ 프로그램 제어
④ 조합 제어

해설
파일럿이란 Push Button, Master S/W 등에서 제어기로 제어 신호를 부여하도록 구성된 제어장치를 뜻하는 것으로 출력상태를 그대로 기억하여 유지하도록 구성된 회로는 메모리 제어이다.

40 다음 중 평상시 닫혀 있다고 해서 NC(Normal Closed)접점이라고 하는 것은?

① a접점
② b접점
③ c접점
④ T접점

해설
- a접점 : 일반적인 스위치로 작동 시 닫히고, 평소에 열려 있는 접점
- b접점 : a접점과 반대로 평소에 닫혀 있고, 작동 시 열리는 접점
- c접점 : a+b접점 형태로 어느 쪽에 단락을 두느냐에 따라 열림과 닫힘을 선택할 수 있는 접점

a접점	b접점	c접점

41 PLC에서 외부기기와 내부회로를 전기적으로 절연하고 노이즈를 막기 위해 입력부와 출력부에 주로 이용하는 소자는?

① 사이리스터
② 포토다이오드
③ 포토커플러
④ 트랜지스터

해설
③ 포토커플러 : 빛으로 입력을 받아 빛으로 출력하는 소자이며 전기적으로는 서로 절연되어 있는 상태이다.
① 사이리스터 : 실리콘 제어 정류기라고도 불리며 PNPN형 4중 구조 단자로 구성되어 있다. N에서 Gate를 끄집어낸 방식과 P에서 Gate를 끄집어 낸 방식이 있다. PNP 트랜지스터와 NPN 트랜지스터를 복합한 회로와 같은 역할을 한다.
② 포토다이오드 : 광 검출 기능이 있는 다이오드를 말한다.
④ 트랜지스터 : 증폭과 스위칭 역할을 하는 반도체 소자이다.

42 "작업의 전부 또는 일부를 사람이 직접 조작하지 않고 컴퓨터 시스템 등을 이용한 기계장치에 의하여 자동적으로 작동하도록 하는 것"을 무엇이라 정의하는가?

① 자동화(Automation)
② 기계화(Mechanization)
③ 제어(Control)
④ 수치제어선반(CNC)

해설
② 기계화 : 사람의 손 대신 기계를 사용하여 대체하는 경향
③ 제어 : 명령어나 약속에 의해 프로그램이나 기구가 원하는 대로 일을 할 수 있도록 하는 것
④ 수치제어선반 : 선반기계를 NC 프로그래밍에 의해 제어하고 NC 프로그램을 컴퓨터를 이용해 제어하는 기계

43 다음 중 되먹임제어의 단점을 나타낸 것은?

① 제어계의 특성을 향상시킬 수 있다.
② 외부 조건의 변화에 대한 영향을 줄일 수 있다.
③ 목푯값에 정확히 도달할 수 있다.
④ 제어계가 복잡해진다.

해설
①, ②, ③은 장점이다.

44 다음 중 전자력에 의하여 접점을 개폐하는 기능을 가진 제어기기를 무엇이라고 하는가?

① 전자 계전기
② 선택 스위치
③ 나이프 스위치
④ 리밋스위치

해설
① 전자 계전기

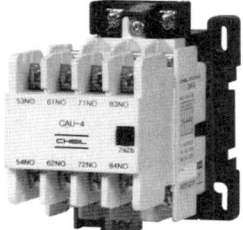

45 제어계의 입력신호에 대한 출력신호의 관계를 나타낸 것은?

① 목푯값　　　② 전달함수
③ 제어대상　　④ 제어량

해설
입력과 출력의 관계를 수학적으로 표현한 것을 전달함수라고 한다. 제어에서 이 함수관계를 잘 정리하면 제어가 간단해질 수 있다.

46 배타적 OR 회로(EX-OR 회로)의 설명으로 올바른 것은?

① 모든 입력이 0일 때에만 출력이 1인 회로
② 서로 다른 입력이 가해질 때에만 출력이 1인 회로
③ 모든 입력이 1인 경우만을 제외하고 출력이 1인 회로
④ 입력이 0이면 출력이 1이고, 입력이 1이면 출력이 0인 회로

해설
진리표

입 력		출 력					
A	B	OR	AND	NOR	NAND	XOR	XNOR
0	0	0	0	1	1	0	1
0	1	1	0	0	1	1	0
1	0	1	0	0	1	1	0
1	1	1	1	0	0	0	1

47 시퀀스제어용 문자 기호 중 차단기 및 스위치류의 기호에서 압력 스위치에 해당하는 것은?

① PF ② PRS
③ PCT ④ SPS

해설

PCT	계기용 변압 변류기
PF	전력 퓨즈
PF	역률계
PR	역전 방지 계전기(플러깅 계전기)
PRR	압력 계전기
PRS	압력 스위치
PT	계기용 변압기
PWR	전력 계전기
SPR	속도 계전기
SPS	속도 스위치

48 다음 중 논리식이 틀린 것은?

① $A+B=B+A$
② $A \cdot B = B \cdot A$
③ $A+A=A$
④ $A \cdot 1 = 1$

해설
AND 논리식은 모두 1신호가 들어와야 출력이 1이 나온다. A가 0인 경우는 0이 출력된다.

49 시퀀스제어용 기기로서 제어회로에 신호가 들어오더라도 바로 동작하지 않고 설정시간만큼 지연동작을 시키려 할 때 사용되는 제어용 기기는?

① 한시 계전기 ② 전자 릴레이
③ 전자 개폐기 ④ 열동 계전기

해설
한시(限詩) 계전기
限 : 기한 한
詩 : 때 시
이름으로 의미를 알 수 있다.

50 트랜지스터를 이용한 무접점 릴레이의 장점이 아닌 것은?

① 동작속도가 빠르다.
② 노이즈의 영향을 거의 받지 않는다.
③ 소형이고 가볍게 제작 가능하다.
④ 수명이 길다.

해설
무접점릴레이의 장단점

장 점	단 점
• 전기 기계식 릴레이에 비해 반응속도가 빠르다. • 동작부품이 없으므로 마모가 없어 수명이 길다. • 스파크의 발생이 없다. • 무소음 동작이다. • 소형으로 제작이 가능하다.	• 닫혔을 때 임피던스가 높다. • 열렸을 때 새는 전류가 존재한다. • 순간적인 간섭이나, 전압에 의해 실패할 가능성이 있다. • 가격이 좀 더 비싸다.

51 자기유지기억회로를 구성하려 할 때 괄호에 알맞은 기호는?

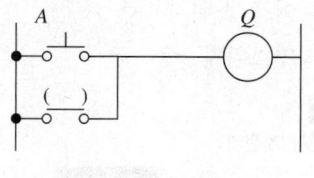

① A ② Q
③ $\overline{A}$ ④ $\overline{Q}$

해설
자기유지회로란 회로 안에서 자신의 상태를 유지할 수 있도록 구성한 회로이다. 문제의 보기처럼 자기 유지를 하면 전원이 사라지기 전까지는 항상 Q의 신호가 살아있게 된다.

52 시퀀스제어기기 중에서 검출용 기기에 속하는 것은?

① 누름버튼 스위치
② 리밋스위치
③ 릴레이
④ 램프

해설
리밋스위치는 어떤 액추에이터의 출력이 발생하면 출력을 인지하여 스위치 입력이 작동하도록 설계한 것이다.

53 다음 논리회로는 어떤 회로를 나타내는가?(단, A, B가 입력이고, X_1, X_2가 출력이다)

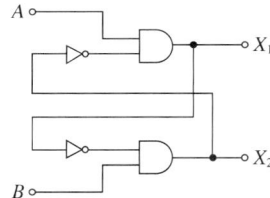

① 배타적 OR회로   ② 인터로크회로
③ 금지 회로   ④ 일치 회로

해설
AND $Y = A \cdot B$ 회로는 모든 신호가 입력되어야 출력이 발생하는데, X_1이든, X_2이든 출력이 발생되면 출력을 받아서 $Y = \overline{A}$으로 변환한 후 상대의 AND 회로에 입력하므로 X_1과 X_2는 출력이 공존할 수 없다. 즉 X_1의 출력이 0이고 B가 1이어야 X_2가 발생하는 형태이다.

54 그림은 어떤 회로를 나타낸 것인가?

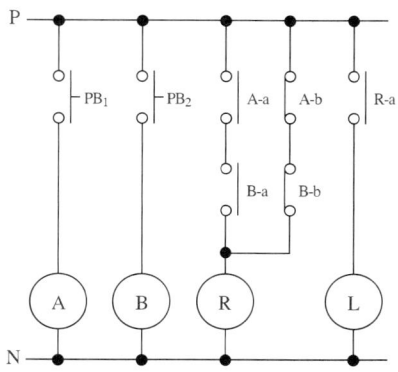

① 일치 회로
② 인터로크회로
③ 금지 회로
④ 배타적 OR 회로

해설
릴레이 R이 발생하는 경우는 A와 B가 모두 1이거나 0인 경우만 출력된다.

55 전자 접촉기(MC) b접점의 KS 기호는?

① ②
③ ④

해설
②는 릴레이 ③는 c접점 ④는 단선된 회로이다.

56 논리식 $F=(A \cdot B + A \cdot \overline{B}) \cdot C$를 간단히하면?

① $A+B$ ② $A+C$
③ $A \cdot B$ ④ $A \cdot C$

해설
분배법칙에 의해
$F=(A \cdot B + A \cdot \overline{B}) \cdot C = (A \cdot (B+\overline{B})) \cdot C$
보원법칙에 의해
$F=(A \cdot (B+\overline{B})) \cdot C = (A \cdot 1) \cdot C = A \cdot C$
불 대수의 기본법칙
• 교환법칙
$A \cdot B = B \cdot A$
$A + B = B + A$
• 흡수법칙
$A \cdot 1 = A$
$A \cdot 0 = 0$
$A + 1 = 1$
$A + 0 = A$
• 결합법칙
$(A \cdot B) \cdot C = A \cdot (B \cdot C)$
$(A+B)+C = A+(B+C)$
• 분배칙
$A \cdot (B+C) = A \cdot B + A \cdot C$
$A+(B \cdot C) = (A+B) \cdot (A+C)$
• 누승법칙
$\overline{\overline{A}} = A$
• 보원법칙
$A \cdot \overline{A} = 0$
$A + \overline{A} = 1$
• 멱등법칙
$A \cdot A = A$
$A + A = A$

57 유접점 시퀀스제어회로의 b접점은 무접점 시퀀스제어 회로의 무슨 회로와 같은 역할을 하는가?

① AND 회로 ② OR 회로
③ NOT 회로 ④ NOR 회로

해설
b접점은 신호가 들어올 때 OFF된다.

58 다음 중 OR 게이트를 나타내는 논리 회로의 기호는?

① 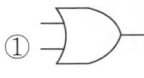 ②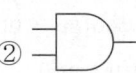
③ 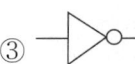 ④

해설
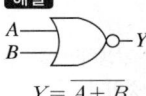
$Y=\overline{A+B}$

$Y=A \cdot B$

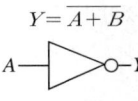
$Y=\overline{A}$

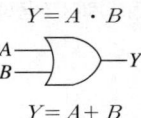
$Y=A+B$

59 다음 중 무접점방식과 비교하여 유접점방식의 장점에 해당하지 않는 것은?

① 온도 특성이 양호하다.
② 전기적 잡음에 대해 안정적이다.
③ 동작상태의 확인이 용이하다.
④ 동작속도가 빠르다.

해설
유접점 회로는 직접 회선을 선택하여 구성할 수 있고, 비교적 전기적으로 자유롭게 구성이 가능하지만 부피를 차지하고 반응 속도가 발생하며 복잡한 회로를 구성한 경우는 다시 읽어내기 어렵게 된다.

60 다음 중 시퀀스제어와 같은 제어는 무엇인가?

① 되먹임제어
② 피드백제어
③ 개루프제어
④ 폐루프제어

해설
시퀀스제어는 일렬식 순차제어이다. 일렬식 순차제어는 개루프제어 형태로 구성된다. 되먹임제어는 피드백 제어라고도 하며, 회로 형식은 폐루프(닫힌 회로) 형식이다.

2011년 제5회 과년도 기출문제

01 다음 중 보통 보링머신을 분류한 것으로 맞지 않는 것은?

① 테이블형
② 플레이너형
③ 플로어형
④ 코어형

해설
보링머신의 종류
• 수평형 : 형태에 따라 크게 수직, 수평형으로 나뉜다. 가장 널리 사용되며 주축이 수평방향으로 설치되어 있다.
 - 테이블형
 - 플레이너형
 - 플로어형
 - 이동형
• 정밀형
 - 일반형 외에 정밀형이 있다.
 - 주축 형식에 따라 수직형과 수평형
 - 운동 방식에 따라 주축 헤드 이동형과 테이블 이동형으로 구분
• 지그 보링머신

02 기계장치의 안전에 대한 사항으로 적합하지 않은 것은?

① 일감과 절삭 공구가 회전하는 기계작업을 할 때에는 장갑을 끼지 않는다.
② 기계의 전원장치에는 동력 차단장치가 있어야 한다.
③ 연삭기의 숫돌에는 견고한 안전커버가 있어야 한다.
④ 선반의 공구대 위에 공구를 올려놓고 작업을 해야 한다.

03 선반 작업에서 절삭가공 시 회전수를 구하는 공식은?(단, d = 공작물 직경(mm), n = 주축의 회전수(rpm), v = 절삭속도이다)

① $n = 1,000v$
② $n = 1,000\pi d$
③ $n = \dfrac{1,000v}{\pi d}$
④ $n = \dfrac{\pi d}{1,000v}$

해설
πd는 원의 둘레 길이다. n은 분당 회전수(1분 동안 회전한 횟수)이다. 속도는 "분당 전체 운동한 거리"이며 원의 둘레 길이와 분당 회전수를 곱하여 구한다. 1,000은 mm로 계산된 분당 전체 운동한 거리를 m으로 계산하기 위해 곱한 계수이다.

04 절삭 공구재료의 구비조건으로 적합하지 않은 것은?

① 내마모성이 클 것
② 형상을 만들기 쉬울 것
③ 고온에서 경도가 낮고 취성이 클 것
④ 피삭재보다 단단하고 인성이 있을 것

해설
• 내마모성 : 마모에 견디는 능력
• 경도 : 딱딱한 정도
• 취성 : 잘 깨지는 성질
• 피삭재 : 깎여 나가는 재료
• 인성 : 잘 깨지지 않고 질긴 성질

정답 1 ④ 2 ④ 3 ③ 4 ③

05 선반 작업에서 원통의 지름이 1/2로 줄어들 때 회전수의 변화는?

① 일정하다.
② 2배로 증가한다.
③ 2^2배로 증가한다.
④ 감소한다.

해설
$v = \dfrac{\pi d n}{1,000}$ 에서 절삭속도와 지름은 비례관계이므로 절삭속도를 그대로 유지하려면 회전수를 그만큼 빠르게 해야 한다. 그러므로, v가 일정하고 d가 $\dfrac{1}{2}$로 줄어들면 n은 2배로 늘어나야 한다.

06 광물성유를 화학적으로 처리하여 원액과 물을 혼합하여 사용하며, 표면활성제와 부식방지제를 첨가하여 사용하는 절삭유제는?

① 등유
② 라드유
③ 스핀들유
④ 에멀션

해설
절삭유제의 종류

수용성 절삭유제	불수용성 절삭유제
• 절삭유제의 원액에 물을 타서 사용 • 냉각성이 좋음 • 강재 및 합금강의 절삭, 비철금속의 절삭, 연삭용 • 광물성기름에 소량의 유화제, 방청제 등을 첨가하여 10배에서 20배 정도로 희석하여 사용 • 에멀션, 합성유 등	• 등유, 경유, 스핀들유, 기계유 등을 단독 또는 혼합하여 사용 • 점성이 낮고 윤활작용이 좋음 • 냉각작용이 좋지 않으므로 경절삭에 사용 • 라드유, 고래기름 등 동물성 기름 • 올리브기름, 면화씨기름, 콩기름 등 식물성 기름

07 밀링 커터 중 기어의 이 모양과 같이 공작물의 형상과 동일한 윤곽을 가진 커터는?

① T형 밀링커터
② 정면 밀링커터
③ 플라이 커터
④ 총형 밀링커터

해설
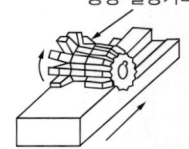
총형 밀링커터

08 선반에서 가공할 수 없는 작업은?

① 나사 가공
② 기어 가공
③ 테이퍼 가공
④ 구멍 가공

해설
선반은 공작물이 회전하므로 원통모양의 가공물만 가공이 가능하다. 기어는 축 방향의 치형이 생성되어야 하므로 가공이 사실상 불가능하다.

09 나사 마이크로미터는 나사의 어느 부분을 측정하는가?

① 피치
② 바깥지름
③ 골지름
④ 유효지름

해설
버니어 캘리퍼스, 마이크로 미터 등은 바깥지름밖에 측정할 수 없는 데에 비해, 나사 마이크로미터는 엔빌을 피치에 따라 조절하고 스핀들을 끼워서 유효지름을 한 번에 측정한다.

10 밀링머신에서 사용하는 절삭공구가 아닌 것은?

① 엔드밀
② 정면커터
③ 총형커터
④ 브로치

해설

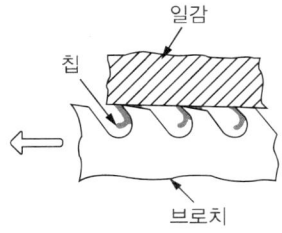

브로칭 작업은 브로치라는 절삭공구를 이용하여 일감의 안팎을 그림과 같이 필요한 모양으로 절삭한다.

11 한 부품에 같은 종류의 구멍이 여러 개가 있다. 구멍의 지시선 위에 "20-10 드릴"이라는 구멍 표시의 올바른 해석은?

① 구멍의 지름이 20mm이고, 구멍의 수가 10개이다.
② ϕ20mm의 드릴 구멍과 ϕ10mm의 드릴 구멍이 있다.
③ ϕ10mm의 드릴 구멍이 20mm 간격으로 있다.
④ ϕ10mm의 드릴 구멍이 20개 있다.

해설
일반적으로 작업에 치수가 붙으면 작업의 직경이나 도구를 지정하는 경우가 많다.

12 그림과 같은 면의 지시기호에서 A부에 기입하는 내용은 무엇인가?

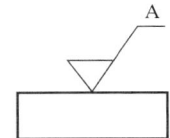

① 가공 방법
② 산술 평균거칠기 값
③ 컷오프 값
④ 줄무늬 방향의 기호

해설
일반적으로 작업에 치수가 붙으면 작업의 직경이나 도구를 지정하는 경우가 많다.

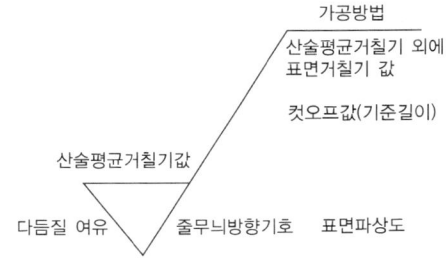

정답 9 ④ 10 ④ 11 ④ 12 ①

13 다음 도면에 사용된 치수가 아닌 것은?

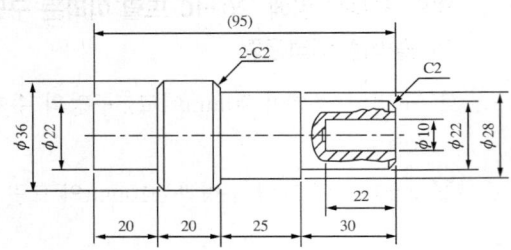

① 참고 치수
② 모따기 치수
③ 지름 치수
④ 반지름 치수

해설
④ R 기호가 들어간 치수가 반지름 치수이며, 일반적으로 기계부품에서는 구(求) 외에는 잘 사용하지 않는다.
① (95)가 참고 치수로 쓰였다. 참고 치수는 꼭 기재할 필요가 없는 치수이다.
② C2가 모따기 치수로 쓰였다. C는 Chamfer의 기호이다.
③ φ가 들어간 기호는 지름을 표시한다.

14 베어링 호칭번호가 6205인 경우 안지름은 몇 mm인가?

① 15
② 20
③ 25
④ 205

해설
• 구름베어링의 호칭 : 호칭 번호는 제조 시나 사용 시 혼란을 방지하고 구별이 쉽도록 다음과 같이 붙인다.

계열 번호	안지름 번호	접촉각 기호	보조 기호	내 용
63	12		Z	단열 깊은 홈 볼 베어링 안지름 60mm(×5 한 값)
72	06	C	DB	단식 앵귤러 볼베어링 안지름 30mm

• 구름베어링의 안지름 번호(KS B 2012)

안지름 번호	안지름 치수	안지름 번호	안지름 치수
1	1	01	12
2	2	02	15
3	3	03	17
4	4	04	20
5	5	/22	22
6	6	05	25
7	7	/28	28
8	8	06	30
9	9	/32	32
00	10	07	35

15 투상도법에서 그림과 같이 경사진 부분의 실제 모양을 도시하기 위하여 사용하는 투상도의 명칭은?

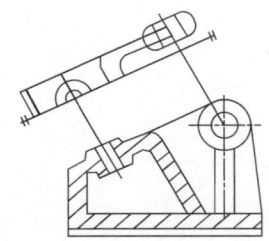

① 부분 투상도
② 국부 투상도
③ 부분 확대도
④ 보조 투상도

해설
• 보조 투상도 : 경사면이 있는 제품의 실제 모양을 투상을 할 때 보이는 전체 또는 일부분만을 나타낸 것이다.
• 국부 투상도 : 요점 투상도라고도 하며 제품의 구멍, 홈 등과 같이 특정한 부분의 모양을 나타내는 것으로 충분한 경우 제도하며 관계를 표시하기 위해 중심선, 치수 보조선 등을 연결한다.
• 회전 투상도 : 각도를 가지고 있는 실제 모양을 회전해서 실제 모양을 나타내며, 잘못 볼 우려가 있는 경우, 작도에 사용한 가는 실선을 통해 표시한다.
• 부분 투상도 : 모양의 특징, 또는 일부를 도시하는 것으로 충분한 경우, 부분투상을 도시한 경우, 대칭인 경우 등 모양 전체를 도시하지 않고 표현한 투상도를 말한다.
• 부분 확대도 : 자세하게 나타내고 싶은 부분을 가는 실선으로 에워싸고 영문 대문자로 지시하고 확대한 것이다.

16 다음 도면에서 A 치수는 얼마인가?

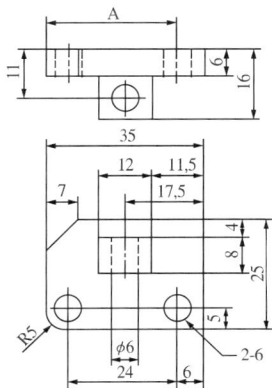

① 26
② 27
③ 28
④ 29

해설
도면 읽기의 실제를 묻는 문제이다. A부분의 길이는 정면도의 원의 중심에서 중심까지의 거리 24를 이용하고, 좌측 하단 모서리의 필렛된 점의 중심이 원의 중심과 같으므로 반지름 R5를 더하면 A부분의 길이를 구할 수 있다. ∴ 24 + 5 = 29

17 기계 제도에서 도형에 나타나지 않으나 공작 시의 이해를 돕기 위하여 가공 전 형상이나, 공구의 위치 등을 나타내는 데 사용하는 선은?

① 파단선 ② 숨은선
③ 중심선 ④ 가상선

해설
선의 종류에 따른 용도

선의 종류	선의 명칭	선의 용도
굵은 실선	외형선	물체가 보이는 부분의 모양을 나타내기 위한 선
가는 실선	치수선	치수를 기입하기 위한 선
	치수 보조선	치수를 기입하기 위하여 도형에서 끌어낸 선
	지시선	각종 기호나 지시 사항을 기입하기 위한 선
	중심선	도형의 중심을 간략하게 표시하기 위한 선
	수준면선	수면, 유면 등의 위치를 나타내기 위한 선
파 선	숨은선	물체가 보이지 않는 부분의 모양을 나타내기 위한 선
1점쇄선	중심선	도형의 중심을 표시하거나 중심이 이동한 궤적을 나타내기 위한 선
	기준선	위치 결정의 근거임을 나타내기 위한 선
	피치선	반복 도형의 피치를 잡는 기준이 되는 선
2점쇄선	가상선	가공 부분의 특정 이동 위치, 가공 전후의 모양, 이동 한계 위치 등을 나타내기 위한 선
	무게중심선	단면의 무게중심을 연결한 선
파형, 지그재그의 가는 실선	파단선	물체의 일부를 자른 곳의 경계를 표시하거나 중간 생략을 나타내기 위한 선
규칙적인 가는 빗금선	해칭	단면도의 절단면을 나타내기 위한 선

18 그림과 같은 입체도에서 화살표 방향이 정면도일 경우 평면도로 가장 적합한 것은?

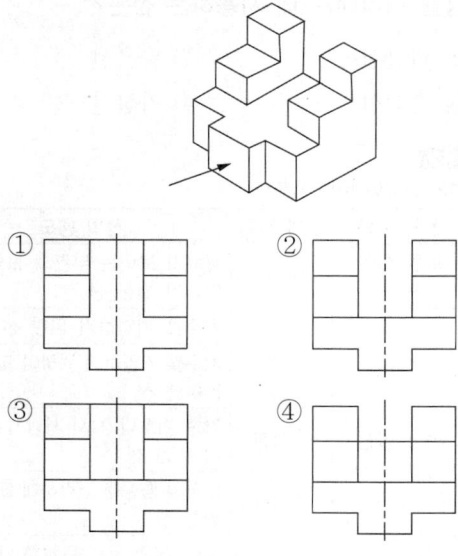

① ② ③ ④

해설
평면도는 시선 기준으로 위에서 내려본 그림이다.

해설
축과 구멍에 따라 기준이 되는 공차기호의 종류를 보면 다음 그림과 같다.

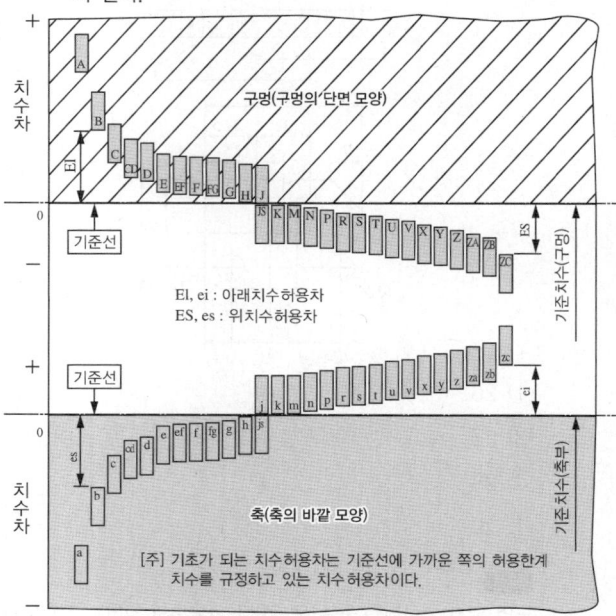

IT 기본 공차의 수치(KS B 0401)

구분	초과	–	3	6	10	18	30	50	80	120	180
등급	이하	3	6	10	18	30	50	80	120	180	250
IT01	기본공차의 수치 (μm)	0.3	0.4	0.4	0.5	0.6	0.6	0.8	1.0	1.2	2.0
IT0		0.5	0.6	0.6	0.8	1.0	1.0	1.2	1.5	2.0	3.0
IT1		0.8	1.0	1.0	1.2	1.5	1.5	2.0	2.5	3.5	4.5
IT2		1.2	1.5	1.5	2.0	2.5	2.5	3.0	4.0	5.0	7.0
IT3		2.0	2.5	2.5	3.0	4.0	4.0	5.0	6.0	8.0	10
IT4		3.0	4.0	4.0	5.0	6.0	7.0	8.0	10	12	14
IT5		4.0	5.0	6.0	8.0	9.0	11	13	15	18	20
IT6		6.0	8.0	9.0	11	13	16	19	22	25	29
IT7		10	12	15	18	21	25	30	35	40	46
IT8		14	18	22	27	33	39	46	54	63	72
IT9		25	30	36	43	52	62	74	87	100	115
IT10		40	48	58	70	84	100	120	140	160	185
IT11		60	75	90	110	130	160	190	220	250	290
IT12	기본공차의 수치 (mm)	0.10	0.12	0.15	0.18	0.21	0.25	0.30	0.35	0.40	0.46
IT13		0.14	0.18	0.22	0.27	0.33	0.39	0.46	0.54	0.63	0.72
IT14		0.26	0.30	0.36	0.43	0.52	0.62	0.74	0.87	1.00	1.15
IT15		0.40	0.48	0.58	0.70	0.84	1.00	1.20	1.40	1.60	1.85
IT16		0.60	0.75	0.90	1.10	1.30	1.60	1.90	2.20	2.50	2.90
IT17		1.00	1.20	1.50	1.80	2.10	2.50	3.00	3.50	4.00	4.60
IT18		1.40	1.80	2.20	2.27	3.30	3.90	4.60	5.40	6.30	7.60

19 구멍 $\phi 80$에 대해 h5, h6, h7, h8 끼워맞춤 공차를 적용할 때, 치수공차 값이 가장 작은 것은?

① h5 ② h6
③ h7 ④ h8

20 기하공차의 종류를 성격에 따라 구분하고자 할 때 이에 해당하지 않는 것은?

① 흔들림 공차
② 위치 공차
③ 자세 공차
④ 허용 공차

해설
기하공차의 종류

적용하는 형체	공차의 종류		기 호
단독형체	모양 공차	진직도	───
		평면도	▱
		진원도	○
		원통도	⌭
단독형체 또는 관련형체		선의 윤곽도	⌒
		면의 윤곽도	⌓
관련형체	자세 공차	평행도	//
		직각도	⊥
		경사도	∠
	위치 공차	위치도	⌖
		동축도 또는 동심도	◎
		대칭도	≡
	흔들림 공차	원주 흔들림 공차	↗
		온흔들림 공차	↗↗

21 내경이 20mm인 실린더에 6kgf/cm²의 유압이 공급될 때 실린더 로드에 작용하는 힘(kgf)은 약 얼마인가?(단, 내부 마찰력은 무시한다)

① 9.9   ② 18.8
③ 24.4   ④ 37.6

해설
실린더에 작용하는 압력은 실린더의 구조를 이해하고 전진과 후진의 경우를 나눠서 생각해야 한다. 하지만, 이 문제의 경우, 다른 고려 사항은 반영되어 있지 않고, 실린더 내부 단면적과 유압만을 고려하여 힘을 구한다.

실린더 안쪽 단면적 $= \frac{\pi}{4} \times d^2 = \frac{\pi}{4} \times (2\text{cm})^2 ≒ 3.14\text{cm}^2$

작용력 = 유압 × 단면적 = $6\text{kgf/cm}^2 \times 3.14\text{cm}^2 = 18.84\text{kgf}$

22 전진운동과 후진운동을 할 때 실린더 피스톤이 낼 수 있는 힘의 크기가 같은 실린더는?

① 단동 실린더
② 편로드 복동 실린더
③ 양로드 복동 실린더
④ 쿠션 내장형 실린더

해설
화살표로 공기가 들어간다고 했을 때 한쪽로드 실린더는 전진 시와 후진 시에 힘이 작용하는 면적이 다른 반면, 양쪽 로드 실린더는 전진 시와 후진 시에 힘이 작용하는 면적이 같다.

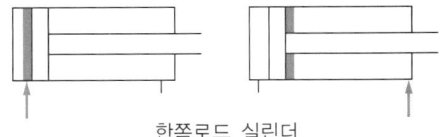
한쪽로드 실린더

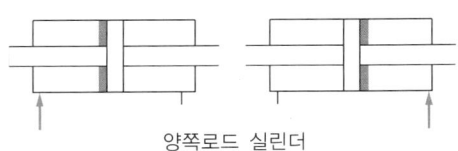
양쪽로드 실린더

23 다음 그림의 밸브 기호에서 제어 위치의 개수는?

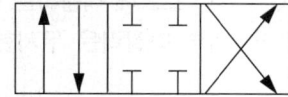

① 1개
② 2개
③ 3개
④ 4개

해설
제어의 선택 가능한 개수는 방의 개수와 같다. 문제의 밸브에서 방의 개수는 3개이다.

24 다음 중 "2압 밸브"를 "AND 밸브"라고도 하는 이유를 설명한 것이다. 옳은 것은?

① 공기 흐름을 정지 또는 통과시켜 주므로
② 두 개의 공기 입구 모두에 공압이 작용해야만 출력이 나오므로
③ 독립적으로 사용되므로
④ 역류를 방지하기 때문에

해설
제어밸브의 종류로는 압력제어밸브, 유량제어밸브, 방향제어밸브 등이 있고, 기타로 논리적 제어를 하는 2압밸브, 셔틀밸브, 체크밸브 등이 있다. 이 중 2압밸브는 양쪽 모두 신호가 들어가야만 출력이 나오는 형태의 밸브로, 논리식에서 AND와 같다 하여 AND 밸브라고 부르기도 한다. 셔틀밸브는 양쪽 중 한 곳만 신호가 들어가도 출력이 나오는 형태로, 논리식 OR과 같다 하여 OR밸브라 부르기도 하며, 체크밸브는 한방향의 흐름만 인가하고 반대방향의 흐름은 인가하지 않는, 방향을 Check하는 밸브이다.

25 다음 중 유압유에 비해 압축공기의 특성을 설명한 것으로 틀린 것은?

① 탱크 등에 저장이 용이하다.
② 온도에 극히 민감하다.
③ 폭발과 인화의 위험이 거의 없다.
④ 먼 거리까지도 쉽게 이송이 가능하다.

해설
• 압축공기의 장점
 – 에너지원을 쉽게 얻을 수 있다.
 – 힘의 전달 및 증폭이 용이하다.
 – 속도, 압력, 유량 등의 제어가 쉽다.
 – 보수, 점검 및 취급이 쉽다.
 – 인화 및 폭발의 위험성이 적다.
 – 에너지 축적이 쉽다.
 – 과부하의 염려가 적다.
 – 환경오염의 우려가 적다.
 – 고속 작동에 유리하다.
• 압축공기의 단점
 – 에너지 변환 효율이 나쁘다.
 – 위치 제어가 어렵다.
 – 압축성에 의한 응답성의 신뢰도가 낮다.
 – 윤활 장치를 요구한다.
 – 배기 소음이 있다.
 – 이물질에 약하다.
 – 힘이 약하다.
 – 출력에 비해 값이 비싸다.
 – 균일 속도를 얻을 수 없다.

23 ③ 24 ② 25 ②

26 다음 중 회로의 최고 압력을 제어하는 밸브로써, 유압 시스템 내의 최고 압력을 유지시켜 주는 밸브는?

① 릴리프밸브
② 체크밸브
③ 압력 스위치
④ 카운터밸런스밸브

해설

- 압력제어밸브의 종류

릴리프밸브	탱크나 실린더 내의 최고 압력을 제한하여 과부하 방지
감압밸브	출구 압력을 일정하게 유지
시퀀스밸브	주회로의 압력을 일정하게 유지하면서 조작의 순서를 제어할 때 사용하는 밸브
무부하밸브	펌프의 무부하 운전을 시키는 밸브
카운터밸런스밸브	배압밸브. 부하가 급격히 제거되어 관성에 의한 제어가 곤란할 때 사용

- 유량제어밸브의 종류

교축밸브	유로의 단면적을 변화시켜서 유량을 조절하는 밸브
유량조절밸브	유량이 일정할 수 있도록 유량을 조절하는 밸브
급속배기밸브	배기구를 확 열어 유속을 조절
속도제어밸브	베르누이의 정리에 의하여 유량에 따른 속도를 제어하는 방식과 유체의 흐름의 양을 조절하여 속도를 제어하는 방식으로 나뉜다.

27 다음 중 공압 조정 유닛의 구성요소에 속하지 않는 것은?

① 필터   ② 냉각기
③ 압력조절밸브 ④ 윤활기

해설

공압 조정 유닛

- 공기 탱크에 저장된 압축공기는 배관을 통하여 각종 공기압 기기로 전달됨
- 공기압 기기로 공급하기 전 압축 공기의 상태를 조정해야 함
- 공기 여과기를 이용하여 압축공기를 청정화함
- 압력 조정기를 이용하여 회로 압력을 설정함
- 윤활기에서 윤활유를 분무함
- 공기압 장치로 압축 공기를 공급함

28 압축기로부터 토출되는 고온의 압축공기를 공기건조기 입구 온도 조건에 알맞게 냉각시켜 수분을 제거하는 장치는?

① 애프터 쿨러
② 자동 배출기
③ 스트레이너
④ 공기 필터

해설

② 수분제거기가 응결시킨 저수조의 수분을 별도의 물빼기 작업 없이 자동으로 배출시키는 장치이다.
③ 스트레이너(Strainer)를 직역하면 압력판이나 긴장을 주는 장치 정도로 해석할 수 있는데, 실제는 여과망을 설치하여 흐름 속의 굵은 불순물을 걸러내는 장치를 의미한다.
④ 공기를 필터링하는 장치이다.

29 다음 중 유압 시스템의 압력제어밸브에 속하지 않는 것은?

① 릴리프밸브
② 감압밸브
③ 카운터밸런스밸브
④ 체크밸브

해설
26번 해설 참조

30 다음 중 공압장치의 특징을 설명한 것으로 틀린 것은?

① 압축 공기의 에너지를 쉽게 얻을 수 있다.
② 동력 전달 방법이 간단하고 용이하다.
③ 힘의 증폭 및 속도 조절이 용이하다.
④ 정확한 위치 결정 및 중간 정지가 용이하다.

해설
25번 해설 참조

정답 26 ① 27 ② 28 ① 29 ④ 30 ④

31 다음 중 수치제어 공작기계(NC 공작기계)는 자동 생산 시스템의 어떤 분야에 속하는가?

① 자동 가공
② 자동 조립
③ 자동 설계
④ 자동 검사

32 CCD 카메라로 읽은 화상을 보고 대상 물체의 모양이나 양호 또는 불량 상태를 판별하는 센서는?

① 로드셀
② 광전 센서
③ 비전 센서
④ 근접 센서

해설
③ 비전 센서는 카메라, 제어 유닛 및 소프트웨어가 통합된 소형 센서이다.
로드셀과 스트레인 게이지는 물체에 압력이나 응력, 힘이 작용할 때 그 크기가 얼마인가를 측정하는 도구이다.

33 공장 자동화의 추진 목적과 가장 거리가 먼 것은?

① 생산성 향상
② 품질의 균일화
③ 제품 고급화
④ 원가 절감

해설
제품의 균일화와 신뢰성 향상이 제품의 고급화와 무관하다고 할 수는 없겠으나, 보기 중에서는 가장 거리가 멀다.

34 다음 래더 다이어그램에 따라 PLC 명령문 코딩할 때 잘못된 것은?

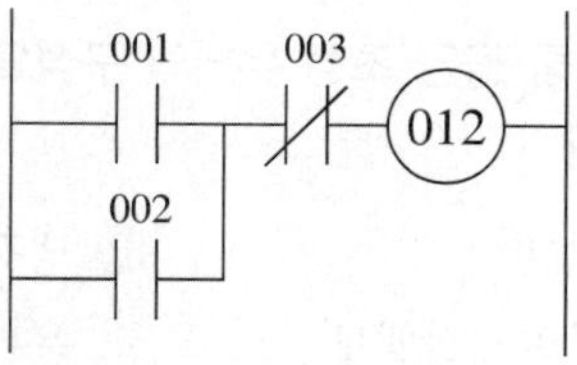

① 001 : AND 001로 코딩한다.
② 002 : OR 002로 코딩한다.
③ 003 : AND NOT으로 코딩한다.
④ 012 : OUT 012로 코딩한다.

해설
001과 002 신호 중 하나만 들어가도 출력이 나오므로 OR관계이다.

정답 31 ① 32 ③ 33 ③ 34 ①

35 산업용 다관절 로봇이 3차원 공간에서 임의의 위치와 방향에 있는 물체를 잡는 데 필요한 자유도는?

① 3 ② 4
③ 5 ④ 6

해설
산업용 로봇이 3차원 공간에 있는 물체를 잡기 위한 자유도는 6 자유도가 필요하며, 수직 이동, 확장과 수축, 회전, 손목의 회전과 상하 운동, 좌우회전 이렇게 여섯 가지 운동이 필요하다.

36 산업 현장에서 사용되고 있는 로봇이 경제적이고 실질적으로 이용될 수 있는 분야에 대한 기준이 아닌 것은?

① 위험한 작업
② 간단한 반복 작업
③ 검사가 필요하지 않는 작업
④ 변화가 자주 일어나는 작업

해설
로봇의 사용이 유익한 것인지 판단하는 기준
- 로봇이 움직일 수 있는 범위에서 작업이 이루어지는지
- 로봇이 할 수 있는 작업인지
- 로봇이 해야만 하는 작업인지
  - 위험성
  - 피로도
  - 공간의 선택
- 작업의 단순성과 반복성

37 불연속 동작의 대표적인 것으로 제어량이 목푯값에서 어떤 양만큼 벗어나면 미리 정해진 일정한 조작량이 대상에 가해지는 제어는?

① 온오프제어
② 비례제어
③ 미분동작제어
④ 적분동작제어

해설
① ON/OFF제어 : 전기밥솥이나 전기담요의 서모스탯, 또는 가정용 보일러의 온도 기준 제어처럼 기준에 미치면 OFF, 못 미치면 ON으로 제어하는 형식
② 비례제어 : 오차 신호에 적당한 비례상수를 곱해서 다시 제어신호를 만드는 형식
③ 미분동작제어 : 오차 값의 변화를 파악하여 조작량을 결정하는 방식
④ 적분동작제어 : 미소한 잔류편차를 시간적으로 누적하였다가, 어느 곳에서 편차만큼을 조작량 증가시켜 편차를 제거하는 방식

38 자동제어의 종류를 신호 특성에 따라 분류할 때 이에 속하는 것은?

① 서보기구
② 아날로그 제어
③ 자력 제어
④ 타력 제어

해설

디지털 신호	아날로그 신호
• 어떤 양 또는 데이터를 2진수로 표현한 것 • 신호가 0과 1의 형태로 존재하며 그 신호의 양에 따라 자연신호에 가깝게 연출은 할 수 있으나 미분하면 결국 분리된 신호의 연속으로 표현됨 • 즉, 0과 1로 모든 신호를 표현함	• 신호가 시간에 따라 연속적으로 변화하는 신호 • 자연신호를 그대로 반영한 신호로서 보존과 전송이 상대적으로 어려움 • 신호 취급에서 큰 신호, 작은 신호, 잡음 등이 소멸되기 쉬운 특징

정답 35 ④ 36 ④ 37 ① 38 ②

39 PLC 프로그램에 대한 설명 중 틀린 것은?

① 입력 조건 없이는 모선에 출력을 지정할 수 없다.
② 동일한 출력 코일을 두 번 이상 사용할 수 있다.
③ 더미 접점을 사용하여 출력할 수 있다.
④ 신호의 흐름은 좌에서 우로 또는 위에서 아래로 흐르게 한다.

해설
PCL제어는 일렬식 순차제어이다.

40 금속체나 자성체에서 발생되는 전계나 자계의 변화를 감지하여 접점을 개폐하며 물체와 직접 접촉하지 않고 검출하는 스위치는?

① 수동 스위치   ② 근접 스위치
③ 광전 스위치   ④ 액면 스위치

해설
근접 센서
감지기의 검출면에 접근하는 물체 또는 주위에 존재하는 물체의 유무를 자기 에너지, 정전 에너지의 변화 등을 이용해 검출하는 무접점 감지기이다.
- 유도형 : 강자성체가 영구 자석에 접근하면 코일 내 자속의 변화율에 따라 출력 단자 사이에 전압을 발생시켜 물체의 유무를 판단
- 정전용량형
  - 유도형 근접 센서가 금속만 검출하는 데 반하여 정전용량형 근접 센서는 플라스틱, 유리, 도자기, 목재와 같은 절연물, 물, 기름, 약품과 같은 액체도 검출
  - 센서 앞에 물건이 놓이면 정전 용량이 변화하고, 이 변화량을 검출하여 물체의 유무를 판별
  - 센서의 검출 거리에 영향을 끼치는 요소 : 검출면, 검출체 사이의 거리, 검출체의 크기, 검출체의 유전율
- 검출거리 : 검출 물체의 크기, 두께, 재질, 이동 방향, 도금 유무 등에 영향
- 출력형식 : PNP 출력, NPN 출력, 직렬 접속, 병렬 접속

41 일반적인 PLC 제어와 릴레이 제어의 특성을 비교 설명한 것으로 틀린 것은?

① PLC 제어는 릴레이 제어보다 고장 부위 발견이 어렵다.
② PLC 제어는 릴레이 제어보다 제어반의 크기는 작다.
③ PLC 제어는 릴레이 제어보다 고속 동작이 가능하다.
④ PLC 제어는 릴레이 제어보다 시스템 구성 시간이 짧다.

해설
- PLC의 장점
  - 계전기 제어 방식에서 이루어지는 배선 작업을 프로그램을 사용하여 간단히 처리할 수 있다.
  - PLC에는 동작 표시 기능과 자기 진단 기능, 고장 표시 기능 등이 내장되어 있어 유지 보수가 편리하다.
  - 반도체 소자를 이용한 무접점 회로를 사용하기 때문에 접촉 신뢰성이 높고 수명이 길다.
  - 반도체 소자가 계전기나 타이머, 카운터 등을 대신하기 때문에 소비 전력과 설치 면적이 작아졌다.
  - 시퀀스제어뿐만 아니라, 산술 연산, 비교 연산 및 데이터 처리 등을 할 수 있다.
- PLC의 단점
  - PLC 언어의 호환성에 대한 우려가 있다.
  - 제어규모가 작은 경우 릴레이 제어 방식보다 소요 비용이 높다.

42 다음 중 PLC의 기능이 아닌 것은?

① 입출력 데이터 처리 기능
② 서보 기능
③ 시퀀스 처리 기능
④ 타이머와 카운터 기능

해설
PLC는 순차제어이다. 서보는 루프를 형성할 때 필요하다.

43 시퀀스제어와 되먹임제어를 비교할 때 되먹임제어계에서 반드시 필요한 제어요소는?

① 구동장치
② 신호처리 및 제어장치
③ 입출력 비교장치
④ 응답속도 가속장치

해설
되먹임제어(Feed-back Control)는 출력을 검출하여 의도된 값과 비교한 후, 만족하지 않으면 다시 루프를 시행하는 제어 형태를 의미한다. 다른 보기의 요소들은 시퀀스제어에도 존재한다.

44 PLC하드웨어 구조에서 외부 입출력 기기의 노이즈가 PLC의 CPU쪽에 전달되지 않도록 하기 위하여 사용되는 소자는?

① 다이오드
② 트랜지스터
③ LED
④ 포토커플러

해설
포토커플러 : 빛으로 입력을 받아 빛으로 출력하는 반도체 소자이며 전기적으로는 서로 절연되어 있는 상태이다.

45 자동화시스템의 구성 장치와 거리가 가장 먼 것은?

① 수치 제어 선반
② PLC
③ 무인 운반차
④ 범용 밀링

해설
범용 밀링은 자동화된 공작을 위한 컨트롤러가 없다. 사람의 손으로 스위치를 누르고 이송레버를 이동시켜 공작을 하는 기계이다.

46 1 또는 0과 같이 하나의 입력에 대하여 항상 그에 대응하는 출력을 발생하게 하고, 다음에 새로운 입력이 주어질 때까지 그 상태를 안정적으로 유지하는 회로로서 컴퓨터 집적 회로 속에서 기억 소자로 사용되는 것은?

① 금지회로
② 플립플롭회로
③ 인터로크회로
④ 선행우선회로

해설
플립플롭회로는 1비트의 2진 정보를 보관, 유지할 수 있는 순서논리회로의 기본 구성요소이며 하나의 입력에 대하여 항상 그에 대응하는 출력을 발생하게 하고, 새로운 조건이 주어지기 전까지 현재 상태를 유지하는 특성을 가지고 있다.

정답 43 ③ 44 ④ 45 ④ 46 ②

47 유접점 회로와 비교하여 무접점 회로의 특징을 설명한 것 중 옳지 않은 것은?

① 수명이 길다.
② 응답 속도가 빠르다.
③ 소형화에 적합하다.
④ 전기적 노이즈에 강하다.

해설
무접점릴레이의 장단점

장 점	단 점
• 전기 기계식 릴레이에 비해 반응속도가 빠르다. • 동작부품이 없으므로 마모가 없어 수명이 길다. • 스파크의 발생이 없다. • 무소음 동작이다. • 소형으로 제작이 가능하다.	• 닫혔을 때 임피던스가 높다. • 열렸을 때 새는 전류가 존재한다. • 순간적인 간섭이나, 전압에 의해 실패할 가능성이 있다. • 가격이 좀 더 비싸다.

48 그림과 같은 계전기 접점 회로를 간단히 한 논리식은?

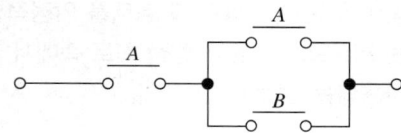

① A
② $\overline{A}$
③ $A \cdot B$
④ $A + B$

해설
회로를 결과만 읽어보면 A에 신호가 들어가면 출력이 무조건 나온다. B의 개폐여부는 무관하다.
논리식으로 정리하면 $A \cdot (A+B) = A + A \cdot B$

49 전자석에 의해 접점을 개폐하는 전자 접촉기와 부하의 과전류에 의해 동작하는 열동 계전기가 조합된 장치는?

① 보조 계전기
② 시간 계전기
③ 플리커 계전기
④ 전자 개폐기

해설
전자 접촉기는 ON/OFF에 의해 모터 등의 부하를 운전하거나 정지시킴으로 기기를 보호하는 목적으로 사용되며 열동 계전기에 의해 전자 접촉기의 전원을 OFF시킬 수 있도록 전자접촉기와 열동 계전기를 조합한 기기를 전자 개폐기(Magnetic Switch ; MS)라 한다.

50 두 개 이상의 전자 계전기가 동시에 동작하는 것을 방지하기 위해 사용하는 회로는?

① 자기유지회로
② 인터로크회로
③ 경보회로
④ 검출회로

해설
인터로크회로는 병존할 수 없는 회로 둘 이상이 있을 때 하나의 회로가 출력될 때 이 출력이 다른 회로에 b접점으로 작동하여 다른 회로들을 작동할 수 없게 구성하는 일종의 안전장치를 걸어놓은 회로이다.

51 동작 특성을 여러 가지 기호로 표현할 때 다음 중 그 특성이 다른 하나는?

①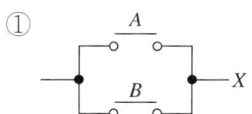

②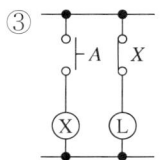

③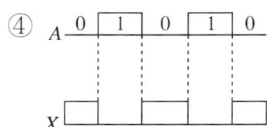

④
```
A  0 1 0 1 0
X  ▢ ▢ ▢ ▢
```

해설
① A or B
② $\overline{A}$
③ A가 작동되면 램프가 꺼지고, 작동되지 않으면 켜진다.
④ A가 0일 때 X가 출력, A가 1일 때 X는 무응답

52 다음 중 입력 신호 주파수의 1/2의 출력 주파수를 얻는 플립플롭은?

① JK 플립플롭
② D 플립플롭
③ T 플립플롭
④ RS 플립플롭

해설
플립플롭은 기억소자이다. 플립플롭회로는 출력 상태가 결정되면 입력이 없어도 출력이 그대로 유지되는 회로이다.

RST 플립플롭	JK 플립플롭
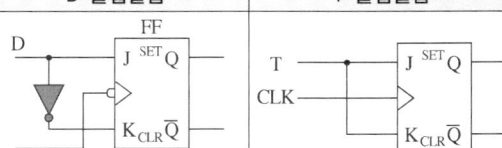	
T가 1일 때에만 RS F/F 동작, T가 0일 때에는 입력 R, S의 상태에 무관하여 앞의 출력 상태로 유지됨	2개의 입력이 동시에 1이 되었을 때 출력 상태가 불확정되지 않도록 한 것으로 이때 출력 상태는 반전됨

S	R	Q_{n+1}	동작
0	0	Q_n	불변
0	1	0	리셋
1	0	1	세트
1	1	불확정	불변

J	K	Q_{n+1}	동작
0	0	Q_n	불변
0	1	0	리셋
1	0	1	세트
1	1	Q_n'	반전

D 플립플롭	T 플립플롭
D 입력의 1 또는 0의 상태가 Q 출력에 그대로 Set됨	클록펄스가 가해질 때마다 출력 상태가 반전됨

D	Q_{n+1}
1	1
0	0

T	Q_{n+1}
0	Q_n
1	Q_n'

정답 51 ① 52 ③

53 그림과 같은 기호의 명칭은?

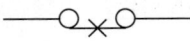

① 수동 복귀 접점
② 한시 복귀 접점
③ 전자접촉기 접점
④ 제어기 접점(드럼형)

해설
폐지된 기호이다.
※ KS C 0102의 분량은 116쪽에 달하는데 관련된 모든 기호를 암기한다는 것은 거의 불가능하다. 따라서 기출된 문제이거나 자주 사용하는 기본 기호를 중심으로 활용된 기호를 공부하는 식으로 접근한다.

54 시퀀스제어회로에서 기동 스위치를 ON하여도 제어 회로가 인칭회로처럼 동작하여 연속적으로 정상 동작을 할 수 없다. 이때 어떤 회로를 추가로 구성하면 연속적으로 정상동작을 시킬 수 있는가?

① 인터로크회로
② 자기유지회로
③ 부정회로
④ 지연회로

해설
인칭회로 : 순간동작회로이다. 스위칭 시 잠깐만 동작하는 회로로 순간동작이 끝나면 동작이 바로 OFF되는데 이때 자기유지회로를 추가 구성하면, 입력된 신호가 유지된다.

55 다음 그림에 대한 논리식으로 맞는 것은?

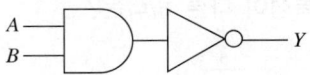

① $Y = \overline{A \cdot B}$
② $Y = \overline{\overline{A} + \overline{B}}$
③ $Y = \overline{A + B}$
④ $Y = A - B$

해설
AND를 부정한 논리식이다.

56 다음 계전기 문자 기호에서 유지 계전기에 해당하는 것은?

① BR
② GR
③ KR
④ PR

해설
계전기의 기호

기 호	종 류	비 고
BR	평형 계전기	Balance Relay
GR	지락 계전기	Ground Relay
KR	유전 계전기	Keep Relay
PR	역전 방지 계전기	Plugging Relay

57 입력 신호가 하이(High)이면 출력은 로(Low)이고, 입력 신호가 로(Low)이면 출력이 하이(High)가 나오는 논리 회로는?

① AND ② OR
③ NOT ④ NAND

해설
입력과 출력이 서로 반대인 논리회로이다.

58 다음 중 논리식이 틀린 것은?

① $A + A \cdot B = A$
② $A \cdot (A + B) = B$
③ $(A \cdot \overline{B}) + B = A + B$
④ $(A + B) + C = A + (B + C)$

해설
② $A \cdot (A + B) = A + A \cdot B = A$

59 미리 정해진 순서에 따라 제어의 각 단계를 진행하는 제어방식은?

① 자동 제어
② 시퀀스제어
③ 조건 제어
④ 피드백 제어

해설
시퀀스제어는 순차 제어(미리 정해진 순서에 따라 제어) 방식이다.

60 다음 그림의 기호는 무엇을 나타내는가?

① 직류 전동기
② 유도 전동기
③ 직류 발전기
④ 교류 발전기

해설
M은 Motor이므로 ①과 ② 중에 선택하여야 하며 I는 Induction의 약자이다. 참고로 발전기는 G(Generator)이다.

정답 57 ③ 58 ② 59 ② 60 ②

2012년 제4회 과년도 기출문제

01 다음 중 기어 셰이빙에 대한 설명으로 적합한 것은?

① 절삭된 기어를 열처리하는 것
② 절삭된 기어를 고정밀도로 다듬는 것
③ 기어 절삭 공구를 다듬는 것
④ 특수 기어를 가공하는 것

해설
기어 셰이빙(Gear Shaving) : 기어 절삭기로 가공된 기어의 면을 매끄럽고 정밀하게 다듬질하기 위해 높은 정밀도로 깎여진 잇면에 가는 홈붙이날을 가진 커터로 다듬는 가공을 말한다. Shaving이라는 용어는 면도(Shave)를 할 때도 사용하므로 연상을 하여 학습하면 좋다.

02 연삭숫돌에서 무딤(Glazing)의 주요 원인이 아닌 것은?

① 연삭숫돌의 결합도가 필요 이상으로 높다.
② 연삭숫돌의 원주 속도가 너무 빠르다.
③ 연삭숫돌 재료가 공작물 재료에 부적합하다.
④ 연삭숫돌 입도가 너무 크거나 연삭 깊이가 작다.

해설
④ 연삭숫돌의 입도나 연삭깊이는 다른 보기의 원인에 비해 상대적으로 연관성이 작다.
무딤(Glazing) 현상 : 숫돌바퀴의 결합도가 지나치게 높아서 마모된 숫돌 입자가 탈락하지 않고 붙어 있어 숫돌표면이 반질반질해지는 현상이다. 일반적으로 결합도가 너무 높을 때 발생을 하며, 연삭숫돌 입자재가 절삭되는 재료보다 약하거나 절삭보다는 마찰이 일어나는 절삭환경에서 발생하기도 한다.

03 마이크로미터를 사용할 때 주의사항으로 틀린 것은?

① 심블을 잡고 프레임을 휘둘러 돌리지 않는다.
② 래칫스톱을 사용하여 측정압을 일정하게 한다.
③ 클램프로 스핀들을 고정하고 캘리퍼스 대용으로 사용하지 않는다.
④ 사용 후 앤빌과 스핀들을 밀착시켜 둔다.

해설

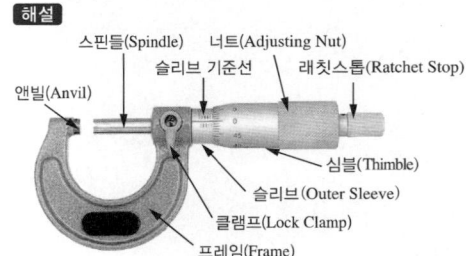

04 드릴작업 시 안전 작업에 대한 설명으로 맞는 것은?

① 드릴에 마모나 균열이 있어도 사용한다.
② 드릴작업 시 작은 공작물은 손으로 잡고 사용한다.
③ 구멍 뚫기나 끝날 무렵은 이송을 천천히 한다.
④ 드릴을 뽑을 때 해머로 두들겨서 뺀다.

해설
① 드릴에 마모나 균열이 있으면 교체한다.
② 드릴은 반드시 지그로 공작물을 고정한 후 작업한다.
④ 드릴은 공작물과 날이 상하지 않도록 주의하여 뺀다.

정답 1 ② 2 ④ 3 ④ 4 ③

05 밀링 작업 시 안전에 관한 사항이다. 틀린 것은?

① 회전 중에 브러시로 칩을 제거한다.
② 작업 중에 장갑을 끼지 않는다.
③ 커터를 설치할 때에는 반드시 스위치를 내려 정지시켜 놓는다.
④ 주축 회전속도를 바꿀 때에는 회전을 정지시킨다.

해설
회전체가 돌아가는 공작 중에는 필요한 동작 외에 어떠한 동작도 삼가도록 한다.

06 수치제어 공작기계의 특징에 대한 설명과 거리가 먼 것은?

① 소품종 대량 생산에 적합하다.
② 가공하려는 부품의 모양이 복잡할수록 그 위력을 발휘한다.
③ 범용 공작기계에 비하여 가공시간이 단축된다.
④ 균일한 품질의 제품을 얻는다.

해설
수치제어공작의 특징
• 2축, 3축, 4축 및 5축까지도 동시에 제어가 가능하다.
• 복잡한 형상이라도 짧은 시간에 높은 정밀도로 가공할 수가 있다.
• 프로그램이 변경되면 가공 내용이 쉽게 바뀌어지므로 기능의 융통성과 가변성이 높다.
• 다품종 중·소량 생산에 적합하다.

07 선반가공 시 테이퍼의 양 끝 지름 중 큰 지름을 $\phi 42mm$, 작은 지름을 $\phi 30mm$, 테이퍼 전체의 길이를 65mm라 할 때 심압대 편위량은?

① 4mm ② 5mm
③ 6mm ④ 7mm

해설
테이퍼는 공작물을 비스듬하게 장착하여 회전시켜 가공하므로 기울이는 정도를 길이로 표시하는 데 이를 심압대 편위라고 한다.

$$e = \frac{L(D-d)}{2l}$$

여기서, D : 큰 지름
d : 작은 지름
L : 공작물 전체길이
l : 테이퍼 부분의 길이

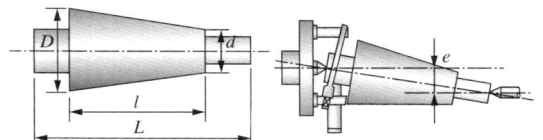

08 밀링 머신으로 작업할 수 없는 것은?

① 평면 절삭
② 기어 절삭
③ 원통 절삭
④ 나선홈 절삭

해설
원통절삭은 선반에서 수행한다. 원통절삭이 불가능하다고 할 수 없지만, 공구를 이송시켜 공작물을 원통모양으로 만드는 것은 매우 비효율적이고 정밀작업을 요하므로 사실상 수행하지 않는다.

09 윤활제의 목적에 해당되지 않는 것은?

① 윤활작용
② 발열작용
③ 밀폐작용
④ 청정작용

해설
연삭유, 윤활제의 작용
- 공작물과 연삭숫돌을 냉각시켜야 한다.
- 연삭 입자의 마모, 용착을 억제해야 한다.
- 연삭 입자와 칩 사이의 윤활 작용을 해야 한다.
- 칩과 탈락한 연삭 입자를 씻어내어 눈메움을 막아주어야 한다.

10 드릴로 구멍을 뚫은 다음 더욱 정밀하게 가공하는데 사용되는 절삭공구는?

① 바이트
② 리머
③ 스크라이버
④ 호브

해설
② 리밍(Reaming) : 드릴로 뚫은 구멍을 정밀 치수로 가공하기 위해 리머로 다듬는 작업
① 바이트 : 절삭날
③ 스크라이버 : 게이지에서 금긋기, 마킹에 사용하는 액세서리
④ 호브(Hob) : 기어 창성에 사용하는 공구

11 그림의 표면의 결 도시 기호에서 각 항목이 설명하는 것으로 틀린 것은?

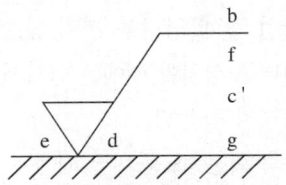

① d : 줄무늬 방향의 기호
② b : 컷오프 값
③ c : 기준길이・평가길이
④ g : 표면 파상도

해설
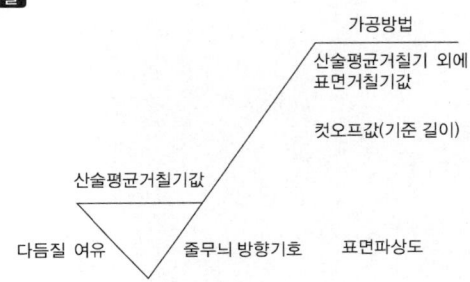

12 그림에서 기준 치수 $\phi 50$ 기둥의 최대실체치수(MMS)는 얼마인가?

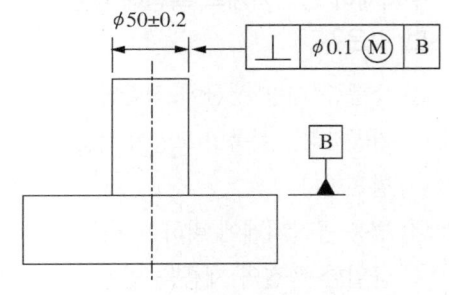

① $\phi 50.2$
② $\phi 50.3$
③ $\phi 49.8$
④ $\phi 49.7$

해설
가장 구멍의 크기가 큰 경우는 50+0.2인 경우로 50.2mm이다. ⊥ 기호는 데이텀 A를 기준으로 하여 직각을 이루는 선이 지름 1mm의 원 안에 들어가야 한다는 표시로 쓰인다.

13 기하 공차의 종류별 표시 기호가 모두 올바르게 표시된 것은?

① 평면도 : ━, 진직도 : ⊥,
　동심도 : ◎, 진원도 : ⌖
② 평면도 : ━, 진직도 : ∠,
　동심도 : ○, 진원도 : ⌖
③ 평면도 : ▱, 진직도 : ⊥,
　동심도 : ⌖, 진원도 : ○
④ 평면도 : ▱, 진직도 : ━,
　동심도 : ◎, 진원도 : ○

해설
기하공차의 종류와 기호

적용하는 형체	공차의 종류		기 호
단독형체	모양 공차	진직도	───
		평면도	▱
		진원도	○
		원통도	⌭
단독형체 또는 관련형체		선의 윤곽도	⌒
		면의 윤곽도	⌓
관련형체	자세 공차	평행도	∥
		직각도	⊥
		경사도	∠
	위치 공차	위치도	⌖
		동축도 또는 동심도	◎
		대칭도	═
	흔들림 공차	원주 흔들림 공차	↗
		온흔들림 공차	↗↗

14 KS 기계제도에서의 치수 배치에서 한 개의 연속된 치수선으로 간편하게 표시하는 것으로 치수의 기점의 위치를 기점 기호(○)로 나타내는 치수 기입법은?

① 직렬치수 기입법
② 좌표치수 기입법
③ 병렬치수 기입법
④ 누진치수 기입법

해설

치수기입 방법	예시
직렬치수 기입	15 ǀ 14 ǀ 22 ǀ 14 ǀ 22 ǀ 14 ǀ 15
병렬치수 기입	기준선: 15, 29, 51, 65, 87, 101, 116
누진치수 기입	15 29 51 65 87 101 116
좌표치수 기입	(65, 10) / 10 / 15 ǀ 14 ǀ 22 ǀ 14 ǀ 22 ǀ 14 ǀ 15

정답 13 ④ 14 ④

15 도면에서 기술·기호 등을 따로 기입하기 위하여 도형으로부터 끌어내는 데 쓰이는 선은?

① 피치선   ② 치수선
③ 중심선   ④ 지시선

> **해설**
> 선의 종류에 따른 용도

선의 종류	선의 명칭	선의 용도
굵은 실선	외형선	물체가 보이는 부분의 모양을 나타내기 위한 선
	치수선	치수를 기입하기 위한 선
가는 실선	치수 보조선	치수를 기입하기 위하여 도형에서 끌어낸 선
	지시선	각종 기호나 지시 사항을 기입하기 위한 선
	중심선	도형의 중심을 간략하게 표시하기 위한 선
	수준면선	수면, 유면 등의 위치를 나타내기 위한 선
파 선	숨은선	물체가 보이지 않는 부분의 모양을 나타내기 위한 선
1점쇄선	중심선	도형의 중심을 표시하거나 중심이 이동한 궤적을 나타내기 위한 선
	기준선	위치 결정의 근거임을 나타내기 위한 선
	피치선	반복 도형의 피치를 잡는 기준이 되는 선
2점쇄선	가상선	가공 부분의 특정 이동 위치, 가공 전후의 모양, 이동 한계 위치 등을 나타내기 위한 선
	무게 중심선	단면의 무게중심을 연결한 선
파형, 지그재그의 가는 실선	파단선	물체의 일부를 자른 곳의 경계를 표시하거나 중간 생략을 나타내기 위한 선
규칙적인 가는 빗금선	해 칭	단면도의 절단면을 나타내기 위한 선

16 그림의 입체도를 제 3각법으로 올바르게 제도한 것은?(단, 화살표 방향을 정면으로 한 투상도임)

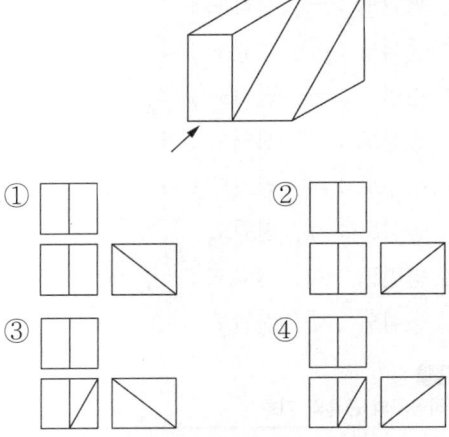

> **해설**
> ① 우측면도의 빗면이 반대로 되어 있다.
> ③ 우측면도의 빗면이 반대로 되어 있고, 정면에서 보면 빗면이 보이지 않는다.
> ④ 정면에서 보면 빗면이 생기지 않는다.

17 그림의 조립도에서 부품 ㉠의 기능 및 조립 시와 가공 시를 고려할 때, 가장 적합하게 투상된 부품도는?

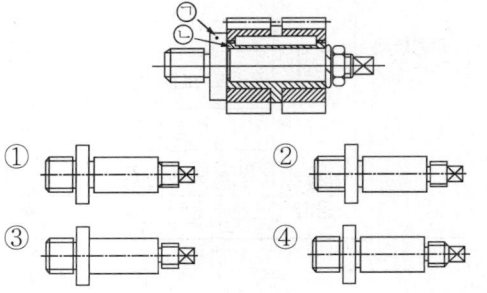

> **해설**
> 문제는 조립된 단면도를 그렸을 경우, 축으로 표시되는 부분은 해칭을 하지 않는다는 것을 알 수 있느냐와 너트와 연결되는 나사 부분의 제도를 정확히 읽어내느냐는 것을 묻는다.
> ※ 각 보기별로 다르게 표현된 부분을 꼬집어서 문제의 도면과 부분 비교하는 방법을 권한다.

정답 15 ④ 16 ② 17 ④

18 그림과 같이 대상물의 구멍, 홈 등의 한 곳만의 모양을 도시하는 것으로 충분한 경우 그 필요부분만을 도시하는 투상도는?

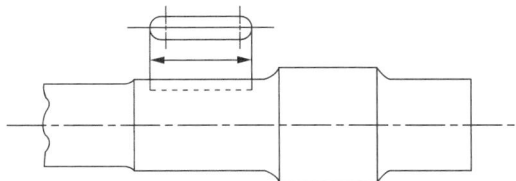

① 한쪽투상도
② 회전투상도
③ 국부투상도
④ 보조투상도

해설
- 보조투상도 : 경사면이 있는 제품의 실제 모양을 투상을 할 때 보이는 전체 또는 일부만을 나타내는 것이다.
- 국부투상도 : 요점 투상도라고도 하며 제품의 구멍, 홈 등과 같이 특정한 부분의 모양을 나타내는 것으로 충분한 경우 제도하며 관계를 표시하기 위해 중심선, 치수 보조선 등을 연결한다.
- 회전투상도 : 각도를 가지고 있는 실제 모양을 회전해서 실제 모양을 나타내며, 잘못 볼 우려가 있는 경우, 작도에 사용한 가는 실선을 남겨 표시한다.
- 부분투상도 : 모양의 특징, 또는 일부를 도시하는 것으로 충분한 경우, 부분투상을 도시한 경우, 대칭인 경우 등 모양을 전체 도시하지 않고 표현한 투상도이다.

19 "7206 C DB" 베어링의 호칭에서 "72"의 의미는?

① 베어링 계열 기호
② 궤도륜 모양 기호
③ 접촉각 기호
④ 안지름 번호

해설
구름베어링의 호칭 : 호칭 번호는 제조나 사용 시 혼란을 방지하고 구별이 쉽도록 다음과 같이 붙인다.

계열 번호	안지름 번호	접촉각 기호	보조 기호	내 용
63	12		Z	단열 깊은 홈 볼 베어링 안지름 60mm(×5 한 값)
72	06	C	DB	단식 앵귤러 볼베어링 안지름 30mm

20 KS 나사제도에서 관용평행나사를 나타내는 종류 기호는?

① R
② G
③ M
④ S

해설
나사종류를 지시하는 기호 및 나사의 호칭에 대한 지시방법 (KS B 0200)

나사의 종류		나사 종류 기호	나사의 호칭에 대한 지시방법	관련 표준 KS B
미터보통나사		M	M8	0201
미터가는나사			M8×1	0204
미니어처나사		S	S 0.5	0228
유니파이보통나사		UNC	3/8-16 UNC	0203
유니파이가는나사		UNF	No.8-36 UNF	0206
미터 사다리꼴나사		Tr	Tr10×2	0229
관용테이퍼 나사	테이퍼수나사	R	R 3/4	0222
	테이퍼암나사	Rc	Rc 3/4	
	평행암나사	Rp	Rp 3/4	
관용평행나사		G	G 1/2	0221
30° 사다리꼴 나사		TM	TM 18	0227
29° 사다리꼴 나사		TW	TW 20	0226
관용테이퍼 나사	테이퍼나사	PT	PT 7	0222
	평행암나사	PS	PS 7	
관용 평행나사		PF	PF 7	0221

21 공압 회로에 다수의 에어 실린더나 액추에이터를 사용할 때 각 작동순서를 미리 정해두고 순차 제어 시키고 싶을 때 사용하는 밸브는?

① 릴리프밸브 ② 시퀀스밸브
③ 감압밸브 ④ 유량제어밸브

해설

• 압력제어밸브의 종류

릴리프밸브	탱크나 실린더 내의 최고 압력을 제한하여 과부하 방지
감압밸브	출구 압력을 일정하게 유지
시퀀스밸브	주회로의 압력을 일정하게 유지하면서 조작의 순서를 제어할 때 사용하는 밸브
무부하밸브	펌프의 무부하 운전을 시키는 밸브
카운터 밸런스 밸브	배압밸브. 부하가 급격히 제거되어 관성에 의한 제어가 곤란할 때 사용

• 유량제어밸브의 종류

교축밸브	유로의 단면적을 변화시켜서 유량을 조절하는 밸브
유량조절밸브	유량이 일정할 수 있도록 유량을 조절하는 밸브
급속배기밸브	배기구를 급하게 열어 유속을 조절
속도제어밸브	베르누이의 정리에 의하여 유량에 따른 속도를 제어하는 방식과 유체의 흐름의 양을 조절하여 속도를 제어하는 방식으로 나뉨

22 다음 중 유압유의 온도 변화에 대한 점도의 변화를 표시하는 것은?

① 비중 ② 체적탄성계수
③ 비체적 ④ 점도지수

해설

점도지수

사계절이 뚜렷한 우리나라는 엔진오일이나 유압유 등을 사용할 때 점도지수를 고려하지 않을 수 없는데, 온도가 항상 비슷한 작업환경에서는 점도지수를 많이 고려할 필요는 없으나, 우리나라와 같은 혹한기, 혹서기가 있는 환경, 추운 곳이지만 작업 시 고열이 발생하는 환경에서는 작동유, 윤활유의 점도가 온도에 따라 많이 변한다면 작업의 예측성이 낮아질 수밖에 없다. 따라서 윤활유나 작동유로 사용하는 유류에 점도지수를 확인할 필요가 있다. 기준은 온도에 따른 점도 변화가 낮은 펜실베니아계 기름을 100으로, 변화가 큰 걸프코스트계 기름을 0으로 하여 비율적으로 표시하므로, 점도지수는 그 수치가 높을수록 온도변화에 따른 점도 변화가 작다고 생각하면 된다.

23 온도가 일정할 때, 초기상태에서 공기의 체적이 $10m^3$, 압력이 5atm이었고, 압축 후의 체적이 $2m^3$이 되었다면, 이때의 압력은 얼마인가?

① 10atm ② 25atm
③ 50atm ④ 100atm

해설

보일의 법칙에 의해 등온하에서 압력과 부피의 곱은 일정하다.
$PV = P_1 V_1 = P_2 V_2$
$PV = 5 \times 10 = P_2 \times 2$
$\therefore P_2 = 25atm$

24 교류 솔레노이드와 비교하였을 때 직류 솔레노이드의 특징으로 옳지 않은 것은?

① 간단하며 내구성이 있는 코어가 내장되어 있어 동작 중 발생한 열을 발산해 준다.
② 운전이 정숙하다.
③ 부드러운 스위칭 형태, 낮은 유지전력으로 수명이 길다.
④ 작동시간이 상대적으로 짧다.

해설

④ 작동(개폐)시간은 교류 솔레노이드밸브가 상대적으로 짧다.

직류 솔레노이드의 장단점

장점	단점
• 작동이 쉽다.	• 스위치 OFF 시 과전압이 발생한다.
• 간단하다.	• 스파크 억제 회로가 필요하다.
• 코어의 내구성이 좋다.	• 접촉 마모가 크고 개폐 시간이 길다.
• 열을 발산한다.	• AC 전원을 사용하면 정류기가 필요하다.
• 유지 전력과 턴-온(Turn-on) 전력이 낮다.	
• 소음이 적고 수명이 길다.	

25 압축공기를 이용하는 방법 중에서 분출류를 이용하는 것과 거리가 먼 것은?

① 공기 커튼
② 공압 반송
③ 공압 베어링
④ 버스 출입문 개폐

해설
겨울철 각종 매장에서 사용하고 있는 에어커튼과 압축공기의 분출 후 반송력을 이용하는 사례와 공기분출력을 이용하여 극간 사이에 압축공기를 두어 베어링 역할을 하게 하는 공압 베어링이 예로 들어져 있다. 반면 버스 출입문은 공압실린더를 이용한 예이다.

26 유압기기에서 작동유의 기능에 대한 설명으로 틀린 것은?

① 압력 전달 기능
② 윤활 기능
③ 방청 기능
④ 필터 기능

해설
유압기기에서 작동유의 주요 역할
• 힘을 전달하는 기능을 감당한다.
• 밸브 사이에서 윤활작용을 돕는다.
• 마찰 등에 의해 발생하는 열을 분산시키며 냉각시킨다.
• 흐름에 의해 불순물을 씻어내는 작용을 한다.
• 유막을 형성하여 녹의 발생을 방지한다.

27 공압 조정 유닛 구성 요소로 맞는 것은?

① 필터-압력조절기-윤활기
② 공기건조기-냉각기-윤활기
③ 기름 분무 분리기-냉각기-건조기
④ 자동배수밸브-압력조절기-공기건조기

해설
공압 조정 유닛
• 공기 탱크에 저장된 압축공기는 배관을 통하여 각종 공기압 기기로 전달됨
• 공기압 기기로 공급하기 전 압축 공기의 상태를 조정해야 함
• 공기 여과기를 이용하여 압축공기를 청정화함
• 압력 조정기를 이용하여 회로 압력을 설정
• 윤활기에서 윤활유를 분무함
• 공기압 장치로 압축 공기를 공급함

28 다음 중 공압 조정 유닛의 구성요소에 속하지 않는 것은?

① 필터
② 교축밸브
③ 압력조절밸브
④ 윤활기

해설
교축밸브도 공압 조정 유닛에서 공기의 압력이나 속도를 제어하는 데에 적용할 수는 있겠으나, 제시된 보기 중 가장 거리가 먼 요소라고 볼 수 있다.

정답 25 ④ 26 ④ 27 ① 28 ②

29 다음 중 "2압 밸브"를 "AND밸브"라고도 하는 이유를 설명한 것으로 옳은 것은?

① 공기흐름을 정지 또는 통과시켜 주므로
② 압축공기가 2개의 입구에 모두 작용할 때만 출구에 압축공기가 흐르게 되므로
③ 2단계의 압력제어가 가능하므로
④ 역류를 방지하기 때문에

해설
제어밸브의 종류로는 압력제어밸브, 유량제어밸브, 방향제어밸브 등이 있고, 기타로 논리적 제어를 하는 2압밸브, 셔틀밸브, 체크밸브 등이 있다.
이 중 이압밸브는 양쪽 모두 신호가 들어가야만 출력이 나오는 형태의 밸브로, 논리식에서 AND와 같다 하여 AND밸브라고 부르기도 한다. 셔틀밸브는 양쪽 중 한 곳만 신호가 들어가도 출력이 나오는 형태로, 논리식 OR과 같다 하여 OR밸브라 부르기도 하며, 체크밸브는 한방향의 흐름만 인가하고 반대방향의 흐름은 인가하지 않는, 방향을 Check하는 밸브이다.

30 다음 공압실린더의 지지 형식에 따른 분류 중 클레비스형의 기호는?

① FA ② CA
③ FB ④ TC

해설
공압실린더의 형식에 따른 분류

종류		Type	
기본형			SD
클레비스형 실린더		1산	CA
		2산	CB
플랜지형	장방향	로드측	FA
		헤드측	FB
	정방향	로드측	FC
		헤드측	FD
풋 형		축직각	LA
		축방향	LB
트러니언형		로드측	TA
		센터	TC

31 제어회로의 각 부분과 사용되는 소자의 연결이 올바르지 않은 것은?

① 입력 부분 – 리밋스위치
② 입력 부분 – 푸시버튼 스위치
③ 논리 부분 – 압력 스위치
④ 출력 부분 – 램프

해설
제어시스템의 요소
• 입력요소 : 어떤 출력 결과를 얻기 위해 조작 신호를 발생시켜 주는 것, 전기 스위치, 리밋스위치, 열전대, 스트레인 게이지, 근접 스위치 등이 있다.
• 제어요소 : 입력요소의 조작 신호에 따라 미리 작성된 프로그램을 실행한 후 그 결과를 출력 요소에 내보내는 장치로서, 하드웨어 시스템과 프로그래머블 제어기로 분류된다.
• 출력요소 : 입력 요소의 신호 조건에 따라 목적하는 행위가 실제 이루어지게 하는 장치로 전자 계전기, 전동기, 펌프, 실린더, 히터, 솔레노이드 밸브 등이 있다.

32 PLC 프로그램 작성 시 시퀀스 논리표현 방법으로 틀린 것은?

① 서식은 통상 가로 쓰기이다.
② 출력 코일은 좌측에 배치한다.
③ 연속이 안 되는 선의 교차는 허용되지 않는다.
④ 전류는 좌우 방향에 대해서 좌에서 우로 한 방향으로 흐르고, 상하 쪽에서는 양방향으로 흐른다.

해설
② 출력 코일은 우측에 표시한다.

33 제어시스템의 분류 방법 중 제어정보 표시 형태에 의한 분류 방법으로 짝지어진 것은?

① 아날로그 제어, 2진 제어
② 아날로그 제어, 논리 제어
③ 논리 제어, 파일럿 제어
④ 파일럿 제어, 메모리 제어

해설
제어시스템의 분류방법

분 류	제어시스템
시스템 특성에 따라	선형/비선형, 시변/시불변
신호 특성에 따라	연속 시간(Analog Type)/이산 시간(Digital Type)
구성 부품에 따라	기계/유압/열/전기/생체
제어 목적에 따라	위치/속도

34 다음 회로도는 자기유지(메모리블록) 회로도를 IEC 심벌기호로 표시한 것이다. 다음 중에서 회로도의 입력신호와 출력신호 관계를 틀리게 설명한 것은?

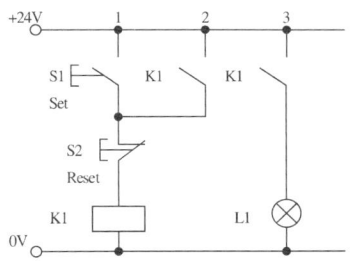

① 푸시버튼 스위치 S1을 누르면 K1 릴레이 내부의 코일이 여자되어 전자석이 된다.
② K1 릴레이가 여자되면 정상상태 열린 접점인 K1 접점이 닫혀 L1 램프가 점등된다.
③ K1 릴레이가 여자되면 정상상태 열린 접점인 K1 접점이 닫혀 K1 릴레이가 자기유지된다.
④ K1 릴레이를 소자시켜 L1 램프를 소등시키려면 S1 스위치를 한번 더 누르면 된다.

해설
④ K1으로 자기유지가 되고 있으므로 S2 Reset 버튼을 눌러야 소등된다.

35 로봇 머니퓰레이터(Manipulator)에 해당하는 것은?

① 로봇의 손, 손목, 팔
② 로봇 컨트롤러
③ 로봇의 눈
④ 로봇의 전원장치

해설
머니퓰레이터 : 사람의 상체 또는 그 부분과 유사한 형태의 기구, 또는 기계 구성품으로 물건을 집고, 돌리고, 공간적으로 이동하고, 도장, 용접, 가공 등의 작업을 할 수 있는 것을 말한다.

36 PLC에서 CPU부의 내부 구성과 관계가 가장 적은 것은?

① 내부 릴레이
② 타이머
③ 카운터
④ 리밋스위치

해설
PLC는 컴퓨터와 구조가 거의 비슷하여 전원이 공급되면 중앙처리장치와 주기억메모리가 존재하고 입력부로 리밋 스위치, 근접 스위치, 광전스위치 등이 있고 출력부로 전자개폐기, 솔레노이드, 램프 등이 있으며 주변장치로 로더 등이 있다.

37 자동제어 종류 중 신호특성에 따라 분류할 때 이에 속하는 것은?

① 비율제어
② 서보기구
③ 타력제어
④ 디지털제어

해설
33번 해설 참조

38 프로세스 제어와 관계가 가장 적은 것은?

① 온도 제어
② 유량 제어
③ 기계적 변위 제어
④ 압력 제어

해설
프로세스 제어에서 제어할 수 있는 대상은 대부분의 경우가 온도, 압력, 유량, 액위, pH 등으로 한정되어 있다.

39 개방제어의 블록선도에서 ㉠과 ㉡에 들어갈 수 있는 구성요소는?

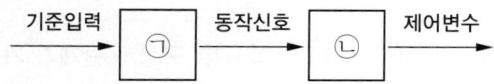

① ㉠ 비교부, ㉡ 조절부
② ㉠ 전원부, ㉡ 제어부
③ ㉠ 조절부, ㉡ 전원부
④ ㉠ 제어기, ㉡ 제어공정

해설
개방 제어에서는 입력이 들어오면 입력에 따라 제어기가 제어신호를 내보내고, 이에 따라 동작을 하도록 구성되어 있다. 동작을 다시 입력신호로 받아 다음 제어를 실시하는 형태가 순차제어가 된다.
비교부는 필요치 않으며 전원부는 입력 전에 작동한다.

40 다음 중 PLC의 연산처리 기능에 속하지 않는 것은?

① 산술, 논리 연산처리
② 데이터 전송
③ 타이머 및 카운터 기능
④ 코드변환

해설
타이머와 카운터는 누산기로 연산 부분으로 볼 수도 있으나 보기 중에서는 연산처리 기능과 가장 연관성이 떨어진다고 할 수 있다.
• 제어 연산 부분은 논리연산 부분(Arithmetic and Logic Unit : ALU), 명령어 어드레스를 호출하는 프로그램 카운터 및 몇 개의 레지스터, 명령해독 제어부분 등으로 구성되어 있다.
• 연산원리
PLC 운전 → 프로그램 카운터(메모리 어드레스 결정) → 디코더(Decoder) 명령 해독 → 연산 실시 → 레지스터 기록 → 출력 → 프로그램 카운터+1

41 미리 정해 놓은 순서 또는 일정한 논리에 의해 정해진 순서에 따라 진행하는 제어는?

① 정치 제어
② 추종 제어
③ 시퀀스 제어
④ 프로세스 제어

해설
시퀀스 제어 : 다음 단계에서 해야 할 제어 동작이 미리 정해져 있어 앞 단계에서 제어 동작을 완료한 후, 다음 단계의 동작을 하는 것이다.

42 다음 중 자동화의 단점을 설명한 것으로 틀린 것은?

① 시설투자비, 운영비 등 자동화비용이 많이 필요하다.
② 설계, 설치, 운영 및 보수유지 등에 높은 기술수준을 요구한다.
③ 기계가 전문성을 갖게 되는 것이므로 생산 탄력성이 결여된다.
④ 설비가 범용성을 갖게 되고 생산성이 향상되어 원가가 절감된다.

해설
④ 생산성 향상과 원가 절감은 자동화의 장점에 해당된다.

43 사람의 팔과 가장 비슷하게 움직일 수 있는 로봇은?

① 직교 좌표 로봇
② 수평 다관절 로봇
③ 수직 다관절 로봇
④ PTP 로봇

해설
수평 다관절 로봇은 수평으로 빠르게 이동이 가능하여 자동화 조립 공정에서 많이 쓰이며, 수직 다관절 로봇은 인간의 팔의 형태와 가장 유사하게 움직이므로 좌표 계산이 복잡한 특징이 있다.

44 PLC의 기종을 선택할 때 주의사항이 아닌 것은?

① 입출력 점수의 확인
② PLC기기의 색상
③ 프로그램 메모리의 종류와 용량
④ 제어기능의 유무

해설
PLC를 선택할 때는 사용하는 목적, 장소, 공간, 호환할 프로그램, 비용 등의 기능적인 측면을 고려하여 선택하는 것이 좋다.

45 다음 중 유도형 센서(고주파 발진형 근접 스위치)가 검출할 수 없는 물질은?

① 구 리
② 황 동
③ 철
④ 플라스틱

해설
유도형 센서 : 강자성체가 영구 자석에 접근하면 코일 내 자속의 변화율에 따라 출력 단자 사이에 전압을 발생시켜 물체의 유무를 판단. 금속성 물질 검출

[정답] 42 ④ 43 ③ 44 ② 45 ④

46 누름버튼 스위치에서 조작하는 힘이 가해지지 않았을 때 접점이 On 상태인 것은?

① a접점 ② b접점
③ c접점 ④ d접점

47 시퀀스제어에 사용되는 검출용 스위치가 아닌 것은?

① 근접 스위치
② 광전 스위치
③ 누름버튼 스위치
④ 압력 스위치

[해설]
누름버튼은 수동으로 입력용 스위치로 쓰인다.

48 다음 회로와 같은 논리식은?

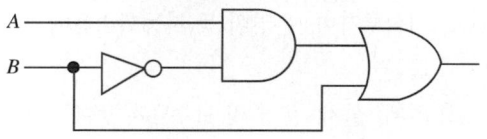

① $X = A + \overline{B}$
② $X = \overline{A} + B$
③ $X = A + B$
④ $X = A \cdot B$

[해설]

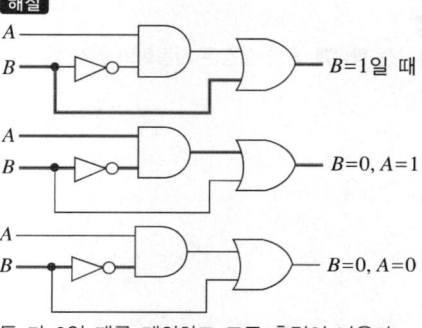

둘 다 0일 때를 제외하고 모두 출력이 나온다.

49 다음 중 2개의 입력 A, B가 서로 다른 경우에만 출력이 1이 되고, 2개의 입력이 같은 경우에는 출력이 0으로 되는 회로를 무엇이라 하는가?

① 배타적 OR회로 ② 일치회로
③ 금지회로   ④ 다수결회로

[해설]
진리표

입력		출력					
A	B	OR	AND	NOR	NAND	XOR	XNOR
0	0	0	0	1	1	0	1
0	1	1	0	0	1	1	0
1	0	1	0	0	1	1	0
1	1	1	1	0	0	0	1

46 ② 47 ③ 48 ③ 49 ①

50 다음 그림은 무슨 회로인가?

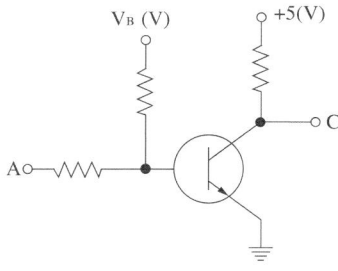

① AND 회로 ② OR 회로
③ NOT 회로 ④ NAND 회로

해설
베이스에 전류의 입력이 없다면 5V의 입력이 저항을 거쳐 C로 출력이 된다. 이것을 정상상태로 본다. 베이스에 전류의 입력이 생기면 트랜지스터가 큰 저항이 되고, 5V 바로 아래의 저항에 비해 굉장히 큰 저항이 되어 5V의 전압 중 많은 부분이 트랜지스터 쪽에 크게 걸린다. 이런 경우, C로 출력되는 전류는 매우 미약하게 된다.
결과적으로 입력과 출력이 반대로 나타나는 것을 알 수 있다. 트랜지스터를 이해하고 문제를 풀려면 좀 더 많은 공부가 필요한데, 이 교재는 수험서로써 시험을 통과하기 위해 학습하는 학습서이므로 문제의 회로가 NOT 회로라는 것을 눈에 익혀 두는 정도가 좋을 듯하다.

51 시퀀스 제어계의 특징으로 거리가 먼 것은?

① 입력에서 출력까지 정해진 순서대로 제어된다.
② 명령에 의한 궤환이 없다.
③ 출력이 입력에 영향을 주지 않는다.
④ 일반적으로 정량적인 자동제어가 많다.

해설
시퀀스 제어는 정해진 순서에 따라 처리되는 회로로 출력이 애초 입력값에 영향을 주지 않는다. 일반적으로 정해진 목푯값에 의해 제어되는 것이 아니라 시간에 따르거나 순서에 따른 제어를 한다.

52 다음 표시등 기호와 색상을 연결한 것 중 적합하지 않은 것은?

① WL - 백색 표시등
② RL - 적색 표시등
③ GL - 녹색 표시등
④ OL - 황색 표시등

해설
황색은 Yellow, 주황색은 Orange로 표시한다.

53 P형 반도체와 N형 반도체의 집합으로 구성된 소자로서 한쪽 방향으로만 전류를 잘 통과시키는 정류작용의 성질을 가진 정류회로에 주로 사용되는 소자는?

① 다이오드
② 트랜지스터
③ 릴레이
④ 타이머

해설
다이오드 : P형 반도체와 N형 반도체를 접합하여 한쪽 방향으로만 전류가 흐르도록 한 것을 말한다.

정답 50 ③ 51 ④ 52 ④ 53 ①

54 전자접촉기(MC), 열동 계전기 등의 고장 시 이들 회로를 점검하기에 가장 적합한 계측기는?

① 멀티테스터
② 오실로스코프
③ 신호발진기
④ 전위차계

해설
멀티테스터는 여러 가지의 측정 기능을 결합한 전자 계측이다. 전압, 전류, 전기저항을 측정하는 능력을 가지며 장치에 따라 기타 측정 기능이 있다. 전지, 모터 컨트롤, 전기 제품, 파워 서플라이, 전신 체계와 같은 산업과 가구용 장치의 넓은 범위에 있어 전기적인 문제들을 점검하기 위하여 사용될 수 있다.

55 전동기의 정·역 운전 회로 등에서 다른 계전기의 동시 동작을 금지시키는 회로는?

① 인터로크회로
② 정지 우선 기억 회로
③ 기동 우선 기억 회로
④ 선입력 우선 회로

해설
인터로크회로는 병존할 수 없는 회로 둘 이상이 있을 때 한 회로의 출력이 다른 회로에 b접점으로 작동하여 다른 회로들을 작동할 수 없게 구성하는 일종의 안전장치를 걸어놓은 회로이다.

56 다음 중 검출용 스위치가 아닌 것은?

① 토글 스위치
② 온도 스위치
③ 근접 스위치
④ 광전 스위치

해설
토글 스위치는 수동의 입력용 스위치로 쓰인다.

57 전기로 제어계와 같이 온도의 높고 낮음, 즉 크기 및 양에 대하여 제어명령이 내려지는 제어를 무엇이라 하는가?

① 정성적 제어
② 정량적 제어
③ 비율 제어
④ 추종 제어

해설
시퀀스 제어처럼 제어의 과정이 이미 정의되어 있어 순차에 따라 제어하는 제어가 있고, 출력을 검출하여 입력과 비교한 후, 정해진 양을 삽입하여 출력값을 조절하는 제어가 있다. 후자를 정량적 제어라고 한다.

58 그림은 어떤 회로를 나타낸 것인가?

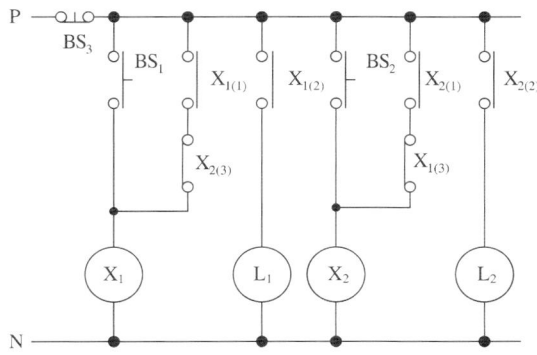

① 표시등 회로 ② 제어 회로
③ 순차 회로 ④ 신입신호 우선 회로

해설
BS₁이 X₁을 거쳐 L₁을 점등하고 자기유지 되지만, X₂에 의해 자기유지가 제어 받는다. BS₂의 경우에도 마찬가지이다. 즉, 나중에 입력된 스위치에 의한 신호만 들어오고 나머지는 신호가 꺼진다. 이런 종류의 신호를 신입신호 우선회로라 한다.

59 다음 유접점 회로를 PLC를 이용하여 코딩하고자 한다. 빈칸 (a)와 (b)에 해당되는 명령어와 데이터는?

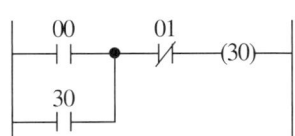

스 텝	명 령	데이터
0000	LOAD	00
0001	(a)	30
0002	AND NOT	01
0003	OUT	(b)

① (a) OR   (b) 30
② (a) OR   (b) 01
③ (a) AND (b) 01
④ (a) AND (b) 30

해설
30번 데이터는 병렬로 OR 관계로 연결되어 있고, 30번 자리는 출력이 나오는 자리이다.

60 $A + \overline{A}$ 의 출력값은?

① 1
② 0
③ A
④ $\overline{A}$

해설
불 대수의 기본법칙
• 교환법칙
 $A \cdot B = B \cdot A$
 $A + B = B + A$
• 흡수법칙
 $A \cdot 1 = A$
 $A \cdot 0 = 0$
 $A + 1 = 1$
 $A + 0 = A$
• 결합법칙
 $(A \cdot B) \cdot C = A \cdot (B \cdot C)$
 $(A + B) + C = A + (B + C)$
• 분배법칙
 $A \cdot (B + C) = A \cdot B + A \cdot C$
 $A + (B \cdot C) = (A + B) \cdot (A + C)$
• 누승법칙
 $\overline{\overline{A}} = A$
• 보원법칙
 $A \cdot \overline{A} = 0$
 $A + \overline{A} = 1$
• 멱등법칙
 $A \cdot A = A$
 $A + A = A$

2012년 제5회 과년도 기출문제

01 연삭숫돌 구성의 3요소에 속하지 않는 것은?

① 입 자
② 결합도
③ 기 공
④ 결합제

해설
연삭숫돌은 숫돌입자(Abrasive), 결합제(Bond), 기공(Pore)의 세 가지로 구성되어 있고 이 세가지를 숫돌바퀴의 3요소라 한다.

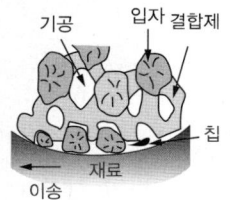

02 여러 개의 절삭날을 일직선상에 배치한 절삭공구를 사용하여 1회의 통과로 구멍의 내면을 가공하는 공작기계는?

① 셰이퍼
② 슬로터
③ 브로칭 머신
④ 플레이너

해설
- 셰이퍼(Shaper) : 형삭기라고도 하며 Planer가 하는 작업과 크기를 제외하고는 유사하다.
- 슬로터(Slotter) : 수평형 형삭기를 셰이퍼라고 한다면, 수직형 형삭기를 슬로터라고 할 수 있다.
- 플레이너(Planer) : 평면 혹은 길이 방향으로 홈이나 노치를 가진 대형 공작물의 면 가공에 사용된다. 공작물은 직선왕복운동을 하는 대형 작업대 위에 설치되며, 절삭공구는 가로대(Cross-rail)에 부착된 공구대에 설치된다. 가로대는 칼럼(Column)의 안내면에 따라 상하로 움직이며 여기에 하나 혹은 그 이상의 공구대가 설치된다.

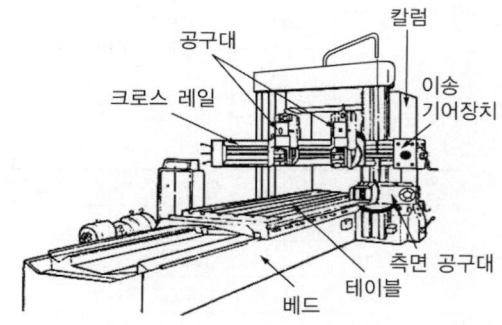

03 화학적 가공 시 용해현상을 가공법으로 이용할 때 필요한 구비조건이 아닌 것은?

① 용해가 느릴 것
② 안전과 위생면에서 위험방지가 가능할 것
③ 균일한 용해속도를 얻고 제어가 쉬울 것
④ 용해를 임의의 부분에 집중시킬 수 있을 것

해설
용해현상을 이용하는 가공은 전해가공(ECM ; Electro Chemical Machining)으로서 가공형상의 전극을 음극에, 일감을 양극에 장착하고, 가까운 거리에 놓은 후, 그 사이에 전해액을 분출시키며 전기를 통하면 양극에서 용해 용출 현상이 일어나 가공하는 방법

04 보통 선반의 부속품 중 조(Jaw)의 수가 3개인 척은?

① 단동척
② 마그네틱척
③ 연동척
④ 콜릿척

해설
Jaw는 척에 공작물을 물게 하는 발톱, 이빨을 의미한다. 각각의 Jaw를 각각 조절할 수 있는 단동척, Jaw를 함께 움직이는 연동척, Jaw 없이 자석능을 이용하여 공작물을 고정시키는 마그네틱(Magnetic)척이 있다. 콜릿은 가느다란 공작물을 무는 데에 사용한다.

05 드릴가공의 불량원인이 아닌 것은?

① 절삭날의 양쪽 길이가 틀릴 때
② 가공물의 재질이 균일할 때
③ 주축 베어링이 마모되어 있을 때
④ 주축이 테이블과 경사져 있을 때

해설
가공물의 재질이 균일하면 작업 시 동일한 외력을 받아 안정적으로 작업할 수 있다.

06 다음 중 절삭유제에 대한 설명으로 적합하지 않는 것은?

① 냉각성이 우수해야 한다.
② 고온에서 쉽게 연소하여야 한다.
③ 윤활성이 커야 한다.
④ 정밀도 저하를 방지해야 한다.

해설
절삭 시 항상 마찰열이 발생하므로 고온에서도 고유의 성질을 잘 보존할 수 있어야 한다.

정답 3 ① 4 ③ 5 ② 6 ②

07 입방정 질화붕소의 미결정을 결합제를 사용하여 초고압 고온에서 인공 합성한 공구재료로 경도가 다이아몬드의 2/3 정도인 것은?

① 초경합금
② 세라믹공구
③ CBN(Cubic Boron Nitride)공구
④ 피복초경합금

해설
- 초경합금 : W(텅스텐), Ti(타이타늄), Ta(탄탈) 등의 탄화물 분말을 Co(코발트)나 Ni(니켈) 분말과 혼합하여 프레스로 성형한 다음, 1,400℃ 이상의 고온에서 소결한 공구재료이다.
- 세라믹공구 : 알루미나(Al_2O_3) 분말에 규소(Si) 및 마그네슘(Mg) 등의 산화물이나 그 밖에 다른 산화물의 첨가물을 넣고 소결한 것으로, 흰색, 분홍색, 회색, 검은색 등이 있으며 고온에서도 경도가 높고, 내마멸성이 좋으며, 초경합금보다 더욱 높은 속도에서 절삭할 수 있다. 취약한 것이 단점이다.
- CBN(Cubic Boron Nitride, 입방정 질화붕소) : 0.5~1mm 두께의 다결정 CBN을 초경합금 모재 위에 가압소결하여 접합시킨 공구재료이다.
- 피복초경합금 : 초경합금의 모재 표면에 고경도의 물질인 TiC, TiN를 수μm 피복한 것이다.

08 밀링가공에서 커터의 회전 방향과 반대방향으로 일감을 이송하는 절삭은 무엇인가?

① 하향절삭
② 상향절삭
③ 비틀림절삭
④ 치형절삭

해설
밀링가공의 절삭 방향

상향절삭(올려깎기)	하향절삭(내려깎기)
커터날의 회전방향과 일감의 이송이 서로 반대방향	커터날의 회전방향과 일감의 이송이 서로 같은 방향
• 커터날이 일감을 들어 올리는 방향이므로 기계에 무리를 주지 않는다. • 커터날에 처음 작용하는 절삭저항이 작다. • 깎인 칩이 새로운 절삭을 방해하지 않는다. • 백래시의 우려가 없다. • 커터날이 일감을 들어 올리는 방향으로 일을 하므로 일감의 고정이 어렵다. • 날의 마찰이 크므로 날의 마멸이 크다. • 회전과 이송이 반대여서 이송의 크기가 상대적으로 크며 이에 따라 피치가 커져서 가공면이 거칠다. • 가공할 면을 보면서 작업하기가 어렵다.	• 커터날에 마찰작용이 적으므로 날의 마멸이 작고 수명이 길다. • 커터날이 밑으로 향하여 절삭하고, 따라서 일감을 밑으로 눌러서 절삭하므로, 일감의 고정이 쉽다. • 날자리 간격이 짧고, 가공면이 깨끗하다. • 상향절삭과는 달리 기계에 무리를 준다. • 커터날이 새로운 면을 절삭저항이 큰 방향에서 진입하므로 날이 약할 경우 부러질 우려가 있다. • 가공된 면 위에 칩이 쌓이므로, 절삭열이 남아있는 칩에 의해 가공된 면이 열변형을 받을 우려가 있다. • 백래시 제거장치가 필요하다.

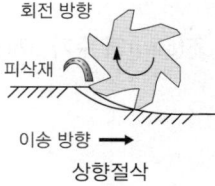

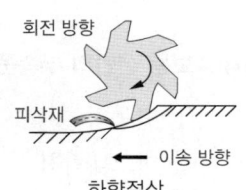

상향절삭   하향절삭

09 연삭 작업의 안전사항으로 틀린 것은?

① 연삭숫돌을 고정시키는 플랜지는 좌우 동형으로 숫돌차의 바깥지름 1/5 이상의 것을 사용한다.
② 연삭숫돌은 작업시간 전에 외관검사를 실시한다.
③ 측면을 사용하는 것이 목적인 연삭숫돌 외의 연삭작업은 측면을 사용하여서는 아니 된다.
④ 숫돌을 목재해머로 가볍게 두들겨 소리로 이상 유무를 확인한다.

해설
연삭숫돌을 고정시킬 때는 숫돌바퀴 바깥지름의 1/3 이상인 플랜지를 숫돌면에 습지와 같은 부드럽고 두꺼운 종이나 얇은 고무판으로 자리를 만들어 대고 죈다.

10 구성인선의 생성부터 완료되는 순서가 맞는 것은?

① 발생 → 성장 → 분열 → 탈락
② 성장 → 발생 → 분열 → 탈락
③ 분열 → 발생 → 성장 → 탈락
④ 분열 → 성장 → 발생 → 탈락

해설
구성인선
• 빌트업 에지(Built-up Edge)라고 한다. 칩의 일부가 절삭력과 절삭열에 의한 고온, 고압으로 날 끝에 녹아 붙거나 압착된 것을 말한다.
• 구성인선은 매우 짧은 시간에 발생, 성장, 분열, 탈락의 주기를 반복하기 때문에 탈락할 때마다 가공면에 흠집을 만들고, 진동을 일으켜 가공면을 나쁘게 만든다.
• 구성인선의 발생을 감소시키기 위해서는 깎는 깊이를 작게 하거나, 공구의 경사각을 크게 하고, 날끝을 예리하게 하며, 절삭속도를 크게 하고 윤활유를 사용한다.

11 표면의 줄무늬 방향기호에 대한 설명으로 맞는 것은?

① × : 가공에 의한 컷의 줄무늬 방향이 투상면에 직각
② M : 가공에 의한 컷의 줄무늬 방향이 투상면에 평행
③ C : 가공에 의한 컷의 줄무늬 방향이 중심에 동심원 모양
④ R : 가공에 의한 컷의 줄무늬 방향이 투상면에 교차 또는 경사

해설
줄무늬 방향기호와 의미

기 호	커터의 줄무늬 방향	적 용	표면형상
=	투상면에 평행	셰이핑	
⊥	투상면에 직각	선삭, 원통연삭	
×	투상면에 경사지고 두 방향으로 교차	호닝	
M	여러 방향으로 교차되거나 무방향이 나타남	래핑, 슈퍼피니싱, 밀링	
C	중심에 대하여 대략 동심원	끝면 절삭	
R	중심에 대하여 대략 레이디얼 모양	일반적인 가공	

정답 9 ① 10 ① 11 ③

12 기계제도에서 도형의 생략에 관한 설명 중 틀린 것은?

① 대칭도형을 생략할 경우 대칭 중심선의 한쪽 도형만을 그리고, 그 대칭 중심선의 양끝 부분에 가는 선으로 동그라미(대칭기호)를 그린다.
② 대칭도형을 생략할 경우 대칭 중심선의 한쪽 도형을 대칭 중심선을 조금 넘은 부분까지 그릴 수 있다. 다만, 이 경우 대칭기호를 생략할 수 있다.
③ 같은 종류, 같은 모양의 것이 다수 줄지어 있는 반복도형을 생략하는 경우 실형 대신 그림기호를 피치선과 중심선과의 교정에 기입한다.
④ 중간 부분을 생략할 경우 생략된 중간부분을 파단선으로 나타내서 생략할 수 있으며, 요점만을 도시하는 경우, 혼동될 염려가 없을 때는 파단선을 생략하여도 된다.

[해설]
대칭 중심선의 한쪽 모양만을 제도하고 대칭 중심선의 양 끝 부분에 =과 같이 대칭기호를 지시한다.

13 호칭치수가 20mm이고 피치가 2mm인 미터가는 나사의 표시법으로 옳은 것은?

① M20×2   ② M20-2
③ M20 P2   ④ M20 (2)

[해설]
M20×2
• M : 미터나사
• 20 : 호칭지름 20mm
• 2 : 피치(Pitch) 2mm

14 그림과 같은 입체도의 화살표 방향이 정면도일 때, 우측면도로 가장 적합한 투상도는?

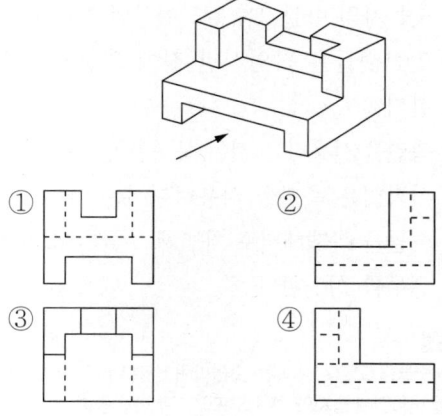

[해설]
①은 아래에서 본 저면도, ③은 위에서 본 평면도, ④는 왼쪽에서 본 좌측면도이다.

15 구멍의 최대 치수가 축의 최소 치수보다 작은 경우이며, 항상 죔새가 생기는 끼워맞춤으로 분해조립이 불필요한 영구 조립부품에 적용하는 끼워맞춤은?

① 억지 끼워맞춤
② 중간 끼워맞춤
③ 헐거운 끼워맞춤
④ 게이지 제작 끼워맞춤

[해설]
축과 구멍은 윗 공차를 적용한 최대치수와 아랫공차를 적용한 최소 치수가 있는데, 축과 구멍을 각각 조립하여 봤을 때 축이 아무리 작아도 구멍의 가장 큰 경우보다 크다면 항상 빡빡하게 끼워질 것이고, 이런 경우를 억지 끼워맞춤이라고 한다. 축과 구멍이 어느 경우에는 꽉 끼기도 하고 어느 경우에는 헐렁하다면 중간 끼워맞춤이 되고, 축의 가장 큰 경우가 구멍의 가장 작은 경우보다 항상 작다면, 늘 헐거운 상태가 되어 헐거운 끼워맞춤이 된다.

16 그림에서 기준치수 ϕ50 구멍의 최대실체치수 (MMS)는 얼마인가?

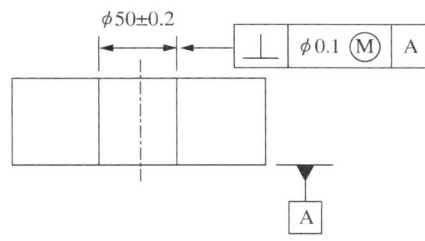

① ϕ49.8   ② ϕ50
③ ϕ50.2   ④ ϕ49.7

해설
최대실체치수란 모재(가공할 재료)가 가장 많이 남는 측면에서 접근한 치수이다. 따라서 구멍의 경우 허용오차를 적용하였을 때 가장 조금만 파낸 치수를 적용하여야 하고 이 문제에서는 구멍이 가장 작은 경우, 즉 지름이 50-0.2=49.8mm가 적용된 경우에 최대실체치수가 된다.

17 기계가공 도면에서 지시선으로 인출하여 표기한 치수가 "30-12드릴"일 때 올바른 해독은?

① 구멍의 지름이 30mm이며, 구멍의 수가 12개이다.
② 구멍의 지름을 12mm로 하여, 30mm 깊이까지 드릴작업한다.
③ 구멍의 지름이 12mm이며, 구멍의 수가 30개이다.
④ 구멍의 지름을 30mm로 하여, 12mm 깊이까지 드릴작업한다.

해설
③과 같이 해독하며, 일반적으로 작업에 치수가 붙으면 작업의 직경이나 도구를 지정하는 경우가 많다.

18 그림의 도면에서 기준면으로 가장 적합한 면은?

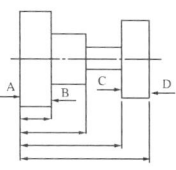

① A   ② B
③ C   ④ D

해설
기준을 삼을 면은 제작상 가장 안정되고 기준 치수를 삼을 만한 곳을 지정하며, 그림에서 모든 치수가 A면을 기준하여 측정하였으므로 A면을 기준면으로 삼는 것이 가장 적당하다.

19 도면과 같이 위치도를 규제하기 위하여 B치수에 이론적으로 정확한 치수를 기입한 것은?

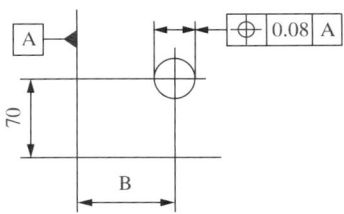

① (100)   ② 100
③ ~~100~~   ④ 100

해설
① 치수에 ( )를 넣은 것은 굳이 설명할 필요가 없는 치수나, 참고를 할 수 있도록 넣은 치수이다.
② 치수에 밑줄을 넣은 경우는 도면상 표시된 척도와 다르게 작도한 경우, 비율로는 다르지만, 실제치수가 밑줄 친 치수임을 알리기 위해 밑줄을 넣는다.
③ 가로 줄을 그으면 삭제를 의미한다.

20 다음 선의 종류 중에서 물체의 보이지 않는 부분의 형상을 나타내는 것은?

① 굵은 1점쇄선
② 가는 1점쇄선
③ 가는 2점쇄선
④ 가는 파선 또는 굵은 파선

해설
형상을 나타낼 때는 외형선을 사용하고, 실선으로 표시를 하나, 가려져서 보이지 않는 형상의 경우, 파선을 이용하여 숨은선을 표시한다.

21 공압회로 구성에 사용되는 시간지연 밸브의 구성 요소와 관계없는 것은?

① 압력 증폭기
② 공기탱크
③ 3/2-way 방향제어밸브
④ 속도조절밸브

해설
압력 및 공기의 전달을 일정 시간 늦추어 공압을 전달하는 것을 시간지연밸브라 하며 공기를 담아 둘 탱크와 제어 작동용 방향제어밸브, 유속 조정용 속도제어밸브는 필요한 요소이다.

22 다음 중 기계적 에너지를 유압 에너지로 바꾸는 유압기기는?

① 공기 압축기
② 유압 펌프
③ 오일탱크
④ 유압제어밸브

해설
엄밀한 의미에서 공기를 압축하는 작업도 기계적 에너지를 유체적인 잠재에너지(Potential Energy)로 변환하는 작업이기는 하나, 문제와 같은 객관식 문제에서는 질문에 가장 부합하는 답을 하나만 찾는 연습이 필요하다. 펌프는 기계적 에너지를 유체의 운동에너지로 변환시켜 주는 역할을 한다.

23 어느 게이지의 압력이 $8kgf/cm^2$이었다면 절대압력은 약 몇 kgf/cm^2인가?

① 8.0332
② 9.0332
③ 10.0332
④ 11.0332

해설
- 대기압
 1기압 = 1atm = 760mmHg = 10.33mAq = $1.03323kgf/cm^2$
- 절대압력 = 대기압 + 게이지압력
 $1.03323kgf/cm^2 + 8kgf/cm^2 = 9.03323kgf/cm^2$

24 다음 중 어큐뮬레이터(축압기)의 용도로 적당하지 않은 것은?

① 맥동 제거
② 압력 보상
③ 작동유 점도 향상
④ 유압 에너지 축적

해설
어큐뮬레이터란 유체의 압력을 축적하여 압력의 흐름을 일정하게 조절해 주는 장치로서 압력을 축적하는 방식으로 맥동을 방지하는 데 사용한다.

25 다음 중 공압장치의 특징으로 옳지 않은 것은?

① 동력전달 방법이 간단하다.
② 힘의 증폭이 용이하다.
③ 균일한 속도를 얻기 쉽다.
④ 에너지의 축적이 용이하다.

해설
공압의 장단점

장 점	단 점
• 에너지원을 쉽게 얻을 수 있다.	• 에너지 변환 효율이 나쁘다.
• 힘의 전달 및 증폭이 용이하다.	• 위치 제어가 어렵다.
• 속도, 압력, 유량 등의 제어가 쉽다.	• 압축성에 의한 응답성의 신뢰도가 낮다.
• 보수, 점검 및 취급이 쉽다.	• 윤활 장치를 요구한다.
• 인화 및 폭발의 위험성이 적다.	• 배기 소음이 있다.
• 에너지 축적이 쉽다.	• 이물질에 약하다.
• 과부하의 염려가 적다.	• 힘이 약하다.
• 환경오염의 우려가 적다.	• 출력에 비해 값이 비싸다.
• 고속 작동에 유리하다.	• 균일 속도를 얻을 수 없다.

26 유압 모터 중 구조면에서 가장 간단하며 출력 토크가 일정하고, 정회전과 역회전이 가능한 모터는?

① 기어모터
② 베인모터
③ 회전 피스톤 모터
④ 요동 모터

해설
• 유압모터의 종류
  - 기어모터 : 구조가 간단하고 저렴하여 많이 사용한다.
  - 베인모터 : 좋지 않은 운전환경에서도 사용이 가능하다.
  - 피스톤 모터 : 펌프와 가장 비슷한 구조로 펌프와 전용이 가능하고, 효율, 성능, 신뢰성이 높으나 가격이 다소 비싸다.
  - 요동모터
    ⓐ 래크형 요동모터 : 실린더의 직선 운동을 회전운동으로 변환한다.
    ⓑ 베인형 요동모터 : 부품을 컨베이어 벨트 위에 올려놓거나 부품을 뒤집을 때 사용한다.
• 공압모터의 종류
  - 피스톤 모터
    ⓐ 반경류 피스톤 모터 : 왕복 운동의 피스톤과 커넥팅 로드에 의하여 운전하고, 피스톤의 수가 많을수록 운전이 용이하며, 공기의 압력, 피스톤의 개수, 행정거리, 속도 등에 의해 출력이 결정된다. 중속회전과 높은 토크를 감당하며, 여러 가지 반송장치에 사용된다.

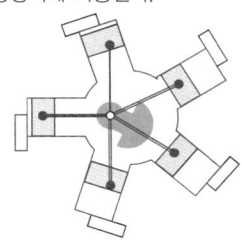

ⓑ 축류 피스톤 모터 : 축방향으로 나열된 다섯 개의 피스톤에서 나오는 힘은 비스듬한 회전판에 의해 회전운동으로 전환된다. 정숙운전이 가능하며, 중저속 회전과 높은 출력을 감당한다. 각종 반송장치에 사용된다.

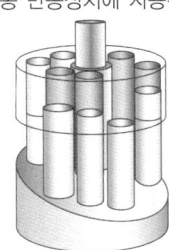

- 베인 모터 : 로터는 3,000~8,500rpm 정도가 가능하며 24마력까지 출력을 낸다.
  마모에 강하고 무게에 비해 높은 출력을 내는 특징이 있다. 날개(Vane) 끝이 벽에 밀착되어 지나가는 공기가 날개를 밀어내어 회전력을 얻는 방식이며 로터가 편심 되어 있어서 공기흐름의 속도에 영향을 주도록 구조가 되어 있다.

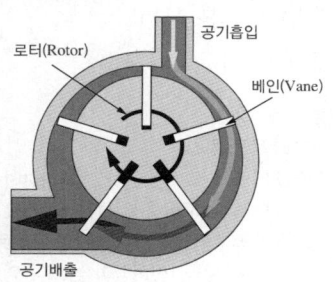

- 기어 모터 : 두 개의 맞물린 기어에 압축공기를 공급하여 토크를 얻는 방식이다. 높은 동력전달이 가능하고 높은 출력도 가능하며, 역회전도 가능하다. 광산이나 호이스트 등에 사용한다. 그림은 기어펌프의 그림으로 기어의 회전으로 유체의 압력과 속도를 만들어내면 펌프, 유체의 흐름으로 회전력을 얻어내는 모터라고 이해하면 좋겠다.

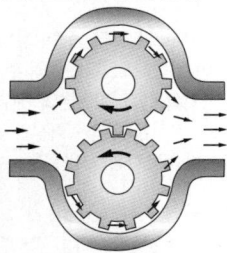

- 터빈 모터 : 출력이 낮고 속도가 높은 곳에 사용되는 공압모터이다. 터빈 날개를 이용하여 회전력을 얻는다.

27 다음 중 보일의 법칙에 대한 설명으로 올바른 것은?

① 기체의 압력을 일정하게 유지하면서 체적 및 온도가 변화할 때, 체적과 온도는 서로 비례한다.
② 정지 유체 내의 점에 작용하는 압력의 크기는 모든 방향으로 같게 작용한다.
③ 기체의 온도를 일정하게 유지하면서 압력 및 체적이 변화할 때, 압력과 체적은 서로 반비례한다.
④ 기체의 압력, 체적, 온도 세 가지가 모두 변화할 때는 압력, 체적, 온도는 서로 비례한다.

해설
일반적으로 우리가 기억하고 있는 보일-샤를의 법칙 $PV=nRT$의 의미는 보일의 법칙(압력과 부피의 곱은 기체상수와 온도의 상관관계를 갖고 있으며 일정량의 기체가 등온을 유지할 때 압력과 부피는 서로 반비례 한다)과 샤를의 법칙(일정한 압력의 기체는 온도가 상승하면 부피도 상승한다)을 조합한 식이다.

28 다음 공기압 기호의 명칭은?

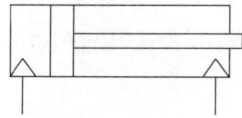

① 단동 실린더
② 복동 실린더
③ 요동(회전) 실린더
④ 공압 모터

해설
실린더에 작동유체를 공급하여 실린더를 작동시키는 방식이 한 방향으로만 가능하면 단동 실린더라 하고, 양쪽 모두 작동유체에 의하여 실린더를 작동시키는 방식을 사용하면 복동 실린더라고 한다.

29 주회로의 압력보다 저압으로 감압시켜 분기회로 구성에 사용되는 밸브의 명칭은 무엇인가?

① 시퀀스밸브　　② 체크밸브
③ 감압밸브　　　④ 무부하밸브

해설
감압밸브는 릴리프밸브와 묶어서 기억하며 탱크나 입력회로 앞쪽에서 압력을 조절하여 사용하면 감압밸브, 탱크나 입력회로 뒤쪽에서 일정 압력 이상의 압력이 작용할 때 압력을 조절하는 용도로 사용하면 릴리프밸브로 구분하여 기억하면 편하다.

30 나사형 회전자가 서로 맞물려 회전하면서 연속적으로 압축공기를 생산하는 압축기는?

① 격판 압축기
② 베인 압축기
③ 루트 블로어 압축기
④ 스크루 압축기

해설
나사형 회전자를 스크루라고 한다.

구 분	종 류	특 징
왕복동식 압축기	입형압축기	암모니아용, 수랭식
	고속다기통 압축기	실린더 행정 대 지름이 짧고 넓으며, 실린더와 본체가 분리되어 있어 실린더 라이너를 크랭크 케이스 내에 끼워 넣는 구조
	횡형압축기	암모니아용, 복동식
회전식 압축기	특 징	직결구동 용이, 구조가 간단, 진동과 소음이 적음, 높은 진공도, 무부하 기동 가능, 소용량에 많이 쓰임, 흡입밸브가 없음, 재팽창에 의한 체적효율 저하가 적음
	고정 블레이드형	회전 피스톤과 1개의 고정된 블레이드가 있어 압축기 흡입측과 토출측을 분리 압축 작용을 함
	회전 블레이드형	회전 피스톤과 함께 블레이드가 실린더 내면에 접촉하면서 회전하여 압축하는데 로우터가 회전하면 블레이드는 원심력에 의해 실린더 벽을 누르게 됨과 동시에 압축을 일으킴
나사식 압축기		흡입 및 토출밸브가 없고, 마모 부분이 없어 고장이 적음, 체적효율이 향상됨, 연속적으로 운행가능, 독립된 오일펌프가 필요하고, 고속회전이므로 소음이 크며, 경부하 시 동력이 많이 소요되어 운전 유지비가 비쌈
원심식 압축기		터보 압축기라고도 하며, 고속 회전하는 임펠러의 원심력을 이용하여 속도 에너지를 압력으로 바꾸는 장치. 사용냉매는 R11, R113과 같이 비중이 큰 냉매가 요구됨

31 자동화시스템을 구성하는 주요 3요소가 아닌 것은?

① 센 서
② 네트워크
③ 프로세서
④ 액추에이터

해설
- 감지기(Sensor) : 액추에이터 및 외부 상태를 감지하여 제어 신호 처리 장치에 공급하여 주는 입력 요소
- 제어 신호 처리 장치(Processor) : 감지기로부터 입력되는 제어 정보를 분석 및 처리하여 필요한 제어 명령을 내려주는 장치
- 액추에이터(Actuator) : 외부의 에너지를 공급받아 일을 하는 출력 요소

32 매우 큰 힘을 발생시킬 수 있고, 회전력과 직선력으로 사용할 수 있는 로봇 동력원은?

① 공기압식 동력원
② 전기식 동력원
③ 유압식 동력원
④ 기계식 동력원

해설
로봇은 주로 공압과 전기, 유압을 이용한 액추에이터(실린더 및 모터)를 이용하여 동작하며, 사용되는 모터는 소형이므로 가장 큰 힘을 내는 동력원은 유압을 사용한다.

동력원의 종류와 특징

구 분	특 징	액추에이터
전기식	소형으로 간편하게 구성할 수 있으며, 고속, 고정밀 위치 결정이 가능하다.	모터, 전자밸브, 솔레노이드
유압식	큰 동력을 얻을 수 있으나 장치가 복잡하고 유지비가 많이 든다.	유압 실린더
공압식	구조가 간단하나 공기의 압축성 때문에 정밀한 위치 결정이 어렵다.	공압 실린더, 인공근육

33 자동제어의 장점으로 옳지 않은 것은?

① 제품의 품질이 균일화되어 불량품이 감소한다.
② 연속 작업이 가능하다.
③ 위험한 사고의 방지가 가능하다.
④ 저속작업만 가능하다.

해설
객관식 문항에서 제한을 하거나 과장하는 표현을 사용하면 대부분 정상적인 설명이 아니다.

34 다음 중 PLC에서 사용하는 프로그래밍 방식이 아닌 것은?

① 래더도 방식
② 명령어 방식
③ 논리도 방식
④ 클램프 방식

해설
클램프는 공작물 등을 조이는 장치로 전기 분야에서는 계측기에 사용하는 종류가 있다.

정답 31 ② 32 ③ 33 ④ 34 ④

35 작업내용을 미리 프로그램으로 작성하여 로봇의 동작을 결정하는 로봇은?

① 플레이백 로봇
② NC 로봇
③ 지능 로봇
④ 링크 로봇

해설
② NC 로봇 : 수치제어를 이용한 프로그래밍된 작업을 하는 공작 로봇
① 플레이백 로봇 : 반복 재생 작업에 사용
③ 지능 로봇 : 입력 조건을 외부환경에서 받아 스스로 조건에 맞게 판단하여 동작하는 일명 퍼지 로봇
④ 링크 로봇 : 관절이 있는 로봇

36 자동화의 목적과 관계가 적은 것은?

① 생산성 향상
② 품질의 균일화
③ 원가 절감
④ 고용의 촉진

해설
자동화가 되면 점점 인력의 수요는 소수의 고급 인력 중심으로 편성될 수밖에 없다.

37 PLC 회로도 프로그램 방식 중 접점의 동작 상태를 회로도상에서 모니터링할 수 있는 것은?

① 명령어 방식
② 로직 방식
③ 래더도 방식
④ 플로차트 방식

해설
래더다이어그램 예시

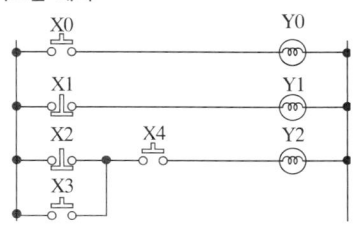

38 다음 중 고속도로의 과적차량을 검출하기 위해 사용할 센서로 적합한 것은?

① 바리스터
② 로드셀
③ 리졸버
④ 홀소자

해설
로드셀과 스트레인 게이지는 물체에 압력이나 응력, 힘이 작용할 때 그 크기가 얼마인가를 측정하는 도구이다. 따라서 로드셀(Load Cell)과 스트레인 게이지(Strain Gauge)는 압력센서로 활용될 수 있다.

39 자동제조 시스템을 구성하는 주요 생산설비에 포함되지 않는 것은?

① 가공설비
② 조립설비
③ 운반설비
④ 일정계획설비

해설
생산자동화시스템의 흐름은 "설계 → 가공 → 조립 → 보관 및 이송 → 출하"의 과정으로 구성되어 있으며 일정 계획에는 설비가 필요하지는 않고, 의사 결정 기구를 통한 결정이나 프로그램을 이용한 계획이 적용된다.

40 금속체나 자성체에서 발생되는 전계나 자계의 변화를 감지하여 접점을 개폐하며 물체와 직접 접촉하지 않고 검출하는 스위치는?

① 근접스위치
② 전자계전기
③ 광전스위치
④ 리밋스위치

해설
근접 센서 : 감지기의 검출면에 접근하는 물체 또는 주위에 존재하는 물체의 유무를 자기 에너지, 정전 에너지의 변화 등을 이용해 검출하는 무접점 감지기를 일컫는다.
• 유도형 : 강자성체가 영구 자석에 접근하면 코일 내 자속의 변화율에 따라 출력 단자 사이에 전압을 발생시켜 물체의 유무를 판단
• 정전용량형
 – 유도형 근접 센서가 금속만 검출하는데 반하여 정전용량형 근접 센서는 플라스틱, 유리, 도자기, 목재와 같은 절연물, 물, 기름, 약물과 같은 액체도 검출
 – 센서 앞에 물건이 놓이면 정전 용량이 변화하고, 이 변화량을 검출하여 물체의 유무를 판별
 – 센서의 검출 거리에 영향을 끼치는 요소 : 검출면, 검출체 사이의 거리, 검출체의 크기, 검출체의 유전율
• 검출거리 : 검출 물체의 크기, 두께, 재질, 이동 방향, 도금 유무 등에 영향
• 출력형식 : PNP 출력, NPN 출력, 직렬 접속, 병렬 접속

41 어떤 목적의 상태 또는 결과를 얻기 위해 대상에 필요한 조작을 가하는 것은?

① 프로그램
② 제어
③ 센서
④ 서보기구

해설
• 제어 : 어떤 장치나 공정의 출력 신호가 원하는 목푯값에 도달할 수 있도록 입력 신호를 적절히 조절하는 것
• 제어기 : 제어 동작을 수행하는 회로나 장치
• 자동제어 : 사람이 없어도 제어 동작이 자동으로 수행되는 무인 제어
• 기계 : 외부로부터 에너지를 공급받아 공간적으로 제한된 운동을 함으로써 인간의 노동을 대신하는 구조물
• 기계화 : 기계가 사람을 대신하여 일을 하는 것
• 자동화 : 작업의 전부 또는 일부를 사람이 직접 조작하지 않고 컴퓨터 시스템 등을 이용한 기계 장치에 의하여 자동적으로 작동하게 하는 것

42 미리 정해 놓은 순서나 일정한 논리에 의하여 정해진 순서에 따라 제어의 각 단계를 차례로 진행하는 제어를 무엇이라 하는가?

① ON/OFF 제어
② 시퀀스제어
③ 자동조정
④ 프로세스 제어

해설
시퀀스제어 : 다음 단계에서 해야 할 제어 동작이 미리 정해져 있어 앞 단계에서 제어 동작을 완료한 후, 다음 단계의 동작을 하는 것

43 공장 내의 생산현장에서 사람이 없이 무인으로 생산물을 운반하는 무인운반차를 무엇이라 하는가?

① CIM
② FMS
③ AGV
④ MAP

해설
AGV(Automatic Guided Vehicle) : 무인 운반차(레일 가이드 또는 센서 가이드에 따라 무인으로 운반, 이송하는 작업 차량)

44 감지기, 측정장치 등과 같이 제어대상으로부터 나오는 출력을 측정하여 기준입력과 비교할 수 있게 하여 주는 것은?

① 제어 요소
② 제어 신호
③ 시간지연 요소
④ 되먹임 요소

해설
되먹임제어의 다른 말이 피드백 제어이고, 회로 형식은 폐루프(닫힌 회로) 형식이다.

45 PLC 구성 중 시퀀스 회로의 프로그램 내용을 기록, 저장하는 곳은?

① 중앙처리장치(CPU)
② 입출력부
③ 기억부(Memory)
④ 전원부

해설
PLC의 구성은 컴퓨터의 구성과 비슷하게 적용하면 무리가 없다.

46 다음 그림과 같은 회로는 무슨 회로인가?

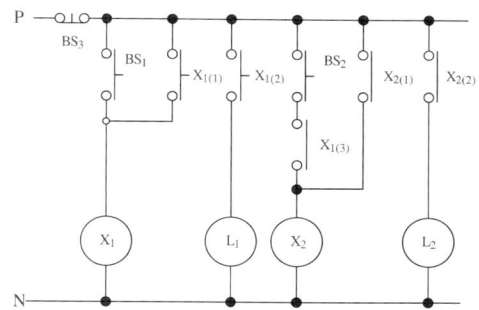

① 쌍대회로
② 신입신호 우선 제어회로
③ 우선동작 순차 제어회로
④ 동작지연 타이머 회로

해설
③ 보기의 회로는 BS₁이 들어와야 BS₂의 신호가 유효하다.
① 쌍대회로 : 폐로 방정식을 절점 방정식으로 바꾼 회로
② 신입우선 회로

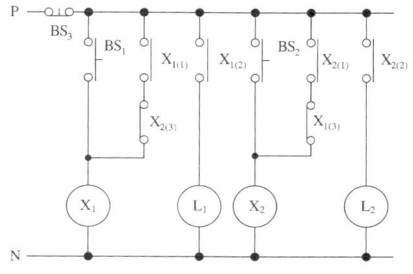

④ 보기의 회로에는 타이머가 없다.

47 계전기 자신의 접점에 의하여 작동회로를 구성하고, 스스로 작동을 유지하는 회로는?

① 순간동작 회로
② 우선접점 회로
③ 일치 회로
④ 자기유지회로

해설
자기유지회로 : 한번 입력이 들어가면 릴레이에 의해 자기 릴레이를 계속 ON하고 있도록 유지하는 회로

48 다음 중 그 의미가 다른 하나는?

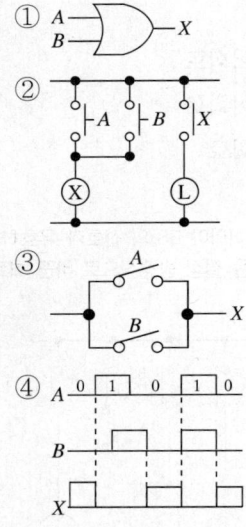

해설
①, ②, ③ 모두 OR 회로로 구성되어 있으나 ④는 출력이 A신호를 입력하고 B신호가 출력을 유도하는 관계의 그림이다.

49 다음의 그림 기호는 어떤 접점을 나타낸 것인가?

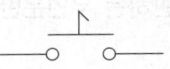

① 수동 조작 자동 복귀 접점
② 조작 스위치 잔류 접점
③ 한시동작접점
④ 기계적 접점

해설
KS C 0102 Ⅱ.6.4에 표기된 조작스위치 잔류 접점 기호이다.

50 인터로크(Interlock)회로를 바르게 설명한 것은?

① 기기의 보호나 작업자의 안전을 위해 기기의 동작상태를 나타내는 접점을 사용하여 관련된 기기의 동작을 금지하는 회로
② 정해진 순서에 따라 차례로 입력되었을 때에만 동작하는 회로
③ 릴레이 자기 자신의 접점을 이용하여 출력을 유지하는 회로
④ 두 입력의 상태가 같을 때에만 출력이 나타나는 회로

해설
인터로크회로는 병존할 수 없는 회로 둘 이상이 있을 경우 하나의 회로가 출력될 때 이 출력이 다른 회로에 b접점으로 작동하여 다른 회로들을 작동할 수 없게 구성하는 일종의 안전장치를 걸어놓은 회로이다.

51 RS플립플롭에서 불확실한 출력상태를 정의하여 사용할 수 있도록 개량된 것은?

① JK플립플롭
② 비동기식 RS플립플롭
③ T플립플롭
④ D플립플롭

해설
플립플롭은 기억소자이다. 플립플롭회로는 출력 상태가 결정되면 입력이 없어도 출력이 그대로 유지되는 회로이다.

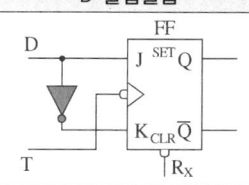

RST 플립플롭
T가 1일 때에만 RS F/F 동작, T가 0일 때에는 입력 R, S의 상태에 무관하여 앞의 출력 상태로 유지됨

S	R	Q_{n+1}	동 작
0	0	Q_n	불변
0	1	0	리셋
1	0	1	세트
1	1	불확정	불변

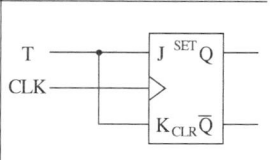

JK 플립플롭
2개의 입력이 동시에 1이 되었을 때 출력 상태가 불확정되지 않도록 한 것으로 이때 출력 상태는 반전됨

J	K	Q_{n+1}	동 작
0	0	Q_n	불변
0	1	0	리셋
1	0	1	세트
1	1	$Q_n{'}$	반전

D 플립플롭
D 입력의 1 또는 0의 상태가 Q 출력에 그대로 Set됨

D	Q_{n+1}
1	1
0	0

T 플립플롭
클록펄스가 가해질 때마다 출력 상태가 반전됨

T	Q_{n+1}
0	Q_n
1	$Q_n{'}$

52 다음 불 대수의 공식 중 옳지 않은 것은?

① $1+X=1$
② $X \cdot X=1$
③ $X+X=X$
④ $X \cdot 1=X$

해설
불 대수의 기본법칙
• 교환법칙
  $A \cdot B = B \cdot A$
  $A+B = B+A$
• 흡수법칙
  $A \cdot 1 = A$
  $A \cdot 0 = 0$
  $A+1 = 1$
  $A+0 = A$
• 결합법칙
  $(A \cdot B) \cdot C = A \cdot (B \cdot C)$
  $(A+B)+C = A+(B+C)$
• 분배법칙
  $A \cdot (B+C) = A \cdot B + A \cdot C$
  $A+(B \cdot C) = (A+B) \cdot (A+C)$
• 누승법칙
  $\overline{\overline{A}} = A$
• 보원법칙
  $A \cdot \overline{A} = 0$
  $A + \overline{A} = 1$
• 멱등법칙
  $A \cdot A = A$
  $A+A = A$

53 동작순서의 시간적 변화를 알기 쉽게 나타낸 도면으로 동작 순서표로도 불리는 시퀀스제어계의 표시도면은?

① 블록선도
② 플로차트
③ 타임차트
④ 논리회로도

해설
타임차트 : 각 입력, 출력 신호의 ON과 OFF 신호를 시간의 흐름에 따라 그래핑해 놓은 도표

54 다음 회로도의 설명으로 가장 옳은 것은?

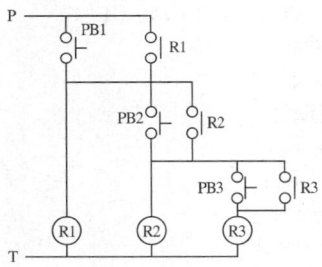

① PB1을 누르면 R2가 여자된다.
② PB2를 누르면 R3가 여자된다.
③ PB2를 누르고 PB3를 누르면 R3가 여자된다.
④ PB1을 누르고 PB2를 누르고 PB3를 눌러야 R3가 여자된다.

해설
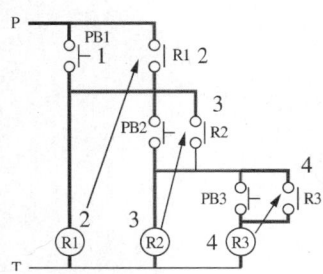

55 시퀀스제어의 출력부에 해당되지 않는 것은?

① 광센서
② 표시램프
③ 솔레노이드
④ 모 터

해설
센서는 입력부에 해당한다.

56 그림과 같은 계전기 접점회로와 같은 논리식은?

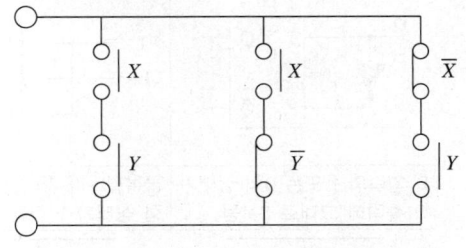

① $X + \overline{Y}$ ② $X + Y$
③ $\overline{X} + Y$ ④ $X \cdot Y$

해설

구 분	X	Y	출 력
첫줄의 출력이 나오는 경우	1	1	1
둘째 줄의 출력이 나오는 경우	1	0	1
셋째 줄의 출력이 나오는 경우	0	1	1
남은 경우	0	0	0

이것은 X or Y의 논리식과 같은 결과이다.

57 시퀀스제어의 주요 장점으로 거리가 먼 것은?

① 제품의 품질이 균일화되고 향상되어 불량품이 감소된다.
② 생산속도가 증가된다.
③ 작업의 확실성이 보장된다.
④ 피드백에 의한 목푯값과의 비교에 의해 오차수정이 가능하다.

해설
시퀀스제어는 순차제어로 보기의 제어는 되먹임(피드백) 제어이다.

58 그림의 게이트 회로의 출력을 나타내는 것은?

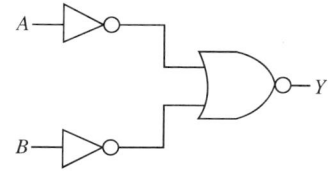

① $\overline{A+B}$
② $A+B$
③ $\overline{A \cdot B}$
④ $A \cdot B$

해설
입력과 출력을 비교하면

A	B	Y
0	0	0
1	0	0
0	1	0
1	1	1

이 식은 A and B식의 결과와 같다.

59 유접점 방식과 비교하여 무접점 방식의 특징 설명으로 틀린 것은?

① 동작속도가 늦다.
② 전기적 노이즈에 약하다.
③ 수명이 길다.
④ 열(높은 온도)에 약하다.

해설
무접점릴레이의 장단점

장 점	단 점
• 전기 기계식 릴레이에 비해 반응속도가 빠르다. • 동작부품이 없으므로 마모가 없어 수명이 길다. • 스파크의 발생이 없다. • 무소음 동작이다. • 소형으로 제작이 가능하다.	• 닫혔을 때 임피던스가 높다. • 열렸을 때 새는 전류가 존재한다. • 순간적인 간섭이나 전압에 의해 실패할 가능성이 있다. • 가격이 좀 더 비싸다.

60 전자계전기의 동작에서 코일이 여자되면 닫히는 접점은?

① a접점
② b접점
③ c접점
④ 한시 b접점

해설
여자되었다는 것은 전기가 흘러 전자석이 되었다는 의미이고, 이 경우 닫힌다는 것은 접점이 형성되어 ON된다는 의미이다.

정답 57 ④ 58 ④ 59 ① 60 ①

2013년 제4회 과년도 기출문제

01 버니어 캘리퍼스에서 어미자의 1눈금이 0.5mm이고 아들자의 눈금은 12mm를 25등분하였다면 최소 측정값(mm)은?

① 0.002　　　② 0.005
③ 0.02　　　　④ 0.05

[해설]
버니어 캘리퍼스에서 어미자의 1눈금이 0.5mm이고, 아들자의 눈금이 $\frac{12}{25}=0.48$mm이면, 아들자와 어미자의 한 눈금당 0.02mm씩의 차이를 이용하여 최소 0.02mm 간격까지 읽을 수 있다.

02 다음 중 주철을 드릴가공을 할 때 가장 적합한 드릴 선단의 각도는?

① 108°　　　② 118°
③ 90°　　　　④ 60°

[해설]
주철은 표준보다 연한 재질로 간주하며 재질이 단단할수록 날끝각이 커지고 연할수록 날끝각이 작아진다. 주철은 90~118° 정도가 적당하며, 90° 이하를 사용하기도 한다. 한국산업인력공단의 답안으로 '주철의 경우 90°의 날끝각을 사용한다'라고 정리하기로 한다.

03 보통 선반에서 자동이송장치가 설치되어 있는 부분은?

① 주축대　　　② 에이프런(Apron)
③ 심압대　　　④ 베드

[해설]
선반의 자동 이송장치는 주축의 회전에 따라 공구대를 자동으로 이송함으로 나사 등의 절삭에 활용하는 장치로 에이프런에 설치한다. 예를 들어 주축 1회전에 공구대를 1mm만큼 일정거리를 이송하게 되면 원통 모양의 공작물 한 바퀴가 돌 때 공구는 피치 1mm의 나사산을 만들게 된다.

04 일반적으로 밀링머신에서 할 수 없는 작업은?

① 곡면 절삭　　　② 베벨기어 가공
③ 크랭크 절삭 가공　　　④ 드릴 홈 가공

[해설]
③ 크랭크 절삭 가공은 일반적으로 선반 등의 축가공을 하는 공작기계에서 가능하다.
① 곡면의 절삭은 범용 선반에서 분할판 작업을 하거나 근래 보급되어 사용하는 다축 가공기에 평면형 밀링커터를 달아서 베드의 상하 운동과 밀링커터의 수평 운동을 병합하는 경우 가능하다.
② 베벨기어 가공은 원통모양의 공작물에 회전하는 절삭날을 z방향으로 들어 올리면서 수평이동하면 가공이 가능하다.
④ 드릴 가공은 수직형 밀링머신에 드릴 커터를 달아서 z방향 이송을 시행하면 드릴 작업이 가능하다.

밀링머신 작업의 이해
- 기계공작분야의 대표적인 작업 두 가지를 꼽으면 선반과 밀링머신이 있다. 선반은 공작물을 주축에 물리고 공작물을 회전시키며 절삭날을 갖다 대어 절삭을 함으로써 원하는 원통모양의 공작물을 만드는 작업이다.
- 이에 반해 밀링머신은 베드 위에 공작물을 놓고 베드를 수평이동함과 동시에 회전하는 절삭날을 수직 이동함으로써 원하는 형상을 만들어 내는 작업이다.
- 밀링머신은 절삭날의 축이 수평방향으로 되어 있는 수평형 밀링머신과 절삭날의 축이 수직으로 놓여 있는 수직형 밀링 머신이 있다.

정답 1 ③　2 ③　3 ②　4 ③

05 수치제어 장치의 구성에서 서보기구의 종류가 아닌 것은?

① 개방 회로 방식
② 반개방 회로 방식
③ 폐쇄 회로 방식
④ 반폐쇄 회로 방식

해설
제어를 위해 미리 대상의 위치 등에 제약을 걸어 해당 위치나 값에 도달한 경우 지정된 공작을 하도록 제어해 놓는 장치로서, 미리 설정한 위치에 따라 나눌 수 있다.
- 개방 회로 방식 : 제약조건을 없이 제어하는 경우
- 폐쇄 회로 방식 : 프로세스의 제일 마지막에 제약조건을 걸어놓는 경우
- 반폐쇄 회로 방식 : 프로세스의 중간에서 또 다른 지점으로의 제약조건을 걸어놓은 경우

06 일감을 절삭할 때 바이트가 받는 절삭저항의 크기 및 방향에 미치는 영향이 가장 적은 것은?

① 가공방법
② 절삭조건
③ 일감의 재질
④ 기계의 중량

해설
절삭작업에서 절삭 저항에 영향을 주는 인자
- 가공방법 : 선삭의 경우 공작물의 회전에 대해 어느 방향에서 바이트가 진입하는지의 영향을 받는다. 밀링의 경우 커터의 회전에 대해 상향 절삭, 하향 절삭 여부 등이 영향을 준다.
- 절삭조건 : 이송속도, 절삭깊이, 절삭각 등을 절삭조건이라 한다.
- 일감의 재질 : 일감의 강도(단단한 정도), 경도(딱딱한 정도), 연성(무른 정도) 등이 절삭저항에 영향을 준다.

07 선반에서 절삭속도(V, m/min)를 구하는 식은? (단, D는 공작물의 지름(mm), n은 주축회전수(r/min = rpm)이다)

① $V = \dfrac{\pi D n}{1,000}$

② $V = \dfrac{\pi D n}{100}$

③ $V = \dfrac{\pi D n}{10}$

④ $V = \pi D n$

해설
절삭속도 $V(\mathrm{m/min}) = \dfrac{\pi D \times n}{1,000}$

여기서, πD : 원의 둘레(mm)
　　　　n : 분당 회전수(rpm)
　　　　1,000 : m와 mm의 단위를 보정하는 계수

08 브로칭 머신에 대한 설명 중 맞는 것은?

① 브로치 가공은 다품종 소량생산에 적합하다.
② 브로치의 절삭속도는 50m/min 이상으로 빠르게 한다.
③ 브로치의 압입 방식은 나사식, 벨트식, 유압식이 있다.
④ 브로칭 머신은 키 홈, 스플라인 홈 등을 가공하는 데 사용한다.

해설

고속도강 브로치의 경우 절삭 속도

일감의 재질	절삭속도	일감의 재질	절삭속도
열처리 경화 합금강	7m/min	구리합금 or 풀림처리합금강	14m/min
알루미늄	110m/min	주 철	16m/min
황 동	34m/min	가단주철	18m/min
구 리	22m/min	연 강	18m/min

• 브로칭은 브로치를 일감의 모양에 따라 만들어야 하므로 일정량 이상의 대량생산에 적합하다.
• 브로칭 작업은 브로치라는 절삭공구를 이용하여 일감의 안팎을 그림과 같이 필요한 모양으로 절삭한다.

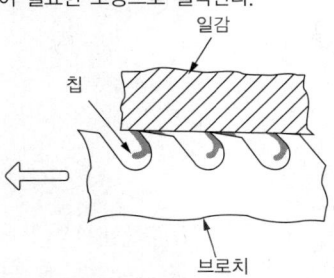

• 브로치를 움직이는 방법은 나사식, 기어식, 유압식 등이 있으며 거의 유압식이 사용된다.
• 브로치를 모양과 용도에 따라 나누었을 때 키홈 브로치, 원형브로치, 각브로치, 스플라인 브로치, 스파이럴 브로치, 세레이션 브로치 등이 있다.

09 정밀입자가공에 해당되지 않는 것은?

① 호 닝
② 래 핑
③ 보 링
④ 슈퍼피니싱

해설
보링은 구멍가공 종류의 하나로 주조된 구멍이나 뚫은 구멍을 정밀치수로 가공하는 공작이다.

정밀입자가공의 분류

공 작	작업방법
호 닝	Horn을 넣고 회전운동과 동시에 축방향의 운동을 하며 구멍의 내면을 정밀 다듬질하는 가공
슈퍼피니싱	미세하고 비교적 연한 숫돌입자를 일감의 표면에 낮은 압력으로 접촉시키면서 매끈하고 고정밀도의 표면으로 일감을 다듬는 가공방법
래 핑	랩이라는 공구와 일감 사이에 랩제를 넣고 랩으로 일감을 누르며 상대운동을 하면 매끈한 다듬면이 얻어지는 가공방법
액체호닝	연마제를 가공액과 혼합한 후, 압축공기와 함께 노즐에서 고속분사하여 다듬면을 얻는 가공

10 연삭숫돌바퀴를 표시할 때 구성하는 요소가 아닌 것은?

① 결합제
② 결합도
③ 강 도
④ 조 직

해설
숫돌바퀴는 100×2×15.88-GC 4 L 10 V - 71.7m/s 형태로 표기하고 바깥지름 100mm, 두께 2mm, 구멍지름 15.88mm, Green Carbon 연삭재에 입도 F4, 결합도 L, 조직 10, 비트리파이드 결합제를 사용하며, 최고 사용 속도 71.7m/s의 숫돌이라는 의미이다.

11 다음 그림이 나타내는 공유압 기호는 무엇인가?

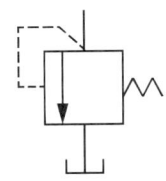

① 체크밸브
② 릴리프밸브
③ 무부하밸브
④ 감압밸브

해설

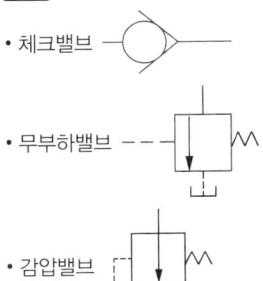

- 체크밸브
- 무부하밸브
- 감압밸브

12 기계제도에서 사용하는 치수 공차 및 끼워맞춤과 관련한 용어설명으로 틀린 것은?

① 실 치수 : 형체의 실측 치수
② 기준 치수 : 위 치수 허용차 및 아래 치수 허용차를 적용하는 데 따라 허용한계치수가 주어지는 기준이 되는 치수
③ 최소 허용 치수 : 형체에 허용되는 최소 치수
④ 공차 등급 : 기본공차의 산출에 사용되는 기준치수의 함수로 나타낸 단위

해설
공차 단위 : 기본 공차의 산출에 사용하는 기준 치수의 함수로 나타낸 단위

13 다음 도시된 내용은 리벳 작업을 위한 도면 내용이다. 바르게 설명한 것은?

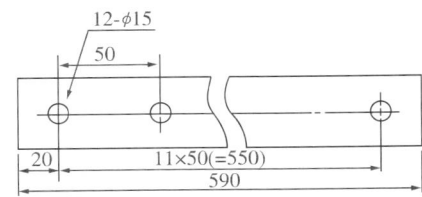

① 양끝 20mm 띄워서 50mm의 피치로 지름 15mm의 구멍을 12개 뚫는다.
② 양끝 20mm 띄워서 50mm의 피치로 지름 12mm의 구멍을 15개 뚫는다.
③ 양끝 20mm 띄워서 12mm의 피치로 지름 15mm의 구멍을 50개 뚫는다.
④ 양끝 20mm 띄워서 15mm의 피치로 지름 50mm의 구멍을 12개 뚫는다.

해설

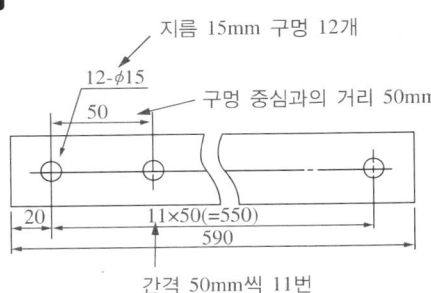

14 치수를 표현하는 기호 중 치수와 병용되어 특수한 의미를 나타내는 기호를 적용할 때가 있다. 이 기호에 해당하지 않는 것은?

① S∅7   ② C3
③ □5   ④ SR15

해설
③ □5로 표현했다면 한 변이 5mm인 정사각형
① S(Sphere) : 구의 지름 7mm
② C(Chamfer) : 모따기 한 모서리 길이 3mm
④ SR(Sphere Radius) : 구의 반지름 15mm

정답 11 ② 12 ④ 13 ① 14 ③

15 기계제도에서 굵은 1점쇄선이 사용되는 용도에 해당하는 것은?

① 숨은선
② 파단선
③ 특수 지정선
④ 무게중심선

[해설]
굵은 1점쇄선은 가는 2점쇄선과 함께 특수한 가공부위를 요구하거나 할 때 사용하며, 데이텀 등에도 사용한다. 이외의 선의 용도는 다음과 같다.

선의 종류에 따른 용도

선의 종류	선의 명칭	선의 용도
굵은 실선	외형선	물체가 보이는 부분의 모양을 나타내기 위한 선
가는 실선	치수선	치수를 기입하기 위한 선
	치수 보조선	치수를 기입하기 위하여 도형에서 끌어낸 선
	지시선	각종 기호나 지시 사항을 기입하기 위한 선
	중심선	도형의 중심을 간략하게 표시하기 위한 선
	수준면선	수면, 유면 등의 위치를 나타내기 위한 선
파 선	숨은선	물체가 보이지 않는 부분의 모양을 나타내기 위한 선
1점쇄선	중심선	도형의 중심을 표시하거나 중심이 이동한 궤적을 나타내기 위한 선
	기준선	위치 결정의 근거임을 나타내기 위한 선
	피치선	반복 도형의 피치를 잡는 기준이 되는 선
2점쇄선	가상선	가공 부분의 특정 이동 위치, 가공 전후의 모양, 이동 한계 위치 등을 나타내기 위한 선
	무게 중심선	단면의 무게중심을 연결한 선
파형, 지그재그의 가는 실선	파단선	물체의 일부를 자른 곳의 경계를 표시하거나 중간 생략을 나타내기 위한 선
규칙적인 가는 빗금선	해 칭	단면도의 절단면을 나타내기 위한 선

16 기어를 도시하는 데 있어서 선의 사용방법으로 맞는 것은?

① 잇봉우리원은 가는 실선으로 표시한다.
② 피치원은 가는 2점쇄선으로 표시한다.
③ 이골원은 가는 1점쇄선으로 표시한다.
④ 잇줄방향은 보통 3개의 가는 실선으로 표시한다.

[해설]
④ 헬리컬기어에서 잇줄의 방향은 정면도에 항상 3줄의 가는 실선을 그린다. 정면도가 단면으로 표시된 경우 3줄의 가는 2점쇄선으로 그린다.
① 잇봉우리원(이끝원)은 굵은 실선으로 그린다.
② 피치원은 가는 1점쇄선으로 그린다.
③ 이골원(이뿌리원)은 가는 실선으로 그린다.

17 다음의 도시된 단면도의 명칭은?

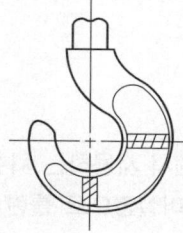

① 전단면도
② 한쪽 단면도
③ 부분 단면도
④ 회전도시 단면도

[해설]
단면으로 도시하고 싶은 부분이 훅(Hook, 고리)의 축 방향이어서 정면도에서는 단면을 볼 수 없다. 따라서 단면을 선택하고 정면 방향으로 회전하여 단면을 볼 수 있도록 한 단면도를 회전도시 단면도라고 한다. 한 가지 Tip으로 회전도시 단면도의 예로 사용하는 도면은 바퀴의 암(Arm)이나 레일(Rail), 그리고 문제의 훅(Hook-고리) 등을 사용한다.

18 다음 기하공차를 나타내는 데 있어서 데이텀이 반드시 필요한 것은?

① 원통도
② 평행도
③ 진직도
④ 진원도

해설
데이텀이란 기하공차의 기준이 되는 선, 면 등을 뜻하며, 둘 이상의 상대가 존재하는 경우 사용한다. 원통도는 정말 원통에 가까운지를, 평행도는 두 면 또는 두 직선이 서로 평행인지를, 진직도는 정말 반듯한 직선인지를, 진원도는 정말 동그란 원인지를 표시하는 공차이다.

19 그림과 같은 입체도에서 화살표 방향을 정면으로 할 경우 정면도로 가장 적합한 것은?

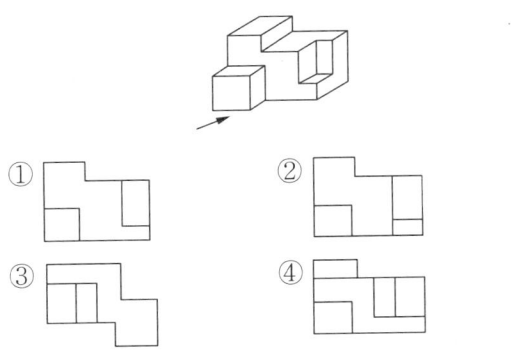

해설
정면도는 시선 방향에서 보이는 대로 그린 투상도이다.
② 우측하단부 세로 외형선이 잘못되었다.
③ 완전히 다른 그림이다.
④ 상단의 가로 외형선과 가운데 세로 외형선이 필요 없다.

20 제거가공을 허락하지 않는 것을 의미하는 표면의 결 도시 기호는?

해설
표면거칠기

거칠기 구분값	산술 평균 거칠기의 표면 거칠기의 범위(μmRa)		거칠기 번호(표준편 번호)	거칠기 기호
	최솟값	최댓값		
0.025a	0.02	0.03	N1	
0.05a	0.04	0.06	N2	
0.1a	0.08	0.11	N3	
0.2a	0.17	0.22	N4	z
0.4a	0.33	0.45	N5	
0.8a	0.66	0.90	N6	
1.6a	1.3	1.8	N7	y
3.2a	2.7	3.6	N8	
6.3a	5.2	7.1	N9	
12.5a	10	14	N10	x
25a	21	28	N11	
50a	42	56	N12	w
제거가공 안 함				

21 유압 내의 최고압력을 설정하고 회로 내의 압력이 밸브의 설정값에 도달하면 유압유의 일부 또는 전량을 유압탱크로 복귀시키는 밸브는?

① 솔레노이드밸브 ② 교축밸브
③ 스테퍼밸브 ④ 릴리프밸브

해설

• 압력제어밸브의 종류

릴리프밸브	탱크나 실린더 내의 최고 압력을 제한하여 과부하 방지
감압밸브	출구 압력을 일정하게 유지
시퀀스밸브	주회로의 압력을 일정하게 유지하면서 조작의 순서를 제어할 때 사용하는 밸브
무부하밸브	펌프의 무부하 운전을 시키는 밸브
카운터 밸런스 밸브	배압밸브, 부하가 급격히 제거되어 관성에 의한 제어가 곤란할 때 사용

• 유량제어밸브의 종류

교축밸브	유로의 단면적을 변화시켜서 유량을 조절하는 밸브
유량조절밸브	유량이 일정할 수 있도록 유량을 조절하는 밸브
급속배기밸브	배기구를 급하게 열어 유속을 조절
속도제어밸브	베르누이의 정리에 의하여 유량에 따른 속도를 제어하는 방식과 유체의 흐름의 양을 조절하여 속도를 제어하는 방식으로 나뉨

※ 솔레노이드 밸브 : 신호를 받아 전기력에 의해 작동하는 공유압 밸브

22 유압회로 중 압력유지, 동력의 절감, 안전, 사이클 시간단축, 완충작용은 물론 보조동력원으로 사용할 수 있는 회로는 무엇인가?

① 어큐뮬레이터 회로 ② 증강회로
③ 동조회로 ④ 방향제어회로

해설

① 어큐뮬레이터의 축압을 조정하여 압력을 유지하거나, 압력을 보태거나 하여 완충, 보충의 역할을 하는 회로
② 출력에 별도의 부가회로를 장착하여 출력을 높이는 회로
③ 동조회로는 어느 사이클, 주파수에 동조하는 회로로 동조점에서 높은 출력을 내고자 할 때 사용
④ 방향을 제어하는 회로

23 다음 중 펌프의 전 효율(펌프효율)에 관한 식으로 가장 옳은 것은?

① 전 효율 = 용적효율 × 기계효율
② 전 효율 = 용적효율 / 기계효율
③ 전 효율 = 기계효율 / 용적효율
④ 전 효율 = 기계효율 × 전력효율

해설

펌프 전 효율 = 용적 효율 × 기계효율
여기서, 용적 효율 : 이론 토출량과 실제 토출량의 비율
  기계 효율 : 펌프의 기계적 손실이 감안된 효율

24 기능에 따라 유압제어 밸브를 분류하였을 때 유량제어 밸브에 해당되는 것은?

① 시퀀스밸브 ② 체크밸브
③ 매뉴얼 밸브 ④ 교축밸브

해설

21번 해설 참조

25 다음은 공압 모터의 종류 중 하나이다. 어느 형태의 모터인가?

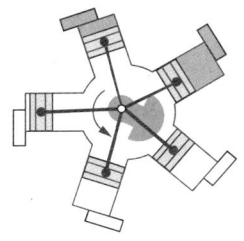

① 회전날개형
② 피스톤형
③ 기어형
④ 터빈형

해설

공압모터
- 특 징
  - 속도를 무단으로 조절할 수 있다.
  - 출력을 조절할 수 있다.
  - 속도 범위가 크다.
  - 과부하에 안전하다.
  - 오물, 물, 열, 냉기에 민감하지 않다.
  - 폭발에 안전하다.
  - 보수 유지가 비교적 쉽다.
  - 높은 속도를 얻을 수 있다.
- 공압모터의 종류
  - 피스톤 모터
    ⓐ 반경류 피스톤 모터 : 왕복 운동의 피스톤과 커넥팅 로드에 의하여 운전하고, 피스톤의 수가 많을수록 운전이 용이하며, 공기의 압력, 피스톤의 개수, 행정거리, 속도 등에 의해 출력이 결정된다. 중속회전과 높은 토크를 감당하며, 여러 가지 반송장치에 사용된다.

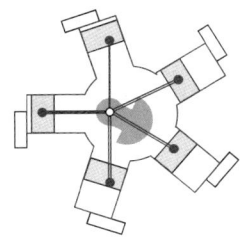

ⓑ 축류 피스톤 모터 : 축방향으로 나열된 다섯 개의 피스톤에서 나오는 힘은 비스듬한 회전판에 의해 회전운동으로 전환된다. 정숙운전이 가능하며, 중저속 회전과 높은 출력을 감당한다. 각종 반송장치에 사용된다.

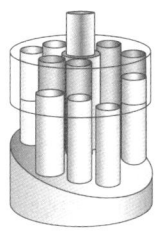

- 베인 모터
  로터는 3,000~8,500rpm 정도가 가능하며 24마력까지 출력을 낸다. 마모에 강하고 무게에 비해 높은 출력을 내는 특징이 있다.
  날개(Vane) 끝이 벽에 밀착되어 지나가는 공기가 날개를 밀어내어 회전력을 얻는 방식이며 로터가 편심되어 있어서 공기흐름의 속도에 영향을 주도록 구조가 되어 있다.

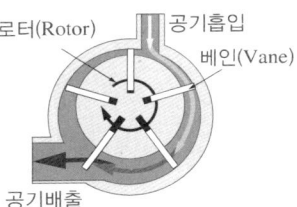

- 기어 모터 : 두 개의 맞물린 기어에 압축공기를 공급하여 토크를 얻는 방식이다. 높은 동력전달이 가능하고 높은 출력도 가능하며, 역회전도 가능하다. 광산이나 호이스트 등에 사용한다.
  그림은 기어펌프의 그림으로 기어의 회전으로 유체의 압력과 속도를 만들어내면 펌프, 유체의 흐름으로 회전력을 얻어내는 모터라고 이해하면 좋겠다.

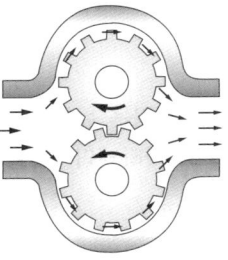

- 터빈 모터 : 출력이 낮고 속도가 높은 곳에 사용되는 공압모터이다. 터빈 날개를 이용하여 회전력을 얻는다.

정답 25 ②

26 다음 중 베인펌프의 장점에 해당되지 않는 것은?

① 수명이 길고, 성능이 안정적이다.
② 베인의 마모에 의한 압력저하가 발생되지 않는다.
③ 기어펌프나 피스톤펌프에 비해 토출 압력의 맥동이 적다.
④ 펌프 출력에 비해 형상치수가 크다.

해설
베인펌프 : 구조가 비교적 간단하고 성능이 좋아 많은 양의 기름을 수송하는 데 적합하므로, 산업용 기름 펌프로 널리 사용되고 있다.

27 일반적으로 압력은 유체 내에서 단위면적당 작용하는 힘으로 나타낸다. 다음 중 압력단위로 틀린 것은?

① kgf/cm^2
② bar
③ N
④ $psi(lb/in^2)$

해설
N은 힘의 단위이다. bar는 100,000Pa이며 Pa은 N/m^2이다.

28 다음 중 유압유에 비해 압축공기의 특성을 설명한 것으로 틀린 것은?

① 탱크 등에 저장이 용이하다.
② 온도에 극히 민감하지 않다.
③ 폭발과 인화의 위험이 거의 없다.
④ 먼 거리까지도 쉽게 이송이 불가능하다.

해설
압축공기는 압축비율을 높이면 저장효율이 좋아진다. 그리고 기름에 비해 화재의 위험이 적은 장점이 있다. 또한 유압유에 비해서는 온도에 덜 민감하여서 차가운 공기이든 더운 공기이든 압축하여 작동 유체로 사용하는 데 기능상 큰 차이가 없다.

29 밸브의 작동방법 중 기계적 작동방법은?

① 누름스위치
② 솔레노이드
③ 페 달
④ 스프링

해설
밸브의 작동방법은 기계적 작동 방법과 수동 작동 방법으로 구분할 수 있다.

30 회로의 압력이 설정압을 넘으면 막이 유체 압력에 의해 파열됨으로써 급격한 압력변화에 대해 유압기기를 보호하는 장치는?

① 압력 스위치
② 유체 퓨즈
③ 카운터밸런스밸브
④ 언로딩밸브

해설
유체 퓨즈 : 전기 퓨즈처럼 일정한 압력이 넘으면 파손되어 압력을 강하시켜 유압기기를 보호하는 장치

32 PLC의 주요 주변기기 중 프로그램 로더가 하는 역할과 거리가 먼 것은?

① 프로그램 기입
② 프로그램 이동
③ 프로그램 삭제
④ 프로그램 인쇄

해설
로더(Loader)는 컴퓨터 운영 체제의 일부분으로, 하드디스크와 같은 오프라인 저장 장치에 있는 특정 프로그램을 찾아서 주기억장치에 담고, 그 프로그램이 실행되도록 하는 역할을 담당한다.

31 되먹임제어의 설명으로 맞는 것은?

① 정량적 제어이다.
② 제어신호는 디지털신호만 사용된다.
③ 개루프 회로이다.
④ 불연속 데이터 제어에 속한다.

해설
시퀀스제어처럼 제어의 과정이 이미 정의되어 있어 순차에 따라 제어하는 제어가 있고, 출력을 검출하여 입력과 비교한 후, 정해진 양을 산입하여 출력값을 조절하는 제어가 있다. 후자를 정량적 제어라고 한다.

33 미리 설정된 순서와 조건에 따라 동작의 각 단계를 차례로 진행해 가는 머니퓰레이터(Manipulator)로서 설정의 조건을 쉽게 변경할 수 있는 로봇은?

① 고정 시퀀스 로봇
② 적응제어 로봇
③ 가변 시퀀스 로봇
④ 플레이백 로봇

해설
가변 시퀀스 로봇(Variable Sequence Robot) : 미리 정해진 순서와 조건, 위치에 따라 동작의 각 단계를 진행해 나가는 동작을 실시하는 것이 시퀀스 로봇의 특징이나, 그 동작 순서나 조건을, 환경에 따라 변경시킬 수도 있도록 되어 있는 로봇을 말한다.

정답 30 ② 31 ① 32 ④ 33 ③

34 기계적인 변화량을 전기 신호로 변환하여 회전체의 위치와 속도에 대한 정보를 출력하도록 설계된 부호기는?

① 인코더
② 로드셀
③ 근접센서
④ 스트레인 게이지

해설
① 인코더(Encoder) : 입력된 정보를 코드로 변환하는 장치
②, ④ 로드셀과 스트레인 게이지는 물체에 압력이나 응력, 힘이 작용할 때 그 크기가 얼마인가를 측정하는 도구
③ 근접센서 : 감지기의 검출면에 접근하는 물체 또는 주위에 존재하는 물체의 유무를 자기 에너지, 정전 에너지의 변화 등을 이용해 검출하는 무접점 감지기이다.
  • 유도형 : 강자성체가 영구 자석에 접근하면 코일 내 자속의 변화율에 따라 출력 단자 사이에 전압을 발생시켜 물체의 유무를 판단
  • 정전용량형
    – 유도형 근접 센서가 금속만 검출하는 데 반하여 정전용량형 근접 센서는 플라스틱, 유리, 도자기, 목재와 같은 절연물, 물, 기름, 약물과 같은 액체도 검출
    – 센서 앞에 물건이 놓이면 정전 용량이 변화하고, 이 변화량을 검출하여 물체의 유무를 판별
    – 센서의 검출 거리에 영향을 끼치는 요소 : 검출면, 검출체 사이의 거리, 검출체의 크기, 검출체의 유전율
  • 검출거리 : 검출 물체의 크기, 두께, 재질, 이동 방향, 도금 유무 등에 영향
  • 출력형식 : PNP 출력, NPN 출력, 직렬 접속, 병렬 접속

35 로봇이 움직일 수 있는 방법의 수를 무엇이라 하는가?

① 자유도
② 변형도
③ 작동영역
④ 분해도

해설
자유도 : 운동이 자유를 어느 정도 갖는지를 표현한 수치로, 예를 들어 x축 위에서의 운동은 로봇이 한 방향의 +와 - 방향밖에 움직일 수 없으므로 자유도가 1이다. 로봇이 사람처럼 3차원 공간상의 물체를 임의의 또 다른 3차원 공간상의 지점으로 옮기려면 필요한 자유도가 6이 되어야 하는데, 수직 이동, 확장과 수축, 회전, 손목의 회전과 상하 운동, 좌우회전 이렇게 여섯 가지 운동이 필요한 것이다.

36 자동화시스템의 작업 요소별 구성요소에서 가공, 조립, 검사 등의 작업을 위해서 일감을 요구되는 위치에 정확히 위치시키고, 필요한 작업을 할 수 있도록 견고하게 고정시켜 주는 기능을 가진 것은?

① 감시장치
② 제어장치
③ 치공구
④ 창고 시스템

해설
치공구 : 기계부품의 제작, 검사, 조립 등에서 작업을 능률적이며, 정밀도를 향상시키기 위해 제작에 사용되는 각종 지그(Jig)와 공구 안내(Guide of Cutting Tool), 그리고 공작물을 지지(Supporting), 고정(Holding)하는 생산용 특수공구

37 불연속 동작의 대표적인 것으로 제어량이 목푯값에서 어떤 양만큼 벗어나면 미리 정해진 일정한 조작량이 대상에 가해지는 제어는?

① 온오프 제어
② 비례 제어
③ 적분동작 제어
④ 미분동작 제어

해설
• ON/OFF 제어 : 전기밥솥이나 전기담요의 서모스탯 또는 가정용 보일러의 온도 기준 제어처럼 기준에 미치면 OFF, 못 미치면 ON으로 제어하는 형식
• 비례제어 : 오차 신호에 적당한 비례상수를 곱해서 다시 제어신호를 만드는 형식
• 미분동작제어 : 오차 값의 변화를 파악하여 조작량을 결정하는 방식
• 적분동작제어 : 미소한 잔류편차를 시간적으로 누적하였다가, 어느 곳에서 편차만큼을 조작량 증가시켜 편차를 제거하는 방식

38 서보기구의 제어량을 결정하는 요소가 아닌 것은?

① 위 치
② 저 항
③ 방 위
④ 자 세

해설
서보(Servo-)는 제어계의 제어에 따른다는 의미를 가지고 있고, 서보 시스템이 따르는 명령은 위치, 방향, 자세 등 1차 출력된 명령을 주로 대상으로 하여 명령을 시행

39 다음 중 검출스위치가 아닌 것은?

① 마이크로스위치
② 리밋스위치
③ 누름버튼 스위치
④ 광전스위치

해설
누름버튼은 수동으로 입력용 스위치로 쓰인다.

40 다음 그림과 같은 회로는 무엇인가?

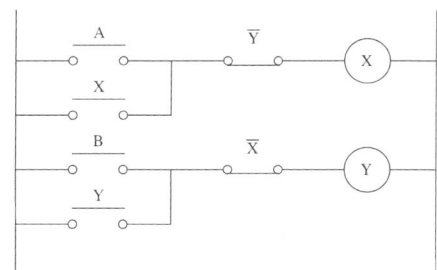

① 직병렬 회로
② 인터로크회로
③ 복수출력 회로
④ 지연동작 회로

해설
인터로크회로는 병존할 수 없는 회로 둘 이상이 있을 경우 하나의 회로가 출력될 때 이 출력이 다른 회로에 b접점으로 작동하여 다른 회로들을 작동할 수 없게 구성하는 일종의 안전장치를 걸어놓은 회로이다.

41 광전 센서의 일반적 특징이 아닌 것은?

① 검출대상 물체의 제약이 적다.
② 고속의 물체이동도 검출이 가능하다.
③ 정밀한 검출이 가능하다.
④ 자기와 소음의 영향을 받는다.

해설
광전 센서: 광 파장 영역에 있는 빛을 검출하며, 발광부와 수광부로 구성

광변환 원리에 따른 분류
- 광도전형
  - 종류: 광도전 셀
  - 특징: 소형, 고감도, 저렴한 가격
  - 용도: 카메라 노즐, 포토 릴레이
- 광기전력형
  - 종류: 포토다이오드, 포토TR, 광사이리스터
  - 특징: 소형, 대출력, 저렴한 가격, 전원 불필요
  - 용도: 스트로보, 바코드 리더, 화상 판독, 조광 시스템, 레벨 제어
- 광전자방출형
  - 종류: 광전관
  - 특징: 초고감도, 빠른 응답 속도
  - 용도: 정밀 광 계측기기
- 복합형
  - 종류: 포토커플러, 포토인터럽트
  - 특징: 전기적 절연, 아날로그 광로 검출
  - 용도: 무접점 릴레이, 레벨 제어, 광전스위치

42 PLC의 주변장치를 사용하여 프로그램을 PLC의 메모리에 기억시키는 작업을 무엇이라고 하는가?

① 로 딩
② 코 딩
③ 입력할당
④ 출력할당

해설
로드(Load)란 언어적 의미로 적재(積載)하다는 의미가 있다. 프로세싱된 데이터를 기억장치에 옮겨 놓는 작업을 의미한다.

43 PLC프로그래밍 중 회로도방식에 속하지 않는 것은?

① 래더도 방식
② 논리기호 방식
③ 명령어 방식
④ 플로차트 방식

해설
회로도 방식

회로도 방식	표 현
래더도 방식	(래더도 회로: A, X, Ȳ, X 출력 / B, Y, X̄, Y 출력)
명령어 방식	STR NOT 00 STR 01 AND Y50
논리기호 방식	(A, B 입력 논리회로도)
불 대수 방식	$A \cdot (B + \overline{A}) = \ldots\ldots$

44 자동창고에서 부품을 입출고하기 위하여 사용되는 장치는?

① 팰레타이저
② 롤러 컨베이어
③ 스태커 크레인
④ 로터리 인덱싱 장치

해설
③ 스태커 크레인 : 자동 창고의 구성요소 중에 하나로 자동 창고는 제품, 부품 등을 수납하는 랙, 랙에서 제품, 부품 등을 입출고하는 스태커 크레인, 그것을 제어하는 제어장치(시퀀스 및 컴퓨터) 등으로 구성되어 있다.
① 팰레타이저 : 팰릿을 들고 이송하는 등의 작업을 하는 장치
② 롤러 컨베이어 : 공장에서 라인을 관통하여 공작물을 벨트 위에서 이송하는 장치
④ 로터리 인덱스 테이블 : 회전이 가능한 분할대를 일컫는다.

45 자동제어의 장점이 아닌 것은?

① 제품의 품질이 균일화 되어 불량품이 감소한다.
② 연속작업이 가능하다.
③ 고속작업이 가능하다.
④ 시설투자비가 적게 든다.

해설
④ 자동화 산업은 장치 산업에 속한다.

46 푸시버튼 스위치를 ON 조작 후 손을 떼어도 릴레이는 자기 접점을 통하여 여자를 계속하는 회로를 무엇이라 하는가?

① 인터로크회로
② 자기유지회로
③ 우선회로
④ 지연동작회로

해설
자기유지회로란 회로 안에서 자신의 상태를 유지할 수 있도록 구성한 회로이다.

47 기계설비의 조정 등을 위해서 순간적으로 전동기를 시동·정지시킬 필요가 있을 때 이용하는 회로는?

① 촌동회로
② Y-△ 기동회로
③ 리액터 기동회로
④ 저항 회로

해설
촌동(刊動)회로 : 아주 짧게 움직이도록 구성한 회로

48 다음 중 시퀀스제어와 가장 관련이 없는 것은?

① 피드백 제어
② 순서 제어
③ 개회로 제어
④ 다음 단계에서의 제어 동작이 미리 정해져 있음

해설
시퀀스제어 : 다음 단계에서 해야 할 제어 동작이 미리 정해져 있어 앞 단계에서 제어 동작을 완료한 후, 다음 단계의 동작을 하는 것

49 다음 접점의 기호에 관한 설명으로 틀린 것은?

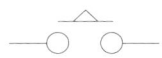

① a접점에 해당한다.
② 한시동작접점이다.
③ 기계적으로 접점이 실행한다.
④ 에너지가 주어지면 일정 시간 후에 접점이 개폐된다.

해설
- 한시 : Delayed Time
- 기호는 한시동작기호이며 정상상태에 열려 있으므로 a접점이다.
- 전기적으로 시간을 지연시켜 접점을 개폐한다.

50 논리식 $Y = \overline{A} \cdot \overline{B} + \overline{A} \cdot B$를 간략화한 식은?

① A ② B
③ $\overline{A}$ ④ $\overline{B}$

해설
$Y = \overline{A} \cdot \overline{B} + \overline{A} \cdot B = \overline{A} \cdot (\overline{B} + B) = \overline{A} \cdot 1 = \overline{A}$

정답 46 ② 47 ① 48 ① 49 ③ 50 ③

51 2개의 회로에서 한 회로가 동작하고 있을 때, 나머지 회로는 동작이 될 수 없도록 해주는 회로는?

① 자기유지회로
② 순차동작회로
③ 타이머회로
④ 인터로크회로

해설
인터로크회로는 병존할 수 없는 회로 둘 이상이 있을 때 하나의 회로가 출력될 때 이 출력이 다른 회로에 b접점으로 작동하여 다른 회로들을 작동할 수 없게 구성하는 일종의 안전장치를 걸어놓은 회로이다.

52 그림과 같은 회로처럼 스위치를 ON으로 조작하면 어떤 일정시간 후에 동작하는 회로를 무엇이라고 하는가?(단, 그림에서 R은 릴레이, T는 타이머임)

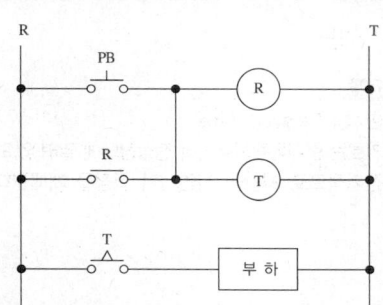

① 우선동작회로
② 지연동작회로
③ 반복동작회로
④ 인터로크회로

해설
푸시버튼에서 입력이 주어지면 릴레이로 타이머를 작동시키고 한시동작 버튼(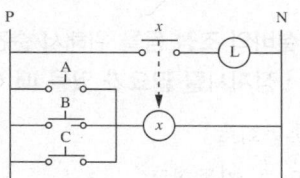)으로 부하에 출력이 걸린다.

53 다음 중 순서논리회로의 특징에 해당하는 것은?

① 현재의 출력이 현재의 입력에만 의존한다.
② 회로 동작의 관점에서 볼 때 조합회로보다 단순하게 구성된다.
③ 출력은 현재의 입력뿐만 아니라 현재의 상태, 과거의 입력에 따라 달라진다.
④ 기억소자를 포함하지 않는다.

해설
순서논리회로는 조합논리회로의 소자인 AND, OR, NOT, XOR뿐만 아니라 메모리를 위한 소자인 래치, 플립플롭 등과 메모리를 위한 피드백 경로를 가지고 있다. 따라서, 순서논리회로의 출력은 현재 입력된 내용뿐만 아니라 순서논리회로 내부에 기억되어 있는 과거의 입력에도 영향을 받는다.

54 시퀀스제어의 기본 구성에 있어서 리밋스위치는 다음 중 어느 부위에 장착되는가?

① 조작부 ② 제어부
③ 구동부 ④ 검출부

해설
리밋 스위치 : 외부 물체가 리밋스위치의 롤러 레버에 외력을 가하여 신호를 발생하는 스위치. 외부물체의 동작여부를 검출해 내는 역할을 한다.

55 다음 그림과 같은 회로는 무슨 회로인가?

① OR 회로 ② NAND 회로
③ NOR 회로 ④ EX-OR 회로

해설
A, B, C 중 하나만 신호가 들어와도 램프가 들어온다.

정답 51 ④ 52 ② 53 ③ 54 ④ 55 ①

56 전자접촉기 여자상태에서의 이상에 관한 설명으로 옳지 않은 것은?

① 전자접촉기 여자상태에서 이상음이 발생하는 현상이 있는데 이를 코일의 울림 현상이라고 한다.
② 전자석 흡인력의 맥동을 방지하기 위해서 셰이딩 코일이 설치되어 있는데 이 코일이 단선되면 울림 현상이 발생할 수 있다.
③ 조작 회로의 전압이 너무 높으면 흡인력 과다에 따른 울림 현상이 발생할 수 있다.
④ 전자석 사이에 배선 찌꺼기나 진애가 혼입한 경우 전자석이 밀착하지 않고 울림이 발생할 수 있다.

[해설]
전자접촉기의 이상
- 코어(철심)부분에 Shading Coil을 설치하여 자속의 형성을 보다 일정하게 만드는데, 이 코일이 단선된 경우 소음 발생이 가능
- Shading Coil을 설치해도 소음이 완전히 제거되지 않으므로 교류형보다 직류형을 사용하면 개선됨
- 전압이 코일 정격전압의 범위를 15% 이상 상하로 벗어나는 경우 소음발생 가능
- 코어부분에 이물질이 발생하여 불완전 흡입에 의해 소음이 발생하는 경우

57 다음 기호가 나타내는 것은?

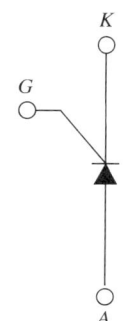

① 트랜지스터 ② 실리콘 제어 정류기
③ 다이오드   ④ 콘덴서

[해설]
PN접합 다이오드에서 Gate를 빼낸 것

58 반도체 논리소자를 사용한 시퀀스제어를 명령처리에 따라 분류할 때 해당하지 않는 것은?

① 조건제어 ② 순서제어
③ 시한제어 ④ 선형제어

[해설]
입력을 더한 값과 각 출력을 더한 값이 같은 형태의 제어시스템을 선형제어 시스템이라고 한다.

59 다음 중 무접점 시퀀스제어회로의 구성 요소와 가장 거리가 먼 것은?

① 트랜지스터 ② 다이오드
③ 트라이액   ④ 릴레이

[해설]
- 트라이액 : 실리콘 제어 정류기라고도 불리며 PNPN형 4중 구조 단자로 구성되어 있다. N에서 Gate를 끄집어낸 방식과 P에서 Gate를 끄집어 낸 방식이 있다. PNP 트랜지스터와 NPN 트랜지스터를 복합한 회로와 같은 역할을 한다.
- 무접점 시퀀스 제어회로 : 반도체를 이용한 집적회로에 제어회로를 구성하고 회로에서 신호를 받아 구동부를 순차적으로 구동하는 방식으로 구성된다.
- 릴레이 : 유접점 회로에서 동작을 신호로 변환할 때 사용한다.

60 시퀀스제어를 구분하는 데 있어서 크게 입력부와 출력부로 구분할 때 다음 중 출력부에 해당하는 것은?

① 누름버튼 스위치
② 카운터
③ 센 서
④ 온도스위치

[해설]
카운터는 계수기, 누산기 등으로 불린다. 보기의 스위치는 입력부, 센서 등은 검출부에 해당하므로 카운터만이 출력부로 분류할 수 있는 대상이다.

2013년 제5회 과년도 기출문제

01 CNC 선반에서 내·외경 황삭 사이클에 사용되는 G코드는?

① G71
② G90
③ G94
④ G98

해설

CNC 선반 G코드 목록

G-code	Group	지속성	기 능
G00	01	계속 유효	위치결정(급속이송)
G01			직선가공(절삭이송)
G02			원호가공(시계방향)
G03			원호가공(반시계방향)
G04	00	1회 유효	일시정지(Dwell)
G10			데이터 설정
G20	06	계속 유효	Inch 입력
G21			Metric 입력
G22	04		금지 구역 설정
G23			금지 구역 설정 취소
G27	00	1회 유효	원점 복귀 확인
G28			자동 원점 복귀
G29			원점으로부터 복귀
G30			제2, 제3, 제4원점 복귀
G31			Skip 기능
G32	01		나사 절삭 기능
G40	07	계속 유효	공구 인선 반지름 보정 취소
G41			공구 인선 반지름 보정 좌측
G42			공구 인선 반지름 보정 우측
G50			공작물 좌표계 설정 주축 최고 회전수 설정
G70	00	1회 유효	정삭 사이클
G71			내·외경 황삭 사이클
G72			단면 황삭 사이클
G73			형상 반복 사이클
G74			단면 홈 가공 사이클(펙 드릴링)
G75			X 방향 홈 가공 사이클
G76			나사 가공 사이클
G90	01	계속 유효	내·외경 절삭 사이클
G92			나사 절삭 사이클
G94			단면 절삭 사이클
G96	02		원주 속도 일정 제어
G97			원주 속도 일정 제어 취소
G98	05		분당 이송 지정(mm/min)
G99			회전당 이송 지정(mm/rev)

02 가는 홈붙이 날을 가진 커터로, 가공된 기어의 면을 매끄럽고 정밀하게 다듬질하는 가공은?

① 기어 셰이빙
② 밀링 가공
③ 래 핑
④ 선반 가공

해설

기어 셰이빙 : 기어절삭기로 가공된 기어의 면을 매끄럽고 정밀하게 다듬질하기 위해 높은 정밀도로 깎여진 잇면에 가는 홈붙이날을 가진 커터로 다듬는 가공을 일컫는다.

03 수평(Horizontal) 및 만능 밀링 머신(Universal Milling Machine)의 크기를 표시한 것 중 틀린 것은?

① 테이블의 크기
② 테이블의 이동거리
③ 아버(Arbor)의 크기
④ 스핀들 중심선에서부터 테이블 윗면까지의 최대 거리

해설
③ 아버의 크기는 공작 공간의 크기와 관련이 없다.
밀링머신의 크기 표시는 테이블의 크기와 테이블의 이동거리에 해당하는 공간, 즉 공작공간을 크기로 표시하거나 호칭을 정해놓고 호칭에 의해 표시하기도 한다.

04 나사의 접시머리가 들어갈 구멍을 가공하는 것으로서 구멍의 일단을 원추형으로 확대하는 작업은?

① 카운터 싱킹   ② 스폿 페이싱
③ 카운터 보링   ④ 탭 핑

해설
드릴가공의 종류

드릴링(Drilling)	드릴로 구멍을 뚫는 작업으로 드릴링 머신의 주작업이다.
리밍(Reaming)	드릴로 뚫은 구멍을 정밀 치수로 가공하기 위해 리머로 다듬는 작업이다.
태핑(Tapping)	드릴로 뚫은 구멍에 탭을 사용해서 암나사를 내는 작업이다.
보링(Boring)	주조된 구멍이나 이미 뚫은 구멍을 필요한 크기나 정밀한 치수로 넓히는 작업이다.
스폿 페이싱(Spot Facing)	볼트, 너트 등이 닿는 부분을 깎아서 자리를 만드는 작업이다.
카운터 싱킹(Counter Sinking)	접시머리 나사의 머리 부분을 묻히도록 원뿔자리를 만드는 작업이다.
카운터 보링(Counter Boring)	작은 나사, 볼트의 머리를 일감에 묻히게 하기 위해 단을 둔 구멍 뚫기 작업이다.

05 절삭유의 구비조건으로 틀린 것은?

① 방청, 방식성이 좋을 것
② 인화점, 발화점이 낮을 것
③ 냉각성이 충분할 것
④ 장시간 사용해도 변질하지 않을 것

해설
절삭유는 마찰열이 심한 곳에 사용하므로 열에 의해 발화되는 온도인 발화점과 인화점이 높아야 한다.

절삭유제의 종류

수용성 절삭유제	불수용성 절삭유제
• 절삭유제의 원액에 물을 타서 사용 • 냉각성이 좋음 • 강재 및 합금강의 절삭, 비철금속의 절삭, 연삭용 • 광물성기름에 소량의 유화제, 방청제 등을 첨가하여 10배에서 20배 정도로 희석하여 사용	• 등유, 경유, 스핀들유, 기계유 등을 단독 또는 혼합하여 사용 • 점성이 낮고 윤활작용이 좋음 • 냉각작용이 좋지 않으므로 경절삭에 사용 • 라드유, 고래기름 등 동물성 기름 • 올리브기름, 면화씨기름, 콩기름 등 식물성 기름

06 옆에 있는 작업자가 감전이 되었을 때 우선 처리해야 할 안전조치 방법은?

① 환자의 상태를 확인한다.
② 물을 부어 몸을 차게 한다.
③ 인공호흡을 시킨다.
④ 스위치(전원)를 끊어야 한다.

해설
감전된 작업자의 몸에 손을 대면 함께 감전될 위험이 있다.

07 선반 가공에서 대형이고 형상이 복잡한 가공물을 고정할 때 사용하는 방법은?

① 방진구에 의한 방법
② 맨드릴에 의한 방법
③ 파이프 센터에 의한 방법
④ 면판에 의한 방법

해설
맨드릴과 파이프센터는 센터링 장치이고, 공작물을 고정하는 것은 면판이다.
- 방진구 : 가늘고 긴 일감이 절삭력과 자중에 의해 휘거나 처짐이 일어나는 것을 방지하기 위한 부속장치
  - 고정 방진구 : 베드 위에 고정, 원통깎기, 끝면깎기, 구멍 뚫기 등
  - 이동 방진구 : 왕복대에 고정, 왕복대와 함께 이동, 일감을 2개 조로 지지함
- 맨드릴 : 기어, 벨트 풀리 등의 소재와 같이 구멍이 뚫린 일감의 바깥 원통면이나 옆면을 센터 작업으로 가공할 때 사용하는 도구. 일감의 뚫린 구멍에 맨드릴을 끼운 후 작업
- 파이프 센터 : 파이프를 가공하기 위해 심압대에서 한끝을 고정하는데 사용되는 센터
- 면판 : 선반 주축에 면판을 설치하고 공작물을 판에 고정하여 회전하여 작업할 수 있도록 만든 장치

08 결합도가 높은 숫돌에서 알루미늄 같은 연한 금속을 연삭할 때 가장 많이 나타나는 현상은?

① 드레싱   ② 트루잉
③ 무 딤   ④ 눈메움

해설
- 드레싱 : 숫돌바퀴에서 눈메움이나 무딤이 일어나면 절삭 상태가 나빠지므로 숫돌바퀴의 표면에서 무뎌진 숫돌입자를 제거하는 작업
  - 눈메움 : 결합도가 높은 숫돌에 연한 금속을 연삭하였을 때, 숫돌표면의 기공에 칩이 메워지게 되는 현상
  - 무딤 : 숫돌바퀴의 결합도가 지나치게 높으면 둔하게 된 숫돌 입자가 떨어져 나가지 않아 연삭기능이 떨어지는 현상
  - 입자탈락 : 숫돌바퀴의 결합도가 지나치게 낮으면 아직 다 사용하지도 않은 숫돌입자가 쉽게 떨어져 나가는 현상
- 트루잉 : 숫돌바퀴가 작업 시 압력을 받아 진원(眞圓)이 되지 않는 경우, 모양을 바로 잡는 작업

09 주철제 랩으로 경화강을 래핑할 때 사용하는 래핑액은?

① 유 류
② 물
③ 그리스
④ 플라스틱

해설
랩제의 종류
- 고형(固形) : 탄화규소(SiC), 알루미나(Al_2O_3), 산화크롬(CrO), 산화철(FeO)
- 래핑액 : 경유, 석유, 물, 올리브유, 종유(점성이 작은 식물성 기름) 기계래핑에서는 주철제 랩이나 강제 랩을 많이 사용

10 지름이 120mm, 길이가 300mm인 탄소강의 봉을 초경합금 바이트로 절삭 깊이 1.8mm, 이송 0.35mm, 회전수 398r/min(=rpm)의 조건으로 선반 가공할 때, 절삭속도는 몇 m/min인가?

① 375
② 150
③ 2.245
④ 0.437

해설
선반가공에서 절삭속도는 현재 시점에서 봉의 회전속도와 같다.
절삭속도
$$v = \frac{\pi D n}{1,000} \text{ (m/min)}$$
$$= \frac{\pi \times 120\text{mm} \times 398\text{rev/min}}{1,000}$$
$$\fallingdotseq 150\text{m/min}$$
(rev는 무차원, 단위가 없음)

11 다음 선의 종류 중에서 선이 중복되는 경우 가장 우선하여 그려야 되는 선은?

① 외형선
② 중심선
③ 숨은선
④ 치수보조선

해설
도면 위에 두 종류 이상의 선이 같은 장소에 겹치는 경우 다음의 순서에 따라 그린다.
외형선 > 숨은선 > 절단선 > 중심선 > 무게중심선 > 치수보조선

12 가공 방법의 표시 방법 중 M은 어떤 가공 방법인가?

① 선반 가공
② 밀링 가공
③ 평삭 가공
④ 주 조

해설
주요 가공 방법 표시(KS B 0107)

선반(선삭)	L	연 삭	G
드릴링	D	다듬질	F
리 밍	DR	용 접	W
태 핑	DT	방전가공	SPED
밀 링	M	열처리	H
평밀링	MP	담금질	HQ
엔드밀링	ME	표면처리	S
평 삭	P	폴리싱	SP
셰이핑	SH	쇼트피닝	SHS
슬로팅	SL	주 조	C
브로칭	BR		

13 기계 제도에서 굵은 1점쇄선을 사용하는 경우로 가장 적합한 것은?

① 대상물의 보이는 부분의 겉모양을 표시하기 위하여 사용한다.
② 치수를 기입하기 위하여 사용한다.
③ 도형의 중심을 표시하기 위하여 사용한다.
④ 특수한 가공 부위를 표시하기 위하여 사용한다.

해설
굵은 1점 쇄선은 가는 2점 쇄선과 함께 특수한 가공부위를 요구하거나 할 때 사용하며, 데이텀 등에도 사용한다.

14 그림과 같은 기하공차 기입틀에서 첫째 구획에 들어가는 내용은?

첫째 구획	둘째 구획	셋째 구획

① 공차값
② MMC 기호
③ 공차의 종류 기호
④ 데이텀을 지시하는 문자 기호

해설
기하공차는 | // | 0.011 | A | 등과 같이 표시하며 // 자리에는 공차기호, 0.011 자리는 공차값, A 자리는 데이텀(기준)을 표시한다.

정답 11 ① 12 ② 13 ④ 14 ③

15 비경화 테이퍼핀의 호칭 지름을 나타내는 부분은?

① 가장 가는 쪽의 지름
② 가장 굵은 쪽의 지름
③ 중간 부분의 지름
④ 핀 구멍 지름

해설
• 핀의 호칭방법

명칭	호칭 방법	핀의 호칭
평행핀 (KS B 1320)	표준 번호 또는 명칭, 종류, 형식, 호칭지름×길이, 재료	KS B 1320m6A -6×45 SB 41 평행 핀 h7B-5×32 SM 50C
테이퍼핀 (KS B 1322)	명칭, 등급, 호칭지름×길이, 재료	테이퍼핀 1급 2×10 SM 50C
슬롯테이퍼핀 (KS B 1323)	명칭, 호칭지름×길이, 재료, 지정사항	슬롯 테이퍼핀 6×70 SM 35C 핀 갈라짐의 깊이 10
분할 핀 (KS B 1321)	표준 번호 또는 명칭, 호칭지름×길이, 재료	분할 핀 3×40 SWRM 12

• 핀의 표준치수
 - 테이퍼핀

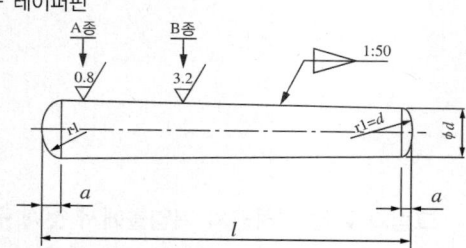

 - 슬롯테이퍼핀

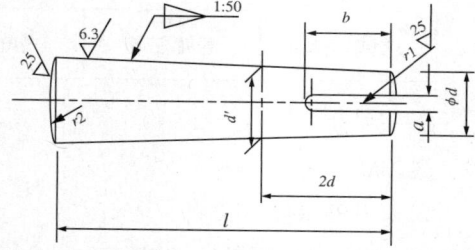

그림에서 d로 표시된 곳을 호칭지름으로 보면 된다.

16 구멍 $50^{+0.025}_{+0.009}$에 조립되는 축의 치수가 $50^{\ 0}_{-0.016}$이라면 이는 어떤 끼워맞춤인가?

① 구멍 기준식 헐거운 끼워맞춤
② 구멍 기준식 중간 끼워맞춤
③ 축 기준식 헐거운 끼워맞춤
④ 축 기준식 중간 끼워맞춤

해설
구멍기준식과 축기준식은 기호로 구분을 하는데, 이 문제에서는 위오차, 아래오차를 봤을 때 정치수가 발생하는 쪽을 기준으로 봐야 한다.
• 헐거운 끼워맞춤 : 허용오차를 적용하였을 경우 구멍이 클 때
• 억지 끼워맞춤 : 허용오차를 적용하였을 경우 축이 클 때
• 중간 끼워맞춤 : 허용오차를 적용하였을 경우 상호 오차 범위 안에 들 때

17 그림과 같은 입체도에서 화살표 방향이 정면일 때 우측면도로 적합한 것은?

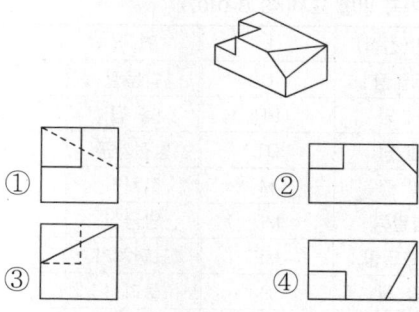

해설
화살표 방향이 정면이므로 우측면은 사선으로 잘린 평면이 좌측 상단에 나타나야 한다.

18 KS 기어 제도의 도시방법 설명으로 올바른 것은?

① 잇봉우리원은 가는 실선으로 그린다.
② 피치원은 가는 1점쇄선으로 그린다.
③ 이골원은 가는 2점쇄선으로 그린다.
④ 잇줄 방향은 보통 2개의 가는 1점쇄선으로 그린다.

해설
① 잇봉우리원(이끝원)은 굵은 실선으로 그린다.
③ 이골원(이뿌리원)은 가는 실선으로 그린다.
④ 헬리컬기어에서 잇줄의 방향은 정면도에 항상 3줄의 가는 실선을 그린다. 정면도가 단면으로 표시된 경우 3줄의 가는 2점쇄선으로 그린다.

19 다음 중 기계제도에서 각도 치수를 나타내는 치수선과 치수 보조선의 사용 방법으로 올바른 것은?

해설
④ 잘라진 원의 중심각의 표현 방법
① 길이의 치수 표현 방법
② 잘라진 원의 폭의 길이 표현 방법
③ 호의 길이 표현 방법

20 공유압 기호에서 기호의 표시방법과 해석에 관한 설명으로 틀린 것은?

① 기호는 기기의 실제 구조를 나타내는 것은 아니다.
② 기호는 원칙적으로 통상의 운휴상태 또는 기능적인 중립상태를 나타낸다.
③ 숫자를 제외한 기호 속의 문자는 기호의 일부분이다.
④ 기호는 압력, 유량 등의 수치 또는 기기의 설정값을 표시하는 것이다.

해설
유압 공기압 기호의 표시방법과 해석의 기본사항(KS B 0054)
• 기호는 기능, 조작방법 및 외부 접속구를 표시한다.
• 기호는 기기의 실제 구조를 나타내는 것은 아니다.
• 복잡한 기능을 나타내는 기호는 원칙적으로 KS B 0054의 기호요소와 기능요소를 조합하여 구성한다(단, 이들 요소로 표시되는 않는 기능에 대하여는 특별한 기호를 그 용도를 한정시켜 사용하여도 좋다).
• 기호는 원칙적으로 통상의 운휴상태 또는 기능적인 중립상태를 나타낸다. 단, 회로도 속에서는 예외도 인정된다.
• 기호는 해당 기기의 외부포트의 존재를 표시하나, 그 실제 위치를 나타낼 필요는 없다.
• 포트는 관로와 기호요소의 접점으로 나타낸다.
• 포위선 기호를 사용하고 있는 기기의 외부포트는 관로와 포위선의 접점으로 나타낸다.
• 복잡한 기호의 경우, 기능상 사용되는 접속구만을 나타내면 된다. 단, 식별하기 위한 목적으로 기기에 표시하는 기호는 모든 접속구를 나타내야 한다.
• 기호 속의 문자(숫자는 제외)는 기호의 일부분이다.
• 기호의 표시법은 한정되어 있는 것을 제외하고는, 어떠한 방향이라도 좋으나, 90° 방향마다 쓰는 것이 바람직하다. 또한 표시방법에 따라 기호의 의미가 달라지는 것은 아니다.
• 기호는, 압력, 유량 등의 수치 또는 기기의 설정값을 표시하는 것은 아니다.
• 간략기호는 그 표준에 표시되어 있는 것 및 그 표준의 규정에 따라 고안해 낼 수 있는 것에 한하여 사용하여도 좋다.
• 2개 이상의 기호가 1개의 유닛에 포함되어 있는 경우에는, 특정한 것을 제외하고, 전체를 1점쇄선의 포위선 기호로 둘러싼다. 단, 단일기능의 간략기호에는 통상, 포위선을 필요로 하지 않는다.
• 회로도 중에서 동일 형식의 기기가 수개소에 사용되는 경우에는 제도를 간략화하기 위하여, 각 기기를 간단한 기호요소로 대표시킬 수가 있다. 단, 기호요소 중에는 적당한 부호를 기입하고, 회로도 속에 부품란과 그 기기의 완전한 기호를 나타내는 기호표를 별도로 붙여서 대조할 수 있게 한다.

21 안지름이 20cm, 피스톤 속도가 5m/sec일 때 필요한 유량은 분당 몇 L/min인가?

① 314
② 500
③ 132
④ 157

해설
단동이나 복동 실린더 같은 실린더 내부의 피스톤의 움직임을 계산할 때 필요한 계산식으로 연속의 법칙을 적용하여 계산한다.
연속의 법칙
$Q = AV = A_1 V_1 = A_2 V_2$

$Q = A_1 V_1 = \dfrac{\pi}{4} d^2 \times 5\text{m/s} = \dfrac{\pi}{4}(0.2\text{m})^2 \times 5\text{m/s}$

$= 0.15708 \text{m}^3/\text{s} = 157.08 \text{L/s}$

($\because 1\text{m}^3 = 10^3 \text{L}$)

※ 저자의견 : 속도가 5m/s, 묻는 유량은 L/min으로 물어보았는데, 이렇게 풀이하면 보기 중에 답이 없다. 답으로 미루어 봤을 때 묻는 유량의 단위가 L/s가 되어야 맞는다.

22 다음 안전제어 및 검사기능 등에 사용되는 AND 밸브로 가장 적합한 것은?

① 체크밸브
② 셔틀밸브
③ 2압밸브
④ 시퀀스밸브

해설
제어밸브의 종류로는 압력제어밸브, 유량제어밸브, 방향제어밸브 등이 있고, 기타로 논리적 제어를 하는 2압밸브, 셔틀밸브, 체크밸브 등이 있다.
이 중 이압밸브는 양쪽 모두 신호가 들어가야만 출력이 나오는 형태의 밸브로, 논리식에서 AND와 같다 하여 AND 밸브라고 부르기도 한다. 셔틀밸브는 양쪽 중 한 곳만 신호가 들어가도 출력이 나오는 형태로, 논리식 OR과 같다 하여 OR 밸브라 부르기도 하며, 체크밸브는 한방향의 흐름만 인가하고, 반대방향의 흐름은 인가하지 않는 방향을 Check하는 밸브이다.

23 다음 중 유압 작동유의 구비조건이 아닌 것은?

① 비압축성이어야 한다.
② 열을 방출시키지 않아야 한다.
③ 장시간 사용하여도 화학적으로 안정하여야 한다.
④ 적절한 점도가 유지되어야 한다.

해설
유압 작동유의 특징
• 비압축성이어야 한다.
• 열에 영향을 적게 받을 수 있어야 한다.
• 장시간 사용하여도 화학적으로 안정하여야 한다.
• 다양한 조건에서도 적정 점도가 유지되어야 한다.
• 기밀성, 청결성을 가지고 있어야 한다.

24 다음 중 압력제어밸브에 속하지 않는 것은?

① 감압밸브
② 시퀀스밸브
③ 릴리프밸브
④ 교축밸브

해설
교축밸브는 유량제어밸브이다.

25 공압실린더의 공급되는 공기의 유량을 제어하는 방식을 무엇이라 하는가?

① 미터아웃방식
② 미터인방식
③ 블리드온방식
④ 블리드오프방식

해설
미터인방식과 미터아웃방식은 회로에서 보통 실린더의 운동속도를 제어하는 방법으로 실린더에 들어가는 작동유체의 양을 조절하여 실린더의 전진 속도를 제어하는 방식과, 나오는 작동유체의 양을 조절하여 실린더의 후진 속도를 제어하는 방식으로 나뉜다. 들어가는 작동유체 양을 조절하는 방식을 미터인방식, 나오는 작동유체 양을 조절하는 방식을 미터아웃방식이라고 한다.

26 유압 동력부 펌프의 송출압력이 60kgf/cm²이고, 송출유량이 30L/min일 때 펌프 동력은 몇 kW인가?

① 2.94
② 3.94
③ 4.49
④ 5.49

해설
송출유량
$30\text{L/min} = 500\text{cc/s}$
$500\text{cm}^3/\text{s} \times 60\text{kgf/cm}^2 = 30{,}000\text{kgf} \cdot \text{cm/s}$
$= 30{,}000\text{kg} \times 9.81\text{m/s}^2 \cdot \text{cm/s}$
$= 294{,}300\text{N} \cdot \text{cm/s} = 2{,}943\text{N} \cdot \text{m/s} = 2.943\text{kW}$

27 유압 펌프 중에서 비용적형 펌프에 해당되는 것은?

① 터빈 펌프
② 기어 펌프
③ 베인 펌프
④ 피스톤 펌프

해설
유압펌프의 종류

용적형 펌프(고정용량형)	비용적형 펌프(가변용량형)
• 용적이 밀폐되어 있어 부하압력이 변동해도 토출량이 거의 일정하다. • 정압을 사용하므로 큰 힘을 요구하는 유압장치용 유압펌프로 사용한다.	• 용적이 밀폐되어 있지 않아 부하압력이 변동하면 토출량이 변하여 유압장치에는 부적당하다. • 펌프용량을 0에서 최대까지 변화시킬 수 있어 효율적인 운전을 할 수 있다.
기어펌프, 나사펌프, 베인펌프, 피스톤 펌프	원심형 펌프, 액시얼 펌프, 혼류(Mixed Flow)펌프, 로토제트 펌프, 터빈 펌프

28 공압장치를 구성하는 요소 가운데 공기 중의 먼지나 수분을 제거할 목적으로 사용되는 것은?

① 공기 압축기
② 애프터 쿨러
③ 공기 탱크
④ 공기 필터

해설
④ 공기 필터 : 여러 가지 목적으로 공기를 흡입 또는 배출하는 통로에 필터를 달아 이물질을 분리하는 기구
① 공기 압축기 : 컴프레서(Compressor)로 공기를 압축하여 공기의 압력을 생성하는 기계
② 애프터 쿨러(After Cooler) : 공기를 압축한 후 압력 상승에 따라 고온다습한 공기의 압력 낮춰주는 기구
③ 공기 탱크 : 압축된 공기를 저장해 두는 기구

정답 25 ② 26 ① 27 ① 28 ④

29 공기압축기의 종류 중 터보형 압축기는?

① 베인식
② 나사식
③ 피스톤식
④ 원심식

> **해설**
> 공기압축기의 종류

원심형	축류식	여러 날개형
		레이디얼형
		터보형
	사류식	
용적형	왕복동식	이동 여부에 따라	고정식, 이동식
		실린더 위치에 따라	횡형, 입형
		피스톤 수량에 따라	단동식, 복동식
	회전식		

30 다음 실린더의 종류에 대한 설명 중 잘못된 것은?

① 양 로드형 실린더 : 양방향 같은 힘을 낼 수 있다.
② 충격 실린더 : 빠른 속도(7~10m/s)를 얻을 때 사용된다.
③ 탠덤 실린더 : 다단튜브형 로드를 가져 긴 행정에 사용된다.
④ 쿠션 내장형 실린더 : 스트로크 끝부분의 충격이 완화되어야 할 때 사용된다.

> **해설**
> 탠덤 실린더는 로드 위에 두 개의 실린더를 다는 형태로 두 실린더를 연결해서 두 배의 힘을 낼 수 있는 실린더이다.

31 다음 중 AND 회로의 논리식으로 맞는 것은?

① SL = PB1 · PB2
② SL = PB1 + PB2
③ SL = PB1 ÷ PB2
④ SL = PB1 − PB2

> **해설**
> AND 논리식은 $Y = A \cdot B$

32 무인 반송차는 공장 바닥면에 자성도료로 칠해진 반송경로나 바닥 밑에 설치된 유도용 전선 등과 신호를 주고받으면서 공작물, 공구, 고정구 등의 일감을 반송하는 대차인데 무인 반송차의 특징에 해당되지 않는 것은?

① 레이아웃의 자유도가 작다.
② 충돌, 추돌 회피 등 자기제어가 가능하다.
③ 정지 정밀도를 확보할 수 있다.
④ 자기진단과 컴퓨터 교신이 가능하다.

> **해설**
> 레이아웃(Lay Out) : 눈으로 보이는 부분의 틀을 잡는 것, 잡지 출판 등의 틀을 잡는 것, 정원 등의 조경을 정리하는 것을 의미한다. 여기서는 유도로를 설치하는 작업을 의미한다.

33 어떤 시스템의 가열히터가 전압 100V, 소비전력 500W일 때 저항의 값은 얼마인가?

① 5Ω
② 0.2Ω
③ 10Ω
④ 20Ω

해설
전력 사용량이 생산 자동화 영역에 속하는 문제인지 여부와는 별개로 기계를 다루는 상식적인 영역이므로 전력 구하는 식을 알아두면 좋다.
전력은 W의 기호를 사용하고, 전압 E과 전류 I의 곱으로 나타나며 $W=EI$의 관계이다. 옴의 법칙에서 $I=\dfrac{E}{R}$, 즉 $W=\dfrac{E^2}{R}$ 이다.

$500 = \dfrac{(100)^2}{R} \to R = \dfrac{10,000}{500} = 20\,\Omega$

34 다음 중 되먹임제어에서 꼭 있어야 할 장치는?

① 응답속도를 빠르게 하는 장치
② 안정도를 좋게 하는 장치
③ 응답속도를 느리게 하는 장치
④ 입력과 출력을 비교하는 장치

해설
되먹임제어의 핵심은 입력과 출력을 비교하여 보정값을 제어하는 내용이다.

35 PLC 회로도 프로그램 방식 중 접점의 동작 상태를 회로도상에서 모니터링할 수 있는 것은?

① 명령어 방식
② 블록선도 방식
③ 래더도 방식
④ 플로차트 방식

해설
래더 다이어그램

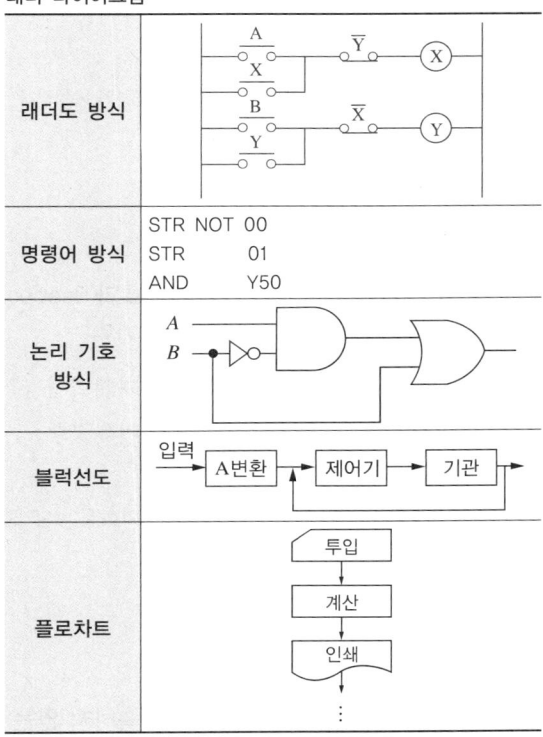

정답 33 ④　34 ④　35 ③

36 목푯값이 시간에 따라 변하며, 이 변화하는 목푯값에 제어량을 추종하도록 하는 되먹임제어를 무엇이라 하는가?

① 정치제어(Constant-value Control)
② 추종제어(Follow-up Control)
③ 공정제어(Process Control)
④ 자동조정(Automatic Regulation)

해설
① 정치제어는 목푯값이 변하지 않는다.
③ 공정제어는 순차제어처럼 보도록 한다.
④ 자동 조정은 시스템이 환경 등을 파악하여 목푯값을 수정하는 시스템이다.

37 센서용 검출변환기에서 제베크 효과(Seebeck Effect)를 이용한 것은 어느 것인가?

① 압전형
② 열기전력형
③ 광전형
④ 전기화학형

해설
제베크 효과 : 종류가 다른 금속에 열(熱)의 흐름이 생기도록 온도차를 주었을 때, 기전력이 발생하는 효과

38 자동화시스템의 주요 3요소에 속하지 않는 것은?

① 입력부
② 출력부
③ 전원부
④ 제어부

해설
제어시스템의 요소
- 입력요소 : 어떤 출력 결과를 얻기 위해 조작 신호를 발생시켜 주는 것으로 전기 스위치, 리밋스위치, 열전대, 스트레인 게이지, 근접 스위치 등이 있다.
- 제어요소 : 입력요소의 조작 신호에 따라 미리 작성된 프로그램을 실행한 후 그 결과를 출력 요소에 내보내는 장치로서, 하드웨어 시스템과 프로그래머블 제어기로 분류된다.
- 출력요소 : 입력요소의 신호 조건에 따라 목적하는 행위가 실제 이루어지게 하는 장치로 전자 계전기, 전동기, 펌프, 실린더, 히터, 솔레노이드 밸브 등이 있다.

39 PLC 시스템에서 교류 부하용 무접점 출력으로 사용되는 반도체로 가장 적합한 것은?

① 트랜지스터
② 다이액
③ 트라이액
④ 릴레이

해설
③ 트라이액 : 교류부하에 사용하며 직류는 제어하지 않는다.
② 다이액(Diode AC S/W) : TRIAC이나 SCR의 게이트 트리거용으로 사용되어 트리거 다이오드라고도 한다. 백열 전구의 밝기, 모터 속도의 제어 등에 응용된다.

40 다양한 제품수요의 변화에 대처할 수 있도록 가공공정의 변환이 용이하도록 한 자동화시스템으로서 유연생산시스템을 의미하는 것은?

① CAE
② LCA
③ FMA
④ FMS

해설
FMS(Flexible Manufacturing System) : 유연생산 시스템, 자동화의 대량 생산에 따른 단점을 극복하고 포스트 모던한 트렌드를 산업현장에 반영하여 제품을 생산하기 위해 다품종 소량 생산의 과정이 가능하도록 자동화 생산라인을 꾸민 것

41 폐회로 제어시스템의 오차에 대한 식으로 옳은 것은?

① 오차 = 목푯값 − 실제값
② 오차 = 외란 + 실제값
③ 오차 = 제어출력 + 에너지
④ 오차 = 외란 + 제어출력

해설
폐회로 제어시스템의 오차는 목푯값과 실제값의 차이이며 오차의 원인으로 외란을 들 수 있다.

42 어떤 신호가 입력되어 출력 신호가 발생한 후에는 입력신호가 제거되어도 그때의 출력 상태를 계속 유지하는 제어방법은?

① 파일럿 제어
② 메모리 제어
③ 조합 제어
④ 프로그램 제어

해설
출력상태를 그대로 기억하여 유지하도록 구성된 회로는 메모리 제어이다. 파일럿이란 Push Button, Master S/W 등에서 제어기로 제어 신호를 부여하도록 구성된 제어장치를 뜻한다.

43 자동화의 목적과 가장 거리가 먼 것은?

① 생산성이 향상된다.
② 제품의 품질이 균일화되어 불량품이 감소한다.
③ 적정한 작업 유지를 위한 원자재, 연료 등이 증가한다.
④ 위험한 사고의 방지가 가능하다.

해설
원자재, 연료를 더 쓰기 위해 자동화를 할 이유는 없다.

44 로봇 운전에 대한 안전사항으로 틀린 것은?

① 로봇을 가동시키기 전에 작업 반경 내에 사람이 없는지 확인한다.
② 로봇의 가반 중량은 추천사항이므로 약간 넘겨도 괜찮다.
③ 로봇의 동작상태가 불안하면 일단 비상스위치를 누른다.
④ 로봇의 작업 범위에는 위험 표지판을 설치한다.

해설
생산의 자동화는 안전과 생산성을 위해 선택한 생산구조로 안전을 가볍게 여길 이유는 없다.

정답 41 ① 42 ② 43 ③ 44 ②

45 다음 산업용 로봇의 입력 정보 교시에 따른 분류가 아닌 것은?

① 가변 시퀀스 로봇
② 수치제어 로봇
③ 다관절 로봇
④ 적응제어 로봇

해설
③ 관절 로봇은 구조에 따른 분류이다.
로봇의 분류

분류방법	종류
일반 분류 (제어방법에 따라)	수동/시퀀스/플레이백/수치제어/지능형/ 감각제어/적응제어/학습제어
동작에 따라	직교 좌표계/원통 좌표계/극좌표계/ 다관절(복합 좌표계)
동력원에 따라	전기식/유압식/공압식

46 다음 회로도와 타임차트는 무엇을 나타내는가?

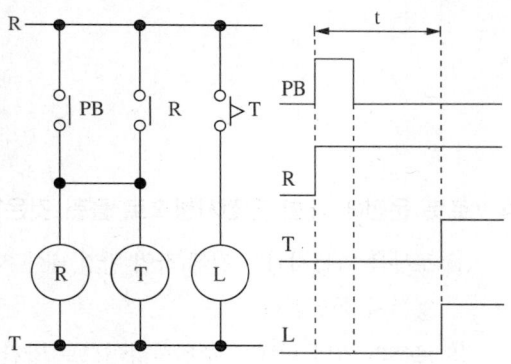

① 지연 동작 회로
② 정지 우선 회로
③ 인터로크 회로
④ 일정 시간 동작 회로

해설
PB에 의해 R이 작동하였으나 Delayed Time 이후 램프가 켜졌으므로 지연회로이다.

47 회로의 종류 중 외부신호접점이 닫혀 있는 동안 타이머가 접점의 개폐를 반복하는 회로로 교통신호기 등 일정의 동작을 반복하는 장치에 이용되는 회로는?

① 펄스 발생회로
② 플리커 회로
③ 플립플롭회로
④ 인터로크회로

해설
② 플리커 회로 : 설정한 시간에 따라 ON/OFF를 반복하는 회로이다.
① 펄스 발생회로 : 전류의 펄스를 발생시키는 회로이다.
③ 플립플롭회로 : 플립플롭은 기억소자이다. 플립플롭회로는 출력 상태가 결정되면 입력이 없어도 출력이 그대로 유지되는 회로이다.
④ 인터로크회로 : 인터로크회로는 병존할 수 없는 회로 둘 이상이 있을 때 하나의 회로가 출력될 때 이 출력이 다른 회로에 b접점으로 작동하여 다른 회로들을 작동할 수 없게 안전장치를 걸어 놓은 회로이다.

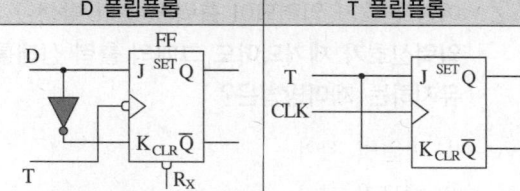

RST 플립플롭	JK 플립플롭
T가 1일 때에만 RS F/F 동작, T가 0일 때에는 입력 R, S의 상태에 무관하여 앞의 출력 상태로 유지됨	2개의 입력이 동시에 1이 되었을 때 출력 상태가 불확정되지 않도록 한 것으로 이때 출력 상태는 반전됨

S	R	Q_{n+1}	동작
0	0	Q_n	불변
0	1	0	리셋
1	0	1	세트
1	1	불확정	불변

J	K	Q_{n+1}	동작
0	0	Q_n	불변
0	1	0	리셋
1	0	1	세트
1	1	Q_n'	반전

D 플립플롭	T 플립플롭
D 입력의 1 또는 0의 상태가 Q 출력에 그대로 Set됨	클록펄스가 가해질 때마다 출력 상태가 반전됨

D	Q_{n+1}
1	1
0	0

T	Q_{n+1}
0	Q_n
1	Q_n'

48 누전차단기의 사용상 주의사항에 관한 설명으로 옳지 않은 것은?

① 테스트 버튼을 눌러 작동상태를 확인한다.
② 전원측과 부하측의 단자를 올바르게 설치한다.
③ 진동과 충격이 많은 장소에 설치하여도 무관하다.
④ 누전 검출부에 반도체를 사용하기 때문에 정격전압을 사용한다.

해설
누전차단기도 접촉과 단락을 이용하는 것이므로 가급적 안정된 환경에 설치하는 것이 좋다.

49 외부의 입력에 의하여 릴레이 작동 후 릴레이의 a접점을 통하여 회로를 유지시켜, 입력을 제거하여도 계속 작동되는 시퀸스 회로는?

① On 회로
② 타이머 회로
③ 자기유지 회로
④ On/Off 릴레이 회로

해설
자기유지 회로란 회로 안에서 자신의 상태를 유지할 수 있도록 구성한 회로이다.

50 외부의 힘(외력)이 없을 때는 닫혀 있다가 외력이 가해지면 열리는 접점은?

① a접점   ② b접점
③ c접점   ④ e접점

해설
• a접점 : 일반적인 스위치로 작동 시 닫히고, 평소에 열려 있는 접점
• b접점 : a접점과 반대로 평소에 닫혀 있고, 작동 시 열리는 접점
• c접점 : a+b접점 형태로 어느 쪽에 단락을 두느냐에 따라 열림과 닫힘을 선택할 수 있는 접점

a접점	b접점	c접점
─o─	─o╲o─	─o╱o─
─o┴o─	─oΩo─	

51 출력의 한 곳은 전압이 나오고(1이 되고), 다른 곳은 전압이 나오지 않으며(0이 되며), 입력 신호에 의하여 상태가 바뀌는 회로로서 입력신호가 제거된 후에도 그 상태를 유지하는 회로는?

① 플립플롭회로   ② 자기유지회로
③ 신호검출 회로   ④ 직렬신호 회로

해설
신호검출 회로는 센서를 이용한 회로의 일종으로 다양한 출력에 적용한다.
47번 해설 참조

52 JK플립플롭의 J단자와 K단자를 한 개의 단자로 묶어 한 개의 입력으로 만든 것을 무엇이라 하는가?

① T 플립플롭
② D 플립플롭
③ 마스터-슬레이브 플립플롭
④ RS 플립플롭

해설
D 플립플롭은 입력의 한쪽은 Not 신호로 입력하고, T 플립플롭은 하나의 신호로 묶어서 입력한다.

정답 48 ③ 49 ③ 50 ② 51 ① 52 ①

53 다음 논리기호의 식으로 옳은 것은?

① $Y = \overline{A} + B$
② $Y = A + \overline{B}$
③ $Y = A \cdot B + \overline{A} \cdot \overline{B}$
④ $Y = A \cdot \overline{B} + \overline{A} \cdot B$

해설
각종 논리 게이트의 회로기호와 논리식

명 칭	논리기호	논리식
NOT (부정)		$Y = \overline{A}$
OR (논리합)		$Y = A + B$
AND (논리곱)		$Y = A \cdot B$
XOR (배타적 논리합)		$Y = A \oplus B$
NAND (부정논리곱)		$Y = \overline{A \cdot B}$
NOR (부정 논리합)		$Y = \overline{A + B}$

서로 입력이 다를 때만 출력이 나오는 논리이다.

54 다음 논리 회로는 무엇을 나타낸 것인가?

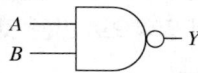

① OR 회로
② AND 회로
③ NOR 회로
④ NAND 회로

해설
53번 해설 참조

55 입력신호에 대한 출력 신호를 비교하는 제어방식은?

① 오픈 루프제어
② On/Off 제어
③ 불완전 제어
④ 되먹임제어

해설
폐회로 제어(되먹임제어, 피드백 제어)

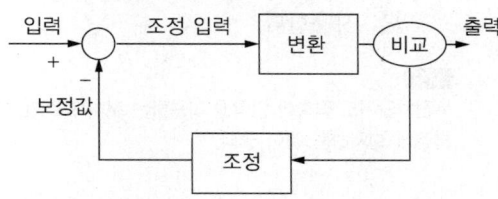

입력신호를 변환하였을 때 원하는 결괏값인지 비교하여 원하는 결과가 아닌 경우, 반복조정하여 원하는 결과(또는 인정할 수 있는 결과)를 산출하는 제어 방식. 비교하여 검출하는 부분을 검출부라 한다. 폐회로 제어를 하게 되면 정확도가 증가하고, 외부의 영향을 많이 제거할 수 있으며 따라서 받을 수 있는 신호의 폭도 넓어져서 전반적으로 효율성이 증대된다고 볼 수 있다.

56 다음 그림은 무슨 회로인가?

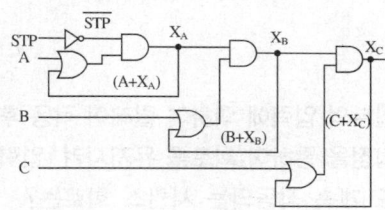

① 인터로크 회로
② 시간지연 회로
③ 순차동작 회로
④ 자기유지 회로

해설
다음 단계로 넘어가는 논리가 AND 관계로 되어 있어서 A, B, C의 각각의 입력이 발생해야만 최종 출력이 발생할 수 있다.

57 시퀀스제어에서 문자 기호와 그 해당 용어 및 명칭으로 틀린 것은?

① OPM : 조작용 전동기
② LVS : 나이프 스위치
③ COS : 전환 스위치
④ MC : 배선용 차단기

해설

OPM	조작용 전동기	Operating Motor
LVS	레벨 스위치	Level Switch
COS	전환스위치	Change-over Switch
MC	전자접촉기	Electromagnetic Contactor
KS	나이프 스위치	Knife Switch
MCB	배선용 차단기	Molded Case Circuit Breaker

※ 저자 의견 : 이의제기를 통해 답을 인정받을 수는 있겠지만, 더 정확한 답이 있는 상황에서 굳이 자격취득 시험을 위해 이론 다툼을 할 이유가 없다.

58 다음 시퀀스제어 회로도의 동작설명으로 옳은 것은?(단, G_L은 녹색램프이고, R_L은 적색램프이다)

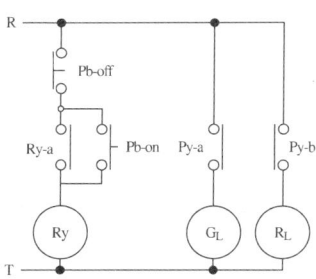

① R과 T에 전원만 넣으면 녹색 램프가 켜진다.
② R과 T에 전원만 넣으면 적색 및 녹색 램프가 동시에 켜진다.
③ Pb-on 스위치를 누르는 동안만 녹색 램프가 켜진다.
④ Pb-on 스위치를 한 번만 눌렀다 놓아도 녹색 램프는 켜진 상태로 유지된다.

해설
문제의 회로는 Ry를 이용하여 녹색램프를 켜고 적색램프를 끄도록 구성되어 있는데, Ry는 Pb-on을 넣어야 자기유지를 하며 작동한다.

59 다음 불 대수 중에서 옳지 않은 것은?

① $1 + A = 1$ ② $A \cdot 1 = A$
③ $0 \cdot A = 1$ ④ $A \cdot A = A$

해설
불 대수의 기본법칙
• 교환법칙
$A \cdot B = B \cdot A$
$A + B = B + A$
• 흡수법칙
$A \cdot 1 = A$
$A \cdot 0 = 0$
$A + 1 = 1$
$A + 0 = A$
• 결합법칙
$(A \cdot B) \cdot C = A \cdot (B \cdot C)$
$(A + B) + C = A + (B + C)$
• 분배법칙
$A \cdot (B + C) = A \cdot B + A \cdot C$
$A + (B \cdot C) = (A + B) \cdot (A + C)$
• 누승법칙
$\overline{\overline{A}} = A$
• 보원법칙
$A \cdot \overline{A} = 0$
$A + \overline{A} = 1$
• 멱등법칙
$A \cdot A = A$
$A + A = A$

60 다음 시퀀스 기호 중 b접점이 아닌 것은?

해설
b접점은 접점의 아래에 표시한다.

2014년 제4회 과년도 기출문제

01 연삭숫돌 입자의 종류 중 갈색 알루미나의 기호로 맞는 것은?

① C
② GC
③ WA
④ A

해설
④ A : Alumina
① C : Carbide
② GC : Green Carbide
③ WA : White Alumina

02 밀링머신에서 커터의 지름이 100mm이고, 한 날당 이송이 0.2mm, 커터의 날수를 8개, 회전수를 400rpm으로 할 때 절삭속도는 약 몇 m/min인가?

① 10
② 56
③ 40
④ 126

해설
314(mm) × 400(바퀴/min) = 125,600(mm/min) ≒ 126(m/min)
※ 이 문제에서 요구하는 절삭속도를 구할 때, 날의 이송은 크게 관여치 않는다. 밀링커터가 한 바퀴 도는 거리는 πD = 3.14×100(mm), 1분에 400바퀴를 돌기 때문이다.

03 절삭제의 사용목적이 아닌 것은?

① 칩의 배출작용
② 공작물의 냉각작용
③ 절삭부분의 윤활작용
④ 절삭공구의 마찰작용

해설
절삭제의 사용목적 : 냉각작용, 방청작용, 윤활작용, 칩의 배출

04 인벌류트 곡선을 그리는 원리를 이용하여 기어를 절삭하는 방법을 무엇이라 하는가?

① 창성법
② 모형법
③ 형판법
④ 총형커터에 의한 방법

해설
기어절삭을 하는 방법은 크게 형판법, 성형법, 창성법으로 나뉘며 주로 창성법으로 제작한다. 창성법은 미리 기어의 이에 정확히 물리도록 랙크 등의 커터를 제작하여 피절삭재와 상대운동을 시켜 제작하는 방법으로 커터의 이 모양이 직선운동을 하며 이를 만드는 경우 실을 당겨 팽팽하게 푸는 모양으로 커터가 이동해야 한다.
• 인벌류트 곡선 : 기초원에 감긴 실이 풀리면서 그리는 곡선
• 사이클로이드 곡선 : 기초원의 한점이 굴러가면서 남긴 궤적 곡선

05 CNC 공작기계의 가공 프로그램의 기호와 그 의미가 잘못 연결된 것은?

① M : 보조 기능
② T : 공구 기능
③ S : 절삭 기능
④ F : 이송 기능

해설
S는 Spindle 또는 Speed로 주축의 회전에 관한 기능을 명령하는 어드레스이다.

06 보링머신의 크기 표시 방법이 아닌 것은?

① 램의 최대 행정
② 테이블의 크기
③ 주축의 지름
④ 주축의 이송거리

해설
보링머신의 크기는 테이블의 크기, 주축의 지름, 주축의 이동거리, 스핀들 헤드의 상하 이동거리 및 테이블의 이동거리로 표시한다.

07 초음파 가공에 주로 사용되는 연삭 입자의 재질은?

① 탄화붕소
② 셸 락
③ 폴리에스터
④ 구리합금

해설
연삭에는 다이아몬드나 CBN, 탄화붕소 등을 이용한다. 셸락은 동물성 수지 재료, 폴리에스터는 플라스틱 재료, 구리합금은 연성 금속 재료이다. 보기의 재료 중 연삭에 적합한 재료는 경도가 높은 탄화붕소이다.
※ 초음파 가공 : 가청 주파수가 넘는 높은 주파수를 이용하여 기구와 물체 사이의 진동을 일으켜 입자에 의한 연삭 가공을 실시하는 가공

08 연삭숫돌의 결함 중 떨림의 발생원인이 아닌 것은?

① 연삭숫돌의 평형상태가 불량할 경우
② 숫돌축에 편심이 있을 경우
③ 연삭숫돌의 결합도가 너무 클 경우
④ 연삭 깊이를 적게 하고 이송을 빠르게 할 경우

해설
숫돌이 떨리는 경우는 숫돌 축이 불균형하거나 숫돌의 눈이 메워졌거나, 숫돌바퀴의 결합도가 지나치거나, 숫돌이 기울어지게 장착되었거나 하는 경우이므로 각각 균형을 맞춰 주고 트루잉을 실시하고, 드레싱을 실시하며, 결합도에 맞는 공작속도를 설정하고, 기울어진 경우는 평형을 맞추어 주어야 한다.

09 기차의 바퀴를 주로 가공하는 선반으로 주축대 2개를 마주 세운 구조로 된 특수 선반은?

① 공구 선반 ② 크랭크축 선반
③ 모방 선반 ④ 차륜 선반

해설
④ 차륜 선반(Wheel Lathe) : 자동차 휠, 기차 바퀴 등을 제작하기 위해 제작된 선반
① 공구 선반(Tool Room Lathe) : 공구를 제작하기 위해 제작된 선반
② 크랭크축 선반(Crank Lathe) : 크랭크 축을 제작하기 위해 제작된 선반
③ 모방 선반(Copying Lathe) : 기존 부품과 피삭재를 함께 기계에 물려놓고 기존 부품과 같은 모양으로 피삭재를 절삭하는 선반
※ 기차의 바퀴를 차륜이라 하는지를 묻는 용어 문제이다.

10 빌트업 에지(구성인선)의 발생을 감소시키기 위한 방법으로 틀린 것은?

① 절입 깊이를 작게 한다.
② 공구의 윗면 경사각을 크게 한다.
③ 공구의 날끝을 둔하게 한다.
④ 윤활성이 좋은 절삭유제를 사용한다.

해설
구성인선의 발생을 감소시키기 위해서는 깎는 깊이를 작게 하거나, 공구의 경사각을 크게 하고, 날끝을 예리하게 하며, 절삭속도를 크게 하고 윤활유를 사용한다.

11 나사의 도시법에 대한 설명으로 틀린 것은?

① 수나사의 바깥지름은 굵은 실선으로 그린다.
② 암나사의 안지름은 굵은 실선으로 그린다.
③ 수나사와 암나사의 결합부는 수나사로 그린다.
④ 완전 나사부와 불완전 나사의 경계는 가는 실선으로 그린다.

해설
완전 나사부와 불완전 나사부의 경계선은 굵은 실선으로 그린다.

12 단면도의 표시방법에서 그림과 같은 단면도의 종류는?

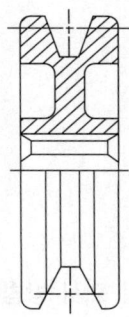

① 온단면도
② 한쪽 단면도
③ 부분 단면도
④ 회전도시 단면도

해설
한쪽 단면도는 중심선을 기준으로 단면하여 안쪽과 겉모양을 동시에 볼 수 있게 단면한다.

13 제거가공의 지시 방법 중 '제거가공을 필요로 한다.'가 지시하는 것은?

① 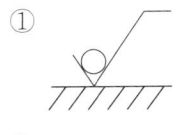   ②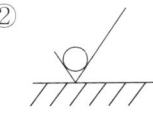

③ 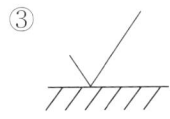   ④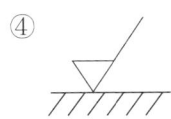

[해설]
①과 ②는 제거가공이 필요 없다는 기호이고, ③은 제거가공을 묻지 않는다는 기호이다.

14 다음 중 보조투상도를 사용해야 될 곳으로 가장 적합한 경우는?

① 가공 전후의 모양을 투상할 때 사용
② 특정 부분의 형상이 작아 이를 확대하여 자세하게 나타낼 때 사용
③ 물체 경사면의 실형을 나타낼 때 사용
④ 물체에 대한 단면을 90° 회전하여 나타낼 때 사용

[해설]
보조투상도는 경사면이 있는 제품의 실제 모양을 투상할 때, 보이는 전체 또는 일부분만을 나타내는 것이다.

15 개개의 치수에 주어진 치수 공차가 축차로 누적되어도 좋은 경우에 사용하는 치수의 배치법은?

① 직렬치수기입법
② 병렬치수기입법
③ 좌표치수기입법
④ 누진치수기입법

[해설]
직렬치수기입

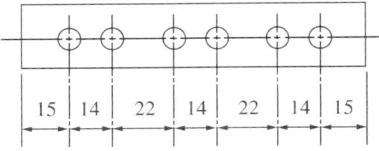

16 다음 중 데이텀 표적에 대한 설명으로 틀린 것은?

① 데이텀 표적은 가로선으로 2개 구분한 원형의 테두리에 의해 도시한다.
② 데이텀 표적이 점일 때는 해당 위치에 굵은 실선으로 X표시를 한다.
③ 데이텀 표적이 선일 때는 굵은 실선으로 표시한 2개의 X표시를 굵은 실선으로 연결한다.
④ 데이텀 표적이 영역일 때는 원칙적으로 가는 2점 쇄선으로 그 영역을 둘러싸고 해칭을 한다.

[해설]
데이텀 표적의 기호와 용도

기호	표시 방법	용도
X	굵은 실선인 X표를 한다.	데이텀 표적이 점일 때
X—X	2개의 X표시를 가는 실선으로 연결한다.	데이텀 표적이 선일 때
◯(빗금)	원칙적으로 가는 2점쇄선으로 둘러싸고 해칭한다. 다만, 도시하기 어려운 경우 2점쇄선 대신 가는 실선을 사용한다.	데이텀 표적이 원 모양의 영역일 때
▱(빗금)		데이텀 표적이 직사각형 영역일 때

[정답] 13 ④ 14 ③ 15 ① 16 ③

17 호칭번호 6303 ZNR인 베어링에서 안지름의 치수는 몇 mm인가?

① 15mm
② 17mm
③ 30mm
④ 63mm

해설
6303 ZNR 베어링 계열번호 '63' 안지름 번호 '03'
구름베어링의 안지름 번호(KS B 2012)

안지름번호	안지름치수	안지름번호	안지름치수
1	1	01	12
2	2	02	15
3	3	03	17
4	4	04	20
5	5	/22	22
6	6	05	25
7	7	/28	28
8	8	06	30
9	9	/32	32
00	10		

18 그림과 같은 입체도의 화살표 방향 투상도로 가장 적합한 것은?

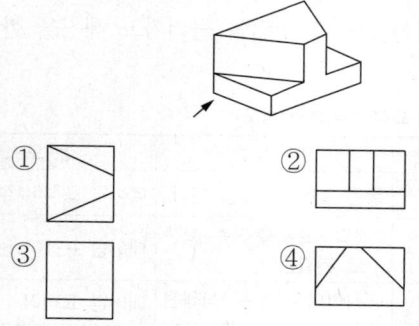

해설
화살표 방향에서만 본다면 윗부분의 비스듬한 물체를 식별하지 못하고 직사각형으로만 보일 것이다.

19 굵은 1점쇄선을 사용하는 선으로 가장 적합한 것은?

① 되풀이하는 도형의 피치를 나타내는 기준선
② 수면, 유면 등의 위치를 표시하는 선
③ 표면처리 부분을 표시하는 특수 지정선
④ 치수선을 긋기 위하여 도형에서 인출해낸 선

해설
굵은 1점쇄선은 특수 지정선으로 사용된다. ①은 가는 1점쇄선, ②, ④는 가는 실선을 사용한다.

20 축과 구멍의 끼워맞춤에서 최대 틈새는?

① 구멍의 최대 허용치수 – 축의 최소 허용치수
② 구멍의 최소 허용치수 – 축의 최대 허용치수
③ 축의 최대 허용치수 – 축의 최소 허용치수
④ 구멍의 최소 허용치수 – 구멍의 최대 허용치수

해설
틈새가 최대로 벌어지는 때에는 구멍이 가장 커야 하고, 축의 지름이 가장 작을 때이다.

21 지름 2cm인 유압 실린더에 16kgf의 힘이 가해져 있을 때 그 압력은 약 얼마인가?(단, 소수점 둘째 자리에서 반올림, 1kgf/cm² = 1bar, π = 3.14이다)

① 16kgf/cm² ② 12bar
③ 10kgf/cm² ④ 5.1bar

해설
- 작용하는 면적
$$A = \frac{\pi D^2}{4} = \frac{3.14 \times (2\text{cm})^2}{4} = 3.14\text{cm}^2$$
- 압력
$$P = \frac{F}{A} = \frac{16\text{kgf}}{3.14\text{cm}^2} = 5.09\text{kgf/cm}^2 = 5.1\text{kgf/cm}^2 = 5.1\text{bar}$$

※ 압력 : 단위 면적당 작용하는 힘

22 다음 중 캐비테이션(공동현상)의 발생 원인이 아닌 것은?

① 흡입 필터가 막히거나 급격히 유로를 차단한 경우
② 흡입관로 및 스트레이너의 저항 등에 의한 압력 손실이 있을 경우
③ 과부하이거나 오일의 점도가 클 경우
④ 펌프를 정격속도 이하로 저속 회전시킬 경우

해설
Cavitation(공동현상, 空洞現像)
유로 안에서 그 수온에 상당하는 포화증기압 이하로 될 때 발생하며, 유압, 공압기기의 성능이 저하하고, 소음 및 진동이 발생하는 현상으로 관로의 흐름이 고속일 경우 압력이 저하되기 때문에 저압부에 기포가 발생한다. 베르누이의 정리에 의하면 유체의 속도가 올라가야 압력이 낮아지므로 저속 운전 시는 공동현상의 가능성이 낮아진다.

23 피스톤의 전진 및 후진 시 동일한 크기의 힘을 얻을 수 있는 실린더는?

① 단동 실린더
② 양로드 복동 실린더
③ 탠덤 실린더
④ 쿠션내장형 실린더

해설
전진과 후진 시 같은 힘을 내려면 같은 압력이라는 가정 아래, 힘이 작용하는 단면적이 같아야 하는데, 단면적은 격판 면적에서 로드의 면적을 제외하므로 양쪽에 같은 로드가 있거나 양쪽에 로드가 없어야 한다.
② 양로드 실린더 : 로드와 실린더헤드가 양쪽으로 달린 복동 실린더이다.
① 단동 실린더 : 실린더에 공기압 포트가 하나만 있고, 복귀는 스프링으로 하는 형식의 실린더이다.
③ 탠덤 실린더 : 격판이 두 개 존재하여 로드를 길게 사용하거나 공기압을 두 배로 받을 수 있도록 하여 출력을 두 배로 사용할 수 있도록 만든 실린더이다.
④ 쿠션내장형 실린더 : 내부에 쿠션이 내장되어 있어 스트로크의 충격을 완화할 때 사용한다.

24 다음 중 오일 탱크의 구비 조건으로 틀린 것은?

① 스트레이너의 유량은 유압 펌프 토출량과 같을 것
② 오일 탱크의 크기는 적어도 펌프 토출량의 3배 이상일 것
③ 공기나 이물질을 오일로부터 분리할 수 있을 것
④ 공기청정기의 통기용량은 유압 펌프 토출량의 2배 이상일 것

해설
스트레이너의 유량은 유압 펌프 토출량의 2배 이상이어야 한다.

정답 21 ④ 22 ④ 23 ② 24 ①

25 피스톤 펌프의 특징에 대한 설명으로 틀린 것은?

① 다른 유압 펌프에 비해 효율이 낮은 편이다.
② 토출 압력이 높다.
③ 구조가 복잡하고, 가격이 고가이다.
④ 가변용량형 펌프로 많이 사용된다.

해설
피스톤 펌프는 압력전달유체의 소실이 거의 없으므로 에너지 효율이 높은 편이다.

26 공압의 특징을 설명한 것으로 틀린 것은?

① 작동 유체가 압축성이므로 에너지 축적이 용이하다.
② 서지 압력이 발생되므로 과부하에 대한 안전 대책이 용이하지 못하다.
③ 취급에 있어 안전하다.
④ 압력 조정에 따라 출력을 단계적 또는 무단으로 변경할 수 있다.

해설
서지 압력이란 압력 파동이 존재하여 역학적 영향을 주어야 하는데, 공기압력은 그 압축성으로 인해 서지 압력의 영향을 거의 받지 않는다.

27 유압 회로 내에서 압력을 일정하게 유지하도록 하는 밸브는?

① 릴리프 밸브
② 교축 밸브
③ 체크 밸브
④ 방향제어 밸브

해설
릴리프(Relief)란 제거시키고, 덜어낸다는 의미를 가지고 있다. 회로 나 탱크 내에 압력이 과하게 걸렸을 때 과잉 압력을 제거하여 압력을 일정하게 유지하는 역할을 한다.

28 어큐뮬레이터(Accumulator)의 용도가 아닌 것은?

① 에너지 축적
② 이물질 여과
③ 펌프 맥동 흡수
④ 충격압력의 완충

해설
어큐뮬레이터(Accumulator, 축압기)
유체의 압력을 축적하여 압력의 흐름을 일정하게 조절해 주는 장치로서 압력을 축적하는 방식으로 맥동을 방지하는 데 사용한다.

29 공기압 실린더의 부착형식이 아닌 것은?

① 풋(Foot)형
② 플랜지형
③ 피벗형
④ 용접형

해설
공압실린더는 패널에 부착하여 사용하는데 부착형식으로는 풋형, 플랜지형, 피벗형, 트러니언형 등이 있다. 용접을 하면 탈착을 할 수 없다.

30 공기압 조정 유닛(서비스유닛)에 포함되지 않는 공압기기는?

① 공기 건조기   ② 압력 조절 밸브
③ 에어 필터   ④ 윤활기

해설
공압조정유닛
- 공기 탱크에 저장된 압축공기는 배관을 통하여 각종 공기압 기기로 전달된다.
- 공기압기기로 공급하기 전 압축공기의 상태를 조정해야 한다.
- 공기여과기를 이용하여 압축공기를 청정화한다.
- 압력 조정기를 이용하여 회로 압력을 설정한다.
- 윤활기에서 윤활유를 분무한다.
- 공기압 장치로 압축공기를 공급한다.

31 스트레인 게이지를 이용하여 만들 수 있는 센서는?

① 유도형 센서   ② 광전 센서
③ 압력 센서   ④ 용량형 센서

해설
스트레인 게이지
금속저항체를 당기면 길어지는 동시에 가늘어져 전기 저항값이 증가하고 반대로 압축되면 전기저항이 감소하는 현상을 이용한 측정기로 작용하는 힘의 크기를 측정할 수 있다.

32 다음과 같은 시퀀스 회로의 명칭은?(단, T1, T2는 타이머이고 R은 릴레이이다)

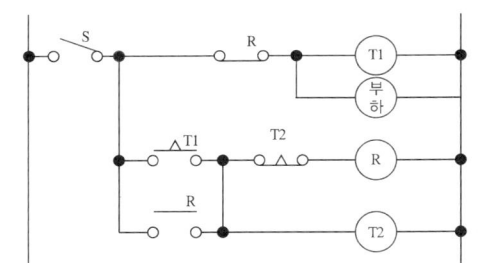

① 인터로크회로
② 지연동작회로
③ 일정시간동작회로
④ 반복동작회로

해설
- 스위치를 켜면 T1에 신호가 가고 [부하]가 작동한다.
- 일정시간 후 T1 스위치가 작동하면 R에 의해 첫째줄은 끊어지면서 [부하]작동이 멈추고 마지막 줄은 붙으면서 T2에 신호가 간다.
- 일정시간 후 T2 스위치가 작동하면 릴레이에 신호가 끊어지면서 R 스위치들이 복귀한다. R 스위치가 복귀하면 [부하]가 작동하면서 T1에 다시 신호가 간다.
문제의 회로는 ㉠~㉢의 과정이 반복되는 회로이다.

33 다음 센서 중 p형 반도체와 n형 반도체의 접합부에서 발생하는 광기전력 효과를 이용한 센서는?

① 광전형 센서
② 유도형 센서
③ 정전용량형 센서
④ 압전형 센서

해설
광전 센서의 종류

광변환 원리에 따른 분류	감지기의 종류	특 징	용 도
광도전형	광도전 셀	소형, 고감도, 저렴한 가격	카메라 노즐, 포토릴레이
광 기전력형	포토 다이오드, 포토 TR 광 사이리스터	소형, 대출력, 저렴한 가격, 전원 불필요	스트로보, 바코드 리더, 화상 판독, 조광 시스템, 레벨 제어
광전자 방출형	광전관	초고감도, 빠른 응답 속도	정밀 광 계측 기기
복합형	포토커플러 포토인터럽트	전기적 절연, 아날로그 광로로 검출	무접점 릴레이, 레벨 제어, 광전 스위치

34 논리식 $\overline{\overline{AB} \cdot \overline{AC} \cdot \overline{BC}}$을 드모르간 정리에 의해 변환하면?

① $AB^2 + AC^2 + BC^2$
② $AB + AC + BC$
③ $AB \cdot AC \cdot BC$
④ $A \cdot B \cdot C$

해설
$\overline{\overline{AB} \cdot \overline{AC} \cdot \overline{BC}} = \overline{\overline{AB}} + \overline{\overline{AC}} + \overline{\overline{BC}} = AB + AC + BC$

35 타이머에 전원이 투입되면 순간적으로 접점이 열리고 전원을 제거하면 일정시간 경과 후에 닫히는 접점을 무엇이라 하는가?

① 순시복귀 a접점
② 순시복귀 b접점
③ 한시복귀 a접점
④ 한시복귀 b접점

해설
순시복귀는 바로 돌아온다는 의미이며 한시복귀는 조금 시간을 두었다가 돌아온다는 의미이다. a접점은 신호가 들어가면 닫히고, 평소에는 열려 있는 접점이고, b접점은 신호가 들어가면 열리고 평소에는 닫혀 있는 접점이다.

36 접점부의 회전동작에 의해서 접점을 변환하는 스위치는?

① 슬라이드 스위치
② 파형 스위치
③ 트리거 스위치
④ 로터리 스위치

해설
다음과 같은 형태의 스위치가 로터리 스위치이다.

37 그림에서 전열기의 발열량에는 관계없이 스위치를 개폐하여 전류를 흐르게 하거나 차단시키는 두 동작 가운데 어느 한 동작에 의해 제어명령이 내려지는 제어는?

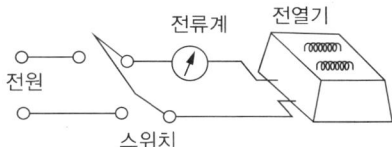

① 정량적 제어
② 정성적 제어
③ 되먹임 제어
④ 자동조정 제어

해설
제어성격에 따라 제어를 분류하면 정량적 제어와 정성적 제어로 나눌 수 있다. 정량적 제어는 전기로 제어계와 같이 온도의 높고 낮음, 즉 크기 및 양에 대하여 제어명령이 내려지는 제어이며, 정성적 제어는 입력이 금속인지 플라스틱인지로 서로 다른 명령을 내리는 제어처럼, 신호의 성격에 따라 제어명령이 내려지는 제어이다.

38 로봇의 구동요소 중에서 피드백 신호 없이 구동축의 정밀한 위치제어가 가능한 것은?

① 스테핑 모터
② AC 서보 모터
③ DC 서보 모터
④ 서보유압 구동장치

해설
스테핑 모터(Stepping Motor)
일정한 펄스를 가해줌으로 회전각(펄스당 회전각 1.8°와 0.9°를 사용)을 제어할 수 있는 모터로 기계적 구조나 회로가 간단하고, 빠른 응답성, 저렴한 가격 등으로 인해 짧은 거리 디지털 제어에 적합하다.

39 전자 유도원리를 이용한 유도형 근접 센서는 어느 물체를 감지할 수 있는 센서인가?

① 유 리
② 나 무
③ 금 속
④ 플라스틱

해설
근접 센서 중 유도형은 자성체가 영구 자석에 접근하면 코일 내 자속의 변화율에 따라 출력 단자 사이에 전압을 발생시켜 물체의 유무를 판단하는 센서이다.

40 공장에서 물품의 수주부터 물품을 출하하기까지의 모든 기능을 효율적으로 이용하기 위한 자동화 기술을 의미하는 것은?

① FA
② HA
③ BA
④ DNC

해설
FA는 Factory Automation의 약자로, 공장 자동화를 의미한다.

정답 37 ② 38 ① 39 ③ 40 ①

41 다음 중 성격이 다른 자동제어는?

① 되먹임 제어
② 피드백 제어
③ 개방 제어
④ 닫힌 루프계 제어

해설
되먹임 제어를 영어로 Feed-back 제어라 하며, 제어계를 도식화 하였을 때 닫힌 루프로 그려진다.

42 일반적인 PLC제어와 릴레이제어의 특성을 비교 설명한 것으로 틀린 것은?

① PLC제어는 릴레이제어보다 제어 로직의 변경이 어렵다.
② PLC제어는 릴레이제어보다 제어반의 크기가 작다.
③ PLC제어는 릴레이제어보다 고속 동작이 가능하다.
④ PLC제어는 릴레이제어보다 시스템 구성시간이 짧다.

해설
PLC제어와 릴레이제어는 같은 목적으로 제어반을 구성하지만, 릴레이제어에서는 제어반을 직접 전선과 회선을 이용하여 릴레이를 연결하여 구성하고, PLC제어에서는 프로그램상에서 제어하도록 되어 있어 작은 크기로 더 고(高)집적이며 무접점 제어가 가능하다는 점에서 비교된다.

43 제어의 정의에 대한 설명 중 가장 바르지 못한 것은?

① 적은 에너지로 큰 에너지를 조절하기 위한 시스템을 말한다.
② 사람이 직접 개입하여 어떤 작업을 수행하는 것 등을 뜻한다.
③ 어떤 목적에 적합하도록 되어 있는 대상에 필요한 조작을 가하는 것이다.
④ 기계의 재료나 에너지의 유동을 중계하는 것으로써 수동이 아닌 것이다.

해설
작업 수행 시 가급적 사람의 손이 덜 가도록 설계해야 한다.

44 다음 중 생산 공정이나 기계, 장치 등을 자동제어 시스템으로 바꾸었을 때의 장점과 가장 거리가 먼 것은?

① 생산 속도를 증가시킨다.
② 제품의 품질이 균일화되고 향상되어 불량품이 감소된다.
③ 생산 설비의 수명이 길어진다.
④ 설비 투자비가 감소된다.

해설
자동화를 하면 생산시스템의 효율이 높아지고, 원가가 절감되며, 품질이 균일화된다. 또한 작업자의 물리적 개입이 감소하여 이에 따른 장점을 기대할 수 있다. 그러나 초기에 설비 투자비가 증대되고 노동력이 고급화되어야 할 필요가 있다.

45 컴퓨터를 이용하여 설계·제도에서 생산까지 일관하는 시스템은?

① 검사 시스템
② 베이스머신 시스템
③ 치공구 시스템
④ CAD/CAM 시스템

해설
CAD(Computer Aided Design)는 컴퓨터를 이용한 제도이다. 이렇게 생성된 도면을 NC공작 파일로 변환시켜 이에 따라 공작을 하는 작업을 CAM(Computer Aided Machining or Manufacturing)이라 한다.

46 자기유지회로를 구성할 때 ( ) 안에 알맞은 기호는?

① A
② Q
③ $\overline{A}$
④ $\overline{Q}$

해설
자기유지란 회로가 스스로 ON 상태를 유지하도록 구성된 회로이다. 괄호에 스스로의 릴레이 스위치를 넣으면 자기유지가 완성되며, 자기유지를 구성할 때는 자기유지를 해제할 수 있는 B접점의 형태의 무엇인가를 구성에 넣어준다.

47 다음 중 NAND 소자를 나타내는 논리 소자는?

해설
NAND란 Not AND를 뜻한다. AND 회로는 ③번이다.

48 유접점 회로와 비교했을 때 무접점 회로의 특징으로 가장 거리가 먼 것은?

① 수명이 길다.
② 응답속도가 느리다.
③ 소형화에 적합하다.
④ 전기적 노이즈에 약하다.

해설
무접점릴레이의 장단점

장 점	단 점
• 전기 기계식 릴레이에 비해 반응속도가 빠르다. • 동작부품이 없으므로 마모가 없어 수명이 길다. • 스파크의 발생이 없다. • 무소음 동작이다. • 소형으로 제작이 가능하다.	• 닫혔을 때 임피던스가 높다. • 열렸을 때 새는 전류가 존재한다. • 순간적인 간섭이나, 전압에 의해 실패할 가능성이 있다. • 가격이 좀 더 비싸다.

정답 45 ④ 46 ② 47 ④ 48 ②

49 열동계전기에 관한 설명으로 옳지 않은 것은?

① 복구는 수동 복구형과 자동 복구형이 있다.
② 바이메탈의 팽창과 수축력에 의해 동작한다.
③ 전류가 정상전류보다 크게 증가하면 동작한다.
④ 경보회로만 작동하고 주회로는 차단하지 않는다.

해설
Thermal Relay(열동 계전기, Over Current Relay)
일반적으로 전자 접촉기와 같이 사용하며, 부하의 이상으로 설정된 전륫값 이상의 전류가 부하에 흘러 온도가 상승하면 바이메탈에 의해 주접점을 열어(트립) 부하를 보호하고, 이상 전류에 의한 화재를 방지한다.

50 시퀀스 제어용 기기 중 설정시간만큼 동작을 지연시키기 위하여 사용하는 것은?

① 카운터
② 전자접촉기
③ 타이머
④ 솔레노이드밸브

해설
타이머(Timer)는 정해진 시간 후 동작하도록 설치하는 것이다.

51 유도전동기의 속도제어 방법으로 가장 적합한 것은?

① 콘덴서법
② 극수변환법
③ 저항조정법
④ 트랜지스터법

해설
극수변환(極數變換, Pole Number Change)법은 극수의 개수를 바꾸어서 전동기의 회전 속도를 조절할 수 있다.

52 전자개폐기를 구성하는 조합으로 옳은 것은?

① 릴레이와 타이머
② 전자접촉기와 타이머
③ 열동형 계전기와 타이머
④ 전자접촉기와 열동형 계전기

해설
전자접촉기는 ON/OFF에 의해 모터 등의 부하를 운전하거나 정지시킴으로 기기를 보호하는 목적으로 사용된다. 열동계전기에 의해 전자접촉기의 전원을 OFF시킬 수 있도록 전자접촉기와 열동계전기를 조합한 기기를 전자개폐기(MS ; Magnetic Switch)라 한다.

53 제어계의 종류를 목푯값에 따른 분류와 제어량에 따른 분류로 구분할 때, 목푯값에 따른 분류에 해당하는 것은?

① 서보기구 ② 정치제어
③ 자동조정 ④ 프로세스제어

해설
정치제어(Constant-value Control) : 목푯값이 시간적으로 일정한 자동 제어이며, 제어계는 주로 외란의 변화에 대한 정정 작용을 한다. 목푯값의 성격에 따른 분류 중 하나로 정치/추종/프로그램제어로 나뉜다.

54 입력신호가 가해지고 있는 상태에서 클록펄스가 들어가면 펄스 1개 정도가 뒤져서 출력되는 플립플롭은?

① D-플립플롭 ② RS-플립플롭
③ T-플립플롭 ④ JK-플립플롭

해설
D 플립플롭은 Data 플립플롭이며, D 래치를 두 개 사용하여 마스터와 슬레이브를 두고, D 입력 상태가 Q 출력으로 기억되었다가 다음 Up-edge가 발생할 때까지 그 상태를 유지해 준다. 따라서 출력만으로 보면 클록펄스가 들어가면 펄스 1개 정도 뒤쳐져서 출력되는 것처럼 표현된다.

55 제어계에서 동작의 관련성 및 작업의 순서를 나타낸 것은?

① 접속도
② 플로차트
③ 논리회로도
④ 타이밍차트

해설
플로차트
어떤 현상이나 과정을 일목 요연하게 도식화하여 표현한 그림

56 다음은 어떤 회로를 나타낸 것인가?

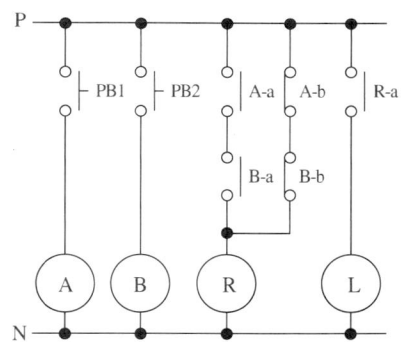

① 일치 회로
② 인터로크 회로
③ 금지 회로
④ 배타적 OR 회로

해설
일치 회로란 A와 B의 신호가 일치할 때만 출력이 발생하는 회로이다.
㉠ 왼쪽부터 선도를 읽는다.
㉡ PB1이 작동하면 A가 활성화되고, PB2가 작동하면 B가 활성화된다.
㉢ A와 B의 신호가 같으면 R이 작동한다.
㉣ R이 작동하면 Lamp가 들어온다.

57 입력신호가 하이(High)이면 출력은 로(Low)이고, 입력신호가 로(Low)이면 출력이 하이(High)가 나오는 논리회로는?

① AND
② OR
③ NOT
④ NAND

해설
NOT 회로는 입력과 반대되는 출력이 나온다.

58 전동기의 스타-델타 기동회로 등에서 다른 계전기의 동시 동작을 금지시키는 회로는?

① 인터로크 회로
② 기동 우선 기억 회로
③ 선입력 우선 회로
④ 정지 우선 기억 회로

해설
인터로크 회로
신입신호 우선회로와는 달리 서로의 신호가 서로에게 간섭을 주지 않는다. 즉, Cross Checking하도록 둘 이상의 계전기가 동시에 동작하지 않도록 설계된 회로이다.

59 다음 중 논리식이 틀린 것은?

① $A + A \cdot B = B$
② $A \cdot (A + B) = A$
③ $(A \cdot \overline{B}) + B = A + B$
④ $(A + B) + C = A + (B + C)$

해설
$A + A \cdot B = A \cdot (1 + B) = A \cdot 1 = A$

60 다음 표시등 기호와 색상을 연결한 것 중 적합하지 않은 것은?

① BL - 청색 표시등
② RL - 적색 표시등
③ GL - 녹색 표시등
④ OL - 황색 표시등

해설
황색 표시등은 YL이며, OL은 Orange Lamp이다.

2014년 제5회 과년도 기출문제

01 다음 그림은 무슨 작업을 나타낸 것인가?

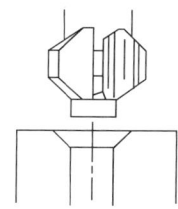

① 카운터 싱킹
② 카운터 보링
③ 태 핑
④ 보 링

해설
① 카운터 싱킹 : 접시머리가 내려앉는 자리잡기
② 카운터 보링 : 나사나 너트머리가 내려앉는 자리잡기
③ 태핑 : 나사, 탭을 내는 작업
④ 보링 : 구멍의 조정 또는 정밀작업

02 선반에서 고정식 방진구를 설치하는 부분으로 맞는 것은?

① 공구대
② 베 드
③ 왕복대
④ 심압대

해설
선반에서 고정식 방진구(떨림방지기구)는 베드에 설치하고, 이동식 방진구는 새들(공구대를 앉히는 부분)에 설치한다.

03 고속도강 공구에서 더 뚜렷하게 나타나며, 전연성의 재료를 가공할 때 연속칩의 마찰에 의하여 공구 상면에 오목하게 파진 접시모양의 마모는?

① 여유면 마모
② 노즈 마모
③ 경사면 마모
④ 경계 마모

해설
윗면에서의 마모는 모양이 운석이 떨어진 자국 같아서 크레이터 마멸(Crater, 분화구) 또는 경사면 마멸이라 한다.

04 선반 테이퍼 깎기에서 테이퍼부의 작은 끝의 지름이 35.91mm, 큰 끝의 지름이 41.27mm, 길이가 203.7mm이며, 전체의 길이가 320mm인 가공물을 깎으려고 한다. 심압대 센터의 편위 거리는?

① 약 0.71mm
② 약 4.21mm
③ 약 6.71mm
④ 약 8.21mm

해설
$$e = \frac{L(D-d)}{2l}$$
여기서, D : 큰 지름
d : 작은 지름
L : 공작물 전체길이
l : 테이퍼 부분의 길이
$$e = \frac{320 \times (41.27 - 35.91)}{2 \times 203.7} = 4.21 \text{mm}$$

정답 1 ① 2 ② 3 ③ 4 ②

05 직립형 브로칭 머신과 비교한 수평형 브로칭 머신의 특징에 대한 설명으로 틀린 것은?

① 기계 점검이 어렵다.
② 가동 및 안전성이 직립형보다 우수하다.
③ 기계의 조작이 쉽다.
④ 설치 면적이 크다.

해설

구 분	직립형 브로칭 머신	수평형 브로칭 머신
가공 방법	• 일감을 테이블 위에 놓고 가공 • 브로치를 칼럼에 따라 상하로 움직여 가공	• 일감을 면판에 고정 • 브로치를 수평으로 움직여 가공
특 징	• 일감의 고정 방법이 간단하다. • 절삭유제의 공급이 용이하다. • 작은 일감의 대량생산이 가능하다. • 기계의 설치면적이 좁다. • 기계 설치 시 안정성에 유의한다.	• 기계의 조작 및 점검이 쉽다. • 설치 안정성이 좋다. • 운전 안정성이 직립형에 비해 우수하다. • 설치 면적을 많이 차지한다.

06 여러 대의 CNC 공작기계를 1대의 컴퓨터를 이용하여 제어하며 동시에 운전할 수 있는 방식은?

① FMS
② CAM
③ CIM
④ DNC

해설
DNC(Direct Numerical Control) : 여러 대의 CNC 공작기계를 한 대의 컴퓨터로 제어하는 시스템

07 고에너지를 순간적으로 일감의 국부에 고온가열, 용융, 증발시키는 특징을 갖는 가공 방법은?

① 전자빔 가공
② 화학적 가공
③ 전해 가공
④ 극초음파 가공

08 밀링작업에서 원주를 5° 30′씩 등분하려고 한다. 이때, 분할판의 구멍열은?

① 12구멍
② 14구멍
③ 16구멍
④ 18구멍

해설
밀링분할 중 각도 분할방법

$$\frac{h}{H} = \frac{\text{1회 분할에 필요한 분할판의 구멍수}}{\text{분할판의 구멍수}} = \frac{\text{원하는 각도}'}{\text{전체 각도}'}$$

$$= \frac{D'}{540'}$$

여기서, $D' = 5° \times 60' + 30' = 330'$ ($\because 1° = 60'$)

$$\therefore \frac{h}{H} = \frac{D'}{540'} = \frac{330}{540} = \frac{11}{18}$$

즉, 18열 구멍판에서 11구멍씩 전진해 가면 5° 30′씩 분할할 수 있다.

※ 저자의견
생산자동화 중 공작 영역의 문제인데, 생산자동화 시험의 목적에 부합하는 문제라고 보기에는 좀 심도가 깊은 문제이므로, 이런 문제가 처음 출제되었고 모르는 문제면 과감히 틀리고 넘어가는 지혜가 필요하다. 이와 같은 문제를 풀다가 답답해하거나, 화를 내거나, 지나치게 고민하는 것은 60점 이상을 득점하는데 전혀 도움을 주지 않는다. 다만, 기출문제라는 것은 수험생과 이후 시험 출제자에게 안내의 역할도 있는 까닭에 기존의 출제된 문제는 이후에 출제되면 처음 본 영역의 문제가 되지 않도록 준비할 필요가 있다.

09 연삭숫돌의 3요소에 해당하지 않는 것은?

① 결합도
② 숫돌입자
③ 기 공
④ 결합제

해설
연삭숫돌의 3요소는 숫돌입자, 기공, 결합제이다.

10 나사의 피치를 측정할 수 있는 것은?

① 측장기
② 게이지 블록
③ 공구 현미경
④ 오토콜리메이터

해설
① 측장기 : 길이를 측정하는 기구
② 게이지 블록 : 틈새 측정에 사용
④ 오토콜리메이터 : 미소한 각도나 면을 측정하는 기구

11 다음 중 도면에 ϕ100 H6/p6로 표시된 끼워맞춤의 종류는?

① 구멍 기준식 억지 끼워맞춤
② 구멍 기준식 중간 끼워맞춤
③ 축 기준식 중간 끼워맞춤
④ 축 기준식 헐거운 끼워맞춤

해설
H가 기준이 되는 끼워맞춤이며, 축 p의 크기는 최소 치수도 기준 치수보다 크게 되어 억지 끼워맞춤이 된다. H/h를 기준으로 하여 Z/z에 가까워질수록 억지 끼워맞춤이 되고 A/a에 가까워질수록 헐거운 끼워맞춤이 된다.

12 제품을 규격화하는 이유로 틀린 것은?

① 품질이 향상된다.
② 생산성을 높일 수 있다.
③ 제품 상호 간 호환성이 좋아진다.
④ 생산단가를 높여 이익을 극대화할 수 있다.

해설
제품을 규격화하면 대량 생산에 유리하며 생산단가(單價)는 낮아진다.

13 KS B 1311 TG 20×12×70으로 호칭되는 키의 설명으로 옳은 것은?

① 나사용 구멍이 있는 평행키로서 양쪽 네모형이다.
② 나사용 구멍이 없는 평행키로서 양쪽 둥근형이다.
③ 머리붙이 경사키이며 호칭치수는 20×12이고 호칭길이는 70이다.
④ 둥근바닥 반달키이며 호칭길이는 70이다.

해설
KS B 1311에 TG는 머리 있는 경사키이며 문제의 키는 폭 20mm, 높이 12mm, 길이 70mm짜리 경사키이다.

정답 9 ① 10 ③ 11 ① 12 ④ 13 ③

14 줄다듬질의 가공방법의 약호는?

① BR   ② FF
③ GB   ④ SB

> 해설
> - BR : 브로칭가공
> - FF : 줄다듬질가공
> - G : 연삭가공
> - B : 보링가공
> - SB : 샌드블라스팅가공

15 구름베어링의 안지름이 100mm일 때, 구름베어링의 호칭번호에서 안지름 번호로 옳은 것은?

① 10
② 20
③ 25
④ 100

> 해설
> 구름베어링
> 예 6312 Z : 단열 깊은 홈 볼 베어링
>
> | 계열번호 | 안지름 번호 | 접촉각 기호 | 보조 기호 |
> |---|---|---|---|
> | 63 | 12 | | Z |
>
> 안지름 60mm(×5한 값)
> ∴ 100mm ÷ 5 = 20

16 치수에 사용되는 치수 보조기호의 설명으로 틀린 것은?

① Sϕ : 원의 지름
② R : 반지름
③ □ : 정사각형의 변
④ C : 45° 모따기

> 해설
> 문자 및 그림기호(치수 보조기호)의 종류
>
> | 기호 이름 | 기호 모양 | 기호의 사용 방법 |
> |---|---|---|
> | 지름 | ϕ | 원형의 지름 치수 앞에 붙인다. |
> | 반지름 | R | 원형의 반지름 치수 앞에 붙인다. |
> | 구의 지름 | Sϕ | 구의 지름 치수 앞에 붙인다. |
> | 구의 반지름 | SR | 구의 반지름 치수 앞에 붙인다. |
> | 정사각형의 변 | □ | 정사각형의 모양이나 위치 치수 앞에 붙인다. |

17 ISO 표준에 따라 관용나사의 종류를 표시하는 기호 중 테이퍼 암나사를 표시하는 기호는?

① R   ② Rc
③ Rp   ④ G

> 해설
> ① 테이퍼 수나사
> ③ 평행 암나사
> ④ 관용 평행 나사

정답 14 ② 15 ② 16 ① 17 ②

18 도형이 대칭인 경우 대칭 중심선의 한쪽 도형만을 작도할 때 중심선의 양 끝부분의 작도 방법은?

① 짧은 2개의 평행한 굵은 1점 쇄선
② 짧은 2개의 평행한 가는 1점 쇄선
③ 짧은 2개의 평행한 굵은 실선
④ 짧은 2개의 평행한 가는 실선

해설
다음 그림과 같이 표현한다.

19 다음에서 표시된 기하 공차는?

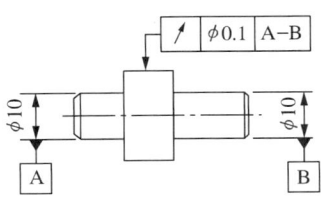

① 동심도 공차
② 경사도 공차
③ 원주 흔들림 공차
④ 온 흔들림 공차

해설
원주 흔들림 공차(↗)
원통 중심 기준으로 반지름 방향의 흔들림은 데이텀 축 직선에 수직한 임의의 측정 평면 위에서 제시된 오차범위를 넘어서는 안 된다.

20 다음과 같은 입체의 제3각 정투상도로 가장 적합한 것은?

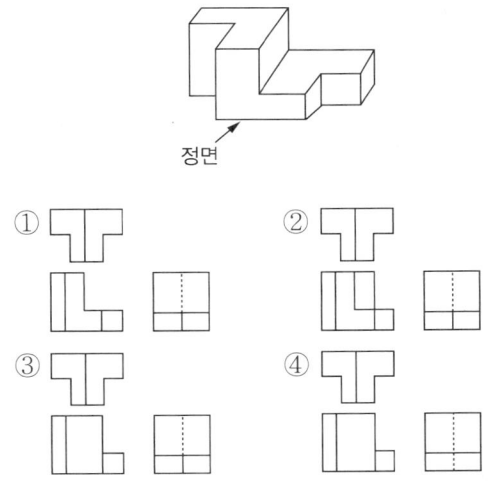

해설
정면에서는 ㄴ자 모양 좌우로 크고 작은 사각형이 하나씩 보인다.

21 피스톤의 기계적 운동부와 공기 압축실을 격리시켜 이물질이 공기에 포함되지 않아 식품, 의약품, 화학 산업 등에 많이 사용되는 압축기는?

① 피스톤형 압축기
② 다이어프램형 압축기
③ 루트 블로어 압축기
④ 베인형 압축기

해설
다이어프램형 : 격판을 두고 밀봉을 유지하며 공간을 조절하여 압력을 감당하는 요소를 말한다. 다이어프램식 피스톤은 기계적 운동부와 공기 압축실이 격리되어 있다.

정답 18 ④ 19 ③ 20 ① 21 ②

22 그림과 같은 제어 밸브 방식은?

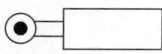

① 누름 스위치 방식
② 공압 제어 방식
③ 페달 방식
④ 롤러레버 방식

해설
캠 등의 기계적인 운동에 의해 밸브의 전환을 행한다.

23 다음 그림과 같이 밀폐된 용기 속에 가해지는 압력에 대한 설명으로 옳은 것은?

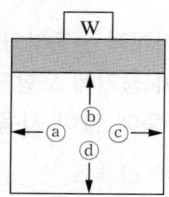

① ⓐ 방향에 가장 큰 압력이 발생한다.
② ⓑ와 ⓓ 방향에 가장 큰 압력이 발생한다.
③ ⓒ 방향에 가장 큰 압력이 발생한다.
④ ⓐ, ⓑ, ⓒ, ⓓ 방향의 압력이 모두 같다.

해설
압력은 방향과 무관하게 같은 힘의 크기를 갖는다.

24 소요 공기량을 조절하기 위한 공기 압축기의 압축 공기 생산 조절방식이 아닌 것은?

① 무부하 조절방식
② ON/OFF 조절방식
③ 저속 조절방식
④ 드레인 조절방식

해설
④ 드레인 조절방식 : 낙수(落水)하는 것처럼 고인 것을 아래로 빼내는 작업이다. 주로 수분이나 이물질을 제거할 때 사용하는 방식이다.
① 무부하 조절방식 : 압축 공기를 생산하지 않고 운전하는 것으로 마치 자동차에서 기어를 뺀 상태로 엔진을 가동하는 것과 같은 상태를 말한다. 공기 압축기를 지속적으로 가동시키되 공압이 내려가면 부하를 걸고 운전하고, 공압이 필요 이상 올라가면 부하를 걸지 않고 운전하는 방식으로 압축공기 생산량을 조절한다.
② ON/OFF 조절방식 : 무부하 운전과 마찬가지의 상황에서 압축 공기의 생산여부에 따라 압축기를 켰다가 껐다가를 반복하며 조절한다.
③ 저속 조절방식 : 공기압축기의 속도를 느리게 하면 압축공기의 생산량이 줄어든다.

25 다음 중 절대압력을 바르게 표현한 것은?

① 게이지압력 + 대기압
② 게이지압력 × 대기압
③ 게이지압력 − 대기압
④ 게이지압력 ÷ 대기압

해설
절대압력이란 압력이 전혀 없는 상태에서 측정한 압력이며, 지구 상에서는 대기압을 기본으로 하여 압력을 측정한다.
절대압력 = 게이지압력 + 대기압

26 공압 밸브 중에서 셔틀 밸브에 대한 설명으로 옳은 것은?

① AND 요소로 알려져 있다.
② 두 입구에 각기 다른 압력이 인가되었을 때 높은 압력 쪽의 공기가 우선적으로 출력된다.
③ 압축공기가 두 개의 입구에서 동시에 작용할 때에만 출구에 압축공기가 흐르게 된다.
④ 두 개의 압력 신호가 다른 압력일 경우 작은 쪽의 공기가 출구로 나가게 되어 안전제어, 검사기능 등에 사용된다.

[해설]
② 양쪽에 동시에 공압이 작용할 때 센 쪽의 공기가 볼을 밀어내고 출력으로 나간다.
① 둘 중 하나의 공압신호에도 출력이 나오는 OR 밸브요소이다.
③ AND 요소에 관한 설명이다.
④ ②와 반대되는 설명이다.

27 미끄럼 날개 회전 압축기라고도 불리며 공기를 안정되고 일정하게 공급할 수 있는 회전식 공기압축기는?

① 베인형 압축기
② 원심식 압축기
③ 루트 블로어 압축기
④ 피스톤형 압축기

[해설]
베인 압축기의 구조

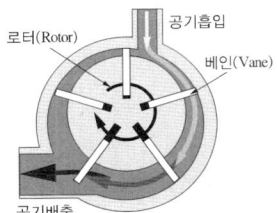

28 다음과 같은 공압기호 명칭는?

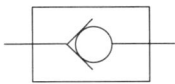

① 셔틀밸브(OR밸브)
② 2압밸브(AND밸브)
③ 체크밸브
④ 급속배기밸브

[해설]
그림과 같이 왼쪽에서 오른쪽 방향으로만 공기가 흐르고 반대 방향으로는 공기가 흐르지 못하도록 공기의 방향을 체크하는 체크 밸브이다.

29 압축기로부터 토출되는 고온의 압축공기를 공기건조기 입구온도 조건에 알맞게 냉각시켜 수분을 제거하는 장치는?

① 윤활기
② 자동배출기
③ 애프터 쿨러
④ 공기 필터

[해설]
애프터 쿨러(After Cooler) : 공기를 압축한 후 압력 상승에 따라 고온다습한 공기의 압력을 낮춰주는 기구

30 설정 압력 이상이 되면 유량의 일부 또는 전부를 탱크로 보내어 회로 내의 최고 압력을 한정하는 밸브는?

① 릴리프밸브
② 무부하밸브
③ 감압밸브
④ 시퀀스밸브

[해설]
릴리프(Relief) : 덜어내고 경감한다는 의미로 릴리프 밸브는 압력이 과할 때 유량을 덜어내어 안정성을 유지해 준다.

31 자동화시스템의 구성요소 중 서보모터(Servo Motor)는 주로 어디에 속하는가?

① 프로세서(Processor)
② 액추에이터(Actuator)
③ 릴레이(Relay)
④ 센서(Sensor)

해설
서보모터 : 어떤 지정된 상황에 이르렀을 때 동작하여 피드백 동작을 하는 장치를 의미하므로 액추에이터(구동기)에 속한다.

32 공장 자동화의 단계에서 가장 발전된 단계로서 컴퓨터 통합 생산체계를 의미하는 것은?

① CAD
② CAM
③ FMS
④ CIM

해설
④ CIM : Computer Integrated Manufacturing
① CAD : Computer Aided Design
② CAM : Computer Aided Manufacturing
③ FMS : Flexible Manufacturing System
※ Manufacturing : 생산, Design : 설계, Integrated : 통합된

33 측정 대상물에 직접 접촉하지 않으면서 온도를 검출하는 비접촉식 온도센서는?

① 열전쌍
② 서미스터
③ 측온저항체
④ 적외선센서

해설
① 열전쌍 : 기전력이 다른 두 금속을 접합해서 온도차를 주고 반응토록 한 것
② 서미스터 : 저항기의 일종으로, 온도에 따라 물질의 저항이 변화하는 성질을 이용한 전기적 장치
③ 측온저항체 : 온도에 따라 전기 저항이 변하는 성질을 이용하여 온도를 측정하는 저항체

34 우선되는 회로가 동작할 때, 다른 회로의 동작을 금지시키는 회로의 명칭은?

① 자기유지 회로
② 인칭 회로
③ 인터로크 회로
④ 한시 회로

해설
③ 인터로크 회로 : 다른 회로 안(Inter-)에 침입, 간섭하여 필요할 때 잠금(Lock)을 해 버리는 형태의 회로이다.

35 출력의 일부를 입력방향으로 피드백시켜 목푯값과 비교되도록 폐루프를 형성하는 제어는?

① 되먹임 제어
② 순차 제어
③ ON-OFF 제어
④ 프로그램 제어

해설
폐루프를 형성하면 그 부분에 되먹임 제어(Feedback Control)를 하게 된다.

정답 31 ② 32 ④ 33 ④ 34 ③ 35 ①

36 자동제어의 장점과 가장 거리가 먼 것은?

① 불량품이 감소한다.
② 원자재 및 원료 등이 절감된다.
③ 제품의 품질이 고급화된다.
④ 안전사고의 방지가 가능하다.

해설
자동제어를 하게 되면 인적요소에 의한 불량이 감소하며, 안전사고가 감소한다. 제품의 불량률은 감소하나, 제품 품질 자체에 자동제어가 영향을 주지는 않는다.

37 다음 중 수치제어공작기계(NC 공작기계)는 자동생산시스템의 어떤 분야에 속하는가?

① 자동가공
② 자동조립
③ 자동설계
④ 자동포장

해설
공작기계는 가공기계이다.

38 유도탄, 대공포의 포신 제어에 사용되는 방법으로 목푯값의 크기나 위치가 시간에 따라 변화하므로 이것을 제어량이 자동제어하는 것은?

① 정치제어
② 전자제어
③ 추종제어
④ 시퀀스제어

해설
③ 추종제어 : 때에 맞게 주어지는 변화하는 목표치에 따라 작동하는 제어
① 정치제어 : 정해진 목푯값에 근사값을 유지하는 형태의 일정량 목표 제어
② 전자제어 : 제어기기의 종류에 따른 구분
④ 시퀀스제어 : 선행신호에 의한 순차제어

39 인간이 티칭으로 동작내용으로 기억시키고 기억된 내용에 따라 작업이 되풀이되어 동작되는 로봇은?

① 플레이 백 로봇
② 수치제어 로봇
③ 가변 시퀀스 로봇
④ 수동 로봇

해설
플레이 백(Play Back) 로봇은 같은 동작을 반복 재생하는 로봇이다.

40 되먹임 제어가 적용되는 장치는?

① 자동판매기
② 교통신호등
③ 항온항습기
④ 엘리베이터

해설
항온항습기는 설정된 온도와 습도에 따라 히터와 가습기를 작동하였다가 멈추었다가 하는 되먹임 제어가 적용된다.
자동판매기는 작동스위치가 있는 형태의 기기이고, 교통신호등은 시간에 따라 정해진 신호를 점등하는 장치이다. 엘리베이터는 입력된 값을 한번 수행하는 직선제어이다.

정답 36 ③ 37 ① 38 ③ 39 ① 40 ③

41 자동화시스템과 가장 관계가 없는 것은?

① 수치제어선반
② PLC
③ 무인 운반차
④ 범용선반

해설
범용선반은 모터 외에는 작업자가 직접 작동한다.

42 부하의 과전류에 의한 열 발생이 바이메탈을 작동시켜 회로를 차단하는 제어용 기기는?

① EOCR
② 열동계전기
③ 전자접촉기
④ 한시계전기

해설
① EOCR : 전자식 과전류 계전기
③ 전자접촉기(MC) : 전자석을 이용하여 접촉을 달리하여 스위치 신호를 생성하는 요소
④ 한시계전기 : 계전을 시간적으로 조정하는 요소

43 직류전압 300V를 발생하는 절연저항계를 가지고 절연저항을 측정하였더니 10MΩ이었다. 이때 흐르는 누설전류는?

① 30mA
② 3A
③ 30μA
④ 50A

해설
저항에 흐르는 전류는 $I = \dfrac{E}{R}$

즉, $I = \dfrac{300\text{V}}{10,000,000\Omega} = 0.00003\text{A}$

44 다음 래더 다이어그램을 PLC 명령문으로 코딩할 때 잘못된 것은?

① 001 : SET 001로 코딩한다.
② 002 : OR 002로 코딩한다.
③ 003 : AND NOT으로 코딩한다.
④ 012 : OUT 012로 코딩한다.

해설
001은 Load 001로 시작한다.

45 PLC에서 외부기기와 내부회로를 전기적으로 절연하고 노이즈를 막기 위해 입력부와 출력부에 주로 이용하는 소자는?

① 사이리스터 ② 릴레이
③ 포토커플러 ④ 트랜지스터

해설
포토커플러는 전기회로 간에 신호를 주고받을 때 전기적으로는 절연상태를 만들고 광신호로 신호를 주고받는 역할을 한다.

46 전자석에 의해 접점을 개폐하는 전자접촉기와 부하의 과전류에 의해 동작하는 열동계전기가 조합된 장치는?

① 전자 개폐기
② 시간 계전기
③ 보조 계전기
④ 플리커 계전기

해설
전자접촉기는 ON/OFF에 의해 모터 등의 부하를 운전하거나 정지시킴으로 기기를 보호하는 목적으로 사용된다. 열동계전기에 의해 전자 접촉기의 전원을 OFF시킬 수 있도록 전자접촉기와 열동계전기를 조합한 기기를 전자개폐기(MS ; Magnetic Switch)라 한다.

47 전동기 과부하 보호용 계전기는?

① 한시계전기
② 파워계전기
③ 리드계전기
④ 열동형 계전기

해설
Thermal Relay(열동 계전기, Over Current Relay)
일반적으로 전자접촉기와 같이 사용하며, 부하의 이상으로 설정된 전륫값 이상의 전류가 부하에 흘러 온도가 상승하면 바이메탈에 의해 주접점을 열어(트립) 부하를 보호하고, 이상 전류에 의한 화재를 방지한다.

48 1 또는 0과 같이 하나의 입력에 대하여 항상 그에 대응하는 출력을 발생하게 하고, 다음에 새로운 입력이 주어질 때까지 그 상태를 안정적으로 유지하는 회로로써 기억소자로 사용되는 것은?

① 인터로크 회로
② 플립-플롭 회로
③ 선행우선 회로
④ 자기유지 회로

해설
플립플롭은 두 가지 상태를 번갈아 동작하는 전자 회로를 말한다. 플립플롭은 한 비트의 정보를 저장할 수 있는 능력을 가지고 있으며 플립플롭에 신호가 부가되면 현재 상태의 반대되는 상태가 된다.

정답 45 ③ 46 ① 47 ④ 48 ②

49 2개의 입력 A, B가 서로 다른 경우에만 출력이 1이 되고, 2개의 입력이 같은 경우에는 출력이 0으로 되는 회로를 무엇이라 하는가?

① 일치 회로
② 인터로크 회로
③ 다수결 회로
④ 배타적 OR회로

해설
OR회로는 둘 중 하나만 신호가 입력되어도 출력이 되나, 배타적 OR회로는 입력이 서로 다를 때만 출력이 된다.

50 다음 논리회로는 어떤 회로를 나타내는가?(단, A, B는 입력, X_1, X_2는 출력이다)

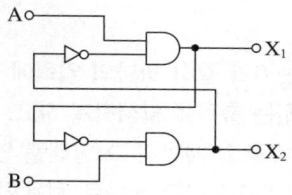

① 일치 회로
② 인터로크 회로
③ 금지 회로
④ 배타적 OR회로

해설
A에 신호가 들어가면 B측 AND회로에 간섭(Inter-)을 주어 B측 신호를 꺼버리고(Lock) A측 출력만 나오며, B에 신호가 들어가면 A측 AND회로에 간섭을 주어 A측 신호를 꺼버리고 B측 출력만 나온다.

51 다음 회로도에 관한 설명으로 옳은 것은?

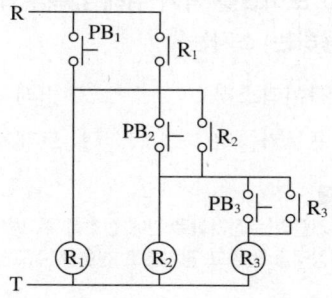

① PB_1을 누르면 R_3가 여자된다.
② PB_1과 PB_3를 동시에 누르면 R_3가 여자된다.
③ PB_2를 누르고 PB_3를 누르면 R_3가 여자된다.
④ PB_1, PB_2, PB_3를 순차적으로 누르면 R_3가 여자된다.

해설
PB_1을 누르면 R_1이 작동하고, 이후 직렬로 연결된 PB_2를 누르면 R_2가 여자되며, 스위치 R_2가 입력되면 직렬로 연결된 PB_3를 눌러 R_3를 여자할 수 있다.

52 입력신호 주파수의 1/2의 출력 주파수를 얻는 플립플롭은?

① T플립플롭
② D플립플롭
③ JK플립플롭
④ RS플립플롭

해설
T(Toggles)는 상태가 반전되는 것을 말한다. T플립플롭은 T에 1이 계속 유지되면 클록신호의 주기는 2배 늘어나고 주파수는 1/2로 된다.

53 시퀀스 제어회로의 출력기기로 사용되지 않는 것은?

① 리밋스위치
② 직류전동기
③ 에어실린더
④ 솔레노이드

해설
리밋스위치는 입력기기이다.

54 논리대수의 기본법칙으로 옳지 않은 것은?

① $A \cdot A = 1$
② $A + \overline{A} = 1$
③ $A \cdot B = B \cdot A$
④ $A \cdot (B+C) = A \cdot B + A \cdot C$

해설
멱등법칙
• $A \cdot A = A$
• $A + A = A$

55 미리 정해 놓은 순서 또는 일정한 논리에 의하여 정해진 순서에 따라서 각 단계를 순차적으로 진행시켜 나가는 제어는?

① 자동제어
② 서보제어
③ 추종제어
④ 시퀀스제어

해설
시퀀스제어
순차제어를 의미하며 일반적인 자동화공작은 경로를 따라 정해진 작업을 수행하면 된다. 특별히 위험 상황이나 이상이 발생하기 전에는 순차적으로 작업을 하도록 작업설계를 해 놓은 것이다.

56 다음 그림은 무슨 회로를 나타낸 것인가?

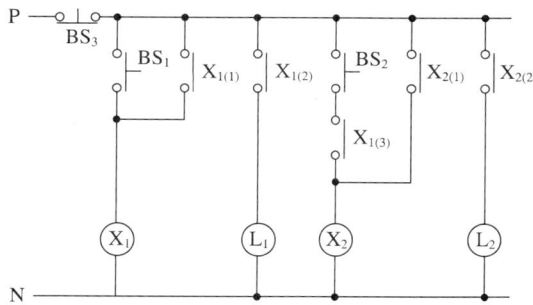

① 인터로크 회로
② 동작 지연 타이머 회로
③ 우선동작 순차 제어회로
④ 신입신호 우선 제어회로

해설
그림의 회로는 X_2에 입력이 들어갔다 하더라도 먼저 X_1에 신호가 들어와서 L_1의 불이 들어와야만 L_2에 불이 들어온다.

57 자기유지 회로를 바르게 설명한 것은?

① 두 입력의 상태가 같을 때에만 출력이 나타나는 회로
② 정해진 순서에 따라 차례로 입력되었을 때에만 동작하는 회로
③ 릴레이 자기 자신의 접점을 이용하여 출력을 유지하는 회로
④ 기기의 보호나 작업자의 안전을 위해 기기의 동작상태를 나타내는 접점을 사용하여 관련된 기기의 동작을 금지하는 회로

해설
① AND회로
② 우선동작 순차제어회로
④ 인터로크회로

58 한국산업표준(KS)에서 "시퀀스 제어 기호"는 어느 부문에서 규정하고 있는가?

① KS A
② KS B
③ KS C
④ KS D

해설
시퀀스 제어 기호는 KS C 0103에 규정되어 있다.
KS 분류

A	기 본	H	식료품	Q	품질경영
B	기 계	I	환 경	R	수송기계
C	전기·전자	J	생 물	S	서비스
D	금 속	K	섬 유	T	물 류
E	광 산	L	요 업	V	조 선
F	건 설	M	화 학	W	항공우주
G	일용품	P	의 료	X	정 보

59 검출용 스위치가 아닌 것은?

① 리밋스위치
② 로터리스위치
③ 근접스위치
④ 플로트스위치

해설
로터리스위치는 기기의 구조적 형태에 따라 분류한 것으로 입력스위치의 일종이다.

60 다음 그림의 기호는 무엇을 나타내는가?

① 직류 전동기
② 유도 전동기
③ 직류 발전기
④ 교류 발전기

해설
전동기는 Motor이며 M으로 나타내고, 발전기는 Generator로 G 기호로 나타낸다. 보기 중 KS C 0103에는 규정되어 있는 것은 IM(Induction Motor) 유도전동기이다. 참고로 직류는 Direct Current, 교류는 Alternating Current이다.

2015년 제2회 과년도 기출문제

01 밀링 주축의 회전운동을 직선 왕복운동으로 변환하여 가공물 안지름에 키 홈을 가공할 수 있는 부속장치는?

① 슬로팅 장치
② 인발 장치
③ 래크 절삭 장치
④ 수직 밀링 장치

해설
밀링장치의 부속장치로는 수직 밀링 장치, 슬로팅 장치, 만능 밀링 장치, 래크 밀링 장치가 있으며 이중 슬로팅 장치는 수평 및 만능 밀링 머신의 기둥면에 설치하며 스핀들의 회전 운동을 수직 왕복운동으로 변환시켜 주어 슬로팅 가공을 할 수 있도록 한다.

02 브로칭 가공법에 대한 설명 중 옳은 것은?

① 소량 주문생산에 적합한 가공법이다.
② 하나의 절삭날에 의한 가공법이다.
③ 인발 또는 압입하여 절삭 작업하는 가공법이다.
④ 연삭입자에 의한 가공법이다.

해설
브로칭 가공은 대량 생산에 적합하며 그림과 같이 여러 개의 날에 의해 절삭하는 가공이다.

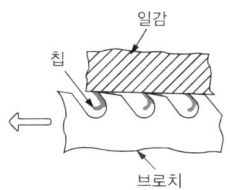

03 드릴가공의 종류가 아닌 것은?

① 보 링
② 리 밍
③ 맨드릴
④ 카운터 싱킹

해설
맨드릴은 공구를 고정할 때 사용하는 것으로 가는 홈을 가공할 때 고정하기 위해서 사용한다.

04 폭이 좁고 길이가 긴 가공물의 줄 작업 방법은?

① 직진법
② 사진법
③ 병진법
④ 횡진법

해설
줄의 진행방향에 따른 줄 작업의 종류
- 직진법(직선방향으로 진행하는 방법) : 일감에 대해 한방향으로 왕복하여 줄작업. 가장 많이 사용한다.
- 사진법(경사진 방향으로 진행하는 방법) : 진행하는 방향이 줄질하는 방향에 대해 비스듬하게 진행하는 방법으로 거친 절삭에 사용한다.
- 병진법(옆방향으로 진행하는 방법) : 진행방향이 줄질 방향과 직각인 방법으로 폭이 좁고 긴 재료에 사용한다.

05 연삭숫돌의 결합도가 가장 높은 것은?

① E.F.G　　② M.N.O
③ P.Q.R　　④ U.W.Z

> **해설**
> 숫돌바퀴의 결합도는 기호가 A쪽으로 갈수록 연(軟)하고, Z쪽으로 갈수록 경(硬)하다.

06 기어 셰이빙에 대한 설명으로 옳은 것은?

① 절삭된 기어를 열처리하는 것
② 절삭된 기어를 고정밀도로 다듬는 것
③ 기어 절삭 공구를 다듬는 것
④ 특수 기어를 가공하는 것

> **해설**
> 기어 셰이빙이란 기어절삭기로 가공된 기어의 면을 매끄럽고 정밀하게 다듬질하기 위해 높은 정밀도로 깎여진 잇면에 가는 홈붙이날을 가진 커터로 다듬는 가공을 일컫는다.

07 일반적으로 기차바퀴처럼 지름이 크고, 길이가 짧은 공작물의 가공에 가장 적합한 선반은?

① 탁상 선반　　② 터릿 선반
③ 정면 선반　　④ 모방 선반

> **해설**
> 탁상 선반은 소품 가공에 쓰이고, 터릿 선반은 선반, 볼트, 작은 나사, 핀 등 작은 일감의 대량 생산 또는 효율적 생산에 사용하며, 모방 선반은 자동 모방 장치를 이용하여 모형이나 형판을 따라 바이트를 안내하여 모방 절삭한다.
> • 정면 선반 : 길이가 짧고 지름이 큰 일감을 깎는 데 사용한다. 주축대는 지름이 큰 면판이 설치되었고, 왕복대는 주축 중심선과 직각으로 운동한다.

08 수평밀링으로 공작물에 V홈과 각도가 주어진 경사면을 가공할 때 가장 적합한 커터는?

① 총형 밀링 커터
② 양각 커터
③ 엔드밀
④ 평면 커터

> **해설**
> 총형 커터는 커터의 모형을 가공대상의 외형에 맞추어 제작한 커터이며, 엔드밀은 주로 수직 밀링에 쓰이고, 평면커터는 일반적인 평활면을 가공한다. 양각 커터의 그림 모형은 다음과 같다.

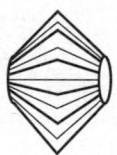

09 밀링머신에서 커터의 지름이 200mm이고, 한 날당 이송이 0.3mm, 커터의 날수가 8개, 회전수를 500rpm으로 할 때, 절삭속도는 약 몇 m/min인가?

① 287.5　② 314.2
③ 345.3　④ 378.6

해설
절삭속도는 커터의 최외곽인 날끝이 공작물과 만나는 접선 방향의 속도이다.
$$v = \frac{\pi Dn}{1,000}(\text{m/min}) = 3.1415 \times 200 \times 500/1,000 = 314.15\text{m/min}$$

10 공작기계의 기본 운동이 아닌 것은?

① 절삭 운동
② 공작물 착탈 운동
③ 위치조정 운동
④ 이송 운동

해설
공작물을 장착하고 탈착하는 것은 기본적으로 수동으로 해왔으며, 자동화 기계에서도 기본 운동은 아니다.

11 그림과 같은 도면에 지시한 기하공차의 설명으로 가장 옳은 것은?

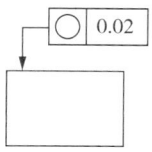

① 원통의 축선은 지름 0.02mm의 원통 내에 있어야 한다.
② 지시한 표면은 0.02mm만큼 떨어진 2개의 평면 사이에 있어야 한다.
③ 임의의 축직각 단면에 있어서의 바깥둘레는 동일 평면 위에서 0.02mm만큼 떨어진 두 개의 동심원 사이에 있어야 한다.
④ 대상으로 하고 있는 면은 0.02mm만큼 떨어진 2개의 직선 사이에 있어야 한다.

해설
문제의 기호는 진원도 공차이며 진원도 공차의 의미는 다음과 같다.

공차 지시	공차 적용 범위
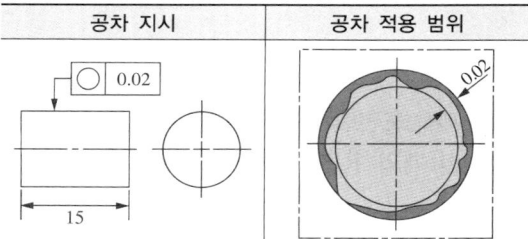	

길이 15mm의 축이나 구멍을 임의의 위치에서 축 직각으로 단면한 원형 단면 모양의 바깥 둘레의 바르기는 0.02mm만큼 떨어진 두 개의 동심원 사이의 찌그러짐 이내에 있어야 한다.
[보기] 진원이 필요로 하는 원형 단면의 부품

정답 9 ② 10 ② 11 ③

12 그림에서 기준 치수 φ50 구멍의 최대실체치수(MMS)는 얼마인가?

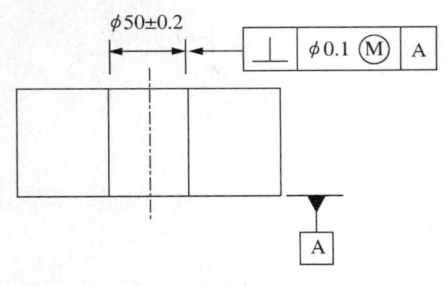

① φ49.7 ② φ49.8
③ φ50   ④ φ50.2

해설
최대실체치수란 모재(가공할 재료)가 가장 많이 남는 측면에서 접근한 치수이다. 따라서 구멍의 경우 허용오차를 적용하였을 때 가장 조금만 파낸 치수를 적용하고, 기둥의 경우 허용오차를 적용하였을 때 가장 많이 남긴 치수를 적용한다.

13 제작 도면에서 제거가공을 해서는 안 된다고 지시할 때의 표면 결 도시방법은?

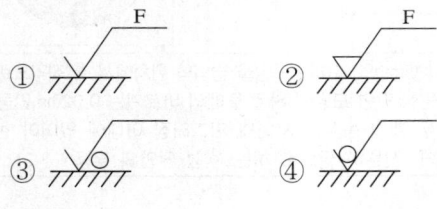

해설

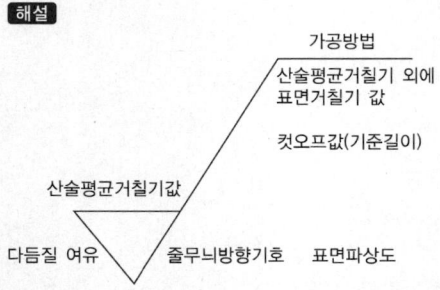

가공 기호는 표시와 같으며 산술평균거칠기값을 넣지 않고 동그라미로 채워 넣은 기호가 제거가공 안 함 기호이다.

14 도면에 사용하는 치수보조기호를 설명한 것으로 틀린 것은?

① R : 반지름
② C : 30° 모따기
③ Sφ : 구의 지름
④ □ : 정사각형의 한 변의 길이

해설
모따기 각은 45°이다.

15 동일 부위에 중복되는 선의 우선순위가 높은 것부터 낮은 것으로 순서대로 나열한 것은?

① 중심선 → 외형선 → 절단선 → 숨은선
② 외형선 → 중심선 → 숨은선 → 절단선
③ 외형선 → 숨은선 → 중심선 → 절단선
④ 외형선 → 숨은선 → 절단선 → 중심선

해설
선이 서로 겹칠 때는 다음 순서를 따른다.
외형선 → 숨은선 → 절단선 → 중심선 → 파단선 → 무게중심선이나 가상선 → 치수선 → 해칭선

16 스프링을 제도하는 내용으로 틀린 것은?

① 특별한 단서가 없는 한 왼쪽 감기로 도시
② 원칙적으로 하중이 걸리지 않은 상태로 제도
③ 간략도로 표시하고 필요한 사항은 요목표에 기입
④ 코일의 중간 부분을 생략할 때는 가는 1점 쇄선으로 도시

[해설]
특별한 단서가 없는 한 오른쪽 감기로 도시한다.

17 다음과 같은 입체도에서 화살표 방향이 정면도 방향일 경우 올바르게 투상된 평면도는?

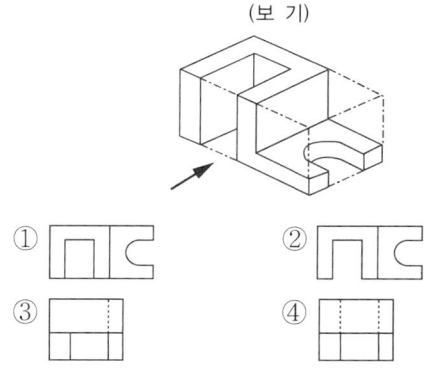

[해설]
화살표 방향에서 바라보았을 때 평면도는 위에서 내려 보이는 그대로 그려야 한다. 좌측 하단이 비어 있고, 가운데가 둥근 ⊏자 모양이 우측에 도시된다.
①은 좌측 하단에 재료가 있는 형태이므로 문제의 평면도 그림과 다르다.

18 기하공차 기호 중 자세공차 기호는?

① ◯　② ○
③ ∥　④ ⌒

[해설]

적용하는 형체	공차의 종류		기호
단독형체	모양 공차	진직도	—
		평면도	▱
		진원도	○
		원통도	⌭
단독형체 또는 관련형체		선의 윤곽도	⌒
		면의 윤곽도	⌓
관련형체	자세 공차	평행도	∥
		직각도	⊥
		경사도	∠
관련형체	위치 공차	위치도	⊕
		동축도 또는 동심도	◎
		대칭도	≡
	흔들림 공차	원주 흔들림 공차	↗
		온흔들림 공차	↗↗

19 다음 그림과 같이 실제 형상을 찍어내어 나타내는 스케치 방법을 무엇이라 하는가?

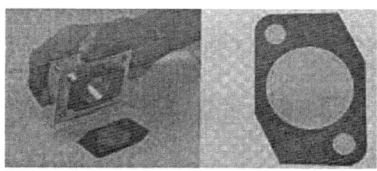

① 프리 핸드법　② 프린터법
③ 직접 본뜨기법　④ 간접 본뜨기법

[해설]
프리핸드(Free-hand)는 자나 도구 없이 연필만으로 스케치하는 방법이고, 그림의 방법은 본뜨기가 아니라 프린터법이다.

20 맞물리는 한 쌍 기어의 도시에서 맞물림부의 이끝원을 그리는 선은?

① 굵은 실선 ② 가는 실선
③ 2점쇄선 ④ 숨은선

해설
스퍼 기어의 제도 방법
- 이끝원은 굵은 실선으로 그린다.
- 피치원은 가는 1점쇄선으로 그린다.
- 이뿌리원은 가는 실선으로 그린다. 단, 축에 직각 방향으로 단면 투상할 경우에는 굵은 실선으로 그린다.
- 헬리컬기어에서 잇줄의 방향은 정면도에 항상 3줄의 가는 실선을 그린다.
- 정면도가 단면으로 표시된 경우 3줄의 가는 2점쇄선으로 그린다.

21 다음 중 유압의 장점이 아닌 것은?

① 무단 변속이 가능하다.
② 먼지나 이물질에 민감하다.
③ 윤활성 및 방청성이 우수하다.
④ 제어가 쉽고 조작이 간단하다.

해설
먼지나 이물질에 대하여는 공압에 비하여 상대적으로 둔감하고, 공압에서는 먼지나 이물질에 민감한 단점을 갖고 있다.

22 다음 중 회로의 최고 압력을 제어하는 밸브로써 유압 시스템 내의 최고 압력을 유지시켜주는 밸브는?

① 유체 퓨즈 ② 릴리프 밸브
③ 시퀀스 밸브 ④ 스로틀 밸브

해설
릴리프 밸브란 탱크나 실린더 내의 최고 압력을 제한하여 과부하를 방지하여 주는 밸브이다.

23 아래 그림에서 다음과 같은 조건이 주어졌을 때, F_1의 힘의 크기는?(단, A_1 = 100cm^2, A_2 = 1,000 cm^2, F_2 = 2,000N이다)

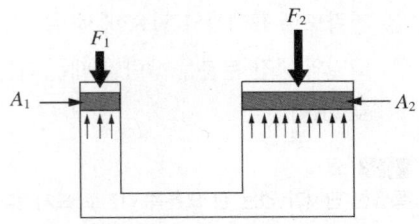

① 200N ② 400N
③ 2,000N ④ 4,000N

해설
파스칼의 원리는 마치 유체에서 사용하는 지렛대의 원리와 같다. 단일 유체는 면적당 작용하는 압력의 크기가 같으므로, 그림에서 힘의 비율은 면적의 비와 같다.
면적이 계산되어 나왔으므로 비례식으로 한 번 풀어보자.
$F_1 : A_1 = F_2 : A_2$ 또는 $F_1 : F_2 = A_1 : A_2$
A_1이 A_2의 1/10이므로
F_1도 F_2의 1/10,
2,000N의 1/10인 200N

24 유압장치의 기본적인 구성요소가 아닌 것은?

① 유압 펌프 ② 오일 탱크
③ 에어 컴프레서 ④ 유압 액추에이터

해설
에어 컴프레서(Air Compressor)는 공압장치의 동력원이다.

25 공기압 장치의 습동부에 충분한 윤활유를 공급하여 움직이는 부분의 마찰력을 감소시키는 데 사용하는 공압 기기는?

① 공기 냉각기 ② 공기 필터
③ 공기 건조기 ④ 윤활기

해설
① 애프터 쿨러(After Cooler) : 공기 냉각기. 공기를 압축한 후 압력 상승에 따라 고온다습한 공기의 압력을 낮춰주는 기구
② 공기 필터 : 여러 가지 목적으로 공기를 흡입 또는 배출하는 통로에 필터를 달아 이물질을 분리하는 기구
③ 공기 건조기(Air Dryer) : 가열 또는 비가열식, 흡착식으로 공기 중의 수분을 제거하는 기구
④ 윤활기 : 기기의 운동 시 마찰을 줄여주기 위해 사용하는 기구

26 공기압 조정 유닛(Air Service Unit)의 구성요소가 아닌 것은?

① 윤활기(Lubricator)
② 공기필터(Air Filter)
③ 압력제한밸브(Pressure Limiting Valve)
④ 압력공기조절기(Pressure Regulating Valve)

해설
공기압 조정 유닛
• 공기 탱크에 저장된 압축공기는 배관을 통하여 각종 공기압 기기로 전달된다.
• 공기압 기기로 공급하기 전 압축 공기의 상태를 조정해야 한다.
• 공기 여과기를 이용하여 압축공기를 청정화한다.
• 압력 조정기를 이용하여 회로 압력을 설정한다.
• 윤활기에서 윤활유를 분무한다.
• 공기압 장치로 압축 공기를 공급한다.

27 대기압이 760mmHg일 때 공기저장 탱크의 압력계가 7kgf/cm²이다. 탱크의 절대압력(kgf/cm²)은 약 얼마인가?

① 5 ② 7
③ 8 ④ 10

해설
절대압력 = 대기압 + 게이지압력(계기압력)
1atm = 760mmHg = 10.33mAq = 1.03323kgf/cm²
           = 1.013bar = 1,013hPa
문제의 답안의 단위가 kgf/cm²이므로
대기압 = 760mmHg = 1.03323kgf/cm²
∴ 대기압 + 게이지압 = 1.03323kgf/cm² + 7kgf/cm²
           = 8.03323kgf/cm²

28 다른 유압 모터에 비해 구조가 간단하고, 내구성이 우수하여 건설용 기계를 비롯하여 광범위하게 이용되는 유압 모터는?

① 기어형 유압 모터
② 베인형 유압 모터
③ 액시얼 피스톤형 유압 모터
④ 레이디얼 피스톤형 유압 모터

해설
기어 모터 : 두 개의 맞물린 기어에 압축공기를 공급하여 토크를 얻는 방식이다. 높은 동력전달이 가능하고 높은 출력도 가능하며, 역회전도 가능하다. 광산이나 호이스트 등에 사용한다.

정답 25 ④ 26 ③ 27 ③ 28 ①

29 관 내에 흐르는 유체는 레이놀즈수에 따라 층류와 난류로 구별된다. 레이놀즈수의 일반적인 특성의 설명으로 틀린 것은?(단, $Re = \dfrac{UL}{v}$ 로 정의하고 U는 평균유속, L은 전단층의 폭이나 두께이다)

① 레이놀즈수가 10^3보다 큰 경우 난류이다.
② 레이놀즈수가 10^3보다 작을 경우 층류이다.
③ 레이놀즈수가 무한으로 갈수록 레이놀즈수의 영향이 많다.
④ 레이놀즈수가 1보다 작은 경우 고점성 층류 Creeping 운동이 발생한다.

해설
관 안에서 유체는 이론적 해석을 위해 그 흐름을 중심부분의 흐름이 가장 빠르고 벽면의 흐름이 0에 가까운 선형적이고 계층적인 흐름을 가정할 필요가 있는데 이러한 흐름을 층류라고 한다. 하지만 실제 유체는 이론적인 층류와는 다르며 O.Reynolds는 유체의 속도와 관의 지름, 동점성계수를 조합한 레이놀즈수를 고안하여 이 수치에 따라 이론적 층류와 난류를 구분하였다.

$Re = \dfrac{VD}{v}$

여기서, Re : 레이놀즈수
  V : 유체속도
  v : 동점성계수
  D : 관의 지름, 또는 개방유로의 경우 유층(유체의 두께)
0 < Re < 2,320 → 층류로 간주, 2,320 < Re → 난류
③ 레이놀즈수가 무한으로 간다는 것은 점성이 거의 없는 경우이므로 층류가 형성되기가 어렵다.
① 레이놀즈수가 10^3보다 큰 경우는 Re = 2,000 정도 이하이면 층류로 간주해 주던지, 그 이상이면 난류이다. 문제의 보기 ③이 없다면 답이 될 수도 있으나 객관식은 보기 중 가장 답에 가까운 내용을 골라내야 한다.
② 레이놀즈수가 10^3보다 작을 경우는 무조건 층류로 간주한다.
④ 레이놀즈수가 1보다 작다는 경우는 점성이 매우 큰 경우이므로, 고점성 층류 운동이 발생한다.

30 다음 중 유압 펌프에 속하지 않는 것은?

① 기어 펌프 ② 베인 펌프
③ 에어 펌프 ④ 피스톤 펌프

해설
에어펌프는 에어(Air), 즉 공기압 펌프이다.

31 스위치 개폐상태를 나타내는 정성적 제어로서 ON/OFF 두 종류의 상태를 불연속적으로 나타내는 신호는?

① 연속 신호
② 디지털 신호
③ 아날로그 신호
④ 이산시간 신호

해설
디지털 신호와 아날로그 신호의 비교

디지털 신호	아날로그 신호
• 어떤 양 또는 데이터를 2진수로 표현한 것 • 신호가 0과 1의 형태로 존재하며 그 신호의 양에 따라 자연신호에 가깝게 연출은 할 수 있으나 미분하면 결국 분리된 신호의 연속으로 표현됨 • 즉, 0과 1로 모든 신호를 표현함	• 신호가 시간에 따라 연속적으로 변화하는 신호 • 자연신호를 그대로 반영한 신호로써 보존과 전송이 상대적으로 어려움 • 신호 취급에서 큰 신호, 작은 신호, 잡음 등이 소멸되기 쉬운 특징

32 일상생활에서 사용되는 엘리베이터, 자동판매기와 같이 정해진 순서에 의해 제어되는 방식은?

① 시퀀스 제어 ② ON/OFF 제어
③ 되먹임 제어 ④ 프로세스 제어

해설
순차 제어(시퀀스 제어) 시스템
미리 정해진 순서에 따라 일련의 제어 단계가 차례로 진행되어 나가는 자동제어 신호처리 방식에 따른 분류 중 하나로 신호처리 방식에 따른 제어는 동기, 비동기, 논리제어, 시퀀스제어로 구분한다.

29 ③ 30 ③ 31 ② 32 ① **정답**

33 다음 중 제어량에 따른 제어계 분류가 아닌 것은?

① 서보 기구
② 정치 제어
③ 자동 조정
④ 프로세스 제어

해설
② 정치 제어(Constant-value Control) : 목푯값이 시간적으로 일정한 자동 제어이며, 제어계는 주로 외란의 변화에 대한 정정 작용을 한다. 목푯값의 성격에 따른 분류 중 하나로 정치, 추종, 프로그램제어로 나뉜다.

34 문과 문틀에 자석과 스위치를 조합하여 방범용 제어기에 응용되거나, 자동화 시스템의 실린더 위치 감지에 가장 많이 사용되는 비접촉식 장치는?

① 광전센서
② 리드 스위치
③ 정전용량형 센서
④ 초음파 센서

해설
리드 스위치(Lead Switch)
영구 자석에서 발생하는 외부 자기장을 검출하는 자기형 근접 센서로 매우 간단한 유접점 구조를 가지고 있다.
• 특 성
 - 가스, 수분, 온도 등 외부 환경의 영향에도 안정되게 동작한다.
 - On/Off 동작 시간이 빠르며 수명이 길다.
 - 소형 경량이며 값이 싸다.
 - 접점은 내식성, 내마멸성이 우수하고 개폐 동작이 안정적이다.
 - 내전압 특성이 우수하다.
• 유의점
 - 내부가 유리관으로 덮여 있으므로 충격에 약하다.
 - 자극 설치 방법에 따라 두 군데 또는 세 군데의 감지 특성이 나타날 수 있다.

35 자동제어의 장점으로 옳지 않은 것은?

① 생산원가를 줄일 수 있다.
② 품질을 균일화시킬 수 있다.
③ 생산 설비의 수명이 짧아진다.
④ 생산량을 증대시킬 수 있다.

해설
자동제어가 될수록 고가, 고수명, 고기능의 생산설비를 갖추어 가게 된다.

36 PLC의 기능이 아닌 것은?

① 시퀀스 처리기능
② 솔리드 모델링 기능
③ 타이머와 카운터 기능
④ 입출력 데이터 처리기능

해설
솔리드 모델링은 3D CAD 방법 중 하나이다.

정답 33 ② 34 ② 35 ③ 36 ②

37 IEC(국제전기표준회의)에서 제정된 표준화된 PLC 프로그래밍 언어 중 그래픽으로 표현되는 프로그래밍 언어가 아닌 것은?

① LD
② IL
③ FBD
④ SFC

해설
IEC에서 표준화한 PLC 프로그래밍 언어는 도형기반 언어와 문자기반 언어, SFC(Sequential Function Chart)로 나뉘며, 도형기반 언어는 LD(Ladder Diagram), FBD(Function Block Diagram)이 있고, 문자기반 언어는 IL(Instruction List), ST(Structured Text)가 있다. SFC도 Chart로 표현된다.

38 다음 그림과 같은 주차장 관리 프로그램을 PLC를 이용하여 제작하려고 할 때 출력요소는?

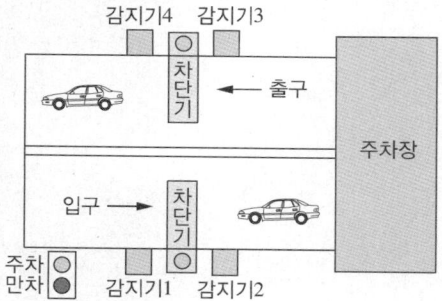

① 주차 진입 상태 감지기
② 출차 진출 상태 감지기
③ 주차용 차단기 솔레노이드
④ 비상 정지 시 정지하는 스위치

해설
주차 진입 상태와 출차 진출 상태를 시스템이 감지하여 주차장의 상태를 연산하고, 주차장 이용 가능의 경우 차단기를 작동하는 시스템으로 구성한다. 시스템의 이상 시 비상정지를 판단하는 것은 작업자 또는 시스템 자체이며 이때 작업자가 비상정지를 원할 경우 비상정지 스위치를 이용하여 입력을 한다.

39 어떤 대상물의 현재 상태를 사람이 원하는 상태로 조절하는 것은?

① 제 어
② 제어량
③ 제어대상
④ 제어명령

해설
① 제어 : 어떤 장치나 공정의 출력 신호가 원하는 목푯값에 도달할 수 있도록 입력 신호를 적절히 조절하는 것

40 FMS(Flexible Manufacturing System)의 종류 중에서 특정한 부품을 가공하기 위해서 여러 공작기계를 집합해 놓은 것은?

① FMM(Flexible Manufacturing Module)
② FMG(Flexible Manufacturing Group)
③ FPS(Flexible Production System)
④ FML(Flexible Manufacturing Line)

해설
FMS 내에서 공작기계의 구성에 따라 유연생산모듈화를 한 FMM, 유연생산그룹을 형성한 FMG, 유연성생산라인인 FML 등으로 분류할 수 있으며 이 중 특정 부품 가공을 위해서 공작기계 라인을 형성한 것이 FML이다.

41 다음 진리표의 값과 일치하는 게이트는?

입 력		출 력
A	B	C
0	0	1
0	1	0
1	0	0
1	1	0

① AND 게이트
② OR 게이트
③ NAND 게이트
④ NOR 게이트

해설

A와 B 중 신호가 하나라도 들어가면 출력이 나오지 않고, 하나도 들어가지 않아야 출력이 나온다.
마지막 절차에 Not이 들어갔을 것으로 의심되는 경우라면 출력 결과 C에 NOT을 붙이고 결괏값을 뒤집어 본다.

입 력		출 력
A	B	Not C
0	0	0
0	1	1
1	0	1
1	1	1

그러면 이와 같이 되며 이 도표는 OR 진리표와 같다. 따라서 문제의 진리표는 NOT+OR, 즉 NOR의 진리표이다. 헷갈리고, 이해가 안 될 경우 다음 표를 외우자.

입 력		출력(Y)					
A	B	OR	AND	NOR	NAND	XOR	XNOR
0	0	0	0	1	1	0	1
0	1	1	0	0	1	1	0
1	0	1	0	0	1	1	0
1	1	1	1	0	0	0	1

42 전달함수를 설명한 것으로 틀린 것은?

① 선형 제어계에서만 정의됨
② 정상상태의 주파수 응답을 나타냄
③ 비선형 제어계의 시간 응답 분석에 용이
④ 모든 초깃값을 0으로 했을 때 출력신호의 라플라스 변환과 입력신호의 라플라스 변환과의 비

해설

전달함수란 자동제어계에서 입력신호가 있으면 어떤 과정을 거쳐 출력신호에 이르게 된다. 이 중간의 어떤 과정을 함수화하여 표현한 것을 전달함수라 이해하면 좋을 듯하다. 전달함수를 이용하게 되면 중간의 복잡한 과정을 정리하여, 입력신호와 출력신호만의 상관관계로 정리가 가능하다. 선형 제어계를 산정하고, 이 제어계의 함수의 산출을 위해 모든 초깃값을 0으로 한 경우의 출력신호의 라플라스 변환과 입력신호의 라플라스 변환에 대한 비를 전달함수로 한다.
전달함수에 대한 설명은 처음 출제되었는데, 이렇게 처음 출제된 모르는 영역은 문제 안에서 풀이의 방법을 찾아야 한다. 보기를 잘 읽어보면 ① 선형 제어계에서만 정의됨과 ③ 비선형 제어계의 시간 응답 분석에 용이 항이 분명히 상치됨을 알 수 있고 둘 중의 하나는 무조건 답이 될 수밖에 없다. 선형/비선형의 용어를 이용하여 답안을 추론한다면, 함수라는 특성상 예측 가능한 경우에 적용하므로 선형을 가정할 수밖에 없다.

43 되먹임 제어에서 목푯값과 다르게 제어량을 변화시키는 요소는?

① 조작량
② 검출요소
③ 외 란
④ 제어요소

해설

외란이 있는 폐회로 제어 : 외란이란 주변 환경의 영향 등 예측할 수 없는 변수가 제어 시스템 안에 개입된 것으로 외란이 작용하면 정상적인 제어에도 잘못된 결과를 산출할 수 있다. 이런 경우는 정상입력과 외란을 입력으로 간주한 제어를 결합한 제어시스템으로 생각하면 좋겠다.

정답 41 ④ 42 ③ 43 ③

44 산업용 다관절 로봇이 3차원 공간에서 임의의 위치와 방향에 있는 물체를 잡는 데 필요한 자유도는?

① 1 ② 3
③ 5 ④ 6

해설
어느 정도 운동의 자유를 갖는지를 표현한 수치로, 예를 들어 x축 위에서의 운동은 로봇이 한 방향의 +와 - 방향으로 밖에 움직일 수 없으므로 자유도가 1이다.
로봇이 사람처럼 3차원 공간상의 물체를 임의의 또 다른 3차원 공간상의 지점으로 옮기려면 필요한 자유도가 6이 되어야 하는데, 수직 이동, 확장과 수축, 회전, 손목의 회전과 상하 운동, 좌우회전 이렇게 여섯 가지 운동이 필요한 것이다.

45 b접점에 대한 설명으로 옳은 것은?

① 조작하고 있는 동안에만 열리는 접점
② 조작하고 있는 동안에만 닫히는 접점
③ 조작하고 있는 동안 1스캔 동안 열리는 접점
④ 조작하고 있는 동안 1스캔 동안 닫히는 접점

해설
평소 열려 있는 것이 a접점, 평소 닫혀 있는 것이 b접점, 3접점으로 선택이 가능한 것이 c접점이다.

46 A, B, C 가 논리변수일 때 논리대수식이 잘못된 것은?

① $A \cdot B = B \cdot A$
② $A + B = B + A$
③ $(A+B)+C = A+(B+C)$
④ $A \cdot (B+C) = (A+B) \cdot (A+C)$

해설
교환법칙 $A \cdot B = B \cdot A$
$\qquad\quad\ A + B = B + A$
결합법칙 $(A \cdot B) \cdot C = A \cdot (B \cdot C)$
$\qquad\quad\ (A+B)+C = A+(B+C)$
분배법칙 $A \cdot (B+C) = A \cdot B + A \cdot C$
$\qquad\quad\ A + B \cdot C = (A+B) \cdot (A+C)$

47 다음 불 대수식의 결과를 바르게 나타낸 것은?

$$A + A \cdot B$$

① 0 ② 1
③ A ④ B

해설
$A + A \cdot B = A \cdot (1+B) = A \cdot 1 = A$

48 직렬회로와 같은 기능을 하는 논리게이트는?

① OR ② AND
③ NOT ④ NAND

해설
직렬은 그림과 같이 연결된 것이다. 
둘 중 하나라도 연결되지 않으면 출력이 발생하지 않는다.

49 시퀀스 제어용 문자 기호 중 압력스위치에 해당하는 것은?

① PF
② PRS
③ PCT
④ SPS

해설
① 전력퓨즈
③ 계기용 변압전류기
④ 속도스위치
※ 수많은 문자기호를 다 암기할 수는 없다. 교재의 문자기호파트를 정독해서 눈에 익히고, 출제된 영역에 마크를 하고 출제된 것부터 익혀나가도록 한다.

50 그림과 같은 타임차트의 논리 게이트는?

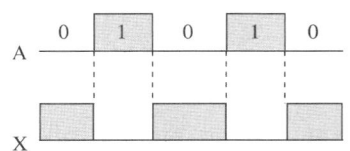

① AND
② OR
③ NOT
④ NOR

해설
신호가 있을 때는 출력이 없고, 신호가 없을 때 출력이 있다.

51 시퀀스 제어의 유접점 회로 구성 시 사용하는 8핀 릴레이의 a접점, b접점의 접점수는?

① 1a, 1b
② 2a, 2b
③ 3a, 3b
④ 4a, 4b

해설
8핀 릴레이는 8핀 중 2개는 전원과 연결되어 있고, 1번 핀이 3번, 4번과 c접점 형태로 연결되어 있고, 8번 핀이 5번, 6번과 c접점 형태로 연결되어 있다. c접점은 a접점 하나와 b접점 하나의 합과 같으므로 a접점 두 개, b접점 두 개가 연결된 것과 같다.
덧붙여 11핀 릴레이는 2번, 10번이 전원과 연결되어 있고, 11번이 8번, 9번과 c접점, 1번이 4번, 5번과 c접점, 3번이 6번, 7번과 c접점으로 연결되어 있다.

52 전자개폐기의 철심 진동과 가장 밀접한 관계가 있는 것은?

① 전자개폐기 주위의 습기가 낮다.
② 전자개폐기의 코일이 단락되었다.
③ 접촉단자에 정격전압 이상의 전압이 가해졌다.
④ 가동 철심과 고정 철심 접촉부위에 녹이 발생했다.

해설
전자개폐기에 전류가 흐르면 고정철심이 전자석이 되어 가동철심을 잡아당긴다. 진동이 생긴다는 것은 전자석 역할을 하는 물체의 자화가 되었다 안 되었다 하는 일이 매우 빠르게 반복되거나 잡아당겨진 가동철심이 접촉이 불가능한 경우 등을 상상해 볼 수 있겠는데, 주어진 보기 중 가장 그럴 듯한 원인은 접촉부위의 이물질이 생겼을 경우를 상상할 수 있다.

53 2입력 OR게이트로 4입력 OR게이트를 만들려고 한다. 몇 개의 2입력 OR게이트가 필요한가?

① 1개   ② 2개
③ 3개   ④ 4개

> **해설**
> 4입력 OR 게이트란 입력단자가 A, B, C, D 네 개가 있고, 넷 중 하나라도 신호가 들어오면 출력 X가 나오는 경우이다. 그림처럼 연결하면 4입력 OR게이트가 완성된다.

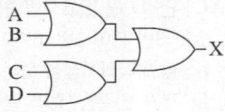

54 2개의 안정상태를 가지며, 입력에 따라 1bit의 상태를 기억할 수 있는 회로는?

① 플립플롭   ② 전가산기
③ 금지회로   ④ AND GATE

> **해설**
> ① 플립플롭 : 1 또는 0과 같이 하나의 입력에 대하여 항상 그에 대응하는 출력을 발생하게 하고, 다음에 새로운 입력이 주어질 때까지 그 상태를 안정적으로 유지하는 회로로써 컴퓨터 집적회로 속에서 기억소자로 활용된다.

55 계전기 문자기호 중 유지계전기를 의미하는 것은?

① BR   ② GR
③ KR   ④ PR

> **해설**
> ① 평형계전기
> ② 접지계전기
> ④ 역전방지계전기

56 검출용 스위치에 해당되지 않는 것은?

① 풋 스위치   ② 근접 스위치
③ 광전 스위치   ④ 리밋 스위치

> **해설**
> ① 풋 스위치는 발로 밟는 입력 스위치이다.

57 유접점 제어방식과 비교하였을 때 무접점 제어방식의 장점이 아닌 것은?

① 외형이 작다.
② 동작속도가 빠르다.
③ 수명이 반영구적이다.
④ 전기적 잡음에 강하다.

해설
무접점릴레이의 장단점

장 점	단 점
• 전기 기계식 릴레이에 비해 반응속도가 빠르다. • 동작부품이 없으므로 마모가 없어 수명이 길다. • 스파크의 발생이 없다. • 무소음 동작이다. • 소형으로 제작이 가능하다.	• 닫혔을 때 임피던스가 높다. • 열렸을 때 새는 전류가 존재한다. • 순간적인 간섭이나, 전압에 의해 실패할 가능성이 있다. • 가격이 좀 더 비싸다.

58 입력을 제거해도 설정시간까지는 계속 출력을 내고 있다가 설정시간이 되면 작동이 정지되는 회로는?

① 순서회로
② 한시복귀회로
③ 인터로크회로
④ 자기유지회로

해설
문제의 설명은 복귀를 한시적으로 Delay시킨 회로이다.

59 2개 이상의 회로에서 한 회로가 동작하고 있을 때, 나머지 회로는 동작할 수 없도록 하는 회로는?

① 인터로크회로
② 순차동작회로
③ 타이머회로
④ 자기유지회로

해설
① 인터로크 회로 : 서로의 신호가 서로에게 간섭을 주지 않도록, 둘 이상의 계전기가 동시에 동작하지 않도록 설계된 회로이다.

60 그림과 같은 무접점 시퀀스의 출력(Y)은?

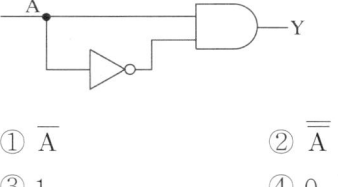

① $\overline{A}$
② $\overline{\overline{A}}$
③ 1
④ 0

해설
A에 어떤 신호가 들어가던지 하나는 0, 하나는 1로 입력되며 AND 이므로 Y는 0일 수밖에 없다.

2015년 제4회 과년도 기출문제

01 절삭유의 사용 목적을 설명한 것 중 틀린 것은?

① 공구의 냉각을 돕는다.
② 공작물의 냉각을 돕는다.
③ 공구와 절삭칩의 친화력을 돕는다.
④ 가공 표면의 방청 작용을 돕는다.

해설
공구와 절삭칩이 들러붙지 않도록 하는 작용을 한다.

02 연삭하려는 부품의 형상으로 연삭숫돌을 성형할 때 연삭숫돌의 외형을 수정하는 작업은?

① 드레싱(Dressing)
② 무딤(Glazing)
③ 눈메움(Loading)
④ 트루잉(Truing)

해설
숫돌바퀴의 조정
- 트루잉 : 숫돌바퀴가 작업 시 압력을 받아 진원(眞圓)이 되지 않는 경우, 모양을 바로 잡는 작업
- 드레싱 : 숫돌바퀴에서 눈메움이나 무딤이 일어나면 절삭 상태가 나빠지므로 숫돌바퀴의 표면에서 무뎌진 숫돌입자를 제거하는 작업
- 눈메움 : 결합도가 높은 숫돌에 연한 금속을 연삭하였을 때, 숫돌 표면의 기공에 칩이 메워지게 되는 현상
- 무딤 : 숫돌바퀴의 결합도가 지나치게 높으면 둔하게 된 숫돌입자가 떨어져 나가지 않아 연삭기능이 떨어지는 현상
- 입자탈락 : 숫돌바퀴의 결합도가 지나치게 낮으면 아직 다 사용하지도 않은 숫돌입자가 쉽게 떨어져 나가는 현상

03 다음 중 직경이 작은 환봉이나 각 봉재를 고정할 때 가장 편리한 척은?

① 콜릿 척
② 벨 척
③ 마그네틱 척
④ 복동 척

해설

콜릿 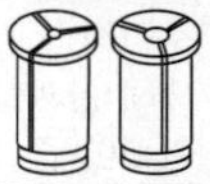	콜릿 척 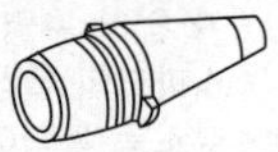

콜릿 사이에 가는 공작물을 끼우고 콜릿 척에 콜릿을 끼운 후 주축 척에 끼워 사용한다.

04 다품종 소량생산을 위하여 쉽게 다른 모델의 가공 공정으로 변환할 수 있도록 한 유연생산시스템은?

① CNC
② DNC
③ FMS
④ EDMS

해설
③ FMS(Flexible Manufacturing System) : 자동화된 생산 라인을 이용하여 다품종 소량생산이 가능하도록 만든 유연생산체제

정답 1 ③ 2 ④ 3 ① 4 ③

05 창성법에 의한 치형가공 시 사용되지 않는 공구는?

① 래크 커터
② 호브
③ 피니언 커터
④ 브로치

해설
창성에 의한 절삭
- 래크 커터에 의한 절삭
- 호브에 의한 절삭
- 피니언 커터에 의한 절삭

06 절삭가공에서 구성인선을 방지하는 방법으로 적합한 것은?

① 공구의 윗면 경사각을 크게 한다.
② 절삭깊이를 크게 한다.
③ 절삭속도를 작게 한다.
④ 윤활성 있는 절삭제는 사용하지 않는다.

해설
구성인선의 발생을 감소시키기 위해서는 깎는 깊이를 작게 하거나, 공구의 경사각을 크게 하고, 날끝을 예리하게 하며, 절삭속도를 크게 하고 윤활유를 사용한다.

07 각도 측정에 사용하지 않는 게이지는?

① 사인바
② 광학식 클리노미터
③ 콤비네이션 세트
④ 나이프에지

해설
나이프에지는 우리말로 번역하면 '칼끝' 정도에 해당하는 말로 천칭 등의 날카로운 중심 등을 잡는 데 사용하는 도구이다.

08 보링머신에서 할 수 없는 작업은?

① 태핑
② 드릴링
③ 기어가공
④ 나사절삭

해설
보링머신은 이미 뚫려 있는 구멍을 여러 목적으로 추가 가공하는 데 사용하는 기계이다. 암나사가공 또한 가능하다. 기어가공은 적당치 않다.

09 날수가 24개인 플레인 밀링커터로 공작물을 가공할 경우, 날 1개당 이송량이 0.15mm, 회전수가 400rpm일 때 테이블 이송속도는 몇 mm/min인가?

① 672
② 1,312
③ 1,440
④ 2,625

해설
날 1개당 이송량 0.15mm, 한 바퀴의 이송량 0.15mm × 24 = 3.6mm, 분당 400바퀴(400rpm)
1분의 이송량 = 3.6mm × 400 = 1,440mm
$v = f \times z \times n$
(v : 이송속도, f : 날개당 이송량, z : 날개 수, n : rpm)

10 방전가공에서 가공액의 역할 중 틀린 것은?

① 발생되는 열을 보온한다.
② 칩의 제거작용을 한다.
③ 절연성을 회복시킨다.
④ 방전할 때 생기는 용융금속을 비산시킨다.

해설
가공액은 열을 발산하는 역할을 한다.

11 다음 기하공차에 대한 설명으로 틀린 것은?

```
A →  ∠  | 0.05      → B
C →  —  | 0.02 | A  → D
```

① Ⓐ : 경사도 공차
② Ⓑ : 공차값
③ Ⓒ : 직각도 공차
④ Ⓓ : 데이텀을 지시하는 문자기호

해설
— 기호는 진직도 기호이다.

12 표면의 줄무늬 방향의 기호 중 "R"의 설명으로 맞는 것은?

① 가공에 의한 커터의 줄무늬 방향이 기호를 기입한 그림의 투상면에 직각
② 가공에 의한 커터의 줄무늬 방향이 기호를 기입한 그림의 투상면에 평행
③ 가공에 의한 커터의 줄무늬 방향이 여러 방향으로 교차 또는 무방향
④ 가공에 의한 커터의 줄무늬 방향이 기호를 기입한 면의 중심에 대하여 대략 레이디얼 모양

해설
R 기호는 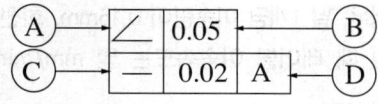그림과 같은 줄무늬 기호이다.

13 구멍 치수가 $\phi 50^{+0.005}_{0}$ 이고, 축 치수가 $\phi 50^{0}_{-0.004}$ 일 때, 최대 틈새는?

① 0
② 0.004
③ 0.005
④ 0.009

해설
축이 가장 작고, 구멍이 가장 클 때 틈새가 가장 커진다.

14 완전 나사부와 불완전 나사부의 경계를 나타내는 선은?

① 가는 실선
② 굵은 실선
③ 가는 1점쇄선
④ 굵은 1점쇄선

해설
완전나사부란 나사산과 나사골이 지름 전체에 정상적으로 분포된 부분을 일컫고, 불완전 나사부란 나사가 끝나는 부분에서 나사산과 나사골이 둘레에 모두 존재하지 않는 부분을 일컬으며 그 경계는 굵은 실선으로 구분한다.

15 도형의 한정된 특정부분을 다른 부분과 구별하기 위해 사용하는 선으로 단면도의 절단된 면을 표시하는 선을 무엇이라고 하는가?

① 가상선
② 파단선
③ 해칭선
④ 절단선

해설
해칭이 된 부분이 있는 도면은 단면도이다. 도면상에 재료가 채워져 있는 부분을 구분하기 위하여 표시한다.

16 다음과 같이 3각법에 의한 투상도에 가장 적합한 입체도는?(단, 화살표 방향이 정면이다)

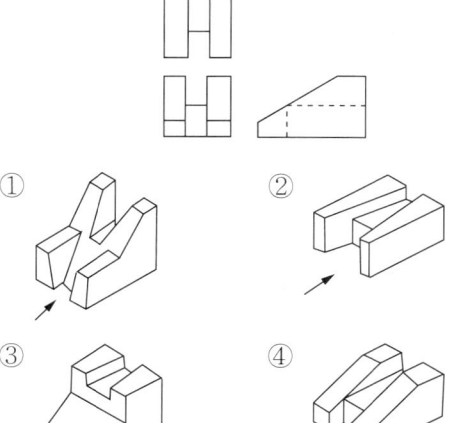

해설
①이 될 수 없는 이유는 문제의 우측면도에서 숨은선으로 표시된 영역 중 수직 숨은선 부분에 해당되는 곳이 없기 때문이다.

17 다음 그림에 대한 설명으로 옳은 것은?

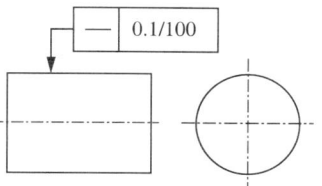

① 지시한 면의 진직도가 임의의 100mm 길이에 대해서 0.1mm만큼 떨어진 2개의 평행면 사이에 있어야 한다.
② 지시한 면의 진직도가 임의의 구분 구간길이에 대해서 0.1mm만큼 떨어진 2개의 평행 직선 사이에 있어야 한다.
③ 지시한 원통면의 진직도가 임의의 모선 위에서 임의의 구분 구간 길이에 대해서 0.1mm만큼 떨어진 2개의 평행면 사이에 있어야 한다.
④ 지시한 원통면의 진직도가 임의의 모선 위에서 임의로 선택한 100mm 길이에 대해 축선을 포함한 평면 내에 있어, 0.1mm만큼 떨어진 2개의 평행한 직선 사이에 있어야 한다.

해설
④처럼 해석하거나 임의로 선택된 100mm 길이에 대해 지름이 0.1mm인 원통 안에 직선이 존재해야 한다고 해석해야 한다.

18 투상선이 평행하게 물체를 지나 투상면에 수직으로 닿고 투상된 물체가 투상면에 나란하기 때문에 어떤 물체의 형상도 정확하게 표현할 수 있는 투상도는?

① 사투상도
② 등각 투상도
③ 정투상도
④ 부등각 투상도

해설
투상면에 수직으로 닿는다면 정투상도이다.

19 기계제도 도면에서 치수 앞에 표시하여 치수의 의미를 정확하게 나타내는 데 사용하는 기호가 아닌 것은?

① t　　　　② C
③ □　　　　④ ◇

해설
① : 두께, ② : 45°모따기, ③ : 정사각형 변

20 베어링의 상세한 간략 도시방법 중 다음과 같은 기호가 적용되는 베어링은?

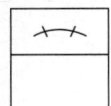

① 단열 앵귤러 콘택트 분리형 볼 베어링
② 단열 깊은 홈 볼 베어링 또는 단열 원통 롤러 베어링
③ 복렬 깊은 홈 볼 베어링 또는 복렬 원통 롤러 베어링
④ 복렬 자동조심 볼 베어링 또는 복렬 구형 롤러 베어링

해설
두 개의 표시가 있으므로 복렬이며 자동조심이란 자동으로 중심이 잡히도록 자리를 잡고 있다는 의미이다.

21 유압장치의 접합부나 이음 부분으로부터 기름이 누유되는 현상을 방지하기 위해 고정부분에 사용하는 밀봉장치는?

① 패킹(Packing)
② 개스킷(Gasket)
③ 오일필터(Oil-filter)
④ 스트레이너(Strainer)

해설
패킹은 밀봉부의 일반적인 호칭이며, 오일-필터는 기름 거름망, 스트레이너는 유체흐름거름망이 있는 여과기이다.

22 절대 압력을 바르게 표현한 것은?

① 절대 압력 = 게이지압 - 대기압
② 절대 압력 = 게이지압 + 대기압
③ 절대 압력 = 대기압 + 진공도
④ 절대 압력 = 대기압 × 진공도

해설
절대 압력이란 완전 진공압 0으로부터 측정한 값으로, 대기압에 계기로 측정한 압력을 더하여 표현한다.

23 오리피스에 대한 설명으로 옳은 것은?

① 공기의 온도가 갑자기 상승하는 현상이다.
② 온도가 일정하면 일정량의 기체의 압력과 체적을 곱한 값은 일정하다.
③ 좁게 교축된 부분 중 교축 길이가 관로 직경보다 작은 경우를 말한다.
④ 습공기 중에 있는 수증기의 양이나 수증기의 압력의 포화상태에 대한 비이다.

해설

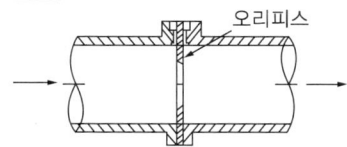

24 유체의 점도가 너무 높은 경우 운전상에 미치는 영향에 대한 설명으로 틀린 것은?

① 동력손실 증가
② 내부마찰의 증가
③ 유체의 누설 증가
④ 유체의 온도 상승

해설
유체의 점도가 너무 높다면 일반적으로는 흐름에 영향을 주어 에너지를 많이 요구한다. 다만, 흐름이 좋지 않기 때문에 누설량이 증가하지는 않는다.

25 유압 펌프의 송출 압력이 40kgf/cm², 송출량이 25L/min인 경우의 펌프의 축동력 kW은 약 얼마인가?(단, 펌프의 효율은 80%이다)

① 2.04   ② 2.14
③ 2.26   ④ 2.41

해설
동력 = 송출압력 × 송출유량
     = 40kgf/cm² × 25,000cm³/60s
     = 16,666kgf · cm/s
     = 166.66kgf · m/s
     = 166.66 × 9.81N · m/s
     = 1,634W
효율이 0.8이므로 출력 1,634W를 내기 위해서 펌프는
$\frac{1,634W}{0.8} = 2,044W$를 일해야 한다.
2,044W = 2.044kW

26 유압동력원의 요소라 볼 수 없는 것은?

① 펌프
② 탱크
③ 스트레이너
④ 어큐뮬레이터

해설
어큐뮬레이터는 축압기로써 맥동 방지의 역할을 한다.

27 공압에너지를 직선운동으로 변환하는 기기이며 일반적으로 공압 액추에이터로 가장 많이 사용되는 것은?

① 공압 실린더
② 베인형 공압모터
③ 기어형 공압모터
④ 요동 액추에이터

해설
공압 실린더는 대표적인 액추에이터로 공기의 압력을 이용하여 피스톤을 밀어내는 기구운동을 한다.

정답 23 ③ 24 ③ 25 ① 26 ④ 27 ①

28 공기 청정화 기기에 해당하지 않는 것은?

① 공기필터
② 공기건조기
③ 공기냉각기
④ 공기압축기

해설
공기압축기가 공기를 깨끗하게 하지는 않는다.

29 피스톤 펌프의 특징이 아닌 것은?

① 고속, 고압에 적합하다.
② 펌프 효율이 가장 높다.
③ 가변 용량형에 적합하다.
④ 기름의 오염에 비교적 강한 편이다.

해설

구 분	기어 펌프	베인 펌프	피스톤 펌프
구 조	구조가 가장 간단하다.	부품이 많고 정밀하게 제작을 요구한다.	구조가 복잡하고 매우 높은 가공정밀도를 요구한다.
성 능	큰 힘으로 흡입 가능하다.	큰 힘으로 흡입하기는 힘들다.	흡입할 수 있는 힘의 크기에 제한이 있으나 예민한 압력의 변화에 적합하다.
점도의 영향	점도가 크면 효율에는 영향을 미치나 다른 큰 영향은 없다.	점도에 영향을 받으나 효율과는 대체로 무관하다.	점도에 영향을 받는다.
이물질의 영향	거의 없다.	영향을 받는다.	예민한 압력에 영향을 크게 받는다.
제작비용	저렴하다.	보통이다.	비싸다.

30 다음 중 소형 펌프 제작에 주로 사용되며 두 기어가 같은 방향으로 회전하는 특징을 가진 기어 펌프는?

① 로브 펌프
② 내접기어 펌프
③ 외접기어 펌프
④ 트로코이드 펌프

해설
바깥 기어와 안쪽 기어가 같은 방향으로 회전한다. 원 안에 내접원이 있는 형태라 하여 내접기어라 부른다.

31 다음 PLC 언어 중 문자식 언어가 아닌 것은?

① IL
② ST
③ FBD
④ SFC

해설
PLC 언어
• LD(래더도 방식 : Ladder Diagram)
• IL(니모닉, 명령어 방식 : Instruction List)
• SFC(Sequential Function Charts)
• FBD(Function Block Diagram)
• ST(Structured Text)
로 나뉘며, 도형식 언어(LD, FBD)와 문자식 언어(IL, SFC, ST)로 나뉜다.

32 다음 검출 조작 기능 센서 중 전압 변화형 센서는?

① 광전형 센서
② 측온 저항체
③ 용량 변화용 센서
④ 인덕턴스 변화용 센서

해설
측온 저항체는 저항의 변화를 이용하고, 용량 변화용 센서는 정전 용량을 이용하며, 인덕턴스 변화용 센서는 인덕턴스의 변화에 따라 센서를 이용한다.

33 다음 중 PLC 자체의 프로그램만으로 처리될 수 없는 것은?

① 카운터
② 타이머
③ 보조 릴레이
④ 열동 계전기

해설
문제는 프로그램적인 제어가 아닌, 즉 물리적 제어를 하는 기기를 요구하였고, 열동 계전기는 물리적 요소인 열에 의해 작동하는 기기이다.

34 근접센서(Proximity Sensor)의 특징으로 틀린 것은?

① 고속응답
② 유접점 출력
③ 비접촉식 검출
④ 노이즈 발생이 적음

해설
근접센서는 직접 접촉 없이 검출을 한다.

35 피드백 제어의 구성요소 중 제어량을 검출하고 기준 입력 신호와 비교시키는 부분은?

① 검출부　② 설정부
③ 조작부　④ 조절부

해설
폐회로 제어(되먹임 제어, 피드백 제어)

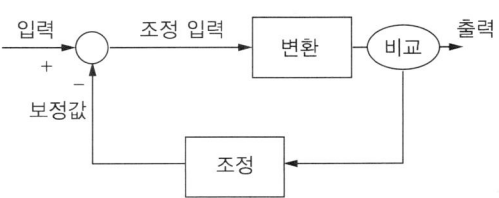

입력신호를 변환하였을 때 원하는 결괏값인지 비교하여 원하는 결과가 아닌 경우, 반복조정하여 원하는 결과(또는 인정할 수 있는 결과)를 산출하는 제어 방식. 비교하여 검출하는 부분을 검출부라 한다.

36 감각기능 및 인식기능에 의해 행동결정을 할 수 있는 로봇은?

① 지능 로봇
② 수치제어 로봇
③ 플레이 백 로봇
④ 매뉴얼 머니퓰레이션

해설
과거 퍼지로봇이라고도 불렸으며 물론 프로그램된 내용에 의해서이지만, 자체 명령을 생산하는 기능을 가지고 있어서 조건에 따라 판단하는 것 같은 행동을 하는 로봇이다.

37 제어오차가 검출될 때 오차가 변화하는 속도에 비례하여 조작량을 가감하는 동작으로서 오차가 커지는 것을 방지하는 제어는?

① 자력제어
② 메모리제어
③ 미분동작제어
④ 프로세스제어

해설
미분동작제어란 오차값이 크다면 제어량을 많게 하여 목푯값이 빨리 도달할 수 있도록 하는 제어이다.

38 산업현장에서 사용되고 있는 로봇이 경제적이고 실질적으로 이용될 수 있는 분야에 대한 기준이 아닌 것은?

① 위험한 작업
② 간단한 반복 작업
③ 검사가 필요하지 않는 작업
④ 변화가 자주 일어나는 작업

해설
로봇은 프로그램하여 조작하므로, 조건을 자주 바꿔야 하는 현장에는 비용 부담이 생기게 된다.

39 단위 램프 함수 t를 라플라스 변환한 값으로 옳은 것은?

① 1
② $\dfrac{1}{s}$
③ $\dfrac{1}{s^2}$
④ $\dfrac{1}{s+a}$

해설
기능사 수준에서 라플라스 변환을 이해하기보다는 나오는 대로 암기하도록 하자.

40 계전기(릴레이) 제어반과 비교해서 PLC 제어의 장점으로 옳은 것은?

① 소형화
② 유접점
③ 하드 로직
④ 컴퓨터와 연결이 불가능

해설
PLC는 CPU를 이용하여 원하는 제어를 저장하므로 충분히 소형화가 가능하다.

41 자동화시스템의 구성에서 인간의 신체를 자동화요소와 비교하였을 때, 적절하지 않은 것은?

① 눈 – 감지기
② 귀 – 감지기
③ 팔, 다리 – 액추에이터
④ 신경계통 – 제어신호처리장치

해설
제어신호처리장치에 해당하는 것은 두뇌이다.

42 다음 그림과 같은 되먹임 제어의 종합 전달함수는?

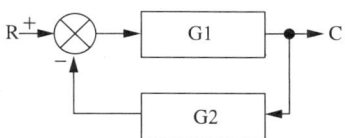

① $\dfrac{1}{G1} + \dfrac{1}{G2}$ ② $\dfrac{G1}{1+G1G2}$
③ $\dfrac{G1G2}{1+G1G2}$ ④ $\dfrac{G2}{1-G1G2}$

해설
G1으로 출력되고 G1G2를 거쳐 보정하여 계산한다.

43 공장자동화 시스템의 도입에 의해 얻어지는 효과로 틀린 것은?

① 표준화의 촉진
② 생산능력의 증가
③ 공정 내 반제품의 증가
④ 생산 리드 타임의 단축

해설
공장자동화가 되면 표준화가 필요하고, 생산능력이 증가하며, 지속적인 생산이 가능하다. 한두 번의 Flow로 생산이 가능하므로 반제품은 줄게 된다.

44 되먹임 제어 구성요소 중에서 제어량 값을 변화시키는 외부의 바람직하지 않은 신호는?

① 외란
② 동작신호
③ 제어편차
④ 피드백신호

해설
외란 또한 반드시 고려해야 하는 제어 요소임에는 분명하나, 환경의 조절을 통해 외란의 변수가 줄어든다면 생산성이 더 향상될 것이다.

45 PLC 프로그램에 대한 설명 중 틀린 것은?

① 더미접점을 사용하여 출력할 수 있다.
② 입력조건 없이는 모선에 출력을 지정할 수 없다.
③ 신호의 흐름은 좌에서 우로 또는 위에서 아래로 흐르게 한다.
④ 동일한 출력코일을 두 번 이상 사용하면 나중에 지정한 출력코일은 소멸된다.

해설
동일한 출력코일을 다시 사용하면 먼저 지정된 내용이 소멸된다.

46 전기기기의 안전운전을 위해 2개 이상의 전자접촉기가 동시에 동작하지 않도록 하기 위해 사용되는 회로는?

① 변환 회로
② 금지 회로
③ 지연 회로
④ 인터로크 회로

해설
인터로크(Interlock)란 안에 들어가서 잠근다는 언어적 의미처럼 원하는 출력을 얻기 위한 신호는 원치 않는 출력의 정지신호로 작용하도록 프로그래밍 하는 것이다.

47 용어에 관한 설명이 옳지 않은 것은?

① 순시제어는 기억과 판단기구에 의하여 순차적으로 제어한다.
② 프로그램제어는 기억과 판단기구 및 시한기구에 의하여 제어되지 않는다.
③ 한시제어는 기억과 시한기구에 의하여 일정 시간에 따라 동작상태를 제어한다.
④ 조건제어는 판단기구에 의하여 일정한 조건에 따라 제어명령을 결정하여 제어한다.

해설
프로그램제어는 기억과 판단기구 및 시한기구에 의하여 제어된다.

정답 44 ① 45 ④ 46 ④ 47 ②

48 다음 그림은 무슨 회로인가?

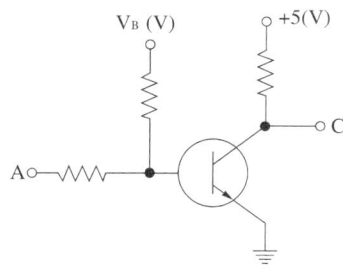

① AND 회로
② OR 회로
③ NOT 회로
④ NAND 회로

해설
A에 신호가 없으면 5V 출력이 C로 나가나, A에 신호가 들어오면 C로 신호가 나가지 않는다.

49 시퀀스 제어와 유사한 용어는?

① 보일러제어
② 되먹임제어
③ 서보기구
④ 개루프제어

해설
시퀀스 제어는 통제된 순차제어이며 직선제어이다.

50 다음 그림에서 사용된 다이오드의 역할은?

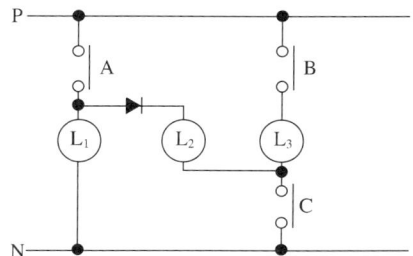

① 촌 동
② 역류저지
③ 인터로크
④ 자기유지

해설
다이오드는 전류를 한 방향으로만 흐르게 하고, 반대 방향으로는 흐르지 못하도록 한다. 그림에서는 A, C가 연결되면 L_2가 점등되지만 B, C가 연결되었다 하여 L_2가 점등되지는 않는다.

51 자기장의 에너지를 이용하여 검출 헤드에 접근하는 금속체를 비접촉식으로 검출하는 스위치는?

① 한계스위치(Limit Switch)
② 플로트 스위치(Float Switch)
③ 근접스위치(Proximity Switch)
④ 광전스위치(Photoelectric Switch)

해설
근접 센서
감지기의 검출면에 접근하는 물체 또는 주위에 존재하는 물체의 유무를 자기 에너지, 정전 에너지의 변화 등을 이용해 검출하는 무접점 감지기를 일컫는다.

52 전원이나 제어회로, 제어기기 등의 이상을 나타내는 기기나 장치가 아닌 것은?

① 릴레이
② 전원 표시등
③ 고장 표시등
④ 전자과부하계전기트립장치

해설
릴레이는 제어회로의 구성품으로 이상을 나타내는 장치는 아니다.

53 다음 중 계전기 구조상 사용되지 않는 요소는?

① 접 점   ② 코 일
③ 건전지   ④ 스프링

해설
계전기(릴레이)는 외부에서 들어온 전원신호를 이용해 신호를 생산해 내므로 별도 전원이 더 필요하지는 않다.

54 타이머를 이용한 회로로 거리가 먼 것은?

① 지연 동작 회로
② 우선 동작 회로
③ 반복 동작 회로
④ 일정 시간 동작 회로

해설
지연 동작 회로와 일정 시간 동작 회로는 시간 변수가 필요하다. 반복동작회로 또한 타이머를 반드시 사용해야 하는 것은 아니나, 타이머를 이용하여 회로 구성이 더 순조롭고, 우선 동작 회로의 경우는 시간제어 요소보다는 순차 제어 요소가 반영되어 있다.

55 논리식을 간단화한 것 중 옳지 않은 것은?

① $X \cdot (X+Y) = X$
② $X + X \cdot Y = X + Y$
③ $X \cdot Y + X \cdot Z = X \cdot (Y+Z)$
④ $(X+Y) \cdot (X+Z) = X + Y \cdot Z$

해설
이런 문제를 접하면 순간적으로 헷갈리는 경우가 있는데 그런 경우는 헷갈리는 보기에 대하여 입출력표를 만들어보면 비교가 가능하다. ②의 경우 X가 0이고, Y가 1인 경우 좌변은 출력이 없는 데 반해 우변은 출력이 발생한다.

56 RS 플립플롭 회로에서 금지입력 상태는?

① S = 0, R = 0
② S = 0, R = 1
③ S = 1, R = 0
④ S = 1, R = 1

해설
RS 플립플롭에서 Set과 Reset이 모두 신호가 들어갈 수는 없다.

57 RS 플립플롭에서 불확실한 출력상태를 정의하여 사용할 수 있도록 개량된 것은?

① D 플립플롭
② T 플립플롭
③ JK 플립플롭
④ 비동기식 RS 플립플롭

해설
2개의 입력이 동시에 1이 되었을 때 출력 상태가 불확정되지 않도록 한 것으로 이때 출력 상태는 반전된다.

58 PLC의 명령어 중 입력 신호가 몇 번 들어왔는가를 계수하여 설정 값이 되면 출력을 내보내는 명령어는?

① LD   ② CNT
③ TIM   ④ END

해설
② CNT=CouNTer

59 순시동작 한시복귀 접점에 대한 설명으로 옳은 것은?

① 타이머 접점으로 타이머를 조작하면 설정시간 동안 지연 후 동작하는 접점이다.
② 타이머 접점으로 타이머를 조작하면 즉시 동작하고 설정시간 후 즉시 복귀하는 접점이다.
③ 전자접촉기 접점으로 조작을 하면 설정시간 지연 후 동작하는 접점이다.
④ 전자접촉기 접점으로 조작을 하면 즉시 동작하고 설정시간 동안 지연 후 복귀하는 접점이다.

해설
• 순시동작 : 신호가 들자마자 출력
• 한시동작 : 신호를 받고 Setting시간만큼 지연 출력

60 논리회로 설계의 순서를 바르게 나타낸 것은?

① 진리표 작성 → 논리식 유도 → 논리식 간단화 → 논리회로 구성
② 논리식 간단화 → 논리회로 구성 → 진리표 작성 → 논리식 유도
③ 논리회로 구성 → 진리표 작성 → 논리식 유도 → 논리식 간단화
④ 논리식 유도 → 논리식 간단화 → 논리회로 구성 → 진리표 작성

해설
원하는 제어 출력에 대해 확인 후(진리표 작성), 논리식을 산출해 내고, 정리하여 구성하는 절차를 밟도록 한다.

정답 57 ③ 58 ② 59 ④ 60 ①

2015년 제5회 과년도 기출문제

01 쐐기형의 형상으로 게이지 블록처럼 조합하여 사용하는 각도 게이지는?

① 요한슨식 각도 게이지
② NPL식 각도 게이지
③ 콤비네이션 세트
④ 베벨 각도기

해설
NPL식 각도 게이지
- 약 96mm×16mm의 측정면을 가진 담금질 강제 블록으로 41°, 27°, 9°, 3°, 1°, 27′, 9′, 3′, 1′, 30″, 18″, 6″의 12개조로 되어 있다.
- 게이지블록 형태로 측정면을 가감(加減) 조합하여 각도를 측정한다.
- 큰 각도의 것은 쐐기처럼 보인다.

02 연삭숫돌의 3요소가 아닌 것은?

① 숫돌입자
② 입 도
③ 결합제
④ 기 공

해설
연삭숫돌은 숫돌입자(Abrasive), 결합제(Bond), 기공(Pore)의 세 가지로 구성되어 있고, 이 세 가지를 숫돌바퀴의 3요소라 한다.

03 높은 정밀도를 요구하는 가공물, 각종 지그, 정밀기계의 구멍가공 등에 사용되는 보링머신은?

① 지그 보링머신
② 코어 보링머신
③ 수직 보링머신
④ 보통 보링머신

해설
지그 보링머신은 보링 머신에 지그를 달아 높은 정밀도를 요구하는 작업에 사용하며 항온실에 설치한다.

04 탄소강 판에 지름 20mm의 드릴로 절삭속도 50m/min로 드릴가공을 할 때, 적합한 회전수는?

① 약 1,592rpm
② 약 1,043rpm
③ 약 872rpm
④ 약 796rpm

해설
$v = \dfrac{\pi dn}{1,000}$, $50\text{m/min} = \dfrac{\pi \times 20\text{mm} \times n}{1,000}$, $n \fallingdotseq 796\text{rev/min}$

05 수치제어선반의 준비 기능에서 직선 가공(절삭 이송)에 해당하는 G코드는?

① G00
② G01
③ G02
④ G03

해설
기초적인 G코드, M코드

코드	의미	코드	의미
G00	급속이동	M03	주축정회전
G01	직선가공	M04	주축역회전
G02	곡선가공(CW)	M05	주축정지
G03	곡선가공(CCW)	M08	절삭유ON

정답 1② 2② 3① 4④ 5②

06 연삭숫돌의 결합제 중 점토와 장석으로 구성된 결합제의 기호는?

① V
② S
③ E
④ R

해설
연삭숫돌의 결합제
결합제란 숫돌 입자를 결합하여 숫돌을 형성하는 재료를 말한다.
- 비트리파이드(Vitrified, V) 숫돌바퀴
  - 점토, 장석을 주성분으로 하여 약 1,300℃ 정도로 구워서 굳힌 숫돌
  - 결합도 조절이 광범위 함, 대부분 V, 거친 연삭, 연한 연삭에도 사용
  - 강도가 약하여 지름이 크거나 얇은 숫돌바퀴에는 부적당하다.
- 실리케이트(Silicate, S) 숫돌바퀴
  - 규산나트륨을 주재료로 한 결합제
  - 대형 숫돌바퀴를 만들 수 있다.
  - 고속도강과 같이 균열이 생기기 쉬운 재료를 연삭할 때, 연삭에 의한 발열을 피해야 할 경우 사용
  - 비트리파이드에 비해 결합도가 낮으므로 중연삭을 피한다.
- 탄성숫돌바퀴
  - 유기질의 결합제를 사용해 만든 것
  - 결합제로 셸락(Shellac, E), 고무(Rubber, R), 레지노이드(Resinoid, B), 비닐(Vinyle, PVA) 등 사용
  - 숫돌에 탄성이 있고 얇은 숫돌을 만들 수 있다.
  - 열에 약하다.
  - 일반적으로 절단용 숫돌에 사용한다.
- 금속 숫돌바퀴
  - 금속 결합제는 주로 다이아몬드 숫돌의 결합제로 사용된다.
  - 철, 구리, 황동, 니켈 등의 작은 입자와 숫돌 입자를 혼합하여 압력을 가해 성형
  - 금속 결합제는 숫돌 입자의 지지력이 크고, 기공이 작으므로 수명이 길다.
  - 과격한 사용에 견딘다.
  - 연삭 능률은 낮다.

07 NC의 제어방식 종류에서 거리가 먼 것은?

① 위치결정 제어
② 직선절삭 제어
③ 윤곽절삭 제어
④ 복합절삭 제어

해설
수치제어 공작기계의 제어는 절삭 없이 위치만 이동하는 위치결정 제어, 직선절삭을 하는 직선절삭 제어, 곡선절삭을 하는 윤곽절삭 제어, 이상의 작업을 반복하여 원하는 형상까지 조금씩 절삭할 수 있도록 제어하는 사이클 제어로 나눌 수 있다. 직선과 윤곽을 한번에 조합한 절삭을 명령할 수는 없다.

08 밀링머신에서 사용되는 부속장치가 아닌 것은?

① 회전 테이블 장치
② 테이퍼 절삭장치
③ 래크 절삭 장치
④ 슬로팅 장치

해설
테이퍼 절삭장치는 선반에서 사용하는 부속장치이다.

09 창성법에 의한 기어 가공용 커터가 아닌 것은?

① 래크 커터   ② 브로치
③ 피니언 커터   ④ 호브

[해설]
기어 가공 중 창성에 의한 절삭
- 래크 커터에 의한 절삭
- 피니언 커터에 의한 절삭
- 호브에 의한 절삭

10 선반의 심압대 대신 회전 공구대를 설치하여 간단한 부품을 대량으로 생산하거나 효율적으로 가공할 때, 주로 사용하는 선반은?

① 모방선반   ② 터릿선반
③ 자동선반   ④ 공구선반

[해설]
선반의 종류
- 모방선반 : Copying Lathe라고 부르며 원형의 형태를 모방하여 절삭하는 선반
- 터릿선반 : 여러 공구를 터릿 공구대에 설치하고 이를 회전시켜 가며 가공하는 선반
- 자동선반 : 여러 개의 절삭공구가 자동으로 움직여 각종 작업을 단계적으로 한다.
- 공구선반 : 밀링커터나 드릴 등과 같은 절삭공구를 제작하는 선반
- 스피닝 선반 : 제품 안쪽 면에 맞추어 댄 형(틀)과 판재를 고속 회전하며 공구를 밀어 가공

11 다음 중 기하공차 기호와 그 의미의 연결이 틀린 것은?

① ▱ : 평면도   ② ◎ : 동축도
③ ∠ : 경사도   ④ ○ : 원통도

[해설]
④는 진원도 공차이다.

12 국부 투상도를 나타낼 때 주된 투상도에서 국부 투상도로 연결하는 선의 종류에 해당하지 않는 것은?

① 치수선   ② 중심선
③ 기준선   ④ 치수 보조선

[해설]
국부 투상도
요점 투상도라고도 하며 제품의 구멍, 홈 등과 같이 특정한 부분의 모양을 나타내는 것으로 충분한 경우 제도하며, 관계를 표시하기 위해 중심선, 기준선, 치수 보조선 등을 연결한다.

13 다음 도면에 대한 설명으로 옳은 것은?

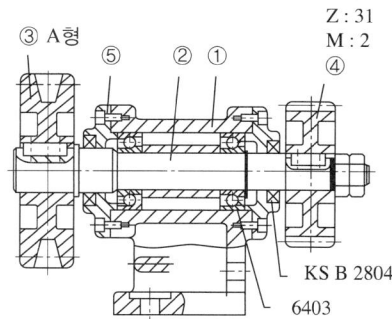

① 품번 ③에서 사용하는 V벨트는 KS 규격품 중에서 그 두께가 가장 작은 것이다.
② 품번 ④는 스퍼기어로서 피치원 지름은 62mm이다.
③ 롤러베어링이 사용되었으며 안지름치수는 15mm이다.
④ 축과 스퍼기어는 묻힘 핀으로 고정되어 있다.

해설
이 문제는 보기 2번이 스퍼기어인지, 모듈 2번과 잇수 31의 관계에서 피치원지름 62를 찾아낼 수 있는지를 묻기 위한 문제이다. 그러나 오답지로 넣은 보기들이 생산자동화범위에서 적절한지는 알수 없으나 해설을 참고하여 알아 두도록 하자.
① V벨트는 A형 외에도, SPZ, Z, SPA, A, SPB, B, SPC, C, D, 3V, 5V, 8V 등이 있으며 3V, 5V, 8V를 제외하고는 대략 나열한 순서대로의 크기로 보면 좋겠다.
③ 도면에서 동그라미 1번 몸체와 동그라미 2번 축 사이에는 볼베어링이 쓰였다.
④ 축과 스퍼기어를 연결해 준 키는 도면상 기어쪽이 묻히지 않은 것으로 보인다.

14 그림과 같은 입체도에서 화살표 방향에서 본 것을 정면도로 할 때 가장 적합한 정면도는?

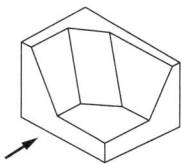

①
②
③
④

해설
①의 경사진 부분은 배면도에서 가능하나, 실선 부분이 맞지 않다.
③의 경사진 부분이 좌상에서 우하로 경사가 지어져야 한다.
④의 우측 직각 실선의 정체가 불분명하다.
그림과 같은 문제가 잘 이해되지 않는 수험생은 도면의 측정 부분만을 꼭 집어서 비교해 보고 오답지를 하나씩 지워가는 식으로 문제를 푸는 것도 한 방법이 될 수 있다.

15 다음 나사 중 리드가 가장 큰 것은?

① 피치가 2.5mm인 2줄 나사
② 피치가 2.0mm인 3줄 나사
③ 피치가 3.5mm인 2줄 나사
④ 피치가 6.5mm인 1줄 나사

해설
나사의 리드는 피치와 줄수의 곱으로 표현한다($l = np$).
③ $l = np = 2줄 \times 3.5mm = 7(mm)$
① $l = np = 2줄 \times 2.5mm = 5(mm)$
② $l = np = 3줄 \times 2.0mm = 6(mm)$
④ $l = np = 1줄 \times 6.5mm = 6.5(mm)$

정답 13 ② 14 ② 15 ③

16 표면의 결 도시기호가 그림과 같이 나타날 때 설명으로 틀린 것은?

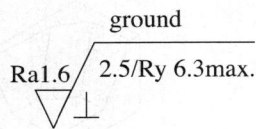

① 표면의 결은 연삭으로 제작
② $R_a = 1.6\mu m$에서 최대 $R_y = 6.3\mu m$까지로 제한
③ 투상면에 대략 수직인 줄무늬 방향
④ 샘플링 길이는 $2.5\mu m$

해설

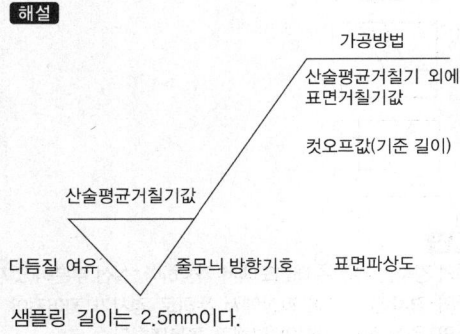

샘플링 길이는 2.5mm이다.

17 그림과 같이 벨트 풀리의 암 부분을 투상한 단면도법은?

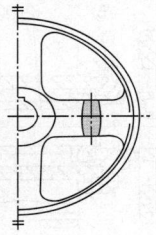

① 부분 단면도
② 국부 단면도
③ 회전도시 단면도
④ 한쪽 단면도

해설
- 회전 단면도는 절단한 단면의 모양을 90° 회전시켜서 투상도의 안이나 밖에 그리는 단면도를 말한다.
- 핸들, 벨트 풀리, 기어 등의 암, 림, 리브, 훅, 축, 구조물에 사용하는 형강 등이 대상이다.
- 길이가 긴 제품은 파단선으로 중간을 생략하고 그 사이에 굵은 실선으로 회전 단면도를 그린다.
- 투상도 밖으로 끌어내는 회전 투상도는 가는 1점쇄선으로 절단면 위치를 표시하고 굵은 1점쇄선으로 한계를 표시하여 굵은 실선으로 긋는다.

18 "φ20 h7"의 공차 표시에서 "7"의 의미로 가장 적합한 것은?

① 기준 치수
② 공차역의 위치
③ 공차의 등급
④ 틈새의 크기

해설
지름 20mm 축 기준식 IT 공차 h7의 기호이다.

19 치수 보조 기호 중 구의 반지름 기호는?

① SR
② Sϕ
③ ϕ
④ R

해설
② 구의 지름
③ 원의 지름
④ 원의 반지름, 또는 호의 반경

20 도면에서 2종류 이상의 선이 같은 장소에서 중복되는 경우에 우선순위를 옳게 나타낸 것은?

① 외형선 > 절단선 > 숨은선 > 치수 보조선 > 중심선 > 무게중심선
② 외형선 > 숨은선 > 절단선 > 중심선 > 무게중심선 > 치수 보조선
③ 숨은선 > 절단선 > 외형선 > 중심선 > 무게중심선 > 치수 보조선
④ 숨은선 > 절단선 > 외형선 > 치수 보조선 > 중심선 > 무게중심선

해설
선의 우선순위
도면에서 2종류 이상의 선이 같은 장소에서 중복되는 경우에 외형선 > 숨은선 > 절단선 > 중심선 > 무게중심선 > 치수 보조선 순으로 표시한다.

21 공압 모터의 특징으로 틀린 것은?

① 과부하에 안전함
② 속도 범위가 넓음
③ 무단 속도 및 출력 조절이 가능
④ 일정 속도를 높은 정확도로 유지가 쉬움

해설
공압 모터의 특징
- 속도를 무단으로 조절할 수 있다.
- 출력을 조절할 수 있다.
- 속도 범위가 크다.
- 과부하에 안전하다.
- 오물, 물, 열, 냉기에 민감하지 않다.
- 폭발에 안전하다.
- 보수 유지가 비교적 쉽다.
- 높은 속도를 얻을 수 있다.
- 입력된 에너지에 비해 출력되는 에너지의 비율이 나쁘거나 일정하지 않다.
- 정확한 제어가 힘들다.
- 유압에 비해 소음도 발생한다.

22 다음 공기건조기 중 화학적 건조 방식을 쓰는 것은?

① 가열식 에어 드라이어
② 냉동식 에어 드라이어
③ 흡수식 에어 드라이어
④ 흡착식 에어 드라이어

해설
압축공기의 건조
압축공기의 건조 방식은 수증기의 제습방법에 따라 냉각식, 흡착식, 흡수식이 있다.
- 냉각식 : 공기를 강제로 냉각시킴으로서 수증기를 응축시켜 제습하는 방식이다.
- 흡착식 : 흡착제(실리카겔, 알루미나겔, 합성제올라이트 등)로 공기 중의 수증기를 흡착시켜 제습하는 방법이다.
- 흡수식 : 흡습액(염화리튬 수용액, 폴리에틸렌글리콜 등)을 이용하여 수분을 흡수한다. 흡습액의 농도와 온도를 선정하면 임의의 온도와 습도의 공기를 얻는 것이 가능하기 때문에 일반 공조용 등에 사용된다.

정답 19 ① 20 ② 21 ④ 22 ③

23 에어실린더 등에서 윤활유의 공급이 불충분하여 마모가 심한 경우에 PTFE와 O링을 조합시킨 슬리퍼 실을 사용하는데, 이에 대한 특징으로 틀린 것은?

① O링 단독 사용에 비해 수명이 길다.
② O링이 가진 특성이 거의 그대로 나타난다.
③ 에어 실린더 등 윤활 없이 사용이 가능하다.
④ O링의 재질에 관계없이 넓은 온도 범위에서 사용이 가능하다.

해설
슬리퍼 실이란 마찰 저항을 감소하기 위하여 O링의 미세한 간섭이 일어나는 면에 불소 수지(PTFE)의 링을 사용한 실(Seal)을 말한다.

24 다음 중 터보형 공기 압축기의 압축방식은?

① 원심식
② 스크루식
③ 피스톤식
④ 다이어프램식

해설

원심형	축류식	여러 날개형		
		레이디얼형		
		터보형		
		사류식		
용적형	왕복동식	이동여부에 따라	고정식	이동식
		실린더위치에 따라	횡 형	입 형
		피스톤 수량에 따라	단동식	복동식
	회전식			

25 습공기를 어느 한계까지 냉각할 때, 그 속에 있던 수증기가 이슬 방울로 응축되기 시작하는 온도는?

① 건구 온도
② 노점 온도
③ 습구 온도
④ 임계 온도

해설
② 노점(露点)온도 : 이슬이 맺히는 온도를 의미한다. 공기 중의 수증기는 공기의 온도에 따라 포화수증기량이 각각 다르다. 현재 공기 중의 가지고 있는 수증기의 양이 10g이라고 하고, 현재 온도에서의 포화수증기량을 20g이라고 한다면 현재 습도는 50%이다. 그러나 공기의 온도를 낮추게 되면 그 온도에서의 포화수증기량도 따라 내려가게 되고, 점점 공기의 온도를 낮추다보면 어느 온도에서는 포화수증기량이 10g이 되는 온도가 있게 된다. 이럴 때 현재 공기는 이온도보다 낮은 온도로 냉각되면 수증기는 10g보다 적은 양을 품고 있을 수밖에 없고, 그렇게 되면 남은 수증기는 이슬로 맺히게 된다. 즉, 현재 수증기량이 습도 100%가 되는 온도, 이슬이 맺히는 온도를 노점온도라고 한다.

26 다음 중 캐비테이션(공동현상, Cavitation)의 발생 원인이 아닌 것은?

① 유온이 하강한 경우
② 패킹부에 공기가 흡입된 경우
③ 과부하이거나 급격히 유로를 차단한 경우
④ 펌프를 규정속도 이상으로 고속회전시킬 경우

해설
공동현상
Cavitation(공동현상, 空洞現像)이라 한다. 유로 안에서 그 수온에 상당하는 포화증기압 이하로 될 때 발생하며, 유압, 공압기기의 성능이 저하하고, 소음 및 진동이 발생하는 현상이다. 관로의 흐름이 고속일 경우 압력이 저하되기 때문에 저압부에 기포가 발생한다. 유체가 기체가 되려면 끓는점 이상이 되어서 유체가 기체가 되거나, 기체가 직접 흡입되는 경우가 있는데, 작동 유체가 끓으려면 열을 받아 실제 온도가 올라가거나, 작동 유체의 압력이 낮아져서 끓는점이 급격히 낮아지는 원인이 있을 수 있다. 작동 유체의 압력이 낮아지는 경우는 베르누이의 정리에 의해 유체의 속도가 올라가면 유체의 압력이 낮아지므로 보기 ①은 저속회전에 의해 공동현상이 일어나는 것은 쉽지 않다.

23 ④ 24 ① 25 ② 26 ①

27 절대습도의 정의로 옳은 것은?

① 습공기 내에 있는 건공기의 비
② 습공기 10m³당 수증기의 비
③ 습공기 100m³당 수증기의 비
④ 습공기 1m³당 건공기의 중량과 수증기의 중량의 비

해설
절대 습도란 현재 공기가 품고 있는 수증기의 양을 기준이 되는 부피 1m³에서 습도로 표현한 것이다.

28 다음 중 에너지 축적용, 충격 압력의 흡수용, 펌프의 맥동제거용으로 사용되는 유압기기는?

① 필터
② 증압기
③ 축압기
④ 커플링

해설
축압기(어큐뮬레이터, Accumulator)
유체의 압력을 축적하여 압력의 흐름을 일정하게 조절해 주는 장치로서 압력을 축적하는 방식으로 맥동을 방지하는 데에 사용한다.

29 공기 압축기의 설치 및 사용 시 주의점으로 틀린 것은?

① 가능한 한 온도 및 습도가 높은 곳에 설치할 것
② 공기 흡입구에 반드시 흡입필터를 설치할 것
③ 압축기의 능력과 탱크의 용량을 충분히 할 것
④ 지반이 견고한 장소에 설치하여 소음, 진동을 예방할 것

해설
공기압축기 선정 시 주의 사항
• 압축기의 능력과 탱크의 용량을 충분히 고려할 것
• 동일한 능력이라면 소형 여러 대보다 대형 1대가 더 경제적임
• 압축기의 송출압력과 이론 공기공급량을 정하여 산정
• 사용 공기량의 1.5~2배 정도의 여유를 두고 선정
• 가급적 복수로 설치하여 불시의 고장에 대비한다.

30 실린더 직경이 2cm이고, 압력이 6kgf/cm²인 경우 실린더가 낼 수 있는 힘(kgf)은 약 얼마인가?(단, 내부 마찰력은 무시한다)

① 9.4   ② 18.8
③ 28.2   ④ 37.6

해설
실린더의 출력 = 실린더 내부 유체의 압력 × 실린더의 격판부의 단면적
$$= 6\text{kgf/cm}^2 \times \frac{\pi(2\text{cm})^2}{4}$$
$$\fallingdotseq 18.84\text{kgf/cm}^2$$

31 시퀀스 제어계에서 제어량이 소정의 상태인지 표시하는 2진 신호가 발생하는 부분은?

① 제어부   ② 검출부
③ 조작부   ④ 명령처리부

해설
소정의 상태 On인지 Off인지를 검출하여 신호를 발생시키는 부분은 검출부이다.

정답 27 ④ 28 ③ 29 ① 30 ② 31 ②

32 비교적 소형으로 성형케이스에 접점 기구를 내장하고 밀봉되어 있지 않은 스위치로서, 물체의 움직이는 힘에 의하여 작동편이 눌려져서 접점이 개폐되며 물체에 직접 접촉하여 검출하는 스위치는?

① 광전스위치
② 근접스위치
③ 온도스위치
④ 마이크로스위치

해설

감지방법	종류	
접촉식	마이크로 스위치, 리밋스위치, 테이프 스위치, 매트 스위치, 터치 스위치 등	
비접촉식	근접 감지기	고주파형, 정전 용량형, 자기형, 유도형
	광 감지기	투과형, 반사형
	영역 감지기	광전형, 초음파형, 적외선형

33 로봇의 관절을 구동하는 동력원 중에 가격이 저렴하고 쉽게 사용이 가능하고 속도가 빠르며 정밀제어가 가능한 동력원으로 가장 적합한 것은?

① 전기식
② 유압식
③ 공압식
④ 기계식

해설
로봇에 사용되는 동력원
- 전기식 동력원 : 모터, 모터와 연결된 래크, 벨트 등을 이용해 작동하는 로봇
- 유압식 동력원 : 유압모터, 유압실린더 등을 사용하며 공압에 비해 큰 힘을 사용할 때, 산업용일 때 사용
- 공압식 동력원 : 공압모터, 공압식 실린더에 의해 작동하는 로봇

34 다음 블록선도의 전달함수[C/R]로 옳은 것은?

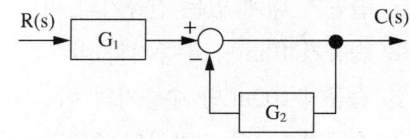

① $\dfrac{1}{1+G_1G_2}$ ② $\dfrac{G_1G_2}{1-G_2}$

③ $\dfrac{G_1}{1-G_2}$ ④ $\dfrac{G_1}{1+G_2}$

해설
$C(s)/R(s)$
$= \dfrac{\text{입력부터 출력 경로에 있는 함수}}{1-\text{폐루프(1)경로에 있는 함수}-\text{폐루프(2)경로에 있는 함수}-\cdots}$
위 문제는 폐루프가 하나 밖에 없으므로 폐루프 경로에 있는 함수 곱은 G_2 밖에 없다.
$\dfrac{C(s)}{R(s)} = \dfrac{G_1}{1-G_2}$

35 로봇제어 방식 중 각부의 위치, 속도, 가속도, 힘 등의 제어량을 시시각각으로 변화하는 목푯값에 추종하여 제어하는 방식은?

① CP제어
② PTP제어
③ 동작제어
④ 서보제어

해설
서보(Servo)는 어떤 기준과 출력을 비교하여 피드백(Feedback)함으로 목적한 입력값에 가장 적합하게 자동 제어할 수 있도록 하는 기구(System)를 말한다.

36 자동제조시스템을 구성하는 중요한 생산설비에 포함되지 않는 것은?

① 가공설비   ② 조립설비
③ 운반설비   ④ 환경설비

해설
제품을 가공하고 조립하고 운반하는 과정을 자동화하는 것이 자동제어시스템, 자동제조시스템의 중요한 과정이다.

37 시간과는 관계없이 입력신호의 변화에 의해서만 제어가 행해지는 제어 시스템은?

① 논리 제어   ② 파일럿 제어
③ 비동기 제어 ④ 시퀀스 제어

해설
자동화의 일반적인 제어의 핵심 방법은 시퀀스 제어, 즉 순차제어이다. 이는 순서 또는 시간의 흐름에 따라 일련 형태의 제어를 시행하는 과정이다. 선입된 결과에 의해 논리적으로 계산된 결과를 이어가는 형태의 제어를 하는데 비동기 제어란 이런 일련의 흐름과는 무관한 제어이다. 비동기 제어란 시간과는 관계없이 어떤 신호가 작동하면 이에 따른 결과를 보도록 설계한 제어 시스템이다.

38 기능 다이어그램 형식의 PLC 프로그램 언어에서 다음 기호가 의미하는 것은?

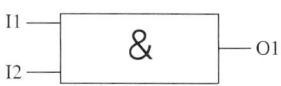

① NOT 요소
② AND 요소
③ OR 요소
④ TIME 요소

해설
"&" 기호는 AND의 의미를 갖고 있다.

39 방향 제어 밸브만으로 구성된 것은?

① 감압 밸브, 스톱 밸브
② 셔틀 밸브, 체크 밸브
③ 감압 밸브, 스로틀 밸브
④ 체크 밸브, 스로틀 밸브

해설
셔틀 밸브는 OR 밸브로 사용되어, 출력 방향으로만 신호가 나가고, 체크 밸브는 한 방향으로만 유체가 흐르도록 제어한다. 두 밸브가 일반적으로 방향 제어 밸브로 분류하고 있는지는 의문이나, 감압 밸브, 스로틀 밸브는 각각 압력 제어 밸브, 유량 제어 밸브이므로 문제에서 적절한 답은 ②번이다.

정답 36 ④ 37 ③ 38 ② 39 ②

40 되먹임 제어의 효과라고 볼 수 없는 것은?

① 대역폭이 증가한다.
② 정확도가 증가한다.
③ 외부의 영향을 줄일 수 있다.
④ 시스템이 작아지고 값이 싸진다.

해설
피드백 제어라고도 하며, 되먹임 제어를 하기 위해서는 한 가지의 부속기구라도 더 설치하여야 하고 더 설계하여야 한다.

41 PLC에 대한 설명으로 틀린 것은?

① PLC의 구성요소는 중앙처리장치, 전원장치, 입출력장치 및 주변장치로 구성된다.
② PLC프로그램에서는 코일에 대한 보조접점이 2개 이내로 제한된다.
③ PLC의 제어신호는 왼쪽에서 오른쪽으로 전달되도록 되어 있다.
④ 국제표준 언어로는 문자기반으로 되어 있는 IL과 ST가 있다.

해설
보조접점이 2개 이내로 제한되는 프로그램은 없다.

42 용량형 센서에서 센서의 표면적을 2배로 하면 정전용량은 몇 배가 되는가?

① 1/2　　　　　② 2
③ 4　　　　　　④ 변화 없다.

해설
정전용량 $C = \dfrac{\varepsilon A}{d}$ 면적과 비례한다.

43 PLC 프로그램의 작성 순서로 옳은 것은?

① 입출력의 할당 → 내부 출력, 타이머, 카운터 할당 → Coding → Loading
② Coding → Loading → 입출력의 할당 → 내부 출력, 타이머, 카운터 할당
③ Coding → Loading → 내부 출력, 타이머, 카운터 할당 → 입출력의 할당
④ Loading → 입출력의 할당 → 내부 출력, 타이머, 카운터 할당 → Coding

해설
산업인력공단에서 제시하는 PLC 프로그래밍 순서의 과정
입출력기기의 할당 → 내부계전기, 타이머 등의 할당 → 시퀀스 회로의 구성 → 코딩 → 프로그래밍(로딩) → 디버그 → 운전

정답 40 ④　41 ②　42 ②　43 ①

44 공장자동화의 적용분야가 아닌 것은?

① 가공 공정　　② 물류시스템
③ 제조생산업무　④ 개발설계업무

해설
개발설계를 자동화할 수 있는 시절이 오더라도 프로그램적으로 해결이 될 것으로 예측한다.

45 설비관리 효율을 최고로 하는 것을 목표로 설비의 수명을 대상으로 한 PM의 전체 시스템을 확립하는 것으로 옳은 것은?

① TPM　　② PMT
③ ISO　　　④ ROT

해설
① TPM(Total Productive Maintenance) : 회사 전체가 생산관리, 생산보전에 참가하여 관리를 하여야 한다는 개념이다.

46 인터로크회로에 관한 설명으로 옳은 것은?

① a접점의 직렬연결에 의해 이루어진다.
② 운전 도중 비상정지를 하기 위한 회로이다.
③ 서로 상반된 동작이 동시에 일어나지 않도록 하기 위한 회로이다.
④ 잠금 회로로써 관련자 이외의 다른 사람이 임의로 조작하지 못하도록 하는 회로이다.

해설
① b접점을 이용하여 중간을 끊는다.
② 비상정지를 위한 것이 아니고, 상호 간섭을 막기 위함이다.
④ 암호가 걸린 회로가 아니다. 회로 간 간섭을 막는 것이 목적이다.

47 다음 중 자동조정에 속하지 않는 제어량은?

① 방 위　　② 속 도
③ 전 압　　④ 주파수

해설
방위란 방향을 의미하는 경우이던, 무력으로부터 지킨다는 의미이던 보기 중에서는 자동으로 조정을 하는 내용과는 가장 거리가 멀다. 그러나 비행 시스템이나 조향 시스템에서 방위를 자동 조정할 수 있는 개연성이 있는 까닭에 문제로서 적절한 것 같지는 않다.

48 2개의 입력 A, B가 서로 같으면 0이 되고, 다르면 1이 출력되는 회로를 무엇이라 하는가?

① 금지 회로　　② 일치 회로
③ 다수결 회로　④ 배타적 OR 회로

해설
서로 다른 입력일 때만 On 출력이 되는 회로를 배타적 OR 회로라 한다.

정답　44 ④　45 ①　46 ③　47 ①　48 ④

49 다음 중 시퀀스 제어의 검출장치에 해당하는 것은?

① 토글스위치   ② 전환스위치
③ 전자계폐기   ④ 플로트스위치

해설
④ 플로트스위치는 수위의 센서 역할을 한다.
①, ②, ③은 입력장치에 해당한다.

50 다음 중 2개의 안정된 상태를 가지고 있는 쌍안정 멀티바이브레이터로 1자리의 2진수를 기억시킬 수 있는 소자는?

① 플립플롭   ② OR 회로
③ AND 회로   ④ 매트릭스

해설
플립플롭은 1 또는 0과 같이 하나의 입력에 대하여 항상 그에 대응하는 출력을 발생하게 하고, 다음에 새로운 입력이 주어질 때까지 그 상태를 안정적으로 유지하는 회로로서 컴퓨터 집적회로 속에서 기억소자로 활용된다.

51 다음 중 무접점 방식과 비교하여 유접점 방식의 장점에 해당하지 않는 것은?

① 동작속도가 빠르다.
② 온도 특성이 양호하다.
③ 동작상태의 확인이 용이하다.
④ 전기적 잡음에 대해 안정적이다.

해설
무접점 방식이 유접점 방식에 비해 동작 속도가 빠르다. 즉, 상대적으로 유접점 방식이 느리다.
무접점릴레이의 장단점

장 점	단 점
• 전기 기계식 릴레이에 비해 반응속도가 빠르다. • 동작부품이 없으므로 마모가 없어 수명이 길다. • 스파크의 발생이 없다. • 무소음 동작이다. • 소형으로 제작이 가능하다.	• 닫혔을 때 임피던스가 높다. • 열렸을 때 새는 전류가 존재한다. • 순간적인 간섭이나, 전압에 의해 실패할 가능성이 있다. • 가격이 좀 더 비싸다.

52 Flip-flop의 종류가 아닌 것은?

① D Flip-flop
② K Flip-flop
③ RS Flip-flop
④ T Flip-flop

해설
플립플롭의 종류는 RS 플립플롭, JK 플립플롭, D 플립플롭, T 플립플롭 등이 있다.

53 시퀀스 제어의 조작용 장치 중 푸시버튼 스위치를 뜻하는 것은?

① 수동동작 자동복귀형 스위치
② 자동동작 수동복귀형 스위치
③ 한시동작 순시복귀형 스위치
④ 순시동작 한시복귀형 스위치

[해설]
푸시버튼은 수동으로 조작한다.

54 다음 중 a접점이 아닌 것은?

[해설]
a접점은 떨어져 있는 상태에서 입력 신호 후 작동을 하므로, ③이 적당치 않다.

55 그림의 시퀀스 회로에 언급된 논리 게이트는?(단, 입력의 PB-1, PB-2 출력은 PL램프이다)

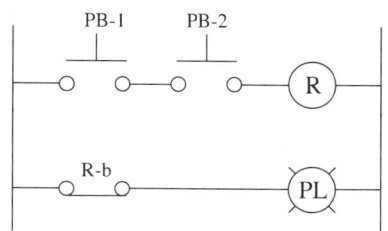

① OR ② AND
③ NOR ④ NAND

[해설]
그림의 논리는 AND 신호가 들어가면 출력을 끊도록 설계된 논리 게이트다.

56 누름버튼 스위치는 수동 조작에 의해 ON 또는 OFF 된다. 접점의 복귀는 무엇에 의해 이루어지는가?

① 공 압 ② 스프링
③ 유 압 ④ 정수압

[해설]
버튼 스위치의 복귀는 내장형 스프링을 많이 이용한다.

[정답] 53 ① 54 ③ 55 ④ 56 ②

57 미리 정해진 순서에 따라 제어의 각 단계를 진행하는 제어방식은?

① 자동 제어 ② 시퀀스 제어
③ 조건 제어 ④ 피드백 제어

해설
순차 제어라고도 한다.

58 그림과 같은 계전기 접점회로와 같은 논리식은?

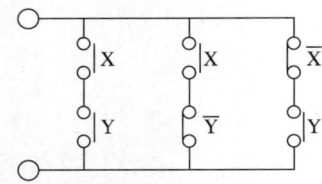

① $X + \overline{Y}$ ② $\overline{X} + \overline{Y}$
③ $X + Y$ ④ $X \cdot Y$

해설
그림의 회로는 X, Y 둘 다 신호가 들어갈 때, X에만 신호가 들어갈 때, Y에만 신호가 들어갈 때 출력이 나오는 회로이므로 X+Y와 같은 결과이다.

59 시퀀스 제어용 기기로서 제어회로에 신호가 들어오더라도 바로 동작하지 않고 설정시간만큼 지연 동작을 시키려할 때 사용되는 제어용 기기는?

① 전자 릴레이 ② 한시 계전기
③ 전자 개폐기 ④ 열동 계전기

해설
한시(限時)란 시간의 간격을 둔다는 의미이고 계전기는 릴레이를 의미한다.

60 다음 중 순서논리회로의 특징으로 옳은 것은?

① 기억소자를 포함하지 않는다.
② 현재의 출력이 현재의 입력에만 의존한다.
③ 회로 동작의 관점에서 볼 때 조합회로보다 단순하게 구성된다.
④ 출력은 현재의 입력뿐만 아니라 현재의 상태, 과거의 입력에 따라 달라진다.

해설
입력된 내용을 모두 조건식으로 소화하여 순서논리회로를 구성한다.

2016년 제2회 과년도 기출문제

01 CNC 공작기계에 사용되는 좌표계 중에서 절대좌표계의 기준이 되며, 프로그램 원점과 동일한 지점에 위치하는 좌표계는?

① 기계좌표계 ② 상대좌표계
③ 측정좌표계 ④ 공작물좌표계

해설
CNC 공작기계에서 사용되는 좌표계
- 기계좌표계 : 기계를 제작할 때 설정한 원점을 기준으로 한 좌표계
- 공작물좌표계 : 사용자가 선정한 점을 원점으로 하여 사용하는 좌표계로 일반적으로 프로그램 원점과 동일하게 사용한다.
- 절대좌표계 : 원점을 기준으로 거리를 좌표로 이용하는 좌표계로 X, Y, Z를 지정변수로 사용한다.
- 상대좌표계 : 바로 앞 지점을 기준으로 거리를 좌표로 이용하는 좌표계로 I, J, K를 지정변수로 사용한다.

02 측정자의 직선 또는 원호운동을 기계적으로 확대하여 그 움직임을 지침의 회전 변위로 변환시켜 눈금을 읽을 수 있는 측정기는?

① 만능 투영기 ② 다이얼게이지
③ 마이크로미터 ④ 3차원 측정기

해설
다이얼게이지
맨 아래 금속 부분이 측정대상과 접촉되어 접촉자의 변화가 다이얼로 표시되는 방식이다.

03 브로칭작업에 대한 설명으로 틀린 것은?

① 대량생산에 적합하다.
② 기어의 전용 절삭법으로 정도가 높은 가공이다.
③ 1회에 인발 또는 압입시켜 가공면을 완성한다.
④ 일반적으로 가공물의 내면이나 외경에 필요한 형상가공을 할 수 있다.

해설
기어절삭을 하는 방법은 크게 형판에 의한 절삭, 총형커터에 의한 절삭, 창성에 의한 절삭으로 나뉘며 주로 창성법으로 제작한다.

04 다음 중 M10 × 1.5 탭을 가공하기 위한 드릴링작업 기초구멍으로 적합한 것은?

① 6.5mm ② 7.5mm
③ 8.5mm ④ 9.5mm

해설
기초구멍 : 드릴로 큰 구멍을 뚫기 위해서는 자리를 잡고 절삭저항을 줄이기 위해 작은 구멍을 먼저 파는데 이를 기초구멍이라 한다.
기초구멍의 지름 = 나사의 유효지름 − 피치로 구하므로 10 − 1.5 = 8.5이다.

05 센터리스연삭의 특징으로 틀린 것은?

① 긴 축 재료의 연삭이 가능하다.
② 대형, 중량물의 연삭에 적합하다.
③ 속이 빈 원통의 외면연삭에 편리하다.
④ 긴 홈이 있는 가공물의 연삭은 할 수 없다.

해설
센터리스연삭은 센터나 척을 사용하기 어려운 가늘고 긴 원통형의 공작을 통과이송, 전후이송, 단이송 등의 방법을 사용하여 가공하는 원통연삭법이다. 연속작업이 가능하여 능률이 좋으나 너무 크거나 무거운 공작물은 사용이 어렵다.

정답 1 ④ 2 ② 3 ② 4 ③ 5 ②

06 전해연마가공에 대한 설명으로 틀린 것은?

① 가공면에 방향성이 있다.
② 내부식성과 내마모성이 향상된다.
③ 가공 표면에 변질층이 생기지 않는다.
④ 복잡한 형상의 제품도 전해연마가 가능하다.

해설
가공면이 전기화학적인 전해(電解)가 되는 까닭에 물리적 가공에서 생기는 가공방향성은 생기지 않는다.

07 테이블 이송나사의 피치가 6mm인 밀링머신으로 지름이 30mm인 가공물에 리드 200mm인 오른나사 헬리컬 홈을 깎으려고 할 때, 나선각은 약 몇 °(도)인가?

① 15°   ② 20°
③ 25°   ④ 35°

해설
원통에 위의 삼각형을 감으면 나사산이 형성되고, A가 진행하는 방향이면 α나사산의 각도이고, 그 보각인 A와 C 사이의 각이 나선각이 된다.
$\alpha = \tan^{-1}\left(\dfrac{L}{\pi D}\right)$ 가 되고 계산하면 $\alpha = \tan^{-1}\left(\dfrac{200}{30\pi}\right) = 65°$가 되어 나선각은 25°가 된다. 이 문제에서는 일반적인 경우에 비해 리드가 상당히 큰 오른나사 헬리컬 홈이 만들어진다.

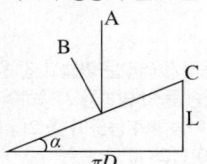

08 내경과 중심이 같도록 외경을 가공할 때 사용하는 선반의 부속장치는?

① 면 판   ② 돌리개
③ 맨드릴   ④ 방진구

해설
맨드릴
기어, 벨트 풀리 등의 소재와 같이 구멍이 뚫린 일감의 바깥 원통면이나 옆면을 센터작업으로 가공할 때 사용하는 도구이다. 일감의 뚫린 구멍에 맨드릴을 끼운 후 작업한다.

09 주조경질 합금 중 상온에서 고속도강보다 경도가 낮고 고온에서는 경도가 높으며 단조나 열처리가 되지 않는 것은?

① 서멧(Cermet)
② 세라믹(Ceramic)
③ 다이아몬드(Diamond)
④ 스텔라이트(Stellite)

해설
스텔라이트
주조경질합금이라고도 하며 800℃의 절삭열에도 경도변화가 없다. 열처리가 불필요하며 고속도강보다 2배의 절삭속도로 가공이 가능하나 내구성과 인성이 작다. 청동이나 황동의 절삭 재료로도 사용된다.

10 선반에서 3개의 조가 120° 간격으로 구성되어 있어 원형 등의 가공물을 고정할 때 편리한 척은?

① 단동척　　② 연동척
③ 콜릿척　　④ 마그네틱척

해설
연동척은 셋이 한 조로 연결되어 함께 움직이는 척이다.

11 기계부품을 조립하는 데 있어서 치수공차와 기하공차의 호환성과 관련한 용어 설명 중 옳지 않은 것은?

① 최대실체조건(MMC)은 한계치수에서 최소구멍지름과 최대축지름과 같이 몸체의 형체의 실체가 최대인 조건
② 최대실체가상크기(MMVS)는 같은 몸체 형체의 유도 형체에 대해 주어진 몸체 형체와 기하 공차의 최대실체크기의 집합적 효과에 의해서 만들어진 크기
③ 최대실체요구사항(MMR)은 LMVS와 같은 본질적 특성(치수)에 대해 주어진 값을 가지고 있으며, 같은 형식과 완전한 형상의 기하학적 형체를 정의하는 몸체 형체에 대한 요구사항으로 실체의 내부에 비이상적 형체를 제한
④ 상호요구사항(RPR)은 최대실체요구사항(MMR) 또는 최소실체요구사항(LMR)에 부가함으로써 사용되는 몸체 형체에 대한 부가적 요구사항

해설
최대실체요구사항(MMR ; Maximum Material Requirement) MMVS와 같은 본질적 특성(치수)에 대해 주어진 값을 가지고 있으며 같은 형식과 완전한 형상의 기하학적 형체를 정의하는 몸체 형체에 대한 요구사항으로 실체의 외부에 비이상적 형체를 제한한다.

12 다음 그림에 대한 설명으로 옳은 것은?

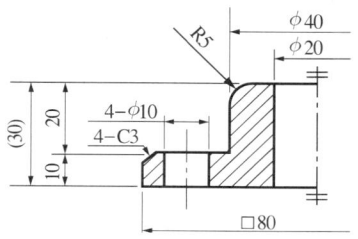

① 참고 치수로 기입한 곳이 두 곳이 있다.
② 45° 모따기의 크기는 4mm이다.
③ 지름이 10mm인 구멍이 한 개 있다.
④ □80은 한 변의 길이가 80mm인 정사각형이다.

해설
① 참고 치수로 기입한 곳이 (30)으로 한 곳이 있다.
② 45° 모따기의 크기는 C-3, 즉 3mm이다.
③ 지름의 10mm인 구멍이 4-φ10, 즉 네 개가 있다.

13 다음 중 스퍼기어의 도시법으로 옳은 것은?

① 잇봉우리원은 가는 실선으로 그린다.
② 잇봉우리원은 굵은 실선으로 그린다.
③ 이골원은 가는 1점쇄선으로 그린다.
④ 이골원은 가는 2점쇄선으로 그린다.

해설
스퍼기어의 제도방법
• 이끝원(잇봉우리원)은 굵은 실선으로 그린다.
• 피치원은 가는 1점쇄선으로 그린다.
• 이뿌리원은 가는 실선으로 그린다. 단, 축에 직각방향으로 단면 투상할 경우에는 굵은 실선으로 그린다.
• 헬리컬기어에서 잇줄의 방향은 정면도에 항상 3줄의 가는 실선을 그린다. 정면도가 단면으로 표시된 경우 3줄의 가는 2점쇄선으로 그린다.

14 그림과 같이 키 홈, 구멍 등 해당 부분 모양만을 도시하는 것으로 충분한 경우 사용하는 투상도로 투상 관계를 나타내기 위하여 주된 그림에 중심선, 기준선, 치수보조선 등을 연결하여 나타내는 투상도는?

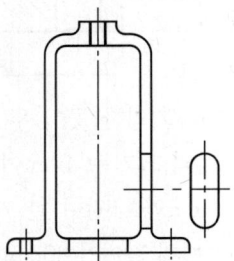

① 가상투상도
② 요점투상도
③ 국부투상도
④ 회전투상도

해설
국부투상도 : 제품의 구멍, 홈 등과 같이 특정한 부분의 모양을 나타내는 것으로 충분한 경우 제도하며, 관계를 표시하기 위해 중심선, 기준선, 치수보조선 등을 연결한다.

15 그림과 같은 치수기입법의 명칭은?

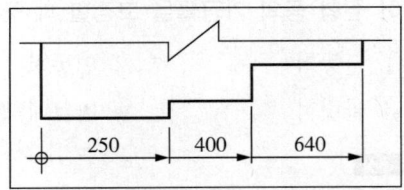

① 직렬치수기입법
② 누진치수기입법
③ 좌표치수기입법
④ 병렬치수기입법

해설

치수기입방법	예 시
직렬치수기입	15 14 22 14 22 14 15
병렬치수기입	기준선 15 29 51 65 87 101 116
누진치수기입	15 29 51 65 87 101 116
좌표치수기입	(65, 10) 10 15 14 22 14 22 14 15

정답 14 ③ 15 ②

16 제3각법에 의한 그림과 같은 정투상도의 입체도로 가장 적합한 것은?

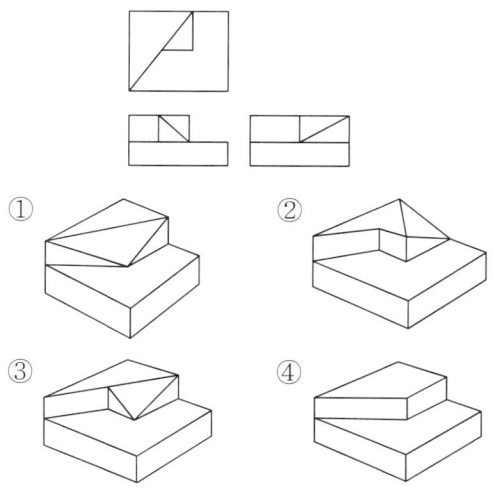

해설
위 문제는 윗면도만을 기준으로 비교하여도 식별이 가능하다.

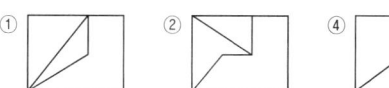

17 30° 사다리꼴 나사의 종류를 표시하는 기호는?

① Rc ② Rp
③ TW ④ TM

해설

구 분	나사의 종류		나사의 종류를 표시하는 기호	나사의 호칭에 대한 표시 방법의 예
ISO 표준에 없는 것	관용 평행 나사		G	G1/2
	30° 사다리꼴 나사		TM	TM18
	29° 사다리꼴 나사		TW	TW20
	관용 테이퍼 나사	테이퍼 나사	PT	PT7
		평행 암나사*	PS	PS7
	관용 평행 나사		PF	PF7

* 이 평행 암나사 PS는 테이퍼 수나사 PT에 대해서만 사용한다.

18 투상법을 나타내는 기호 중 제3각법을 의미하는 기호는?

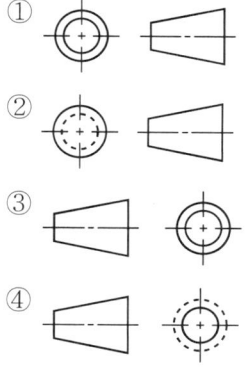

해설
제3각법은 보이는 쪽에 보이는 대로 도면을 그리는 형태로 숨은선 없이 보이는 대로 그린 기호를 찾으면 된다. 보이는 쪽 뒤쪽에 표시를 한 것은 제1각법이다.

19 면의 지시기호에 대한 각 지시기호의 위치에서 가공방법을 표시하는 위치로 옳은 것은?

① a ② c
③ d ④ e

해설

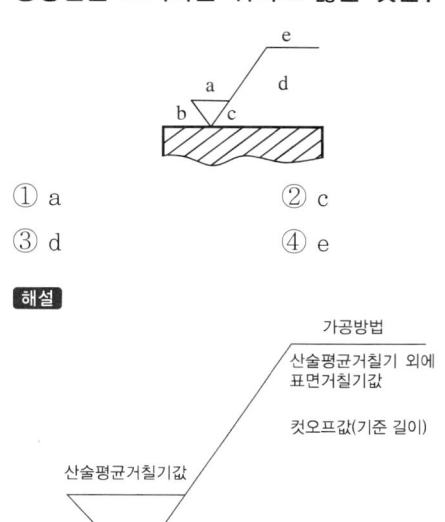

20 기계제도에서 사용되는 재료기호 SM20C의 의미는?

① 기계 구조용 탄소 강재
② 합금 공구강 강재
③ 일반 구조용 압연 강재
④ 탄소 공구강 강재

> **해설**
> SM20C는 탄소함유량이 0.2%인 Steel for Machining이다.
> ② 합금 공구 강재 : STS(Steel for Tool – Special)
> ③ 일반 구조용 압연 강재 : SS(Steel for Structure)
> ④ 탄소 공구 강재 : STC(Steel for Tool – Carbon)

21 다음 중 유압장치의 압력이 상승하지 않을 때의 대처 행동이 아닌 것은?

① 언로드 회로를 점검한다.
② 유압 배관이 도면대로 되어 있는지 검사한다.
③ 펌프로부터 기름이 토출되고 있는지 검사한다.
④ 펌프의 운전속도를 규정속도 이상으로 가동한다.

> **해설**
> ④ 펌프의 운전속도를 규정속도 이상으로 가동하면 위험하다.
> ① 언로드 회로란 유압장치 내의 압력을 빼는 역할을 하는 회로를 의미한다.
> ② 유압 배관이 중간에 바로 탱크와 연결된 밸브와 결선되는 경우 예측 가능하다.
> ③ 펌프로부터 기름이 안 올라오면 당연히 압력이 걸리지 않는다.

22 공기압 발생장치와 관계없는 것은?

① 냉각기
② 공기탱크
③ 공기압축기
④ 공압-유압 변환기

> **해설**
> 공압·유압변환기(공·유압 컨버터)는 일반적으로 공압을 유압으로 변환하여 공압의 비교적 작은 힘을 큰 힘으로 변환시키는 데 사용된다.

23 방향제어밸브의 연결구(포트)에 'P'라는 문자가 적혀있다면 여기에 연결해야 하는 배관은?

① 소음기로 배기되는 배관
② 실린더와 연결되는 배관
③ 공기탱크와 연결되는 배관
④ 제어라인과 연결되는 배관

> **해설**
> P는 Power의 머리글자로 공압이나 유압의 공급원을 연결하라는 의미이다.

24 '압력수두 + 위치수두 + 속도수두 = 일정'의 식과 가장 관계가 깊은 것은?

① 연속법칙 ② 파스칼원리
③ 베르누이정리 ④ 보일-샤를의 법칙

해설
베르누이의 정리
유체에 작용하는 힘, 압력, 속도, 위치에너지를 각각 수두(水頭), 즉 물의 높이로 표현하고 그 합은 항상 같다는 것을 정리하여 나타낸 식

$$\frac{P}{\gamma}+\frac{V^2}{2g}+z=\frac{P_1}{\gamma}+\frac{V_1^2}{2g}+z_1=\frac{P_2}{\gamma}+\frac{V_2^2}{2g}+z_2=H$$

여기서, P_1 : 1 위치에서의 압력, V_1 : 1 위치에서의 속도
z_1 : 1 위치에서의 높이, H : 전체 수두

25 고압의 유압유를 저장하는 용기로 필요에 따라 유압시스템에 유압유를 공급하거나 회로 내의 밸브를 갑자기 폐쇄할 때 발생되는 서지 압력을 방지할 목적으로 사용되는 유압기기의 기호는?

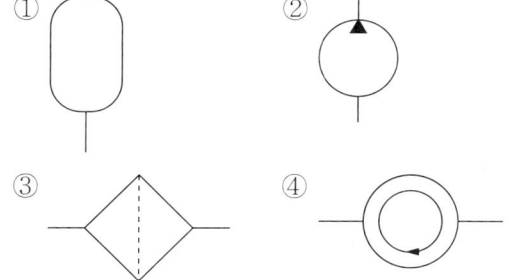

해설
① 어큐뮬레이터
② 유압모터
③ 필터
④ 회전속도계

26 유압밸브 3위치 밸브에서 중립위치에서의 유로형식이 아닌 것은?

① 오픈 센터
② 탠덤 센터
③ 탱크 오픈 센터
④ 세미 오픈 센터

해설
탱크 오픈 센터라는 형식은 해당 없으며 플로트 형식을 세미 오픈 센터로 본다.

이름	모양	특징
오픈 센터 (Open Center)	A B / P T	중립 상태에서 모든 통로가 열려 있으므로 중립상태 시 부하를 받지 않는다.
탠덤 센터 (Tandem Center)	A B / P T	중립 시 들어온 공기를 탱크로 회수한다. 실린더의 위치 고정이 가능하고 경제적으로 사용된다.
플로트 센터 (Float Center)	A B / P T	주로 파일럿 체크 밸브와 짝이 되어 사용하며 원하는 공기압 외의 입력 공기압을 모두 배출한다.
클로즈드 센터 (Closed Center)	A B / P T	모든 포트가 막혀 있으므로 펌프로 들어올 공기가 들어오지 못하고 다른 회로와 연결이 되어 있는 경우 다른 회로에서 모두 사용한다.

27 공기저장탱크의 크기를 결정하는 데 있어서 고려해야 할 사항이 아닌 것은?

① 시간당 스위칭 횟수
② 공기 압축기의 압력비
③ 공기 압축기의 공기 체적
④ 공기에 포함된 수분의 함량

해설
공기에 포함된 수분은 제거해야 한다. 탱크의 크기와는 무관하다.

28 왕복식 유압 펌프는?

① 기어 펌프
② 베인 펌프
③ 스크루 펌프
④ 피스톤 펌프

해설
기어, 베인, 스크루 펌프 모두 운동방식은 회전식이고, 피스톤 펌프는 왕복운동식이다.

30 압축공기의 건조방식이 아닌 것은?

① 가열식
② 냉동식
③ 흡수식
④ 흡착식

해설
압축공기의 건조
압축공기의 건조방식은 수증기의 제습방법에 따라 냉각식, 흡착식, 흡수식이 있다.
- 냉각식 : 공기를 강제로 냉각시킴으로서 수증기를 응축시켜 제습하는 방식
- 흡착식 : 흡착제(실리카겔, 알루미나겔, 합성 제올라이트 등)로 공기 중의 수증기를 흡착시켜 제습하는 방법
- 흡수식 : 흡습액(염화리튬 수용액, 폴리에틸렌글리콜 등)을 이용하여 수분을 흡수. 흡습액의 농도와 온도를 선정하면 임의의 온도와 습도의 공기를 얻는 것이 가능하기 때문에 일반 공조용 등에 사용됨

29 공기압 모터의 특징으로 틀린 것은?

① 회전수, 토크를 자유로이 조절할 수 있다.
② 폭발의 위험이 있는 곳에서도 사용할 수 있다.
③ 에너지 변환효율이 낮고 공기의 압축성으로 제어성이 좋지 않다.
④ 부하에 의해 회전수 변동이 적어 일정 회전수를 정밀하게 유지하기 쉽다.

해설
입력된 에너지에 비해 출력되는 에너지의 비율이 나쁘거나 일정하지 않고 정확한 제어가 힘들다.

31 다음 기호에 대한 논리회로는?

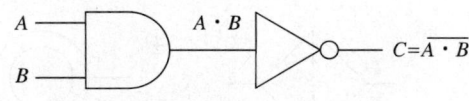

① AND
② OR
③ NOT
④ NAND

해설
A, B 모두 참이 입력되어야만 거짓이 나오고 둘 중 하나라도 거짓이 입력되면 참이 출력된다.

32 다음 중 릴레이 시퀀스도를 직접 표시할 수 있는 PLC 프로그램 언어는?

① IL(Instruction List)
② LD(Ladder Diagram)
③ ST(Structured Text)
④ FBD(Function Block Diagram)

해설
LD(Ladder Diagram)
PLC 프로그램 중 계전기 시퀀스도를 직접 기입 또는 표시할 수 있는 장점 때문에 최근에 가장 많이 사용되며 프로그램을 작성하면 사다리 모양이 되는 프로그램 방식이다.

33 다음 설명의 로봇 제어방식은?

> 직각좌표상에서 두 축을 동시에 제어할 때 두 축이 한 점에서 다른 점까지 움직이는 궤적을 원이 되도록 제어하는 방법

① 서보제어
② 원호보간
③ 직선보간
④ 포인트 투 포인트

해설
기본적이고 가장 일반적인 직각(직교)좌표상에서 두 축을 이용하는 것은 평면상 제어를 의미하고 평면상에서 원 모양을 그리며 이동 제어하는 것은 원호보간이다.

34 다음 중 사람의 팔과 가장 비슷하게 움직일 수 있는 로봇은?

① PTP 로봇
② 직교 좌표 로봇
③ 수직 다관절 로봇
④ 수평 다관절 로봇

해설
• 수직 다관절 로봇 : 인간의 팔의 형태와 가장 유사하게 움직이기 때문에 좌표 계산이 복잡한 특징이 있다.
• 수평 다관절 로봇 : 수평으로 빠르게 이동이 가능하여 자동화 조립 공정에서 많이 쓰인다.

35 선반을 이용하여 지름 40mm의 환봉을 1,500rpm의 회전수로 가공할 때 절삭속도는 약 얼마인가?

① 117.7m/min
② 125.6m/min
③ 188.5m/min
④ 214.5m/min

해설
$v = \dfrac{\pi D n}{1,000}$
$= \dfrac{3.14 \times 40\text{mm} \times 1,500\text{rev/min}}{1,000}$
$\fallingdotseq 188.4\text{m/min}$

정답 32 ② 33 ② 34 ③ 35 ③

36 다음에서 설명하는 제어시스템은?

> 이 제어방식은 요구되는 입력조건이 만족되면 그에 상응하는 출력신호가 발생되는 형태를 의미하며, 입력과 출력이 1:1 대응 관계에 있는 제어시스템이다.

① 메모리 제어 ② 시퀀스 제어
③ 파일럿 제어 ④ 프로그램 제어

해설
파일럿 제어란 Push Button, Master S/W 등에서 제어기로 제어신호를 부여하도록 구성된 제어이다.

37 공장 내의 생산현장에서 사람이 없이 무인으로 생산물을 운반하는 무인운반차의 약어로 옳은 것은?

① AGV ② CIM
③ FMS ④ MAP

해설
AGV(Automated Guided Vehicle) : 무인운반차의 약어로 레일 가이드 또는 센서 가이드에 따라 무인으로 운반, 이송하는 작업 차량을 뜻한다.

38 다음 중 PLC에서 CPU부의 내부 구성과 관계가 가장 적은 것은?

① 연산부 ② 타이머
③ 카운터 ④ 리밋스위치

해설
리밋스위치는 액추에이터의 기계적 움직임을 전기적 신호로 바꿔주는 스위치이다.

39 다음 중 자동화시스템을 구성하는 주요 3요소가 아닌 것은?

① 센서 ② 네트워크
③ 프로세서 ④ 액추에이터

해설
제어시스템의 요소
- 입력요소 : 어떤 출력 결과를 얻기 위해 조작 신호를 발생시켜 주는 것으로 전기스위치, 리밋스위치, 열전대, 스트레인 게이지, 근접스위치, 센서 등이 있다.
- 제어요소 : 입력요소의 조작 신호에 따라 미리 작성된 프로그램을 실행한 후 그 결과를 출력 요소에 내보내는 장치로서, 하드웨어 시스템과 프로그래머블 제어기(CPU, 프로세서 등)로 분류된다.
- 출력요소 : 입력 요소의 신호 조건에 따라 목적하는 행위가 실제 이루어지게 하는 장치로 전자 계전기, 전동기, 펌프, 실린더(액추에이터), 히터, 솔레노이드 밸브 등이 있다.

40 전압, 전류, 주파수, 회전속도 등 기계적 또는 전기적인 양을 제어량으로 하는 제어로 응답속도가 대단히 빠른 것은?

① 서보기구 ② 자동 조정
③ 시퀀스 제어 ④ 프로세스 제어

해설
① 서보기구는 제어의 종류를 구분하는 문제에 오답지로 찾아 넣은 내용으로 보인다.
③ 시퀀스 제어 : 미리 정해진 순서에 따라 일련의 제어 단계가 차례로 진행되어 나가는 자동제어・신호처리 방식에 따른 분류 중 하나로 신호처리방식에 따른 제어는 동기・비동기・논리제어・시퀀스제어로 구분한다.
④ 프로세스 제어 : 제어량에 따른 분류 중 하나로 과정 제어라고 해석할 수 있는데, 과정을 거치지 않고 결과를 보는 제어를 제외한 모든 제어로 일반적인 자동화 제어를 모두 포함한다고 생각할 수 있다.

41 제어시스템의 분류방법 중 제어정보 표시형태에 의한 분류방법으로 짝지어진 것은?

① 논리 제어, 디지털 제어
② 아날로그 제어, 2진 제어
③ 시퀀스 제어, 피드백 제어
④ 메모리 제어, 파일럿 제어

해설
제어정보 표시형태에 따른 제어 분류
아날로그 제어(자연 신호 제어)와 디지털 제어(2진 신호 제어)로 구분할 수 있다.

디지털 신호	아날로그 신호
• 어떤 양 또는 데이터를 2진수로 표현한 것 • 신호가 0과 1의 형태로 존재하며 그 신호의 양에 따라 자연신호에 가깝게 연출은 할 수 있으나 미분하면 결국 분리된 신호의 연속으로 표현됨 • 즉, 0과 1로 모든 신호를 표현함	• 신호가 시간에 따라 연속적으로 변화하는 신호 • 자연신호를 그대로 반영한 신호로써 보존과 전송이 상대적으로 어려움 • 신호 취급에서 큰 신호, 작은 신호, 잡음 등이 소멸되기 쉬운 특징을 가짐

42 되먹임 제어계에서 제어대상에 가하는 입력은?

① 외 란   ② 비교부
③ 제어량 ④ 조작량

해설
폐회로 제어(되먹임 제어, 피드백 제어)

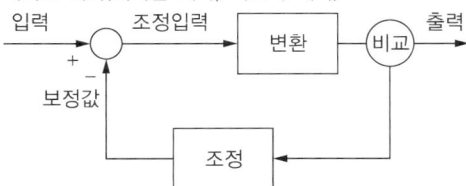

입력신호를 변환하였을 때 원하는 결괏값인지 비교하여 원하는 결과가 아닌 경우, 반복조정하여 원하는 결과(또는 인정할 수 있는 결과)를 산출하는 제어방식이다. 비교하여 검출하는 부분을 검출부라 한다. 그림의 보정값은 조작량에 따라 정해진다. 폐회로 제어를 하게 되면 정확도가 증가하고, 외부의 영향을 많이 제거할 수 있으며 따라서 받을 수 있는 신호의 폭도 넓어져서 전반적으로 효율성이 증대된다고 볼 수 있다.

43 생산과 관련된 모든 정보를 컴퓨터 네트워크 및 데이터베이스를 이용하여 통합적으로 제어관리함으로써 생산 활동의 최적화를 도모하는 시스템은?

① CIM   ② FMC
③ FMS   ④ LCA

해설
CIM(Computer Integrated Manufacturing)
컴퓨터를 이용하여 주문, 기획, 설계, 제작, 생산, 포장, 납품에 이르는 전과정을 통제하는 통합생산체제를 말한다.

44 다음 중 피드백제어에서 꼭 있어야 할 장치는?

① 출력을 확대하는 장치
② 안전도를 측정하는 장치
③ 응답속도를 빠르게 하는 장치
④ 입력과 출력을 비교하는 장치

해설
42번 해설 참조

45 다음 중 저투자성 자동화(LCA)에 대한 설명으로 가장 거리가 먼 것은?

① 꼭 필요한 기능만을 자동화한다.
② 간단한 원리를 적용하고 스스로 자동화 장치를 설계한다.
③ 사용하고 있는 장비를 사용하기보다는 새로운 장비를 구매한다.
④ 외부업체보다는 회사 내에서 우선 자체적으로 자동화시스템을 구축하도록 한다.

해설
LCA(Low Cost Automation)
저가격・저투자성 자동화는 자동화의 요구는 실현하되 비용절감을 염두에 두고 만든 생산체제를 말한다.

46 다음 중 시퀀스제어용 부품이 아닌 것은?

① 변압기
② 전자계전기
③ 전자접촉기
④ 푸시버튼스위치

해설
변압기는 전력설비로 본다.

47 피드백 제어계의 특징으로 틀린 것은?

① 제어계가 다소 복잡해진다.
② 제어계의 특성이 나빠진다.
③ 목푯값을 정확히 달성할 수 있다.
④ 외부 조건의 변화에 대한 영향을 줄일 수 있다.

해설
① 피드백이 없는 제어에 비해 제어계가 다소 복잡해진다.
③ 피드백 제어를 통해 목푯값을 지속적으로 검증하므로 개회로 제어에 비해 정확히 달성할 수 있다.
④ 개회로 제어가 한번 영향을 받으면 조정할 수 있는 방법이 별로 없는데 비해 피드백 제어는 조건의 변화에 대한 영향을 줄일 수 있다.

48 다음 그림에서 스위치 PBS$_1$을 동작시키면 R-a 접점의 동작은?

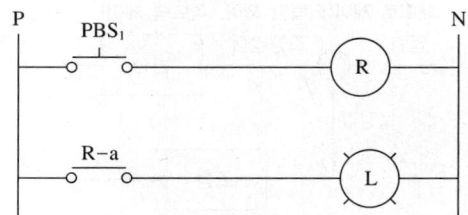

① 단 선
② 단락상태
③ 개로(열림)
④ 폐로(닫힘)

해설
릴레이 회로의 개념을 묻고 있다. R에 신호가 들어가면 R-a는 동작한다. R-a가 a접점이므로 동작 시 닫힌다.

49 다음 중 2진 제어계와 관계가 없는 것은?

① 2위치 제어
② ON-OFF 제어
③ 아날로그 제어
④ 실린더의 전진, 후진 제어

해설
41번 해설 참조

50 다음 접점 기호의 명칭은?

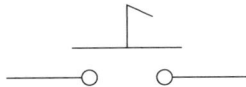

① 기계적 접점
② 한시 동작 접점
③ 조작스위치 잔류 접점
④ 수동 조작 자동 복귀 접점

해설
① 기계적 접점 : ─┰─
② 한시 동작 접점 : ─△─
④ 수동 조작 자동 복귀 접점 : ─o o─

51 데이터 송수신 시 에러가 발생되었는지를 확인하기 위해 사용되는 기능은?

① 타이머
② 플래그
③ 연산기능
④ 패리티 체크

해설
패리티 체크 : 비트를 하나 더하여 데이터를 짝수 또는 홀수로 만들어서 데이터가 맞게 전송되었는지 확인하는 방법이다.

52 논리식 $F = (A \cdot B + C) \cdot A$를 간단히 변환한 것은?

① $A + B + C$
② $A \cdot B \cdot C$
③ $A \cdot (B + C)$
④ $(A + B) \cdot C$

해설
$F = (A \cdot B + C) \cdot A = A \cdot B \cdot A + C \cdot A$
$= A \cdot B + A \cdot C = A \cdot (B + C)$

53 다음 그림으로 니모닉 표현방식의 프로그램을 표현한 것으로 틀린 것은?

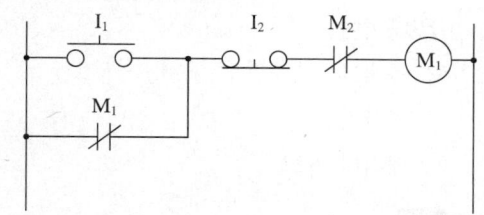

① Start I_1
② AND M_2
③ OR NOT M_1
④ AND NOT I_2

해설
AND NOT M_2

54 온도센서가 아닌 것은?

① NTC ② RTD
③ 서미스터 ④ 퍼텐쇼미터

해설
④ 퍼텐쇼미터는 가변저항기를 의미한다.
- 온도센서 : 열전쌍, 서미스터, 측온 저항체처럼 온도에 반응 및 작동한다.
- 열전쌍 : 기전력이 다른 두 금속을 접합해서 온도차를 주고 반응하도록 한 것이다.
- 서미스터 : 반도체의 저항이 온도에 따라 물질의 저항이 변화하는 성질을 이용한 전기적 장치(Temperature Coefficient)와 PTC(Positive Temperature Coefficient)가 있다.
- RTD(Resistance Temperature Detector, 측온저항체) : 저항과 온도와의 관계를 이용하여 저항을 이용해 온도를 측정하는 장치이다.

55 전자접촉기 여자상태에서의 이상음에 관한 설명으로 틀린 것은?

① 조작 회로의 전압이 너무 높으면 흡인력 과다에 따른 울림 현상이 발생할 수 있다.
② 전자접촉기 여자상태에서 이상음이 발생하는 현상이 있는데 이를 코일의 울림 현상이라고 한다.
③ 전자석 사이에 배선 찌꺼기나 진애가 혼입한 경우 전자석이 밀착하지 않고 울림이 발생할 수 있다.
④ 전자석 흡인력의 맥동을 방지하기 위해서 셰이딩 코일이 설치되어 있는데 이 코일이 단선되면 울림 현상이 발생할 수 있다.

해설
전자개폐기의 철심 진동 : 전자개폐기에 전류가 흐르면 고정철심이 전자석이 되어 가동철심을 잡아당긴다. 진동이 생긴다는 것은 전자석 역할을 하는 물체의 자화가 되었다 안 되었다 하는 일이 매우 빠르게 반복되거나 잡아 당겨진 가동철심이 접촉이 불가능한 경우 등을 고려할 수 있는데, 주어진 보기 중 가장 그럴 듯한 원인은 접촉부위의 이물질이 생겼을 경우를 상상할 수 있다.
- 코어(철심)부분에 Shading Coil을 설치하여 자속의 형성을 보다 일정하게 만드는데, 이 코일이 단선된 경우 소음이 발생한다.
- Shading Coil을 설치해도 소음이 완전히 제거되지 않으므로 교류형보다 직류형을 사용하면 개선된다.
- 전압이 코일 정격전압의 범위를 15% 이상 상하로 벗어나는 경우 소음이 발생 가능하다.
- 코어부분에 이물질이 발생하여 불완전 흡입에 의해 소음이 발생하는 경우

56 전자 계전기의 코일에 직렬 또는 병렬로 정류기를 접속시켜 그 순방향과 역방향의 저항특성을 이용해서 코일에 가해지는 정, 부 극성에 따라 전자 계전기가 동작 또는 부동작되는 회로를 유극회로라 한다. 이때 일반적으로 사용되는 반도체 소자는?

① 저 항 ② 다이오드
③ 트랜지스터 ④ 포토트랜지스터

해설
다이오드는 극성을 가지고 있다.

57 기계적 접점이며 접촉식 스위치에 해당되는 것은?

① 광전스위치
② 근접스위치
③ 센서스위치
④ 리밋스위치

해설
①, ②, ③은 접점이 아주 미세하여 무접점으로 간주하고 리밋스위치는 액추에이터에 의해 단락이 된다.

58 다음 불 대수 중 틀린 것은?

① $1 + A = 1$
② $A \cdot 1 = A$
③ $0 \cdot A = 1$
④ $A \cdot A = A$

해설
$0 \cdot A = 0$

59 회로의 종류 중 외부신호접점이 닫혀 있는 동안 타이머가 접점의 개폐를 반복하는 회로로 교통신호기 등 일정의 동작을 반복하는 장치에 이용되는 회로는?

① 인터로크회로 ② 플리커회로
③ 펄스발생회로 ④ 플립플롭회로

해설
플리커회로
신호 등의 점멸 등과 같이 설정시간 간격으로 ON과 OFF를 반복하는 회로

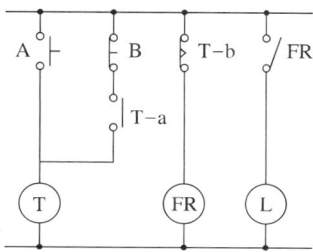

60 다음 그림은 11핀의 전자계전기의 핀의 배치도이다. 다음 중 a접점과 b접점의 수를 바르게 표시한 것은?

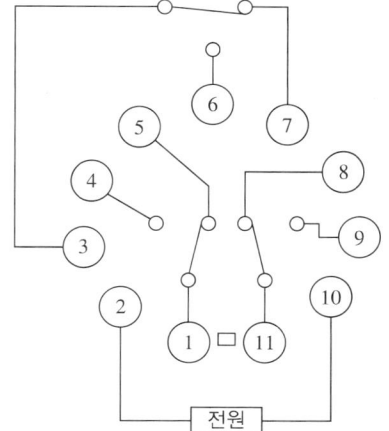

① 1a3b   ② 2a3b
③ 3a3b   ④ 4a3b

해설
a접점은 ①과 ④, ⑨와 ⑪, ③과 ⑥ 관계이고,
b접점은 ①과 ⑤, ⑧와 ⑪, ③과 ⑦ 관계이다.

정답 57 ④ 58 ③ 59 ② 60 ③

2016년 제4회 과년도 기출문제

01 1회전하는 동안에 드릴의 이송거리는 0.05mm/rev이고, 드릴 끝 원뿔의 높이 1.6mm, 구멍의 깊이 25mm일 때, 이 구멍을 뚫는 데 소요되는 시간은 약 얼마인가?(단, 절삭속도는 50m/min, 드릴 지름은 12mm이다)

① 0.12분　② 0.8분
③ 0.4분　④ 1분

해설
상식적 접근으로 문제를 해결해 본다.
- 드릴이 한 바퀴 돌 때 0.05mm 전진한다(0.05mm/rev).
- 관통하려면 (25+1.6)mm 전진해야 하므로 $\frac{26.6mm}{0.05mm}$ rev, 532바퀴를 회전해야 관통한다.
- $v = \frac{\pi D n}{1,000}$, $50 = \frac{3.14 \times 12 \times n}{1,000}$, $n \fallingdotseq 1,327$, 분당 1,327바퀴 회전한다.
- 1분에 1,327바퀴, 532바퀴 도는 데는 $\frac{532}{1,327}$ 분, 즉 0.4분이 걸린다.

02 절삭공구 재료에서 표준 고속도강의 주성분이 아닌 것은?

① 크 롬　② 바나듐
③ 텅스텐　④ 탄화타이타늄

해설
18W-4Cr-1V이 표준 고속도강이다.

03 방전 가공용 전극재료의 구비조건으로 틀린 것은?

① 가공속도가 클 것
② 기계가공이 쉬울 것
③ 전극소모가 많을 것
④ 가공정밀도가 높을 것

해설
전극소모가 많게 되면 비용 효율성이 낮아진다.

04 다음 중 변속기어를 이용하여 작동되는 보통선반 작업 시 주축 변속 시점으로 가장 적합한 것은?

① 절삭 가공 중
② 주축 정지 상태
③ 주축 고속 회전 중
④ 주축 저속 회전 중

해설
범용선반에서 기어 변속 시에는 주축을 정지시킨 후 변속한다. 그렇지 않으면 기어가 잘 물리지 않는다.

정답 1 ③　2 ④　3 ③　4 ②

05 각종 측정 지시값의 확인과 교정 등의 비교측정의 기준 게이지로 사용되고 있는 것은?

① 게이지블록　② 마이크로미터
③ 다이얼게이지　④ 버니어캘리퍼스

해설
게이지블록은 각 측정값 별로 그에 해당하는 블록들을 만들어서 끼우거나 비교하여 제품이나 공구를 측정하거나 가늠하는 도구이다.

06 연삭숫돌 중 초경합금 연삭작업에 쓰이며 색깔이 녹색인 것은?

① A숫돌　② B숫돌
③ GC숫돌　④ WA숫돌

해설
GC숫돌은 Green Carbide를 이용한 숫돌이다.

07 CNC 선반의 준비기능에서 G32 코드의 기능은?

① 홈 가공
② 드릴 가공
③ 나사 절삭 가공
④ 모서리 정밀 가공

해설
선반은 프로그램상 경로가 직선과 곡선운동을 조합하여 나타나는데 나사 절삭 가공의 경우, 이송속도와 절삭깊이, 이송범위 등을 조합해서 결정해야만 하므로 따로 프로그래밍 코드를 두어 프로그램의 편리성을 두었다.

08 밀링가공에서 떨림의 발생 시 미치는 영향으로 거리가 먼 것은?

① 가공면을 거칠게 한다.
② 생산능률을 저하시킨다.
③ 가공면의 표면조도가 좋아진다.
④ 밀링커터의 수명을 단축시킨다.

해설
어떤 절삭 가공이든 떨림이 생기면 정밀도가 떨어지고 불량품이 발생할 가능성이 높아진다.

09 선반가공에서 회전운동을 하며 절삭할 때의 이송(Feed) 단위는?

① m/min
② rev/min
③ mm/rev
④ rev/mm

해설
이송거리란 공작물의 회전당 진행거리를 의미한다. rev은 회전의 무차원 단위이고, mm는 거리(길이)의 단위이다.

[정답] 5 ① 6 ③ 7 ③ 8 ③ 9 ③

10 브로치(Broach) 가공에 대한 설명으로 틀린 것은?

① 브로치의 운동방향에 따라 수직형과 수평형이 있다.
② 브로칭 머신은 가공면에 따라 내면용과 외면용이 있다.
③ 브로치에 대한 구동방향에 따라 압입형과 인발형으로 나누어진다.
④ 복잡한 윤곽형상의 안내면은 불가능하여 안내면의 키 홈 절삭에 주로 사용된다.

해설
브로치는 가공품에 따라 따로 제작하며 대량 생산하는 형상은 그에 맞게 제작 가능하다.

11 파단선의 용도 설명으로 가장 적합한 것은?

① 단면도를 그릴 경우 그 절단위치를 표시하는 선
② 대상물의 일부를 떼어낸 경계를 표시하는 선
③ 물체의 보이지 않는 부분의 형상을 표시하는 선
④ 도형의 중심을 표시하는 선

해설

선의 명칭	용 도
외형선	물체가 보이는 부분의 모양을 나타내기 위한 선
치수선	치수를 기입하기 위한 선
치수보조선	치수를 기입하기 위하여 도형에서 끌어낸 선
지시선	각종 기호나 지시 사항을 기입하기 위한 선
중심선	도형의 중심을 간략하게 표시하기 위한 선
수준면선	수면, 유면 등의 위치를 나타내기 위한 선
파단선	물체의 일부를 자른 곳의 경계를 표시하거나 중간 생략을 나타내기 위한 선
숨은선	물체가 보이지 않는 부분의 모양을 나타내기 위한 선
중심선	도형의 중심을 표시하거나 중심이 이동한 궤적을 나타내기 위한 선
기준선	위치결정의 근거임을 나타내기 위한 선
피치선	반복 도형의 피치를 잡는 기준이 되는 선
가상선	가공 부분의 특정 이동 위치, 가공 전후의 모양, 이동 한계 위치 등을 나타내기 위한 선
무게중심선	단면의 무게중심을 연결한 선
해 칭	단면도의 절단면을 나타내기 위한 선

12 그림과 같은 도면에서 'K'의 치수 크기는?

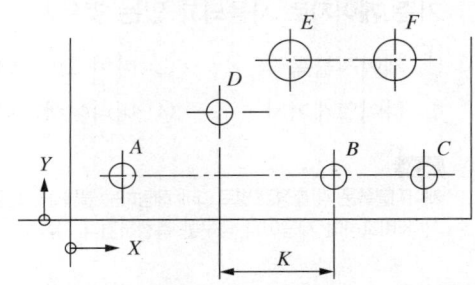

구 분	X	Y	ϕ
A	20	20	13.5
B	140	20	13.5
C	200	20	13.5
D	60	60	13.5
E	100	90	26
F	180	90	26

① 50
② 60
③ 70
④ 80

해설
지금의 치수기입방식은 좌표를 이용한 방식으로 원점을 기준으로 하여 원 B는 X방향으로 140만큼 떨어져 있고, 원 D는 60만큼 떨어져 있으므로 원 B와 D의 X방향의 거리인 K는 80이다.

13 투상도법 중 제1각법과 제3각법이 속하는 투상도법은?

① 경사투상법
② 등각투상법
③ 다이메트릭투상법
④ 정투상법

해설
투상의 시선이 바라보는 면과 직각인 방법이 정투상법이다.

14 기어의 도시에 있어서 피치원을 나타내는 선은?

① 굵은 실선
② 가는 실선
③ 가는 1점쇄선
④ 가는 2점쇄선

해설

선의 종류	선의 명칭	용도에 따른 명칭
———	굵은 실선	외형선
———	가는 실선	치수선 치수보조선 인출선 회전단면선 중심선 수준면선
—·—·—	가는 1점쇄선	중심선 기준선 피치선
—··—··—	가는 2점쇄선	상상선 중심선

15 다음 도시된 내용은 리벳작업을 위한 도면 내용이다. 바르게 설명한 것은?

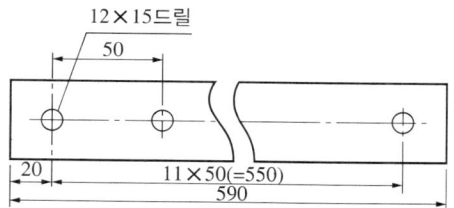

① 양끝 20mm 띄워서 50mm의 피치로 지름 15mm의 구멍을 12개 뚫는다.
② 양끝 20mm 띄워서 50mm의 피치로 지름 12mm의 구멍을 15개 뚫는다.
③ 양끝 20mm 띄워서 12mm의 피치로 지름 15mm의 구멍을 50개 뚫는다.
④ 양끝 20mm 띄워서 15mm의 피치로 지름 50mm의 구멍을 12개 뚫는다.

해설
도면에서 더 정확하게는 12×φ15로 표시했을 것인데, 그렇게 하면 문제의 난이도가 너무 낮아지므로 12×(15드릴) 형태로 표시하여 난이도를 약간 주었을 뿐이다. 12개의 φ15 드릴을 50mm 간격으로 뚫으라는 기호이고, 전체의 길이가 590이므로 표시되지 않은 우측 끝 간격도 20mm임을 알 수 있다.

16 보기는 입체도형을 제3각법으로 도시한 것이다. 완성된 평면도, 우측면도를 보고 미완성된 정면도를 옳게 도시한 것은?

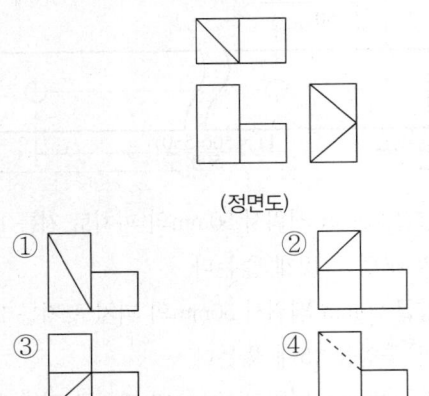

(정면도)

① ② ③ ④

해설
우측면을 보고 힌트를 얻자면 정면도의 오른쪽 작은 사각형 부분은 우측면도의 아래쪽 3각형에 해당될 것이고, 그러면 과 같은 형태임을 알 수 있다.

우측면의 아래쪽 삼각형을 제외하고 보면 과 같은 기둥이 있는 것을 알 수 있다. 이를 조합한 형상을 부등각 투상으로 보면

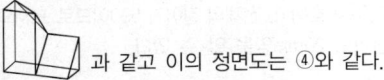 과 같고 이의 정면도는 ④와 같다.

17 헐거운 끼워맞춤인 경우 구멍의 최소허용치수에서 축의 최대허용치수를 뺀 값은?

① 최소틈새
② 최대틈새
③ 최소죔새
④ 최대죔새

해설
헐거운 끼워맞춤은 어떤 경우도 축과 구멍 사이에 공간이 있게 되어 있다. 구멍이 가장 작은 경우와 축이 가장 큰 경우는 그 공간이 제일 작은 경우이다.

18 표면의 줄무늬 방향기호에 대한 설명으로 맞는 것은?

① X : 가공에 의한 컷의 줄무늬 방향이 투상면에 직각
② M : 가공에 의한 컷의 줄무늬 방향이 투상면에 평행
③ C : 가공에 의한 컷의 줄무늬 방향이 중심에 동심원 모양
④ R : 가공에 의한 컷의 줄무늬 방향이 투상면에 교차 또는 경사

해설

기호	기호의 뜻	설명 그림과 도면 지시 보기
=	커터의 줄무늬 방향이 기호를 지시한 도면의 투상면에 평행 예 셰이핑면	
⊥	커터의 줄무늬 방향이 기호를 지시한 도면의 투상면에 직각 예 셰이핑 면(옆으로부터 보는 상태), 선삭, 원통 연삭면	
X	커터의 줄무늬 방향이 기호를 지시한 도면의 투상면에 경사지고 두 방향으로 교차 예 호닝 다듬질면	
M	커터의 줄무늬 방향이 여러 방향으로 교차 또는 무방향 예 래핑 다듬질면, 슈퍼 피니싱 면, 가로이송을 한 정면 밀링 또는 앤드밀 절삭면	
C	가공에 의한 커터의 줄무늬가 기호를 지시한 면의 중심에 대하여 대략 동심 원 모양 예 끝면 절삭면	
R	커터의 줄무늬가 기호를 지시한 면의 중심에 대하여 대략 레이디얼 모양	

19 공유압 기호에서 동력원의 기호 중 전동기를 나타내는 것은?

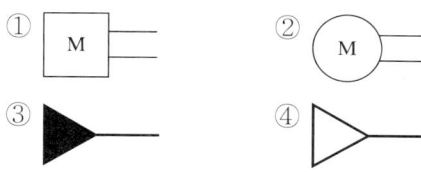

해설
전동모터 표시는 ②와 같고, ③은 유압원, ④는 공압원 기호이다.
전동모터를 제외한 모터는 ①과 같이 표시한다.

20 기하공차, 기입 틀의 설명으로 옳은 것은?

| // | 0.02 | A |

① 표준길이 100mm에 대하여 0.02mm의 평행도를 나타낸다.
② 구분구간에 대하여 0.02mm의 평면도를 나타낸다.
③ 전체 길이에 대하여 0.02mm의 평행도를 나타낸다.
④ 전체 길이에 대하여 0.02mm의 평면도를 나타낸다.

해설
// 는 평행도 공차이며 평면 A에 평행하고 서로 0.02mm 떨어진 평면 사이에 존재하여야 한다는 의미이다.
※ 평면도 공차 기호는 ▱ 이다.

21 공압조정유닛의 구성요소에 속하지 않는 것은?

① 필터
② 윤활기
③ 교축밸브
④ 압력조절밸브

해설
공압조정유닛
• 공기탱크에 저장된 압축공기는 배관을 통하여 각종 공기압기기로 전달된다.
• 공기압기기로 공급하기 전 압축공기의 상태를 조정해야 한다.
• 공기여과기(필터)를 이용하여 압축공기를 청정화한다.
• 압력조정기를 이용하여 회로압력을 설정한다.
• 윤활기에서 윤활유를 분무한다.
• 공기압장치로 압축공기를 공급한다.

22 유압기기에서 작동유의 기능이 아닌 것은?

① 방청 기능
② 윤활 기능
③ 응고 기능
④ 압력 전달 기능

해설
유압기기에서 작동유의 주요 역할
• 힘을 전달하는 기능을 감당한다.
• 밸브 사이에서 윤활작용을 돕는다.
• 마찰 등에 의해 발생하는 열을 분산시키며 냉각시킨다.
• 흐름에 의해 불순물을 씻어내는 작용을 한다.
• 유막을 형성하여 녹의 발생을 방지한다.

23 캐스케이드 회로에 대한 설명 중 틀린 것은?

① 제어그룹의 개수를 4개에서 5개 이내로 제한한다.
② 캐스케이드 밸브의 수는 제어그룹에서 1을 빼면 된다.
③ 캐스케이드 밸브를 직렬로 연결하기 때문에 압력 저하로 인하여 스위칭 시간이 짧아진다.
④ 5/2way 양측 공압작동밸브 및 방향성이 없는 3/2way 롤러리밋밸브를 사용하므로 신뢰성이 보장된다.

해설
캐스케이드 회로란 신호 간섭을 피하기 위해 에너지원 공급을 순차로 하는 것이다. 회로가 다소 복잡하게 되고, 밸브를 직렬로 연결하게 되면 압력이 저하하여 스위칭 시간이 길어지게 된다. 그러므로 캐스케이드 밸브를 다섯 개 이상 사용하면 회로 작동 자체에 영향을 줄 수도 있게 된다.

24 유압 액추에이터가 받는 부하에 관계없이 일정한 유압유가 흘러 교축요소를 조절하여 속도를 조절해 주는 밸브는?

① 양방향 감압밸브
② 양방향 유량조절밸브
③ 일방향 유량조절밸브
④ 압력보상형 유량조절밸브

해설
압력보상형 유량제어밸브 : 교축밸브는 입력 쪽 유량과 출력 쪽 유량이 달라질 수밖에 없는데, 이를 보상하여 유량이 일정할 수 있도록 교축 전후 압력을 보상할 필요가 있다.

25 보일의 법칙에 대한 설명으로 옳은 것은?

① 정지 유체 내의 점에 작용하는 압력의 크기는 모든 방향으로 같게 작용한다.
② 기체의 압력을 일정하게 유지하면서 체적 및 온도가 변화할 때, 체적과 온도는 서로 비례한다.
③ 기체의 온도를 일정하게 유지하면서 압력 및 체적이 변화할 때, 압력과 체적은 서로 반비례한다.
④ 기체의 압력, 체적, 온도 세 가지가 모두 변화할 때는 압력, 체적, 온도는 서로 비례한다.

해설
①은 파스칼의 원리, ②는 보일-샤를의 법칙의 응용이고, ④는 틀린 명제이다.
• 보일의 법칙 : 일정량의 기체가 등온을 유지할 때 압력과 부피는 서로 반비례한다.
• 샤를의 법칙 : 일정한 압력의 기체는 온도가 상승하면 부피도 상승한다.

26 다음 중 공압 단동 실린더의 용도로 가장 적절하지 않은 것은?

① 이 송   ② 로터링
③ 클램핑   ④ 프레싱

해설
공압 단동 실린더는 직선운동을 하며 이 운동으로는 밀어내기, 압축하기, 당기기 등의 동작이 가능하고, 회전의 동작은 단동 실린더만으로는 구현하기 어렵다.

정답 23 ③ 24 ④ 25 ③ 26 ②

27 공압장치의 특징을 설명한 것으로 틀린 것은?

① 정밀한 속도제어가 가능하다.
② 동력전달방법이 간단하고 용이하다.
③ 힘의 증폭 및 속도조절이 용이하다.
④ 압축공기의 에너지를 쉽게 얻을 수 있다.

해설
공압의 특징

장점	단점
• 에너지원을 쉽게 얻을 수 있다.	• 에너지 변환효율이 나쁘다.
• 힘의 전달 및 증폭이 용이하다.	• 위치 제어가 어렵다.
• 속도, 압력, 유량 등의 제어가 쉽다.	• 압축성에 의한 응답성의 신뢰도가 낮다.
• 보수 · 점검 및 취급이 쉽다.	• 윤활장치를 요구한다.
• 인화 및 폭발의 위험성이 적다.	• 배기소음이 있다.
• 에너지 축적이 쉽다.	• 이물질에 약하다.
• 과부하의 염려가 적다.	• 힘이 약하다.
• 환경오염의 우려가 적다.	• 출력에 비해 값이 비싸다.
• 고속 작동에 유리하다.	• 균일속도를 얻을 수 없다.
	• 정확한 제어가 힘들다.

28 방향제어밸브의 조작방식 중 기계방식이 아닌 것은?

① 레버 방식
② 롤러 방식
③ 스프링 방식
④ 플런저 방식

해설
방향제어밸브의 조작방법
• 수동조작방법 : 레버를 이용해 손으로 밸브를 열었다 닫았다 하는 형태이다.
• 전기신호 조작방법 : 전기신호를 이용하여 솔레노이드를 작동시켜 조작한다.
• 공압신호 조작방법 : 공압에 의해 밸브를 열거나 닫는다.
• 기계적 조작방법 : 롤러, 스프링, 플런저 등을 활용하여 외력에 의해 밸브를 열거나 닫는다.

29 공압실린더를 중간정지하기 위하여 사용하는 것은?

① 공압근접스위치
② 5/3way 방향제어 밸브
③ 상시 열림형 시간지연밸브
④ 상시 닫힘형 시간지연밸브

해설
와 같은 형태의 5/3 밸브면 중간 정지가 가능하다.

30 대기압 상태의 공기를 흡입 · 압축하여 $1kgf/cm^2$ 이상의 압력을 발생시키는 공압기기는?

① 공압모터
② 유압펌프
③ 공기압축기
④ 압력제어밸브

해설
① 공압모터 : 공압 액추에이터를 이용해 회전력을 발생시키는 기기이다.
② 유압펌프 : 유체를 끌어올리는 기기이다.
④ 압력제어밸브 : 압력을 조절하여 주는 밸브로 주로 압력을 일정하게 유지하거나 낮추어 주는 밸브이다.

정답 27 ① 28 ① 29 ② 30 ③

31 로봇 머니퓰레이터(Manipulator)에 해당하는 것은?

① 로봇의 눈
② 로봇 컨트롤러
③ 로봇의 전원장치
④ 로봇의 손, 손목, 팔

해설
로 봇
- 정의 : 로봇은 여러 가지 작업을 수행하기 위하여 자재, 부품, 공구, 특수 장치 등을 프로그램대로 움직이도록 설계된 재프로그램이 가능하고 다기능을 가진 머니퓰레이터이다.
- 머니퓰레이터 : 인간의 팔과 유사한 동작이 가능한 기계적인 장치이다.

32 폐회로 제어시스템의 오차에 대한 식으로 옳은 것은?

① 오차 = 외란 + 실제값
② 오차 = 외란 + 제어출력
③ 오차 = 목푯값 – 실제값
④ 오차 = 제어출력 + 에너지

해설
폐루프 피드백 제어를 우리말 용어로 되먹임 제어라고 한다. 폐회로시스템의 오차는 목푯값과 실제값의 차이이며, 입출력 값을 비교하여 다시 제어하는 절차로 구성되어 있다.

33 제베크 효과를 이용한 센서용 검출 변환기는?

① 광전형
② 압전형
③ 열기전력형
④ 전기화학형

해설
제베크 효과 : 종류가 다른 금속에 열(熱)의 흐름이 생기도록 온도차를 주었을 때 기전력이 발생하는 효과이다.

34 PLC 스캔타임(Scan Time)에 대한 설명으로 옳은 것은?

① PLC에 입력된 프로그램을 1회 연산하는 시간
② PLC 입력 모듈에서 1개 신호가 입력되는 시간
③ PLC 출력 모듈에서 1개 출력이 실행되는 시간
④ PLC에 의해 제어되는 시스템이 1회 실행되는 시간

해설
스캔 타임이란 프로그램을 한 번 모두 읽어내리는 데 걸리는 시간으로 중간의 연산을 모두 수행한다.

35 제어회로의 각 부분과 사용되는 소자의 연결이 틀린 것은?

① 논리 부분 : 압력 스위치
② 입력 부분 : 광전 스위치
③ 입력 부분 : 누름단추 스위치
④ 출력 부분 : 솔레노이드 밸브

해설
논리부분은 제어요소에서 다루며 제어요소는 회로를 구성한 부분이나 프로그램을 처리하는 부분이다.

36 다음 PLC회로를 논리식으로 표현한 것으로 옳은 것은?

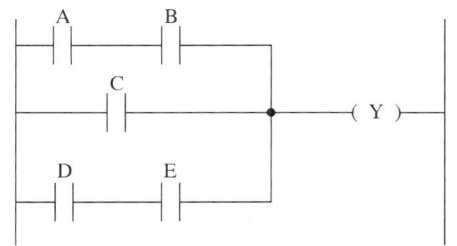

① Y=(A+B)·C·(D+E)
② Y=(A·B)·C·(D·E)
③ Y=(A+B)+C+(D+E)
④ Y=(A·B)+C+(D·E)

해설
Y가 출력되려면 A와 B가 모두 들어오거나 C가 On되거나 D와 E가 모두 들어와야 한다.

37 RS-232C의 전송방식은?

① 병렬전송방식
② 직렬전송방식
③ 온라인전송방식
④ 오프라인전송방식

해설
PLC CPU와 컴퓨터를 연결하는 포트는 9핀 RS232C나 USB 케이블을 이용한다. RS232C 케이블은 그림과 같으며 비트당 하나씩 신호가 전송되는 직렬 전송을 위한 규격이다.

38 공작기계의 움직임 순서, 위치 등의 정보를 수치에 의해 지령 받은 작업을 수행하는 로봇은?

① NC 로봇
② 링크 로봇
③ 지능 로봇
④ 플레이 백 로봇

해설
NC 공작을 수행하는 로봇이다.

39 PLC 시퀀스의 프로그램 처리방식은?

① 병렬처리
② 직렬처리
③ 혼합처리
④ 직병렬처리

해설
시퀀스제어란 순차제어를 의미하며 한 번에 하나씩 처리하는 직렬 처리방식이다.

40 되먹임 제어계의 분류에서 제어동작의 시간 연속성에 의한 분류와 관계가 많은 것은?

① 서보기구
② 자동조정
③ 샘플값 제어
④ 프로세스 제어

해설
제어시스템의 분류 중 신호에 따른 분류
• 연속값 제어시스템 : 시간상으로 연속한 아날로그형 신호를 이용한 시스템이다.
• 이산값 제어시스템 : 특정 시간의 값들을 이용하여 제어하는 시스템으로 샘플제어와 디지털제어가 있다.

41 기기의 보호나 작업자의 안전을 위하여 기기의 동작 상태를 나타내는 접점을 사용하여 관련된 기기의 동작을 금지하는 회로를 의미하며 선행동작우선회로 또는 상대동작금지회로라고도 하는 것은?

① 인터로크회로　② 타이머회로
③ 카운터회로　　④ 자기유지회로

해설
인터로크회로
신입신호 우선회로와는 달리 서로의 신호가 서로에게 간섭을 주지 않도록, 즉 Cross Checking 하도록, 둘 이상의 계전기가 동시에 동작하지 않도록 설계된 회로이다.

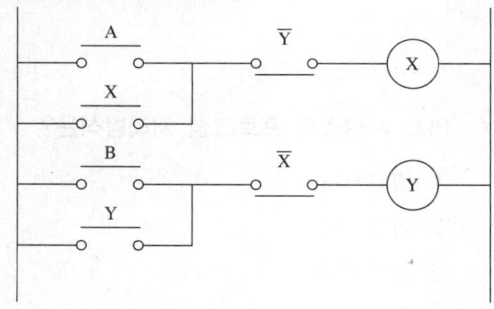

42 개별 장비들이 컴퓨터와 각각 케이블로 연결되는 것으로 중앙에 컴퓨터가 있고 이를 중심으로 제어기들이 연결되는 네트워크 구조는?

① 망형 구조　② 성형 구조
③ 환형 구조　④ 트리형 구조

해설
성(星)형 구조는 가운데의 컴퓨터를 중심으로 제어기들을 각각 연결하면 별 모양처럼 네트워크가 된다 하여 붙여진 이름이다.

43 유도형 센서(고주파 발진형 근접 스위치)가 검출할 수 없는 물질은?

① 철　　　② 구 리
③ 알루미늄　④ 플라스틱

해설
유도형 센서
강자성체가 영구 자석에 접근하면 코일 내 자속의 변화율에 따라 출력 단자 사이에 전압을 발생시켜 물체의 유무를 판단하며, 금속성 물질을 검출한다.

44 PLC의 특수기능 유닛(특수모듈)이 아닌 것은?

① 인덱스 유닛
② A/D변환 유닛
③ 온도제어 유닛
④ 위치결정 유닛

해설
PLC의 주요 구성
- 기본모듈 : 기본베이스(각 모듈 장착용), 입력모듈, 출력 모듈, 메모리모듈, 통신모듈
- 특수기능모듈 : A/D변환모듈, D/A변환모듈, 위치결정모듈, PID제어모듈, 프로세스 제어모듈, 열전대입력모듈(온도제어모듈), 인터럽트 입력모듈, 아날로그타이머모듈 등

45 서보기구제어계가 아닌 것은?

① 공정제어
② 방위제어
③ 위치제어
④ 자세제어

해설
서보기구의 제어대상
방향, 위치, 자세, 속도, 가속도 등

46 다음 중 출력이 입력에 영향을 주지 못하는 제어는?

① 개루프제어
② 되먹임제어
③ 피드백제어
④ 폐루프제어

해설
개회로제어시스템
입력신호가 필요에 따라 원하는 변환을 거쳐 출력으로 산출되는 제어이다.

47 유접점 시퀀스 제어회로의 b접점은 무접점 시퀀스 제어 회로의 무슨 회로와 같은 역할을 하는가?

① OR회로
② AND회로
③ NOR회로
④ NOT회로

해설
b접점은 평소에 연결되어 있다가 신호가 들어오면 끊어진다.

48 $A + \overline{A}$ 의 출력값은?

① 0
② 1
③ $\overline{A}$
④ $A \cdot \overline{A}$

해설
+는 OR의 의미로 둘 중 하나만 1이어도 1이 출력되므로, 위의 식은 항상 1이 출력된다.

49 타이머의 설정된 시간만큼 늦게 동작하는 회로는?

① 우선회로
② 인칭회로
③ 지연회로
④ 인터로크회로

해설
① 우선회로 : 지금 입력된 신호를 우선 출력하는 회로
② 인칭회로 : 자동 동작하는 것을 수동 동작하도록 하는 회로
④ 인터로크회로 : 서로의 신호가 서로에게 간섭을 주지 않고 둘 이상의 계전기가 동시에 동작하지 않도록 설계된 회로이다.

50 시퀀스 제어회로에서 접지선의 색상으로 옳은 것은?

① 녹 색 ② 백 색
③ 적 색 ④ 흑 색

해설
배선의 색상은 공통된 것은 아니며 제작자나 사용자가 정의하여 사용할 수 있으나 일반적으로 녹색은 접지선을 의미한다.

51 다음 회로의 회로명과 논리식으로 옳은 것은?

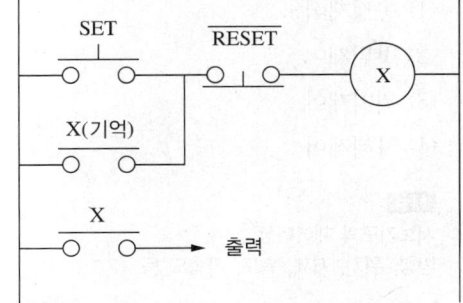

① 일치회로,
  $X = (SET + X(기억)) \cdot \overline{RESET}$
② 다중선택검출회로,
  $X = SET + \overline{RESET}$
③ 정지우선기억회로,
  $X = (SET + X) \cdot \overline{RESET}$
④ 기동(SET)우선기억회로,
  $X = (SET \cdot X) \cdot \overline{RESET}$

해설
③ X가 자기유지되고 RESET에 의해 해제된다.
① 일치되면 RESET에 의해 출력되지 않는다.
② ①과 마찬가지로 RESET에 의해 출력되지 않는다.
④ SET이 들어와도 RESET이 들어오면 해제된다.

52 누전차단기의 사용상 주의사항에 관한 설명으로 틀린 것은?

① 테스트 버튼을 눌러 작동상태를 확인한다.
② 누전차단기 점검주기는 월 1회 이상 한다.
③ 전원측과 부하측의 단자를 올바르게 설치한다.
④ 진동과 충격이 많은 장소에 설치하여도 무관하다.

해설
진동과 충격이 많은 장소에 설치하면 누전 상황이 아닐 때도 작동할 수 있다.

53 동작신호를 조작량으로 변환하는 요소이고 조절부와 조작부로 이루어지는 것은?

① 외 란
② 목푯값
③ 제어량
④ 제어요소

해설
제어시스템의 설명과 용어는 어느 영역에서 인용했느냐에 따라 달라질 수 있는데 위 문제는 자동제어에서 용어와 정의를 인용한 것으로 보이며 이에 따르면 시스템의 구성은 그림과 같다.

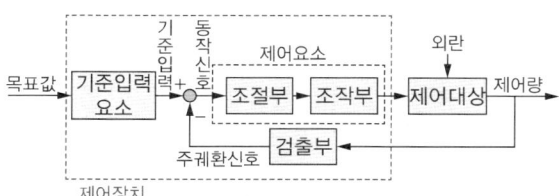

54 전자계전기의 동작에서 코일이 여자되면 닫히는 접점은?

① a접점
② b접점
③ c접점
④ 한시 b접점

해설
평소 열려 있다가 여자되면, 즉 코일이 전자석으로 변하면 스위치를 끌어당겨 닫히게 되므로 a접점이다.

55 시퀀스 기호 중 b접점이 아닌 것은?

① ─┤╲├─
② ─○╵○─
③ ─○╱○─
④ ─○╵○─

해설
②는 a접점이다.

56 3상유도전동기의 큰 기동전류를 줄이기 위해 사용되는 운전회로는?

① 반복 운전회로
② 촌동 운전회로
③ Y-△ 운전회로
④ 정·역 운전회로

해설
Y-△ 운전회로 : 기동 시에는 1/3 전류를 사용하는 Y결선을 이용하고 기동 후에는 전류량이 큰 △결선으로 교체하여 운전하는 회로

정답 53 ④ 54 ① 55 ② 56 ③

57 유접점 방식과 비교하여 무접점 방식의 특징 설명으로 틀린 것은?

① 동작속도가 늦다.
② 소형화에 적합하다.
③ 열(높은 온도)에 약하다.
④ 전기적 노이즈에 약하다.

해설
무접점릴레이의 장단점

장 점	단 점
• 전기 기계식 릴레이에 비해 반응속도가 빠르다. • 동작부품이 없으므로 마모가 없어 수명이 길다. • 스파크의 발생이 없다. • 무소음 동작이다. • 소형으로 제작이 가능하다.	• 닫혔을 때 임피던스가 높다. • 열렸을 때 새는 전류가 존재한다. • 순간적인 간섭이나, 전압에 의해 실패할 가능성이 있다. • 가격이 좀 더 비싸다.

58 이상적인 연산증폭기의 설명으로 틀린 것은?

① 출력저항 0
② 대역폭 일정
③ 전압이득 무한대
④ 입력저항 무한대

해설
연산증폭기는 두 개의 입력 단자와 한 개의 출력단자로 구성되어 두 입력단자 간 전압 차를 증폭시키는 증폭기이다. 연산증폭기는 이상적으로는 전압이득은 무한대, 입력저항도 무한대, 출력저항은 0이며 주파수 대역은 0부터 무한대까지 가능한 특성을 갖고 있다.

59 2진값 신호가 아닌 연속신호는?

① 2위치제어
② 접점 개폐
③ 아날로그신호
④ ON-OFF제어

해설
자연 상태의 신호처럼 연속성이 있는 신호를 아날로그 신호라 한다.

60 주로 검출용으로 사용되는 스위치는?

① 리밋스위치
② 토글스위치
③ 셀렉터스위치
④ 푸시버튼스위치

해설
리밋스위치는 동작을 검출하는 용도로 사용하며 액추에이터의 모양에 따라 조금씩 다르지만 액추에이터가 스위치를 터치하여 조작하는 형태로 구성된다.

57 ① 58 ② 59 ③ 60 ①

2017년 제2회 과년도 기출복원문제

※ 2017년부터는 CBT(컴퓨터 기반 시험)로 진행되어 수험자의 기억에 의해 문제를 복원하였습니다. 실제 시행문제와 일부 상이할 수 있음을 알려드립니다.

01 길이가 50mm인 표준시험편으로 인장시험하여 늘어난 길이가 55mm였다. 이 시험편의 연신율은?

① 5%
② 9%
③ 10%
④ 11%

해설
연신율 : 처음 길이에 비해 늘어난 길이의 양의 비율
$$\varepsilon = \frac{\Delta l}{l_1} = \frac{(55-50)}{50} = 0.1 = 10\%$$

02 구성인선에 대한 설명으로 틀린 것은?

① 칩의 일부가 절삭력과 절삭열에 의한 고온, 고압으로 날 끝에 녹아붙거나 압착된 것을 말한다.
② 구성인선은 매우 짧은 시간에 발생, 성장, 분열, 탈락의 주기를 반복한다.
③ 구성인선의 발생을 감소시키기 위해서는 깎는 깊이를 작게 하거나, 공구의 경사각을 크게 한다.
④ 구성인선이 발생하면 제품의 표면이 매끈해지고 특유의 문양이 나타난다.

해설
구성인선(Built-up Edge)
- 칩의 일부가 절삭력과 절삭열에 의한 고온, 고압으로 날 끝에 녹아붙거나 압착된 것을 말한다.
- 구성인선은 매우 짧은 시간에 발생, 성장, 분열, 탈락의 주기를 반복하기 때문에 탈락할 때마다 가공면에 흠집을 만들고, 진동을 일으켜 가공면을 나쁘게 만든다.
- 구성인선의 발생을 감소시키기 위해서는 깎는 깊이를 작게 하거나, 공구의 경사각을 크게 하고, 날 끝을 예리하게 하며, 절삭속도를 크게 하고, 윤활유를 사용한다.

03 절삭저항의 3분력 중 가장 큰 힘이 발생되는 것은?

① 표면분력
② 주분력
③ 이송분력
④ 배분력

해설
회전하는 절삭재료에 발생하는 절삭저항의 3분력은 주분력(절삭분력), 배분력, 이송분력이며, 이 중 주분력의 절삭저항이 가장 크므로 주분력이 가장 큰 힘을 받는다.

04 주로 기어 가공 시 사용하며 치형 모양의 커터로 기어를 다듬는 가공은?

① 보 링
② 드릴링
③ 셰이빙
④ 래 핑

해설
① 보링(Boring) : 주조된 구멍이나 이미 뚫은 구멍을 필요한 크기나 정밀한 치수로 넓히는 작업
② 드릴링(Drilling) : 보링이 이미 있는 구멍을 다듬는 작업이라면, 드릴링은 없는 구멍을 뚫는 작업
④ 래핑(Lapping) : 랩제를 이용하여 문질러서 미세하게 갈아내는 작업

정답 1 ③ 2 ④ 3 ② 4 ③

05 다음은 무엇에 관한 설명인가?

> • 3개의 클로를 움직여서 직경이 작은 공작물을 고정하는 데 사용하는 척이다.
> • 주축의 테이퍼 구멍에 슬리브를 꽂은 후 여기에 이것을 끼워서 사용한다.

① 단동척 ② 연동척
③ 콜릿척 ④ 공기척

해설
① 단동척 : 각 조(Jaw)가 따로 움직이는 척
② 연동척 : 조가 연동하여 함께 움직이는 척
④ 공기척 : 공작물을 가공하는 중에도 설비를 정지시키지 않고 공작물을 제거하거나 삽입할 수 있는 척

06 선반 가공 시 편위량이 5mm이고, 큰 지름이 40mm, 전체길이는 60mm이면 작은 지름은?(단, 테이퍼길이와 전체길이는 같다)

① 30mm ② 40mm
③ 50mm ④ 60mm

해설
심압대의 편위량 $e = \dfrac{(D-d)/2}{l/L}$
여기서, 큰 지름 : D, 작은 지름 : d
　　　　공작물 전체길이 : L, 테이퍼 부분의 길이 : l
$5 = \dfrac{(40-d)/2}{1}$, $d = 30$

07 형판이나 모형을 본뜨는 장치를 사용하여 프레스나 단조, 주조용 금형과 같은 복잡한 형상을 높은 밀도로 능률적인 가공이 가능한 기계는?

① 만능밀링머신
② 모방밀링머신
③ 나사밀링머신
④ 램형밀링머신

해설
모방밀링머신은 그림과 같은 모방장치가 달려 있어 이 장치에서 형상을 읽어 절삭작업을 수행한다.

08 하향절삭의 특징이 아닌 것은?

① 커터날에 마찰작용이 적으므로 날의 마멸이 작고 수명이 길다.
② 날자리 간격이 짧고, 가공면이 깨끗하다.
③ 깎인 칩이 새로운 절삭을 방해하지 않는다.
④ 백래시 제거장치가 필요하다.

해설

상향절삭	하향절삭
• 커터날이 일감을 들어 올리는 방향이므로 기계에 무리를 주지 않는다. • 커터날에 처음 작용하는 절삭저항이 작다. • 깎인 칩이 새로운 절삭을 방해하지 않는다. • 백래시의 우려가 없다. • 커터날이 일감을 들어 올리는 방향으로 일을 하므로 일감의 고정이 어렵다. • 날의 마찰이 크므로 날의 마멸이 크다. • 회전과 이송이 반대여서 이송의 크기가 상대적으로 크며 이에 따라 피치가 커져서 가공면이 거칠다. • 가공할 면을 보면서 작업하기가 어렵다.	• 커터날에 마찰작용이 적으므로 날의 마멸이 작고 수명이 길다. • 커터 날이 밑으로 향하여 절삭하고, 따라서 일감을 밑으로 눌러서 절삭하므로, 일감의 고정이 쉽다. • 날자리 간격이 짧고, 가공면이 깨끗하다. • 상향절삭과는 달리 기계에 무리를 준다. • 커터날이 새로운 면을 절삭저항이 큰 방향에서 진입하므로 날이 약할 경우 부러질 우려가 있다. • 가공된 면 위에 칩이 쌓이므로, 절삭열이 남아 있는 칩에 의해 가공된 면이 열변형을 받을 우려가 있다. • 백래시 제거장치가 필요하다.

09 일반적으로 밀링머신에서 할 수 없는 작업은?

① 곡면절삭   ② 베벨기어가공
③ 크랭크절삭가공   ④ 드릴홈가공

해설
크랭크 절삭 가공은 일반적으로 선반 등의 축가공을 하는 공작기계에서 가능하다.

10 인서트를 클램프로 고정시킨 후 절삭하는 바이트로 날과 자루가 분리되어 있는 형태는?

① 일체형 바이트
② 클램프 바이트
③ 비트 바이트
④ 팁 바이트

해설

② 클램프 바이트(Throw Away 바이트) : 절삭팁(인서트 팁)을 클램프로 고정시킨 후 절삭하는 바이트로 날과 자루가 분리되어 있다. 절삭팁이 파손되면 버리고(Throw Away) 다른 팁으로 교체하는 방식이므로 사용이 편리해서 현재 대부분의 선반가공에 사용되고 있다.
① 일체형 바이트(완성바이트) : 절삭날 부분과 섕크(자루) 부분이 모두 초경합금으로 만들어진 절삭공구로 절삭날은 연삭가공으로 만들어서 사용하는데 현재는 거의 사용되지 않는다.
③ 비트 바이트 : 크기가 작은 절삭팁을 자루 내부에 관통시킨 후 볼트로 고정시켜 사용하는 바이트이다.
④ 팁바이트(용접바이트) : 섕크에서 절삭날(인선)부분에만 초경합금이나 용접이 가능한 바이트용 재료를 용접해서 사용하는 바이트이다.

11 연삭숫돌 결합제 중 다음에서 설명하는 것은?

• 대형 숫돌바퀴를 만들 수 있음
• 고속도강과 같이 균열이 생기기 쉬운 재료를 연삭할 때, 연삭에 의한 발열을 피해야 할 경우에 사용

① 비트리파이드(Vitrified, V)
② 실리케이트(Silicate, S)
③ 셸락(Shellac, E)
④ 금속결합제

해설
실리케이트는 규산나트륨을 주재료로 한 결합제로 균열발생이 우려되거나 연삭 등 발열이 많이 생기는 경우에 사용한다.

12 창성법에 의한 기어 가공용 커터가 아닌 것은?

① 래크 커터
② 브로치
③ 피니언 커터
④ 호 브

해설
기어가공 중 창성에 의한 절삭
• 래크 커터에 의한 절삭
• 피니언 커터에 의한 절삭
• 호브에 의한 절삭

13 입방정 질화붕소의 미결정을 결합제를 사용하여 초고압 고온에서 인공 합성한 공구재료로 경도가 다이아몬드의 2/3 정도인 것은?

① 초경합금
② 세라믹공구
③ CBN(Cubic Boron Nitride) 공구
④ 피복초경합금

해설
③ CBN(Cubic Boron Nitride, 입방정 질화붕소) : 0.5~1mm 두께의 다결정 CBN을 초경합금 모재 위에 가압소결하여 접합시킨 공구재료이다.
① 초경합금 : W(텅스텐), Ti(타이타늄), Ta(탄탈) 등의 탄화물 분말을 Co(코발트)나 Ni(니켈) 분말과 혼합하여 프레스로 성형한 다음, 1,400℃ 이상의 고온에서 소결한 공구재료이다.
② 세라믹공구 : 알루미나(Al_2O_3) 분말에 규소(Si) 및 마그네슘(Mg) 등의 산화물이나 그 밖에 다른 산화물의 첨가물을 넣고 소결한 것으로 흰색, 분홍색, 회색, 검은색 등이 있다. 고온에서도 경도가 높고, 내마멸성이 좋으며, 초경합금보다 더욱 높은 속도에서 절삭할 수 있으나 취약한 것이 단점이다.
④ 피복초경합금 : 초경합금의 모재 표면에 고경도의 물질인 TiC, TiN를 수 μm 피복한 것이다.

14 그림에서 모듈이 2라면 잇수는?

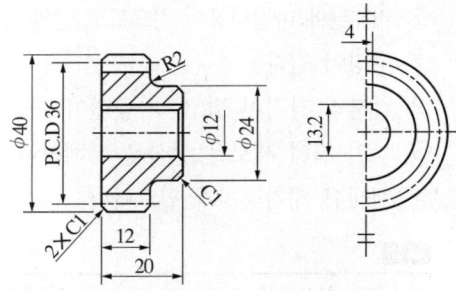

① 18
② 19
③ 20
④ 21

해설
$$D_p = mz, \quad z = \frac{D_p}{m} = \frac{36}{2} = 18$$

15 그림과 같은 치수기입법의 명칭은?

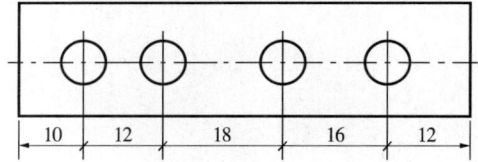

① 간략 치수 기입법
② 병렬 치수 기입법
③ 직렬 치수 기입법
④ 가로 치수 기입법

해설
치수 기입 방법에는 가로로 나란히 적는 직렬치수기입법, 세로로 나란히 적는 병렬치수기입법, 기점부터 각 지점까지의 치수를 적는 누진치수기입법, 반복되는 패턴의 각 지점을 좌표로 나타내는 좌표치수 기입법 등이 있다. 그림은 직렬치수기입이며, 각 지점에 치수기입 범위가 좁을 경우 화살표를 겹쳐 그리는 대신 치수기입법에 따라 "/"으로 그렸다.

16 ⌀50 H7/g6의 끼워 맞춤은?

① 구멍기준식 억지 끼워맞춤
② 구멍기준식 헐거운 끼워맞춤
③ 축기준식 헐거운 끼워맞춤
④ 축기준식 억지 끼워맞춤

[해설]
IT 공차 대문자를 사용한 것이 구멍이고, 소문자가 축이며 앞의 것이 기준이어서 구멍기준식이고, 공차기호 H는 아래치수허용차가 0이고, 공차기호 g는 윗치수 허용차가 0보다 작게 되므로 항상 헐거운 끼워맞춤이 된다.

17 스퍼기어의 제도에서 원의 둘레를 일점 쇄선으로 그렸다면 어떤 원을 그린 것인가?

① 바깥원
② 이끝원
③ 피치원
④ 이뿌리원

[해설]
이끝원은 굵은 실선으로, 이뿌리원은 가는 실선으로, 피치원은 일점 쇄선으로 그린다.

18 KS B 1311 TG 20×12×70으로 호칭되는 키의 설명으로 옳은 것은?

① 나사용 구멍이 있는 평행키로서 양쪽 네모형이다.
② 나사용 구멍이 없는 평행키로서 양쪽 둥근형이다.
③ 머리붙이 경사키이며 호칭치수는 20×12이고 호칭길이는 70이다.
④ 둥근바닥 반달키이며 호칭길이는 70이다.

[해설]
KS B 1311에 TG는 머리 있는 경사키이며 문제의 키는 폭 20mm, 높이 12mm, 길이 70mm의 경사키이다.

19 마이크로미터 눈금이 그림과 같다면 이 길이는?

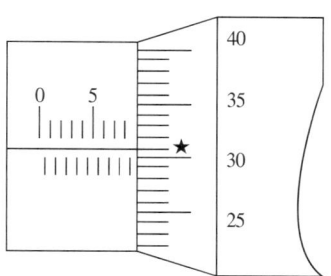

① 5.31mm
② 5.81mm
③ 8.31mm
④ 8.81mm

[해설]
마이크로미터는 어미자의 눈금을 먼저 읽고 아들자의 눈금을 더한다.
어미자 8.5mm + 아들자 0.31mm = 8.81mm

20 기계에서 발생하는 소음이나 진동 등과 같은 주위 환경에서 오는 오차 또는 자연현상의 급변 등으로 생기는 오차는?

① 측정기의 오차
② 시 차
③ 우연오차
④ 긴 물체의 휨에 의한 영향

해설
오차의 종류
- 우연 오차(비체계적 오차, Random Measurement Error) : 어떤 현상을 측정함에 있어서 방해가 되는 모든 요소, 즉 측정자의 피로, 기억 또는 감정의 변동 등과 같이 측정대상, 측정과정, 측정수단, 측정자 등에 비일관적으로 영향을 미침으로 발생하는 오차로 우연 오차가 대표적이다.
- 체계적 오차(Systematic Measurement Error) : 측정대상에 대해 어떠한 영향으로 오차가 발생될 때 그 오차가 거의 일정하게 일어난다고 보면 어떤 제약되는 조건 때문에 생기는 오차로 측정기 오차, 구조 오차 등이 있다.

21 // 0.011 A 의 의미로 맞지 않는 것은?

① 진직도 공차이다.
② 0.011의 공차값을 갖는다.
③  A 기호가 있는 곳을 기준으로 한다.
④ 이와 같은 공차를 기하공차라 한다.

해설
// 기호는 평행도 공차의 기호이다.

22 유압기기에서 작동유의 역할이 아닌 것은?

① 과부하를 막아준다.
② 힘을 전달하는 기능을 감당한다.
③ 밸브 사이에서 윤활작용을 돕는다.
④ 유막을 형성하여 녹의 발생을 방지한다.

해설
작동유로 인해 과부하를 막는 기능은 없다. 만약 약간의 영향이 있다 하여도 나머지 보기에 비해 관련도가 매우 낮다.

23 내경이 10mm 실린더에 5kgf/cm²의 유압이 공급될 때 실린더 로드에 작용하는 힘의 총량(kgf)은?

① 1.9
② 3.9
③ 5.4
④ 12.2

해설
$5\,\mathrm{kgf/cm^2} \times \dfrac{\pi}{4} \times (1\,\mathrm{cm})^2 = 3.93\,\mathrm{kgf}$

24 다음 그림에서 V_2(mm/s)는?

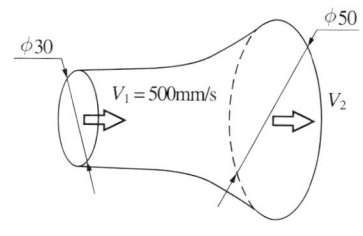

① 180 ② 200
③ 320 ④ 500

> **해설**
> 연속의 법칙에 의해 $A_1 V_1 = A_2 V_2$
> $\frac{\pi}{4} D_1^2 \times V_1 = \frac{\pi}{4} D_2^2 \times V_2$
> $V_2 = \left(\frac{D_1}{D_2}\right)^2 \times V_1 = 0.36 \times 500 = 180$

25 탱크나 실린더 내의 최고압력을 제한하여 과부하 방지를 목적으로 하며 안전밸브라고도 하는 밸브는?

① 릴리프 밸브
② 시퀀스 밸브
③ 교축밸브
④ 유량조절 밸브

> **해설**
> 압력의 과부하가 걸리면 압력을 완화하여 긴장을 낮추는 작업을 하는 밸브가 릴리프 밸브이다.

26 포핏밸브의 특징이 아닌 것은?

① 구조가 간단하여 먼지 등의 이물질의 영향을 잘 받지 않는다.
② 짧은 거리에서 밸브를 개폐할 수 있다.
③ 밀봉효과가 좋고 복귀스프링이 파손되어도 공기 압력으로 복귀된다.
④ 큰 변환 조작이 필요하고, 다방향 밸브로 되면 구조가 단순하다.

> **해설**
> **포핏형 밸브**
>
> | 기본 구조 원리 | 밸브 몸체가 밸브 시트의 직각방향으로 이동하면서 압축공기의 흐름을 전환한다. |
> |---|---|
> | 장 점 | • 실(Seal)효과가 좋다.
• 밸브의 이동 거리가 짧기 때문에 밸브의 개폐 시간이 빠르다.
• 먼지 등의 이물질이 혼입되더라도 고장이 적다.
• 대부분의 것은 급유를 필요로 하지 않는다. |
> | 단 점 | • 공기압력이 높아지면 밸브를 개폐하는 조작력이 크게 된다.
• 배관구가 많아지면 형상이 복잡하게 되어 자유도가 작아진다. |

정답 24 ① 25 ① 26 ④

27 날개(Vane) 끝이 벽에 밀착되어 지나가는 공기가 날개를 밀어내어 회전력을 얻는 방식이며 로터가 편심되어 있어서 공기흐름의 속도에 영향을 주도록 구조가 되어 있는 공압모터는?

① 반경류 피스톤 모터
② 축류 피스톤 모터
③ 베인모터
④ 기어모터

해설
베인모터 : 로터는 3,000~8,500rpm 정도가 가능하며 24마력까지 출력을 낸다. 마모에 강하고 무게에 비해 높은 출력을 내는 특징이 있다. 날개(Vane) 끝이 벽에 밀착되어 지나가는 공기가 날개를 밀어내어 회전력을 얻는 방식이며 로터가 편심되어 있어서 공기흐름의 속도에 영향을 주도록 구조가 되어 있다.

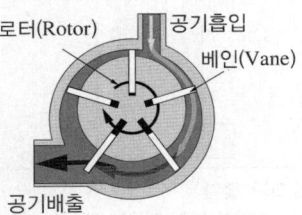

28 용적효율이 0.8이고 기계효율이 0.7일 때 펌프의 전 효율은?

① 0.8
② 0.7
③ 0.56
④ 0.1

해설
전효율 = 용적효율 × 기계효율

29 가장 널리 사용되는 것으로서, 실린더 안을 피스톤이 전진과 후진을 반복하며 흡입밸브로부터 실린더 내에 공기를 흡입한 다음, 압축하여 배출밸브로부터 압축공기를 배출하는 공기 압축기는?

① 축류식 압축기
② 미끄럼 날개형 압축기
③ 왕복형 압축기
④ 다이어프램형 압축기

해설
축류식은 많은 양의 기체 압축에 이용한다. 압축기는 미끄럼 날개가 달린 구조와 격판이 달린 구조에 따라 각각 미끄럼 날개형, 다이어프램형 압축기로 구분한다.

30 회로의 압력이 일정 압력을 넘어서면 압력을 견디던 막이 압력 과다에 의해 파열됨으로써 압력을 낮추어 주어 급격한 압력변화에 유압기기가 손상되는 것을 막을 수 있도록 장착해 놓은 장치는?

① 어큐뮬레이터
② 안전밸브
③ 유체퓨즈
④ 공압 조정 유닛

해설
① 어큐뮬레이터 : 유체의 압력을 축적하여 압력의 흐름을 일정하게 조절해 주는 장치로서 압력을 축적하는 방식으로 맥동을 방지하는데 사용하는 것이다.
② 안전밸브 : 릴리프밸브로 압력이 너무 높아지면 압력을 완화하여 긴장을 낮추는 밸브이다.
④ 공압 조정 유닛 : 공기압력을 조정하는 여러 기기로 조합된 조정기이다.

31 다음 공압회로의 논리는?

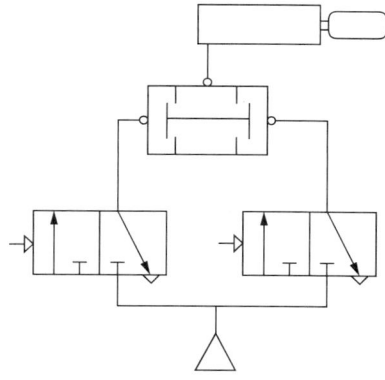

① AND
② OR
③ NOT
④ NAND

해설
왼쪽 밸브와 오른쪽 밸브가 모두 작동하지 않는 한 액추에이터가 동작을 하지 않으므로 AND 논리를 갖는다.

32 자동화의 5대 요소에 속하지 않는 것은?

① 센 서
② 신호장치
③ 액추에이터
④ 프로그래머

해설
자동화의 5대 요소
- 감지기(센서) : 액추에이터 및 외부 상태를 감지하여 제어신호처리장치에 공급하여 주는 입력요소
- 제어신호처리장치 : 감지기로부터 입력되는 제어 정보를 분석·처리하여 필요한 제어 명령을 내려 주는 장치
- 액추에이터 : 외부의 에너지를 공급받아 일을 하는 출력요소
- 이외에 소프트웨어 기술과 네트워크 기술을 포함하여 자동화 5대 요소라 한다.

33 제어 시스템 중 입력, 출력 신호의 비교가 필요 없는 시스템은?

① 개회로 시스템
② 폐회로 시스템
③ 반폐회로 시스템
④ 외란을 고려한 폐회로 시스템

해설
개회로 시스템은 입력이 발생하면 미리 프로그램된 절차에 의해 출력을 내보내는 시스템이다.

34 자동화시스템의 구성요소 중 서보모터(Servo Motor)는 주로 어디에 속하는가?

① 메커니즘(Mechanism)
② 액추에이터(Actuator)
③ 파워서플라이(Power Supply)
④ 센서(Sensor)

해설
서보모터 : 제어기의 제어에 따라 제어량을 따르도록 구성된 제어 시스템에 사용하는 모터로서 정확한 구동을 위해 큰 가속을 내거나 급정지에 적합하도록 구성한다. 서보모터는 제어계 내에서 구동장치로 사용된다.

정답 31 ① 32 ④ 33 ① 34 ②

35 제베크 효과를 이용한 센서용 검출 변환기는?

① 광전형
② 압전형
③ 열기전력형
④ 전기화학형

[해설]
제베크 효과 : 종류가 다른 금속에 열의 흐름이 생기도록 온도차를 주었을 때 기전력이 발생하는 효과이다. 이를 열기전력 효과라 한다.

36 되먹임제어 중 검출된 편차값에 비례하는 조작량에 의해 제어하는 형태의 제어는?

① 비례제어
② 정치제어
③ 추종제어
④ 시퀀스제어

[해설]
② 정치제어 : 목푯값이 시간적으로 일정한 자동 제어이며, 제어계는 주로 외란의 변화에 대한 정정 작용을 한다.
③ 추종제어 : 목푯값이 시간에 따라 변하며, 이 변화하는 목푯값에 제어량을 추종하도록 하는 되먹임제어이다.
④ 시퀀스제어 : 미리 정해진 순서에 따라 일련의 제어 단계가 차례로 진행되어 나가는 자동제어이다.
※ 답지의 제어 종류는 각각 제어의 분류가 다른데 시간에 따른 제어로 정치, 추종, 프로그램제어로 나뉘고, 신호처리방식에 따라 동기, 비동기, 논리제어, 시퀀스제어로 구분하며 비례제어는 과정을 제어하는 방식에 따라 설명한 것이다.

37

$R(s) \xrightarrow{+} E(s) \to G(s) \to C(s)$, $B(s) \leftarrow H(s)$ 의 전달 함수는?

① $\dfrac{G(s)}{1+G(s)H(s)}$

② $\dfrac{H(s)}{1+G(s)H(s)}$

③ $\dfrac{G(s)+H(s)}{1+G(s)H(s)}$

④ $\dfrac{G(s)H(s)}{1+G(s)H(s)}$

[해설]
$E(s) = R(s) - B(s)$
$C(s) = G(s)E(s)$
$B(s) = H(s)C(s)$ 이므로
$E(s) = R(s) - H(s)C(s)$
$C(s) = G(s)E(s) = G(s)R(s) - G(s)H(s)C(s)$
$C(s) + G(s)H(s)C(s) = G(s)R(s)$
$C(s)\{1+G(s)H(s)\} = G(s)R(s)$
$C(s) = \dfrac{G(s)}{1+G(s)H(s)}R(s)$

∴ 전달함수는 $\dfrac{C(s)}{R(s)} = \dfrac{G(s)}{1+G(s)H(s)}$

38 CNC 자동원점 복귀 명령은?

① G04
② G27
③ G28
④ G29

[해설]
① G04 : 휴지(Dwell) 명령
② G27 : 원점복귀체크
④ G29 : 원점으로부터 복귀

39 주문, 기획, 설계, 제작, 생산, 포장, 납품에 이르는 전과정을 컴퓨터를 이용하여 통제하는 생산체제는?

① DNC ② CIM
③ FMS ④ LCA

해설
① DNC(Direct Numerical Control) : 한 대의 컴퓨터에 작성된 공작 프로그램을 이용해 여러 대의 자동공작기계를 작동하는 시스템
③ FMS(Flexible Manufacturing System) : 자동화된 생산 라인을 이용하여 다품종 소량생산이 가능하도록 만든 유연생산체제
④ LCA(Low Cost Automation) : 저가격・저투자성 자동화로 자동화의 요구는 실현하되 비용절감을 염두에 두고 만든 생산체제

40 다음 중 직렬 전송 방식의 특징이 아닌 것은?

① 전송 비용이 저렴하다.
② 원거리 전송에 적절하다.
③ 직병렬 변환 회로가 필요 없다.
④ 전송 속도가 느리다.

해설
데이터 전송 방식의 비교

직렬 전송	병렬 전송
• 전송비트를 한 전송으로 차례로 전송한다. • 전송 속도가 느리다. • 전송 비용이 저렴하다. • 직병렬 변환 회로가 필요하다. • 원거리 전송에 적절하다. • 대부분의 데이터 전송 시스템에서 사용한다.	• 여러 전송라인으로 여러 비트를 동시에 전송한다. • 전송 속도가 빠르다. • 전송 비용이 상승한다. • 직병렬 변환 회로가 필요 없다. • 근거리 전송에 적절하다. • CPU와 하드디스크의 데이터 전송과 같은 방식에 사용한다.

41 문과 문틀에 자석과 스위치를 조합하여 방범용 제어기에 응용되거나, 자동화 시스템의 실린더 위치 감지에 가장 많이 사용되는 비접촉식 장치는?

① 광전센서 ② 리드 스위치
③ 정전용량형 센서 ④ 초음파 센서

해설
리드 스위치
영구 자석에서 발생하는 외부 자기장을 검출하는 자기형 근접센서로 매우 간단한 유접점 구조를 가지고 있다.
• 특 성
 - 가스, 수분, 온도 등 외부 환경의 영향에도 안정되게 동작한다.
 - On/Off 동작 시간이 빠르며 수명이 길다.
 - 소형 경량이며 값이 싸다.
 - 접점은 내식성, 내마멸성이 우수하고 개폐 동작이 안정적이다.
 - 내전압 특성이 우수하다.
• 유의점
 - 내부가 유리관으로 덮여 있으므로 충격에 약하다.
 - 자극 설치 방법에 따라 두 군데 또는 세 군데의 감지 특성이 나타날 수 있다.

42 광전센서 중 포토 트랜지스터, 광사이리스터 등 소형이고 출력이 크며, 전원이 필요 없는 센서류는?

① 광도전형 ② 광기전력형
③ 광전자방출형 ④ 복합형

해설

광변환 원리에 따른 분류	감지기의 종류	특 징	용 도
광도전형	광도전셀	소형, 고감도, 저렴한 가격	카메라 노즐, 포토릴레이
광기전력형	포토다이오드, 포토TR, 광사이리스터	소형, 대출력, 저렴한 가격, 전원 불필요	스트로보, 바코드 리더, 화상 판독, 조광 시스템, 레벨 제어
광전자 방출형	광전관	초고감도, 빠른 응답 속도	정밀 광 계측기기
복합형	포토커플러, 포토인터럽트	전기적 절연, 아날로그 광로 검출	무접점 릴레이, 레벨 제어, 광전 스위치

43 전자개폐기의 철심이 진동할 경우 예상되는 원인으로 가장 가까운 것은?

① 가동 철심과 고정철심 접촉 부위에 녹이 발생했다.
② 전자개폐기의 코일이 단선되었다.
③ 전자개폐기 주위의 습기가 낮다.
④ 접촉단자에 정격전압 이상의 전압이 가해졌다.

해설
전자개폐기에 전류가 흐르면 고정철심이 전자석이 되어 가동철심을 잡아당긴다. 진동이 생긴다는 것은 전자석 역할을 하는 물체의 자화가 되었다 안 되었다 하는 일이 매우 빠르게 반복되거나 잡아당겨진 가동철심이 접촉이 불가능한 경우 등이다. 주어진 보기 중 가장 그럴 듯한 원인은 접촉부위의 이물질이 생겼을 경우이다.

44 다음 검출 조작 기능 센서 중 전압 변화형 센서는?

① 광전형 센서
② 측온 저항체
③ 용량 변화용 센서
④ 인덕턴스 변화용 센서

해설
측온 저항체는 저항의 변화를 이용하고, 용량 변화용 센서는 정전 용량을 이용하며, 인덕턴스 변화용 센서는 인덕턴스의 변화에 따라 센서를 이용한다.

45 전동기 과부하 보호용 계전기는?

① 한시 계전기
② 파워 계전기
③ 리드 계전기
④ 열동형 계전기

해설
열동 계전기
일반적으로 전자 접촉기와 같이 사용하며, 부하의 이상으로 설정된 전룟값 이상의 전류가 부하에 흘러 온도가 상승하면 바이메탈에 의해 주접점을 열어(트립) 부하를 보호하고, 이상 전류에 의한 화재를 방지한다.

46 다음 회로의 명칭은?

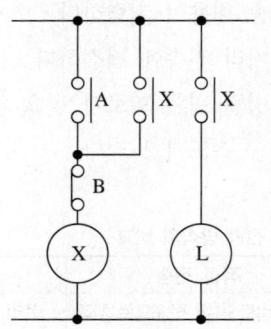

① AND 회로
② 한시동작 회로
③ 순시동작회로
④ 자기유지 회로

해설
A 접점이 접촉하면 X의 신호가 들어가고 X가 다시 자신인 X를 지속적으로 On 상태를 유지하게 하는 자기유지회로이다.

47 다음 회로에 대한 설명 중 옳지 않은 것은?

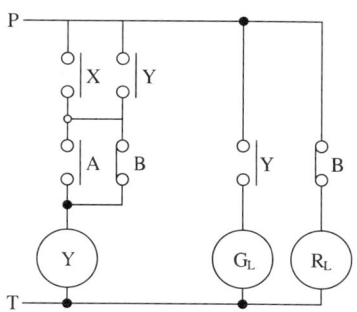

① 초기 상태에서 X를 On하면 녹색램프가 들어온다.
② X가 On된 뒤 다른 신호가 없으면 녹색램프는 꺼지지 않는다.
③ 초기 상태에 적색램프는 꺼져 있다.
④ B에 신호가 들어와 있으면 X가 On 되어도 녹색램프가 들어오지 않는다.

해설
초기 상태에 B는 b접점이므로 적색램프는 B에 신호가 들어오지 않는 한 켜져 있다.

48 다음 그림의 기호는 무엇을 나타내는가?

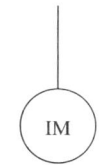

① 직류 전동기
② 유도 전동기
③ 직류 발전기
④ 교류 발전기

해설
전동기는 Motor이며 M 기호로 나타내고, 발전기는 Generator로 G기호로 나타낸다. 보기 중 KS C 0103에 규정되어 있는 것은 IM(Induction Motor) 유도전동기이다. 참고로 직류는 Direct Current, 교류는 Alternating Current이다.

49 클록펄스가 가해질 때마다 출력상태가 반전되는 플립플롭은?

① RS 플립플롭
② JK 플립플롭
③ D 플립플롭
④ T 플립플롭

해설

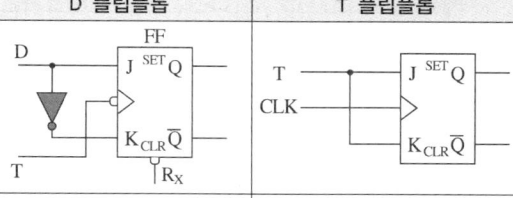

RST 플립플롭	JK 플립플롭
T가 1일 때에만 RS F/F 동작, T가 0일 때에는 입력 R, S의 상태에 무관하여 앞의 출력 상태로 유지됨	2개의 입력이 동시에 1이 되었을 때 출력 상태가 불확정되지 않도록 한 것으로 이때 출력 상태는 반전됨

S	R	Q_{n+1}	동작
0	0	Q_n	불변
0	1	0	리셋
1	0	1	세트
1	1	불확정	불변

J	K	Q_{n+1}	동작
0	0	Q_n	불변
0	1	0	리셋
1	0	1	세트
1	1	Q_n'	반전

D 플립플롭	T 플립플롭
D 입력의 1 또는 0의 상태가 Q 출력에 그대로 Set됨	클록펄스가 가해질 때마다 출력 상태가 반전됨

D	Q_{n+1}
1	1
0	0

T	Q_{n+1}
0	Q_n
1	Q_n'

50 논리기호에 맞는 논리식은?

① $Y = A \cdot B$
② $Y = A + B$
③ $Y = \overline{A + B}$
④ $Y = \overline{A \cdot B}$

[해설]

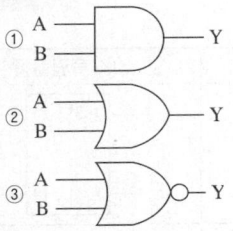

51 다음 카르노 맵의 간략식으로 맞는 것은?

C\AB	00	01	11	10
0	1	0	0	1
1	1	0	0	1

① $\overline{A} \cdot \overline{B} + A \cdot \overline{B}$
② $C + \overline{B}$
③ $\overline{B}$
④ $\overline{A} \cdot \overline{B} \cdot C$

[해설]
계산을 간략히 하기 위해 출력이 나오는 신호들을 짝수단위로 곱의 형태로 묶는다.

C\AB	00	01	11	10
0	1	0	0	1
1	1	0	0	1

C\AB	$\overline{A}\overline{B}$	$\overline{A}B$	AB	$A\overline{B}$
$\overline{C}$	1	0	0	1
C	1	0	0	1

$\overline{C}\overline{C} \cdot \overline{A}\overline{B}A\overline{B} = \overline{C}\overline{C} \cdot \overline{A}\overline{B}A\overline{B} = \overline{B}$

※ 카르노 맵이 2개 타입 정도가 출제가능하여 계산이 어려우면 익혀두어도 좋겠다.

52 유접점회로와 무접점회로에 대한 설명으로 옳지 않은 것은?

① 유접점회로는 열렸을 때 새는 전류가 존재한다.
② 유접점 회로는 회선을 이어서 원하는 회로를 구성한 것이다.
③ 유접점 회로는 직접 회선을 선택하여 구성할 수 있고, 비교적 전기적으로 자유롭게 구성이 가능하다.
④ 무접점 회로는 대단히 작은 부피로 구성이 가능하며 접점 스파크, 반응 속도 등을 고려할 필요가 없다.

[해설]
유접점 회로는 접점의 폐쇄와 개방이 분명하다. 그러나 무접점은 회로가 열렸을 때에도 새는 전류가 존재한다.

53 PLC의 주요 주변기기 중에 프로그램 로더가 하는 역할과 거리가 먼 것은?

① 프로그램 기입
② 프로그램 이동
③ 프로그램 삭제
④ 프로그램 인쇄

[해설]
PLC의 주변기기
- 프로그램 로더(프로그래머) : 기입, 판독, 이동, 삽입, 삭제, 프로그램 유무의 체크, 프로그램의 문법체크, 설정값 변경, 강제출력
- 프린터, 카세트데크, 레코더 : 출력 장치, 카세트 설치 장치, 녹화 장치
- 디스플레이가 있는 로더(Display Loader, CRT Loader)
- 롬 라이터(Rom-writer)

정답 50 ④ 51 ③ 52 ① 53 ④

54 다음 유접점 회로를 PLC를 이용하여 코딩할 때 이 명령에 대한 설명으로 옳지 않은 것은?

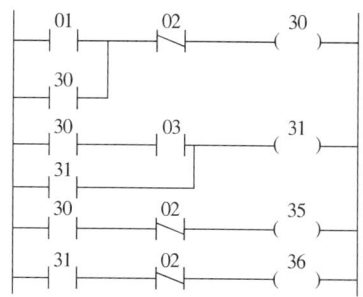

① 초기 상태에서 01에 신호가 들어가면 35가 동작하고 유지된다.
② 35가 동작할 때 03에 신호가 들어가면 36이 동작하고 유지된다.
③ 02에 신호가 들어가면 출력이 모두 멈춘다.
④ 이 프로그램은 순차제어 프로그램이다.

해설
02에 신호가 들어가도 31에는 자기 유지에 의해 지속적으로 출력이 발생한다.

55 그림과 같은 차트의 논리 게이트는?

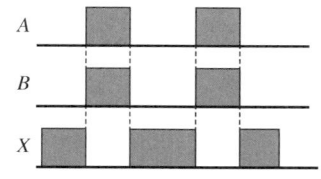

① AND ② OR
③ NAND ④ NOR

해설
$X = \overline{A \cdot B} = \overline{A} + \overline{B}$

56 매우 큰 힘을 발생시킬 수 있고, 회전력과 직선력으로 사용할 수 있는 로봇 동력원은?

① 공기압식 동력원
② 전기식 동력원
③ 유압식 동력원
④ 기계식 동력원

해설
로봇은 주로 공압과 전기, 유압을 이용한 액추에이터(실린더 및 모터)를 이용하여 동작하며, 사용되는 모터는 소형이므로 가장 큰 힘을 내는 동력원은 유압을 사용한다.

동력원의 종류와 특징

구 분	특 징	액추에이터
전기식	소형으로 간편하게 구성할 수 있으며, 고속, 고정밀 위치 결정이 가능하다.	모터, 전자밸브, 솔레노이드
유압식	큰 동력을 얻을 수 있으나 장치가 복잡하고 유지비가 많이 든다.	유압 실린더
공압식	구조가 간단하나 공기의 압축성 때문에 정밀한 위치 결정이 어렵다.	공압 실린더, 인공근육

57 PLC의 명령어 중 정해진 시간만큼 기다렸다 신호를 내보내는 명령은?

① CNT ② TON
③ TOFF ④ END

해설
설명은 타이머에 관한 것이며 그중 On-delay Timer에 관한 것이다. TON으로 명령한다.

58 방향제어 밸브만으로 구성된 것은?

① 감압밸브, 스톱밸브
② 셔틀밸브, 체크밸브
③ 감압밸브, 스로틀밸브
④ 체크밸브, 스로틀밸브

해설
셔틀밸브는 OR 밸브로 사용되어, 출력 방향으로만 신호가 나가고, 체크밸브는 한 방향으로만 유체가 흐르도록 제어한다.

59 PLC에서 외부기기와 내부회로를 전기적으로 절연하고 노이즈를 막기 위해 입력부와 출력부에 주로 이용하는 소자는?

① 사이리스터
② 릴레이
③ 포토커플러
④ 트랜지스터

해설
포토커플러는 전기회로 간에 신호를 주고 받을 때 전기적으로는 절연상태를 만들고 광신호로 신호를 주고 받는 역할을 한다.

60 작업 공간 내에 흩어져 있는 작업점들의 위치를 미리 정해진 순서대로 통과하게 하는 제어 방식이다. 순차적인 위치 결정 제어라고도 하는 제어 방식은?

① CP 제어
② PTP 제어
③ 시차 제어
④ 서보 제어

해설
① CP(Continuous Path control) 제어 : 작업 공간 내의 작업점들을 통과하는 경로가 직선 또는 곡선으로 지정되어 있어, 그 지정된 경로를 따라 연속적으로 위치 및 방향을 결정하면서 작업을 하도록 하는 제어 방식이다. 통과점들로 이루어진 모든 경로가 지정되어 있는 경로 제어이며, 두 방향 이상으로 자유롭게 움직일 수 있는 로봇에서만 가능하다. 이러한 방식은 주로 Spray Painting, Arc Welding 등에 사용된다.
③ 시차제어 : 타임테이블만으로만 제어하는 타입으로 따로 분류 구분이 있는 것은 아니다.
④ 서보제어 : 로봇제어 방식 중 각부의 위치, 속도, 가속도, 힘 등의 제어량을 시시각각으로 변화하는 목푯값에 추종하여 제어하는 방식이다.

정답 58 ② 59 ③ 60 ②

2017년 제4회 과년도 기출복원문제

01 지름 4cm의 연강봉에 5,000N의 인장력이 걸려 있을 때 재료에 생기는 응력은?

① 410N/cm²   ② 498N/cm²
③ 300N/cm²   ④ 398N/cm²

해설
인장응력 $\sigma = \dfrac{P}{A} = \dfrac{5,000\text{N}}{\dfrac{\pi \times (4\text{cm})^2}{4}} \fallingdotseq 398\text{N/cm}^2$

02 절삭저항의 3분력이 아닌 것은?

① 표면분력   ② 주분력
③ 이송분력   ④ 배분력

해설
회전하는 절삭재료에 발생하는 절삭저항의 3분력은 주분력(절삭분력), 배분력, 이송분력이다.

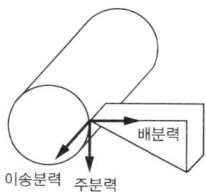

03 구성인선의 생애 순서는?

① 분열 – 성장 – 발생 – 탈락
② 탈락 – 발생 – 분열 – 성장
③ 발생 – 성장 – 분열 – 탈락
④ 성장 – 분열 – 탈락 – 발생

해설
구성인선은 매우 짧은 시간에 발생, 성장, 분열, 탈락의 주기를 반복하기 때문에 탈락할 때마다 가공면에 흠집을 만들고, 진동을 일으켜 가공면을 나쁘게 만든다.

04 주조된 구멍이나 이미 뚫은 구멍을 필요한 크기나 정밀한 치수로 넓히는 작업은?

① 보링   ② 드릴링
③ 호닝   ④ 래핑

해설
② 드릴링(Drilling) : 보링이 이미 있는 구멍을 다듬는 작업이라면, 드릴링은 없는 구멍을 뚫는 작업
③ 호닝(Honing) : 혼(Hone)이라 부르는 숫돌을 이용하여 내면을 연삭하는 작업
④ 래핑(Lapping) : 랩제를 이용하여 문질러서 미세하게 갈아내는 작업

05 보통선반에서 자동이송장치가 설치되어 있는 부분은?

① 주축대   ② 에이프런(Apron)
③ 심압대   ④ 베드

해설
선반의 자동이송장치는 주축의 회전에 따라 공구대를 자동으로 이송함으로써 나사 등의 절삭에 활용하는 장치로 에이프런에 설치한다. 예를 들어 주축 1회전에 공구대를 1mm만큼 일정거리를 이송하게 되면 원통 모양의 공작물 한 바퀴가 돌 때 공구는 피치 1mm의 나사산을 만들게 된다.

정답 1 ④ 2 ① 3 ③ 4 ① 5 ②

06 선반가공 시 테이퍼의 양 끝 지름 중 큰 지름을 40mm, 작은 지름을 30mm, 테이퍼 전체의 길이를 60mm, 테이퍼 부분의 길이를 54mm라 할 때 심압대 편위량은?

① 4.44mm
② 5.55mm
③ 6.66mm
④ 7.77mm

해설

심압대의 편위량 $e = \dfrac{(D-d)/2}{l/L}$

여기서, 큰 지름 : D, 작은 지름 : d
공작물 전체길이 : L, 테이퍼 부분의 길이 : l

$e = \dfrac{(40-30)/2}{54/60} = 5.55\text{mm}$

07 밀링머신에서 사용하는 절삭공구가 아닌 것은?

① 엔드밀
② 정면커터
③ 총형커터
④ 브로치

해설
브로칭작업은 브로치라는 절삭공구를 이용하여 일감의 안팎을 필요한 모양으로 절삭한다.

08 상향절삭의 특징이 아닌 것은?

① 커터날이 일감을 들어 올리는 방향이므로 기계에 무리를 주지 않는다.
② 깎인 칩이 새로운 절삭을 방해하지 않는다.
③ 날의 마찰이 크므로 날의 마멸이 크다.
④ 가공된 면 위에 칩이 쌓이므로, 절삭열이 남아 있는 칩에 의해 가공된 면이 열변형을 받을 우려가 있다.

해설

상향절삭(올려깎기)	하향절삭(내려깎기)
커터날의 회전방향과 일감의 이송이 서로 반대방향	커터날의 회전방향과 일감의 이송이 서로 같은 방향
• 커터날이 일감을 들어 올리는 방향이므로 기계에 무리를 주지 않는다. • 커터날에 처음 작용하는 절삭저항이 작다. • 깎인 칩이 새로운 절삭을 방해하지 않는다. • 백래시의 우려가 없다. • 커터날이 일감을 들어 올리는 방향으로 일을 하므로 일감의 고정이 어렵다. • 날의 마찰이 크므로 날의 마멸이 크다. • 회전과 이송이 반대여서 이송의 크기가 상대적으로 크며 이에 따라 피치가 커져서 가공면이 거칠다. • 가공할 면을 보면서 작업하기가 어렵다.	• 커터날에 마찰작용이 적으므로 날의 마멸이 작고 수명이 길다. • 커터날이 밑으로 향하여 절삭하고, 따라서 일감을 밑으로 눌러서 절삭하므로, 일감의 고정이 쉽다. • 날자리 간격이 짧고, 가공면이 깨끗하다. • 상향절삭과는 달리 기계에 무리를 준다. • 커터날이 새로운 면을 절삭저항이 큰 방향에서 진입하므로 날이 약할 경우 부러질 우려가 있다. • 가공된 면 위에 칩이 쌓이므로, 절삭열이 남아 있는 칩에 의해 가공된 면이 열변형을 받을 우려가 있다. • 백래시 제거장치가 필요하다.

09 밀링머신에서 직접 분할법을 사용할 때 다음 중 분할이 가능한 등분은?

① 12, 8, 6, 3등분
② 28, 16, 8, 6등분
③ 24, 16, 8, 3등분
④ 24, 14, 12, 6등분

해설
직접분할법
밀링 머신을 이용한 가공법 중 주축의 앞면에 24구멍의 직접 분할판을 사용하여 분할 작업하는 방법이다. 이때 웜을 아래로 내려 웜 휠과의 물림을 끊고 직접 분할판을 소정의 구멍 수만큼 돌린 다음, 고정 핀을 이 구멍에 꽂아 고정한다. 2, 3, 4, 6, 8, 12, 24등분(24의 약수)의 가공은 이 방법으로 간단히 할 수 있다.
② 28, 16등분은 불가능하다.
③ 16등분은 불가능하다.
④ 14등분은 불가능하다.

11 연삭숫돌입자 중 연삭 깊이가 얕은 정밀 연삭용, 경연삭용, 담금질강, 특수강, 고속도강에 쓰이는 숫돌입자의 기호는?

① A
② WA
③ C
④ GC

해설

숫돌입자의 종류	숫돌 입자 기호	용 도
알루미나계	A	인성이 큰 재료의 강력 연삭이나 절단 작업용, 거친 연삭용, 일반강재
	WA	연삭깊이가 얕은 정밀 연삭용, 경연삭용, 담금질강, 특수강, 고속도강
탄화규소계	C	인장 강도가 작고, 취성이 있는 재료, 경합금, 비철금속, 비금속
	GC	경도가 매우 높고 발열이 적은 초경합금, 특수주철, 칠드 주철, 유리

※ A : Alumina, WA : White Alumina, C : Carbon, GC : Green Carbon

10 플랭크 마모라고도 하며 절삭공구의 측면과 가공면과의 마찰에 의하여 발생되는 마모현상으로 주철과 같이 취성이 있는 재료를 절삭할 때 발생하여 절삭날(공구인선)을 파손시키는 마멸은?

① 경사면 마멸
② 여유면 마멸
③ 치 핑
④ 크레이터 마멸

해설
옆면에서의 마모는 공구와의 여유각이 벌어진 곳의 마멸이어서 여유면 마멸이라 하며, 측면이라는 의미의 플랭크(Flank, 옆구리, 측면) 마멸이라고 한다.

12 가는 홈붙이 날을 가진 커터로, 가공된 기어의 면을 매끄럽고 정밀하게 다듬질하는 가공은?

① 기어 셰이빙
② 밀링가공
③ 래 핑
④ 선반가공

해설
기어 셰이빙 : 기어절삭기로 가공된 기어의 면을 매끄럽고 정밀하게 다듬질하기 위해 높은 정밀도로 깎여진 잇면에 가는 홈붙이 날을 가진 커터로 다듬는 가공을 일컫는다.

정답 9 ① 10 ② 11 ② 12 ①

13 금속조직(Metal Matrix) 내에 세라믹 입자를 분산시킨 복합 재료이며 절삭공구, 다이스, 치과용 드릴 등과 같은 내충격, 내마멸용 공구로 사용하는 것은?

① 서멧
② 고속도 공구강
③ 베어링강
④ CBN

해설
② 고속도 공구강 : 18W – 4Cr – 1V이 표준 고속도강이며 500~600℃까지 가열하여도 뜨임에 의하여 연화되지 않고, 고온에서 경도의 감소가 적다.
③ 베어링강 : 표면경화용 Cr강은 내충격성, 스테인리스강은 내식성과 내열성, 고속도 공구강 및 Ni-Co 합금은 내고온성이 요구되는 베어링 재료이다.
④ CBN(질화입방정붕소) : 0.5~1mm 두께의 다결정 CBN을 초경합금 모재 위에 가압소결하여 접합시킨 공구재료이다.

14 그림과 같이 도시된 단면도의 명칭은?

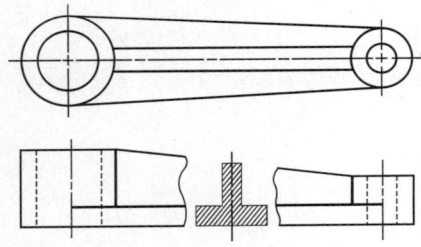

① 전단면도
② 한쪽 단면도
③ 온단면도
④ 회전도시 단면도

해설
단면으로 도시하고 싶은 부분이 비스듬한 레일의 축방향이어서 정면도에서는 단면을 볼 수 없다. 따라서 단면을 선택하고 정면방향으로 회전하여 단면을 볼 수 있도록 한 단면도를 회전도시단면도라고 한다.
※ 한 가지 팁으로 회전도시단면도의 예로 사용하는 도면은 바퀴의 암(Arm)이나 문제의 레일(Rail), 그리고 훅(Hook, 고리) 등을 사용한다.

15 그림 (가)에 있는 물체의 어떤 투상도가 그림 (나)와 같다면 그림 (나)가 나타내는 것은?

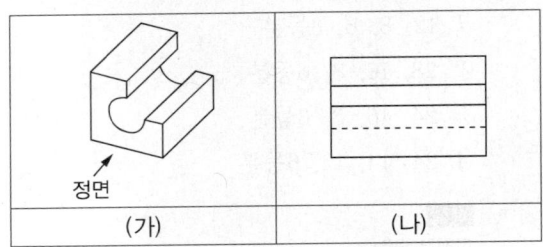

① 좌측면도
② 우측면도
③ 평면도
④ 저면도

해설
① 그림 (가)를 좌측에서 보면 외형선은 외곽 사각형 밖에 나오지 않고, 나머지는 모두 숨은선으로 나오게 된다.
③, ④ 평면도와 저면도는 세로로 긴 도형이 나타나야 한다.

16 그림과 같은 치수기입법의 명칭은?

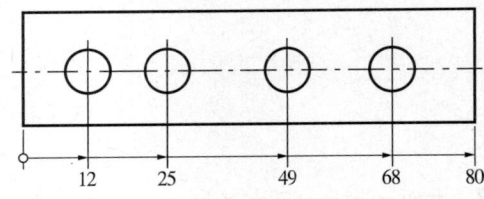

① 좌표 치수 기입법
② 누진 치수 기입법
③ 직렬 치수 기입법
④ 가로 치수 기입법

해설
치수 기입 방법에는 가로로 나란히 적는 직렬치수기입법, 세로로 나란히 적는 병렬치수기입법, 기점부터 각 지점까지의 치수를 적는 누진치수기입법, 반복되는 패턴의 각 지점을 좌표로 나타내는 좌표치수 기입법 등이 있다. 그림은 치수가 누진되어 기입하는 누진치수기입법이다.

17 M5×2 나사에 대한 설명으로 틀린 것은?

① 호칭지름은 5이다.
② 피치는 2이다.
③ 리드는 10이다.
④ 미터나사이다.

해설
리드는 알 수 없는데 만약 한 줄 나사이면 5가 될 것이다.

18 구름베어링 호칭에서 "7206 C DB"라고 표시되어 있다면 이에 대한 설명으로 틀린 것은?

① 단식 앵귤러 볼베어링이다.
② 안지름은 30mm이다.
③ C는 접촉각 기호이다.
④ 72는 보조기호이다.

해설
보조기호는 DB이며, 72는 계열번호로서 이것을 이용하여 단식 앵귤러 볼베어링임을 알 수 있다.

19 사인바로 각도를 측정하였다. $L = 100$이고 $H = 30$, $h = 12$라면 기울어진 각은?

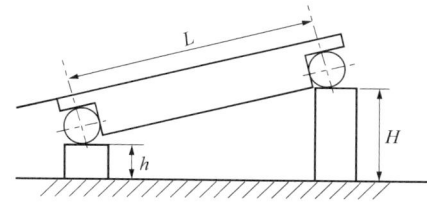

① 10.37 ② 12.12
③ 16.26 ④ 22.16

해설
$\alpha = \sin^{-1}\left(\dfrac{30-12}{100}\right) = 10.37$

20 구멍의 치수가 $\phi 50^{+0.2}_{-0.2}$일 때 최대 실체 치수를 적용한 구멍의 크기는?

① $\phi 49.8$ ② $\phi 50.0$
③ $\phi 50.2$ ④ $\phi 50.4$

해설
최대 실체 치수는 물체의 부피가 가장 클 때를 기준으로 하고, 구멍은 빈 공간이므로 물체가 가장 클 때는 구멍이 가장 작을 때이다.

21 ⌭ 의 공차 기호의 의미는?

① 진직도 ② 진원도
③ 원통도 ④ 평행도

해설
기하공차의 종류

적용하는 형체	공차의 종류		기 호
단독 형체	모양 공차	진직도	─
		평면도	▱
		진원도	○
		원통도	⌭
단독 형체 또는 관련 형체		선의 윤곽도	⌒
		면의 윤곽도	⌓
관련 형체	자세 공차	평행도	//
		직각도	⊥
		경사도	∠
	위치 공차	위치도	⊕
		동축도 또는 동심도	◎
		대칭도	═
	흔들림 공차	원주 흔들림 공차	↗
		온흔들림 공차	↗↗

정답 17 ③ 18 ④ 19 ① 20 ① 21 ③

22 공압의 특징이 아닌 것은?

① 인화 및 폭발의 위험성이 적다.
② 고속 작동에 유리하다.
③ 힘이 약하다.
④ 동작의 신뢰성이 있다.

해설
공압은 일정 압력 이상이 될 때까지 동작하지 않는데 비해 유압은 적은 압력에서도 압력에 비례하여 동작하며 이를 동작의 신뢰성이라 표현한다.

23 어느 게이지의 압력이 5kgf/cm²이었다면 절대압력은 약 몇 kgf/cm²인가?

① 5.00
② 5.0332
③ 6.00
④ 6.0332

해설
절대압력 = 계기압력 + 대기압
대기압은 1.0332kgf/cm²이므로 절대압력은 6.0332kgf/cm²

24 어떤 유체가 채워져 있는 연결된 관의 한쪽 단면적이 10cm²이고 작용력이 15kN일 때, 반대쪽 단면적이 200cm²이라면 작용력은?

① 15kN
② 30kN
③ 0.75kN
④ 300kN

해설
파스칼의 원리에 의해 유체에 걸리는 압력은 늘 일정하여 $\frac{P_1}{A_1} = \frac{P_2}{A_2}$ 의 관계가 성립하므로 단면적이 20배 되면 작용력도 20배 작용한다.

25 유로의 단면적을 변화시켜서 유량을 조절하는 밸브는?

① 감압밸브
② 교축밸브
③ 무부하밸브
④ 카운트 밸런스 밸브

해설
② 교축밸브 : 유로의 단면적을 변화시켜서 유량을 조절하는 밸브이다. 고정형과 가변형이 있고 가변형도 구조가 복잡하지 않아서 가변형을 대부분 사용한다. 단면적을 조절하는 부속의 모양에 따라 니들형, 스풀형, 플레이트형으로 나뉜다.

26 그림과 같은 중립 위치 타입의 명칭은?

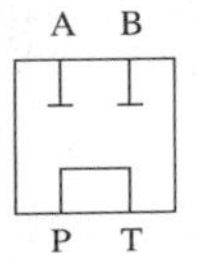

중립 시 들어온 공기를 탱크로 회수한다. 실린더의 위치 고정이 가능하고 경제적으로 사용된다.

① 오픈 센터
② 탠덤 센터
③ 플로트 센터
④ 클로즈드 센터

해설

이름	모양	특징
오픈 센터 (Open Center)	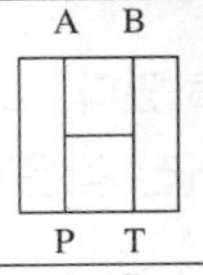	중립 상태에서 모든 통로가 열려 있으므로 중립상태 시 부하를 받지 않는다.
탠덤 센터 (Tandem Center)	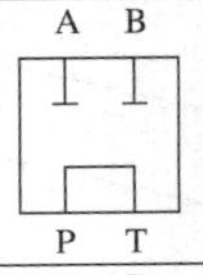	중립 시 들어온 공기를 탱크로 회수한다. 실린더의 위치 고정이 가능하고 경제적으로 사용된다.
플로트 센터 (Float Center)		주로 파일럿 체크 밸브와 짝이 되어 사용하며 원하는 공기압 외의 입력 공기압을 모두 배출한다.
클로즈드 센터 (Closed Center)	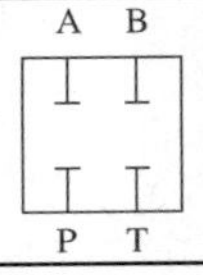	모든 포트가 막혀 있으므로 펌프로 들어올 공기가 들어오지 못하고 다른 회로와 연결이 되어 있는 경우 다른 회로에서 모두 사용한다.

27 공압모터의 특징으로 옳지 않은 것은?

① 속도를 무단으로 조절할 수 있다.
② 과부하에 안전하다.
③ 오물, 물, 열, 냉기에 민감하지 않다.
④ 입력된 에너지 대비 출력되는 에너지의 비율이 일정하다.

해설
공압모터의 특징
- 속도를 무단으로 조절할 수 있다.
- 출력을 조절할 수 있다.
- 속도 범위가 크다.
- 과부하에 안전하다.
- 오물, 물, 열, 냉기에 민감하지 않다.
- 폭발에 안전하다.
- 보수 유지가 비교적 쉽다.
- 높은 속도를 얻을 수 있다.
- 입력된 에너지에 비해 출력되는 에너지의 비율이 나쁘거나 일정하지 않다.
- 정확한 제어가 힘들다.
- 유압에 비해 소음도 발생한다.

28 다음 중 기계적 에너지를 유압 에너지로 바꾸는 유압기기는?

① 공기압축기
② 유압펌프
③ 오일탱크
④ 유압제어밸브

해설
펌프는 기계적 에너지를 유체의 운동에너지로 변환시켜 주는 역할을 한다.
※ 저자의견 : 엄밀한 의미에서 공기를 압축하는 작업도 기계적 에너지를 유체적인 잠재에너지(Potential Energy)로 변환하는 작업이기는 하나 문제와 같은 객관식 문제에서는 질문에 가장 부합하는 답을 하나만 찾는 연습이 필요하다.

29 압축공기의 건조방식이 아닌 것은?

① 흡수식
② 흡착식
③ 냉각식
④ 가열식

해설
압축공기의 건조
압축공기의 건조방식은 수증기의 제습방법에 따라 냉각식, 흡착식, 흡수식이 있다.
- 냉각식 : 공기를 강제로 냉각시킴으로서 수증기를 응축시켜 제습하는 방식이다.
- 흡착식 : 흡착제(실리카겔, 알루미나겔, 합성제올라이트 등)로 공기 중의 수증기를 흡착시켜 제습하는 방법이다.
- 흡수식 : 흡습액(염화리튬 수용액, 폴리에틸렌글리콜 등)을 이용하여 수분을 흡수하며, 흡습액의 농도와 온도를 선정하면 임의의 온도와 습도의 공기를 얻는 것이 가능하기 때문에 일반 공조용 등에 사용된다.

30 유체의 압력을 축적하여 압력의 흐름을 일정하게 조절해 주는 장치로서 압력을 축적하는 방식으로 맥동을 방지하는데 사용하는 것은?

① 어큐뮬레이터
② 애프터 쿨러
③ 공기필터
④ 스트레이너

해설
② 애프터 쿨러 : 공기를 압축한 후 압력 상승에 따라 고온다습한 공기의 압력을 낮춰 주는 기구이다.
③ 공기필터 : 여러 가지 목적으로 공기를 흡입 또는 배출하는 통로에 필터를 달아 이물질을 분리하는 기구이다.
④ 스트레이너 : 여과망을 설치하여 흐름 속의 굵은 불순물을 걸러 내는 장치이다.

정답 27 ④ 28 ② 29 ④ 30 ①

31 다음 공압회로의 논리는?

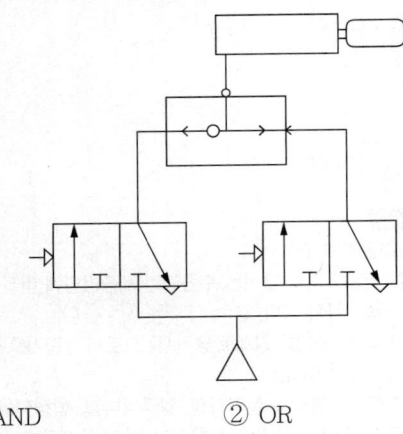

① AND　　　② OR
③ NOT　　　④ NAND

해설
왼쪽 3/2 밸브든 오른쪽 밸브든 한쪽만 공압이 작동을 하면 액추에이터가 동작을 하므로 OR 논리를 갖는다.

32 다음 개념에 대한 설명 중 옳지 않은 것은?

① 기계 : 자체적으로 생산된 에너지를 이용하여 공간적으로 제한된 운동을 하는 기구
② 제어 : 어떤 장치나 공정의 출력신호가 원하는 목푯값에 도달할 수 있도록 입력신호를 적절히 조절하는 것
③ 자동화 : 작업의 일부 또는 전부를 사람이 직접 조작하지 않고 컴퓨터 시스템 등을 이용한 기계 장치에 의하여 자동적으로 작동하게 하는 것
④ 자동제어 : 사람이 없어도 제어동작이 자동으로 수행되는 무인 제어

해설
기계 : 외부로부터 에너지를 공급받아 공간적으로 제한된 운동을 함으로써 인간의 노동을 대신하는 구조물

33 자동화 시스템의 주요 3요소에 속하지 않는 것은?

① 신호처리장치　　② 실린더
③ 리밋스위치　　　④ 네트워크

해설
제어시스템의 요소
• 입력요소 : 어떤 출력 결과를 얻기 위해 조작 신호를 발생시켜 주는 것으로 전기 스위치, 리밋 스위치, 열전대, 스트레인 게이지, 근접 스위치 등이 있다.
• 제어요소 : 입력요소의 조작 신호에 따라 미리 작성된 프로그램을 실행한 후 그 결과를 출력 요소에 내보내는 장치로서, 신호처리장치, 하드웨어 시스템과 프로그래머블 제어기로 분류된다.
• 출력요소 : 입력 요소의 신호 조건에 따라 목적하는 행위가 실제 이루어지게 하는 장치로 전자 계전기, 전동기, 펌프, 실린더, 히터, 솔레노이드 밸브 등이 있다.

34 CNC 공작기계 등에서 서보 모터의 축 또는 볼 스크루의 회전 각도를 통하여 위치를 검출하는 방식은?

① 개회로 시스템
② 폐회로 시스템
③ 반폐회로 시스템
④ 외란을 고려한 폐회로 시스템

해설
서보모터의 축 또는 볼 스크루의 회전 각도를 통하여 위치를 검출하는 방식이 가장 대표적인 반폐회로 시스템의 예이다. 반폐회로 시스템은 피드백이 초기 입력을 제어하지 않는다.

35 다음 중 브러시가 있는 서보모터의 특징은?

① 3상 인버터를 사용한다.
② 방열이 양호하다.
③ 제어 구조가 간단하다.
④ 정격용량이 크다.

해설
브러시가 있는 서보모터는 DC 서보 모터로, DC 서보모터는 제어 구조가 간단하고, 단상인버터를 사용하며, 방열에 주의해야 하고, 브러시의 마모 시 교체해야 한다. 최대속도와 정격 용량이 작은 곳에 사용한다.

36 제어 지시에 사용되는 신호의 크기, 시간적 변화가 연속적으로 변화하는 양으로 제어되는 방식은?

① 디지털 제어   ② 2진 제어
③ 자동 제어   ④ 아날로그 제어

해설
아날로그 제어는 자연상태의 신호이기 때문에 신호가 연속적이다.

37 전달함수의 등가 블록 선도로 틀린 것은?

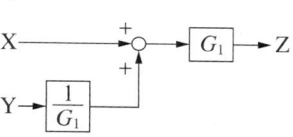

해설

③ X → [G₁], [G₂] (+,+ 합산) → Y => X → [$G_1 + G_2$] → Y

38 수치제어 공작기계 관련 특징으로 옳지 않은 것은?

① 기계를 수치에 의해 제어한다.
② 범용공작기계에 비해 작업의 유연성이 높다.
③ 정확도가 높아져 균일한 품질의 제품이 얻어진다.
④ 범용공작기계에 비하여 인건비가 낮아진다.

해설
작업 유연성은 개별작업의 제어가 따로 가능한 범용기계가 높다.

정답 35 ③ 36 ④ 37 ③ 38 ②

39 레일가이드 또는 센서 가이드에 따라 무인으로 운반, 이송하는 작업 차량인 무인운반차의 약어는?

① AGV ② RGV
③ Palletizer ④ Stacker Crane

해설
② RGV(Rail Guided Vehicle) : 설치된 레일 위에 이동하는 운반용 자동차
③ Palletizer(팰레타이저) : 팰릿을 들고 이송하는 등의 작업을 하는 장치
④ Stacker Crane(스태커 크레인) : 자동 창고의 구성요소 중의 하나이며, 자동 창고는 제품, 부품 등을 수납하는 래크, 래크에서 제품, 부품 등을 입출고하는 스태커 크레인, 그것을 제어하는 제어장치(시퀀스 및 컴퓨터) 등으로 구성

40 PLC와 PC간 통신 방법 중 USB 케이블을 이용한 통신 방식은?

① 병렬 전송 방식
② 직렬 전송 방식
③ 온라인 전송 방식
④ 오프라인 전송 방식

해설
PLC CPU와 컴퓨터를 연결하는 방법으로 9핀 RS232C나 USB 케이블을 이용한다. 이는 모두 직렬 전송 방식을 선택하고 있는데, 병렬 전송 방식에 비해 전송 속도가 느리기는 하나, 기기의 발달과 CPU의 처리속도 상승으로 PLC 데이터를 처리하는 데는 충분한 속도로 전송하므로 비용이 저렴한 직렬 전송 방식을 많이 사용한다.

41 다음 그림은 어떤 시퀀스 기호인가?

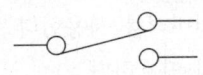

① a접점 ② b접점
③ c접점 ④ d접점

해설
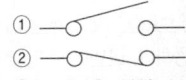
④ d접점은 없다.

42 센서 중 감지기의 검출면에 접근하는 물체 또는 주위에 존재하는 물체의 유무를 자기 에너지, 정전 에너지의 변화 등을 이용해 검출하는 무접점 감지기는?

① 마이크로 스위치 ② 리밋 스위치
③ 매트 스위치 ④ 근접센서

해설
① 마이크로 스위치 : 비교적 소형으로 성형케이스에 접점 기구를 내장하고 밀봉되어 있지 않은 스위치로서, 물체의 움직이는 힘에 의하여 작동편이 눌러져서 접점이 개폐되며 물체에 직접 접촉하여 검출하는 스위치이다.
② 리밋 스위치 : 외부 물체가 리밋 스위치의 롤러 레버에 외력을 가하여 제어력을 발생하는 스위치이다.
③ 매트 스위치(Mat Switch) : 테이프 스위치를 병렬로 붙여 놓은 구조를 가지고 있는 것이다. 예를 들어 무인 로봇을 이용하는 공정에 매트 스위치를 설치하여 사람이 접근하면 작동을 인터로크 할 수 있도록 한다.

43 다음 중 고속도로의 과적차량을 검출하기 위해 사용할 센서로 적합한 것은?

① 바리스터 ② 로드셀
③ 리졸버 ④ 홀소자

해설
로드셀과 스트레인 게이지는 물체에 압력이나 응력, 힘이 작용할 때 그 크기가 얼마인가를 측정하는 도구이다. 따라서 로드셀(Load Cell)과 스트레인 게이지(Strain Gage)는 압력 센서로 활용될 수 있다.

44 부하의 이상 때문에 설정된 전륫값 이상의 전류가 부하에 흘러 온도가 상승하면 바이메탈에 의해 주접점을 열어(트립) 부하를 보호하는 제어기기는?

① 전자개폐기 ② 열동계전기
③ 누전차단기 ④ 3상 유도전동기

해설
열동계전기
일반적으로 전자 접촉기와 같이 사용하며, 부하의 이상 때문에 설정된 전륫값 이상의 전류가 부하에 흘러 온도가 상승하면 바이메탈에 의해 주접점을 열어(트립) 부하를 보호하고, 이상 전류에 의한 화재를 방지한다.

45 산업용 다관절 로봇이 3차원 공간에서 임의의 위치와 방향에 있는 물체를 잡는데 필요한 자유도는?

① 1 ② 3
③ 5 ④ 6

해설
제한된 운동이 아닌 자유운동이 가능한 방향의 수를 나타낸 것으로 예를 들어 직선 운동을 하는 기계의 경우 X방향의 +운동과 −운동 밖에 할 수 없으므로 자유도가 1이다. 로봇이 사람처럼 3차원 공간 상의 물체를 임의의 또 다른 3차원 공간상의 지점으로 옮기려면 필요한 자유도가 6이 되어야 하는데, 수직 이동, 확장과 수축, 회전, 손목의 회전과 상하 운동, 좌우회전 이렇게 여섯 가지 운동이 필요한 것이다.

46 문자 기호 OCR은 무엇인가?

① 한류 계전기
② 주파수 계전기
③ 과전류 계전기
④ 과전압 계전기

해설
과전류 계전기 : OCR(Over Current Relay)
① 한류 계전기 : CLR
② 주파수 계전기 : FR
④ 과전압 계전기 : OVR

47 다음 회로에 대한 설명으로 옳은 것은?

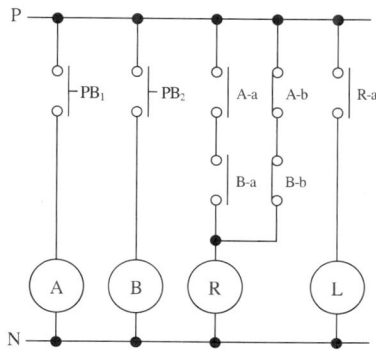

① 입력이 들어간 후 시간이 어느 정도 지났다가 출력이 나오는 회로
② 기동신호(a접점)와 정지신호(b접점)가 혼선될 경우, 항상 기동신호가 먼저 들어와야 정지신호 여부가 유효할 수 있도록 설계된 회로
③ 한번 입력이 들어가면 릴레이에 의해 자기 릴레이를 계속 ON하고 있도록 유지하는 회로
④ A와 B의 신호가 일치할 때만 출력이 발생하는 회로

해설
④는 일치회로이며 그림은 일치회로이다.
①은 한시동작회로, ②는 기동우선회로, ③은 자기유지회로이다.

48 그림의 접점은?

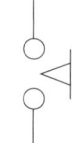

① 한시동작 순시복귀 a접점
② 한시동작 순시복귀 b접점
③ 순시동작 한시복귀 a접점
④ 순시동작 한시복귀 b접점

해설
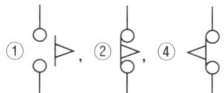

정답 44 ② 45 ④ 46 ③ 47 ④ 48 ③

49 2개의 입력이 동시에 1이 되었을 때 출력 상태가 불확정 되지 않도록 한 것으로 이때 출력 상태는 반전되는 플립플롭은?

① RST 플립플롭 ② JK 플립플롭
③ D 플립플롭   ④ T 플립플롭

해설

RST 플립플롭	JK 플립플롭
T가 1일 때에만 RS F/F 동작, T가 0일 때에는 입력 R, S의 상태에 무관하여 앞의 출력 상태로 유지됨	2개의 입력이 동시에 1이 되었을 때 출력 상태가 불확정되지 않도록 한 것으로 이때 출력 상태는 반전됨

S	R	Q_{n+1}	동작
0	0	Q_n	불변
0	1	0	리셋
1	0	1	세트
1	1	불확정	불변

J	K	Q_{n+1}	동작
0	0	Q_n	불변
0	1	0	리셋
1	0	1	세트
1	1	Q_n'	반전

D 플립플롭	T 플립플롭
D 입력의 1 또는 0의 상태가 Q 출력에 그대로 Set됨	클록펄스가 가해질 때마다 출력 상태가 반전됨

D	Q_{n+1}
1	1
0	0

T	Q_{n+1}
0	Q_n
1	Q_n'

50 논리 대수로 옳지 않은 것은?

① $(A \cdot B) \cdot C = A \cdot (B \cdot C)$
② $A \cdot (B+C) = A \cdot B + A \cdot C$
③ $\overline{\overline{A}} = A$
④ $A \cdot \overline{A} = 1$

해설

$A \cdot \overline{A} = 0$
$A + \overline{A} = 1$

51 다음 카르노 맵의 간략식으로 맞는 것은?

C \ AB	00	01	11	10
0	1	0	0	1
1	1	1	1	1

① $C \cdot \overline{A}\overline{B}$
② $C + \overline{B}$
③ $\overline{A} \cdot \overline{B} + A \cdot \overline{B}$
④ $\overline{A} \cdot \overline{B} \cdot C$

해설

계산을 간략히 하기 위해 출력이 나오는 신호들을 짝수단위로 곱의 형태로 묶는다.

C \ AB	00	01	11	10
0	1	0	0	1
1	1	1	1	1

$C \cdot \overline{A}\overline{B} \cdot \overline{A}B \cdot AB \cdot A\overline{B}$
다시 한번 묶는다.

C \	$\overline{A}\overline{B}$	$\overline{A}B$	AB	$A\overline{B}$
$\overline{C}$	1	0	0	1
C	1	1	1	1

$C\overline{C} \cdot \overline{A}\overline{B} \cdot A\overline{B} = C + \overline{B}$

※ 카르노 맵이 2개 타입 정도가 출제 가능하여 계산이 어려우면 익혀두어도 좋겠다.

52 무접점 릴레이의 장점이 아닌 것은?

① 동작부품이 없으므로 마모가 없어 수명이 길다.
② 스파크의 발생이 없다.
③ 무소음 동작이다.
④ 대형으로 제작이 가능하다.

해설
무접점은 엄밀히 이야기하여 접점이 아예 없다기보다 초고밀도집적을 통해 접점이 없다시피 한 것이며 부피를 접점 릴레이에 비해 큰 폭으로 작게 할 수 있다.

53 1대의 PLC로 여러 개의 제어 대상물을 동작시키는 제어시스템으로 서로 연계된 작업을 실시할 때 사용하고, 1대의 PLC 기계 정지로 다른 기계도 정지되는 단점도 있는 PLC 제어시스템은?

① 단독시스템   ② 집중시스템
③ 분산시스템   ④ 계층시스템

해설
PLC에 의한 제어시스템의 분류
- 단독시스템 : 제어 대상 기계와 PLC가 1 : 1의 관계를 갖는 시스템이다. 대개의 경우 Relay 제어반의 대치 정도에 해당된다.
- 집중시스템 : 1대의 PLC로 여러 개의 제어 대상물을 동작시키는 제어시스템으로 서로 연계된 작업을 실시할 때 사용한다. 1대의 PLC 기계 정지로 다른 기계도 정지되는 단점이 있다.
- 분산시스템 : 제어 대상에 대하여 각각의 PLC가 제어를 담당하고 상호 연계 동작에 필요한 제어 신호를 시스템 상호 간에 송수신할 수 있는 제어시스템이다. 집중시스템처럼 하나의 기기고장에 의한 전체 시스템이 다운되는 일을 방지할 수 있다는 장점이 있다.
- 계층시스템 : 컴퓨터와 PLC를 결합하여 생산정보의 종합적인 관리·운용까지 행하는 제어시스템이다.

54 IEC에서 표준화한 PLC 언어 중 도형기반 언어인 것은?

① LD   ② IL
③ ST   ④ SFC

해설
- 도형기반 언어 : LD(Ladder Diagram), FBD(Function Block Diagram)
- 문자기반 언어 : IL(Instruction List), ST(Structured Text)
- SFC(Sequential Function Chart)

55 미리 설정된 순서와 조건에 따라 동작의 각 단계를 차례로 진행해 가는 머니퓰레이터(Manipulator)로써 설정의 조건을 쉽게 변경할 수 있는 로봇은?

① 고정 시퀀스 로봇
② 적응제어 로봇
③ 가변 시퀀스 로봇
④ 플레이 백 로봇

해설
가변 시퀀스 로봇(Variable Sequence Robot) : 미리 정해진 순서와 조건, 위치에 따라 동작의 각 단계를 진행해 나가는 동작을 실시하는 것이 시퀀스 로봇의 특징이나, 그 동작 순서나 조건을, 환경에 따라 변경시킬 수도 있도록 되어 있는 로봇을 말한다.

정답 52 ④ 53 ② 54 ① 55 ③

56 현재 기술로 로봇에 사용하는 동력원이 아닌 것은?

① 공 기   ② 유 압
③ 전 기   ④ 원자력

해설
로봇의 범위를 어디까지 보느냐에 따라 다르겠지만, 현재 상식적인 정의의 로봇 중 원자력을 동력원으로 사용하지는 않는다.
- 공기압식 동력원 : 공압모터, 공압식 실린더에 의해 작동하는 로봇
- 유압식 동력원 : 유압모터, 유압실린더 등을 사용하며 공압에 비해 큰 힘을 사용할 때, 산업용일 때 사용
- 전기식 동력원 : 모터, 모터와 연결된 래크, 벨트 등을 이용해 작동하는 로봇

57 다음 중 계전기의 구조상 사용되지 않는 요소는?

① 접 점   ② 코 일
③ 건전지   ④ 스프링

해설
현재 생산되는 계전기 중 휴대용 배터리를 이용하여 제어를 하는 경우는 없다. 제어기기는 안정성이 매우 중요하며 휴대용 배터리로 전원을 공급하는 경우 전력의 안정성의 훼손이 우려된다.

58 논리회로 설계의 순서를 바르게 나타낸 것은?

① 진리표 작성 → 논리식 유도 → 논리식 간단화 → 논리회로 구성
② 논리식 간단화 → 논리회로 구성 → 진리표 작성 → 논리식 유도
③ 논리회로 구성 → 진리표 작성 → 논리식 유도 → 논리식 간단화
④ 논리식 유도 → 논리식 간단화 → 논리회로 구성 → 진리표 작성

해설
원하는 제어 출력에 대해 확인 후(진리표 작성), 논리식을 산출해내고, 정리하여 구성하는 절차를 밟도록 한다.

59 절연저항계를 가지고 절연저항을 측정하였더니 110kΩ이었다. 누설전류가 2mA라면 저항에 걸리는 전압은?

① 30V   ② 110V
③ 220V   ④ 300V

해설
$E = IR = 0.002\text{A} \times 110,000\Omega = 220\text{V}$

60 전자석에 의해 접점을 개폐하는 전자접촉기와 부하의 과전류에 의해 동작하는 열동계전기가 조합된 장치는?

① 전자개폐기
② 시간 계전기
③ 보조 계전기
④ 플리커 계전기

해설
전자접촉기는 ON/OFF에 의해 모터 등의 부하를 운전하거나 정지시킴으로 기기를 보호하는 목적으로 사용된다. 열동계전기에 의해 전자접촉기의 전원을 OFF시킬 수 있도록 전자접촉기와 열동계전기를 조합한 기기를 전자개폐기(MS ; Magnetic Switch)라 한다.

2018년 제2회 과년도 기출복원문제

01 양끝에 나사를 깎은 머리 없는 볼트로서 한쪽은 몸에 죄어 놓고, 다른 한쪽에는 결합할 부품을 고정너트를 끼워 죄는 것은?

① 탭 볼트
② 관통 볼트
③ 기초 볼트
④ 스터드 볼트

해설
고정하는 방법에 따른 볼트의 종류
- 관통 볼트 : 결합하고자 하는 두 물체에 구멍을 뚫고 여기에 볼트를 관통시킨 다음 반대편에서 너트로 죈다.
- 탭 볼트 : 물체의 한쪽에 암나사를 깎은 다음 나사박음을 하여 죄며, 너트는 사용하지 않는다. 결합하는 부분이 너무 두꺼워 관통 구멍을 뚫을 수 없을 경우에 사용된다.
- 스터드 볼트 : 양끝에 나사를 깎은머리가 없는 볼트로서 한쪽 끝은 본체에 박고 다른 끝에는 너트를 끼워 죈다.

02 가공의 종류를 바르게 설명한 것은?

① 주조 : 재료의 성질을 개선 또는 변화시키기 위해 열을 가하고 식히는 작업
② 절삭작업 : 원형을 사용하여 만든 주형에 금속을 녹여 부어 주물을 만드는 작업
③ 용접가공 : 소성가공으로 분류되기도 하며, 높은 열을 이용하여 재료의 일부를 녹여서 접합하는 가공
④ 수(手)가공 : 물을 이용하여 재료를 깎아서 구멍을 뚫거나 모양을 만드는 가공

해설
① 열처리에 대한 설명
② 주조에 대한 설명
④ 워터젯 가공에 대한 설명

03 절삭작업에서 빌트업 에지(Built-up Edge)의 주기로 옳은 것은?

① 성장 → 발생 → 분열 → 탈락
② 발생 → 성장 → 분열 → 탈락
③ 분열 → 성장 → 발생 → 탈락
④ 탈락 → 분열 → 발생 → 성장

해설
구성인선
- 빌트업 에지(Built-up Edge)라고 한다. 칩의 일부가 절삭력과 절삭 열에 의한 고온, 고압으로 날끝에 녹아 붙거나 압착된 것을 말한다.
- 구성인선은 매우 짧은 시간에 발생, 성장, 분열, 탈락의 주기를 반복하기 때문에 탈락할 때마다 가공면에 흠집을 만들고, 진동을 일으켜 가공면을 나쁘게 만든다.
- 구성인선의 발생을 감소시키기 위해서는 깎는 깊이를 작게 하거나, 공구의 경사각을 크게 하고, 날 끝을 예리하게 하며, 절삭속도를 크게 하고 윤활유를 사용한다.

04 보통선반에서 자동이송장치가 설치되어 있는 부분은?

① 주축대
② 에이프런(Apron)
③ 심압대
④ 베드

해설
선반의 자동이송장치는 주축의 회전에 따라 공구를 자동으로 이송함으로써 나사 등의 절삭에 활용하는 장치로 에이프런에 설치한다. 예를 들어, 주축 1회전에 공구를 1mm만큼 일정거리를 이송하게 되면 원통 모양의 공작물 한 바퀴가 돌 때 공구는 피치 1mm의 나사산을 만들게 된다.

정답 1 ④ 2 ③ 3 ② 4 ②

05 선반가공 시 테이퍼의 양끝 지름 중 큰 지름을 30mm, 작은 지름을 26mm, 테이퍼 전체의 길이를 50mm, 테이퍼 부분의 길이를 40mm라 할 때 심압 편위량은?

① 2mm ② 2.5mm
③ 3mm ④ 3.5mm

해설
심압대의 편위량
$$e = \frac{(D-d)/2}{l/L}$$
여기서, 큰 지름 : D, 작은 지름 : d,
공작물 전체 길이 : L, 테이퍼 부분의 길이 : l
$$e = \frac{(30-26)/2}{40/50} = 2.5$$

06 밀링머신으로 작업할 수 없는 것은?

① 평면절삭 ② 기어절삭
③ 원통절삭 ④ 나선 홈절삭

해설
원통절삭은 선반에서 수행한다. 원통절삭이 불가능하다고 할 수 없지만, 공구를 이송시켜 공작물을 원통 모양으로 만드는 것은 매우 비효율적이고 정밀작업을 요하므로 사실상 수행하지 않는다.

07 하향절삭의 설명으로 옳지 않은 것은?

① 커터날에 마찰작용이 작으므로 날의 마멸이 작고 수명이 길다.
② 커터날이 밑으로 향하여 절삭하고, 따라서 일감을 밑으로 눌러서 절삭하므로, 일감의 고정이 쉽다.
③ 날자리 간격이 짧고, 가공면이 깨끗하다.
④ 백래시의 우려가 없다.

해설

상향절삭(올려 깎기)	하향절삭(내려 깎기)
커터날의 회전 방향과 일감의 이송이 서로 반대 방향	커터날의 회전 방향과 일감의 이송이 서로 같은 방향
• 커터날이 일감을 들어 올리는 방향이므로 기계에 무리를 주지 않는다. • 커터날에 처음 작용하는 절삭저항이 작다. • 깎인 칩이 새로운 절삭을 방해하지 않는다. • 백래시의 우려가 없다.	• 커터날에 마찰작용이 적으므로 날의 마멸이 작고 수명이 길다. • 커터날을 밑으로 향하게 하여 절삭한다. 따라서 일감을 밑으로 눌러서 절삭하므로, 일감의 고정이 쉽다. • 날자리 간격이 짧고, 가공면이 깨끗하다.
• 커터날이 일감을 들어 올리는 방향으로 일을 하므로 일감의 고정이 어렵다. • 날의 마찰이 커서 날의 마멸이 크다. • 회전과 이송이 반대여서 이송의 크기가 상대적으로 크며, 이에 따라 피치가 커져서 가공면이 거칠다. • 가공할 면을 보면서 작업하기가 어렵다.	• 상향절삭과는 달리 기계에 무리를 준다. • 커터날이 새로운 면을 절삭 저항이 큰 방향에서 진입하므로 날이 약할 경우 부러질 우려가 있다. • 가공된 면 위에 칩이 쌓이므로, 절삭열이 남아 있는 칩에 의해 가공된 면이 열 변형을 받을 우려가 있다. • 백래시 제거장치가 필요하다.

08 드릴로 구멍을 뚫은 다음 더욱 정밀하게 가공하는 데 사용되는 절삭공구는?

① 바이트 ② 리 머
③ 스크라이버 ④ 호 브

해설
② 리밍(Reaming) : 드릴로 뚫은 구멍을 정밀 치수로 가공하기 위해 리머로 다듬는 작업
① 바이트 : 절삭날
③ 스크라이버 : 게이지에서 금긋기, 마킹에 사용하는 액세서리
④ 호브(Hob) : 기어창성에 사용하는 공구

09 연삭 깊이가 얕은 정밀연삭용, 경연삭용, 담금질강, 특수강, 고속도강에 사용하는 연삭숫돌은?

① A ② WA
③ GC ④ C

해설

숫돌입자의 종류	숫돌 입자 기호	용 도
알루미나계	A	인성이 큰 재료의 강력 연삭이나 절단 작업용, 거친 연삭용, 일반강재
	WA	연삭깊이가 얕은 정밀 연삭용, 경연삭용, 담금질강, 특수강, 고속도강
탄화규소계	C	인장 강도가 작고, 취성이 있는 재료, 경합금, 비철금속, 비금속
	GC	경도가 매우 높고 발열이 적은 초경합금, 특수주철, 칠드 주철, 유리

※ A : Alumina, WA : White Alumina, C : Carbon, GC : Green Carbon

10 연삭 숫돌바퀴를 표시할 때 구성하는 요소가 아닌 것은?

① 결합제 ② 결합도
③ 강 도 ④ 조 직

해설
숫돌바퀴는 100×2×15.88-GC 4 L 10 V - 71.7m/sec 형태로 표기하고 바깥지름 100mm, 두께 2mm, 구멍지름 15.88mm, Green Carbon 연삭재에 입도 F4, 결합도 L, 조직 10, 비트리파이드 결합제를 사용하며, 최고 사용속도 71.7m/sec의 숫돌이라는 의미이다.

11 주철의 결점인 여리고 약한 인성을 개선하기 위하여 먼저 백주철의 주물을 만들고, 이것을 장시간 열처리하여 탄소의 상태를 분해 또는 소실시켜 인성 또는 연성을 증가시킨 주철은?

① 보통주철 ② 합금주철
③ 고급주철 ④ 가단주철

해설
• 가단주철 : 주철의 결점인 여리고 약한 인성을 개선하기 위하여 먼저 백선철의 주물을 만들고, 이것을 장시간 열처리하여 탄소의 상태를 분해 또는 소실시켜 인성 또는 연성을 증가시킨 주철이다.
• 백심가단주철 : 파단면이 흰색을 나타낸다. 백선 주물을 산화철 또는 철광석 등의 가루로 된 산화제로 싸서 900~1,000℃의 고온에서 장시간 가열하여 탈탄반응에 의해 가단성이 부여되는 과정을 거친다. 이때, 주철 표면의 산화가 빨라지고, 내부 탄소의 확산 상태가 불균형을 이루게 되면 표면에 산화층이 생긴다. 강도는 흑심가단주철보다 다소 높으나 연신율이 작다.
• 흑심가단주철 : 표면은 탈탄되어 있으나 내부는 시멘타이트가 흑연화되었을 뿐이지만 파단면이 검게 보인다. 백선 주물을 풀림 상자 속에 넣어 풀림로에서 가열, 2단계의 흑연화처리를 행하여 제조된다. 흑심가단주철의 조직은 페라이트 중에 미세괴상흑연이 혼합된 상태로 나타난다.

12 다음 용도의 선들이 중복되는 부분이 있다. 우선순위대로 나열한 것은?

> ㄱ. 치수를 이끌어 내기 위한 선
> ㄴ. 물체가 보이지 않는 부분의 모양을 나타내기 위한 선
> ㄷ. 물체가 보이는 부분의 모양을 나타내기 위한 선
> ㄹ. 도형의 중심을 간략하게 표시하기 위한 선

① ㄱ - ㄴ - ㄷ - ㄹ
② ㄴ - ㄹ - ㄷ - ㄱ
③ ㄷ - ㄹ - ㄱ - ㄴ
④ ㄷ - ㄴ - ㄹ - ㄱ

해설
ㄱ : 치수보조선, ㄴ : 숨은선, ㄷ : 외형선, ㄹ : 중심선
선의 우선순위
외형선 > 숨은선 > 절단선 > 중심선 > 무게중심선 > 치수보조선

13 기계제도에서 사용하는 치수 공차 및 끼워맞춤과 관련된 용어 설명으로 틀린 것은?

① 실치수 : 형체의 실측치수
② 기준치수 : 위치수 허용차 및 아래치수 허용차를 적용하는 데 따라 허용 한계치수가 주어지는 기준이 되는 치수
③ 최소 허용치수 : 형체에 허용되는 최소 치수
④ 공차 등급 : 기본공차의 산출에 사용되는 기준치수의 함수로 나타낸 단위

해설
• 공차 단위 : 기본공차의 산출에 사용하는 기준치수의 함수로 나타낸 단위
• 공차 등급 : 게이지 제작공차, 끼워맞춤 공차, 끼워맞춤 이외 공차 등으로 등급을 설명할 수 있다.

14 투상선이 평행하게 물체를 지나 투상면에 수직으로 닿고 투상된 물체가 투상면에 나란하기 때문에 어떤 물체의 형상도 정확하게 표현할 수 있는 투상도는?

① 사투상도
② 등각투상도
③ 정투상도
④ 부등각투상도

해설
투상면에 수직으로 닿는다면 정투상도이다.

15 브로치(Broach) 가공에 대한 설명으로 틀린 것은?

① 브로치의 운동 방향에 따라 수직형과 수평형이 있다.
② 브로칭 머신은 가공면에 따라 내면용과 외면용이 있다.
③ 브로치에 대한 구동 방향에 따라 압입형과 인발형으로 나누어진다.
④ 복잡한 윤곽 형상의 안내면은 불가능하여 안내면의 키 홈절삭에 주로 사용된다.

해설
브로치는 가공품에 따라 따로 제작하며 대량 생산하는 형상은 그에 맞게 제작 가능하다.

16 연삭액의 구비조건으로 틀린 것은?

① 거품 발생이 많을 것
② 냉각성이 우수할 것
③ 인체에 해가 없을 것
④ 화학적으로 안정될 것

해설
거품이 많이 발생되면 가공면이 보이지 않는다.

17 기어 피치원의 지름이 150mm, 모듈이 5인 표준형 기어의 잇수는?(단, 비틀림각은 30°이다)

① 15
② 30
③ 45
④ 50

해설
$D = m \times z$, $D_o = m \times (z+2)$
여기서, p : 피치, D : 피치원, z : 기어 잇수,
D_o : 이끝원, m : 모듈
$150 = 5 \times z$, $z = 30$

18 연마제를 가공액과 혼합한 후 압축공기와 함께 노즐에서 고속 분사하여 다듬면을 얻는 정밀입자가공은?

① 호닝
② 래핑
③ 액체호닝
④ 슈퍼피니싱

해설
정밀입자가공의 분류

공작	작업방법
호닝	Horn을 넣고 회전운동과 동시에 축방향의 운동을 하며 구멍의 내면을 정밀 다듬질하는 가공
슈퍼피니싱	미세하고 비교적 연한 숫돌입자를 일감의 표면에 낮은 압력으로 접촉시키면서 매끈하고 고정밀도의 표면으로 일감을 다듬는 가공방법
래핑	랩이라는 공구와 일감 사이에 랩제를 넣고 랩으로 일감을 누르며 상대운동을 하면 매끈한 다듬면이 얻어지는 가공방법
액체호닝	연마제를 가공액과 혼합한 후, 압축공기와 함께 노즐에서 고속분사하여 다듬면을 얻는 가공

19 나사의 도시법에 대한 설명으로 틀린 것은?

① 수나사의 바깥지름은 굵은 실선으로 그린다.
② 암나사의 안지름은 굵은 실선으로 그린다.
③ 수나사와 암나사의 결합부는 수나사로 그린다.
④ 완전 나사부와 불완전 나사의 경계는 가는 실선으로 그린다.

해설
완전 나사부와 불완전 나사부의 경계선은 굵은 실선으로 그린다.

[정답] 16 ① 17 ② 18 ③ 19 ④

20 절삭공구 재료의 구비조건으로 적합하지 않은 것은?

① 내마모성이 클 것
② 형상을 만들기 쉬울 것
③ 고온에서 경도가 낮고 취성이 클 것
④ 피삭재보다 단단하고 인성이 있을 것

해설
- 내마모성 : 마모에 견디는 능력
- 경도 : 딱딱한 정도
- 취성 : 잘 깨지는 성질
- 피삭재 : 깎여 나가는 재료
- 인성 : 잘 깨지지 않고 질긴 성질

21 피스톤의 기계적 운동부와 공기 압축실을 격리시켜 이물질이 공기에 포함되지 않아 식품, 의약품, 화학 산업 등에 많이 사용되는 압축기는?

① 피스톤형 압축기
② 다이어프램형 압축기
③ 루트블로어 압축기
④ 베인형 압축기

해설
다이어프램형 : 격판을 두고 밀봉을 유지하며 공간을 조절하여 압력을 감당하는 요소를 말한다. 다이어프램식 피스톤은 기계적 운동부와 공기 압축실이 격리되어 있다.

22 공압의 특징에 대한 설명으로 잘못된 것은?

① 무단 변속이 가능하다.
② 작업속도가 빠르다.
③ 에너지를 축적하는 데 용이하다.
④ 정확한 위치결정 및 중간정지에 우수하다.

해설
공압은 균일속도를 얻을 수 없고, 위치제어가 어렵다는 단점이 있다.

23 압축공기를 이용하는 방법 중에서 분출류를 이용하는 것과 거리가 먼 것은?

① 공기커튼
② 공압반송
③ 공압 베어링
④ 버스 출입문 개폐

해설
겨울철 각종 매장에서 사용하고 있는 에어커튼과 압축공기의 분출 후 반송력을 이용하는 사례와, 공기분출력을 이용하여 극간 사이에 압축공기를 두어 베어링 역할을 하게 하는 공압 베어링이 예로 들어져 있다. 반면 버스 출입문은 공압 실린더를 이용한 예이다.

24 공압회로 구성에 사용되는 시간지연밸브의 구성요소와 관계없는 것은?

① 압력증폭기
② 공기탱크
③ 3/2-way 방향제어밸브
④ 속도조절밸브

해설
압력 및 공기의 전달을 일정시간 늦추어 공압을 전달하는 것을 시간지연밸브라 하며 공기를 담아 둘 탱크와 제어작동용 방향제어밸브, 유속조정용 속도제어밸브는 필요한 요소이다.

25 위치가 잘못 기재된 것은?

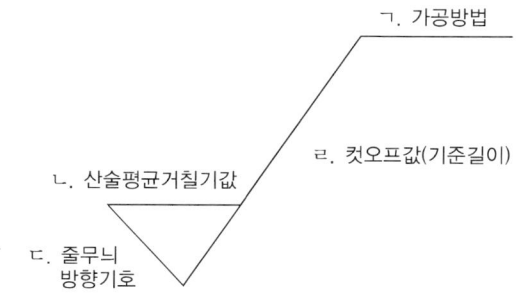

① ㄱ
② ㄴ
③ ㄷ
④ ㄹ

해설

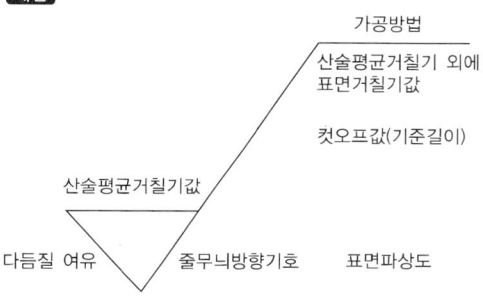

26 단면적이 20cm²인 배관을 통해서 20cm/sec의 속도로 흐르던 오일이 단면적이 40cm²가 되면 배관에서 오일의 속도는 얼마가 되는가?

① 10cm/sec
② 20cm/sec
③ 40cm/sec
④ 80cm/sec

해설
연속의 법칙
$Q = A_1 V_1 = A_2 V_2$
여기서, A : 유로의 단면적, V : 유속
$Q = AV$
　　$= 20\text{cm}^2 \times 20\text{cm/sec} = 40\text{cm}^2 \times V_2$
$V_2 = 10\text{cm/sec}$

27 제어장치에 있어서 목표치에 의한 신호와 검출부로부터의 신호에 의거, 제어계가 소정의 작동을 하는 데 필요한 신호를 만들어서 조작부에 보내주는 부분은?

① 검출부
② 입력부
③ 조절부
④ 출력부

해설

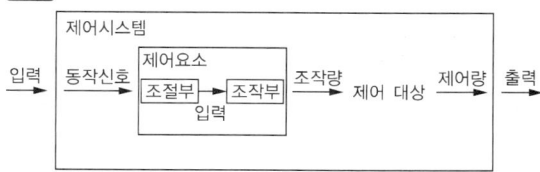

28 순차제어시스템과 되먹임 제어시스템의 차이점은?

① 조절부
② 조작부
③ 출력부
④ 비교부

해설
피드백 제어(Feed-back Control)는 개회로제어보다는 신호를 추출하고 목푯값과 비교하는 등의 설비(궤환요소)가 더 필요하지만 개회로제어에 비해 정확한 제어가 가능하다.

29 공압 실린더의 공급되는 공기의 유량을 제어하는 방식을 무엇이라 하는가?

① 미터 아웃 방식
② 미터 인 방식
③ 블리드 온 방식
④ 블리드 오프 방식

해설
미터 인 방식과 미터 아웃 방식은 회로에서 보통 실린더의 운동속도를 제어하는 방법으로 실린더에 들어가는 작동유체의 양을 조절하여 실린더의 전진속도를 제어하는 방식과, 나오는 작동유체의 양을 조절하여 실린더의 후진속도를 제어하는 방식으로 나뉜다. 들어가는 작동유체의 양을 조절하는 방식을 미터 인 방식, 나오는 작동유체의 양을 조절하는 방식을 미터 아웃 방식이라고 한다.

정답 25 ③ 26 ① 27 ③ 28 ④ 29 ②

30 다음 그림이 나타내는 공압기호는 무엇인가?

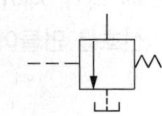

① 체크밸브 ② 릴리프밸브
③ 무부하밸브 ④ 감압밸브

해설

체크밸브	릴리프밸브	감압밸브

31 유압동력부 펌프의 송출압력이 60kgf/cm²이고, 송출유량이 30L/min일 때 펌프동력은 몇 kW인가?

① 2.94 ② 3.94
③ 4.49 ④ 5.49

해설
동력(P) = 송출압력 × 송출유량(단, 시간당 동력단위를 잘 맞춰야 함)
= 60kgf/cm² × 30L/min
= 60kgf/cm² × (30 × 1,000)cm³/60sec
 (∵ 1L = 1,000cm³, 1min = 60sec)
= 30,000kgf · cm/sec = 300kgf · m/sec
= 2,940N · m/sec (∵ 1kgf = 9.8N)
= 2,940W = 2.94kW
 (∵ 1N = 1kg · m/sec², 1W = 1kg · m²/sec³)

32 다음과 같은 과정을 거치는 직접적인 이유는?

- 공기를 강제로 냉각시킴으로서 수증기를 응축
- 흡착제(실리카겔, 알루미나겔, 합성제올라이트 등)로 공기 중의 수증기를 흡착
- 흡습액(염화리튬 수용액, 폴리에틸렌글라이콜 등)을 이용하여 수분을 흡수

① 공기의 압력 상승
② 공기 중의 이물질 제거
③ 공기 중의 수분 제거
④ 공압기기의 일정 압력 제어

해설
문제에서 예시하는 과정들은 공기의 수분을 제거하는 방법들을 제시한 것이다. 공기 중에 수분이 있으면 공압기기의 유지 관리가 어렵고, 고장과 안정적인 관리에 문제를 야기한다.

33 다음 중 PLC에서 사용하는 프로그래밍 방식이 아닌 것은?

① 래더도 방식
② 명령어 방식
③ 논리도 방식
④ 클램프 방식

해설
클램프는 공작물 같은 것을 죄는 장치로 전기 분야에서는 계측기에 사용하는 종류가 있다.

34 PLC 회로도 프로그램 방식 중 접점의 동작 상태를 회로도상에서 모니터링할 수 있는 것은?

① 명령어 방식
② 로직방식
③ 래더도 방식
④ 플로차트 방식

해설
다음 그림과 같이 위에서부터 순차적으로 내려가는 사다리를 구성하는 프로그램 방식을 래더방식이라고 한다. 래더방식은 모니터를 통해 현재 진행되는 플로를 확인할 수 있다.

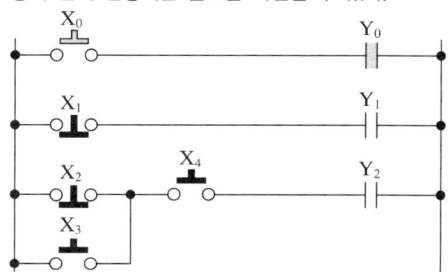

35 다음 중 "2압밸브"를 "AND밸브"라고도 하는 이유를 설명한 것으로 옳은 것은?

① 공기 흐름을 정지 또는 통과시켜 주므로
② 압축공기가 2개의 입구에 모두 작용할 때만 출구에 압축공기가 흐르게 되므로
③ 2단계의 압력제어가 가능하므로
④ 역류를 방지하기 때문에

해설
제어밸브의 종류로는 압력제어밸브, 유량제어밸브, 방향제어밸브 등이 있고, 기타로 논리적 제어를 하는 2압밸브, 셔틀밸브, 체크밸브 등이 있다.
이 중 2압밸브는 양쪽 모두 신호가 들어가야만 출력이 나오는 형태의 밸브로, 논리식에서 AND와 같다고 하여 AND밸브라고 부르기도 한다. 셔틀밸브는 양쪽 중 한곳만 신호가 들어가도 출력이 나오는 형태로, 논리식 OR과 같다 하여 OR밸브라 부르기도 하며, 체크밸브는 한쪽 방향의 흐름만 인가하고 반대 방향의 흐름은 인가하지 않는 방향을 Check하는 밸브이다.

36 제어회로의 각 부분과 사용되는 소자의 연결이 올바르지 않은 것은?

① 입력 부분 : 리밋스위치
② 입력 부분 : 푸시 버튼 스위치
③ 논리 부분 : 압력 스위치
④ 출력 부분 : 램프

해설
제어시스템의 요소
- 입력요소 : 어떤 출력 결과를 얻기 위해 조작 신호를 발생시켜 주는 것으로 전기 스위치, 리밋 스위치, 열전대, 스트레인 게이지, 근접 스위치 등이 있다.
- 제어요소 : 입력요소의 조작신호에 따라 미리 작성된 프로그램을 실행한 후 그 결과를 출력요소에 내보내는 장치로서, 하드웨어 시스템과 프로그래머블 제어기로 분류된다.
- 출력요소 : 입력요소의 신호조건에 따라 목적하는 행위가 실제 이루어지게 하는 장치로 전자계전기, 전동기, 펌프, 실린더, 히터, 솔레노이드 밸브 등이 있다.

37 단위공정자동화의 예로 적당한 것은?

① CNC 선반
② DNC
③ 머시닝센터
④ 이송로봇

해설
- 단위기계자동화 : CNC 선반, CNC 밀링, 이송로봇, 컨베이어 이송시스템, 조립로봇, 검사센서, 자동포장기계
- 단위공정자동화 : DNC, 일관공정시스템, 자동조립시스템, 자동검사시스템

38 CNC 공작기계 등에서 서보모터의 축 또는 볼 스크루의 회전 각도를 통하여 위치를 검출하는 방식의 제어 회로는?

① 개방회로제어
② 폐회로제어
③ 반폐회로제어
④ 외란이 있는 폐회로제어

[해설]
반폐회로제어의 대표적인 예시가 서보모터를 이용한 위치검출이다.

39 시스템을 제어량에 따라 분류할 때 온도, 유량, 압력, 농도, 습도 등을 제어량으로 하는 시스템은?

① 서보기구
② 자동조정
③ 프로세스 제어
④ 외란이 있는 폐회로제어

[해설]
제어량에 따른 분류
- 서보기구 : 기계적 위치, 속도, 가속도, 방향이나 자세를 제어량으로 하는 시스템이다.
- 프로세스 제어 : 온도, 유량, 압력, 농도, 습도 등을 제어량으로 하는 시스템이다.
- 자동조정 : 속도, 회전력, 전압, 주파수나 역률 등 역학적이거나 전기적인 제어량을 다루는 시스템이다.

40 전달함수의 등가변환이 잘못된 것은?

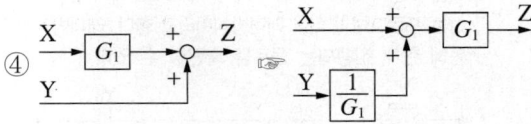

[해설]
③의 등가변환은 두 함수의 합과 같다.

41 정해 놓은 순서나 일정한 논리에 의하여 정해진 순서에 따라 제어의 각 단계를 차례로 진행하는 제어를 무엇이라 하는가?

① ON/OFF 제어
② 시퀀스 제어
③ 자동조정
④ 프로세스 제어

[해설]
시퀀스 제어 : 다음 단계에서 해야 할 제어 동작이 미리 정해져 있어 앞 단계에서 제어 동작을 완료한 후 다음 단계의 동작을 하는 것

42 기계설비의 조정 등을 위해서 순간적으로 전동기를 시동·정지시킬 필요가 있을 때 이용하는 회로는?

① 촌동회로
② Y-△ 기동회로
③ 리액터 기동회로
④ 저항회로

해설
촌동(刊動)회로 : 아주 짧게 움직이도록 구성한 회로

43 다음 기호가 나타내는 접점은?

① a접점
② b접점
③ c접점
④ d접점

해설
• a접점 : ─o   o─
• b접점 : ─o──o─

44 센서 선정 시 고려사항 중 가장 적절하지 않은 것은?

① 가 격
② 신뢰성
③ 감지거리
④ 색 상

해설
센서 선정 시, 신뢰성과 내구성, 반응속도, 감지거리, 단위시간당 스위칭 회수, 선명도 등을 고려하여야 하고 실제 설치 시 경제성도 함께 고려한다.

45 기전력이 다른 두 금속을 접합해서 온도차를 주고 반응토록 한 센서는?

① 근접센서
② 광전센서
③ 온도센서
④ 적외선센서

해설
온도센서는 열전쌍, 서미스터, 측온저항체처럼 온도에 따라 반응 및 작동하는 센서이며 설명은 열전쌍에 대한 설명이다.

46 다음 그림과 같은 회로는 무슨 회로인가?

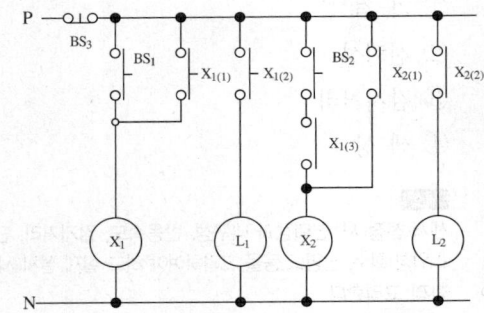

① 쌍대회로
② 신입신호 우선 제어회로
③ 우선동작 순차 제어회로
④ 동작지연 타이머 회로

해설
③ 보기의 회로는 BS₁이 들어와야 BS₂의 신호가 유효하다.
① 쌍대회로 : 폐로 방정식을 절점 방정식으로 바꾼 회로
② 신입우선 회로

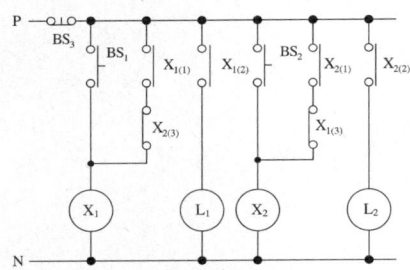

④ 보기의 회로에는 타이머가 없다.

47 다음 중 옳지 않은 것은?

① $A \cdot 1 = A$
② $A \cdot 0 = 0$
③ $A + 1 = A$
④ $A + 0 = A$

해설
+1이 수식에 들어 있으면 그 항은 늘 결과가 출력 1로 나온다.

48 다음 그림은 무슨 회로인가?

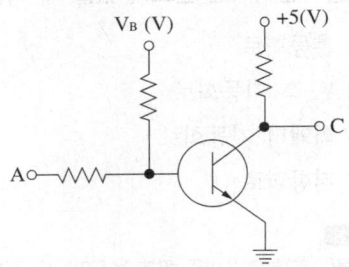

① AND 회로
② OR 회로
③ NOT 회로
④ NAND 회로

해설
베이스에 전류의 입력이 없다면 5V의 입력이 저항을 거쳐 C로 출력이 된다. 이것을 정상 상태로 본다. 베이스에 전류의 입력이 생기면 트랜지스터가 큰 저항이 되고, 5V 바로 아래의 저항에 비해 굉장히 큰 저항이 되어 5V의 전압 중 많은 부분이 트랜지스터 쪽에 크게 걸린다. 이런 경우, C로 출력되는 전류는 매우 미약하게 된다. 결과적으로 입력과 출력이 반로 나타나는 것을 알 수 있다. 트랜지스터를 이해하고 문제를 풀려면 좀 더 많은 공부가 필요하지만, 이 교재는 수험서로써 시험을 통과하기 위해 학습하는 학습서이므로 문제의 회로가 NOT 회로라는 것을 눈에 익혀 두는 정도가 좋을 듯하다.

49 Flip-flop의 종류가 아닌 것은?

① D Flip-flop
② K Flip-flop
③ RS Flip-flop
④ T Flip-flop

해설
플립플롭의 종류에는 RS 플립플롭, JK 플립플롭, D 플립플롭, T 플립플롭 등이 있다.

50 PLC의 주요 주변기기 중에 프로그램 로더가 하는 역할과 거리가 먼 것은?

① 프로그램 기입
② 프로그램 이동
③ 프로그램 삭제
④ 프로그램 인쇄

해설
주변기기
- 프로그램 로더(프로그래머) : 기입, 판독, 이동, 삽입, 삭제, 프로그램 유무 체크, 프로그램의 문법 체크, 설정값 변경, 강제 출력
- 프린터, 카세트데크, 레코더 : 출력장치, 카세트 설치장치, 녹화장치
- 디스플레이가 있는 로더(Display Loader, CRT Loader)
- 롬 라이터(Rom-writer)

51 배타적 OR 회로(EX-OR 회로)의 설명으로 올바른 것은?

① 모든 입력이 0일 때에만 출력이 1인 회로
② 서로 다른 입력이 가해질 때에만 출력이 1인 회로
③ 모든 입력이 1인 경우만을 제외하고 출력이 1인 회로
④ 입력이 0이면 출력이 1이고, 입력이 1이면 출력이 0인 회로

해설
진리표

입력		출력					
A	B	OR	AND	NOR	NAND	XOR	XNOR
0	0	0	0	1	1	0	1
0	1	1	0	0	1	1	0
1	0	1	0	0	1	1	0
1	1	1	1	0	0	0	1

52 누전차단기의 사용상 주의사항에 관한 설명으로 틀린 것은?

① 테스트 버튼을 눌러 작동 상태를 확인한다.
② 누전차단기 점검주기는 월 1회 이상 한다.
③ 전원측과 부하측의 단자를 올바르게 설치한다.
④ 진동과 충격이 많은 장소에 설치하여도 무관하다.

해설
진동과 충격이 많은 장소에 설치하면 누전상황이 아닐 때도 작동할 수 있다.

53 RS-232C의 전송방식은?

① 병렬전송방식
② 직렬전송방식
③ 온라인 전송방식
④ 오프라인 전송방식

해설
PLC
CPU와 컴퓨터를 연결하는 포트는 9핀 RS-232C나 USB 케이블을 이용한다. RS-232C 케이블은 비트당 하나씩 신호가 전송되는 직렬전송을 위한 규격이다.

54 PLC의 특수기능 유닛(특수모듈)이 아닌 것은?

① 인덱스 유닛
② A/D변환 유닛
③ 온도제어 유닛
④ 위치결정 유닛

해설
PLC의 주요 구성
• 기본모듈 : 기본 베이스(각 모듈 장착용), 입력모듈, 출력 모듈, 메모리 모듈, 통신모듈
• 특수기능모듈 : A/D 변환모듈, D/A 변환모듈, 위치결정모듈, PID 제어모듈, 프로세스 제어모듈, 열전입력모듈

55 다음 그림에서 사용된 다이오드의 역할은?

① 촌 동
② 역류 저지
③ 인터로크
④ 자기유지

해설
다이오드는 전류를 한 방향으로만 흐르게 하고, 반대 방향으로는 흐르지 못하도록 한다. 문제의 그림에서는 A, C가 연결되면 L_2가 점등되지만 B, C가 연결되었다 하여 L_2가 점등되지는 않는다.

56 다음 회로에 대한 명칭으로 옳은 것은?

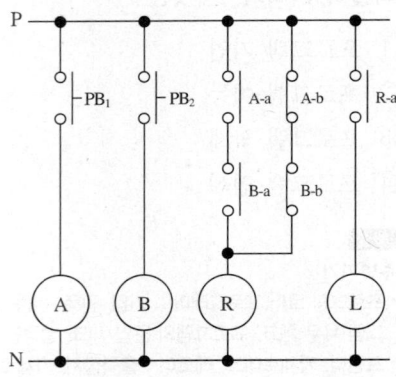

① 지연회로
② 자기유지회로
③ 인터로크 회로
④ 일치회로

해설
문제의 회로는 일치회로로 PB_1과 PB_2에 ON이든 OFF든 같은 신호가 들어갔을 때만 램프가 켜진다.

57 회로의 종류 중 외부 신호접점이 닫혀 있는 동안 타이머가 접점의 개폐를 반복하는 회로로 교통신호기 등 일정의 동작을 반복하는 장치에 이용되는 회로는?

① 펄스발생 회로
② 플리커 회로
③ 플립플롭 회로
④ 인터로크 회로

해설
신호등의 점멸등과 같이 설정 시간 간격으로 ON과 OFF를 반복하는 회로

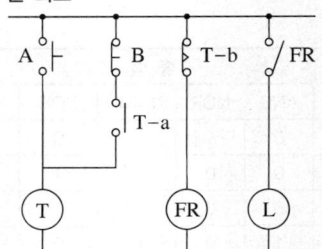

58 무접점회로의 장점이 아닌 것은?

① 비교적 반응속도가 빠르다.
② 마모가 없어 수명이 길다.
③ 스파크의 발생이 없다.
④ 닫혔을 때 임피던스가 높다.

해설
무접점회로는 전기기계식 릴레이에 비해 반응속도가 빠르고 동작 부품이 없으므로 마모가 없어 수명이 길다. 또한, 스파크의 발생이 없고 무소음 동작이며 소형으로 제작이 가능하다. 그러나 닫혔을 때 임피던스가 높고, 열렸을 때 새는 전류가 존재한다. 순간적인 간섭이나 전압에 의해 실패할 가능성이 있으며, 제작 가격이 좀 더 비싸다.

59 다음 중 순서논리회로의 특징으로 옳은 것은?

① 기억소자를 포함하지 않는다.
② 현재의 출력이 현재의 입력에만 의존한다.
③ 회로동작의 관점에서 볼 때 조합회로보다 단순하게 구성된다.
④ 출력은 현재의 입력뿐만 아니라 현재의 상태, 과거의 입력에 따라 달라진다.

해설
입력된 내용을 모두 조건식으로 소화하여 순서논리회로를 구성한다.

60 전자접촉기 여자 상태에서의 이상음에 관한 설명으로 틀린 것은?

① 조작회로의 전압이 너무 높으면 흡인력 과다에 따른 울림현상이 발생할 수 있다.
② 전자접촉기 여자 상태에서 이상음이 발생하는 현상이 있는데 이를 코일의 울림현상이라고 한다.
③ 전자석 사이에 배선 찌꺼기나 진예가 혼입한 경우 전자석이 밀착하지 않고 울림이 발생할 수 있다.
④ 전자석 흡인력의 맥동을 방지하기 위해서 셰이딩 코일이 설치되어 있는데 이 코일이 단선되면 울림현상이 발생할 수 있다.

해설
전자 개폐기의 철심진동 : 전자개폐기에 전류가 흐르면 고정철심이 전자석이 되어 가동철심을 잡아당긴다. 진동이 생긴다는 것은 전자석 역할을 하는 물체의 자화가 되었다, 안 되었다 하는 일이 매우 빠르게 반복되거나 잡아 당겨진 가동철심이 접촉이 불가능한 경우 등을 고려할 수 있는데, 문제의 보기 중 가장 그럴 듯한 원인은 접촉 부위의 이물질이 생겼을 경우를 상상할 수 있다.
- 코어(철심) 부분에 Shading Coil을 설치하여 자속의 형성을 보다 일정하게 만드는데, 이 코일이 단선된 경우 소음이 발생한다.
- Shading Coil을 설치해도 소음이 완전히 제거되지 않으므로 교류형보다 직류형을 사용하면 개선된다.
- 전압이 코일 정격전압의 범위를 15% 이상 상하로 벗어나는 경우 소음 발생이 가능하다.
- 코어 부분에 이물질이 발생하여 불완전 흡입에 의해 소음이 발생하는 경우

2018년 제4회 과년도 기출복원문제

01 원통 내면 가공 시 내경보다 다소 큰 강철볼(Ball)을 압입하여 통과시켜서 소성 변형을 주고 고정밀도의 치수를 얻는 가공법은?

① 래 핑
② 버 핑
③ 슈퍼피니싱
④ 버니싱

해설
① 래핑(Lapping) : 랩과 일감 사이에 랩제를 넣고, 일감을 누르며 상운동을 시킴으로 매끈한 다듬면을 얻는 가공방법이다.
② 버핑(Buffing) : 연마와 유사한 작업으로 매우 미세한 연마제를 천이나 가죽으로 된 부드러운 버프에 묻혀서 사용한다.
③ 슈퍼피니싱(Super Finishing) : 미세하고 비교적 연한 숫돌입자를 일감의 표면에 낮은 압력으로 접촉시키면서 매끈하고 고정밀도의 표면으로 일감을 다듬는 가공 방법이다.

02 재료 표면에 원하는 성질을 얻기 위해 표면에 열을 가하거나 입히거나 벗기는 작업은?

① 수가공
② 기계가공
③ 열처리
④ 표면처리

해설
표면처리도 넓게는 열처리에 속하는 방법도 있으나 기계적 처리 등을 포함하여 표면에 처리하는 방법을 표면처리라고 한다.

03 표면의 줄무늬 방향기호에 한 설명으로 맞는 것은?

① × : 가공에 의한 컷의 줄무늬 방향이 투상면에 직각
② M : 가공에 의한 컷의 줄무늬 방향이 투상면에 평행
③ C : 가공에 의한 컷의 줄무늬 방향이 중심에 동심원 모양
④ R : 가공에 의한 컷의 줄무늬 방향이 투상면에 교차 또는 경사

해설
줄무늬 방향기호와 의미

기호	커터의 줄무늬 방향	적용	표면 형상
=	투상면에 평행	셰이핑	
⊥	투상면에 직각	선삭, 원통연삭	
×	투상면에 경사지고 두 방향으로 교차	호닝	
M	여러 방향으로 교차되거나 무방향이 나타남	래핑, 슈퍼피니싱, 밀링	
C	중심에 대하여 대략 동심원	끝면 절삭	
R	중심에 대하여 대략 레이디얼 모양	일반적인 가공	

정답 1 ④ 2 ④ 3 ③

04 척 핸들을 사용해서 척의 측면에 만들어진 1개의 구멍을 조이면, 3개의 조(Jaw)가 동시에 움직여서 공작물을 고정시키는 선반의 장치는?

① 단동척 ② 연동척
③ 마그네틱 척 ④ 콜릿척

해설

단동척
- 척 핸들을 사용해서 조(Jaw)의 끝부분과 척의 측면이 만나는 곳에 만들어진 4개의 구멍을 각각 조이면, 4개의 조도 각각 움직여서 공작물을 고정시킨다.
- 편심가공이 가능하다.

마그네틱 척
원판 안에 전자석을 설치하고 전류를 흘려보내면 척이 자화되면서 공작물을 고정시킨다.

콜릿척
- 3개의 클로를 움직여서 직경이 작은 공작물을 고정하는 데 사용하는 척이다.
- 주축의 테이퍼 구멍에 슬리브를 꽂은 후 여기에 콜릿척을 끼워서 사용한다.

05 상향절삭의 특징이 아닌 것은?

① 커터날이 일감을 들어 올리는 방향이므로 기계에 무리를 주지 않는다.
② 깎인 칩이 새로운 절삭을 방해하지 않는다.
③ 날의 마찰이 크므로 날의 마멸이 크다.
④ 가공된 면 위에 칩이 쌓이므로, 절삭열이 남아 있는 칩에 의해 가공된 면이 열변형을 받을 우려가 있다.

해설

상향절삭(올려 깎기)	하향절삭(내려 깎기)
커터날의 회전 방향과 일감의 이송이 서로 반대 방향	커터날의 회전 방향과 일감의 이송이 서로 같은 방향
• 커터날이 일감을 들어 올리는 방향이므로 기계에 무리를 주지 않는다. • 커터날에 처음 작용하는 절삭저항이 작다. • 깎인 칩이 새로운 절삭을 방해하지 않는다. • 백래시의 우려가 없다.	• 커터날에 마찰작용이 적으므로 날의 마멸이 작고 수명이 길다. • 커터날을 밑으로 향하게 하여 절삭한다. 따라서 일감을 밑으로 눌러서 절삭하므로, 일감의 고정이 쉽다. • 날자리 간격이 짧고, 가공면이 깨끗하다.
• 커터날이 일감을 들어 올리는 방향으로 일을 하므로 일감의 고정이 어렵다. • 날의 마찰이 커서 날의 마멸이 크다. • 회전과 이송이 반대여서 이송의 크기가 상대적으로 크며, 이에 따라 피치가 커져서 가공면이 거칠다. • 가공할 면을 보면서 작업하기가 어렵다.	• 상향절삭과는 달리 기계에 무리를 준다. • 커터날이 새로운 면을 절삭저항이 큰 방향에서 진입하므로 날이 약할 경우 부러질 우려가 있다. • 가공된 면 위에 칩이 쌓이므로, 절삭열이 남아 있는 칩에 의해 가공된 면이 열 변형을 받을 우려가 있다. • 백래시 제거장치가 필요하다.

06 플랭크 마모라고도 하며 절삭공구의 측면과 가공면과의 마찰에 의하여 발생되는 마모현상으로 주철과 같이 취성이 있는 재료를 절삭할 때 발생하여 절삭날(공구인선)을 파손시키는 마멸은?

① 경사면 마멸
② 여유면 마멸
③ 치 핑
④ 크레이터 마멸

해설
옆면에서의 마모는 공구와의 여유각이 벌어진 곳의 마멸이어서 여유면 마멸이라고 하며, 측면이라는 의미의 플랭크(Flank, 옆구리, 측면) 마멸이라고 한다.

07 드릴가공의 불량원인이 아닌 것은?

① 절삭날의 양쪽 길이가 다를 때
② 가공물의 재질이 균일할 때
③ 주축 베어링이 마모되어 있을 때
④ 주축이 테이블과 경사져 있을 때

해설
가공물의 재질이 균일하면 작업 시 동일한 외력을 받아 안정적으로 작업할 수 있다.

08 A사에서는 연삭작업 시 안전수칙을 제정하려 한다. 적당하지 않은 것은?

① 칩이 튀는 것을 방지하기 위해 작업 시 덮개를 반드시 덮는다.
② 작업장에서는 이동 시 직선으로 신속히 움직이도록 한다.
③ 작업 시에는 보안경, 장갑, 마스크 등 개인 안전장구를 착용한다.
④ 연삭숫돌의 떨림이 발생하면 즉시 회전을 멈춘다.

해설
작업장에서는 안전한 경로로 이동하여야 하며 그 경로는 반드시 직선일 수는 없다. 또한, 안전을 확인한 후 움직이도록 하고, 이동 속도를 규정하는 것은 불필요하고 부적당하다.

09 다음 중 M12×1.5 탭을 가공하기 위한 드릴링 작업 기초구멍으로 적합한 것은?

① 10.5mm
② 11mm
③ 11.5mm
④ 12mm

해설
- 기초구멍 : 드릴로 큰 구멍을 뚫기 위해서는 자리를 잡고 절삭저항을 줄이기 위해 작은 구멍을 먼저 파는데 이를 기초구멍이라고 한다.
- 기초구멍의 지름은 나사의 유효지름 - 피치로 구하므로, 12 - 1.5 =10.5이다.

10 다음 〈보기〉에서 설명하는 작업은?

┌ 보기 ┐
- 평면연삭법에 비해 절삭 깊이를 크게 한다.
- 많은 횟수의 테이블 이송으로 연삭 다듬질을 하는 방법이다.
- 숫돌의 형상 변화가 적고 연삭능률이 높아서 성형 연삭에 주로 응용된다.

① 전해연삭   ② 센터리스 연삭
③ 크리프 연삭   ④ 헬리컬 연삭

해설
〈보기〉에서 설명하는 연삭법은 크리프 연삭법이다.

11 도면에 가는 실선을 이용하여 등 간격의 사선으로 어느 영역을 표시하였다. 이 영역의 의미는?

① 가공 금지 표시
② 특수가공 표시
③ 겹치는 외형을 표시
④ 절단한 면을 표시

해설
가는 실선을 규칙적으로 나열한 것은 해칭선으로 단면된 면을 표시한다.

12 치수를 표현하는 기호 중 치수와 병용되어 특수한 의미를 나타내는 기호를 적용할 때가 있다. 이 기호에 해당하지 않는 것은?

① S∅7   ② C3
③ □5   ④ SR15

해설
③ □ 5로 표현했다면 한 변이 5mm인 정사각형
① S(Sphere) : 구의 지름 7mm
② C(Chamfer) : 모따기 한 모서리 길이 3mm
④ SR(Sphere Radius) : 구의 반지름 15mm

13 구멍 $50^{+0.025}_{+0.009}$에 조립되는 축의 치수가 $50^{+0}_{-0.016}$이라면 이는 어떤 끼워맞춤인가?

① 구멍기준식 헐거운 끼워맞춤
② 구멍기준식 중간 끼워맞춤
③ 축기준식 헐거운 끼워맞춤
④ 축기준식 중간 끼워맞춤

해설
구멍기준식과 축기준식은 기호로 구분을 하는데, 이 문제에서는 윗오차, 아랫오차를 봤을 때 정치수가 발생하는 쪽을 기준으로 봐야 한다.
- 헐거운 끼워맞춤 : 허용오차를 적용하였을 경우 구멍이 클 때
- 억지 끼워맞춤 : 허용오차를 적용하였을 경우 축이 클 때
- 중간 끼워맞춤 : 허용오차를 적용하였을 경우 상호 오차범위 안에 들 때

정답 10 ③ 11 ④ 12 ③ 13 ③

14 다음 그림에 대한 설명으로 옳은 것은?

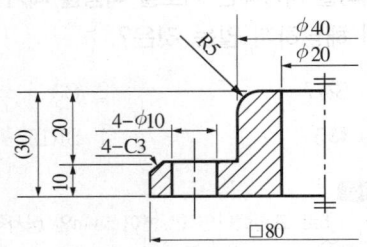

① 참고치수로 기입한 곳이 두 곳 있다.
② 45° 모따기의 크기는 4mm이다.
③ 지름의 10mm인 구멍이 한 개 있다.
④ □80은 한 변의 길이가 80mm인 정사각형이다.

해설
① 참고치수로 기입한 곳이 (30) 한 곳이 있다.
② 45° 모따기의 크기는 C3, 즉 3mm이다.
③ 지름의 10mm인 구멍이 4-ϕ10, 즉 네 개가 있다.

15 연삭숫돌의 결함 중 떨림의 발생원인이 아닌 것은?

① 연삭숫돌의 평형 상태가 불량할 경우
② 숫돌축에 편심이 있을 경우
③ 연삭숫돌의 결합도가 너무 클 경우
④ 연삭 깊이를 작게 하고 이송을 빠르게 할 경우

해설
숫돌이 떨리는 경우는 숫돌축이 불균형하거나, 숫돌의 눈이 메워졌거나, 숫돌바퀴의 결합도가 지나치거나, 숫돌이 기울어지게 장착되었을 경우이므로 각각 균형을 맞춰준 후 트루잉을 실시하고, 드레싱을 실시하며, 결합도에 맞는 공작속도를 설정한다. 기울어진 경우는 평형을 맞추어 주어야 한다.

16 기어가공에서 창성에 의한 절삭법이 아닌 것은?

① 형판에 의한 방법
② 래크 커터에 의한 방법
③ 호브에 의한 방법
④ 피니언 커터에 의한 방법

해설
창성(創成)에 의한 방법
• 상대운동에 의한 기어절삭, 전용 절삭기구를 제작하여 상대운동을 시켜 가공
• 정확한 인벌류트 치형가공 가능
• 피니언 커터, 래크 커터, 호브 등 이용

17 다음 〈보기〉에서 설명하는 가공은?

┌보기─────────────────
• 진폭이 수 mm이고 매분 수백에서 수천의 값을 가지는 진동으로 가공
• 입도가 낮고 연한 숫돌을 낮은 압력으로 진동하여 가공
• 매끈하고 방향성이 없고, 표면의 변질부가 적다.
└─────────────────

① 래 핑   ② 호 닝
③ 연 삭   ④ 슈퍼피니싱

해설
슈퍼피니싱
• 진폭이 수 mm이고 매분 수백에서 수천의 값을 가지는 진동으로 가공한다.
• 입도가 낮고 연한 숫돌을 낮은 압력으로 진동하여 가공한다.
• 매끈하고 방향성이 없고, 표면의 변질부가 적다.
• 축의 베어링 접촉부를 고정밀도 표면으로 다듬는 가공에 활용한다.

18 그림과 같은 입체도의 평면도로 적당한 것은?

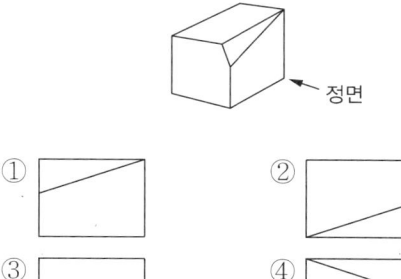

① ② ③ ④

해설
정면도 선정에 따른 정투상도의 방향을 아는지 묻는 문제이다. 정면도에서 시선을 그대로 앞으로 가져가며 아래를 바라보는 방향이 평면도이다.

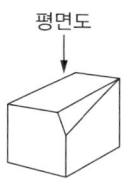
평면도

19 KS B 1311 TG 20×12×70으로 호칭되는 키의 설명으로 옳은 것은?

① 나사용 구멍이 있는 평행키로서 양쪽 네모형이다.
② 나사용 구멍이 없는 평행키로서 양쪽 둥근형이다.
③ 머리붙이 경사키이며 호칭치수는 20×12이고 호칭 길이는 70이다.
④ 둥근 바닥 반달키이며 호칭 길이는 70이다.

해설
KS B 1311에 TG는 머리 있는 경사키이며 문제의 키는 폭 20mm, 높이 12mm, 길이 70mm짜리 경사키이다.

20 알루미나(Al₂O₃) 분말에 규소(Si) 및 마그네슘(Mg) 등의 산화물이나 그 밖에 다른 산화물의 첨가물을 넣고 소결한 것은?

① 초경합금 ② 베어링강
③ 세라믹 ④ CBN

해설
① 초경합금 : WC(탄화텅스텐), TiC 및 TaC 등에 Co를 점결제로 혼합하여 소결한 비철합금
② 베어링강 : 표면경화용 Cr강은 내충격성, 스테인리스강은 내식성과 내열성, 고속도 공구강 및 Ni-Co 합금은 내고온성이 요구되는 베어링 재료이다.
④ CBN(Cubic Boron Nitride, 입방정질화붕소) : 0.5~1mm 두께의 다결정 CBN을 초경합금 모재 위에 가압소결하여 접합시킨 공구재료이다.

21 소요 공기량을 조절하기 위한 공기압축기의 압축공기 생산 조절방식이 아닌 것은?

① 무부하 조절방식
② ON/OFF 조절방식
③ 저속 조절방식
④ 드레인 조절방식

해설
④ 드레인 조절방식 : 낙수(落水)하는 것처럼 고인 것을 아래로 빼내는 작업이다. 주로 수분이나 이물질을 제거할 때 사용하는 방식이다.
① 무부하 조절방식 : 압축 공기를 생산하지 않고 운전하는 것으로 마치 자동차에서 기어를 뺀 상태로 엔진을 가동하는 것과 같은 상태를 말한다. 공기압축기를 지속적으로 가동시키되 공압이 내려가면 부하를 걸고 운전하고, 공압이 필요 이상 올라가면 부하를 걸지 않고 운전하는 방식으로 압축공기 생산량을 조절한다.
② ON/OFF 조절방식 : 무부하 운전과 마찬가지의 상황에서 압축공기의 생산 여부에 따라 압축기를 켰다가 껐다가를 반복하며 조절한다.
③ 저속 조절방식 : 공기압축기의 속도를 느리게 하면 압축공기의 생산량이 줄어든다.

22 유압제어와 비교한 공압제어에 대한 설명으로 틀린 것은?

① 공기압력은 4~7kgf/cm² 정도를 사용한다.
② 공압과 유압의 출력은 항상 동일하다.
③ 에어 드라이어를 설치한다.
④ 구성은 간단하나 압축성으로 속도가 일정치 않다.

해설
유압에서 사용하는 출력이 공압에 비해 훨씬 크다.

23 다음 중 공압조정 유닛의 구성요소에 속하지 않는 것은?

① 필 터   ② 교축밸브
③ 압력조절밸브   ④ 윤활기

해설
교축밸브도 공압조정 유닛에서 공기의 압력이나 속도를 제어하는 데에 적용할 수는 있으나, 제시된 답안 중 가장 거리가 먼 요소라고 볼 수 있다.

24 공압장치에는 필요 없으나 유압장치에는 꼭 필요한 부속기기는?

① 방향제어밸브   ② 압축기
③ 여과기   ④ 기름탱크

해설
공압장치와 유압장치의 가장 큰 차이는 작동유체를 공기를 사용하느냐, 유류를 사용하느냐의 차이이다. 공압에서는 Air Compressor, 유압에서는 유류탱크를 사용하며, 공기여과기나 오일필터 같은 여과기는 두 경우 모두 사용한다.

25 다음 공기압기호의 명칭은?

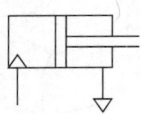

① 단동 실린더   ② 복동 실린더
③ 요동 실린더   ④ 공압모터

해설
실린더의 기호

명 칭	기 호		비 고
	상세기호	간략기호	
단동 실린더			• 공 압 • 압출형 • 편로드형 • 대기 중의 배기(유압의 경우는 드레인)
단동 실린더 (스프링 붙이)	(a) (b)		• 유 압 • 편로드형 • 드레인축은 유압유 탱크에 개방 (a) 스프링 힘으로 로드 압출 (b) 스프링 힘으로 로드 흡인
복동 실린더	(a) (b)		(a)• 편로드 • 공 압 (b)• 양로드 • 공 압
복동 실린더 (쿠션 붙이)	2:1	2:1	• 유 압 • 편로드형 • 양 쿠션, 조정형 • 피스톤 면적비 2 : 1
단동 텔레스코프형 실린더			공 압
복동 텔레스코프형 실린더			유 압

정답 22 ② 23 ② 24 ④ 25 ①

26 다음 중 보일의 법칙에 한 설명으로 올바른 것은?

① 기체의 압력을 일정하게 유지하면서 체적 및 온도가 변화할 때 체적과 온도는 서로 비례한다.
② 정지유체 내의 점에 작용하는 압력의 크기는 모든 방향으로 같게 작용한다.
③ 기체의 온도를 일정하게 유지하면서 압력 및 체적이 변화할 때 압력과 체적은 서로 반비례한다.
④ 기체의 압력, 체적, 온도 세 가지가 모두 변화할 때는 압력, 체적, 온도는 서로 비례한다.

[해설]
일반적으로 우리가 기억하고 있는 보일-샤를의 법칙의 의미는 보일의 법칙(압력과 부피의 곱은 기체 상수와 온도의 상관관계를 갖고 있으며 일정량의 기체가 등온을 유지할 때 압력과 부피는 서로 반비례 한다)과 샤를의 법칙(일정한 압력의 기체는 온도가 상승하면 부피도 상승한다)을 조합한 식이다.

27 밸브의 조작방식기호 중 수동기호 방식은?

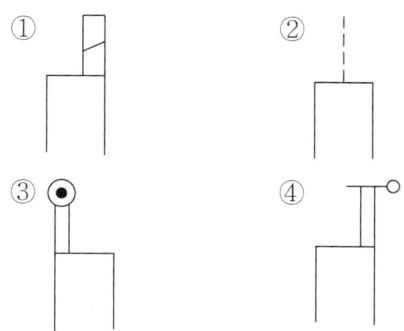

[해설]
① 솔레노이드 ② 공압식 ③ 기계식(접촉식)

28 다음은 공압모터의 종류 중 하나이다. 어느 형태의 모터인가?

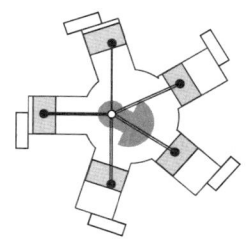

① 회전날개형   ② 피스톤형
③ 기어형   ④ 터빈형

[해설]
피스톤을 각 방향별로 장착하여 그의 순차적 전후진운동을 통해 축을 회전시키는 방식이다.

29 압력의 단위로 옳지 않은 것은?

① N   ② kgf/cm^2
③ psi   ④ Pa

[해설]
N은 힘의 단위이다. 압력은 힘을 단위 면적으로 나눈 단위를 사용하며 파스칼이 정리하였으므로 Pa로도 사용한다. psi는 파운드를 제곱 inch로 나눈 단위이다.

30 일반적으로 공압 액추에이터나 공압기기의 작동압력(kgf/cm^2)으로 가장 알맞은 압력은?

① 1~2   ② 4~6
③ 10~15   ④ 40~55

[해설]
공압 액추에이터의 작동을 하는 압력은 0.7MPa(약 7.1kgf/cm^2) 이하로 작동하여야 한다. 근래 공압 액추에이터가 다양해지고 아주 약한 압력에도 작동하는 액추에이터가 많으나, 일반적으로는 공압에서도 가능한 한 강한 압력을 작용할 수 있도록 제작하는 편이 효율과 성능면에서 유리하다.

[정답] 26 ③ 27 ④ 28 ② 29 ① 30 ②

31 SKH2로 규정되는 고속도강의 표준성분(%)으로 적합한 것은?

① 18(W)-7(Cr)-1(V)
② 18(W)-4(Cr)-1(V)
③ 28(W)-7(Cr)-1(V)
④ 28(W)-12(Cr)-1(V)

해설
SKH2로 규정되는 고속도강의 성분은 W(텅스텐) 17.2~18.7%, C(탄소) 0.73~0.83%, Cr(크롬) 3.80~4.50%, Si(규소) 0.45% 이하, V(바나듐) 1~1.2%, S(황) 0.030% 이하

32 머시닝센터 프로그램에서 그림과 같이 A점에서 B점으로 급속이동시키려고 할 때 증분지령방법으로 맞는 것은?

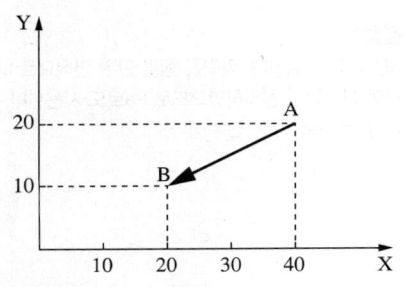

① G90 G00 X-20.0 Y-10.0;
② G91 G00 X-20.0 Y-10.0;
③ G90 G00 X20.0 Y10.0;
④ G91 G00 X20.0 Y10.0;

해설
A에서 B로 이송하는 것이므로 B가 A보다 X축으로 -20만큼 이동되어 있고, Y축으로 -10만큼 이동되어 있다.
• G90 : 절대 명령
• G91 : 증분 명령
• G00 : 급속 이송 명령

33 자동화 시스템을 구성하는 주요 3요소가 아닌 것은?

① 센 서   ② 네트워크
③ 프로세서   ④ 액추에이터

해설
• 감지기(Sensor) : 액추에이터 및 외부 상태를 감지하여 제어신호 처리장치에 공급하여 주는 입력 요소
• 제어 신호 처리 장치(Processor) : 감지기로부터 입력되는 제어 정보를 분석 및 처리하여 필요한 제어 명령을 내려 주는 장치
• 액추에이터(Actuator) : 외부의 에너지를 공급받아 일을 하는 출력 요소

34 다음 중 유압유의 온도 변화에 대한 점도의 변화를 표시하는 것은?

① 비 중   ② 체적 탄성계수
③ 비체적   ④ 점도지수

해설
• 작동유나 윤활유의 점도가 온도에 따라 많이 변한다면 작업의 예측성이 낮아질 수밖에 없다. 따라서 윤활유나 작동유로 사용하는 유류에 점도지수를 확인할 필요가 있다.
• 기준은 온도에 따른 점도 변화가 낮은 펜실베니아계 기름을 100으로, 변화가 큰 걸프코스트계 기름을 0으로 하여 비율적으로 표시하므로, 점도지수는 그 수치가 높을수록 온도 변화에 따른 점도 변화가 작다고 본다.

35 교류 솔레노이드와 비교하였을 때 직류 솔레노이드의 특징으로 옳지 않은 것은?

① 간단하며 내구성이 있는 코어가 내장되어 있어 동작 중 발생한 열을 발산해 준다.
② 운전이 정숙하다.
③ 부드러운 스위칭 형태, 낮은 유지전력으로 수명이 길다.
④ 작동시간이 상대적으로 짧다.

해설
④ 작동(개폐)시간은 교류 솔레노이드 밸브가 상대적으로 짧다.
직류 솔레노이드의 장단점
• 장 점
  - 작동이 쉽다.
  - 간단하다.
  - 코어의 내구성이 좋다.
  - 열을 발산한다.
  - 유지전력과 턴-온(Turn-on) 전력이 낮다.
  - 소음이 적고 수명이 길다.
• 단 점
  - 스위치 OFF 시 과전압이 발생한다.
  - 스파크 억제회로가 필요하다.
  - 접촉 마모가 크고 개폐시간이 길다.
  - AC 전원을 사용하면 정류기가 필요하다.

36 회로의 압력이 일정 압력을 넘어서면 압력을 견디던 막이 압력 과다에 의해 파열됨으로써 압력을 낮추어 주어 급격한 압력 변화에 유압기기가 손상되는 것을 막을 수 있도록 장착해 놓은 장치는?

① 유체 퓨즈 ② 어큐뮬레이터
③ 공기필터 ④ 스트레이너

해설
② 어큐뮬레이터 : 유체의 압력을 축적하여 압력의 흐름을 일정하게 조절해 주는 장치
③ 공기필터 : 공압장치 내 사용하는 공기의 이물질을 걸러내는 장치
④ 스트레이너 : 직역하면 압력판이나 긴장을 주는 장치 정도로 해석할 수 있는데, 실제는 여과망을 설치하여 흐름 속의 굵은 불순물을 걸러내는 장치

37 용어에 대한 설명으로 옳은 것은?

① 제어 : 어떤 장치나 공정의 출력신호가 원하는 목푯값에 도달할 수 있도록 입력신호를 적절히 조절하는 것
② 자동제어 : 기계가 사람을 대신하여 일을 하는 것
③ 기계화 : 사람이 없어도 제어동작이 자동으로 수행되는 무인제어
④ 자동화 : 감지기로부터 입력되는 제어 정보를 분석·처리하여 필요한 제어 명령을 내려 주는 일

해설
② 기계화에 대한 설명
③ 자동화에 대한 설명
④ 신호처리장치의 하는 일에 대한 설명

38 센서용 검출변환기에서 제베크효과(Seebeck Effect)를 이용한 것은 어느 것인가?

① 압전형 ② 열기전력형
③ 광전형 ④ 전기화학형

해설
제베크효과 : 종류가 다른 금속에 열(熱)의 흐름이 생기도록 온도차를 주었을 때 기전력이 발생하는 효과

정답 35 ④ 36 ① 37 ① 38 ②

39 제어시스템을 수학적으로 분류할 때 시간과 제어방식이 무관한 제어형태의 분류는?

① 시변시스템   ② 시불변시스템
③ 선형시스템   ④ 비선형시스템

해설
② 시불변시스템 : 시간과 제어방식이 무관한 제어형태이다.
① 시변시스템 : 시간에 따라 제어가 변화하는 형태의 제어이다.
③ 선형시스템 : 제어의 흐름이 한 방향으로 표현 가능한 형태의 제어이다.
④ 비선형시스템 : 제어의 흐름이 방향성을 정의하기 힘든 형태의 제어이다.

40 정치제어, 추치제어, 비율제어 등으로 분류 가능한 제어시스템의 종류는?

① 목푯값에 따른 분류
② 신호에 따른 분류
③ 제어량에 따른 분류
④ 입출력 비교제어

해설
• 정치제어 : 목푯값이 일정하다.
• 추치제어 : 목푯값이 임의로 변화한다.
• 비율제어 : 목푯값이 다른 양과 일정한 비율관계로 변화한다.

41 다음 그림의 가산점을 뒤로 이동하는 경우의 등가변환은?

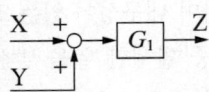

①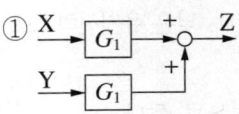

해설
가산점을 뒤로 이동하는 경우

42 어떤 신호가 입력되어 출력신호가 발생한 후에는 입력신호가 제거되어도 그때의 출력 상태를 계속 유지하는 제어방법은?

① 파일럿 제어
② 메모리 제어
③ 조합제어
④ 프로그램 제어

해설
출력 상태를 그로 기억하여 유지하도록 구성된 회로는 메모리 제어이다. 파일럿이란 Push Button, Master S/W 등에서 제어기로 제어신호를 부여하도록 구성된 제어장치를 뜻한다.

43 푸시 버튼 스위치를 ON 조작 후 손을 떼어도 릴레이는 자기 접점을 통하여 여자를 계속하는 회로를 무엇이라 하는가?

① 인터로크 회로
② 자기유지회로
③ 우선회로
④ 지연동작회로

해설
자기유지회로란 회로 안에서 자신의 상태를 유지할 수 있도록 구성한 회로이다.

44 다음 중 접촉식 센서는?

① 매트 스위치
② 정전용량형 센서
③ 반사형 광감지기
④ 적외선형 영역 감지기

해설

감지방법		종류
접촉식		마이크로 스위치, 리밋 스위치, 테이프 스위치, 매트 스위치, 터치 스위치
비접촉식	근접감지기	고주파형, 정전 용량형, 자기형, 유도형
	광감지기	투과형, 반사형
	영역감지기	광전형, 초음파형, 적외선형

45 근접센서 중 유도형 근접센서가 금속만 검출하는 데 반하여 플라스틱, 유리, 도자기, 목재와 같은 절연물, 물, 기름, 약물과 같은 액체도 검출이 가능한 센서는?

① 광센서
② 압력센서
③ 온도센서
④ 정전용량형 센서

해설
근접센서는 크게 유도형 센서와 정전용량형 센서가 있고, 정전센서는 비도체도 검출이 가능하다.

46 주차장 관리 프로그램을 PLC를 이용해 작성하려 한다. 다음 중 입력요소에 해당하는 것은?

① 입차 차량수 누적기
② 입차 시 순차적으로 밝혀지는 조명등
③ 주차 라인 내 차량의 존재 여부를 확인하는 광감지기
④ 주차 가능한 차량수를 표현해 주는 LED 표시등

해설
①은 제어기, ②와 ④는 출력요소에 속한다.

47 다음 회로와 같은 논리식은?

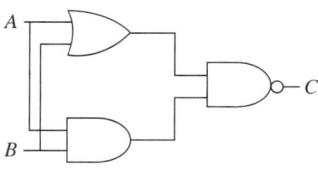

① $A+B$
② $A \cdot B$
③ $\overline{A}+\overline{B}$
④ $\overline{A}$

해설
$\overline{(A+B) \cdot (A \cdot B)} = \overline{(A \cdot B)} + \overline{(A \cdot B)} = \overline{(A \cdot B)} = \overline{A} + \overline{B}$

48 다음 중 옳지 않은 것은?

① $A \cdot \overline{A} = 0$
② $A + \overline{A} = A$
③ $A \cdot A = A$
④ $A + A = A$

해설
정의 결과와 그 반대되는 결과를 합하면 늘 신호가 출력된다.
$A + \overline{A} = 1$

49 다음 카르노 맵 결과는?

C \ AB	00	01	11	10
0	1	0	0	1
1	1	1	1	1

① $B \cdot \overline{C}$
② $C + \overline{B}$
③ $A \cdot \overline{B} + \overline{C}$
④ $A + B + C$

해설
$C \cdot \overline{A}\overline{B} \cdot \overline{A}B \cdot AB \cdot A\overline{B} + \overline{C}\overline{C} \cdot \overline{A}B \cdot AB$
$= C \cdot \overline{A}\overline{B} \cdot \overline{A}B \cdot A\overline{B} + \overline{C}\overline{C} \cdot \overline{A}B \cdot AB$
$= C + \overline{B}$
$C \cdot \overline{A}\overline{B} \cdot \overline{A}B \cdot AB \cdot A\overline{B} + \overline{C}\overline{C} \cdot \overline{A}B \cdot AB$
$= C \cdot \overline{A\overline{B}} \cdot \overline{A}B \cdot A\overline{B} \cdot A\overline{B} + \overline{C}\overline{C} \cdot \overline{A}B \cdot AB$
$= C + \overline{B}$

50 1 또는 0과 같이 하나의 입력에 대하여 항상 그에 응하는 출력을 발생하게 하고, 다음에 새로운 입력이 주어질 때까지 그 상태를 안정적으로 유지하는 회로로서 컴퓨터 집적회로 속에서 기억소자로 사용되는 것은?

① 금지회로
② 플립-플롭 회로
③ 인터로크 회로
④ 자기유지회로

해설
플립플롭회로는 1비트의 2진 정보를 보관, 유지할 수 있는 순서논리회로의 기본 구성요소이며, 하나의 입력에 의하여 항상 그에 응하는 출력을 발생하게 한다. 새로운 조건이 주어지기 전까지 현재 상태를 유지하는 특성을 가지고 있다.

51 시퀀스 제어회로에서 접지선의 색상으로 옳은 것은?

① 녹 색
② 백 색
③ 적 색
④ 흑 색

해설
배선의 색상은 공통된 것은 아니며, 제작자나 사용자가 정의하여 사용할 수 있다. 일반적으로 녹색은 접지선을 의미한다.

52 공작기계의 움직임 순서, 위치 등의 정보를 수치에 의해 지령받은 작업을 수행하는 로봇은?

① NC 로봇
② 링크 로봇
③ 지능 로봇
④ 플레이 백 로봇

해설
NC 로봇은 NC 공작을 수행하는 로봇이다.

53 다음 그림은 11핀의 전자계전기의 핀 배치도이다. 다음 중 a접점과 b접점의 수를 바르게 표시한 것은?

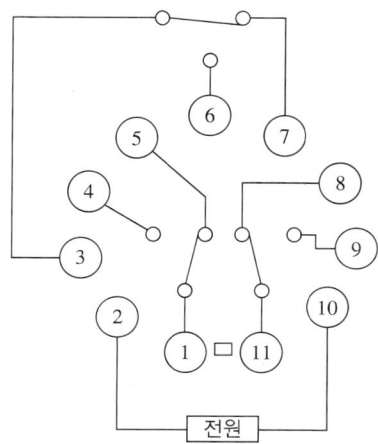

① 1a3b
② 2a3b
③ 3a3b
④ 4a3b

해설
a접점은 ①과 ④, ⑨와 ⑪, ③과 ⑥의 관계이고, b접점은 ①과 ⑤, ⑧과 ⑪, ③과 ⑦의 관계이다.

54 전자접촉기(MC), 열동계전기 등의 고장 시 이들 회로를 점검하기에 가장 적합한 계측기는?

① 멀티테스터
② 오실로스코프
③ 신호발진기
④ 전위차계

해설
멀티테스터는 여러 가지 측정기능을 결합한 전자계측기이다. 전압, 전류, 전기저항을 측정하는 능력을 가지며 장치에 따라 기타 측정기능이 있다. 전지, 모터 컨트롤, 전기제품, 파워 서플라이, 전신체계와 같은 산업과 가구용 장치의 넓은 범위에 있어 전기적인 문제들을 점검하기 위하여 사용될 수 있다.

55 무접점 스위치 기호와 명칭의 연결이 바른 것은?

① LS : 레벨 스위치
② FS : 풋 스위치
③ MC : 전자접촉기
④ CTR : 전압계

해설
① LS : 리밋 스위치, LVS : 레벨 스위치
② FS : 계자 스위치, FTS : 풋 스위치
④ CTR : 컨트롤러

56 다음 회로에 대한 설명으로 옳은 것은?

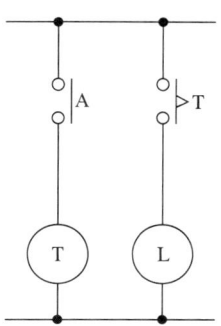

① A가 On되면 바로 램프가 켜짐
② A가 Off되면 바로 램프가 켜짐
③ A가 On되면 조금 있다가 램프가 켜짐
④ A가 Off되면 조금 있다가 램프가 꺼짐

해설
▷T는 한시동작회로이므로 On 신호가 들어온 뒤 조금 후에 T가 연결된다.

정답 53 ③ 54 ① 55 ③ 56 ③

57 다음 그림은 무슨 회로인가?

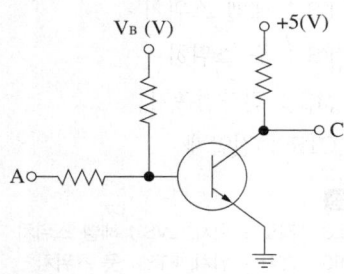

① AND 회로　② OR 회로
③ NOT 회로　④ NAND 회로

해설
A에 신호가 없으면 5V 출력이 C로 나가지만, A에 신호가 들어오면 C로 신호가 나가지 않는다.

58 IEC에서 표준화한 PLC 언어 중 문자기반언어는?

① LD　② FBD
③ IL　④ SFC

해설
- 문자기반언어 : IL(Instruction List)
- 도형기반언어 : LD(Ladder Diagram), FBD(Function Block Diagram)
- SFC(Sequential Function Chart)

59 다음 〈보기〉에서 설명하는 모터는?

보기
- 직선으로 직접 구동되는 모터
- 일렬로 배열된 자석 사이에 위치한 코일에 전류를 흐르게 함으로 운동
- 구조가 간단하고 차지하는 공간이 작으며, 비접촉식이므로 소음 및 마모가 상대적으로 적다.
- 고가이며 강성(强性) 문제가 있다.

① DC 모터
② AC 모터
③ 리니어 서보모터
④ 다이렉트 드라이브 서보모터

해설
서보모터의 한 종류인 리니어 서보모터에 관한 설명이다.

60 논리회로 설계의 순서를 바르게 나타낸 것은?

① 진리표 작성 → 논리식 유도 → 논리식 간단화 → 논리회로 구성
② 논리식 간단화 → 논리회로 구성 → 진리표 작성 → 논리식 유도
③ 논리회로 구성 → 진리표 작성 → 논리식 유도 → 논리식 간단화
④ 논리식 유도 → 논리식 간단화 → 논리회로 구성 → 진리표 작성

해설
원하는 제어 출력에 대해 확인 후(진리표 작성), 논리식을 산출해내고, 정리하여 구성하는 절차를 밟도록 한다.

2019년 제2회 과년도 기출복원문제

01 지름이 50mm인 연강의 절삭속도가 15.7m/min이면 주축 회전수는?

① 80rpm   ② 100rpm
③ 120rpm   ④ 150rpm

해설

$$v = \frac{\pi D n}{1,000}, \quad n = \frac{1,000v}{\pi D} = \frac{15,700}{3.14 \times 50} = 100$$

02 형판이나 모형을 본뜨는 모방장치를 사용하여 프레스나 단조, 주조용 금형 등 복잡한 형상을 가공하는 밀링머신은?

① 만능 밀링머신   ② 모방 밀링머신
③ 나사 밀링머신   ④ 램형 밀링머신

해설

모방 밀링머신에는 모방장치가 있어 복잡한 형상도 쉽게 본 뜰 수 있다.

03 원통 내면 가공 시 내경보다 다소 큰 강철 볼(Ball)을 압입하여 통과시켜서 소성변형을 주고 고정밀도의 치수를 얻는 가공법은?

① 래 핑   ② 버 핑
③ 슈퍼피니싱   ④ 버니싱

해설

① 래핑(Lapping) : 랩과 일감 사이에 랩제를 넣고, 일감을 누르며 상운동을 시킴으로써 매끈한 다듬면을 얻는 가공방법이다.
② 버핑(Buffing) : 연마와 유사한 작업으로 매우 미세한 연마제를 천이나 가죽으로 된 부드러운 버프에 묻혀서 사용한다.
③ 슈퍼피니싱(Super Finishing) : 미세하고 비교적 연한 숫돌입자를 일감의 표면에 낮은 압력으로 접촉시키면서 매끈하고 고정밀도의 표면으로 일감을 다듬는 가공방법이다.

04 측정오차에 관한 설명으로 틀린 것은?

① 기기오차는 측정기의 구조상에서 일어나는 오차이다.
② 계통오차는 측정값에 일정한 영향을 주는 원인에 의해 생기는 오차이다.
③ 우연오차는 측정자와 관계없이 발생하고, 반복적이고 정확한 측정으로 오차 보정이 가능하다.
④ 개인오차는 측정자의 부주의로 생기는 오차이며, 주의해서 측정하고 결과를 보정하면 줄일 수 있다.

해설

우연오차는 원인을 알 수 없이 우연히 생기며 사용자가 피할 수 없는 오차이다.

정답   1 ②   2 ②   3 ④   4 ③

05 날 여유각이 클 때의 특징으로 옳은 것은?

① 공구의 날 끝이 날카로워져서 공구인선의 강도가 저하된다.
② 절삭성과 표면 정밀도가 좋아진다.
③ 날 끝이 약하게 되어 빨리 손상된다.
④ 공구에 작용하는 강도가 높아진다.

해설
날 여유각을 크게 하면 공구의 날 끝이 날카로워지고, 공구인선의 강도가 저하되므로 적절하게 설계해야 한다.

06 볼트, 너트 등이 닿는 부분을 깎아서 자리를 만드는 작업은?

① 드릴링 ② 리 밍
③ 보 링 ④ 스폿 페이싱

해설
① 드릴링 : 드릴로 구멍을 뚫는 작업을 통칭한다.
② 리밍 : 드릴로 뚫은 구멍을 정밀치수로 가공하기 위해 리머로 다듬는 작업이다.
③ 보링 : 주조된 구멍이나 이미 뚫은 구멍을 필요한 크기나 정밀한 치수로 넓히는 작업이다.

07 바깥지름 원통연삭에서 연삭숫돌이 숫돌의 반지름 방향으로 이송하면서 공작물을 연삭하는 방식은?

① 유성형
② 플랜지 컷형
③ 테이블 왕복형
④ 연삭숫돌 왕복형

해설
원통연삭기의 종류
• 플랜지 컷형 : 테두리를 함께 연삭 가능한 방식으로, 공작물 전체를 함께 연삭할 수 있다.
• 테이블 왕복형 : 연삭숫돌은 제자리에서 회전하고, 공작물을 이송한다. 소형에 적합하다.
• 숫돌대 왕복형 : 공작물을 고정하고, 회전하는 연삭숫돌을 이송하여 작업한다. 대형에 적합하다.
• 만능 연삭기 : 테이블, 숫돌대, 주축대가 각각 회전할 수 있기 때문에 작업범위가 넓다. 테이퍼 및 내면연삭도 가능하다.

08 래핑, 호닝, 슈퍼피니싱 등 숫돌입자 등을 이용하여 다듬거나 정밀하게 절삭하는 마무리 가공을 일컫는 용어는?

① 밀링가공
② 연삭가공
③ 정밀입자가공
④ 특수가공

해설
정밀입자가공은 연삭숫돌 등 연마입자를 이용하여 표면을 다듬거나 미세한 마무리 작업을 하는 가공이다.

09 절연성의 가공액 내에서 전극과 공작물 사이에서 일어나는 불꽃방전에 의하여 재료를 조금씩 용해시켜 원하는 형상의 제품을 얻는 가공법은?

① 정밀입자가공 ② 쇼트피닝
③ 방전가공   ④ ECM

해설
- 절연성의 가공액 내에서 전극과 공작물 사이에서 일어나는 불꽃방전에 의하여 재료를 조금씩 용해시켜 원하는 형상의 제품을 얻는 가공법이다.
- 방전가공(EDM)과 전해가공(ECM)의 차이점 : 방전가공은 절연성인 부도체의 가공액을 사용하지만, 전해가공은 전기가 통하는 양도체의 가공액을 사용해서 절삭가공을 한다.

10 가공형상의 전극을 음극에, 일감을 양극에 장착하고 가까운 거리에 놓은 후 그 사이에 전해액을 분출시키며 전기를 통하게 하면 양극에서 용해·용출 현상이 일어나 가공하는 가공법은?

① 초음파가공 ② 전해연마
③ EDM   ④ 전해가공

해설
전해가공(ECM ; Electro Chemical Machining)
가공형상의 전극을 음극에, 일감을 양극에 장착하고 가까운 거리에 놓은 후 그 사이에 전해액을 분출시키며 전기를 통하게 하면 양극에서 용해·용출현상이 일어나 가공하는 방법이다.

11 브로칭 머신에 대한 설명 중 맞는 것은?

① 브로치 가공은 다품종 소량 생산에 적합하다.
② 브로치의 절삭속도는 50m/min 이상으로 빠르게 한다.
③ 브로치의 압입방식에는 나사식, 벨트식, 유압식이 있다.
④ 브로칭 머신은 키 홈, 스플라인 홈 등을 가공하는 데 사용한다.

해설
브로칭 작업은 브로치라는 절삭공구를 이용하여 일감의 안팎을 필요한 모양으로 절삭한다.
고속도강 브로치의 절삭속도

일감의 재질	절삭속도	일감의 재질	절삭속도
열처리 경화 합금강	7m/min	구리합금 또는 풀림처리합금강	14m/min
알루미늄	110m/min	주 철	16m/min
황 동	34m/min	가단주철	18m/min
구 리	22m/min	연 강	18m/min

12 다음 중 광물성 기름과 금속성 비누, 물 등을 혼합하여 반고형으로 만든 윤활제는?

① 흑 연   ② 그리스
③ 래핑액   ④ 범용 윤활제

해설
그리스(Grease) : 광물성 기름과 금속성 비누, 물 등을 혼합하여 반고형으로 만든 윤활제

정답 9 ③ 10 ④ 11 ④ 12 ②

13 CNC 가공에 사용하는 코드 중 CNC 기계에 장착된 부수장치들의 동작을 실행하기 위한 것은?

① G코드 ② M코드
③ F코드 ④ T코드

해설
① G코드 : CNC 공작기계의 준비기능으로 불리는데 공구를 준비시키는 기능을 한다.
③ F코드 : 절삭을 위한 공구의 이송속도를 지령한다.
④ T코드 : 공구 준비 및 공구 교체, 보정 및 옵셋 양을 지령한다.

14 절삭유를 사용함으로써 얻을 수 있는 효과가 아닌 것은?

① 공구수명 연장효과
② 구성인선 억제효과
③ 가공물 및 공구의 냉각효과
④ 가공물의 표면거칠기값 상승효과

해설
절삭유를 사용하면 마찰이 줄어들어 표면거칠기 정도가 개선된다. 표면거칠기의 값이 높을수록 정도가 나쁘다.

15 기어와 피니언이 맞물렸다. 두 기어의 수치 중 같은 값을 갖는 것은?

① 유효지름 ② 피치
③ 모듈   ④ 잇수

해설
모듈은 맞물리는 기어설계 시 서로 맞물릴 수 있도록 설계할 때 사용하는 개념의 물리적 수치이다.

16 다음은 기어를 그린 도면이다. 이 그림에서 2점쇄선으로 그린 부분이 나타내는 것은?

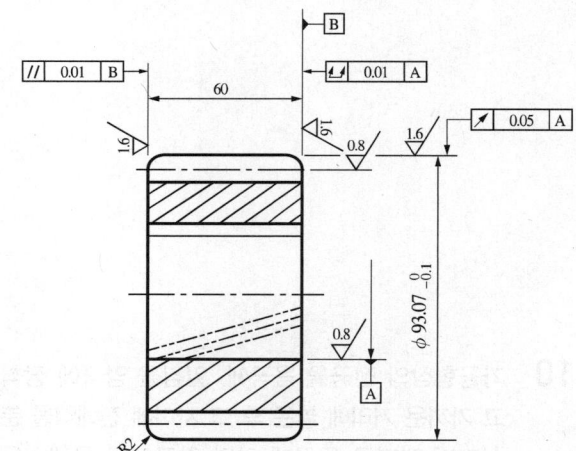

① 보이지 않고 숨어 있는 부분
② 스퍼기어의 이 접면
③ 헬리컬 기어의 이
④ 기하공차

해설
문제의 도면은 헬리컬 기어를 그린 것이며, 2점쇄선은 가상선으로 단면도에서 볼 수 없는 헬리컬 기어의 이 경사각을 보기 위해 그린 것이다.

17 구멍의 지름 치수가 $\phi 50^{+0.025}_{-0.012}$ 로 표시되어 있을 때 치수공차는 몇 mm인가?

① 0.013
② 0.025
③ 0.037
④ 0.012

해설
치수공차 = 가장 큰 치수 - 가장 작은 치수
= 50.025 - 49.988 = 0.025 - (-0.012) = 0.037

18 스탬핑 가공 중 특정 형상으로 경화시킨 펀치로 판재의 표면을 압입하여 공동부를 만드는 작업은?

① 코이닝
② 엠보싱
③ 허 빙
④ 헤 밍

해설
③ 허빙(Hubbing) : 특정 형상으로 경화시킨 펀치로 판재의 표면을 압입하여 공동부를 만드는 작업이다. 다른 제품의 성형에 사용하는 다이를 제작할 때 사용한다.
① 코이닝(Coining) : 펀치와 다이 표면에 새겨진 모양을 판재에 각인하는 프레스 가공법으로 압인가공이라고도 한다. 주로 주화나 메탈 장식품을 만들 때 사용한다.
② 엠보싱(Embossing) : 얇은 판재를 서로 반대의 요철형상으로 만들어진 펀치와 다이로 눌러 성형시키는 가공법으로, 주로 올록볼록한 형상의 제품 제작에 사용한다.
④ 헤밍(Hemming) : 굽힘 가공 중 판재의 끝 부분을 접어서 포개는 가공법이다.

19 한 변의 길이가 2cm인 사각기둥을 양쪽에서 1,000N 으로 잡아당길 때 작용하는 응력은?

① 4MPa
② 4Pa
③ 2.5Pa
④ 2.5MPa

해설
응력 = $\dfrac{작용력}{단면적}$ = $\dfrac{1{,}000\text{N}}{20 \times 20\text{mm}^2}$ = 2.5MPa

20 초경합금의 모재 표면에 고경도의 물질인 TiC, TiN 를 수 마이크로미터만큼 피복한 합금은?

① 표면경화용 크롬강
② 세라믹 공구
③ CBN
④ 피복 초경합금

해설
• 피복 초경합금 : 초경합금의 모재 표면에 고경도의 물질인 TiC, TiN를 수 마이크로미터만큼 피복한 합금이다.
• CBN(Cubic Boron Nitride) : 입방정 질화붕소로, 0.5~1mm 두께의 다결정 CBN을 초경합금 모재 위에 가압소결하여 접합시킨 공구재료이다.
※ CBN은 기출문제에서 자주 다루는 합금이다.

21 지름이 50mm의 축에 보스의 길이 60mm의 기어를 설치하려고 한다. 생크 키의 규격은 너비×높이 = 12×8mm이고, 키의 전단응력은 4kgf/mm²일 때 토크는 몇 kgf·cm인가?

① 720　　② 4,800
③ 48,000　　④ 7,200

해설
주어진 조건에 따르면 너비는 12mm이고, 길이는 60mm이다.
전단응력은 들어간 키가 축과 기어에 의해 절단되는 방향의 힘을 면적당 계산한 힘이다.
전단응력은 4kgf/mm²이라고 제시되어 있으므로 힘이 작용하는 단면적을 곱하면 원래 작용한 힘을 알 수 있다.
너비×길이 = 12×60mm = 720mm²
∴ 4kgf/mm²×720mm² = 2,880kgf
토크란 힘과 거리의 곱으로 표현되는 물리량으로 주로 회전력을 표현할 때 사용하며, 얼마나 두꺼운지 또는 얼마나 큰 축을 회전시키는 힘인가를 표현한다. 키가 위치한 곳이 축과 기어의 경계면이므로 이곳에서 전달되는 토크의 양은 축에서 전달된 토크와 같고, 기어에 전달되는 토크와 같다고 간주할 수 있다.
이곳의 축 중심과의 거리는 축지름 50mm/2 = 25mm이다.
∴ 토크 = 2,880kgf×25mm = 72,000kgf·mm = 7,200kgf·cm

22 다음 그림에서 기준치수 50기둥의 최대 실체치수(MMS)는 얼마인가?

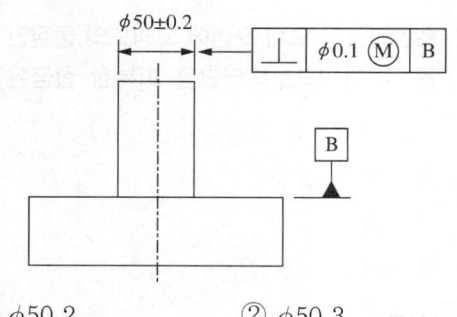

① φ50.2　　② φ50.3
③ φ49.8　　④ φ49.7

해설
가장 구멍의 크기가 큰 경우는 50+0.2로 50.2mm이다. ⊥기호는 데이텀 B를 기준으로 하여 직각을 이루는 선이 지름 1mm의 원 안에 들어가야 한다는 표시이다.

23 도면을 그릴 때 가공 부분의 특정 이동 위치, 가공 전후의 모양, 이동 한계 위치 등을 나타내는 선의 종류는?

① 2점쇄선
② 1점쇄선
③ 파 선
④ 지그재그의 가는 실선

해설
선의 종류에 따른 용도

선의 종류	선의 명칭	선의 용도
굵은 실선	외형선	물체의 보이는 부분의 모양을 나타내기 위한 선
가는 실선	치수선	치수를 기입하기 위한 선
	치수 보조선	치수를 기입하기 위하여 도형에서 끌어낸 선
	지시선	각종 기호나 지시 사항을 기입하기 위한 선
	중심선	도형의 중심을 간략하게 표시하기 위한 선
	수준면선	수면, 유면 등의 위치를 나타내기 위한 선
파 선	숨은선	물체가 보이지 않는 부분의 모양을 나타내기 위한 선
1점쇄선	중심선	도형의 중심을 표시하거나 중심이 이동한 궤적을 나타내기 위한 선
	기준선	위치 결정의 근거임을 나타내기 위한 선
	피치선	반복 도형의 피치를 잡는 기준이 되는 선
2점쇄선	가상선	가공 부분의 특정 이동 위치, 가공 전후의 모양, 이동 한계 위치 등을 나타내기 위한 선
	무게 중심선	단면의 무게중심을 연결한 선
파형, 지그재그의 가는 실선	파단선	물체의 일부를 자른 곳의 경계를 표시하거나 중간 생략을 나타내기 위한 선
규칙적인 가는 빗금선	해 칭	단면도의 절단면을 나타내기 위한 선

24 다음 표를 참고했을 때 50JS6 의 치수 허용공차는?

구분 등급	초과 이하	– 3	3 6	6 10	10 18	18 30	30 50	50 80	80 120	120 180	180 250
IT5			4.0	5.0	6.0	8.0	9.0	11	13	15	18	20
IT6	기본		6.0	8.0	9.0	11	13	16	19	22	25	29
IT7	공차		10	12	15	18	21	25	30	35	40	46
IT8	의		14	18	22	27	33	39	46	54	63	72
IT9	수치		25	30	36	43	52	62	74	87	100	115
IT10			40	48	58	70	84	100	120	140	160	185

① 0.016mm ② 0.025mm
③ 0.019mm ④ 0.030mm

[해설]
IT 공차는 치수 허용차를 나타내므로

구분 등급	초과 이하	– 3	3 6	6 10	10 18	18 30	30 50	50 80	80 120	120 180	180 250
IT5			4.0	5.0	6.0	8.0	9.0	11	13	15	18	20
IT6	기본		6.0	8.0	9.0	11	13	16	19	22	25	29
IT7	공차		10	12	15	18	21	25	30	35	40	46
IT8	의		14	18	22	27	33	39	46	54	63	72
IT9	수치		25	30	36	43	52	62	74	87	100	115
IT10			40	48	58	70	84	100	120	140	160	185

25 유압기기에서 작동유의 주요 역할로 옳지 않은 것은?
① 힘을 전달하는 기능을 감당한다.
② 밸브 사이에서 윤활작용을 돕는다.
③ 흐름에 의해 불순물을 씻어내는 작용을 한다.
④ 유막을 형성하여 녹의 발생을 유발한다.

[해설]
유압기기에서 작동유의 주요 역할
• 힘을 전달하는 기능을 감당한다.
• 밸브 사이에서 윤활작용을 돕는다.
• 마찰 등에 의해 발생하는 열을 분산시키며 냉각시킨다.
• 흐름에 의해 불순물을 씻어내는 작용을 한다.
• 유막을 형성하여 녹의 발생을 방지한다.

26 다음 중 물리적으로 다른 값은?
① 1atm   ② 760mmHg
③ 10mAq   ④ 1.03323kgf/cm²

[해설]
대기압은 1기압으로
1atm = 760mmHg = 10.33mAq = 1.03323kgf/cm²
     = 1.013bar = 1.013hPa

27 다음 그림에서 $D_1 = 20$mm, $D_2 = 10$mm, $V_1 = 16$m/s일 때 V_2는?

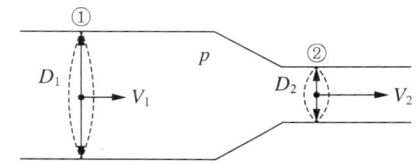

① 4m/s   ② 8m/s
③ 32m/s   ④ 64m/s

[해설]
연속의 법칙에 의해
$Q = AV = A_1 V_1 = A_2 V_2$
(여기서, A : 유로의 단면적, V : 유속)
단면적 $\left(\dfrac{\pi D^2}{4}\right)$이 $\dfrac{1}{4}$이므로 속도는 4배가 된다.

28 다음 그림의 밸브에서 제어 위치의 수는?

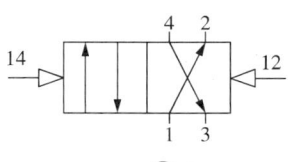

① 1   ② 2
③ 4   ④ 8

[해설]
제어의 선택 가능한 개수는 방의 개수와 같다. 문제 그림의 밸브는 4포트 2위치 밸브로, 이 밸브의 방의 개수는 2개이다.

정답 24 ① 25 ④ 26 ③ 27 ④ 28 ②

29 중립 시 들어온 공기를 탱크로 회수하며 실린더의 위치 고정이 가능하고 경제적으로 이용되는 위치 제어밸브의 중립 위치기호는?

①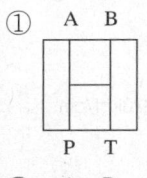
②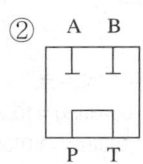
③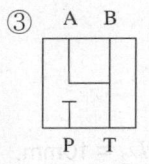
④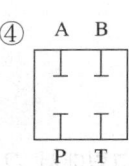

해설

이 름	모 양	특 징
오픈 센터 (Open Center)	A B P T	중립 상태에서 모든 통로가 열려져 있으므로 중립 상태 시 부하를 받지 않는다.
탠덤 센터 (Tandem Center)	A B P T	중립 시 들어온 공기를 탱크로 회수한다. 실린더의 위치 고정이 가능하고 경제적으로 사용된다.
플로트 센터 (Float Center)	A B P T	주로 파일럿 체크밸브와 짝이 되어 사용하며 원하는 공기압 외의 입력 공기압을 모두 배출한다.
클로즈드 센터 (Closed Center)	A B P T	모든 포트가 막혀 있으므로 펌프로 들어올 공기가 들어오지 못하고 다른 회로와 연결이 되어 있는 경우 다른 회로에서 모두 사용을 한다.

30 다음 밸브의 명칭은?

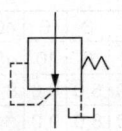

① 무부하밸브 ② 감압밸브
③ 체크밸브   ④ 릴리프밸브

해설

체크밸브	무부하밸브	감압밸브
이압밸브	셔틀밸브	릴리프밸브

31 공압모터의 장점은?

① 회전수와 토크를 자유로이 조절할 수 있다.
② 입력에너지에 비해 출력에너지의 비율이 나쁘다.
③ 정확한 제어가 힘들다.
④ 소음이 발생한다.

해설
②, ③, ④는 공압모터의 단점이다.

32 유압펌프 중 기어펌프에 대한 설명으로 옳은 것은?

① 이물질의 영향을 거의 받지 않는다.
② 큰 힘으로 흡입하기는 힘들다.
③ 점도에 영향을 받는다.
④ 구조가 복잡하고 높은 가공 정밀도를 요구한다.

해설
- 기어펌프 : 유압펌프 중 점도와 이물질의 영향을 거의 받지 않는다.
- 베인펌프 : 큰 힘으로 흡입이 힘들어 점도의 영향을 받는다.
- 피스톤 펌프 : 제작 시 설계 정밀도와 가공 정밀도의 성능에 영향을 받는다.

33 펌프의 효율에 대한 설명으로 옳지 않은 것은?

① 펌프 전 효율 = 용적효율 × 기계효율로 나타낸다.
② 용적효율은 이론 토출량과 실제 토출량의 합이다.
③ 기계효율은 펌프의 기계적 손실이 감안된 효율이다.
④ 펌프의 효율이 높을수록 같은 동력으로 많은 일을 할 수 있다.

해설
용적효율은 이론 토출량과 실제 토출량의 비율이다.

34 제어시스템의 입력요소가 아닌 것은?

① 전기 스위치
② 스트레인 게이지
③ 솔레노이드 밸브
④ 자기센서

해설
솔레노이드 밸브는 제어기이면서 출력요소이다.

35 다음 중 목푯값이 시간적으로 일정한 자동제어는?

① 순차제어   ② 정치제어
③ 추종제어   ④ 프로세스 제어

해설
② 정치제어(Constant-value Control) : 목푯값이 시간적으로 일정한 자동제어이며, 제어계는 주로 외란의 변화에 대한 정정작용을 한다. 목푯값의 성격에 따른 분류 중 하나로 정치·추종·프로그램 제어로 나뉜다.
① 순차제어(시퀀스 제어)시스템 : 미리 정해진 순서에 따라 일련의 제어단계가 차례로 진행되어 나가는 자동제어이다. 신호처리방식에 따른 분류 중 하나로 신호처리방식에 따른 제어는 동기·비동기·논리제어·시퀀스제어로 구분한다.
③ 추종제어(Follow-up Control) : 목푯값이 시간에 따라 변하며 이 변화하는 목푯값에 제어량을 추종하도록 하는 되먹임 제어이다.
④ 프로세스 제어(Process Control) : 제어량에 따른 분류 중 하나로 과정제어라고 할 수 있는데, 과정을 거치지 않고 결과를 보는 제어를 제외한 모든 제어로, 일반적인 자동화 제어를 모두 포함한다.

36 다음 그림의 블록선도를 등가변환하면 옳은 것은?

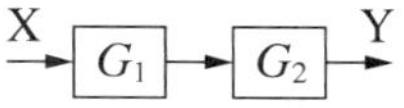

$X \rightarrow \boxed{G_1} \rightarrow \boxed{G_2} \rightarrow Y$

① $X \rightarrow \boxed{G_2} \rightarrow \boxed{G_1} \rightarrow Y$
② $X \rightarrow \boxed{G_1/G_2} \rightarrow Y$
③ $X \rightarrow \boxed{G_1+G_2} \rightarrow Y$
④ $X \rightarrow \boxed{G_1-G_2} \rightarrow Y$

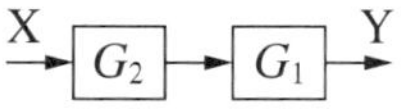

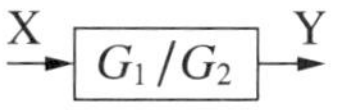

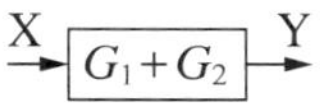

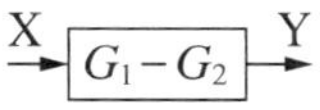

해설
블록선도의 등가변환
- 교환 : $X \rightarrow \boxed{G_1} \rightarrow \boxed{G_2} \rightarrow Y$ ☞ $X \rightarrow \boxed{G_2} \rightarrow \boxed{G_1} \rightarrow Y$
- 직렬결합 : $X \rightarrow \boxed{G_1} \rightarrow \boxed{G_2} \rightarrow Y$ ☞ $X \rightarrow \boxed{G_1 \cdot G_2} \rightarrow Y$
- 병렬결합 : $X \rightarrow \boxed{G_1}, \boxed{G_2} \rightarrow \oplus \rightarrow Y$ ☞ $X \rightarrow \boxed{G_1+G_2} \rightarrow Y$

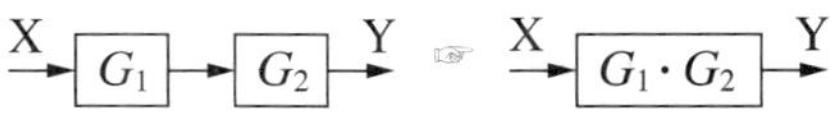

정답 32 ① 33 ② 34 ③ 35 ② 36 ①

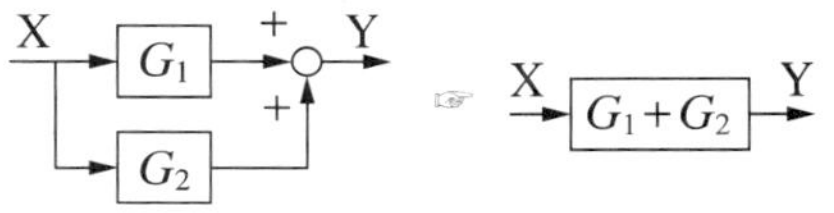

37 자동창고 구성요소의 하나로 천장에 장착되어 부품을 입출고하는 자동화 시스템은?

① AGV　　② RGV
③ Palletizer　　④ Stacker Crane

해설
④ Stacker Crane(스태커 크레인) : 자동창고의 구성요소 중에 하나이다. 자동창고는 제품, 부품 등을 수납하는 래크, 래크에서 제품, 부품 등을 입출고하는 스태커 크레인, 그것을 제어하는 제어장치(시퀀스 및 컴퓨터) 등으로 구성되어 있다.
① AGV(Automated Guided Vehicle) : 무인 운반차로 레일 가이드 또는 센서 가이드에 따라 무인으로 운반, 이송하는 작업 차량이다.
② RGV(Rail Guided Vehicle) : 설치된 레일 위에 이동하는 운반용 자동차를 말한다.
③ Palletizer(팰리타이저) : 팰릿을 들고 이송하는 등의 작업을 하는 장치를 말한다.

38 시퀀스 제어의 접점방식이 다른 것은?

① Relay　　② TR
③ 사이리스터　　④ 다이오드

해설
시퀀스 제어 ─ 유접점 방식 : Push Button, Relay, Sensor
　　　　　 └ 무접점 방식 : TR, 다이오드, 사이리스터, 집적회로(IC)

39 다음 중 센서의 감지 대상이 다른 것은?

① 스트레인 게이지　　② 열전쌍
③ 서미스터　　④ 측온저항체

해설
스트레인 게이지는 압력센서로 압력을 감지하고, ②, ③, ④는 온도 센서로 열을 감지한다.

40 센서용 검출변환기에서 제베크 효과(Seebeck Effect)를 이용한 것은?

① 압전형　　② 열기전력형
③ 광전형　　④ 전기화학형

해설
제베크 효과 : 종류가 다른 금속에 열(熱)의 흐름이 생기도록 온도차를 주었을 때, 기전력이 발생하는 효과이다. 제베크 효과를 이용하는 것은 열전대이고 온도차에 의한 기전력 발생을 이용한다.

41 전자개폐기의 철심이 진동하는 경우가 아닌 것은?

① 코어(철심) 부분의 Shading Coil이 단선된 경우 소음이 발생한다.
② 교류형보다 직류형을 사용하는 경우이다.
③ 전압이 코일 정격전압의 범위를 ±15% 이상 상하로 벗어나는 경우이다.
④ 코어 부분에 이물질이 발생한다.

해설
교류형보다 직류형을 사용하면 철심의 진동이 개선된다.

42 오실로스코프를 이용하여 알 수 없는 것은?

① 입력신호의 시간과 전압의 크기
② 발진신호의 주파수
③ 입력신호에 대한 회로상의 응답 변화
④ 주파수의 진원지

해설
오실로스코프 : 전기의 변화를 그래프로 나타내는 장치이다. 오실로스코프로 입력신호의 시간과 전압의 크기, 발진신호의 주파수, 입력신호에 한 회로상의 응답 변화, 기능이 저하된 요소가 신호를 왜곡시키는 것, 직류신호와 교류신호의 양, 신호 중의 잡음과 그 신호상에서 시간에 따른 잡음의 변화를 파악할 수 있다. 입력신호를 입력해 주어야 하므로 진원지는 알 수 없다.

43 전자접촉기의 b접점을 나타내는 기호는?

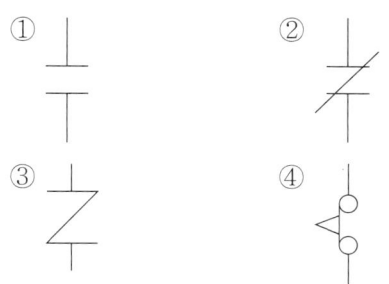

해설
① 전자접촉기 a접점
③ 제어기 접점
④ Timer OFF Depay b접점

44 시퀀스 제어에서 사용하는 문자 기호와 그 해당 용어로 틀린 것은?

① OPM : 조작용 전동기
② COS : 전환 스위치
③ LVS : 리밋 스위치
④ CTR : 제어기

해설
- LVS : 레벨 스위치
- LS : 리밋 스위치

45 다음 그림과 같은 회로의 명칭은?

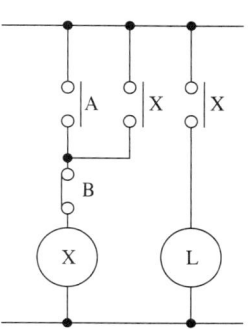

① 일치회로
② 자기유지회로
③ 인터로크 회로
④ 기동우선회로

해설
자기유지회로 : 한 번 입력이 들어가면 릴레이에 의해 자기릴레이를 계속 ON하고 있도록 유지하는 회로로, 문제의 그림에서 A에 의해 X에 신호가 들어가면 X-relay가 ON되어 X에 계속해서 신호를 입력한다.

정답 42 ④ 43 ② 44 ③ 45 ②

46 T가 1일 때에만 RS F/F 동작, T가 0일 때에는 입력 R, S의 상태와 무관하여 앞의 출력 상태를 유지하는 플립플롭은?

① RST
② JK
③ D
④ T

해설

RST 플립플롭	JK 플립플롭
T가 1일 때에만 RS F/F 동작, T가 0일 때에는 입력 R, S의 상태에 무관하여 앞의 출력 상태로 유지됨	2개의 입력이 동시에 1이 되었을 때 출력 상태가 불확정되지 않도록 한 것으로 이때 출력 상태는 반전됨

S	R	Q_{n+1}	동작
0	0	Q_n	불변
0	1	0	리셋
1	0	1	세트
1	1	불확정	불변

J	K	Q_{n+1}	동작
0	0	Q_n	불변
0	1	0	리셋
1	0	1	세트
1	1	Q_n'	반전

D 플립플롭	T 플립플롭
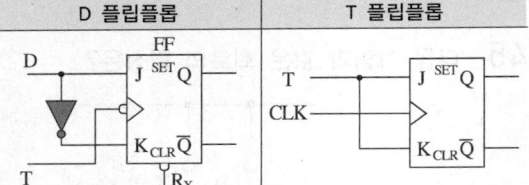
D 입력의 1 또는 0의 상태가 Q 출력에 그대로 Set됨	클록펄스가 가해질 때마다 출력 상태가 반전됨

D	Q_{n+1}
1	1
0	0

T	Q_{n+1}
0	Q_n
1	Q_n'

47 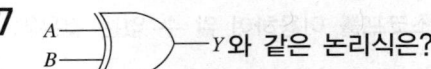 Y와 같은 논리식은?

① $Y = A \cdot B$
② $Y = \overline{A + B}$
③ $Y = A \oplus B$
④ $Y = \overline{A \cdot B}$

해설

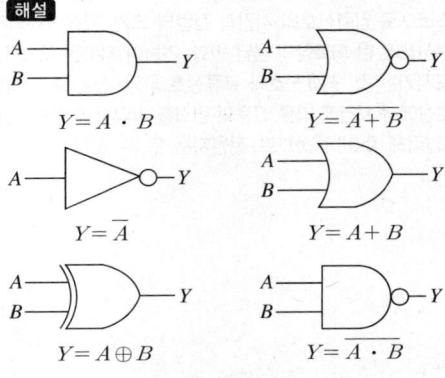

48 무접점 방식에 비해 유접점 방식이 갖는 장점은?

① 속도가 빠르다.
② 무소음 동작이다.
③ 소형 제작이 가능하다.
④ 전기적 잡음에 안정적이다.

해설
유접점 방식은 무접점 방식에 비해 온도 특성이 양호하고 전기적 잡음에 강하며 동작 상태의 확인이 육안으로 가능하다는 장점이 있다. 무접점 방식은 무소음 동작이고 소형 제작이 가능하며 속도가 빠르다는 장점이 있다.

49 PLC 프로그래밍을 하는 순서로 옳은 것은?

① 입출력기기의 할당 → 시퀀스 회로의 구성 → 프로그래밍(로딩) → 디버그 → 운전
② 시퀀스 회로의 구성 → 입출력기기의 할당 → 프로그래밍(로딩) → 디버그 → 운전
③ 코딩 → 시퀀스 회로의 구성 → 입출력기기의 할당 → 디버그 → 운전
④ 시퀀스 회로의 구성 → 프로그래밍 → 디버깅 → 운전 → 입출력기기의 할당

해설
산업인력공단에서 제시하는 PLC 프로그래밍의 순서는 입출력기기의 할당 → 내부 계전기, 타이머 등의 할당 → 시퀀스 회로의 구성 → 코딩 → 프로그래밍(로딩) → 디버그 → 운전이다.

50 다음의 도시된 단면도의 명칭은?

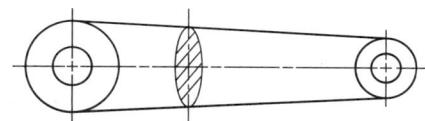

① 전단면도
② 한쪽 단면도
③ 부분 단면도
④ 회전도시 단면도

해설
정면도에서는 단면으로 도시하고 싶은 부분의 단면을 볼 수 없다. 따라서 단면을 선택하고 정면 방향으로 회전하여 단면을 볼 수 있도록 회전도시 단면도로 그린다. 회전도시 단면도의 예로 사용하는 도면은 바퀴의 암(Arm)이나 레일(Rail), 훅(Hook, 고리) 등을 사용한다.

51 다음 그림과 같은 기하공차 기입틀에서 첫째 구획에 들어가는 내용은?

첫째 구획	둘째 구획	셋째 구획

① 공차값
② MMC 기호
③ 공차의 종류기호
④ 데이텀을 지시하는 문자기호

해설
기하공차는 │ // │ 0.011 │ A │ 등과 같이 표시하며 //자리에는 공차기호, 0.011자리는 공차값, A자리는 데이텀(기준)을 표시한다.

52 공압장치를 구성하는 요소 가운데 공기 중의 먼지나 수분을 제거할 목적으로 사용되는 것은?

① 공기압축기
② 애프터 쿨러
③ 공기탱크
④ 공기필터

해설
④ 공기필터 : 여러 가지 목적으로 공기를 흡입 또는 배출하는 통로에 필터를 달아 이물질을 분리하는 기구
① 공기압축기 : 컴프레서(Compressor)로 공기를 압축하여 공기의 압력을 생성하는 기계
② 애프터 쿨러(After Cooler) : 공기를 압축한 후 압력 상승에 따라 고온 다습한 공기의 압력을 낮춰 주는 기구
③ 공기탱크 : 압축된 공기를 저장해 두는 기구

정답 49 ① 50 ④ 51 ③ 52 ④

53 공기압축기의 종류 중 터보형 압축기는?

① 베인식　　② 나사식
③ 피스톤식　④ 원심식

해설
공기압축기의 종류

원심형	축류식	여러 날개형
		레이디얼형
		터보형
	사류식	
용적형	왕복동식	이동 여부에 따라	고정식, 이동식
		실린더 위치에 따라	횡형, 입형
		피스톤 수량에 따라	단동식, 복동식
	회전식	

54 폐회로 제어시스템의 오차의 식으로 옳은 것은?

① 오차 = 목푯값 − 실제값
② 오차 = 외란 + 실제값
③ 오차 = 제어출력 + 에너지
④ 오차 = 외란 + 제어출력

해설
폐회로 제어시스템의 오차는 목푯값과 실제값의 차이이며, 오차의 원인으로 외란이 있다.

55 회로의 종류 중 외부 신호접점이 닫혀 있는 동안 타이머가 접점의 개폐를 반복하는 회로로 교통신호기 등 일정의 동작을 반복하는 장치에 이용되는 회로는?

① 펄스 발생회로　② 플리커 회로
③ 플립플롭 회로　④ 인터로크 회로

해설
② 플리커 회로 : 설정한 시간에 따라 ON/OFF를 반복하는 회로
① 펄스 발생회로 : 전류의 펄스를 발생시키는 회로
③ 플립플롭 회로 : 플립플롭은 기억소자이다. 플립플롭 회로는 출력 상태가 결정되면 입력이 없어도 출력이 그대로 유지되는 회로이다.
④ 인터로크 회로 : 인터로크 회로는 병존할 수 없는 회로가 둘 이상 있을 때 하나의 회로가 출력될 때 이 출력이 다른 회로에 b접점으로 작동하여 다른 회로들을 작동할 수 없게 안전장치를 걸어 놓은 회로이다.

56 누전차단기 사용상 주의사항에 관한 설명으로 옳지 않은 것은?

① 테스트 버튼을 눌러 작동 상태를 확인한다.
② 전원측과 부하측의 단자를 올바르게 설치한다.
③ 진동과 충격이 많은 장소에 설치하여도 무관하다.
④ 누전 검출부에 반도체를 사용하기 때문에 정격전압을 사용한다.

해설
누전차단기도 접촉과 단락을 이용하므로 가급적 안정된 환경에 설치하는 것이 좋다.

57 다음 그림은 무슨 회로인가?

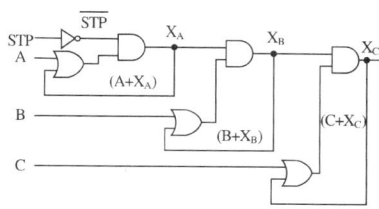

① 인터로크 회로
② 시간지연회로
③ 순차동작회로
④ 자기유지회로

해설
순차동작회로로, 다음 단계로 넘어가는 논리가 AND 관계로 되어 있어서 A, B, C에 각각 입력이 발생해야만 최종 출력이 발생할 수 있다.

58 인벌류트 곡선을 그리는 원리를 이용하여 기어를 절삭하는 방법을 무엇이라고 하는가?

① 창성법
② 모형법
③ 형판법
④ 총형커터에 의한 방법

해설
기어절삭을 하는 방법은 크게 형판법, 성형법, 창성법으로 나뉘며 주로 창성법으로 제작한다. 창성법은 기어의 이에 정확히 물리도록 미리 랙 등의 커터를 제작하여 피절삭재와 상운동을 시켜 제작하는 방법으로, 커터의 이 모양이 직선운동을 하며 이를 만드는 경우 실을 당겨 팽팽하게 푸는 모양으로 커터가 이동해야 한다.
• 인벌류트 곡선 : 기초원에 감긴 실이 풀리면서 그리는 곡선
• 사이클로이드 곡선 : 기초원의 한 점이 굴러가면서 남긴 궤적 곡선

59 빌트 업 에지(구성인선)의 발생을 감소시키기 위한 방법으로 틀린 것은?

① 절입 깊이를 작게 한다.
② 공구의 윗면 경사각을 크게 한다.
③ 공구의 날 끝을 둔하게 한다.
④ 윤활성이 좋은 절삭유제를 사용한다.

해설
구성인선의 발생을 감소시키기 위해서는 깎는 깊이를 작게 하거나 공구의 경사각을 크게 하고, 날 끝을 예리하게 하며 절삭속도를 크게 하고 윤활유를 사용한다.

60 한국산업표준(KS)에서 '시퀀스 제어기호'는 어느 부문에서 규정하고 있는가?

① KS A
② KS B
③ KS C
④ KS D

해설
시퀀스 제어기호는 KS C 0103에 규정되어 있다.
KS 분류

A	기 본	H	식료품	Q	품질경영
B	기 계	I	환 경	R	수송기계
C	전기·전자	J	생 물	S	서비스
D	금 속	K	섬 유	T	물 류
E	광 산	L	요 업	V	조 선
F	건 설	M	화 학	W	항공우주
G	일용품	P	의 료	X	정 보

정답 57 ③ 58 ① 59 ③ 60 ③

2019년 제4회 과년도 기출복원문제

01 선반작업 시 안전사항으로 옳은 것은?
① 가공 정도는 즉시 측정한다.
② 가공물 장착 위치를 절삭공구에 맞춰 정확히 한다.
③ 기계 위에 바로 사용할 공구를 올려놓고 작업한다.
④ 손이 다칠 수 있으므로 반드시 안전장갑을 착용하고 가공한다.

[해설]
① 가공 정도는 기계를 멈춘 후 측정한다.
③ 기계 위에는 공구를 놓고 작업하면 안 된다.
④ 작업 시에는 장갑을 끼면 안 된다.

02 1대의 드릴링 머신에 다수의 스핀들이 설치되어 1회에 여러 개의 구멍을 동시에 가공할 수 있는 드릴링 머신은?
① 다두 드릴링 머신
② 다축 드릴링 머신
③ 탁상 드릴링 머신
④ 레이디얼 드릴링 머신

[해설]
② 다축 드릴링 머신 : 함께 움직이는 드릴 축이 많은 기계이다. 문제에서 1대의 드릴링 머신이라고 하였으므로 모터는 하나라고 생각해서 문제를 해결해야 한다.
① 다두 드릴링 머신 : 스핀들이 여러 개인 형태의 드릴링 머신으로, 스핀들마다 모터가 달려 있다.
③ 탁상 드릴링 머신 : 작은 지름의 드릴가공을 할 때 사용한다.
④ 레이디얼 드릴링 머신 : 가장 많이 쓰이는 드릴링 머신으로 공작물을 고정한 후 주축을 X, Y방향으로 이동시켜 가공하며 비교적 대형에 사용한다.

03 나사의 유효지름을 측정하는 방법이 아닌 것은?
① 삼침법에 의한 측정
② 투영기에 의한 측정
③ 플러그 게이지에 의한 측정
④ 나사 마이크로미터에 의한 측정

[해설]
수나사 유효지름 측정방법
• 삼침법
 - 연삭가공한 정밀한 나사의 유효지름 측정에 이용한다.
 - 나사 측정법 중 정밀도가 높다.
• 나사 마이크로미터
 - 마이크로미터의 접촉부가 나사산 모양에 맞게 제작된 측정기이다.
 - 간단히 측정할 수 있지만, 대상되는 나사의 각도가 너무 작거나 크면 오차가 발생한다.
• 광학적 방법
 - 투영기나 공구현미경 등 광학적 측정기구를 이용한다.
 - 축선과 직각으로 움직이는 테이블 움직임의 양을 측정기로 읽어서 직접 구한다.

04 밀링가공 시 커터날의 회전 방향과 일감의 이송이 서로 반대 방향일 때의 특징으로 옳은 것은?
① 커터날에 마찰작용이 작다.
② 날자리 간격이 짧고 가공면이 깨끗하다.
③ 깎인 칩이 새로운 절삭을 방해하지 않는다.
④ 일감을 눌러서 절삭하여 일감의 고정이 쉽다.

[해설]
밀링가공 시 커터날의 회전 방향과 일감의 이송이 서로 반대 방향인 경우는 상향절삭이다. 상향절삭 시에는 깎인 칩이 새로운 절삭을 방해하지 않는다.

05 밀링머신에서 직접 분할법을 사용할 때 다음 중 분할이 가능한 등분은?

① 3, 6, 8, 12
② 6, 8, 16, 28
③ 3, 8, 16, 24
④ 6, 12, 14, 24

해설
직접 분할법에서 28등분, 16등분, 14등분은 불가능하다.

06 다음 중 M10 × 1.5 탭을 가공하기 위한 드릴링 작업 기초 구멍으로 적합한 것은?

① 6.5mm
② 7.5mm
③ 8.5mm
④ 9.5mm

해설
드릴로 큰 구멍을 뚫기 위해서 자리를 잡고 절삭저항을 줄이기 위해 파는 작은 구멍을 기초 구멍이라고 한다.
기초구멍의 지름 = 나사의 유효지름 − 피치 = 10mm − 1.5mm = 8.5mm

07 센터나 척을 사용하기 어려운 가늘고 긴 원통형의 공작을 통과 이송, 전후 이송, 단 이송 등의 방법을 사용하여 가공하는 원통 연삭법은?

① 바깥지름 연삭
② 안지름 연삭
③ 센터리스 연삭
④ 크리프 피드 연삭

해설
센터리스 연삭은 센터나 척을 사용하기 어려운 가늘고 긴 원통형의 공작을 통과 이송, 전후 이송, 단 이송 등의 방법을 사용하여 가공하는 원통 연삭법으로, 능률은 좋으나 너무 크거나 무거운 공작물에는 사용하기 어렵다.

08 지름 20cm짜리 두께 2cm의 숫돌바퀴로 길이 10cm짜리 원통을 연삭할 때 숫돌바퀴의 마모된 부피가 0.1cm³이고 원통의 마모된 부피가 1cm³라면 연삭비는?

① 10
② 1
③ 0.1
④ 0.5

해설
$$연삭비 = \frac{피연삭재의 \ 연삭된 \ 부피}{숫돌바퀴의 \ 소모된 \ 부피} = \frac{1}{0.1} = 10$$

정답 5 ① 6 ③ 7 ③ 8 ①

09 경도가 매우 높고 발열이 작은 초경합금, 특수주철 등에 사용하는 숫돌입자는?

① A
② WA
③ C
④ GC

해설

숫돌입자의 종류	숫돌입자의 기호	용도
알루미나계	A	인성이 큰 재료의 강력 연삭이나 절단작업용, 거친 연삭용, 일반강재
	WA	연삭 깊이가 얕은 정밀 연삭용, 경연삭용, 담금질강, 특수강, 고속도강
탄화규소계	C	인장강도가 작고, 취성이 있는 재료, 경합금, 비철금속, 비금속
	GC	경도가 매우 높고 발열이 작은 초경합금, 특수주철, 칠드주철, 유리

10 다음 중 브로칭 작업에서 가장 빠른 가공속도로 작업해야 하는 재료는?

① 경화합금강
② 풀림처리 합금강
③ 황 동
④ 연 강

해설
절삭작업에서는 재질이 무를수록 가공속도를 높여야 한다.
• 경화합금강 : 7m/min
• 풀림처리 합금강 : 14m/min
• 황동 : 34m/min
• 연강 : 18m/min

11 기어면을 매끄럽고 정밀하게 다듬질하기 위해 높은 정밀도로 깎여진 가는 홈붙이날 커터로 다듬는 가공은?

① 기어 셰이빙
② 밀링가공
③ 래 핑
④ 선반가공

해설
기어 셰이빙 : 기어절삭기로 가공된 기어의 면을 매끄럽고 정밀하게 다듬질하기 위해 높은 정밀도로 깎인 잇면에 가는 홈붙이날을 가진 커터로 다듬는 가공을 일컫는다.

12 연마제를 가공액과 혼합한 후 압축공기와 함께 노즐에서 고속 분사하여 다듬면을 얻는 가공은?

① 호 닝
② 슈퍼피니싱
③ 래 핑
④ 액체호닝

해설

공 작	작업방법
호 닝	혼(Hone)을 구멍에 넣고 회전운동과 동시에 축 방향의 운동을 하며 내면을 정밀 다듬질하는 가공
슈퍼피니싱	미세하고 비교적 연한 숫돌입자를 일감의 표면에 낮은 압력으로 접촉시키면서 매끈하고 고정밀도의 표면으로 일감을 다듬는 가공방법
래 핑	랩이라는 공구와 일감 사이에 랩제를 넣고 랩으로 일감을 누르며 상대운동을 하면 매끈한 다듬면이 얻어지는 가공방법
액체호닝	연마제를 가공액과 혼합한 후 압축공기와 함께 노즐에서 고속 분사하여 다듬면을 얻는 가공

13 방전가공의 특징으로 옳지 않은 것은?

① 전극이 소모된다.
② 가공속도가 느리다.
③ 복잡한 가공을 하기 어렵다.
④ 열에 의한 변형이 작아 가공 정밀도가 우수하다.

해설
방전가공은 복잡한 형상을 한 번에 작업할 수 있다는 장점이 있다.

14 CNC 가공 명령어 중 위치결정을 의미하는 G코드는?

① G00　② G01
③ G02　④ G03

해설

G코드	Group	기 능
G00	01	위치결정(급속이송)
G01		직선보간(절삭이송)
G02		원호보간(CW)
G03		원호보간(CCW)

15 나사를 1회전시킬 때 나사산이 축 방향으로 움직인 거리를 무엇이라고 하는가?

① 각도(Angle)
② 리드(Lead)
③ 피치(Pitch)
④ 플랭크(Flank)

해설
피치(Pitch)는 나사산과 나사산의 거리이고, 리드는 나사 1회전 시 전진거리이다. 1줄 나사의 경우 피치와 리드가 같지만, 여러 줄 나사의 경우 리드는 피치에 줄수를 곱한 만큼 전진한다.

16 다음은 스퍼기어 도면의 일부이다. 이에 대한 설명으로 옳지 않은 것은?

① 대칭을 이용하여 생략한 부분이 있다.
② 피치원 지름이 표시되어 있다.
③ 키홈이 그려져 있다.
④ 치형을 알 수 있다.

해설
문제의 도면에는 치형이 표시되어 있지 않고 치수도 기재되어 있지 않아서 예측할 수 없다.

17 얇은 판재나 드로잉 가공한 용기의 테두리를 프레스 기계나 선반으로 둥글게 마는 가공법은?

① 컬 링
② 플랜징
③ 비 딩
④ 헤 밍

해설
① 컬링(Curling) : 얇은 판재나 드로잉 가공한 용기의 테두리를 프레스 기계나 선반으로 둥글게 마는 가공법으로, 가장자리의 강도를 높이는 동시에 미관을 좋게 한다.
② 플랜징(Flanging) : 금속 판재의 모서리를 굽히는 가공법으로 2단 펀치를 사용하여 판재에 작은 구멍을 낸 후 구멍을 넓히면서 모서리를 굽혀 마무리 짓는 가공법이다.
③ 비딩(Beading) : 판재의 끝 부분에 다이를 이용해서 일정 길이의 돌기를 만드는 가공법이다.
④ 헤밍(Hemming) : 판재의 끝 부분을 접어서 포개는 가공법이다.

18 기계재료의 성질 중 잘 부서지고 깨지지만 딱딱한 재료에 대한 표현으로 옳은 것은?

① 인성이 높다. ② 경도가 높다.
③ 연성이 높다. ④ 전성이 높다.

해설
기계적 성질
- 강도 : 재료에 작용하는 힘에 대해 견디는 정도
- 경도 : 딱딱한 정도
- 인성 : 질긴 정도
- 취성 : 잘 부서지고 깨지는 성질
- 연성 : 가늘게 늘어나는 성질
- 전성 : 두들기거나 누르면 펴지는 성질

19 다음 합금 중 소결하지 않는 합금강은?

① 스텔라이트 ② 비디아
③ 카볼로이   ④ 미디아

해설
합금강의 이름은 합금을 제작한 연구소나 개발자의 이름으로 짓는 경우가 많으므로, 유명한 합금의 경우 성분이나 제조법을 따로 알아 둘 필요가 있다. 스텔라이트는 주조로 만든 초경합금이며, 비디아, 카볼로이, 미디아 세 합금은 소결로 만든 초경합금이다.

20 도면을 그릴 때 단면의 무게중심을 연결한 선에 사용하는 선의 종류는?

① 가는 실선   ② 파 선
③ 1점쇄선   ④ 2점쇄선

해설
선의 종류에 따른 용도

종류	명칭	용도
굵은 실선	외형선	물체의 보이는 부분의 모양을 나타내기 위한 선
가는 실선	치수선	치수를 기입하기 위한 선
	치수보조선	치수를 기입하기 위하여 도형에서 끌어낸 선
	지시선	각종 기호나 지시사항을 기입하기 위한 선
	중심선	도형의 중심을 간략하게 표시하기 위한 선
	수준면선	수면, 유면 등의 위치를 나타내기 위한 선
파 선	숨은선	물체의 보이지 않는 부분의 모양을 나타내기 위한 선
1점쇄선	중심선	도형의 중심을 표시하거나 중심이 이동한 궤적을 나타내기 위한 선
	기준선	위치결정의 근거임을 나타내기 위한 선
	피치선	반복 도형의 피치를 잡는 기준이 되는 선
2점쇄선	가상선	가공 부분의 특정 이동 위치, 가공 전후의 모양, 이동 한계 위치 등을 나타내기 위한 선
	무게중심선	단면의 무게중심을 연결한 선
파형, 지그재그의 가는 실선	파단선	물체의 일부를 자른 곳의 경계를 표시하거나 중간 생략을 나타내기 위한 선
규칙적인 가는 빗금선	해 칭	단면도의 절단면을 나타내기 위한 선

18 ② 19 ① 20 ④

21 제도기호 중 유니파이 가는나사를 나타내는 기호는?

① M
② Tr
③ UNC
④ UNF

> 해설

나사의 종류	나사 종류 기호	나사의 호칭에 대한 지시방법	관련 표준 KS B
미터보통나사	M	M8	0201
미터가는나사	M	M8×1	0204
미니어처나사	S	S 0.5	0228
유니파이 보통나사	UNC	3/8-16 UNC	0203
유니파이 가는나사	UNF	No.8-36 UNF	0206
미터 사다리꼴나사	Tr	Tr10×2	0229

22 구멍 $50^{+\,0.025}_{+\,0.009}$에 조립되는 축의 치수가 $50^{\,0}_{-\,0.016}$이라면 어떤 끼워맞춤인가?

① 구멍 기준식 헐거운 끼워맞춤
② 구멍 기준식 중간 끼워맞춤
③ 축 기준식 헐거운 끼워맞춤
④ 축 기준식 중간 끼워맞춤

> 해설

50.000의 치수가 축에서 나타나므로 축 기준식 끼워맞춤이고, 축이 제일 큰 경우와 구멍이 제일 작은 경우를 결합해도 헐거우므로 헐거운 끼워맞춤이다.

23 롤러의 중심거리가 100mm인 사인바에서 30°를 측정하려고 할 때 필요한 게이지블록은 몇 mm인가?

① 50
② 52
③ 54
④ 56

> 해설

$\sin 30° = \dfrac{1}{2} = \dfrac{블록의\ 높이}{롤러\ 중심\ 간의\ 거리} = \dfrac{x}{100}$

∴ $x = 50$

24 유압과 비교하여 공압의 장점으로 옳은 것은?

① 채취의 장소에 제한을 받지 않는다.
② 파스칼의 원리를 이용하여 큰 힘을 낼 수 있다.
③ 작동의 신뢰성이 있다.
④ 제어가 쉽고 정확한 제어가 가능하다.

> 해설

공압의 특징	• 공기는 무료이며 무한으로 존재한다. 또한 공기는 채취 장소에 제한을 받지 않는다. • 속도의 변경이 용이하다. • 환경오염 및 악취의 염려가 없다. • 인화의 위험이 거의 없다. • 압축성이 있어서 완충작용을 한다. • 압력에너지로 축적이 가능하다. • 큰 힘을 얻을 수 없다. • 에너지 전달 효율이 좋지 않다.
유압의 특징	• 제어가 쉽고, 정확한 제어가 가능하다. • 파스칼 원리를 이용하여 작은 힘으로 큰 힘을 낼 수 있다. • 일정한 힘과 토크를 낼 수 있다. • 작동의 신뢰성이 있다. • 비압축성으로 간주하여 힘 전달의 즉시성을 가지고 있다.

25 어느 게이지의 압력이 8kgf/cm²이었다면 절대압력은 약 몇 kgf/cm²인가?

① 8.0332
② 9.0332
③ 10.0332
④ 11.0332

해설
절대압력 = 기압 + 게이지압력으로 표현하며, 기압은 1기압으로 1atm = 760mmHg = 10.33mAq = 1.03323kgf/cm²으로 표시한다.
따라서, 절대압력 = 1.03323kgf/cm² + 8kgf/cm²
= 9.03323kgf/cm²

26 안지름이 10mm인 실린더가 10kgf의 힘을 발생시키려면 필요한 유압은?

① 0.127kgf/mm^2
② 0.255kgf/mm^2
③ 0.5kgf/mm^2
④ 1kgf/mm^2

해설
$\dfrac{F}{\dfrac{\pi d^2}{4}} = \dfrac{10\,\text{kgf}}{\dfrac{\pi 10^2}{4}\,\text{mm}^2} \fallingdotseq 0.127\,\text{kgf/mm}^2$

27 다음 그림에서 $A_1 = 50\text{mm}^2$, $A_2 = 25\text{mm}^2$이고 $V_1 = 14.5$ m/s일 때, V_2는?

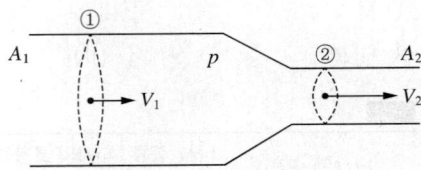

① 7.25m/s
② 14.5m/s
③ 25m/s
④ 29m/s

해설
연속의 법칙에 의해
$Q = AV = A_1 V_1 = A_2 V_2$
(여기서, A : 유로의 단면적, V : 유속)
단면적이 $\dfrac{1}{2}$이므로 속도는 2배가 된다.

28 다음 그림의 밸브에 대한 설명으로 옳지 않은 것은?

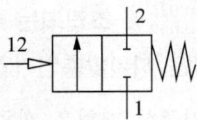

① 공압밸브이다.
② 4포트 밸브이다.
③ 2위치 밸브이다.
④ 12공압신호가 제거되면 밸브는 복귀한다.

해설
포트의 수는 한 개의 방에 연결된 포트의 수로 표현한다. 이 밸브는 2포트 2위치 스프링 복귀형 공압밸브이다.

29 다음 중 OR 밸브로 사용되는 밸브는?

① 2압 밸브　　② 셔틀밸브
③ 체크밸브　　④ 릴리프 밸브

해설
셔틀밸브는 구조상 A, B 중 한 군데만 공압신호가 들어와도 작동하므로 OR 밸브라고 한다.

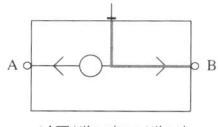

셔틀밸브(OR밸브)

30 일반적으로 공압 액추에이터나 공압기기의 작동압력(kgf/cm²)으로 가장 알맞은 압력은?

① 1~2　　② 4~6
③ 10~15　　④ 40~55

해설
공압 액추에이터의 압력은 0.7MPa(약 7.1kgf/cm²) 이하로 작동하여야 한다. 근래 공압 액추에이터가 다양해지고 아주 약한 압력에도 작동하는 액추에이터가 많으나, 일반적으로는 공압에서도 가능한 한 강한 압력을 작용할 수 있도록 제작하는 편이 효율과 성능면에서 유리하다. 1~2의 압력은 너무 약해 동력이 발생하기 어렵다.

31 마모에 강하고 무게에 비해 높은 출력을 내는 특징이 있다. 날개(Vane) 끝이 벽에 밀착되어 지나가는 공기가 날개를 밀어내어 회전력을 얻는 방식이며 로터가 편심되어 있어서 공기 흐름의 속도에 영향을 주도록 구조가 되어 있는 모터는?

① 피스톤 모터　　② 베인모터
③ 기어모터　　④ 요동모터

해설
① 피스톤 모터 : 왕복운동의 피스톤과 커넥팅 로드에 의하여 운전하고, 피스톤의 수가 많을수록 운전이 용이하며, 공기의 압력, 피스톤의 개수, 행정거리, 속도 등에 의해 출력이 결정된다. 중속회전과 높은 토크를 감당하며, 여러 가지 반송장치에 사용된다.
③ 기어모터 : 두 개의 맞물린 기어에 압축공기를 공급하여 토크를 얻는 방식이다. 높은 동력 전달이 가능하고, 높은 출력도 가능하며, 역회전도 가능하다. 광산이나 호이스트 등에 사용한다.
④ 요동모터
  • 래크형 요동모터 : 피스톤 로드 부분을 래크로 제작하여 직선운동을 회전운동으로 전환하는 모터이다. 작용력은 래크와 연결된 기어와 기어의 비에 영향을 받는다.
  • 베인형 요동모터 : 날개차를 달아서 요동할 수 있도록 제작한 모터로, 회전각이 보통 300°를 넘지 못한다.

32 실리카겔, 알루미나겔 등으로 공기 중의 수증기를 제습하는 압축공기 건조방식은?

① 냉각식　　② 흡착식
③ 흡수식　　④ 강제 건조식

해설
압축공기의 건조방식은 수증기의 제습방법에 따라 냉각식, 흡착식, 흡수식이 있다.
• 냉각식 : 공기를 강제로 냉각시킴으로써 수증기를 응축시켜 제습하는 방식이다.
• 흡착식 : 흡착제(실리카겔, 알루미나겔, 합성제올라이트 등)로 공기 중의 수증기를 흡착시켜 제습하는 방법이다.
• 흡수식 : 흡습액(염화리튬 수용액, 폴리에틸렌글리콜 등)을 이용하여 수분을 흡수하며, 흡습액의 농도와 온도를 선정하면 임의의 온도와 습도의 공기를 얻는 것이 가능하기 때문에 일반 공조용 등에 사용된다.

33 자동화의 목적과 가장 거리가 먼 것은?

① 작업자 안전 확보
② 효율적인 경영
③ 인력난 해소
④ 산업계 대세 부합

해설
자동화의 목적
- 3D 산업 희망자의 감소
- 작업자 안전 확보
- 노사의 이해 대립
- 생산시스템의 거대화, 기업 간 경쟁 심화
- 생산시스템의 효율적인 운영
- 작업환경의 개선 및 인력난 해소
- 원가 절감을 통한 제품의 가격 인하
- 생산성 향상을 통한 기업 이윤의 극대
- 제품 품질의 균일화를 통한 소비자 신뢰 확보

34 자동화시스템의 구성요소 중 인간의 팔다리에 해당하며 동력을 사용하는 요소로 적당한 것은?

① 리밋 스위치   ② 광감각센서
③ 실린더   ④ CPU

해설
자동화시스템의 구성요소 중 인간의 팔다리에 해당하며 동력을 사용하는 요소는 액추에이팅으로서 제어시스템 요소 중 출력요소에 해당한다. 출력요소는 입력요소의 신호조건에 따라 목적하는 행위가 실제 이루어지게 하는 장치로 전자계전기, 전동기, 펌프, 실린더, 히터, 솔레노이드 밸브 등이 있다.

35 목푯값이 시간에 따라 변하며 변화하는 목푯값에 제어량을 추종하도록 하는 되먹임 제어는?

① 순차제어
② 정치제어
③ 추종제어
④ 프로세스 제어

해설
③ 추종제어(Follow-up Control) : 목푯값이 시간에 따라 변하며 이 변화하는 목푯값에 제어량을 추종하도록 하는 되먹임 제어이다.
① 순차제어(시퀀스제어)시스템 : 미리 정해진 순서에 따라 일련의 제어단계가 차례로 진행되어 나가는 자동제어이다. 신호처리방식에 따른 분류 중 하나로 신호처리방식에 따른 제어는 동기·비동기·논리제어·시퀀스제어로 구분한다.
② 정치제어(Constant-value Control) : 목푯값이 시간적으로 일정한 자동제어이며, 제어계는 주로 외란의 변화에 한 정정작용을 한다. 목푯값의 성격 에 따른 분류 중 하나로 정치·추종·프로그램 제어로 나뉜다.
④ 프로세스 제어(Process Control) : 제어량에 따른 분류 중 하나로, 과정제어라고 할 수 있다. 과정을 거치지 않고 결과를 보는 제어를 제외한 모든 제어로, 일반적인 자동화 제어를 모두 포함한다.

36 다음 논리식 중 틀린 것은?

① $A \cdot 1 = A$
② $A \cdot 0 = 0$
③ $A + 1 = A$
④ $A + 0 = A$

해설
$A + 1 = 1$

37 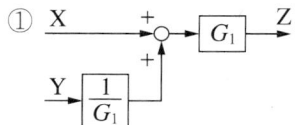 과 같은 블록선도는?

①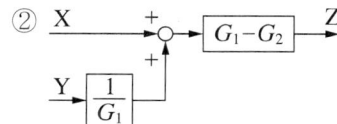

②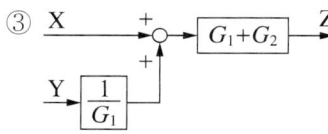

③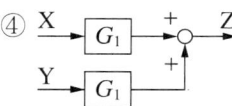

④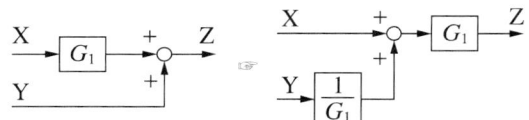

해설
- 가산점을 앞으로 이동하는 경우
- 가산점을 뒤로 이동하는 경우

38 무인 운반차로 레일 가이드 또는 센서 가이드에 따라 무인으로 운반, 이송하는 작업차량은?

① AGV
② RGV
③ Palletizer
④ Roller Conveyor

해설
① AGV(Automated Guided Vehicle) : 무인 운반차로 레일 가이드 또는 센서 가이드에 따라 무인으로 운반, 이송하는 작업차량
② RGV(Rail Guided Vehicle) : 설치된 레일 위에 이동하는 운반용 자동차
③ Palletizer(팔레타이저) : 팔레트를 들고 이송하는 등의 작업을 하는 장치
④ Roller Conveyor(롤러 컨베이어) : 공장에서 라인을 관통하여 공작물을 벨트 위에서 이송하는 장치

39 외부 물체가 리밋 스위치의 롤러 레버에 외력을 가하여 제어력을 발생하는 스위치는?

① 마이크로 스위치
② 리밋 스위치
③ 매트 스위치
④ 리드 스위치

해설
② 리밋 스위치 : 외부 물체가 리밋 스위치의 롤러 레버에 외력을 가하여 제어력을 발생하는 스위치이다.
① 마이크로 스위치 : 비교적 소형으로 성형 케이스에 접점기구를 내장하고 밀봉되어 있지 않은 스위치로서, 물체의 움직이는 힘에 의하여 작동편이 눌러져서 접점이 개폐되며 물체에 직접 접촉하여 검출하는 스위치이다.
③ 매트 스위치(Mat Switch) : 테이프 스위치를 병렬로 붙여 놓은 구조를 가지고 있는 스위치이다. 예를 들어 무인 로봇을 이용하는 공정에 매트 스위치를 설치하여 사람이 접근하면 작동을 인터로크할 수 있다.
④ 리드 스위치(Lead Switch) : 영구자석에서 발생하는 외부 자기장을 검출하는 자기형 근접센서로, 매우 간단한 유접점 구조를 가지고 있다.

정답 37 ① 38 ① 39 ②

40 감지기의 검출면에 접근하는 물체 또는 주위의 물체를 감지하는 무접점 감지기는?

① 광전센서   ② 압력센서
③ 근접센서   ④ 적외선 센서

해설
근접센서 : 감지기의 검출면에 접근하는 물체 또는 주위에 존재하는 물체의 유무를 자기에너지, 정전에너지의 변화 등을 이용해 검출하는 무접점 감지기를 일컫는다.
유도형 : 강자성체가 영구자석에 접근하면 코일 내 자속의 변화율에 따라 출력 단자 사이에 전압을 발생시켜 물체의 유무를 판단한다.
정전용량형
- 유도형 근접센서가 금속만 검출하는 데 반하여 정전용량형 근접센서는 플라스틱, 유리, 도자기, 목재와 같은 절연물, 물, 기름, 약물과 같은 액체도 검출한다.
- 센서 앞에 물건이 놓이면 정전용량이 변화하고, 이 변화량을 검출하여 물체의 유무를 판별한다.
- 센서의 검출거리에 영향을 끼치는 요소 : 검출면, 검출체 사이의 거리, 검출체의 크기, 검출체의 유전율
  - 검출거리 : 검출 물체의 크기, 두께, 재질, 이동 방향, 도금의 유무 등에 영향
  - 출력형식 : PNP 출력, NPN 출력, 직렬접속, 병렬접속

41 다음 광전센서 중 광변환 원리가 다른 하나는?

① 포토커플러   ② 포토다이오드
③ 광사이리스터 ④ 포토트랜지스터

해설
광전효과의 종류

종류	특징	예시
광기전력효과	회로를 닫으면 광전류가 흐르는 효과	포토다이오드, 태양전지, 포토TR
광도전효과	물질의 도전율이 빛을 쏘이므로 증대되는 효과	광센서(CdS, CdSe, PbS, CdHgTe)
광전자 방출효과 (외부 광전효과)	빛을 금속에 조사(照射)하였을 때 전입자가 튀어나온 현상	광전자배증관
초전효과	황산리튬, 리튬나이오베이트, TGS 등에서 온도의 변화를 일으켰을 때 전자가 분리되는 효과	PZT 셀, LiTaO$_3$ 셀

42 부하의 이상 때문에 설정된 전룟값 이상의 전류가 부하에 흘러 온도가 상승하면 바이메탈에 의해 주접점을 열어(트립) 부하를 보호하고, 이상전류에 의한 화재를 방지하는 것은?

① 전자접촉기   ② 열동계전기
③ 누전차단기   ④ 인코더

해설
① 전자접촉기 : ON/OFF에 의해 모터 등의 부하를 운전하거나 정지시키고 기기를 보호하는 목적으로 사용한다.
③ 누전차단기 : 에너지가 있는 도선과 중립 도선 사이의 전류 균형이 깨졌을 때, 전류를 차단하는 장치이다.
④ 인코더(Encoder) : 입력된 정보를 코드로 변환하는 장치이다.

43 전자개폐기의 철심이 진동할 경우 예상되는 원인으로 가장 가까운 것은?

① 가동철심과 고정철심 접촉 부위에 녹이 발생했다.
② 전자개폐기의 코일이 단선되었다.
③ 전자개폐기 주위의 습기가 낮다.
④ 접촉단자에 정격전압 이상의 전압이 가해졌다.

해설
전자개폐기에 전류가 흐르면 고정철심이 전자석이 되어 가동철심을 잡아당긴다. 진동이 생긴다는 것은 전자석 역할을 하는 물체가 자화가 되었다 안 되었다 하는 일이 매우 빠르게 반복되거나 잡아당겨진 가동철심의 접촉이 불가능한 경우 등이다. 보기 중 예상되는 원인은 접촉 부위의 이물질이 생겼을 경우이다.

44 다음 그림의 스위치를 무엇이라고 하는가?

① Tumbler Switch
② Level Switch
③ 압력 Switch
④ Rotary Switch

해설

	(a) (b) (c)
Tumbler Switch	
Level Switch	
압력 Switch	
Rotary Switch (Dial형 Switch)	

45 다음 그림의 회로 명칭은?

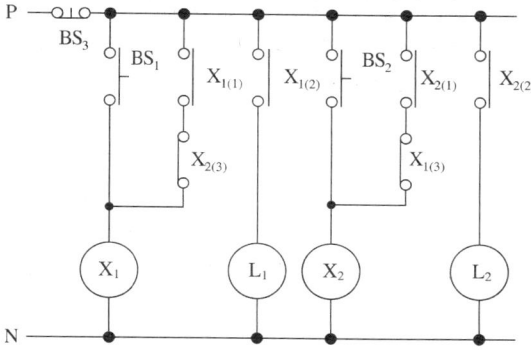

① 자기유지회로
② 일치회로
③ 신입신호 우선회로
④ 인터로크 회로

해설
신입신호 우선회로 : 새로 입력된 신호의 값을 우선 반영하도록 설계된 회로로, 문제의 그림에서 보면 X_1이 살아 있는 상태에서 X_2가 입력되면 $X_{2(3)}$ b접점이 X_1을 끊고 작동하도록 설계되어 있다.

46 유접점회로와 비교했을 때 무접점회로의 특징으로 가장 거리가 먼 것은?

① 수명이 길다.
② 응답속도가 느리다.
③ 소형화에 적합하다.
④ 전기적 노이즈에 약하다.

해설
무접점릴레이의 장단점

장 점	단 점
• 전기 기계식 릴레이에 비해 반응속도가 빠르다. • 동작부품이 없으므로 마모가 없어 수명이 길다. • 스파크 발생이 없다. • 무소음 동작이다. • 소형으로 제작이 가능하다.	• 닫혔을 때 임피던스가 높다. • 열렸을 때 새는 전류가 존재한다. • 순간적인 간섭이나 전압에 의해 실패할 가능성이 있다. • 가격이 좀 더 비싸다.

정답 44 ④ 45 ③ 46 ②

47 D 래치를 두 개 사용하여 마스터와 슬레이브를 두고, D 입력 상태가 Q 출력으로 기억되었다가 다음 Up-edge가 발생할 때까지 그 상태를 유지해 주는 플립플롭은?

① RS ② D
③ JK ④ T

해설
D 플립플롭은 Data 플립플롭이며, D 래치를 두 개 사용하여 마스터와 슬레이브를 두고, D 입력 상태가 Q 출력으로 기억되었다가 다음 Up-edge가 발생할 때까지 그 상태를 유지해 준다. 따라서 출력만으로 보면 클록펄스가 들어가면 펄스 1개 정도 뒤쳐져서 출력되는 것처럼 표현된다.

48 다음 중 빛으로 입력을 받아 빛으로 출력하는 반도체 소자는?

① 포토다이오드 ② 다이오드
③ TR ④ 포토커플러

해설
④ 포토커플러 : 빛으로 입력을 받아 빛으로 출력하는 반도체 소자이며 전기적으로 서로 절연되어 있는 상태이다.
① 포토다이오드 : 광 검출기능이 있는 다이오드이다.
② 다이오드 : 전류를 한 방향으로만 흐르게 하고, 그 역방향으로 흐르지 못하게 하는 성질을 가진 반도체 소자이다.
③ TR(트랜지스터) : Si, Ge 등을 층으로 세 겹 쌓아 증폭하거나, 스위치 등의 역할을 감당하는 반도체 소자이다.

49 PLC의 주요 주변기기 중에 프로그램 로더가 하는 역할과 거리가 먼 것은?

① 프로그램 기입
② 프로그램 이동
③ 프로그램 삭제
④ 프로그램 인쇄

해설
주변기기
- 프로그램 로더(프로그래머) : 기입, 판독, 이동, 삽입, 삭제, 프로그램의 유무 체크, 프로그램의 문법 체크, 설정값 변경, 강제 출력
- 프린터, 카세트 데크, 레코더 : 출력장치, 카세트 설치장치, 녹화장치
- 디스플레이가 있는 로더(Display Loader, CRT Loader)
- 롬 라이터(Rom-writer)

50 IEC에서 표준화한 PLC 언어 중 문자 기반 언어는?

① LD ② IL
③ FBD ④ SFC

해설
- 도형 기반 언어 : LD(Ladder Diagram), FBD(Function Block Diagram)
- 문자 기반 언어 : IL(Instruction List), ST(Structured Text)
- SFC(Sequential Function Chart)

51 산업용 다관절 로봇이 3차원 공간에서 임의의 위치와 방향에 있는 물체를 잡는 데 필요한 자유도는?

① 3 ② 4
③ 5 ④ 6

해설
산업용 로봇이 3차원 공간에 있는 물체를 잡기 위해 6 자유도가 필요하며, 수직 이동, 확장과 수축, 회전, 손목의 회전과 상하운동, 좌우 회전 등 6가지 운동이 필요하다.

52 직류전압 300V를 발생하는 절연저항계로 절연저항을 측정하였더니 10MΩ이었다. 이때 흐르는 누설전류는?

① 30mA ② 3A
③ 30μA ④ 50A

해설
저항에 흐르는 전류 $I = \dfrac{E}{R}$

즉, $I = \dfrac{300\text{V}}{10,000,000\,\Omega} = 0.00003\text{A}$

53 폭이 좁고 길이가 긴 가공물의 줄 작업방법은?

① 직진법 ② 사진법
③ 병진법 ④ 횡진법

해설
줄의 진행 방향에 따른 줄 작업의 종류
- 직진법(직선 방향으로 진행하는 방법) : 일감에 대해 한 방향으로 왕복하는 줄작업으로, 가장 많이 사용한다.
- 사진법(경사진 방향으로 진행하는 방법) : 진행하는 방향이 줄질하는 방향에 해 비스듬하게 진행하는 방법으로, 거친 절삭에 사용한다.
- 병진법(옆 방향으로 진행하는 방법) : 진행 방향이 줄질 방향과 직각인 방법으로, 폭이 좁고 긴 재료에 사용한다.

54 도면에 사용하는 치수 보조기호를 설명한 것으로 틀린 것은?

① R : 반지름
② C : 30° 모따기
③ S : 구의 지름
④ □ : 정사각형의 한 변의 길이

해설
C : 45° 모따기

55 PLC 회로도 프로그램 방식 중 접점의 동작 상태를 회로도상에서 모니터링할 수 있는 것은?

① 명령어 방식
② 로직 방식
③ 래더도 방식
④ 플로차트 방식

해설
래더다이어그램 예시

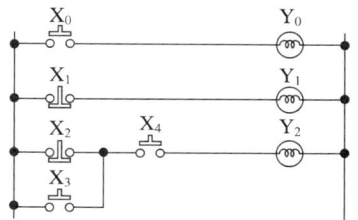

56 작업내용을 미리 프로그램으로 작성하여 로봇의 동작을 결정하는 로봇은?

① 플레이백 로봇
② NC 로봇
③ 지능 로봇
④ 링크 로봇

해설
② NC 로봇 : 수치제어를 이용한 프로그래밍된 작업을 하는 공작 로봇
① 플레이백 로봇 : 반복 재생작업에 사용하는 로봇
③ 지능 로봇 : 외부 환경에서 입력조건을 받아 스스로 조건에 맞게 판단하여 동작하는, 일명 퍼지 로봇
④ 링크 로봇 : 관절이 있는 로봇

57 다음 중 고속도로의 과적 차량을 검출하기 위해 사용할 센서로 적합한 것은?

① 바리스터
② 로드셀
③ 리졸버
④ 홀소자

해설
로드셀과 스트레인 게이지는 물체에 압력이나 응력, 힘이 작용할 때 그 크기가 얼마인가를 측정하는 도구이다. 따라서 로드셀(Load Cell)과 스트레인 게이지(Strain Gauge)는 압력센서로 활용될 수 있다.

58 시퀀스 제어의 주요 장점으로 거리가 먼 것은?

① 제품의 품질이 균일화되고 향상되어 불량품이 감소된다.
② 생산속도가 증가된다.
③ 작업의 확실성이 보장된다.
④ 피드백에 의한 목푯값과의 비교에 의해 오차 수정이 가능하다.

해설
시퀀스 제어는 순차제어이다. 피드백에 의한 목푯값과의 비교에 의해 오차 수정이 가능한 것은 되먹임(피드백) 제어이다.

59 자동화 시스템의 작업요소별 구성요소에서 가공, 조립, 검사 등의 작업을 위해서 일감을 요구되는 위치에 정확히 위치시키고, 필요한 작업을 할 수 있도록 견고하게 고정시켜 주는 기능을 가진 것은?

① 감시장치
② 제어장치
③ 치공구
④ 창고시스템

해설
치공구 : 기계부품의 제작, 검사, 조립 등에서 작업을 능률적이며, 정밀도를 향상시키기 위해 제작에 사용되는 각종 지그(Jig)와 공구 안내(Guide of Cutting Tool) 그리고 공작물을 지지(Supporting), 고정(Holding)하는 생산용 특수공구

60 시퀀스 제어를 구분하는 데 있어서 크게 입력부와 출력부로 구분할 때 다음 중 출력부에 해당하는 것은?

① 누름버튼 스위치
② 카운터
③ 센 서
④ 온도 스위치

해설
카운터는 계수기, 누산기라고도 한다. 입력부, 센서 등은 검출부에 해당하므로 카운터만 출력부로 분류할 수 있다.

2020년 제1회 과년도 기출복원문제

01 절삭저항에 배분되는 힘 중 가장 작은 것은?

① 주분력
② 배분력
③ 이송분력
④ 절삭분력

해설
절삭저항의 3분력은 주분력(절삭분력), 배분력, 이송분력이며, 힘의 크기는 주분력이 가장 크고 이송분력이 가장 작다.

02 선반에서 가공되는 공작물의 길이가 길어서 회전 중 떨림이 발생되는 재료를 지지하거나 드릴 같은 내경 절삭공구를 고정할 때 사용하는 것은?

① 주축대
② 심압대
③ 왕복대
④ 방진구

해설
심압대 : 베드 윗면의 오른쪽 상단인 주축의 맞은편에 장착되어 있으며 가공되는 공작물의 길이가 길어서 회전 중 떨림이 발생되는 재료를 지지하거나 드릴 같은 내경 절삭공구를 고정할 때 사용한다. 심압대 센터의 중심은 주축과 일치시키거나 어긋나게 조정이 가능해서 테이퍼 절삭을 가능하게 하며, 끝부분은 모스테이퍼로 되어 있어서 드릴척을 고정시킬 수 있다.

03 공구의 윗면 경사면과 마찰하는 재료의 표면은 편평하나 반대쪽 표면은 톱니 모양으로 가공면이 다소 거칠고 공구 손상도 일어나기 쉬운 칩 형태는?

① 유동형 칩
② 전단형 칩
③ 균열형 칩
④ 열단형 칩

해설
절삭 시 발생하는 칩의 종류

종류	현상	특징
유동형 칩		• 칩이 공구의 윗면 경사면 위를 연속적으로 흘러 나가는 형태의 칩으로, 절삭저항이 작아서 가공 표면이 가장 깨끗하며 공구의 수명도 길다. • 생성조건 : 절삭깊이가 작은 경우, 공구의 윗면 경사각이 큰 경우, 절삭공구의 날 끝 온도가 낮은 경우, 윤활성이 좋은 절삭유를 사용하는 경우, 재질이 연하고 인성이 큰 재료를 큰 경사각으로 고속 절삭하는 경우
전단형 칩		• 공구의 윗면 경사면과 마찰하는 재료의 표면은 편평하나, 반대쪽 표면은 톱니 모양으로 유동형 칩에 비해 가공면이 거칠고 공구 손상도 일어나기 쉽다. • 발생원인 : 공구의 윗면 경사각이 작은 경우, 비교적 연한 재료를 느린 절삭속도로 가공할 경우
균열형 칩		• 가공면에 깊은 홈을 만들기 때문에 재료의 표면이 매우 불량해진다. • 발생원인 : 주철과 같이 취성(메짐)이 있는 재료를 저속으로 절삭할 경우
열단형 칩		• 칩이 날 끝에 달라붙어 경사면을 따라 원활히 흘러나가지 못해 공구에 균열이 생기고 가공 표면이 뜯겨진 것처럼 보인다. • 발생원인 : 절삭 깊이가 크고 윗면 경사각이 작은 절삭공구를 사용할 경우

정답 1 ③ 2 ② 3 ②

04 3개의 클로를 움직여서 직경이 작은 공작물을 고정하는 데 사용하는 척은?

① 단동척　　② 연동척
③ 콜릿척　　④ 공기척

해설
콜릿척
- 3개의 클로를 움직여서 직경이 작은 공작물을 고정하는 데 사용하는 척이다.
- 주축의 테이퍼 구멍에 슬리브를 꽂은 후 여기에 콜릿척을 끼워서 사용한다.

05 내경과 중심이 같도록 외경을 가공할 때 사용하는 선반의 부속장치는?

① 면 판　　② 돌리개
③ 맨드릴　　④ 방진구

해설
맨드릴 : 기어, 벨트 풀리 등의 소재와 같이 구멍이 뚫린 일감의 바깥 원통면이나 옆면을 센터작업으로 가공할 때 사용하는 도구이다. 일감의 뚫린 구멍에 맨드릴을 끼운 후 작업한다.

06 선반에서 가공할 수 없는 작업은?

① 나사가공
② 기어가공
③ 테이퍼가공
④ 구멍가공

해설
선반은 공작물이 회전하므로 원통 모양의 가공물 가공이 가능하다. 기어는 축 방향의 치형이 생성되어야 하므로 사실상 가공이 불가능하다.

07 선반의 공구 경사각에 대한 설명으로 옳지 않은 것은?

① 윗면 경사각은 절삭날의 윗면과 수평면이 이루는 각도이다.
② 윗면 경사각이 크면 절삭성과 표면 정밀도가 좋아진다.
③ 여유각은 날과 공작물의 마찰을 방지하기 위하여 부여한다.
④ 여유각을 크게 하면 공구인선 강도가 증가한다.

해설
날 여유각을 너무 크게 하면 공구의 날 끝이 날카로워져서 공구인선의 강도가 저하되므로 적절하게 설계해야 한다.

08 표준 드릴날의 각으로 옳지 않은 것은?

① 날끝각 : 118°
② 여유각 : 115~120°
③ 웨브각 : 125~135°
④ 홈 나선각 : 20~32°

해설
여유각 : 12~15°

09 보링머신의 크기 표시방법이 아닌 것은?

① 램의 최대 행정
② 테이블의 크기
③ 주축의 지름
④ 주축의 이송거리

해설
보링머신의 크기는 테이블의 크기, 주축의 지름, 주축의 이동거리, 스핀들 헤드의 상하 이동거리 및 테이블의 이동거리로 표시한다.

10 연삭숫돌의 결합제 중 규산나트륨을 주재료로 하고 대형 숫돌바퀴를 만들 수 있는 결합제를 사용한 것은?

① 비트리파이드 숫돌
② 실리케이트 숫돌
③ 탄성숫돌
④ 금속숫돌

해설
실리케이트(Silicate, S) 숫돌바퀴
• 규산나트륨을 주재료로 한 결합제이다.
• 대형 숫돌바퀴를 만들 수 있다.
• 고속도강과 같이 균열이 생기기 쉬운 재료를 연삭할 때, 연삭에 의한 발열을 피해야 할 경우에 사용한다.
• 비트리파이드에 비해 결합도가 낮으므로 중연삭을 피해야 한다.

11 입도가 거친 연삭숫돌을 선택하는 경우가 아닌 것은?

① 일감의 지름이 클수록
② 숫돌의 지름이 클수록
③ 일감의 경도가 딱딱할수록
④ 다듬질면의 거칠기가 고울수록

해설
연삭숫돌의 선택방법

구 분	입 도	결합도	조 직
일감의 지름이 클수록	거친 것	단단한 것	거 침
숫돌의 지름이 클수록	거친 것	단단한 것	거 침
일감의 경도가 딱딱할수록	거친 것	단단한 것	거 침
다듬질면의 거칠기가 고울수록	고운 것		치 밀
연삭속도가 빠를수록		연한 것	
일감의 이송속도가 빠를수록		연한 것	

12 기어가공의 방법 중 생산성이 높고 정밀도가 좋아서 가장 일반적으로 사용되고 있는 창성방법은?

① 형판에 의한 절삭
② 래크커터에 의한 절삭
③ 피니언 커터에 의한 절삭
④ 호브커터에 의한 절삭

해설
창성법 중 호브를 이용한 방법은 생산성이 높고 정밀도가 좋아서 가장 일반적으로 사용된다.

정답 8 ② 9 ① 10 ② 11 ④ 12 ④

13 방전가공과 전해가공에 대한 설명으로 옳지 않은 것은?

① 방전가공은 절연성 부도체 가공액을 사용한다.
② 전해가공은 양도체 가공액을 사용한다.
③ 방전가공은 가공속도가 느리다.
④ 전해가공은 일감을 음극에 장착한다.

해설
전해가공(ECM ; Electro Chemical Machining) : 가공형상의 전극을 음극에, 일감을 양극에 장착하고 가까운 거리에 놓은 후 그 사이에 전해액을 분출시키며 전기를 통하게 하면 양극에서 용해·용출현상이 일어나 가공하는 방법이다.
방전가공(EDM ; Electric Discharge Machining) : 절연성의 가공액 내에서 전극과 공작물 사이에서 일어나는 불꽃방전에 의하여 재료를 조금씩 용해시켜 원하는 형상의 제품을 얻는 가공법으로, 전극이 소모되며 가공속도가 느리고 가공 정밀도가 우수하다.
※ 방전가공(EDM)과 전해가공(ECM)의 차이점 : 방전가공은 절연성인 부도체의 가공액을 사용하지만, 전해가공은 전기가 통하는 양도체의 가공액을 사용해서 절삭가공을 한다.

14 수기가공과 비교한 CNC 가공의 특징으로 옳지 않은 것은?

① 제조 단가를 낮출 수 있다.
② 전체 작업시간은 상승한다.
③ 품질이 균일한 제품을 얻을 수 있다.
④ 필요시 동일한 작업을 불러올 수 있다.

해설
CNC 가공의 특징
• 제조 단가를 낮출 수 있다.
• 품질이 균일한 제품을 얻을 수 있다.
• 작업시간 단축으로 생산성이 향상된다.
• 파트 프로그램을 매크로 형태로 저장시켜 필요시 불러올 수 있다.

15 지름이 1cm인 환봉을 양쪽에서 20kgf로 잡아당길 때 작용하는 인장응력은?(단, π=3이라고 한다)

① 약 15kgf/mm^2 ② 약 15kgf/cm^2
③ 약 27kgf/mm^2 ④ 약 27kgf/cm^2

해설
단면적의 넓이
$$A = \frac{\pi d^2}{4} = \frac{3 \times 1^2}{4} = 0.75\text{cm}^2$$
$$\therefore \sigma = \frac{F}{A} = \frac{20\text{kgf}}{0.75\text{cm}^2} \fallingdotseq 26.67\text{kgf/cm}^2$$

16 보통주철보다 규소 함유량을 적게 하고 적당량의 망간을 가한 쇳물을 주형에 주입할 때, 경도를 필요로 하는 부분을 빨리 냉각시켜 그 부분의 조직만을 백선화시키는 주철은?

① 내마멸주철   ② 내산주철
③ 가단주철   ④ 칠드주철

해설
칠드주철 : 보통주철보다 규소 함유량을 적게 하고 적당량의 망간을 가한 쇳물을 주형에 주입할 때, 경도를 필요로 하는 부분에만 칠 메탈(Chill Metal)을 사용하여 빨리 냉각시키면 그 부분의 조직만이 백선화되어 단단한 칠층이 형성된다. 이를 칠드(Chilled, 냉기·한기 또는 오싹한 느낌)주철이라고 한다.

17 액상 또는 기체상의 연료성 화재(휘발유, 벤젠 등)의 분류는?

① A급 화재   ② B급 화재
③ C급 화재   ④ D급 화재

> 해설
> • A급 화재(일반화재) : 목재, 종이, 천 등 고체 가연물의 화재이며, 연소가 표면 및 깊은 곳에 도달해 가는 것
> • B급 화재(기름화재) : 인화성 액체 및 고체의 유지류 등의 화재
> • C급 화재(전기화재) : 전기가 통하는 곳의 전기설비의 화재
> • D급 화재(금속화재) : 마그네슘, 나트륨, 칼륨, 지르코늄과 같은 금속화재

18 제도 시 사용하는 선의 용도가 옳지 않게 연결된 것은?

① 외형선 – 물체가 보이는 부분의 모양을 나타냄
② 치수보조선 – 치수 기입을 위해 도형에서 끌어낸 선
③ 파단선 – 물체의 보이지 않는 부분의 모양을 나타냄
④ 무게중심선 – 단면의 무게중심을 연결

> 해설
> 물체의 보이지 않는 부분의 모양을 나타내는 선은 숨은선이다. 파단선은 물체의 일부를 자른 곳의 경계를 표시하거나 중간 생략을 나타내기 위한 선이다.

19 다음 그림을 3각법으로 투상할 때 평면도로 적절한 것은?

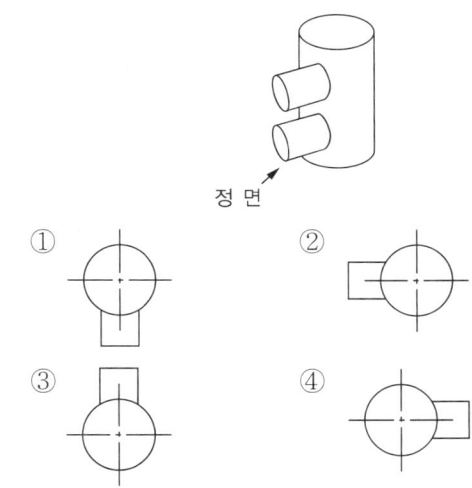

> 해설
> 3면도는 다음과 같이 표현된다.
>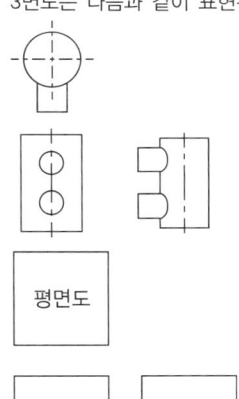

정답 17 ② 18 ③ 19 ①

20 다음 그림의 상세도 A의 영역을 나타내는 동그라미를 그린 선의 종류로 적절한 것은?

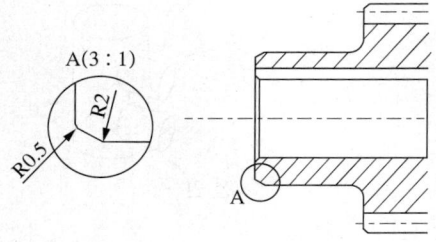

① 파 선
② 절단선
③ 가는 실선
④ 굵은 실선

해설
상세도를 지정하는 선은 가는 실선으로 나타낸다.

21 다음 그림의 A 부분에 사용해야 하는 선의 종류는?

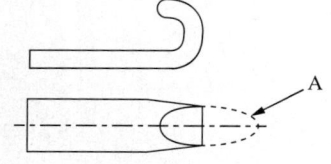

① 가는 실선 ② 굵은 실선
③ 1점쇄선   ④ 2점쇄선

해설
A 부분은 가상선을 사용해야 하므로 2점쇄선이 적절하다.

22 중다듬질에 적절한 표면거칠기 기호는?

①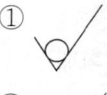
② w ▽
③ x ▽
④ y ▽

해설
표면거칠기 기호

거칠기 구분값		산술 평균 거칠기의 표면 거칠기의 범위(μmRa)		거칠기 번호 (표준편 번호)	거칠기 기호
		최솟값	최댓값		
	0.025a	0.02	0.03	N1	
	0.05a	0.04	0.06	N2	
정밀 다듬질	0.1a	0.08	0.11	N3	
	0.2a	0.17	0.22	N4	z ▽
	0.4a	0.33	0.45	N5	
	0.8a	0.66	0.90	N6	
상 다듬질	1.6a	1.3	1.8	N7	y ▽
	3.2a	2.7	3.6	N8	
	6.3a	5.2	7.1	N9	
중 다듬질	12.5a	10	14	N10	x ▽
	25a	21	28	N11	
거친 다듬질	50a	42	56	N12	w ▽
제거 가공 안 함					▽

23 다음 그림에 사용되지 않은 치수는?

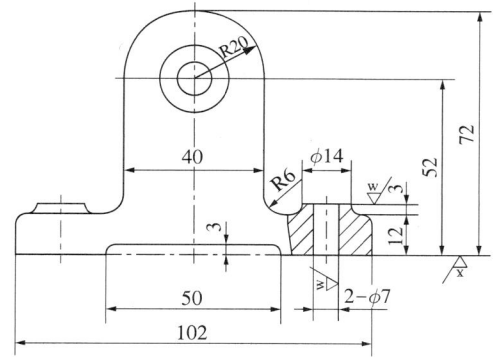

① 길이 치수   ② 지름 치수
③ 모깎기 치수 ④ 모따기 치수

해설
길이 치수는 상당히 많다. 다음 그림에서 동그라미 친 곳이 지름 치수와 모깎기 치수를 사용한 곳이다.

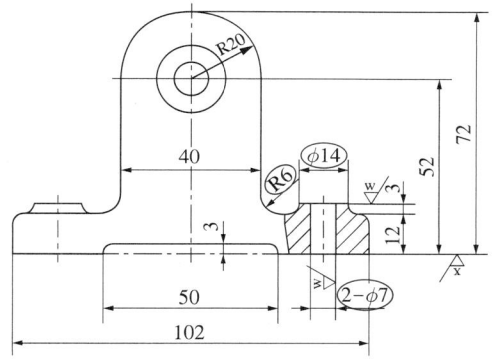

24 도면에 // 0.011 A 와 같이 표기된 곳이 있다. 이에 대한 설명으로 옳지 않은 것은?

① 기하공차를 적용하였다.
② 데이텀이 필요하다.
③ 평행도 공차가 적용되었다.
④ 공차값은 ±0.011mm이다.

해설
공차값은 공차에 의한 차이값이며, 양수로 나타낸다.

25 몸체 형체의 유도 형체에 대해 주어진 몸체 형체와 기하공차의 최대실체크기의 집합적 효과에 의해서 만들어진 크기는?

① MMS   ② MMVS
③ MMR   ④ RPR

해설
- 최대실체치수 : MMS(Maximum Material Size)
- 최대실체가상크기 : MMVS(Maximum Material Virtual Size)
- 최대실체요구사항 : MMR(Maximum Material Requirement)
- 상호요구사항 : RPR(ReciProcity Requirement)

26 50H7의 공차값으로 적당한 것은?

구분 초과	−	3	6	10	18	30	50	80	120	180
등급 이하	3	6	10	18	30	50	80	120	180	250
IT5	4.0	5.0	6.0	8.0	9.0	11	13	15	18	20
IT6	6.0	8.0	9.0	11	13	16	19	22	25	29
IT7	10	12	15	18	21	25	30	35	40	46
IT8	14	18	22	27	33	39	46	54	63	72
IT9	25	30	36	43	52	62	74	87	100	115

(기본공차의 수치 μm)

① 0.025   ② 0.03
③ 25   ④ 30

해설
기준 치수가 50mm이므로 다음과 같이 찾아야 한다. 표의 단위는 μm여서 mm로 나타내면 0.025이다.

구분 초과	−	3	6	10	18	30	50	80	120	180
등급 이하	3	6	10	18	30	50	80	120	180	250
IT5	4.0	5.0	6.0	.80	9.0	11	13	15	18	20
IT6	6.0	8.0	9.0	11	13	16	19	22	25	29
IT7	10	12	15	18	21	25	30	35	40	46
IT8	14	18	22	27	33	39	46	54	63	72
IT9	25	30	36	43	52	62	74	87	100	115

정답 23 ④ 24 ④ 25 ② 26 ①

27 나사부의 표현으로 적절한 것은?

①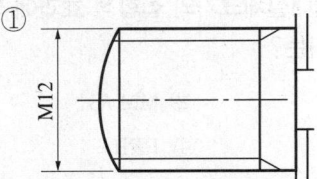

②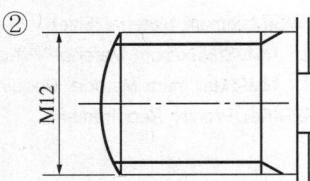

③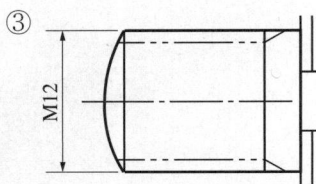

④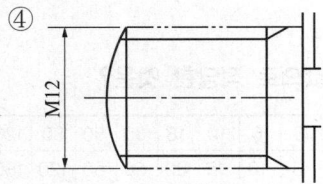

해설
나사부는 나사골 부분을 가는 실선으로 그린다. 문제에 그려진 도면은 수나사이므로 안쪽은 가는 실선으로, 바깥쪽은 외형선으로 그려야 한다.

28 다음 그림의 베어링에 대한 설명으로 옳은 것은?

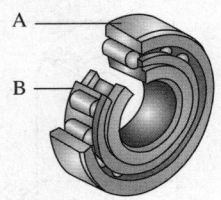

① 단열 깊은 홈 볼베어링이다.
② A 부분을 내륜이라고 한다.
③ B 부분을 리테이너라고 한다.
④ 비교적 작은 힘의 고속 회전에 적합하다.

해설
① 단식 롤러베어링이다.
② A 부분은 외륜이다.
④ 롤러베어링은 큰 힘을 받는 경우에 적합하다.

29 3차원 측정기의 측정침 중 비접촉식은?

① 하드 측정침
② 터치 측정침
③ 스캐닝 측정침
④ 광학 측정침

해설
측정침
• 접촉식 측정침 : 하드 측정침, 터치 측정침, 스캐닝 측정침 등
• 비접촉식 측정침 : 대부분 광학적인 방법을 사용한다.

30 공압의 특징에 해당하는 것은?

① 윤활장치를 요구한다.
② 고속 작동에 불리하다.
③ 과부하 우려가 있다.
④ 보수, 취급이 어렵다.

해설
공압의 특징

장 점	단 점
• 에너지원을 쉽게 얻을 수 있다. • 힘의 전달 및 증폭이 용이하다. • 속도, 압력, 유량 등의 제어가 쉽다. • 보수·점검 및 취급이 쉽다. • 인화 및 폭발의 위험성이 작다. • 에너지 축적이 쉽다. • 과부하의 염려가 작다. • 환경오염의 우려가 작다. • 고속 작동에 유리하다.	• 에너지 변환효율이 나쁘다. • 위치제어가 어렵다. • 압축성에 의한 응답성의 신뢰도가 낮다. • 윤활장치를 요구한다. • 배기소음이 있다. • 이물질에 약하다. • 힘이 약하다. • 출력에 비해 값이 비싸다. • 균일한 속도를 얻을 수 없다. • 정확한 제어가 힘들다.

31 유압작동유에 요구되는 성질로 적당하지 않은 것은?

① 압축성
② 내열성
③ 기밀성
④ 청결성

해설
유압작동유의 특징
• 비압축성이어야 한다.
• 열에 영향을 작게 받을 수 있어야 한다.
• 장시간 사용하여도 화학적으로 안정하여야 한다.
• 다양한 조건에서도 적정 점도가 유지되어야 한다.
• 기밀성, 청결성을 가지고 있어야 한다.

32 어느 게이지 압력이 1kgf/cm²으로 나타났다면 절대압력은?

① 1kgf/cm^2
② 1.03323kgf/cm^2
③ 2kgf/cm^2
④ 2.03323kgf/cm^2

해설
• 절대압력 = 게이지 압력 + 대기압
• 대기압 = 1.03323kgf/cm²

33 다음 그림에서 면적 A의 값은?

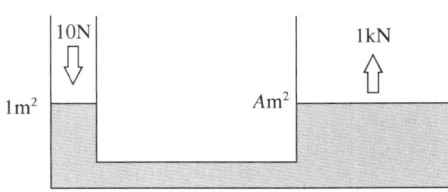

① 31.4m^2
② 100m^2
③ 314m^2
④ $1,000\text{m}^2$

해설
파스칼의 원리에 의해
$$\frac{P_1}{A_1} = \frac{P_2}{A_2}, \quad \frac{10\text{N}}{1\text{m}^2} = \frac{1,000\text{N}}{A\text{m}^2}, \quad A=100\text{m}^2$$

정답 30 ① 31 ① 32 ④ 33 ②

34 어느 유체역학의 식이 다음과 같이 표현되었을 때 H가 의미하는 것은?

$$\frac{P}{\gamma} + \frac{V^2}{2g} + z = \frac{P_1}{\gamma} + \frac{V_1^2}{2g} + z_1 = H$$

① 특정 위치에서 압력
② 특정 위치에서 속도
③ 특정 위치의 높이
④ 전체 수두

해설
베르누이의 정리
유체에 작용하는 힘, 압력, 속도, 위치에너지를 각각 수두(水頭), 즉 물의 높이로 표현하고 그 합은 항상 같다는 것을 정리하여 나타낸 식

$$\frac{P}{\gamma} + \frac{V^2}{2g} + z = \frac{P_1}{\gamma} + \frac{V_1^2}{2g} + z_1 = \frac{P_2}{\gamma} + \frac{V_2^2}{2g} + z_2 = H$$

여기서, P_1 : 1위치에서의 압력
　　　　V_1 : 1위치에서의 속도
　　　　z_1 : 1위치에서의 높이
　　　　H : 전체 수두

35 캐비테이션(공동현상)의 발생원인으로 잘못된 것은?

① 흡입 필터가 막히거나 급격히 유로를 차단한 경우
② 패킹부의 공기 흡입
③ 펌프를 정격속도 이하로 저속 회전시킬 경우
④ 과부하이거나 오일의 점도가 클 경우

해설
베르누이의 정리에 의하면 유체의 속도가 올라가야 압력이 낮아지므로, 저속 운전 시 공동현상이 발생할 가능성은 낮아진다.

36 다음 회로도에 대한 설명으로 옳지 않은 것은?

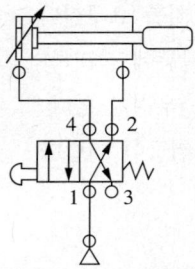

① 공압회로도이다.
② 초기 상태는 전진 상태이다.
③ 4포트 2위치 밸브를 사용하였다.
④ 스프링 복귀형 밸브를 사용하였다.

해설
스프링의 위치로 보아 문제의 그림은 초기 상태이며, 이 경우 포트 1로 들어온 공기가 2로 전달되어 피스톤을 후진 상태로 위치시킨다.

37 출구쪽 압력을 일정하게 유지하는 역할로 2차쪽 압력조정밸브는?

① 릴리프밸브
② 감압밸브
③ 시퀀스밸브
④ 무부하밸브

해설
• 릴리프밸브 : 탱크나 실린더 내의 최고 압력을 제한하여 과부하 방지를 목적으로 하며, 안전밸브라고도 한다.
• 감압밸브 : 출구쪽 압력을 일정하게 유지하는 역할을 한다. 릴리프밸브가 1차쪽 압력제어이면, 감압밸브는 2차쪽 압력조정밸브이다.

38 다음의 특징을 갖는 밸브 구조는?

> • 실(Seal)효과가 좋다.
> • 밸브의 이동거리가 짧기 때문에 밸브의 개폐시간이 빠르다.
> • 먼지 등의 이물질이 혼입되더라도 고장이 적다.
> • 대부분의 것은 급유를 필요로 하지 않는다.

① 스풀형
② 포핏형
③ 슬라이드형
④ 중립형

해설
포핏형

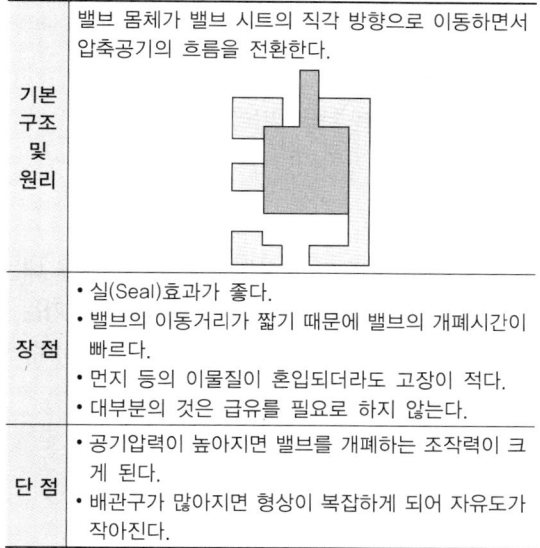

39 주로 파일럿 체크밸브와 짝이 되어 사용하며 원하는 공기압 외의 입력공기압을 모두 배출하는 밸브 센터의 형상으로 옳은 것은?

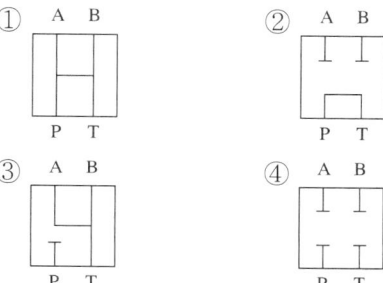

해설
중립 위치에 따른 밸브의 분류

이름	모양	특징
오픈 센터 (Open Center)		중립 상태에서 모든 통로가 열려져 있으므로 중립 상태 시 부하를 받지 않는다.
탠덤 센터 (Tandem Center)		중립 시 들어온 공기를 탱크로 회수한다. 실린더의 위치 고정이 가능하고 경제적으로 사용된다.
플로트 센터 (Float Center)		주로 파일럿 체크밸브와 짝이 되어 사용하며 원하는 공기압 외의 입력 공기압을 모두 배출한다.
클로즈드 센터 (Closed Center)		모든 포트가 막혀 있으므로 펌프로 들어올 공기가 들어오지 못하고 다른 회로와 연결되어 있는 경우 다른 회로에서 모두 사용을 한다.

40 밸브의 작동방법 중 기계적 작동방법은?

① 누름스위치　② 솔레노이드
③ 페 달　　　　④ 스프링

해설
- 기계 작동방식의 예 : 플런저, 스프링, 롤러
- 수동 작동방식의 예 : 버튼, 레버, 페달 등

41 KS B 0054에 따른 유압·공압기호에 관한 사항으로 옳은 것은?

① 기호는 기기의 실제 구조를 나타낸다.
② 기호는 원칙적으로 작동 상태를 나타낸다.
③ 포트기호는 외부 포트의 실제 위치에 표시해야 한다.
④ 복잡한 기호의 경우 기능상 사용되는 접속구만을 나타내면 된다.

해설
① 기호는 기기의 실제 구조를 나타내는 것은 아니다.
② 기호는 원칙적으로 초기 상태를 나타낸다.
③ 포트기호는 외부 포트의 존재를 표시하나 그 실제 위치를 나타낼 필요는 없다.

42 공압모터의 특징으로 옳지 않은 것은?

① 속도범위가 크다.
② 과부하에 안전하다.
③ 오물, 물, 열, 냉기에 민감하다.
④ 속도를 무단으로 조절할 수 있다.

해설
공압모터의 특징
- 속도를 무단으로 조절할 수 있다.
- 출력을 조절할 수 있다.
- 속도범위가 크다.
- 과부하에 안전하다.
- 오물, 물, 열, 냉기에 민감하지 않다.
- 폭발에 안전하다.
- 보수 유지가 비교적 쉽다.
- 높은 속도를 얻을 수 있다.
- 입력된 에너지에 비해 출력되는 에너지의 비율이 나쁘거나 일정하지 않다.
- 정확한 제어가 힘들다.
- 유압에 비해 소음도 발생한다.

43 마모에 강하고 무게에 비해 높은 출력을 내는 특징이 있고, 날개 끝이 벽에 밀착되어 지나가는 공기가 날개를 밀어내어 회전력을 얻는 방식이며, 로터가 편심되어 있는 구조의 모터는?

① 반경류 피스톤 모터　② 축류 피스톤 모터
③ 베인모터　　　　　　④ 기어모터

해설
베인모터 : 로터는 3,000~8,500rpm 정도가 가능하며 24마력까지 출력을 낸다. 마모에 강하고 무게에 비해 높은 출력을 내는 특징이 있다. 날개(Vane) 끝이 벽에 밀착되어 지나가는 공기가 날개를 밀어내어 회전력을 얻는 방식이며, 로터가 편심되어 있어서 공기 흐름의 속도에 영향을 주는 구조로 되어 있다.

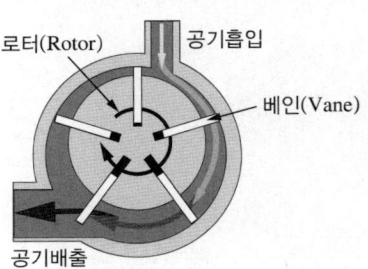

44 펌프가 나타내는 동력과 효율에 대한 설명으로 옳은 것은?

① 펌프의 동력은 시간당 할 수 있는 일의 양이다.
② 동력 = 송출압력 × 흡입 유량
③ 동력 = 흡입압력 × 송출 유량
④ 펌프의 전 효율 = 용적효율 / 기계효율

해설
• 동력 = 송출압력 × 송출유량
• 펌프의 전 효율 = 용적효율 × 기계효율

45 공기압축기 중 가장 널리 사용되는 것으로, 실린더 안을 피스톤이 왕복운동하면서 흡입밸브로부터 실린더 내에 공기를 흡입한 다음, 압축하여 배출밸브로부터 압축공기를 배출시키며 10~100kgf/cm² 의 사용압력범위를 갖는 압축기는?

① 축류식 압축기
② 베인식 압축기
③ 왕복형 압축기
④ 다이어프램형 압축기

해설
왕복형 압축기(피스톤압축기) : 왕복형 공기압축기는 가장 널리 사용되는 것으로서, 실린더 안을 피스톤이 왕복운동하면서 흡입밸브로부터 실린더 내에 공기를 흡입한 다음, 압축하여 배출밸브로부터 압축공기를 배출시킨다. 사용압력범위는 10~100kgf/cm² 로서, 고압으로 압축할 때에는 다단식 압축기가 필요하며, 냉각방식에 따라 공랭식과 수랭식이 있다.

46 다음 기호의 부속기기의 용도로 적당하지 않은 것은?

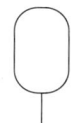

① 펌프 맥동 흡수
② 충격압력의 완충
③ 작동유 점도 향상
④ 유압에너지 축적

해설
문제의 기호는 어큐뮬레이터를 나타낸다. 어큐뮬레이터란 유체의 압력을 축적하여 압력의 흐름을 일정하게 조절해 주는 장치로서 압력을 축적하는 방식으로 맥동을 방지하는 데 사용한다.

47 다음 그림과 같이 배치된 회로의 피스톤 제어방식은?

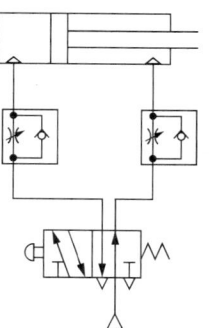

① 미터 인 방식 제어
② 미터 아웃 방식 제어
③ Yes 논리 제어
④ Not 논리 제어

해설
미터 인 방식 : 실린더로 들어가는 공기의 양을 조절하여 실린더의 속도를 조절하는 방식이다.

48 자동화의 5대 요소에 해당하지 않는 것은?

① 센 서
② 에너지
③ 액추에이터
④ 네트워크 기술

해설
자동화의 5대 요소 : 센서(감지기), 제어신호처리장치, 액추에이터, 소프트웨어 기술, 네트워크 기술

49 되먹임 제어에 대한 설명으로 틀린 것은?

① 닫힌 루프제어라고도 한다.
② 피드백 신호를 통해 목푯값에 도달한다.
③ 외란에 의해서 발생되는 오차에 대한 대처능력이 없다.
④ 안정도, 대역폭, 감도, 이득 등의 제어특성에 영향을 미친다.

해설
닫힌 루프제어(피드백 제어, 폐회로제어, Feedback Control)
- 피드백을 통해서 외란 등의 오차에 대해서도 반복 연산을 통해 오차를 줄여간다.
- 출력값이 목푯값에 이르도록 입력값을 조정하는 피드백 제어(Feedback Control)이다.
- 개회로제어보다는 신호를 추출하고 목푯값과 비교하는 등의 설비(궤환요소)가 더 필요하다.
- 개회로제어에 비해 정확한 제어가 가능하다.

50 자동제어계에서는 입력신호를 어떤 과정을 거쳐 출력신호에 이르게 되는데, 이 어떤 과정을 함수화하여 표현한 것을 무엇이라고 하는가?

① 시스템 제어
② 시퀀스 제어
③ 전달함수
④ 과정함수

해설
자동제어계에서는 주어진 입력신호를 어떤 과정을 거쳐 출력신호에 이르게 되는데, 이 중간의 어떤 과정을 함수화하여 표현한 것을 전달함수라고 한다. 전달함수를 이용하면 중간의 복잡한 과정을 정리하여 입력신호와 출력신호만의 상관관계로 정리가 가능하다. 선형제어계를 산정하고, 이 제어계의 함수 산출을 위해 모든 초깃값을 0으로 한 경우의 출력신호의 라플라스 변환과 입력신호의 라플라스 변환에 대한 비를 전달함수로 한다.

51 미리 정해진 순서에 따라 일련의 제어단계가 차례로 진행되어 나가는 자동제어를 일컫는 용어는?

① 순차제어
② 정치제어
③ 추종제어
④ 자동조정

해설
순차제어(시퀀스 제어)시스템
미리 정해진 순서에 따라 일련의 제어단계가 차례로 진행되어 나가는 자동제어이다. 신호처리방식에 따른 분류 중 하나로, 신호처리방식에 따른 제어는 동기·비동기·논리제어·시퀀스제어로 구분한다.

52 불연속동작의 대표적인 것으로 제어량이 목푯값에서 어떤 양만큼 벗어나면 미리 정해진 일정한 조작량이 대상에 가해지는 제어는?

① ON/OFF 제어
② 비례제어
③ 미분동작제어
④ 적분동작제어

해설
① ON/OFF 제어 : 전기밥솥이나 전기담요의 서모스탯 또는 가정용 보일러의 온도기준제어처럼 기준에 미치면 OFF, 못 미치면 ON으로 제어하는 형식
② 비례제어 : 오차신호에 적당한 비례상수를 곱해서 다시 제어신호를 만드는 형식
③ 미분동작제어 : 오차값의 변화를 파악하여 조작량을 결정하는 방식
④ 적분동작제어 : 미소한 잔류편차를 시간적으로 누적하였다가 어느 곳에서 편차만큼을 조작량을 증가시켜 편차를 제거하는 방식

53 블록선도의 등가변환 중 옳게 변환한 것은?

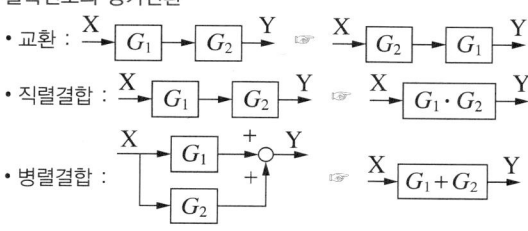

해설
블록선도의 등가변환
- 교환: $X \to G_1 \to G_2 \to Y$ ☞ $X \to G_2 \to G_1 \to Y$
- 직렬결합: $X \to G_1 \to G_2 \to Y$ ☞ $X \to G_1 \cdot G_2 \to Y$
- 병렬결합: $X \to (G_1, G_2) \to Y$ ☞ $X \to G_1 + G_2 \to Y$

54 회로도의 Y 부분에 사용한 접점은?

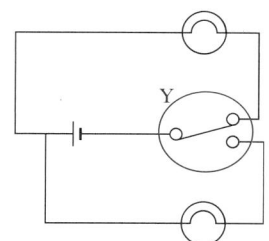

① a접점
② b접점
③ c접점
④ d접점

해설
- a접점: 일반적인 스위치로 작동 시 닫히고, 평소에는 열려 있는 접점
- b접점: a접점과 반대로 평소에는 닫혀 있고, 작동 시 열리는 접점
- c접점: a+b접점 형태로 어느 쪽에 단락을 두느냐에 따라 열림과 닫힘을 선택할 수 있는 접점

55 광센서를 원리에 따라 분류한 것 중 광기전력효과를 이용한 것이 아닌 것은?

① 포토다이오드
② 광사이리스터
③ 포토트랜지스터
④ 광전자 증배관

해설
광전효과(光電效果): 빛이란 마치 전자처럼 물리량을 갖고 입자를 갖고 있다는 이론에 의해 여러 실험을 하던 중 빛을 금속에 조사(照射)하였을 때 전입자가 튀어나온 현상

광전효과의 종류

종류	특징	예시
광기전력효과	회로를 닫으면 광전류가 흐르는 효과	포토다이오드, 태양전지, 포토TR
광도전효과	물질의 도전율이 빛을 쏘이므로 증대되는 효과	광센서(CdS, CdSe, PbS, CdHgTe)
광전자 방출효과 (외부 광전효과)	빛을 금속에 조사(照射)하였을 때 전입자가 튀어나온 현상	광전자배증관
초전효과	황산리튬, 리튬나이오베이트, TGS 등에서 온도의 변화를 일으켰을 때 전자가 분리되는 효과	PZT 셀, LiTaO₃ 셀

56 OCR의 문자기호를 갖는 계전기는?

① 과전류계전기
② 한계전류계전기
③ 주파수계전기
④ 과전압계전기

해설
① 과전류계전기: OCR(Over Current Relay)
② 한계전류계전기: CLR(Current Limiting Relay)
③ 주파수계전기: FR(Frequency Relay)
④ 과전압계전기: OVR(Over Voltage Relay)

57 1이든 0이든 신호에 입력에 대한 설계된 출력을 하도록 하고 새로운 입력 때까지 그 상태를 유지하는 회로는?

① 릴레이회로
② 자기유지회로
③ 플립플롭회로
④ 플리커회로

해설
플립플롭회로 : 1 또는 0과 같이 하나의 입력에 대하여 항상 그에 대응하는 출력을 발생하게 하고, 다음에 새로운 입력이 주어질 때까지 그 상태를 안정적으로 유지하는 회로로서, 컴퓨터 집적회로 속에서 기억소자로 활용된다.

58 다음 그림의 논리식은?

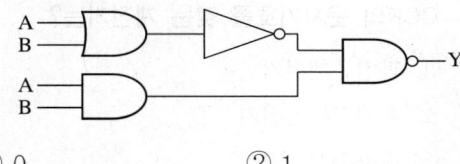

① 0
② 1
③ $\overline{A} + \overline{B}$
④ $\overline{A} \cdot \overline{B}$

해설
$\overline{(A+B) \cdot (A \cdot B)}$
$= \overline{(A \cdot B) \cdot (A \cdot B)} = \overline{(A \cdot B)} + \overline{(A \cdot B)}$
$= (\overline{A} + \overline{B}) + (\overline{A} + \overline{B}) = A + B + \overline{A} + \overline{B} = 1$

59 무접점 릴레이에 대한 설명으로 옳지 않은 것은?

① 스파크의 발생이 없다.
② 소형 제작이 가능하다.
③ 닫혔을 때 임피던스가 낮다.
④ 기계식에 비해 반응이 빠르다.

해설
무접점 릴레이의 장단점
- 전기기계식 릴레이에 비해 반응속도가 빠르다.
- 동작 부품이 없으므로 마모가 없어 수명이 길다.
- 스파크의 발생이 없다.
- 무소음 동작이다.
- 소형으로 제작이 가능하다.
- 닫혔을 때 임피던스가 높다.
- 열렸을 때 새는 전류가 존재한다.
- 순간적인 간섭이나 전압에 의해 실패할 가능성이 있다.
- 가격이 좀 더 비싸다.

60 y축을 중심으로 회전이 가능하도록 극좌표로 구성하여 x축의 길이운동, y축의 상하운동, 극좌표의 회전운동으로 넓은 활동범위를 갖도록 구성한 로봇은?

① 직교좌표 로봇
② 원통좌표 로봇
③ 구좌표 로봇
④ 수직 다관절 로봇

해설
- 직교좌표 로봇 : x축, y축, z축 방향의 각각의 운동을 직선 방향으로 하며 움직이는 로봇이다.
- 원통 좌표 로봇 : y축을 중심으로 회전이 가능하도록 극좌표로 구성하여 x축의 길이운동, y축의 상하운동, 극좌표의 회전운동으로 넓은 활동 범위를 갖도록 구성한 로봇이다.
- 구좌표 운동 : 로봇이 회전을 상하, 좌우로 자유롭게 행하고 로봇 팔의 길이 방향 직선운동을 수행하도록 구성한 로봇이다.
- 수직 다관절 로봇 : 인간의 팔 형상과 유사하며, 어깨와 팔꿈치 관절을 중심으로 회전하는 2개의 직선 팔로 이루어져 있다. 손목은 부가적인 관절을 제공하며, 팔뚝의 끝에 부착된다.
- 수평 다관절 로봇 : 어깨와 팔꿈치 관절들이 수평축 대신에 수직축에 대하여 회전하는 관절 로봇으로, 스카라 로봇이라고도 한다.

2020년 제2회 과년도 기출복원문제

01 금속재료가 가지고 있는 연성, 전성, 압축성, 가변형성을 이용하는 공작법은?

① 주 조   ② 소성가공
③ 용 접   ④ 기계가공

해설
② 소성가공 : 재료(주로 금속)가 가지고 있는 소성(연성, 전성, 압축성, 가변형성)을 이용하는 공작법
① 주조 : 원형을 사용하여 만든 주형에 금속을 녹여 부어 주물을 만드는 과정
③ 용접 : 소성가공으로 분류되기도 하며, 높은 열을 이용하여 재료의 일부를 녹여서 접합하는 가공
④ 기계가공 : 주로 절삭작업(연삭 포함)을 의미하며 깎아서 모양을 만드는 가공

02 여러 개의 비슷한 절삭날이 달린 공구를 이용하여 일감의 안팎을 절삭하는 작업으로, 대량 생산에 적합한 가공은?

① 호 닝   ② 호 빙
③ 셰이빙 ④ 브로칭

해설
브로칭(Broaching) : 브로치라는 여러 개의 비슷한 절삭날이 달린 공구를 이용하여 일감의 안팎을 절삭하는 작업

03 선반에서 가늘고 긴 일감이 절삭력과 자중에 의해 휘거나 처짐이 일어나는 것을 방지하기 위한 부속장치는?

① 방진구   ② 맨드릴
③ 파이프 센터 ④ 면 판

해설
방진구
가늘고 긴 일감이 절삭력과 자중에 의해 휘거나 처짐이 일어나는 것을 방지하기 위한 부속장치이다.
• 고정 방진구 : 베드 위에 고정, 원통 깎기, 끝면 깎기, 구멍 뚫기 등
• 이동 방진구 : 왕복대에 고정, 왕복대와 함께 이동, 일감을 2개 조로 지지함

04 보통선반과 같이 가공물을 회전시키면서 특정 장치에 6~8종의 절삭공구를 장착한 후 가공 순서에 맞게 절삭공구를 변경하며 가공하는 선반으로, 동일 제품의 대량 생산에 적합한 선반은?

① 정면선반 ② 터릿선반
③ 공구선반 ④ 차륜선반

해설
터릿선반
• 보통선반과 같이 가공물을 회전시키면서 터릿에 6~8종의 절삭공구를 장착한 후 가공 순서에 맞게 절삭공구를 변경하며 가공하는 선반으로, 동일 제품의 대량 생산에 적합하다.
• 터릿은 절삭공구를 육각형 모양의 드럼에 가공 순서대로 장착시킨 기계장치이다.

정답 1 ② 2 ④ 3 ① 4 ②

05 공구가 분당 120회전하고 공구의 회전지름이 5cm 일 때 절삭속도는?

① 약 6m/min ② 약 12m/min
③ 약 18m/min ④ 약 24m/min

해설
문제에서 제시된 절삭속도의 단위가 m/min이므로, 공구의 회전지름을 0.05m로, 공구의 회전수를 120rev/min로 하면
$V = \pi \times D(m) \times n(\text{rev/min})$
　$= 3.14 \times 0.05 \times 120 = 18.84 \text{m/min}$

06 형판이나 모형을 본뜨는 장치를 사용하여 프레스나 단조, 주조용 금형과 같은 복잡한 형상을 높은 정밀도로 가공이 가능한 것은?

① 만능밀링머신
② 모방밀링머신
③ 나사밀링머신
④ 램형 밀링머신

해설
모방밀링머신 : 형판이나 모형을 본뜨는 모방장치를 사용하여 프레스나 단조, 주조용 금형과 같은 복잡한 형상을 높은 정밀도로 능률적인 가공이 가능하다.

07 경도가 매우 크고 인성이 작은 절삭공구로 공작물을 가공할 때 발생되는 충격으로 공구날이 모서리를 따라 작은 조각으로 떨어져 나가는 현상은?

① 경사면 마멸
② 여유면 마멸
③ 플랭크 마모
④ 치핑

해설
치핑 : 작은 조각, 칩이 생긴다고 하여 Chipping이라고 명명되었다. 경도가 매우 크고 인성이 작은 절삭공구로, 공작물을 가공할 때 발생되는 충격으로 공구날이 모서리를 따라 작은 조각으로 떨어져 나가는 현상이다.

08 M10×1.5 탭을 가공하기 위한 드릴링작업 기초 구멍으로 적합한 것은?

① 6.5mm ② 7.5mm
③ 8.5mm ④ 9.5mm

해설
기초 구멍 : 드릴로 큰 구멍을 뚫기 위해서는 자리를 잡고 절삭저항을 줄이기 위해 작은 구멍을 먼저 파는데 이를 기초구멍이라고 한다.
기초 구멍의 지름
= 나사의 유효지름 - 피치
= 10mm - 1.5mm
= 8.5mm

09 가공 후 내부식성과 내마모성이 향상되고 가공 표면에 변질층이 생기지 않으며 복잡한 형상의 제품도 절삭 가능한 연삭은?

① 정밀연삭
② 만능연삭
③ 전해연삭
④ 크리프 피드 연삭

해설
전해연삭 : 전해작용에 의한 금속의 용해작용과 일반 연삭가공을 병행하는 가공법으로, 연삭숫돌이 전기가 통하기 때문에 음극의 역할을 한다. 전해액으로는 질산나트륨을 사용하며, 연삭숫돌은 주로 다이아몬드나 알루미늄 산화물 입자를 메탈본드로 결합시킨 것을 사용한다. 전해작용을 이용하므로 가공의 방향성이 없고 가공 후 내부식성과 내마모성이 향상되고 가공 표면에 변질층이 생기지 않으며 복잡한 형상의 제품도 절삭 가능하다.

10 일반적인 연삭숫돌의 검사 순서로 옳은 것은?

① 외관검사 → 음향검사 → 회전검사
② 음향검사 → 외관검사 → 회전검사
③ 회전검사 → 음향검사 → 외관검사
④ 음향검사 → 회전검사 → 외관검사

11 연삭숫돌의 결함 중 떨림의 발생원인이 아닌 것은?

① 숫돌축에 편심이 있을 경우
② 연삭숫돌의 결합도가 너무 클 경우
③ 연삭숫돌의 평형 상태가 불량할 경우
④ 연삭 깊이를 작게 하고 이송을 빠르게 할 경우

해설
숫돌이 떨리는 원인은 숫돌축이 불균형한 경우, 숫돌의 눈이 메워진 경우, 숫돌바퀴의 결합도가 지나치거나 숫돌이 기울어지게 장착된 경우이므로, 각각 균형을 맞춰 주고 트루잉을 실시하며, 드레싱을 실시한다. 또한, 결합도에 맞는 공작속도를 설정하고, 기울어진 경우에는 평형을 맞추어 주어야 한다.

12 원통 내면가공 시 내경보다 큰 강철 공(Ball)을 압입하여 통과시켜 소성 변형을 주고 고정밀도의 치수를 얻는 가공은?

① 래 핑
② 버 핑
③ 슈퍼피니싱
④ 버니싱

해설
① 래핑(Lapping) : 랩과 일감 사이에 랩제를 넣고, 일감을 누르며 상대운동을 시켜 매끈한 다듬면을 얻는 가공방법
② 버핑(Buffing) : 연마와 유사한 작업으로 매우 미세한 연마제를 천이나 가죽으로 된 부드러운 버프에 묻혀서 사용하는 방법
③ 슈퍼피니싱(Super Finishing) : 미세하고 비교적 연한 숫돌입자를 일감의 표면에 낮은 압력으로 접촉시키면서 매끈하고 고정밀도의 표면으로 일감을 다듬는 가공

정답 9 ③ 10 ① 11 ④ 12 ④

13 공작기계 절삭유의 구비조건으로 옳지 않은 것은?

① 방청성이 있어야 한다.
② 인화점이 높아야 한다.
③ 열을 잘 흡수해야 한다.
④ 윤활성이 있어야 한다.

해설
절삭유는 열을 잘 방출해야 한다.

14 두 개 또는 그 이상의 다이나 롤러 사이에 재료나 공구 또는 재료와 공구를 함께 회전시켜 재료 내·외부에 공구의 표면 형상을 새기는 특수 압연법은?

① 인 발   ② 압 출
③ 전 조   ④ 스탬핑

해설
- 인발가공(Extrusion Work) : 다이 구멍 안에 있는 금속재료를 구멍 밖으로 잡아 당겨 단면적을 줄이면서 선이나 봉, 관 등의 제품을 뽑아내는 가공법
- 압출가공(Extrusion) : 선재나 관재, 여러 형상의 단면재를 제조할 때 가열된 재료를 용기 안에 넣고 램이나 플런저로 재료에 높은 압력을 가하여 다이 구멍쪽으로 밀어내면 재료가 다이를 통과하면서 제품이 만들어지는 가공법
- 스탬핑(Stamping) : 스탬프를 찍듯 표면에 굴곡을 가하는 가공법으로 코이닝, 엠보싱, 허빙 등이 있다.

15 합금 공구강 강재에 해당하는 재료기호는?

① SS330   ② SHP1
③ STS31   ④ SCM415

해설
- SS330 : 일반구조용 압연강재(강판, 강대, 평강 및 봉강)
- SCM415 : 기계구조용 합금강(탄소 0.15%)
- SHP1 : 일반용 열간 압연강재
- STS31 : 냉간 금형용 합금공구강

16 표준 고속도강의 비율은?

① 18W − 4Cr − 1V
② 18Cr − 4W − 1V
③ 40Co − 15Cr − 3C − 5Fe
④ 40Co − 15Cr − 3W − 5Fe

해설
표준 고속도강의 비율은 18W(텅스텐) − 4Cr(크롬) − 1V(바나듐) 이다.

17 드릴작업의 안전에 관한 설명으로 옳지 않은 것은?

① 드릴을 고정하거나 풀 때는 주축이 완전히 정지된 후에 작업한다.
② 드릴을 회전시킨 후 테이블을 적절히 조정하여 가공한다.
③ 얇은 판의 구멍가공은 나무 보조판을 사용한다.
④ 시동 전 드릴이 바른 위치에 안전하게 고정되었는가를 확인한다.

해설
모든 절삭작업의 조정은 공구 회전구동 전에 실시한다.

18 도면에 굵은 1점쇄선으로 표시되어 있을 경우, 다음 중 어느 경우에 해당되는가?

① 기어의 피치선이다.
② 특수가공을 지시하는 선이다.
③ 이동 위치를 표시하는 선이다.
④ 인접 부분을 참고로 표시하는 선이다.

해설
굵은 1점쇄선은 가는 2점쇄선과 함께 특수한 가공 부위를 요구할 때나 데이텀 등에 사용한다.

19 도면기호가 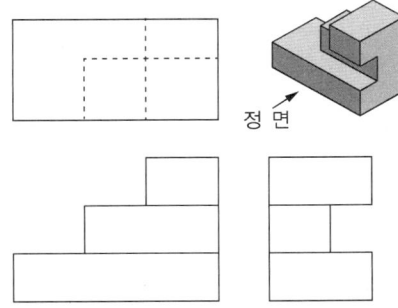 로 나타났을 때 투상도 배치로 적절한 것은?

해설
기호는 1각법의 기호이며 1각법은 1사분면에 물체를 놓고 투상한 것이어서 다음 그림과 같이 투상된다.

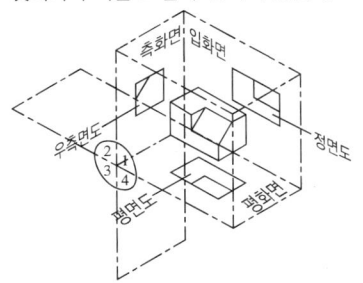

20 투상을 그림처럼 나타냈다면 어떤 투상법인가?

① 1각법
② 3각법
③ 부분투상법
④ 부등각투상법

해설
정면도 위쪽에 배치된 도면은 아래에서 바라본 저면도이고, 우측에 배치된 도면은 좌측면도이다.

21 국부투상도를 나타낼 때 주된 투상도에서 국부투상도로 연결하는 선의 종류에 해당하지 않는 것은?

① 치수선
② 중심선
③ 기준선
④ 치수보조선

해설
국부투상도 : 제품의 구멍, 홈 등과 같이 특정한 부분의 모양을 나타내는 것으로 충분한 경우 제도하며, 관계를 표시하기 위해 중심선, 기준선, 치수보조선 등을 연결한다.

정답 18 ② 19 ② 20 ① 21 ①

22 가공 표면의 지시기호에 대한 설명으로 옳지 않은 것은?

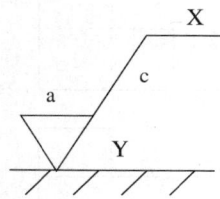

① a는 산술평균거칠기값이다.
② Y는 줄무늬 방향기호이다.
③ X는 다듬질 여유값이다.
④ C는 컷오프값이다.

해설
X는 가공방법을 나타낸다.

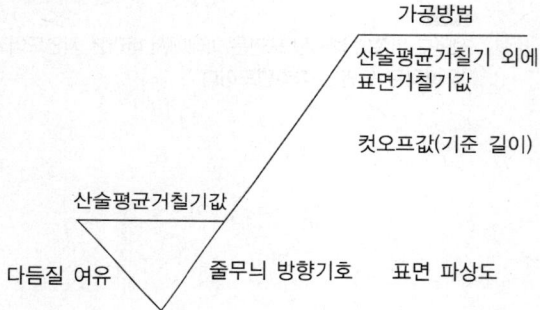

23 다음 도면에 대한 설명으로 옳지 않은 것은?

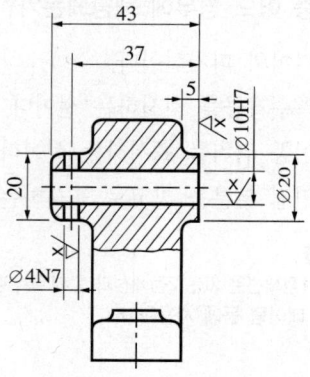

① 파단한 곳이 있다.
② 절단한 곳이 있다.
③ 전체 높이를 알 수 없다.
④ 기하공차를 사용한 곳이 있다.

해설
공차를 사용한 곳은 치수공차의 IT 공차를 사용하였다.

24 다음 도면에 관한 설명으로 옳지 않은 것은?

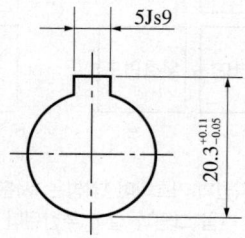

① 기준 치수로 작도되었다.
② 높이 치수의 공차는 0.16이다.
③ IT공차가 적용된 곳이 있다.
④ 기하공차가 적용된 곳이 있다.

해설
기하공차가 적용된 곳은 없다.

25 전체 길이가 20mm이고, 폭이 6mm인 끝이 둥근 평행키를 도면과 같이 그릴 때 C의 값은?

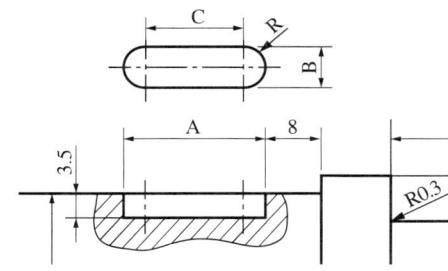

① 6
② 11
③ 14
④ 20

해설
전체 길이가 20mm이므로, A가 20이고, 폭이 6mm이므로 B가 6이며, R은 3이 된다. 20mm에서 양쪽 R3씩을 제한 값이 C이므로 14이다.

26 호칭치수 10mm, 피치 1mm인 나사의 표기법은?

① M10×1
② 1-10UNC
③ M10 P1
④ M1×10

해설
단위가 mm이므로 미터계 나사이다.
미터계 나사는 M(호칭치수)×(피치)로 표시한다.

27 다음 그림과 같은 스퍼기어의 잇수는?

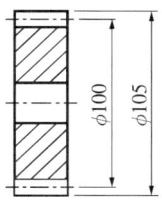

① 25
② 30
③ 35
④ 40

해설
- 피치원의 지름 : $100 = m \times z$
- 이끝원의 지름 :
  $105 = m \times (z+2) = mz + 2m = 100 + 2m$, $m = 2.5$
  $100 = 2.5 \times z$
  $\therefore z = 40$

28 대략 50×19×2mm 크기의 담금질 강으로 만든 각도측정기로 끝부분에 여러 각도를 제작하여 조합을 통해 측정할 수 있도록 해 놓은 것은?

① 사인바
② 오토콜리메이터
③ 요한슨식 각도게이지
④ NPL식 각도게이지

해설
요한슨식 각도게이지
- 대략 50×19×2mm 크기의 담금질 강으로 만든 게이지로 끝부분에 여러 각도를 제작하여 조합을 통해 측정할 수 있도록 해 놓은 게이지이다.
- 조합은 85개조 제품과 49개조 제품이 있다.

[정답] 25 ③ 26 ① 27 ④ 28 ③

29 공압의 특징으로 옳지 않은 것은?

① 취급이 쉽다.
② 큰 힘을 전달한다.
③ 힘의 증폭이 용이하다.
④ 환경오염의 우려가 작다.

해설
공압은 상대적으로 작은 힘을 전달하며, 큰 힘이 필요한 곳은 유압을 사용한다.

30 유압기기 작동유의 역할로 옳지 않은 것은?

① 힘을 전달하는 기능을 한다.
② 불순물을 씻어낸다.
③ 열을 분산시킨다.
④ 녹을 유발한다.

해설
유압기기에서 작동유의 주요 역할
• 힘을 전달하는 기능을 감당한다.
• 밸브 사이에서 윤활작용을 돕는다.
• 마찰 등에 의해 발생하는 열을 분산시키며 냉각시킨다.
• 흐름에 의해 불순물을 씻어내는 작용을 한다.
• 유막을 형성하여 녹의 발생을 방지한다.

31 다음 중 값이 다른 것은?

① 1atm
② 1.03323kgf/cm^2
③ 0.98bar
④ 10.33mAq

해설
1기압
1atm=760mmHg=10.33mAq=1.03323kgf/cm^2=1.013bar=1,013hPa

32 로드부의 두께 면적이 3cm^2, 헤드부의 면적이 9cm^{2}이고, q=10kgf/cm^{2}일 때, 피스톤이 평형을 이루려면 p의 값에 가장 가까운 것은?

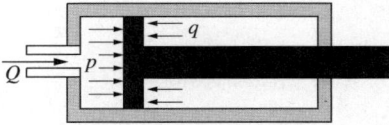

① 약 3kgf/cm^2
② 약 6kgf/cm^2
③ 약 9kgf/cm^2
④ 약 12kgf/cm^2

해설
$p \times 9\text{cm}^2 = q \times (9-3)\text{cm}^2$
$p = 10 \times \dfrac{6}{9} = \dfrac{20}{3} ≒ 6.67\text{kgf/cm}^2$

33 유량은 단면적과 유속의 곱으로 표현하며 닫혀 있는 유로 안에서는 어느 지점에서 측정해도 유량의 변화는 없다는 유체역학 이론은?

① 보일-샤를의 법칙
② 파스칼의 원리
③ 연속의 법칙
④ 베르누이의 정리

해설
연속의 법칙
유량은 단면적과 유속의 곱으로 표현하며 닫혀 있는 유로 안에서는 어느 지점에서 측정하여도 유량의 변화는 없다.
$Q = AV = A_1V_1 = A_2V_2$
여기서, A : 유로의 단면적, V : 유속

34 공동현상에 대한 설명으로 옳지 않은 것은?

① 유로 안에서 그 수온에 상당하는 포화증기압 이하로 될 때 발생한다.
② 유압·공압기기의 성능이 저하되며 소음 진동이 발생한다.
③ 노점온도가 점점 올라가서 발생한다.
④ 유체 안에 기체가 발생한다.

해설
노점온도가 점점 내려가면 포화수증기압이 내려가게 되어 기체가 발생하게 되며, 이에 따라 공동현상이 발생한다.

35 다음 밸브기호의 포트수는?

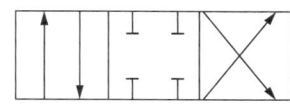

① 3개   ② 4개
③ 12개   ④ 16개

해설
문제의 그림은 4포트 3위치 밸브로 포트의 수는 4개이다.

36 다음 회로도에 대한 설명으로 옳은 것은?

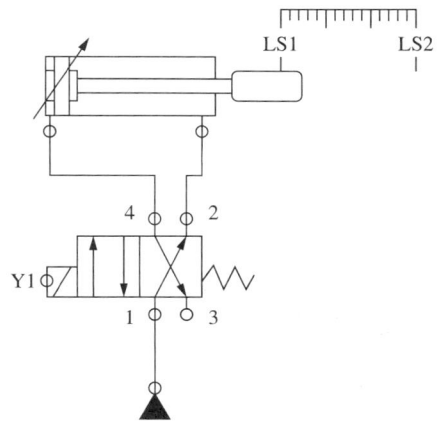

① 전기공압회로도이다.
② 초기 상태는 전진 상태이다.
③ 가변 실린더를 사용하였다.
④ Y1에 신호가 들어간 후 LS2에 도달하면 즉시 복귀한다.

해설
① 전기유압회로도이다.
② 이 회로도만으로는 초기 상태를 알 수 없다. 그림의 상태는 후진 상태이다.
④ 이 회로도만으로는 복귀시기를 알 수 없다.

정답 33 ③ 34 ③ 35 ② 36 ③

37 액추에이터쪽에 배압을 걸어 주어 적절한 움직임을 제어하고자 하는 밸브는?

① 릴리프밸브 ② 시퀀스밸브
③ 무부하밸브 ④ 카운터밸런스밸브

해설
카운터밸런스밸브 : 액추에이터쪽에 배압(Back P, 빠지는 쪽의 압력)을 걸어 주어 적절한 움직임을 제어하고자 하는 밸브이다.

38 다음의 특징을 갖는 밸브 구조는?

- 압력이 축 방향으로 작용하고 있기 때문에 비교적 높은 공압에서도 작은 힘으로 밸브를 전환할 수 있다.
- 구조가 비교적 간단하다.
- 대량 생산에 적합하다.
- 스풀의 형상이나 배관구의 위치에 따라 각종 밸브를 만들 수 있다.
- 밸브의 크기에 비해서 비교적 큰 유량을 얻을 수 있다.

① 스풀형 ② 포핏형
③ 슬라이드형 ④ 중립형

해설
스풀형

기본 구조 및 원리	원통형으로 된 슬리브나 밸브 몸체의 미끄럼면에 내접하여 스풀(실패) 형상의 축이 축 방향으로 이동하면서 압축공기의 흐름을 전환한다.
장점	• 압력이 축 방향으로 작용하고 있기 때문에, 비교적 높은 공압에서도 작은 힘으로 밸브를 전환할 수 있다. • 구조가 비교적 간단하다. • 대량 생산에 적합하다. • 스풀의 형상이나 배관구의 위치에 따라 각종 밸브를 만들 수 있다. • 밸브의 크기에 비해서 비교적 큰 유량을 얻을 수 있다.
단점	• 고정밀도의 기계가공이 필요하다. • 공기 누설이 약간 있다. • 배관 중의 먼지 등의 이물질이 혼입된 압축공기를 사용하면 고장의 원인이 된다. • 급유가 필요하다.

39 플로트 센터의 모양으로 맞는 것은?

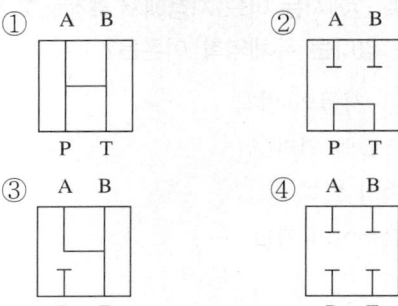

해설
중립 위치에 따른 밸브의 분류

이름	모양	특징
오픈 센터 (Open Center)		중립 상태에서 모든 통로가 열려져 있으므로 중립 상태 시 부하를 받지 않는다.
탠덤 센터 (Tandem Center)		중립 시 들어온 공기를 탱크로 회수한다. 실린더의 위치 고정이 가능하고 경제적으로 사용된다.
플로트 센터 (Float Center)		주로 파일럿 체크밸브와 짝이 되어 사용하며 원하는 공기압 외의 입력 공기압을 모두 배출한다.
클로즈드 센터 (Closed Center)		모든 포트가 막혀 있으므로 펌프로 들어올 공기가 들어오지 못하고 다른 회로와 연결되어 있는 경우 다른 회로에서 모두 사용을 한다.

40 다음 그림에 대한 설명으로 옳지 않은 것은?

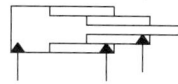

① 유압실린더이다.
② 단동실린더이다.
③ 텔레스코프 방식의 실린더이다.
④ 일반적으로 동작할 수 없는 긴 동작을 가진 실린더이다.

해설
문제의 그림은 실린더는 복동실린더이다.

41 일반적으로 공압 액추에이터나 공압기기의 작동압력(kgf/cm^2)으로 가장 알맞은 압력은?

① 1~2
② 4~6
③ 10~15
④ 40~55

해설
공압 액추에이터의 압력은 0.7MPa(약 $7.1kgf/cm^2$) 이하로 작동해야 한다. 근래 공압 액추에이터가 다양해지고 아주 약한 압력에도 작동하는 액추에이터가 많으나 일반적으로는 공압에서도 가능한 강한 압력을 작용할 수 있도록 제작하는 편이 효율과 성능면에서 유리하다.

42 왕복운동의 피스톤과 커넥팅 로드에 의하여 운전하고, 중속 회전과 높은 토크를 감당하며, 여러 가지 반송장치에 사용되는 공압모터는?

① 반경류 피스톤 모터
② 축류 피스톤 모터
③ 베인모터
④ 기어모터

해설
반경류 피스톤 모터 : 왕복운동의 피스톤과 커넥팅 로드에 의하여 운전하고, 피스톤의 수가 많을수록 운전이 용이하며 공기의 압력, 피스톤의 개수, 행정거리, 속도 등에 의해 출력이 결정된다. 중속회전과 높은 토크를 감당하며, 여러 가지 반송장치에 사용된다.

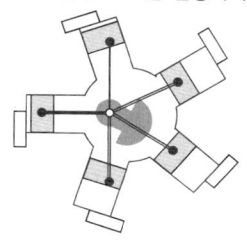

43 다음 유압펌프 중 용적형 펌프가 아닌 것은?

① 터빈펌프
② 기어펌프
③ 나사펌프
④ 피스톤 펌프

해설
용적형 펌프는 용적이 밀폐되어 있어 부하압력이 변동해도 토출량이 거의 일정하다. 정압을 사용하므로 큰 힘을 요구하는 유압장치용 유압펌프로 사용된다. 용적을 갖추고 있는 펌프인 기어펌프, 나사펌프, 베인펌프, 피스톤 펌프 등이 있다.

44 유압 동력부 펌프의 송출압력이 60kgf/cm²이고, 송출 유량이 30L/min일 때 펌프동력은 몇 kW인가?

① 2.94
② 3.94
③ 4.25
④ 5.25

해설
동력=송출압력×송출유량(단, 시간당 동력의 단위를 잘 맞춰야 함)
$P = 60\text{kgf/cm}^2 \times 30\text{L/min} = 1,800\text{kgf/cm}^2 \times 1,000\text{cm}^3/60\text{s}$
$(\because 1\text{L} = 1,000\text{cm}^3, 1\text{min} = 60\text{s})$
$= 1,800 \times 1,000/60 \text{kgf} \cdot \text{cm/s}$
$= 30,000 \text{kgf} \cdot \text{cm/s} = 300 \text{kgf} \cdot \text{m/s}$
$= 300 \times 1\text{kg} \times 9.81\text{m/s}^2 \cdot \text{m/s} (\because 1\text{kgf} = 1\text{kg} \times 9.81\text{m/s}^2)$
$= 2,943\text{N} \cdot \text{m/s} (\because 1\text{kg} \times 1\text{m/s}^2 = 1\text{N})$
$= 2,943\text{W} = 2.943\text{kW}$

45 압축된 공기 안에 존재하는 수증기는 제거해 주어야 하는데 그 방법 중 실리카겔, 알루미나겔, 합성제올라이트 등으로 공기 중의 수증기를 제거하는 방법은?

① 냉각식
② 흡착식
③ 흡수식
④ 가열식

해설
② 흡착식 : 흡착제(실리카겔, 알루미나겔, 합성제올라이트 등)로 공기 중의 수증기를 흡착시켜 제습하는 방법이다.
① 냉각식 : 공기를 강제로 냉각시킴으로 수증기를 응축시켜 제습하는 방식이다.
③ 흡수식 : 흡습액(염화리튬 수용액, 폴리에틸렌글리콜 등)을 이용하여 수분을 흡수하며, 흡습액의 농도와 온도를 선정하면 임의의 온도와 습도의 공기를 얻는 것이 가능하기 때문에 일반 공조용 등에 사용된다.

46 수분제거기가 응결시킨 저수조의 수분을 별도의 물 빼기 작업 없이 자동으로 수분을 배출시키는 장치의 기호는?

①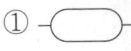
②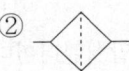
③
④

해설
문제는 드레인(자동배출기)에 대한 설명이며, 기호는 ◇ 이다.
① 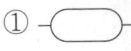 : 공기탱크
② 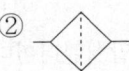 : 공기필터
④  : 어큐뮬레이터

47 다음 그림과 같이 배치된 회로에 대한 설명으로 옳지 않은 것은?

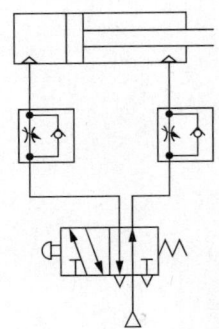

① 공압회로도이다.
② 속도제어회로이다.
③ 응답의 즉답성을 더 강조한 회로이다.
④ 실린더에서 유출되는 유량을 제어하는 회로이다.

해설
유량제어밸브를 실린더에서 유출되는 유량을 제어하도록 설치하여 피스톤의 속도를 제어하며 밀링머신, 보링머신 등에 사용된다. 미터 인 회로는 실린더로 들어가는 공기를 제어하여 피스톤의 속도를 조절하는 것으로 즉답성은 미터 인 회로가 좋고, 응답의 안정성은 미터 아웃 회로가 좋다. 일반적으로 미터 아웃 회로로 제어하는 것으로 한다.

48 자동화의 특징에 대한 설명과 가장 거리가 먼 것은?

① 연속 생산성이 향상된다.
② 유지, 운영비가 감소한다.
③ 노동력의 고급화를 요구한다.
④ 품질 균일도를 높일 수 있다.

해설
자동화를 실시하면 단위 설비 투자 및 운영비 단위가 달라져 유지비, 운영비가 증가한다.

49 목푯값이 일정하여 그 값에 이르도록 제어하는 제어시스템은?

① 정치제어
② 추치제어
③ 비율제어
④ 비례제어

해설
- 정치(定値)제어 : 값이 정해져 있는 제어를 의미하며, 가장 기본적인 제어시스템 형태이다.
- 추치(追値)제어 : 목푯값이 다른 변수를 쫓아 움직인다.

50 수치제어장치의 구성에서 서보기구의 종류가 아닌 것은?

① 개방회로방식
② 반개방회로방식
③ 폐쇄회로방식
④ 반폐쇄회로방식

해설
수치제어장치의 구성에서 서보기구는 일종의 자동제어를 위해 미리 대상의 위치 등에 제약을 걸어 해당 위치나 값에 도달한 경우 지정된 동작을 하도록 제어해 놓는 장치로, 미리 설정한 위치에 따라 다음과 같이 구분한다.
- 개방회로방식 : 제약조건 없이 제어하는 경우
- 폐쇄회로방식 : 프로세스의 가장 마지막에 제약조건을 걸어 놓은 경우
- 반폐쇄회로방식 : 프로세스의 중간에서 또 다른 지점으로 제약조건을 걸어 놓은 경우

51 신호의 종류 중 시간에 따라 연속적으로 변하는 신호이며 자연신호를 그대로 반영한 신호는?

① 2진 신호
② 디지털 신호
③ 자동신호
④ 아날로그신호

해설

아날로그신호	디지털신호
• 신호가 시간에 따라 연속적으로 변화하는 신호 • 자연신호를 그대로 반영한 신호로써 보존과 전송이 상대적으로 어려움 • 신호 취급에서 큰 신호, 작은 신호, 잡음 등이 소멸되기 쉬운 특징이 있음	• 어떤 양 또는 데이터를 2진수로 표현한 것 • 신호가 0과 1의 형태로 존재하며, 그 신호의 양에 따라 자연신호에 가깝게 연출을 할 수 있으나, 미분하면 결국 분리된 신호의 연속으로 표현됨 • 즉, 0과 1로 모든 신호를 표현함

정답 48 ② 49 ① 50 ② 51 ④

52 다음 블록선도의 전달함수[$C(s)/R(s)$]로 옳은 것은?

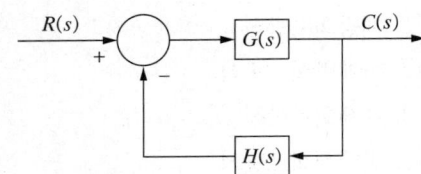

① $\dfrac{1}{1+G(s)H(s)}$

② $\dfrac{1}{1-G(s)H(s)}$

③ $\dfrac{G(s)}{1+G(s)H(s)}$

④ $\dfrac{G(s)}{1-G(s)H(s)}$

해설
$C(s)/R(s)$
$= \dfrac{\text{입력부터 출력경로에 있는 함수}}{1-\text{폐루프(1)경로에 있는 함수}-\text{폐루프(2)경로에 있는 함수}-\cdots}$
이므로,
$C(s)/R(s) = \dfrac{G(s)}{1-G(s)H(s)}$

53 자동화된 생산라인을 이용하여 다품종 소량 생산이 가능하도록 만든 유연생산체제를 일컫는 용어는?

① CIM ② DNC
③ FMS ④ CAM

해설
① CIM(Computer Integrated Manufacturing) : 컴퓨터를 이용한 통합 생산체제로 주문, 기획, 설계, 제작, 생산, 포장, 납품에 이르는 전 과정을 컴퓨터를 이용하여 통제하는 생산체제이다.
② DNC(Direct Numerical Control) : 한 대의 컴퓨터에 작성된 공작프로그램을 이용해 여러 대의 자동공작기계를 작동하는 시스템이다.
④ CAM(Computer Aided Machining) : CAD와 연동하여 컴퓨터를 이용한 가공을 의미한다.

54 감지방법에 따른 센서의 종류가 다른 것은?

① 리밋스위치
② 정전용량형 스위치
③ 광투과형 스위치
④ 광전형 스위치

해설
센서는 감지방법에 따라 접촉식와 비접촉식으로 나뉜다. 리밋스위치는 접촉식이고, 나머지는 비접촉식이다.

55 센서용 검출변환기에서 제베크 효과(Seebeck Effect)를 이용한 것은?

① 압전형
② 열기전력형
③ 광전형
④ 전기화학형

해설
제베크 효과 : 종류가 다른 금속에 열(熱)의 흐름이 생기게끔 온도차를 주었을 때, 기전력이 발생하는 효과

56 다음 회로의 명칭은?

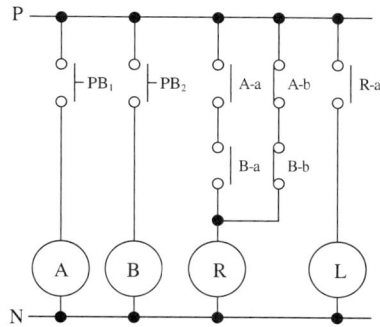

① 일치회로
② 한시동작회로
③ 자기유지회로
④ 신입신호우선회로

해설
PB₁와 PB₂가 모두 On이든 Off든 일치할 때만 L이 켜지는 회로

57 클록펄스가 가해질 때마다 반전되는 출력이 발생하는 플립플롭은?

① RS
② D
③ JK
④ T

해설
① RS : S(Set)가 High로 됨에 따라 0이 1로 반전되고, R(Reset)이 High로 될 때까지 상태를 유지하다가 R이 High가 되면 0으로 출력이 반전되는 회로이다.
② D : D 래치를 두 개 사용하여 마스터와 슬레이브를 두고, D 입력 상태가 Q 출력으로 기억되었다가 다음 Up-edge가 발생할 때까지 그 상태를 유지해 준다. 따라서 출력만으로 보면 클록펄스가 들어가면 펄스 1개 정도 뒤쳐져서 출력되는 것처럼 표현된다.
③ JK : 2개의 입력이 동시에 1이 되었을 때 출력 상태가 불확정되지 않도록 한 것으로 이때 출력 상태는 반전된다.

58 다음 카르노 맵의 간략식으로 맞는 것은?

C \ AB	00	01	11	10
0	1	1	0	0
1	1	1	0	0

① $\overline{B}+A$
② A
③ $\overline{B}$
④ $\overline{A}$

해설
$\overline{CC} \cdot \overline{ABAB} = \overline{A}$

59 PLC 기능 중에서 특정한 입출력 상태 및 연산결과 등을 기억하는 것은?

① 레지스터
② 연산기능
③ 카운터기능
④ 인터럽트

해설
레지스터란 주소나 코드 또는 직전내용을 잠시 기억하는 장치이다.

60 일정한 펄스당 회전각을 제어할 수 있으며 구조가 간단하고, 보급성이 좋아 짧은 거리 디지털 제어에 적합한 모터는?

① DC 모터
② AC 모터
③ 스테핑 모터
④ BLDC 모터

해설
스테핑 모터(Step Motor) : 일정한 펄스를 가해 줌으로써 회전각(펄스당 회전각 1.8°와 0.9°를 사용)을 제어할 수 있는 모터이다. 기계적 구조나 회로가 간단하고, 빠른 응답성, 저렴한 가격 등으로 인해 짧은 거리 디지털 제어에 적합하다.

2021년 제1회 과년도 기출복원문제

01 다음 그림과 같은 줄눈 모양의 명칭은?

① 단 목　　② 복 목
③ 파 목　　④ 귀 목

해설

 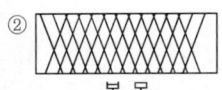

02 굵은 1점쇄선을 사용하는 선으로 가장 적합한 것은?

① 되풀이하는 도형의 피치를 나타내는 기준선
② 수면, 유면 등의 위치를 표시하는 선
③ 표면처리 부분을 표시하는 특수 지정선
④ 치수선을 긋기 위하여 도형에서 인출해 낸 선

해설
굵은 1점쇄선은 특수 지정선으로 사용된다. ①은 가는 1점쇄선, ②, ④는 가는 실선을 사용한다.

03 해머작업 시 안전사항으로 옳지 않은 것은?

① 해머링 작업 시 장갑을 착용하지 않는다.
② 보안경을 착용하고 작업을 실시한다.
③ 자루에 꼭 끼워져 있는지 확인하고 사용한다.
④ 해머는 자기 몸무게보다 조금 무거운 것을 사용한다.

해설
해머는 자기 체중에 비례하여 사용하며 무리해서는 안 된다. 사람의 체중을 보통 60kg 정도로 보면 수작업용 해머로는 너무 무겁다.

04 다음 중 장갑을 착용하여야 하는 작업은?

① 선반작업
② 드릴작업
③ 해머작업
④ 위험물 도색작업

해설
일반적인 공작 시에는 장갑을 착용하지 않는 것이 원칙이지만, 화학물질을 다루는 작업에서는 보호장갑이 필요하다.

정답 1 ③ 2 ③ 3 ④ 4 ④

05 다음 중 정면도에 들어갈 수 없는 것은?

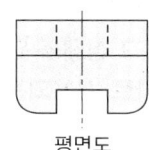

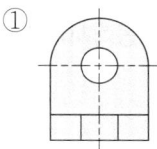 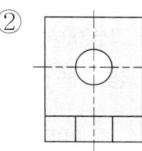

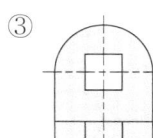 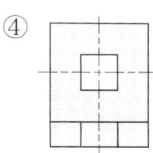

[해설]
중심 표시를 필요로 하는 것은 원이며, 사각형의 경우 필요로 하지 않기 때문에 보기 중 ④가 가장 적절하지 않다.

06 밀링작업에서 원주를 5° 30′씩 등분하려고 한다. 이때 분할판의 구멍열은?

① 12구멍 ② 14구멍
③ 16구멍 ④ 18구멍

[해설]
밀링분할 중 각도 분할방법

$$\frac{h}{H} = \frac{\text{1회 분할에 필요한 분할판의 구멍수}}{\text{분할판의 구멍수}} = \frac{\text{원하는 각도}'}{\text{전체 각도}'}$$

$$= \frac{D'}{540'}$$

여기서, $D' = 5° \times 60' + 30' = 330'$ ($\because 1° = 60'$)

$\therefore \frac{h}{H} = \frac{D'}{540'} = \frac{330}{540} = \frac{11}{18}$

즉, 18열 구멍판에서 11구멍씩 전진해 가면 5° 30′씩 분할할 수 있다.

07 일반적으로 보링머신에서 할 수 없는 작업은?

① 널 링 ② 리 밍
③ 탭 핑 ④ 드릴링

[해설]
보링가공은 구멍을 가공하는 작업이므로, 구멍가공에 해당하지 않는 널링은 하기 어렵다.

08 브로칭 머신으로 가공할 수 없는 것은?

① 스플라인 홈
② 베어링용 볼
③ 다각형의 구멍
④ 둥근 구멍 안의 키홈

[해설]
브로칭은 브로치라는 여러 개의 비슷한 절삭날이 달린 공구를 이용하여 일감의 안팎을 절삭하는 작업으로, 직선운동을 한다. 따라서 회전절삭이 필요한 볼은 가공하기 어렵다.

09 연삭숫돌에서 무딤(Glazing)의 주요원인이 아닌 것은?

① 연삭숫돌의 결합도가 필요 이상으로 높다.
② 연삭숫돌의 원주속도가 너무 빠르다.
③ 연삭숫돌 재료가 공작물 재료에 부적합하다.
④ 연삭숫돌 입도가 너무 크거나 연삭 깊이가 작다.

[해설]
무딤(Glazing)현상은 숫돌바퀴의 결합도가 지나치게 높아서 마모된 숫돌입자가 탈락하지 않고 붙어 있어 오히려 재료와의 마찰에 의해 숫돌 표면이 반질반질하게 되는 현상이다. 일반적으로 결합도가 너무 높을 때 발생하며 연삭숫돌 입자재가 절삭되는 재료보다 약하거나 절삭보다는 마찰이 일어나는 절삭환경에서 발생하기도 한다.

10 다음 보기에서 설명하는 정밀입자가공으로 가장 적절한 것은?

> **보기**
> 입도가 작고 결합도가 작은 숫돌을 공작물에 가볍게 누르고 숫돌을 진동시켜 가공면을 단시간에 매우 매끈한 면으로 초정밀가공하는 가공방법

① 호닝
② 래핑
③ 버핑
④ 슈퍼피니싱

해설
정밀입자가공의 분류

공작	작업방법
호닝	혼(Hone)을 구멍에 넣고 회전운동과 동시에 축방향의 운동을 하며 내면을 정밀 다듬질하는 가공
슈퍼피니싱	미세하고 비교적 연한 숫돌입자를 일감의 표면에 낮은 압력으로 접촉시키면서 매끈하고 고정밀도의 표면으로 일감을 다듬는 가공방법
래핑	랩이라는 공구와 일감 사이에 랩제를 넣고 랩으로 일감을 누르며 상대운동을 하면 매끈한 다듬면이 얻어지는 가공방법
액체호닝	연마제를 가공액과 혼합한 후 압축공기와 함께 노즐에서 고속 분사하여 다듬면을 얻는 가공

11 $\overline{A}B + A B \overline{C} + ABC$ 와 같은 것은?

① A
② $\overline{A}$
③ B
④ $\overline{B}$

해설
$\overline{A}B + AB\overline{C} + ABC = \overline{A}B + AB(C + \overline{C})$
$= \overline{A}B + AB = (\overline{A} + A)B$
$= B$

12 1 또는 0과 같이 하나의 입력에 대하여 항상 그에 대응하는 출력을 발생하게 하고, 다음에 새로운 입력이 주어질 때까지 그 상태를 안정적으로 유지하는 회로로, 기억소자로 사용되는 것은?

① 인터로크회로
② 플립플롭회로
③ 선행우선회로
④ 자기유지회로

해설
플립플롭은 두 가지 상태를 번갈아 동작하는 전자회로로, 한 비트의 정보를 저장할 수 있는 능력을 가지고 있다. 플립플롭에 신호가 부가되면 현재 상태의 반대되는 상태가 된다.

13 다음 그림에서 스위치 PBS_1을 동작시키면 R-a 접점의 동작은?

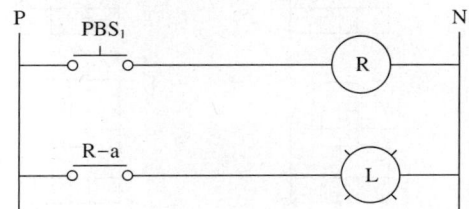

① 단선
② 단락상태
③ 개로(열림)
④ 폐로(닫힘)

해설
릴레이 회로의 개념을 묻고 있다. R에 신호가 들어가면 R-a는 동작한다. R-a가 a접점이므로 동작 시 닫힌다.

14 다음 중 위치 검출에 적절하지 않은 것은?

① 리밋 스위치
② 적외선센서
③ 토글 스위치
④ 마이크로 스위치

해설
토글 스위치는 다음 그림과 같이 상태를 유지해 주며, 주로 수동조작형으로 사용된다.

15 각 원의 중심 좌표 치수로 옳은 것은?

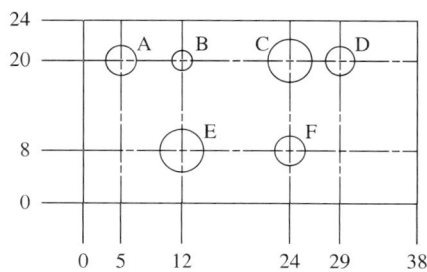

① A(5, 12)　　② B(20, 12)
③ D(5, 12)　　④ F(24, 8)

해설
좌표 치수는 기준점을 중심으로 (x, y) 형태의 누진 좌표로 나타낸다.

16 다음 기하공차의 기호 중 원통도를 나타내는 기호는?

① ▱　　② ○
③ ⌭　　④ ◎

해설
기하공차의 종류

적용하는 형체	공차의 종류		기호
단독형체	모양공차	진직도	―
		평면도	▱
		진원도	○
		원통도	⌭
단독형체 또는 관련형체		선의 윤곽도	⌒
		면의 윤곽도	⌓
관련형체	자세공차	평행도	//
		직각도	⊥
		경사도	∠
	위치공차	위치도	⊕
		동축도 또는 동심도	◎
		대칭도	═
	흔들림공차	원주 흔들림 공차	↗
		온흔들림 공차	↗↗

17 수나사, 암나사의 제도방법으로 A, B, C, D에 각각 알맞은 선이 연결된 것은?

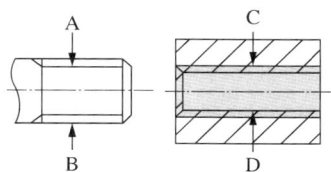

① A : 가는 실선　B : 굵은 실선　C : 가는 실선
　D : 굵은 실선
② A : 가는 실선　B : 굵은 실선　C : 굵은 실선
　D : 가는 실선
③ A : 굵은 실선　B : 가는 실선　C : 가는 실선
　D : 굵은 실선
④ A : 굵은 실선　B : 가는 실선　C : 굵은 실선
　D : 가는 실선

해설
외형이 나타나는 곳에 굵은 실선을 사용한다. 수나사는 바깥지름이 외형이고, 암나사에서는 안지름이 외형이 된다.

18 다음 그림의 (가)와 같은 도면의 명칭은?

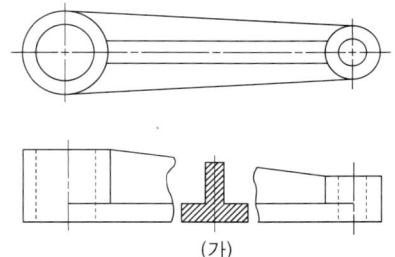

① 정면도　　② 전단면도
③ 계단단면도　　④ 회전단면도

해설
절단면을 90° 회전시켜서 도시하였으므로 회전단면도이다.

19 도면에서 ⌀ 50 H7/g6로 표기된 끼워맞춤에 관한 내용의 설명으로 틀린 것은?

① 억지 끼워맞춤이다.
② 구멍의 치수허용차 등급이 H7이다.
③ 축의 치수허용차 등급이 g6이다.
④ 구멍기준식 끼워맞춤이다.

해설
축과 구멍에 따라 기준이 되는 공차기호의 종류는 다음 그림과 같다.

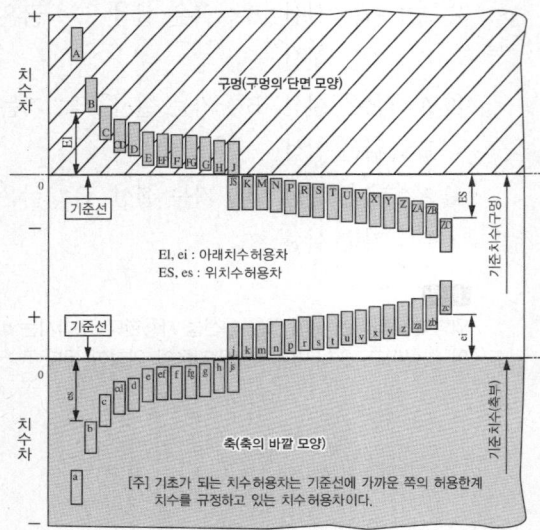

g는 축기준에서 기준치수보다 항상 작고, H는 구멍기준에서 기준치수보다 같거나 크기 때문에 헐거운 끼워맞춤이다.

20 다음 그림의 접점은?

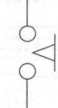

① 한시동작 순시복귀 a접점
② 한시동작 순시복귀 b접점
③ 순시동작 한시복귀 a접점
④ 순시동작 한시복귀 b접점

해설
①, ②, ④

21 다음 기호가 나타내는 접점은?

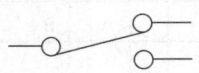

① a접점   ② b접점
③ c접점   ④ d접점

해설
- a접점 :
- b접점 :

22 다음 그림과 등가인 것은?

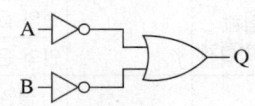

①

②

③

④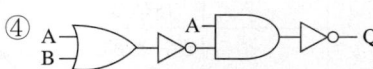

해설
$\overline{A} + \overline{B} = \overline{A \cdot B}$

23 다음 그림의 진리표로 옳은 것은?

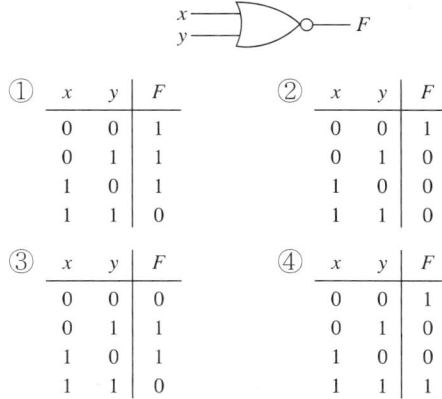

해설
문제의 그림은 NOR 게이트이다.
① NAND, ③ XOR, ④ Exclusive-NOR

24 다음 그림의 회로에 대한 설명으로 옳은 것은?

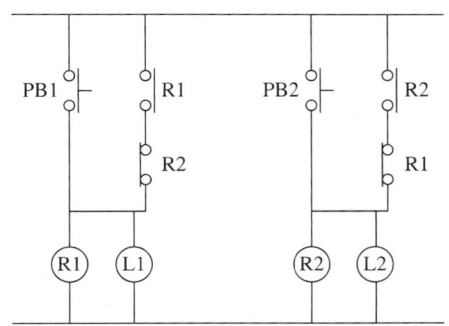

① 인터로크회로이다.
② 선입력우선회로이다.
③ 후입력우선회로이다.
④ 케스케이드회로이다.

해설
PB1이나 PB2 중 나중에 눌린 것의 신호가 들어오게 되어 있다. 인터로크는 두 신호가 함께 들어올 수 없도록 설계되어 있으나 위의 회로는 함께 신호가 들어올 수 있고 조금이라도 늦게 들어온 신호가 출력을 얻는다.

25 다음 그림의 회로에 대한 설명으로 옳지 않은 것은?

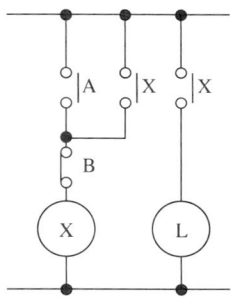

① A를 눌렀다 놓아도 램프가 켜져 있다.
② B를 눌렀다 놓아도 램프가 켜져 있다.
③ X는 연동 스위치를 갖고 있는 릴레이이다.
④ 일반적으로 위와 같은 회로를 자기유지회로라고 한다.

해설
B는 비상 정지의 성격을 갖고 있는 정지 스위치이므로 B를 누르면 램프가 꺼지고, 자동복귀기능이 없으므로 꺼진 상태를 유지한다.

26 CNC 선반에서 '원주속도를 일정하게 제어하라.'는 G코드는?

① G90
② G94
③ G95
④ G96

해설

G-code	Group	지속성	기 능
G71	00	1회 유효	내·외경 황삭 사이클
G72			단면 황삭 사이클
G73			형상 반복 사이클
G74			단면 홈 가공 사이클(펙 드릴링)
G75			X 방향 홈 가공 사이클
G76			나사 가공 사이클
G90	01	계속 유효	내·외경 절삭 사이클
G92			나사 절삭 사이클
G94			단면 절삭 사이클
G96	02		원주속도 일정 제어
G97			원주속도 일정 제어 취소
G98	05		분당 이송 지정(mm/min)
G99			회전당 이송 지정(mm/rev)

정답 23 ② 24 ③ 25 ② 26 ④

27 지름이 120mm, 길이가 300mm인 탄소강의 봉을 초경합금 바이트로 절삭 깊이 1.8mm, 이송 0.35mm, 회전수 398r/min(=rpm)의 조건으로 선반가공할 때, 절삭속도는 몇 m/min인가?

① 375
② 150
③ 2.245
④ 0.437

해설
선반가공에서 절삭속도는 현재 시점에서 봉의 회전속도와 같다.
절삭속도
$$v = \frac{\pi D n}{1,000} \text{(m/min)}$$
$$= \frac{\pi \times 120\text{mm} \times 398\text{rev/min}}{1,000}$$
$$\fallingdotseq 150\text{m/min}$$
(rev는 무차원, 단위가 없음)

28 화학적 가공 시 용해현상을 가공법으로 이용할 때 필요한 구비조건이 아닌 것은?

① 용해가 느릴 것
② 안전과 위생면에서 위험 방지가 가능할 것
③ 균일한 용해속도를 얻고 제어가 쉬울 것
④ 용해를 임의의 부분에 집중시킬 수 있을 것

해설
용해현상을 이용하는 가공은 전해가공(ECM ; Electro Chemical Machining)으로, 용해속도가 느리면 생산성이 떨어진다.

29 미리 설정된 순서와 조건에 따라 동작의 각 단계를 차례로 진행해 가는 머니퓰레이터(Manipulator)로서 설정조건을 쉽게 변경할 수 있는 로봇은?

① 고정 시퀀스 로봇
② 적응제어 로봇
③ 가변 시퀀스 로봇
④ 플레이 백 로봇

해설
- 수직 다관절 로봇 : 인간의 팔 형태와 가장 유사하게 움직이기 때문에 좌표 계산이 복잡하다.
- 수평 다관절 로봇 : 수평으로 빠르게 이동이 가능하여 자동화 조립공정에서 많이 쓰인다.

30 로봇제어방식 중 각부의 위치, 속도, 가속도, 힘 등의 제어량을 시시각각으로 변화하는 목푯값에 추종하여 제어하는 방식은?

① CP제어
② PTP제어
③ 동작제어
④ 서보제어

해설
④ 서보제어 : 피드백(Feedback)을 지속적으로 발생하는 제어로서, 제어량이 목푯값을 쫓아가도록 제어하는 방식이다. 감지기나 인코더(Encoder) 등에서 신호를 피드백하여 목푯값에서 차이가 나는 만큼 다시 제어 대상에 명령을 하도록 설계한 절차이다.
① CP(Continuous Path control)제어 : 작업 공간 내의 작업점들을 통과하는 경로가 직선 또는 곡선으로 지정되어 있어 그 지정된 경로를 따라 연속적으로 위치 및 방향을 결정하면서 작업을 하도록 하는 제어방식이다. 통과점들로 이루어진 모든 경로가 지정되어 있는 경로제어이며, 두 방향 이상으로 자유롭게 움직일 수 있는 로봇에서만 가능하다. 이러한 방식은 주로 Spray Painting, Arc Welding 등에 사용된다.
② PTP(Point-To-Point)제어 : 작업 공간 내에 흩어져 있는 작업점들의 위치를 미리 정해진 순서대로 통과하게 하는 제어방식으로, 경로는 무시하고 포인트(Point)점만 인식한다. 순차적인 위치결정제어라고도 한다.

31 유압기기에서 작동유의 기능에 대한 설명으로 가장 옳지 않은 것은?

① 압력 전달기능
② 윤활기능
③ 방청기능
④ 필터기능

해설
유압기기에서 작동유의 주요 역할
• 힘을 전달하는 기능을 감당한다.
• 밸브 사이에서 윤활작용을 돕는다.
• 마찰 등에 의해 발생하는 열을 분산시키며 냉각시킨다.
• 흐름에 의해 불순물을 씻어내는 작용을 한다.
• 유막을 형성하여 녹의 발생을 방지한다.

32 공기압 장치의 습동부에 충분한 윤활유를 공급하여 움직이는 부분의 마찰력을 감소시키는 데 사용하는 공압기기는?

① 공기냉각기   ② 공기필터
③ 공기건조기   ④ 윤활기

해설
④ 윤활기 : 기기의 운동 시 마찰을 줄여 주기 위해 사용하는 기구
① 공기냉각기(After Cooler, 애프터 쿨러) : 공기를 압축한 후 압력 상승에 따라 고온다습한 공기의 압력을 낮춰 주는 기구
② 공기필터 : 여러 가지 목적으로 공기를 흡입 또는 배출하는 통로에 필터를 달아 이물질을 분리하는 기구
③ 공기건조기(Air Dryer) : 가열 또는 비가열식, 흡착식으로 공기 중의 수분을 제거하는 기구

33 PLC 프로그램의 수정에 관한 설명 중 옳지 않은 것은?

① PLC와 PC는 RS-232C, USB, 이더넷, 모뎀으로 연결 가능하다.
② 프로그램 쓰기란 PLC로 데이터를 전송하는 것을 의미한다.
③ PLC RUN 모드에서는 수정을 실시하면 안 된다.
④ 연결 불량 시 물리적 연결 상태를 확인한다.

해설
PLC RUN 모드 중 프로그램은 다음 과정으로 수정 가능하다(제조사별로 방법 상이).
프로젝트 열기 → [온라인]-[접속]을 선택하여 PLC와 연결 → [온라인]-[모니터 시작] → 메뉴 [온라인]-[런 중 수정 시작] 선택 → 편집 → [온라인]-[런 중 수정 쓰기] → [온라인]-[런 중 수정 종료]

34 다음 회로도에 대한 설명으로 옳지 않은 것은?

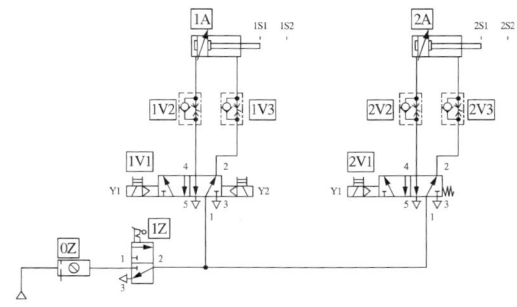

① 1A의 초기 상태에서는 1S1이 눌려져 있다.
② 1A는 미터인제어를 받고 있다.
③ 2A는 초기 상태가 후진 상태이다.
④ 기동밸브로 풋밸브를 사용하고 있다.

해설
체크밸브의 방향이 나오는 공기를 제어하고 있으므로 미터아웃제어이다.

35 PLC의 운전 모드 중 프로그램 연산을 일시 정지시키는 모드는?

① RUN
② STOP
③ PAUSE
④ Remote STOP

해설
PLC의 운전 모드
- RUN 모드 : 프로그램의 연산을 수행하는 모드이다.
- STOP 모드 : 프로그램의 연산을 정지시키는 모드이다.
- 리모트 STOP 모드
  - 모드 키의 위치를 STOP 모드에서 PAU/REM 모드로 전환할 때 선택되는 모드
  - 컴퓨터에서 작성한 프로그램을 PLC로 전송할 수 있게 해 준다.
- PAUSE 모드 : 프로그램의 연산을 일시 정지시키는 모드로, RUN 모드로 다시 돌아갈 경우에는 정지되기 이전의 상태부터 연속하여 실행한다.

36 다음 중 체결용 기계요소는?

① 축   ② 나사
③ 베어링   ④ 플라이휠

해설
체결용 기계요소는 볼트, 너트와 같은 나사와 나사가 없는 리벳, 끼워서 결합하는 키, 핀 등이 있다.

37 다음 그림과 같이 도면에 표시가 되었다면 b영역이 의미하는 내용으로 옳은 것은?

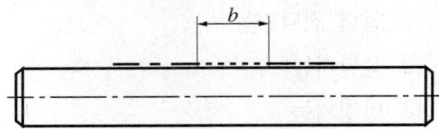

① 표면경화를 해야 하는 영역을 표시하였다.
② 표면경화를 해도 좋은 영역을 표시하였다.
③ 침탄열처리를 하면 안 되는 영역을 표시하였다.
④ 표면경화 간의 간격을 확보하라는 지시를 표시하였다.

해설

번호	선 모양	선의 명칭	적용내용
02.2.1	─ ─ ─	굵은 파선	열처리, 유기물 코팅, 열적 스프레이 코팅과 같은 표면처리의 허용 부분을 지시한다.
04.1.5	─·─·─	가는 1점 장쇄선	열처리와 같은 표면경화 부분이 예상되거나 원하는 확산을 지시한다.
04.2.1	━·━·━	굵은 1점 장쇄선	데이텀 목표선, 표면의 (제한) 요구 면적, 예를 들면 열처리 또는 표면의 제한 면적에 대한 공차 형체 지시의 제한 면적, 예로 열처리, 유기물 코팅, 열적 스프레이 코팅 또는 공차 형체의 제한 면적
05.1.8	─··─··─	가는 2점 장쇄선	점착, 연납땜 및 경납땜을 위한 특정범위/제한 영역의 틀/프레임
07.2.1	········	굵은 점선	열처리를 허용하지 않은 부분을 지시한다.

b영역의 좌우 부분은 굵은 1점쇄선으로 표면경화 또는 침탄경화를 하도록 표시하였고, b영역은 굵은 파선으로 표시되어 있어 해당 열처리를 해도 좋다는 표시를 하고 있다.

38 다음 보기에서 설명하는 동력 전달용 기계요소는?

┌─보기─────────────────────────┐
- 마찰력을 이용하여 평행한 두 축 사이에 회전 동력을 전달하는 장치이다.
- 두 축 사이의 거리가 비교적 멀거나 직접 동력을 전달할 수 없을 때 사용한다.
- 미끄럼이 발생할 수 있으므로 정확한 회전비를 필요로 하는 전달에는 부적합하다.
└──────────────────────────────┘

① 마찰차
② 기 어
③ 벨트와 벨트 풀리
④ 래크와 피니언

해설
① 마찰차
- 두 축에 바퀴를 만들어 구름 접촉을 통해 순수한 마찰력만으로 동력을 전달한다.
- 전동 중 접촉 부분을 떼지 않고 마찰차를 이동시키거나 접촉 부분을 자유롭게 붙였다 떼는 것이 가능하다.
- 정교한 회전운동이나 큰 동력의 전달에는 부적절하다.
- 마찰차를 이동시킬 수 있는 변속장치나 자동차의 클러치, 작은 힘을 전달하거나 정확한 회전운동을 하지 않는 곳에 주로 사용한다.
② 기 어
- 한 쌍의 바퀴 둘레에 이를 만들고, 이 두 바퀴의 이가 서로 맞물려 회전하며 동력을 전달하는 장치이다.
- 동력 전달이 확실하고 내구성도 좋다.
- 기계의 회전속도와 힘의 크기를 정확히 변경하고자 할 때 사용한다.
- 쌍의 기어 잇수 비를 다르게 하여 전달 회전수 조절이 가능하다.
④ 래크와 피니언 : 기어와 직선 형태의 래크를 연결하여 회전운동을 직선운동으로 또는 직선운동을 회전운동으로 전달할 수 있는 기계요소 쌍이다.

39 다음 그림의 핸들에 적용된 나사에 대한 설명으로 옳지 않은 것은?

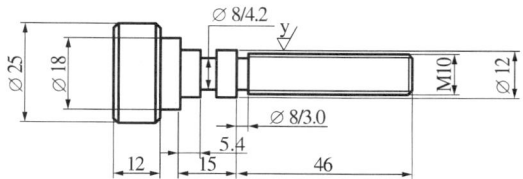

① 바깥지름 12mm짜리 나사를 적용하였다.
② 미터나사를 적용하였다.
③ 호칭지름이 10mm인 나사를 적용하였다.
④ 나사가 적용된 길이는 43mm이다.

해설
문제의 그림에서는 M10 나사가 적용되었으며, 이는 호칭지름 10mm인 미터보통나사이다.

40 센서의 사용목적으로 적당하지 않은 것은?

① 정보의 수집
② 정보의 변환
③ 제어 정보의 취급
④ 정보의 발송

해설
센서의 사용목적은 정보의 수집, 정보의 변환, 제어 정보의 취급이다.

41 광도전, 이미지센서, 포토다이오드 등의 센서가 감지하는 물리적 성질로 적절한 것은?

① 열   ② 빛
③ 자 기   ④ 전 류

해설
물리센서는 온도, 빛, 자기, 전류, 자외선, 방사선 등에 반응하며 광도전, 이미지센서, 포토다이오드는 빛을 감지하는 센서들이다.

42 센서의 신호 변환에 관한 설명으로 옳지 않은 것은?

① 자연신호를 디지털신호로 변환하는 것을 A/D 변환이라고 한다.
② A/D 변환의 중요한 두 가지 특성으로 변환속도와 변환의 정확도가 있다.
③ 바이메탈을 통해서 열 물리량을 2진 신호로 바꿀 수 있다.
④ 사용하는 신호의 수가 적을수록 아날로그신호에 가깝게 변환 가능하다.

[해설]
아날로그신호를 디지털신호로 변환하는 경우 신호의 개수를 n개로 늘릴 때마다 2^n 만큼의 조합이 발생하여 2^n 만큼 신호를 세분한다.

43 다음 그림과 같은 상을 나타내는 동기전동기에 대한 설명으로 틀린 것은?

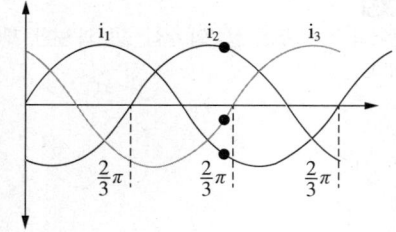

① 파형은 sine 파형을 그린다.
② 고정자 권선은 120° 간격을 갖는다.
③ 여자가 필요 없다.
④ 브러시가 필요 없다.

[해설]
동기전동기는 여자기가 필요하며, 값이 비싸지만 속도가 일정하고 역률 조정이 쉽기 때문에 정속도 대동력용으로 사용한다.

44 여자전류를 외부에서 공급받는 방식의 전동기는?

① 직권전동기　　② 분권전동기
③ 복권전동기　　④ 타여자전동기

[해설]
자여자방식과 타여자방식은 여자전류를 외부에서 공급받느냐로 구분한다. ①, ②, ③은 자여자방식이다.

45 유압동력부 펌프의 송출압력이 70kgf/cm²이고, 송출유량이 30L/min일 때 펌프동력은 몇 kW인가?

① 2.94　　② 3.43
③ 4.25　　④ 5.25

[해설]
동력(P) = 송출압력 × 송출유량(단, 시간당 동력단위를 잘 맞춰야 함)
= 70kgf/cm² × 30L/min
= 70kgf/cm² × (30 × 1,000)cm³/60sec
(∵ 1L = 1,000cm³, 1min = 60sec)
= 35,000kgf · cm/sec = 350kgf · m/sec
= 3,430N · m/sec (∵ 1kgf = 9.8N)
= 3,430W = 3.43kW
(∵ 1N = 1kg · m/sec², 1W = 1kg · m²/sec³)

46 전자개폐기의 철심이 진동할 경우 예상되는 원인으로 가장 가까운 것은?

① 가동철심과 고정철심 접촉 부위에 녹이 발생하였다.
② 전자개폐기의 코일이 단선되었다.
③ 전자개폐기 주위의 습기가 낮다.
④ 접촉단자에 정격전압 이상의 전압이 가해졌다.

[해설]
전자개폐기에 전류가 흐르면 고정철심이 전자석이 되어 가동철심을 잡아당긴다. 진동이 생긴다는 것은 전자석 역할을 하는 물체가 자화가 되었다 안 되었다 하는 일이 매우 빠르게 반복되거나 잡아당겨진 가동철심이 접촉이 불가능한 경우 등이다. 문제에서 예상되는 원인은 접촉 부위의 이물질이 생겼을 경우이다.

47 PLC 프로그래밍 과정 중 실행파일을 생성하는 과정은?

① 변수 지정
② 프로그래밍 작성
③ 컴파일
④ RUN/STOP 모드 선택

해설
프로그램 컴파일
- 작성된 프로그램을 저장하고 컴파일을 통해 실행파일을 생성한다.
- 컴파일 과정 중 오류 메시지가 뜰 수 있다. 메시지를 통해 사전 오류 점검이 가능하므로 프로그램상 검토가 가능하다.

48 다음 중 PLC의 연산처리 기능에 속하지 않는 것은?

① 산술, 논리연산처리
② 데이터 전송
③ 타이머 및 카운터 기능
④ 코드 변환

해설
- 제어연산 부분은 논리연산 부분(ALU ; Arithmetic and Logic Unit), 명령어 어드레스를 호출하는 프로그램 카운터 및 몇 개의 레지스터, 명령 해독 제어 부분 등으로 구성되어 있다.
- 연산원리
PLC 운전 → 프로그램 카운터(메모리 어드레스 결정) → 디코더(Decoder) 명령 해독 → 연산 실시 → 레지스터 기록 → 출력 → 프로그램 카운터 +1
타이머와 카운터는 누산기로 연산 부분이라고 할 수도 있으나 보기 중에서는 연산처리 기능에 속하지 않는다.

49 용접입열식이 다음과 같고 전류가 800A, 전압이 35V, 용접속도가 분당 35cm라면 용접입열은?

$$H = \frac{60EI}{v}$$

① 30kJ/cm ② 48kJ/cm
③ 60kJ/cm ④ 72kJ/cm

해설
$$H = \frac{60EI}{v} = \frac{60 \times 35V \times 800A}{35cm/min} = 48,000 J/cm = 48 kJ/cm$$

50 다음 그림이 나타내는 공유압기호는?

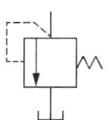

① 체크밸브 ② 릴리프밸브
③ 무부하밸브 ④ 감압밸브

해설
① 체크밸브
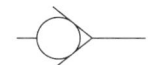

③ 무부하밸브
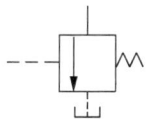

④ 감압밸브
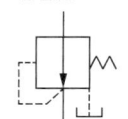

51 다음 블록선도의 전달함수 결과로 옳은 것은?

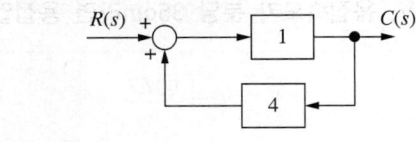

① 0.2 ② 0.4
③ 0.6 ④ 1

해설

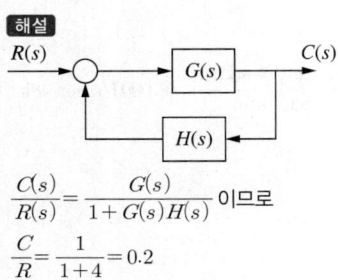

$\dfrac{C(s)}{R(s)} = \dfrac{G(s)}{1+G(s)H(s)}$ 이므로

$\dfrac{C}{R} = \dfrac{1}{1+4} = 0.2$

52 다양한 제품 수요의 변화에 대처할 수 있도록 가공 공정의 변환이 용이한 자동화시스템으로서 유연생산시스템을 의미하는 것은?

① CAE ② LCA
③ FMA ④ FMS

해설
FMS(Flexible Manufacturing System, 유연생산시스템) : 자동화의 대량 생산에 따른 단점을 극복하고 포스트 모던한 트렌드를 산업현장에 반영하여 제품을 생산하기 위해 다품종 소량 생산의 과정이 가능하도록 자동화 생산라인을 꾸민 것

53 다음 그림과 같은 타임차트의 논리게이트는?

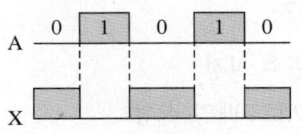

① AND ② OR
③ NOT ④ NOR

해설
NOT는 신호가 있을 때 출력이 없고, 신호가 없을 때 출력이 있다.

54 2입력 OR게이트로 4입력 OR게이트를 만들려고 한다. 몇 개의 2입력 OR게이트가 필요한가?

① 1개 ② 2개
③ 3개 ④ 4개

해설
4입력 OR게이트란 입력단자가 A, B, C, D 4개 있고, 4개 중 하나라도 신호가 들어오면 출력 X가 나오는 경우이다. 문제의 그림처럼 연결하면 4입력 OR게이트가 완성된다.

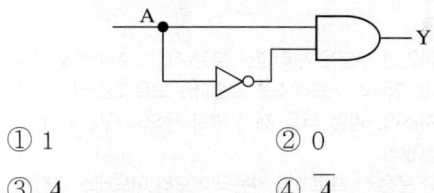

55 다음 그림과 같은 무접점 시퀀스의 출력(Y)은?

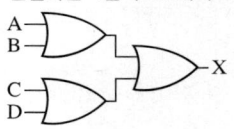

① 1 ② 0
③ A ④ $\overline{A}$

해설
입력에 어떤 값이 들어가도 반대되는 신호와 곱을 해야 하므로 항상 0이다.

56 매우 큰 힘을 발생시킬 수 있고, 회전력과 직선력으로 사용할 수 있는 로봇 동력원은?

① 공기압식 동력원　② 전기식 동력원
③ 유압식 동력원　④ 기계식 동력원

해설
로봇은 주로 공압과 전기, 유압을 이용한 액추에이터(실린더 및 모터)를 이용하여 동작하며, 사용되는 모터는 소형이므로 가장 큰 힘을 내는 동력원은 유압을 사용한다.

동력원의 종류와 특징

구 분	특 징	액추에이터
전기식	소형으로 간편하게 구성할 수 있으며, 고속, 고정밀 위치결정이 가능하다.	모터, 전자밸브, 솔레노이드
유압식	큰 동력을 얻을 수 있으나 장치가 복잡하고 유지비가 많이 든다.	유압 실린더
공압식	구조가 간단하나 공기의 압축성 때문에 정밀한 위치결정이 어렵다.	공압 실린더, 인공근육

57 주철의 결점인 여리고 약한 인성을 개선하기 위하여 먼저 백주철의 주물을 만들고, 이것을 장시간 열처리하여 탄소의 상태를 분해 또는 소실시켜 인성 또는 연성을 증가시킨 주철은?

① 보통주철　② 합금주철
③ 고급주철　④ 가단주철

해설
• 가단주철 : 주철의 결점인 여리고 약한 인성을 개선하기 위하여 먼저 백선철의 주물을 만들고, 이것을 장시간 열처리하여 탄소의 상태를 분해 또는 소실시켜 인성 또는 연성을 증가시킨 주철이다.
• 백심가단주철 : 파단면이 흰색을 나타낸다. 백선 주물을 산화철 또는 철광석 등의 가루로 된 산화제로 싸서 900~1,000℃의 고온에서 장시간 가열하여 탈탄반응에 의해 가단성이 부여되는 과정을 거친다.
이때 주철 표면의 산화가 빨라지고, 내부 탄소의 확산 상태가 불균형을 이루게 되면 표면에 산화층이 생긴다. 강도는 흑심가단주철보다 다소 높으나 연신율이 작다.
• 흑심가단주철 : 표면은 탈탄되어 있으나 내부는 시멘타이트가 흑연화되었을 뿐이지만 파단면이 검게 보인다. 백선 주물을 풀림상자 속에 넣어 풀림로에서 가열하고, 2단계의 흑연화처리를 행하여 제조된다. 흑심가단주철의 조직은 페라이트 중에 미세괴상흑연이 혼합된 상태로 나타난다.

58 압축공기를 이용하는 방법 중에서 분출류를 이용하는 것과 거리가 먼 것은?

① 공기커튼
② 공압반송
③ 공압베어링
④ 버스 출입문 개폐

해설
겨울철 각종 매장에서 사용하는 에어(공기)커튼과 압축공기의 분출 후 반송력을 이용하는 사례(공압반송), 공기분출력을 이용하여 극간 사이에 압축공기를 두어 베어링 역할을 하는 공압베어링이 분출류를 이용하는 예이다. 반면 버스 출입문은 공압 실린더를 이용한 예이다.

59 시스템을 제어량에 따라 분류할 때 온도, 유량, 압력, 농도, 습도 등을 제어량으로 하는 시스템은?

① 서보기구
② 자동 조정
③ 프로세스 제어
④ 외란이 있는 폐회로제어

해설
제어량에 따른 분류
• 서보기구 : 기계적 위치, 속도, 가속도, 방향이나 자세를 제어량으로 하는 시스템이다.
• 프로세스 제어 : 온도, 유량, 압력, 농도, 습도 등을 제어량으로 하는 시스템이다.
• 자동 조정 : 속도, 회전력, 전압, 주파수나 역률 등 역학적이거나 전기적인 제어량을 다루는 시스템이다.

60 IEC에서 표준화한 PLC 언어 중 문자기반언어는?

① LD　② FBD
③ IL　④ SFC

해설
• 문자기반언어 : IL(Instruction List)
• 도형기반언어 : LD(Ladder Diagram), FBD(Function Block Diagram)
• SFC(Sequential Function Chart)

정답　56 ③　57 ④　58 ④　59 ③　60 ③

2021년 제2회 과년도 기출복원문제

01 전기적 에너지를 기계적 에너지로 변환시켜 금속, 비금속 등의 재료에 관계없이 정밀가공을 하는 방법은?

① 방전가공 ② 초음파가공
③ 슈퍼피니싱 ④ 전해연마

해설
① 방전가공 : 스파크방전을 이용하여 금속, 비금속 재료를 침식시켜 원하는 형상을 얻는 가공
② 초음파가공 : 물이나 경유 등에 연삭입자를 혼합한 가공액을 공구의 진동면과 일감 사이에 주입시켜 가며 초음파에 의한 상하 진동으로 표면을 다듬는 가공
③ 슈퍼피니싱 : 미세하고 비교적 연한 숫돌 입자를 일감의 표면에 낮은 압력으로 접촉시키면서 매끈하고 고정밀도의 표면으로 일감을 다듬는 가공법
④ 전해연마 : 전기도금과 반대되는 원리를 사용한 것으로 전기에 의한 화학적 용해 작용을 일으켜 원하는 모양, 치수, 그리고 표면 상태로 가공하는 방법
※ 저자의견 : 이 문제의 한국산업인력공단의 답안은 방전가공이며, 답안 공개 이후 답안이 확정된 이후에 같은 분야에서는 기출문제가 기준이 된다.
전기적 에너지를 기계적 에너지로 변환시킨다는 내용이 관건인데, 초음파가공의 자기변형진동자를 사용한다는 점을 고려하면 넓은 범위에서 해당한다고 할 수 있으나 스파크방전의 특성상 전기입자의 충격력을 이용한다는 점에서 전기적 에너지를 기계적 에너지로 변환시킨 것으로 본 문제는 본 듯하다. 재료에 관계없이 가공한다는 점도 관건인데, 초음파가공은 재료에 관계없이 가공이 가능한 것이 특징이지만, 방전가공은 크게 금속가공의 범주에 속한다. 그러나 비금속가공에서도 가공이 가능하다는 점을 고려하면 이 점도 논란이 될 수 있다. 즉, 문제의 해석에서 '전기적에너지를 기계적에너지로 변환시켜'에 초점을 둘지, '재료에 관계없이'에 초점을 둘지에 따라 해석을 다르게 할 수 있다.
자격시험에서 출제자의 관점에 따라 이런 문제가 항상 발생할 수 있으며 이럴 때마다 답변 후 이의제기 해야겠다고 마음먹고 판단하기보다는 기출된 문제를 기준으로 빠르게 해결하고, 다른 문제에 집중하는 편이 훨씬 지혜롭다. 시험을 준비하는 입장에서는 똑같은 문제가 출제된다면 기출문제의 답안을 체크하고, 비슷한 설명의 문제라면 내용에 맞게 빠르게 판단할 수 있도록 내용을 알아두는 편이 좋다.

02 롤러의 중심거리가 100mm인 사인바에서 30°를 측정하려고 할 때 필요한 게이지 블록은 몇 mm인가?

① 50 ② 52
③ 54 ④ 56

해설
$$\sin 30° = \frac{1}{2} = \frac{블록의\ 높이}{롤러\ 중심\ 간의\ 거리} = \frac{x}{100}$$

03 다음 그림과 같이 선반에서 공작물을 테이퍼 절삭가공할 때 심압대의 편위거리를 30mm로 하면, 테이퍼부의 길이 l은 몇 mm인가?

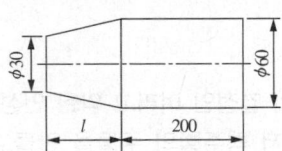

① 66.7 ② 180.2
③ 200 ④ 220

해설
편위량
$$e = \frac{전체\ 길이 \times (D-d)}{2l}$$
$$30 = \frac{(200+l) \times (60-30)}{2l}$$
$$60l = 6,000 + 30l$$
$$30l = 6,000$$
$$l = 200$$

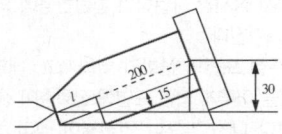

계산하는 방법을 잘 몰라도 비례식을 이용하여 풀 수 있다.
$l : 15 = (l+200) : 30$
$15l + 3,000 = 30l$
$15l = 3,000$
∴ $l = 200$

04 연삭비를 옳게 나타낸 것은?

① 연삭비 = $\dfrac{\text{피연삭재의 연삭된 면적}}{\text{숫돌바퀴의 소모된 면적}}$

② 연삭비 = $\dfrac{\text{피연삭재의 연삭된 부피}}{\text{숫돌바퀴의 소모된 부피}}$

③ 연삭비 = $\dfrac{\text{피연삭재의 연삭된 중량}}{\text{숫돌바퀴의 소모된 중량}}$

④ 연삭비 = $\dfrac{\text{피연삭재의 연삭된 질량}}{\text{숫돌바퀴의 소모된 질량}}$

해설
연삭비는 부피비로 나타낸다.

05 칩이 절삭공구의 경사면 위를 미끄러지면서 나갈 때 마찰력에 의하여 경사면 일부가 오목하게 파이는 것은?

① 크레이터 마모
② 플랭크 마모
③ 치 핑
④ 미소파괴

해설
공구와의 윗면 또는 옆면 마찰을 통해 마모가 나타나며, 윗면에서의 마모는 모양이 운석이 떨어진 자국 같아서 경사면 마멸(크레이터 마멸)이라 한다. 옆면에서의 마모는 공구와의 여유각이 벌어진 곳의 마멸이어서 여유면 마멸이라 하며 측면이라는 의미의 플랭크(Flank-옆구리, 측면) 마멸이라고 한다.

06 밀링 상향절삭(Up Cutting)의 설명으로 맞는 것은?

① 커터의 회전 방향과 공작물의 이송이 반대인 가공이다.
② 커터의 회전 방향과 공작물의 이송이 60°인 가공이다.
③ 백래시를 제거하여야 한다.
④ 하향절삭에 비해 공작물 고정이 유리하다.

해설
밀링가공의 절삭 방향

상향절삭(올려깎기)	하향절삭(내려깎기)
커터날의 회전 방향과 일감의 이송이 서로 반대 방향	커터날의 회전 방향과 일감의 이송이 서로 같은 방향
• 커터날이 일감을 들어 올리는 방향이므로 기계에 무리를 주지 않는다. • 커터날에 처음 작용하는 절삭저항이 작다. • 깎인 칩이 새로운 절삭을 방해하지 않는다. • 백래시의 우려가 없다. • 커터날이 일감을 들어 올리는 방향으로 일을 하므로 일감의 고정이 어렵다. • 날의 마찰이 커서 날의 마멸이 크다. • 회전과 이송이 반대여서 이송의 크기가 상대적으로 크며 이에 따라 피치가 커져서 가공면이 거칠다. • 가공할 면을 보면서 작업하기 어렵다.	• 커터날에 마찰작용이 작으므로, 날의 마멸이 작고 수명이 길다. • 커터날이 밑으로 향하여 절삭하고, 따라서 일감을 밑으로 눌러서 절삭하므로, 일감의 고정이 쉽다. • 날자리 간격이 짧고, 가공면이 깨끗하다. • 상향절삭과는 달리 기계에 무리를 준다. • 커터날이 새로운 면을 절삭저항이 큰 방향에서 진입하므로 날이 약할 경우 부러질 우려가 있다. • 가공된 면 위에 칩이 쌓이므로, 절삭열이 남아 있는 칩에 의해 가공된 면이 열변형을 받을 우려가 있다. • 백래시 제거장치가 필요하다.

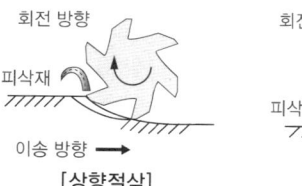

07 절삭저항 3분력이 아닌 것은?

① 표면분력
② 주분력
③ 이송분력
④ 배분력

해설
회전하는 절삭재료에 발생하는 절삭저항의 3분력은 주분력(절삭분력), 배분력, 이송분력이다.

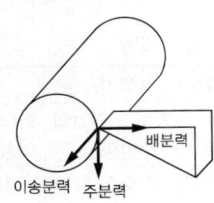

08 지름이 50mm인 연강 둥근 막대를 선반에서 절삭할 때 주축의 회전수를 100rpm이라 하면, 절삭속도는 몇 m/min인가?

① 15.7
② 20.4
③ 25.3
④ 29.7

해설
πd는 원의 둘레 길이이다. 분당 회전수 n을 곱하면 '분당 전체 운동한 거리'가 되며, 이것이 속도이다. 1,000은 mm으로 계산된 분당 전체 운동한 거리를 m로 계산하기 위해 곱한 계수이다.

$$v = \frac{\pi d n}{1,000}$$
$$= \frac{\pi \times 50 \times 100}{1,000} = 15.7 \text{m/min}$$

09 연삭에서 결합도에 따른 경도의 선정기준 중 결합도가 높은 숫돌(단단한 숫돌)을 사용해야 할 때는?

① 연삭 깊이가 클 때
② 경도가 큰 가공물을 연삭할 때
③ 접촉 면적이 작을 때
④ 숫돌차의 원주속도가 빠를 때

해설
연삭숫돌의 선택 방법

구 분	입 도	결합도	조 직
일감의 지름이 클수록	거친 것	단단한 것	거 침
숫돌의 지름이 클수록	거친 것	단단한 것	거 침
일감의 경도가 경할수록	거친 것	단단한 것	거 침
다듬질면 거칠기가 고울수록	고운 것	–	치밀한 것
연삭속도가 빠를수록	–	연한 것	–
일감의 이송속도가 빠를수록	–	연한 것	–

10 드릴작업의 안전관리에서 틀린 것은?

① 드릴을 고정하거나 풀 때는 주측이 완전히 정지된 후에 작업한다.
② 드릴을 회전시킨 후 테이블을 적절히 조정하여 가공한다.
③ 얇은 판의 구멍가공은 나무 보조판을 사용한다.
④ 시동 전 드릴이 바른 위치에 안전하게 고정되었는가를 확인한다.

해설
드릴링은 공구가 공작물에 직각 방향으로 이송되어 가공한다.

11 암이나 리브, 림 등의 단면을 나타내기 위해 회전도시 단면도로 나타내려고 한다. 이 단면 형상을 도형 내의 절단한 곳에 겹쳐서 나타낼 때 사용하는 선은?

① 가는 실선
② 굵은 실선
③ 가는 1점쇄선
④ 가는 파선

해설
회전도시 단면도
- 회전 단면도를 사용하여 제도하는 제품 : 핸들, 벨트풀리, 기어 등의 암, 림, 리브와 훅, 축, 구조물에 주로 사용하는 형강 등이다.
- 길이가 긴 제품의 회전 단면도 : 중간을 파단선으로 생략하고 그 사이에 굵은 실선으로 회전 단면도를 제도한다.
- 절단한 곳과 겹치는 회전 단면도 : 투상도의 절단할 곳과 겹쳐서 제도하고자 할 때는 가는 실선으로 긋는다.
- 투상도의 밖으로 끌어내는 회전 투상도 : 가는 일점쇄선으로 절단면 위치를 표시하고 굵은 일점쇄선으로 한계를 표시하여 굵은 실선으로 긋는다.
- 길이 방향으로 단면을 하여도 의미가 없거나 이해를 방해하는 부품은 긴 쪽의 방향으로 단면하지 않는다.

12 테이퍼핀(Taper Pin)의 호칭지름 표기는?

① 큰 쪽의 지름
② 핀의 길이
③ 작은 쪽의 지름
④ 테이퍼핀의 중앙 지름

해설
테이퍼핀의 호칭지름은 작은 쪽의 지름을 채택한다.

13 나사 기호의 설명 중 틀린 것은?

① $PF\frac{1}{2}$: 관용 테이퍼 나사
② $Rp\frac{1}{2}$ / $R\frac{1}{2}$: 관용 평행 암나사와 관용 테이퍼 수나사
③ M50×3 : 미터 가는 나사
④ $\frac{3}{8}$ – 16UNC : 유니파이 보통 나사

해설
나사의 종류

구 분		나사의 종류	나사의 종류를 표시하는 기호	나사의 호칭에 대한 표시 방법의 예
일반용	ISO 표준에 있는 것	미터 보통 나사[1]	M	M8
		미터 가는 나사[2]		M8×1
		미니추어 나사	S	S 0.5
		유니파이 보통 나사	UNC	3/8-16UNC
		유니파이 가는 나사	UNF	No.8-36UNF
		미터 사다리꼴 나사	Tr	Tr10×2
		관용 테이퍼 나사 — 테이퍼 수나사	R	R3/4
		관용 테이퍼 나사 — 테이퍼 암나사	Rc	Rc3/4
		관용 테이퍼 나사 — 평행 암나사[3]	Rp	Rp3/4
		관용 평행 나사	G	G1/2
일반용	ISO 표준에 없는 것	30도 사다리꼴 나사	TM	TM18
		29도 사다리꼴 나사	TW	TW20
		관용 테이퍼 나사 — 테이퍼 수나사	PT	PT7
		관용 테이퍼 나사 — 평행 암나사[4]	PS	PS7
		관용 평행 나사	PF	PF7
특수용		후강 전선관 나사	CTG	CTG16
		박강 전선관 나사	CTC	CTC19
		자전거 나사 — 일반용	BC	BC3/4
		자전거 나사 — 스포크용		BC2.6
		미싱 나사	SM	SM1/4 산40
		전구 나사	E	E10
		자동차용 타이어 밸브 나사	TV	TV8
		자전거용 타이어 밸브 나사	CTV	CTV8 산30

[1] 미터 보통 나사 중 M1.7, M2.3 및 M2.6은 ISO 표준에 규정되어 있지 않다.
[2] 가는 나사임을 특별히 명확하게 나타낼 필요가 있을 때는 피치 다음에 '가는 나사'의 글자를 괄호 안에 넣어서 기입할 수 있다.
예 M8×1(가는 나사)
[3] 이 평행 암나사 Rp는 테이퍼 수나사 R에 대해서만 사용한다.
[4] 이 평행 암나사 PS는 테이퍼 수나사 PT에 대해서만 사용한다.

정답 11 ① 12 ③ 13 ①

14 기어를 도시하는 데 있어서 선의 사용방법으로 맞는 것은?

① 잇봉우리원은 가는 실선으로 표시한다.
② 피치원은 가는 2점쇄선으로 표시한다.
③ 이골원은 가는 1점쇄선으로 표시한다.
④ 잇줄 방향은 보통 3개의 가는 실선으로 표시한다.

해설
④ 헬리컬기어에서 잇줄의 방향은 정면도에 항상 3줄의 가는 실선을 그린다. 정면도가 단면으로 표시된 경우 3줄의 가는 2점쇄선으로 그린다.
① 잇봉우리원(이끝원)은 굵은 실선으로 그린다.
② 피치원은 가는 1점쇄선으로 그린다.
③ 이골원(이뿌리원)은 가는 실선으로 그린다.

15 가공 표면의 지시기호에 대한 설명 중 틀린 것은?

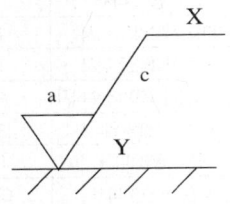

① c는 컷오프값·평가 길이이다.
② Y는 가공기계의 약호이다.
③ X는 가공방법의 약호이다.
④ a는 표면거칠기의 지시값이다.

해설

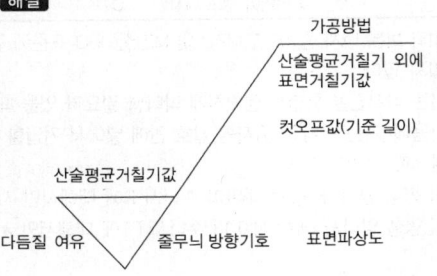

16 도면에 굵은 1점쇄선으로 표시되어 있을 경우 다음 중 어느 경우에 해당되는가?

① 기어의 피치선이다.
② 인접 부분을 참고로 표시하는 선이다.
③ 특수가공을 지시하는 선이다.
④ 이동 위치를 표시하는 선이다.

해설
굵은 1점쇄선은 가는 2점쇄선과 함께 특수한 가공 부위를 요구할 때 사용하며, 데이텀 등에도 사용한다.

선의 종류

선의 종류	선의 명칭	선의 용도
굵은 실선	외형선	물체가 보이는 부분의 모양을 나타내기 위한 선
가는 실선	치수선	치수를 기입하기 위한 선
	치수 보조선	치수를 기입하기 위하여 도형에서 끌어낸 선
	지시선	각종 기호나 지시사항을 기입하기 위한 선
	중심선	도형의 중심을 간략하게 표시하기 위한 선
	수준면선	수면, 유면 등의 위치를 나타내기 위한 선
파 선	숨은선	물체가 보이지 않는 부분의 모양을 나타내기 위한 선
1점쇄선	중심선	도형의 중심을 표시하거나 중심이 이동한 궤적을 나타내기 위한 선
	기준선	위치 결정의 근거임을 나타내기 위한 선
	피치선	반복 도형의 피치를 잡는 기준이 되는 선
2점쇄선	가상선	가공 부분의 특정 이동 위치, 가공 전후의 모양, 이동 한계 위치 등을 나타내기 위한 선
	무게중심선	단면의 무게중심을 연결한 선
파형, 지그재그의 가는 실선	파단선	물체의 일부를 자른 곳의 경계를 표시하거나 중간 생략을 나타내기 위한 선
규칙적인 가는 빗금선	해 칭	단면도의 절단면을 나타내기 위한 선

17 다음 그림과 같은 입체도에서 화살표 방향이 정면일 경우 제3각법으로 투상한 도면으로 가장 적합한 것은?

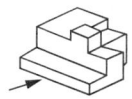

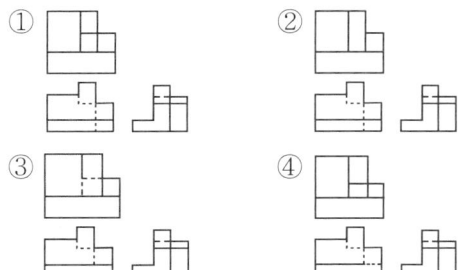

해설
② 평면도에서 솟아나온 부분이 표시되지 않았다.
③ 평면도에서 솟아나온 부분은 외형선으로 표시해야 하며, 정면도에서 세로 방향 숨은선이 바닥까지 연결되어야 한다.
④ 정면도에서 세로 방향 숨은선이 바닥까지 연결되어야 한다.

18 NC 공작기계의 움직임을 전기적인 신호로 표시하는 일종의 회전 피드백 장치는?

① 컨트롤러   ② 모니터
③ 볼 스크루   ④ 리졸버

해설
① 컨트롤러 : 여러 가지 제어가 가능한 제어 통제 장치
② 모니터 : 현재 상황을 파악할 수 있도록 출력해 주는 장치
③ 볼 스크루 : 직선운동을 회전운동으로 또는 회전운동을 직선운동으로 전환시켜 주는 장치

19 기하공차를 적용할 때 단독 형체에 적용하는 공차는?

① 원통도 공차
② 위치도 공차
③ 동심도 공차
④ 평행도 공차

해설
기하공차의 종류

적용하는 형체	공차의 종류		기 호
단독 형체	모양공차	진직도	―
		평면도	▱
		진원도	○
		원통도	⌭
단독 형체 또는 관련 형체		선의 윤곽도	⌒
		면의 윤곽도	⌓
관련 형체	자세공차	평행도	∥
		직각도	⊥
		경사도	∠
	위치공차	위치도	⊕
		동축도 또는 동심도	◎
		대칭도	═
	흔들림공차	원주 흔들림 공차	↗
		온 흔들림 공차	↗↗

정답 17 ① 18 ④ 19 ①

20 기하공차의 표시방법 중 원통도 공차를 표시한 것은?

① ◯　② ⌀
③ ◎　④ ⊕

21 지름이 10mm인 드릴에 대한 절삭속도가 25m/min일 경우 주축의 회전수(N)는 약 몇 rpm인가?

① 127　② 254
③ 398　④ 796

[해설]
- 지름이 10mm인 드릴 : 드릴날은 길고 가는 형태로 원통 모양으로 회전하며 절삭을 하는 공구이다. 그 공구의 원통 방향 지름이 10mm이다.
- 절삭속도가 25m/min : 드릴 날끝의 한 지점이 1분 동안에 회전하는 양을 직선거리로 환산하였을 때 25m를 간다는 것이다.
- 구하고자 하는 분당 회전수(rpm) : 지름이 10mm인 원의 한 바퀴 회전 거리는 $\pi \times D = \pi \times 10mm = 31.4mm$

1분에 회전한 바퀴수 = $\dfrac{1분\ 동안\ 전체\ 회전한\ 거리}{1분\ 동안\ 한\ 바퀴\ 회전한\ 거리}$

$= \dfrac{25m}{31.4mm} = \dfrac{25,000mm}{31.4mm} = 796$바퀴

22 여러 대의 공작기계가 컴퓨터와 직접 연결되어 작업을 수행하는 생산시스템으로서 중앙컴퓨터, NC 프로그램을 저장하는 기억장치, 통신선, 공작기계로 구성되어 있는 시스템은?

① CNC
② DNC
③ CAM
④ FA

[해설]
일반적으로 CNC 공작기계를 몇 대 묶어서 컨트롤하는 공작기계 또는 시스템을 DNC라고 한다.
- CNC : Computer Numerical Control
- DNC : Direct Numerical Control
- CAM : Computer Aided Manufacturing
- FA : Factory Automation

23 머시닝 센터 프로그램에서 다음 그림과 같이 A점에서 B점으로 급속이동시키려고 할 때 증분지령 방법으로 맞는 것은?

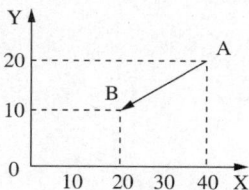

① G90 G00 X-20.0 Y-10.0;
② G91 G00 X-20.0 Y-10.0;
③ G90 G00 X20.0 Y10.0;
④ G91 G00 X20.0 Y10.0;

[해설]
A에서 B로 이송하는 것이므로 B가 A보다 X축으로 -20만큼 이동되어 있고, Y축으로 -10만큼 이동되어 있다.
- G90 : 절대명령
- G91 : 증분명령
- G00 : 급속이송명령

24 시간지연밸브의 구성요소와 관계없는 것은?

① 압력증폭기
② 공기탱크
③ 3방향 2위치 방향제어밸브
④ 속도조절밸브

해설
시간지연밸브는 한 방향 유량제어밸브와 탱크 및 3/2way 방향제어 밸브로 구성된다.

25 유압 동력부 펌프의 송출압력이 60kgf/cm²이고, 송출유량이 30L/min일 때 펌프 동력은 몇 kW인가?

① 2.94
② 3.94
③ 4.25
④ 5.25

해설
펌프가 내는 동력은 시간당 할 수 있는 일의 양이고, 유체를 이용하여 일을 하므로 일정 압력으로 유량이 공급될 때의 동력은 다음과 같다.
동력 = 송출압력 × 송출유량
(단, 시간당 동력의 단위를 잘 맞춰야 함)

$P = 60\text{kgf/cm}^2 \times 30\text{L/min} = 1{,}800\text{kgf/cm}^2 \times 1{,}000\text{cm}^3/60\text{s}$
$= 1{,}800 \times 1{,}000/60 \text{ kgf} \cdot \text{cm/s}$
$= 30{,}000 \text{ kgf} \cdot \text{cm/s}$
$= 300 \text{ kgf} \cdot \text{m/s}$
$= 300 \times 1\text{kg} \times 9.81\text{m/s}^2 \cdot \text{m/s} = 2{,}943 \text{ N} \cdot \text{m/s}$
$= 2{,}943\text{W} = 2.943\text{kW}$

($\because 1\text{L} = 1{,}000\text{cm}^3$, $1\text{min} = 60\text{s}$, $\because 1\text{kgf} = 1\text{kg} \times 9.81\text{m/s}^2$, $1\text{kg} \times 1\text{m/s}^2 = 1\text{N}$)

26 공압장치에는 필요 없으나 유압장치에는 꼭 필요한 부속 기기는?

① 방향제어밸브
② 압축기
③ 여과기
④ 기름탱크

해설
공압장치와 유압장치의 가장 큰 차이는 작동유체를 공기를 사용하느냐, 유류를 사용하느냐이다. 공압에서는 Air Compressor, 유압에서는 유류탱크를 사용하며, 공기여과기나 오일필터와 같은 여과기는 두 경우를 모두 사용한다.

27 다음 중 고압장치와 비교할 때 유압장치의 장점은?

① 힘의 증폭 및 속도 조절이 용이하다.
② 작은 장치로 큰 힘을 낼 수 있다.
③ 에너지의 축적이 용이하다.
④ 화재의 위험이 없다.

해설

공압의 특징	• 공기는 무료이며 무한으로 존재한다. 또한 공기 채취의 장소에 제한을 받지 않는다. • 속도의 변경이 용이하다. • 환경오염 및 악취의 염려가 없다. • 인화의 위험이 거의 없다. • 압축성이 있어서 완충작용을 한다. • 압력에너지로 축적이 가능하다. • 큰 힘을 얻을 수 없다. • 에너지 전달효율이 좋지 않다.
유압의 특징	• 제어가 쉽고, 정확한 제어가 가능하다. • 파스칼 원리를 이용하여 작은 힘으로 큰 힘을 낼 수 있다. • 일정한 힘과 토크를 낼 수 있다. • 작동의 신뢰성이 있다. • 비압축성으로 간주하여 힘 전달의 즉시성을 가지고 있다.

28 '일정량의 공기를 온도가 동일한 상태에서 압축하면 압력이 상승하게 되며, 그때의 체적은 압력과 서로 반비례한다.'는 법칙은?

① 보일의 법칙
② 샤를의 법칙
③ 보일-샤를의 법칙
④ 폴리트로픽 법칙

해설
샤를의 법칙 : 일정 압력하에서 온도가 증가하면 부피가 증가한다.
※ 보일의 법칙은 일정 온도일 때의 조건이고, 샤를의 법칙은 일정 압력일 때의 조건이다. 이 둘을 조합한 보일-샤를의 법칙은 온도와 압력, 부피의 관계에 관한 내용이다.

29 회로 중의 압력이 최고 사용압력을 초과하지 않도록 하여 회로 중의 기기 파손 또는 과대 출력을 방지하기 위하여 사용하는 밸브는?

① 릴리프밸브
② 감압밸브
③ 시퀀스밸브
④ 급속배기밸브

해설
• 압력제어밸브의 종류

릴리프밸브	탱크나 실린더 내의 최고 압력을 제한하여 과부하를 방지하는 밸브
감압밸브	출구 압력을 일정하게 유지시키는 밸브
시퀀스밸브	주회로의 압력을 일정하게 유지하면서 조작 순서를 제어할 때 사용하는 밸브
무부하밸브	펌프의 무부하 운전을 시키는 밸브
카운터 밸런스 밸브	배압밸브. 부하가 급격히 제거되어 관성에 의한 제어가 곤란할 때 사용하는 밸브

• 유량제어밸브의 종류

교축밸브	유로의 단면적을 변화시켜서 유량을 조절하는 밸브
유량조절밸브	유량이 일정할 수 있도록 유량을 조절하는 밸브
급속배기밸브	배기구를 급하게 열어 유속을 조절하는 밸브
속도제어밸브	베르누이의 정리에 의하여 유량에 따른 속도를 제어하는 방식과 유체의 흐름의 양을 조절하여 속도를 제어하는 방식으로 나뉜다.

30 공압 실린더의 공기를 급속히 방출시켜서 실린더의 속도를 증가시키고자 할 때 사용되는 밸브는?

① 속도제어밸브
② 급속배기밸브
③ 스로틀밸브
④ 스톱밸브

31 공기압축기의 선정 시 고려되어야 할 사항으로 틀린 것은?

① 압축기의 송출압력과 이론 공기공급량을 정하여 산정한다.
② 소용량의 압축기를 병렬로 여러 대 설치하는 것이 대용량 1대보다 효율적이다.
③ 사용 공기량의 수요 증가 또는 공기 누설을 고려하여 1.5~2배 정도 여유를 둔다.
④ 대용량 압축기 1대로 집중 공급 시 불시의 고장으로 작업 중단을 예방하기 위해 2대 설치하는 것이 좋다.

해설
공기압축기를 선정할 때에는 사용 공기압력보다 $1\sim2kgf/cm^2$ 높은 공기 압력을 얻을 수 있는 압축기를 선정하는 것이 좋다. 공기 압축기 선정 시 압축기는 용량이 큰 것일수록 효율이 좋으며 병렬로 여러 대를 설치하는 것보다 대용량 압축기를 분산 배치하는 편을 택한다. 그러나 고장 시 시스템 전체에 중요한 영향을 끼치는 경우에는 예비로 2대를 설치하면 비상시에 대비할 수 있다.

32 다음 보기는 공압 액추에이터 중에서 무엇에 대한 설명인가?

┌─ 보기 ─────────────────────────┐
• 전진운동뿐만 아니라 후진운동에도 일을 해야 하는 경우에 사용된다.
• 피스톤 로드의 구부러짐과 휨을 고려해야 하지만 행정거리는 원칙적으로 제한이 없다.
• 전진, 후진 완료 위치에 서서 관성으로 인한 충격으로 실린더가 손상이 되는 것을 방지하기 위하여 피스톤 끝 부분에 쿠션을 사용하기도 한다.
└────────────────────────────┘

① 복동 실린더 ② 단동 실린더
③ 베인형 공압모터 ④ 격판 실린더

해설
① 복동 실린더는 실린더 헤드가 양쪽에 달린 실린더로, 전진 시와 후진 시에 모두 일이 가능한 실린더이다.
② 단동 실린더는 실린더 헤드가 한쪽에 달려 있고, 전진 시 역할을 하며 스프링을 달아서 공압이나 유압이 작동하지 않을 경우 자동 복귀하는 형태가 있다. 후진 시에도 공압이나 유압이 작동하여야만 후진하는 형태가 있으나 단동 실린더를 사용하는 곳은 거의 스프링이 달린 자동복귀형을 사용한다.
③ 베인형 공압모터는 미끄럼 날개차가 달려 있어서 밀폐성이 좋으며, 정숙한 운전과 안정된 흐름으로 모터를 회전시킬 수 있는 공압모터이다.
④ 격판 실린더는 다이어프램을 이용한 실린더로서 단동 실린더의 일종이다.

33 센서 선정 시 고려해야 할 사항 중 가장 거리가 먼 것은?

① 정확성
② 감지거리
③ 작업자의 기술 수준
④ 신뢰성

해설
센서 선정의 기준 : 정확성, 신뢰성과 내구성, 반응속도, 감지거리, 단위시간당 스위칭 회수, 선명도 등

34 다음 중 검출 스위치가 아닌 것은?

① 마이크로 스위치
② 리밋 스위치
③ 누름 버튼 스위치
④ 광전 스위치

해설
검출용 스위치의 종류 : 마이크로 스위치, 리밋 스위치, 근접 스위치, 광전 스위치

35 CAD/CAM 시스템의 입출력장치가 아닌 것은?

① 플로터 ② 마우스
③ 중앙처리장치 ④ 키보드

해설
③ 중앙처리장치(CPU) : 컴퓨터의 본체에 해당하는 장치
① 플로터 : A계열 또는 B계열의 상당히 큰 제도도면 등을 출력할 수 있는 출력장치
② 마우스 : 커서를 이동시켜 입력하는 입력장치
④ 키보드 : 문자와 코드를 직접 입력할 수 있는 입력장치

36 10진수 6을 2진수로 처리할 때 사용되는 비트수는?

① 1 ② 2
③ 3 ④ 4

해설
10진수 6은 2진수로 바꾸면 110인데 1비트로 0과 1을 한 번 구분하므로, 세자리 수인 3비트이다.

정답 32 ① 33 ③ 34 ③ 35 ③ 36 ③

37 물체가 방사하고 있는 각종 적외선을 검출하는 비접촉식 센서로, 최근에는 TV나 VTR 등 가전제품의 리모컨, 자동문의 스위치, 방사온도계 등에 사용되는 것은?

① 자기 센서　　② 초음파 센서
③ 적외선 센서　④ 열전대

해설
적외선 센서는 적외선의 광에너지를 이용하는 광기전형과 적외선의 열에너지를 이용하는 열전형으로 나뉜다. 적외선 발생 시 감지하거나 항상 적외선을 발생시켜 감지하고 있다가 끊어졌을 때를 감지하는 형태로 활용한다.

감지방법		종류
접촉식		마이크로 스위치, 리밋 스위치, 테이프 스위치, 매트 스위치, 터치 스위치
비접촉식	근접감지기	고주파형, 정전 용량형, 자기형, 유도형
	광감지기	투과형, 반사형
	영역감지기	광전형, 초음파형, 적외선형

38 릴레이 제어와 비교한 PLC 제어의 장점으로 틀린 것은?

① 동작 실행에 대한 내용 변경이 용이하다.
② 프로그램된 내용을 확인할 수 없다.
③ 제어기능량에 비해 설치 면적이 작다.
④ 신뢰성이 높고 고속 동작이 가능하다.

해설
PLC 프로그램은 모니터링이 가능하다.
• PLC의 장점
- 계전기 제어방식에서 이루어지는 배선작업을 프로그램을 사용하여 간단히 처리할 수 있다.
- PLC에는 동작표시기능과 자기진단기능, 고장표시기능 등이 내장되어 있어 유지 보수가 편리하다.
- 반도체 소자를 이용한 무접점 회로를 사용하기 때문에 접촉 신뢰성이 높고 수명이 길다.
- 반도체 소자가 계전기나 타이머, 카운터 등을 대신하기 때문에 소비 전력과 설치 면적이 작아졌다.
- 시퀀스제어뿐만 아니라, 산술 연산, 비교 연산 및 데이터 처리 등을 할 수 있다.
• PLC의 단점
- PLC 언어의 호환성에 대한 우려가 있다.
- 제어규모가 작은 경우 릴레이 제어방식보다 소요 비용이 높다.

39 되먹임제어의 효과라고 볼 수 없는 것은?

① 외부 조건의 변화에 대한 영향을 줄일 수 있다.
② 정확도가 증가한다.
③ 대역폭이 증가한다.
④ 시스템이 작아지고 값이 싸진다.

해설
대역폭은 한 가지로 정확하게 정의하기 힘든 개념이며, 주파수 영역에서 특정 기능이 얼마나 넓은 범위 안에서 동작하는지를 나타내는 모호한 개념으로 인식된다. 되먹임제어를 하면 불분명한 시도도 지속적인 보정을 통해 원하는 신호를 얻어낼 수 있어 대역폭이 넓어진다. 회로를 구성할 때 되먹임회로를 구성하려면 장치의 수나 절차가 많아지므로 시스템은 조금 더 커지고, 비용도 더 들어간다.

40 PLC의 주요 주변기기 중에 프로그램 로더가 하는 역할과 거리가 먼 것은?

① 프로그램 기입
② 프로그램 이동
③ 프로그램 삭제
④ 프로그램 인쇄

해설
주변기기
• 프로그램 로더(프로그래머) : 기입, 판독, 이동, 삽입, 삭제, 프로그램유무의 체크, 프로그램의 문법 체크, 설정값 변경, 강제 출력
• 프린터, 카세트데크, 레코더 : 출력장치, 카세트 설치장치, 녹화장치
• 디스플레이가 있는 로더(Display Loader, CRT Loader)
• 롬 라이터(Rom-writer)

41 다음 그림과 같이 조작 후에 손을 떼면 접점은 그대로 유지되지만, 조작 부분은 본래의 상태로 복귀되는 스위치는?

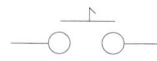

① 복귀형 조작 스위치
② 유지형 조작 스위치
③ 잔류형 조작 스위치
④ 리밋 스위치

해설
디텐트 스위치
손으로 동작을 시키면 기계적 지지에 의해 동작 상태가 유지되는 형태의 스위치이다. 종류로는 토글 스위치, 잔류형 조작 스위치, 선택형 스위치, 회전 스위치, 캠 스위치, 드럼 스위치, Foot S/W, 트리거 스위치 등이 있다.

42 광센서를 원리에 따라 분류한 것 중 광기전력 효과를 이용한 것이 아닌 것은?

① 포토다이오드
② 광사이리스터
③ 포토 트랜지스터
④ 광전자 증배관

해설
광전효과(光電效果) : 빛이란 마치 전자처럼 물리량을 갖고 입자를 갖고 있다는 이론에 의해 여러 실험을 하던 중 빛을 금속에 조사(照射)하였을 때 전입자가 튀어나온 현상이다.
광전효과의 종류

종류	특징	예시
광기전력효과	회로를 닫으면 광전류가 흐르는 효과	포토다이오드, 태양전지, 포토TR
광도전효과	물질의 도전율이 빛을 쏘이므로 증대되는 효과	광센서(CdS, CdSe, PbS, CdHgTe)
광전자 방출효과 (외부광전효과)	빛을 금속에 조사(照射)하였을 때 전입자가 튀어나온 현상	광전자배증관
초전효과	황산리튬, 리튬라이오베이트, TGS 등에서 온도의 변화를 일으켰을 때 전자가 분리되는 효과	PZT 셀, LiTaO₃ 셀

43 저투자성 자동화(LCA ; Low Cost Automation)에 대한 설명 중 틀린 것은?

① 단계별 자동화를 구축한다.
② 원리가 간단하고 확실하여 스스로 자동화 장치를 설계 및 시설할 수 있어야 한다.
③ 초기부터 완전한 자동화를 시도한다.
④ 자신이 직접 자동화를 한다.

해설
저투자성 자동화란 비용이 적게 드는 자동화로, 간단한 원리만 적용하고 자체적 자동화 장치를 설계하거나 꼭 필요한 기능만 자동화한다. 그리고 현재 사용하고 있는 장비를 활용하거나 단계별 자동화를 하는 등 자동화에 드는 장치적 특성에 의한 고비용 문제를 해소하고자 하는 내용이다.

44 PLC의 주변장치를 사용하여 프로그램을 PLC의 메모리에 기억시키는 작업은?

① 로 딩
② 코 딩
③ 입력할당
④ 출력할당

정답 41 ③ 42 ④ 43 ③ 44 ①

45 PLC 프로그램 명령어 중에서 논리합(병렬)조건으로 접속되어 있는 경우에 사용하는 명령어는?

① LOAD
② AND
③ OR
④ NOT

해설
논리합의 경우 둘 중 하나만 참이어도 결과가 참이므로, 둘 중 하나의 신호만 존재해도 출력이 발생하는 OR회로와 같은 논리식이다.

46 PLC 기능 중에서 특정한 입출력 상태 및 연산 결과 등을 기억하는 것은?

① 레지스터
② 연산기능
③ 카운터기능
④ 인터럽트

해설
레지스터란 주소나 코드 또는 직전 내용을 잠시 기억하는 장치이다.

47 다음 중 유도형 센서(고주파 발진형 근접 스위치)가 검출할 수 없는 물질은?

① 구 리
② 황 동
③ 철
④ 플라스틱

해설
유도형 센서 : 강자성체가 영구자석에 접근하면 코일 내 자속의 변화율에 따라 출력 단자 사이에 전압을 발생시켜 물체의 유무를 판단하며, 금속성 물질을 검출한다.

48 다음 그림과 같이 유접점 회로를 무접점 회로로 변환하고, 함수식으로 나타낸 것으로 옳은 것은?

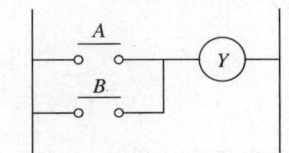

① A, B → $Y = \overline{A+B}$
② A, B → $Y = A+B$
③ A, B → $Y = A \cdot B$
④ A, B → $Y = \overline{A \cdot B}$

해설
A나 B에 하나만 신호가 들어오면 출력 Y가 발생한다.

49 정전용량형 감지기의 검출거리에 영향을 미치는 요소가 아닌 것은?

① 검출체의 두께
② 검출체의 색깔
③ 검출체의 유전율
④ 검출체의 크기

해설
색깔이 도금의 영향이라면 검출거리에 영향을 주지만, 정전용량형 센서는 정전용량의 변화에 따라 감지하므로 검출체의 크기나 유전율, 두께, 도금 등에 영향을 받는다.

50 푸시버튼 스위치 a접점 기호인 것은?

① ―o o― ② ―o⎴o― (LS)
③ ―o⟂o― ④ ―o△o―

해설

명 칭		기 호
접점(일반) 또는 수동 접점	a접점	―o o―
	b접점	―o⟋o―
수동조작 자동복귀 접점 (Push Button Switch)	a접점	―o⎴o―
	b접점	―o⟂o―
기계적 접점 (Limit Switch)	a접점	―o⎴o― (LS)
	b접점	―o⟂o―

52 다음 그림과 같은 유접점 시퀀스 회로도에 대한 설명으로 적합한 것은?

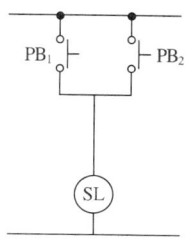

① 입력과 PB_1과 PB_2는 직렬연결이다.
② 입력과 PB_1과 PB_2는 병렬연결이다.
③ 입력과 PB_1과 PB_2는 NAND 관계이다.
④ 입력과 PB_1과 PB_2는 AND 관계이다.

해설
PB_1과 PB_2는 병렬이며 OR 관계이다.

51 전자개폐기의 철심이 진동할 경우 예상되는 원인으로 가장 가까운 것은?

① 가동철심과 고정철심 접촉 부위에 녹이 발생했다.
② 전자개폐기의 코일이 단선되었다.
③ 전자개폐기 주위의 습기가 낮다.
④ 접촉단자에 정격전압 이상의 전압이 가해졌다.

해설
전자개폐기에 전류가 흐르면 고정철심이 전자석이 되어 가동철심을 잡아당긴다. 진동이 생긴다는 것은 전자석 역할을 하는 물체의 자화가 됐다 안 됐다 하는 일이 매우 빠르게 반복되거나 잡아당겨진 가동철심이 접촉이 불가능한 경우 등이 있는데 주어진 보기 중 가장 예상되는 원인은 접촉 부위의 이물질이 생겼을 경우라고 할 수 있다.

53 논리회로를 간략화하는 데 있어서 0과 1을 연산하고자 할 때 틀린 것은?

① $0 + 0 = 0$ ② $1 + 0 = 1$
③ $1 \cdot 1 = 1$ ④ $1 \cdot 0 = 1$

해설
① 신호가 둘 다 들어오지 않으면 출력은 없다.
② +는 OR 신호로 둘 중 하나만 신호가 들어와도 출력이 생긴다.
③, ④ AND 신호로 둘 다 신호가 들어와야만 출력이 생긴다.

54 다음 그림과 같은 무접점 시퀀스의 출력(Y)값으로 알맞은 것은?

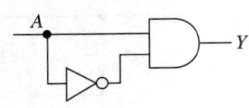

① $\overline{A}$
② A
③ 0
④ 1

해설
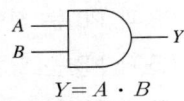
$Y = A \cdot B$
$Y = A \cdot B$이고 $A \cdot \overline{A}$ 이므로 출력은 0이다.

55 검출 스위치의 종류가 아닌 것은?

① 리밋 스위치
② 근접 스위치
③ 온도 스위치
④ 전자계전기

해설
전자계전기는 릴레이로서 연동 스위치라고 할 수 있다.

56 다음 그림의 시퀀스제어도에서 R_2가 여자되기 위한 접점에 해당되는 것은?

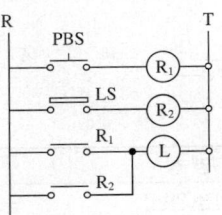

① PBS
② LS
③ R_1
④ R

해설
R_2가 여자되기 위해서는 LS가 작동해야 한다.

57 어떤 기계장치의 시퀀스제어에 있어서 단선 등 전기회로의 고장 진단을 하기 위하여 주로 사용되는 계측기는?

① 오실로스코프
② 주파수계전기
③ 회로시험기
④ 태코미터

해설
① 오실로스코프 : 전기의 변화를 그래프로 나타내는 장치로 입력신호의 시간과 전압의 크기, 발진신호의 주파수, 입력신호에 대한 회로상의 응답 변화, 기능이 저하된 요소가 신호를 왜곡시키는 것, 직류신호와 교류신호의 양, 신호 중의 잡음과 그 신호 상에서 시간에 따른 잡음의 변화를 파악할 수 있다.
② 주파수계전기 : 미리 정해 놓은 주파수값을 넘거나 모자랄 때 작동하는 계전기이다.
④ 태코미터 : 회전속도계를 의미한다.

58 3상 유도전동기의 정·역 운전에 관한 설명으로 거리가 먼 것은?

① 정·역 방향 전환은 3상의 결선에서 임의의 2상을 서로 바꿔 주면 된다.
② 인터로크회로는 정회전 전자접촉기가 동작하면 역회전 전자접촉기가 동작하지 않도록 하기 위한 것이다.
③ 인터로크회로로 인해 3상 유도전동기는 정지동작 없이 정회전에서 역회전으로 바로 변환이 가능하다.
④ 3상 유도전동기를 역회전시키려면 회전 자장의 방향을 반대로 하면 된다.

해설
정회전과 역회전 버튼이 따로 있거나 c접점을 이용한 스위치와 같은 스위치로 선택할 수 있다고 할 때 정회전 선택 시 역회전을 방지하기 위해 정회전 연결이 되면 역회전 신호에 인터로크를, 역회전 신호 선택 시 정회전 연결에 인터로크를 설치하여 정·역 회전을 선택할 수 있도록 설계한다. 운동역학적으로 회전하던 물체가 반대 방향으로 정지 없이 회전할 수 있는 방법은 없다.

59 다음 시퀀스제어 도면의 동작 설명으로 맞는 것은?

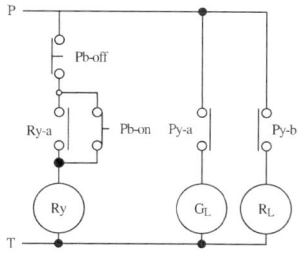

① R과 T에 전원만 넣으면 녹색 램프가 켜진다.
② R과 T에 전원만 넣으면 적색 및 녹색 램프가 동시에 켜진다.
③ Pb-on 스위치를 누르는 동안만 녹색 램프가 켜진다.
④ Pb-on 스위치를 한 번만 눌렀다 놓아도 녹색 램프는 켜진 상태로 유지된다.

해설

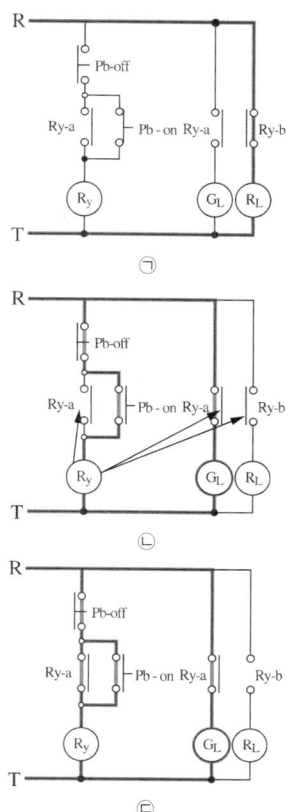

전원을 넣은 후 Pb-on을 누르면 ⓒ처럼 신호가 들어가서 R_y가 작동하여 릴레이는 자기유지가 되고 적색 램프가 들어오던 라인을 끊고 녹색 램프가 들어오는 라인에 신호가 ⓒ처럼 들어간다.

60 공장 자동화의 단계에서 가장 발전된 단계는?

① CAD ② CAM
③ DNC ④ CIM

해설
CIM(Computer-Integrated Manufacturing, 컴퓨터 통합 생산)이란 컴퓨터를 이용하여 생산에 관련된 CAD, CAM, 이송 등의 분야와 계획, 시장조사, 기획 등의 모든 과정을 컴퓨터의 도움을 받아 진행하는 시스템이다.

정답 58 ③ 59 ④ 60 ④

2022년 제1회 과년도 기출복원문제

01 다음 단면도 중 옳지 않은 것은?

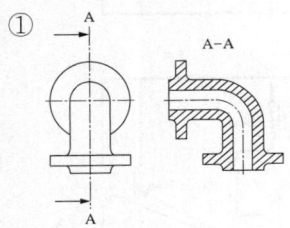

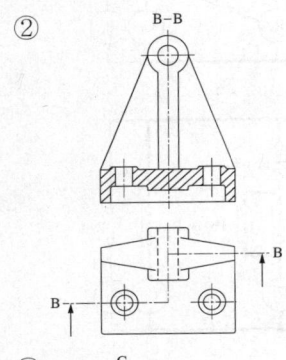

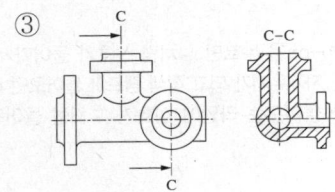

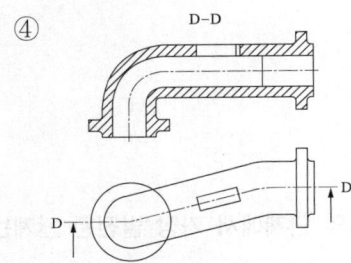

해설
보기 ②의 단면의 경계를 긋는 선은 다음 그림과 같이 되어야 한다.

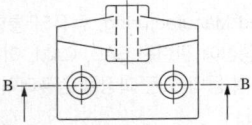

02 다음 그림과 같은 표준 스퍼기어 도시 도면에서 모듈값은?

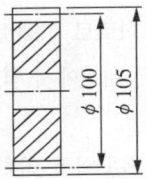

① 2.5 ② 3.5
③ 5   ④ 10

해설
스퍼기어의 표준 잇수와 모듈, 지름의 관계는
· $D_e = mZ$
  여기서, D_e : 유효지름
         m : 모듈
         Z : 잇수
· $D_o = m(Z+2)$
  여기서, D_o : 바깥지름
두 식을 문제의 조건과 연결하면 1차 방정식이 된다.
유효지름이 100mm, 바깥지름이 105mm이므로
$100 = mZ$
$105 = m(Z+2) = mZ + 2m$
$105 = 100 + 2m$
$2m = 5$
∴ $m = 2.5$

03 다음 표면경화 열처리 방법 중 화학적 방법은?

① 고주파경화법   ② 화염경화법
③ 하드페이싱   ④ 금속침투법

해설
표면경화 열처리
· 물리적 방법 : 고주파경화법, 화염경화법, 하드페이싱, 쇼트피닝, 전해경화, 방전경화 등
· 화학적 방법 : 침탄법, 질화법, 금속침투법, 표면개질법, 청화법 등

정답 1 ② 2 ① 3 ④

04

다음 그림과 같이 도면에 표시가 되었다면 b영역이 의미하는 내용으로 옳은 것은?

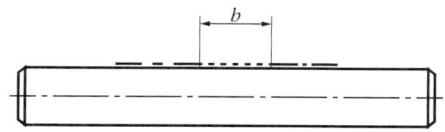

① 표면경화를 해야 하는 영역을 표시하였다.
② 표면경화를 해도 좋은 영역을 표시하였다.
③ 침탄열처리를 하면 안 되는 영역을 표시하였다.
④ 표면경화 간의 간격을 확보하라는 지시를 표시하였다.

해설

번호	선 모양	선의 명칭	적용내용
02.2.1	─ ─ ─	굵은 파선	열처리, 유기물 코팅, 열적 스프레이 코팅과 같은 표면처리의 허용 부분을 지시한다.
04.1.5	─·─·─	가는 1점 장쇄선	열처리와 같은 표면경화 부분이 예상되거나 원하는 확산을 지시한다.
04.2.1	━·━·━	굵은 1점 장쇄선	데이텀 목표선, 표면의 (제한) 요구 면적, 예를 들면 열처리 또는 표면의 제한 면적에 대한 공차 형체 지시의 제한 면적, 예로 열처리, 유기물 코팅, 열적 스프레이 코팅 또는 공차 형체의 제한 면적
05.1.8	─··─··─	가는 2점 장쇄선	점착, 연납땜 및 경납땜을 위한 특정범위/제한 영역의 틀/프레임
07.2.1	········	굵은 점선	열처리를 허용하지 않은 부분을 지시한다.

b영역의 좌우 부분은 굵은 1점쇄선으로 표면경화 또는 침탄경화를 하도록 표시하였고, b영역은 굵은 파선으로 표시되어 있어 해당 열처리를 해도 좋다는 표시를 하고 있다.

05

기계가공 도면에서 기계가공 방법 기호 중 줄 다듬질 가공기호는?

① FJ ② FP
③ FF ④ JF

해설

일반적으로는 다음의 주요 가공방법 표시로 문제가 해결되므로 내용을 참고한다.

- 주요 가공방법 표시(KS B 0107)

선반(선삭)	L	연 삭	G
드릴링	D	다듬질	F
리 밍	DR	용 접	W
태 핑	DT	방전가공	SPED
밀 링	M	열처리	H
평밀링	MP	담금질	HQ
엔드밀링	ME	표면처리	S
평 삭	P	폴리싱	SP
셰이핑	SH	쇼트피닝	SHS
슬로팅	SL	주 조	C
브로칭	BR		

- KS B 0107에서 제시한 다듬질 방법

가공방법	기 호	참 고
치 핑	FCH	Chipping
페이퍼 다듬질	FCA	Costed Abrasive Finishing
줄 다듬질	FF	Filing
래 핑	FL	Lapping
폴리싱	FP	Polishing
리 밍	FR	Reaming
스크레이핑	FS	Scraping
브러싱	FB	Brushing

정답 4 ② 5 ③

06 지름이 50mm인 연강 둥근 막대를 선반에서 절삭할 때 주축의 회전수를 100rpm이라 하면, 절삭속도는 몇 m/min인가?

① 15.7　　② 20.4
③ 25.3　　④ 29.7

해설
πd는 원의 둘레 길이이다. 분당 회전수 n을 곱하면 '분당 전체 운동한 거리'가 되며 이것이 속도이다. 1,000은 mm으로 계산된 분당 전체 운동한 거리를 m로 계산하기 위해 곱한 계수이다.

$$v = \frac{\pi d n}{1,000}$$
$$= \frac{\pi \times 50 \times 100}{1,000} = 15.7 \text{m/min}$$

07 보통선반의 심압대에 ∅13mm 이상의 드릴을 고정하는 데 사용하는 도구는?

① 앤드릴
② 슬리브
③ 총형 바이트
④ 앤드밀

해설
슬리브는 우리말로 '소매' 정도라고 할 수 있다. 주먹 위에 옷소매가 덮여 있다고 생각하면 된다.

08 가는 지름의 환봉재 또는 일정 크기의 재료를 빠르게 중심을 찾아 고정하는 선반척은?

① 마그네틱척(Magnetic Chuck)
② 콜릿척(Collet Chuck)
③ 단동척(Independent Chuck)
④ 벨척(Bell Chuck)

해설

콜릿 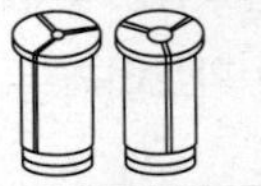	콜릿척 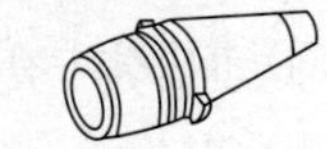

콜릿 사이에 가는 공작물을 끼우고 콜릿척에 콜릿을 끼운 후 주축척에 끼워 사용한다. 연동축과 혼동할 수 있으나 보기에 연동축이 없고 가는 지름의 재료라는 것에 초점을 맞추어 풀이를 해야 한다.

09 연삭숫돌의 트루잉(Truing)이 필요한 경우는?

① 눈메움이 일어났을 때
② 숫돌바퀴 바깥원이 진원이 아닌 것으로 보일 때
③ 숫돌입자가 탈락되지 않아서 무딤증상이 발생할 때
④ 아직 다 사용하지도 않은 숫돌입자가 자꾸 탈락할 때

해설
연삭숫돌은 드레싱과 트루잉으로 바퀴를 조정하며, 트루잉은 숫돌바퀴를 진원화시키는 작업이다.

10 다음 그림과 같은 커터를 이용하여 기어를 가공하는 방법은?

① 호 빙   ② 브로칭
③ 래 킹   ④ 셰이빙

해설
문제 그림의 커터는 호브이다. 호빙은 호브를 이용하여 스퍼기어, 헬리컬기어 등을 가공하는 창성에 의한 기어 제작방법이다.

11 회전속도가 600rpm, 이송속도가 0.1mm/rev이고, 1회당 x방향으로 1mm씩 전진시킨다고 할 때 지름 50mm, 길이 150mm인 공작물을 지름 40mm로 전체 길이를 가공한다면 걸리는 최소 시간은? (단, x축 이송시간은 고려하지 않는다)

① 500초   ② 750초
③ 1,000초   ④ 1,500초

해설
- 회전속도 600rpm = 600회전/1분 = 600회전/60초
  → 1회전 시 걸리는 시간 = 0.1초
- 이송속도 0.1mm/rev → 1회전 시 이송거리 = 0.1mm
따라서 0.1초 동안 0.1mm를 이송하므로, 1초에 1mm를 이송한다. 공작물의 길이가 150mm이므로 길이를 1회 가공하는 데 걸리는 시간은 150초이며, 지름 50mm인 공작물을 지름 40mm로 가공하려면 5회 가공해야 하므로(회전체이므로 1mm 이동 시 지름 2mm씩 가공), 전체 걸리는 시간은 750초이다.

12 선반작업 시 안전사항으로 틀린 것은?

① 절삭 중에는 측정을 하지 않는다.
② 기계 위에 공구나 재료를 올려놓지 않는다.
③ 가공물이나 절삭공구의 장착은 정확히 한다.
④ 칩이 예리하므로 장갑을 끼고 작업한다.

해설
회전체가 있는 작업은 항상 장갑을 벗는다.

13 마이크로미터를 사용할 때 주의사항으로 틀린 것은?

① 심블을 잡고 프레임을 휘둘러 돌리지 않는다.
② 래칫스톱을 사용하여 측정압을 일정하게 한다.
③ 클램프로 스핀들을 고정하고 캘리퍼스 대용으로 사용하지 않는다.
④ 사용 후 앤빌과 스핀들을 밀착시켜 둔다.

해설
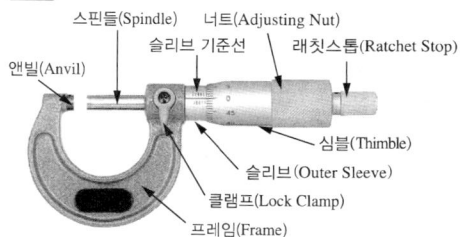

14 다음 중 기계적 에너지를 유압에너지로 바꾸는 유압기기는?

① 공기압축기
② 유압펌프
③ 오일탱크
④ 유압제어밸브

해설
엄밀한 의미에서 공기를 압축하는 작업도 기계적 에너지를 유체적인 잠재에너지(Potential Energy)로 변환하는 작업이기는 하나, 문제와 같은 객관식 문제에서는 질문에 가장 부합하는 답을 하나만 찾는 연습이 필요하다. 펌프는 기계적 에너지를 유체의 운동에너지로 변환시켜 주는 역할을 한다.

15 어느 게이지의 압력이 8kgf/cm²이었다면, 절대압력은 약 몇 kgf/cm²인가?

① 8.0332
② 9.0332
③ 10.0332
④ 11.0332

해설
- 대기압
  1기압 = 1atm = 760mmHg = 10.33mAq = 1.03323kgf/cm²
- 절대압력 = 대기압 + 게이지압력
  1.03323kgf/cm² + 8kgf/cm² = 9.03323kgf/cm²

16 $\overline{A+B} \cdot B + (C+\overline{C}) \cdot \overline{C} + \overline{A}$와 같은 것은?

① A
② $\overline{A}$
③ C
④ $\overline{A \cdot C}$

해설
$\overline{A+B} \cdot B + (C+\overline{C}) \cdot \overline{C} + \overline{A} = \overline{A} \cdot \overline{B} \cdot B + C \cdot \overline{C} + \overline{C} + \overline{A}$
$= 0 + 0 + \overline{C} + \overline{A} = \overline{A \cdot C}$

17 센서 선정 시 고려사항으로 옳게 짝지어진 것이 아닌 것은?

① 센서의 특성 : 검출 대상, 대상의 크기, 검출범위 등
② 센서의 신뢰성 : 내환경성, 재현성, 히스테리시스 등
③ 센서의 생산성 : 제조원가, 호환성, 제조 산출률 등
④ 센서의 객관성 : 제품 선택의 자율성, 성능의 객관성 등

해설
센서 선정 시 고려사항
- 센서의 특성 : 검출 대상, 대상물의 크기, 검출범위, 응답속도, 검출한계 등
- 센서의 신뢰성 : 내환경성, 수명, 재현성, 히스테리시스, 직진성, 감도 등
- 센서의 생산성 : 제조 산출률, 제조원가, 호환성 등

18 마이크로 스위치의 장점이 아닌 것은?

① 무소음으로 동작하고 복귀한다.
② 소형이고 대용량의 전력을 개폐할 수 있다.
③ 정밀 스냅액션기구를 사용하여 반복 정밀도가 높다.
④ 액추에이터에 따른 기종이 다양하여 선택범위가 넓다.

해설
마이크로 스위치의 장단점
- 장 점
  - 소형이고 대용량의 전력을 개폐할 수 있다.
  - 정밀 스냅액션기구를 사용하여 반복 정밀도가 높다.
  - 응차의 움직임이 있으므로 진동, 충격에 강하다.
  - 액추에이터에 따른 기종이 다양하여 선택범위가 넓다.
  - 기능 대비 경제성이 높다.
- 단 점
  - 금속 접점을 사용하여 접점 바운스나 채터링이 있는 것도 있다.
  - 전자 부품과 같은 고체화 소자에 비해서 수명이 짧다.
  - 동작, 복귀 시 소음이 난다.
  - 전자회로와 같은 드라이 서킷회로에서는 개폐능력에 한계가 있다. 또한 구조적으로 완전 밀폐가 아니므로 사용환경에 제한이 있다.

19 센서용 검출 변환기에서 제베크 효과(Seebeck Effect)를 이용한 것은?

① 압전형 ② 열기전력형
③ 광전형 ④ 전기화학형

해설
제베크 효과 : 종류가 다른 금속에 열(熱)의 흐름이 생기게 온도차를 주었을 때, 기전력이 발생하는 효과

20 다음 보기에서 설명하는 자동화 기술보전은?

┌보기┐
설비의 건강 상태를 유지하고 고장이 나지 않도록 열화를 방지하기 위한 일상보전, 열화를 측정하기 위한 정기검사 또는 설비보전 열화를 조기에 복원시키기 위한 정비 등을 하는 보전활동

① 계획보전 ② 예방보전
③ 사후보전 ④ 개량보전

해설
보기 중 열화를 방지하기 위한 보전활동은 계획보전과 예방보전으로 볼 수 있으며, 정기검사나 사전 복원을 통해 고장을 예방하는 활동은 예방보전활동이다.

21 스테핑 모터에 대한 설명으로 적절하지 않은 것은?

① 펄스당 회전각 1.8°와 0.9°를 사용하여 각도를 제어한다.
② 기계적 구조나 회로가 간단하고, 응답성이 빠르다.
③ 정지 시 매우 큰 정지토크가 필요하다.
④ 피드백 장치를 통해 위치를 확인한다.

해설
스테핑 모터(Stepping Motor)의 특징
- 일정한 펄스를 가해 줌으로써 회전각(펄스당 회전각 1.8°와 0.9° 사용)을 제어할 수 있는 모터이다.
- 기계적 구조나 회로가 간단하고, 빠른 응답성, 저렴한 가격 등으로 인해 짧은 거리 디지털 제어에 적합하다.
- 정지 시 매우 큰 정지토크가 있기 때문에 전자 브레이크 등의 위치유지기구를 필요로 하지 않는다.
- 회전속도도 펄스비에 비례하여 간편하게 제어가 가능하다.
- 큰 힘이 필요한 대용량의 구동계에서는 사용하기 어렵다.
- 모터 자체에 피드백 장치가 없어 실제로 움직인 거리를 알아낼 수 없다.
- 크기에 비해 토크가 작다. 과부하에서 난조를 일으키고, 고속 회전이 곤란하며 저속 회전 시 진동이 발생한다.

22 타이머에 전원이 투입되면 순간적으로 접점이 열리고, 전원을 제거하면 일정시간 경과 후에 닫히는 접점은?

① 순시복귀 a접점
② 순시복귀 b접점
③ 한시복귀 a접점
④ 한시복귀 b접점

해설
순시복귀는 바로 돌아온다는 의미이며, 한시복귀는 조금 시간을 두었다가 돌아온다는 의미이다. a접점은 신호가 들어가면 닫히고, 평소에는 열려 있는 접점이고, b접점은 신호가 들어가면 열리고 평소에는 닫혀 있는 접점이다.

23 로봇의 구동요소 중에서 피드백 신호 없이 구동축의 정밀한 위치제어가 가능한 것은?

① 스테핑 모터
② AC 서보모터
③ DC 서보모터
④ 서보유압 구동장치

해설
스테핑 모터(Stepping Motor)
일정한 펄스를 가해 줌으로써 회전각(펄스당 회전각 1.8°와 0.9°를 사용)을 제어할 수 있는 모터로 기계적 구조나 회로가 간단하고, 빠른 응답성, 저렴한 가격 등으로 인해 짧은 거리 디지털 제어에 적합하다.

24 다음은 어떤 회로를 나타낸 것인가?

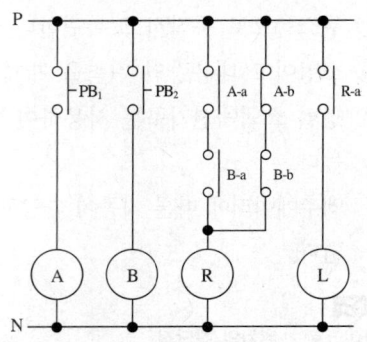

① 일치회로
② 인터로크회로
③ 금지회로
④ 배타적 OR회로

해설
일치회로란 A와 B의 신호가 일치할 때만 출력이 발생하는 회로이다.
㉠ 왼쪽부터 선도를 읽는다.
㉡ PB₁이 작동하면 A가 활성화되고, PB₂가 작동하면 B가 활성화된다.
㉢ A와 B의 신호가 같으면 R이 작동한다.
㉣ R이 작동하면 램프가 들어온다.

25 인버터의 출력이 차단되는 경우가 아닌 것은?

① 과전류 시 차단된다.
② 냉각핀이 과열되면 차단된다.
③ 400V급 인버터가 820VDC으로 상승되면 차단된다.
④ 200V급 인버터가 360VDC 이하로 하강되면 차단된다.

해설
200V급 인버터가 180VDC 이하로 하강되면 차단된다.
인버터의 보호기능 이해
- 과전류 : 출력전류가 인버터 과전류 보호 레벨 이상이 되면 인버터의 출력을 차단한다.
- 지락전류 : 출력측에 지락이 발생하여 지락전류가 흐르면 인버터 출력을 차단한다.
- 인버터 과부하 : 출력전류가 인버터 정격전류의 150% 이상으로 1분 이상 연속적으로 흐르면 인버터 출력을 차단한다.
- 과부하 트립 : 출력전류가 전동기 정격전류의 설정된 크기 이상으로 흐르면 인버터 출력을 차단한다.
- 냉각핀 과열 : 주위 온도가 규정치보다 높아져 인버터 냉각핀이 과열되면 인버터 출력을 차단한다.
- 출력 결상 : 출력 단자 U, V, W 중에 한 상 이상이 결상되면 인버터 출력을 차단한다.
- 과전압 : 내부 주회로의 직류전압이 규정전압 이상(200V급은 400VDC, 400V급은 820VDC)으로 상승하면 인버터 출력을 차단한다. 감속시간이 너무 짧거나 입력전압이 규정치 이상일 때 주로 발생한다.
- 저전압 : 규정치 이하의 입력전압 시 출력이 차단된다(200V급 180VDC, 400V급 360VDC 이하).
- 전자서멀 : 전동기 과부하 운전 시 전동기의 과열을 막기 위하여 사용한다.
- 입력 결상 : 3상 입력 전원 중 1상이 결상되거나 내부 평활용 콘덴서 교체 시기에 출력을 차단한다.

26 모터 안전에 관한 사항으로 옳지 않은 것은?

① 모터의 시험 운전 전에는 반드시 운전 전 점검사항을 확인한 후 시운전을 실시한다.
② 모터는 대동력기기로서 높은 전압과 큰 전류를 소비하므로 취급 시 특히 전기 안전에 유의해야 한다.
③ 제어기나 전선의 용량은 모터의 정격전류 및 기동전류 이하의 용량으로 선정하여야 한다.
④ 모터의 동력회로나 제어회로에 나타내는 기호는 반드시 KS 규격기호나 IEC 규격기호 중 하나를 사용하여 작성해야 한다.

해설
모터 사용의 안전 및 유의사항
- 모터의 시험 운전 전에는 반드시 운전 전 점검사항을 확인한 후 시운전을 실시해야 한다.
- 모터는 대동력기기로서 높은 전압과 큰 전류를 소비하므로 취급 시 특히 전기 안전에 유의해야 한다.
- 모터의 정·역회전 제어와 같이 상반된 동작의 경우에는 오조작이나 제어기 고장에 대비해 전기적 인터로크는 물론 상황에 따라 기계적 인터로크도 고려해야 한다.
- 모터의 선정 계산방법은 해당 제품의 카탈로그 및 규격화된 계산 공식을 따른다.
- 모터의 설치방법은 해당 제품의 사용설명서와 제조사에서 규정한 내용을 포함하며, 회사 내 해당 작업의 규정에 따른다.
- 점검사항은 해당 제품의 사용설명서와 제조사에서 규정한 내용을 포함하며, 회사 내 해당 작업의 규정에 따른다.
- 제어기나 전선의 용량은 모터의 정격전류 및 기동전류까지 허용 가능한 용량으로 선정하여야 한다.
- 모터의 동력회로나 제어회로에 나타내는 기호는 반드시 KS 규격기호나 IEC 규격기호 중 하나를 사용하여 작성해야 한다.

27 자동화시스템과 가장 관계가 없는 것은?

① 수치제어선반
② PLC
③ 무인 운반차
④ 범용선반

해설
범용선반은 모터 외에는 작업자가 직접 작동한다.

28 부하의 과전류에 의한 열 발생이 바이메탈을 작동시켜 회로를 차단하는 제어용 기기는?

① EOCR
② 열동계전기
③ 전자접촉기
④ 한시계전기

해설
① EOCR : 전자식 과전류계전기
③ 전자접촉기(M.C) : 전자석을 이용하여 접촉을 달리하여 스위치 신호를 생성하는 요소
④ 한시계전기 : 계전을 시간적으로 조정하는 요소

29 다른 유압모터에 비해 구조가 간단하고, 내구성이 우수하여 건설용 기계를 비롯하여 광범위하게 이용되는 유압모터는?

① 기어형 유압모터
② 베인형 유압모터
③ 액시얼 피스톤형 유압모터
④ 레이디얼 피스톤형 유압모터

해설
기어모터 : 두 개의 맞물린 기어에 압축공기를 공급하여 토크를 얻는 방식이다. 높은 동력 전달이 가능하고 높은 출력도 가능하며, 역회전도 가능하다. 광산이나 호이스트 등에 사용한다.

30 PLC의 중앙처리장치의 일부이며, 연산자들에 대해 연산과 논리 동작을 담당하는 부분은?

① ALU
② RAM
③ ROM
④ Register

해설
ALU는 Arithmetic-Logic Unit의 약어로, CPU 내부에서 연산을 담당하는 부분이다.

31 다음 프로그램에 대한 설명 중 옳지 않은 것은?

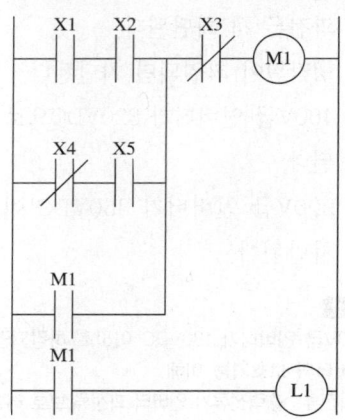

① X5를 누르면 L1이 켜진다.
② X1과 X2를 번갈아 눌러도 L1이 켜진다.
③ X5를 누른 후 X4를 눌러도 L1은 꺼지지 않는다.
④ 한 번 켜져 있는 L1을 끄는 방법은 X3를 누르는 것뿐이다.

해설
X1과 X2를 동시에 눌러야 M1에 신호가 전달된다.

32 공장 자동화의 단계에서 가장 발전된 단계로서 컴퓨터 통합 생산체계를 의미하는 것은?

① CAD
② CAM
③ FMS
④ CIM

해설
④ CIM : Computer Integrated Manufacturing
① CAD : Computer Aided Design
② CAM : Computer Aided Manufacturing
③ FMS : Flexible Manufacturing System
※ Manufacturing : 생산, Design : 설계, Integrated : 통합된

33 자동화시스템의 구성요소 중 서보모터(Servo Motor)는 주로 어디에 속하는가?

① 프로세서(Processor)
② 액추에이터(Actuator)
③ 릴레이(Relay)
④ 센서(Sensor)

해설
서보모터 : 어떤 지정된 상황에 이르렀을 때 동작하여 피드백 동작을 하는 장치를 의미하므로, 액추에이터(구동기)에 속한다.

34 다음과 같이 테이블로 표현된 공정을 기호로 옳게 표현한 것은?

구 분	1단계	2단계	3단계	4단계	5단계	6단계	7단계
실린더 A	전진(클램프)	-	-	후진(언클램프)	-	-	-
실린더 B	-	전진(가공)	후진(복귀)	-	-	-	-
실린더 C	-	-	-	-	전진(송출)	복귀	-
주축모터 D	-	회전	-	정지	-	-	-
컨베이어모터 E	-	-	-	-	회전	-	정지

① $A+(B+\cdot D+)\ B-(A-\cdot D-)\ (C+\cdot E+)\ C-$ 10초 후 $E-$
② $A-(B-\cdot D-)\ B+(A+\cdot D+)\ (C-\cdot E-)\ C+$ 10초 후 $E+$
③ $A\ (B\cdot D)\ \overline{B}\ (A\cdot D)\ (\overline{C}\cdot E)\ \overline{C}$ 10초 후 E
④ $\overline{A}\ (\overline{B}\ \overline{D})\ B\ (\overline{A}\ \overline{D})\ (C\ E)\ \overline{C}$ 10초 후 $\overline{E}$

해설
A, B, C는 실린더의 기호이며 전진이나 On은 +, 후진이나 Off는 −로 표현한다.

35 매우 큰 힘을 발생시킬 수 있고, 회전력과 직선력으로 사용할 수 있는 로봇 동력원은?

① 공기압식 동력원
② 전기식 동력원
③ 유압식 동력원
④ 기계식 동력원

해설
로봇은 주로 공압과 전기, 유압을 이용한 액추에이터(실린더 및 모터)를 이용하여 동작하며, 사용되는 모터는 소형이므로 가장 큰 힘을 내는 동력원은 유압을 사용한다.

동력원의 종류와 특징

구 분	특 징	액추에이터
전기식	소형으로 간편하게 구성할 수 있으며, 고속, 고정밀 위치 결정이 가능하다.	모터, 전자밸브, 솔레노이드
유압식	큰 동력을 얻을 수 있으나, 장치가 복잡하고 유지비가 많이 든다.	유압 실린더
공압식	구조가 간단하나 공기의 압축성 때문에 정밀한 위치 결정이 어렵다.	공압 실린더, 인공근육

36 자동화의 목적과 관계가 적은 것은?

① 생산성 향상
② 품질의 균일화
③ 원가 절감
④ 고용의 촉진

해설
자동화가 되면 점점 인력의 수요는 소수의 고급 인력 중심으로 편성될 수밖에 없다.

37 PLC 회로도 프로그램 방식 중 접점의 동작 상태를 회로도상에서 모니터링할 수 있는 것은?

① 명령어 방식
② 로직 방식
③ 래더도 방식
④ 플로차트 방식

해설
래더다이어그램 예시

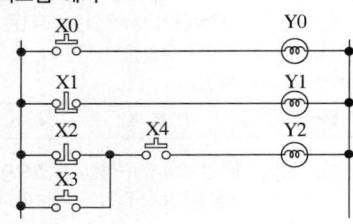

38 다음 그림과 같은 기호로 표시되는 LD 프로그램 명령어는?

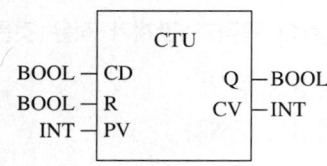

① 세트 코일 출력
② On Time Delay Timer
③ 가산 카운터
④ 감산 카운터

39 공압장치에는 필요 없으나 유압장치에는 꼭 필요한 부속 기기는?

① 방향제어밸브
② 압축기
③ 여과기
④ 기름탱크

해설
공압장치와 유압장치의 가장 큰 차이는 작동유체를 공기를 사용하느냐, 유류를 사용하느냐이다. 공압에서는 Air Compressor, 유압에서는 유류탱크를 사용하며, 공기여과기나 오일필터와 같은 여과기는 두 경우를 모두 사용한다.

40 공압회로 구성에 사용되는 시간지연밸브의 구성요소와 관계없는 것은?

① 압력증폭기
② 공기탱크
③ 3/2-way 방향제어밸브
④ 속도조절밸브

해설
압력 및 공기의 전달을 일정 시간 늦추어 공압을 전달하는 것을 시간지연밸브라 하며, 공기를 담아 둘 탱크와 제어 작동용 방향제어밸브, 유속 조정용 속도제어밸브는 필요한 요소이다.

41 감지기, 측정장치 등과 같이 제어 대상으로부터 나오는 출력을 측정하여 기준 입력과 비교할 수 있게 하여 주는 것은?

① 제어 요소   ② 제어신호
③ 시간지연 요소   ④ 되먹임 요소

해설
되먹임제어의 다른 용어가 피드백제어이고, 회로 형식은 폐루프(닫힌 회로) 형식이다.

42 다음 그림과 같은 회로는?

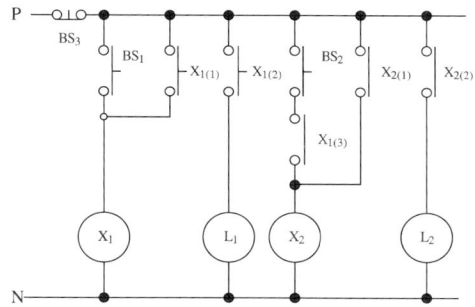

① 쌍대회로
② 신입신호 우선 제어회로
③ 우선동작 순차 제어회로
④ 동작지연 타이머 회로

해설
③ 보기의 회로는 BS₁이 들어와야 BS₂의 신호가 유효하다.
① 쌍대회로 : 폐로 방정식을 절점 방정식으로 바꾼 회로
② 신입우선 회로

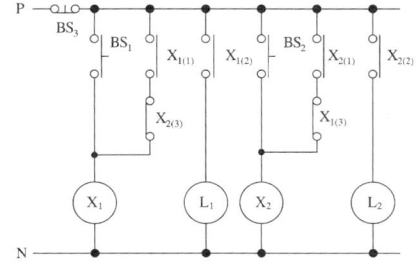

④ 보기의 회로에는 타이머가 없다.

43 에어실린더 등에서 윤활유의 공급이 불충분하여 마모가 심한 경우에 PTFE와 O링을 조합시킨 슬리퍼 실을 사용하는데, 이에 대한 특징으로 틀린 것은?

① O링 단독 사용에 비해 수명이 길다.
② O링이 가진 특성이 거의 그대로 나타난다.
③ 에어 실린더 등 윤활 없이 사용이 가능하다.
④ O링의 재질에 관계없이 넓은 온도 범위에서 사용이 가능하다.

해설
슬리퍼 실이란 마찰저항을 감소하기 위하여 O링의 미세한 간섭이 일어나는 면에 불소수지(PTFE)의 링을 사용한 실(Seal)이다.

44 다음 중 에너지 축적용, 충격 압력의 흡수용, 펌프의 맥동제거용으로 사용되는 유압기기는?

① 필 터   ② 증압기
③ 축압기   ④ 커플링

해설
축압기(어큐뮬레이터, Accumulator)
유체의 압력을 축적하여 압력의 흐름을 일정하게 조절해 주는 장치로, 압력을 축적하는 방식으로 맥동을 방지하는 데 사용한다.

45 공기압축기의 설치 및 사용 시 주의점으로 틀린 것은?

① 가능한 한 온도 및 습도가 높은 곳에 설치할 것
② 공기 흡입구에 반드시 흡입필터를 설치할 것
③ 압축기의 능력과 탱크의 용량을 충분히 할 것
④ 지반이 견고한 장소에 설치하여 소음, 진동을 예방할 것

해설
공기압축기 선정 시 주의 사항
• 압축기의 능력과 탱크의 용량을 충분히 고려한다.
• 동일한 능력이라면 소형 여러 대보다 대형 1대가 더 경제적이다.
• 압축기의 송출압력과 이론 공기 공급량을 정하여 산정한다.
• 사용 공기량의 1.5~2배 정도의 여유를 두고 선정한다.
• 가급적 복수로 설치하여 불시의 고장에 대비한다.

46 용량형 센서에서 센서의 표면적을 2배로 하면 정전용량은 몇 배가 되는가?

① 1/2   ② 2
③ 4   ④ 변화 없다.

해설
정전용량 $C = \dfrac{\varepsilon A}{d}$ 면적과 비례한다.

47 실리카겔, 활성 알루미나 등의 고체 흡착제를 사용해서 수분을 흡착하는 방식에 대한 설명으로 옳은 것은?

① 설계가 단순하며 성능이 우수하다.
② 2개의 용기를 이용하고 연속 사용은 어렵다.
③ 이슬점을 낮추는 원리를 적용하는 건조방식이다.
④ 필요 압력 노점이 0.5~38℃ 사이에서 운전비, 유지비 등이 저렴하여 가장 경제적으로 널리 쓰인다.

해설
문제는 흡착식 에어드라이어에 대한 설명이며, ③, ④는 냉동식 건조기에 대한 설명이다. ②는 어느 것에도 해당되지 않는다.

48 다음 보기와 같은 기능을 하는 공압기기의 요소는?

┤보기├
• 공기압력의 맥동을 평준화한다.
• 일시적으로 다량의 공기가 소비되어도 급격한 압력 강화를 방지한다.
• 정전에 의해 압축기가 정지되었을 때 등 비상시에도 일정 시간 공기를 공급한다.
• 주위의 외기에 의한 냉각효과로 응축수를 분리시킨다.

① 에어 드라이어   ② 공기여과기
③ 공기탱크   ④ 윤활기

해설
공기탱크는 압축기에서 생산된 공기를 저장하는 기기로, 기능은 다음과 같다.
• 공기압력의 맥동을 평준화한다.
• 일시적으로 다량의 공기가 소비되어도 급격한 압력 강화를 방지한다.
• 정전에 의해 압축기가 정지되었을 때 등 비상시에도 일정 시간 공기를 공급한다.
• 주위의 외기에 의한 냉각효과로 응축수를 분리시킨다.

45 ① 46 ② 47 ① 48 ③

49 방향제어밸브가 다음 그림처럼 작동된다면 이에 적당한 밸브기호는?

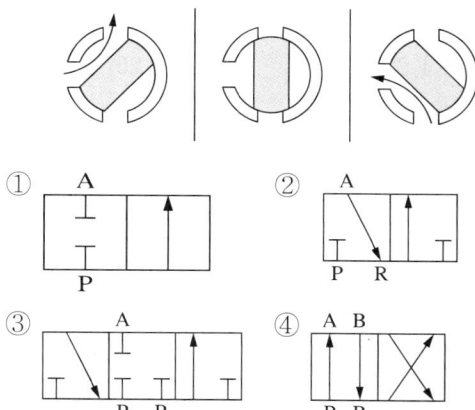

해설
문제 그림의 밸브에서 포트가 3개이므로 보기 ② 또는 ③에서 선택하여야 한다. 작동방식 중 중립 위치가 있으므로 3포트 3위치 밸브가 적당하다.

50 밸브의 조작 부위 기호 중 작동 동력원이 다른 하나는?

해설
④ 전자직동식
① 플런저식
② 스프링식
③ 롤러식
①, ②, ③은 기계동력을 이용하고, ④는 전기력을 이용하는 방식이다.

51 펌프의 효율 중 이론펌프의 토출량과 실제 펌프 토출량을 비율로 나타낸 효율은?

① 용적효율
② 압력효율
③ 기계효율
④ 전효율

해설
압력효율은 이론과 실제의 압력비이다.
펌프 전 효율 = 용적효율 × 기계효율
여기서, 용적효율 : 이론 토출량과 실제 토출량의 비율
기계효율 : 펌프의 기계적 손실이 감안된 효율

52 기어펌프가 작동할 때 다음 그림과 같이 유체가 갇히는 현상이 발생하는데 이 현상에 대한 설명으로 옳지 않은 것은?

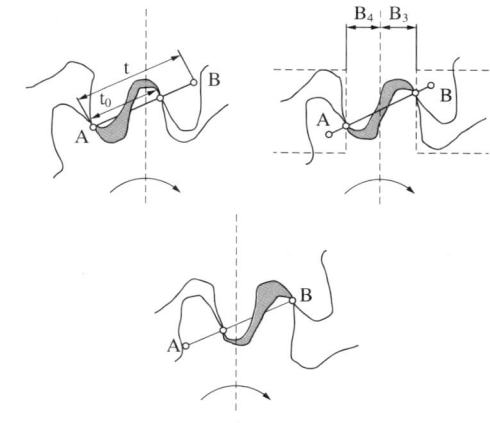

① 기어펌프의 자연브레이크현상이라고 한다.
② 기어의 진동 및 소음의 원인이 되기도 한다.
③ 이 현상으로 인해 맥동이 발생하기도 한다.
④ 이 현상을 막기 위해 릴리프 홈을 뚫기도 한다.

해설
문제의 현상을 기어펌프의 폐입현상이라고 한다. 진동, 소음, 기포 형성에 의한 맥동 발생 등 기어펌프에 좋지 않은 영향을 끼칠 수 있으므로 설계 시 여유를 고려하거나 유압이 풀릴 수 있도록 릴리프 홈을 만들어서 문제를 예방한다.

53 다음 그림과 같은 센터의 명칭은?

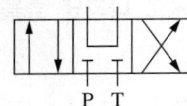

① 오픈 센터 ② 오픈 텐덤 센터
③ 클로즈드 센터 ④ 실린더 클로즈드 센터

해설

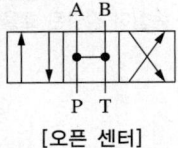
[오픈 센터]

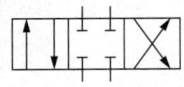
[클로즈드 센터]

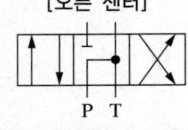
[실린더 클로즈드 센터]

54 해머작업 시 안전사항으로 옳지 않은 것은?

① 해머링 작업 시 장갑을 착용하지 않는다.
② 보안경을 착용하고 작업을 실시한다.
③ 자루에 꼭 끼워져 있는지 확인하고 사용한다.
④ 해머는 자기 몸무게보다 조금 무거운 것을 사용한다.

해설
해머는 자기 체중에 비례하여 사용하며 무리해서는 안 된다. 사람의 체중을 보통 60kg 정도로 보면 수작업용 해머로는 너무 무겁다.

55 유압동력부 펌프의 송출압력이 70kgf/cm^{2}이고, 송출유량이 30L/min일 때 펌프동력은 몇 kW인가?

① 2.94 ② 3.43
③ 4.25 ④ 5.25

해설
동력(P) = 송출압력 × 송출유량(단, 시간당 동력단위를 잘 맞춰야 함)
= 70kgf/cm^2 × 30L/min
= 70kgf/cm^2 × (30 × 1,000)cm^3/60sec
 (∵ 1L = 1,000cm^3, 1min = 60sec)
= 35,000kgf·cm/sec = 350kgf·m/sec
= 3,430N·m/sec (∵ 1kgf = 9.8N)
= 3,430W = 3.43kW
 (∵ 1N = 1kg·m/sec^2, 1W = 1kg·m^2/sec^3)

56 다음 그림과 같은 상을 나타내는 동기전동기에 대한 설명으로 틀린 것은?

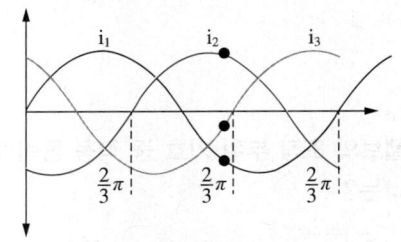

① 파형은 sine 파형을 그린다.
② 고정자 권선은 120° 간격을 갖는다.
③ 여자가 필요 없다.
④ 브러시가 필요 없다.

해설
동기전동기는 여자기가 필요하며, 값이 비싸지만 속도가 일정하고 역률 조정이 쉽기 때문에 정속도 대동력용으로 사용한다.

57 다음 회로도에 대한 설명으로 옳지 않은 것은?

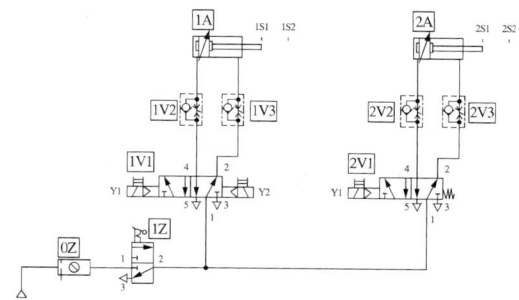

① 1A의 초기 상태에서는 1S1이 눌려져 있다.
② 1A는 미터인제어를 받고 있다.
③ 2A는 초기 상태가 후진 상태이다.
④ 기동밸브로 풋밸브를 사용하고 있다.

해설
체크밸브의 방향이 나오는 공기를 제어하고 있으므로 미터아웃제어이다.

58 PLC 시퀀스의 프로그램 처리방식은?

① 병렬 처리
② 직렬 처리
③ 혼합 처리
④ 직병렬 처리

해설
시퀀스제어란 순차제어를 의미하며 한 번에 하나씩 처리하는 직렬 처리방식이다.

59 3상 유도전동기의 큰 기동전류를 줄이기 위해 사용되는 운전회로는?

① 반복 운전회로
② 촌동 운전회로
③ Y-Δ 운전회로
④ 정·역 운전회로

해설
Y-Δ 운전회로 : 기동 시에는 1/3 전류를 사용하는 Y결선을 이용하고 기동 후에는 전류량이 큰 Δ결선으로 교체하여 운전하는 회로

60 이상적인 연산증폭기의 설명으로 틀린 것은?

① 출력저항 0
② 대역폭 일정
③ 전압이득 무한대
④ 입력저항 무한대

해설
연산증폭기는 두 개의 입력단자와 한 개의 출력단자로 구성되어 두 입력단자 간 전압차를 증폭시키는 증폭기이다. 연산증폭기는 이상적으로는 전압이득은 무한대, 입력저항도 무한대, 출력저항은 0이며 주파수 대역은 0부터 무한대까지 가능한 특성을 갖고 있다.

정답 57 ② 58 ② 59 ③ 60 ②

2022년 제2회 과년도 기출복원문제

01 다음 그림과 같은 줄눈 모양의 명칭은?

① 단 목   ② 복 목
③ 파 목   ④ 귀 목

해설

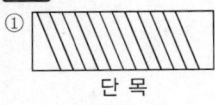
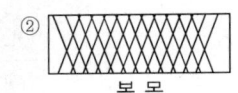

02 ⌖ ⌀0.05Ⓜ A 에 대한 설명으로 적절하지 않은 것은?

① A라고 지정된 면을 기준으로 한다.
② 최대실체치수를 적용하라는 기호이다.
③ 구멍의 위치에 대한 허용공차가 0.05mm이다.
④ 20mm 구멍에 위의 지시를 대입하면 ⌀20.05mm가 된다.

해설
최대실체치수는 부피가 최대가 되도록 하라는 지시이므로 ⌀19.95mm로 제작한다.

03 다음 표와 그림을 참조할 때 50H7의 아래치수 허용값은?

구분 등급	초과 이하	10 18	18 30	30 50	50 80	80 120	120 180
IT3		3.0	4.0	4.0	5.0	6.0	8.0
IT4		5.0	6.0	7.0	8.0	10	12
IT5		8.0	9.0	11	13	15	18
IT6		11	13	16	19	22	25
IT7		18	21	25	30	35	40
IT8		27	33	39	46	54	63

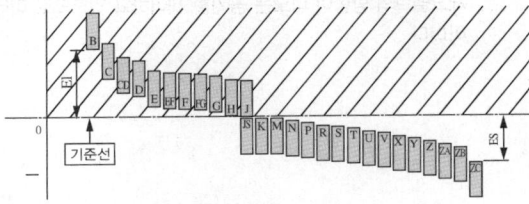

① 49.970
② 49.975
③ 50.000
④ 50.025

해설
대문자를 사용하는 경우는 구멍에 해당하며 H7의 아래치수 허용공차는 0이고, 위치수 공차는 0.025에 해당한다. 기준치수가 50mm이므로 50H7은 50.000~50.025mm이다.

04 다음 그림과 같이 96mm × 16mm의 측정면을 가진 담금질 강제 블록 몇 개를 조합하여 임의의 각도를 만들어 측정하는 각도게이지는?

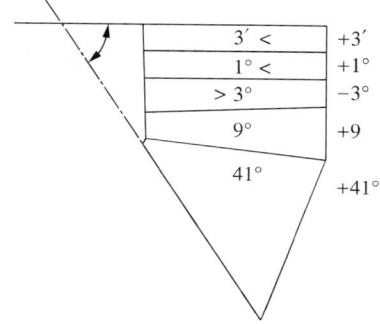

① NPL(National Physics Laboratory)식 각도게이지
② 요한슨식 각도게이지
③ 오토콜리메이터(Autocollimator)
④ 수준기

> **해설**
> - 요한슨식 각도게이지
>   - 대략 50mm × 19mm × 2mm 크기의 담금질 강으로 만든 게이지로, 끝부분에 여러 각도를 제작하여 조합을 통해 측정할 수 있도록 해 놓은 게이지이다.
>   - 조합은 85개조 제품과 49개조 제품이 있다.
> - NPL식 각도게이지
>   - 약 96mm × 16mm의 측정면을 가진 담금질 강제 블록으로 41°, 27°, 9°, 3°, 1°, 27′, 9′, 3′, 1′, 30″, 18″, 6″의 12개조로 되어 있다.
>   - 게이지 블록 형태로 측정면을 가감(加減) 조합하여 각도를 측정한다.

05 연삭숫돌의 트루잉(Truing)이 필요한 경우는?

① 눈메움이 일어났을 때
② 숫돌바퀴 바깥원이 진원이 아닌 것으로 보일 때
③ 숫돌입자가 탈락되지 않아서 무딤증상이 발생할 때
④ 아직 다 사용하지도 않은 숫돌입자가 자꾸 탈락할 때

> **해설**
> 연삭숫돌은 드레싱과 트루잉으로 바퀴를 조정하며, 트루잉은 숫돌바퀴를 진원화시키는 작업이다.

06 스폿 페이싱에 대한 설명으로 옳은 것은?

① 드릴로 뚫은 구멍에 암나사를 내는 작업이다.
② 볼트, 너트 등이 닿는 부분을 깎아서 자리를 만드는 작업이다.
③ 접시머리나사의 머리 부분이 묻히도록 원뿔자리를 만드는 작업이다.
④ 주조된 구멍이나 이미 뚫은 구멍을 필요한 크기나 정밀한 치수로 넓히는 작업이다.

> **해설**
> ① 태 핑
> ③ 카운터 싱킹
> ④ 보 링

07 밀링가공의 절삭 방향인 상향절삭과 비교한 하향절삭에 대한 설명으로 옳은 것은?

① 절삭날에 무리를 준다.
② 일감의 고정이 어렵다.
③ 가공할 면을 보면서 작업하기 어렵다.
④ 깎인 칩이 새로운 절삭을 방해하지 않는다.

해설
하향절삭은 절삭날이 항상 작업되지 않은 새로운 면을 절삭하여야 하므로 날에 다소 무리를 준다.

08 드릴가공 시 안전에 관한 설명 중 옳지 않은 것은?

① 드릴날을 교체할 때는 운전이 멈출 때쯤 척 부분을 잡아 드릴날이 스스로 풀리도록 한다.
② 얇은 판을 가공할 때는 보조 목판을 둔다.
③ 드릴 날을 운전하기 전에 날의 위치와 물림 상태를 자세히 관찰한다.
④ 바이스로 공작물을 고정했으면 바이스에서 손을 떼고 작업한다.

해설
운전 중에는 드릴날이나 회전체에 손을 대면 안 되고, 완전히 작동이 멈춘 후에 날을 교체한다.

09 선반의 편심가공을 위해 필요한 척은?

① 단동척 ② 연동척
③ 콜릿척 ④ 유압척

해설
편심가공을 하려면 척의 이동을 중심에서 치우치게 해야 하므로 단동척이 필요하다.

10 일반적으로 밀링머신에서 할 수 없는 작업은?

① 곡면 절삭
② 베벨기어가공
③ 크랭크 절삭가공
④ 드릴 홈가공

해설
③ 크랭크 절삭가공은 일반적으로 선반 등의 축가공을 하는 공작기계에서 가능하다.
① 곡면의 절삭은 범용선반에서 분할판 작업을 하거나 근래 보급되어 사용하는 다축 가공기에 평면형 밀링커터를 달아서 베드의 상하 운동과 밀링커터의 수평운동을 병합하는 경우 가능하다.
② 베벨기어가공은 원통 모양의 공작물에 회전하는 절삭날을 z방향으로 들어 올리면서 수평 이동하면 가공이 가능하다.
④ 드릴가공은 수직형 밀링머신에 드릴 커터를 달아서 z방향 이송을 시행하면 드릴작업이 가능하다.

밀링머신 작업의 이해
• 기계공작 분야의 대표적인 작업 두 가지를 꼽으면 선반과 밀링머신이 있다. 선반은 공작물을 주축에 물리고 공작물을 회전시키며 절삭날을 갖다 대어 절삭을 함으로써 원하는 원통 모양의 공작물을 만드는 작업이다.
• 이에 반해 밀링머신은 베드 위에 공작물을 놓고 베드를 수평 이동함과 동시에 회전하는 절삭날을 수직 이동함으로써 원하는 형상을 만들어 내는 작업이다.
• 밀링머신은 절삭날의 축이 수평 방향으로 되어 있는 수평형 밀링머신과 절삭날의 축이 수직으로 놓여 있는 수직형 밀링머신이 있다.

11 일감을 절삭할 때 바이트가 받는 절삭저항의 크기 및 방향에 미치는 영향이 가장 적은 것은?

① 가공방법
② 절삭조건
③ 일감의 재질
④ 기계의 중량

해설
절삭작업에서 절삭저항에 영향을 주는 인자
- 가공방법 : 선삭의 경우 공작물의 회전에 대해 어느 방향에서 바이트가 진입하는지의 영향을 받는다. 밀링의 경우 커터의 회전에 대해 상향절삭 하향절삭 여부 등이 영향을 준다.
- 절삭조건 : 이송속도, 절삭 깊이, 절삭각 등을 절삭조건이라 한다.
- 일감의 재질 : 일감의 강도(단단한 정도), 경도(딱딱한 정도), 연성(무른 정도) 등이 절삭저항에 영향을 준다.

12 수평(Horizontal) 및 만능 밀링머신(Universal Milling Machine)의 크기를 표시한 것 중 틀린 것은?

① 테이블의 크기
② 테이블의 이동거리
③ 아버(Arbor)의 크기
④ 스핀들 중심선에서부터 테이블 윗면까지의 최대 거리

해설
아버의 크기는 공작 공간의 크기와 관련이 없다. 밀링머신의 크기 표시는 테이블의 크기와 테이블의 이동거리에 해당하는 공간, 즉 공작 공간을 크기로 표시하거나 호칭을 정해 놓고 호칭에 의해 표시하기도 한다.

13 마이크로 스위치의 장점이 아닌 것은?

① 무소음으로 동작하고 복귀한다.
② 소형이고 대용량의 전력을 개폐할 수 있다.
③ 정밀 스냅액션기구를 사용하여 반복 정밀도가 높다.
④ 액추에이터에 따른 기종이 다양하여 선택범위가 넓다.

해설
마이크로 스위치의 장단점
- 장 점
  - 소형이고 대용량의 전력을 개폐할 수 있다.
  - 정밀 스냅액션기구를 사용하여 반복 정밀도가 높다.
  - 응차의 움직임이 있으므로 진동, 충격에 강하다.
  - 액추에이터에 따른 기종이 다양하여 선택범위가 넓다.
  - 기능 대비 경제성이 높다.
- 단 점
  - 금속 접점을 사용하여 접점 바운스나 채터링이 있는 것도 있다.
  - 전자 부품과 같은 고체화 소자에 비해서 수명이 짧다.
  - 동작, 복귀 시 소음이 난다.
  - 전자회로와 같은 드라이 서킷회로에서는 개폐능력에 한계가 있다. 또한 구조적으로 완전 밀폐가 아니므로 사용환경에 제한이 있다.

14 구멍 $50^{+0.025}_{+0.009}$에 조립되는 축의 치수가 $50^{0}_{-0.016}$이라면, 이는 어떤 끼워맞춤인가?

① 구멍기준식 헐거운 끼워맞춤
② 구멍기준식 중간 끼워맞춤
③ 축기준식 헐거운 끼워맞춤
④ 축기준식 중간 끼워맞춤

해설
구멍기준식과 축기준식은 기호로 구분하는데, 이 문제에서는 위 오차, 아래 오차를 봤을 때 정치수가 발생하는 쪽을 기준으로 봐야 한다.
- 헐거운 끼워맞춤 : 허용오차를 적용하였을 경우 구멍이 클 때
- 억지 끼워맞춤 : 허용오차를 적용하였을 경우 축이 클 때
- 중간 끼워맞춤 : 허용오차를 적용하였을 경우 상호 오차범위 안에 들 때

정답 11 ④ 12 ③ 13 ① 14 ③

15 레버가 오른쪽 그림과 같이 맞춰져 있고, 눈금이 왼쪽과 같을 때 측정값을 바르게 읽은 것은?

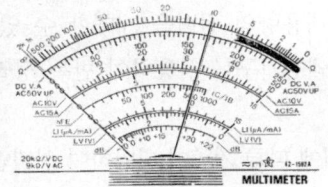 

① 10mA ② 10hFE
③ AC 10V ④ DC 6.8V

해설
오른쪽 레버가 DCV 영역 중 10V 레인지 영역에 맞춰져 있으므로 최고 전압이 DC 10V라고 표시된 바깥에서 세 번째 줄의 눈금을 읽어야 한다. 바늘이 6.8V에 위치해 있으므로 측정값은 DC 6.8V 이다.

16 스트레인 게이지를 이용하여 만들 수 있는 센서는?

① 유도형 센서 ② 광전 센서
③ 압력 센서 ④ 용량형 센서

해설
스트레인 게이지
금속저항체를 당기면 길어지는 동시에 가늘어져 전기저항값이 증가하고, 반대로 압축되면 전기저항이 감소하는 현상을 이용한 측정기로 작용하는 힘의 크기를 측정할 수 있다.

17 다음 센서 중 p형 반도체와 n형 반도체의 접합부에서 발생하는 광기전력 효과를 이용한 센서는?

① 광전형 센서
② 유도형 센서
③ 정전용량형 센서
④ 압전형 센서

해설
광전 센서의 종류

광변환 원리에 따른 분류	감지기의 종류	특 징	용 도
광도전형	광도전 셀	소형, 고감도, 저렴한 가격	카메라 노즐, 포토릴레이
광 기전력형	포토 다이오드, 포토 TR 광사이리스터	소형, 대출력, 저렴한 가격, 전원 불필요	스트로보, 바코드 리더, 화상 판독, 조광 시스템, 레벨 제어
광전자 방출형	광전관	초고감도, 빠른 응답속도	정밀 광계측기기
복합형	포토커플러 포토인터럽트	전기적 절연, 아날로그 광로로 검출	무접점 릴레이, 레벨 제어, 광전 스위치

18 전자개폐기의 철심이 진동할 경우 원인으로 가장 적합한 것은?

① 전자개폐기 주위가 건조하다.
② 전자개폐기의 코일이 단선되었다.
③ 가동철심 주변에 녹이 발생되었다.
④ 접촉자에 정격전압 이상의 전압이 가해졌다.

해설
전자접촉기의 이상(전자개폐기의 철심 진동) : 전자개폐기에 전류가 흐르면 고정철심이 전자석이 되어 가동철심을 잡아당긴다. 진동이 생긴다는 것은 전자석 역할을 하는 물체의 자화가 되었다 안 되었다 하는 일이 매우 빠르게 반복되거나 잡아당겨진 가동철심이 접촉이 불가능한 경우이다. 철심의 접촉부에 녹이 발생하면 이러한 현상이 발생한다.

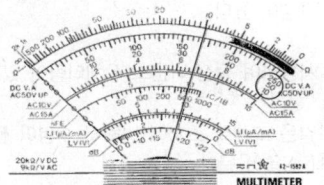 

19 50Hz로 설계된 3상 유도전동기를 60Hz에서 사용하면 나타나는 현상이 아닌 것은?

① 회전속도가 빨라진다.
② 냉각효과가 발생한다.
③ 유효전류가 감소한다.
④ 슬립이 감소한다.

해설
슬립은 동기속도(자석의 속도)와 회전자의 속도에 차이가 발생하게 되어 있는데, 이 속도의 차이를 슬립이라고 한다. 50Hz로 설계된 자석을 60Hz로 작동시키면 슬립이 늘어난다.

20 다음 그림의 접점은?

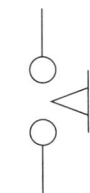

① 한시동작 순시복귀 a접점
② 한시동작 순시복귀 b접점
③ 순시동작 한시복귀 a접점
④ 순시동작 한시복귀 b접점

해설
①, ②, ④

21 다음 기호가 나타내는 접점은?

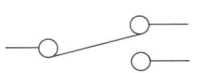

① a접점 ② b접점
③ c접점 ④ d접점

해설
· a접점 :
· b접점 :

22 다음 그림과 등가인 것은?

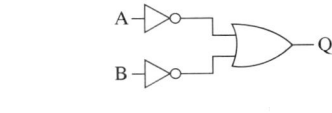

① A B → Q
② A B → Q
③ A B → Q
④ A B → Q

해설
$\overline{A} + \overline{B} = \overline{A \cdot B}$

정답 19 ④ 20 ③ 21 ③ 22 ①

23 다음 그림의 진리표로 옳은 것은?

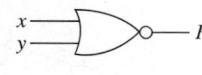

①	x	y	F
	0	0	1
	0	1	1
	1	0	1
	1	1	0

②	x	y	F
	0	0	1
	0	1	0
	1	0	0
	1	1	0

③	x	y	F
	0	0	0
	0	1	1
	1	0	1
	1	1	0

④	x	y	F
	0	0	1
	0	1	0
	1	0	0
	1	1	1

해설
문제의 그림은 NOR 게이트이다.
① NAND, ③ XOR, ④ Exclusive-NOR

24 직류전동기에 대한 설명으로 옳지 않은 것은?

① 고정자는 계자 권선이 감긴 철심이 있어 그 안쪽에 자극을 부착시킬 수 있다.
② 전동기의 용량과 회전속도에 따라서 극수를 선택할 수 있다.
③ 소형 전동기의 경우 영구자석을 자극으로 사용하기도 한다.
④ 브러시가 없어서 잔 고장이 적고 비용이 저렴하다.

해설
직류전동기는 극성을 갖고 있으므로 브러시가 필요하다.

25 다음 결선도에 대한 설명으로 옳지 않은 것은?

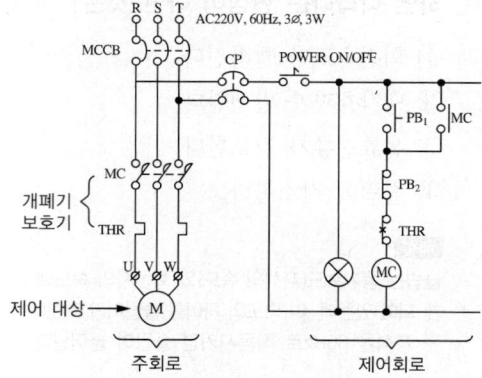

① 3상 유도전동기의 기동, 정지회로의 기본회로이다.
② 회로차단기 CP를 닫고 전원 스위치를 On시킨 상태에서 기동 스위치 PB_1을 On시키게 되면 전동기를 회전시키고 동시에 보조접점 MC을 닫아 자기유지가 걸린다.
③ 정지 스위치 PB_2를 누르면 b접점이 열려 주접점이 열리게 되어 전동기가 정지한다.
④ 전동기가 과부하 상태에 이르면 열동계전기가 작동되고, MC코일이 자기유지되어 코일이 소손되는 것을 방지해 준다.

해설
전동기가 회전 중에 과부하 상태에 이르면 주회로의 보호기인 열동계전기가 작동되고, MC코일 위의 보호용 접점이 열려 전동기를 정지시켜 코일이 소손되는 것을 방지해 준다.

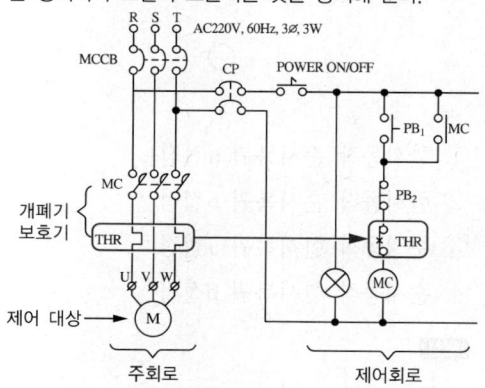

26 입력신호가 가해지고 있는 상태에서 클록펄스가 들어가면 펄스 1개 정도가 뒤쳐져서 출력되는 플립플롭은?

① D 플립플롭
② RS 플립플롭
③ T 플립플롭
④ JK 플립플롭

해설
D 플립플롭은 Data 플립플롭이며, D 래치를 두 개 사용하여 마스터와 슬레이브를 두고, D 입력 상태가 Q 출력으로 기억되었다가 다음 Up-edge가 발생할 때까지 그 상태를 유지해 준다. 따라서 출력만으로 보면 클록펄스가 들어가면 펄스 1개 정도 뒤쳐져서 출력되는 것처럼 표현된다.

27 입력신호가 하이(High)이면 출력은 로(Low)이고, 입력신호가 로(Low)이면 출력이 하이(High)가 나오는 논리회로는?

① AND
② OR
③ NOT
④ NAND

해설
NOT 회로는 입력과 반대되는 출력이 나온다.

28 모터 운전에 관한 보전활동 중 각 정해진 주기마다 실시하는 점검으로 전동기 설비 작동 전, 정지 시 실시하며 예방점검의 성격을 가진 보전활동은?

① 일상 점검
② 정기 점검
③ 정밀 점검
④ 특별 점검

해설
보전활동
- 일상 점검 : 일정시간마다 매일 실시하는 점검으로, 전동기 설비의 운전 중 센서와 작업자의 감각으로 점검한다.
- 정기 점검 : 각 정해진 주기마다 실시하는 점검으로, 전동기 설비 작동 전, 정지 시 실시한다. 예방 점검의 성격을 갖는다.
- 정밀 점검 : 정해진 간격의 주기로 실시하는 분해 점검으로, 마모된 부품의 교환, 이상 개소의 손질, 보수 등 정기 점검보다 상세한 내부 진단이나 성능시험을 실시한다.
- 특별 점검 : 사고나 재해 등에 의한 이상의 염려가 있을 때 임시로 행하는 점검이다.

29 입력신호를 변환하였을 때 원하는 결괏값인지 비교하여 반복 조정할 수 있도록 하는 기능이 없는 제어방식은?

① 개회로제어
② 폐회로제어
③ 반폐쇄회로제어
④ 외란이 있는 폐회로제어

해설
비교와 조정 기능, 즉 피드백이 있는 제어는 폐회로, 반폐쇄회로, 외란이 있는 폐회로제어 등이 있다.

30 입력신호 주파수의 1/2의 출력 주파수를 얻는 플립플롭은?

① D 플립플롭
② T 플립플롭
③ RS 플립플롭
④ JK 플립플롭

해설
T 플립플롭은 1이 들어갈 때마다 신호가 반전된다. 1에만 반응하므로 주파수는 1/2이 된다.

정답 26 ① 27 ③ 28 ② 29 ① 30 ②

31 미리 정해 놓은 순서 또는 일정한 논리에 의하여 정해진 순서에 따라서 각 단계를 순차적으로 진행시켜 나가는 제어는?

① 자동제어
② 서보제어
③ 추종제어
④ 시퀀스제어

해설
시퀀스제어
순차제어를 의미하며 일반적인 자동화 공작은 경로를 따라 정해진 작업을 수행하면 된다. 특별히 위험 상황이나 이상이 발생하기 전에는 순차적으로 작업을 하도록 작업설계를 해 놓은 것이다.

32 문과 문틀에 자석과 스위치를 조합하여 방범용 제어기에 응용되거나 자동화 시스템의 실린더 위치 감지에 가장 많이 사용되는 비접촉식 장치는?

① 광전센서
② 리드 스위치
③ 정전용량형 센서
④ 초음파 센서

해설
리드 스위치(Lead Switch)
영구자석에서 발생하는 외부 자기장을 검출하는 자기형 근접 센서로 매우 간단한 유접점 구조를 가지고 있다.
• 특성
 - 가스, 수분, 온도 등 외부 환경의 영향에도 안정되게 동작한다.
 - On/Off 동작 시간이 빠르며 수명이 길다.
 - 소형 경량이며, 값이 싸다.
 - 접점은 내식성, 내마멸성이 우수하고 개폐 동작이 안정적이다.
 - 내전압 특성이 우수하다.
• 유의점
 - 내부가 유리관으로 덮여 있으므로 충격에 약하다.
 - 자극 설치방법에 따라 두 군데 또는 세 군데의 감지 특성이 나타날 수 있다.

33 다음과 같이 테이블로 표현된 공정을 기호로 옳게 표현한 것은?

구 분	1단계	2단계	3단계	4단계	5단계	6단계
실린더 A	클램프				해 제	
실린더 B		전 진			후 진	
실린더 C			전 진	후 진		
모터 M			가 공		정 지	
컨베이어 D						이 송

① $A+B+(M+\cdot C+)C-(B-\cdot M-\cdot A-)D+$
② $A+B+(C+\cdot M+)C+(B+\cdot M+\cdot A+)D+$
③ $A+\cdot B+\cdot M+(C+C-B+)M+A+\cdot D+$
④ $AB(M+\cdot C)\overline{C}(\overline{B}\cdot \overline{M}\cdot \overline{A})D+$

해설
A, B, C는 실린더의 기호이며 전진이나 On을 +, 후진이나 Off를 -로 표현한다.

34 공압 실린더의 공급되는 공기의 유량을 제어하는 방식은?

① 미터아웃방식
② 미터인방식
③ 블리드온방식
④ 블리드오프방식

해설
미터인방식과 미터아웃방식은 회로에서 보통 실린더의 운동속도를 제어하는 방법으로, 실린더에 들어가는 작동유체의 양을 조절하여 실린더의 전진속도를 제어하는 방식과 나오는 작동유체의 양을 조절하여 실린더의 후진속도를 제어하는 방식으로 나뉜다. 들어가는 작동유체 양을 조절하는 방식을 미터인방식, 나오는 작동유체 양을 조절하는 방식을 미터아웃방식이라고 한다.

35 공압장치를 구성하는 요소 가운데 공기 중의 먼지나 수분을 제거할 목적으로 사용되는 것은?

① 공기압축기
② 애프터 쿨러
③ 공기탱크
④ 공기필터

해설
④ 공기필터 : 여러 가지 목적으로 공기를 흡입 또는 배출하는 통로에 필터를 달아 이물질을 분리하는 기구
① 공기압축기 : 컴프레서(Compressor)로 공기를 압축하여 공기의 압력을 생성하는 기계
② 애프터 쿨러(After Cooler) : 공기를 압축한 후 압력 상승에 따라 고온다습한 공기의 압력을 낮춰 주는 기구
③ 공기탱크 : 압축된 공기를 저장해 두는 기구

36 다음 실린더의 종류에 대한 설명 중 잘못된 것은?

① 양 로드형 실린더 : 양방향 같은 힘을 낼 수 있다.
② 충격 실린더 : 빠른 속도(7~10m/s)를 얻을 때 사용된다.
③ 탠덤 실린더 : 다단 튜브형 로드를 가져 긴 행정에 사용된다.
④ 쿠션 내장형 실린더 : 스트로크 끝부분의 충격이 완화되어야 할 때 사용된다.

해설
탠덤 실린더는 로드 위에 두 개의 실린더를 다는 형태로 두 실린더를 연결해서 두 배의 힘을 낼 수 있는 실린더이다.

37 다음 그림과 같은 기호로 표시되는 LD 프로그램 명령어는?

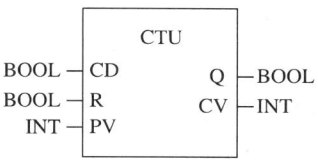

① 세트 코일 출력
② On Time Delay Timer
③ 가산 카운터
④ 감산 카운터

38 실린더 안지름 50mm, 피스톤 로드 지름 20mm인 유압 실린더가 있다. 작동유의 유압을 35kgf/cm², 유량을 10L/min라고 할 때 피스톤의 후진 행정 시 낼 수 있는 힘은 약 몇 kgf인가?

① 480
② 577
③ 612
④ 687

해설
힘은 유압과 단면적의 곱으로 나타낸다.
다음 그림을 참고하여 보면 안지름을 이용한 실린더 단면적은
$\frac{\pi}{4}D^2 = \frac{\pi}{4}(5cm)^2 ≒ 19.63cm^2$

로드가 차지하는 단면적은 $\frac{\pi}{4}D_R^2 = \frac{\pi}{4}(2cm)^2 ≒ 3.14cm^2$

따라서 전진 시 힘을 받는 단면적은 19.63cm², 후진 시 힘을 받는 단면적은 19.63 - 3.14 = 16.49cm²
전진 시 작용하는 힘의 크기는 35kgf/cm² × 19.63cm² = 687.05kgf
후진 시 작용하는 힘의 크기는 35kgf/cm² × 16.49cm² = 577.15kgf

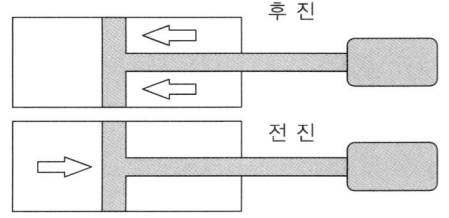

정답 35 ④ 36 ③ 37 ③ 38 ②

39 공기압 발생장치와 관계없는 것은?

① 냉각기 ② 공기탱크
③ 공기압축기 ④ 공압-유압변환기

해설
공압 - 유압변환기(공유압 컨버터)는 일반적으로 공압을 유압으로 변환하여 공압의 비교적 작은 힘을 큰 힘으로 변환시키는 데 사용된다.

40 다음 블록선도의 전달함수[C/R]로 옳은 것은?

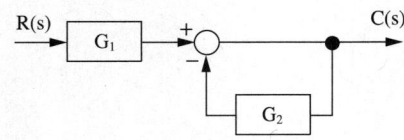

① $\dfrac{1}{1+G_1G_2}$ ② $\dfrac{G_1G_2}{1-G_2}$

③ $\dfrac{G_1}{1-G_2}$ ④ $\dfrac{G_1}{1+G_2}$

해설
$C(s)/R(s)$
$= \dfrac{\text{입력부터 출력 경로에 있는 함수}}{1-\text{폐루프(1) 경로에 있는 함수}-\text{폐루프(2) 경로에 있는 함수}-\cdots}$
위 문제는 폐루프가 하나 밖에 없으므로 폐루프 경로에 있는 함수 곱은 G_2 밖에 없다.
$\dfrac{C(s)}{R(s)} = \dfrac{G_1}{1-G_2}$

41 기능 다이어그램 형식의 PLC 프로그램 언어에서 다음 기호가 의미하는 것은?

① NOT 요소 ② AND 요소
③ OR 요소 ④ TIME 요소

해설
'&' 기호는 AND의 의미이다.

42 다음 중 AND 논리회로가 아닌 것은?

①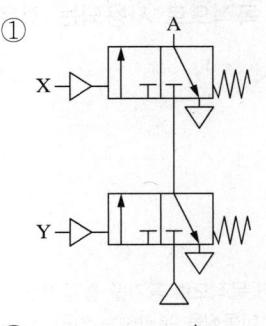

②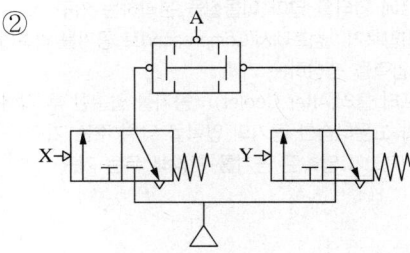

③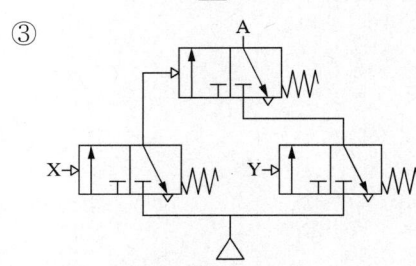

④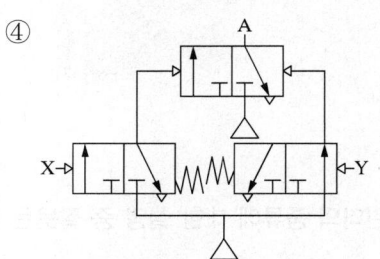

해설
보기 ④는 Y의 힘을 제거, 즉 $\overline{Y}$가 논리적으로 들어가야 작동되므로 AND 회로는 아니다.

39 ④ 40 ③ 41 ② 42 ④

43 공압회로 구성에 사용되는 시간지연밸브의 구성요소와 관계없는 것은?

① 압력증폭기
② 공기탱크
③ 3/2-way 방향제어밸브
④ 속도조절밸브

해설
압력 및 공기의 전달을 일정 시간 늦추어 공압을 전달하는 것을 시간지연밸브라고 한다. 시간지연밸브에는 공기를 담아 둘 탱크와 제어작동용 방향제어밸브, 유속 조정용 속도제어밸브가 필요하다.

44 다음 그림이 나타내는 공압기호는?

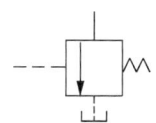

① 체크밸브
② 릴리프밸브
③ 무부하밸브
④ 감압밸브

해설

체크밸브	릴리프밸브	감압밸브
◁	(그림)	(그림)

45 유압제어와 비교한 공압제어에 대한 설명으로 틀린 것은?

① 공기압력은 4~7kgf/cm² 정도를 사용한다.
② 공압과 유압의 출력은 항상 동일하다.
③ 에어 드라이어를 설치한다.
④ 구성은 간단하나 압축성으로 속도가 일정하지 않다.

해설
유압에서 사용하는 출력이 공압에 비해 훨씬 크다.

46 밸브가 다음 그림처럼 작동한다면 이 밸브의 명칭은?

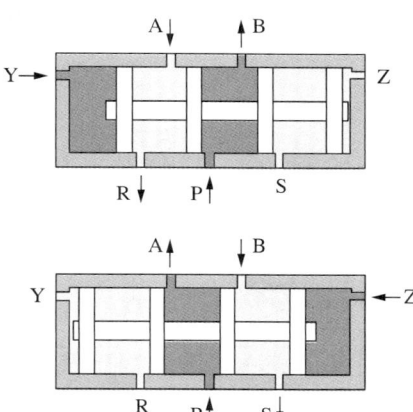

① 2포트 2위치 방향제어밸브
② 이압밸브
③ 5포트 2위치 방향제어밸브
④ 7포트 3위치 방향제어밸브

해설
작동 위치가 전진, 후진 2개이고, 작동력이 Y, Z 공압으로 작동되는 5포트 방향제어밸브이다.

47 다음은 공압모터의 종류 중 하나이다. 어느 형태의 모터인가?

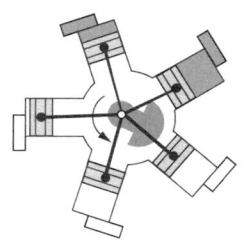

① 회전날개형
② 피스톤형
③ 기어형
④ 터빈형

해설
피스톤형은 피스톤을 각 방향별로 장착하여 그의 순차적 전·후진 운동을 통해 축을 회전시키는 방식이다.

48 다음 그림은 11핀의 전자계전기의 핀의 배치도이다. 다음 중 a접점과 b접점의 수를 바르게 표시한 것은?

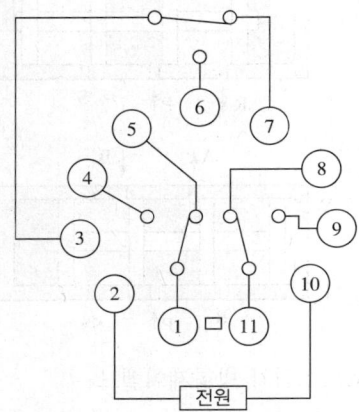

① 1a3b   ② 2a3b
③ 3a3b   ④ 4a3b

해설
a접점은 ①과 ④, ⑨와 ⑪, ③과 ⑥ 관계이고,
b접점은 ①과 ⑤, ⑧와 ⑪, ③과 ⑦ 관계이다.

49 기어펌프 소음의 원인으로 적당하지 않은 것은?

① 공동현상 발생
② 기어의 정밀도 불량
③ 토출압력의 맥동 발생
④ 윤활유의 적용

해설
윤활유를 사용하면 기어의 소음 발생을 감소시킬 수 있다.

50 유압기기에서 유압을 선정할 때 주의사항으로 옳지 않은 것은?

① 펌프로 일정한 동력을 얻으려고 할 때에는 압력 상승과 동시에 토출량을 감소시켜서는 안 된다.
② 고압 시 작동유가 가열되기 쉬우므로 오일이 새기 쉽다.
③ 고압 시 연화되거나 폭발의 위험성이 있어 고연화점 작동유를 사용한다.
④ 고압으로 할 경우 소형으로 만들 수 없다.

해설
펌프로 일정한 동력을 얻으려고 할 때에는 압력 상승과 동시에 토출량을 감소해도 된다. 즉, 유압펌프나 유압모터 등을 보다 작게 할 수 있다.

51 회로의 압력이 일정 압력을 넘어서면 압력을 견디던 막이 압력 과다에 의해 파열됨으로써 압력을 낮춰 주어 급격한 압력 변화에 유압기기가 손상되는 것을 막을 수 있도록 장착해 놓은 장치는?

① 공압조정유닛   ② 릴리프밸브
③ 유체퓨즈   ④ 스트레이너

해설
③ 전기 퓨즈가 과전류 시 퓨즈를 단선시켜 기기를 보호하는 것처럼 유체 퓨즈는 과압 시 막을 터뜨려 기기를 보호하는 장치이다.
① 공기압기기로 공급하기 전 압축공기의 상태를 조정하는 목적으로 설치한 유닛이다.
② 과한 압력이 걸렸을 때 압력을 슬며시 풀어 주기 위해 설치한 밸브이다.
④ 유체의 흐름을 정돈시키기 위한 장치이다.

52 다음 중 장갑을 착용하여야 하는 작업은?

① 선반작업
② 드릴작업
③ 해머작업
④ 위험물 도색작업

해설
일반적인 공작 시에는 장갑을 착용하지 않는 것이 원칙이지만, 화학물질을 다루는 작업에서는 보호장갑이 필요하다.

53 $\overline{A}B + A B \overline{C} + ABC$ 와 같은 것은?

① A
② $\overline{A}$
③ B
④ $\overline{B}$

해설
$\overline{A}B + AB\overline{C} + ABC = \overline{A}B + AB(C + \overline{C})$
$\qquad = \overline{A}B + AB = (\overline{A} + A)B$
$\qquad = B$

54 다음 그림에서 스위치 PBS₁을 동작시키면 R-a 접점의 동작은?

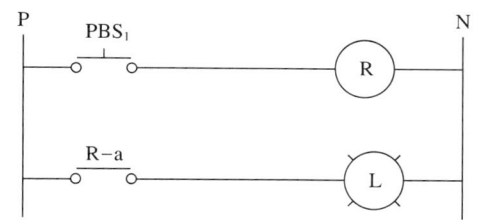

① 단 선
② 단락 상태
③ 개로(열림)
④ 폐로(닫힘)

해설
릴레이회로의 개념에 대한 문제이다. R에 신호가 들어가면 R-a는 동작한다. R-a가 a접점이므로 동작 시 닫힌다.

55 다음 중 PLC의 연산 처리 기능에 속하지 않는 것은?

① 산술, 논리연산 처리
② 데이터 전송
③ 타이머 및 카운터 기능
④ 코드 변환

해설
• 제어연산 부분은 논리연산 부분(ALU ; Arithmetic and Logic Unit), 명령어 어드레스를 호출하는 프로그램 카운터 및 몇 개의 레지스터, 명령 해독 제어 부분 등으로 구성되어 있다.
• 연산원리
PLC 운전 → 프로그램 카운터(메모리 어드레스 결정) → 디코더(Decoder) 명령 해독 → 연산 실시 → 레지스터 기록 → 출력 → 프로그램 카운터 +1
타이머와 카운터는 누산기로 연산 부분이라고 할 수도 있으나 보기 중에서는 연산처리 기능에 속하지 않는다.

56 PLC의 운전 모드 중 프로그램 연산을 일시 정지시키는 모드는?

① RUN
② STOP
③ PAUSE
④ Remote STOP

해설
PLC의 운전 모드
• RUN 모드 : 프로그램의 연산을 수행하는 모드이다.
• STOP 모드 : 프로그램의 연산을 정지시키는 모드이다.
• 리모트 STOP 모드
 - 모드 키의 위치를 STOP 모드에서 PAU/REM 모드로 전환할 때 선택되는 모드이다.
 - 컴퓨터에서 작성한 프로그램을 PLC로 전송할 수 있게 해준다.
• PAUSE 모드 : 프로그램의 연산을 일시 정지시키는 모드로, RUN 모드로 다시 돌아갈 경우에는 정지되기 이전의 상태부터 연속하여 실행한다.

정답 52 ④ 53 ③ 54 ④ 55 ③ 56 ③

57 다음 보기에서 설명하는 동력 전달용 기계요소는?

┌ 보기 ┐
- 마찰력을 이용하여 평행한 두 축 사이에 회전 동력을 전달하는 장치이다.
- 두 축 사이의 거리가 비교적 멀거나 직접 동력을 전달할 수 없을 때 사용한다.
- 미끄럼이 발생할 수 있으므로 정확한 회전비를 필요로 하는 전달에는 부적합하다.

① 마찰차
② 기 어
③ 벨트와 벨트 풀리
④ 래크와 피니언

해설
① 마찰차
- 두 축에 바퀴를 만들어 구름 접촉을 통해 순수한 마찰력만으로 동력을 전달한다.
- 전동 중 접촉 부분을 떼지 않고 마찰차를 이동시키거나 접촉 부분을 자유롭게 붙였다 떼는 것이 가능하다.
- 정교한 회전운동이나 큰 동력의 전달에는 부적절하다.
- 마찰차를 이동시킬 수 있는 변속장치나 자동차의 클러치, 작은 힘을 전달하거나 정확한 회전운동을 하지 않는 곳에 주로 사용한다.
② 기 어
- 한 쌍의 바퀴 둘레에 이를 만들고, 이 두 바퀴의 이가 서로 맞물려 회전하며 동력을 전달하는 장치이다.
- 동력 전달이 확실하고 내구성도 좋다.
- 기계의 회전속도와 힘의 크기를 정확히 변경하고자 할 때 사용한다.
- 쌍의 기어 잇수 비를 다르게 하여 전달 회전수 조절이 가능하다.
④ 래크와 피니언 : 기어와 직선 형태의 래크를 연결하여 회전운동을 직선운동으로 또는 직선운동을 회전운동으로 전달할 수 있는 기계요소 쌍이다.

58 다음 그림의 핸들에 적용된 나사에 대한 설명으로 옳지 않은 것은?

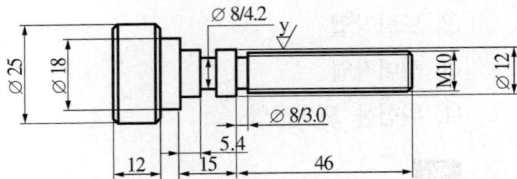

① 바깥지름 12mm짜리 나사를 적용하였다.
② 미터나사를 적용하였다.
③ 호칭지름이 10mm인 나사를 적용하였다.
④ 나사가 적용된 길이는 43mm이다.

해설
문제의 그림에서는 M10 나사가 적용되었으며, 이는 호칭지름 10mm인 미터보통나사이다.

59 PLC의 특수기능 유닛(특수모듈)이 아닌 것은?

① 인덱스 유닛
② A/D 변환 유닛
③ 온도제어 유닛
④ 위치결정 유닛

해설
PLC의 주요 구성
- 기본모듈 : 기본 베이스(각 모듈 장착용), 입력모듈, 출력모듈, 메모리모듈, 통신모듈
- 특수기능모듈 : A/D 변환모듈, D/A 변환모듈, 위치결정모듈, PID 제어모듈, 프로세스 제어모듈, 열전대 입력모듈(온도제어모듈), 인터럽트 입력모듈, 아날로그 타이머모듈 등

60 다음 PLC 언어 중 문자식 언어는?

① SFC
② LD
③ IL
④ FBD

해설
③ IL(Instruction List) : 어셈블리 언어 형태의 언어
① SFC(Sequence Function Chart) : 텍스트나 차트 등을 시각적으로 구현한 시각적 프로그래밍 언어
② LD(Ladder Diagram) : 사다리 모양의 그래픽 형식의 언어
④ FBD(Fuction Block Diagram) : 펑션 블록을 이용한 그래픽 형식의 언어

2023년 제1회 과년도 기출복원문제

01 구성인선의 생애주기로 옳은 것은?

① 성장→발생→분열→탈락
② 발생→성장→분열→탈락
③ 분열→성장→발생→탈락
④ 탈락→분열→발생→성장

02 다음 보기에서 설명하는 척은?

> **보기**
> 척 핸들을 사용해서 조(Jaw)의 끝부분과 척의 측면이 만나는 곳에 만들어진 4개의 구멍을 각각 조이면, 4개의 조도 각각 움직여 공작물을 고정시킨다.

① 마그네틱척(Magnetic Chuck)
② 콜릿척(Collet Chuck)
③ 단동척(Independent Chuck)
④ 벨척(Bell Chuck)

03 상향절삭의 장점으로 옳은 것은?

① 마멸이 작고, 수명이 길다.
② 일감의 고정이 쉽다.
③ 날자리 간격이 짧고, 가공면이 깨끗하다.
④ 백래시의 우려가 없다.

해설
상향절삭의 장점
- 커터날이 일감을 들어 올리는 방향이어서 기계에 무리를 주지 않는다.
- 커터날에 처음 작용하는 절삭저항이 작다.
- 깎인 칩이 새로운 절삭을 방해하지 않는다.
- 백래시의 우려가 없다.

04 날끝의 길이 4mm, 이송 0.04mm/rev, 400rpm으로 회전하는 드릴이 28mm 판을 관통하는 데 걸리는 시간은?

① 8분   ② 5분
③ 3분   ④ 2분

해설
1분 동안 400번 회전하면서 16mm를 전진하므로, 2분이면 날끝 전체까지 관통한다.

05 밀링머신 구조 중 무거운 금속으로 제작하여 바닥에 고정시켜 진동을 흡수하고 자세를 잡아 주는 부분은?

① 칼럼   ② 테이블
③ 새들   ④ 니

해설
밀링 바닥의 베이스와 연결된 니는 이송 레버가 연결되어 있고 테이블의 진동을 흡수한다.

정답 1② 2③ 3④ 4④ 5④

06 표제란에 기재되는 척도에 관한 설명으로 옳지 않은 것은?

① 부품도는 실물과 같은 현척으로 그리는 것이 원칙이다.
② 여러 척도의 도면을 한 도면에 그릴 때는 대표 척도를 기재한다.
③ 큰 부품을 그릴 때는 제도용지를 크게 선택하고, 현척으로 그린다.
④ 작은 부품이 있는 도면에서 현척으로 그릴 때는 작은 부품만 배척으로 그리고 별도 표시를 한다.

[해설]
여러 척도의 도면을 한 도면에 그릴 때는 NS로 표시한다.

07 다음 그림과 같이 단면을 표시하는 단면도는?

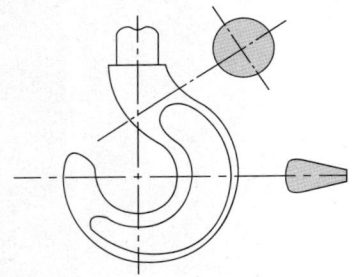

① 반단면도
② 온단면도
③ 부분단면도
④ 회전단면도

[해설]
투상도의 절단면을 회전 단면으로 나타낸 도면이다. 핸들, 벨트 풀리, 기어 암, 리브, 림, 훅, 축, 형강 등에 회전단면도를 많이 사용한다.

08 단면도를 나타낼 때 긴 쪽 방향으로 절단하여 도시할 수 있는 것은?

① 볼트, 너트, 와셔
② 축, 핀, 리브
③ 리벳, 강구, 키
④ 기어박스, 부시, 칼라

[해설]
길이 방향으로 절단하는 것이 의미가 있는 제품은 길이 방향의 형상을 갖고 있는 제품이다.

09 다음 그림과 같은 도면에 지시한 기하공차의 설명으로 가장 옳은 것은?

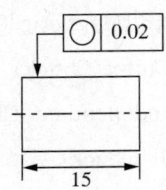

① 원통의 축선은 지름 0.02mm의 원통 내에 있어야 한다.
② 지시한 표면은 0.02mm만큼 떨어진 2개의 평면 사이에 있어야 한다.
③ 임의의 축 직각 단면에 있어서의 바깥둘레는 동일 평면 위에서 0.02mm만큼 떨어진 2개의 동심원 사이에 있어야 한다.
④ 대상으로 하는 면은 0.02mm만큼 떨어진 2개의 동축 원통면 사이에 있어야 한다.

[해설]
길이 15mm의 축이나 구멍을 임의의 위치에서 축 직각으로 단면한 원형 단면 모양의 바깥 둘레는 0.02mm만큼 떨어진 두 개의 동심원 사이의 찌그러짐 이내에 있어야 한다.

10 서로 물리는 기어와 피니언의 잇수가 28개와 22개일 때 두 기어의 축간거리는?(단 모듈은 2이다)

① 40
② 45
③ 50
④ 55

해설
기어의 축간거리는 기어의 중심과 피니언의 중심 간 거리로 두 피치원의 지름을 더한 값의 절반이다.
$D_g = mZ_g$, $D_p = mZ_p$
축간거리 $C = m\dfrac{Z_g + Z_p}{2} = 2 \times \left(\dfrac{50}{2}\right) = 50mm$

11 나사 측정방법에 해당하지 않는 것은?

① 나사 마이크로미터를 이용한 측정법
② 오토콜리메이터에 의한 측정법
③ 삼침법에 의한 측정법
④ 광학적 측정법

해설
오토콜리메이터 : 미소한 각도나 면을 측정하는 기구

12 피치원의 지름이 50mm이고, 이의 개수가 25개인 기어의 피치(p)는?

① 2
② 5
③ 6.3
④ 7.6

해설
피치원의 둘레는 $\pi D = 157.08mm$이고, 피치원의 둘레를 25개로 나눈 값이 피치이므로
$p = 6.28$

13 7206 C DB 볼베어링의 지름은 몇 mm인가?

① 6
② 12
③ 30
④ 60

해설
구름 베어링의 안지름 번호(KS B 2012)

안지름 번호	안지름 치수	안지름 번호	안지름 치수
1	1	01	12
2	2	02	15
3	3	03	17
4	4	04	20
5	5	/22	22
6	6	05	25
7	7	/28	28
8	8	06	30
9	9	/32	32
00	10	07	35

14 다음과 같이 측정하는 각도게이지는?

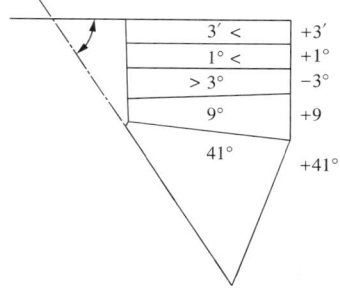

① NPL(National Physics Laboratory)식 각도게이지
② 요한슨식 각도게이지
③ 오토콜리메이터(Autocollimator)
④ 수준기

해설
NPL식 각도 게이지
- 약 96×16mm의 측정면을 가진 담금질 강제 블록으로 41°, 27°, 9°, 3°, 1°, 27′, 9′, 3′, 1′, 30″, 18″, 6″의 12개조로 되어 있다.
- 게이지블록 형태로 측정면을 가감(加減) 조합하여 각도를 측정한다.
- 각도가 큰 것은 쐐기처럼 보인다.

15 다음 그림과 같이 도면에 표시가 되었다면 b영역이 의미하는 내용으로 옳은 것은?

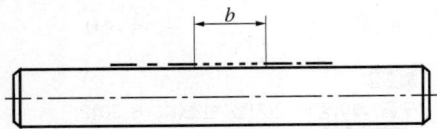

① 표면경화를 해야 하는 영역을 표시하였다.
② 표면경화를 해도 좋은 영역을 표시하였다.
③ 침탄열처리를 하면 안 되는 영역을 표시하였다.
④ 표면경화 간의 간격을 확보하라는 지시를 표시하였다.

해설

번 호	선 모양	선의 명칭	적용내용
02.2.1	─ ─ ─	굵은 파선	열처리, 유기물 코팅, 열적 스프레이 코팅과 같은 표면처리의 허용 부분을 지시한다.
04.1.5	─·─·─	가는 1점 장쇄선	열처리와 같은 표면경화 부분이 예상되거나 원하는 확산을 지시한다.
04.2.1	━·━·━	굵은 1점 장쇄선	데이텀 목표선, 표면의 (제한) 요구 면적, 예를 들면 열처리 또는 표면의 제한 면적에 대한 공차 형체 지시의 제한 면적, 예로 열처리, 유기물 코팅, 열적 스프레이 코팅 또는 공차 형체의 제한 면적
05.1.8	─··─··─	가는 2점 장쇄선	점착, 연납땜 및 경납땜을 위한 특정범위/제한 영역의 틀/프레임
07.2.1	·········	굵은 점선	열처리를 허용하지 않은 부분을 지시한다.

b영역의 좌우 부분은 굵은 1점쇄선으로 표면경화 또는 침탄경화를 하도록 표시하였고, b영역은 굵은 파선으로 표시되어 있어 해당 열처리를 해도 좋다는 표시를 하고 있다.

16 다음 그림과 같은 커터를 이용하여 기어를 가공하는 방법은?

① 호 빙 ② 브로칭
③ 래 킹 ④ 셰이빙

해설
문제 그림의 커터는 호브이다. 호빙은 호브를 이용하여 스퍼기어, 헬리컬기어 등을 가공하는 창성에 의한 기어 제작방법이다.

17 3상 유도전동기의 회전원리에 대한 설명으로 옳지 않은 것은?

① 회전자의 회전속도가 증가하면 도체를 관통하는 자속수는 감소한다.
② 회전자의 회전속도가 증가하면 슬립도 증가한다.
③ 부하를 회전시키기 위해서 회전자의 속도는 동기속도 이하로 운전되어야 한다.
④ 3상 교류전압을 고정자에 공급하면 고정자 내부에서 회전 자기장이 발생된다.

해설
슬립은 회전 중 무자극 상태의 구간에서 동력 없이 회전하여 순간적으로 효율이 약간 떨어지는 현상으로, 회전속도가 높아질수록 관성에 의해 슬립현상은 적어진다.

18 3상 유도모터에 대한 설명으로 옳지 않은 것은?

① 위상이 서로 다른 세 개의 극성을 두고 회전자가 회전한다.
② 유지·보수가 탁월하고 내환경성이 우수하다.
③ 영구자석을 사용하여 정전 시에도 사용이 가능하다.
④ 큰 용량을 사용할 때는 높은 효율성을 나타낸다.

해설
3상 유도모터는 전자석을 이용하며, 전기가 공급되지 않으면 회전하지 않는다.

19 피스톤 운동이 비스듬한 회전판에 의해 회전운동으로 전환되는 공압모터는?

① 반경류 피스톤 모터
② 축류 피스톤 모터
③ 베인모터
④ 기어모터

해설
축류 피스톤 모터 : 축 방향으로 나열된 다섯 개의 피스톤에서 나오는 힘은 비스듬한 회전판에 의해 회전운동으로 전환된다. 정숙 운전이 가능하며, 중저속 회전과 높은 출력을 감당한다. 각종 반송장치에 사용된다.

20 공압모터에 비해 유압모터가 갖는 특징으로 옳지 않은 것은?

① 작동공기 대신 작동유를 사용한다.
② 큰 출력이 필요할 때 사용한다.
③ 설치 위치가 자유로우며, 설비가 간단하다.
④ 다양한 종류를 사용하는 공압모터에 비해 단순한 구조의 모터를 사용한다.

해설
유압모터는 압축공기를 사용하는 공압모터와 다르게 사용한 작동유를 회수하는 장치가 필요하기 때문에 이에 따른 설비가 필요하며, 설치 위치에 제약도 받는다. 따라서 일반적으로 공압모터에 비해서 구조가 단순한 모터를 사용한다.

21 다음과 같은 조건이 주어졌을 때, F_1의 힘의 크기는?(단, A_1 = 100cm², A_2 = 1,000cm², F_2 = 2,000N이다)

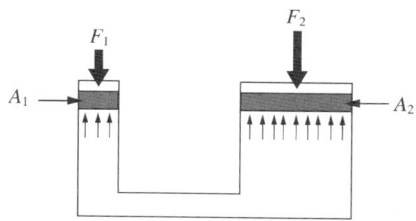

① 200N
② 400N
③ 2,000N
④ 4,000N

해설
파스칼의 원리는 유체에서 사용하는 지렛대의 원리와 같다. 단일 유체는 면적당 작용하는 압력의 크기가 같으므로, 문제의 그림에서 힘의 비율은 면적의 비와 같다.
면적이 계산되어 나왔으므로 비례식으로 한 번 풀어보자.
$F_1 : A_1 = F_2 : A_2$ 또는 $F_1 : F_2 = A_1 : A_2$
A_1이 A_2의 1/10이므로
F_1도 F_2의 1/10,
2,000N의 1/10인 200N

22 시간당 물의 유입량이 0.5m³/s인 시스템에서 유량에 의해 작용하는 압력이 500kgf/cm²일 때 유입되는 물의 속도는 약 몇 m/s인가?

① 10
② 20
③ 30
④ 50

해설
$Q = AV$을 이용한다. A는 모르지만 압력을 알고 있으므로, 시간당 유입되는 물의 중량은 500kgf이고(1m³ = 1ton), 작용압력이 5kgf/cm²이므로 이 시스템의 유로 면적은 100cm²이다.
0.5m³/s = 100 × 10⁻⁴m² × V
∴ V = 50m/s

23 공압 실린더의 공기를 급속히 방출시켜서 실린더의 속도를 증가시키고자 할 때 사용되는 밸브는?

① 속도제어밸브
② 급속배기밸브
③ 스로틀 밸브
④ 스톱밸브

해설
유량제어밸브의 종류

교축밸브	유로의 단면적을 변화시켜서 유량을 조절하는 밸브이다.
유량조절밸브	유량이 일정할 수 있도록 조절하는 밸브이다.
급속배기밸브	배기구를 확 열어 유속을 조절하는 밸브이다.
속도제어밸브	베르누이의 정리에 의하여 유량에 따른 속도를 제어하는 방식과 유체의 흐름의 양을 조절하여 속도를 제어하는 방식으로 나뉜다.

24 다음 그림과 같은 구조를 가진 공압밸브의 기호는?

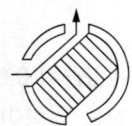

① 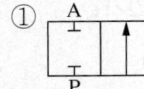   ②

③ 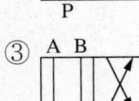   ④

해설
문제의 그림은 방향제어밸브의 구조를 간단히 표현한 것으로, 구멍이 세 개 뚫린 구조이므로 3port 밸브이다.

25 마이크로미터 눈금이 다음 그림과 같다면 이 길이는?

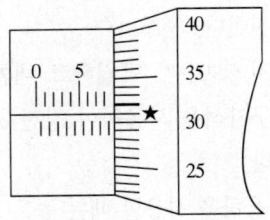

① 5.31mm   ② 5.81mm
③ 8.31mm   ④ 8.81mm

해설
마이크로미터는 어미자의 눈금을 먼저 읽고 아들자의 눈금을 더한다.
8.5mm(어미자) + 0.31mm(아들자) = 8.81mm

26 압력(P_1)이 0.1MPa로 일정할 때 온도가 300K에서 400K로 변한다. 가스의 처음 상태에서 체적(V_1)이 0.6m³라면, 가열 후 체적은 몇 m³인가?

① 0.4   ② 0.6
③ 0.8   ④ 1.0

해설
보일-샤를의 법칙에 의해
$P_1V_1 = nRT_1$, $P_2V_2 = nRT_2$이므로
$\dfrac{P_1V_1}{T_1} = nR = \dfrac{P_1V_2}{T_2}$, $\dfrac{V_1}{V_2} = \dfrac{T_1}{T_2} = \dfrac{300}{400}$
$\therefore V_2 = \dfrac{4}{3} \times 0.6\text{m}^3 = 0.8\text{m}^3$

27 다음 기호의 부속기기의 용도로 적당하지 않은 것은?

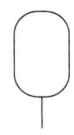

① 펌프 맥동 흡수
② 충격압력의 완충
③ 작동유 점도 향상
④ 유압에너지 축적

해설
문제의 기호는 어큐뮬레이터를 나타낸다. 어큐뮬레이터란 유체의 압력을 축적하여 압력의 흐름을 일정하게 조절해 주는 장치로서, 압력을 축적하는 방식으로 맥동을 방지하는 데 사용한다.

28 다음 기호가 나타내는 밸브는?

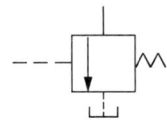

① 무부하밸브
② 감압밸브
③ 시퀀스밸브
④ 카운터밸런스밸브

해설

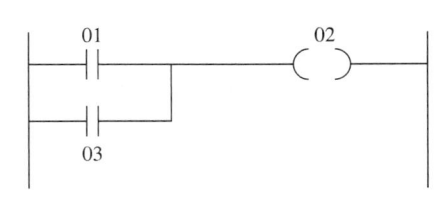

29 등각투상도를 3각법으로 옳게 표현한 것은?

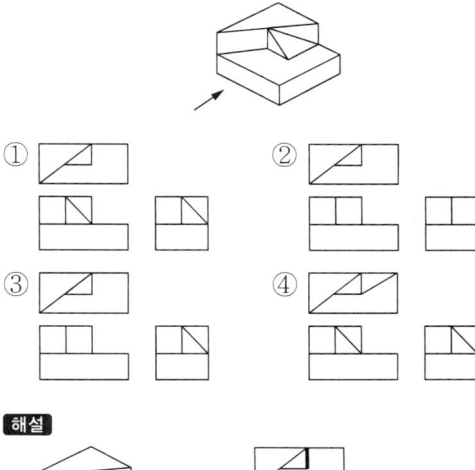

해설

30 다음 래더다이어그램의 스텝수는?

① 1
② 2
③ 3
④ 4

해설
01 → 02 → 03 → 02

31 드릴링 작업 시 이송량이 0.1mm/rev일 때 600 rpm으로 회전하는 드릴이 공작물에 구멍을 가공하는 데 1분이 걸렸다면, 이때 드릴 깊이는?(단, 날끝 높이는 고려하지 않는다)

① 5cm ② 6cm
③ 7cm ④ 8cm

해설
1회전에 0.1mm 진행하고, 1분에 600번 회전하므로 1분에 60mm 이송된다.

32 $50_0^{0.01}$인 구멍과 $50_{-0.1}^{0.0}$인 축의 끼워맞춤에서 최대틈새는 몇 mm인가?

① 0 ② 0.1
③ 0.11 ④ 0.2

해설
구멍이 가장 클 때 50.01mm이고, 축이 가장 작을 때 49.9mm이므로 최대틈새는 그 차인 0.11mm이다.

33 근접센서의 특징으로 옳지 않은 것은?

① 고속 응답
② 유접점 출력
③ 비접촉식 검출
④ 노이즈 발생이 적음

해설
근접센서는 직접 접촉 없이 검출한다.

34 유량을 제어하는 교축밸브 중 유압 구동에서 가장 많이 사용되는 밸브로서, 기름 흐름의 방향에 관계없이 두 방향의 흐름을 항상 제어하는 밸브는?

① 스톱밸브
② 스로틀밸브
③ 스로틀 체크밸브
④ 서보유압밸브

해설
교축밸브 : 베르누이의 정리를 응용하여 유로(유체가 흐르는 통로)의 크기를 조절하여 유로가 좁아지면 흐름의 속도가 빨라지고, 압력이 내려가는 성질을 이용하여 흐름을 제어하는 밸브이다. 스로틀밸브라고도 하며, 통로의 크기를 제어하여 유속과 유압을 제어하므로 방향과는 무관하다.

35 다음 그림은 공압밸브 제품을 간략화한 것이다. 이 제품의 기호로 옳은 것은?

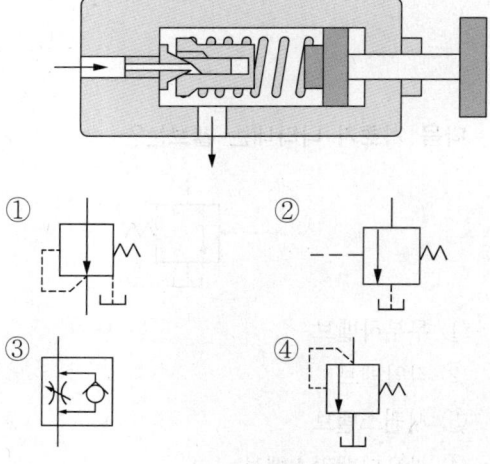

해설
④ 릴리프밸브
① 감압밸브
② 무부하밸브
③ 한 방향 유량제어밸브
문제의 그림은 스프링을 이용하여 설정된 압력 이상이 되면 유압 또는 공압이 배출되는 형태의 압력조절밸브로, 릴리프밸브라고 한다.

36 선반작업 시 안전사항으로 옳지 않은 것은?

① 절삭 중에는 측정하지 않는다.
② 기계 위에 공구나 재료를 올려놓지 않는다.
③ 가공물이나 절삭공구는 정확하게 장착한다.
④ 칩이 예리하므로 장갑을 끼고 작업한다.

해설
회전체가 있는 작업은 항상 장갑을 벗는다.

37 다음 도면에 대한 설명으로 옳지 않은 것은?

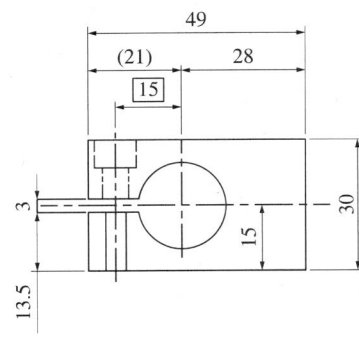

① 이론상 정확한 치수가 기재되어 있다.
② 참고 치수는 15이다.
③ 구멍의 치수는 기재되어 있지 않다.
④ 공작물의 중심선 위에 구멍이 위치해 있다.

해설
15는 이론상 정확한 치수로 기재된 것이다. 구멍의 가로 위치 중 (21)이 참고 치수이다.

38 작동유의 온도에 따른 점도 변화에 대한 설명으로 옳은 것은?

① 작동유의 온도와 점도는 무관하다.
② 작동유의 온도와 점도의 관계를 수치로 나타낸 것을 점도지수라고 한다.
③ 점도지수가 높을수록 온도에 따른 점도 변화가 크다.
④ 광유의 경우 점도지수는 1,000 정도가 된다.

해설
점도지수는 온도와 점도의 관계를 수치로 나타낸 것으로, 점도지수가 높을수록 온도에 따른 점도 변화가 작다. 광유의 점도지수는 100 정도이다.

39 점도 변화에 따른 작동유의 관계에 대한 설명으로 옳지 않은 것은?

① 점도가 높아지면 유동저항이 증가하여 압력손실이 커진다.
② 점도가 낮아지면 캐비테이션 발생 가능성이 높아진다.
③ 점도가 낮아지면 액추에이터 틈새로 작동유가 누설될 가능성이 높아진다.
④ 점도가 낮아지면 유막 형성 가능성이 낮아진다.

해설
캐비테이션은 공동현상으로 유체의 유동 간 공간이 발생하며, 캐비테이션 발생 가능성은 점도가 높을수록 높아진다.

40 밸브의 구조 중 원통형으로 된 슬리브나 밸브 몸체의 미끄럼면에 내접하여 실패 형상의 축이 축 방향으로 이동하면서 압축공기의 흐름을 전환하는 밸브는?

① 스풀형 ② 포핏형
③ 슬라이드형 ④ 오픈센터형

해설
스풀형

기본 구조 및 원리	• 원통형으로 된 슬리브나 밸브 몸체의 미끄럼면에 내접하여 스풀(실패) 형상의 축이 축 방향으로 이동하면서 압축공기의 흐름을 전환한다.
장점	• 압력이 축 방향으로 작용하기 때문에 비교적 높은 공압에서도 작은 힘으로 밸브를 전환할 수 있다. • 구조가 비교적 간단하다. • 대량 생산에 적합하다. • 스풀의 형상이나 배관구의 위치에 따라 각종 밸브를 만들 수 있다. • 밸브의 크기에 비해서 비교적 큰 유량을 얻을 수 있다.
단점	• 고정밀도의 기계가공이 필요하다. • 공기 누설이 약간 있다. • 배관에 먼지 등의 이물질이 혼입된 압축공기를 사용하면 고장의 원인이 된다. • 급유가 필요하다.

41 밸브의 윤활에 관한 설명으로 옳지 않은 것은?

① 윤활제가 마르면 기계적 충격이 발생할 가능성이 높아진다.
② 윤활제는 작동유에 분포하여 작용시킨다.
③ 윤활제를 윤활부에 직접 도포할 수 있다.
④ 윤활제를 사용하면 보수효능은 높아지지만 작동 효율은 떨어진다.

해설
윤활작용은 마찰저항을 감소시켜 작동효율을 상승시킨다.

42 격판이 두 개 존재하여 로드를 길게 사용하거나 공기압을 두 배로 받을 수 있도록 하여 출력을 두 배로 사용할 수 있는 실린더는?

① 단동 실린더
② 복동 실린더
③ 충격 실린더
④ 탠덤 실린더

해설
① 단동 실린더 : 실린더에 공기압 포트가 하나만 있고, 복귀는 스프링으로 하는 형식의 실린더이다.
② 복동 실린더 : 실린더 양쪽에 공기압 포트가 있어 실린더 헤드의 전진과 후진을 공기압으로 제어하는 실린더이다.
③ 충격 실린더 : 급격한 출력을 내고자 할 때 사용하는 실린더이다.

43 공압모터의 특징으로 옳지 않은 것은?

① 회전수를 자유롭게 조절할 수 있다.
② 토크를 쉽게 조절할 수 있다.
③ 정확한 제어가 가능하다.
④ 소음이 발생한다.

해설
공압모터의 특징
• 속도를 무단으로 조절할 수 있다.
• 출력을 조절할 수 있다.
• 속도범위가 크다.
• 과부하에 안전하다.
• 오물, 물, 열, 냉기에 민감하지 않다.
• 폭발에 안전하다.
• 보수 유지가 비교적 쉽다.
• 높은 속도를 얻을 수 있다.
• 입력된 에너지에 비해 출력되는 에너지의 비율이 나쁘거나 일정하지 않다.
• 공압제어는 일반적으로 공압의 압축성으로 인해 정확한 제어가 어렵다.
• 유압에 비해 소음이 발생한다.

44 다음 중 오일탱크의 구비조건으로 옳지 않은 것은?

① 스트레이너의 유량은 유압펌프 토출량과 같을 것
② 유면을 흡입 라인 위까지 항상 유지할 것
③ 공기나 이물질을 오일로부터 분리할 수 있을 것
④ 공기청정기의 통기 용량은 유압펌프 토출량의 2배 이상일 것

> **해설**
> 스트레이너의 유량은 유압펌프 토출량의 2배 이상이어야 한다.

45 금속저항체를 당기면 길어지는 동시에 가늘어져 전기저항값이 증가하고, 반대로 압축되면 전기저항이 감소하는 현상을 이용한 센서는?

① 적외선 센서
② 서미스터
③ 포토다이오드
④ 스트레인 게이지

> **해설**
> 적외선 센서와 서미스터는 온도센서이고, 포토다이오드는 광센서이다.

46 다음 제어회로의 명칭은?

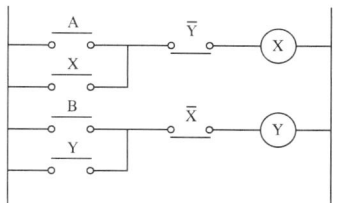

① 선입우선회로 ② 인터로크 회로
③ 일치회로   ④ 캐스케이드 회로

> **해설**
> 인터로크 회로는 신호가 서로에게 간섭을 주지 않도록, 즉 Cross Checking하도록 둘 이상의 계전기가 동시에 동작하지 않도록 설계된 회로로, 문제의 그림처럼 A가 ON되면 Y의 출력이 나오지 않도록 계획한 회로이다.

47 다음 논리식 중 옳은 것은?

① $A \cdot 1 = A$
② $A + A = 1$
③ $A + 1 = A$
④ $A + 0 = 0$

> **해설**
> ② $A + A = A$
> ③ $A + 1 = 1$
> ④ $A + 0 = A$

48 다음 중 종류가 다른 치수는?

① 길이   ② 높이
③ 두께   ④ 가로의 길이

> **해설**
> 치수는 크기, 자세, 위치 치수로 구분하여 지시한다.
> • 크기 치수 : 길이, 높이, 두께 등
> • 자세 치수 및 위치 치수 : 각도, 가로·세로의 길이 등

정답 44 ① 45 ④ 46 ② 47 ① 48 ④

49 기계에서 발생하는 소음이나 진동 등과 같은 주위 환경에서 발생하는 오차 또는 자연현상의 급변 등으로 발생하는 오차는?

① 측정기의 오차
② 시 차
③ 우연오차
④ 긴 물체의 휨에 의한 영향

해설
오차의 종류
- 비체계적 오차(Random Measurement Error) : 어떤 현상을 측정함에 있어서 방해가 되는 모든 요소, 즉 측정자의 피로, 기억 또는 감정의 변동 등과 같이 측정대상, 측정과정, 측정수단, 측정자 등에 비일관적으로 영향을 미침으로써 발생하는 오차로 우연오차가 대표적이다.
- 체계적 오차(Systematic Measurement Error) : 측정대상에 대해 어떠한 영향으로 오차가 발생될 때 그 오차가 거의 일정하게 일어난다고 보면 어떤 제약되는 조건 때문에 생기는 오차로 측정기 오차, 구조오차 등이 있다.

50 센서의 신호처리 시 문제점이 아닌 것은?

① 잡 음
② 비선형성
③ 시간 지연
④ 수명 단축

해설
④ 센서의 수명과 신호처리 기능은 크게 관계가 없다.
① 센서 신호처리 시 작은 신호를 증폭하여 사용할 때 잡음이 발생할 수 있는데, 잡음은 필터링하거나 제어할 필요가 있다.
② 센서의 측정값과 함수 측정값이 비슷한 선형을 이루는 정도를 선형성이라 한다. 선형성은 응답의 신뢰도와 연관이 있으며, 비선형적으로 신호가 나타나지 않도록 할 필요가 있다.
③ 센서의 신호를 주고받을 때 처리과정에서 지연현상이 나타날 수 있는데, 가능한 한 정확하고 즉시 처리될 수 있도록 할 필요가 있다.

51 다음 LD 프로그램의 명령어는?

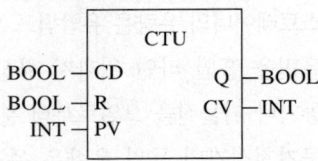

① 세트 코일 출력
② On Time Delay Timer
③ 가산 카운터
④ 감산 카운터

해설
CTU는 up 카운터, 즉 카운팅이 되면 숫자가 더해지는 것이고, CTD는 down 카운터, 즉 카운팅이 되면 숫자가 하나씩 빠지는 것이다.

52 다음 회로에 대한 설명으로 옳지 않은 것은?

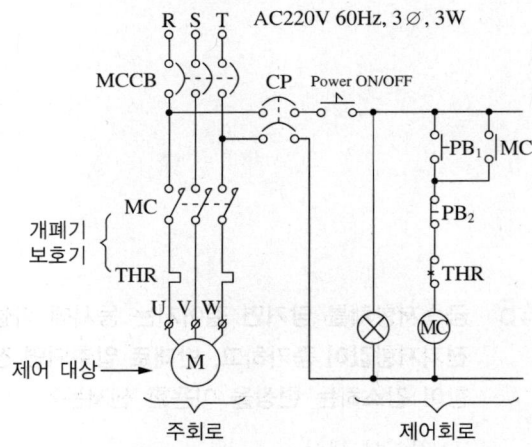

① 단상 전동기 회로이다.
② 전자접촉기가 적용되어 있다.
③ 서미스터가 적용되어 있다.
④ 배선용 차단기가 적용되어 있다.

해설
문제의 회로는 3상 유도전동기의 회로이다.

53 다음 회로의 명칭은?

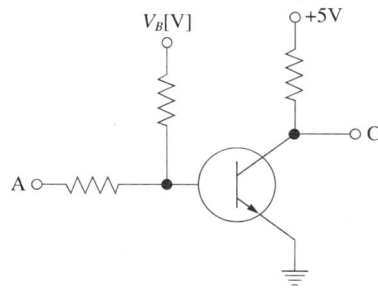

① AND 회로
② OR 회로
③ NOT 회로
④ NAND 회로

해설
베이스에 전류의 입력이 없다면 5V의 입력이 저항을 거쳐 C로 출력된다. 이 상태가 정상 상태이다. 베이스에 전류의 입력이 생기면 트랜지스터가 큰 저항이 되고, 5V 바로 아래의 저항에 비해 매우 큰 저항이 되어 5V의 전압 중 많은 부분이 트랜지스터쪽에 크게 걸린다. 이 경우, C로 출력되는 전류는 매우 약해진다. 결과적으로 입력과 출력이 반대로 나타난다.

54 액상 또는 기체상의 연료성 화재(휘발유, 벤젠 등)에 해당하는 것은?

① D급 화재
② C급 화재
③ B급 화재
④ A급 화재

해설
③ B급 화재(기름 화재) : 인화성 액체 및 고체의 유지류 등의 화재이다.
① A급 화재(일반 화재) : 목재, 종이, 천 등 고체 가연물의 화재이며, 연소가 표면 및 깊은 곳에 도달해 가는 화재이다.
② C급 화재(전기 화재) : 전기가 통하는 곳의 전기설비 화재이며, 고전압이 흐르기 때문에 지락, 단락, 감전 등에 대한 특별한 주의가 필요하다.
④ D급 화재(금속 화재) : 마그네슘, 나트륨, 칼륨, 지르코늄과 같은 금속화재이다.

55 다음 중 기계적 에너지를 유압에너지로 바꾸는 유압기기는?

① 공기압축기
② 유압펌프
③ 오일탱크
④ 유압제어밸브

해설
펌프는 기계적 에너지를 유체의 운동에너지로 변환시켜 주는 역할을 한다.

56 다음 보기에서 설명하는 공압 액추에이터는?

┤보기├
• 전진운동뿐만 아니라 후진운동에도 일을 해야 하는 경우에 사용된다.
• 피스톤 로드의 구부러짐과 휨을 고려해야 하지만, 행정거리는 원칙적으로 제한이 없다.
• 전진, 후진 완료 위치에 서서 관성으로 인한 충격으로 실린더가 손상되는 것을 방지하기 위하여 피스톤 끝부분에 쿠션을 사용하기도 한다.

① 복동 실린더
② 단동 실린더
③ 베인형 공압모터
④ 격판 실린더

해설
① 복동 실린더 : 실린더 헤드가 양쪽에 달려 있고, 전진 시와 후진 시에 모두 일이 가능하다.
② 단동 실린더 : 실린더 헤드가 한쪽에 달려 있다. 전진 시 역할을 하며 스프링을 달아서 공압이나 유압이 작동하지 않을 경우 자동복귀하는 형태가 있다. 후진 시에도 공압이나 유압이 작동해야만 후진하는 형태가 있으나 단동 실린더를 사용하는 곳은 대부분 스프링이 달린 자동복귀형을 사용한다.
③ 베인형 공압모터 : 미끄럼 날개차가 달려 있어서 밀폐성이 좋으며, 정숙한 운전과 안정된 흐름으로 모터를 회전시킬 수 있는 공압모터이다.
④ 격판 실린더 : 다이어프램을 이용한 실린더로서 단동 실린더의 일종이다.

정답 53 ③ 54 ③ 55 ② 56 ①

57 PLC 하드웨어 구조에서 외부 입출력기기의 노이즈가 PLC의 CPU쪽에 전달되지 않도록 하기 위하여 사용되는 소자는?

① 다이오드
② 트랜지스터
③ LED
④ 포토커플러

해설
포토커플러 : 빛으로 입력을 받아 빛으로 출력하는 반도체 소자로, 전기적으로는 서로 절연되어 있는 상태이다.

58 다음 중 공압조정유닛의 구성요소에 해당하지 않는 것은?

① 필터
② 교축밸브
③ 압력조절밸브
④ 윤활기

해설
교축밸브도 공압조정유닛에서 공기의 압력이나 속도를 제어하는 데 적용할 수 있지만, 제시된 보기 중 가장 거리가 먼 요소이다.

59 밀링머신에서 사용되는 부속장치가 아닌 것은?

① 회전 테이블 장치
② 테이퍼 절삭장치
③ 래크 절삭장치
④ 슬로팅 장치

해설
테이퍼 절삭장치는 선반에서 사용하는 부속장치이다.

60 공기압축기 선정 및 사용 시 주의점이 아닌 것은?

① 압축기의 능력과 탱크의 용량을 충분히 한다.
② 압축기의 동일한 능력이라면 대형 1대가 경제적이다.
③ 가능한 한 온도 및 습도가 높은 곳에 설치한다.
④ 흡입필터는 항상 청결히 한다.

해설
공기압축기를 선정할 때는 사용 공기압력보다 1~2kgf/cm² 높은 공기압력을 얻을 수 있는 압축기를 선정하는 것이 좋다. 공기압축기 선정 시 압축기는 용량이 큰 것일수록 효율이 좋으며, 병렬로 여러 대를 설치하는 것보다 대용량 압축기를 분산 배치한다. 그러나 고장 시 시스템 전체에 중요한 영향을 끼칠 경우에는 예비로 2대를 설치하여 비상시에 대비한다.

2023년 제2회 과년도 기출복원문제

01 빌트 업 에지 현상에 대한 설명으로 옳지 않은 것은?

① 유동형, 전단형 칩의 경우 잘 발생한다.
② 절삭 정밀도를 떨어뜨린다.
③ 2, 3초 주기로 발생한다.
④ 경사각을 크게 하면 발생 빈도가 줄어든다.

해설
빌트 업 에지 현상의 조건이 되면 0.1 내외의 매우 짧은 시간 사이에 일어나며, 들러붙어 있기도 한다.

02 공작물의 중심을 빨리 맞출 수는 있지만, 공작물의 정밀도는 다소 떨어지며 정해진 중심선에서 작업을 해야 하는 공작물 고정구는?

① 단동척
② 연동척
③ 마그네틱척
④ 4방향 척

해설
연동척
• 척 핸들을 사용해서 척의 측면에 만들어진 1개의 구멍을 조이면, 3개의 조(Jaw)가 동시에 움직여서 공작물을 고정시킨다.
• 공작물의 중심을 빨리 맞출 수는 있지만, 공작물의 정밀도는 단동척에 비해 떨어진다.

03 하향절삭에 대한 설명으로 옳지 않은 것은?

① 일감을 고정하기 쉽다.
② 절삭할 면을 보며 작업할 수 있다.
③ 가공된 면 위에 뜨거운 칩이 남아 변형을 유발할 수 있다.
④ 백래시의 우려가 없다.

해설

상향절삭(올려 깎기)	하향절삭(내려 깎기)
커터날의 회전 방향과 일감의 이송이 서로 반대 방향	커터날의 회전 방향과 일감의 이송이 서로 같은 방향
• 커터날이 일감을 들어 올리는 방향이므로 기계에 무리를 주지 않는다. • 커터날에 처음 작용하는 절삭저항이 작다. • 깎인 칩이 새로운 절삭을 방해하지 않는다. • 백래시의 우려가 없다.	• 커터날에 마찰작용이 작아 날의 마멸이 작고 수명이 길다. • 커터날을 밑으로 향하게 하여 절삭한다. 따라서 일감을 밑으로 눌러서 절삭하므로, 일감의 고정이 쉽다. • 날자리 간격이 짧고, 가공면이 깨끗하다.
• 커터날이 일감을 들어 올리는 방향으로 일을 하므로 일감을 고정하기 어렵다. • 날의 마찰이 커서 날의 마멸이 크다. • 회전과 이송이 반대여서 이송의 크기가 상대적으로 크며, 이에 따라 피치가 커져서 가공면이 거칠다. • 가공할 면을 보면서 작업하기 어렵다.	• 상향절삭과는 달리 기계에 무리를 준다. • 커터날이 새로운 면을 절삭 저항이 큰 방향에서 진입하므로 날이 약할 경우 부러질 우려가 있다. • 가공된 면 위에 칩이 쌓이므로, 절삭열이 남아 있는 칩에 의해 가공된 면이 열 변형을 받을 우려가 있다. • 백래시 제거장치가 필요하다.

정답 1 ③ 2 ② 3 ④

04 절삭속도 일정제어방식과 회전수 일정제어방식에 대한 설명으로 옳지 않은 것은?

① 절삭속도를 일정하게 하면 절삭된 면의 상태가 고르다.
② 절삭속도를 일정하게 하면 회전 과열을 조심해야 한다.
③ 회전수 일정제어방식은 제어가 쉽다.
④ 회전수를 일정하게 제어하면 지름이 작을수록 절삭속도가 빨라진다.

해설
$v = \pi D n$으로, v를 고정시켜 절삭하는 방식과 n을 고정시켜 제어하는 방식이 있다. 범용기계 등 기계적 제어에서는 회전수를 고정시켜 절삭한다. 이 경우 가공물이 깎여 나갈수록 실제 절삭속도는 느려지는 효과가 생긴다. 절삭속도를 지름에 따라 고정시켜 절삭할 수도 있는데, 이 경우 피절삭물의 지름이 작아질수록 회전수가 매우 빨라져야 하기 때문에 회전 과열을 조심해야 한다.

05 공작물을 물고 있는 상태에서 절삭각도를 조절할 수 있는 밀링머신 부속장치는?

① 아 버
② 오버암
③ 분할대
④ 회전 테이블

해설
① 아버 : 절삭공구나 공작물을 삽입할 수 있는 작은 축이다.
② 오버암 : 수평 밀링머신의 상단에 장착한다. 아버(Arbor)가 굽는 것을 방지하는 아버 지지부를 설치하는 빔(Beam)으로, 한쪽 끝부분은 기둥 위에 고정되어 있다.
③ 분할대 : 공작물이나 축과 같은 원형의 공작물을 정확히 $1/n$로 등간격의 분할을 위해 사용한다.

06 표제란에 기재되는 척도에 대한 설명으로 옳지 않은 것은?

① 도면에 길이를 생략한 부분이 있으면 NS로 표시한다.
② 현척으로 작도하는 것을 원칙으로 한다.
③ 2 : 1로 표시되면 배척이다.
④ NS로 표시한 경우 세부 도면에 척도를 표현할 수 있다.

해설
작도는 현척으로 하는 것이 원칙이지만, 필요에 따라 척도를 표기하고 이에 따라 도면을 작성한다. 척도는 도면 : 실물 형태로 나타낸다. 예를 들면, 2 : 1은 배척으로 표기된 것이다. NS는 Non Scale로 일률적인 척도를 사용하지 않았다는 표시이며, 이때 세부 도면에 척도를 표기하기도 한다. 너무 긴 물체는 도면에 길이를 생략하기도 하는데 이는 척도 표기와는 무관하다.

07 다음 그림과 같이 도시된 단면도는?

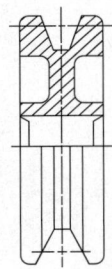

① 온단면도
② 반단면도
③ 회전단면도
④ 부분단면도

해설
① 온단면도 : 전체를 단면한 도면이다.
③ 회전단면도 : 절단한 단면의 모양을 90° 회전시켜서 투상도의 안이나 밖에 그리는 단면도이다.
④ 부분단면도 : 필요한 부분만 파단선으로 잘라내어 단면도를 제도한다.

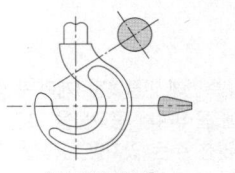

[회전단면도]   [부분단면도]

08 단면도법 중 축을 길이 방향으로 단면하지 않는 이유로 옳은 것은?

① 단면을 해도 의미가 없기 때문이다.
② 회전체는 단면하지 않기 때문이다.
③ 동력 전달 부품은 단면을 하지 않기 때문이다.
④ 축은 길이 방향으로 의미 없이 짧기 때문이다.

해설
길이 방향으로 단면해도 의미가 없거나 이해를 방해하는 부품은 길이 방향으로 단면하지 않는다. 단, 축에 묻히는 키 등을 명확히 표현하기 위해 부분 단면을 할 수 있다.

09 다음 중 파선을 옳게 표시한 것은?

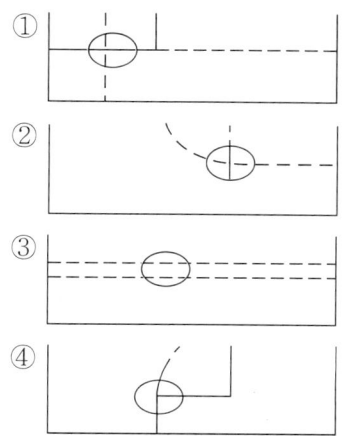

해설
① 외형선과 겹치지 않게 한다.
③ 수평한 두 파선은 엇갈리게 간격을 둔다.
④ 외형선과 떼서 겹치지 않게 한다.

10 다음 도면에 대해 옳게 설명한 것은?

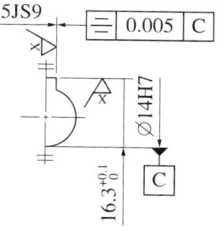

① 평행도 공차가 적용된 부분이 있다.
② 지름이 14mm인 축이 관통한다.
③ 축의 IT 공차를 표시한 부분이 있다.
④ 삽입되는 키의 높이는 2.3mm이다.

해설
① 대칭도 공차가 적용된 부분이 있다.
② IT 공차를 대문자로 표시하면 구멍의 공차를 표시한 것이다.
④ 도면만으로 키의 높이를 알 수 없다. 키는 축쪽으로도 깊이를 차지하고 들어간다.

11 다음 중 비접촉식 측정침은?

① 하드 측정침   ② 터치 측정침
③ 스캐닝 측정침   ④ 광학 침

해설
• 접촉식 측정침 : 하드 측정침, 터치 측정침, 스캐닝 측정침 등
• 비접촉식 측정침 : 대부분 광학적인 방법을 사용한다.

12 서로 접촉하고 있는 마찰차의 지름이 각각 300mm, 200mm일 때, 원동차가 600rpm으로 회전하고 있다면 종동차의 접촉면에서 속도는 몇 m/s인가?

① 5.1   ② 6.3
③ 7.5   ④ 8.6

해설
마찰차의 접촉면에서의 속도는 같으므로 어느 쪽에서의 πDn을 계산해도 결과는 같다.
원동차는 지름이 작은 쪽이므로
$v = \pi Dn = 3.1415 \times 200mm \times 600rev/60s = 6,283mm/s$
   $= 6.3m/s$

정답 8 ① 9 ② 10 ② 11 ④ 12 ②

13 롤러 베어링에서 전동체가 접촉되지 않고 일정한 간격을 유지할 수 있게 하는 것은?

① 내 륜
② 저널(Journal)
③ 외 륜
④ 리테이너(Retainer)

해설
전동체는 내·외륜상의 궤도를 따라 움직이며, 샤프트를 중심으로 서로 같은 간격으로 접촉하지 않도록 케이지(Cage) 또는 리테이너(Retainer)에 의해 분리되어 있다.

14 밀링작업 시 안전에 관한 사항으로 옳지 않은 것은?

① 회전 중에 브러시로 칩을 제거한다.
② 작업 중에 장갑을 끼지 않는다.
③ 커터를 설치할 때는 반드시 스위치를 내려 정지시킨다.
④ 주축 회전속도를 바꿀 때는 회전을 정지시킨다.

해설
회전체가 돌아가는 공작 중에는 필요한 동작 외에 어떠한 동작도 삼가한다.

15 다음 선의 용도는?

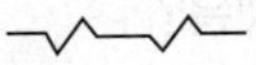

① 숨은선
② 상상선
③ 절단선
④ 파단선

해설
파단선 : 물체의 일부를 자른 곳의 경계를 표시하거나 중간 생략을 나타내기 위해 사용한다.

16 다음 중 치형 모양의 커터로 기어를 다듬는 가공은?

① 호 빙
② 호 닝
③ 브로칭
④ 셰이빙

해설
셰이빙은 면도를 한다는 뜻으로, 기어 치형의 모양을 한 커터로 기어 잇면을 다듬는 작업을 칭한다.

17 강자성체가 영구자석에 접근하면 코일 내 자속의 변화율에 따라 출력 단자 사이에 전압을 발생시켜 물체의 유무를 판단하는 센서는?

① 유도형 근접센서
② 정전용량형 근접센서
③ 광전센서
④ 리드 스위치

해설
근접센서 중 유도형 센서는 강자성체에 반응하고, 정전용량형 센서는 플라스틱, 유리, 도자기, 목재와 같은 절연물 등에서도 검출된다. 정전용량형 센서는 정전용량의 변화를, 유도형 센서는 전압의 변화를 감지한다.

18 다음 스위치에 대한 설명으로 옳지 않은 것은?

① 커팅 칼과 같은 모양을 본떠 나이프 스위치라고 한다.
② 일반적으로 퓨즈가 내장되어 있다.
③ 3상용으로 사용된다.
④ 스위치 자체에 차단기능이 있어 과부하 시 스위치가 끊어진다.

해설
②번과 ④번은 서로 배치되는 용도이다. 스스로 차단하는 기능이 있는 스위치는 퓨즈가 내장되어 있을 필요가 없다. 스위치 연결부가 모두 두께가 있는 동판으로 되어 있으며, 차단기능은 없고 개폐 기능만 있으면 퓨즈의 내장이 필요하다.

19 다음 중 공압모터의 특징에 대한 설명으로 옳지 않은 것은?

① 폭발의 위험이 있는 곳에서도 사용할 수 있다.
② 회전수, 토크를 자유로이 조절할 수 있다.
③ 과부하 시 위험성이 없다.
④ 에너지 변환효율이 높다.

해설
공압모터의 특징
• 장 점
  – 회전수와 토크를 자유로이 조절할 수 있으며, 과부하 시 위험성이 낮다.
  – 작동과 정지, 회전 변환 등에 부드럽게 동작하며 폭발의 위험성이 작다.
• 단 점
  – 입력된 에너지에 비해 출력되는 에너지의 비율이 나쁘거나 일정하지 않다.
  – 정확한 제어가 어렵다.
  – 유압에 비해 소음이 발생한다.

20 다음은 공압모터의 종류 중 하나이다. 어느 형태의 모터인가?

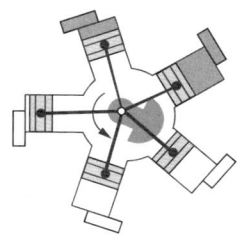

① 회전날개형   ② 피스톤형
③ 기어형   ④ 터빈형

해설
반경류 피스톤 모터 : 왕복운동의 피스톤과 커넥팅 로드에 의하여 운전하고, 피스톤의 수가 많을수록 운전이 용이하다. 공기의 압력, 피스톤의 개수, 행정거리, 속도 등에 의해 출력이 결정된다. 중속회전과 높은 토크를 감당하며, 여러 반송장치에 사용된다.

21 다음 그림과 같이 유로가 A_1에서 A_2로 연결되어 있을 때 v_1과 v_2의 관계로 옳은 것은?

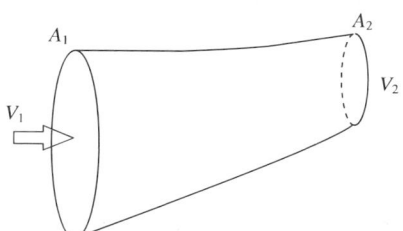

① $v_2 = v_1 \dfrac{A_2}{A_1}$ ② $v_2 = v_1 \dfrac{A_1}{A_2}$

③ $v_2 = \sqrt{v_1^2 \dfrac{A_1}{A_2}}$ ④ $v_2 = \sqrt{v_1^2 \dfrac{A_2}{A_1}}$

해설
유량보존의 법칙에 의해
$Q = Av = A_1 v_1 = A_2 v_2$
$\therefore v_2 = v_1 \dfrac{A_1}{A_2}$

22 다음 그림과 같은 시스템에서 수조 아래 구멍으로 물이 나오는 유속은?(단, 구멍은 원형이며 지름은 1cm이다)

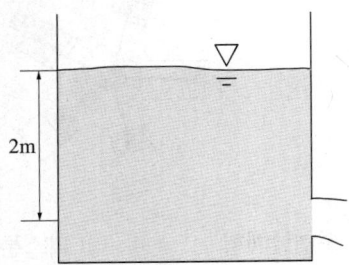

① 5.14m/s
② 6.26m/s
③ 8.11m/s
④ 9.03m/s

해설
$\frac{P_1}{\gamma} + \frac{v_1^2}{2g} + Z_1 = \frac{P_2}{\gamma} + \frac{v_2^2}{2g} + Z_2$ 에서
수조 위와 바깥의 압력은 대기압으로 같고, 수면에서의 유속은 0이라고 할 수 있으므로
$\frac{0^2}{2g} + Z_1 - Z_2 = \frac{v_2^2}{2g}$
$v_2 = \sqrt{2g \times \Delta Z} = \sqrt{2 \times 9.81 \text{m/s}^2 \times 2\text{m}} = 6.26\text{m/s}$

23 다음 그림의 밸브만 이용해서 나타내는 논리식은?

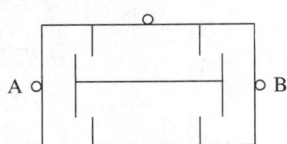

① $A \cdot B$
② $A + B$
③ $A - B$
④ $A \cdot (A + B)$

해설
이압밸브는 양쪽에 모두 공압이 들어와야 작동하므로, AND 밸브의 역할을 한다. 이는 논리곱과 같다.

24 다음 밸브의 명칭은?

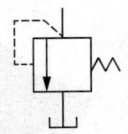

① 무부하밸브
② 체크밸브
③ 릴리프밸브
④ 감압밸브

해설

체크밸브	무부하밸브
감압밸브	릴리프밸브

25 버니어 캘리퍼스에서 어미자의 1눈금이 0.5mm이고, 아들자의 눈금은 12mm를 25등분하였다면 최소 측정값(mm)은?

① 0.002
② 0.005
③ 0.02
④ 0.05

해설
버니어 캘리퍼스에서 어미자의 1눈금이 0.5mm이고, 아들자의 눈금이 $\frac{12}{25}$ = 0.48mm이면, 아들자와 어미자의 한 눈금당 0.02mm씩의 차이를 이용하여 최소 0.02mm 간격까지 읽을 수 있다.

26 피스톤 내에 외부 열이 유입되어 내부 온도만 올라간 경우의 피스톤 변화에 대한 설명으로 옳은 것은?

① 실린더가 전진한다.
② 실린더가 후진한다.
③ 실린더는 움직이지 않고 내부압력이 내려간다.
④ 온도 외에는 변화가 없다.

해설
$PV = nRT$ 이므로, 온도가 오르면 압력 또는 부피가 증가하거나 모두 증가해야 한다. 일반적으로는 실린더의 무게에 변화가 없으므로 내부압력이 일정하게 되기 위해 부피만 변화하겠지만, 다른 조건이 없으므로 압력의 변화도 고려할 수 있다. 그러나 보기 중 압력 또는 부피의 상승에 대한 설명은 ①번밖에 없다.

27 다음 공기압축 계통의 기호에 대한 설명으로 옳은 것은?

① 펌프 맥동 흡수
② 충격압력의 완충
③ 작동유 점도 향상
④ 유압에너지 축적

해설
기호는 공압탱크로, 압축된 공기를 저장해 놓는 장치이다.

28 다음 그림과 같이 제어를 하는 예에 해당하지 않는 것은?

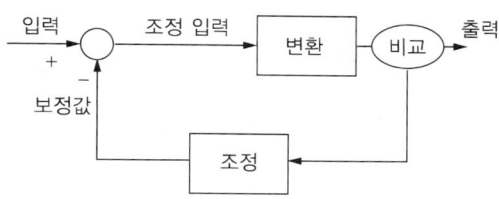

① 자동온도조절기
② 자동화 공장 생산라인
③ 자동속도조절기
④ 자동차의 오토 크루즈 기능

해설
문제의 그림은 폐회로 제어이다. 자동화 공장 생산라인은 일반적으로 시퀀스 제어를 적용하며, 이는 순차제어로 미리 계획된 순서에 의해 작업이 시행된다. 라인 중 이상 및 불량을 선별하는 경우도 별도의 과정을 삽입한 일련의 과정으로 진행되어 피드백을 제공하지 않는다.

29 다음 투상도의 물체로 옳은 것은?

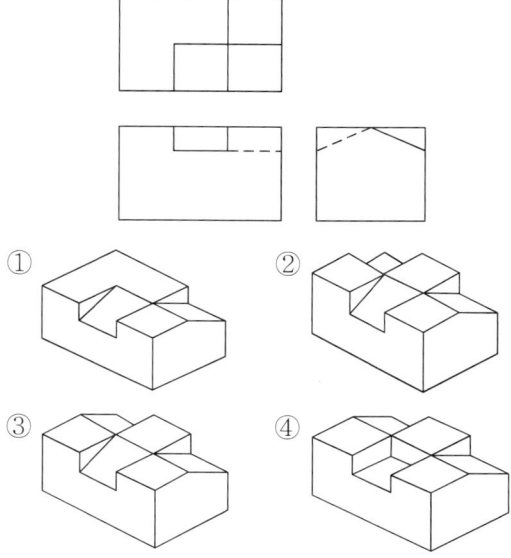

해설
정면도와 평면도의 좌측 상단부에 다른 형태가 없는 등각투상도는 ①번이다.

정답 26 ① 27 ④ 28 ② 29 ①

30 다음 그림에 대한 설명으로 옳지 않은 것은?

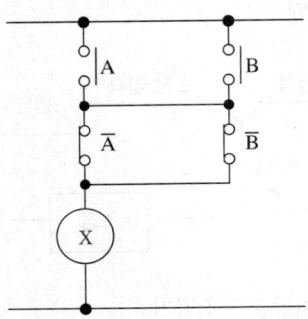

① 래더다이어그램으로 그린 회로이다.
② 유접점 회로를 이용하였다.
③ A에 신호가 들어가고 B에 신호가 없으면 X가 작동한다.
④ A와 B에 모두 신호가 들어가면 X가 작동한다.

해설
A, B에 모두 신호가 들어가면 Ā, B̄ 에 모두 신호가 들어가 회로가 열리게 되므로 X에 신호가 닿지 않는다.

31 드릴작업의 안전관리 사항으로 옳지 않은 것은?

① 드릴을 고정하거나 풀 때는 주측이 완전히 정지된 후에 작업한다.
② 드릴을 회전시킨 후 테이블을 적절히 조정하여 가공한다.
③ 얇은 판의 구멍가공은 나무 보조판을 사용한다.
④ 시동 전 드릴이 바른 위치에 안전하게 고정되었는가를 확인한다.

해설
드릴링은 공구가 공작물에 직각 방향으로 이송되어 가공한다.

32 도면에서 50 H7/g6로 표기된 끼워맞춤에 관한 내용의 설명으로 옳지 않은 것은?

① 억지 끼워맞춤이다.
② 구멍의 치수 허용차 등급이 H7이다.
③ 축의 치수 허용차 등급이 g6이다.
④ 구멍기준식 끼워맞춤이다.

해설
축과 구멍에 따라 기준이 되는 공차기호의 종류는 다음 그림과 같다.

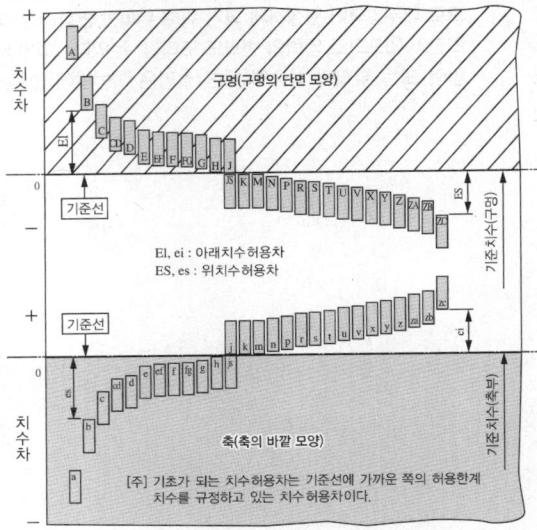

g는 축기준에서 기준 치수보다 항상 작고, H는 구멍기준에서 기준 치수보다 같거나 크다. 따라서 헐거운 끼워맞춤이다.

33 근접센서(Proximity Sensor)의 특징으로 옳지 않은 것은?

① 비접촉식 검출
② 고속 응답
③ 유접점 출력
④ 노이즈 발생이 적음

해설
근접센서는 직접 접촉 없이 검출한다.

34 유량을 제어하는 교축밸브 중 유압 구동에서 가장 많이 사용되는 밸브로서, 기름 흐름의 방향에 관계 없이 두 방향의 흐름을 항상 제어하는 밸브는?

① 스로틀밸브
② 스톱밸브
③ 서보유압밸브
④ 스로틀 체크밸브

[해설]
교축밸브 : 베르누이의 정리를 응용하여 유로(유체가 흐르는 통로)의 크기를 조절하여 유로가 좁아지면 흐름의 속도가 빨라지고, 압력이 내려가는 성질을 이용하여 흐름을 제어하는 밸브이다. 스로틀밸브라고도 하며 통로의 크기를 제어하여 유속과 유압을 제어하므로 방향과는 무관하다.

35 'ø 20 h7'의 공차 표시에서 '7'의 의미는?

① 기준 치수
② 공차역의 위치
③ 공차의 등급
④ 틈새의 크기

[해설]
지름 20mm인 축기준식 IT 공차 h7의 기호이다.

36 선반작업 시 안전사항으로 옳은 것은?

① 가공 정도는 즉시 측정한다.
② 가공물의 장착 위치를 절삭공구에 맞춰 정확히 한다.
③ 기계 위에 바로 사용할 공구를 올려놓고 작업한다.
④ 손이 다칠 수 있으므로 반드시 안전장갑을 착용하고 가공한다.

[해설]
① 가공 정도는 기계를 멈춘 후 측정한다.
③ 기계 위에는 공구를 놓고 작업하면 안 된다.
④ 작업 시에는 장갑을 끼면 안 된다.

37 다음 도면에 대한 설명으로 옳지 않은 것은?

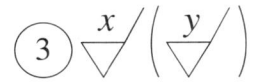

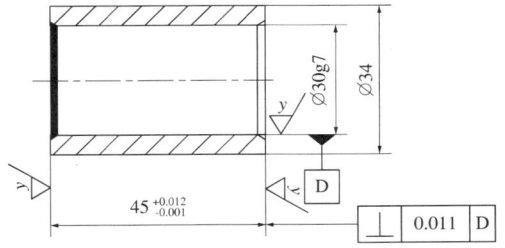

① 두께가 2mm의 부품이다.
② 직각도 공차가 적용되어 있다.
③ 원통 바깥면의 표면거칠기는 $\overset{x}{\triangledown}$ 를 적용한다.
④ 치수공차가 11μm인 부분이 있다.

[해설]
길이의 치수공차는 0.012 − (−0.001) = 0.013mm = 13μm이다.
참고로 30mm 구멍의 g7의 치수공차는 25μm이다.

38 다음 중 유체 내에서 작용하는 점성력에 영향을 주는 요소가 아닌 것은?

① 유체의 온도
② 유체의 속도
③ 유체의 밀도
④ 유체의 색깔

해설
온도가 올라갈수록 점성은 줄어들고, 속도가 높을수록 점성력은 커지며, 밀도가 높을수록 점성계수가 커진다.

39 다음 중 캐비테이션(공동현상)의 발생원인이 아닌 것은?

① 흡입 필터가 막히거나 급격히 유로를 차단한 경우
② 패킹부에 공기가 흡입된 경우
③ 펌프를 정격속도 이하로 저속 회전시킬 경우
④ 과부하이거나 오일의 점도가 클 경우

해설
캐비테이션(Cavitation, 공동현상, 空洞現像)
유로 안에서 그 수온에 상당하는 포화증기압 이하로 될 때 발생하며, 유압과 공압기기의 성능이 저하되고, 소음 및 진동이 발생하는 현상이다. 관로의 흐름이 고속일 경우 압력이 저하되기 때문에 저압부에 기포가 발생한다. 유체가 기체가 되려면 끓는점 이상이 되어서 유체가 기체가 되거나 기체가 직접 흡입되는 경우가 있다. 작동유체가 끓기 위해서는 열을 받아 실제 온도가 올라가거나 작동유체의 압력이 낮아져서 끓는점이 급격히 낮아지는 원인 등이 있다. 작동유체의 압력이 낮아지는 경우는 베르누이의 정리에 의해 유체의 속도가 올라가면 유체의 압력이 낮아지므로 저속 회전에 의해 공동현상이 일어나는 것은 쉽지 않다.

40 다음 중 유압밸브의 구조와 관련된 설명으로 옳지 않은 것은?

① 볼밸브는 회전하는 구를 통해 유체의 흐름을 제어한다.
② 게이트밸브는 상하로 이동하는 게이트로 유체의 통로를 열거나 닫는다.
③ 버터플라이밸브는 원형 판의 중심을 중심으로 회전하여 유체의 흐름을 제어한다.
④ 글로브밸브는 두 개의 다른 유체 통로를 가진 밸브이다.

해설
글로브밸브는 글로브처럼 생긴 주머니에 시트를 회전나사를 이용해 열고 닫는 구조로 되어 있다.

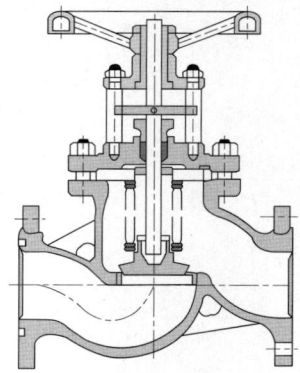

41 공압조정유닛에 대한 설명으로 옳지 않은 것은?

① 공기압장치로 압축공기를 공급한다.
② 공기여과기를 이용하여 압축공기를 청정화한다.
③ 공기탱크를 이용하여 회로압력을 설정한다.
④ 윤활기에서 윤활유를 분무한다.

해설
압력조정기를 통해 회로압력을 설정한다.

42 다음 기호에 대한 설명으로 옳지 않은 것은?

① 편로드 실린더이다.
② 유압을 이용한다.
③ 드레인은 탱크로 회귀한다.
④ 초기 상태는 스프링에 의한 전진 상태이다.

해설
유압이 들어가면 전진하고, 유압이 제거되면 스프링에 의해 복귀하는 스프링 복귀형 편로드 유압 실린더이다.

43 다음 보기에서 설명하는 공압 액추에이터는?

┌ 보기 ┐
- 전진운동뿐만 아니라 후진운동에도 일을 해야 하는 경우에 사용된다.
- 피스톤 로드의 구부러짐과 휨을 고려해야 하지만, 행정거리는 원칙적으로 제한이 없다.
- 전진, 후진 완료 위치에서 관성으로 인한 충격으로 실린더가 손상되는 것을 방지하기 위하여 피스톤 끝부분에 쿠션을 사용하기도 한다.

① 복동 실린더   ② 단동 실린더
③ 베인형 공압모터   ④ 격판 실린더

해설
① 복동 실린더 : 실린더 헤드가 양쪽에 달려 있고, 전진 시와 후진 시에 모두 일이 가능하다.
② 단동 실린더 : 실린더 헤드가 한쪽에 달려 있다. 전진 시 역할을 하며 스프링을 달아서 공압이나 유압이 작동하지 않을 경우 자동복귀하는 형태가 있다. 후진 시에도 공압이나 유압이 작동해야만 후진하는 형태가 있으나 단동 실린더를 사용하는 곳은 대부분 스프링이 달린 자동복귀형을 사용한다.
③ 베인형 공압모터 : 미끄럼 날개차가 달려 있어서 밀폐성이 좋으며, 정숙한 운전과 안정된 흐름으로 모터를 회전시킬 수 있는 공압모터이다.
④ 격판 실린더 : 다이어프램을 이용한 실린더로서 단동 실린더의 일종이다.

44 오일탱크에 대한 설명으로 옳지 않은 것은?

① 기름 속의 이물질과 기포를 분리해 낼 수 있는 구조여야 한다.
② 운전 중 발생되는 열을 담고 있어야 한다.
③ 운전 정지 중에는 유로를 닫거나 관로의 기름이 넘치지 않도록 해야 한다.
④ 오일탱크는 관로의 오일을 모두 회귀시켜도 담을 수 있는 용량이어야 한다.

해설
오일탱크는 운전 중 발생되는 열을 잘 전달하여 발산시킬 수 있어야 한다.

45 CCD 카메라로 읽은 화상을 보고 대상 물체의 모양의 양호 또는 불량 상태를 판별하는 센서는?

① 로드셀   ② 광전센서
③ 비전센서   ④ 근접센서

해설
비전센서는 카메라, 제어유닛 및 소프트웨어가 통합된 소형 센서이다. 로드셀과 스트레인 게이지는 물체에 압력이나 응력, 힘이 작용할 때 그 크기가 얼마인가를 측정하는 도구이다.

46 다음 프로그램에 대한 설명으로 옳지 않은 것은?

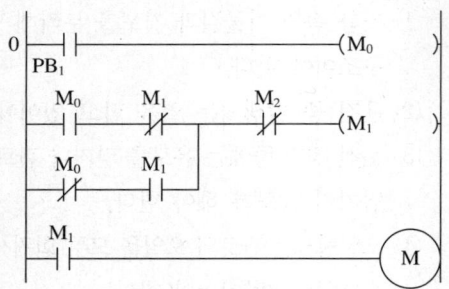

① PB_1이 켜지면 모터가 작동한다.
② PB_1이 켜지면 별도의 신호가 있어도 모터가 계속 돌아간다.
③ M_0를 다시 눌러도 모터는 꺼진다.
④ M_2 b접점은 비상 정지 역할을 하는 접점이다.

해설
PB_1이 켜져 있어도 PB_1과 별도로 M_2와 M_0 신호가 들어가면 모터가 정지된다.

47 $A \cdot (A+B) + B \cdot (A+B)$와 같은 식은?

① A
② $A \cdot B$
③ $A + B + A \cdot B$
④ $2(A \cdot B)$

해설
$A \cdot (A+B) + B \cdot (A+B) = A + AB + AB + B$
$= A + B + AB$

48 치수 기입에 관한 설명으로 옳지 않은 것은?

① 투상도 밖으로 끌어내는 것이 더 곤란한 경우, 외형선을 사용할 수 있다.
② 외형선으로부터 치수선 굵기의 4배 틈새를 두어 긋고, 치수선을 2~3mm 지나도록 긋되 같은 도면에서는 같은 양식을 사용한다.
③ 치수보조선은 45° 사선으로 평행하게 뽑을 수 있다.
④ 제품 모양이 변형이 된 경우, 명확한 치수 지시를 위해 치수보조선을 이용하여 교차선을 만든다.

해설
치수보조선은 60° 사선으로 평행하게 뽑을 수 있다.

49 세게 잡거나 눌렀을 때 측정부의 탄성 변형에 의해 생기는 오차는?

① 측정기 오차
② 읽음오차
③ 환경오차
④ 측정력에 의한 오차

해설
오차의 종류
• 측정기 오차 : 측정기를 잘못 만들거나 장시간 사용으로 인한 기계적 원인의 오차
• 읽음오차 : 측정기의 눈금이 정확하더라도 읽는 사람의 부주의, 각도의 문제로 생기는 오차
• 온도의 영향에 의한 오차 : 재질에 따라 온도에 의해 늘어나거나 줄어들어 측정기 또는 재료의 측정 신뢰도에 영향을 받는 오차
• 측정력에 의한 오차 : 세게 잡거나 눌렀을 때 측정부의 탄성 변형에 의해 생기는 오차
• 환경오차 : 진동이나 바람 등 자연현상에 의한 오차

50 동기(Synchronous)와 비동기(Asynchronous)식 신호에 대한 설명으로 옳지 않은 것은?

① 동기신호는 직렬적이고, 비동기신호는 병렬적이다.
② 비동기신호는 앞 신호에 상관없이 실행될 수 있다.
③ 동기신호는 하나의 과업이 종료된 후 발생한다.
④ 비동기신호는 순차제어의 일종이다.

해설
동기신호는 신호와 액션을 맞춰서 시행하는 것으로 순차제어에 적용하는 신호이다. 비동기신호는 신호가 작업부의 상황과 상관없이 별도로 부여되므로 동시에 들어갈 수 있어서 병렬식이라고 한다.

51 다음 LD 프로그램 명령어는?

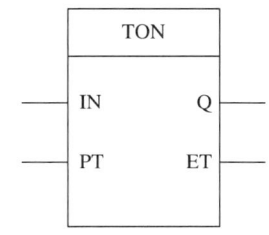

① 세트 코일 출력
② Timer
③ 가산 카운터
④ 감산 카운터

해설
문제의 그림은 On Delay Timer로, 입력된 시간만큼 딜레이 후 출력이 나가는 명령 블록이다.

52 다음 그림의 결선방식은?

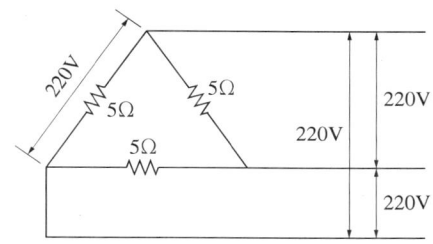

① 단상 단선 결선   ② 2상 3선 결선
③ 3상 3선 결선   ④ 3상 2선 결선

해설
상이 3군데로 결선이 가능하고, 선이 3개가 빠져 있으므로 3상 3선 결선방식이다.

53 입력이 주어지면 순시에 출력을 내고 입력을 제거해도 설정시간까지는 계속 출력을 내며, 설정시간 후 작동이 정지되는 회로는?

① 지연작동회로
② 한시복귀회로
③ 지연작동 한시복귀회로
④ 간격작동회로

해설
입력을 넣으면 바로 작동하고, 설정시간 후 작동 정지(복귀)를 하는 회로는 순시작동 한시복귀회로이다. 보기 중 한시복귀회로는 ②, ③번 외에는 없으나 지연작동 회로는 아니기 때문에 순시작동 한시복귀회로로 가장 답에 부합하는 것은 ②번이다.

54 부하의 이상 때문에 설정된 전룃값 이상의 전류가 부하에 흘러 온도가 상승하면, 바이메탈에 의해 주접점을 열어(트립) 부하를 보호하는 제어기기는?

① 전자개폐기
② 열동계전기
③ 누전차단기
④ 3상 유도전동기

해설
열동계전기 : 일반적으로 전자접촉기와 같이 사용한다. 부하의 이상 때문에 설정된 전룃값 이상의 전류가 부하에 흘러 온도가 상승하면 바이메탈에 의해 주접점을 열어(트립) 부하를 보호하고, 이상 전류에 의한 화재를 방지한다.

55 다음 중 유압에너지를 기계적 에너지로 바꾸는 유압기기는?

① 공기압축기
② 유압펌프
③ 오일탱크
④ 유압 실린더

해설
펌프는 기계적 에너지를 유체의 운동에너지로 변환시켜 주는 역할을 하고, 실린더 등 액추에이터는 기계적 에너지로 표출하는 기기이다.

56 다음 유압회로의 명칭은?

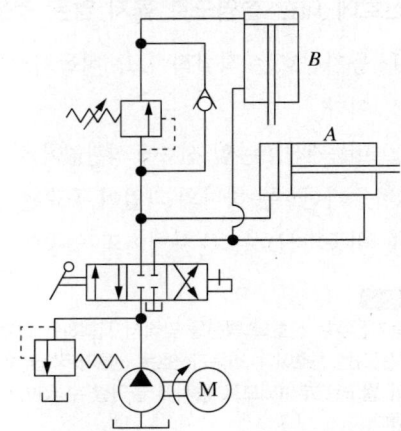

① 시퀀스 회로
② 미터 아웃 회로
③ 블리드 오프 회로
④ 카운터 밸런스 회로

해설
방향제어밸브에서 포트를 막으면 유관에 압력이 차게 되는데, 이때 차게 된 압력을 흘려 내보내 주는 방식으로 구성된 회로를 블리드 오프 회로라고 한다.

57 BLDC 모터에 대한 설명으로 옳지 않은 것은?

① 회전자가 영구자석으로 되어 있다.
② 고정자에 코일이 설치되어 있다.
③ 브러시를 이용하여 극성을 자연스럽게 바꾼다.
④ 원하는 토크를 출력할 수 있고, 효율이 좋다.

해설
BLDC 모터는 Brushless DC 모터로, 회전자를 영구자석으로 만들고 고정자 코일에 전류를 흘려 브러시가 없이도 회전 극성을 유지할 수 있도록 한다. BLDC 모터는 구성하는 최대 출력을 계속 얻을 수 있어 효율이 좋고, 균일한 회전속도도 얻을 수 있다. 고정자 전류를 조정하여 원하는 출력을 만들 수 있는 장점이 있다.

58 다음 중 P형 반도체와 N형 반도체의 접합부에서 발생하는 광기전력 효과를 이용한 센서는?

① 광전형 센서
② 유도형 센서
③ 정전용량형 센서
④ 압전형 센서

해설
광전센서의 종류

광변환 원리에 따른 분류	감지기의 종류	특 징	용 도
광도전형	광도전 셀	소형, 고감도, 저렴한 가격	카메라 노즐, 포토릴레이
광 기전력형	포토 다이오드, 포토 TR, 광사이리스터	소형, 대출력, 저렴한 가격, 전원 불필요	스트로보, 바코드 리더, 화상 판독, 조광 시스템, 레벨 제어
광전자 방출형	광전관	초고감도, 빠른 응답 속도	정밀 광계측기기
복합형	포토커플러, 포토인터럽트	전기적 절연, 아날로그 광로로 검출	무접점 릴레이, 레벨 제어, 광전 스위치

59 공기압 조정유닛(Air Service Unit)의 구성요소가 아닌 것은?

① 윤활기(Lubricator)
② 공기필터(Air Filter)
③ 압력제한밸브(Pressure Limiting Valve)
④ 압력공기조절기(Pressure Regulating Valve)

해설
공기압 조정유닛
• 공기탱크에 저장된 압축공기는 배관을 통하여 각종 공기압기기로 전달된다.
• 공기압기기로 공급하기 전 압축공기의 상태를 조정해야 한다.
• 공기여과기를 이용하여 압축공기를 청정화한다.
• 압력조정기를 이용하여 회로압력을 설정한다.
• 윤활기에서 윤활유를 분무한다.
• 공기압장치로 압축공기를 공급한다.

60 칩이 절삭공구의 경사면 위를 미끄러지면서 나갈 때 마찰력에 의하여 경사면 일부가 오목하게 파이는 것은?

① 크레이터 마모
② 플랭크 마모
③ 치 핑
④ 미소파괴

해설
공구와의 윗면 또는 옆면 마찰을 통해 마모가 나타나고, 윗면에서의 마모는 모양이 운석이 떨어진 자국 같아서 경사면 마멸(크레이터 마멸)이라 한다. 옆면에서의 마모는 공구와의 여유각이 벌어진 곳의 마멸이어서 여유면 마멸이라 하고, 측면이라는 의미의 플랭크(Flank, 옆구리) 마멸이라고도 한다.

2024년 제1회 과년도 기출복원문제

01 다음 그림의 투상법에 해당하는 투상법 기호는?

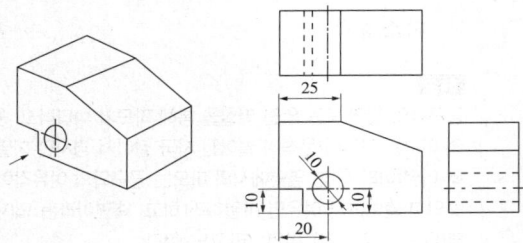

①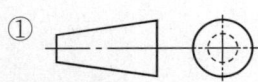
②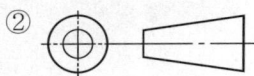
③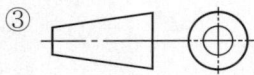
④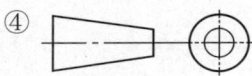

해설
문제의 그림은 제3각법으로 표현되었다. ②는 제3각법, ③은 제1각법 표현이다.

02 도면에서 열처리를 지시할 때 표면경화 또는 침탄경화해야 할 영역을 지시할 때 사용하는 선은?

① 굵은 1점쇄선 ② 굵은 파선
③ 굵은 점선   ④ 가는 1점쇄선

해설
표면경화 또는 침탄경화를 할 때 모재 위에 굵은 1점쇄선을 긋고 처리해야 하는 상태를 표시한다.

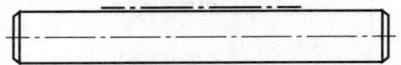

03 표면 지시의 기호에서 C 자리에 기재해야 하는 기호는?

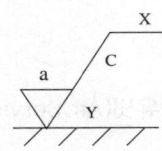

① 컷오프값
② 가공기계의 약호
③ 가공방법의 약호
④ 표면거칠기의 지시값

해설

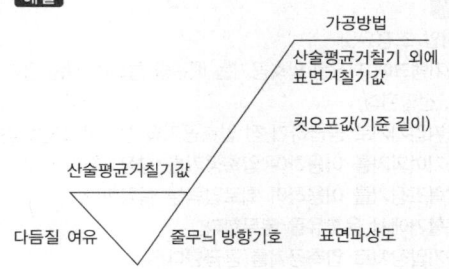

1 ② 2 ① 3 ① 정답

04 롤러 베어링의 종류 중 직경이 5mm 이하이고, 롤러의 길이가 직경의 3~10배이며, 비교적 큰 레이디얼 부하능력을 가지고 있는 베어링은?

① 단열 원통 롤러 베어링
② 자동 조심 롤러 베어링
③ 테이퍼 롤러 베어링
④ 니들 롤러 베어링

해설
① 단열 원통 롤러 베어링 : 일반적인 롤러 베어링으로 롤러와 외륜, 내륜이 닿는 면의 모양에 따라 N, NU, NJ, NUP, NF, NH, NNU, NN 등이 있다.
② 자동 조심 롤러 베어링 : 복열 궤도의 내륜과 궤도가 구면인 외륜 사이에 궤도면이 타원형인 롤러를 조합하여 외륜 궤도면의 곡률 중심이 베어링 중심과 일치하여 중심을 자동으로 조정하는 기능이 있는 베어링이다.
③ 테이퍼 롤러 베어링 : 롤러가 테이퍼형으로 되어 있어 레이디얼 하중과 한쪽 방향의 액시얼 하중을 감당할 수 있고, 부하 하중이 큰 롤러 베어링이다.

05 다음 기어 가공방법 중 창성에 의한 방법이 아닌 것은?

① 총형커터에 의한 절삭
② 래크커터에 의한 절삭
③ 호브에 의한 절삭
④ 피니언 커터에 의한 절삭

해설
기어가공은 크게 총형커터에 의한 절삭, 형판에 의한 절삭, 창성에 의한 절삭으로 나눈다. 창성법은 커터가 치형을 갖추고 있어 맞물릴 수 있도록 커팅하는 방법으로 래크커터에 의한 절삭, 호브에 의한 절삭, 피니언에 의한 절삭으로 나눌 수 있다.

06 스프링의 제도에 대한 설명으로 옳지 않은 것은?

① 스프링은 원칙적으로 무하중 상태로 그린다.
② 그림 안에 기입하기 힘든 사항은 일괄하여 요목표에 표시한다.
③ 코일의 중간 부분을 생략할 때는 생략한 부분을 가는 1점쇄선으로 표시한다.
④ 스프링의 종류와 모양만 도시할 때는 재료의 중심선만 굵은 실선으로 그린다.

해설
코일의 중간 부분을 생략할 때는 생략한 부분을 가는 2점쇄선으로 표시한다.

07 구성인선에 대한 설명으로 옳지 않은 것은?

① 칩의 일부가 절삭력과 절삭열에 의해 고온・고압으로 날 끝에 녹아 붙거나 압착된 것이다.
② 구성인선이 발생하면 가공면에 흠집을 만들고, 진동을 일으켜 가공면을 나쁘게 만든다.
③ 구성인선의 발생을 감소시키기 위해서는 깎는 깊이를 얇게 하거나 공구의 경사각을 작게 하고, 날끝을 예리하게 하며 절삭속도를 크게 하고 윤활유를 사용한다.
④ 구성인선의 일생은 발생, 성장, 분열, 탈락의 순으로 진행된다.

해설
구성인선의 발생을 감소시키기 위해서는 공구의 경사각을 크게 해야 한다.

08 드릴에서 날 사이의 공간으로 칩이 빠져나가는 곳의 명칭은?

① 웨 브 ② 마 진
③ 홈   ④ 에 지

해설
드릴날의 구조는 다음 그림과 같다. 드릴의 홈은 절삭유가 다니는 길이면서 깎인 칩이 빠져나오는 공간 역할을 한다.

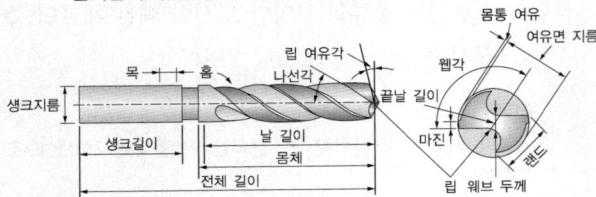

※ 드릴날은 개정된 출제범위에서 제외된 것으로 파악했으나 자동화설비기능사에서 기계공작 분야의 출제 분량이 늘면서 다시 다루어진 것으로 보인다. 그러나 기계공작의 모든 범위를 학습할 필요는 없으며, 비공개형 CBT 시험으로 바뀌었으므로 이론은 문제 풀이로만 준비할 것이 아니라 개념을 이해하고, 아는 내용은 확실히 60점 이상 획득할 수 있도록 학습하는 것이 중요하다.

09 구멍 $50^{+0.25}_{+0}$이 축 $50^{+0.5}_{+0.35}$일 때, 끼워맞춤의 종류는?

① 구멍기준식 헐거운 끼워맞춤
② 구멍기준식 억지끼워맞춤
③ 축기준식 헐거운 끼워맞춤
④ 축기준식 억지끼워맞춤

해설
기준치수 50.00은 구멍에서 나타내고 있으므로 구멍기준식이며, 구멍이 제일 클 때도 축이 제일 작을 때보다 크기가 작으므로 억지끼워맞춤이 된다.

10 수직선반의 구성품 중 기둥 앞에서 상하운동을 하는 부분은?

① 베이스 ② 테이블
③ 연결 빔 ④ 크로스 빔

해설
선반의 종류와 구조를 묻는 문제이다. 보통선반(수평선반)은 주축대의 공작물이 회전하고 공구대가 베이스 위에서 움직이며 공구를 가공하지만, 수직선반은 기둥을 따라 크로스 빔(크로스 레일)이 상하운동을 하며 공구 주축을 이송시켜 주어 사실상 3축 가공이 가능하도록 하는 역할을 한다.

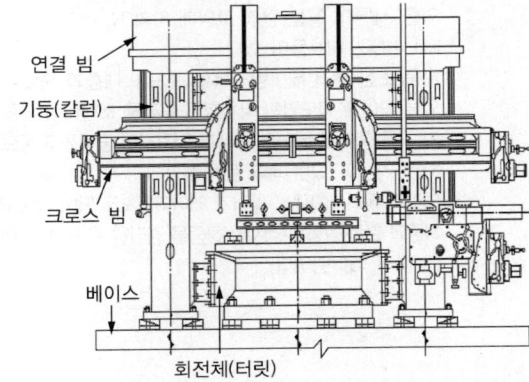

※ 수직선반 구조의 내용도 출제기준 개정 후 출제된 문제이다.

11 연삭숫돌의 3요소가 아닌 것은?

① 경화제 ② 결합제
③ 기 공   ④ 숫돌입자

해설
연삭숫돌은 숫돌입자(Abrasive), 결합제(Bond), 기공(Pore)의 3가지로 구성되어 있고, 이를 숫돌바퀴의 3요소라 한다. 연삭숫돌의 성능은 숫돌입자, 입도, 결합도, 조직, 결합제에 따라 결정된다.

12 나사의 제도에 대한 설명으로 옳지 않은 것은?

① 수나사의 바깥지름과 암나사의 안지름은 굵은 실선으로 그린다.
② 완전 나사부와 불완전 나사부의 경계선은 굵은 실선으로 그린다.
③ 불완전 나사부의 끝 밑선은 축선에 대하여 30°의 경사진 가는 실선으로 그린다.
④ 가려서 보이지 않는 나사부는 가는 실선으로 그린다.

해설
가려서 보이지 않는 나사부는 파선으로 그린다.

13 기어측정기로 측정하기 적합하지 않은 것은?

① 치형 형상오차
② 잇줄의 각도오차
③ 피치오차
④ 중심거리 오차

해설
기어측정기는 3차원으로 기어를 측정하여 치형의 여러 오차를 확인할 수 있는 측정기로 전체 치형, 치형 경사도, 잇줄 각도, 피치 등 기어 형상을 측정할 수 있다. 단일 기어를 측정하기 때문에 중심 간 거리를 측정하는 데는 어려움이 있다.

14 전기도면에 F1, F2..로 표시된 기호가 있다면 이에 대한 설명으로 옳은 것은?

① 전기를 차단한다.
② 단락 전류 및 과부하 전류를 자동으로 차단한다.
③ 전력의 크기가 일정값 이상 되었을 때 작동하는 계전기이다.
④ 감전 등 전기사고 예방을 위해 대지와 도선으로 연결하도록 표시한 것이다.

해설

기 호	명 칭	기 능	비 고
MCB1	소형 전기차단기	전기를 차단한다.	Miniature Circuit Breaker
F1/F2/ F3/F4	퓨 즈	과전류보호장치의 하나로 단락 전류 및 과부하 전류를 자동적으로 차단하는 부품	Fuse
MC	전력계전기	전력 계통에서 전력의 흐름에 따라 움직이는 계전기로, 전력의 크기가 일정값 이상 되었을 때 작동하는 계전기	Power Relay
R, S, T	3상	위상이 120°씩 틀리는 각속도가 같은 3개의 정현파 교류	–
E	접 지	감전 등의 전기사고 예방을 목적으로 전기기기와 대지를 도선으로 연결하여 기기의 전위를 0으로 유지하는 것	–
TB1, TB2	단자대	하나 이상의 전기 커넥터를 넣고 있는 보통의 가늘고 긴 부품	Terminal Blcok

정답 12 ④ 13 ④ 14 ②

15 손으로 들고 제어할 수 있을 만한 크기 및 동력의 전동모터를 이용하여 절단, 다듬질, 마름질, 구멍 뚫기 등의 작업을 하는 공구는?

① 플라이어   ② 드라이버
③ 렌 치   ④ 핸드 그라인더

[해설]
손으로 들고 사용하는 전동공구에는 공구로 핸드 드릴, 핸드 그라인더 등이 있다.

16 다음 중 광기전력을 이용하는 센서가 아닌 것은?

① 포토 다이오드   ② 포토 트랜지스터
③ 광사이리스터   ④ 광도전 셀

[해설]
광전 센서의 종류

광 변환 원리에 따른 분류	감지기의 종류	특 징	용 도
광도전형	광도전 셀	소형, 고감도, 저렴한 가격	카메라 노즐, 포토릴레이
광 기전력형	포토 다이오드, 포토 TR 광사이리스터	소형, 대출력, 저렴한 가격, 전원 불필요	스트로보, 바코드 리더, 화상 판독, 조광시스템, 레벨 제어
광전자 방출형	광전관	초고감도, 빠른 응답 속도	정밀 광 계측기기
복합형	포토커플러 포토인터럽트	전기적 절연, 아날로그 광로로 검출	무접점 릴레이, 레벨 제어, 광전 스위치

17 설비의 건강 상태를 유지하고 고장이 나지 않도록 열화를 방지하기 위한 일상보전, 열화를 측정하기 위한 정기검사 또는 설비보전 열화를 조기에 복원시키기 위한 정비 등을 하는 보전활동은?

① 계획보전   ② 예방보전
③ 사후보전   ④ 개량보전

[해설]
① 계획보전 : 설비의 설계부터 폐기까지 생산성, 품질 등을 극대화시키고, 보전비용을 최소화시키는 것을 목표로 전개하는 보전활동
③ 사후보전 : 고장 정지 또는 유해한 성능 저하를 가져온 후에 수리하는 보전활동
④ 개량보전 : 설비의 신뢰성, 보전성을 향상시키기 위한 개선, 특히 고장의 재발 방지, 수명 연장, 보전시간의 단축 및 기타 생산성 향상을 위한 개량 등 광범위한 설비 개선을 포함하는 것으로, 개선을 통해 열화와 고장을 줄이고 보전 불필요의 설비를 목표로 하는 보전활동

18 다음 그림의 측정기에 대한 설명으로 옳지 않은 것은?

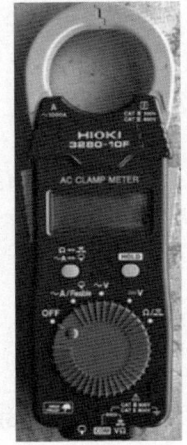

① 전기적 측정을 하는 측정기이다.
② 전선에서 접촉선을 끌어내 측정한다.
③ 전자류를 이용하여 측정하는 원리를 이용한다.
④ 변류기가 내장되어 있다.

[해설]
문제의 그림은 클램프 미터, 훅 미터라는 측정기로, 전류 발생 시 생기는 자기장을 이용하여 전류를 측정한다. 전선에 걸쳐서 사용하므로 훅 미터라고 하며, 전선에서 접촉선을 끌어낼 필요가 없다.

19 리밋스위치 이상 시 분해 수리로 문제를 해결할 수 있는 부분은?

① 레버 손상
② 롤러 손상
③ 결선부 오염
④ 취부나사 풀림

해설
손상된 레버나 롤러는 교체해 주고, 나사가 풀린 부분은 죄어 준다.

20 부하의 이상 때문에 설정된 전룻값 이상의 전류가 부하에 흘러 온도가 상승하면 바이메탈에 의해 주 접점을 열어 (트립)부하를 보호하고, 이상 전류에 의한 화재를 방지하는 장치는?

① 전자접촉기
② 열동계전기
③ 인코더
③ 리밋스위치

해설
열동계전기는 전자접촉기의 일종이지만, 문제는 정확히 열동계전기에 대한 설명이다.

21 리밋스위치의 유지보수에 대한 설명으로 옳지 않은 것은?

① 레버나 롤러가 마모, 손상되었는지 육안으로 정기점검한다.
② 결선부가 더럽거나 손상되었는지 육안으로 정기점검한다.
③ 취부나사가 느슨한지 육안점검이나 촉수점검을 정기적으로 실시한다.
④ 이상이 있는 경우 리밋스위치를 분해, 재조립한다.

해설
리밋스위치에 이상이 있는 경우 분해, 재조립하는 것보다 새것으로 교환한다. 리밋스위치는 단가가 높지 않고, 손상 여부에 따라 수리보다 교환하는 것이 유리하다.

22 180° 간격으로 고정자 권선을 배치하고 영구자석을 회전자로 하여 전원을 공급받아 회전력을 얻는 전동기는?

① 직류전동기
② 정류자전동기
③ 단상 동기전동기
④ 3상 유도전동기

해설
③ 단상 동기전동기 : 180° 간격으로 고정자 권선을 배치하고, 영구자석을 회전자로 하여 단상 전원을 공급받아 회전력을 얻는 방식이다. 고정자 권선에 전류를 공급한다.
① 직류전동기 : 회전 방향과 속도의 제어를 쉽게 할 수 있고, 큰 힘을 낼 수 있다. 극성을 가지므로 정류자, 브러시 등이 필요하여 다소 구조가 복잡하다.
④ 3상 동기전동기 : 3상 전원을 공급받아 원둘레에 120° 간격으로 3상 고정자 권선을 배치하여 3상 사인파 교류전원에 의한 회전 자기장을 얻는다. 내부에 영구자석인 회전자를 위치시켜 반대 극성끼리 흡인하는 자극의 성질을 이용하여 회전자기장과 같은 속도의 회전동력을 얻는 장치이다.

23 어댑터 등 전원 공급장치가 필요 없고, 구조가 고정자, 회전자로 간단히 구성되어 있어 저렴하고 견고한 전동기는?

① 자여자형 직류전동기
② 타여자형 직류전동기
③ 서보전동기
④ 교류전동기

해설
교류전동기의 특징
• 일반적으로 사용하는 교류전원을 사용하므로 어댑터 등 전원 공급장치가 필요 없다.
• 구조가 고정자, 회전자로 간단히 구성되어 있어 저렴하고 견고하다.

정답   19 ③   20 ②   21 ④   22 ③   23 ④

24 인버터 모터가 역회전하는 이상이 있을 때 실시하는 점검으로 적절한 것은?

① Power는 켜져 있는가?
② 운전 지령 Run은 On 상태인가?
③ 주파수 지령방법 설정은 바르게 되어 있는가?
④ 출력단자 U, V, W는 바르게 설정되어 있는가?

해설
①, ②, ③은 모터의 회전 여부를 확인할 때 실시하는 점검이다. 출력단자가 바르게 연결되어 있지 않으면 역회전이 일어날 수 있다.

25 선반에서 불규칙한 표면의 물체 가공이나 편심작업을 할 때 사용하는 고정구로, 보통 4개의 조를 이용하여 물체를 고정하는 고정구는?

① 콜릿척
② 연동척
③ 단동척
④ 마그네틱 척

해설
단동척
- 척핸들을 사용해서 조(Jaw)의 끝부분과 척의 측면이 만나는 곳에 만들어진 4개의 구멍을 각각 조이면, 4개의 조도 각각 움직이면서 공작물을 고정시킨다.
- 편심가공이 가능하다.
- 공작물의 중심을 맞출 때 숙련도가 필요하며, 시간이 다소 걸리지만 정밀도가 높은 공작물을 가공할 수 있다.

26 다음 보기에서 설명하는 전동기는?

┤보기├
- 전기자 권선과 계자 권선이 전원에 직렬로 접속한다.
- 부하전류가 증가하면 속도가 현저히 감소하고, 부하전류가 감소하면 속도가 급격히 상승하는 가변 특성이 있다.
- 가변 특성으로 인해 무부하 시 속도가 매우 높아진다.
- 직류와 교류를 모두 사용할 수 있다.

① 타여자전동기
② 직권 직류전동기
③ 분권 직류전동기
④ 차동 복권직류전동기

해설
직권 직류전동기
- 전기자 권선과 계자 권선이 전원에 직렬로 접속한다.
- 부하전류가 증가하면 속도가 현저히 감소하고, 부하전류가 감소하면 속도가 급격히 상승하는 가변 특성이 있다.
- 가변 특성으로 인해 무부하 시 속도가 매우 높아진다(위험).
- 직류와 교류를 모두 사용할 수 있다.
- 진공청소기, 전기드릴, 믹서, 커팅기, 그라인더, 크레인, 전동차 등에 사용된다.

27 제어시스템을 정치제어, 추치제어, 비율제어 등으로 분류한 경우 무엇에 따른 분류인가?

① 목푯값에 따른 분류
② 신호에 따른 분류
③ 제어량에 따른 분류
④ 입출력 비교제어

해설
- 정치제어 : 목푯값이 일정하다.
- 추치제어 : 목푯값이 임의로 변화한다.
- 비율제어 : 목푯값이 다른 양과 일정한 비율관계로 변화한다.

28 공장 자동화의 단계에서 가장 발전된 단계는?

① CAD   ② CAM
③ DNC   ④ CIM

해설
④ CIM(Computer-Integrated Manufacturing, 컴퓨터 통합 생산) : 컴퓨터를 이용하여 생산에 관련된 CAD, CAM, 이송 등의 분야와 계획, 시장조사, 기획 등의 모든 과정을 컴퓨터의 도움을 받아 진행하는 시스템이다.
① CAD(Computer Aided Design) : 컴퓨터를 이용하여 도면을 제작하는 작업이다.
② CAM(Computer Aided Machining 또는 Manufacturing) : CAD로 생성된 도면을 NC공작 파일로 변환시켜 이에 따라 공작하는 작업이다.
③ DNC(Direct Numerical Control) : 한 대의 컴퓨터에 작성된 공작프로그램을 이용해 여러 대의 자동공작기계를 작동하는 시스템이다.

29 다음 그림이 나타내는 접점은?

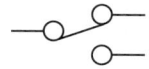

① a접점   ② b접점
③ c접점   ④ d접점

해설
c접점 : a+b접점 형태로, 단락을 어느 쪽에 두냐에 따라 열림과 닫힘을 선택할 수 있는 접점이다.

30 다음 그림의 출력방식은?

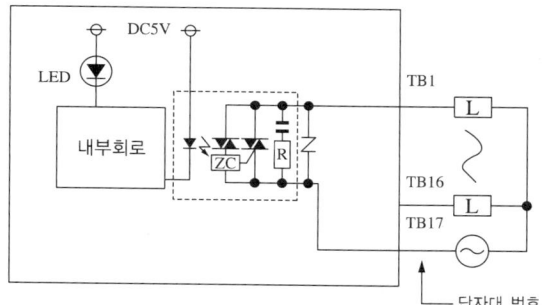

① 릴레이 출력
② TR 출력
③ 트라이악 출력방식
④ 로터리 출력방식

해설
문제의 그림에서 다음 부분이 트라이악을 나타낸다.

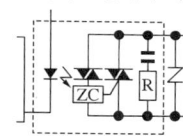

31 다음과 같은 논리식은?

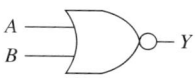

① $Y = A + B$ ② $Y = \overline{A + B}$
③ $Y = \overline{A \cdot B}$ ④ $Y = A \cdot B$

해설

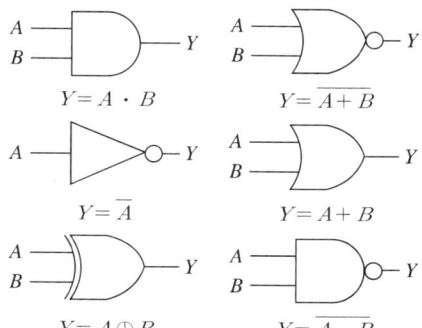

[정답] 28 ④ 29 ③ 30 ③ 31 ②

32 다음 그림에 대한 설명으로 옳은 것은?

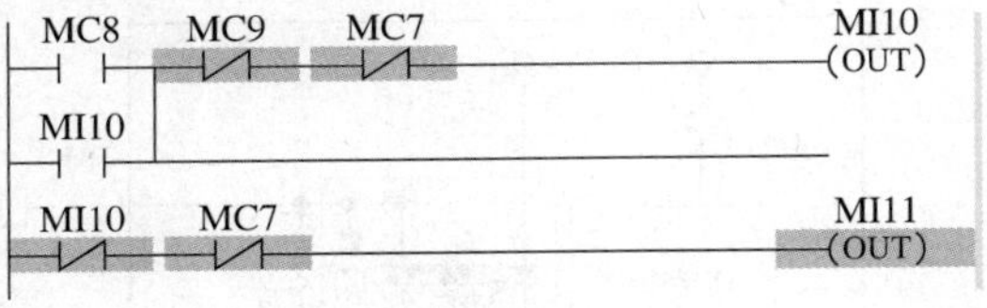

```
 ─┤MC8├─┤/MC9├─┤/MC7├────────────(MI10)
                                  (OUT)
 ─┤MI10├─
 
 ─┤/MI10├─┤/MC7├─────────────────(MI11)
                                  (OUT)
```

① MC8에 신호가 들어오면, 잠깐 M11에 출력이 발생한다.
② MC8에 신호가 들어오면, 지속적으로 M11에 출력이 발생한다.
③ MC8에 신호가 들어오면, 잠깐 M11에 출력이 발생하지 않는다.
④ MC8에 신호가 들어오면, 지속적으로 M11에 출력이 발생하지 않는다.

해설
MC8에 신호가 들어오면, M100이 자기유지되어 M11에 출력이 들어오는 것을 막는다.

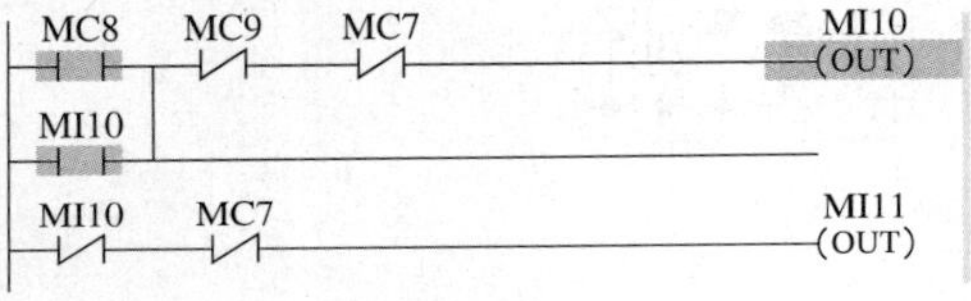

```
 ─┤MC8├─┤/MC9├─┤/MC7├────────────(MI10)
                                  (OUT)
 ─┤MI10├─
 
 ─┤/MI10├─┤/MC7├─────────────────(MI11)
                                  (OUT)
```

33 다음 중 유압유의 온도 변화에 대한 점도의 변화를 표시하는 것은?

① 비중
② 체적 탄성계수
③ 비체적
④ 점도지수

해설
• 작동유나 윤활유의 점도가 온도에 따라 많이 변한다면 작업의 예측성이 낮아질 수밖에 없다. 따라서 윤활유나 작동유로 사용하는 유류의 점도지수를 확인할 필요가 있다.
• 기준은 온도에 따른 점도 변화가 낮은 펜실베니아계 기름을 100으로, 변화가 큰 걸프코스트계 기름을 0으로 하여 비율적으로 표시하므로, 점도지수는 그 수치가 높을수록 온도 변화에 따른 점도 변화가 작다.

34 캐비테이션(공동현상)의 발생원인으로 옳지 않은 것은?

① 흡입 필터가 막히거나 급격히 유로를 차단한 경우
② 패킹부의 공기 흡입
③ 펌프를 정격속도 이하로 저속 회전시킬 경우
④ 과부하이거나 오일의 점도가 클 경우

해설
캐비테이션(공동현상, 空洞現像) : 유로 안에서 그 수온에 상당하는 포화증기압 이하로 될 때 발생하며, 유압과 공압기기의 성능이 저하하고, 소음 및 진동이 발생하는 현상이다. 관로의 흐름이 고속일 경우 압력이 저하되기 때문에 저압부에 기포가 발생한다. 유체가 기체가 되려면 끓는점 이상이 되어서 유체가 기체가 되거나 기체가 직접 흡입되는 경우가 있는데, 작동유체가 끓으려면 열을 받아 실제 온도가 올라가거나 작동유체의 압력이 낮아져서 끓는점이 급격히 낮아지는 원인이 있을 수 있다. 작동유체의 압력이 낮아지는 경우는 베르누이의 정리에 의해 유체의 속도가 올라가면 유체의 압력이 낮아지므로 보기 ③처럼 저속회전에 의해 공동현상이 일어나는 것은 쉽지 않다.

35 다음 중 1기압에 가장 가까운 값은?

① $1kgf/cm^2$
② $8.61mAq$
③ $101.3hPa$
④ $1,013N/m^2$

해설
1기압
$1atm = 760mmHg = 10.33mAq = 1.03323kgf/cm^2 = 1.013bar = 1,013hPa = 101,323N/m^2$

정답 32 ④ 33 ④ 34 ③ 35 ①

36 다음 그림과 같은 실린더의 격판 지름은 80mm이고, 로드의 지름은 20mm라고 할 때 실린더의 양쪽 입구에 똑같이 400,000N/m²의 힘이 작용하는 경우에 대한 설명으로 옳은 것은?

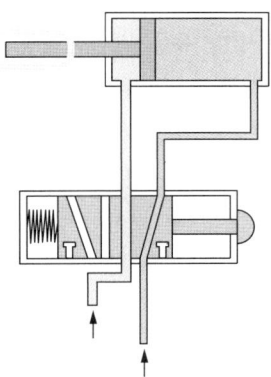

① 실린더 헤드는 평형을 이루어 정지하고 있다.
② 실린더 헤드는 천천히 전진한다.
③ 격판 우측에 작용하는 힘은 600N이다.
④ 격판 양쪽에 작용하는 힘의 차이는 1.256kN 이다.

해설
격판 왼쪽 실린더 로드의 면적만큼 후진력이 부족하게 되어 실린더는 전진하게 되며 전진을 위해 작용하는 힘은
$F_{전진} - F_{후진} = P(A_{우} - A_{좌})$
$= 0.4\text{N/mm}^2 \times \frac{\pi}{4} \{D_{판}^2 - (D_{판}^2 - D_{로드}^2)\}$
$= 0.4\text{N/mm}^2 \times \frac{\pi}{4} \times \{80^2 - (80^2 - 20^2)\}$
$= 0.4\text{N/mm}^2 \times \frac{\pi}{4} \times 400\text{mm}^2$
$= 125.66\text{N}$
125.66N만큼의 힘으로 천천히 좌측으로 밀린다. 즉, 천천히 전진한다.

37 다음 그림의 A_1에서 지름이 100mm일 때 유속 $V_1 = 10\text{m/s}$라면, 지름이 50mm일 때 유속 V_2는 몇 m/s인가?

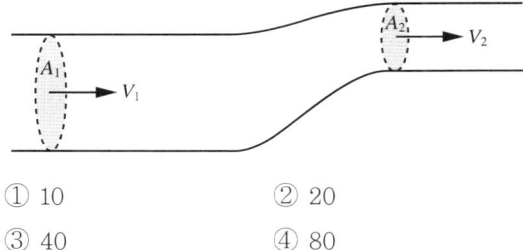

① 10
② 20
③ 40
④ 80

해설
연속의 법칙 $Q = A_1 V_1 = A_2 V_2$
따라서 $\frac{\pi}{4}(100\text{mm})^2 \times 10\text{m/s} = \frac{\pi}{4}(50\text{mm})^2 \times V_2[\text{m/s}]$
양쪽의 단위와 π/4가 약분되어
$\frac{V_2}{10} = \left(\frac{100}{50}\right)^2$, $V_2 = 2^2 \times 10 = 40$

38 다음 그림이 나타내는 회로는?

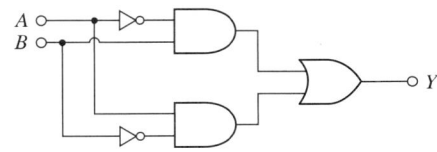

① 가산기
② 감산기
③ 부정 논리곱 회로
④ 배타적 논리합 회로

해설

A	B	Y
0	0	0
0	1	1
1	0	1
1	1	0

결괏값에 따르면 A와 B가 서로 다를 때만 1을 출력하므로 배타적 논리합 회로이다. 부정 논리곱 회로는 둘 중 하나만 0이어도 1을 출력하는 회로이다.

39 USART에 대한 설명으로 옳지 않은 것은?

① ATmega128에는 병렬 통신 포트 USART0과 USART1을 가지고 있다.
② 동기 및 비동기 전송 모드에서 모두 전이중 방식 통신이 가능하다.
③ 하나의 마스터 프로세서가 여러 개의 슬리브 프로세서를 제어할 수 있다.
④ 비동기 전송 모드에서는 2배속 통신모드를 지원한다.

해설
USART는 직렬 통신 포트로, 특징은 다음과 같다.
• 송수신을 동시에 할 수 있는 전이중 방식을 지원한다.
• 동기식 또는 비동기식 모드를 지원한다.
• 동기식으로 동작하는 마스터 또는 슬레이브 모드를 지원한다.
• 고분행능의 보레이트 발진기를 내장한다.
• 다양한 직렬 통신 프레임을 지원한다.
• 오류 정정을 위해 짝수 또는 홀수 패리티 발생/검사 기능을 하드웨어로 지원한다.
• 데이터 오버런/프레임 오류 검출기능을 내장한다.
• 데이터의 신뢰성 향상을 위해 시작 비트 검출과 디지털 저대역 필터 등과 같은 잡음 제거기능을 내장한다.
• 송신 완료, 송신 데이터 준비 완료, 수신 완료 등의 세 가지 인터럽트를 지원한다.
• 다중 프로세서 통신모드를 지원한다.
• 비동기 2배속 통신모드를 지원한다.

40 한쪽 포트로 들어온 공압이 내부의 공을 직접 밀어내고 공압을 출력시키는 형태의 밸브는?

① 교축밸브
② 급속배기밸브
③ 이압밸브
④ 셔틀밸브

해설
셔틀밸브는 다음 그림과 같은 구조로 한쪽에만 공압이 작동해도 출력이 발생한다.

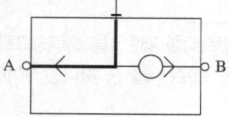

41 다음 그림이 나타내는 기호는?

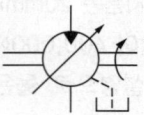

① 한 방향 유동 가변용량형 유압모터
② 양방향 유동 정용량형 유압모터
③ 한 방향 유동 가변용량형 공압모터
④ 양방향 유동 정용량형 공압모터

해설
삼각형이 검은색이면 유압, 비어 있으면 공압, 삼각형이 양쪽에 있으면 양방향 유동, 한쪽이면 한 방향 유동, 회전 화살표가 한쪽이면 한 방향 회전, 양쪽이면 양방향 회전, 45° 화살표가 있으면 용량 조정이 가능한 것이고, 없으면 용량 조정이 되지 않는 유형이다.

42 유로의 단면적을 변화시켜 유량을 조절하는 밸브는?

① 교축밸브
② 유량조절밸브
③ 급속배기밸브
④ 속도제어밸브

해설
유량제어밸브의 종류

교축밸브	유로의 단면적을 변화시켜서 유량을 조절하는 밸브이다.
유량조절밸브	유량이 일정할 수 있도록 유량을 조절하는 밸브이다.
급속배기밸브	배기구를 확 열어 유속을 조절하는 밸브이다.
속도제어밸브	베르누이의 정리에 의하여 유량에 따른 속도를 제어하는 방식과 유체의 흐름의 양을 조절하여 속도를 제어하는 방식으로 나뉜다.

43 다음 중 제어정보 표시 형태에 의한 분류방법으로 짝지어진 것은?

① 아날로그 제어, 2진 제어
② 아날로그 제어, 논리 제어
③ 논리 제어, 파일럿 제어
④ 파일럿 제어, 메모리 제어

해설
제어정보 표시 형태에 따른 제어 분류
아날로그 제어(자연신호제어)와 디지털 제어(2진 신호제어)로 구분할 수 있다.

디지털신호	아날로그신호
• 어떤 양 또는 데이터를 2진수로 표현한 것 • 신호가 0과 1의 형태로 존재하며 그 신호의 양에 따라 자연신호에 가깝게 연출은 할 수 있으나 미분하면 결국 분리된 신호의 연속으로 표현됨 • 0과 1로 모든 신호를 표현함	• 신호가 시간에 따라 연속적으로 변화하는 신호 • 자연신호를 그대로 반영한 신호로서, 보존과 전송이 상대적으로 어려움 • 신호 취급에서 큰 신호, 작은 신호, 잡음 등이 소멸되기 쉬운 특징을 가짐

44 다음 그림이 나타내는 회로는?

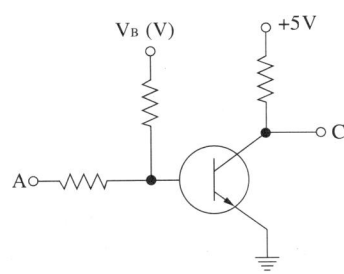

① AND 회로
② OR 회로
③ NOT 회로
④ NAND 회로

해설
베이스에 전류의 입력이 없다면 5V의 입력이 저항을 거쳐 C로 출력된다. 이것을 정상상태로 본다. 베이스에 전류의 입력이 생기면 트랜지스터가 큰 저항이 되고, 5V 바로 아래의 저항에 비해 매우 큰 저항이 되어 5V의 전압 중 많은 부분이 트랜지스터 쪽에 크게 걸린다. 이 경우 C로 출력되는 전류는 매우 미약하게 되어 결과적으로 입력과 출력이 반대로 나타난다.

45 유압 동력부 펌프의 송출압력이 60kgf/cm²이고, 송출유량이 30L/min일 때 펌프 동력은 몇 kW인가?

① 2.94
② 3.94
③ 4.49
④ 5.49

해설
송출유량
$30\text{L/min} = 500\text{cc/s}$
$500\text{cm}^3/\text{s} \times 60\text{kgf/cm}^2 = 30,000\text{kgf} \cdot \text{cm/s}$
$= 30,000\text{kg} \times 9.81\text{m/s}^2 \cdot \text{cm/s}$
$= 294,300\text{N} \cdot \text{cm/s} = 2,943\text{N} \cdot \text{m/s} = 2.943\text{kW}$

46 다음 중 중립 상태에 내부의 유압을 모두 회귀시켜 무부하 중립을 유지하는 형태의 밸브는?

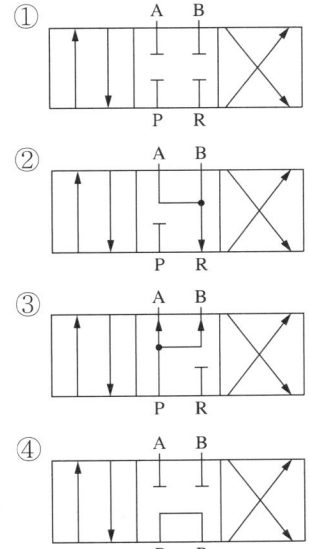

해설
②는 중립 상태에서 공급되었던 유압을 모두 회귀시켜 무부하 상태의 중립으로 유도하는 밸브이다.

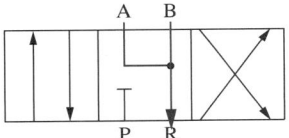

47 다음 용적형 펌프 중 점도의 영향을 작게 받으며, 이물질의 영향도 거의 없고 저렴한 펌프는?

① 원심형 펌프 ② 기어펌프
③ 베인펌프   ④ 피스톤 펌프

해설
기어펌프는 구조가 간단하고 큰 힘으로 흡입이 가능하며, 점도와 이물질의 영향을 적게 받고 제작비용이 저렴하여 열악한 환경에서 많이 사용된다.

48 설비도시 기호 중 ─┤├─ 이 나타내는 구성품은?

① 플랜지 ② 유니언
③ 엘 보   ④ 캡

해설
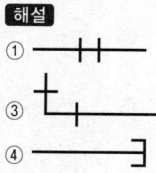

49 다음 공압 구성 중 압축된 공기를 탱크에 담기 전에 냉각하는 역할을 하는 부품은?

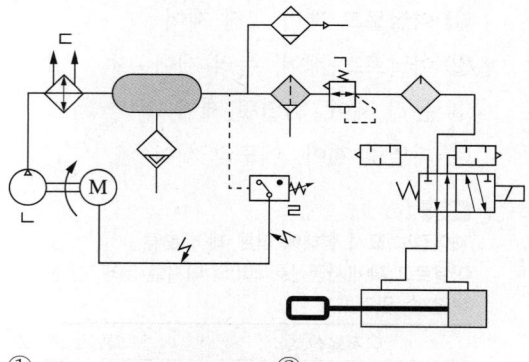

① ㄱ   ② ㄴ
③ ㄷ   ④ ㄹ

해설
ㄷ은 냉각수를 이용하여 압축되어 과열된 공기를 냉각시켜주는 후부냉각기이다.
① ㄱ : 압력제어밸브
② ㄴ : 압축기
④ ㄹ : 압력스위치

50 유류탱크에 대한 설명으로 옳지 않은 것은?

① 유류탱크는 공급된 기름이 중력으로 인해 회수되는 기름도 수용할 수 있어야 한다.
② 고정식 유류탱크는 분당 토출량의 3~5배 정도 크기여야 한다.
③ 이동식 유류탱크는 이동이 가능한 최대 크기로 한다.
④ 공기나 이물질을 기름으로부터 분리할 수 있어야 한다.

해설
이동식 유류탱크는 분당 토출량의 115~120% 정도의 크기로 설치한다.

51 스프로킷 휠을 단면도시할 때 이뿌리원을 표시하는 선은?

① 가는 실선
② 가는 1점쇄선
③ 가는 2점쇄선
④ 굵은 실선

해설
스프로킷의 이뿌리원은 단면으로 굵은 실선으로 표시하며, 길이 방향에서는 가는 실선으로 나타내거나 생략한다.

52 밀링에서 절삭속도 20m/min, 커터 지름이 50mm, 날수 12개, 1날당 이송이 0.2mm/rev라면 테이블의 이송량은 몇 mm인가?

① 120 ② 220
③ 306 ④ 404

해설
$$v = \frac{\pi D n}{1,000}$$
$$n = \frac{1,000 v}{\pi D}$$
$$= \frac{1,000 \times 20}{\pi \times 50}$$
$$= 127.32$$
$$f = f_z \cdot z \cdot n$$
$$= 0.2\text{mm/rev} \times 12 \times 127.32\text{rev/min}$$
$$\fallingdotseq 306\text{mm/min}$$

53 어미자의 19mm에 아들자 눈금을 20개를 새긴 버니어캘리퍼스의 최소 읽음값 단위는?

① 0.01mm ② 1/19mm
③ 1/20mm ④ 1/21mm

해설
일반적인 버니어캘리퍼스는 $n-1$ 눈금을 n등분한 순 버니어를 사용하며 아들자에 눈금 20개로 19mm 또는 39mm를 등분하여 1/20mm의 정밀도를 나타낸다.

54 드릴작업 시 유의사항으로 옳지 않은 것은?

① 장갑을 벗는다.
② 얇은 판은 손으로 잡고 한다.
③ 얇은 판을 드릴 시 뒷면에 보조판을 댄다.
④ 칩이 튀지 않도록 보안경을 착용한다.

해설
드릴작업 시 손으로 잡고 드릴링하는 사람들이 많은데, 반드시 고정구를 사용한다.

55 리벳의 제도에 관한 설명으로 옳지 않은 것은?

① 리벳의 위치만 나타내는 경우에는 중심선으로만 표시한다.
② 리벳은 길이 방향으로 절단하지 않는다.
③ 박판이나 얇은 형강의 단면은 굵은 실선으로 표시한다.
④ 리벳의 호칭은 종류, 규격번호, 호칭지름×길이, 재료 순으로 표시한다.

해설
리벳의 호칭은 규격번호, 종류, 호칭지름×길이, 재료 순으로 표시한다.

[정답] 51 ④ 52 ③ 53 ③ 54 ② 55 ④

56 다음 중 유도형 센서(고주파 발진형 근접스위치)로 검출할 수 없는 물질은?

① 구 리   ② 황 동
③ 철   ④ 플라스틱

해설
유도형 센서 : 강자성체가 영구자석에 접근하면 코일 내 자속의 변화율에 따라 출력단자 사이에 전압을 발생시켜 물체의 유무를 판단하며, 금속성 물질을 검출한다.

57 일반적인 압축공기의 생산과 준비 단계가 옳은 것은?

① 압축기 → 건조기 → 서비스 유닛 → 애프터 쿨러 → 저장탱크
② 압축기 → 애프터 쿨러 → 저장탱크 → 건조기 → 서비스 유닛
③ 압축기 → 건조기 → 서비스 유닛 → 저장탱크 → 애프터 쿨러
④ 압축기 → 서비스 유닛 → 애프터 쿨러 → 건조기 → 저장탱크

해설
압축된 공기는 냉각하여 보관하고 저장된 공기는 서비스 유닛으로 내보내기 전에 수분을 제거한다.

58 큰 운동에너지를 얻기 위해 설계된 것으로 리베팅, 펀칭, 프레싱 작업 등에 사용되는 실린더는?

① 충격 실린더
② 양로드 실린더
③ 쿠션 내장형 실린더
④ 텔레스코프형 실린더

해설
충격 실린더 : 리베팅, 펀칭, 프레싱 작업 등에 사용되는 실린더로, 큰 운동에너지를 얻기 위해 피스톤 로드쪽의 공기를 급속하게 배기하여 피스톤을 빠르게 전진시킨다.

59 다음 중 서보센서가 아닌 것은?

① 리졸버
② 인코더
③ 서미스터
④ 태코미터

해설
서미스터는 온도 측정기이다.

60 유압기기에서 작동유의 기능에 대한 설명으로 옳지 않은 것은?

① 압력 전달기능
② 윤활기능
③ 방청기능
④ 필터기능

해설
유압기기에서 작동유의 주요 역할
• 힘을 전달하는 기능을 감당한다.
• 밸브 사이에서 윤활작용을 돕는다.
• 마찰 등에 의해 발생하는 열을 분산시키며 냉각시킨다.
• 흐름에 의해 불순물을 씻어내는 작용을 한다.
• 유막을 형성하여 녹의 발생을 방지한다.

56 ④ 57 ② 58 ① 59 ③ 60 ④ **정답**

2024년 제 2 회 과년도 기출복원문제

01 등각투상도가 왼쪽 그림과 같다면 제1각법의 표현 방법에 의해 A에 놓일 그림으로 적절한 것은?

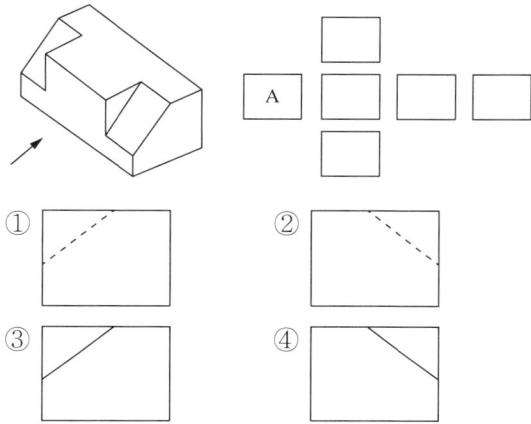

해설
제1각법에 의해 표현되므로 A에는 우측면도가 위치해야 한다. 제1각법은 다음과 같이 투상한다.

02 다음 중 선이 서로 겹칠 때 가장 위에 표시되는 것은?

① 외형선　　② 숨은선
③ 절단선　　④ 중심선

해설
선의 우선순위
도면에서 두 종류 이상의 선이 같은 장소에 중복되는 경우에는 다음 순서로 표시한다.
외형선 > 숨은선 > 절단선 > 중심선 > 무게중심선 > 치수보조선

03 구름 볼베어링의 호칭 '7206 C DB'일 때 안지름값(mm)은?

① 6　　② 12
③ 24　　④ 30

해설
7206 C DB는 단식 앵귤러 볼베어링이고, 안지름은 30mm이다. 안지름값은 일반적으로 두 자리 수 안지름 번호에 ×5를 한다.

계열 번호	안지름 번호	접촉각 기호	보조 기호	내 용
72	06	C	DB	• 단식 앵귤러 볼베어링 • 안지름 30mm

04 기어 제도에 관한 설명으로 옳지 않은 것은?

① 이끝원은 굵은 실선으로 그린다.
② 피치원은 가는 실선으로 그린다.
③ 헬리컬기어의 잇줄 방향은 정면도에서 항상 3줄의 가는 실선을 그린다.
④ 실제 제도에서 기어는 치형을 그리지 않고 요목표로 내용을 제시한다.

해설
스퍼기어의 제도방법
• 이끝원은 굵은 실선으로 그린다.
• 피치원은 가는 1점쇄선으로 그린다.
• 이뿌리원은 가는 실선으로 그린다. 단, 축에 직각 방향으로 단면 투상할 경우에는 굵은 실선으로 그린다.
• 헬리컬기어에서 잇줄의 방향은 정면도에 항상 3줄의 가는 실선을 그린다. 정면도가 단면으로 표시된 경우 3줄의 가는 2점쇄선으로 그린다.
• 제도에서 기어는 치형을 그리지 않고 이끝원, 피치원, 이뿌리원을 그린 후 요목표로 기어 설계를 위한 내용요소를 제시한다.

정답　1 ③　2 ①　3 ④　4 ②

05 절삭 시 발생하는 칩의 종류에 대한 설명으로 옳지 않은 것은?

① 칩이 공구의 윗면 경사면 위를 연속적으로 흘러 나가는 형태의 칩을 유동형 칩이라 한다.
② 전단형 칩은 공구의 윗면 경사각이 작은 경우, 비교적 연한 재료를 느린 절삭속도로 가공할 경우에 발생한다.
③ 균열형 칩은 주철처럼 취성이 있는 재료를 고속으로 절삭할 경우에 잘 발생한다.
④ 뜯겨져 나가는 모양의 열단형 칩은 절삭 깊이가 크고 윗면 경사각이 작을 때 잘 발생한다.

해설
균열형 칩은 주철처럼 취성이 있는 재료를 저속으로 절삭할 경우 잘 발생하므로, 취성(메짐)이 있는 재료를 절삭할 때는 절삭속도를 높게 하는 것이 좋다.

06 절삭공구의 측면(여유면)과 가공면과의 마찰에 의하여 발생되는 마모로, 주철과 같이 취성이 있는 재료를 절삭할 때 발생하여 절삭날(공구인선)을 파손시키는 마모는?

① 크레이터 마모   ② 플랭크 마모
③ 치 핑   ④ 경사면 마모

해설
② 플랭크 마모 : 옆면에서의 마모는 공구와의 여유각이 벌어진 곳의 마멸이어서 여유면 마멸이라 하고, 측면이라는 의미의 플랭크(Flank, 옆구리, 측면) 마멸이라고 한다. 절삭공구의 측면(여유면)과 가공면과의 마찰에 의하여 발생되는 마모현상으로, 주철과 같이 취성이 있는 재료를 절삭할 때 발생하여 절삭날(구인선)을 파손시킨다.
① 크레이터 마모 : 윗면에서의 마모는 운석이 떨어진 모양과 같아서 크레이터(Crater, 분화구) 마멸 또는 경사면 마멸이라 한다. 공구날의 윗면이 유동형 칩과의 마찰로 오목하게 파이는 현상으로, 공구와 칩의 경계에서 원자들의 상호 이동 역시 마멸의 원인이 된다.
③ 치핑 : 경도가 매우 크고 인성이 작은 절삭공구로, 공작물을 가공할 때 발생되는 충격으로 공구날이 모서리를 따라 작은 조각으로 떨어져 나가는 현상이다.

07 상향절삭의 특징이 아닌 것은?

① 기계에 무리를 주지 않는다.
② 깎인 칩이 새로운 절삭을 방해하지 않는다.
③ 백래시의 우려가 없다.
④ 커터날에 마찰이 작아 날의 마멸이 작고, 수명이 길다.

해설
④는 하향절삭의 특징이다. 상향절삭은 커터날의 회전 방향과 일감의 이송이 서로 반대 방향이어서 커터날이 일감을 들어 올리는 방향이므로, 기계에 무리를 주지 않고 커터날에 처음 작용하는 절삭저항이 작으며 깎인 칩이 새로운 절삭을 방해하지 않는다. 또한 날의 힘이 공작물 진행 방향과 반대이어서 백래시의 우려가 없다.

08 도시된 단면도의 앞쪽에 있는 형상을 나타낼 때 사용하는 선은?

① 굵은 실선   ② 가는 실선
③ 가는 1점쇄선   ④ 가는 2점쇄선

해설
도시된 단면도 앞의 형상은 생략하는 것이 원칙이나 도면의 구조나 이해를 위해 필요한 경우에는 가상선을 이용하여 형상이 있는 것처럼 표현한다. 가상선으로 이용되는 선은 2점 쇄선이다.

09 다음 기하공차 기호의 의미는?

① 진원도 ② 원통도
③ 동축도 ④ 위치도

해설
① ○
② ⌭
④ ⌖

10 데이텀을 지시할 때 문자기호를 공차 기입틀에 지시할 경우에 대한 설명으로 옳지 않은 것은?

① 한 개를 설정하는 데이텀은 한 개의 문자기호로 나타낸다.
② 두 개의 데이텀을 설정하는 공통 데이텀은 두 개의 문자기호를 하이픈으로 연결한 기호로 나타낸다.
③ 데이텀에 우선순위를 지정할 때는 우선순위가 높은 순서로 오른쪽에서 왼쪽으로 각각 다른 구획에 지시한다.
④ 두 개 이상의 데이텀의 우선순위를 문제 삼지 않을 때는 문자기호를 같은 구획 내에 나란히 지시한다.

해설
데이텀에 우선순위를 지정할 때는 우선순위가 높은 순서로 왼쪽에서 오른쪽으로 각각 다른 구획에 지시한다.

11 나사의 종류와 그 기호가 바르게 연결되지 않은 것은?

① 유니파이 보통 나사 – UNC
② 관용나사 중 테이퍼 암나사 – Rc
③ 미터 사다리꼴나사 – R
④ 미터 가는 나사 – M

해설
나사의 종류

구 분		나사의 종류	나사의 종류를 표시하는 기호	나사의 호칭에 대한 표시 방법의 예
일반용	ISO 표준에 있는 것	미터 보통 나사	M	M8
		미터 가는 나사		M8×1
		미니추어 나사	S	S 0.5
		유니파이 보통 나사	UNC	3/8-16UNC
		유니파이 가는 나사	UNF	No.8-36UNF
		미터 사다리꼴나사	Tr	Tr10×2
	관용 테이퍼 나사	테이퍼 수나사	R	R3/4
		테이퍼 암나사	Rc	Rc3/4
		평행 암나사	Rp	Rp3/4

12 공작기계의 작동유 성질에 관한 설명으로 옳지 않은 것은?

① 점도지수가 높을수록 온도 변동에 대해 점도 변동이 작다는 것을 의미한다.
② 윤활유가 온도를 낮출 때 왁스처럼 굳기 시작하기 직전의 온도를 유동점이라 한다.
③ 전산가는 오일 중 포함된 산성성분의 양을 나타내는 지수이다.
④ 점도가 낮아지면 유동저항이 증가하여 캐비테이션 발생 가능성이 높아진다.

해설
점도가 높아지면 유동저항이 증가하여 캐비테이션 발생 가능성이 커진다.

정답 9 ③ 10 ③ 11 ③ 12 ④

13 기어를 측정하는 도구로 적절하지 않은 것은?

① 마이크로 미터   ② 버니어 캘리퍼스
③ 사인바   ④ 3차원 측정기

해설
사인바는 막대를 이용해 두 지점 간의 거리와 막대의 길이를 이용하여 각도를 계산·측정하는 측정기로, 기어 측정에는 적절하지 않다.

14 주철의 불순물에 대한 영향을 옳게 설명한 것은?

① 탄소는 주철에 가장 큰 영향을 미치는 원소이며, 탄소량이 많아지면 주조성이 좋아진다.
② 규소는 주철의 질을 연하게 하며, 규소량이 많아지면 흑연화를 촉진한다.
③ 망간은 적당한 양일 때는 강인성과 내열성을 증가시킨다.
④ 황은 쇳물의 유동성을 좋게 하며, 기공을 없애고 수축률을 감소시킨다.

해설
황은 쇳물의 유동성을 나쁘게 하며, 기공이 생기기 쉽고 수축률을 증가시킨다.

15 다음 그림의 핸들에 적용된 나사에 대한 설명으로 옳지 않은 것은?

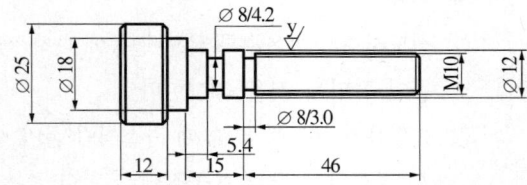

① 바깥지름 12mm짜리 나사를 적용하였다.
② 미터나사를 적용하였다.
③ 호칭지름이 10mm인 나사를 적용하였다.
④ 나사가 적용된 길이는 43mm이다.

해설
문제의 그림에서는 M10 나사가 적용되었으며, 이는 호칭지름 10mm인 미터보통나사이다.

16 지렛대의 원리를 이용하여 손아귀의 힘을 증가시켜 대상물을 구부리고 자르는 등의 일을 하는 공구로 단조강, 공구강, 열처리 강 등을 사용하여 제작한 공구는?

① 플라이어   ② 드라이버
③ 렌치   ④ 그라인더

해설
플라이어는 다음 그림과 같은 공구로 대상물을 집고 힘을 주어 작업하는 데 사용한다.

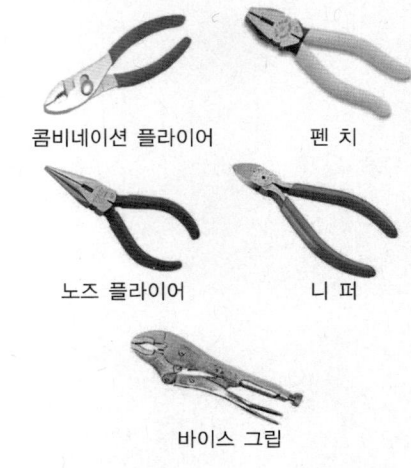

콤비네이션 플라이어   펜치
노즈 플라이어   니퍼
바이스 그립

17 다음 중 적외선센서의 장점이 아닌 것은?

① 비접촉 검출이 가능하다.
② 응답시간이 빠르다.
③ 먼지나 유분의 영향을 받지 않는다.
④ 정확도가 높다.

해설
적외선센서는 빛을 감지해야 하므로 감지부에 먼지나 유분 등이 묻어 있으면 안 된다.

18 다음 중 감지방법이 다른 센서는?

① 정전용량형 감지기
② 반사형 광감지기
③ 리밋스위치
④ 초음파형 영역감지기

해설
리밋스위치는 접촉식 스위치이고 ①, ②, ④는 비접촉식 스위치이다.

19 디지털센서에 대한 설명으로 옳지 않은 것은?

① A/D변환기를 통해 아날로그신호를 디지털신호로 변환시키는 역할을 한다.
② 무결성에 가까운 신호를 발생한다.
③ 반도체의 발달에 따라 아날로그와 비슷한 신호를 나타낼 수 있다.
④ 모든 경우에 더 적은 비용이 든다.

해설
대부분의 디지털센서는 A/D변환기가 필요하며, 이에 따라 장치비용이 조금이라도 더 든다.

20 센서관리를 위한 올바른 사용방법이 아닌 것은?

① 센서가 검출 물체나 다른 부품들과 부딪히거나 충격이 가지 않도록 한다.
② 케이블에 무리한 힘을 가하거나 당기지 않는다.
③ 센서에 필요 이상의 힘을 가해 취부하지 않는다.
④ 센서 배선 시 동력선, 고압선을 함께 취급한다.

해설
동일한 닥트나 전선관을 사용하면 노이즈에 따른 오동작의 원인이 되기 때문에 센서 배선 시 동력선, 고압선과는 분리한다.

21 전자개폐기에 진동이 발생하는 원인이 아닌 것은?

① On 상태가 유지된다.
② 개폐기 내의 전자석의 자화 상태가 좋지 않다.
③ 잡아당겨진 가동철심이 완전히 접촉되지 않는다.
④ 코어 부분에 이물질 발생한다.

해설
전자개폐기 진동의 가장 큰 원인은 On/Off가 반복되는 것이다. 전자개폐기는 가동철심의 자화에 의해 가동철심이 접촉되어 On이 되는 원리를 이용하는 것이며, 가동철심이 작동되었으나 완전히 켜지지 않는 경우 진동이 발생한다.

22 전류에 따른 인체 영향에 대한 설명으로 옳지 않은 것은?

① 디지털 멀티미터기를 사용할 때도 감전에 유의해야 한다.
② 손이 건조하고 바닥과 절연이 된 경우 인체의 접촉저항은 2,500Ω 정도이다.
③ 5mA의 전류에 노출되어도 호흡 정지, 때로는 심장 기능 정지가 발생한다.
④ 땀에 젖은 경우 저항이 1/12로 감소하고, 물속에서는 저항이 1/25로 감소한다.

해설
인체가 어느 정도의 전류량에 노출되느냐에 따라 인체에 미치는 피해는 다음과 같다.

전룻값[mA]	영 향
1	전기적 충격이나 저림을 느낀다.
5	아픔을 느끼고, 나른함을 느낀다.
10	견딜 수 없는 통증, 유입점에 외상이 남는다(근육 수축).
20	근육 수축, 경련, 자유롭지 못하다(근육 마비).
50	호흡 정지, 때로는 심장 기능 정지(심장 마비)
70	심장에 큰 충격이 가해진다.

정답 18 ③ 19 ④ 20 ④ 21 ① 22 ③

23 120° 간격으로 고정자 권선을 배치하여 사인파 교류전원에 의한 회전자기장을 얻고, 그 내부의 회전자를 회전시켜서 동력을 얻는 전동기는?

① 직류전동기 ② 정류자전동기
③ 동기전동기 ④ 3상 유도전동기

해설
3상 유도전동기의 원리
- 120° 간격으로 3상 고정자 권선을 배치하여 3상 사인파 교류전원에 의한 회전자기장을 얻고, 그 내부의 회전자를 회전시켜서 동력을 얻는 구조이다.
- 3상 교류전원만으로 운전이 가능하며 기계적 구조가 간단하기 때문에 견고하다.
- 3상 교류전원을 공급받을 수 있는 공장이나 큰 빌딩 등에서 대용량의 동력원으로 사용한다.
※ 3상 유도전동기도 동기전동기에 속하지만, 문제에서 원하는 답은 3상 유도전동기이다. 좀 더 정확한 답인 ④를 선택해야 한다. CBT로 시험이 바뀐 후 이의 제기가 어렵다는 환경을 이용하여 출제자가 원하는 답을 요구하는 문제도 출제되고 있음을 알아두자.

24 직류전동기에 대한 설명으로 옳지 않은 것은?

① 고정자는 계자 권선이 감긴 철심이 있어 그 안쪽에 자극을 부착시킬 수 있다.
② 전동기의 용량과 회전속도에 따라서 극수를 선택할 수 있다.
③ 소형 전동기의 경우 영구자석을 자극으로 사용하기도 한다.
④ 브러시가 없어서 잔 고장이 적고, 비용이 저렴하다.

해설
직류전동기는 극성을 갖고 있으므로 브러시가 필요하다.

25 서보모터가 일반 전동기와 다른 역할을 하게 하는 구성요소는?

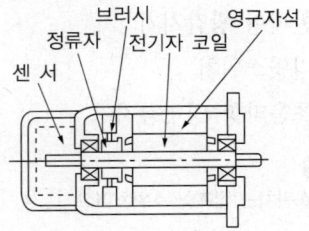

① 센 서 ② 정류자
③ 브러시 ④ 영구자석

해설
서보모터는 모터, 컨트롤러 및 센서를 서로 조합하여 원하는 목표치를 달성할 때까지 모터를 구동하게 하는 장치이다.

26 모터의 고장 대책으로 올바르지 않은 것은?

① 지락전류 발생 시 그 원인이 전동기의 절연이 열화되었다면 전동기를 교체한다.
② 전동기의 기계 브레이크 동작이 빠르다면 전동기의 주파수를 확인한다.
③ 과전류 이상 시 원인이 출력 합선 및 지락 발생이라면 출력 배선을 확인한다.
④ 과전류 이상 시 원인이 인버터의 부하가 정격보다 크다면 용량이 큰 인버터로 교체한다.

해설
전동기의 기계 브레이크 동작이 빠르다면 브레이크의 민감도가 너무 높은 것이므로 브레이크를 확인하여야 한다.

27 폐회로제어를 다음과 같이 간략화시킬 때 외란을 반영할 곳은?

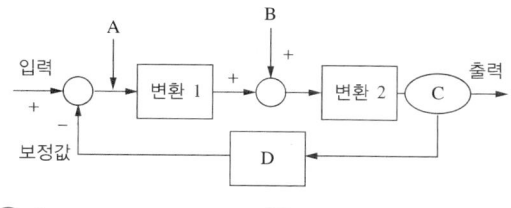

① A
② B
③ C
④ D

해설

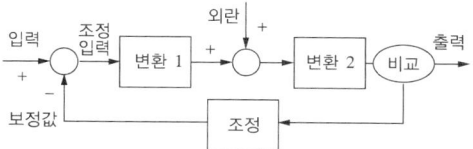

28 3개의 클로를 움직여서 직경이 작은 공작물을 고정하는 데 사용하는 고정구로 주축의 테이퍼 구멍에 슬리브를 꽂아 사용하는 선반 고정구는?

① 콜릿척
② 연동척
③ 단동척
④ 마그네틱척

해설

종류	특징
단동척	• 척핸들을 사용해서 조(Jaw)의 끝부분과 척의 측면이 만나는 곳에 만들어진 4개의 구멍을 각각 조이면, 4개의 조도 각각 움직여서 공작물을 고정시킨다. • 편심가공이 가능하다. • 공작물의 중심을 맞출 때 숙련도가 필요하며 다소 시간이 걸리지만 정밀도가 높은 공작물을 가공할 수 있다.
연동척	• 척핸들을 사용해서 척의 측면에 만들어진 1개의 구멍을 조이면, 3개의 조(Jaw)가 동시에 움직여서 공작물을 고정시킨다. • 공작물의 중심을 빨리 맞출 수 있으나 공작물의 정밀도는 단동척에 비해 떨어진다.
마그네틱척	• 원판 안에 전자석을 설치하고 전류를 흘려보내면 척이 자화되면서 공작물을 고정시킨다.
콜릿척	• 3개의 클로를 움직여서 직경이 작은 공작물을 고정하는 데 사용하는 척이다. • 주축의 테이퍼 구멍에 슬리브를 꽂은 후 여기에 콜릿척을 끼워서 사용한다.

29 모터 시동 전 점검사항으로 옳지 않은 것은?

① 정격전원의 종류, 전압 및 전류의 용량은 적당한가?
② 배선은 올바르게 정확히 접속되어 있는가?
③ 시동전류는 정상인가?
④ 사용 전선의 굵기는 적절한가?

해설
시동전류는 시동 직후 점검사항에 해당한다.
시동 전 점검사항
• 정격전원의 종류, 전압 및 전류의 용량은 적당한가?
• 배선은 바르게 정확히 접속되어 있는가?
• 전동기의 프레임은 접지되어 있는가?
• 사용 전선의 굵기는 적절한가? 또한 접속단자의 이완이나 접촉불량은 없는가?
• 전자접촉기와 열동계전기의 정격, 협조성은 적당한가? 또한 접촉자에 오염은 없는가?
• 개폐기나 조작스위치는 시동 위치에 세트되어 있는가?
• 모터의 시동방법은 적당한가?
• 전동기의 축을 움직였을 때 축이 흔들리거나 빡빡하게 닿는 곳은 없는가?
• 베어링의 오일, 그리스는 충분히 들어 있는가?
• 직결 운전 시는 편심이 없는가? 벨트 구동 시 벨트의 장력이 적당한가?
• 정류자나 슬립링 및 브러시 등 섭동면이 더럽거나 흠집은 없는가?
• 브러시 압력은 정상인가?

30 다음 중 추치제어가 아닌 것은?

① 추종제어
② 프로그램제어
③ 비율제어
④ 순차제어

해설
순차제어는 미리 정해진 순서에 따라 일련의 제어 단계가 차례로 진행되는 자동제어이다.

31 공장 자동화 발전 단계의 첫 번째 단계에 해당하는 것은?

① 단위 기계의 일부 자동화
② 단위 기계의 자동화
③ 생산라인의 자동화
④ 공장 자동화

해설
공장 자동화는 기계 일부의 자동화, 단위 기계의 자동화, 라인의 자동화를 거쳐 공장 자동화로 발전한다.

33 다음 그림의 출력방식은?

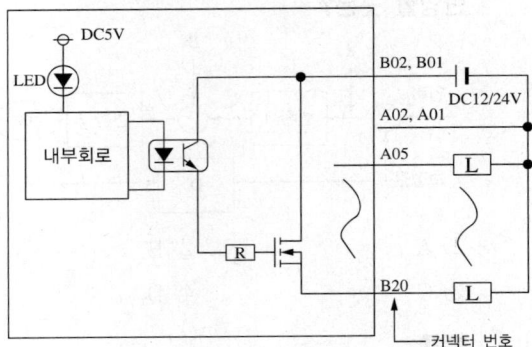

① 릴레이 출력
② TR 출력
③ 트라이악 출력방식
④ 로터리 출력방식

해설
문제의 그림에서 다음 부분이 트랜지스터(TR)을 나타낸다.

32 공장 바닥면에 자성도료로 칠해진 반송경로나 바닥 밑에 설치된 유도용 전선 등과 신호를 주고받으면서 공작물, 공구, 고정구 등의 일감을 반송하는 대차는?

① AGV
② RGV
③ Palletizer(팰리타이저)
④ Roller Conveyor

해설
① AGV(Automated Guided Vehicle) : 무인 운반차로 레일 가이드 또는 센서 가이드에 따라 무인으로 운반·이송하는 작업 차량
② RGV(Rail Guided Vehicle) : 설치된 레일 위에 이동하는 운반용 자동차
③ Palletizer(팰리타이저) : 팰릿을 들고 이송하는 등의 작업을 하는 장치
④ Roller Conveyor(롤러 컨베이어) : 공장에서 라인을 관통하여 공작물을 벨트 위에서 이송하는 장치

34 다음 그림처럼 입력을 유지하는 회로는?

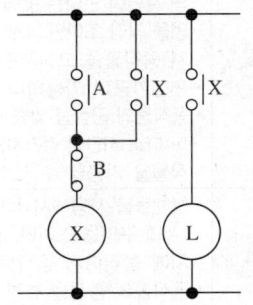

① 일치회로
② 자기유지회로
③ 기동회로
④ 순차제어회로

해설
한 번 입력이 들어가면 릴레이에 의해 자기 릴레이를 계속 On하고 있도록 유지하는 회로이다. 문제의 회로에서 A에 의해 X에 신호가 들어가면 X-relay가 On되어 X에 계속 신호를 입력한다.

35
PLC 프로그램 작성 시 시퀀스 논리 표현방법으로 옳지 않은 것은?

① 서식은 통상 가로쓰기이다.
② 출력 코일은 좌측에 배치한다.
③ 연속이 안 되는 선의 교차는 허용되지 않는다.
④ 전류는 좌우 방향에 대해서 좌에서 우로 한 방향으로 흐르고, 상하쪽에서는 양방향으로 흐른다.

해설
출력 코일은 우측에 표시한다.

36
다음 회로와 같은 논리식은?

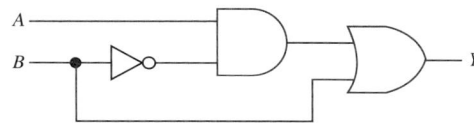

① $Y = A + B$
② $Y = (A \cdot \overline{B}) + B$
③ $Y = A \cdot (\overline{B} + B)$
④ $Y = A$

해설
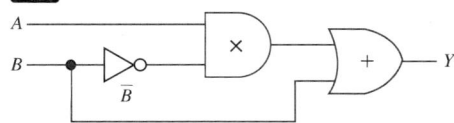

37
메모리 영역 중 함수 호출 시 생성되는 지역 변수와 매개 변수가 저장되는 영역으로 함수 호출이 완료되면 사라지는 메모리는?

① 힙
② 스 택
③ 데이터
④ 텍스트

해설
메모리는 크게 스택, 힙, 데이터 영역으로 나뉘며 실행 프로그램의 코드를 담은 텍스트 영역도 있다. 텍스트 영역에서 프로그램은 명령어를 불러 쓸 수 있게 하고, 데이터에는 프로그램 전역 변수와 스택 변수가 저장되며, 스택에는 지역 변수와 매개 변수가 저장된다. 힙 영역은 사용자가 직접 관리하는 메모리 영역이다.

38
작동유의 온도에 따른 점도 변화에 대한 설명으로 옳은 것은?

① 작동유 온도와 점도는 무관하다.
② 작동유의 온도와 점도의 관계를 수치로 나타낸 것을 점도지수라 한다.
③ 점도지수가 높을수록 온도에 따른 점도 변화가 크다.
④ 광유의 경우 점도지수는 1,000 정도가 된다.

해설
점도지수는 온도와 점도의 관계를 수치로 나타낸 것으로, 점도지수가 높을수록 온도에 따른 점도 변화가 작은 작동유이다. 광유의 경우 보통 100 정도의 점도를 나타낸다.

39
다음 그림과 같은 관 내를 흐르는 유체가 있다. $A_2 = A_3$ 라고 할 때 V_2의 값으로 적절한 것은?

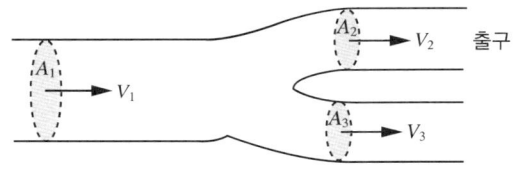

① V_1
② $V_1/2$
③ $\dfrac{A_1}{A_2} V_1$
④ $\dfrac{A_1}{A_2} V_1 - V_3$

해설
$A_1 V_1 = A_2 V_2 + A_3 V_3 = A_2(V_2 + V_3) \, (\because A_2 = A_3)$

$\dfrac{A_1}{A_2} V_1 = (V_2 + V_3)$

$\therefore V_2 = \dfrac{A_1}{A_2} V_1 - V_3$

40 RS-232C에 대한 설명으로 옳지 않은 것은?

① 컴퓨터가 모뎀 등 다른 직렬장치와 데이터를 주고받기 위해 사용하는 인터페이스이다.
② 데이터를 병렬로 통신한다.
③ 노이즈에 큰 영향 없이 꽤 먼 곳까지 신호 전달이 가능하다.
④ 1번 핀은 보안용 접지이다.

해설
RS-232C는 PC와 음향 커플러, 모뎀 등을 접속하는 직렬방식의 인터페이스의 하나이다. 직렬포트이며 현재는 규격이 오래되어 USB, IEEEE1394, 이더넷 등으로 대체되었으나 노이즈에 큰 영향 없이 비교적 먼 거리까지 단순한 신호전달에는 유용하게 사용된다. 신호선은 다음과 같이 사용한다.

핀 번호	명 칭	신호 방향	기 호
1	보안용 접지	–	FG
2	송신 데이터	→	TxD
3	수신 데이터	←	RxD
4	송신 요구	→	RTS
5	송신 허가	←	CTS
6	통신기기 세트 준비	←	DSR
7	신호용 접지	–	SG
8	캐리어 검출	←	DCD
20	데이터 단말 준비	→	DTR
22	Ring Indicator	←	RI

41 밸브의 한쪽에 공압이 작동하여 내부의 공을 밀어내어 공압 진입부가 닫히고 반대쪽으로 함께 들어온 공압이 출력되는 구조의 밸브는?

① 교축밸브　　② 급속배기밸브
③ 이압밸브　　④ 셔틀밸브

해설
이압밸브(2압밸브)는 양쪽으로 모두 공압이 작동되어야 출력이 나타난다.

42 실린더 내부에 실린더를 겹쳐 놓고 압력이 작동하면 1단 실린더가 작동하고, 계속해서 공압이 작동하면 2단 실린더가 작동하는 방식의 실린더 중 포트가 전진측, 후진측에 장착된 실린더는?

① 스프링 복귀형 단동 실린더
② 복동 실린더
③ 복동형 텔레스코프 실린더
④ 탠덤 실린더

43 고정 원판식 코일에 전류가 통하면 전자력에 의하여 회전원판이 잡아 당겨져 브레이크가 걸리고, 전류를 끊으면 스프링 작용으로 원판이 떨어져 회전을 계속하는 브레이크는?

① 밴드 브레이크
② 디스크 브레이크
③ 전자 브레이크
④ 블록 브레이크

해설
①, ②, ④는 기계적 힘을 이용한 브레이크이다.

44 릴리프 밸브를 이용한 유압 브레이크 회로에서 유압모터를 정지시키기 위해 오일의 공급을 중단했을 때 유압모터의 현상은?(단, 모터축의 부하 관성이 크다)

① 바로 정지한다.
② 잠시 동안 고정된다.
③ 얼마간 회전을 지속하다가 정지한다.
④ 급정지했다가 관성에 의해 다시 회전한다.

해설
오일 공급을 중단할 경우 모터의 기계적 관성에 의해 얼마간 회전을 하지만, 유압모터는 오일의 공급에 의해 구동되므로 곧 멈추게 된다.

45 어느 유체역학의 식이 다음과 같이 표현되었을 때 H가 의미하는 것은?

$$\frac{P}{\gamma}+\frac{V^2}{2g}+z=\frac{P_1}{\gamma}+\frac{V_1^2}{2g}+z_1=H$$

① 특정 위치에서 압력
② 특정 위치에서 속도
③ 특정 위치의 높이
④ 전체 수두

해설
베르누이의 정리 : 유체에 작용하는 힘, 압력, 속도, 위치에너지를 각각 수두(水頭), 즉 물의 높이로 표현하고 그 합은 항상 같다는 것을 정리하여 나타낸 식

$$\frac{P}{\gamma}+\frac{V^2}{2g}+z=\frac{P_1}{\gamma}+\frac{V_1^2}{2g}+z_1=\frac{P_2}{\gamma}+\frac{V_2^2}{2g}+z_2=H$$

여기서, P_1 : 1위치에서의 압력
V_1 : 1위치에서의 속도
z_1 : 1위치에서의 높이
H : 전체 수두

46 불연속동작의 대표적인 제어로, 제어량이 목푯값에서 어떤 양만큼 벗어나면 미리 정해진 일정한 조작량이 대상에 가해지는 제어는?

① ON/OFF 제어
② 비례제어
③ 미분동작제어
④ 적분동작제어

해설
① ON/OFF 제어 : 전기밥솥이나 전기담요의 서모스탯 또는 가정용 보일러의 온도기준제어처럼 기준에 미치면 OFF, 못 미치면 ON으로 제어하는 형식
② 비례제어 : 오차신호에 적당한 비례상수를 곱해서 다시 제어신호를 만드는 형식
③ 미분동작제어 : 오차값의 변화를 파악하여 조작량을 결정하는 방식
④ 적분동작제어 : 미소한 잔류편차를 시간적으로 누적하였다가 어느 곳에서 편차만큼을 조작량을 증가시켜 편차를 제거하는 방식

47 방향제어밸브의 조작방식 중 기계 조작방식에 속하지 않는 것은?

① 플런저방식
② 페달방식
③ 롤러방식
④ 스프링방식

해설
조작방식에 따른 분류

솔레노이드		· 솔레노이드의 흡인력에 의해 밸브를 개폐시킨다.
공기압 작동 방식		· 공기의 압력으로 밸브를 개폐시킨다. 일반적으로 주흐름 공기압과 같은 압력이거나 다소 낮은 압력의 파일럿 공기압을 이용하여 주밸브의 전환을 행한다.
기계 작동 방식		· 캠 등의 기계적인 운동에 의해 밸브의 전환을 행한다. 전기기기의 마이크로스위치나 리밋스위치에 상당하는 동작을 행한다. · 전기를 사용하지 않고 공기압만으로 자동제어를 행할 때 사용한다. 주로 고온, 다습이나 폭발성의 가스 등을 취급하는 곳에 사용한다. 예 플런저, 스프링, 롤러
수동 방식		· 압축 공기의 흐름을 사람의 손으로 개폐한다. 예 버튼, 레버, 페달 등

48 편심 로터가 흡입과 배출 구멍이 있는 하우징 내에서 회전하는 형태의 압축기는?

① 피스톤 압축기
② 격판 압축기
③ 미끄럼 날개 회전 압축기
④ 축류 압축기

해설
- 축류식 압축기(Axial Flow Compressor) : 많은 양의 기체를 압축하는 데 사용한다. 날개는 회전 날개와 케이싱에 고정된 안내 날개로 구성되어 있는데, 특히 회전 날개와 안내 날개의 한 세트를 1단이라고 한다. 그러나 1단에서의 압력비가 작아 동일한 압력비를 얻기 위해서는 원심식보다 많은 단수가 필요하기 때문에 축의 길이가 길어진다. 회전속도가 높으므로 임계속도를 고려한다면 축의 길이는 제한을 받고, 최종 단에서 날개의 높이가 낮으므로 1축에서 얻을 수 있는 압력비의 한도는 용도에 따라 다르지만, 발전소용의 경우에는 5~9 정도이다. 그 이상의 고압을 얻기 위해서는 중간냉각기를 사용하여 다축으로 해야 한다. 축류식 압축기에서는 기체가 축방향으로 흐르므로 원심식의 압축기에서와 같은 흐름의 난동이나 분리현상은 적으며, 90% 정도의 효율을 얻을 수 있다.
- 미끄럼 날개형(Vane) 압축기 : 가동 날개형이라고도 하며, 편심 회전자가 흡입과 배출 구멍이 있는 실린더 형태의 하우징 내에서 회전하면서 공기를 흡입하고, 압축·배출하게 되어 있다. 정밀한 치수를 가지고 있어서 정숙한 운전과 공기를 안정되게 공급할 수 있는 특징이 있다.
- 왕복형 압축기(피스톤 압축기) : 왕복형 공기 압축기는 가장 널리 사용되는 것으로, 실린더 안을 피스톤이 왕복운동을 하면서 흡입밸브로부터 실린더 내에 공기를 흡입한 후 압축하여 배출밸브로부터 압축 공기를 배출시킨다. 사용 압력 범위는 10~100kgf/cm²로서, 고압으로 압축할 때에는 다단식 압축기가 필요하며, 냉각방식에 따라 공랭식과 수랭식이 있다.
- 격판압축기 : 공기가 왕복운동을 하는 부분과 직접 접촉하지 않기 때문에 공기에 기름이 섞이지 않게 되어 깨끗한 공기를 얻을 수 있다. 따라서 식료품 제조나 제약분야, 화학산업에 많이 이용된다.
- 나사형 압축기 : 오목한 측면과 볼록한 측면을 가진 한 쌍의 나사형 회전자(Rotor)가 서로 반대로 회전하여 축방향으로 들어온 공기를 서로 맞물려 회전하면서 압축하는 형태로, 80kgf/cm² 이상의 고압 펌프용으로 사용된다.

49 온도가 일정할 때, 초기 상태에서 공기의 체적이 10m³, 압력이 5atm이었고, 압축 후의 체적이 2m³가 되었다면, 이때의 압력은 얼마인가?

① 10atm
② 25atm
③ 50atm
④ 100atm

해설
보일의 법칙에 의해 등온하에서 압력과 부피의 곱은 일정하다.
$PV = P_1 V_1 = P_2 V_2$
$PV = 5 \times 10 = P_2 \times 2$
$\therefore P_2 = 25\text{atm}$

50 P형 반도체와 N형 반도체의 집합으로 구성된 소자로서, 한쪽 방향으로만 전류를 잘 통과시키는 정류작용의 성질을 가진 정류회로에 주로 사용되는 소자는?

① 다이오드
② 트랜지스터
③ 릴레이
④ 타이머

해설
다이오드 : P형 반도체와 N형 반도체를 접합하여 한쪽 방향으로만 전류가 흐르도록 한 것이다.

51 다음 중 베인펌프의 장점이 아닌 것은?

① 수명이 길고, 성능이 안정적이다.
② 베인의 마모에 의한 압력 저하가 발생되지 않는다.
③ 기어펌프나 피스톤펌프에 비해 토출 압력의 맥동이 적다.
④ 펌프 출력에 비해 형상치수가 크다.

해설
베인펌프는 구조가 비교적 간단하고 성능이 좋아 많은 양의 기름을 수송하는 데 적합하여 산업용 기름펌프로 널리 사용된다.

52 다음 밸브 중 중립 상태에서 인입된 유압이 탱크로 회귀하는 밸브는?

①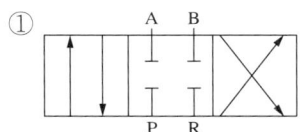

②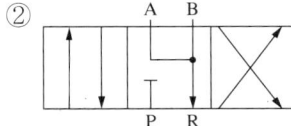

③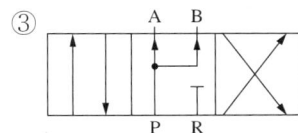

④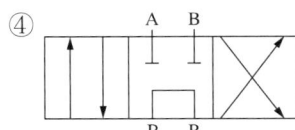

해설
④는 인입된 유압이 중립 상태에서 바로 탱크로 회귀한다.

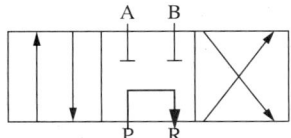

53 다음 중 용적이 밀폐되어 있지 않아 부하압력이 변동하며 토출량이 변하여 효율적인 운전이 가능한 펌프는?

① 원심형 펌프   ② 기어펌프
③ 베인펌프   ④ 피스톤 펌프

해설

용적형 펌프(고정용량형)	비용적형 펌프(가변용량형)
• 용적이 밀폐되어 있어 부하압력이 변동해도 토출량이 거의 일정하다. • 정압을 사용하므로 큰 힘을 요구하는 유압장치용 유압펌프로 사용한다.	• 용적이 밀폐되어 있지 않아 부하압력이 변동하면 토출량이 변하여 유압장치에는 부적당하다. • 펌프용량을 0에서 최대까지 변화시킬 수 있어 효율적인 운전을 할 수 있다.
기어펌프, 나사펌프, 베인펌프, 피스톤 펌프	원심형 펌프, 액시얼 펌프, 혼류(Mixed Flow)펌프, 로토제트 펌프, 터빈펌프

54 다음 배관기호 중 옥내외 소화전 기호는?

① ── H ──
② ── SP ──
③ ── WS ──
④ ── D ──

해설
① 소화전 : Hydrant
② 스프링클러 : Sprinkler
③ 물분무관 : Water Spray Supply
④ 배수관 : Drain

정답 51 ④ 52 ④ 53 ① 54 ①

55 회로의 압력이 일정 압력을 넘어서면 압력을 견디던 막이 압력 과다에 의해 파열됨으로써 압력을 낮추어 주어 급격한 압력 변화에 유압기기가 손상되는 것을 막을 수 있도록 장착하는 장치는?

① 공기여과기
② 공기량 조정 유닛
③ 유체 퓨즈
④ 유압탱크

해설
공기여과기는 공기를 거르는 장치이고, 유압탱크는 유류를 보관하는 탱크이다.

56 스프로킷 휠의 도시방법에 대한 설명으로 옳지 않은 것은?

① 축방향으로 볼 때 바깥지름은 굵은 실선으로 그린다.
② 축방향으로 볼 때 피치원은 가는 1점쇄선으로 그린다.
③ 축방향으로 볼 때 이뿌리원은 가는 2점쇄선으로 그린다.
④ 축에 직각인 방향에서 단면을 도시할 때 이뿌리원은 굵은 실선으로 그린다.

해설
스프로킷의 이뿌리원은 단면으로 굵은 실선으로 표시하며, 길이 방향에서는 가는 실선으로 나타내거나 생략한다.

57 밀링커터의 날수가 14개, 지름은 100mm, 1날의 이송량이 0.2mm/rev이고, 회전수가 600rpm일 때 1분간의 이송속도는?

① 1,480mm/min
② 1,585mm/min
③ 1,680mm/min
④ 1,785mm/min

해설
밀링 이송속도
$f = f_z \cdot z \cdot n$
$= 0.2 \text{mm/rev} \times 14 \times 600 \text{rev/min}$
$= 1,680 \text{mm/min}$

58 기동전류를 제한하여 전동기를 기동하는 감압제동 방식이 아닌 것은?

① 리액터 기동
② $\Delta - Y$ 기동
③ 2차 저항기동
④ 기동보상기 이용 기동

해설
유도전동기 기동 시 기동전류는 정격전류보다 7배나 많아 전동기 및 시스템에 무리를 줄 수 있어 여러 기동법이 사용된다. 기동전류를 줄이기 위해 유도전동기의 전원전압을 감압하여 감압기동을 하며 여기에는 $\Delta - Y$ 기동, 리액터 기동, 단권변압기를 연결하는 기동보상기 이용 기동 등이 있다.
2차 저항기동은 유도전동기의 비례추이 특성을 이용하여 기동한다. 회전자 회로에 슬립링을 통해 가변저항을 접속하고 그 저항을 속도 상승과 더불어 순차적으로 적게 하며 기동한다.

59 리벳이음에서 전단되는 것이 아닌 것은?

① 리벳의 전단
② 판 끝의 전단
③ 판의 인장에 의한 전단
④ 리벳 구멍의 압축에 의한 전단

해설
일반적으로 판의 면적은 리벳의 단면적에 비해 매우 커서 판이 인장되어 전단되지 않는다.

60 CCD 카메라로 읽은 화상을 보고 대상 물체 모양의 양호 또는 불량 상태를 판별하는 센서는?

① 로드셀
② 광전센서
③ 비전센서
④ 근접센서

해설
비전센서는 카메라, 제어 유닛 및 소프트웨어가 통합된 소형 센서이다. 로드셀과 스트레인 게이지는 물체에 압력이나 응력, 힘이 작용할 때 그 크기가 얼마인가를 측정하는 도구이다.

2025년 제1회 최근 기출복원문제

01 다음 입체도를 제3각법에 의해 3면도로 옳게 투상한 것은?(단, 화살표 방향을 정면으로 한다)

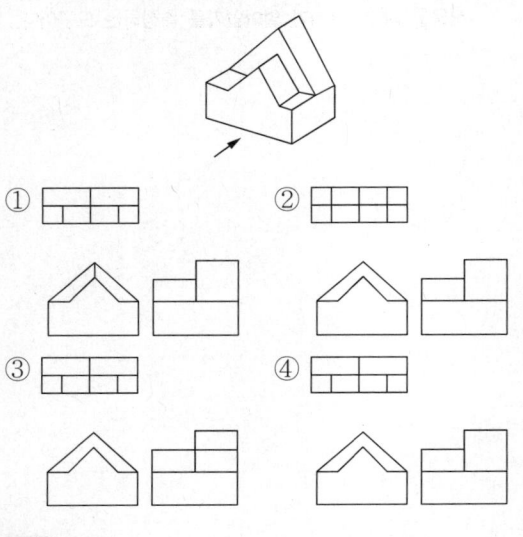

[해설]
① 정면도가 틀렸다.
② 평면도가 틀렸다.
③ 우측면도가 틀렸다.

02 다음과 같이 치수가 도시되었을 경우 그 의미로 옳은 것은?

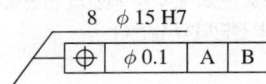

① 8개의 축이 φ15에 공차 등급이 H7이며, 원통도가 데이텀 A, B에 대하여 φ0.1을 만족해야 한다.
② 8개의 구멍이 φ15에 공차 등급이 H7이며, 원통도가 데이텀 A, B에 대하여 φ0.1을 만족해야 한다.
③ 8개의 축이 φ15에 공차 등급이 H7이며, 위치도가 데이텀 A, B에 대하여 φ0.1을 만족해야 한다.
④ 8개의 구멍이 φ15에 공차 등급이 H7이며, 위치도가 데이텀 A, B에 대하여 φ0.1을 만족해야 한다.

[해설]
기호의 기하공차는 위치도 공차이며 φ15 H7에서 대문자 H를 사용하여 구멍임을 알 수 있다.

03 평행도가 데이텀 B에 대하여 지정 길이 100mm마다 0.05mm의 허용값을 가질 때 그 기하공차의 기호를 옳게 나타낸 것은?

① | // | 0.05/100 | B |
② | ▱ | 0.05/100 | B |
③ | ═ | 0.05/100 | B |
④ | ↗ | 0.05/100 | B |

[해설]
② 평면도 공차이다.
③ 대칭도 공차이다.
④ 원주 흔들림 공차이다.

1 ④ 2 ④ 3 ① [정답]

04 축 도면 그리기에 대한 설명으로 옳은 것은?

① 축의 길이 방향 단면은 절삭가공을 고려해 항상 해칭선(단면선)을 그려야 한다.
② 축의 끝단에는 모따기, 홈, 키홈 등을 생략 없이 모두 표기하여야 한다.
③ 축 도면에서 나사부는 단면선을 그리지 않고 나사기호로만 표기한다.
④ 축의 축선은 두께가 굵은 실선으로, 외형은 파선으로 그린다.

해설
• 축 도면에서는 나사부의 절삭한 단면을 세밀하게 표현하지 않고, 기호(M20×1.5 등)와 단순 표기만 한다.
• 축선은 가는 1점 쇄선, 외형은 굵은 실선으로 표현한다.
• 해칭선은 필요할 때만 사용하며, 길이 방향 전체에 적용하지 않는다.

05 가는 홈붙이 날을 가진 커터로, 가공된 기어의 면을 매끄럽고 정밀하게 다듬질하는 가공은?

① 기어 셰이빙
② 밀링가공
③ 래 핑
④ 선반가공

해설
기어 셰이빙 : 기어절삭기로 가공된 기어의 면을 매끄럽고 정밀하게 다듬질하기 위해 높은 정밀도로 깎인 잇면에 가는 홈붙이날을 가진 커터로 다듬는 가공이다.

06 선반 바이트의 윗면 경사각에 대한 설명으로 옳은 것은?

① 윗면 경사각은 바이트의 옆면과 바닥면이 이루는 각도로 절삭력과 마찰력에 가장 큰 영향을 준다.
② 윗면 경사각이 클수록 절삭저항이 커지고 공구수명이 길어진다.
③ 윗면 경사각이 클수록 절삭성 및 표면 정밀도가 좋아지지만, 날 끝이 약해져 빠르게 마모된다.
④ 윗면 경사각이 작을수록 절삭성은 좋아지지만, 절삭력은 커지고 표면 정밀도는 나빠진다.

해설
윗면 경사각은 바이트 절삭날의 윗면과 수평면이 이루는 각도로, 절삭력과 절삭성에 큰 영향을 미친다. 경사각이 클수록 절삭성이 좋아지고 표면 정밀도는 향상되지만, 날 끝이 약해져 빠르게 마모된다.

07 일반적으로 무하중 상태에서 그리는 스프링이 아닌 것은?

① 겹판 스프링
② 코일 스프링
③ 벌류트 스프링
④ 스파이럴 스프링

해설
기본적으로 스프링은 무하중 상태로 그리지만, 겹판 스프링은 무하중 상태에서 사전 휨력이 작용하여 하중을 받은 상태인 평행 상태로 도시한다.

정답 4 ③ 5 ① 6 ③ 7 ①

08 다음 그림과 같은 표면의 결 도시기호의 설명으로 옳은 것은?

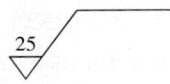

① 10점평균거칠기 하한값이 25μm인 표면
② 10점평균거칠기 상한값이 25μm인 표면
③ 산술평균거칠기 하한값이 25μm인 표면
④ 산술평균거칠기 상한값이 25μm인 표면

해설
문제 그림의 표면거칠기 기호는 기본적인 V자(▽) 형상으로 가공 표면임을 뜻하며, 기호 옆(또는 위)의 숫자만 단독으로 표기된 경우는 산술평균거칠기(Ra)의 허용 상한값을 의미한다. 따라서 25라는 값은 Ra = 25μm를 뜻하며, 이는 최대 허용치(상한값)이다.

09 다음 중 바이트, 밀링커터 및 드릴의 연삭에 가장 적합한 연삭기는?

① 공구연삭기
② 성형연삭기
③ 원통연삭기
④ 평면연삭기

10 절삭유의 구비조건으로 틀린 것은?

① 방청, 방식성이 좋을 것
② 인화점, 발화점이 낮을 것
③ 냉각성이 충분할 것
④ 장시간 사용해도 변질하지 않을 것

해설
절삭유는 마찰열이 심한 곳에 사용하므로 열에 의해 발화되는 온도인 발화점과 인화점이 높아야 한다.
절삭유제의 종류

수용성 절삭유제	불수용성 절삭유제
• 절삭유제의 원액에 물을 타서 사용한다. • 냉각성이 좋다. • 강재 및 합금강의 절삭, 비철금속의 절삭, 연삭용 • 광물성 기름에 소량의 유화제, 방청제 등을 첨가하여 10배에서 20배 정도로 희석하여 사용한다.	• 등유, 경유, 스핀들유, 기계유 등을 단독 또는 혼합하여 사용한다. • 점성이 낮고 윤활작용이 좋다. • 냉각작용이 좋지 않으므로 경절삭에 사용한다. • 라드유, 고래기름 등 동물성 기름 • 올리브기름, 면화씨기름, 콩기름 등 식물성 기름

11 축을 설계할 때 고려해야 할 사항으로 옳지 않은 것은?

① 축의 지름은 베어링, 키, 핀 등의 치수에 영향을 주므로 함께 고려하여 결정한다.
② 축과 결합되는 기어, 풀리, 몸체 등은 축과 결합할 구멍이 반드시 존재하므로 결합 상태를 고려해서 결정한다.
③ 축의 지름을 결정할 때 반드시 구멍과의 결합을 고려해야 한다.
④ 축은 가능한 한 가볍게 설계해야 한다.

해설
축은 동력을 전달하고 회전 시 하중을 받기 때문에 충분한 강성과 강도를 확보해야 한다.

12 센서 선정 시 사용조건을 고려할 때 주로 점검해야 하는 항목으로 가장 적절한 것은?

① 설치 장소와 환경, 접촉식·비접촉식 여부
② 가격, 납기, 서비스 기간 및 표준 적합성
③ 정확도, 안정성, 응답속도
④ 측정목적, 입력신호, 측정시간

해설
센서를 실제 사용할 환경을 고려해야 한다. 사용조건에는 설치 장소, 접촉식·비접촉식 여부, 외부신호 간섭, 표시방법 등이 포함된다. 예를 들어 고온, 고습, 먼지, 진동이 많은 환경에 적합한 센서를 선택해야 하며, 측정 대상과 접촉 여부도 중요한 판단 기준이 된다.

13 자동화시스템의 구성요소 중 서보모터(Servo Motor)는 주로 어디에 속하는가?

① 메커니즘(Mechanism)
② 액추에이터(Actuator)
③ 파워서플라이(Power Supply)
④ 센서(Sensor)

해설
서보모터 : 제어기의 제어에 따라 제어량을 따르도록 구성된 제어시스템에 사용하는 모터로서, 정확한 구동을 위해 큰 가속을 내거나 급정지에 적합하도록 구성한다. 즉, 어떤 지정된 상황에 이르렀을 때 동작하여 피드백 동작을 하는 장치를 의미하므로, 액추에이터(구동기)에 해당한다.

14 금속체나 자성체에서 발생되는 전계나 자계의 변화를 감지하여 접점을 개폐하며, 물체와 직접 접촉하지 않고 검출하는 스위치는?

① 수동스위치   ② 근접스위치
③ 광전스위치   ④ 액면스위치

해설
근접센서 : 감지기의 검출면에 접근하는 물체 또는 주위에 존재하는 물체의 유무를 자기에너지, 정전에너지의 변화 등을 이용해 검출하는 무접점 감지기이다.
• 유도형 : 강자성체가 영구자석에 접근하면 코일 내 자속의 변화율에 따라 출력 단자 사이에 전압을 발생시켜 물체의 유무를 판단한다.
• 정전용량형
  – 유도형 근접센서가 금속만 검출하는 데 반하여 정전용량형 근접센서는 플라스틱, 유리, 도자기, 목재와 같은 절연물, 물, 기름, 약물과 같은 액체도 검출한다.
  – 센서 앞에 물건이 놓이면 정전용량이 변화하고, 이 변화량을 검출하여 물체의 유무를 판별한다.
  – 센서의 검출거리에 영향을 끼치는 요소 : 검출면, 검출체 사이의 거리, 검출체의 크기, 검출체의 유전율
• 검출거리 : 검출 물체의 크기, 두께, 재질, 이동 방향, 도금의 유무 등에 영향을 받는다.
• 출력형식 : PNP 출력, NPN 출력, 직렬 접속, 병렬 접속

15 입력신호가 하이(High)이면 출력은 로(Low)이고, 입력신호가 로(Low)이면 출력이 하이(High)가 나오는 논리회로는?

① AND   ② OR
③ NOT   ④ NAND

해설
입력과 출력이 서로 반대인 논리회로이다.

정답 12 ① 13 ② 14 ② 15 ③

16 센서 점검 시 결선부의 이상 여부를 확인하는 목적은?

① 센서의 전원 공급을 원활히 하려는 목적이다.
② 결선부에 먼지와 수분 유입을 방지하기 위함이다.
③ 결선부가 풀리거나 손상되었을 때 전기적 신호 불량을 방지하기 위함이다.
④ 센서 감도의 설정 범위를 자동 보정하기 위함이다.

해설
결선부가 헐겁거나 손상되면 전기적 신호가 불량해지고 센서가 제대로 작동하지 않으므로 정기적으로 결선부를 점검하여 풀림이나 손상을 예방해야 한다.

17 다음 중 직류전동기(DC Motor)의 특징에 대한 설명으로 가장 옳은 것은?

① 구조가 단순하고 유지보수가 필요하지 않으며 속도제어가 어렵다.
② 속도제어가 용이하고 기동토크가 크지만, 정류자와 브러시가 있어 마모가 발생한다.
③ 전원 주파수 변화에 민감하지 않고 효율이 낮아 대형 산업용으로 적합하다.
④ 유도전동기와 비교하여 소음이 적고 유지보수가 간편하다.

해설
직류전동기는 전압을 조절하여 속도제어가 쉽고 기동토크가 크다는 장점이 있지만, 정류자와 브러시가 있어 마모 및 유지보수가 필요하다. 반면, 교류 유도전동기는 정류자가 없어 구조가 간단하고 유지보수가 쉽지만, 속도제어가 어렵다.

18 다음 회로의 명칭은?

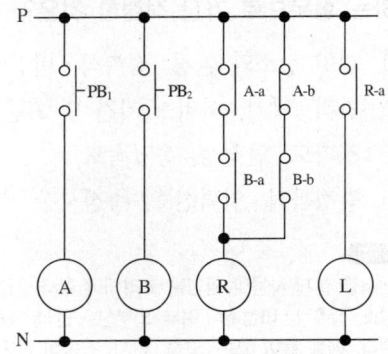

① 자기유지회로   ② 순차회로
③ 일치회로   ④ 병렬회로

해설
일치회로 : 두 개 이상의 신호(A, B)가 동시에 입력될 때만 출력이 발생하는 회로이다. A 또는 B의 한쪽에만 신호가 입력되면 출력이 발생하지 않고, 반드시 두 신호가 동시에 들어와야 동작한다. 이는 주로 안전회로, 복수 조건 만족 시 동작하는 제어시스템 등에서 사용한다.

19 PLC 프로그램 작성 후 컴파일(Compile) 과정을 거치는 주된 목적은?

① 프로그램을 즉시 실행하기 위해
② 프로그램의 오류를 사전에 검출하고 실행파일을 생성하기 위해
③ PLC와 통신 상태를 유지하기 위해
④ 입력신호를 직접 제어하기 위해

해설
컴파일은 작성된 프로그램을 실행 가능한 형태로 변환하고, 오류 메시지를 출력하여 사전 점검을 가능하게 하는 과정이다. 단순히 실행만을 위해 사용하는 것이 아니며, 통신 유지나 입력제어에도 직접적인 관계가 없다.

20 IT공차(International Tolerance grade)에 관한 설명으로 옳은 것은?

① IT 등급이 낮을수록 치수 정밀도가 낮아진다.
② IT01 ~ IT5는 주로 축에 사용된다.
③ IT6 ~ IT11은 주로 게이지 제작과 정밀 공차 부품에 사용된다.
④ IT7 ~ IT11은 일반적인 기계가공에서 사용하는 공차 등급이다.

해설
- IT01~IT4 : 초정밀가공용(계측기, 정밀기기 등)에 사용한다.
- IT5~IT6 : 정밀가공(게이지, 정밀 부품 등)에 사용한다.
- IT7~IT11 : 일반적인 기계가공에 널리 사용한다.
- IT12~IT18 : 공업 전반의 일반 부품 제조용으로 사용한다.

21 핀(Pin)에 대한 설명으로 옳은 것은?

① 평행핀은 주로 축과 허브를 강하게 고정하기 위해 테이퍼 형상을 가진다.
② 테이퍼핀은 축에 보스를 고정할 때 사용하며, 호칭지름은 작은 쪽 지름으로 한다.
③ 분할핀은 주로 회전력을 전달하기 위한 키(Key)의 대체용으로 사용된다.
④ 스프링핀은 항상 원통형으로 제작되어 설치가 간단하다.

해설
② 테이퍼핀 : 축에 부품을 고정할 때 사용하며, 호칭지름은 작은 쪽 지름을 기준으로 한다.
① 평행핀 : 원통형으로 제작되며 부품의 관계 위치를 일정하게 유지하는 데 사용한다.
③ 분할핀(Split Pin) : 핀이 갈라져 있으며 풀림 방지용으로 사용한다.
④ 스프링핀 : 축 방향으로 찌그러져 설치할 때 탄성력으로 고정하는 핀이다. 완전 원통형이 아니다.

22 다음 중 절삭저항에 영향을 미치는 요인이 아닌 것은?

① 공작물 재질의 강도
② 공작물 재질의 경도 및 연성
③ 절삭속도 및 이송속도
④ 공구의 절삭유 공급 방식

해설
절삭저항은 공작물 재질(강도, 경도, 연성), 절삭조건(절삭속도, 이송속도, 절삭 깊이), 공구의 형상(경사각, 날 끝 반경 등) 등에 의해 크게 좌우된다. 절삭유는 절삭온도를 낮추고 마찰을 줄여 절삭저항을 간접적으로 완화할 수 있으나, 절삭저항의 주요 직접 요인은 아니다.

23 유동형 칩(Flow Chip)에 대한 설명으로 옳은 것은?

① 절삭 깊이가 얕고, 절삭속도가 낮을 때 주로 발생한다.
② 주철과 같이 취성이 큰 재료를 절삭할 때 발생한다.
③ 공구의 윗면 경사각이 크고, 절삭속도가 높을 때 잘 형성된다.
④ 절삭면이 매우 불규칙하여 가공면이 거칠어진다.

해설
유동형 칩은 연성 재료(예 연강, 알루미늄 등)를 고속 절삭하고, 공구의 윗면 경사각이 클 때 형성되는 이상적인 칩 형태이다. 절삭면이 매끄럽고 가공 정밀도가 높으며 절삭저항이 상대적으로 작다. 그러나 주철이나 청동처럼 취성이 큰 재료에서는 전단형(분단형) 칩이 주로 발생한다.

24 기계 조립 도면을 해독할 때 조립 부품표에 대한 설명으로 옳은 것은?

① 부품번호는 임의로 기입하며, 도면 내 형상과 연결할 필요가 없다.
② 규격은 각 부품의 도면투상법에 따라 기입하며, 표기 순서는 자유롭게 정한다.
③ 재질은 도면에 표시하지 않고, 별도의 부품 목록표에 기입한다.
④ 품명, 규격, 재질, 수량 등을 표기하여 각 부품을 쉽게 식별할 수 있도록 한다.

해설
기계 조립 도면에서 부품표는 각 부품을 식별하기 위해 작성한다. 일반적으로 부품표에는 품번, 품명, 규격, 재질, 수량을 기재하여 도면에 표시된 부품을 쉽게 확인할 수 있도록 한다.
① 부품번호는 도면 내 각 부품과 연결되어야 하며, 임의로 정하지 않는다.
② 규격 표기는 도면투상법과 관계없이 KS 규격 등의 기준에 따라 정해진 방식으로 작성한다.
③ 재질은 도면에도 표시되며 부품표에도 반드시 기입해야 한다.

25 다음 전기 도면에서 MCB1이 나타내는 전기 부품의 역할은?

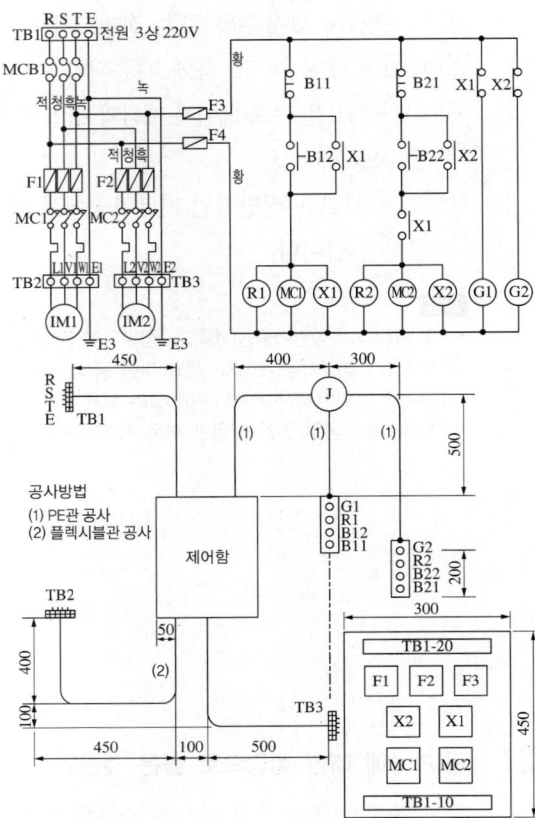

① 전력 계통에서 전력의 흐름에 따라 작동하는 계전기이다.
② 소형 전기차단기로 전기를 차단한다.
③ 과전류 보호장치로 전류 및 과부하 전류를 차단한다.
④ 전기 기계가 일정한 이상 전압이 되었을 때 작동하는 계전기이다.

해설
MCB1은 Miniature Circuit Breaker(소형 전기차단기)이다. 전기회로를 보호하기 위해 사용하며, 과부하나 단락 시 전류를 차단하는 기능을 한다.

26 센서의 사용목적에 대한 설명으로 옳지 않은 것은?

① 정보의 수집은 계측, 탐지, 감시, 경보 등을 위해 데이터를 모으는 것이다.
② 정보의 변환은 수집된 신호를 변환·처리하여 컴퓨터가 활용할 수 있는 형태로 만드는 것이다.
③ 제어 정보의 취득은 제어 대상 장치의 상태를 파악하고 필요한 제어를 수행하도록 정보를 제공하는 것이다.
④ 정보의 수집 단계에서는 반드시 아날로그 신호를 디지털로 변환해야 한다.

해설
④ 정보의 수집 단계 : 정보 수집 단계에서 항상 디지털 변환을 해야 하는 것은 아니며, 아날로그 상태 그대로 처리되는 경우도 있다.
① 정보의 수집 : 센서가 물리량을 감지해 계측, 탐지, 감시, 경보 등에 활용한다.
② 정보의 변환 : 아날로그 신호를 디지털 신호 등으로 변환해 제어시스템이 활용할 수 있도록 한다.
③ 제어 정보의 취득 : 제어장치의 상태를 실시간으로 파악해 자동 제어에 활용한다.

27 센서를 감지방식에 따라 분류했을 때 마이크로스위치, 리밋스위치, 테이프 스위치가 속하는 그룹은?

① 근접감지기
② 접촉식 센서
③ 광감지기
④ 영역감지기

해설
마이크로 스위치, 리밋스위치, 테이프 스위치 등은 물리적 접촉을 통해 동작을 감지하므로 접촉식 센서에 해당한다.

28 다음 중 보전예방(Maintenance Prevention)에 대한 설명으로 옳은 것은?

① 설비를 일정한 주기로 점검하고 열화된 부품을 교체하여 고장을 미리 방지한다.
② 설비 설계 단계에서부터 고장 발생을 줄이고 유지보수가 쉽게 되도록 만든다.
③ 고장이 발생한 후 신속하게 원인을 분석하고 재발 방지대책을 세운다.
④ 설비를 개조하여 생산성을 높이고, 보전비용을 최소화한다.

해설
• 보전예방 : 설비를 고장이 나지 않게 만들고, 만약 고장이 발생하더라도 쉽게 수리하고 유지할 수 있도록 설계 단계에서 보전성을 확보하는 활동이다.
• 예방보전 : 주기적인 점검과 열화 방지로 고장을 예방하는 활동이다.
• 사후보전 : 고장이 발생한 후 수리하는 활동이다.
• 개량보전 : 기존 설비를 개선하거나 개조해 생산성 및 신뢰성을 높이는 활동이다.

29 단상 유도전동기의 특징으로 옳지 않은 것은?

① 단상 유도전동기는 N극과 S극을 전기적으로 180° 권선구조로 만들어 기동토크를 얻는다.
② 콘덴서 기동형, 분상 기동형 등으로 분류된다.
③ 단상 유도전동기는 회전자가 동기속도로 회전하여 일정한 속도를 유지한다.
④ 냉장고, 세탁기, 선풍기 등 가정용 소용량 동력원으로 사용된다.

해설
단상 유도전동기는 유도전동기이므로 슬립으로 인해 동기속도보다 약간 낮은 속도로 회전한다. 동기속도와 같은 속도로 회전하는 것은 동기전동기의 특징이다.

30 다음 중 전동기의 적용 예가 옳게 연결된 것은?

① 단상 유도전동기 - 대형 펌프 및 송풍기
② 3상 유도전동기 - 세탁기, 냉장고, 소형 송풍기
③ 동기전동기 - 속도 일정 유지와 역률 개선용
④ 동기전동기 - 가정용 선풍기 및 소형 전자기기

해설
③, ④ 동기전동기는 속도가 일정하고 역률을 조정하기 용이하여 대형 설비 및 산업용 전원에서 사용된다.
① 단상 유도전동기는 가전제품(냉장고, 세탁기, 선풍기 등)에서 사용된다.
② 3상 유도전동기는 주로 공장 설비 및 대형 동력용 기계에 사용된다.

31 직류서보모터(DC Servo Motor)에 대한 설명으로 옳지 않은 것은?

① 비교적 간단한 회로로 안정된 제어 설계가 가능하다.
② 정류자와 브러시의 마모로 인한 유지보수가 필요하다.
③ 전류에 대한 토크의 관계가 선형적이다.
④ 발열과 냉각의 문제, 정류 불꽃 등이 발생할 수 있다.

해설
전류-토크의 관계가 선형적인 것은 교류서보모터(특히 브러시리스 서보모터)의 특징이다.
직류서보모터
• 펄스폭 변조(PWM) 방식으로 전류를 제어하며, 비교적 간단한 회로로 안정된 위치 및 속도제어가 가능하다.
• 정류자와 브러시가 있어 마모에 따른 정기적인 유지보수가 필요하며, 발열 및 정류 불꽃의 문제가 발생할 수 있다.
• 전류와 토크의 관계가 비선형적이며, 정밀한 제어를 위해 보상회로가 필요할 때가 많다.

32 스테핑 모터의 단점에 대한 설명으로 가장 옳은 것은?

① 고속 회전 시 진동이 발생할 수 있다.
② 위치 결정을 위한 별도의 센서가 필요하지 않는다.
③ 정지 시 별도의 전자 브레이크가 필요하다.
④ 펄스에 따라 각도제어가 불가능하다.

해설
스테핑 모터
• 저속 및 중속에서 정밀한 위치제어가 유리하지만, 고속 회전 시 진동과 소음이 발생하기 쉽고 토크가 부족해진다.
• 피드백 장치 없이도 일정한 각도제어가 가능하나 실제 이동거리 측정은 불가능하고, 정지토크가 크기 때문에 별도의 브레이크는 필요하지 않다.
• 펄스로 제어한다.

33 스테핑 모터를 분류하는 기준으로 가장 적절한 것은?

① 코일 권선의 배열방법
② 고정자와 회전자 사이 공극의 크기
③ 고정자 극수와 이에 따른 상수(단상, 2상, 3상 등)
④ 영구자석 사용 여부와 전원 주파수

해설
스테핑 모터는 고정자 극의 수와 상수(단상, 2상, 3상, 4상 등)에 따라 분류된다. 권선의 배열이나 전원 주파수는 분류 기준이 아니며, 영구자석의 사용 여부는 주요 구조적 특징이지만, 대표적 분류 방식은 아니다.

34 모터 시동 전 점검사항으로 옳지 않은 것은?

① 정격 전원의 종류와 전압, 전류의 용량을 점검한다.
② 배선이 올바르게 정확히 접속되어 있는지 확인한다.
③ 회전 방향이 정확한지 확인한다.
④ 개폐기가 조작스위치로 시동 위치에 설정되어 있는지 점검한다.

해설
시동 전 점검은 전원 상태, 배선, 절연저항, 접속 상태, 개폐기 위치 등이 포함된다. 회전 방향 점검은 시동 후 점검사항으로, 운전 상태를 확인하는 단계에서 이루어진다.

35 모터 보전활동에 대한 설명으로 옳은 것은?

① 일상점검은 정해진 주기마다 정지 시에만 실시한다.
② 정기점검은 매일 작업자 감각으로 운전 중 센서를 점검한다.
③ 정밀점검은 내부 진단이나 성능시험을 포함한다.
④ 특별점검은 주기적으로 계획하여 시행한다.

해설
보전활동
- 일상점검 : 일정시간마다 매일 실시하는 점검으로, 전동기 설비의 운전 중 센서와 작업자의 감각으로 점검한다.
- 정기점검 : 각 정해진 주기마다 실시하는 점검으로, 전동기 설비 작동 전, 정지 시 실시한다. 예방점검의 성격을 갖는다.
- 정밀점검 : 정해진 간격의 주기로 실시하는 분해점검으로, 마모된 부품의 교환, 이상 개소의 손질, 보수 등 정기 점검보다 상세한 내부 진단이나 성능시험을 실시한다.
- 특별점검 : 사고나 재해 등에 의한 이상의 염려가 있을 때 임시로 행하는 점검이다.

36 다음 중 폐루프제어의 예로 적절한 것은?

① 전등 스위치를 켜고 끄는 동작
② 세탁기 물 높이를 수위센서로 감지해 자동으로 물을 조절하는 기능
③ 마이크로파 오븐에서 타이머를 설정해 일정시간 가열하는 기능
④ 공장 생산라인에서 벨트속도를 일정하게 유지하지 않고 미리 설정한 값대로만 움직이는 기능

해설
세탁기의 수위센서를 이용한 물 조절은 출력(물 높이)을 입력부로 되돌려 비교하고 조정하는 폐루프제어의 전형적인 사례이다. ①, ③, ④는 출력값을 피드백하지 않는 개루프제어에 해당한다.

37 다음 중 제어의 흐름이 한 방향으로만 표현되는 형태의 시스템은?

① 시불변시스템
② 시변시스템
③ 선형시스템
④ 비선형시스템

해설
① 시불변시스템 : 시간에 관계없이 제어 방식이 일정한 시스템이다.
② 시변시스템 : 시간에 따라 제어가 변화하는 시스템이다.
④ 비선형시스템 : 제어의 흐름이 단순하지 않고 방향성을 정의하기 어려운 형태의 시스템이다.

정답 34 ③ 35 ③ 36 ② 37 ③

38 릴레이 출력방식(Relay Output Unit)의 특징으로 옳지 않은 것은?

① 외부회로와 내부회로가 절연되어 있어 외부회로의 극성과 상관없이 접속할 수 있다.
② 기계적 동작을 사용하기 때문에 동작 노이즈가 거의 발생하지 않는다.
③ 물리적 접촉에 의해 동작하기 때문에 수명이 짧을 수 있다.
④ 교류회로 등 다양한 부하를 쉽게 접속할 수 있다.

해설
릴레이 출력방식은 기계적 접점이 움직이면서 신호를 전달하므로 동작 시 노이즈가 발생할 수 있고, 이로 인해 전자적으로 민감한 환경에서는 부적합할 수 있다. 그러나 절연성이 뛰어나고 교류·직류부하를 모두 접속할 수 있는 장점이 있다.

39 다음 보기에서 설명하는 시스템을 PLC로 제어할 때 출력요소로 가장 적절한 것은?

┤보기├
주차장 관리시스템을 PLC로 제어하는 시스템이 입구와 출구에 각각 차량감지기가 설치되어 있으며, 차량이 접근하면 차단기가 자동으로 열리고 일정시간이 지나면 닫히도록 설계하였다.

① 차량 진입감지기
② 차량 출차감지기
③ 입·출차차단기 구동용 솔레노이드
④ 차량 번호판 인식 카메라

해설
PLC의 출력요소란 PLC에서 제어신호를 보내 작동시키는 장치를 의미한다. 차량 진입감지기와 차량 출차감지기는 입력센서에 해당한다. PLC에 신호를 전달하여 차단기를 열지 말지 판단하는 역할을 한다. 차량 번호판 인식 카메라는 센서 및 영상장치로, PLC가 직접 구동하는 출력요소가 아니다. 차단기 구동용 솔레노이드는 PLC에서 전기신호를 받아 직접 차단기를 열고 닫는 출력장치이다.

40 다음 그림은 11핀의 전자계전기의 핀의 배치도이다. 다음 중 a접점과 b접점의 수를 바르게 표시한 것은?

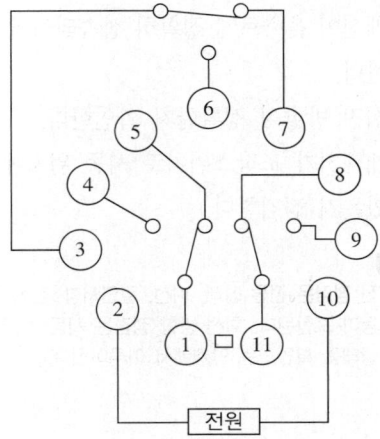

① 1a3b
② 2a3b
③ 3a3b
④ 4a3b

해설
a접점은 ①과 ④, ⑨와 ⑪, ③과 ⑥ 관계이고,
b접점은 ①과 ⑤, ⑧와 ⑪, ③과 ⑦ 관계이다.

41 다음 보기에서 설명하는 회로의 출력을 간단히 한 논리식으로 옳은 것은?

┤보기├
- 입력 : A, B, C
- 회로
  - 첫 번째 단계 : $A+B$를 OR 게이트로 연결한다.
  - 두 번째 단계 : $\overline{(A+B)}$ (NOT 게이트)
  - 세 번째 단계 : $\overline{(A+B)} \cdot C$를 AND 게이트로 출력한다.

① $\overline{A+B+C}$
② $(A+B) \cdot C$
③ $\overline{(A+B)} \cdot C$
④ $\overline{A} \cdot \overline{B} + C$

해설
문제는 복잡해 보이지만, OR 게이트는 논리식으로 +로 표현하고, NOT 게이트는 bar를 그어서 표시하며, AND 게이트는 곱으로 표시한다.

42 PLC에 대한 설명으로 옳지 않은 것은?

① PLC는 반도체 집적회로를 이용한 프로그램을 통해 논리회로를 구성하고 제어할 수 있다.
② PLC의 제어과정에서 출력장치와 연결되는 액추에이터를 통해 기계 동작을 제어할 수 있다.
③ PLC는 CPU, 메모리, 입출력 모듈 등으로 구성되며 산업현장에서 자동제어에 널리 사용된다.
④ PLC는 프로그램을 수정할 수 없으므로 한 번 설치 후 변경이 불가능하다.

해설
PLC는 프로그램을 통해 동작을 제어하며, 프로그램을 수정하거나 변경할 수 있는 것이 특징이다. 따라서 설치 후에도 공정이나 제어조건이 바뀌면 쉽게 재프로그래밍할 수 있다.

43 다음 중 PLC 구성요소와 그 기능의 연결이 잘못된 것은?

① CPU – 프로그램을 실행하고 전체 PLC 동작을 제어한다.
② 메모리 – 프로그램과 데이터를 저장한다.
③ 입출력 장치 – 외부신호를 PLC 내부로 전달하고 명령을 외부로 출력한다.
④ 트랜지스터 – AC 전원의 차단과 접속을 기계적으로 수행한다.

해설
트랜지스터는 전자식 스위칭 소자로 주로 DC 전류제어에 사용된다. AC 전원의 차단과 접속을 기계적으로 수행하는 것은 릴레이 방식이다.

44 다음 PLC 언어 중 문자식 언어가 아닌 것은?

① IL
② ST
③ FBD
④ SFC

해설
PLC 언어
• LD(래더도 방식 : Ladder Diagram)
• IL(니모닉, 명령어 방식 : Instruction List)
• SFC(Sequential Function Charts)
• FBD(Function Block Diagram)
• ST(Structured Text)
로 나뉘며, 도형식 언어(LD, FBD)와 문자식 언어(IL, SFC, ST)로 나뉜다.

45 보일의 법칙과 샤를의 법칙에 대한 설명으로 옳은 것은?

① 보일의 법칙은 온도가 일정할 때 압력과 부피가 비례한다고 설명한다.
② 보일의 법칙은 압력이 일정할 때 온도와 부피가 서로 반비례한다고 설명한다.
③ 샤를의 법칙은 일정압력에서 온도가 상승하면 부피가 증가한다고 설명한다.
④ 샤를의 법칙은 온도가 일정할 때 압력과 부피가 반비례한다고 설명한다.

해설
보일의 법칙($PV=$ 일정)은 온도가 일정할 때 압력과 부피가 서로 반비례하고, 샤를의 법칙($V/T=$ 일정)은 압력이 일정할 때 온도가 상승하면 부피가 증가한다.

46 베르누이 정리에 대한 설명으로 옳지 않은 것은?

① 유체의 위치에너지, 압력에너지, 속도에너지를 합한 값은 일정하다.
② 유체의 속도가 빠를수록 정압은 감소한다.
③ 점성이나 마찰이 없는 이상유체에서 성립한다.
④ 모든 유체 흐름에서 항상 에너지 손실 없이 적용된다.

해설
베르누이 정리는 마찰이나 점성 손실이 없는 이상유체를 가정한 에너지 보존의 법칙이다. 실제유체 흐름에서는 점성 및 마찰로 인한 에너지 손실이 발생한다.

47 어떤 유압펌프의 용적효율이 0.9, 기계효율이 0.85일 때, 펌프 전효율은?

① 1.75
② 0.9
③ 0.85
④ 0.765

해설
펌프 전효율 = 용적효율 × 기계효율 = 0.9 × 0.85 = 0.765

48 방향제어밸브에 대한 설명으로 가장 옳은 것은?

① 3포트 밸브는 방 하나당 두 개의 포트를 가진다.
② 4포트 밸브는 한 개의 밸브에서 세 가지 방향제어를 할 수 있다.
③ 4/3 밸브는 포트가 4개이고, 위치가 3개이다.
④ 3포트 밸브는 항상 수동 조작방식으로만 동작한다.

해설
4포트 밸브는 포트가 4개이고, 3웨이 밸브는 방이 3개이다. 4port-3way v/v는 4/3 밸브로 기재한다.

49 자동화설비에서 사용되는 방향제어밸브에 대한 설명으로 옳은 것은?

① 공압신호만 사용하는 밸브는 항상 수동 복귀방식이어야 한다.
② 전기신호와 공압신호를 함께 사용하는 밸브는 전기신호로 솔레노이드가 파일럿 공기를 제어하여 메인밸브를 작동시킨다.
③ 전기신호를 사용하는 밸브는 공압 공급이 없어도 고압 유체를 직접 제어할 수 있다.
④ 기계적 조작방식 밸브는 전기제어신호가 없어도 내부 파일럿 공기를 사용하여 자동 복귀한다.

해설
② 전기-공압 복합방식(솔레노이드-파일럿 방식)은 전기신호로 솔레노이드 밸브를 구동한다. 소형 파일럿 밸브를 열어 공압을 보내 메인밸브를 작동시키는 구조이다.
① 공압신호만 사용하더라도 스프링 복귀, 공압 복귀 등 다양한 복귀방식이 있다.
③ 전기신호만으로 고압 유체를 직접 제어하는 것은 거의 불가능하며, 일반적으로 전기신호는 파일럿용 공압을 제어하는 데 사용된다.
④ 기계적 조작방식은 외부 힘(롤러, 스프링 등)으로 작동하며 자동복귀기능이 반드시 있는 것은 아니다.

50 공압밸브와 전기신호를 함께 사용하는 복합 제어 시스템의 예시로 가장 적절한 것은?

① 전자식 솔레노이드 밸브를 이용해 시퀀스 동작을 구현하는 시스템
② 기계식 롤러레버밸브로만 구성된 수동 공압시스템
③ 감압밸브를 사용해 시스템 전체 압력을 낮추는 설비
④ 체크밸브만으로 구성된 단순 역류방지장치

해설
솔레노이드 밸브는 전기신호를 받아 공기 흐름을 제어하는 대표적인 공압+전기 복합 제어요소이다.

46 ④ 47 ④ 48 ③ 49 ② 50 ①

51 밸브의 보전에 관한 설명으로 옳지 않은 것은?

① 밸브를 장기간 사용하면 윤활이 적어지고, 작동이 원활하지 않으며 기계적 손상을 유발할 수 있다.
② 밸브의 작업환경에 맞는 종류의 밸브를 설치해야 한다. 오염이 많은 공간에서는 방청과 밀폐도가 낮은 밸브를 사용해야 하며, 공기필터를 활용한다.
③ 솔레노이드 밸브의 전압이 낮으면 정상 작동이 되지 않으므로 신호부를 교체해야 한다.
④ 윤활이 부족하면 압축공기에 윤활제를 분무하여 윤활기능을 높여 주어야 하며, 긴급한 경우 필요부에 직접 도포할 수 있다.

해설
밸브의 작업환경에 맞는 종류의 밸브를 설치해야 한다. 오염이 많은 공간에서는 방청과 밀폐도가 높은 밸브를 사용해야 하며, 공기필터를 활용한다.

52 시간지연밸브의 특징에 대한 설명으로 가장 옳은 것은?

① 일정 시간 후 공압을 차단하거나 전달하는 기능을 한다.
② 압력을 일정하게 유지하기 위해 설치된다.
③ 유량을 변화시켜 실린더의 속도를 제어한다.
④ 공기 누설을 방지하기 위해 설치한다.

해설
시간지연밸브(타임 딜레이 밸브)는 설정된 시간이 지난 후 공기신호를 전달하거나 차단하는 기능을 하며, 공압식 시퀀스 제어에서 지연 동작을 구현할 때 사용된다.
② 감압밸브
③ 유량제어밸브
④ 체크밸브

53 다음 그림과 같은 밸브기호에 대한 설명으로 가장 옳은 것은?

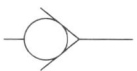

① 유량을 일정하게 유지하는 감압밸브이다.
② 유체의 한쪽 방향 흐름을 차단하는 체크밸브이다.
③ 두 개의 입구 중 한쪽만 선택적으로 연결할 수 있는 셔틀밸브이다.
④ 압력에 따라 자동으로 입구를 개폐하는 릴리프밸브이다.

해설
문제의 기호는 유체가 한쪽 방향으로만 흐를 수 있도록 하는 체크밸브를 나타낸다. 역류를 방지하는 역할을 하며, 반대 방향에서는 유체 흐름을 차단한다.

54 다음 그림은 실린더 A와 B의 변위단계도를 나타낸 것이다. 이에 대한 설명으로 옳은 것은?

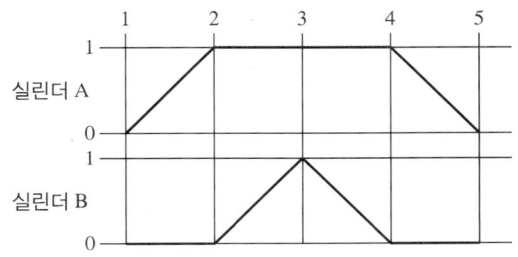

① 실린더 B는 실린더 A가 완전히 복귀한 뒤 전진한다.
② 실린더 A가 전진하면, 실린더 B가 전진을 시작할 수 있다.
③ 실린더 A와 B는 항상 동시에 전진해야 한다.
④ 실린더 B가 전진한 후에야 실린더 A가 복귀할 수 있다.

해설
변위단계도에서 실린더 B는 A가 전진 후 센싱이 시작되면 동작을 시작할 수 있다.

정답 51 ② 52 ① 53 ② 54 ②

55 공압모터 중 왕복동형 피스톤 모터에 대한 설명으로 옳지 않은 것은?

① 왕복운동을 하는 피스톤과 커넥팅 로드를 이용하여 운동한다.
② 높은 회전속도와 경량화를 위해 사용되며, 소음이 적다.
③ 공기의 압력, 피스톤의 개수, 행정거리에 따라 출력이 결정된다.
④ 충격 회전과 높은 토크를 감당할 수 있어 다양한 반송장치에 활용된다.

해설
왕복동형 피스톤 모터는 높은 토크를 얻을 수 있지만 구조가 복잡하고 고속 회전에는 적합하지 않다. 높은 회전속도와 경량화를 위해서는 주로 베인모터나 터빈모터를 사용한다.

56 용적형(고정용량형) 유압펌프에 대한 설명으로 옳은 것은?

① 유량이 부하에 따라 자유롭게 변하며, 토출량이 부하에 따라 크게 변한다.
② 일정한 토출량을 내며, 압력 변화에 관계없이 거의 일정한 유량을 공급한다.
③ 효율이 낮고, 큰 토출량이 필요한 곳에 사용된다.
④ 펌프 외부에 별도의 전동기가 필요하지 않다.

해설
용적형 펌프는 내부에 밀폐된 공간이 있어 회전할 때 일정한 체적의 유체를 이송하므로 압력 변화에도 토출 유량이 일정하게 유지된다.

57 다음 중 오일탱크의 구비조건으로 옳지 않은 것은?

① 스트레이너의 유량은 유압펌프 토출량과 같을 것
② 유면을 흡입 라인 위까지 항상 유지할 것
③ 공기나 이물질을 오일로부터 분리할 수 있을 것
④ 공기청정기의 통기용량은 유압펌프 토출량의 2배 이상일 것

해설
기름탱크(유류탱크)의 구비요건
- 기름탱크는 중력 등에 의해서 되돌아오는 장치 내의 모든 기름을 받아들일 수 있을 만큼 커야 한다.
  - 고정식인 경우 : 분당 토출량의 3~5배
  - 이동식인 경우 : 분당 토출량의 115~120% 정도의 크기
- 기름면을 흡입 라인 위까지 항상 유지할 수 있어야 한다.
- 정상적인 작동에서 발생한 열을 발산할 수 있어야 한다.
- 공기나 이물질을 기름으로부터 분리시킬 수 있는 구조이어야 한다.
- 탱크의 바닥면은 바닥에서 15cm 정도의 간격을 가져야 한다.
- 스트레이너의 유량은 유압펌프 토출량의 2배 이상이어야 한다.
- 공기청정기의 통기용량은 유압펌프 토출량의 2배 이상이어야 한다.
- 탱크는 완전히 세척할 수 있도록 제작하여야 한다.

58 공압조정유닛 구성요소로 옳은 것은?

① 필터 – 압력조정기 – 윤활기
② 공기건조기 – 냉각기 – 윤활기
③ 기름 분무 분리기 – 냉각기 – 건조기
④ 자동배수밸브 – 압력조절기 – 공기건조기

해설
공압조정유닛
- 공기탱크에 저장된 압축공기는 배관을 통하여 각종 공기압기기로 전달된다.
- 공기압기기로 공급하기 전 압축공기의 상태를 조정해야 한다.
- 공기여과기를 이용하여 압축공기를 청정화한다.
- 압력조정기를 이용하여 회로압력을 설정한다.
- 윤활기에서 윤활유를 분무한다.
- 공기압장치로 압축공기를 공급한다.

정답 55 ② 56 ② 57 ① 58 ①

59 다음 회로는 3포트 2웨이 밸브(1V1)와 솔레노이드(SOL1), 스프링 복귀형 단동 실린더(1A)로 구성된 제어회로이다. 이때 S1 스위치를 ON/OFF하였을 때의 동작 순서를 옳게 설명한 것은?

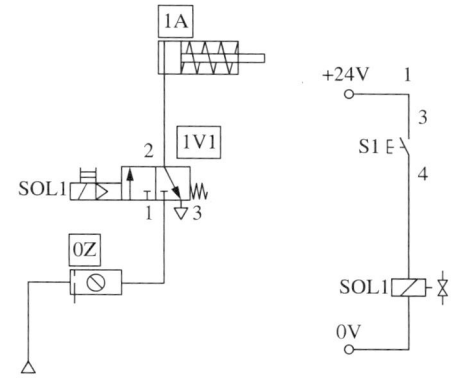

- S1을 ON하면 SOL1이 동작하여 1V1이 전환되고, 실린더 1A가 전진한다.
- S1을 OFF하면 스프링의 힘으로 1V1이 복귀되며, 실린더 1A도 원위치로 복귀한다.

① S1 ON → SOL1 작동 → 1V1 전환 → 1A 전진 → S1 OFF → 1V1 복귀 → 1A 복귀
② S1 ON → SOL1 작동 → 1V1 전환 → 1A 전진 → S1 OFF → SOL1 계속 작동 → 1A 유지
③ S1 ON → 1V1 전환 → SOL1 작동 → 1A 전진 → S1 OFF → 1V1 복귀 → 1A 복귀
④ S1 ON → SOL1 작동 → 1A 전진 → S1 OFF → 스프링 작동 → 1V1 전환 후 1A 복귀

해설
솔레노이드 밸브는 전기신호(S1 ON)에 의해 SOL1이 여자되어 1V1이 전환되고 실린더가 전진한다. 스위치를 OFF 하면 솔레노이드 전원이 차단되어 스프링이 복귀시키며 1V1과 실린더가 원위치로 돌아간다.

60 모터 안전에 관한 사항으로 옳지 않은 것은?

① 모터의 시험 운전 전에는 반드시 운전 전 점검사항을 확인한 후 시운전을 실시한다.
② 모터는 대동력기기로서 높은 전압과 큰 전류를 소비하므로 취급 시 특히 전기 안전에 유의해야 한다.
③ 제어기나 전선의 용량은 모터의 정격전류 및 기동전류 이하의 용량으로 선정하여야 한다.
④ 모터의 동력회로나 제어회로에 나타내는 기호는 반드시 KS 규격기호나 IEC 규격기호 중 하나를 사용하여 작성해야 한다.

해설
모터 사용의 안전 및 유의사항
- 모터의 시험 운전 전에는 반드시 운전 전 점검사항을 확인한 후 시운전을 실시해야 한다.
- 모터는 대동력기기로서 높은 전압과 큰 전류를 소비하므로 취급 시 특히 전기 안전에 유의해야 한다.
- 모터의 정·역회전 제어와 같이 상반된 동작의 경우에는 오조작이나 제어기 고장에 대비해 전기적 인터로크는 물론 상황에 따라 기계적 인터로크도 고려해야 한다.
- 모터의 선정 계산방법은 해당 제품의 카탈로그 및 규격화된 계산 공식을 따른다.
- 모터의 설치방법은 해당 제품의 사용설명서와 제조사에서 규정한 내용을 포함하며, 회사 내 해당 작업의 규정에 따른다.
- 점검사항은 해당 제품의 사용설명서와 제조사에서 규정한 내용을 포함하며, 회사 내 해당 작업의 규정에 따른다.
- 제어기나 전선의 용량은 모터의 정격전류 및 기동전류까지 허용 가능한 용량으로 선정하여야 한다.
- 모터의 동력회로나 제어회로에 나타내는 기호는 반드시 KS 규격기호나 IEC 규격기호 중 하나를 사용하여 작성해야 한다.

2025년 제 2 회 최근 기출복원문제

01 다음 그림과 같은 평면도 A, B, C, D와 정면도 1, 2, 3, 4가 옳게 짝지어진 것은?(단, 제3각법을 적용한다)

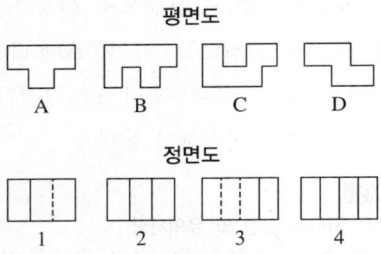

① A-2, B-4, C-3, D-1
② A-1, B-4, C-2, D-3
③ A-2, B-3, C-4, D-1
④ A-2, B-4, C-1, D-3

[해설]
제3각법에서 평면도는 정면의 윗방향에서 물체를 내려다본 것이므로 정면도 1의 점선 부분이 발생하려면 C나 D처럼 뒷부분에 형상이 있어야 한다. C는 형상이 둘이므로 D와 1이 연결되고 C와 3이 연결되어야 하며, 정면도 2처럼 구성되려면 평면도의 아래쪽에 외형선이 4개만 형성되어야 하므로 A-2, 정면도 4는 다섯 개의 외형선이 평면도의 아래쪽에 생성되어야 하므로 B와 4가 연결되어야 한다.

02 KS에서 정의하는 기하공차의 기호 중에서 관련 형체의 위치공차 기호만으로 짝지어진 것은?

① ▱ ○ ―
② ∠ ⊥ ⌒
③ ⊕ ◎ ═
④ ↗ ⌒ ◎

[해설]
기하공차의 종류

적용하는 형체	공차의 종류		기호
단독 형체	모양공차	진직도	―
		평면도	▱
		진원도	○
		원통도	⌀
단독 형체 또는 관련 형체		선의 윤곽도	⌒
		면의 윤곽도	⌒
관련 형체	자세공차	평행도	//
		직각도	⊥
		경사도	∠
	위치공차	위치도	⊕
		동축도 또는 동심도	◎
		대칭도	═
	흔들림공차	원주흔들림공차	↗
		온흔들림공차	↗↗

※ 관련 형체가 있는 공차의 경우, 데이텀 등의 기준이 주어져야 한다.

[정답] 1 ① 2 ③

03 나사 도면 그리기에 대한 설명으로 옳지 않은 것은?

① 나사의 유효지름은 실선으로 표시하고, 바깥지름은 굵은 실선으로 표시한다.
② 암나사와 수나사가 맞물리는 경우, 암나사의 호칭지름과 바깥지름은 모두 실선으로 표시한다.
③ 나사의 끝부분(시작부)은 일반적으로 45°의 모따기로 표현한다.
④ 나사산의 세부 형상은 도면에서 생략하고, 표기기호(M, UNC 등)와 치수로 표현한다.

해설
암나사의 바깥지름은 가는 실선으로 표시해야 하며, 수나사와 반대로 표현한다. 호칭지름은 공통적으로 굵은 실선으로 표시한다.

04 선반 바이트의 전면 날 여유각에 대한 설명으로 옳은 것은?

① 날 여유각은 바이트의 앞면과 가공면이 이루는 각도로, 절삭 시 공구의 강도를 증가시키는 역할을 한다.
② 날 여유각이 너무 크면, 절삭저항이 증가하고 공구 파손의 원인이 된다.
③ 날 여유각이 너무 작으면, 공구와 가공면 사이의 마찰이 커져 절삭저항이 증가한다.
④ 날 여유각은 절삭력에 영향을 미치지 않고, 칩 배출에만 영향을 준다.

해설
날 여유각은 바이트의 앞면과 공작물 표면이 이루는 각도로, 마찰을 줄이고 절삭력을 감소시키는 역할을 한다. 날 여유각이 너무 작으면, 공구와 가공면 사이의 마찰이 커져 절삭저항이 증가하고 공구가 손상될 수 있다.

05 기계제도에 사용하는 선의 분류에서 가는 실선의 용도가 아닌 것은?

① 치수선   ② 치수 보조선
③ 지시선   ④ 외형선

해설
선의 종류에 따른 용도

종류	명칭	용도
굵은 실선	외형선	물체가 보이는 부분의 모양을 나타내기 위한 선
가는 실선	치수선	치수를 기입하기 위한 선
	치수 보조선	치수를 기입하기 위하여 도형에서 끌어낸 선
	지시선	각종 기호나 지시사항을 기입하기 위한 선
	중심선	도형의 중심을 간략하게 표시하기 위한 선
	수준면선	수면, 유면 등의 위치를 나타내기 위한 선
파선	숨은선	물체가 보이지 않는 부분의 모양을 나타내기 위한 선
1점쇄선	중심선	도형의 중심을 표시하거나 중심이 이동한 궤적을 나타내기 위한 선
	기준선	위치 결정의 근거임을 나타내기 위한 선
	피치선	반복 도형의 피치를 잡는 기준이 되는 선
2점쇄선	가상선	가공 부분의 특정 이동 위치, 가공 전후의 모양, 이동 한계 위치 등을 나타내기 위한 선
	무게 중심선	단면의 무게중심을 연결한 선
파형, 지그재그의 가는 실선	파단선	물체의 일부를 자른 곳의 경계를 표시하거나 중간 생략을 나타내기 위한 선
규칙적인 가는 빗금선	해 칭	단면도의 절단면을 나타내기 위한 선

정답 3 ② 4 ③ 5 ④

06 도면의 척도에 관한 설명으로 가장 옳은 것은?

① 부품의 실제 크기를 그대로 표현해야 하는 경우 반드시 1:1로 작성해야 한다.
② 한 도면에 두 가지 척도를 섞어서 표현할 수 없다.
③ 도면의 척도가 현척인 경우 생략할 수 있다.
④ 척도는 부품의 치수 표기에 영향을 주지 않는다.

해설
척도를 배척하였어도 도면상의 치수는 실제 크기를 그대로 기재한다. 제도에서 척도는 실물 크기를 그대로 표현하기 어려울 때 실제 크기 대비 도면상 표현 크기의 비율을 의미한다. 실제보다 크게 그릴 수도 있고(확대 척도), 작게 그릴 수도 있으며(축척) 반드시 도면의 표제란 또는 도면 한쪽에 명확히 기입해야 한다.

07 선반 가공작업에서 바이트의 절삭조건(전진량, 이송, 절입 등)과 공작물의 반응을 종합하여 고려했을 때 절삭진동(Chatter 또는 Chatter 마크 발생)을 유발할 가능성이 가장 높은 조건은?

① 절삭 깊이를 작게 하고 이송속도를 작게 한다.
② 이송속도를 높이고, 절삭 깊이를 깊게 한다.
③ 공구 지지력을 높이고, 절삭 깊이를 얕게 한다.
④ 공작물 고정이 확실하고, 이송과 절삭이 안정적으로 설정되었다.

해설
절삭진동은 절삭력의 급격한 변화와 공구-공작물 간의 공진조건이 맞을 때 발생한다. 이송속도가 너무 빠르면 동적 하중이 증가하고, 공작물 지지력이 약하면 진동이 쉽게 발생한다. 절삭 깊이가 얕으면 진동보다는 절삭부하가 작아져 안정되기 쉽다.

08 KS 기계제도에서 도면에 기입된 길이 치수의 단위를 표기하지 않는 경우 실제 사용하는 단위는?

① μm ② cm
③ mm   ④ m

해설
기계제도에서 치수는 단위 표기 없는 경우 mm를 사용하는 것으로 한다.

09 절삭공구의 절삭면에 평행하게 마모되는 것으로 측면과 절삭면과의 마찰에 의해 발생하는 것은?

① 치 핑
② 온도 파손
③ 플랭크 마모
④ 크레이터 마모

해설
여유면 마멸(플랭크 마모)
• 옆면의 마모는 공구와의 여유각이 벌어진 곳의 마멸이어서 여유면 마멸이라 하며, 측면이라는 의미의 플랭크(Flank, 옆구리, 측면) 마멸이라고도 한다.
• 절삭공구의 측면(여유면)과 가공면의 마찰에 의하여 발생되는 마모현상으로, 주철과 같이 취성이 있는 재료를 절삭할 때 발생하여 절삭날(공구인선)을 파손시킨다.

10 연삭숫돌의 3대 요소가 아닌 것은?

① 입 자   ② 결합도
③ 결합제   ④ 기 공

해설
연삭숫돌의 3대 요소 : 입자, 기공, 결합제

11 센서 선정 시 신뢰성을 평가할 때 고려하는 항목으로 가장 옳은 것은?

① 검출범위, 응답속도, 검출한계
② 내환경성, 수명, 재현성, 히스테리시스
③ 제조 산출률, 제조원가, 호환성
④ 검출 대상의 크기와 설치 공간의 제한

해설
- 센서의 특성 : 검출 대상, 크기, 검출범위, 응답속도, 검출한계 등
- 센서의 신뢰성 : 내환경성, 수명, 재현성, 히스테리시스, 직진성, 감도 등
- 센서의 생산성 : 제조 산출률, 제조원가, 호환성 등

12 CCD 카메라로 읽은 화상을 보고 대상 물체의 모양의 양호 또는 불량 상태를 판별하는 센서는?

① 로드셀　　② 광전센서
③ 비전센서　④ 근접센서

해설
비전센서는 카메라, 제어유닛 및 소프트웨어가 통합된 소형 센서이다. 로드셀과 스트레인 게이지는 물체에 압력이나 응력, 힘이 작용할 때 그 크기가 얼마인가를 측정하는 도구이다.

13 자동제어의 종류 중 신호 특성에 따라 분류할 때 이에 속하는 것은?

① 비율제어　　② 서보기구
③ 타력제어　　④ 디지털제어

해설
제어시스템의 분류방법

분 류	제어시스템
시스템 특성에 따라	선형/비선형, 시변/시불변
신호 특성에 따라	연속시간(Analog Type)/이산시간(Digital Type)
구성 부품에 따라	기계/유압/열/전기/생체
제어 목적에 따라	위치/속도

14 센서 점검 시 렌즈부를 점검할 때 옳은 방법은?

① 렌즈부가 더러워졌으면 교환한다.
② 렌즈부 손상 예방을 위해 자주 닦아 준다.
③ 렌즈부에 이상이 있으면 교체하며, 액추에이터와 연결 상태를 확인한다.
④ 렌즈부 점검은 센서 교체주기에 맞춰서 시행한다.

해설
센서 렌즈부가 손상되거나 더러워져 있으면 신호 감지에 오류가 발생할 수 있으므로 정기적으로 청결 상태를 확인하고, 이상이 있을 경우 교체해야 한다. 또한, 액추에이터와 연결이 정상적으로 이루어졌는지 점검해야 한다.

15 다음 중 직류전동기와 교류전동기의 비교 설명으로 옳은 것은?

① 직류전동기는 브러시가 없어 소음이 적고, 수명이 길다.
② 교류 유도전동기는 전압제어만으로 속도를 쉽게 제어할 수 있다.
③ 직류전동기는 전동기 가격과 유지보수 비용이 비싸지만, 속도제어가 쉽다.
④ 교류 유도전동기는 구조가 복잡하고, 정류자와 브러시가 있어 마모가 잦다.

해설
- 직류전동기는 정류자와 브러시가 있어 유지보수 비용이 높지만, 속도제어가 매우 용이하다.
- 교류 유도전동기는 구조가 단순하고 정류자가 없어 유지보수가 쉽지만, 속도제어가 어렵다.

정답　11 ②　12 ③　13 ④　14 ③　15 ③

16 3상 유도전동기 제어회로에서 기동스위치(PB1)를 눌렀을 때 발생하는 동작으로 옳은 것은?

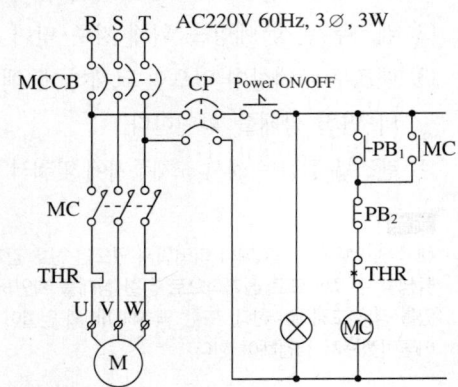

① 주회로가 차단되고, 전동기가 정지한다.
② 보조접점 MC가 열려 자기유지가 해제된다.
③ 주접점이 닫히면서 전동기가 회전하기 시작하고, 동시에 자기유지가 형성된다.
④ 열동계전기(THR)가 즉시 동작하여 전동기를 보호한다.

해설
PB1(기동스위치)을 누르면 MC(마그네틱 커넥터) 코일이 여자되어 주접점이 닫히고 전동기가 회전하기 시작한다. 동시에 MC의 보조접점이 자기유지를 형성하여 PB1을 떼어도 전동기가 계속 동작한다. 열동계전기(THR)는 과부하 상태에서만 동작하며, PB1을 눌렀다고 즉시 차단되지 않는다.

17 다음 그림과 같이 A 스위치를 눌러 X-릴레이가 ON 상태가 되면, X-릴레이가 자기접점을 통해 계속 전원을 유지하는 회로는?

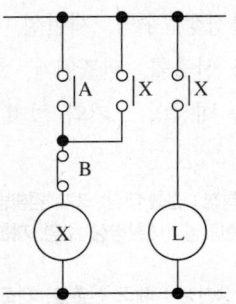

① 전자접촉기회로
② 자기유지회로
③ 교차회로
④ 단속회로

해설
자기유지회로는 일시적으로 입력된 전류가 릴레이를 동작시키면, 릴레이 자신의 보조접점을 통해 전류가 계속 흐르도록 유지하는 회로이다. A 스위치로 최초 전류를 흘려 릴레이를 ON시키면, 릴레이 자신의 접점이 닫히며 전류를 계속 유지하기 때문에 스위치를 떼어도 전원이 계속 공급된다. 이는 모터나 조명 등을 한 번만 누르면 계속 ON 상태를 유지하도록 만들 때 사용된다.

18 PLC의 리모트(Remote) STOP 모드에 대한 설명으로 옳지 않은 것은?

① 컴퓨터에서 작성된 프로그램을 PLC로 전송할 수 있다.
② 모든 키 위치를 STOP 상태로 전환할 때 사용한다.
③ 프로그램 실행을 일시 정지하는 모드이다.
④ 원격 통신 상태에서 프로그램 전송이 가능하다.

해설
리모트 STOP 모드는 외부(컴퓨터)에서 프로그램을 전송하거나 수정할 때 사용되며, STOP 상태에서 프로그램 변경을 허용한다. 프로그램을 일시 정지시키는 것은 PAUSE 모드의 기능이다.

19 다음 중 끼워맞춤 종류에 대한 설명으로 옳은 것은?

① 헐거운 끼워맞춤은 허용오차를 적용했을 때 축이 구멍보다 항상 큰 상태를 의미한다.
② 억지 끼워맞춤은 허용오차를 적용했을 때 구멍이 축보다 항상 크며 조립이 쉽다.
③ 중간 끼워맞춤은 허용오차 범위 안에서 끼워질 수도 있고 헐거울 수도 있는 상태이다.
④ 틈새 끼워맞춤은 축이 구멍보다 항상 크고 억지로 조립해야 한다.

해설
- 틈새 끼워맞춤 : 항상 구멍이 축보다 커서 쉽게 들어간다.
- 억지 끼워맞춤 : 항상 축이 구멍보다 크며 압입(Press Fit)해야 한다.
- 중간 끼워맞춤 : 허용오차 범위에서 상황에 따라 헐겁거나 억지가 될 수 있다.
- 헐거운 끼워맞춤 : 허용오차를 적용했을 때 구멍의 치수가 축의 치수보다 클 경우에 생기는 끼워맞춤이다.

20 코터(Cotter) 결합에 대한 설명으로 옳지 않은 것은?

① 코터 결합은 로드(Rod), 소켓(Socket), 코터(Cotter)로 구성된다.
② 코터 결합은 주로 축과 축을 분리할 수 없는 상태로 강하게 연결할 때 사용된다.
③ 코터는 쐐기 모양의 부품으로 축 방향의 힘을 전달하거나 분해 가능한 연결에 사용된다.
④ 코터 마개(Spigot)는 코터가 빠지지 않도록 고정하기 위한 부품이다.

해설
코터 결합은 분해와 결합이 용이한 연결방식으로, 축과 축을 강하게 연결하면서도 필요시 분리할 수 있다.

21 기어의 치형에 대한 설명으로 옳은 것은?

① 인벌류트 곡선은 제작 공정이 복잡하여 공차관리가 어렵다.
② 사이클로이드 곡선은 효율이 낮고, 제작이 용이하다.
③ 인벌류트 곡선은 축간거리 변화에 영향을 크게 받아 속도비가 변한다.
④ 사이클로이드 곡선은 미끄럼이 작아 소음이 작다.

해설
- 인벌류트 곡선 : 기초원에서 감긴 실이 풀리면서 그리는 곡선으로, 호환성이 우수하고 치형의 제작이 용이하다. 또한, 축간거리가 다소 변해도 속도비에 영향을 거의 주지 않는다는 장점이 있다.
- 사이클로이드 곡선 : 기초원의 한 점이 굴러가면서 남긴 궤적 곡선이다. 효율이 높고 미끄럼이 작아 소음이 작지만, 제작이 어렵고 호환성이 떨어져 현재는 거의 사용되지 않는다.

22 절삭가공 시 공구의 윗면 경사각이 너무 작을 때 가장 발생하기 쉬운 현상은?

① 칩이 연속적으로 길게 형성된다.
② 절삭저항이 감소하여 공구수명이 길어진다.
③ 구성인선(Built-up Edge)이 발생한다.
④ 절삭 표면거칠기가 좋아진다.

해설
공구의 윗면 경사각이 작으면 칩이 흐르는 방향이 급격히 꺾이며 절삭 중 재료가 공구날 끝에 압착·용착되어 구성인선(Built-up Edge)이 형성된다. 이는 절삭저항을 증가시키고 표면거칠기를 악화시키며 진동을 유발한다. 경사각을 크게 하거나 절삭유를 사용하면 구성인선의 발생을 줄일 수 있다.

정답 19 ③ 20 ② 21 ④ 22 ③

23 다음 중 선반에 대한 설명으로 옳지 않은 것은?

① 보통선반 : 가장 일반적으로 사용되며 범용선반이라고도 한다. 절단가공, 나사가공, 홈가공 등 다양한 가공이 가능하다.
② 터릿선반 : 공구대가 터릿(Turret) 형태로 되어 있어 다양한 공구를 장착하고 반복 생산에 적합하다.
③ 정면선반 : 직경이 큰 공작물을 회전시키며, 주로 원통형 긴 축을 정밀가공할 때 사용한다.
④ 자동선반 : 보통선반에 자동이송장치를 부착하여 절삭가공을 자동으로 수행할 수 있게 만든 선반이다.

해설
③ 정면선반은 지름이 크고 길이가 짧은 큰 공작물의 정면가공에 사용된다.
① 보통선반은 가장 일반적으로 사용되는 선반으로, 범용선반이라고도 하며 절단, 홈파기, 나사절기 등 다양한 가공에 사용한다.
② 터릿선반은 터릿이라는 공구대를 장착하여 공구를 교환하지 않고 반복적으로 절삭작업을 할 수 있어 동일한 제품의 대량 생산에 적합하다.
④ 자동선반은 보통선반에 자동화장치를 부착하여 절삭을 자동으로 수행하는 선반으로, 대량 생산에 적합하다.

24 다음 전기 도면에서 F1 / F2 / F3 / F4가 나타내는 부품의 주요 역할은?

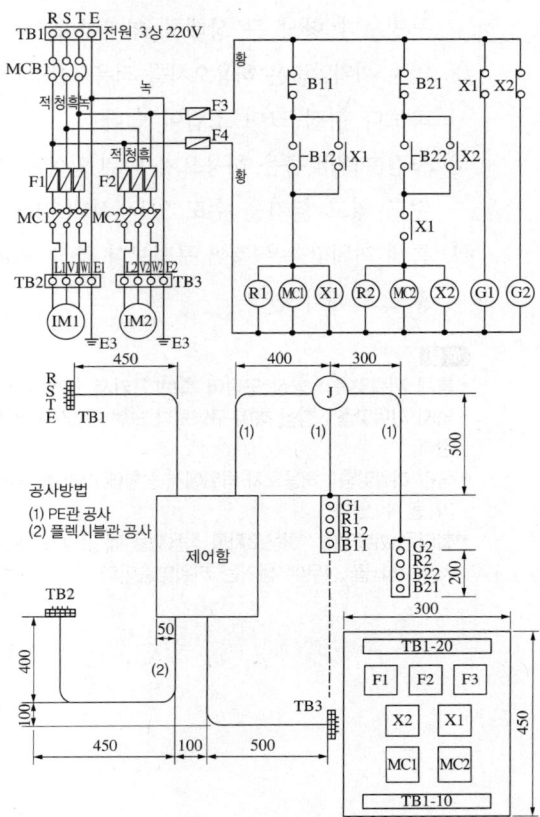

① 전류를 측정하는 계측기
② 과전류나 단락 전류를 차단하는 퓨즈
③ 접지 상태를 유지하는 장치
④ 전류를 공급하는 변압기

해설
F1 / F2 / F3 / F4는 퓨즈(Fuse)로, 과전류나 단락 전류가 발생했을 때 전기회로를 보호하기 위해 전류를 차단하는 역할을 한다.

25 센서의 요구되는 특성에 대한 설명으로 옳지 않은 것은?

① 입력조건은 입력 레벨, 입력 형태, 검출범위를 고려해야 한다.
② 응답성은 센서가 얼마나 빠르게 반응하는지를 나타내는 특성이다.
③ 안정성은 내환경성, 호환성, 방폭성을 포함한다.
④ 수명은 센서의 측정 정확도를 높이기 위해 조절되는 특성이다.

해설
수명은 센서가 얼마나 오랫동안 안정적으로 동작할 수 있는지를 의미하며, 정비성·조립성 등 유지보수 편의성도 포함된다. 정확도를 높이기 위한 특성은 확도와 정밀도이다.

26 산업현장에서 비접촉식 근접센서를 사용할 때 가장 적합한 경우는?

① 작은 힘으로 기계 작동을 감지하고 싶을 때
② 마찰이나 마모를 방지해야 하는 환경에서 물체 접근을 감지할 때
③ 저렴한 가격으로 간단히 개폐 동작을 확인할 때
④ 고온환경에서 접촉을 통해 위치를 감지해야 할 때

해설
근접센서는 물체와 직접 접촉하지 않고 위치를 감지할 수 있어 마모나 손상을 방지해야 하는 상황에서 사용된다(예 금속검출용 유도형 센서, 비금속용 정전용량형 센서).

27 자동화설비 보전활동 중 설비의 신뢰성, 보전성, 생산성을 향상시키기 위해 설비를 개선하고 고장을 줄이며 보전 불필요화 설비를 만드는 것을 주된 목적으로 하는 것은?

① 계획보전   ② 예방보전
③ 개량보전   ④ 보전예방

해설
③ 개량보전 : 설비의 신뢰성·보전성·생산성을 향상시키기 위해 기존 설비를 개선하는 활동으로, 고장예방과 수명 연장, 생산성 향상을 위해 설비 자체를 개조하거나 개량한다.
① 계획보전 : 폐기까지 품질과 생산성을 극대화하기 위해 설계 단계에서부터 보전활동을 최소화하려는 것이다.
② 예방보전 : 설비의 고장을 예방하고 정상 상태를 유지하기 위해 정기점검, 열화 방지 등을 실시하는 활동이다.
④ 보전예방 : 설비가 고장 나지 않도록 설계부터 보수하기 쉽고 사용하기 편하게 만드는 활동이다.

28 전자개폐기의 철심이 진동할 경우 예상되는 원인으로 가장 가까운 것은?

① 가동 철심과 고정철심 접촉 부위에 녹이 발생했다.
② 전자개폐기의 코일이 단선되었다.
③ 전자개폐기 주위의 습기가 낮다.
④ 접촉단자에 정격전압 이상의 전압이 가해졌다.

해설
전자개폐기에 전류가 흐르면 고정철심이 전자석이 되어 가동철심을 잡아당긴다. 진동이 생기는 경우는 전자석 역할을 하는 물체의 자화가 되었다 안 되었다 하는 일이 매우 빠르게 반복되거나 잡아당겨진 가동철심이 접촉이 불가능한 경우 등이다. 보기에서 가장 가까운 원인은 접촉 부위에 이물질이 생겼을 경우이다.

정답 25 ④ 26 ② 27 ③ 28 ①

29 다음 중 동기전동기의 특징으로 옳은 것은?

① 기동이 쉽고, 별도의 기동장치가 필요 없다.
② 슬립이 존재하여 동기속도보다 약간 낮은 속도로 회전한다.
③ 기동 시 외부 전원이 필요하지만, 동기속도에 도달하면 일정한 속도를 유지한다.
④ 주로 소용량 가전제품에 사용된다.

해설
동기전동기는 기동이 어렵기 때문에 여자기나 보조 기동장치가 필요하지만, 일단 기동 후에는 동기속도와 정확히 일치하는 일정한 속도를 유지한다.
①, ② 유도전동기
④ 단상 유도전동기

30 유도형 교류서보모터에 대한 설명으로 가장 옳은 것은?

① 회전자와 고정자의 상대적 위치 검출을 위해 리졸버나 인코더가 필요하다.
② 회전 시 여자전류를 계속 흡입하지 않아도 된다.
③ 일반 유도전동기와 같은 구조를 가지며 간단하다.
④ 다이내믹 브레이크를 걸어 주어야 정지 시 안정적으로 멈출 수 있다.

해설
유도형 교류서보모터는 기본적으로 일반 유도전동기의 구조를 가지고 있으며, 회전자 구조가 간단하고 비교적 제작이 쉽다. 회전자와 고정자의 상대적 위치 검출이 필요하지 않으며, 인코더나 리졸버를 사용하지 않아도 된다. 계속적인 여자전류가 필요하며, 회전 중에 여자전류가 끊어지면 동작이 불안정해질 수 있다. 정지 시 다이내믹 브레이크를 걸어 주는 것은 동기형 서보모터나 브러시리스 모터에서 주로 필요한 특징이다.

31 스테핑 모터에 대한 설명으로 옳지 않은 것은?

① 일정한 펄스를 가해 회전각을 제어할 수 있다.
② 회전속도를 펄스의 주파수로 간단히 제어할 수 있다.
③ 정지 시 정지토크가 거의 없어 위치 유지가 어렵다.
④ 기계적 구조가 단순하고, 빠른 응답성을 가진다.

해설
스테핑 모터는 정지 시 매우 큰 정지토크를 가지므로 별도의 위치 유지장치가 필요하지 않는 것이 장점이다. ①, ②, ④는 스테핑 모터의 일반적인 특성(펄스제어, 빠른 응답성, 구조 단순성)에 해당한다.

32 스테핑 모터의 일반적인 활용 분야로 가장 적합한 것은?

① 대형 산업용 구동계
② 고정밀 위치제어가 필요한 CNC 및 프린터
③ 고속 대용량 펌프 구동
④ 대형 송풍기 및 공조 시스템

해설
스테핑 모터는 정확한 각도제어와 빠른 응답성이 필요하지만 큰 힘이 필요하지 않은 분야(예 CNC 공작기계, 프린터, 3D 프린터, 로봇제어 등)에 적합하다. 고속 대용량 구동이나 대형 송풍기와 같은 고출력 구동은 일반적으로 유도전동기나 동기전동기가 사용된다.

33 모터 고장의 원인 중 주위 환경조건에 해당하지 않는 것은?

① 고온, 고습
② 먼지 및 부식성 가스
③ 진 동
④ 과부하

해설
주위 환경조건에 의한 고장은 고온, 고습, 먼지, 부식성 가스, 진동 등으로 인한 것이다. 과부하는 부하·운전조건에 의해 발생한다.

34 운전 중 체크해야 할 사항으로 가장 옳지 않은 것은?

① 이상한 소음이나 진동이 없는지 확인한다.
② 배선의 과부하 및 국부 과열 여부를 점검한다.
③ 브러시 부분에 불꽃이 발생하는지 확인한다.
④ 정격 전원의 종류가 적절한지 점검한다.

해설
정격 전원의 종류와 전압 확인은 시동 전 점검에 해당한다. 운전 중에는 주로 소음, 진동, 발열, 브러시 불꽃, 과부하, 냉각팬 작동 여부 등을 점검한다.

35 NC 공작기계의 움직임을 전기적인 신호로 표시하는 일종의 회전 피드백 장치는?

① 컨트롤러   ② 모니터
③ 볼 스크루 ④ 리졸버

해설
① 컨트롤러 : 여러 가지 제어가 가능한 제어통제장치
② 모니터 : 현재 상황을 파악할 수 있도록 출력해 주는 장치
③ 볼 스크루 : 직선운동을 회전운동으로 또는 회전운동을 직선운동으로 전환시켜 주는 장치

36 제어시스템에 대한 설명으로 옳지 않은 것은?

① 개루프제어는 입력신호를 변환하여 원하는 출력으로 산출하며 외부 영향을 고려하지 않는다.
② 폐루프제어는 출력신호를 입력부에 되돌려 비교 및 조정하여 정확도를 향상시킬 수 있다.
③ 외란이 있을 경우 개루프제어는 정상 출력과 입력을 기반으로 자체적으로 보정할 수 있다.
④ 폐루프제어는 전반적으로 효율성이 높아지지만, 외부신호의 폭이 넓어져 안정성이 떨어질 수 있다.

해설
개루프제어는 입력에 따라 미리 정해진 변환만 수행하는 방식이므로 외란이나 환경 변화에 대응하지 못한다. 외란을 보정하려면 폐루프제어가 필요하다.

37 목푯값이 일정한 기본값에 따라 제어를 수행하는 시스템은?

① 정치제어　② 추종제어
③ 비율제어　④ 이산값 제어

해설
② 추종제어 : 목푯값이 일정하지 않고 시간이나 외부환경에 따라 변화하는 값을 추적하는 방식이다.
③ 비율제어 : 목푯값과 제어량 사이의 비율관계를 유지하며 변화를 제어하는 방식이다.
④ 이산값 제어 : 신호를 샘플링하여 디지털 방식으로 제어하는 시스템이다.

38 트랜지스터 출력방식(Transistor Output Unit)에 대한 설명으로 옳은 것은?

① 기계적 접점이 있어 AC와 DC 부하 모두 제어할 수 있다.
② TR(트랜지스터) 방식은 전원 극성에 주의해야 한다.
③ 물리적 접점이 있으므로, 수명이 짧고 동작속도가 느리다.
④ AC 부하제어에 주로 사용되며 동작속도가 느리다.

해설
트랜지스터 출력방식은 반도체 소자를 사용하여 빠른 동작속도와 긴 수명을 가진다. 그러나 전원 극성(NPN/PNP 등)을 주의해서 사용해야 하며, 주로 DC 부하제어에 적합하다. AC 부하를 제어할 때는 트라이악 출력방식을 사용한다.

39 다음 논리회로의 조합을 적절히 설명한 것은?

$$Y = \overline{A \cdot B} + C$$

① AND → OR
② NAND → OR
③ AND → NOR
④ NAND → AND

해설
$A \cdot B$ = AND 연산
$\overline{A \cdot B}$ = NAND 게이트
$\overline{A \cdot B} + C$ = NAND 게이트 출력과 C를 OR 게이트로 합성

40 PLC 제어시스템 중 하나의 PLC가 여러 대의 제어대상을 동시에 동작시키지만 한 PLC가 고장 나면 전체 공정이 멈추는 단점이 있는 시스템은?

① 단독시스템
② 집중시스템
③ 분산시스템
④ 계층시스템

해설
① 단독시스템 : 제어 대상 기계와 PLC가 1:1의 관계를 갖는 시스템이다. 대부분 릴레이 제어반의 대치 정도에 해당된다.
③ 분산시스템 : 제어 대상에 대하여 각각의 PLC가 제어를 담당하고 상호 연계 동작에 필요한 제어신호를 시스템 상호 간에 송수신할 수 있는 제어시스템이다. 하나의 기기 고장에 의한 전체 시스템이 다운되는 일을 방지할 수 있다는 장점이 있다.
④ 계층시스템 : 컴퓨터와 PLC를 결합하여 생산 정보의 종합적인 관리·운용까지 행하는 제어시스템이다.

41 다음 중 PLC의 특수기능 모듈에 해당하지 않는 것은?

① A/D 변환 모듈
② 온도제어 모듈
③ PID 제어 모듈
④ 스테핑 모터

해설
스테핑 모터는 출력장치의 한 종류로, PLC의 특수기능 모듈이 아니다. 특수기능 모듈에는 A/D 변환 모듈, D/A 변환 모듈, 온도제어 모듈, PID 제어 모듈 등이 있다.

42 다음 중 유압유에 비해 압축공기의 특성을 설명한 것으로 틀린 것은?

① 탱크 등에 저장이 용이하다.
② 온도에 매우 민감하지 않다.
③ 폭발과 인화의 위험이 거의 없다.
④ 먼 거리까지도 쉽게 이송이 불가능하다.

해설
압축공기는 압축비율을 높이면 저장효율이 좋아지고, 기름에 비해 화재의 위험이 적다. 또한, 유압유에 비해서는 온도에 덜 민감하여서 차가운 공기이든 더운 공기이든 압축하여 작동유체로 사용하는데 기능상 큰 차이가 없다.

43 어느 게이지의 압력이 8kgf/cm²이었다면 절대압력은 약 몇 kgf/cm²인가?

① 8.0332
② 9.0332
③ 10.0332
④ 11.0332

해설
절대압력 = 기압 + 게이지압력으로 표현하며, 기압은 1기압으로
1atm = 760mmHg = 10.33mAq = 1.03323kgf/cm²으로 표시한다.
따라서, 절대압력 = 1.03323kgf/cm² + 8kgf/cm²
= 9.03323kgf/cm²

44 다음 중 PLC 프로그램 표현방식에 대한 설명으로 옳지 않은 것은?

① 래더 다이어그램(Ladder Diagram)은 전기 시퀀스도를 직접 기입하거나 표시할 수 있어 최근 가장 많이 사용되는 방식이다.
② 명령어 방식은 STR, AND, OR 등의 명령어를 사용하여 논리식을 구성한다.
③ 논리기호방식은 논리 회로도를 기호로 표현하여 제어프로그램을 설계하는 방법이다.
④ 불 대수 방식은 그래픽 표현을 기반으로 하며, 회로의 전류 흐름을 시각적으로 나타낸다.

해설
불 대수 방식(Boolean Algebra)은 회로를 수학적으로 간결하게 표현하기 위해 사용되며, 전류의 흐름을 그래픽으로 표현하지 않는다. 전류 흐름을 나타내는 방식은 래더 다이어그램과 같은 도형 기반 표현이다.

정답 41 ④ 42 ④ 43 ② 44 ④

45 다음 중 파스칼의 원리에 대한 설명으로 옳은 것은?

① 유체 속에서 온도가 높아질수록 압력이 일정해진다.
② 폐쇄된 유체에 가해진 압력은 모든 방향으로 동일하게 전달된다.
③ 유체의 점성이 클수록 압력은 전달되지 않는다.
④ 유체의 밀도 변화에 따라 압력이 국소적으로 집중된다.

해설
파스칼의 원리는 폐쇄된 유체에 가한 압력이 모든 방향으로 균일하게 전달된다는 원리로 유압장치, 프레스, 자동차 브레이크 등에 응용된다.

46 다음 중 캐비테이션(공동현상)의 발생 원인으로 잘못된 것은?

① 흡입 필터가 막히거나 급격히 유로를 차단한 경우
② 패킹부의 공기 흡입
③ 펌프를 정격속도 이하로 저속회전시킬 경우
④ 과부하이거나 오일의 점도가 클 경우

해설
Cavitation(공동현상, 空洞現像)
유로 안에서 그 수온에 상당하는 포화증기압 이하로 될 때 발생하며, 유압과 공압기기의 성능이 저하하고, 소음 및 진동이 발생하는 현상이다. 관로의 흐름이 고속일 경우 압력이 저하되기 때문에 저압부에 기포가 발생한다. 유체가 기체가 되려면 끓는 점 이상이 되어서 유체가 기체가 되거나, 기체가 직접 흡입되는 경우가 있는데, 작동유체가 끓으려면 열을 받아 실제 온도가 올라가거나, 작동유체의 압력이 낮아져서 끓는점이 급격히 낮아지는 원인이 있을 수 있다. 작동유체의 압력이 낮아지는 경우는 베르누이의 정리에 의해 유체의 속도가 올라가면 유체의 압력이 낮아지므로 저속회전에 의해 공동현상이 일어나는 것은 쉽지 않다.

47 공압회로에 작동하는 방향제어밸브의 조작방법 중 제어된 출력을 이용하여 밸브를 여닫는 방식은?

① 수동 조작방식
② 전기신호 조작방식
③ 공압신호 조작방식
④ 기계적 조작방식

해설
③ 공압신호 조작방식 : 공압을 이용하여 밸브를 열고 닫는 조작방식으로, 공압회로에서는 출력이 공압으로 나타난다.
① 수동 조작방식 : 레버를 사용해 사람이 직접 밸브를 열고 닫는다.
② 전기신호 조작방식 : 전기신호를 통해 솔레노이드를 작동시켜 밸브를 제어한다.
④ 기계적 조작방식 : 롤러, 스프링, 플런저 등을 사용해 외력으로 밸브를 동작시킨다.
※ 기계적 조작방식의 경우 공압에 의한 액추에이터에 의해 조작이 된다고 생각할 수도 있지만, 객관식 문항에서는 문제의 의도에 가장 가까운 답을 선택해야 한다. 기계적 조작방식은 액추에이팅이 아닌 조작도 해당하므로 문제의 의도에 더 맞는 것은 ③이다.

48 다음 보기의 상황에서 가장 합리적인 1차 점검 순서는?

> **보기**
> 생산라인에서 전기-공압 복합식 5포트 2위치 방향제어밸브를 사용 중이다. 작업 중 밸브가 정상적으로 복귀하지 않아 공압 실린더가 원위치로 돌아오지 않는 문제가 발생하였다.

① 공압 공급압력과 파일럿 포트 막힘 여부를 확인한다.
② 밸브 내부 스프링의 피로도와 변형을 먼저 점검한다.
③ 메인밸브 실링 상태를 분해하여 마모를 점검한다.
④ 솔레노이드 코일의 절연저항을 먼저 측정한다.

해설
전기-공압 복합식 밸브의 복귀 불량 문제에서는 가장 먼저 파일럿 공압의 공급압력, 파일럿 포트 막힘 여부, 공기 누설 등을 점검해야 한다. 스프링 변형, 밸브 실링 마모 점검은 파일럿 공압이 정상임에도 불구하고 복귀가 안 될 때 2차적으로 확인한다. 솔레노이드 코일 절연 저항 측정은 전기적 동작 불량이 의심될 때 실시하지만, 복귀 불량의 1차 원인과는 거리가 멀다.

49 공장에서 사용하는 공압시스템에서 릴리프 밸브와 감압밸브를 비교 설명한 내용으로 옳은 것은?

① 릴리프 밸브는 유량을 일정하게 유지하기 위해 설치된다.
② 감압밸브는 시스템이 과압이 될 때 입구 압력을 방출한다.
③ 릴리프 밸브는 시스템의 최고압력을 제한하여 과압을 방지한다.
④ 감압밸브는 무부하 시 펌프의 공전을 제어한다.

해설
릴리프 밸브는 시스템 내부압력이 일정값 이상이 될 때 개방되어 과압을 방지하는 안전밸브 역할을 한다. 감압밸브는 출구쪽 압력을 일정하게 유지하도록 해 주는 2차 압력제어용 밸브이다. 무부하 시 펌프 공전제어는 무부하밸브의 역할이다.

50 다음 중 공압 + 전기 복합 제어시스템에서 시퀀스 밸브를 사용해야 하는 경우는?

① 공기 실린더를 동시에 작동시켜야 할 때
② 일정 압력 이상이 될 때 전기신호를 보내야 할 때
③ 유량을 일정하게 유지하여 속도를 제어할 때
④ 두 개의 실린더 중 하나가 완전히 작동해야 다른 실린더가 움직일 때

해설
시퀀스 밸브는 설정된 압력에 도달하면 다음 작동을 허용하는 밸브로, 주로 실린더의 순차 동작을 위해 사용된다.
② 압력이 특정값 이상이 될 때 전기신호를 보내는 것은 압력스위치의 기능이다.
③ 유량 일정 유지 및 속도제어는 유량제어밸브가 담당한다.

51 실린더의 종류에 대한 설명 중 잘못된 것은?

① 양 로드형 실린더 : 양방향 같은 힘을 낼 수 있다.
② 충격 실린더 : 빠른 속도(7~10m/s)를 얻을 때 사용된다.
③ 탠덤 실린더 : 다단 튜브형 로드를 가져 긴 행정에 사용된다.
④ 쿠션 내장형 실린더 : 스트로크 끝부분의 충격이 완화되어야 할 때 사용된다.

해설
탠덤 실린더는 로드 위에 두 개의 실린더를 다는 형태로, 두 실린더를 연결해서 두 배의 힘을 낼 수 있는 실린더이다.

52 다음과 같은 밸브기호에 대한 설명으로 가장 옳은 것은?

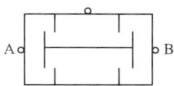

① 양쪽 모두 신호가 들어가야 출력이 나오는 밸브이다.
② 두 유로 중 어느 쪽에서든 유체가 유입될 수 있도록 하는 밸브이다.
③ 한쪽 방향으로만 유체를 흐르게 하고 반대 방향을 막는 밸브이다.
④ 전기신호에 따라 개폐되는 전자제어밸브로서 주로 공압회로에서 사용된다.

해설
이압밸브는 AND 밸브라고도 하며, A와 B 두 포트에서 모두 압력이 들어와야 유체가 출력된다. 문제의 기호는 두 입력이 동시에 유입될 때만 출력을 발생시키는 구조이다.

53 다음과 같이 테이블로 표현된 공정을 기호로 옳게 표현한 것은?

구 분	1단계	2단계	3단계	4단계	5단계	6단계	7단계
실린더 A	전진(클램프)	-	-	후진(언클램프)	-	-	-
실린더 B	-	전진(가공)	후진(복귀)	-	-	-	-
실린더 C	-	-	-	-	전진(송출)	복귀	-
주축 모터 D	-	회전	-	정지	-	-	-
컨베이어 모터 E	-	-	-	-	-	회전	정지

① $A+(B+\cdot D+)\ B-(A-\cdot D-)\ (C+\cdot E+)\ C-$ 10초 후 $E-$

② $A-(B-\cdot D-)\ B+(A+\cdot D+)\ (C-\cdot E-)\ C+$ 10초 후 $E+$

③ $A\ (B\cdot D)\ \overline{B}\ (A\cdot D)\ (\overline{C}\cdot E)\ C$ 10초 후 E

④ $\overline{A}\ (\overline{B}\ \overline{D})\ B\ (\overline{A}\ \overline{D})\ (C\ E)\ \overline{C}$ 10초 후 $\overline{E}$

해설
A, B, C는 실린더의 기호이며 전진이나 On은 +, 후진이나 Off는 -로 표현한다.

54 기어모터의 특징에 대한 설명으로 옳은 것은?

① 두 개의 맞물린 기어에 유압을 공급하여 토크를 발생시킨다.
② 주로 저속에서 높은 토크를 얻기 위해 사용되며, 역회전은 불가능하다.
③ 구조가 복잡하여 고속회전에는 부적합하다.
④ 터빈 날개를 이용해 공기를 분사하여 회전력을 얻는다.

해설
기어모터 : 두 개의 맞물린 기어에 유체압력을 공급하여 회전토크를 얻는 방식이다. 역회전과 고속회전이 가능하여 다양한 산업현장에서 사용된다.

55 자동화설비에서 축류 피스톤 모터를 선택할 때 가장 중요한 고려사항으로 옳은 것은?

① 고속회전과 낮은 토크를 요구하는 소형 송풍기를 구동할 때
② 여러 개의 실린더가 회전하여 큰 토크가 필요할 때
③ 공기압력 변동이 심한 환경에서 저속 정밀제어를 할 때
④ 소음이 작고 경량화를 최우선으로 할 때

해설
축류 피스톤 모터는 여러 개의 실린더가 회전하며 높은 토크를 낼 수 있어 대형 장비나 고하중 반송장치에 적합하다. 반면, 소음이나 정밀제어에서는 베인모터나 기어모터가 더 유리하다.

56 기어펌프, 베인펌프, 피스톤 펌프의 특징을 비교한 설명으로 옳지 않은 것은?

① 기어펌프는 구조가 간단하고 가격이 저렴하다.
② 베인펌프는 효율이 높고 소음이 작아 정밀한 제어에 적합하다.
③ 피스톤 펌프는 고압·대유량에 적합하며, 제작비가 저렴하다.
④ 베인펌프는 점도 변화에 민감하여 점도 높은 유체에는 부적합하다.

해설
피스톤 펌프는 고압과 대유량에 적합하지만, 제작비가 높다.

57 한 유압펌프가 15MPa의 압력에서 분당 60L의 유량을 공급한다. 펌프의 이론동력은?(단, 효율은 고려하지 않는다)

① 5kW ② 10kW
③ 15kW ④ 20kW

해설

$$P = \frac{압력[Pa] \times 유량[m^3/s]}{효율}$$

$$= \frac{15 \times 10^6 N/m^2 \times (60 \times 10^{-3} \div 60)m^3/s}{1}$$

$$= 15,000W = 15kW$$

※ $1MPa = 1 \times 10^6 N/m^2$
$1L = 1 \times 10^{-3} m^3$
$1N \cdot m/s = 1W$

---

58 압축공기시스템에서 압력 변동을 완화하고 일정한 압력을 유지하기 위해 설치하는 장치로, 유체의 압력을 축적하여 압력의 흐름을 일정하게 조절하거나 맥동을 방지하는 역할을 하는 것은?

① 애프터 쿨러 ② 공기탱크
③ 축압기 ④ 자동배출기

해설

③ 축압기(Accumulator) : 유체의 압력을 저장하고 압력 변동을 완화하며 일정한 흐름을 유지하는 장치로, 맥동을 줄이거나 압력의 순간적 변화를 흡수하기 위해 사용한다.
① 애프터 쿨러(After Cooler) : 압축기로부터 토출되는 고온의 압축공기를 공기건조기 입구 온도조건에 알맞게 냉각시켜 수분을 제거하는 장치이다.
② 공기탱크 : 압축된 공기를 저장해 두는 기구이다.
④ 자동배출기 : 수분제거기가 응결시킨 저수조의 수분을 별도의 물빼기 작업 없이 자동으로 수분을 배출시키는 장치이다.

---

59 압축공기의 건조방식이 아닌 것은?

① 흡수식 ② 흡착식
③ 냉각식 ④ 가열식

해설

압축공기의 건조 : 압축공기의 건조방식은 수증기의 제습방법에 따라 냉각식, 흡착식, 흡수식이 있다.
• 냉각식 : 공기를 강제로 냉각시킴으로서 수증기를 응축시켜 제습하는 방식이다.
• 흡착식 : 흡착제(실리카겔, 알루미나겔, 합성제올라이트 등)로 공기 중의 수증기를 흡착시켜 제습하는 방법이다.
• 흡수식 : 흡습액(염화리튬 수용액, 폴리에틸렌글리콜 등)을 이용하여 수분을 흡수하며, 흡습액의 농도와 온도를 선정하면 임의의 온도와 습도의 공기를 얻는 것이 가능하기 때문에 일반 공조용 등에 사용된다.

---

60 미터 아웃 제어방식을 선택해야 하는 경우로 옳은 것은?

① 실린더의 전진속도를 일정하게 유지하고자 할 때
② 실린더의 후진속도를 일정하게 유지하고자 할 때
③ 실린더의 전진 중 과부하 시 안전하게 감속시키고자 할 때
④ 실린더 내부에 에어가 남지 않게 완전 배기시키고자 할 때

해설

• 미터 인 제어(Meter-in Control) : 실린더 전진 시 유량을 조절하여 속도를 제어한다. 주로 전진속도 일정제어에 사용한다.
• 미터 아웃 제어(Meter-out Control) : 실린더 후진 또는 하중을 지탱하는 동작에서 배기 유량을 조절하여 속도와 안정성을 확보한다. 특히, 하중이 실린더를 밀어내는 경우의 감속이 필요한 경우 사용한다.

참 / 고 / 문 / 헌

- 강승욱, 시퀀스 제어 & PLC 제어, 동일출판사
- 임윤식 외, 시퀀스 및 PLC 제어, 북두출판사
- 김종배 외, 시퀀스와 PLC, 북스힐
- 월간전기기술편집부, 그림으로 해설한 신 시퀀스제어(입문), 성안당
- 고등학교 기계공작, 교육부
- 고등학교 유체기기, 교육부
- 고등학교 공유압일반, 교육부
- 고등학교 전자기계공작, 교육과학기술부
- 고등학교 기계제도, 서울특별시교육청
- 고등학교 기초제도, 천재교육
- Budynas, R. G., Nisbett, J. K., & Shigley, J. E.(2015). *Shigley's mechanical engineering design (Tenth edition)*.
- NCS모듈 기계수동조립_04
- NCS모듈 LM1501020107
- NCS모듈 LM1503010111
- NCS모듈 LM1503010204
- NCS모듈 LM1503010205
- NCS모듈 LM1503010210
- NCS모듈 LM1503010215
- NCS모듈 LM1501020407
- 한국표준산업규격

  KS B 0107 / KS B 0401 / KS B 0200 / KS B 0201 / KS B 2012 / KS A 0109, 1984 / KS C 0102, 1980
- https://www.wikipedia.org

Win-Q 자동화설비기능사 필기

개정12판1쇄 발행	2026년 01월 05일 (인쇄 2025년 10월 24일)
초 판 발 행	2014년 07월 10일 (인쇄 2014년 06월 04일)
발 행 인	박영일
책 임 편 집	이해욱
편 저	신원장
편 집 진 행	윤진영 · 최 영
표지디자인	권은경 · 길전홍선
편집디자인	정경일
발 행 처	(주)시대고시기획
출 판 등 록	제10-1521호
주 소	서울시 마포구 큰우물로 75 [도화동 538 성지 B/D] 9F
전 화	1600-3600
팩 스	02-701-8823
홈 페 이 지	www.sdedu.co.kr
I S B N	979-11-434-0309-4(13550)
정 가	27,000원

※ 저자와의 협의에 의해 인지를 생략합니다.
※ 이 책은 저작권법에 의해 보호를 받는 저작물이므로 동영상 제작 및 무단전재와 복제를 금합니다.
※ 잘못된 책은 구입하신 서점에서 바꾸어 드립니다.

기능사 / 기사·산업기사 / 기능장 / 기술사

단기합격을 위한 완전 학습서

Win-Q
윙크시리즈
WIN QUALIFICATION

Win-Q
승강기기능사
필기+실기

Win-Q
전기기능사
필기

Win-Q
피복아크용접기능사
필기

Win-Q
컴퓨터응용선반·밀링기능사
필기

Win-Q
설비보전기능사
필기+실기

Win-Q
자동화설비기능사
필기

Win-Q
전산응용기계제도기능사
필기

Win-Q
화학분석기능사
필기+실기

자격증 취득에 승리할 수 있도록 **Win-Q시리즈**가 완벽하게 준비하였습니다.

Win-Q
위험물기능사
필기

Win-Q
환경기능사
필기+실기

Win-Q
화훼장식기능사
필기

Win-Q
원예기능사
필기+실기

Win-Q
공조냉동기계산업기사
필기

Win-Q
화학분석기사
필기

Win-Q
위험물산업기사
필기

Win-Q
소방설비기사[전기편]
필기

Win-Q
설비보전산업기사
필기+실기

Win-Q
가스산업기사
필기

Win-Q
에너지관리기사
필기

Win-Q
실내건축산업기사
필기

※ 도서의 이미지 및 구성은 변경될 수 있습니다.

기출분석에 집중하여
합격을 현실로!

무조건 단기에 뽀개기

이런 분들에게 추천해요!

| 이론도, 문제 풀이도 막막해서 **책 한 권으로 해결**하고 싶은 분들 | 노베이스에 혼자 공부하기 어려워 **동영상 강의 도움**이 필요하신 분들 | CBT 시험이 처음이라 시험 전 실전처럼 **온라인 모의고사**를 경험해 보고 싶은 분들 |

무단뽀 한권으로 한번에! 초단기 합격전략!
무단뽀가 곧 합격이다!